Springer-Lehrbuch

Josef Honerkamp   Hartmann Römer

Klassische Theoretische Physik

Eine Einführung

Zweite Auflage
mit 131 Abbildungen

Springer-Verlag Berlin Heidelberg New York
London Paris Tokyo

Professor Dr. *Josef Honerkamp*
Professor Dr. *Hartmann Römer*

Albert-Ludwigs-Universität, Fakultät für Physik,
Hermann-Herder-Straße 3,
D-7800 Freiburg

ISBN 3-540-50918-6 2. Auflage Springer-Verlag Berlin Heidelberg New York
ISBN 0-387-50918-6 2nd Edition Springer-Verlag New York Berlin Heidelberg

ISBN 3-540-16163-5 1. Auflage Springer-Verlag Berlin Heidelberg New York
ISBN 0-387-16163-5 1st Edition Springer-Verlag New York Berlin Heidelberg

CIP-Titelaufnahme der Deutschen Bibliothek
Honerkamp, Josef:
Klassische theoretische Physik: eine Einführung/Josef Honerkamp; Hartmann Römer. – 2. Aufl. –
Berlin; Heidelberg; New York; London; Paris; Tokyo: Springer, 1989
(Springer-Lehrbuch)
ISBN 3-540-50918-6 (Berlin ...) brosch.
ISBN 0-387-50918-6 (New York ...) brosch.
NE: Römer, Hartmann:

Satz, Druck und Einband: Brühlsche Universitätsdruckerei, 6300 Gießen
2155/3150-543210 – Gedruckt auf säurefreiem Papier

Vorwort zur zweiten Auflage

Wir freuen uns über die wohlwollende Aufnahme dieses Buches, durch welche schon jetzt eine Neuauflage nötig geworden ist. Wir haben die Gelegenheit genutzt, die nun bekannt gewordenen Druckfehler zu korrigieren. Für weitere Hinweise und Verbesserungsvorschläge sind wir stets dankbar.

Freiburg, Januar 1989 *J. Honerkamp · H. Römer*

Vorwort zur ersten Auflage

Diese Einführung in die Klassische Theoretische Physik ist aus einer Kursvorlesung für Studenten des dritten und vierten Semesters hervorgegangen, die die Autoren mehrmals in Freiburg gehalten haben.

Ziel des Kurses ist es, den Studenten eine zusammenhängende, übersichtliche Darstellung der Hauptgebiete der Klassischen Theoretischen Physik zu geben. Hierbei sollen sowohl ihre wesentlichen Inhalte und Begriffsbildungen als auch die nötigen mathematischen Begriffe und Techniken und deren Anwendungen vermittelt werden als ein solides Fundament, auf dem die weiterführenden Hauptvorlesungen über die Grundgebiete der experimentellen und theoretischen Physik, die in ihrer Mehrzahl nach dem Vordiplom im fünften Semester einsetzen, aufbauen können.

Die Autoren haben bei der Konzeption ihres Kurses besonders vier einander fördernde Ziele im Auge gehabt:

- konsequente Bildung von Übersicht schon auf früher Stufe,
- Herstellung eines ausgewogenen Wechselverhältnisses physikalischer Inhalte und mathematischer Methoden,
- Darstellung wichtiger Anwendungen der Physik und
- Einübung der wichtigsten mathematischen Techniken zur Lösung konkreter Probleme.

Was den ersten Punkt betrifft, so schien auf jeden Fall eine Beschränkung des behandelten Stoffes geboten. Ziel des Einführungskurses konnte in keiner Weise eine Vorwegnahme der theoretischen Hauptvorlesungen sein. Angestrebt wurde allerdings eine gewisse Vollständigkeit in der Darstellung der Grundlagen und Grundbegriffe der Klassischen Theoretischen Physik, die als Wissensstoff für die Zwischenprüfung und als beständige Basis für das Aufbaustudium bereitgestellt wurden. Wert gelegt wurde auf eine klare und kohärente Darstellung und auf eine gedanklich saubere, aber nicht formalistische Einführung der grundlegenden Begriffe und Methoden. Der Übersichtlichkeit wegen geht die Darlegung gewöhnlich, wenn auch nicht ausnahmslos, vom Allgemeinen zum Besonderen vor. Das begriffliche Gerüst wird zuvor bereitgestellt und nicht so sehr am Beispiel entwickelt. Allerdings spielen sorgfältig ausgewählte Beispiele *nach* Klärung der strukturellen Grundlagen auch in jedem Abschnitt dieses Einführungskurses eine unentbehrliche Rolle. An ihnen konkretisiert und bewährt sich das vorher Erklärte in ganz entscheidender Weise.

Der Übersichtsbildung dienen sollen auch zahlreiche Zusammenfassungen, Rückblicke und Ausblicke, bei denen dem behandelten Sachverhalt sein Platz in einem größeren Zusammenhang zugewiesen oder auf Weiterentwicklungen und mögliche Anwendungen hingewiesen wird.

Es ergibt sich häufig Gelegenheit herauszustellen, wie gewisse mathematische Begriffe und Strukturen in mehreren verschiedenen physikalischen Gebieten und Kontexten mit unterschiedlicher physikalischer Interpretation auftreten. Als besonders wirkungsvolle Klammer in diesem Sinne erwiesen sich z. B. viele einfache Elemente der linearen Algebra. Mathematische Begriffe wurden ganz bewußt in unverfremdeter Weise so vorausgesetzt und, wo sie am Platz sind, benutzt, wie sie in den Vorlesungen über Analysis und lineare Algebra eingeführt werden. So sind sie den Studenten im allgemeinen nicht unbekannt, und diese Art ihrer Verwendung sollte ein Wiedererkennen im physikalischen Zusammenhang erleichtern. Auf diese Weise wird von dem mathematischen Wissen der Studenten wirklich Gebrauch gemacht. Kenntnis und Verständnis sowohl im physikalischen als auch im mathematischen Bereich sollten hiervon profitieren. Die Erfahrungen der Autoren bei diesem Vorgehen waren durchaus ermutigend.

Von einem angemessenen Wechselverhältnis zwischen der Mathematik und Physik könnte sicher nicht die Rede sein, wenn Physik nur als Beispiel für die Realisierung mathematischer Strukturen angesehen oder begriffliche Genauigkeit mit formalistischer Pedanterie verwechselt würde. Es wird viel getan, um einem solchen Mißverständnis, dem viele und manchmal auch besonders begabte Studenten zuneigen, zu begegnen. Physikalische und mathematische Argumentation werden oft parallel entwickelt und sorgfältig getrennt gehalten; der physikalische Ursprung mathematischer Annahmen wird, wo irgend möglich, aufgedeckt.

Nicht nur aus Platzmangel, sondern mit Absicht sind mathematische Beweise oft erklärtermaßen unvollständig oder fehlen ganz. Die Theorie der Distributionen wird unter Verzicht auf mathematische Feinheiten gerade so weit entwickelt, wie sie mit dem begrifflichen Apparat der linearen Algebra leicht zu verstehen ist.

Hier haben auch wieder die zahlreichen Beispiele ihre Bedeutung. Es tauchen nicht nur trockene, stark idealisierte, ihrer leichten Behandelbarkeit wegen gewählte Systeme, wie das „mathematische" Pendel auf, sondern es soll die Mannigfaltigkeit physikalischer Phänomene auch an Beispielen aus angewandten Zweigen der Physik, einschließlich Geophysik und physikalischer Chemie augenfällig werden. Die Diskussion der Beispiele ist so vollständig wie möglich, mit besonderer Betonung auf der physikalischen Interpretation der gewonnenen Resultate. So wird der Bogen gespannt von dem physikalischen Ansatz über die mathematische Formulierung und Diskussion bis zu den anschaulichen physikalischen Resultaten. Gerade hier sollte die eigentümliche enge Verschränkung von mathematischer Deduktion und anschaulicher Interpretation, in der das Wesen theoretischer Physik liegt, besonders deutlich hervortreten.

Die durchdiskutierten Beispiele dienen schließlich auch besonders dem vierten genannten Hauptziel, der Einübung mathematisch-technischer Fertigkeiten zum Lösen von Problemen.

Diese Techniken- und Methoden-Kenntnis stellt sozusagen das handwerkliche Rüstzeug dar. Vertrautheit mit diesen ergibt sich aber nicht durch einmaliges Anhören der Vorlesung oder Lesen bzw. Nachvollziehen der einzelnen Argumentationsschritte, sondern durch selbständiges Einüben. Es ist für die Entwicklung zur Eigenständigkeit unerläßlich, daß der Student lernt, selbst mit den Gleichungen umzugehen, selbst Lösungsansätze zu finden, selbst ein Problem durchzurechnen, selbst ein Ergebnis in seiner physikalischen Bedeutung zu interpretieren und selbst nachzuprüfen, wie plausibel das Ergebnis ist.

Dieses Lernziel wurde natürlich besonders auch durch die Übungen angestrebt, die den theoretischen Einführungskurs immer begleiteten. Aus Platzgründen haben wir in diesem Buch auf eine Sammlung gelöster Übungsaufgaben verzichtet. Solche Kollektionen existieren schon in größerer Zahl.

Ein Wort der Erklärung, warum sich diese Darstellung auf die Grundgebiete der Klassischen Physik beschränkt und so moderne, wichtige und „spannende" Gebiete wie Relativitätstheorie und Quantenmechanik ausklammert, mag noch geboten sein:

Zunächst hätte nach Meinung der Autoren durch eine Einbeziehung auch dieser Gebiete die Stoffülle das überschritten, was in einem zweisemestrigen Kurs wenigstens in seinen Grundlagen ohne Verlust an Übersicht und Gründlichkeit mit dem Ziel wirklich aktiver Beherrschung vermittelt werden kann.

Weiterhin haben die klassischen Gebiete der Physik den Vorzug, daß sie sich auf Phänomenbereiche beziehen, die der unmittelbaren anschaulichen Betrachtung besser zugänglich sind. Das so entscheidende Wechselspiel der Theoretischen Physik zwischen sich gegenseitig korrigierender formaler Deduktion und anschaulicher Interpretation kann an ihnen besser eingeübt werden. Erst bei zunehmender Sicherheit lassen sich dann formale Schlußweisen mit Zutrauen in den Bereich des weniger Anschaulichen verlängern.

Bei der Stoffauswahl der dargestellten klassischen Gebiete war das Bestreben leitend, unnötige Einseitigkeiten zu vermeiden. So haben beispielsweise auch Statistische Mechanik und Thermodynamik sowie die Grundlagen der Strömungslehre den Platz, der ihnen wegen ihrer Bedeutung, gerade für die angewandte Physik, zukommt. Es sollte, wie gesagt, für den Studenten der Physik ein tragfähiges Fundament gelegt werden, von dem aus die Einarbeitung in fortgeschrittenere Disziplinen wie Quantenmechanik, Relativitätstheorie, Dynamik der Fluide, analytische Mechanik, irreversible Thermodynamik oder Theorie dynamischer Systeme wesentlich erleichtert wird.

Wir möchten schließlich all denen danken, die zur Entstehung dieses Buches beigetragen haben. Besonders genannt seien Frau H. Kranz, Frau E. Rupp, Frau E. Ruf und Frau W. Wanoth, die sorgfältig das lange, schwierige Manuskript geschrieben und bei den unzähligen Korrekturen nie die Geduld verloren haben.

Frau I. Weber und Frau B. Müller danken wir für das Zeichnen der Abbildungen. Dank gebührt auch den Hörern unserer Vorlesungen „Einführung in die Theoretische Physik", an denen das Konzept erprobt wurde, für zahlreiche Anregungen; ebenso den Betreuern der zugehörigen Übungen, allen voran Herrn Dr. H. C. Oettinger und Herrn Dipl. Phys. R. Seitz, sowie P. Biller, Dr. H. Heß, Dr. M. Marcu, Dipl. Phys. J. Müller, Dipl. Phys. G. Mutschler, Dr. A. Saglio de Simonis, A. Seidel, Dr. H. Simonis, Dipl. Phys. F. K. Schmatzer, Dipl. Phys. M. Zähringer, die uns durch Korrekturlesen wertvolle Hilfe geleistet haben.

Besonders dankbar sind wir Herrn Dr. H. Lotsch vom Springer-Verlag für viele nützliche und kenntnisreiche Hinweise zur Gestaltung des Buches sowie Herrn C.-D. Bachem für die geduldige Hilfe bei der Herstellung des Satzes.

Freiburg, März 1986 *J. Honerkamp · H. Römer*

Inhaltsverzeichnis

1. Einleitung

Der Titel „Grundlagen der Klassischen Theoretischen Physik" könnte den Eindruck erwecken, daß es neben der Physik auch noch eine Theoretische Physik gäbe als ein ganz anderes Fach mit einem gesonderten Anliegen.

In Wirklichkeit soll in diesem Buch, wie in jeder Physikvorlesung, ein Kanon physikalischer Phänomene beschrieben und erklärt werden. Die Bezeichnung „Theoretische Physik" deutet nur eine kleine Verschiebung des Gesichtspunktes an:

Der Theoretiker beschäftigt sich mehr mit dem formalen Aufbau des Gebäudes der Physik. Er wird sein Augenmerk besonders auf die adäquaten Grundbegriffe und auf das Verständnis und die strukturelle Untersuchung der Grundgleichungen legen, die zur Beschreibung physikalischer Phänomene dienen. Solche Grundgleichungen sind etwa die Newtonschen Gesetze, die Maxwellschen Gleichungen oder die Schrödinger-Gleichung. Die Untersuchung der Grundgleichungen, die Gewinnung und Diskussion ihrer Lösungen und damit die Herleitung und Auslotung ihrer physikalischen Konsequenzen ist eine Hauptaufgabe der Theoretischen Physik.

Grundgleichungen beziehen ihre Bedeutung daraus, daß aus ihnen viele Phänomene und experimentell beobachtbare Regeln ableitbar sind. Eine ganze Klasse von Phänomenen ist so im Rahmen einer Theorie, basierend auf Grundgleichungen, erklärbar.

Wir werden in diesem Buch solche Phänomenklassen behandeln. Zunächst wird in Kap. 2 und 3 die Bewegung materieller Körper studiert, und zwar für den Fall, daß die Ausdehnung der Körper auf die Bewegung keinen Einfluß hat, wie etwa bei der Bewegung der Planeten um die Sonne oder bei gewissen Bewegungen auf einer schiefen Ebene. Wenn man so die Körper idealisiert als Punktteilchen betrachten darf, spricht man von der Punktmechanik. So wird in Kap. 2 die Newtonsche Mechanik behandelt, grundlegende Themen wie Erhaltungssätze für die einzelnen mechanischen Größen, die Keplerschen Gesetze wie auch die allgemeine Bewegung in einem Zentralkraftfeld werden ausführlich erläutert.

Für den Fall, in dem nicht alle Kräfte unmittelbar bekannt sind, wird die Lagrangesche Mechanik in Kap. 3 eingeführt. Während auf die Newtonsche und Lagrangesche Form der Klassischen Mechanik ausführlich eingegangen wird, werden in Bezug auf die Hamiltonsche Mechanik aber nur die Hamilton Funktion und die Hamiltonschen Gleichungen bereitgestellt. Alle weiteren Themen wie etwa die kanonische Transformation oder die Hamilton-Jacobi-Methode werden einer eigenen Vorlesung über Klassische Mechanik überlassen, in der man dann aber weitergehend auch Themen wie Störungstheorie, KAM-Theorem, chaotisches Verhalten usw. behandeln kann.

Der Schritt von den Punktteilchen zu den starren Körpern wird in Kap. 4 vollzogen. Die Methode, Lage und Orientierung eines starren Körpers zu beschreiben, wird ausführlich dargelegt, und ausgewählte typische Beispiele erläutern die Berechnung des Verhaltens eines starren Körpers unter dem Einfluß äußerer Kräfte.

In dem kurzen Kap. 5 wird dann mit den Methoden des Kap. 4 die Bewegung von Körpern in einem Nicht-Inertialsystem studiert. Hier treten die Coriolis-Kraft sowie die Zentrifugalkraft als sogenannte Scheinkräfte auf und das Foucault-Pendel wird behandelt.

Während man bei voller Berücksichtigung der Wechselwirkung zwischen den Punktteilchen analytische Resultate nur erzielen kann, wenn die Anzahl der Teilchen sehr beschränkt ist, wird das N-Teilchen Problem leicht lösbar, wenn man die Wechselwirkung zwischen den Teilchen durch eine quadratische Form approximieren kann. Dies führt in Kap. 6 zu dem Gebiet der linearen Schwingungen. Wenn auch dieses Gebiet im Rahmen der Mechanik eingeführt wird, so wird dabei aber auch nicht versäumt, den universellen Charakter dieser Näherung und das Auftreten dieser linearen Differentialgleichungssysteme auch in anderen Zweigen der Physik und Technik zu verdeutlichen. Die Methoden der Behandlung solcher Gleichungssysteme werden eingehend erläutert. Hier ist auch der Platz, an dem mathematische Methoden wie Fourier-Reihen, Fourier-Transformationen und Begriffe wie Greensche Funktionen eingeführt werden.

In Kap. 7 werden schließlich Systeme mit sehr vielen Teilchen behandelt. Ein makroskopischer Körper wird als System von $\sim 10^{23}$ Teilchen (Molekülen) betrachtet, deren Wechselwirkung wir hier im Rahmen der klassischen Physik verstehen. Das führt zur Klassischen Statistischen Mechanik, deren Begriffsgebäude entwickelt wird. Der von vielen Studenten gefürchtete Formalismus der Thermodynamik läßt sich auf diese Weise übersichtlich strukturieren und leichter einsichtig machen (auch wenn wir den intellektuellen Reiz eines reinen phänomenologischen Ansatzes nicht verkennen, wir gehen darauf in Abschn. 7.11 ein).

Das Kap. 8 führt dann in die Anwendungen der Thermodynamik. Wichtige physikalische Phänomene, die auch jeder Student aus dem Alltag kennt, wie Phasenübergänge, Gefrier- oder Siedepunktsänderungen bei verdünnten Lösungen, Osmose usw. werden hier behandelt, und die entsprechenden Gesetze werden mit Hilfe der gewonnenen thermodynamischen Begriffe und Grundgesetze abgeleitet.

Während in Kap. 7 und 8 die statischen Eigenschaften makroskopischer thermodynamischer Systeme behandelt werden, ist Kap. 9 den dynamischen Eigenschaften solcher Systeme gewidmet. Nach dem Überblick über das ausgedehnte und weit in die Technik hineinragende Gebiet der Mechanik der deformierbaren Medien werden hier wenigstens die Grundgleichungen der Strömungslehre, eines der wichtigsten Teilgebiete, hergeleitet. Diffusion, Wärmeleitung und Strömung von Fluiden sind so bedeutsame Phänomene bei der Arbeit eines Physikers, daß er nicht früh genug die Grundlage für ihre theoretische Behandlung kennenlernen kann. Diese Ausblicke in die Theorie angewandter Physik sollen den Studenten das Gefühl vermitteln, daß die Physik die Mutter vieler benachbarter naturwissenschaftlicher Disziplinen und der Technik ist und eine breite physikalische Ausbildung eine große Hilfe ist, nicht zuletzt auch bei späterer interdisziplinärer Arbeit.

Nach der Bereitstellung so vieler partieller Differentialgleichungen werden in Kap. 10, einem wieder mehr mathematischen Kapitel, Methoden zur Behandlung dieser Gleichungen diskutiert. Die Lösungsverfahren bei linearen partiellen Differentialgleichungen und die Einführung der speziellen Funktionen der Physik, wie z.B. Legendre- und Bessel-Funktionen, finden hier ihren Platz.

So gerüstet, wird der Leser die mathematischen Anforderungen der nun folgenden Einführung in die Elektrodynamik in Kap. 11 bis 14 ohne Problem bewältigen.

Während in Kap. 11 und 12 die Elektrostatik bzw. Magnetostatik abgehandelt wird, werden in Kap. 13 die vollen zeitabhängigen Maxwell-Gleichungen behandelt. In Kap. 14 werden dann die makroskopischen Maxwell-Gleichungen für die Felder in kontinuierlichen Medien abgeleitet. In diesen Kapiteln über die Elektrodynamik können nur die einfachsten Anwendungen der Maxwell-Gleichungen behandelt werden, aber es ist Wert darauf gelegt worden, daß die wesentlichsten, für das spätere Studium wichtigen Grundbegriffe und Phänomene diskutiert werden. In diesen Kapiteln wird am wenigsten ein neues Konzept gegenüber anderen Büchern entwickelt. Dennoch stellen sie eine kurze, sich auf das Wesentliche beschränkende Einführung in die Elektrodynamik dar.

In den sechs Anhängen werden wichtige mathematische Begriffe und Rechentechniken behandelt, insbesondere wird eine Einführung in die Tensorrechnung, die Theorie der Fourier-Transformation und der Distributionen, in die Vektoranalysis und in den Gebrauch von krummlinigen Koordinaten gegeben.

2. Die Newtonsche Mechanik

Die Aufgabe der Mechanik ist es, die Bewegung materieller Körper quantitativ zu beschreiben und zu berechnen. Die Lösung dieser Aufgabe erfolgt in zwei Schritten:

Zuerst wird der begriffliche und formale Rahmen zur quantitativen Beschreibung der Lage- und Formänderung der Körper festgelegt (*Kinematik*) und dann ein Schema bereitgestellt, nach dem sich die Bewegungen (wenigstens im Prinzip) berechnen und vorhersagen lassen (*Dynamik*).

Wir wollen uns zunächst mit der *Punktmechanik* befassen. Hierbei werden Situationen behandelt, in denen Ausdehnung und Formänderungen der bewegten Körper keine wesentliche Rolle spielen. Dies ist besonders dann der Fall, wenn die Abmessungen der Körper klein sind im Vergleich zu ihren gegenseitigen Abständen und zu den Wegen, die sie zurücklegen. Man denkt sich dann die Körper durch ausdehnungslose *Massenpunkte* repräsentiert. Ob eine solche Idealisierung möglich und zweckmäßig ist, hängt von den physikalischen Umständen und von der Fragestellung ab. So läßt sich beispielsweise in der Himmelsmechanik die Erde sehr gut als Massenpunkt behandeln, während Geographie und Geophysik natürlich für eine punktförmige Erde gänzlich ohne Inhalt wären.

Die Mechanik ausgedehnter Körper wird uns später beschäftigen, wenn wir Theorien des starren Körpers und der verformbaren Kontinua darstellen. Es wird sich zeigen, daß in gewisser Weise ausgedehnte Systeme auf Systeme mit vielen Massenpunkten formal zurückführbar sind.

2.1 Zeit und Raum in der Klassischen Mechanik

Zur quantitativen Beschreibung der Bewegung von Massenpunkten benötigen wir mathematische Modelle für *Raum* und *Zeit*.

Die Zeit wird als Menge aller „Zeitpunkte" durch die Menge $\mathbb{R}$ der reellen Zahlen beschrieben. Die Menge $\mathbb{R}$ ist eine geordnete Menge; dem entspricht die Ordnung der Zeitpunkte nach Vorher und Nachher, Vergangenheit, Gegenwart und Zukunft. In der klassischen Mechanik denkt man sich die Zeit als universell: Jedem „Punktereignis", also jedem Ereignis von vernachlässigbar kurzer Zeitdauer, läßt sich eindeutig ein Zeitpunkt in $\mathbb{R}$ zuordnen, und die Zeitpunkte verschiedener Punktereignisse lassen sich ohne Einschränkung miteinander vergleichen.

Physikalisch meßbar gemacht und realisiert wird die Zeitskala (wenigstens im Prinzip) durch ein System gleichmäßig laufender Normaluhren, die miteinander synchronisiert sind. Die Synchronisation von Uhren ist im Rahmen der Klassischen Mechanik unproblematisch. Sie kann etwa durch Transport einer Eichuhr und deren Vergleich mit anderen Uhren geschehen. Eine Problematisierung und Abänderung dieses so einleuchtenden und in der unseren Sinnen direkt zugänglichen Welt so wohl bewährten Konzeptes der Zeit wird erst in der Relativitätstheorie nötig.

Wir benötigen auch ein mathematisches Modell des Raumes, in dem sich Massenpunkte bewegen. Die „Punkte" des Raumes bilden die Gesamtheit der möglichen Lagen eines Massenpunktes. Es liegt für uns nahe – und eine Fülle von Erfahrungen hat zu dieser Wahl geführt – die mathematische Struktur des reellen dreidimensionalen *affinen Raumes*[1] E^3 als Modell für den physikalischen Raum in der klassischen Mechanik zu benutzen. Diese Struktur ist aus der Mathematik bekannt (siehe z.B. [2.1, 2]).

Man geht dabei von zwei verschiedenen Mengen von Grundobjekten aus. Zunächst ist eine Menge A gegeben, deren Elemente Punkte heißen und für die möglichen Lagen der Punktteilchen stehen sollen. Neben diesen Punkten betrachten wir einen reellen dreidimensionalen *Vektorraum*[2] V^3 mit den Vektoren $\boldsymbol{x}, \boldsymbol{y}, \ldots$.

---

[1] *Affiner Raum*. affinis, (lat.) angrenzend, verwandt. Affine Transformationen („Verwandtschaftstransformationen") sind diejenigen Transformationen, die sich durch Verschiebungen, Drehungen und Verzerrungen erzeugen lassen. Sie bilden eine Gruppe und sind identisch mit der Menge aller umkehrbar-eindeutigen, linear-inhomogenen Transformationen der Koordinaten. Der affine Raum ist dadurch gekennzeichnet, daß seine Struktur unter der Gruppe der affinen Transformationen erhalten bleibt.

Dabei gelte:

a) Jedem geordneten Punktepaar (P, Q) ist ein Vektor $\boldsymbol{x}$ aus V^3 zugeordnet, den man mit $\overrightarrow{PQ}$ bezeichnet.
b) Umgekehrt gibt es zu jedem Punkt P und zu jedem Vektor $\boldsymbol{x}$ aus V^3 einen eindeutig bestimmten Punkt Q, so daß $\overrightarrow{PQ} = \boldsymbol{x}$ ist. „Von P aus läßt sich jeder Vektor $\boldsymbol{x}$ abtragen".
c) Für je drei Punkte P, Q, R gilt

$$\overrightarrow{PQ} + \overrightarrow{QR} = \overrightarrow{PR} \ . \tag{2.1.1}$$

Eine Punktmenge mit einer solchen Struktur heißt ein reeller dreidimensionaler affiner Raum.

Man zeigt leicht:

$$\overrightarrow{PP} = \boldsymbol{0} \quad \text{und} \quad \overrightarrow{PQ} = -\overrightarrow{QP} \ . \tag{2.1.2}$$

Die Wahl von E^3 spiegelt unter anderem folgende Tatsachen wider.

- Der Raum ist *homogen*, d.h. es ist kein Raumpunkt vor den anderen ausgezeichnet. (Ein Vektorraum V^3 besitzt hingegen ein ausgezeichnetes Element, nämlich den Nullvektor.)
- Der Raum ist *isotrop*[3], d.h. es ist keine Richtung ausgezeichnet.
- Begriffe wie „Gerade", „Strecke" und „Ebene" besitzen einen wohldefinierten Sinn, es gelten für sie die Gesetze der Elementargeometrie.

Wird ein fester Punkt O als Ursprung oder Bezugspunkt ausgezeichnet, so ist jeder Punkt P im affinen Raum durch den Vektor $\overrightarrow{OP} = \boldsymbol{r}$ bestimmt. Der Vektor $\boldsymbol{r}$ heißt auch *Ortsvektor* von P bezüglich des Bezugspunktes O.

Wählt man noch eine Basis $(\boldsymbol{e}_i)$, $(i = 1, 2, 3)$ des Vektorraumes V^3, so kann man den Ortsvektor $\boldsymbol{r} = \overrightarrow{OP}$ darstellen als

$$\overrightarrow{OP} = \sum_{i=1}^{3} x_i \boldsymbol{e}_i \ . \tag{2.1.3}$$

Der Punkt P ist so also auch charakterisierbar durch das Drei-Tupel von Zahlen (x_1, x_2, x_3). Die x_i heißen *Koordinaten* bezüglich des *affinen Koordinatensystems*, das durch Angabe von Bezugspunkt und Basisvektoren: $(O, \boldsymbol{e}_1, \boldsymbol{e}_2, \boldsymbol{e}_3)$ definiert ist. Wenn man sich dagegen noch nicht auf eine Basis festlegen will, wohl aber schon einen Bezugspunkt gewählt hat, spricht man von einem *Bezugssystem*.

Dem Begriff eines Koordinatensystems entspricht eine Vorrichtung, mit der im Prinzip die quantitative Bestimmung der Lage eines Massenpunktes wirklich durchgeführt werden kann:

Im Punkte O, dem Standort des Beobachters, wird ein starres Achsengerüst mit angebrachten Einheitsmaßstäben auf den Achsen aufgestellt, das dem System $\boldsymbol{e}_1, \boldsymbol{e}_2, \boldsymbol{e}_3$ von Basisvektoren entspricht. Die Koordinaten eines Punktes werden durch Parallelprojektion auf die Achsen bestimmt. In vielen Fällen werden $O, \boldsymbol{e}_1, \boldsymbol{e}_2, \boldsymbol{e}_3$ zeitunabhängig sein, oft ist es auch nötig oder zweckmäßig, zeitlich veränderliche Bezugs- bzw. Koordinatensysteme heranzuziehen.

Wichtig ist es, zu erkennen, daß die Koordinaten von der Basis abhängen. Seien zwei verschiedene affine Koordinatensysteme gegeben durch

$$(O, \boldsymbol{e}_1, \boldsymbol{e}_2, \boldsymbol{e}_3) \quad \text{und} \quad (O', \boldsymbol{e}'_1, \boldsymbol{e}'_2, \boldsymbol{e}'_3)$$

und sei

$$\boldsymbol{e}_i = \sum_{k=1}^{3} \boldsymbol{e}'_k D_{ki} \tag{2.1.4}$$

die Entwicklung der Basisvektoren $\boldsymbol{e}_i$ nach der Basis $(\boldsymbol{e}'_k)$ $(k = 1, 2, 3)$. Seien die Koordinaten eines Punktes P bezeichnet mit (x_1, x_2, x_3) bzw. (x'_1, x'_2, x'_3), so daß also

$$\overrightarrow{OP} = \sum_{i=1}^{3} x_i \boldsymbol{e}_i \quad \text{bzw.} \quad \overrightarrow{O'P} = \sum_{i=1}^{3} x'_i \boldsymbol{e}'_i$$

gilt. Dann ist auch, wenn man $\overrightarrow{O'O}$ als $\sum_{k=1}^{3} c_k \boldsymbol{e}'_k$ darstellt,

$$\overrightarrow{O'P} = \overrightarrow{O'O} + \overrightarrow{OP} = \sum_{k=1}^{3} c_k \boldsymbol{e}'_k + \sum_{k,i=1}^{3} \boldsymbol{e}'_k D_{ki} x_i \ . \tag{2.1.5}$$

Also erhält man für die Koordinaten bezüglich der verschiedenen Koordinatensysteme die Beziehung

$$x'_k = c_k + \sum_{i=1}^{3} D_{ki} x_i \ . \tag{2.1.6}$$

---

2 *Vektor*. (lat.) Neubildung von vehere: (etwas) fahren, also etwa „Transportator". Gedacht ist wohl an einen Translationsvektor oder Geschwindigkeitsvektor. Entscheidend ist die Vorstellung der Gerichtetheit. Im Gegensatz dazu ist ein Skalar (von lat. scala: Leiter) eine ungerichtete Zahlgröße.

In Analogie dazu ist der Begriff „Tensor" (von lat. tendere: spannen) gebildet (vergl. Anhang C). Durch ein Tensorfeld wird nämlich der Spannungszustand eines kontinuierlichen Mediums beschrieben.

3 *isotrop*. (von Griechisch „gleichwendig"): Gleichwertigkeit aller Richtungen.

Eine Basis $(\boldsymbol{e}_1, \boldsymbol{e}_2, \boldsymbol{e}_3)$ von V^3 definiert eine *Orientierung* des Raumes E^3. Die Basis

$$\boldsymbol{e}'_i = \sum_{k=1}^{3} \boldsymbol{e}_k D_{ki}$$

heißt genau dann gleich orientiert, wenn $\det(D_{ki}) > 0$ ist, und entgegengesetzt orientiert, wenn $\det(D_{ki}) < 0$ ist. Wir denken uns stets eine feste Orientierung eingeführt, die wir positive Orientierung nennen wollen (Abb. 2.1.1).

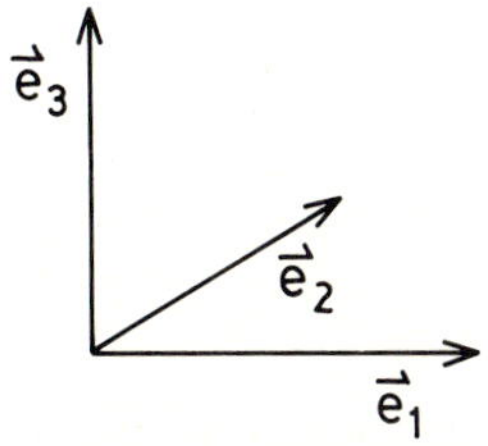

Abb. 2.1.1. Ein Orthonormalsystem, das wir positiv orientiert oder rechtshändig nennen wollen. Der Basisvektor e_2 zeigt nach hinten

Führt man im Vektorraum V^3 ein *Skalarprodukt* $(\boldsymbol{x}, \boldsymbol{y}) \mapsto \boldsymbol{x} \cdot \boldsymbol{y} \in \mathbb{R}$ ein, so daß für $\boldsymbol{x}, \boldsymbol{y}, \boldsymbol{z} \in V^3$, $\alpha \in \mathbb{R}$ gilt:

$$\boldsymbol{x} \cdot \boldsymbol{y} = \boldsymbol{y} \cdot \boldsymbol{x} \ , \tag{2.1.7}$$

$$\boldsymbol{x} \cdot (\boldsymbol{y} + \boldsymbol{z}) = \boldsymbol{x} \cdot \boldsymbol{y} + \boldsymbol{x} \cdot \boldsymbol{z} \ , \tag{2.1.8}$$

$$\boldsymbol{x} \cdot (\alpha \boldsymbol{y}) = \alpha \boldsymbol{x} \cdot \boldsymbol{y} \ , \tag{2.1.9}$$

$$\boldsymbol{x} \cdot \boldsymbol{x} \geq 0; \quad \boldsymbol{x} \cdot \boldsymbol{x} = 0 \Leftrightarrow \boldsymbol{x} = \boldsymbol{0} \ , \tag{2.1.10}$$

so wird der E^3 auch „*Euklidischer*[4] *affiner Raum*" genannt.

Hiermit sind dann im E^3 definiert:

a) *Abstände* zwischen Punkten P und Q durch

$$\overline{PQ} := |\overrightarrow{PQ}| = \sqrt{\overrightarrow{PQ} \cdot \overrightarrow{PQ}} \ .$$

Es gilt die *Dreiecksungleichung*

$$\overline{PQ} \leq \overline{PR} + \overline{RQ} \ . \tag{2.1.11}$$

b) *Winkel* zwischen Vektoren durch

$$\cos \sphericalangle (\boldsymbol{x}, \boldsymbol{y}) := \frac{\boldsymbol{x} \cdot \boldsymbol{y}}{|\boldsymbol{x}| \cdot |\boldsymbol{y}|} \ ,$$

c) positiv orientierte *Orthonormalbasen* $\boldsymbol{e}_1, \boldsymbol{e}_2, \boldsymbol{e}_3$ als positiv orientierte Basen von V^3 mit $\boldsymbol{e}_i \cdot \boldsymbol{e}_j = \delta_{ij}$,

d) ein *vektorielles Produkt* $(\boldsymbol{x}, \boldsymbol{y}) \mapsto \boldsymbol{x} \times \boldsymbol{y} \in V^3$ durch folgende Eigenschaften

$$\boldsymbol{x} \times \boldsymbol{y} = -\boldsymbol{y} \times \boldsymbol{x} \tag{2.1.12}$$

$$\boldsymbol{x} \times (\boldsymbol{y} + \boldsymbol{z}) = (\boldsymbol{x} \times \boldsymbol{y}) + (\boldsymbol{x} \times \boldsymbol{z}) \tag{2.1.13}$$

$$\boldsymbol{x} \times (\alpha \boldsymbol{y}) = \alpha \boldsymbol{x} \times \boldsymbol{y} \tag{2.1.14}$$

$$\boldsymbol{e}_1 \times \boldsymbol{e}_2 = \boldsymbol{e}_3 \tag{2.1.15}$$

$$\boldsymbol{e}_2 \times \boldsymbol{e}_3 = \boldsymbol{e}_1 \tag{2.1.16}$$

$$\boldsymbol{e}_3 \times \boldsymbol{e}_1 = \boldsymbol{e}_2 \tag{2.1.17}$$

für jede positiv orientierte Orthonormalbasis.

Man zeigt leicht, daß diese Definition unabhängig davon ist, von welcher positiv orientierten Orthonormalbasis man ausgeht.

i) Die vektoriellen Produkte der Basisvektoren $\boldsymbol{e}_i$ kann man auch in der Form

$$\boldsymbol{e}_i \times \boldsymbol{e}_j = \sum_k \varepsilon_{ijk} \boldsymbol{e}_k$$

schreiben.

Das Symbol ε_{ijk} ist hierbei wie folgt definiert:

$\varepsilon_{ijk} = \ \ 0$, wenn irgend zwei Indizes gleich sind
$\varepsilon_{ijk} = \ \ 1$, wenn i, j, k eine gerade Permutation von $1, 2, 3$
$\varepsilon_{ijk} = -1$, wenn i, j, k eine ungerade Permutation von $1, 2, 3$ ist.

Es gelten folgende Identitäten:

$$\sum_{i=1}^{3} \varepsilon_{ijk} \varepsilon_{irs} = \delta_{jr} \delta_{ks} - \delta_{js} \delta_{kr} \ , \tag{2.1.18}$$

$$\boldsymbol{a} \times (\boldsymbol{b} \times \boldsymbol{c}) = \boldsymbol{b}(\boldsymbol{a} \cdot \boldsymbol{c}) - \boldsymbol{c}(\boldsymbol{a} \cdot \boldsymbol{b}) \ , \tag{2.1.19}$$

$$\boldsymbol{a} \cdot (\boldsymbol{b} \times \boldsymbol{c}) = \det(\boldsymbol{a}, \boldsymbol{b}, \boldsymbol{c}) \ . \tag{2.1.20}$$

ii) Wir betrachten diejenigen affinen Transformationen, welche die Abstände zwischen je zwei Punkten unverändert lassen. In der Mathematik heißen diese auch *Bewegungen*.

$$P \mapsto P', \quad Q \mapsto Q', \quad \text{so daß } \overline{PQ} = \overline{P'Q'} \ .$$

[4] *Euklid* (um 300 v. Chr.). Der in seinen „Elementa" unternommene axiomatische Aufbau der Geometrie, der erst von Hilbert vervollständigt wurde, war zwei Jahrtausende lang Vorbild für die exakte Mathematik.

Für die Ortsvektoren bedeutet das mit $De_i := \sum_k e_k D_{ki}$:

$$x \mapsto Dx + a = x' ,$$

$$y \mapsto Dy + a = y' , \quad \text{und}$$

$$(y-x)\cdot(y-x) = D(y-x)\cdot D(y-x) , \quad \text{oder}$$

$$y\cdot y - 2x\cdot y + x\cdot x = Dy\, Dy - 2Dx\cdot Dy + Dx\cdot Dx ,$$

und daher

$$x\cdot y = Dx\cdot Dy \quad \text{für alle} \quad x, y \in V^3 .$$

Insbesondere für $x = e_i$, $y = e_j$ mit $e_i \cdot e_j = \delta_{ij}$:

$$De_i \cdot De_j = \delta_{ij} = \sum_{k=1}^{3} D_{ki} D_{kj} .$$

Bezüglich einer Orthonormalbasis wird also die Matrix D_{ij} einer Bewegung eine sogenannte *orthogonale Matrix* sein müssen, die der Bedingung

$$\sum_{k=1}^{3} D_{ki} D_{kj} = \delta_{ij}$$

genügt.

In Matrizenschreibweise bedeutet dies

$$D^T D = 1, \quad \text{wobei} \quad (D^T)_{ik} = D_{ki}$$

die transponierte Matrix zu D ist und $(1)_{ik} = \delta_{ik}$ die Einheitsmatrix, also die Matrix der identischen Abbildung bezeichnet.

Um Schreibarbeit zu sparen und an Übersichtlichkeit der Formeln zu gewinnen, unterdrücken wir bei der Summation über Vektorindizes gelegentlich das Summenzeichen, schreiben also

$$x_i e_i \quad \text{statt} \quad \sum_{i=1}^{3} x_i e_i , \quad x_i y_i \quad \text{statt} \quad \sum_{i=1}^{3} x_i y_i$$

oder

$$e_i \times e_j = \varepsilon_{ijk} e_k \quad \text{statt} \quad e_i \times e_j = \sum_k \varepsilon_{ijk} e_k .$$

Wir schließen uns damit der *Einsteinschen*[5] *Summenkonvention* an: über doppelt auftretende Vektorindizes ist stets zu summieren. Die Stellung der Indizes (x^i oder x_i) ist belanglos, solange nur Orthonormalbasen benutzt werden.

[5] *Einstein, Albert* (∗1879 Ulm, †1955 Princeton). Seine Leistungen sind allgemein bekannt:
1905: Spezielle Relativitätstheorie, Theorie der Brownschen Bewegung, Photoeffekt (Lichtquanten)
1915: Allgemeine Relativitätstheorie

Nach Vorgabe eines affinen Koordinatensystems (O, e_1, e_2, e_3) kann so zu jeder Zeit die Lage eines jeden Massenpunktes durch Angabe des Ortsvektors $r(t) = x_i(t) e_i$ charakterisiert werden. Wir wollen im folgenden immer, wenn nichts anderes erwähnt wird, ein kartesisches Koordinatensystem wählen, so daß also $e_i \cdot e_j = \delta_{ij}$ ist.

Nun beschreibt mit fortschreitender Zeit der Ort des Massenpunktes $r(t)$ eine sogenannte *Bahnkurve* im E^3, also eine Abbildung $\mathbb{R} \to E^3$. Wählt man zu jeder Zeit das gleiche Koordinatensystem, so ist die Zeitentwicklung vollständig durch die Funktion $x_i(t)$ gegeben.

Wir fordern nun, daß die $x_i(t)$ mindestens zweimal nach der Zeit differenzierbar sind. Dann nennt man

$$\dot{r}(t) = \frac{d}{dt} r(t) = v(t) \quad \text{die } \textit{Geschwindigkeit(-skurve)},$$

$$\ddot{r}(t) = \frac{d}{dt} v(t) = a(t) \quad \text{die } \textit{Beschleunigung(-skurve)}$$

des Massenpunktes. Die mathematische Bildung des Differentialquotienten entspricht dabei genau dem physikalischen Verfahren zur Messung von Geschwindigkeiten und Beschleunigungen. Zu bemerken ist, daß, im Gegensatz zum Ortsvektor, Geschwindigkeitsvektor und Beschleunigungsvektor nicht von der Wahl des Ursprungs (Bezugspunktes) abhängen.

Als erstes Beispiel sei die Bahnkurve eines *geradlinig-gleichförmig* sich bewegendes Massenpunktes betrachtet. Sie ist gegeben durch die Abbildung

$$r(t) = r_0 + v_0 t \tag{2.1.21}$$

mit konstanten Vektoren r_0, v_0. Hier gilt dann

$$v(t) = v_0 , \quad a(t) = 0 . \tag{2.1.22}$$

Der Graph der Bahnkurve wird durch eine Gerade dargestellt. Die Geschwindigkeit des Massenpunktes ist konstant sowohl dem Betrage wie der Richtung nach.

2.2 Die Newtonschen Gesetze

Im 17. Jahrhundert kam eine neue Sicht über die Bewegung materieller Körper zur Klärung und zum Durchbruch. Einen vorläufigen Endpunkt dieser Entwicklung, zu der die hervorragendsten Gelehrten jener Zeit beigetragen haben, setzte *I. Newton*[6]. In seinem 1687 veröffentlichten Werk „Principia" sind seine drei Epoche machenden Gesetze formuliert, die den Anfang des wissenschaftlichen Zeitalters bedeuten. Die entscheidende Erkenntnis Newtons war, daß nicht die geradlinig-gleichförmige Bewegung, sondern nur die Abweichung der Bewegung von dieser geradlinig-gleichförmigen Art einer Erklärung bedarf. Eine solche Abweichung, verursacht durch Einflüsse aus der Umgebung, führt er auf *Kräfte* zurück, die materielle Körper aufeinander ausüben. Die Form dieser Kräfte, z.B. ihre Abhängigkeit vom Abstand der materiellen Körper, ist zu postulieren.

So sagt das *erste* Newtonsche Gesetz, daß ein Körper in Ruhe oder im Zustand der geradlinig-gleichförmigen Bewegung genau dann bleibt, wenn er unbeeinflußt ist, wenn also keine Kräfte auf ihn wirken. In diesem Gesetz wird quasi postuliert: Es gibt ein „Nullelement" in der Menge der Kräfte, der Einflüsse auf einen materiellen Körper. Liegt dieses in einer physikalischen Situation vor, so liegt auch die „Nullklasse" der Bewegung vor. Diese ist Ruhe oder auch – und das ist das Neue – geradlinig-gleichförmige Bewegung, also $\boldsymbol{a}=\boldsymbol{0}$.

Jede vom Nullelement verschiedene Kraft, jeder nicht vernachlässigbare Einfluß führt also zu einer nicht verschwindenden Beschleunigung und so zu einer Änderung der Bewegung.

Das erste Newtonsche Gesetz erhält erst einen wohlbestimmten Sinn, wenn man angibt, in welchen Bezugssystemen es gelten soll. Es kann offensichtlich nicht in allen Bezugssystemen gültig sein. Gilt es nämlich in einem System S, so kann es nicht in einem relativ beschleunigten System S' gelten, denn in diesem erfährt der Massenpunkt eine Beschleunigung, obwohl keine Kraft auf ihn wirkt.

Man nennt Koordinatensysteme, in denen das erste Newtonsche Gesetz gilt, auch *Inertialsysteme*[7]. Es ist keineswegs von vornherein klar, daß ein solches Inertialsystem überhaupt existiert. Durch eine zeitabhängige Koordinatentransformation läßt sich zwar erreichen, daß eine gegebene Bahnkurve $\boldsymbol{r}(t)$ in eine geradlinig-gleichförmige übergeht, aber verlangt wird ja viel mehr, nämlich daß *alle* Bahnkurven kräftefreier Massenpunkte geradlinig-gleichförmig sind. Es zeigt sich jedoch: Ein Koordinatensystem, das sich relativ zum Fixsternhimmel ohne Rotation geradlinig gleichförmig bewegt, ist in sehr guter Näherung ein Inertialsystem; ein Koordinatensystem mit dem Bezugspunkt auf der Erdoberfläche ist sicher in weniger guter Näherung ein Inertialsystem, da sich der Bezugspunkt wegen der Rotation der Erde in beschleunigter Bewegung zur Sonne befindet. Wir werden die Abweichungen dieses Bezugssystems von einem Inertialsystem noch genauer studieren. Wenn ein System S ein Inertialsystem ist, so ist auch z.B. jedes relativ zu S geradlinig-gleichförmig ohne Rotation bewegte System S' ein ebenso gutes Inertialsystem. Der Ursprung O' von S' bewegt sich dann im System S geradlinig-gleichförmig, während die Achsenrichtungen von S und S' zu allen Zeiten übereinstimmen.

Wenn in S die Bahnkurve eines Massenpunktes durch $\boldsymbol{r}(t)$ gegeben ist, so hat sie wegen der Absolutheit der Zeit in der klassischen Mechanik im System S' die Form

$$\boldsymbol{r}'(t)=\boldsymbol{r}(t)+\boldsymbol{v}_0 t+\boldsymbol{r}_0$$

mit konstanten Vektoren $\boldsymbol{r}_0$, $\boldsymbol{v}_0$. Dabei ist $\boldsymbol{v}_0$ die Relativgeschwindigkeit von S und S'. Die Transformation der Bahnkurve von S nach S' heißt *Galilei-Transformation*[8]. In der Mechanik gilt das *Relativitäts-*

[6] *Newton, Isaac* (∗1643 Woolsthorpe, †1727 Kensington). Von vielen als der größte aller Physiker angesehen. Begründer der Mechanik und Himmelsmechanik, bahnbrechende Arbeiten auch über Optik.
1686: „Philosophiae naturalis principia mathematica", deren Grundgedanken er schon in den Jahren 1665–1667 bei einem Aufenthalt in seinem Heimatort Woolsthorpe entwickelt hatte, wohin er wegen der Pest geflohen war. Zur Ableitung der Keplerschen Gesetze aus dem Gravitationsgesetz Entwicklung der Infinitesimalrechnung. (Sie wurde unabhängig auch von Leibniz entdeckt, was später zu heftigen Prioritätsstreitigkeiten führte.)
1704: „Opticks". Newton war seit 1669 Professor in Cambridge, ab 1696 staatlicher Münzaufseher und seit 1703 Präsident der Royal Society.

[7] *Inertialsystem* (von lat. inertia: Trägheit). Ein Bezugssystem, in dem der Trägheitssatz gilt.

[8] *Galilei, Galileo* (∗ 1564 Pisa, † 1642 Arcetri bei Florenz). Seine bekanntesten Leistungen sind die Entdeckungen der Gesetze des freien Falls, von denen er durch Extrapolation zu immer kleinerer Beschleunigung zum Trägheitsgesetz gelangte, der Bau eines astronomischen Fernrohrs und die mit diesem gemachten astronomischen Entdeckungen: Jupitermond, Phasen der Venus, Auflösung der Milchstraße in einzelne Sterne. Veröffentlichung dieser Ergebnisse 1610: „Siderius Nuncius". 1616: Ermahnung durch das Heilige Officium wegen Eintretens für das Kopernikanische System. 1632: „Dialogo", Dialog über die beiden Hauptsysteme der Welt. Darauf Prozeß und Verurteilung zum Widerruf. 1638: Discorsi, sein physikalisches Hauptwerk.

prinzip: Alle Inertialsysteme sind physikalisch gleichwertig, es ist also nicht möglich, durch mechanische Messungen ein bestimmtes Inertialsystem auszuzeichnen. In formaler Sprache bedeutet dies, daß die Gesetze der klassischen Mechanik invariant unter Galilei-Transformationen sein müssen. Das Relativitätsprinzip gilt übrigens nicht nur in der Mechanik, sondern erfahrungsgemäß allgemein in der Physik. Allerdings hält, wie schon erwähnt, die Annahme der Absolutheit der Zeit einer ganz genauen Prüfung nicht mehr stand. Der Übergang von einem Inertialsystem zu einem anderen ist genau genommen nicht durch eine Galilei-Transformation, sondern durch eine sogenannte *Lorentz-Transformation*[9] zu beschreiben. Es ist jedoch für Geschwindigkeiten, die klein gegen die Lichtgeschwindigkeit sind, die Galilei-Transformation eine ganz hervorragende Näherung.

Ist so im ersten Newtonschen Gesetz ausgesprochen, was es bedeutet, wenn keine Kraft auf ein Teilchen wirkt, so wird im *zweiten* Newtonschen Gesetz erklärt, wie die zu postulierenden Kräfte die Beschleunigung des materiellen Körpers beeinflussen. Die Aussage ist: Wenn man mit $\boldsymbol{K}(t)$ die Kraft zur Zeit t bezeichnet, dann gilt

$$m\boldsymbol{a}(t)=\boldsymbol{K}(t) \ , \tag{2.2.1}$$

d.h. die Beschleunigung ist zu jeder Zeit der postulierten Kraft proportional. Der Proportionalitätsfaktor m ist eine Eigenschaft des beeinflußten materiellen Körpers. Man nennt m auch die *träge Masse* des Körpers.

Wenn man weiß, daß die Kräfte, die auf verschiedene Körper wirken, dem Betrage nach gleich sind, so können über die Beschleunigungen der Körper auch deren Massen bestimmt werden. Wir werden gleich das dritte Newtonsche Gesetz besprechen, das die Existenz einer solchen Situation sicherstellt.

Aus $|m_1\boldsymbol{a}_1|=|m_2\boldsymbol{a}_2|$ folgt dann

$$\frac{m_1}{m_2}=\frac{|\boldsymbol{a}_2|}{|\boldsymbol{a}_1|} \ . \tag{2.2.2}$$

Durch Festlegung einer Normmasse läßt sich dann die Masse eines jeden materiellen Körpers als Vielfaches dieser Normmasse bestimmen. Das wirklich Bemerkenswerte an Newtons zweitem Gesetz ist die Tatsache, daß sich der gesamte Einfluß der Umwelt auf einen Massenpunkt in einer einzigen vektoriellen Funktion $\boldsymbol{K}(t)$ ausdrücken läßt und daß für die Reaktion auf die Kraft nur die Masse m maßgeblich ist.

Man stellt weiterhin auf der Basis dieses Gesetzes experimentell fest:

a) Die Masse eines Körpers ist stets positiv und eine *extensive Größe*[10], d.h. ein Körper, der aus zwei Körpern der Massen m_1 und m_2 zusammengesetzt ist, hat die Masse m_1+m_2. (Die Geschwindigkeit ist z.B. keine extensive Größe, auch nicht die Temperatur.)
b) Kräfte addieren sich wirklich wie Vektoren (Kräfteparallelogramm): Wenn auf einen Massenpunkt zwei unabhängige Einflüsse einwirken, von dem einer der Kraft $\boldsymbol{K}_1$, der andere der Kraft $\boldsymbol{K}_2$ entspricht, so ist der resultierende Gesamteinfluß durch die Vektorsumme $\boldsymbol{K}_1+\boldsymbol{K}_2$ gegeben.

Hat man im zweiten Newtonschen Gesetz nun festgelegt, wie die Kräfte die Bewegung verändern, so bedeutet das, daß man die Bewegung, d.h. die Lage des Massenpunktes $\boldsymbol{r}(t)$ zu jeder Zeit t aus der Gleichung

$$m\ddot{\boldsymbol{r}}(t)=\boldsymbol{K}(t) \tag{2.2.3}$$

berechnen kann, wenn man

a) die Kraftkurve $\boldsymbol{K}(t)$
b) die Anfangswerte $\boldsymbol{r}(0)$ und $\dot{\boldsymbol{r}}(0)=\boldsymbol{v}(0)$ von Ort und Geschwindigkeit zu irgendeiner Anfangszeit $t=t_0$, etwa $t=0$ kennt.

Im allgemeinen ist aber die Kraftkurve $\boldsymbol{K}(t)$ nicht direkt bekannt: Die Kraft $\boldsymbol{K}(t)$, die ein Massenpunkt zur Zeit t erfährt, kann im Prinzip von seiner gesamten Vorgeschichte abhängen. In der Praxis gelten oft einfache Kraftgesetze. Die Kraft auf einen Massenpunkt zur Zeit t ist schon durch wenige Größen, wie Lage und Geschwindigkeit des Massenpunktes zur Zeit t, bestimmt:

$$\boldsymbol{K}(t)=\boldsymbol{F}(\boldsymbol{r}(t),\dot{\boldsymbol{r}}(t),t) \ . \tag{2.2.4}$$

In diesem Falle lautet das zweite Newtonsche Gesetz:

$$m\ddot{\boldsymbol{r}}(t)=\boldsymbol{F}(\boldsymbol{r}(t),\dot{\boldsymbol{r}}(t),t) \ . \tag{2.2.5}$$

Diese Gleichung heißt *Bewegungsgleichung* des Massenpunktes. Da in ihr der gewöhnliche Differential-

[9] *Lorentz, Hendrik August* (∗ 1853 Arnhem, † 1928 Haarlem). Besonders hervorgetreten durch seine „Elektronentheorie", eine elektrodynamische Theorie der Materie mit Anwendung auf die Elektrodynamik bewegter Körper. Arbeiten auch zur Thermodynamik und kinetischen Gastheorie. Seit 1918 Planung des Projektes zur Trockenlegung der Zuider-See.

[10] *Extensiv* (lat.) von extensio: Ausdehnung.

quotient von $\boldsymbol{r}(t)$ in zweiter Ordnung auftritt, ist sie eine „gewöhnliche Differentialgleichung 2. Ordnung". Die Lösung einer solchen Gleichung ist im allgemeinen eindeutig bestimmt, wenn die Anfangswerte von $\boldsymbol{r}(t)$ und deren erster Ableitung vorgegeben werden. Die Lösungen der Bewegungsgleichung bilden somit eine sechsparametrige Schar von Bahnkurven, diese sechs Parameter sind die Koordinaten von den Anfangswerten $\boldsymbol{r}(t_0)$ und $\boldsymbol{v}(t_0)$ zu irgendeinem Zeitpunkt t_0.

Die Tatsache, daß man für die Berechnung einer bestimmten Bewegung $\boldsymbol{r}(t)$ *und* $\boldsymbol{v}(t)$ für $t=t_0$ vorzugeben hat, entspricht auch der physikalischen Erfahrung. Die Wurfbahn eines Balles hängt davon ab, von wo und mit welcher Anfangsgeschwindigkeit der Ball geworfen wird.

Besonders häufig und wichtig ist der Fall, daß die Kraft auf einen Massenpunkt nur von der momentanen Lage abhängt. Dann gilt:

$$\boldsymbol{K}(t)=\boldsymbol{F}(\boldsymbol{r}(t)) \quad . \tag{2.2.6}$$

In diesem Fall heißt die Funktion $\boldsymbol{F}$: $E^3 \to V^3$, die jedem Raumpunkt die Kraft zuordnet, die ein Massenpunkt dort erfährt, ein *Kraftfeld.*

Das Kraftfeld $\boldsymbol{F}$ ist nicht mit der Kraft(kurve) $\boldsymbol{K}$ zu verwechseln. Man erhält die Kraftkurve $\boldsymbol{K}(t)$, indem man die Bahnkurve $\boldsymbol{r}(t)$ in die Kraftfeldfunktion $\boldsymbol{F}(\boldsymbol{r})$ einsetzt oder, in mathematischer Sprache durch Hintereinanderschaltung der Abbildungen $\boldsymbol{K}: \boldsymbol{r} \mapsto \boldsymbol{K}(\boldsymbol{r})$ und $\boldsymbol{r}: t \mapsto \boldsymbol{r}(t)$.

Das Aufstellen von Bewegungsgleichungen und deren Behandlung, d.h. das Aufsuchen der Lösungen und ihre physikalische Interpretation ist ein wesentliches Ziel in der Klassischen Mechanik.

Das zweite Newtonsche Gesetz kann natürlich aber auch in umgekehrter Weise benutzt werden. Mißt man eine Bahnkurve und kennt man nicht die verursachende Kraft, so kann man diese über das Gesetz bestimmen. Newton selbst hat auf diese Weise, wie wir noch sehen werden, das Gravitationsgesetz erschlossen. Das Entscheidende aber ist, daß dann ein und dasselbe Kraftgesetz für die verschiedensten Phänomene verantwortlich ist. Die Gravitationskraft erklärt die Bewegung des Planeten wie das Fallen eines Apfels auf die Erde. Die Universalität der Kraftgesetze gibt dem zweiten Newtonschen Gesetz erst seine Bedeutung.

Das *dritte* Newtonsche Gesetz macht eine Aussage über die gegenseitige Kraftwirkung zwischen den Körpern:

Übt ein Körper auf einen zweiten eine Kraft $\boldsymbol{K}_{21}(t)$ aus, so übt der zweite auf den ersten eine Kraft $\boldsymbol{K}_{12}(t)$ aus, die denselben Betrag aber entgegengesetzte Richtung hat.

Allgemeiner gilt für ein System von N Körpern, wenn $\boldsymbol{K}_{ik}$ die Kraft ist, die der k-te Körper auf den i-ten Körper ausübt:

$$\boldsymbol{K}_{ik}=-\boldsymbol{K}_{ki} \quad . \tag{2.2.7}$$

Man formuliert das Gesetz auch kurz mit dem Satz: „*actio gleich reactio*".

2.3 Einige wichtige Kraftgesetze

Es zeigt sich, daß sehr viele in der Natur auftretende Kräfte auf eine relativ kleine Anzahl verschiedener Kraftgesetze zurückführbar sind. Wir betrachten hier wieder Kräfte $\boldsymbol{K}(t)$, die nur von $\boldsymbol{r}(t)$, $\dot{\boldsymbol{r}}(t)$ und t abhängen können. Also

$$\boldsymbol{K}(t)=\boldsymbol{F}(\boldsymbol{r}(t), \dot{\boldsymbol{r}}(t), t) \quad .$$

Wir wollen im folgenden einige bedeutende Kraftgesetze dieser Art vorstellen und beginnen mit Kraftgesetzen der Form

$$\boldsymbol{K}(t)=\boldsymbol{F}(\boldsymbol{r}(t), t) \quad ,$$

also mit Kräften, zu denen ein – eventuell zeitabhängiges – Kraftfeld existiert.

i) Im einfachsten Fall hängt die Kraft $\boldsymbol{K}(t)$, die auf den Massenpunkt wirkt, weder von seiner Lage noch von der Zeit ab:

$$\boldsymbol{K}(t)=\boldsymbol{K}_0=\text{const} \quad . \tag{2.3.1}$$

In diesem Fall nennt man das Kraftfeld *homogen* und *zeitunabhängig*. In sehr kleinen Raum-Zeitbereichen ist es oft möglich, Kraftfelder in guter Näherung als homogen anzusehen. So ist beispielsweise das Schwerefeld der Erde an der Erdoberfläche für räumliche Bereiche von der Ausdehnung ~ 10 km und für sehr große Zeiten sicher nahezu homogen.

Die allgemeinste Lösung der Bewegungsgleichung

$$m\ddot{\boldsymbol{r}}(t)=\boldsymbol{K}_0 \tag{2.3.2}$$

läßt sich durch zweimalige Integration sofort angeben:

$$\boldsymbol{r}(t)=\frac{1}{2m}\boldsymbol{K}_0 t^2+\boldsymbol{v}_0 t+\boldsymbol{r}_0 \ . \tag{2.3.3}$$

Hierbei sind $\boldsymbol{v}_0$ und $\boldsymbol{r}_0$ die Anfangswerte der Bahnkurve, und die Lösung $\boldsymbol{r}(t)$ der Bewegungsgleichung ist durch $\boldsymbol{r}_0$ und $\boldsymbol{v}_0$ eindeutig bestimmt. Auch für homogene, aber zeitabhängige Kraftfelder findet man die allgemeine Lösung der Bewegungsgleichung

$$m\ddot{\boldsymbol{r}}=\boldsymbol{f}(t) \tag{2.3.4}$$

mühelos:

$$\boldsymbol{r}(t)=\boldsymbol{r}_0+\boldsymbol{v}_0 t+\frac{1}{m}\int_0^t dt'\int_0^{t'} dt''\boldsymbol{f}(t'') \ . \tag{2.3.5}$$

ii) Von großer Bedeutung und schon weniger trivial ist der Fall, daß das Kraftfeld $\boldsymbol{F}(\boldsymbol{r},t)$ linear von $\boldsymbol{r}$ abhängt. Als Prototyp betrachten wir das lineare zeitunabhängige Kraftfeld

$$\boldsymbol{F}(\boldsymbol{r})=-D\boldsymbol{r} \tag{2.3.6}$$

mit einer Konstanten D. Man spricht in diesem Falle auch von einem *harmonischen* Kraftgesetz. Es gilt u.a. für die rücktreibende Kraft bei einer aus der Ruhelage ausgelenkten Feder oder bei einem Pendel, wenn die Auslenkung jeweils klein genug ist. Die zugehörige lineare Bewegungsgleichung, also

$$m\ddot{\boldsymbol{r}}(t)+D\boldsymbol{r}(t)=\boldsymbol{0} \tag{2.3.7}$$

ist eine lineare Differentialgleichung mit konstanten Koeffizienten. Ein solcher Typ von Differentialgleichungen ergibt sich, wie wir noch in Kap. 6 genauer sehen werden, allgemein für ein mechanisches System, bei dem die Bahnkurve sich nicht weit von einer „Gleichgewichtslage" des Systems entfernt. Die Lösung dieser Gleichungen kann man mit elementaren Methoden in geschlossener Form angeben. Hierin liegt die große praktische Bedeutung linearer Kraftgesetze.

Kommt noch ein homogenes Kraftfeld hinzu, so ergibt sich eine Bewegungsgleichung

$$m\ddot{\boldsymbol{r}}(t)+D\boldsymbol{r}(t)=\boldsymbol{f}(t) \ , \tag{2.3.8}$$

die ebenfalls geschlossen lösbar ist. Gleichungen von diesem Typ erschließen den neuen bedeutsamen Phänomenbereich der erzwungenen Schwingungen und Resonanzerscheinungen (Kap. 6).

iii) Gravitationskräfte sind von Newton als einheitliches Phänomen erkannt und formal beschrieben worden. Er war es, der erkannte, daß alle Körper allein schon wegen ihrer Massen Kräfte aufeinander ausüben. Seine für uns einfache Theorie beschreibt die Gravitationswechselwirkungen mit solcher Genauigkeit, daß erst sehr viel später ganz geringfügige Abweichungen von ihren Vorhersagen sichergestellt und erst in diesem Jahrhundert durch die allgemeine Relativitätstheorie Einsteins erklärt werden konnten.

Eine erste allgemeine Eigenschaft der Kraft $\boldsymbol{K}_\mathrm{m}(t)$, die von anderen Massen auf ein Punktteilchen der (trägen) Masse m ausgeübt wird, ist, daß sie proportional zur trägen Masse m ist:

$$\boldsymbol{K}_\mathrm{m}(t)=m\boldsymbol{G}(t) \ . \tag{2.3.9}$$

Dies ist eine sehr bemerkenswerte Eigenschaft der Gravitationskräfte, denn es wäre zunächst zu erwarten gewesen, daß die Schwerkräfte, die auf ein Punktteilchen wirken, von einer neuen Eigenschaft dieses Teilchens abhingen, die man „schwere Masse" nennen könnte. Der soeben beschriebene, sehr tief liegende und experimentell genauestens bestätigte Sachverhalt wird allgemein als das Prinzip der Gleichheit von schwerer und träger Masse bezeichnet. Die allgemeine Relativitätstheorie nimmt ihn zum Ausgangspunkt, während er in der Newtonschen Gravitationstheorie ohne Erklärung zur Kenntnis genommen wird.

In der Bewegungsgleichung des Punktteilchens

$$m\ddot{\boldsymbol{r}}(t)=m\boldsymbol{G}(t) \tag{2.3.10}$$

hebt sich somit die Masse m heraus.

Wenn nun, etwa wegen der Kleinheit von m, eine Rückwirkung auf die viel größeren Massen, welche die Kraft $\boldsymbol{K}_\mathrm{m}(t)$ hervorrufen, vernachlässigt werden kann, dann sind die möglichen Bahnkurven unabhängig von m. Man nennt die von den viel größeren Massen hervorgerufene, auf das Punktteilchen der relativ kleinen Masse m wirkende Kraft auch eine *äußere Gravitationskraft*, wobei das Wort „äußere" andeutet, daß man eben die Kraft, die das Punktteilchen auf die anderen, größeren Massen ausübt, vernachlässigen will. Unter dem Einfluß einer äußeren Gravitationskraft ist die Bewegung eines Massenpunktes also unabhängig von seiner Masse.

Für die Schwerkraft an der Erdoberfläche, d.h. für die Anziehungskraft der Erde auf Objekte auf der Erde, die als äußere Gravitationskraft über nicht zu große Raumgebiete homogen ist, gilt dann

$$m\ddot{r}(t) = m\boldsymbol{g} \quad . \tag{2.3.11}$$

Man erhält näherungsweise für $|\boldsymbol{g}|$ den Wert $g = 9{,}81\ \mathrm{m\,s^{-2}}$, mit einer Schwankung von 0,5 % über die Erdoberfläche.

Das Herausfallen der Masse aus dieser Gleichung bedeutet, daß alle Massen gleich schnell auf die Erde fallen.

Nach diesen allgemeineren Aussagen über die Gravitationskraft soll nun der Ausdruck für $\boldsymbol{G}(t)$ präzisiert werden.

Nach der Newtonschen Theorie gibt es zu Gravitationskräften immer ein Kraftfeld, und alle Gravitationskräfte lassen sich auf ein einziges einfaches Kraftgesetz zurückführen, das die Gravitationskraft zwischen zwei Massen bestimmt:

Zwei Massenpunkte, die sich an den Orten P_1 bzw. P_2 befinden, ziehen sich gegenseitig an. Die Kraft, die dabei von dem Massenpunkt der Masse M_2 am Orte P_2 auf den Massenpunkt der Masse M_1 am Orte P_1 ausgeübt wird, ist (Abb. 2.3.1)

$$\boldsymbol{K}_{12} = \gamma \frac{M_1 M_2}{r^3} \boldsymbol{r} \ , \ \text{mit} \quad \boldsymbol{r} = \overrightarrow{P_1 P_2} \ ,$$
$$\gamma = 6{,}67 \times 10^{-11}\ \mathrm{m^3\,kg^{-1}\,s^{-2}} \ . \tag{2.3.12}$$

Dabei ist γ eine fundamentale Naturkonstante, auch Gravitationskonstante genannt. Die Gleichheit von schwerer und träger Masse ist in dieser Form des Kraftgesetzes enthalten. Offensichtlich gilt bei diesem Gesetz:

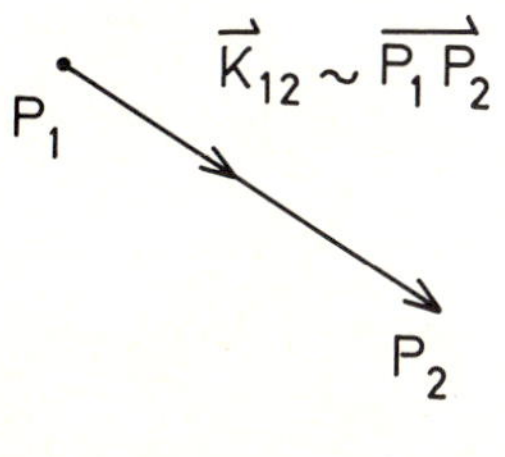

Abb. 2.3.1. Die Richtung der Kraft $\boldsymbol{K}_{12}$, die vom Massenpunkt am Orte P_2 auf einen Massenpunkt am Orte P_1 ausgeübt wird. Die Kraft ist anziehend

a) $|\boldsymbol{K}_{12}| \sim 1/r^2$,

b) $\boldsymbol{K}_{12} \| \overrightarrow{P_1 P_2}$,

c) $\boldsymbol{K}_{12} = -\boldsymbol{K}_{21}$ (actio = reactio).

Newton wurde auf folgende Weise auf dieses Gesetz geführt. Er kannte das dritte Keplersche Gesetz, nämlich, daß die Kuben der Bahnradien den Quadraten der Umlaufzeiten proportional sind:

$$r^3/T^2 = \text{const.}$$

Bei einer Kreisbahn gilt für die Frequenz $\omega = 2\pi/T$, und daher

$$r^3\omega^2 = \text{const} \quad \text{oder} \quad r\omega^2 = \text{const} \cdot 1/r^2 \ .$$

Bei einer Kreisbahn ist, wenn die $\boldsymbol{e}_1, \boldsymbol{e}_2$-Ebene die Ebene des Kreises ist:

$$\boldsymbol{r}(t) = r\boldsymbol{e}_1 \cos\omega t + r\boldsymbol{e}_2 \sin\omega t \ , \quad \text{und so}$$
$$\ddot{\boldsymbol{r}} = -\omega^2 \boldsymbol{r}, \quad \text{also} \quad |\boldsymbol{a}| = \omega^2 r \ .$$

Ein Punkt auf der Kreisbahn erfährt also ständig eine Beschleunigung in Richtung des Zentrums. Diese Beschleunigung muß durch die Massenanziehung bewirkt werden. Also ist, da experimentell $\omega^2 \cdot r = \text{const} \cdot r^{-2}$ gilt, diese Anziehung proportional zu $1/r^2$.

Natürlich ist diese Argumentation von Newton nur eine intuitive Erschließung der Abhängigkeit der Kraft vom Abstand der Massen. Das sieht man schon daran, daß dieses Argument Kreisbahnen für die Planeten voraussetzt. Daß das Newtonsche Anziehungsgesetz erfolgreich die Anziehung von Massen beschreibt, zeigt sich darin, daß aus diesem einen Gesetz u.a. alle drei Keplerschen Gesetze ableitbar sind und die Erdbeschleunigung g bestimmbar ist.

Im Bezugssystem eines Massenpunktes auf einer Kreisbahn, also in einem *Nichtinertialsystem* wird die Anziehungskraft gerade durch eine Zentrifugalkraft $mr\omega^2$ kompensiert, so daß in diesem System der Massenpunkt keine resultierende Kraft erfährt. Zentrifugalkräfte sind, wie die auch noch zu studierenden Coriolis-Kräfte, keine Kräfte, die von anderen Massen herrühren, sie treten immer nur in Nichtinertialsystemen auf. Im Nichtinertialsystem des Massenpunktes auf der Kreisbahn gilt also das Newtonsche Gesetz nicht, da in ihm der Massenpunkt in Ruhe bleibt, obwohl eine Gravitationskraft auf ihn einwirkt. Das kann man so interpretieren, daß der Gravitationskraft eine gleich große Kraft entgegenwirkt, eben die *Zentrifugalkraft*. Diese so konstruierte Kraft ist aber hier im Rahmen der Klassischen Mechanik eine Kraft anderer Art, eben eine *Scheinkraft*, die man zum Verschwinden bringen kann, wenn man nur ein Inertialsystem als Bezugssystem wählt. Scheinkräfte ergeben sich also durch Übergang zum Nichtinertialsystem, sie können daher nie universellen Charakter haben wie die Kräfte, die von Körpern auf andere Körper ausgeübt werden. Letztere sind aufzählbar, sie sind je nach physikalischem Problem in einem Inertialsystem wirksam und in die Bewegungsgleichung aufzunehmen. Scheinkräfte sind je nach der Abweichung von einem Inertialsystem von komplizierter Art. Eine Formulierung der Newtonschen Gesetze in einem beliebigen Nichtinertialsystem würde voraussetzen, daß man diese Scheinkräfte klassifizieren könnte und sie nach der Nichtinertialität des Bezugssystems einsetzte. Das impliziert aber, daß man ein Inertialsystem kennt und somit ist man wieder auf das Newtonsche Konzept zurückgeführt, nämlich in einem Inertialsystem die Bewegungsgleichung zu formulieren und nur Kräfte zuzulassen, die von Körpern auf andere Körper wirken.

iv) Auch *geschwindigkeitsabhängige Kraftgesetze* spielen in der Physik eine Rolle. Ein fundamentales Gesetz ist das folgende, das in Situationen gilt, in denen Teilchen eine elektrische Ladung e tragen. Befindet sich solch ein Teilchen in einem elektrischen Feld $\boldsymbol{E}(\boldsymbol{r}, t)$ und einem magnetischen Induktionsfeld $\boldsymbol{B}(\boldsymbol{r}, t)$, so wirkt auf das Teilchen die Kraft

$$\boldsymbol{K}_{\mathrm{L}}(\boldsymbol{r}, \dot{\boldsymbol{r}}, t) = e\,[\boldsymbol{E}(\boldsymbol{r}, t) + \dot{\boldsymbol{r}} \times \boldsymbol{B}(\boldsymbol{r}, t)] \ . \qquad (2.3.13)$$

$\boldsymbol{K}_{\mathrm{L}}$ nennt man auch die *Lorentz-Kraft*. Diese Kraft hängt also auch noch von der Geschwindigkeit des Massenpunktes ab, sie kann sogar zusätzlich explizit von der Zeit abhängen, wenn $\boldsymbol{E}$ und $\boldsymbol{B}$ dieses tun. Die Lorentz-Kraft ist also die Kraft auf ein Teilchen mit einer elektrischen Ladung e in einem elektromagnetischen Feld. Die Felder $\boldsymbol{E}$ und $\boldsymbol{B}$ sollen hier von anderen geladenen Teilchen verursacht werden.

v) Die Kraft, die zwei ruhende Ladungen q_1, q_2, die sich am Orte P_1 bzw. P_2 befinden, aufeinander ausüben, wird beschrieben durch das *Coulomb-Gesetz*[11]

$$\boldsymbol{K}_{12} = -\frac{1}{4\pi\varepsilon_0}\,\frac{q_1 q_2}{r^3}\,\boldsymbol{r} \quad \text{mit} \quad \boldsymbol{r} = \overrightarrow{P_1 P_2} \ ,$$
$$4\pi\varepsilon_0 = 1{,}1126 \times 10^{-10}\,\mathrm{CV}^{-1}\,\mathrm{m}^{-1} \ . \qquad (2.3.14)$$

[11] *Coulomb, Charles Auguste de* (∗ 1736 Angoulème, † 1806 Paris). In den Jahren 1784–1789 entscheidende Abhandlungen über Elektrizitätslehre und Magnetismus. Die von ihm erfundene Drehwaage ermöglichte ihm die Entdeckung des Kraftgesetzes zwischen ruhenden Ladungen.

Dieses Gesetz hat die gleiche Struktur wie das Gravitationsgesetz. Betrachtet man zwei Protonen, so ziehen sich diese an auf Grund der Gravitationskraft, und sie stoßen sich ab auf Grund der Coulomb-Kraft. Die Coulomb-Kraft ist dabei $\sim 10^{36}$ mal stärker als die Gravitationskraft.

Daß sich elektrische Kräfte in der Alltagswelt so wenig bemerkbar machen, liegt daran, daß es sowohl positive als auch negative Ladungen gibt. Gerade wegen der Stärke der elektromagnetischen Kräfte werden sich positive und negative Ladungen nach Möglichkeit kompensieren. Massen sind andererseits immer positiv, und Gravitationskräfte können nicht wie elektrische Kräfte abgeschirmt werden. Dies ist der Grund dafür, daß sie trotz ihrer relativen Schwäche leichter zu beobachten sind.

vi) Zum Schluß sei noch ein weiteres geschwindigkeitsabhängiges Kraftgesetz angegeben. Auch durch Reibung kann eine Bewegung beeinflußt werden. Man stellt experimentell fest, daß diese *Reibungskraft* für kleine Geschwindigkeiten proportional der Geschwindigkeit und der Bewegungsrichtung entgegengesetzt ist:

$$\boldsymbol{K}_{\mathrm{R}} = -\kappa\dot{\boldsymbol{r}} \ , \quad \kappa > 0 \ . \qquad (2.3.15)$$

Für den freien Fall mit Berücksichtigung der Reibung wäre so

$$m\ddot{\boldsymbol{r}} = m\boldsymbol{g} - \kappa\dot{\boldsymbol{r}} \qquad (2.3.16)$$

die Bewegungsgleichung, die es zu lösen gilt.

2.4 Der Energiesatz für einen Massenpunkt in einem Kraftfeld

2.4.1 Wegintegrale

Wir wollen einen Massenpunkt der Masse m betrachten, der unter dem Einfluß eines zeitunabhängigen Kraftfeldes steht. Es sei also

$$\boldsymbol{K}(t) = \boldsymbol{K}(\boldsymbol{r}(t)) \ .$$

Dann lautet die Bewegungsgleichung

$$m\ddot{\boldsymbol{r}}(t) = \boldsymbol{K}(\boldsymbol{r}(t)) \ . \qquad (2.4.1)$$

Multipliziert man nun diese Gleichung skalar mit $\dot{\boldsymbol{r}}$:

$$m\ddot{\boldsymbol{r}}\cdot\dot{\boldsymbol{r}}=\boldsymbol{K}(\boldsymbol{r})\cdot\dot{\boldsymbol{r}} \tag{2.4.2}$$

und integriert man beide Seiten über t von t_1 nach t_2, so erhält man für die linke Seite

$$m\int_{t_1}^{t_2} dt\,\ddot{\boldsymbol{r}}\cdot\dot{\boldsymbol{r}}=\frac{1}{2}\,m\int_{t_1}^{t_2} dt\,\frac{d}{dt}\,(\dot{\boldsymbol{r}}^2)=\frac{1}{2}\,m\dot{\boldsymbol{r}}^2\Big|_{t_1}^{t_2}$$

$$=T(t_2)-T(t_1)\quad\text{mit}$$

$$T=\frac{1}{2}\,m\dot{\boldsymbol{r}}^2\ . \tag{2.4.3}$$

Für die rechte Seite erhält man das Integral

$$\int_{t_1}^{t_2}\boldsymbol{K}(\boldsymbol{r}(t))\cdot\frac{d\boldsymbol{r}(t)}{dt}\,dt\ . \tag{2.4.4}$$

Dabei ist $\boldsymbol{r}(t)$ in $\boldsymbol{K}(\boldsymbol{r}(t))$ eine Lösung der Bewegungsgleichung. Sei $\boldsymbol{r}(t_1)=\boldsymbol{r}_1$, $\boldsymbol{r}(t_2)=\boldsymbol{r}_2$ und sei C das Stück der Bahn zwischen $\boldsymbol{r}_1$ und $\boldsymbol{r}_2$, so schreiben wir auch

$$\int_{t_1}^{t_2}\boldsymbol{K}(\boldsymbol{r}(t))\cdot\frac{d\boldsymbol{r}(t)}{dt}\,dt=\int_{\boldsymbol{r}_1,C}^{\boldsymbol{r}_2}\boldsymbol{K}(\boldsymbol{r})\cdot d\boldsymbol{r}\ . \tag{2.4.5}$$

Der Ausdruck

$$\int_{\boldsymbol{r}_1,C}^{\boldsymbol{r}_2}\boldsymbol{K}(\boldsymbol{r})\cdot d\boldsymbol{r}=A_{12}(\boldsymbol{r}_1,\boldsymbol{r}_2\,;C,\boldsymbol{K})\equiv A_{12}(C) \tag{2.4.6}$$

stellt, mathematisch betrachtet, ein *Wegintegral* dar. Wir stellen ausdrücklich fest, daß das Wegintegral nur von dem Stück der *Bahn* zwischen $\boldsymbol{r}_1$ und $\boldsymbol{r}_2$ abhängen kann und von der Durchlaufrichtung dieses Bahnstücks, nicht aber von der Bahn*kurve* $\boldsymbol{r}(t)$ zwischen t_1 und t_2. Ersetzt man nämlich die Zeit t durch einen anderen Parameter τ mit $t=t(\tau)$, so ist

$$\int_{\tau(t_1)}^{\tau(t_2)}\boldsymbol{K}(\boldsymbol{r}(t(\tau)))\cdot\frac{d\boldsymbol{r}(t(\tau))}{d\tau}\,d\tau$$

$$=\int_{\tau(t_1)}^{\tau(t_2)}\boldsymbol{K}(\boldsymbol{r}(t(\tau)))\cdot\frac{d\boldsymbol{r}(t(\tau))}{dt}\,\frac{dt}{d\tau}\,d\tau$$

$$=\int_{t_1}^{t_2}\boldsymbol{K}(\boldsymbol{r}(t))\cdot\frac{d\boldsymbol{r}(t)}{dt}\,dt\ . \tag{2.4.7}$$

Zur Charakterisierung eines Wegintegrals muß man also angeben:

a) Anfangs- und Endpunkt des Weges,
b) den Weg selbst zwischen den Punkten,
c) den Integranden, d.h. ein Vektorfeld.

Ehe wir auf die physikalische Bedeutung dieses Wegintegrals $A_{12}(C)$ eingehen, müssen wir uns über einige Eigenschaften von allgemeinen Wegintegralen über Vektorfelder informieren.

i) Allgemein nennt man ein Vektorfeld $\boldsymbol{F}(\boldsymbol{r},t)$ *konservativ*, wenn das Wegintegral

$$\int_{\boldsymbol{r}_1,C}^{\boldsymbol{r}_2}\boldsymbol{F}(\boldsymbol{r},t)\cdot d\boldsymbol{r}=\int_0^{\sigma}\boldsymbol{F}(\boldsymbol{r}(\sigma'),t)\cdot\frac{d\boldsymbol{r}(\sigma')}{d\sigma'}\,d\sigma' \tag{2.4.8}$$

unabhängig vom Weg $C=\{\boldsymbol{r}(\sigma')\,|\,0\leq\sigma'\leq\sigma\}$ zwischen $\boldsymbol{r}_1$ und $\boldsymbol{r}_2$ ist, also nur noch von $\boldsymbol{r}(0)=\boldsymbol{r}_1$ und $\boldsymbol{r}(\sigma)=\boldsymbol{r}_2$ abhängt. Man beachte, daß t hier die Rolle eines (oder mehrerer) Parameter spielt und bei der Integration entlang des Weges festgehalten wird.

ii) Ein Vektorfeld $\boldsymbol{F}(\boldsymbol{r},t)$ ist konservativ genau dann, wenn das Wegintegral über einen jeden *geschlossenen Weg* verschwindet.

Das ist offensichtlich, denn seien C_1 und C_2 zwei Wege von $\boldsymbol{r}_1$ nach $\boldsymbol{r}_2$ (Abb. 2.4.1). Ist $\boldsymbol{F}$ konservativ, so ist

$$\int_{\boldsymbol{r}_1,C_1}^{\boldsymbol{r}_2}\boldsymbol{F}\cdot d\boldsymbol{r}=\int_{\boldsymbol{r}_1,C_2}^{\boldsymbol{r}_2}\boldsymbol{F}\cdot d\boldsymbol{r}=-\int_{\boldsymbol{r}_2,-C_2}^{\boldsymbol{r}_1}\boldsymbol{F}\cdot d\boldsymbol{r}\ , \tag{2.4.9}$$

also ist

$$\int_{C_1\cup -C_2}\boldsymbol{F}\cdot d\boldsymbol{r}=0\ . \tag{2.4.10}$$

Ist umgekehrt jedes Wegintegral über einen geschlossenen Weg gleich Null, so betrachte man alle geschlossenen Wege, auf denen $\boldsymbol{r}_1$ und $\boldsymbol{r}_2$ liegen. Diese beiden Punkte teilen den Weg in zwei Teile, und die obige Rechnung ergibt, in umgekehrter Reihenfolge gelesen, die Aussage, daß das Integral unabhängig vom Weg ist.

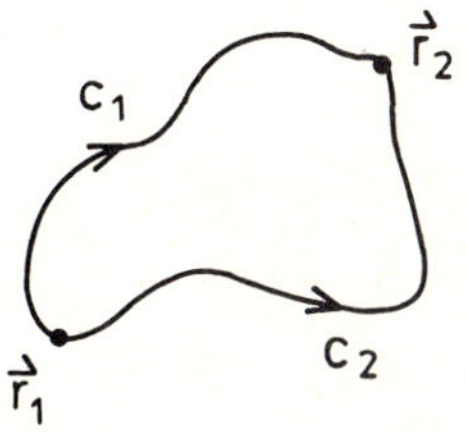

Abb. 2.4.1. Zwei Wege von $\boldsymbol{r}_1$ nach $\boldsymbol{r}_2$

iii) Ein Vektorfeld $\boldsymbol{F}$ ist konservativ genau dann, wenn es ein *skalares Feld* $U(\boldsymbol{r}, t)$ gibt mit

$$\boldsymbol{F} = -\boldsymbol{\nabla} U(\boldsymbol{r}, t) \equiv -\operatorname{grad} U(\boldsymbol{r}, t) \quad . \tag{2.4.11}$$

Der *Gradient* ist hierbei ein Vektorfeld, definiert durch

$$\boldsymbol{\nabla} U(\boldsymbol{r}, t) = \left(\frac{\partial U}{\partial x_1}, \frac{\partial U}{\partial x_2}, \frac{\partial U}{\partial x_3}\right) = \sum_{i=1}^{3} \frac{\partial U}{\partial x_i} \boldsymbol{e}_i \quad , \tag{2.4.12}$$

wenn x_1, x_2, x_3 die Koordinaten bezüglich einer Orthonormalbasis sind. (Das Minuszeichen ist Konvention.) U ist dadurch bis auf eine Konstante bestimmt.

Beweis

a) Es gebe ein $U(\boldsymbol{r}, t)$. Wir wollen zeigen, daß

$$\int_{\boldsymbol{r}_1}^{\boldsymbol{r}_2} \boldsymbol{F} \cdot d\boldsymbol{r}$$

unabhängig vom Wege ist. Sei C irgendein Weg mit

$$C = \{\boldsymbol{r}(\sigma') \,|\, 0 \leq \sigma' \leq \sigma\}, \boldsymbol{r}(0) = \boldsymbol{r}_1, \boldsymbol{r}(\sigma) = \boldsymbol{r}_2 \ ,$$

dann ist

$$\begin{aligned} \int_{\boldsymbol{r}_1, C}^{\boldsymbol{r}_2} \boldsymbol{F} \cdot d\boldsymbol{r} &= -\int_0^{\sigma} \boldsymbol{\nabla} U(\boldsymbol{r}(\sigma'), t) \cdot \frac{d\boldsymbol{r}(\sigma')}{d\sigma'} \, d\sigma' \\ &= -\int_0^{\sigma} d\sigma' \frac{d}{d\sigma'} U(\boldsymbol{r}(\sigma'), t) \\ &= -[U(\boldsymbol{r}_2) - U(\boldsymbol{r}_1)] \ . \end{aligned} \tag{2.4.13}$$

Offensichtlich ist das Ergebnis nicht vom Weg C abhängig.

b) Ist umgekehrt

$$\int_{\boldsymbol{r}_1}^{\boldsymbol{r}_2} \boldsymbol{F} \cdot d\boldsymbol{r}$$

unabhängig vom Wege, so definiere man

$$U(\boldsymbol{r}) := -\int_{\boldsymbol{r}_1, C}^{\boldsymbol{r}} \boldsymbol{F} \cdot d\boldsymbol{r} \tag{2.4.14}$$

mit C beliebig und $\boldsymbol{r}_1$ beliebig, aber fest. Mit

$$C = \{\boldsymbol{r}(\sigma') \,|\, 0 \leq \sigma' \leq \sigma\}, \boldsymbol{r}(0) = \boldsymbol{r}_1, \boldsymbol{r}(\sigma) = \boldsymbol{r} \ ,$$

ist also

$$U(\boldsymbol{r}) = U(\boldsymbol{r}(\sigma)) = -\int_0^{\sigma} \boldsymbol{F}(\boldsymbol{r}(\sigma')) \cdot \frac{d\boldsymbol{r}(\sigma')}{d\sigma'} \, d\sigma' \ , \tag{2.4.15}$$

und so

$$\frac{d}{d\sigma} U(\boldsymbol{r}(\sigma)) = \frac{d\boldsymbol{r}(\sigma)}{d\sigma} \cdot \boldsymbol{\nabla} U = -\boldsymbol{F}(\boldsymbol{r}(\sigma)) \cdot \frac{d\boldsymbol{r}(\sigma)}{d\sigma}$$

oder

$$(\boldsymbol{F} + \boldsymbol{\nabla} U) \cdot \frac{d\boldsymbol{r}(\sigma)}{d\sigma} = 0 \ .$$

Da aber $d\boldsymbol{r}(\sigma)/d\sigma$ beliebig ist wegen der Beliebigkeit des Weges C, so ist

$$\boldsymbol{F} = -\boldsymbol{\nabla} U \ .$$

Wählt man statt $\boldsymbol{r}_1$ einen anderen Punkt $\boldsymbol{r}_1'$ als Anfangswert bei dem Wegintegral, so ist

$$\hat{U} = \int_{\boldsymbol{r}_1'}^{\boldsymbol{r}} \boldsymbol{F} \cdot d\boldsymbol{r} = \int_{\boldsymbol{r}_1}^{\boldsymbol{r}} \boldsymbol{F} \cdot d\boldsymbol{r} + \int_{\boldsymbol{r}_1'}^{\boldsymbol{r}_1} \boldsymbol{F} \cdot d\boldsymbol{r} = U + c \ .$$

Andererseits ist

$$\boldsymbol{\nabla} \hat{U} = \boldsymbol{\nabla}(U + c) = \boldsymbol{\nabla} U \ .$$

U ist durch $\boldsymbol{F}$ so nur bis auf eine Konstante bestimmt.

Man nennt U ein zu $\boldsymbol{F}$ gehörendes *Potentialfeld* oder auch *Potential*.

iv) Ist $\boldsymbol{F}$ konservativ, so gilt:

$$\boldsymbol{\nabla} \times \boldsymbol{F} = \boldsymbol{0} \ , \tag{2.4.16}$$

$\boldsymbol{\nabla} \times \boldsymbol{F}$ (sprich *Rotation* $\boldsymbol{F}$) ist hierbei ein Vektorfeld, das wie folgt definiert ist:

$$\boldsymbol{\nabla} \times \boldsymbol{F} = \left(\frac{\partial F_3}{\partial x_2} - \frac{\partial F_2}{\partial x_3}, \frac{\partial F_1}{\partial x_3} - \frac{\partial F_3}{\partial x_1}, \frac{\partial F_2}{\partial x_1} - \frac{\partial F_1}{\partial x_2}\right) \tag{2.4.17}$$

oder auch

$$(\boldsymbol{\nabla} \times \boldsymbol{F})_i = \varepsilon_{ijk} \frac{\partial F_k}{\partial x_j} \tag{2.4.18}$$

in einem rechtshändigen Orthonormalsystem. Wenn $\boldsymbol{F} = -\boldsymbol{\nabla} U$, so ist

$$F_k = -\frac{\partial U}{\partial x_k} \quad \text{und}$$

$$\frac{\partial F_k}{\partial x_j} - \frac{\partial F_j}{\partial x_k} = -\frac{\partial^2 U}{\partial x_k \partial x_j} + \frac{\partial^2 U}{\partial x_j \partial x_k} = 0$$

wegen der Symmetrie der zweiten Ableitungen und damit wirklich

$$\boldsymbol{\nabla} \times \boldsymbol{F} = \boldsymbol{0} \ .$$

v) Umgekehrt gilt natürlich:
Ist $\boldsymbol{\nabla} \times \boldsymbol{F} \neq \boldsymbol{0}$, so ist auch $\boldsymbol{F}$ nicht konservativ und $\int_{\boldsymbol{r}_1}^{\boldsymbol{r}_2} \boldsymbol{F} \cdot d\boldsymbol{r}$ nicht unabhängig vom Wege.

vi) Man kann weiter zeigen: Ist

$$\boldsymbol{\nabla} \times \boldsymbol{F} = \boldsymbol{0}$$

in einem einfach zusammenhängenden Gebiet des E^3, so ist dort auch (vgl. Anhang F)

$$\boldsymbol{F} = -\boldsymbol{\nabla} U \ .$$

2.4.2 Arbeit und Energiesatz

Kehren wir zurück zu unseren Wegintegralen über das Kraftfeld $\boldsymbol{K}(\boldsymbol{r})$.

Ist das Kraftfeld ein konservatives Vektorfeld, so ist also

$$\boldsymbol{K}(\boldsymbol{r}) = -\nabla U(\boldsymbol{r}) \quad \text{und}$$

$$\int_{\boldsymbol{r}_1}^{\boldsymbol{r}_2} \boldsymbol{K}(\boldsymbol{r}) \cdot d\boldsymbol{r} = U(\boldsymbol{r}_1) - U(\boldsymbol{r}_2) \ , \qquad (2.4.19)$$

und somit ist

$$T(t_2) + U(\boldsymbol{r}(t_2)) = T(t_1) + U(\boldsymbol{r}(t_1)) \ . \qquad (2.4.20)$$

Das bedeutet, daß die Größe

$$E = \tfrac{1}{2} m\dot{\boldsymbol{r}}^2(t) + U(\boldsymbol{r}(t)) \qquad (2.4.21)$$

eine zeitliche Konstante ist, wenn die Bahnkurve $\boldsymbol{r}(t)$ Lösung der Bewegungsgleichung ist. Man nennt E die *Energie*, T die *kinetische Energie*[12], $U(\boldsymbol{r})$ die *potentielle Energie*[12] des Teilchens am Orte $\boldsymbol{r}$.

Die Energie eines Punktteilchens ist so im Rahmen der Newtonschen Mechanik im Falle eines konservativen Kraftfeldes eine erhaltene Größe; während der Bewegung dieses Punktteilchens wird weder Energie abgegeben noch aufgenommen. Den festen Wert dieser Größe kann man z.B. für $t=0$ aus den Anfangsbedingungen bestimmen: $E = \frac{1}{2} m\dot{\boldsymbol{r}}^2(0) + U(\boldsymbol{r}(0))$.

Allgemein nennt man – auch für nichtkonservative Kräfte – das Integral

$$A = \int_{\boldsymbol{r}_1, C}^{\boldsymbol{r}_2} \boldsymbol{K} \cdot d\boldsymbol{r}$$

die von der Kraft am Punktteilchen längs der Bahn C zwischen $\boldsymbol{r}_1$ und $\boldsymbol{r}_2$ *geleistete Arbeit*. Bei einer konservativen Kraft ist A gleich dem Negativen der Änderung der potentiellen Energie des Punktteilchens.

Für die Lorentz-Kraft $\boldsymbol{K}_{\mathrm{L}}(t) = e[\boldsymbol{E}(\boldsymbol{r}(t)) + \dot{\boldsymbol{r}}(t) \times \boldsymbol{B}(\boldsymbol{r}(t))]$ ist $\boldsymbol{K}_{\mathrm{L}}(t) \cdot \dot{\boldsymbol{r}}(t) = e\dot{\boldsymbol{r}}(t) \cdot \boldsymbol{E}(\boldsymbol{r}(t))$. Das Magnetfeld leistet also niemals Arbeit. Wenn das Feld $\boldsymbol{E}(\boldsymbol{r})$ konservativ ist, läßt sich auch die von der Lorentz-Kraft geleistete Arbeit als Differenz der potentiellen Energien ausdrücken.

Beispiele

i) Das homogene Kraftfeld ist konservativ. Das Potential zu

$$\boldsymbol{K} \equiv \boldsymbol{A} \quad \text{ist} \quad U = -\boldsymbol{A} \cdot \boldsymbol{r} + \text{const} \ .$$

Das ist klar, da

$$\boldsymbol{\nabla}(\boldsymbol{A} \cdot \boldsymbol{r}) = \left(\frac{\partial}{\partial x_1} \boldsymbol{A} \cdot \boldsymbol{r}, \frac{\partial}{\partial x_2} \boldsymbol{A} \cdot \boldsymbol{r}, \frac{\partial}{\partial x_3} \boldsymbol{A} \cdot \boldsymbol{r} \right)$$

$$= (A_1, A_2, A_3) = \boldsymbol{A} \quad \text{ist} \ . \qquad (2.4.22)$$

Mit $\boldsymbol{A} = m\boldsymbol{g}$ ist so $U = -m\boldsymbol{g} \cdot \boldsymbol{r}$, und wenn man die

---

[12] *Energie* (griech.) Tatkraft, Wirksamkeit; ursprünglich philosophischer Begriff, bei Aristoteles synonym mit Entelechie, später als physikalischer Terminus: innewohnende Arbeit, Fähigkeit, Arbeit zu verrichten.

Kinetische Energie: Bewegungsenergie, von griech. kinein: bewegen. Potentielle Energie: etwa „Energie der Möglichkeit" von lat. potentia: Macht, Möglichkeit. Ein höher gelegenes Gewicht hat im Vergleich zu einem tiefer gelegenen die größere Möglichkeit, Arbeit zu verrichten.

z-Achse in $-\boldsymbol{g}$-Richtung legt, ist so

$$U = +mgz \ . \tag{2.4.23}$$

ii) Ist $\boldsymbol{K}(\boldsymbol{r}) = f(r)\,\boldsymbol{r}/r$, $r = |\boldsymbol{r}|$, so ist

$$U(\boldsymbol{r}) = -\int_{r_0}^{r} f(r')dr' = U(r), \quad \text{d.h.}$$
$$U' = -f(r)\,, \tag{2.4.24}$$

denn so ist

$$-\boldsymbol{\nabla} U(r) = -\frac{dU}{dr} \cdot \boldsymbol{\nabla} r = f(r)\boldsymbol{\nabla} r \ . \tag{2.4.25}$$

Es ist aber $\boldsymbol{\nabla} r = \boldsymbol{r}/r$.

Insbesondere sind so Gravitationskraft und harmonische Kraft konservativ mit den Potentialfeldern

$$U(r) = -\frac{\gamma M_1 M_2}{r} \tag{2.4.26}$$

für die Gravitationskraft und

$$U(r) = \frac{D}{2} r^2 \tag{2.4.27}$$

für die harmonische Kraft $\boldsymbol{K}(\boldsymbol{r}) = -D\boldsymbol{r}$.

Ein Kraftfeld der Form

$$\boldsymbol{K}(\boldsymbol{r}) = f(r)\boldsymbol{r}/r \tag{2.4.28}$$

heißt *rotationssymmetrisches Zentralkraftfeld.* Allgemein nennt man ein Kraftfeld, bei dem die Kraft stets in der Verbindungslinie mit einem Zentrum O liegt, ein *Zentralkraftfeld.* Ein allgemeines Zentralkraftfeld hat also die Gestalt

$$\boldsymbol{K}(\boldsymbol{r}) = g(\boldsymbol{r})\boldsymbol{r}/r \ . \tag{2.4.29}$$

Für rotationssymmetrische Zentralkraftfelder, die, wie wir gesehen haben, stets konservativ sind, hängt der Betrag der Kraft nur vom Abstand r vom Zentrum ab. Man überlegt sich leicht, daß nicht rotationssymmetrische Zentralkraftfelder nicht konservativ sein können, da sich in diesem Fall sofort ein geschlossener Weg angeben läßt, längs dessen das Arbeitsintegral nicht verschwindet.

iii) Ein nichtkonservatives Feld wäre

$$\boldsymbol{F} = (y, -x, 0) \quad \text{mit} \quad \boldsymbol{r} = (x, y, z) \ . \tag{2.4.30}$$

Es ist $(\boldsymbol{\nabla} \times \boldsymbol{F}) = (0, 0, -2)$, das Vektorfeld ist nicht rotationsfrei.

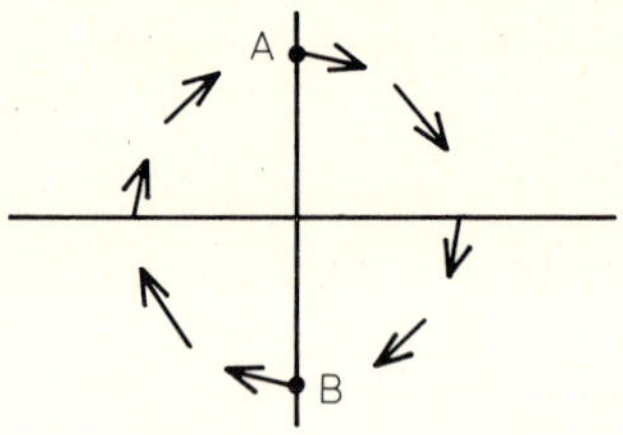

Abb. 2.4.2. Ein nicht rotationsfreies Vektorfeld

Zeichnet man an einigen Punkten den zugehörigen Vektor $\boldsymbol{F}$ ein, ergibt sich Abb. 2.4.2.

Man sieht unmittelbar, daß

$$\int_A^B \boldsymbol{F} \cdot d\boldsymbol{r}$$

abhängig vom Wege ist, da beim rechten Halbkreis $\boldsymbol{F}$ meistens parallel zu $d\boldsymbol{r}$, auf dem linken Halbkreis $\boldsymbol{F}$ meistens antiparallel zu $d\boldsymbol{r}$ ist.

iv) Für eindimensionale Bewegungen ist $K(x)$ immer konservativ, man kann immer ein $U(x)$ angeben, mit

$$K(x) = (-d/dx)U(x) \ , \tag{2.4.31}$$

nämlich die Stammfunktion von $-K(x)$. Dann gilt

$$\tfrac{1}{2} m\dot{x}^2 + U(x) = E = \text{const} \ , \quad \text{und so} \tag{2.4.32}$$

$$\dot{x} = \pm\sqrt{(2/m)\,[E - U(x(t))]} \quad \text{oder} \tag{2.4.33}$$

$$\int_{t_0}^{t} \frac{\dot{x}\,dt'}{\sqrt{(2/m)\,[E - U(x(t'))]}} = \int_{x_0}^{x} \frac{dx}{\sqrt{(2/m)\,[E - U(x)]}} = \int_{t_0}^{t} dt' = t - t_0 \ , \tag{2.4.34}$$

wobei $x_0 = x(t_0)$, $x = x(t)$ sei.

Die Bewegungsgleichung ist also sofort lösbar, indem man ausnutzt, daß E eine erhaltene Größe ist. Man erhält so als Lösung

$$x = x(t; E, x_0) \ .$$

Die beiden Parameter E, x_0, die die Lösung charakterisieren, stehen für die beiden Anfangsbedingungen $x(0) = x_0$, $\dot{x}(0) = v_0$. Der Zusammenhang zwischen E und v_0 ergibt sich aus

$$v_0 = \sqrt{(2/m)\,[E - U(x_0)]} \ . \tag{2.4.35}$$

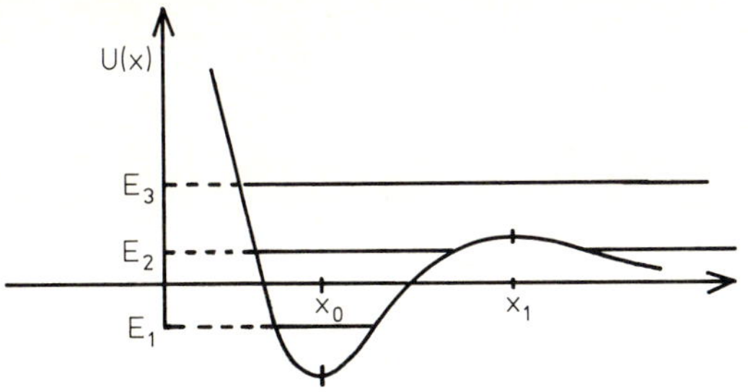

Abb. 2.4.3. Ein Beispiel einer Potentialfunktion für eine eindimensionale Bewegung mit den erlaubten Aufenthaltsbereichen für verschiedene Energien

Da die kinetische Energie T nie negativ ist, gilt $E=T+U\geq U$, die Gesamtenergie ist also nie kleiner als die potentielle Energie, und Gleichheit kann nur gelten, wenn $\dot{x}=0$. Wenn man die Funktion $U(x)$ aufträgt, so kann man die Bereiche, in denen sich bei gegebener Energie E das Teilchen aufhalten kann, sofort ablesen (Abb. 2.4.3).

Man erkennt insbesondere: Wenn x_0 ein Minimum von U ist und $E_0=U(x_0)+|\varepsilon|$ etwas größer als $U(x_0)$, so bleibt die Bahnkurve stets in der Nähe der Ruhelage x_0. Wenn andererseits x_1 ein Maximum von U ist, so wird sich bei einer kleinen Änderung der Energie $U(x_1)$ zu $E_1=U(x_1)+\varepsilon$ die Bahn weit von x_1 entfernen.

Minima des Potentials entsprechen stabilen Gleichgewichtslagen, Maxima labilen Gleichgewichtslagen. Diese Überlegung gilt sinngemäß auch für mehrdimensionale Bewegungen. Eine Gleichgewichtslage ist genau dann stabil, wenn sie zu einem Minimum des Potentials gehört.

2.5 Mehrere Punktteilchen in Wechselwirkung

Im vorigen Kapitel hatten wir nur einen Massenpunkt betrachtet, die Bewegungsgleichung für diesen studiert und die Energie als erhaltene Größe diskutiert.

Betrachten wir nun N Massenpunkte, so müssen wir analog verfahren. Die Bewegungsgleichung für den i-ten Massenpunkt lautet dann:

$$m_i\ddot{\boldsymbol{r}}_i(t)=\boldsymbol{K}_i(t)\ ,\qquad i=1,\ldots,N\ , \tag{2.5.1}$$

wobei m_i die Masse des i-ten Teilchens ist und $\boldsymbol{K}_i(t)$ die Kraft ist, die auf das Teilchen i wirkt.

Sei diese Kraft auf dem i-ten Massenpunkt von der Form

$$\boldsymbol{K}_i(t)=\boldsymbol{K}_i(\boldsymbol{r}_1(t),\ldots,\boldsymbol{r}_N(t))\ , \tag{2.5.2}$$

dann stellen die Bewegungsgleichungen

$$m_i\ddot{\boldsymbol{r}}_i(t)=\boldsymbol{K}_i(\boldsymbol{r}_1(t),\ldots,\boldsymbol{r}_N(t)) \tag{2.5.3}$$

ein System von $3N$ Differentialgleichungen dar; als Anfangsbedingungen wären z. B. $\boldsymbol{r}_i(0)$ und $\dot{\boldsymbol{r}}_i(0)$ vorzugeben. Das sind $6N$ Anfangsbedingungen, durch welche eine Lösung der Bewegungsgleichung eindeutig bestimmt ist.

Multiplikation mit $\dot{\boldsymbol{r}}_i$ und Summation über i von 1 bis N ergibt so, nach einer Integration von t_1 nach t_2:

$$\int_{t_1}^{t_2} dt\sum_{i=1}^{N} m_i\ddot{\boldsymbol{r}}_i\cdot\dot{\boldsymbol{r}}_i=\int_{t_1}^{t_2}\sum_{i=1}^{N}\boldsymbol{K}_i(\boldsymbol{r}_1(t),\ldots,\boldsymbol{r}_N(t))\cdot\frac{d\boldsymbol{r}_i(t)}{dt}\,dt$$

oder auch

$$T(t_2)-T(t_1)=\int_{t_1}^{t_2}\sum_{i=1}^{N}\boldsymbol{K}_i(\boldsymbol{r}_1(t),\ldots,\boldsymbol{r}_N(t))\cdot\frac{d\boldsymbol{r}_i(t)}{dt}\,dt \tag{2.5.4}$$

mit

$$T(t)=\frac{1}{2}\sum_{i=1}^{N} m_i\dot{\boldsymbol{r}}_i^2(t)\ . \tag{2.5.5}$$

$T(t)$ nennt man die *kinetische Energie des Systems von N Punktteilchen.* Interessant wäre nun, wenn auch in diesem allgemeinen N-Teilchen-Fall die Kräfte aus einem einzigen Potential ableitbar wären.

Um diese Möglichkeit diskutieren zu können, betrachten wir den $3N$-dimensionalen Vektorraum aller $3N$ Vektorkoordinaten

$$\begin{aligned}&Z=V^3\oplus\ldots\oplus V^3\ (N\ \text{mal})\\&Z=\{\underline{z}=(\boldsymbol{r}_1,\ldots,\boldsymbol{r}_N)\,|\,\boldsymbol{r}_i\in V^3\}\ .\end{aligned} \tag{2.5.6}$$

Die Lagen aller N Teilchen können dann also durch Punkte in Z beschrieben werden, indem man die Ortsvektoren $\boldsymbol{r}_1,\ldots,\boldsymbol{r}_N$ zu einem Vektor $\underline{z}=(\boldsymbol{r}_1,\ldots,\boldsymbol{r}_N)$ aus Z zusammenfaßt.

Dieser Raum $Z=V^{3N}$ der möglichen Lagen des N-Teilchensystems heißt *Konfigurationsraum* des Systems.

Auf Z definieren wir ein Skalarprodukt wie folgt: Wenn $\underline{z}=(\boldsymbol{r}_1,\ldots,\boldsymbol{r}_N)$ und $\underline{z}'=(\boldsymbol{r}'_1,\ldots,\boldsymbol{r}'_N)$, dann ist

$$\underline{z}\cdot\underline{z}'=\sum_{i=1}^{N}\boldsymbol{r}_i\cdot\boldsymbol{r}'_i\ . \tag{2.5.7}$$

Die N Bahnkurven $\boldsymbol{r}_i(t)$ $(i=1,\ldots,N)$ entsprechen dann einer Bahnkurve $t\mapsto\underline{z}(t)=(\boldsymbol{r}_1(t),\ldots,\boldsymbol{r}_N(t))\in Z$. Ebenso fassen wir die Kraftfelder $\boldsymbol{K}_i(\boldsymbol{r}_1,\ldots,\boldsymbol{r}_N)$ zu einem Kraftfeld $\underline{\boldsymbol{K}}: V^{3N}\to V^{3N}$ zusammen:

$$\underline{\boldsymbol{K}}(\underline{z})=(\boldsymbol{K}_1(\boldsymbol{r}_1,\ldots,\boldsymbol{r}_N),\ldots,\boldsymbol{K}_N(\boldsymbol{r}_1,\ldots,\boldsymbol{r}_N))\ . \tag{2.5.8}$$

Dann ist

$$\int_{t_1}^{t_2}\sum_{i=1}^{N}\boldsymbol{K}_i(\boldsymbol{r}_1(t),\ldots,\boldsymbol{r}_N(t))\cdot\frac{d\boldsymbol{r}_i(t)}{dt}\,dt=\int_{t_1}^{t_2}\underline{\boldsymbol{K}}(\underline{z}(t))\cdot\frac{d\underline{z}}{dt}\,dt$$
$$=\int_{\underline{z}_1,C}^{\underline{z}_2}\underline{\boldsymbol{K}}\cdot d\underline{z}\ . \tag{2.5.9}$$

In Abschn. 2.4.1 hatten wir einige mathematische Bemerkungen zu Wegintegralen über Vektorfelder gemacht. Diese waren für dreidimensionale Vektorräume formuliert worden, sind aber sofort auf eine beliebige Dimension zu verallgemeinern.

Ein Kraftfeld $\underline{\boldsymbol{K}}(\underline{z})$ über den Vektorraum Z heißt konservativ, wenn das Wegintegral

$$\int_{\underline{z}_1,C}^{\underline{z}_2}\underline{\boldsymbol{K}}\cdot d\underline{z}$$

unabhängig vom Wege C in Z ist, also nur noch von $\underline{z}_1$ und $\underline{z}_2$ abhängt.

Ebenso folgt:

Ein Kraftfeld $\underline{\boldsymbol{K}}(\underline{z})$ ist konservativ genau dann, wenn es ein Potentialfeld $U(\underline{z})$ gibt, mit

$$\underline{\boldsymbol{K}}=-\underline{\nabla}U\qquad\text{d.h.} \tag{2.5.10}$$

$$\boldsymbol{K}_i=-\nabla_i U(\boldsymbol{r}_1,\ldots,\boldsymbol{r}_N)\ , \tag{2.5.11}$$

und ∇_i ist einfach der Gradient bezüglich der Variablen $\boldsymbol{r}_i$; man schreibt oft

$$\nabla_i=\frac{\partial}{\partial\boldsymbol{r}_i}\ . \tag{2.5.12}$$

Ist das Kraftfeld K konservativ und zeitunabhängig, so gilt: Die Größe

$$E=T(t)+U(\boldsymbol{r}_1(t),\ldots,\boldsymbol{r}_N(t)) \tag{2.5.13}$$

ist zeitlich konstant, wenn die Bahnkurve $\underline{z}(t)=(\boldsymbol{r}_1(t),\ldots,\boldsymbol{r}_N(t))$ eine Lösung der Bewegungsgleichung ist. E heißt *Gesamtenergie* des Systems von N Massenpunkten.

Beispiele

i) Wir betrachten zwei Massenpunkte; jeder übe auf den anderen eine Kraft aus, deren Betrag nur von $|\boldsymbol{r}_1-\boldsymbol{r}_2|=|\boldsymbol{r}|=r$ abhänge, und deren Richtung in der Verbindungslinie liege (Abb. 2.5.1).

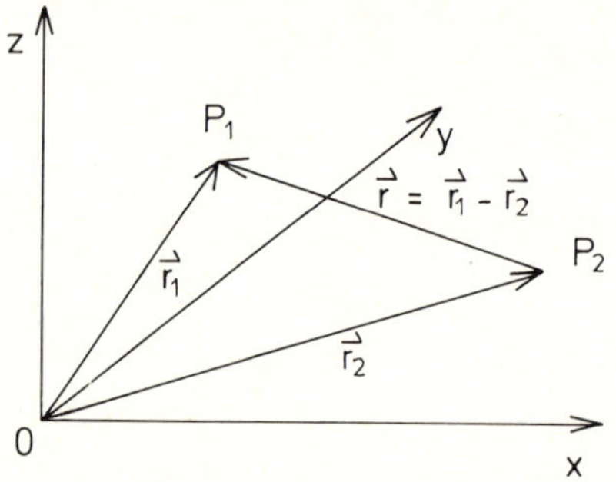

Abb. 2.5.1. Die Lage zweier Massenpunkte, deren Wechselwirkung betrachtet wird

Dann gilt, mit $\boldsymbol{r}=\boldsymbol{r}_1-\boldsymbol{r}_2$:

$$m_1\ddot{\boldsymbol{r}}_1=\boldsymbol{K}_1(\boldsymbol{r}_1,\boldsymbol{r}_2)=-f(r)\frac{\boldsymbol{r}}{r}\ , \tag{2.5.14}$$

$$m_2\ddot{\boldsymbol{r}}_2=\boldsymbol{K}_2(\boldsymbol{r}_1,\boldsymbol{r}_2)=\ \ f(r)\frac{\boldsymbol{r}}{r}\ . \tag{2.5.15}$$

Daß $\boldsymbol{K}_1$ das Negative von $\boldsymbol{K}_2$ ist, wird durch das dritte Newtonsche Gesetz gefordert.

Behauptung

$(\boldsymbol{K}_1,\boldsymbol{K}_2)$ ist ein konservatives Kraftfeld.

Sei $U(r)$ eine Stammfunktion von $f(r)$, so ist

$$\boldsymbol{K}_i=-\nabla_i U(r)=-\frac{\partial}{\partial\boldsymbol{r}_i}U(|\boldsymbol{r}_1-\boldsymbol{r}_2|)\ . \tag{2.5.16}$$

Beweis

Es ist

$$-\nabla_i U(r)=-U'(r)\nabla_i r=-f(r)\nabla_i r\ . \tag{2.5.17}$$

Nun ist mit

$$\boldsymbol{r}_i = (x_i, y_i, z_i) \ ,$$

$$\boldsymbol{\nabla}_1 r = \left(\frac{\partial}{\partial x_1}, \frac{\partial}{\partial y_1}, \frac{\partial}{\partial z_1}\right) r \ ,$$

$$r = \sqrt{(x_1 - x_2)^2 + (y_1 - y_2)^2 + (z_1 - z_2)^2} \ ,$$

$$\boldsymbol{\nabla}_1 r = \frac{(x_1 - x_2, y_1 - y_2, z_1 - z_2)}{r} \ :$$

$$\boldsymbol{\nabla}_1 |\boldsymbol{r}_1 - \boldsymbol{r}_2| = \frac{(\boldsymbol{r}_1 - \boldsymbol{r}_2)}{r} = \frac{\boldsymbol{r}}{r} \ , \tag{2.5.18}$$

und analog:

$$\boldsymbol{\nabla}_2 |\boldsymbol{r}_1 - \boldsymbol{r}_2| = \boldsymbol{\nabla}_2 r = -\frac{(\boldsymbol{r}_1 - \boldsymbol{r}_2)}{r} = -\frac{\boldsymbol{r}}{r} \ . \tag{2.5.19}$$

Für

$$f(r) = \gamma \frac{M_1 M_2}{r^2} \quad \text{ist} \quad U(r) = -\gamma \frac{M_1 M_2}{r} \ .$$

Wir erhalten mit diesem Potential die Bewegungsgleichungen für zwei Massenpunkte, die sich auf Grund des Newtonschen Gravitationsgesetzes anziehen. $U(r)$ ist das *Gravitationspotentialfeld*. Es ist

$$E = \tfrac{1}{2} M_1 \dot{\boldsymbol{r}}_1^2 + \tfrac{1}{2} M_2 \dot{\boldsymbol{r}}_2^2 + U(|\boldsymbol{r}_1 - \boldsymbol{r}_2|) \tag{2.5.20}$$

zeitlich konstant.

ii) Wir wollen das Aufstellen von Bewegungsgleichungen üben:

Gegeben seien drei Massenpunkte, die wie in Beispiel (i) miteinander wechselwirken; dann ist (Abb. 2.5.2)

$$\begin{aligned} m_1 \ddot{\boldsymbol{r}}_1 &= \boldsymbol{K}_{12}(\boldsymbol{r}_1 - \boldsymbol{r}_2) + \boldsymbol{K}_{13}(\boldsymbol{r}_1 - \boldsymbol{r}_3) \ , \\ m_2 \ddot{\boldsymbol{r}}_2 &= \boldsymbol{K}_{21}(\boldsymbol{r}_1 - \boldsymbol{r}_2) + \boldsymbol{K}_{23}(\boldsymbol{r}_2 - \boldsymbol{r}_3) \ , \\ \mathrm{m}_3 \ddot{\boldsymbol{r}}_3 &= \boldsymbol{K}_{31}(\boldsymbol{r}_1 - \boldsymbol{r}_3) + \boldsymbol{K}_{32}(\boldsymbol{r}_2 - \boldsymbol{r}_3) \ . \end{aligned} \tag{2.5.21}$$

$\boldsymbol{K}_{ij}$ ist die Kraft, die von Teilchen j auf Teilchen i ausgeübt wird, sie hänge vom Vektor $\boldsymbol{r}_i - \boldsymbol{r}_j$ ab.

Das dritte Newtonsche Gesetz fordert noch

$$\boldsymbol{K}_{ij}(\boldsymbol{r}_i - \boldsymbol{r}_j) = -\boldsymbol{K}_{ji}(\boldsymbol{r}_i - \boldsymbol{r}_j) \ . \tag{2.5.22}$$

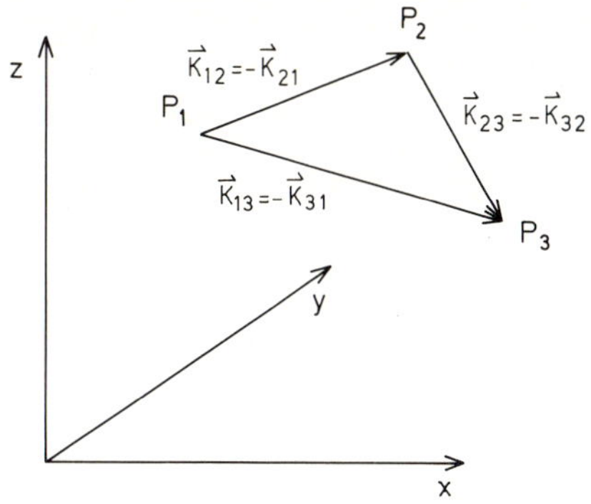

Abb. 2.5.2. Die Massenpunkte sowie die Gravitationskräfte, die diese aufeinander ausüben

Soll das 9-dimensionale Kraftfeld

$$(\boldsymbol{K}_{12} + \boldsymbol{K}_{13}, \boldsymbol{K}_{21} + \boldsymbol{K}_{23}, \boldsymbol{K}_{31} + \boldsymbol{K}_{32})$$

konservativ sein, so muß es also ein entsprechendes Potentialfeld $U(\boldsymbol{r}_1, \boldsymbol{r}_2, \boldsymbol{r}_3)$ geben. Im Falle der gravitativen Anziehung ist

$$\begin{aligned} U(\boldsymbol{r}_1, \boldsymbol{r}_2, \boldsymbol{r}_3) &= -\gamma \frac{M_1 M_2}{|\boldsymbol{r}_1 - \boldsymbol{r}_2|} - \gamma \frac{M_2 M_3}{|\boldsymbol{r}_2 - \boldsymbol{r}_3|} - \gamma \frac{M_3 M_1}{|\boldsymbol{r}_3 - \boldsymbol{r}_1|} \\ &= \sum_{i<j} U_{ij}(|\boldsymbol{r}_i - \boldsymbol{r}_j|) \end{aligned} \tag{2.5.23}$$

ein solches Potentialfeld. Man kann nämlich explizit nachprüfen, daß aus diesem Potentialfeld U durch Gradientenbildung die rechten Seiten der Bewegungsgleichung entstehen, d.h. z.B.

$$\begin{aligned} -\boldsymbol{\nabla}_1 U &= \boldsymbol{K}_{12}(\boldsymbol{r}_1 - \boldsymbol{r}_2) + \boldsymbol{K}_{13}(\boldsymbol{r}_1 - \boldsymbol{r}_3) \\ &= -\gamma \frac{M_1 M_2}{|\boldsymbol{r}_1 - \boldsymbol{r}_2|^3}(\boldsymbol{r}_1 - \boldsymbol{r}_2) - \gamma \frac{M_1 M_3}{|\boldsymbol{r}_1 - \boldsymbol{r}_3|^3}(\boldsymbol{r}_1 - \boldsymbol{r}_3) \ . \end{aligned} \tag{2.5.24}$$

Anmerkung

Die Beispiele spiegeln gleichzeitig physikalisch wichtige, allgemeine Fälle wider, nämlich:

Fast immer ist $\boldsymbol{K}_i(\boldsymbol{r}_1, \ldots, \boldsymbol{r}_N)$, d.h. die Kraft auf das i-te Teilchen von folgender Gestalt:

$$\boldsymbol{K}_i(\boldsymbol{r}_1, \ldots, \boldsymbol{r}_N) = \boldsymbol{K}_i^{(a)}(\boldsymbol{r}_i) + \sum_{\substack{j=1 \\ j \neq i}}^{N} \boldsymbol{K}_{ij}(\boldsymbol{r}_i, \boldsymbol{r}_j) \ , \tag{2.5.25}$$

d.h. auf das i-te Teilchen wirkt eine „*äußere Kraft* $\boldsymbol{K}_i^{(a)}$", die nur von der Lage des Teilchens $\boldsymbol{r}_i$ abhängt, und es wirken Kräfte $\boldsymbol{K}_{ij}$ von den anderen Teilchen auf das Teilchen i. Man nennt die Kräfte, die von den anderen Teilchen des Systems auf das Teilchen i ausgeübt werden, auch die *inneren Kräfte*.

Gilt auch noch, daß die Kräfte $\boldsymbol{K}_{ij}$ von der Gestalt

$$\boldsymbol{K}_{ij}=\frac{\boldsymbol{r}_i-\boldsymbol{r}_j}{|\boldsymbol{r}_i-\boldsymbol{r}_j|}f_{ij}(|\boldsymbol{r}_i-\boldsymbol{r}_j|) \qquad (2.5.26)$$

sind, und sind außerdem die äußeren Kräfte $\boldsymbol{K}_i^{(a)}$ konservativ, so ist auch das Kraftfeld $\boldsymbol{K}=(\boldsymbol{K}_1,\ldots,\boldsymbol{K}_N)$ konservativ mit dem Potentialfeld

$$U(\boldsymbol{r}_1,\ldots,\boldsymbol{r}_N)=\sum_{j=1}^{N}V_j^{(a)}(\boldsymbol{r}_j)+\sum_{\substack{l,k=1\\ l<k}}^{N}V_{lk}(|\boldsymbol{r}_l-\boldsymbol{r}_k|) \ , \qquad (2.5.27)$$

wobei $-V_{ik}$ Stammfunktion zu $f_{ik}=f_{ki}$ ist. Denn so ist dann

$$\begin{aligned}\boldsymbol{K}_i&=-\nabla_i U\\ &=-\nabla_i V_i^{(a)}(\boldsymbol{r}_i)\\ &\quad-\sum_{i<k}\frac{\boldsymbol{r}_i-\boldsymbol{r}_k}{|\boldsymbol{r}_i-\boldsymbol{r}_k|}V'_{ik}(|\boldsymbol{r}_i-\boldsymbol{r}_k|)\\ &\quad+\sum_{l<i}\frac{\boldsymbol{r}_l-\boldsymbol{r}_i}{|\boldsymbol{r}_l-\boldsymbol{r}_i|}V'_{li}(|\boldsymbol{r}_l-\boldsymbol{r}_i|)\\ &=-\nabla_i V_i^{(a)}(\boldsymbol{r}_i)-\sum_{\substack{k=1\\ k\neq i}}^{N}\frac{\boldsymbol{r}_i-\boldsymbol{r}_k}{|\boldsymbol{r}_i-\boldsymbol{r}_k|}V'_{ik}(|\boldsymbol{r}_i-\boldsymbol{r}_k|) \ ,\end{aligned} \qquad (2.5.28)$$

da $V_{ij}=V_{ji}$. Damit hat $\boldsymbol{K}_i$ die vorgegebene Struktur.

2.6 Der Impuls und die Impulsbilanz

Neben der Bahnkurve, der Geschwindigkeitskurve und der Energie eines Teilchens ist der *Impuls*[13] (genauer: die Impulskurve), definiert durch

$$\boldsymbol{p}_i(t):=m_i\dot{\boldsymbol{r}}_i(t) \ , \qquad (2.6.1)$$

eine weitere, sehr nützliche Größe bei der Analyse einer Bewegung.

[13] *Impuls* (lat.) Antrieb, Schwung.

Betrachtet man N-Massenpunkte, so definiert man den Gesamtimpuls $\boldsymbol{P}(t)$ durch

$$\boldsymbol{P}:=\sum_{i=1}^{N}\boldsymbol{p}_i=\sum_{i=1}^{N}m_i\dot{\boldsymbol{r}}_i=\frac{d}{dt}\sum_{i=1}^{N}m_i\boldsymbol{r}_i \ . \qquad (2.6.2)$$

Der Ortsvektor $\boldsymbol{R}$ des *Schwerpunktes* ist definiert durch

$$\boldsymbol{R}:=\sum_{i=1}^{N}m_i\boldsymbol{r}_i/\sum_{i=1}^{N}m_i \ . \qquad (2.6.3)$$

(Der Nenner $\sum m_i$ ist gerade so gewählt, daß bei einer Verschiebung der Ortsvektoren $\boldsymbol{r}_i:\boldsymbol{r}_i\mapsto\boldsymbol{r}_i+\boldsymbol{a}$ sich der Schwerpunkt $\boldsymbol{R}$ um denselben Vektor $\boldsymbol{a}$ verschiebt: $\boldsymbol{R}\mapsto\boldsymbol{R}+\boldsymbol{a}$).

Dann ist

$$\boldsymbol{P}=M\dot{\boldsymbol{R}} \qquad (2.6.4)$$

mit $M:=\sum_{i=1}^{N}m_i$, der Gesamtmasse des Systems.

$\boldsymbol{P}$ ist also auch der Impuls des Systems von N Massenpunkten, die man sich dabei im Schwerpunkt mit der Masse $M=\sum m_i$ zusammengefaßt denkt.

Mit Hilfe der Impulse kann man das zweite Newtonsche Gesetz auch wie folgt formulieren

$$\dot{\boldsymbol{p}}_i(t)=\boldsymbol{K}_i(t) \ , \qquad (2.6.5)$$

d.h. die Kraft, die auf das Teilchen i wirkt, bewirkt eine Impulsänderung des Teilchens gemäß der obigen Relation. Diese Form des zweiten Newtonschen Gesetzes ist sogar allgemeiner und gilt, wie sich zeigen läßt, auch noch, wenn die Masse des Teilchens sich während der Bewegung ändert (wie etwa bei einer Rakete, die den verbrannten Treibstoff ausstößt). Faßt man alle Einzelimpulse $\boldsymbol{p}_i(t)$ zu einem Impuls $\underline{\boldsymbol{p}}(t):=(\boldsymbol{p}_1(t),\ldots,\boldsymbol{p}_N(t))$ zusammen, dann schreibt sich die Newtonsche Bewegungsgleichung

$$\dot{\underline{\boldsymbol{p}}}(t)=\underline{\boldsymbol{K}}(t) \ . \qquad (2.6.6)$$

Es ist für viele allgemeine Betrachtungen auch nützlich, die Vektoren $\underline{\boldsymbol{z}}\in V^{3N}$ und $\underline{\boldsymbol{p}}\in V^{3N}$ zu einem Vektor $(\underline{\boldsymbol{z}},\underline{\boldsymbol{p}})\in V^{6N}$ zusammenzufassen. Der $6N$-dimensionale Raum aller Lagen und Impulse heißt *Phasenraum* des N-Teilchensystems. Jeder Bahnkurve $t\mapsto\underline{\boldsymbol{z}}(t)$ im Konfigurationsraum ist genau eine Kurve

$$t\mapsto(\underline{\boldsymbol{z}}(t),\underline{\boldsymbol{p}}(t))$$

im Phasenraum zugeordnet. Die Vorgabe von Anfangswerten $\underline{z}(0)$, $\underline{p}(0)$ entspricht der Angabe eines Phasenraumpunktes, durch den die Phasenraumkurve zur Zeit $t=0$ geht, und durch jeden Punkt des Phasenraumes läuft genau eine Phasenraumkurve, die zu einer Lösung der Bewegungsgleichung gehört.

Gelten nun die Bewegungsgleichungen in der Form

$$\dot{\boldsymbol{p}}_i = \boldsymbol{K}_i^{(a)} + \sum_{\substack{j=1\\ j\neq i}}^{N} \boldsymbol{K}_{ij} \qquad \text{mit} \tag{2.6.7}$$

$$\boldsymbol{K}_{ij} = -\boldsymbol{K}_{ji} \ , \qquad \text{so folgt}$$

$$\sum_{i=1}^{N} \dot{\boldsymbol{p}}_i = \dot{\boldsymbol{P}} = \sum_{i=1}^{N} \boldsymbol{K}_i^{(a)} \ . \tag{2.6.8}$$

Die Änderung des Gesamtimpulses ist also gleich der Summe der äußeren Kräfte. Ist diese Summe gleich Null, so ist also

$$\dot{\boldsymbol{P}} = M\ddot{\boldsymbol{R}} = \boldsymbol{0} \ .$$

Der Gesamtimpuls ist somit eine erhaltene Größe, wenn die Summe aller äußeren Kräfte verschwindet. Der Schwerpunkt bewegt sich dann geradlinig-gleichförmig.

Das gilt natürlich erst recht, wenn die äußeren Kräfte einzeln verschwinden, wenn also

$$\boldsymbol{K}_i^{(a)} = \boldsymbol{0}$$

ist für $i=1,\ldots,N$. Man nennt solch ein System auch *abgeschlossen*.

Sehen wir von der inneren Bewegung der einzelnen Massenpunkte ab, so bewegt sich das Gesamtsystem wie ein freies Teilchen. Greifen äußere Kräfte an, so ist die Beschleunigung des Schwerpunktes durch die Gesamtmasse $M=\Sigma\, m_i$ und die gesamte äußere Kraft

$$\boldsymbol{K}^{(a)} = \sum_{i=1}^{N} \boldsymbol{K}_i^{(a)} \tag{2.6.9}$$

bestimmt. Man kann diese Tatsachen als Ausdruck der Additivität der Masse auffassen.

Beispiele

In dem Zwei-Körper-Problem

$$\begin{aligned} m_1\ddot{\boldsymbol{r}}_1 &= -f(|\boldsymbol{r}_1-\boldsymbol{r}_2|)\,\frac{\boldsymbol{r}_1-\boldsymbol{r}_2}{|\boldsymbol{r}_1-\boldsymbol{r}_2|}\ , \\ m_2\ddot{\boldsymbol{r}}_2 &= f(|\boldsymbol{r}_1-\boldsymbol{r}_2|)\,\frac{\boldsymbol{r}_1-\boldsymbol{r}_2}{|\boldsymbol{r}_1-\boldsymbol{r}_2|} \end{aligned} \tag{2.6.10}$$

fehlen äußere Kräfte (abgeschlossenes System). Addition der Gleichungen führt zu

$$m_1\ddot{\boldsymbol{r}}_1 + m_2\ddot{\boldsymbol{r}}_2 = M\ddot{\boldsymbol{R}} = \frac{d}{dt}(\boldsymbol{p}_1+\boldsymbol{p}_2) = \dot{\boldsymbol{P}} = \boldsymbol{0}\ . \tag{2.6.11}$$

Die Bewegungsgleichung für den Schwerpunkt liefert die Lösung

$$\boldsymbol{R}(t) = \boldsymbol{R}_0 + \boldsymbol{V}_0 t\ . \tag{2.6.12}$$

Der Gesamtimpuls $\boldsymbol{P}=M\boldsymbol{V}_0$ ist konstant.

Damit sind drei Differentialgleichungen von den sechs Bewegungsgleichungen schon gelöst. Für die Betrachtung der restlichen drei Gleichungen liegt es nahe, diese so umzuformen, daß man eine Differentialgleichung für $\boldsymbol{r}=\boldsymbol{r}_1-\boldsymbol{r}_2$ erhält:

$$\begin{aligned} \ddot{\boldsymbol{r}}_1 &= -\frac{1}{m_1}f(r)\,\frac{\boldsymbol{r}}{r}\ , \\ \ddot{\boldsymbol{r}}_2 &= \frac{1}{m_2}f(r)\,\frac{\boldsymbol{r}}{r}\ , \end{aligned} \tag{2.6.13}$$

und so

$$\begin{aligned} \ddot{\boldsymbol{r}} = \ddot{\boldsymbol{r}}_1 - \ddot{\boldsymbol{r}}_2 &= \left(-\frac{1}{m_1}-\frac{1}{m_2}\right)f(r)\,\frac{\boldsymbol{r}}{r} \\ &= -\frac{1}{\mu}f(r)\,\frac{\boldsymbol{r}}{r} \end{aligned} \tag{2.6.14}$$

mit

$$\frac{1}{\mu} = \frac{1}{m_1} + \frac{1}{m_2} \qquad \text{oder} \qquad \mu = \frac{m_1 m_2}{m_1+m_2}\ . \tag{2.6.15}$$

Man nennt μ auch die *reduzierte Masse* des Zweiteilchensystems. Ist $m_1\approx m_2$, so ist $\mu\approx m_1/2$, ist $m_1\ll m_2$, so ist

$$\mu = \frac{m_1}{(1+m_1/m_2)} \approx m_1\ .$$

So ist beispielsweise die reduzierte Masse des Systems Erde-Sonne annähernd gleich der Erdmasse.

Man nennt die Gleichung

$$\mu\ddot{\boldsymbol{r}} = -f(r)\,\frac{\boldsymbol{r}}{r} \qquad (2.6.16)$$

auch die Bewegungsgleichung für die *Relativbewegung*. Die einfache Schwerpunktbewegung ist abgespalten und wir haben nur noch die kompliziertere Gleichung für den Relativvektor $\boldsymbol{r}$ zu studieren. Diese Gleichung ähnelt einer physikalischen Situation, in der das Kraftzentrum sich unbeweglich im Ursprung befindet und ein Teilchen mit der Masse μ sich unter dem Einfluß einer Kraft bewegt.

Die Energie

$$E = \tfrac{1}{2}m_1\dot{\boldsymbol{r}}_1^2 + \tfrac{1}{2}m_2\dot{\boldsymbol{r}}_2^2 + U(r) \qquad (2.6.17)$$

läßt sich auch zerlegen in den Energieanteil der Schwerpunktbewegung und in den Anteil der Relativbewegung

$$E = E_{\mathrm{s}} + E_{\mathrm{rel}} \quad \text{mit}$$

$$E_{\mathrm{s}} = \tfrac{1}{2}M\dot{\boldsymbol{R}}^2\,, \qquad E_{\mathrm{rel}} = \tfrac{1}{2}\mu\dot{\boldsymbol{r}}^2 + U(r)\;. \qquad (2.6.18)$$

Beweis

Es gilt:

$$\tfrac{1}{2}M\dot{\boldsymbol{R}}^2 = \tfrac{1}{2}M\,\frac{1}{M^2}\,(m_1\dot{\boldsymbol{r}}_1 + m_2\dot{\boldsymbol{r}}_2)^2$$

$$\tfrac{1}{2}\mu\dot{\boldsymbol{r}}^2 = \frac{1}{2}\,\frac{m_1m_2}{M}\,(\dot{\boldsymbol{r}}_1 - \dot{\boldsymbol{r}}_2)^2$$

Addition beider Gleichungen ergibt

$$\dot{\boldsymbol{r}}_1^2\left(\frac{m_1^2}{2M} + \frac{m_1m_2}{2M}\right) + \dot{\boldsymbol{r}}_2^2\left(\frac{m_2^2}{2M} + \frac{m_1m_2}{2M}\right) + \dot{\boldsymbol{r}}_1\cdot\dot{\boldsymbol{r}}_2\left(\frac{m_1m_2}{M} - \frac{m_1m_2}{M}\right)$$

$$= \tfrac{1}{2}m_1\dot{\boldsymbol{r}}_1^2 + \tfrac{1}{2}m_2\dot{\boldsymbol{r}}_2^2\;.$$

Diese Zerlegung in zwei Summanden ist also eine Identität, sie entspricht dem Vorgehen, statt der Koordinaten $\boldsymbol{r}_1$, $\boldsymbol{r}_2$ die Koordinaten $\boldsymbol{R}$, $\boldsymbol{r}$ zu betrachten. Wichtig ist aber, daß in dem Falle, in dem $\dot{\boldsymbol{R}} = \text{const}$ ist, beide Anteile E_{s} und E_{rel} getrennt erhalten bleiben.

Ganz allgemein läßt sich für ein abgeschlossenes System durch Addition aller Bewegungsgleichungen und Einführung des Gesamtimpulses $\boldsymbol{P}$ die Betrachtung von Schwerpunkt- und Relativbewegung gesondert durchführen. Führt man die Vektoren vom Schwerpunkt $\boldsymbol{R}$ zu den Orten $\boldsymbol{r}_i$ der Teilchen ein durch

$$\boldsymbol{r}_i = \boldsymbol{R} + \boldsymbol{x}_i\,, \quad \text{so ist} \qquad (2.6.19)$$

$$\boldsymbol{r}_i - \boldsymbol{r}_j = \boldsymbol{x}_i - \boldsymbol{x}_j \quad \text{und} \quad \sum_{i=1}^{N} m_i\boldsymbol{x}_i = \boldsymbol{0}\;,$$

und stets

$$T = \frac{1}{2}\sum_i m_i\dot{\boldsymbol{r}}_i^2 = \frac{1}{2}\sum_i m_i(\dot{\boldsymbol{R}} + \dot{\boldsymbol{x}}_i)^2$$

$$= \frac{1}{2}\sum_i m_i\dot{\boldsymbol{R}}^2 + \frac{1}{2}\sum_i m_i\dot{\boldsymbol{x}}_i^2\,, \quad \text{d.h.} \qquad (2.6.20)$$

$$E = T + \sum_{\substack{i,j=1\\ i<j}}^{N} V_{ij}(|\boldsymbol{r}_i - \boldsymbol{r}_j|)$$

$$= E_{\mathrm{s}} + E_{\mathrm{rel}} \quad \text{mit} \qquad (2.6.21)$$

$$E_{\mathrm{s}} = \tfrac{1}{2}M\dot{\boldsymbol{R}}^2\,, \qquad (2.6.22)$$

$$E_{\mathrm{rel}} = \frac{1}{2}\sum_{i=1}^{N} m_i\dot{\boldsymbol{x}}_i^2 + \sum_{i<j} V_{ij}(|\boldsymbol{x}_i - \boldsymbol{x}_j|)\;, \qquad (2.6.23)$$

und die Bewegungsgleichungen lauten nun:

$$M\ddot{\boldsymbol{R}} = \boldsymbol{0}\;, \qquad (2.6.24)$$

$$m_i\ddot{\boldsymbol{x}}_i = \sum_{\substack{j=1\\ j\neq i}}^{N} \boldsymbol{K}_{ij}(\boldsymbol{x}_i - \boldsymbol{x}_j)\;, \quad (i = 1, \ldots, N)\;. \qquad (2.6.25)$$

Addiert man die N Bewegungsgleichungen für die Relativkoordinaten, so erhält man wegen

$$\sum_i m_i\boldsymbol{x}_i = \boldsymbol{0} \quad \text{und} \quad \sum_{i,j=1}^{N} \boldsymbol{K}_{ij} = \boldsymbol{0}\;:$$

$$\sum_i m_i\ddot{\boldsymbol{x}}_i = \sum_{i,j=1}^{N} \boldsymbol{K}_{ij} = \boldsymbol{0}\;. \qquad (2.6.26)$$

Die Gleichungen sind also linear abhängig, und eine von ihnen, etwa diejenige für den Vektor $\boldsymbol{x}_N$ ist eine Folge der übrigen. Durch Abspaltung der Schwerpunktbewegung wird also ein abgeschlossenes N-Teilchensystem effektiv auf ein System mit $(N-1)$ Teilchen zurückgeführt.

Anmerkungen

i) Bei einem 2-Körper-Problem erhält man so z.B.

$$m_1\ddot{\boldsymbol{x}}_1 = \boldsymbol{K}_1(\boldsymbol{x}_1 - \boldsymbol{x}_2) \quad .$$

Es ist aber $\boldsymbol{x}_1 - \boldsymbol{x}_2 = \boldsymbol{r}$ und $\boldsymbol{x}_1 = (m_2/M)\boldsymbol{r}$, und so ergibt sich wieder $\mu\ddot{\boldsymbol{r}} = \boldsymbol{K}_1(\boldsymbol{r})$, wie im Beispiel.

ii) Liegen äußere Kräfte vor, so ist eine gesonderte Betrachtung der Schwerpunktbewegung in der Regel nicht möglich. Denn es ist ja im allgemeinen

$$V_i^{(a)}(\boldsymbol{r}_i) = V_i^{(a)}(\boldsymbol{R} + \boldsymbol{x}_i) \neq V_i^{(a)}(\boldsymbol{R}) + W_i(\boldsymbol{x}_1, \ldots, \boldsymbol{x}_N) \quad , \tag{2.6.27}$$

d.h. für die potentielle Energie gibt es – im Gegensatz zur kinetischen Energie – im allgemeinen keine Aufspaltung in Schwerpunkt- und Relativanteil, die jeweils nur Schwerpunkt- und Relativkoordinaten enthalten. In manchen Fällen sind aber die äußeren Kräfte so schwach von den Orten der Teilchen abhängig, daß

$$\boldsymbol{K}_i^{(a)}(\boldsymbol{r}_i) \approx \boldsymbol{K}_i^{(a)}(\boldsymbol{R}) \tag{2.6.28}$$

gilt. Dies kann näherungsweise angenommen werden, wenn sich die äußere Kraft in Raumbereichen von der Größenordnung der Relativabstände der Punktteilchen nur wenig ändert. Dann gilt für den Schwerpunktvektor:

$$M\ddot{\boldsymbol{R}} = \sum_{i=1}^{N} \boldsymbol{K}_i^{(a)}(\boldsymbol{R}) = \boldsymbol{K}^{(a)}(\boldsymbol{R}) \quad . \tag{2.6.29}$$

Wir sehen, daß sich ein kleines System von Massenpunkten, solange man sich nicht für seine innere Bewegung interessiert, zu einem einzigen Massenpunkt idealisieren läßt. Das Konzept des Massenpunktes erfährt so eine nachträgliche Bestätigung.

Äußere Gravitationskräfte sind ein besonders interessanter Fall wegen ihrer Proportionalität zur Masse. Dann ist nämlich

$$\boldsymbol{K}_i^{(a)}(\boldsymbol{r}_i) = m_i\boldsymbol{G}(\boldsymbol{r}_i) = m_i\boldsymbol{G}(\boldsymbol{R} + \boldsymbol{x}_i) \approx m_i\boldsymbol{G}(\boldsymbol{R}) \tag{2.6.30}$$

für schwach veränderliche Felder oder wenig ausgedehnte Systeme von Massenpunkten. Somit lautet die genäherte Bewegungsgleichung für den Schwerpunkt:

$$M\ddot{\boldsymbol{R}} = \sum_{i=1}^{N} \boldsymbol{K}_i^{(a)} = \sum_{i=1}^{N} m_i\boldsymbol{G}(\boldsymbol{R}) = M\boldsymbol{G}(\boldsymbol{R}) \quad ,$$

und für die Relativ-Vektoren erhält man:

$$m_i\ddot{\boldsymbol{x}}_i = \boldsymbol{K}_i(\boldsymbol{x}_1, \ldots, \boldsymbol{x}_N) \quad . \tag{2.6.31}$$

Die Schwerpunktbewegung eines wenig ausgedehnten Systems im äußeren Schwerefeld ist unabhängig von der Gesamtmasse.

Für inhomogene äußere Felder ist die Abspaltung der Schwerpunktbewegung nicht exakt möglich. Die Güte der Näherung, in der das äußere Gravitationsfeld als homogen angesehen werden kann, läßt sich durch Taylorentwicklung der äußeren Kräfte nach x_i abschätzen:

$$\begin{aligned}\sum_{i=1}^{N} \boldsymbol{K}_i^{(a)}(\boldsymbol{R} + \boldsymbol{x}_i) &= \sum_{i=1}^{N} m_i\boldsymbol{G}(\boldsymbol{R} + \boldsymbol{x}_i)\\ &= M\boldsymbol{G}(\boldsymbol{R}) + \sum_{i=1}^{N} m_i\boldsymbol{x}_i \cdot \boldsymbol{\nabla}\boldsymbol{G}(\boldsymbol{R})\\ &\quad + \frac{1}{2}\sum_{i=1}^{N} m_i(\boldsymbol{x}_i \cdot \boldsymbol{\nabla})^2\boldsymbol{G}(\boldsymbol{R}) + \ldots \quad .\end{aligned} \tag{2.6.32}$$

Wegen

$$\sum_{i=1}^{N} m_i\boldsymbol{x}_i = \boldsymbol{0}$$

fällt der zweite Term fort. Abweichungen von der Homogenität des äußeren Schwerefeldes, die für ausgedehnte Körper zu sogenannten *Gezeitenkräften* führen, machen sich also erst in zweiter Ordnung in der Ausdehnung bemerkbar. Für andere als Schwerkraftfelder sind hingegen auch Effekte erster Ordnung in der Inhomogenität des äußeren Feldes zu erwarten.

iii) Bei einem *Stoßprozeß* prallen Teilchen aufeinander und tauschen Impulse untereinander aus. Wenn der Gesamtimpuls vor dem Stoß durch

$$\boldsymbol{P} = \sum_{i=1}^{N} m_i\boldsymbol{v}_i \tag{2.6.33}$$

und nach dem Stoß durch

$$\boldsymbol{P}' = \sum_{i=1}^{N} m_i\boldsymbol{v}_i' \tag{2.6.34}$$

gegeben ist, so verlangt das Gesetz von der Erhaltung

des Gesamtimpulses

$$\sum_{i=1}^{N} m_i \boldsymbol{v}_i = \sum_{i=1}^{N} m_i \boldsymbol{v}_i' \ . \tag{2.6.35}$$

Wenn sich die Teilchen beim Stoß umlagern können, so daß Zahl und Massen der Teilchen vor und nach dem Stoß nicht übereinzustimmen brauchen, gilt allgemeiner

$$\sum_{i=1}^{N} m_i \boldsymbol{v}_i = \sum_{i=1}^{N'} m_i' \boldsymbol{v}_i' \ . \tag{2.6.36}$$

Dies muß in jedem Inertialsystem gültig sein, also muß auch gelten:

$$\sum_{i=1}^{N} m_i (\boldsymbol{v}_i + \boldsymbol{V}) = \sum_{i=1}^{N'} m_i' (\boldsymbol{v}_i' + \boldsymbol{V}) \tag{2.6.37}$$

mit beliebigem $\boldsymbol{V}$, woraus folgt:

$$\sum_{i=1}^{N} m_i = \sum_{i=1}^{N'} m_i' \ . \tag{2.6.38}$$

Die Gesamtmasse darf sich auch bei möglichen Umlagerungen der Teilchen eines Systems nicht ändern.

2.7 Der Drehimpuls und die Drehimpulsbilanz

Eine andere sehr wichtige Größe bei der Analyse von Bewegungen ist der *Drehimpuls.*

Für ein Punktteilchen sei $\boldsymbol{r}$ der Ortsvektor, bezogen auf den Ursprung O. Dann ist der Drehimpuls zur Zeit t bezüglich des Ursprungs O definiert durch das vektorielle Produkt

$$\boldsymbol{L}(t) := \boldsymbol{r}(t) \times \boldsymbol{p}(t) = m\boldsymbol{r}(t) \times \dot{\boldsymbol{r}}(t) \ . \tag{2.7.1}$$

Die Bedeutung dieser Größe zeigt sich besonders, wenn man die Zeitableitung $\boldsymbol{L}(t)$ berechnet:

$$\begin{aligned}\dot{\boldsymbol{L}}(t) &= m\dot{\boldsymbol{r}}(t) \times \dot{\boldsymbol{r}}(t) + m\boldsymbol{r}(t) \times \ddot{\boldsymbol{r}}(t) = \boldsymbol{r}(t) \times m\ddot{\boldsymbol{r}}(t) \\ &= \boldsymbol{r}(t) \times \boldsymbol{K}(t) =: \boldsymbol{N}(t) \ .\end{aligned} \tag{2.7.2}$$

Die Größe $\boldsymbol{N}(t) = \boldsymbol{r}(t) \times \boldsymbol{K}(t)$ heißt *Drehmoment*[14] der Kraft $\boldsymbol{K}(t)$ (bezüglich des Ursprungs O). Ein Drehmoment bewirkt eine Änderung des Drehimpulses, ganz so wie eine Kraft eine Änderung des Impulses verursacht. Wenn es zur Kraft $\boldsymbol{K}$ ein Kraftfeld gibt, so ist $\boldsymbol{N}(t) = \boldsymbol{r}(t) \times \boldsymbol{F}(\boldsymbol{r}(t))$. Der Drehimpuls ist offenbar genau dann eine erhaltene Größe, wenn stets $\boldsymbol{N}(t) = \boldsymbol{0}$ gilt. Das ist genau dann der Fall, wenn immer $\boldsymbol{F}(\boldsymbol{r})$ parallel zu $\boldsymbol{r}$ ist, wenn also $\boldsymbol{F}(\boldsymbol{r})$ ein Zentralkraftfeld mit Zentrum O ist. Unter dieser Bedingung ist $\boldsymbol{L}(t) = m\boldsymbol{r}(t) \times \dot{\boldsymbol{r}}(t)$ für jede Lösung $\boldsymbol{r}(t)$ der Bewegungsgleichung zeitunabhängig und schon durch die Anfangsbedingungen festgelegt.

Es genügt also, wenn $\boldsymbol{F}(\boldsymbol{r})$ von der Form

$$\boldsymbol{F}(\boldsymbol{r}) = f(\boldsymbol{r})\boldsymbol{r}/r$$

ist, das Zentralfeld braucht nicht drehsymmetrisch zu sein; man sieht übrigens auch, daß sogar für zeitabhängige Zentralkraftfelder mit festem Ursprung der Drehimpuls erhalten ist.

Für ein System von N Massenpunkten definiert man den Gesamtdrehimpuls $\boldsymbol{L}(t)$ einfach durch

$$\boldsymbol{L}(t) := \sum_{i=1}^{N} \boldsymbol{L}_i(t) \ ; \tag{2.7.3}$$

$$\boldsymbol{L}_i(t) = m_i \boldsymbol{r}_i \times \dot{\boldsymbol{r}}_i = \boldsymbol{r}_i \times \boldsymbol{p}_i \ . \tag{2.7.4}$$

Fragt man nach der zeitlichen Veränderung von $\boldsymbol{L}$, so erhält man

$$\dot{\boldsymbol{L}} = \sum_{i=1}^{N} \dot{\boldsymbol{L}}_i = \sum_{i=1}^{N} m_i \dot{\boldsymbol{r}}_i \times \dot{\boldsymbol{r}}_i + \sum_{i=1}^{N} \mathrm{m}_i \boldsymbol{r}_i \times \ddot{\boldsymbol{r}}_i \ . \tag{2.7.5}$$

Mit

$$m_i \ddot{\boldsymbol{r}}_i = \boldsymbol{K}_i^{(a)}(\boldsymbol{r}_i) + \sum_{\substack{j=1 \\ j \neq i}}^{N} \boldsymbol{K}_{ij}(\boldsymbol{r}_1, \dots, \boldsymbol{r}_N)$$

folgt so

$$\dot{\boldsymbol{L}} = \sum_{i=1}^{N} \boldsymbol{r}_i \times \boldsymbol{K}_i^{(a)} + \sum_{\substack{i,j=1 \\ j \neq i}}^{N} \boldsymbol{r}_i \times \boldsymbol{K}_{ij} \ . \tag{2.7.6}$$

Für den zweiten Summanden auf der rechten Seite kann man auch schreiben:

---

[14] *Drehmoment* (lat.) momentum: Bedeutung, Einfluß. Die Drehwirksamkeit einer Kraft wächst mit der Länge des Hebelarms.

$$\sum_{\substack{i,j=1\\j\neq i}}^{N} \boldsymbol{r}_i \times \boldsymbol{K}_{ij} = \frac{1}{2} \sum_{i,j=1}^{N} (\boldsymbol{r}_i \times \boldsymbol{K}_{ij} + \boldsymbol{r}_j \times \boldsymbol{K}_{ji})$$

$$= \frac{1}{2} \sum_{i,j=1}^{N} (\boldsymbol{r}_i - \boldsymbol{r}_j) \times \boldsymbol{K}_{ij} \ , \qquad (2.7.7)$$

da $\boldsymbol{K}_{ij} = -\boldsymbol{K}_{ji}$.

Ist nun $\boldsymbol{K}_{ij} \| \boldsymbol{r}_i - \boldsymbol{r}_j$, so verschwindet $(\boldsymbol{r}_i - \boldsymbol{r}_j) \times \boldsymbol{K}_{ij}$, und wir erhalten

$$\dot{\boldsymbol{L}} = \sum_{i=1}^{N} \boldsymbol{r}_i \times \boldsymbol{K}_i^{(a)} =: \sum_{i=1}^{N} \boldsymbol{N}_i^{(a)} = \boldsymbol{N}^{(a)} \ . \qquad (2.7.8)$$

Wenn also die inneren Kräfte $\boldsymbol{K}_{ij}$ längs der Verbindungslinie der Teilchen i und j wirken, was in allen praktischen Fällen stets erfüllt ist, dann hebt sich ihr Einfluß in der Drehimpulsbilanz ganz heraus, und die Änderung des Gesamtdrehimpulses ist allein durch das gesamte Drehmoment der äußeren Kräfte gegeben.

Wir sehen auch, daß in einem abgeschlossenen System der Gesamtdrehimpuls eine erhaltene Größe ist.

Anmerkungen

i) Der Drehimpuls eines Punktteilchens ist eine Größe, die wie der Ortsvektor vom Bezugspunkt abhängt. Unabhängig von der Wahl des Bezugspunktes ist aber die Aussage richtig, daß diese Größe für ein N-Teilchensystem zeitlich konstant ist, wenn das System abgeschlossen ist. In der Beweisführung für die zeitliche Konstanz treten ja nur Differenzen von Ortsvektoren auf.

ii) Man kann auch den Drehimpuls bezüglich eines ausgezeichneten Punktes P mit dem Ortsvektor $\boldsymbol{r}_0$ betrachten. Nennt man den Punkt P auch Zentrum, so gilt für den Drehimpuls $\boldsymbol{L}^P$ und das Drehmoment $\boldsymbol{N}^P$ bezüglich des neuen Zentrums P

$$\boldsymbol{L}^P = \sum_{i=1}^{N} (\boldsymbol{r}_i - \boldsymbol{r}_0) \times \boldsymbol{p}_i = \sum_{i=1}^{N} (\boldsymbol{r}_i \times \boldsymbol{p}_i) - \sum_{i=1}^{N} (\boldsymbol{r}_0 \times \boldsymbol{p}_i)$$

$$= \boldsymbol{L} - \boldsymbol{r}_0 \times \boldsymbol{P} \qquad (2.7.9)$$

und

$$\boldsymbol{N}^P = \sum_{i=1}^{N} (\boldsymbol{r}_i - \boldsymbol{r}_0) \times \boldsymbol{K}_i^{(a)} = \boldsymbol{N} - \sum_{i=1}^{N} \boldsymbol{r}_0 \times \boldsymbol{K}_i^{(a)} \ , \qquad (2.7.10)$$

Man erhält wieder

$$\dot{\boldsymbol{L}}^P = \boldsymbol{N}^P \ . \qquad (2.7.11)$$

Für

$$\sum_{i=1}^{N} \boldsymbol{K}_i^{(a)} = \boldsymbol{0} \ ,$$

also erst recht für abgeschlossene Systeme, gilt: das Drehmoment ist vom Zentrum unabhängig, also $\boldsymbol{N}^P = \boldsymbol{N}$.

Das ist z. B. für ein *Kräftepaar* $\boldsymbol{K}_1^{(a)} = -\boldsymbol{K}_2^{(a)}$ der Fall. Insbesondere ist für ein abgeschlossenes System der Drehimpuls, bezogen auf ein beliebiges Zentrum, eine erhaltene Größe.

iii) Gesamtdrehimpuls und Gesamtdrehmoment eines Systems kann man wieder, wie die kinetische Energie, zerlegen in einen Schwerpunktanteil und in einen Relativanteil.

Aus

$$\boldsymbol{L} = \sum_{i=1}^{N} m_i \boldsymbol{r}_i \times \dot{\boldsymbol{r}}_i = \sum_{i=1}^{N} m_i (\boldsymbol{R} + \boldsymbol{x}_i) \times (\dot{\boldsymbol{R}} + \dot{\boldsymbol{x}}_i)$$

folgt ja

$$\boldsymbol{L} = \boldsymbol{R} \times \boldsymbol{P} + \sum_{i=1}^{N} m_i \boldsymbol{x}_i \times \dot{\boldsymbol{R}} + \boldsymbol{R} \times \sum_{i=1}^{N} m_i \dot{\boldsymbol{x}}_i$$

$$+ \sum_{i=1}^{N} m_i \boldsymbol{x}_i \times \dot{\boldsymbol{x}}_i \ .$$

Wegen $\sum_{i=1}^{N} m_i \boldsymbol{x}_i = \boldsymbol{0}$ erhält man somit

$$\boldsymbol{L} = \boldsymbol{L}_{\mathrm{S}} + \boldsymbol{L}_{\mathrm{rel}} \qquad (2.7.12)$$

mit

$$\boldsymbol{L}_{\mathrm{S}} = \boldsymbol{R} \times \boldsymbol{P}, \quad \boldsymbol{L}_{\mathrm{rel}} = \sum_{i=1}^{N} m_i \boldsymbol{x}_i \times \dot{\boldsymbol{x}}_i \ . \qquad (2.7.13)$$

Der Schwerpunktanteil des Drehimpulses beschreibt den Drehimpuls des Schwerpunktes des Systems, der Relativanteil des Drehimpulses ist der Drehimpuls, bezogen auf den Schwerpunkt als Zentrum. Für das Gesamtdrehmoment finden wir

$$\boldsymbol{N} = \sum_{i=1}^{N} \boldsymbol{r}_i \times \boldsymbol{K}_i^{(a)} = \sum_{i=1}^{N} (\boldsymbol{R} + \boldsymbol{x}_i) \times \boldsymbol{K}_i^{(a)}$$

$$= \sum_i \boldsymbol{R} \times \boldsymbol{K}_i^{(a)} + \sum_i \boldsymbol{x}_i \times \boldsymbol{K}_i^{(a)} = \boldsymbol{N}_{\mathrm{S}} + \boldsymbol{N}_{\mathrm{rel}} \ . \qquad (2.7.14)$$

Wir rechnen nach:

$$\dot{\boldsymbol{L}}_S = \dot{\boldsymbol{R}} \times \boldsymbol{P} + \boldsymbol{R} \times \dot{\boldsymbol{P}} = M\dot{\boldsymbol{R}} \times \dot{\boldsymbol{R}} + \boldsymbol{R} \times \dot{\boldsymbol{P}}$$

$$= \boldsymbol{R} \times \dot{\boldsymbol{P}} = \sum_{i=1}^{N} \boldsymbol{R} \times \boldsymbol{K}_i^{(a)} = \boldsymbol{N}_S \ . \qquad (2.7.15)$$

Also wegen $\dot{\boldsymbol{L}} = \boldsymbol{N}$ gilt auch $\dot{\boldsymbol{L}}_{\mathrm{rel}} = \boldsymbol{N}_{\mathrm{rel}}$.

Hieraus folgt:

Für ein abgeschlossenes System ist nicht nur der Gesamtdrehimpuls $\boldsymbol{L} = \boldsymbol{L}_S + \boldsymbol{L}_{\mathrm{rel}}$ eine Erhaltungsgröße, sondern Schwerpunkt und Relativanteil $\boldsymbol{L}_S$ und $\boldsymbol{L}_{\mathrm{rel}}$ sind getrennt erhalten.

Für ein Zwei-Körper-System ist insbesondere

$$\boldsymbol{L}_{\mathrm{rel}} = m_1 \boldsymbol{x}_1 \times \dot{\boldsymbol{x}}_1 + m_2 \boldsymbol{x}_2 \times \dot{\boldsymbol{x}}_2 \ . \qquad (2.7.16)$$

Wegen

$$\boldsymbol{x}_1 = \frac{m_2}{M} \boldsymbol{r} \ , \qquad \boldsymbol{x}_2 = -\frac{m_1}{M} \boldsymbol{r}$$

folgt somit

$$\boldsymbol{L}_{\mathrm{rel}} = \left(\frac{m_1 m_2^2}{M^2} + \frac{m_2 m_1^2}{M^2} \right) \boldsymbol{r} \times \dot{\boldsymbol{r}} = \mu \boldsymbol{r} \times \dot{\boldsymbol{r}} \ . \qquad (2.7.17)$$

Wie erwartet, entspricht hier $\boldsymbol{L}_{\mathrm{rel}}$ dem Drehimpuls eines Teilchens mit Masse μ.

2.8 Das Zwei-Körper-Problem

Wir hatten in unseren allgemeinen Betrachtungen gesehen, daß man bei einem abgeschlossenen Zweiteilchensystem nach Abspaltung der Schwerpunktbewegung mit folgender Bewegungsgleichung für den Relativvektor $\boldsymbol{r}$ verbleibt:

$$\mu \ddot{\boldsymbol{r}} = -f(r) \frac{\boldsymbol{r}}{r} \ , \qquad (2.8.1)$$

wobei hier wieder ein rotationssymmetrisches Zentralkraftfeld vorausgesetzt sei. Für die Energie der Relativbewegung erhielten wir

$$E_{\mathrm{rel}} = \tfrac{1}{2} \mu \dot{\boldsymbol{r}}^2 + U(r) \qquad (2.8.2)$$

und für den Drehimpuls

$$\boldsymbol{L}_{\mathrm{rel}} = \mu \boldsymbol{r} \times \dot{\boldsymbol{r}} \ . \qquad (2.8.3)$$

Offensichtlich ist

$$\dot{\boldsymbol{L}}_{\mathrm{rel}} = \mu \boldsymbol{r} \times \ddot{\boldsymbol{r}} = \boldsymbol{0} \ . \qquad (2.8.4)$$

Wir folgern:

i) $\boldsymbol{L}_{\mathrm{rel}}$ ist ein zeitlich konstanter Vektor. Da $\boldsymbol{r}(t)$ von einem Teilchen zum anderen zeigt und $\boldsymbol{L}_{\mathrm{rel}}$ senkrecht auf $\boldsymbol{r}(t)$ (und $\dot{\boldsymbol{r}}(t)$) steht, verläuft also die Bewegung des anderen Teilchens in einer Ebene senkrecht zu $\boldsymbol{L}_{\mathrm{rel}}$. Wählt man die z-Richtung in Richtung von $\boldsymbol{L}_{\mathrm{rel}}$, so liegt $\boldsymbol{r}$ immer in der xy-Ebene, ebenso wie $\dot{\boldsymbol{r}}$. Hiermit sind bereits zwei von sechs Anfangsbedingungen festgelegt: $z(0) = \dot{z}(0) = 0$.

ii) Man betrachte den Vektor $\boldsymbol{r}(t)$, wie er in einem Zeitintervall dt eine Fläche dF überstreicht (Abb. 2.8.1).

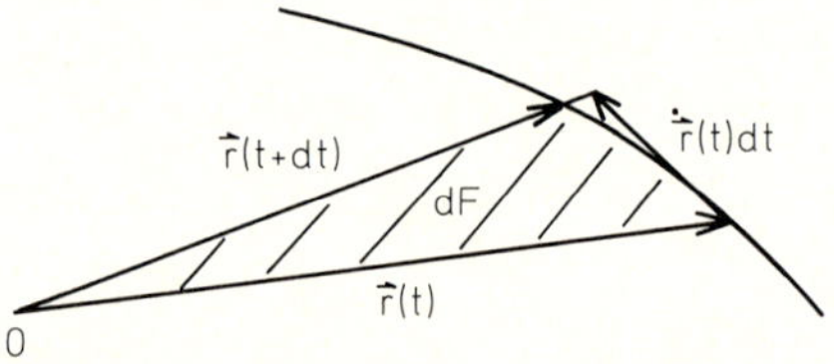

Abb. 2.8.1. Die Fläche dF, die vom Relativvektor $\boldsymbol{r}(t)$ im Zeitintervall $[t, t+dt]$ überstrichen wird

Für dF ergibt sich

$$dF = \tfrac{1}{2} |\boldsymbol{r} \times \dot{\boldsymbol{r}}| dt \ , \qquad (2.8.5)$$

denn die Fläche ist die eines Dreiecks mit den Seitenvektoren $\boldsymbol{a} = \boldsymbol{r}(t)$, $\boldsymbol{b} = \dot{\boldsymbol{r}}(t) dt$.

Die Fläche eines Dreiecks ist aber

$$F = \tfrac{1}{2} |\boldsymbol{a}| |\boldsymbol{b}| \sin \sphericalangle(\boldsymbol{a}, \boldsymbol{b}) = \tfrac{1}{2} |\boldsymbol{a} \times \boldsymbol{b}| \ . \qquad (2.8.6)$$

Also ist

$$dF = \frac{1}{2\mu} |\boldsymbol{L}_{\mathrm{rel}}| dt \ , \qquad (2.8.7)$$

und da $|\boldsymbol{L}_{\mathrm{rel}}|$ konstant ist, folgt:

Der Fahrstrahl überstreicht in gleichen Zeiten gleiche Flächen.

Dies ist bekanntlich auch die Aussage des zweiten Keplerschen Gesetzes für die Planetenbewegung, das wir hier nun als direkte Folge des Drehimpulssatzes erkennen. Das Gesetz von der Konstanz der Flächengeschwindigkeit gilt also nicht nur für das Zweikörperproblem mit Gravitationswechselwirkung sondern für beliebige Zentralkraftfelder, z. B. auch für das harmonische Kraftfeld

$$\boldsymbol{K}(\boldsymbol{r}) = -D\boldsymbol{r} \ . \tag{2.8.8}$$

iii) Führt man in der xy-Ebene Polarkoordinaten ein, so ist also

$$x = r\cos\varphi \ ,$$
$$y = r\sin\varphi \ , \quad \text{und}$$
$$\dot{x} = \dot{r}\cos\varphi - r\dot{\varphi}\sin\varphi \ ,$$
$$\dot{y} = \dot{r}\sin\varphi + r\dot{\varphi}\cos\varphi \ ,$$

und so einerseits

$$\dot{\boldsymbol{r}}^2 = \dot{x}^2 + \dot{y}^2 = \dot{r}^2 + r^2\dot{\varphi}^2 \ , \tag{2.8.9}$$

andererseits

$$\begin{aligned} \boldsymbol{L}_{\text{rel}} &= (0, 0, l) \ , \\ l &= \mu(x\dot{y} - y\dot{x}) \\ &= \mu r\cos\varphi\,(\dot{r}\sin\varphi + r\dot{\varphi}\cos\varphi) \\ &\quad - \mu r\sin\varphi\,(\dot{r}\cos\varphi - r\dot{\varphi}\sin\varphi) \\ &= \mu r^2\dot{\varphi} \ , \quad \text{also} \end{aligned} \tag{2.8.10}$$

$$\dot{\varphi} = l/\mu r^2 \ , \tag{2.8.11}$$

und so

$$\frac{1}{2}\mu\dot{\boldsymbol{r}}^2 = \frac{1}{2}\mu\dot{r}^2 + \frac{l^2}{2\mu r^2} \ . \tag{2.8.12}$$

Für die erhaltene Größe $E = \frac{1}{2}\mu\dot{\boldsymbol{r}}^2 + U(r)$ finden wir so

$$E = \frac{1}{2}\mu\dot{r}^2 + \frac{l^2}{2\mu r^2} + U(r) = \frac{1}{2}\mu\dot{r}^2 + U_{\text{eff}}(r) \tag{2.8.13}$$

mit

$$U_{\text{eff}}(r) = U(r) + \frac{l^2}{2\mu r^2} \ . \tag{2.8.14}$$

Der Ausdruck für E hat genau dieselbe Form wie der für die Energie eines eindimensionalen Systems mit dem Potential U_{eff}. Wir haben also die Aufgabe, die Funktion $\boldsymbol{r}(t)$ für festen Relativdrehimpuls $L_{\text{rel}} = l$ zu bestimmen, auf ein effektives eindimensionales Problem zurückgeführt. Der Anteil $l^2/2\mu r^2$ in U_{eff} heißt *Zentrifugalterm* oder *Zentrifugalbarriere*. Wie bereits in Abschn. 2.4.2 beschrieben, kann somit $r(t)$ berechnet werden, indem man nach $\dot{r}$ auflöst und integriert

$$\dot{r} = \pm\sqrt{(2/\mu)\,[E - U_{\text{eff}}(r)]} \ , \quad \text{also} \tag{2.8.15}$$

$$\pm\int_{r_0}^{r} \frac{dr'}{\sqrt{(2/\mu)\,[E - U_{\text{eff}}(r')]}} = \int_{t_0}^{t} dt' = t - t_0 \ . \tag{2.8.16}$$

Man erhält damit

$$r = r(t;\, E,\, l^2,\, r_0) \quad \text{mit} \tag{2.8.17}$$

$$r_0 = r(t_0;\, E,\, l^2,\, r_0) \ , \tag{2.8.18}$$

und $\varphi(t)$ berechnet sich aus

$$\dot{\varphi} = \frac{l}{\mu r^2(t)} \quad \text{zu} \tag{2.8.19}$$

$$\varphi - \varphi_0 = \int_{t_0}^{t} dt' \, \frac{l}{\mu r^2(t')} = \Phi(t, l, E) \ . \tag{2.8.20}$$

Also ist

$$\varphi(t) = \varphi_0 + \Phi(t, l, E) \quad \text{mit} \tag{2.8.21}$$

$$\varphi(t_0) = \varphi_0 \ . \tag{2.8.22}$$

Die Gleichung $\dot{\varphi} = l/\mu r^2$ lehrt uns auch, daß als Folge des Drehimpulssatzes $\dot{\varphi}$ stets dasselbe Vorzeichen hat, der Umlaufsinn sich also nicht ändern kann. Mit den Funktionen $\varphi(t)$ und $r(t)$ ist nun die Bahnkurve $\boldsymbol{r}(t)$ der Relativbewegung bestimmt. Sie ergibt sich aus einem effektiven Einteilchenproblem. Als Parameter der Bahnkurve, äquivalent zu den noch fehlenden vier Anfangswerten, sind r_0, φ_0, E und l anzusehen. Hierbei hängen E und l mit $\dot{r}_0$ und $\dot{\varphi}_0$ in einfacher Weise zusammen:

$$l = \mu r_0^2\dot{\varphi}_0 \ , \quad E = E_{\text{rel}} = \tfrac{1}{2}\mu\dot{r}_0^2 + U_{\text{eff}}(r_0) \ . \tag{2.8.23}$$

Interessiert man sich nur für die Bahn und nicht für die Bahnkurve, so will man nur $r = r(\varphi)$ berechnen. Kennt man $r(\varphi)$ und $\varphi(t)$, so wäre ja auch $r(t)$ aus $r(\varphi(t))$ zu berechnen. Also ist auch

$$\dot{r} = \frac{dr}{dt} = \frac{dr}{d\varphi}\frac{d\varphi}{dt} \ , \quad \text{also} \quad \dot{r} = \frac{dr}{d\varphi}\dot{\varphi} \ , \tag{2.8.24}$$

und somit

$$\frac{dr}{d\varphi}=\frac{\dot{r}}{\dot{\varphi}}=\frac{\pm\sqrt{(2/\mu)\,[E-U_{\text{eff}}(r)]}}{l/\mu r^2}$$

$$=\pm\frac{\sqrt{2\mu}}{l}\,r^2\sqrt{[E-U_{\text{eff}}(r)]}\ , \qquad (2.8.25)$$

und man erhält so

$$\varphi-\varphi_0=\pm\frac{l}{\sqrt{2\mu}}\int_{r_0}^{r}dr'\,\frac{1}{r'^2\sqrt{[E-U_{\text{eff}}(r')]}}\ , \qquad (2.8.26)$$

wobei nun φ_0 und r_0 vorgegeben sind.

iv) Betrachtet man $U_{\text{eff}}(r)$ als Funktion von r, so kann man den Verlauf der Bahnkurve qualitativ beschreiben.

Die Diskussion verläuft ganz analog wie bei der eindimensionalen Bewegung. Aus dem Graphen der Funktion U_{eff} liest man sofort die erlaubten Werte der Variablen r bei vorgegebenem E_{rel} und l ab. Minima und Maxima von U_{eff} entsprechen stabilen und instabilen Kreisbahnen.

Im einzelnen sind folgende Fälle interessant:

a) Der Graph des effektiven Potentials sehe aus wie in Abb. 2.8.2. Wir nehmen dabei $l\neq 0$ an und $U(r)$ sei zunächst eine Funktion, die für $r\to\infty$ nach oben unbeschränkt ist und für $r\to 0$ nicht zu stark singulär ist, so daß für $r\to 0$ der Zentrifugalterm noch dominiert.

Sei $E_{\text{rel}}=E_0$ vorgegeben: Da

$$E_0=\tfrac{1}{2}\,\mu\dot{r}^2+U_{\text{eff}}(r)$$

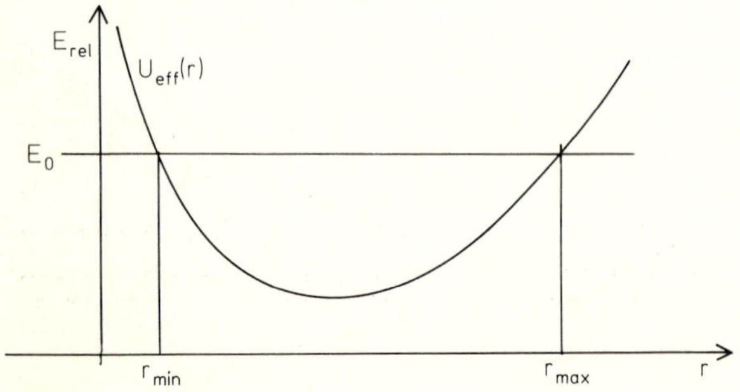

Abb. 2.8.2. Eine mögliche Form von $U_{\text{eff}}(r)$, für die der Abstand r bei gegebener Energie E_0 zwischen r_{min} und r_{max} liegen muß

ist, gilt für alle Bahnen $U_{\text{eff}}(r)\leq E_0$. Die Größe

$$T=E_0-U_{\text{eff}}\geq 0 \qquad (2.8.27)$$

gibt die kinetische Energie der „Radial"-Bewegung an.

Bei $r=r_{\text{min}}$ und $r=r_{\text{max}}$ ist also $U_{\text{eff}}(r)=E_0$ und $\dot{r}=0$. Da aber für $l\neq 0$ auch $\dot{\varphi}\neq 0$ ist (man beachte, daß $\dot{\varphi}=l/\mu r^2$ ist), bedeutet das natürlich nicht, daß dort die Geschwindigkeit des Massenpunktes $\dot{\boldsymbol{r}}=\boldsymbol{0}$ ist.

Für r gilt

$$r_{\text{min}}\leq r\leq r_{\text{max}}\ , \qquad (2.8.28)$$

d.h. die Bewegung ist beschränkt und findet statt in einem Kreisring in der Ebene der Bewegung (Abb. 2.8.3). Da $\dot{\varphi}$ immer das gleiche Vorzeichen hat, ändert sich φ monoton mit t, während r zwischen r_{min} und r_{max} oszilliert.

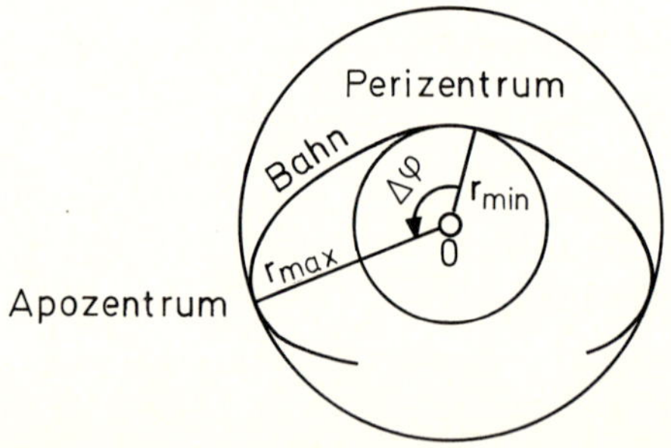

Abb. 2.8.3. Typische Bahn für das effektive Potential aus Fig. 2.8.2

Man nennt die Punkte mit $r=r_{\text{min}}$ *Perizentrum* und die mit $r=r_{\text{max}}$ *Apozentrum*. (Bei der Bewegung um die Sonne heißen sie Perihel und Aphel, bei der Bewegung um die Erde Perigäum und Apogäum.) Die Bahn braucht nicht geschlossen zu sein. Der Winkel, der vom Perizentrum zum nächsten Apozentrum überstrichen wird, ist offensichtlich

$$\Delta\varphi=\pm\frac{l}{\sqrt{2\mu}}\int_{r_{\text{min}}}^{r_{\text{max}}}\frac{dr'}{r'^2\sqrt{E_0-U_{\text{eff}}(r')]}}\ , \qquad (2.8.29)$$

und $2\Delta\varphi$ ist so der Winkel zwischen zwei Perizentren. Ist $n\Delta\varphi=\pi m$, wobei m und n ganze Zahlen seien, so ist die Bahn geschlossen.

b) Es gibt ein minimales $E_0=E_{\text{min}}$, so daß gilt

$$r_{\text{min}}=r_{\text{max}}\ , \quad \text{d.h.} \quad r=\text{const}=r_0\ .$$

Die Bahn ist ein Kreis, und wegen

$$\varphi(t) = \frac{l}{\mu r_0^2}\, t + \varphi_0 \qquad (2.8.30)$$

läuft das Teilchen auf der Kreisbahn gleichförmig.

c) Für $l=0$ verschwindet die Zentrifugalbarriere, auch der Wert $r=0$ ist möglich (Abb. 2.8.4), wenn $U(r)$ nach oben beschränkt ist für $r \to 0$.

Für $l=0$ erhält man auch $\boldsymbol{r} \parallel \dot{\boldsymbol{r}}$ und $\dot{\varphi}=0$. Die Bewegung ist zentral gerichtet (vom Zentrum herkommend oder zum Zentrum hingerichtet).

d) Gilt $U(r) \to U_0$ für $r \to \infty$, so kann man durch eine Addition einer Konstanten immer erreichen, daß $U(r) \to 0$ geht für $r \to \infty$.

Dann hat $U_{\text{eff}}(r)$ einen Graphen wie in Abb. 2.8.5 dargestellt, und man hat nun folgende Fälle zu unterscheiden:

d_1) $E_0 < 0$, (nur möglich, wenn U_{eff} auch negative Werte annimmt): Die Bahnkurven sind beschränkt, alles was zu (a–c) gesagt wurde, gilt hier auch.

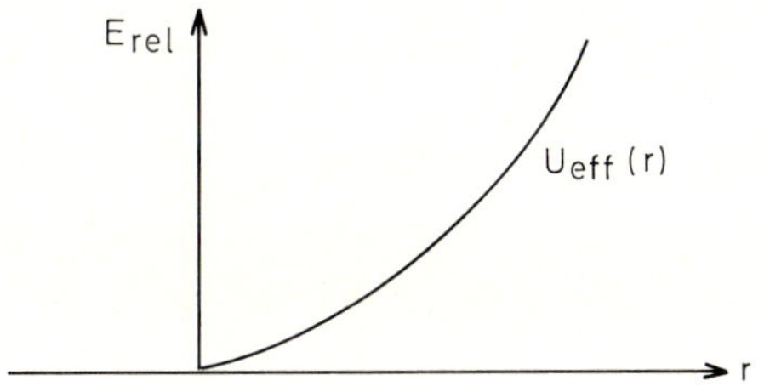

Abb. 2.8.4. Ist der Drehimpuls $l=0$, so gibt es keine Zentrifugalbarriere. Auch $r=0$ ist möglich

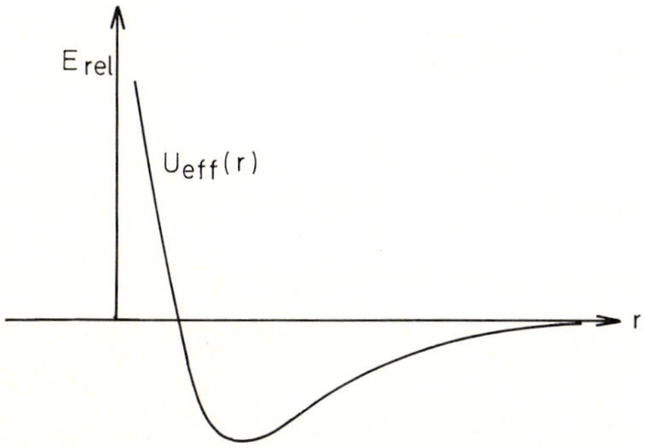

Abb. 2.8.5. Graph von $U_{\text{eff}}(r)$ (mit $l \neq 0$) für den Fall, daß das effektive Potential für $r \to \infty$ endlich bleibt

d_2) $E_0 > 0$: r kann über alle Grenzen wachsen. Hier ist $r_{\max} = \infty$, aber es gibt noch ein Perizentrum $r_{\min}$. Die Bahn sieht wie in Abb. 2.8.6 oder 2.8.7 aus, je nachdem, ob die Kraft anziehend oder abstoßend ist.

Für $r \to \infty$ wird nun $\dot{\varphi} \to 0$, und das Integral

$$\varphi(r) - \varphi_0 = \pm \frac{l}{\sqrt{2\mu}} \int_{r_0}^{r} \frac{dr'}{r'^2 \sqrt{[E_0 - U_{\text{eff}}(r')]}} \qquad (2.8.31)$$

strebt für $r \to \infty$ gegen einen endlichen Grenzwert. Die Bahn nähert sich also asymptotisch einer Geraden. Der Winkel zwischen Perizentrum und einer Asymptote ist

$$\Delta\varphi = \frac{l}{\sqrt{2\mu}} \int_{r_{\min}}^{\infty} \frac{dr'}{r'^2 \sqrt{[E_0 - U_{\text{eff}}(r')]}}\ . \qquad (2.8.32)$$

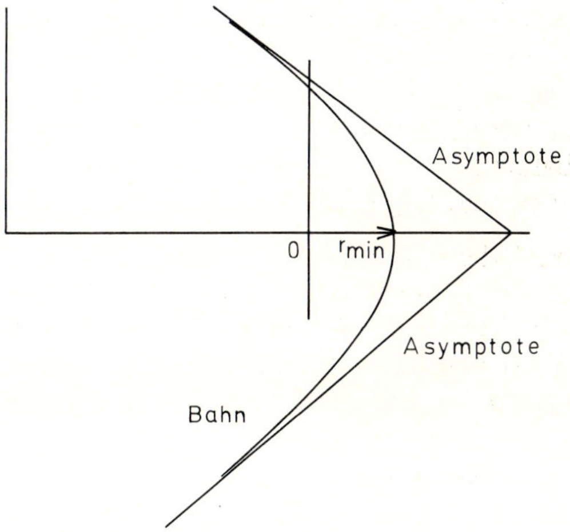

Abb. 2.8.6. Bahn für ein anziehendes Potential für den Fall $E_0 \geq 0$

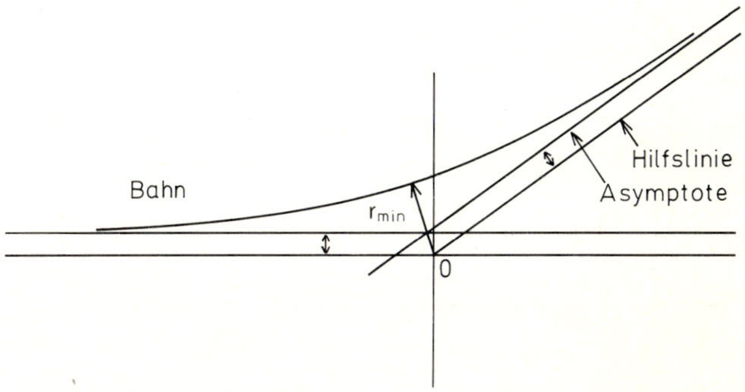

Abb. 2.8.7. Bahn für ein abstoßendes Potential für den Fall $E_0 \geq 0$

Für $r \to \infty$ ergibt sich weiterhin

$$|\dot{r}| \to \sqrt{2/\mu E_0} \ , \tag{2.8.33}$$

wie man aus

$$\dot{r} = \pm \sqrt{(2/\mu)\,[E_0 - U_{\text{eff}}(r)]} \tag{2.8.34}$$

abliest, denn es geht $U_{\text{eff}}(r) \to 0$ für $r \to \infty$. Da ferner auch gilt $\dot{\varphi}(r) \to 0$ für $r \to \infty$, verläuft also die Bewegung für $r \to \infty$ und damit für $|t| \to \infty$ geradlinig-gleichförmig längs der Asymptotenrichtungen der Bahn mit einer Geschwindigkeit v_∞, die durch

$$E_{\text{rel}} = E_0 = \tfrac{1}{2}\,\mu v_\infty^2 \tag{2.8.35}$$

gegeben ist.

d$_3$) $E_0 = 0$: Das ist ein Grenzfall, der hier nicht diskutiert werden soll.

2.9 Das Kepler-Problem

In diesem Kapitel sollen Bahnen und Bahnkurven eines abgeschlossenen Zweiteilchensystems mit dem Potential

$$U(r) = -\frac{\kappa}{r} \tag{2.9.1}$$

berechnet werden. Für $\kappa = \gamma m_1 m_2$ stellt $U(r)$ das Gravitationspotential dar. Die Aufgabe, Bahnen und Bahnkurven in diesem Fall zu berechnen, heißt *Kepler-Problem*[15]. Newton hat erstmalig dieses Problem gelöst. Er konnte damit zeigen, daß Keplers Gesetze aus seinem Gravitationsgesetz folgen. Zur Bestimmung der Bahnen haben wir das Integral

$$\varphi = \frac{l}{\sqrt{2\mu}} \int^{r} dr' \, \frac{1}{r'^2 \sqrt{(E - l^2/2\mu r'^2 + \kappa/r')}} \tag{2.9.2}$$

zu berechnen.

[15] *Kepler, Johannes* (∗1571 Weil der Stadt, †1630 Regensburg). Seit 1600 als Mathematiker und Astronom in Prag. Die Entdeckung seiner Gesetze der Planetenbewegung entsprang besonders seiner Bemühung um die Analyse der Marsbahn. Die beiden ersten Gesetze wurden 1609 in der Schrift „Astronomia Nova" veröffentlicht, während das dritte erst 1618 gefunden und 1619 in der Schrift „Harmonices mundi" mitgeteilt wurde.

Mit $r' = 1/s$, also auch $-dr'/r'^2 = ds$ ergibt sich

$$\varphi = -\int^{1/r} ds \, \frac{1}{\sqrt{2\mu E/l^2 + 2\mu\kappa s/l^2 - s^2}} \ . \tag{2.9.3}$$

Nach Standardregeln erhält man daraus

$$\begin{aligned} \varphi - \varphi_0 &= \text{arc cos}\, \frac{(1/r) - (\mu\kappa/l^2)}{\sqrt{(\mu^2\kappa^2/l^4) + (2\mu E/l^2)}} \\ &= \text{arc cos}\, \frac{(l^2/\mu\kappa)(1/r) - 1}{\sqrt{1 + (2l^2 E/\mu\kappa^2)}} \end{aligned} \tag{2.9.4}$$

(wegen $\int dx/\sqrt{c + 2bx - x^2} = -\text{arc cos}\,(x-b)/\sqrt{b^2 + c}$ für $b^2 + c > 0$).

Wegen der Positivität der kinetischen Energie ist stets $E \geq U_{\text{eff,min}}$, für den Minimalwert $U_{\text{eff,min}}$ von U_{eff} berechnet man

$$U_{\text{eff,min}} = -\frac{\mu\kappa^2}{2l^2} \ . \tag{2.9.5}$$

Somit ist immer

$$b^2 + c \sim 1 + \frac{2l^2 E}{\mu\kappa^2} > 0 \quad \text{für} \quad E > U_{\text{eff,min}} \ .$$

(Im Fall $E = U_{\text{eff,min}}$ liegt der Spezialfall $\dot{r} = 0$, $r = \text{const}$ vor.) Führen wir

$$p = l^2/\mu\kappa, \quad \varepsilon = \sqrt{1 + (2l^2 E/\mu\kappa^2)} \ , \tag{2.9.6}$$

ein, so ist

$$\varphi - \varphi_0 = \text{arc cos}\left(\frac{p/r - 1}{\varepsilon}\right) \quad \text{oder} \tag{2.9.7}$$

$$\varepsilon \cos(\varphi - \varphi_0) = \frac{p}{r} - 1 \quad \text{oder}$$

$$r = \frac{p}{(1 + \varepsilon \cos\varphi)} \quad \text{mit} \quad \varphi_0 = 0 \ . \tag{2.9.8}$$

Man erhält so die Polargleichung für einen Kegelschnitt mit einem Brennpunkt im Zentrum, und zwar (vgl. Anhang B)

für $\varepsilon < 1$, d.h. $E < 0$ eine Ellipse,
für $\varepsilon = 1$, d.h. $E = 0$ eine Parabel,
für $\varepsilon > 1$, d.h. $E > 0$ eine Hyperbel.

Für $E<0$ ergibt sich also, wie bekannt, eine gebundene Bewegung, in diesem Fall überdies sogar eine geschlossene Bahnkurve.

Fallunterscheidungen

i) $\varepsilon<1$: r oszilliert offensichtlich zwischen

$$r_{\min}=p/(1+\varepsilon)\ ,\quad \text{d.h.}\quad \varphi=0 \tag{2.9.9}$$

und

$$r_{\max}=p/(1-\varepsilon)\ ,\quad \text{d.h.}\quad \varphi=\pi \tag{2.9.10}$$

hin und her (Abb. 2.9.1). Für $\varepsilon=0$ ergibt sich eine Kreisbahn, für die große Halbachse einer Ellipse gilt

$$2a=r_{\min}+r_{\max}=p/(1+\varepsilon)+p/(1-\varepsilon)=2p/(1-\varepsilon^2)$$

also

$$a=\frac{p}{(1-\varepsilon^2)}=\frac{l^2}{\mu\kappa}\left(-\frac{\mu\kappa^2}{2l^2E}\right)=\frac{\kappa}{2|E|}\ . \tag{2.9.11}$$

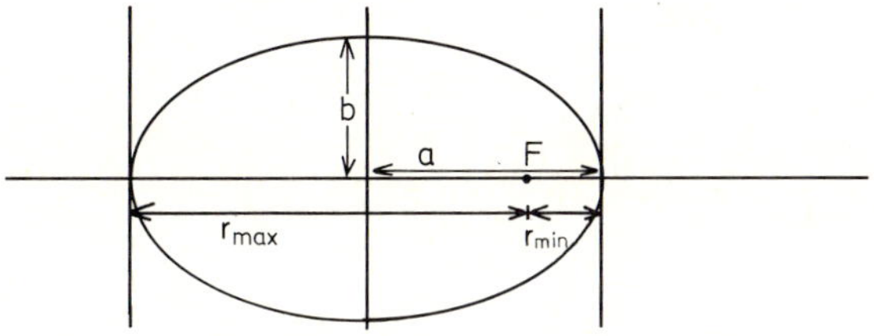

Abb. 2.9.1. Bahn eines Teilchens im Kepler-Problem für $E<0$. Die Bahn ist eine Ellipse mit den Halbachsen a und b

Für die kleine Halbachse b erhält man wegen

$$\varepsilon^2=\frac{a^2-b^2}{a^2}\ , \tag{2.9.12}$$

$$b^2=a^2(1-\varepsilon^2)=\frac{\kappa^2}{4E^2}\left(-\frac{2l^2E}{\mu\kappa^2}\right)=\frac{l^2}{2|E|\mu}=p\cdot a\ . \tag{2.9.13}$$

Hiermit haben wir Keplers erstes Gesetz hergeleitet:

Planeten beschreiben Ellipsenbahnen um die Sonne, wobei in einem Brennpunkt der Ellipse die Sonne steht.

Zusätzlich wissen wir, wie große und kleine Halbachsen von der Energie und dem Drehimpuls der Relativbewegung abhängen.

Man beachte, daß die Exzentrizitäten der Planetenbahnen sehr klein sind. Man mißt z.B. für Merkur $\varepsilon=0{,}206$, Erde $\varepsilon=0{,}017$, Mars $\varepsilon=0{,}093$. Abgesehen von Pluto (damals noch nicht bekannt) und Merkur (selten zu sehen) ist die Exzentrizität vom Mars die größte, so daß dieser Planet am geeignetsten für die Entdeckung des ersten Keplerschen Gesetzes war.

Das zweite Keplersche Gesetz, welches besagt, daß der Fahrstrahl (Sonne-Planet) in gleichen Zeiten gleiche Flächen überstreicht, haben wir schon in Abschn. 2.8 als Folge der Erhaltung des Drehimpulses erkannt.

Es bleibt das dritte Keplersche Gesetz zu zeigen, das besagt: Die Quadrate der Umlaufzeiten zweier Planeten verhalten sich wie die Kuben der großen Halbachsen ihrer Ellipsenbahnen.

Um das zu beweisen, gehen wir zurück zu der Beziehung

$$dF=\frac{1}{2\mu}|\boldsymbol{L}|dt\ ,$$

und wir wissen, daß hier in einer Periode die Fläche einer Ellipse

$$F=\pi ab \tag{2.9.14}$$

überstrichen wird. Also ist

$$\pi ab=\frac{1}{2\mu}lT\ ,\quad \text{oder} \tag{2.9.15}$$

$$\begin{aligned}T&=\frac{2\pi\mu}{l}ab=\frac{2\pi\mu}{l}a\sqrt{pa}\\&=\frac{2\pi\mu}{l}a^{3/2}\frac{l}{\sqrt{\mu\kappa}}\\&=2\pi\sqrt{\frac{\mu}{\kappa}}a^{3/2}\ ,\quad \text{oder}\end{aligned} \tag{2.9.16}$$

$$T^2=\frac{4\pi^2\mu}{\gamma m_1m_2}a^3=\frac{4\pi^2}{\gamma(m_1+m_2)}a^3\ . \tag{2.9.17}$$

Da eine Masse (etwa m_1) immer die Sonnenmasse und damit viel größer als alle Planetenmassen ist, gilt so in guter Näherung:

$$T^2 = \frac{4\pi^2}{\gamma m_1} a^3 \ . \tag{2.9.18}$$

Für Systeme mit Komponenten von vergleichbarer Masse, beispielsweise für Doppelsterne, läßt sich aus der Umlaufszeit immer die Summe der Massen berechnen.

Damit sind alle Keplerschen Gesetze aus dem Newtonschen Gravitationsgesetz abgeleitet.

ii) $\varepsilon = 1$, d.h. $E = 0$. Dies ist der Grenzfall, in dem sich eine Parabelbahn ergibt. Wir wollen ihn nicht weiter untersuchen.

iii) $\varepsilon > 1$, Für diesen Fall kann also $1 + \varepsilon \cos \varphi$ positiv und negativ sein (Abb. 2.9.2).

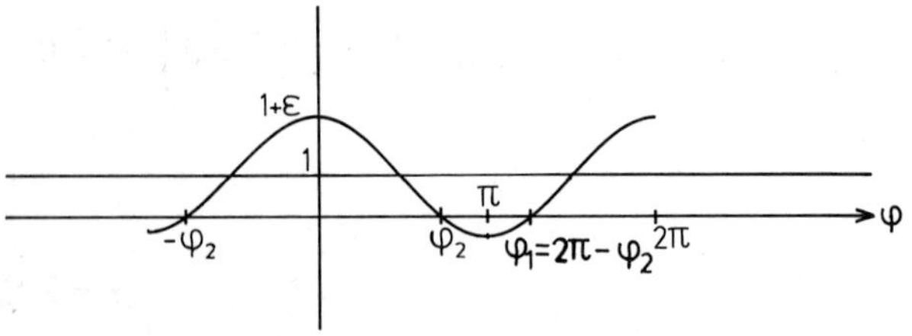

Abb. 2.9.2. Der Graph der Funktion $(1 + \varepsilon \cos \varphi)$ für $\varepsilon > 1$

Da in

$$r = p/(1 + \varepsilon \cos \varphi)$$

r stets positiv ist, aber $p = l^2/\mu\kappa$ positiv oder negativ sein kann, je nach Vorzeichen von κ, haben wir zu unterscheiden:

a) $\kappa > 0$, d.h. $p > 0$ wie im Falle $\varepsilon < 1$, d.h. die Kraft ist anziehend.

Im Perizentrum ist $r = r_{\min} = p/(1 + \varepsilon)$ und $\varphi = 0$. Die Asymptotenrichtungen sind durch

$$1 + \varepsilon \cos \varphi_2 = 0 \tag{2.9.19}$$

gegeben, es gilt $|\varphi_2| > \frac{\pi}{2}$ (Abb. 2.9.2, 3).

b) $\kappa < 0$, dann ist die Kraft abstoßend, wie etwa bei gleichnamigen Ladungen. Dann ist $p < 0$, und so muß immer auch

$$1 + \varepsilon \cos \varphi < 0$$

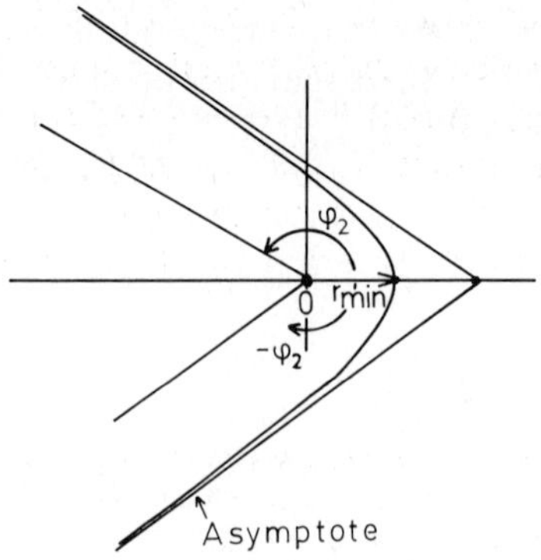

Abb. 2.9.3. Bahn eines Teilchens im Kepler-Problem (anziehendes Potential) für $E > 0$

sein. Der Winkelbereich, der zu positiven Werten von $1/r$ gehört, ist gerade komplementär zum erlaubten Bereich im Falle (a) (Abb. 2.9.2).

Die Bahnkurven sind nun Hyperbeln, die nicht das Kraftzentrum einschließen, sondern vor dem Kraftzentrum zurückweichen (Abb. 2.9.4).

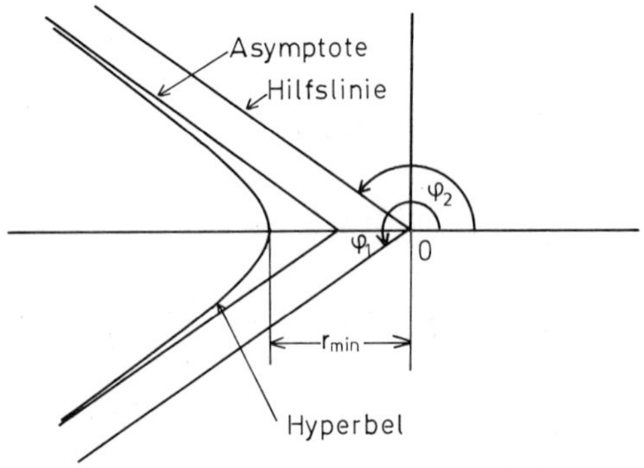

Abb. 2.9.4. Bahn eines Teilchens im Kepler-Problem (abstoßendes Potential) für $E > 0$

Wir werden auf diese Bahnkurven, die offensichtlich eine Streuung an einem abstoßenden Potential beschreiben, noch in einem späteren Kapitel eingehen.

Anmerkungen

i) Die Tatsache, daß bei dem Potential

$$U(r) = -\kappa/r$$

bei gebundenen Bewegungen die Bahnen geschlossen sind, legt den Verdacht nahe, daß es noch eine erhaltene Größe gibt neben E und $\boldsymbol{L}$. Diese könnte z. B. ein Vektor sein, der vom Kraftzentrum zum Perizentrum zeigt. Die Konstanz dieses Vektors würde so ausdrücken, daß das Perizentrum nicht wandert. In Wirklichkeit wandert das Perihel eines Planeten ein wenig. Für den Merkur ist diese Periheldrehung am größten.

Man erhält aus theoretischen Überlegungen:

5557,62″ ± 0,20″	pro Jahrhundert, davon allerdings 5025″ wegen der Rückwanderung des Frühlingspunktes und 532″ auf Grund der Störung durch andere Planeten
43,03″	pro Jahrhundert auf Grund von Effekten der allgemeinen Relativitätstheorie

Die Summe dieser Beiträge stimmt gut mit dem beobachteten Wert überein.

Um den erhaltenen Vektor zu finden, schreiben wir Bewegungsgleichung, Drehimpuls und Energie

$$\mu\ddot{\boldsymbol{r}}+\kappa\frac{\boldsymbol{r}}{r^3}=\boldsymbol{0}\ , \qquad \boldsymbol{L}=\mu\boldsymbol{r}\times\dot{\boldsymbol{r}}\ , \qquad E=\frac{1}{2}\mu\dot{\boldsymbol{r}}^2-\frac{\kappa}{r}\ , \tag{2.9.20}$$

um in:

$$\ddot{\boldsymbol{r}}+\beta\frac{\boldsymbol{r}}{r^3}=\boldsymbol{0}\ , \qquad \boldsymbol{C}=\boldsymbol{r}\times\dot{\boldsymbol{r}}\ , \qquad B=\dot{\boldsymbol{r}}^2-\frac{2\beta}{r}\ , \tag{2.9.21}$$

mit

$$\beta=\frac{\kappa}{\mu}=\gamma(m_1+m_2)\ , \qquad \boldsymbol{C}=\frac{\boldsymbol{L}}{\mu}\ , \qquad B=\frac{2E}{\mu}\ , \tag{2.9.22}$$

und multiplizieren die Bewegungsgleichung vektoriell mit $\boldsymbol{C}$:

$$\begin{aligned}\boldsymbol{0}&=\ddot{\boldsymbol{r}}\times\boldsymbol{C}+\beta\frac{\boldsymbol{r}}{r^3}\times\boldsymbol{C}=\frac{d}{dt}(\dot{\boldsymbol{r}}\times\boldsymbol{C})+\frac{\beta}{r^3}\boldsymbol{r}\times(\boldsymbol{r}\times\dot{\boldsymbol{r}})\\ &=\frac{d}{dt}(\dot{\boldsymbol{r}}\times\boldsymbol{C})+\frac{\beta}{r^3}[\boldsymbol{r}(\boldsymbol{r}\cdot\dot{\boldsymbol{r}})-r^2\dot{\boldsymbol{r}}]\\ &=\frac{d}{dt}\left(\dot{\boldsymbol{r}}\times\boldsymbol{C}-\beta\frac{\boldsymbol{r}}{r}\right), \quad \text{da}\end{aligned} \tag{2.9.23}$$

$$\frac{d}{dt}\frac{\boldsymbol{r}}{r}=\frac{\dot{\boldsymbol{r}}}{r}-\boldsymbol{r}\frac{\boldsymbol{r}\cdot\dot{\boldsymbol{r}}}{r^3} \quad \text{ist}\ ,$$

denn aus $\boldsymbol{r}^2=r^2$ folgt auch $\boldsymbol{r}\cdot\dot{\boldsymbol{r}}=r\cdot\dot{r}$.

Also ist

$$\boldsymbol{A}=\dot{\boldsymbol{r}}\times\boldsymbol{C}-\beta\frac{\boldsymbol{r}}{r} \tag{2.9.24}$$

ein zeitlich konstanter Vektor, der in der Bewegungsebene liegt. Da $\boldsymbol{A}$ konstant ist, kann man $\boldsymbol{A}$ auch im Perizentrum bestimmen. Hier liegen $\boldsymbol{r}/r$ und $\dot{\boldsymbol{r}}\times\boldsymbol{C}$ in Richtung des Perizentrums. Somit zeigt $\boldsymbol{A}$ immer in Richtung des Perizentrums. Der Vektor $\boldsymbol{A}$ heißt *Lenz-Runge-Vektor*[16]. Die Zeitunabhängigkeit von $\boldsymbol{A}$ ist eine spezielle charakteristische Eigenschaft des Kepler-Problems und für allgemeine Zentralkräfte nicht gegeben. Weiter gilt:

$$\boldsymbol{A}\cdot\boldsymbol{C}=0\ ,$$

da $\dot{\boldsymbol{r}}\times\boldsymbol{C}$ und $\boldsymbol{r}/r$ senkrecht auf $\boldsymbol{C}$ stehen. Außerdem ist

$$\begin{aligned}A^2&=\left(\dot{\boldsymbol{r}}\times\boldsymbol{C}-\beta\frac{\boldsymbol{r}}{r}\right)^2=(\dot{\boldsymbol{r}}\times\boldsymbol{C})^2-2\beta\left(\frac{\boldsymbol{r}}{r}\times\dot{\boldsymbol{r}}\right)\cdot\boldsymbol{C}+\beta^2\\ &=\dot{\boldsymbol{r}}^2C^2-\frac{2\beta}{r}C^2+\beta^2\\ &=BC^2+\beta^2\ ,\end{aligned} \tag{2.9.25}$$

d.h. die Länge des Vektors $\boldsymbol{A}$ ist durch die Energie und den Drehimpuls bestimmt. Offensichtlich gilt

$$\frac{A^2}{\beta^2}=1+\frac{2E}{\mu}\frac{\boldsymbol{L}^2}{\mu^2}\frac{1}{\beta^2}=1+\frac{2l^2E}{\mu\kappa^2}\ , \tag{2.9.26}$$

und so ist $|\boldsymbol{A}|/\beta$ mit ε identisch.

Bilden wir nun

$$\boldsymbol{A}\cdot\boldsymbol{r}=A\cdot r\cos\varphi \text{ mit } \varphi=\sphericalangle(\boldsymbol{A},\boldsymbol{r})\ ,$$

so ist also

$$\boldsymbol{A}\cdot\boldsymbol{r}=\boldsymbol{r}\cdot\left[(\dot{\boldsymbol{r}}\times\boldsymbol{C})-\beta\frac{\boldsymbol{r}}{r}\right]=(\boldsymbol{r}\times\dot{\boldsymbol{r}})\cdot\boldsymbol{C}-\beta r$$

oder

$$rA\cos\varphi=C^2-\beta r\ , \qquad \text{d.h.} \tag{2.9.27}$$

[16] *Lenz-Runge Vektor*. Zu Lenz vergl. Fußnote 1, Kap. 13. Runge, Carl David Tolmé (∗1856 Bremen, †1927 Göttingen). Mathematiker und Physiker. Hauptarbeitsgebiete Numerik, Funktionentheorie, Spektroskopie.

$$r(1+\varepsilon\cos\varphi)=C^2/\beta$$

oder

$$r=\frac{p}{1+\varepsilon\cos\varphi}\ , \tag{2.9.28}$$

da

$$\frac{C^2}{\beta}=\frac{\boldsymbol{L}^2}{\mu^2}\cdot\frac{\mu}{\kappa}=\frac{l^2}{\kappa\mu}=p\ . \tag{2.9.29}$$

Man erhält also erneut dieselben Kegelschnittbahnen, die wir oben ohne Zuhilfenahme der Erhaltungsgröße $\boldsymbol{A}$ berechnet hatten.

ii) Bisher hatten wir nur über die Relativbewegung nachgedacht. Da

$$\begin{aligned} \boldsymbol{r}_1&=\boldsymbol{R}+\boldsymbol{x}_1=\boldsymbol{R}+\frac{m_2}{M}\boldsymbol{r}\ ,\\ \boldsymbol{r}_2&=\boldsymbol{R}+\boldsymbol{x}_2=\boldsymbol{R}-\frac{m_1}{M}\boldsymbol{r} \end{aligned} \tag{2.9.30}$$

ist, erhält man die vollständige Bewegung für das Zweiteilchenproblem sofort. Für $E_{\mathrm{rel}}<0$ laufen z.B. die beiden Teilchen auf Ellipsenbahnen um den gemeinsamen Schwerpunkt, der sich seinerseits geradlinig-gleichförmig bewegt und stets auf der Verbindungslinie der Teilchen liegt (Abb. 2.9.5).

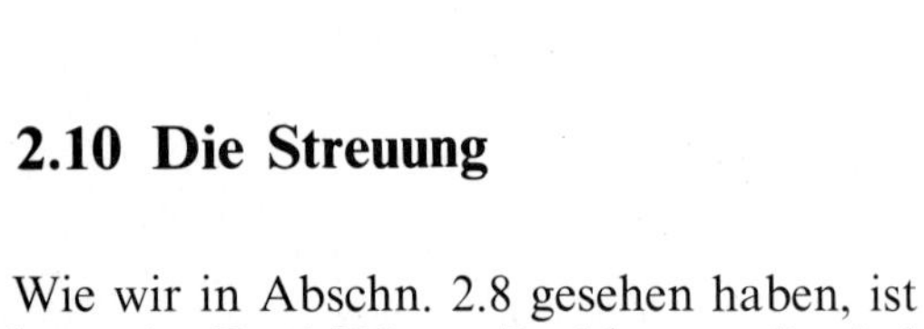

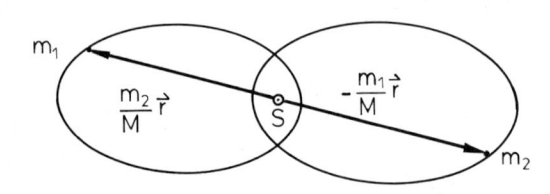

Abb. 2.9.5. Bewegung zweier Massen um den gemeinsamen Schwerpunkt

2.10 Die Streuung

Wie wir in Abschn. 2.8 gesehen haben, ist die Bahnkurve im Zwei-Körper-Problem qualitativ leicht anzugeben, insbesondere erhält man Hyperbelbahnen für

$$U(r)=-\kappa/r \quad \text{und} \quad E_{\mathrm{rel}}>0\ .$$

Damit kann man auch die sogenannte *Streuung* von zwei Teilchen aneinander quantitativ untersuchen. Ganz allgemein geschieht bei einem *Streuprozeß* folgendes:

Es fliegen freie Teilchen aufeinander zu, üben bei ihrer Annäherung Wechselwirkungen aufeinander aus, welche Umlagerungen, Richtungs- und Impulsänderungen verursachen, und trennen sich wieder, so daß einige Zeit nach der Wechselwirkung wieder freie Teilchen vorliegen, die sich voneinander entfernen.

Ein großer Teil der Experimente in der modernen Physik, besonders in der Atom-, Molekül-, Kern- und Elementarteilchenphysik sind Streuexperimente, bei denen man aus dem Ablauf von Streuprozessen auf die Art der Wechselwirkung zu schließen sucht. Was wir heute z. B. über Elementarteilchen wissen, stammt zum weitaus größten Teil aus der Auswertung von Streuexperimenten.

Wir betrachten hier im Rahmen der Newtonschen Mechanik nur die allereinfachsten Streuprozesse: Die *elastische* Zweiteilchenstreuung mit rotationsymetrischem Wechselwirkungspotential, bei der die gesamte mechanische Energie eine Erhaltungsgröße ist und die Teilchen vor und nach dem Stoß dieselben sind. Bezeichnet man die *Geschwindigkeiten lange vor und lange nach dem Stoß* mit $\boldsymbol{v}_1$, $\boldsymbol{v}_2$ bzw. $\boldsymbol{v}_1'$, $\boldsymbol{v}_2'$, so gilt also wegen Energie- und Impulserhaltung

$$\tfrac{1}{2}m_1\boldsymbol{v}_1^2+\tfrac{1}{2}m_2\boldsymbol{v}_2^2=\tfrac{1}{2}m_1\boldsymbol{v}_1'^2+\tfrac{1}{2}m_2\boldsymbol{v}_2'^2 \tag{2.10.1}$$

und

$$m_1\boldsymbol{v}_1+m_2\boldsymbol{v}_2=m_1\boldsymbol{v}_1'+m_2\boldsymbol{v}_2'\ . \tag{2.10.2}$$

Bei vorgegebenen Anfangsgeschwindigkeiten $\boldsymbol{v}_1, \boldsymbol{v}_2$ sind die sechs Komponenten der Geschwindigkeiten $\boldsymbol{v}_1'$, $\boldsymbol{v}_2'$ nach dem Stoß zu bestimmen. Energie- und Impulserhaltung liefern vier Beziehungen, so daß noch zwei unabhängige Zahlengrößen zu bestimmen bleiben, beispielsweise die Richtung von $\boldsymbol{v}_1'$.

Wirklich interessant ist hiervon allerdings nur ein Winkel, etwa der Winkel zwischen $\boldsymbol{v}_1$ und $\boldsymbol{v}_1'$, der Ablenkungswinkel des ersten Teilchens (Abb. 2.10.1). Wenn man nämlich die Geschwindigkeitsvektoren $\boldsymbol{v}_1'$ und $\boldsymbol{v}_2'$ der Teilchen nach dem Stoß um die Richtung des Gesamtimpulses $\boldsymbol{P}$ dreht, so erhält man wegen der Drehinvarianz des Potentials im wesentlichen denselben Streuprozeß. Die Endkonfigguration des Streuprozesses ist also durch einen einzigen Streuwinkel festgelegt.

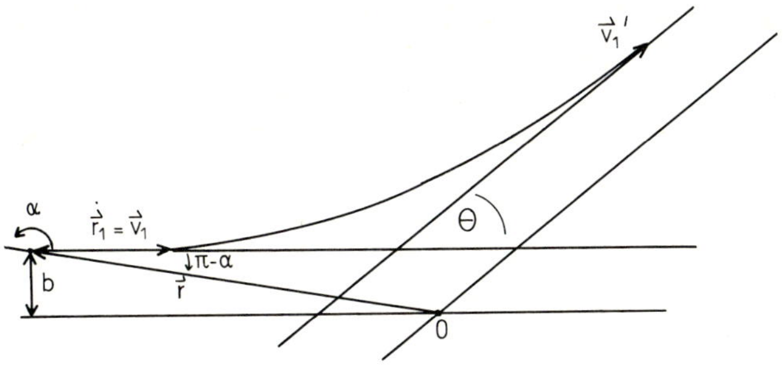

Abb. 2.10.1. Durch die abstoßende Kraft von Teilchen 2 in O erfährt Teilchen 1 eine Ablenkung. Der Stoßparameter b ist die Strecke, um die Teilchen 1 Teilchen 2 verfehlen würde, wenn es kräftefrei weiterflöge

2.10.1 Die Relativbewegung bei der Streuung

Zur rechnerischen Behandlung der elastischen Zweiteilchenstreuung trennen wir zunächst wieder die Schwerpunktbewegung ab und betrachten die Zeitabhängigkeit $\boldsymbol{r}(t)=\boldsymbol{r}_1(t)-\boldsymbol{r}_2(t)$ der Relativkoordinate.

Wir beschränken uns vorerst der Einfachheit halber auf ein abstoßendes Potential ($\kappa<0$).

i) Wir wissen, daß der Drehimpuls $\boldsymbol{L}_{\text{rel}}$ und die Energie E_{rel} erhaltene Größen sind. Wir wollen $\boldsymbol{L}_{\text{rel}}$ und E_{rel} mit anderen, physikalisch zugänglicheren Größen in Verbindung bringen:

Lange vor und nach dem Stoß bewegen sich die Teilchen frei, so daß für $t\to-\infty$

$$\frac{\boldsymbol{r}(t)}{t}\to\boldsymbol{v}=\boldsymbol{v}_1-\boldsymbol{v}_2 \tag{2.10.3}$$

und für $t\to+\infty$

$$\frac{\boldsymbol{r}(t)}{t}\to\boldsymbol{v}'=\boldsymbol{v}_1'-\boldsymbol{v}_2' \ . \tag{2.10.4}$$

Der Wert der Erhaltungsgröße

$$E_{\text{rel}}=\tfrac{1}{2}\mu\boldsymbol{v}^2+U(r)$$

ist für alle Zeiten derselbe. Man berechnet ihn am leichtesten für $t\to\pm\infty$, da dann die Teilchen so weit voneinander entfernt sind, daß die potentielle Energie vernachlässigbar wird. Es ist also

$$E_{\text{rel}}=E_{\text{rel}}(\pm\infty)=\tfrac{1}{2}\mu\boldsymbol{v}^2=\tfrac{1}{2}\mu\boldsymbol{v}'^2 \tag{2.10.5}$$

einfach durch die Relativgeschwindigkeit $\dot{\boldsymbol{r}}=\boldsymbol{v}_1-\boldsymbol{v}_2$ bestimmt. Es ist somit

$$|\boldsymbol{v}|=|\boldsymbol{v}'| \ . \tag{2.10.6}$$

Offensichtlich gilt auch $E_{\text{rel}}>0$, wie für eine nicht gebundene Bewegung zu erwarten.

Für den Drehimpuls erhält man

$$l=|\boldsymbol{L}_{\text{rel}}|=\mu|\boldsymbol{r}\times\dot{\boldsymbol{r}}|=\mu r|\dot{\boldsymbol{r}}|\sin\alpha \quad \text{mit} \quad \alpha=\sphericalangle(\boldsymbol{r},\dot{\boldsymbol{r}}) \ . \tag{2.10.7}$$

Betrachtet man die Situation für $t\to-\infty$, so ist (Abb. 2.10.1)

$$r\sin\alpha=r\sin(\pi-\alpha)=:b \ . \tag{2.10.8}$$

b nennt man den *Stoßparameter*. b ist die Strecke, um die das Teilchen 1 das Teilchen 2 verfehlen würde, wenn es kräftefrei weiterflöge.

Damit ist

$$l=|\boldsymbol{L}_{\text{rel}}|=\mu b|\boldsymbol{v}| \quad \text{und} \tag{2.10.9}$$

$$E_{\text{rel}}=\tfrac{1}{2}\mu\boldsymbol{v}^2 \ . \tag{2.10.10}$$

Somit lassen sich die erhaltenen Größen l, E_{rel} durch die physikalisch zugänglicheren Größen $|\boldsymbol{v}|$, b ausdrücken.

ii) Wir fragen nach dem Streuwinkel θ des Relativvektors, d.h. nach dem Winkel zwischen $\boldsymbol{v}$ und $\boldsymbol{v}'$, um den die Relativgeschwindigkeit durch den Stoß abgelenkt wird (Abb. 2.10.2).

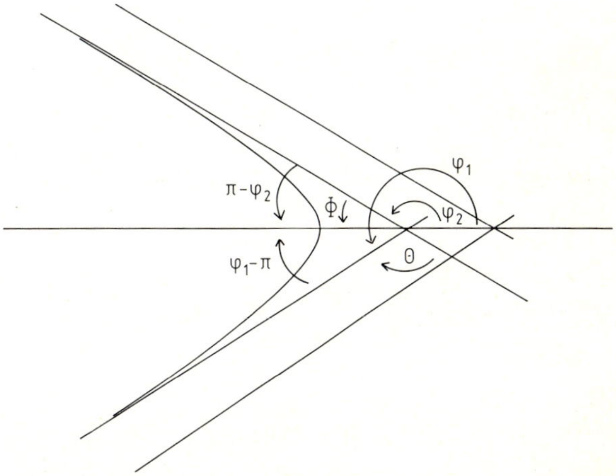

Abb. 2.10.2. Der Streuwinkel θ ist durch die Ablenkung der Relativgeschwindigkeit bestimmt. Es ist $\Phi=\pi-\varphi_2=\varphi_1-\pi$ und $2\Phi+\theta=\pi$

Bezeichnet man mit Φ den Winkel zwischen Perizentrum und einer Asymptoten, so ist offensichtlich $\theta=\pi-2\Phi$.

Also ergibt sich für den Streuwinkel:

$$\theta=\pi-2\frac{l}{\sqrt{2\mu}}\int_{r_{\min}}^{\infty}\frac{dr'}{r'^2\sqrt{[E-U_{\text{eff}}(r')]}} . \qquad (2.10.11)$$

iii) Das Targetteilchen sei ein Z-fach positiv geladener Kern, das geschossene Teilchen sei ein He-Kern (α-Teilchen, *Rutherford-Streuung*[17]). Die abstoßenden Kräfte können durch das Potential

$$U(r)=\frac{1}{4\pi\varepsilon_0}\frac{q_1q_2}{r} ,$$

(q_2: Ladung des Kerns, q_1: Ladung des α-Teilchens) beschrieben werden.

Man könnte den Streuwinkel nach der obigen Formel berechnen. Hier ist aber schon die Bahn bekannt. Diese ist eine Hyperbel mit der Polargleichung (Abschn. 2.9)

$$r=\frac{p}{(1+\varepsilon\cos\varphi)} \qquad (2.10.12)$$

und es gilt (Abb. 2.10.2):

$$\varphi_2\leq\varphi\leq\varphi_1 \quad \text{mit}$$

$$1+\varepsilon\cos\varphi_i=0 , \quad i=1,2 .$$

Es ist auch

$$\pi-\varphi_2=\varphi_1-\pi=\Phi .$$

Weiter ist

$$\varphi_1-\varphi_2=\pi-\theta , \quad \text{also mit}$$

$$\varphi_1-\pi=\pi-\varphi_2 \quad \text{auch}$$

$$\pi-\varphi_2=\varphi_2-\theta \quad \text{oder}$$

$$\varphi_2=\frac{\pi+\theta}{2} \quad \text{und damit} \qquad (2.10.13)$$

[17] *Rutherford, Ernest* (∗1871 Spring Grove/Neuseeland, †1937 Cambridge). Seine wichtigste, 1911 veröffentlichte Entdeckung war die durch Streuung von α-Teilchen an Atomen gefundene Erkenntnis, daß die Masse eines Atoms in seinem kleinen, dichten Kern konzentriert ist. 1908 Nobelpreis für Chemie.

$$-\frac{1}{\varepsilon}=\cos\varphi_2=\cos\left(\frac{\pi+\theta}{2}\right)=-\sin\left(\frac{\theta}{2}\right) .$$

Also folgt

$$\sin\left(\frac{\theta}{2}\right)=\frac{1}{\varepsilon}=\frac{1}{\sqrt{1+(2El^2/\mu\kappa^2)}} . \qquad (2.10.14)$$

Durch die trigonometrische Beziehung

$$\sin\left(\frac{\theta}{2}\right)=\frac{1}{\sqrt{1+\cot^2(\theta/2)}}$$

folgt so

$$\cot^2(\theta/2)=2El^2/\mu\kappa^2$$
$$=2\tfrac{1}{2}\mu\boldsymbol{v}^2\mu^2\boldsymbol{v}^2b^2/\mu\kappa^2=\mu^2v^4b^2/\kappa^2$$

oder

$$\tan(\theta/2)=\frac{|\kappa|}{\mu bv^2} . \qquad (2.10.15)$$

Da θ zwischen 0 und π liegt, $\tan(\theta/2)$ somit immer positiv ist, ist die rechte Seite auch positiv zu wählen.

Wir stellen fest:

a) Je kleiner b, um so größer $\tan(\theta/2)$ und damit θ, für $b\to 0$ geht $\theta\to\pi$. Das ist der zentrale Stoß: Teilchen 1 wird auf Teilchen 2 zentral geschossen, erreicht ein $r_{\min}$ und kehrt wieder um. Der Drehimpuls verschwindet. $r_{\min}$ kann berechnet werden aus

$$E=\tfrac{1}{2}\mu v^2+U(r) .$$

Es ist

$$E=\tfrac{1}{2}\mu v^2 \quad \text{vor dem Stoß,}$$

$$E=U(r_{\min})=-\kappa/r_{\min} \quad \text{beim Umkehrpunkt.}$$

Also ist für $b=0$:

$$r_{\min}=\frac{2|\kappa|}{\mu v^2} . \qquad (2.10.16)$$

Man kann leicht nachrechnen, und man sieht auch bei Betrachtung des Graphen von $U_{\text{eff}}(r)$ in Abhängigkeit von $l\sim b$, daß bei anderen Stößen mit $b>0$ der entsprechende Abstand $r_{\min}(b)$ größer ist als $r_{\min}(0)$.

Je größer v, um so näher kommen sich die beiden Ladungsträger. Erhöht man die Anfangsenergie so sehr, daß $r_{\min}$ in die Nähe der Radien der Ladungsträger gelangt, so wird sich eine Abweichung von der Streuformel für $\tan(\theta/2)$ bemerkbar machen, da dann die Behandlung der Ladungsträger als Punktteilchen nicht mehr gerechtfertigt ist.

Beispiel

Ist Teilchen 1 ein α-Teilchen mit $v = 1{,}61 \times 10^9\,\mathrm{cm\,s^{-1}}$, Teilchen 2 ein Kupferkern, so wird $r_{\min} = 1{,}55 \times 10^{-12}\,\mathrm{cm}$. Die Streuformel gilt noch, also sind die Atomkerne kleiner als 10^{-12} cm.

b) Je größer $q_1 q_2$ ist, um so größer ist wiederum θ, d.h. vergleicht man die $e^- - e^-$ Streuung mit der Rutherford-Streuung für die Ladungen q_1, $q_2 = Zq_1$, $Z \gg 1$, so sind die Ablenkwinkel im zweiten Fall viel größer. Rutherford kam 1911 so zu dem Schluß, daß die positiven Ladungsträger in Atomkernen in einem sehr begrenzten Zentrum angehäuft sind.

2.10.2 Schwerpunktsystem und Laborsystem

Bisher hatten wir wieder nur die Relativbewegung studiert. Für die Abweichungen $\boldsymbol{x}_i$ vom Schwerpunkt $\boldsymbol{R}$ gilt nun aber

$$\boldsymbol{x}_1 = \frac{m_2}{M}\boldsymbol{r} \;,$$

$$\boldsymbol{x}_2 = -\frac{m_1}{M}\boldsymbol{r} \;.$$

Für die Geschwindigkeiten der Teilchen finden wir damit

$$\dot{\boldsymbol{r}}_1(t) = \frac{m_2}{M}\dot{\boldsymbol{r}}(t) + \dot{\boldsymbol{R}}(t) \;, \tag{2.10.17a}$$

$$\dot{\boldsymbol{r}}_2(t) = -\frac{m_1}{M}\dot{\boldsymbol{r}}(t) + \dot{\boldsymbol{R}}(t) \;. \tag{2.10.17b}$$

Die gemessenen Geschwindigkeiten und Ablenkungswinkel der Teilchen werden von der Schwerpunktgeschwindigkeit $\dot{\boldsymbol{R}}$ abhängen, also vom gewählten Inertialsystem. Unabhängig vom Inertialsystem (und damit Galilei-invariant) sind die Größen

$$\boldsymbol{v} = \lim_{t\to-\infty} \dot{\boldsymbol{r}}(t) = \boldsymbol{v}_1 - \boldsymbol{v}_2 \quad \text{und} \tag{2.10.18a}$$

$$\boldsymbol{v}' = \lim_{t\to+\infty} \dot{\boldsymbol{r}}(t) = \boldsymbol{v}_1 - \boldsymbol{v}_2 \tag{2.10.18b}$$

mit $\boldsymbol{v}^2 = \boldsymbol{v}'^2$ und der *Impulsübertrag*

$$\boldsymbol{q} = \boldsymbol{p}_1' - \boldsymbol{p}_1 = \boldsymbol{p}_2 - \boldsymbol{p}_2' = m_1(\boldsymbol{v}_1' - \boldsymbol{v}_1) \;, \tag{2.10.19}$$

während der *Energieübertrag*

$$\Delta E_1 = E_1' - E_1 \tag{2.10.20}$$

von der Wahl des Inertialsystems abhängt, denn die Energie ist quadratisch in den Geschwindigkeiten, und die Geschwindigkeit des Schwerpunktes fällt bei der Differenzbildung nicht heraus.

Zwei besonders häufig benutzte Inertialsysteme sind:

a) Das Schwerpunktsystem, (auch CMS: „Center-of-Mass-System" genannt): Dieses ist durch $\dot{\boldsymbol{R}} \equiv \boldsymbol{0}$ definiert, es ist also gerade das Inertialsystem, in dem der Schwerpunkt ruht.

Dann ist

$$\dot{\boldsymbol{r}}_1(t) = \frac{m_2}{M}\dot{\boldsymbol{r}}(t) \;, \qquad \dot{\boldsymbol{r}}_2(t) = -\frac{m_1}{M}\dot{\boldsymbol{r}}(t) \;. \tag{2.10.21}$$

Man sieht, daß der oben berechnete Ablenkungswinkel θ der Relativgeschwindigkeiten auch der Ablenkungswinkel der Teilchen 1 und 2 im Schwerpunktsystem ist. Typische Bahnen der Teilchen sind in Abb. 2.10.3 dargestellt.

Für die Geschwindigkeiten und Energien vor und nach dem Stoß erhält man

$$v_1 = v_1' = \frac{m_2}{M} v \;, \qquad v_2 = v_2' = \frac{m_1}{M} v \;, \tag{2.10.22a}$$

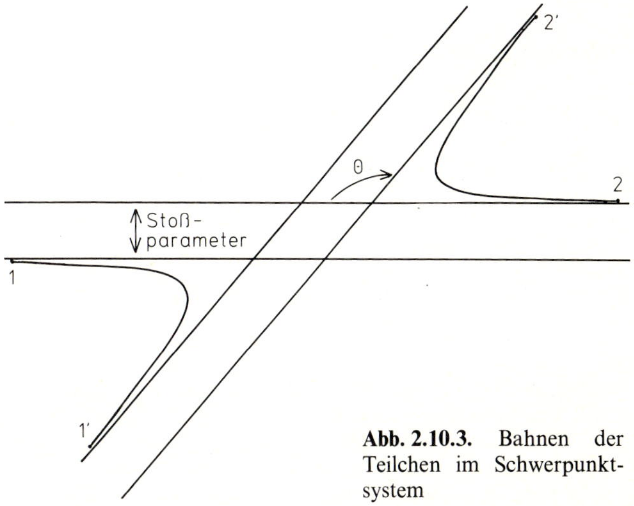

Abb. 2.10.3. Bahnen der Teilchen im Schwerpunktsystem

$$E_1 = E_1' = \frac{m_1 m_2^2}{2M^2} v^2 , \quad E_2 = E_2' = \frac{m_2 m_1^2}{2M^2} v^2 , \tag{2.10.22b}$$

$$E = E_1 + E_2 = E_1' + E_2' = \tfrac{1}{2} \mu v^2 = E_{\text{rel}} . \tag{2.10.22c}$$

Ein Energieübertrag findet in diesem Inertialsystem nicht statt, für den Impulsübertrag erhält man:

$$\boldsymbol{q}^2 = \mu^2 (\boldsymbol{v}' - \boldsymbol{v})^2 = \mu^2 (v^2 + v'^2 - 2vv' \cos\theta) ,$$

also, da $|\boldsymbol{v}'| = |\boldsymbol{v}|$

$$q^2 = 2\mu^2 v^2 (1 - \cos\theta) . \tag{2.10.23}$$

b) Das Laborsystem: Das Bezugssystem, in dem der Schwerpunkt ruht, ist natürlich selten im Experiment realisiert. Häufiger ist vor dem Stoß eines der Teilchen, *Targetteilchen*[18] genannt, in Ruhe, und ein *Projektilteilchen* wird auf das Targetteilchen geschossen. Wir wollen Teilchen 2 als Targetteilchen ansehen. Das System, in welchem $v_2 = 0$ gilt, heißt aus naheliegenden Gründen *Laborsystem*. Im Laborsystem ist also (wir werden Größen im Laborsystem mit dem Index L bezeichnen):

$$\dot{\boldsymbol{R}}(t) = \dot{\boldsymbol{R}}(\pm\infty) = \frac{m_1}{M} \boldsymbol{v}_{L1} . \tag{2.10.24}$$

Man beachte für spätere Zwecke, daß auch $\boldsymbol{v}_{L1} = \dot{\boldsymbol{r}}(-\infty) = \boldsymbol{v}$ gilt.

Somit ist

$$\dot{\boldsymbol{r}}_{L1}(t) = \frac{m_2}{M} \dot{\boldsymbol{r}}(t) + \frac{m_1}{M} \boldsymbol{v}_{L1} , \tag{2.10.25a}$$

$$\dot{\boldsymbol{r}}_{L2}(t) = -\frac{m_1}{M} \dot{\boldsymbol{r}}(t) + \frac{m_1}{M} \boldsymbol{v}_{L1} . \tag{2.10.25b}$$

Da $\dot{\boldsymbol{r}}(-\infty) = \boldsymbol{v}_{L1}$, bestätigt man leicht:

$$\dot{\boldsymbol{r}}_{L1}(-\infty) = \boldsymbol{v}_{L1} \quad \text{und} \quad \dot{\boldsymbol{r}}_{L2}(-\infty) = \boldsymbol{0} . \tag{2.10.26}$$

Die Bahnen der beiden Teilchen sehen wie in Abb. 2.10.4 aus.

[18] *Target:* (engl.) Ziel, Zielscheibe.

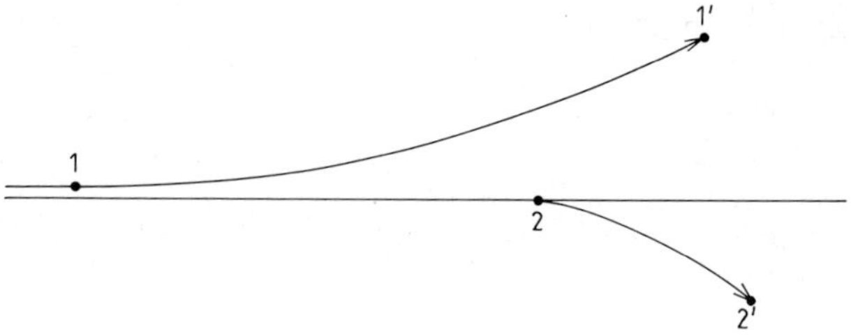

Abb. 2.10.4. Bahnen der Teilchen im Laborsystem

Der Streuwinkel θ_L ist definiert durch

$$\theta_L = \sphericalangle(\boldsymbol{p}_{L1}, \boldsymbol{p}'_{L1}) . \tag{2.10.27}$$

Um seine Beziehung zu dem Streuwinkel θ im Schwerpunktsystem zu bestimmen, betrachten wir

$$\boldsymbol{p}'_{L1} = m_1 \boldsymbol{v}'_{L1} = \mu \dot{\boldsymbol{r}}(\infty) + \frac{m_1^2}{M} \dot{\boldsymbol{r}}(-\infty) , \tag{2.10.28}$$

also ist auch

$$\boldsymbol{p}'^2_{L1} = \frac{m_1^2 m_2^2}{M^2} \dot{\boldsymbol{r}}^2(\infty) + \frac{m_1^4}{M^2} \dot{\boldsymbol{r}}^2(-\infty) + 2\frac{m_1^3 m_2}{M^2} |\dot{\boldsymbol{r}}(\infty)| \cdot |\dot{\boldsymbol{r}}(-\infty)| \cos\theta . \tag{2.10.29}$$

Da $|\dot{\boldsymbol{r}}(\infty)| = |\dot{\boldsymbol{r}}(-\infty)|$, folgt so für den Betrag des Impulses von Teilchen 1 nach dem Stoß:

$$p'_{L1} = \frac{m_1}{M} |\dot{\boldsymbol{r}}(\infty)| \sqrt{m_2^2 + 2m_1 m_2 \cos\theta + m_1^2} . \tag{2.10.30}$$

Mit den Ausdrücken für $\boldsymbol{p}_{L1}$ und $\boldsymbol{p}'_{L1}$ folgt

$$\cos\theta_L = \frac{\boldsymbol{p}_{L1} \cdot \boldsymbol{p}'_{L1}}{p_{L1} p'_{L1}} = \frac{\mu \dot{\boldsymbol{r}}(-\infty) \cdot [\mu \dot{\boldsymbol{r}}(\infty) + (m_1^2/M) \dot{\boldsymbol{r}}(-\infty)]}{\mu |\dot{\boldsymbol{r}}(-\infty)| (m_1/M) |\dot{\boldsymbol{r}}(+\infty)| \sqrt{m_2^2 + 2m_1 m_2 \cos\theta + m_1^2}} = \frac{m_1 + m_2 \cos\theta}{\sqrt{m_2^2 + 2m_1 m_2 \cos\theta + m_1^2}} . \tag{2.10.31}$$

Mit der Identität

$$\tan^2\theta_L = -1 + \frac{1}{\cos^2\theta_L}$$

findet man auch

$$\tan\theta_L = \frac{m_2\sin\theta}{m_1+m_2\cos\theta} \quad . \tag{2.10.32}$$

Die Impulse der Teilchen nach dem Stoß sind durch p'_{L1} und nach dem Impulserhaltungssatz durch

$$p'_{L2} = |\boldsymbol{p}_{L1} - \boldsymbol{p}'_{L1}| = |\boldsymbol{q}| \tag{2.10.33}$$

gegeben.

Um aber diese Größen auch vollständig durch den Streuwinkel θ_L im Laborsystem auszudrücken, benutze man Impuls- und Energieerhaltung in der Form

$$m_1\boldsymbol{v}_{L1} = m_1\boldsymbol{v}'_{L1} + m_2\boldsymbol{v}'_{L2} \quad , \tag{2.10.34a}$$

$$\tfrac{1}{2}m_1\boldsymbol{v}^2_{L1} = \tfrac{1}{2}m_1\boldsymbol{v}'^2_{L1} + \tfrac{1}{2}m_2\boldsymbol{v}'^2_{L2} \quad , \tag{2.10.34b}$$

um für den Impulsübertrag $\boldsymbol{q} = (\boldsymbol{p}'_{L1} - \boldsymbol{p}_{L1}) = -\boldsymbol{p}'_{L2}$ die beiden Formeln

$$\begin{aligned} \boldsymbol{q}^2 &= m_1^2(v^2 + v'^2_{L1} - 2\,v\,v'_{L1}\cos\theta_L) \\ &= m_2^2\boldsymbol{v}'^2_{L2} = m_2(m_1v^2 - m_1v'^2_{L1}) \end{aligned} \tag{2.10.35}$$

zu gewinnen, aus denen man v'_{L1} bestimmen kann. Die Liste der Geschwindigkeiten und Energien vor und nach dem Stoß ergibt sich damit zu:

$$v_{L1} = v \quad , \qquad v_{L2} = 0 \quad , \tag{2.10.36a}$$

$$v'_{L1} = \frac{m_1}{M}\,v\cos\theta_L \pm \frac{m_2}{M}\,v\,\sqrt{1 - \frac{m_1^2}{m_2^2}\sin^2\theta_L} \quad , \tag{2.10.36b}$$

wobei das positive Vorzeichen für den Fall $m_1 < m_2$ gilt, während für den Fall $m_1 > m_2$ beide Vorzeichen gelten können, wie man noch sehen wird. Weiter:

$$v'_{L2} = \sqrt{\frac{m_1}{m_2}\,(v^2 - v'^2_{L1})} \quad , \tag{2.10.37a}$$

$$E_{L1} = \tfrac{1}{2}m_1v^2 \quad , \qquad E_{L2} = 0 \quad , \tag{2.10.37b}$$

$$E'_{L1} = \tfrac{1}{2}m_1v'^2_{L1} \quad , \qquad E'_{L2} = \boldsymbol{p}'^2_{L2}/2\,m_2 = \boldsymbol{q}^2/2\,m_2 \quad . \tag{2.10.37c}$$

Einige anschauliche Grenzfälle diskutieren wir gesondert:

a) Wenn $m_2 \gg m_1$, dann gilt näherungsweise $v'_{L1} = v_{L1} = v$: Es findet kein Energieaustausch statt. Das wird klar, wenn man bedenkt, daß für $m_1/m_2 \to 0$ Schwerpunktsystem und Laborsystem zusammenfallen.

b) Für $m_1 = m_2$ ist einfach

$$v'_{L1} = v\cos\theta_L \quad , \qquad v'_{L2} = v\sin\theta_L \quad \text{und} \tag{2.10.38}$$

$$\boldsymbol{v}'_{L1}\cdot\boldsymbol{v}'_{L2} = 0 \quad , \qquad \text{da} \tag{2.10.39}$$

$$2\,\boldsymbol{v}'_{L1}\cdot\boldsymbol{v}'_{L2} = (\boldsymbol{v}'_{L1}+\boldsymbol{v}'_{L2})^2 - \boldsymbol{v}'^2_{L1} - \boldsymbol{v}'^2_{L2} = \boldsymbol{v}^2 - \boldsymbol{v}'^2_{L1} - \boldsymbol{v}'^2_{L2} = 0$$

ist wegen der Energie- und Impulserhaltung. Für $\theta \to \pi$, d.h. für Rückwärtsstreuung geht $\theta_L \to \pi/2$.

c) Für $m_1 > m_2$ gibt es einen größtmöglichen Streuwinkel im Laborsystem, der gegeben ist durch

$$\sin^2\theta_{L,\max} = m_2^2/m_1^2 \quad .$$

Für $m_2/m_1 \to 0$ ist nur Vorwärtsstreuung möglich.

Um den Energieübertrag von Teilchen 1 auf Teilchen 2 genauer zu untersuchen, definieren wir den relativen Energieübertrag

$$\varrho = \frac{E_{1L} - E'_{1L}}{E_{1L}} = \frac{E'_{2L}}{E_{1L}} = \frac{\boldsymbol{q}^2/2\,m_2}{\frac{1}{2}m_1v^2} = \frac{\boldsymbol{q}^2}{m_1m_2v^2} \quad . \tag{2.10.40}$$

Indem wir die Beziehung $\boldsymbol{q}^2 = 2\,\mu^2v^2(1-\cos\theta)$ einsetzen, finden wir

$$\varrho = 2\,\frac{m_1m_2}{M^2}\,(1-\cos\theta) \quad . \tag{2.10.41}$$

Für $\boldsymbol{q}^2 = 0$ ist $\varrho = 0$ (es findet kein Energieübertrag ohne Impulsübertrag statt). Den größtmöglichen Wert

$$\varrho_{\max} = 4\,m_1m_2/M^2 \tag{2.10.42}$$

nimmt ϱ für $\theta = \pi$ an, wenn also, im Schwerpunktsystem betrachtet, Rückwärtsstreuung vorliegt. $\varrho_{\max}$ läßt sich auch als

$$\varrho_{\max} = 1 - [(m_1 - m_2)^2/M^2] \tag{2.10.43}$$

schreiben also ist stets $0 \leq \varrho_{\max} \leq 1$ mit $\varrho_{\max} = 1$ für $m_1 = m_2$. Vollständige Energieübertragung ($E'_{L2} = E_{L1}$) ist nur für gleiche Massen möglich.

Anmerkungen

i) Der Zusammenhang zwischen θ_L und θ läßt sich auch anschaulich darstellen (Abb. 2.10.5), denn es ist

$$\boldsymbol{v}'_{L1} = \boldsymbol{v}'_1 - \boldsymbol{v}_2 \quad . \tag{2.10.44}$$

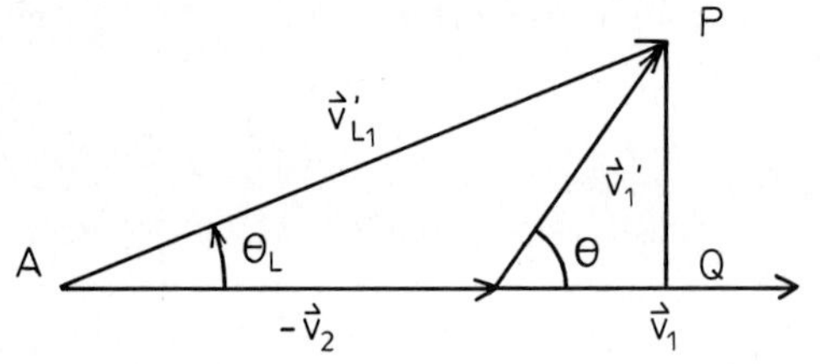

Abb. 2.10.5. Da sich $\boldsymbol{v}_1'$ und $-\boldsymbol{v}_2$ zu $\boldsymbol{v}_{L1}'$ addieren, kann man die Beziehung zwischen θ und θ_L graphisch darstellen. Die Strecke $\overline{PQ}$ ist $v_1' \sin\theta$, während $\overline{AQ} = v_2 + v_1' \cos\theta$ ist

Man liest ab:

$$\tan\theta_L = \frac{v_1' \sin\theta}{v_2 + v_1' \cos\theta} = \frac{m_2 \sin\theta}{m_1 + m_2 \cos\theta} \tag{2.10.45}$$

da

$$v_1' = (m_2/M)\,v \quad \text{und} \quad v_2 = (m_1/M)\,v \quad \text{ist} .$$

Wir sehen wieder, daß es für $m_1 > m_2$ einen größtmöglichen Streuwinkel $\theta_{L,\max}$ im Laborsystem gibt mit

$$\theta_{L,\max} \leq \tfrac{\pi}{2} . \tag{2.10.46}$$

Dieser maximale Streuwinkel ergibt sich gerade dann, wenn $\boldsymbol{v}_1'$ und $\boldsymbol{v}_{L1}'$ aufeinander senkrecht stehen (Abb. 2.10.6). Wir finden wieder

$$\sin\theta_{L,\max} = v_1'/v_2 = m_2/m_1 . \tag{2.10.47}$$

Zu $\theta_L < \theta_{L,\max}$ gehören nun zwei Winkel θ, wie man auch sofort aus der Abb. 2.10.6 erkennt. Das erklärt die beiden möglichen Vorzeichen in der Gleichung (2.10.36b).

Wenn $m_1 = m_2$, dann ist der Zusammenhang zwischen θ und θ_L besonders einfach:

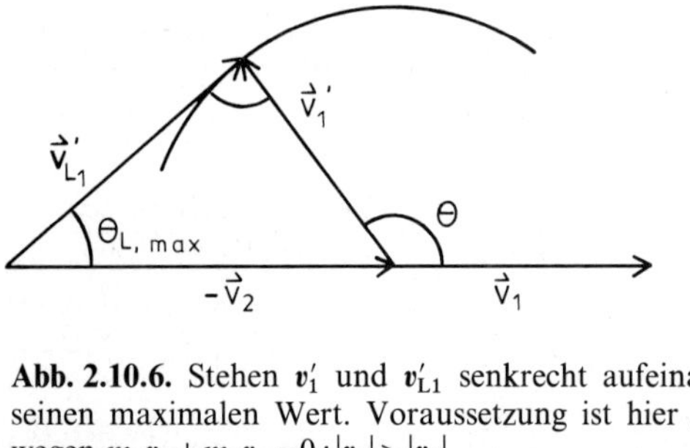

Abb. 2.10.6. Stehen $\boldsymbol{v}_1'$ und $\boldsymbol{v}_{L1}'$ senkrecht aufeinander, so hat θ_L seinen maximalen Wert. Voraussetzung ist hier $m_1 > m_2$, so daß wegen $m_1\boldsymbol{v}_1 + m_2\boldsymbol{v}_2 = 0 : |\boldsymbol{v}_2| > |\boldsymbol{v}_1|$

$$\cos\theta_L = \frac{1+\cos\theta}{\sqrt{2(1+\cos\theta)}} = \cos\frac{\theta}{2} , \quad \text{also} \tag{2.10.48}$$

$$\theta = 2\theta_L .$$

Dieses Ergebnis erkennt man auch sofort aus der Abb. 2.10.6, in der für $m_1 = m_2$ dann $v_1 = v_2$ gilt.

Für $m_2/m_1 \to 0$ ist $\theta_L \to 0$: Ein sehr schweres Teilchen wird beim Stoß auf ein leichtes Teilchen nicht merklich abgelenkt.

ii) Impulsübertrag und Energieübertrag sind, wie wir gesehen haben, maximal wenn $\theta = \pi$ ist, also in Rückwärtsrichtung im Schwerpunktsystem. Dann ist

$$\cos\theta_L = \frac{m_1 - m_2}{|m_1 - m_2|} = \begin{cases} +1 , & \text{wenn} \quad m_1 > m_2 \\ -1 , & \text{wenn} \quad m_1 < m_2 , \end{cases} \tag{2.10.49}$$

Für $m_1 = m_2$ erhält man wegen $\theta_L = \theta/2$ für $\theta \to \pi$ d.h. $b \to 0$: $\theta_L \to \frac{\pi}{2}$, d.h. $\cos\theta_L \to 0$. Für $b = 0$ bleibt allerdings Teilchen 1 nach dem Stoß in Ruhe, so daß θ_L nicht mehr definiert ist.

In Abb. 2.10.7 ist die Rückwärtsstreuung anschaulich dargestellt.

iii) Um θ durch θ_L auszudrücken, lösen wir die Gleichung für θ_L einfach nach θ auf. Wir erhalten

$$\cos\theta = \pm\cos\theta_L \sqrt{1 - \frac{m_1^2}{m_2^2}\sin^2\theta_L} - \frac{m_1}{m_2}\sin^2\theta_L . \tag{2.10.50}$$

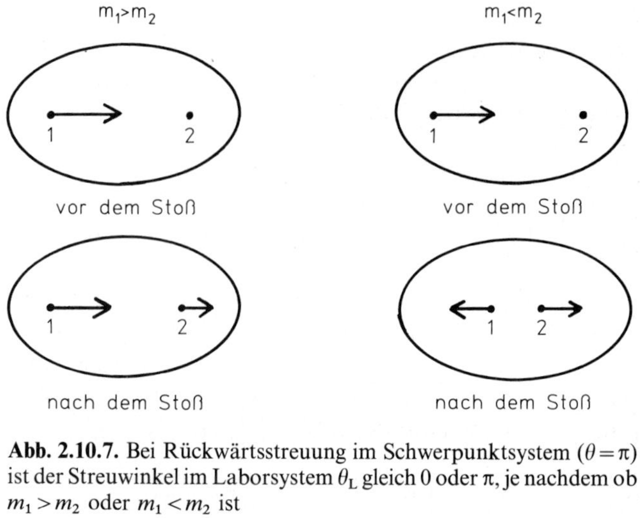

Abb. 2.10.7. Bei Rückwärtsstreuung im Schwerpunktsystem ($\theta = \pi$) ist der Streuwinkel im Laborsystem θ_L gleich 0 oder π, je nachdem ob $m_1 > m_2$ oder $m_1 < m_2$ ist

Das positive Vorzeichen ist hierbei für $m_1 < m_2$ zu nehmen, damit $\theta = \pi$ für $\theta_L = \pi$. Für $m_1 > m_2$ gelten wieder beide Vorzeichen.

iv) Für einen Streuprozeß mit

$$E_L = E_{L1} = \tfrac{1}{2} m_1 v^2$$

erhält man

$$E_{rel} = \tfrac{1}{2} \mu v^2$$

also

$$E_{rel}/E_L = \mu/m_1 = m_2/M < 1 \quad .$$

Nur die innere Energie E_{rel} steht beim Stoß für Umlagerungen und Umwandlungen der wechselwirkenden Teilchen zur Verfügung. Es ist also unter diesem Gesichtspunkt immer unzweckmäßig, ein schwereres auf ein leichteres Teilchen zu schießen, da dann m_2/M besonders klein ist. Bei gleich schweren Teilchen steht gerade die Hälfte der Laborenergie als Relativenergie zur Verfügung.

2.11 Der Streuquerschnitt

In vielen Experimenten wird ein über einen gewissen Querschnitt homogener Strahl von Teilchen mit vorgegebener Energie (d.h. Geschwindigkeit) und Flugrichtung auf ein Streuzentrum geschossen. Durch die Ablenkung der Teilchen dieses Strahls am Streuzentrum sucht man Rückschlüsse auf das Wechselwirkungspotential $U(r)$ zu ziehen. Man mißt dabei die pro Zeiteinheit in ein Raumwinkelelement $d\Omega$ gestreuten Teilchen.

Das bedeutet:

Man denkt sich eine Kugel um das Streuzentrum gelegt (Abb. 2.11.1) und mißt die Anzahl der Teilchen, die pro Zeiteinheit durch ein Oberflächenelement hindurchtreten. Aus der Richtung der gestreuten Teilchen (die mit der asymptotischen Richtung übereinstimmt, wenn der Kugelradius groß ist) schließt man auf den Streuwinkel θ, so daß man also alle Teilchen zählt, die einen Streuwinkel zwischen

$$\theta \quad \text{und} \quad \theta + d\theta$$

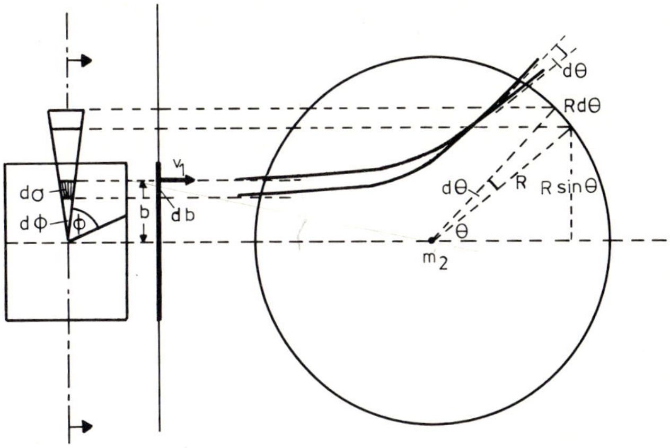

Abb. 2.11.1. Darstellung der Trajektorien von Teilchen mit benachbartem b und θ

und die einen Azimutwinkel zwischen

$$\varphi \quad \text{und} \quad \varphi + d\varphi$$

besitzen.

Zu jedem θ gehört aber nur ein Stoßparameter b, und alle Teilchen, die pro Sekunde (s) durch $d\Omega$ hindurchtreten, müssen vor der Streuung ein Flächenelement

$$d\sigma = -b\,db\,d\varphi \ , \qquad b = b(\theta) \ , \tag{2.11.1}$$

durchsetzen, wobei das Minuszeichen anzeigt, daß eine Zunahme von θ eine Abnahme von b bedeutet.

Ist nun die einfallende Stromdichte von Teilchen, d.h. die Anzahl von Teilchen, die pro s pro Flächenelement einfallen, gleich j, so treten also

$$j\,d\sigma \quad \text{Teilchen pro s}$$

durch $d\sigma$ und damit nach dem Stoß durch $d\Omega$ hindurch. Natürlich ist diese Anzahl proportional zum einfallenden Strom.

Charakteristisch für das Potential zwischen den beiden Teilchen, die Wechselwirkung, ist aber $d\sigma$, das sich in der Praxis als das Verhältnis

$$d\sigma = \frac{\text{Anzahl der Teilchen, die pro s in } d\Omega \text{ gestreut werden}}{\text{Anzahl der Teilchen, die pro s pro m}^2 \text{ einfallen}}$$

$$= \frac{d\sigma}{d\Omega}\, d\Omega \tag{2.11.2}$$

aus den Meßdaten berechnen läßt. Man nennt $d\sigma$ bzw.

$d\sigma/d\Omega$ auch den *differentiellen Wirkungsquerschnitt* oder den *differentiellen Streuquerschnitt*. Dieser hat die Dimension einer Fläche.

Bei einer Hypothese über das Potential läßt sich $d\sigma$ berechnen, wenn man $b=b(\theta)$ kennt. Für das Coulomb-Potential ist ja wegen

$$\tan\frac{\theta}{2}=\frac{|\kappa|}{\mu b v^2}$$

auch

$$b=\frac{|\kappa|\cot\left(\frac{\theta}{2}\right)}{\mu v^2}$$

und so

$$db=-\frac{\kappa}{2\mu v^2}\frac{1}{\sin^2\left(\frac{\theta}{2}\right)}d\theta\ ,$$

also

$$\begin{aligned} d\sigma &= -b\,db\,d\varphi \\ &=\left(\frac{\kappa}{\mu v^2}\right)^2\frac{1}{2\sin^2\left(\frac{\theta}{2}\right)}\frac{\cos\left(\frac{\theta}{2}\right)}{\sin\left(\frac{\theta}{2}\right)}d\theta\,d\varphi \\ &=\left(\frac{\kappa}{\mu v^2}\right)^2\frac{1}{4\sin^4\left(\frac{\theta}{2}\right)}\sin\theta\,d\theta\,d\varphi \\ &=\left(\frac{\kappa}{2\mu v^2}\right)^2\frac{1}{\sin^4\left(\frac{\theta}{2}\right)}d\Omega \end{aligned}$$

oder, mit $E_1=\mu v^2/2$:

$$\begin{aligned} \frac{d\sigma}{d\Omega} &\equiv -\frac{b\,db\,d\varphi}{\sin\theta\,d\theta\,d\varphi}\equiv-\frac{b}{\sin\theta}\frac{db}{d\theta} \\ &=\left(\frac{\kappa}{4E_1}\right)^2\frac{1}{\sin^4\left(\frac{\theta}{2}\right)}\ . \end{aligned} \tag{2.11.3}$$

Das ist der differentielle Wirkungsquerschnitt für die Streuung am Coulomb-Potential.

Der totale Wirkungsquerschnitt σ_{tot} ist dann

$$\sigma_{\text{tot}}=\int\frac{d\sigma}{d\Omega}d\Omega\ . \tag{2.11.4}$$

σ_{tot} gibt die Fläche an, durch die alle Teilchen hindurchtreten, die überhaupt gestreut werden.

Für das Coulomb-Potential stellt man fest:

$$\sigma_{\text{tot}}\sim 2\pi\int_0^\pi d\theta\sin\theta\frac{1}{\sin^4\left(\frac{\theta}{2}\right)}=\infty\ , \tag{2.11.5}$$

d.h. wenn man den Querschnitt des einfallenden homogenen Strahls so groß machen will, daß auch der Streuwinkel $\theta=0$ auftritt, so ist dieser Querschnitt unendlich.

Das ist offensichtlich hier eine Folge davon, daß man $b\to\infty$ gehen lassen muß, um $\theta=0$ zu erreichen. Das Coulomb-Potential ist eben so langreichweitig, daß auch bei sehr großen Stoßparametern noch eine Ablenkung stattfindet.

Ist $U(r)\equiv 0$ für $r>R$, so ist auch schon $\theta=0$ für $b>R$. Der totale Wirkungsquerschnitt ist dann gleich dem geometrischen Querschnitt πR^2.

Man hat also bezüglich des totalen Wirkungsquerschnittes in der klassischen Mechanik bei zentralsymmetrischen Potentialen nur zwei Fälle zu unterscheiden: Für alle Potentiale, für die es ein R gibt, so daß $U(r)=0$ (oder $=$const.) ist für $r>R$, ist der totale Wirkungsquerschnitt gleich dem geometrischen Querschnitt, für alle anderen Potentiale ist der totale Wirkungsquerschnitt unendlich groß. Erst in der quantenmechanischen Betrachtungsweise ergibt sich auch ein endlicher totaler Wirkungsquerschnitt für Potentiale, die für $r\to\infty$ rasch genug abfallen.

Anmerkungen

i) Aus den theoretischen Überlegungen erhält man den Streuwinkel θ, der auch der Streuwinkel im Schwerpunktsystem ist. Im Labor mißt man meistens den Streuwinkel im Laborsystem und auch den differentiellen Wirkungsquerschnitt im Laborsystem. Sei dieser

$$\frac{d\sigma}{d\Omega_{\text{L}}}\quad\text{mit}\quad d\Omega_{\text{L}}=d\cos\theta_{\text{L}}\,d\varphi\ ,$$

dann ist offensichtlich

$$\frac{d\sigma/d\Omega}{d\sigma/d\Omega_{\mathrm{L}}}=\frac{d\Omega_{\mathrm{L}}}{d\Omega}=\frac{d\cos\theta_{\mathrm{L}}}{d\cos\theta}$$

$$=\frac{m_2}{(m_1^2+m_2^2+2m_1m_2\cos\theta)^{1/2}}$$

$$-\frac{2m_1m_2(m_1+m_2\cos\theta)}{2(m_1^2+m_2^2+2m_1m_2\cos\theta)^{3/2}}$$

$$=\frac{m_2^2(m_2+m_1\cos\theta)}{(m_1^2+m_2^2+2m_1m_2\cos\theta)^{3/2}}\ . \qquad (2.11.6)$$

Wenn die Masse des Targets viel größer als die des einfallenden Teilchens ist, ist also

$$\frac{m_1}{m_2}\ll 1\ ,$$

und der Faktor hat den Wert Eins. Sind beide Massen gleich, so ist

$$\theta_{\mathrm{L}}=\frac{\theta}{2}\ , \qquad (2.11.7)$$

und der Faktor ist

$$\frac{1+\cos\theta}{[2(1+\cos\theta)]^{3/2}}=\frac{1}{[8(1+\cos\theta)]^{1/2}}$$

$$=\frac{1}{4\cos\left(\frac{\theta}{2}\right)}=\frac{1}{4\cos\theta_{\mathrm{L}}}\ . \qquad (2.11.8)$$

ii) Im Experiment besteht das Target nie aus einem einzelnen Atom(kern). Trifft der Strahl von Teilchen nicht nur ein Teilchen, sondern n Teilchen, so mißt man n mal so viele Teilchen, die in den Raumwinkel gestreut werden, wenn das Target genügend klein gegenüber dem Querschnitt des Strahls ist und die streuenden Teilchen nicht zu dicht beieinander liegen.

iii) Wir hatten uns bisher auf die Diskussion der Gleichung für rein abstoßende Kräfte beschränkt. Für beliebige rotationssymmetrische, im Unendlichen schnell genug verschwindende Potentiale kann eine kleine zusätzliche Komplikation auftreten: Der Zusammenhang zwischen Stoßparameter b und Streuwinkel θ braucht nicht mehr monoton zu sein (Abb. 2.11.2).

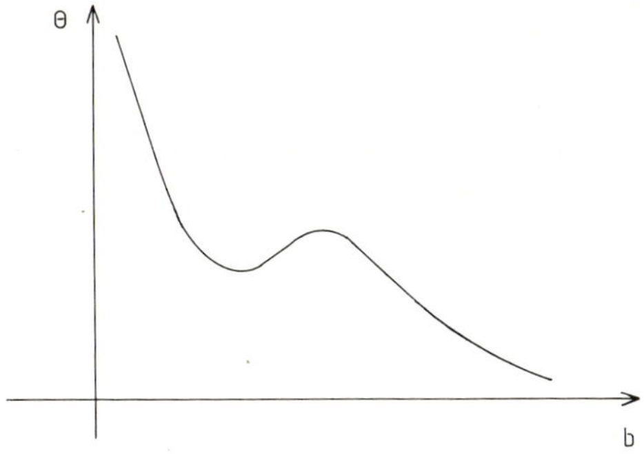

Abb. 2.11.2. Ist $\theta(b)$ nicht monoton und also die Funktion $b(\theta)$ mehrdeutig, so hat man über alle Querschnitte im Stoßparameterraum zu summieren

Für die Anzahl der pro Sekunde um $\theta\pm\Delta\theta$ abgelenkten Teilchen ist dann der gesamte Querschnitt im Stoßparameterraum maßgeblich, der zu Streuwinkeln im Intervall $[\theta-\Delta\theta,\ \theta+\Delta\theta]$ gehört.

Somit gilt allgemein:

$$\frac{d\sigma}{d\Omega}(\theta)=2\pi\sum_a\left|b_a(\theta)\,\frac{db_a(\theta)}{d\theta}\right|\ , \qquad (2.11.9)$$

wobei die Summation über alle „Zweige" der (nicht eindeutigen) Umkehrfunktion $b(\theta)$ der Funktion $\theta(b)$ zu nehmen ist.

2.12 Der Virialsatz

Für Mehr-Körper-Probleme gibt es wenige allgemeine Sätze. Zwei wichtige, oft nützliche Überlegungen sollen in diesem und in dem nächsten Kapitel vorgestellt werden.

Der Virialsatz macht Aussagen über die zeitlichen Mittelwerte von kinetischer und potentieller Energie für Systeme von N Punktteilchen, deren Wechselwirkung sich durch ein Potential beschreiben läßt.

Wir definieren:

Der zeitliche Mittelwert einer beschränkten Funktion $f(t)$ ist

$$\bar{f}:=\lim_{A\to\infty}\frac{1}{2A}\int_{-A}^{A}f(t)\,dt\ . \qquad (2.12.1)$$

Wir betrachten nun

$$2T=\sum_{i=1}^{N} m_i \dot{\boldsymbol{r}}_i\cdot\dot{\boldsymbol{r}}_i=\sum_{i=1}^{N} \boldsymbol{p}_i\cdot\dot{\boldsymbol{r}}_i$$

$$=\frac{d}{dt}\sum_{i=1}^{N} \boldsymbol{p}_i\cdot\boldsymbol{r}_i-\sum_{i=1}^{N} \boldsymbol{r}_i\cdot\dot{\boldsymbol{p}}_i$$

$$=\frac{d}{dt}\sum_{i=1}^{N} \boldsymbol{p}_i\cdot\boldsymbol{r}_i+\sum_{i=1}^{N} \boldsymbol{r}_i\cdot\boldsymbol{\nabla}_i U\ . \qquad (2.12.2)$$

Bilden wir nun für beschränktes $T(t)$ die zeitlichen Mittelwerte, so erhalten wir

$$2\bar{T}=\lim_{A\to\infty}\frac{1}{2A}\int_{-A}^{+A} dt\,\frac{d}{dt}\sum_{i=1}^{N} \boldsymbol{p}_i\cdot\boldsymbol{r}_i+\overline{\sum_{i=1}^{N} \boldsymbol{r}_i\cdot\boldsymbol{\nabla}_i U}$$

$$=\lim_{A\to\infty}\frac{1}{2A}\sum_{i=1}^{N} \boldsymbol{p}_i\cdot\boldsymbol{r}_i\Big|_{-A}^{+A}+\overline{\sum_{i=1}^{N} \boldsymbol{r}_i\cdot\boldsymbol{\nabla}_i U}\ . \qquad (2.12.3)$$

Ist $\sum_{i=1}^{N} \boldsymbol{p}_i\cdot\boldsymbol{r}_i$ beschränkt in der Zeit, dann erhält man so

$$2\bar{T}=\overline{\sum_{i=1}^{N} \boldsymbol{r}_i\cdot\boldsymbol{\nabla}_i U}\ . \qquad (2.12.4)$$

Die Größe

$$\overline{\sum_{i=1}^{N} \boldsymbol{r}_i\cdot\boldsymbol{\nabla}_i U} \qquad (2.12.5)$$

heißt *Virial*[19] des Potentials U, und die soeben gewonnene Identität heißt *Virialsatz*.

Nehmen wir nun noch zusätzlich an, daß das Potential

$$U(\boldsymbol{r}_1,\ldots,\boldsymbol{r}_N)$$

eine homogene Funktion vom Grade k ist, d.h. daß gilt:

$$U(\alpha\boldsymbol{r}_1,\ldots,\alpha\boldsymbol{r}_N)=\alpha^k U(\boldsymbol{r}_1,\ldots,\boldsymbol{r}_N)\ ,\qquad (\alpha\geq 0)\ , \qquad (2.12.6)$$

dann ist auch, indem wir diese Gleichung nach α differenzieren:

$$\frac{\partial}{\partial\alpha}U(\alpha\boldsymbol{r}_1,\ldots,\alpha\boldsymbol{r}_N)=\frac{\partial}{\partial\alpha}\alpha^k U(\boldsymbol{r}_1,\ldots,\boldsymbol{r}_N)$$

$$=k\alpha^{k-1}U(\boldsymbol{r}_1,\ldots,\boldsymbol{r}_N)$$

$$=\sum_{i=1}^{N}\frac{\partial U}{\partial\alpha\boldsymbol{r}_i}\frac{\partial\alpha\boldsymbol{r}_i}{\partial\alpha}=\sum_{i=1}^{N}\frac{\partial U}{\partial\alpha\boldsymbol{r}_i}\cdot\boldsymbol{r}_i\ , \qquad (2.12.7)$$

und dann $\alpha=1$ setzen:

$$\sum_{i=1}^{N}\boldsymbol{r}_i\cdot\boldsymbol{\nabla}_i U=kU\ . \qquad (2.12.8)$$

Diese wichtige Beziehung heißt die *Eulersche*[20] *Gleichung* für homogene Funktionen. Man sieht übrigens sofort, daß n-fache Ableitungen einer Funktion vom Homogenitätsgrad k selbst homogene Funktionen vom Grade $k-n$ sind.

Beispiele

a) $U(r)=\frac{\kappa}{r}$, dann ist $k=-1$ und

$$\boldsymbol{\nabla}U=-\frac{\kappa}{r^2}\frac{\boldsymbol{r}}{r}\ ,\quad\text{also}$$

$$\boldsymbol{r}\cdot\boldsymbol{\nabla}U=-\frac{\kappa}{r}=-U\ .$$

b) $U(r)=\frac{1}{2}Dr^2$, also $k=2$

$$\boldsymbol{r}\cdot\boldsymbol{\nabla}U=\boldsymbol{r}\cdot D\boldsymbol{r}=Dr^2=2U\ .$$

Wenn also das Potential $U(\boldsymbol{r}_1,\ldots,\boldsymbol{r}_N)$ eine homogene Funktion vom Grade k ist, dann gilt:

$$2\bar{T}=k\bar{U} \qquad (2.12.9)$$

und wegen

$$E=\bar{E}=\bar{T}+\bar{U}=[(k/2)+1]\bar{U} \qquad (2.12.10)$$

auch, für $k\neq-2$

[19] *Virial* (lat.) von vis: Kraft

[20] *Euler, Leonhard* (*1701 Basel, †1783 St. Petersburg (Leningrad)). Wichtigste Arbeiten auf allen Gebieten der reinen und angewandten Mathematik, besonders auch Variationsrechnung, Hydrodynamik, Himmelsmechanik, Mechanik, Akustik, Optik. 1727–1741 und 1766–1783 an der Petersburger Akademie, 1741–1766 an der preußischen Akademie in Berlin tätig.

$$\bar{U}=\frac{2}{k+2}\,E\ ,\qquad \bar{T}=\frac{k}{k+2}\,E\ , \tag{2.12.11}$$

d.h. man kennt so die zeitlichen Mittelwerte der kinetischen und potentiellen Energie.

Der Fall $k=-2$ ist ein lehrreicher Sonderfall. Man erhielte zunächst $\bar{T}=-\bar{U}$, woraus folgen würde: $E=\bar{E}=\bar{T}+\bar{U}=0$. Aus dem Virialsatz scheint zu folgen, daß nur $E=0$ ein möglicher Wert der Energie für das System ist. Eine genauere Betrachtung zeigt aber, daß die Voraussetzungen für die Gültigkeit des Virialsatzes gar nicht erfüllt sind, so daß der Schluß nicht gezogen werden darf:

Für ein abstoßendes Potential vom Homogenitätsgrad $k=-2$ ist nämlich $E>0$ und, da die Bahnen nicht gebunden sind, ist

$$\sum_{i=1}^{N} \boldsymbol{p}_i\cdot\boldsymbol{r}_i$$

nicht beschränkt. Für ein anziehendes Potential nähern sich die Teilchen einander derart an, daß T und U unbeschränkt sind.

Anwendungen

i) Für den harmonischen Oszillator ist $k=2$, also

$$\bar{U}=\tfrac{1}{2}\,E\ ,\qquad \bar{T}=\tfrac{1}{2}\,E\ . \tag{2.12.12}$$

Zeitliche Mittelwerte der kinetischen Energie und der potentiellen Energie sind also gleich und jeweils gleich der Hälfte der Energie. Das gilt auch für eine Gesamtheit von gekoppelten harmonischen Oszillatoren.

Ein Kristall kann in guter Näherung als eine Gesamtheit von harmonischen Oszillatoren betrachtet werden. Die Atome schwingen dabei um ihre Ruhelagen. Die eine Hälfte der Energie eines Kristalls liegt somit in Form von potentieller, die andere Hälfte in Form von kinetischer Energie vor.

ii) Für das Newtonsche Gravitationsgesetz ist $k=-1$, d.h.

$$\bar{U}=2E\ ,\qquad \bar{T}=-E\ . \tag{2.12.13}$$

Man beachte, daß man den Fall $E<0$ betrachten muß, da nur dann $\boldsymbol{p}\cdot\boldsymbol{r}$ beschränkt ist.

Für eine Kreisbahn mit Radius r_0 ist

$$U=U(r_0)=\bar{U}\qquad\text{und so}$$

$$E=\frac{1}{2}\,U(r_0)=-\frac{1}{2}\,\frac{\gamma m_1 m_2}{r_0} \tag{2.12.14}$$

d.h. $r_0=\gamma m_1 m_2/2|E|$ in Übereinstimmung mit Abschn. 2.9.

2.13 Mechanische Ähnlichkeit

Wir wollen uns nun mit einigen Überlegungen zur mechanischen Ähnlichkeit befassen.

Hiermit ist folgendes gemeint: Es sei $\boldsymbol{x}(t)$ eine Lösung der Bewegungsgleichung

$$m\ddot{\boldsymbol{r}}+\nabla U(\boldsymbol{r})=\boldsymbol{0}\ . \tag{2.13.1}$$

Wir ändern nun m um einen Faktor $\gamma>0$ und U um einen Faktor $\delta>0$ und fragen nach Lösungen der neuen Bewegungsgleichung

$$\gamma m\ddot{\boldsymbol{r}}+\delta\nabla U(\boldsymbol{r})=\boldsymbol{0}\ . \tag{2.13.2}$$

Insbesondere interessieren wir uns für Lösungen $\boldsymbol{X}(t)$, die zu $\boldsymbol{x}(t)$ geometrisch ähnlich sind:

$$\boldsymbol{X}(t)=\alpha\boldsymbol{x}(t/\beta)\quad\text{mit}\quad \alpha,\beta>0\ . \tag{2.13.3}$$

Die Bahn von $\boldsymbol{X}$ ist also im Vergleich zur Bahn von $\boldsymbol{x}$ um einen Faktor α gestreckt und sonst ähnlich, während β die Streckung des Zeitmaßstabes bedeutet: Eine Vergrößerung von β führt dazu, daß entsprechende Punkte der Bahn erst später erreicht werden.

Wir behandeln zunächst nur den Fall $\alpha=1$, bei dem also die Bahnen von $\boldsymbol{x}(t)$ und $\boldsymbol{X}(t)$ übereinstimmen und lediglich der Zeitmaßstab verändert ist. Damit $\boldsymbol{X}(t)$ die Bewegungsgleichung (2.13.2) löst, muß gelten

$$\gamma m\ddot{\boldsymbol{X}}(t)+\delta\nabla U(\boldsymbol{X}(t))=\boldsymbol{0}\quad\text{oder}$$

$$(\gamma/\beta^2)m\ddot{\boldsymbol{x}}(t/\beta)+\delta\nabla U(\boldsymbol{x}(t/\beta))=\boldsymbol{0}\ .$$

Dies ist, da $\boldsymbol{x}$ die Bewegungsgleichung (2.13.1) erfüllt, genau dann der Fall, wenn

$$\frac{\gamma}{\beta^2}=\delta\quad\text{oder}\quad\beta=\sqrt{\frac{\gamma}{\delta}}\quad\text{ist.} \tag{2.13.4}$$

Hieraus folgt insbesondere: Vergrößert man die Masse eines Punktteilchens bei gleichbleibendem Potential um einen Faktor γ, so verlangsamt sich die Bewegung längs jeder Bahn um einen Faktor $\sqrt{\gamma}$. Vergrößert man U um einen Faktor δ, so läuft die Bewegung um einen Faktor $\sqrt{\delta}$ schneller ab.
Im Falle $\alpha \neq 1$ kommt man nur weiter, wenn man zusätzlich annimmt, daß U eine homogene Funktion sei, deren Grad wir mit k bezeichnen. Dann ist $(\boldsymbol{\nabla} U)(\alpha \boldsymbol{r}) = \alpha^{k-1} \boldsymbol{\nabla} U(\boldsymbol{r})$, und $\boldsymbol{X}(t)$ löst (2.13.2) genau dann, wenn

$$\gamma/\beta^2 = \delta\alpha^{k-2} \quad \text{ist} . \tag{2.13.5}$$

Jetzt sind auch die Fälle $\gamma = \delta = 1$ interessant, bei denen offenbar ähnliche Lösungen derselben Bewegungsgleichung gesucht werden. Als Bedingung ergibt sich dann

$$\beta^2 = \alpha^{2-k} . \tag{2.13.6}$$

Beispiele

$k=2$ (harmonischer Oszillator):
$\beta=1$: Es zeigt sich, daß die Schwingungsdauer unabhängig von der Amplitude ist.

$k=-1$ (Keplerproblem):
$\beta^2=\alpha^3$: Dies ergibt einen Spezialfall des dritten Keplerschen Gesetzes: Vergrößert man die Bahn um einen Faktor C, so vergrößert sich die Umlaufszeit um einen Faktor $C^{3/2}$. Nicht vorausgesagt wird durch unsere Überlegung die Unabhängigkeit der Umlaufszeit von der Größe der kleinen Halbachse.

Schließlich erlauben Ähnlichkeitsüberlegungen eine vollständige Diskussion der Abhängigkeit des Wirkungsquerschnittes von Masse, Strahlgeschwindigkeit und Stärke des Potentials (nicht jedoch vom Winkel) für die Streuung an einem Potential, das eine homogene Funktion vom Grade k ist.

Geometrisch ähnliche Bahnen gehören offenbar zu demselben Ablenkungswinkel θ und zu einem um einen Faktor α größeren Stoßparameter. Der Wirkungsquerschnitt $d\sigma/d\Omega$ ist aus Dimensionsgründen proportional zu α^2.

Nun ist $\gamma\alpha^2/\beta^2$ der Skalenfaktor der kinetischen Energie des einfallenden Teilchens. Aus der Beziehung (2.13.5) erhält man auch

$$\alpha^2 = \left(\frac{\gamma}{\delta}\,\frac{\alpha^2}{\beta^2}\right)^{2/k} \tag{2.13.7}$$

und somit für den Wirkungsquerschnitt der Streuung an einem Potential $U(\boldsymbol{r}) = c|\boldsymbol{r}|^k g(\boldsymbol{r}/|\boldsymbol{r}|)$ mit dimensionslosem $g(\boldsymbol{r}/|\boldsymbol{r}|)$

$$\frac{d\sigma}{d\Omega} = \left(\frac{c}{E}\right)^{-2/k} f(\theta) \tag{2.13.8}$$

mit einer nicht näher bestimmbaren Funktion $f(\theta)$. Für ein Coulomb-Potential ist $c = Ze^2$ und $k = -1$, also

$$\frac{d\sigma}{d\Omega} = \left(\frac{Ze^2}{E}\right)^2 f(\theta) . \tag{2.13.9}$$

Wir bemerken schließlich noch, daß unsere Ähnlichkeitsüberlegungen ganz analog auch für Mehrteilchensysteme gelten.

2.14 Einige allgemeine Betrachtungen zu Mehr-Körper-Problemen

Während das Zwei-Körper-Problem im Falle eines rotationssymetrischen Zentralkraftfeldes leicht zu lösen ist, da die Bewegungsgleichungen mit Hilfe der erhaltenen Größen vollständig analytisch zu integrieren sind, stellt sich die Integration von Bewegungsgleichungen für das N-Teilchen-Problem wesentlich schwieriger dar. Auf einige allgemeine Eigenschaften und spezielle Probleme von Systemen mit sehr vielen Teilchen werden wir in einem späteren Abschnitt noch eingehen. Insbesondere hat man sich für das Kepler-Problem für drei Punktteilchen interessiert – aus naheliegenden Gründen, denn für die Himmelsmechanik ist dieses Problem sehr wichtig.

Seit 1750 wurden über dieses Drei-Körper-Problem mehr als 800 Arbeiten veröffentlicht, u.a. von den bedeutendsten Mathematikern. Im Jahre 1887 hat H. Bruns in den Berichten der „Königlich Sächsischen Gesellschaft der Wissenschaften“ gezeigt, daß es für das Kepler-Problem mit drei Körpern neben den bekannten erhaltenen Größen

$$E_s, E_{rel}, \boldsymbol{L}_s, \boldsymbol{L}_{rel} \quad \text{und} \quad \boldsymbol{P}$$

keine weiteren mehr gibt, die sich als algebraische Funktionen der Orte und Impulse darstellen lassen und von den bisher Genannten unabhängig sind.

Das bedeutet, daß man in diesem Drei-Körper-Problem (und i.a. gilt das für jedes N-Körper-Problem) nicht mehr genügend erhaltene Größen zur Verfügung hat, um die Lösung der Bewegungsgleichungen wie im Zwei-Körper-Problem auf einfache Integrationen zu reduzieren.

Mechanische Probleme, in denen man eine genügende Zahl geeigneter Erhaltungsgrößen kennt, so daß sich die Lösung der Bewegungsgleichung auf das Ausrechnen von eindimensionalen Integralen zurückführen läßt, heißen *vollständig integrabel*. Eine genaue Definition der vollständigen Integrabilität können wir hier nicht geben. Jedenfalls sind vollständig integrable Modelle rar und oft nur in einer Welt von einer Raum-Dimension definiert.

Das Drei-Körper-Problem ist in diesem Sinne nicht vollständig integrabel, wohl aber lassen sich gewisse spezielle Lösungen angeben. Wir wollen hier einige derartige Spezialfälle studieren:

Drei Körper seien zu jedem Zeitpunkt auf einer Geraden in bestimmten Abständen angeordnet, diese Gerade kann um eine zu ihr senkrechte Achse durch den Schwerpunkt S mit konstanter Winkelgeschwindigkeit ω rotieren (Abb. 2.14.1). Sei

$$\begin{aligned} |\boldsymbol{r}_2-\boldsymbol{r}_1| &= |\boldsymbol{e}| = \text{const} \ . \\ |\boldsymbol{r}_3-\boldsymbol{r}_2| &= \lambda|\boldsymbol{e}| \end{aligned} \tag{2.14.1}$$

mit einem noch zu bestimmenden λ.

Da überdies gilt: $m_1\boldsymbol{r}_1+m_2\boldsymbol{r}_2+m_3\boldsymbol{r}_3=\boldsymbol{0}$, kann man die $\boldsymbol{r}_i$ nach $\boldsymbol{e}$ auflösen:

$$\begin{aligned} \boldsymbol{r}_1 &= -\frac{m_2+(1+\lambda)m_3}{M}\boldsymbol{e} \ , \\ \boldsymbol{r}_2 &= \frac{m_1-\lambda m_3}{M}\boldsymbol{e} \ , \\ \boldsymbol{r}_3 &= \frac{(1+\lambda)m_1+\lambda m_2}{M}\boldsymbol{e} \ , \qquad M=m_1+m_2+m_3 \ . \end{aligned} \tag{2.14.2}$$

Die Bewegungsgleichungen für die Vektoren $\boldsymbol{r}_i$ können nun in zwei unabhängige Gleichungen für ω, λ umgeschrieben werden. Elimination von ω ergibt dann eine

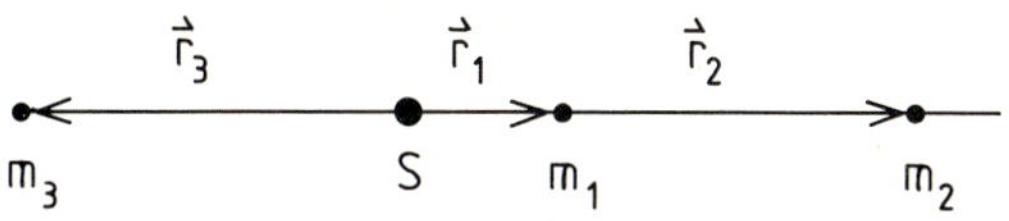

Abb. 2.14.1. Kollineare Anordnung, drei Massenpunkte

Bedingungsgleichung, eine Gleichung 5. Grades für λ, die eine positive reelle Wurzel hat.

Die Bewegungen der drei Körper sind damit kollineare Kreisbewegungen. Diese sind Spezialfälle von kollinearen Kegelschnittbewegungen, die man in analoger Weise erhält, wenn man lediglich fordert, daß die Massen nur ein konstantes Abstandsverhältnis haben, ohne daß die Einzelabstände konstant sind (siehe z.B. [2.3]). Man verlangt so nur

$$\boldsymbol{r}_3-\boldsymbol{r}_2=\lambda(\boldsymbol{r}_2-\boldsymbol{r}_1) \ , \tag{2.14.3}$$

aber nicht mehr

$$|\boldsymbol{r}_2-\boldsymbol{r}_1| = |\boldsymbol{e}| = \text{const} \ .$$

Ist eine Masse vernachlässigbar klein gegenüber den anderen Massen, so spricht man von einem „eingeschränkten Drei-Körper-Problem". Bei den kollinearen Kreisbewegungen rotieren so die beiden endlichen Massen umeinander, der „kleine" Massenpunkt kann dann in drei möglichen Punkten L_1, L_2, L_3 auf der Geraden durch die beiden endlichen Massen liegen, je nachdem, in welcher Reihenfolge die drei Massen angeordnet sind.

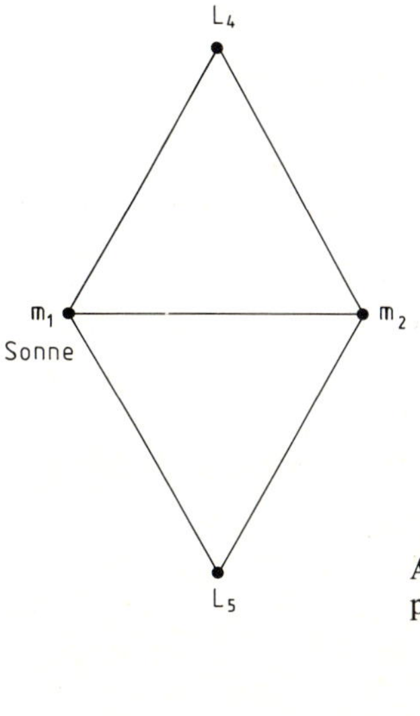

Abb. 2.14.2. Lage der Librationspunkte L_4, L_5

Diese drei Punkte heißen *Librationspunkte*[21], da sie Gleichgewichtszuständen in einem mitrotierenden Bezugssystem entsprechen.

Weitere Lösungen des Dreikörperproblems existieren, wenn man voraussetzt, daß die drei Körper immer in einer Ebene liegen und immer ein gleichseitiges Dreieck bilden. Es gibt so zwei weitere Librationspunkte: L_4, L_5, wie in Abb. 2.14.2 dargestellt. Im eingeschränkten Drei-Körper-Problem kann dann die kleine Masse m um diese Punkte stabile Bewegungen ausführen.

Interessant ist, daß solche Konfigurationen im Planetensystem realisiert sind: Am 22.2.1906 wurde durch M. Wolf ein Planetoid entdeckt, der eine nahezu kreisförmige Bahn um die Sonne besitzt und sich auf der Jupiterbahn bewegt. Dabei bilden Achilles (so hieß der Planetoid bald), Sonne und Jupiter einen Winkel von $55\frac{1}{2}°$. Man erinnerte sich damals an die Theorie der Librationszentren von J. L. Lagrange von 1772. Im gleichen Jahr entdeckte man dann noch in der Nähe des Librationspunktes L_5 einen Planetoiden Patroklos. Heute kennt man eine ganze Reihe von Planetoiden, die „Trojaner" genannt, die sich in der Nähe der Librationspunkte L_4, L_5 aufhalten.

---

21 *Libration* (lat.) Schwankung, Schwingung

3. Die Lagrangeschen Methoden in der Klassischen Mechanik

Bisher haben wir im Rahmen der Newtonschen Mechanik bei der Aufstellung der Bewegungsgleichung immer unterstellt, daß wir alle Kräfte, die auf das Teilchen wirken, kennen. Diese Kenntnis war nötig, um überhaupt zu einem wohldefinierten System von Differentialgleichungen zu gelangen.

In vielen Fällen kennt man aber nicht sogleich alle Kräfte, die auf ein Teilchen wirken, wohl aber kennt man das, was die noch unbekannten Kräfte bewirken, z. B. die Einschränkung der Bewegungsmöglichkeit auf gewisse Flächen. Die Lagrange-Methoden der klassischen Mechanik sind auch zur Behandlung einer solchen Situation geeignet.

3.1 Problemstellung und Lösungsskizze am Beispiel des Pendels

Wir betrachten ein geometrisches Pendel. Ein Massenpunkt ist an einem Faden der Länge l aufgehängt. Der Aufhängepunkt sei mit dem Ursprung identisch (Abb. 3.1.1).

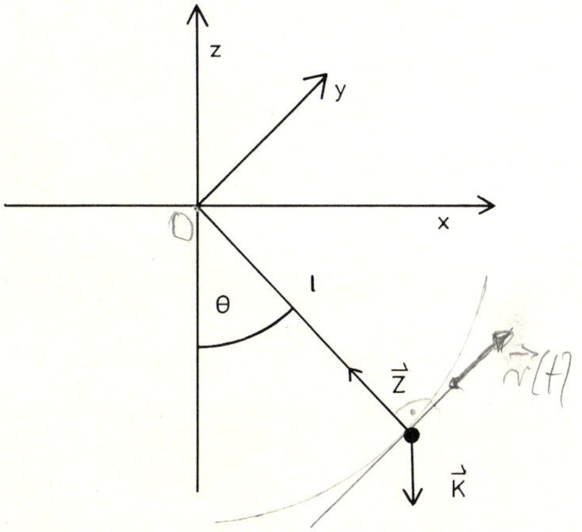

Abb. 3.1.1. Das Pendel mit der Pendellänge l

Auf den Massenpunkt wirken offensichtlich zwei Kräfte:

a) die Gravitationskraft $\boldsymbol{K}(\boldsymbol{r})$, senkrecht nach unten,

b) eine noch unbekannte Kraft, die den Massenpunkt dazu zwingt, auf der Kugelschale, charakterisiert durch

$$F(\boldsymbol{r}) = \boldsymbol{r}^2 - l^2 = 0 \tag{3.1.1}$$

zu bleiben.

Diese Kraft, die wir mit $\boldsymbol{Z}(t)$ bezeichnen wollen und die man auch *Zwangskraft* nennt, zeigt offensichtlich in Richtung des Fadens zum Aufhängepunkt hin. Die resultierende Kraft bewirkt dann die Bewegung auf der Kugelschale. In der Bewegungsgleichung

$$m\ddot{\boldsymbol{r}}(t) = \boldsymbol{K}(\boldsymbol{r}(t)) + \boldsymbol{Z}(t) \tag{3.1.2}$$

ist also $\boldsymbol{Z}(t)$ zunächst unbekannt, aber die Wirkung von $\boldsymbol{Z}(t)$ ist bekannt: es ist stets die „Zwangsbedingung"

$$F(\boldsymbol{r}) = \boldsymbol{r}^2 - l^2 = 0$$

erfüllt.

Alle möglichen Lagen des Massenpunktes sind so auf eine zweidimensionale Fläche des dreidimensionalen Raumes eingeschränkt. Die bekannte Kraft $\boldsymbol{K}$ bewirkt eine Bewegung auf dieser Fläche, auf der die Zwangskraft $\boldsymbol{Z}(t)$ immer senkrecht steht. Man kann sich nun vorstellen, daß man auf zwei verschiedene Arten die Bewegung berechnen kann.

Entweder man nutzt die Kenntnis aus, daß die Zwangskraft senkrecht zur Fläche steht, d.h. daß sie hier die Form

$$\boldsymbol{Z}(t) = \lambda(t)\,\boldsymbol{r}(t) \tag{3.1.3}$$

hat und löst dann das Problem für $\boldsymbol{r}(t)$:

$$m\ddot{\boldsymbol{r}}(t) = \boldsymbol{K}(\boldsymbol{r}(t)) + \lambda(t)\,\boldsymbol{r}(t)\ , \tag{3.1.4a}$$

$$\boldsymbol{r}^2(t) - l^2 = 0\ . \tag{3.1.4b}$$

Das sind vier Gleichungen für die vier Unbekannten $\boldsymbol{r}(t)$, $\lambda(t)$;

oder man „projiziert die Bewegungsgleichung auf die Fläche", d.h. man findet $\boldsymbol{r}(t)$ begleitende Vektoren, die zu jeder Zeit tangential zur Fläche liegen (und zwar in dem Punkte, an dem das Teilchen sich befindet).

Durch Multiplikation der Bewegungsgleichung mit diesen Vektoren, die ja senkrecht auf $\boldsymbol{Z}(t)$ stehen, wird $\boldsymbol{Z}(t)$ eliminiert. Das hat allerdings zur Folge, daß man $\boldsymbol{Z}(t)$ zunächst nicht berechnet. Solche Vektoren sind leicht zu finden, wenn man zu Koordinaten übergeht, die der Fläche angepaßt sind, in dem Sinne, daß ein Teil dieser Koordinaten frei veränderlich ist und dabei die Fläche parametrisiert, während der Rest der Koordinaten auf Grund der Zwangsbedingungen feste Werte hat.

Hier sind solche Koordinaten einfach anzugeben, es sind das die Polarkoordinaten

$$\boldsymbol{r} = r(\sin\theta\cos\varphi,\ \sin\theta\sin\varphi,\ -\cos\theta)\ , \tag{3.1.5}$$

und die Zwangsbedingung liefert so $r \equiv l$, während θ, φ frei veränderlich sind.

Aus $\boldsymbol{r}^2(\theta,\varphi) = l^2$ folgt dann

$$\boldsymbol{r}\cdot\frac{\partial\boldsymbol{r}}{\partial\theta} = 0 \quad \text{und} \quad \boldsymbol{r}\cdot\frac{\partial\boldsymbol{r}}{\partial\varphi} = 0\ . \tag{3.1.6}$$

Multiplikation von

$$m\ddot{\boldsymbol{r}}(t) = \boldsymbol{K}(\boldsymbol{r}(t)) + \boldsymbol{Z}(t) \tag{3.1.7}$$

mit $\partial\boldsymbol{r}/\partial\theta$ und $\partial\boldsymbol{r}/\partial\varphi$ ergibt so zwei Gleichungen, die man als Bewegungsgleichungen für die beiden frei veränderlichen Variablen auffassen kann:

$$m\ddot{\boldsymbol{r}}(\theta(t),\varphi(t))\cdot\frac{\partial\boldsymbol{r}}{\partial\theta}(\theta(t),\varphi(t))$$

$$= \boldsymbol{K}[\boldsymbol{r}(\theta(t),\varphi(t))]\cdot\frac{\partial\boldsymbol{r}}{\partial\theta}(\theta(t),\varphi(t))\ , \tag{3.1.8a}$$

$$m\ddot{\boldsymbol{r}}(\theta(t),\varphi(t))\cdot\frac{\partial\boldsymbol{r}}{\partial\varphi}(\theta(t),\varphi(t))$$

$$= \boldsymbol{K}[\boldsymbol{r}(\theta(t),\varphi(t))]\cdot\frac{\partial\boldsymbol{r}}{\partial\varphi}(\theta(t),\varphi(t))\ . \tag{3.1.8b}$$

Die Zwangskräfte, die man hier eliminiert hat, kann man dann nachträglich nach Lösung der Bewegungsgleichung bestimmen aus der Newtonschen Bewegungsgleichung der Form:

$$\boldsymbol{Z}(t) = m\ddot{\boldsymbol{r}} - \boldsymbol{K}(\boldsymbol{r}(t))\ . \tag{3.1.9}$$

Wir werden in den folgenden Kapiteln diese beiden Strategien allgemeiner formulieren und weiter ausführen. Die erste Strategie werden wir *Lagrange-Methode*[1] *erster Art* nennen, die zweite heißt *Lagrange-Methode zweiter Art*.

Insbesondere wird sich zeigen, daß sich die Bewegungsgleichungen für die frei veränderlichen Variablen aus einer sehr einfach zu konstruierenden Funktion, einer *Lagrange-Funktion* $L(\dot{\theta},\dot{\varphi},\theta,\varphi,t)$ ableiten lassen.

3.2 Die Lagrangesche Methode erster Art

Wir betrachten nun ein System von N Punktteilchen mit den Ortsvektoren $\boldsymbol{r}_1,\ldots,\boldsymbol{r}_N$, die wir wieder zu einem Vektor $\underline{z}\in\mathbb{R}^{3N}$ zusammenfassen wollen. Es mögen s unabhängige Zwangsbedingungen der Form

$$F_\alpha(\underline{z},t) = 0\ , \qquad \alpha = 1,\ldots,s \tag{3.2.1}$$

vorliegen. Unabhängigkeit der s Zwangsbedingungen $F_\alpha = 0$ bedeutet hierbei einfach, daß keine von ihnen eine Folge der übrigen sein soll. Wir wollen in Zukunft immer mit unabhängigen Zwangsbedingungen arbeiten. Für jedes α stellt die Menge

$$M_t^\alpha = \{\underline{z}\,|\,z\in\mathbb{R}^{3N}, F_\alpha(\underline{z},t) = 0\} \tag{3.2.2}$$

eine $(3N-1)$-dimensionale Fläche M_t^α im $\mathbb{R}^{3N}$ dar.

Die Mannigfaltigkeit

$$M_t = \bigcap_{\alpha=1}^{s} M_t^\alpha \tag{3.2.3}$$

ist dann die Menge aller möglichen Lagen der Massenpunkte zur Zeit t. Diese Mannigfaltigkeit hat für s unabhängige Zwangsbedingungen die Dimension

$$f = 3N - s\ . \tag{3.2.4}$$

Man nennt f auch die Zahl der *Freiheitsgrade* des Systems. (Im Beispiel von Abschn. 3.1 war $s=1$, $N=1$

---

[1] *Lagrange, Joseph-Louis* (∗1736 Turin, †1813 Paris). *Französischer Mathematiker und Physiker.* 1759 fundamentale Arbeit über Variationsrechnung. Lagrange war von 1766 bis 1787 Nachfolger Eulers an der Berliner Akademie. Von größtem Einfluß war seine „Méchanique analytique“, eine umfassende, zusammenhängende Darstellung der Mechanik, die konsequent die Methode der virtuellen Verrückungen verwendet.

und $f=2$). Man nennt Zwangsbedingungen, die in der Form

$$F_\alpha(\underline{z}, t) = 0 \quad , \qquad \alpha = 1, \ldots, s \quad ,$$

vorliegen, auch *holonom*[2]. Wenn M nicht von t abhängt, so nennt man die Zwangsbedingungen *holonom-skleronom*[3], sonst *holonom-rheonom*[4].

Nichtholonome Zwangsbedingungen der Form

$$F_\alpha(\underline{z}, \dot{\underline{z}}, t) = 0 \tag{3.2.5}$$

sollen zunächst nicht diskutiert werden.

Systeme mit holonomen Zwangsbedingungen sollte man als idealisierte Grenzfälle ganz gewöhnlicher mechanischer Systeme ansehen, bei denen durch sehr starke elastische Kräfte die Lagen für alle Zeiten t stets auf einen Bereich in unmittelbarer Nähe der Mannigfaltigkeit M_t eingeschränkt sind. Die Zwangskräfte sind dann Grenzfälle gewöhnlicher elastischer Kräfte; insbesondere gilt für sie in allen praktisch wichtigen Fällen das Gesetz „actio gleich reactio".

Man kann die Zwangskräfte $\boldsymbol{Z}_i(t)$, $i=1, \ldots, N$ auch zu einer $3N$-dimensionalen Zwangskraft $\underline{\boldsymbol{Z}}(t)$ zusammenfassen. Diese Zwangskraft sorgt dafür, daß die Bewegung auf M_t beschränkt bleibt. Bei Abwesenheit von sonstigen Kräften ist für holonom-skleronome Systeme jeder Punkt $\underline{z} \in M_t$ eine mögliche Gleichgewichtslage, und für holonome, aber nicht notwendig skleronome Systeme ist unter derselben Bedingung eine Verschiebung längs M_t stets ohne jeden Widerstand möglich. Das bedeutet, daß die Zwangskraft $\underline{\boldsymbol{Z}}(t)$ keine Komponente tangential zu M_t hat, und somit senkrecht auf M_t steht.

Wir nennen Tangentialvektoren an die Mannigfaltigkeit M_t auch *virtuelle Verrückungen*[5] bezüglich M_t. Jeder Tangentialvektor $\boldsymbol{\zeta}^\alpha$ an M_t^α im Punkte $\underline{z}_0$ läßt sich auch darstellen als

$$\zeta^\alpha = \left.\frac{d\underline{z}(\sigma)}{d\sigma}\right|_{\sigma=0} \quad , \tag{3.2.6}$$

wobei $\underline{z}(\sigma)$ eine Kurve in M_t^α ist, die bei $\sigma=0$ in $\underline{z}_0 \in M_t^\alpha$ beginnt. Dann ist mit

$$F_\alpha(\underline{z}(\sigma), t) = 0 \quad \text{auch}$$

$$\frac{d}{d\sigma} F_\alpha(\underline{z}(\sigma), t)\big|_{\sigma=0} = \frac{d\underline{z}(\sigma)}{d\sigma} \cdot \underline{\nabla} F_\alpha(\underline{z}(\sigma), t)\big|_{\sigma=0}$$
$$= \zeta^\alpha \cdot \underline{\nabla} F_\alpha(\underline{z}_0, t) = 0 \quad . \tag{3.2.7}$$

Damit sind auf M_t^α senkrechte Vektoren parallel zu $\underline{\nabla} F_\alpha(\underline{z}, t)$. Senkrecht zu $M_t = \bigcap_\alpha M_t^\alpha$ stehen dann alle Vektoren $\underline{\nabla} F_\alpha(\underline{z}, t)$ mit $\underline{z} \in M_t$, und die Zwangskraft, selbst senkrecht auf M_t, läßt sich als Linearkombination dieser Vektoren darstellen:

$$\underline{\boldsymbol{Z}}(t) = \sum_{\alpha=1}^{s} \lambda_\alpha(t) \underline{\nabla} F_\alpha(\underline{z}, t) \quad . \tag{3.2.8}$$

Für unabhängige Zwangsbedingungen sind die Gradienten $\underline{\nabla} F_\alpha$ fast überall linear unabhängig und die Koeffizienten $\lambda_\alpha(t)$ durch $\underline{\boldsymbol{Z}}(t)$ eindeutig bestimmt.

Um diese Ausführungen konkreter zu fassen, führen wir die M_t parametrisierenden f Koordinatenvariablen $q_1, \ldots, q_f$ ein. Die zulässigen Lagen des Systems sind dann durch

$$\underline{z}(q_1, \ldots, q_f, t) \tag{3.2.9}$$

gegeben, wobei die $q_1, \ldots, q_f$ in bestimmten Grenzen frei veränderlich sind.

Dann ist auch

$$\underline{z}(q_1, \ldots, q_f, t) \in M_t \quad , \tag{3.2.10}$$

und so ist

$$\partial \underline{z} / \partial q_i \tag{3.2.11}$$

eine virtuelle Verrückung, d.h. ein Tangentialvektor an M_t.

Eine allgemeine virtuelle Verrückung im Punkte $\underline{z}(q_1, \ldots, q_f, t)$ schreibt sich dann als

$$\delta \underline{z} = \sum_{i=1}^{f} \frac{\partial \underline{z}}{\partial q_i} \delta q_i = (\delta \boldsymbol{r}_1, \ldots, \delta \boldsymbol{r}_N) \quad . \tag{3.2.12}$$

---

[2] holonom (griech.) etwa „ganzgesetzlich". Die erreichbaren Lagen können global durch die Vorgabe von Nebenbedingungen charakterisiert werden, während im nicht-holonomen Fall in jedem Raum-Zeitpunkt nur die möglichen infinitesimalen Zustandsänderungen festgelegt sind.

[3] skleronom (griech.) etwa „starrgesetzlich". Die Nebenbedingungen hängen nicht von der Zeit ab.

[4] rheonom (griech.) etwa „fließgesetzlich". Die Nebenbedingungen sind zeitabhängig.

[5] virtuelle Verrückung (lat.) virtuell: vorgestellt, gedacht. Gedachte aber nicht ausgeführte kleine Verrückung zur Identifikation verallgemeinerter Gleichgewichtszustände.

Die Aussage, daß $\underline{\boldsymbol{Z}}(t)$ senkrecht auf M_t steht, daß also

$$\underline{\boldsymbol{Z}} \cdot \delta \underline{z} = \sum_{i=1}^{N} \boldsymbol{Z}_i \cdot \delta \boldsymbol{r}_i = 0 \qquad (3.2.13)$$

gilt, nennt man auch das *d'Alembertsche*[6] *Prinzip*. Da $\delta \underline{z}$ ein Wegstück entlang M_t ist, heißt das auch, daß die Zwangskräfte keine *virtuelle Arbeit* leisten, nämlich keine Arbeit entlang einer virtuellen Verrückung. Wir werden später einsehen, daß bei skleronomen Bedingungen zu virtuellen Verrückungen physikalisch realisierbare Verschiebungen gehören (wie beim Pendel), so daß in diesem Fall die Zwangskräfte auch keine (reelle) Arbeit leisten.

Lassen sich nun noch die inneren und äußeren Kräfte aus einem Potential ableiten, so lauten also die Bewegungsgleichungen:

$$\underline{\dot{\boldsymbol{p}}}(t) = -\underline{\nabla} U(\underline{z}(t), t) + \sum_{\alpha=1}^{s} \lambda_\alpha(t) \underline{\nabla} F_\alpha(\underline{z}(t), t) \ , \qquad (3.2.14)$$

oder, ausgeschrieben,

$$m\ddot{\boldsymbol{r}}_i(t) = -\boldsymbol{\nabla}_i U(\boldsymbol{r}_1(t), \ldots, \boldsymbol{r}_N(t), t) + \sum_{\alpha=1}^{s} \lambda_\alpha(t) \boldsymbol{\nabla}_i F_\alpha(\boldsymbol{r}_1(t), \ldots, \boldsymbol{r}_N(t), t) \ . \qquad (3.2.15a)$$

Das sind $3N$-Gleichungen, die zusammen mit den s Gleichungen

$$F_\alpha(\boldsymbol{r}_1(t), \ldots, \boldsymbol{r}_N(t), t) = 0 \ , \qquad \alpha = 1, \ldots, s \qquad (3.2.15b)$$

zur Bestimmung der $3N+s$ Funktionen $\boldsymbol{r}_1(t), \ldots, \boldsymbol{r}_N(t)$, $\lambda_1(t), \ldots, \lambda_s(t)$ dienen. Damit sind die Ortsvektoren und die Zwangskräfte zu jeder Zeit bestimmt.

Man nennt diese $3N+s$ Gleichungen auch *Lagrangesche Gleichungen 1. Art.*

Die Berechnung von Zwangskräften ist ein technisch sehr wichtiges Problem; man kann beispielsweise die Ingenieurstatik geradezu als Lehre von der Berechnung von Zwangskräften ansehen [3.1]. Wenn man nur die Zwangskraft

$$\underline{\boldsymbol{Z}}_{\alpha_0} = \lambda_{\alpha_0}(t) \underline{\nabla} F_{\alpha_0}(t)$$

berechnen möchte, die zur Zwangsbedingung $F_{\alpha_0} = 0$ gehört, empfiehlt sich folgendes Verfahren:

Man wähle Verschiebungen, $\delta_{\alpha_0}\underline{z}$, die alle Zwangsbedingungen $F_\alpha = 0$ mit $\alpha \neq \alpha_0$ respektieren, aber $F_{\alpha_0} = 0$ verletzen. Solche Verschiebungen sind nach unserer Terminologie keine virtuellen Verrückungen. Sie erfüllen $\delta_{\alpha_0}\underline{z} \cdot \underline{\nabla} F_\alpha = 0$ für $\alpha \neq \alpha_0$ und $\delta_{\alpha_0}\underline{z} \cdot \underline{\nabla} F_{\alpha_0} \neq 0$.

Durch skalare Multiplikation der Gleichung $\underline{\boldsymbol{Z}} = \underline{\dot{\boldsymbol{p}}} + \underline{\nabla} U$ mit $\delta_{\alpha_0}\underline{z}$ ergibt sich

$$\underline{\boldsymbol{Z}} \cdot \delta_{\alpha_0}\underline{z} = (\underline{\dot{\boldsymbol{p}}} + \underline{\nabla} U) \cdot \delta_{\alpha_0}\underline{z} \ ,$$

woraus sich $\underline{\boldsymbol{Z}}$ berechnen läßt.

Im Gleichgewichtsfall ist außerdem $\underline{\dot{\boldsymbol{p}}} = 0$, so daß sich die Zwangskraft einfach aus der Änderung der potentiellen Energie bei der Verschiebung $\delta_{\alpha_0}\underline{z}$ ergibt.

Als einfaches Beispiel für dieses Verfahren betrachten wir die Statik der in Abb. 3.2.1 abgebildeten Brücke.

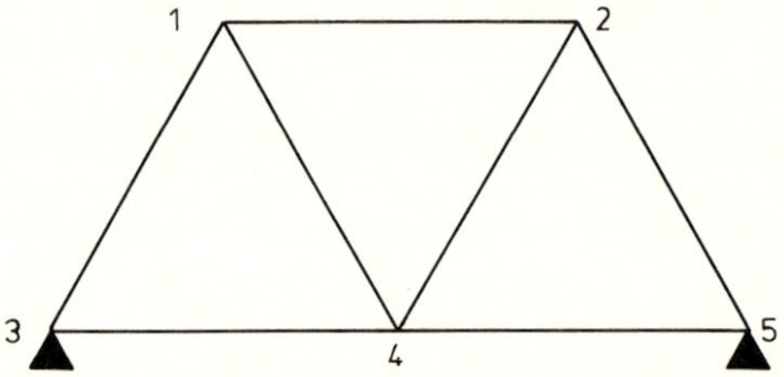

Abb. 3.2.1. Gestänge einer Brücke mit den Knotenpunkten 1 bis 5, deren Abstände sich nicht ändern sollen

Die Zwangskräfte, vermittelt durch das Gestänge und die Lager, sorgen dafür, daß sich die Abstände der Knotenpunkte 1 bis 5 und die Knotenpunkte 3 und 5 nicht ändern. Die potentielle Energie des gesamten Gebildes ist einfach die potentielle Energie der Gesamtmasse M, im Schwerpunkt $\boldsymbol{R}$ vereinigt gedacht: $U = M\boldsymbol{g} \cdot \boldsymbol{R}$. Die Zwangskraft im oberen Balken ist diejenige Zwangskraft, die dafür sorgt, daß der Abstand der Knoten 1 und 2 fest bleibt. Sie zeigt offenbar in Richtung der Verbindungslinie der Knoten 1 und 2, und es bleibt nur noch ihr Betrag K zu berechnen. Die Arbeit, die bei der Verrückung $\delta_{\alpha_0}\underline{z}$ geleistet wird, welche einer Verlängerung des oberen Balkens um ein kleines Stück δl entspricht, ist dann also

$$\underline{\boldsymbol{Z}} \cdot \delta_{\alpha_0}\underline{z} = K\delta l \ .$$

Andererseits ist

$$\underline{\boldsymbol{Z}} \cdot \delta_{\alpha_0}\underline{z} = \delta_{\alpha_0}\underline{z} \cdot \underline{\nabla} U$$

gerade die Veränderung der potentiellen Energie des Schwerpunktes bei der Verschiebung $\delta_{\alpha_0}\underline{z}$, d.h.

$$\underline{\boldsymbol{Z}} \cdot \delta_{\alpha_0}\underline{z} = M\boldsymbol{g} \cdot \delta\boldsymbol{R} \ .$$

Hierbei ist

$$\delta\boldsymbol{R} = \frac{d\boldsymbol{R}}{dl}\,\delta l$$

[6] *d'Alembert, Jean le Rond* (∗1717 Paris, † 1783 Paris). Zusammen mit Diderot Hauptherausgeber der „Enzyklopädie". Sein Prinzip veröffentlichte er 1743 in seinen Traité de dynamique.

die Verschiebung des Schwerpunktes bei einer Längenänderung des oberen Balkens um δl. Somit ist

$$K\delta l = M\boldsymbol{g} \cdot \frac{d\boldsymbol{R}}{dl}\,\delta l \quad \text{und}$$

$$K = M\boldsymbol{g} \cdot \frac{d\boldsymbol{R}}{dl} \;.$$

Man berechnet die Zwangskraft also einfach, indem man sich überlegt, um wieviel sich die Höhe des Schwerpunktes verschiebt, wenn man die Länge l des oberen Balkens um δl ändert.

Die Ableitung $d\boldsymbol{R}/dl$ ergibt sich hierbei leicht aus der Geometrie des Systems. Man sieht, daß sich der Schwerpunkt senkt, wenn man den oberen Balken verkürzt. Der obere Balken erfährt also eine Schubbeanspruchung.

In sogenannten *überbestimmten Systemen*, bei denen die Zwangsbedingungen nicht unabhängig voneinander sind, lassen sich die Zwangskräfte nicht so einfach berechnen. Sie ergeben sich erst aus einer genaueren Analyse der elastischen Eigenschaften des Systems. Ein einfaches Beispiel für eine derartige Situation ist ein Balken, der auf drei Stützen befestigt ist.

Wenn man eine der drei Stützen entfernt, ändert sich an den Bewegungsmöglichkeiten des Balkens nichts.

Zurück zu den Lagrangeschen Gleichungen erster Art. Wir diskutieren ein Beispiel:

Zwei Massenpunkte seien starr durch eine Stange der Länge l verbunden. Der Massenpunkt 1 kann sich nur auf einer Schiene, der x-Achse, bewegen. Wir betrachten nur Bewegungen in der xy-Ebene. Mit $\boldsymbol{r}_1 = (x_1, y_1)$, $\boldsymbol{r}_2 = (x_2, y_2)$ als den Koordinaten der Massenpunkte 1 bzw. 2 (Abb. 3.2.2) lauten die Zwangsbedingungen

$$F_1 = y_1 = 0 \;, \tag{3.2.16}$$

$$F_2 = (x_1 - x_2)^2 + (y_1 - y_2)^2 - l^2 = 0 \;. \tag{3.2.17}$$

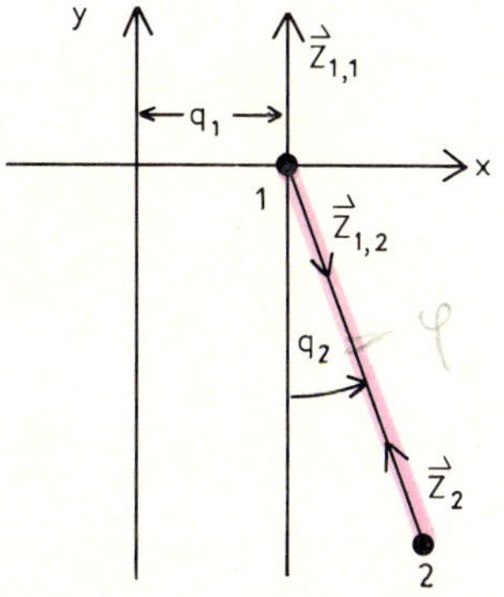

Abb. 3.2.2. Zwei Massenpunkte sind starr durch eine Stange der Länge l verbunden. Massenpunkt 1 kann sich auf der x-Achse bewegen. Die Richtung der Zwangskräfte und die verallgemeinerten Koordinaten sind dargestellt

Dann haben die Zwangskräfte die Form

$$\boldsymbol{Z}_1 = \left(\frac{\partial}{\partial x_1}, \frac{\partial}{\partial y_1}\right)(\lambda_1 F_1 + \lambda_2 F_2)$$

$$= (+2\lambda_2(x_1 - x_2), +2\lambda_2(y_1 - y_2) + \lambda_1) \;, \tag{3.2.18}$$

$$\boldsymbol{Z}_2 = \left(\frac{\partial}{\partial x_2}, \frac{\partial}{\partial y_2}\right)(\lambda_1 F_1 + \lambda_2 F_2)$$

$$= (-2\lambda_2(x_1 - x_2), -2\lambda_2(y_1 - y_2)) \;. \tag{3.2.19}$$

Diese Zwangskräfte haben eine einfachere Form, wenn man angepaßte Koordinaten q_1, q_2 einführt mit

$$q_1 = x_1 \;, \tag{3.2.20}$$

$$q_2 = \varphi \;, \tag{3.2.21}$$

so daß also

$$x_1 = q_1 \;, \tag{3.2.22}$$

$$y_1 = 0 \;, \tag{3.2.23}$$

$$x_2 = q_1 + l \sin q_2 \equiv x_2(q_1, q_2) \;, \tag{3.2.24}$$

$$y_2 = -l \cos q_2 \equiv y_2(q_1, q_2) \tag{3.2.25}$$

ist. Damit erhält man

$$\boldsymbol{Z}_1(t) = (-2\lambda_2 l \sin q_2, +\lambda_1 + 2\lambda_2 l \cos q_2)$$

$$= (0, \lambda_1) - 2\lambda_2 l (\sin q_2, -\cos q_2) \;, \tag{3.2.26}$$

$$\boldsymbol{Z}_2(t) = 2\lambda_2 l (\sin q_2, -\cos q_2) \;. \tag{3.2.27}$$

$\boldsymbol{Z}_1(t)$ hat so einen Beitrag $(0, \lambda_1)$ in y-Richtung. Dieser rührt von der Zwangsbedingung $F_1 = 0$ her. Dieser Anteil der Zwangskraft sorgt dafür, daß Teilchen 1 auf der $y = 0$-Geraden bleibt. Der zweite Beitrag zu $\boldsymbol{Z}_1(t)$ ist gerade entgegengesetzt gleich zu $\boldsymbol{Z}_2(t)$. $\boldsymbol{Z}_2(t)$ sorgt dafür, daß Teilchen 2 den Abstand l von Teilchen 1 behält, $\boldsymbol{Z}_2(t)$ entspricht so dem „Zug" auf Teilchen 2. Dieser „Zug" ist dem Betrage nach gleich dem „Zug" auf Teilchen 1. Virtuelle Verrückungen sind nun

$$\frac{\partial \boldsymbol{r}_1}{\partial q_1} = (1, 0) \;, \qquad \frac{\partial \boldsymbol{r}_1}{\partial q_2} = (0, 0) \;,$$

$$\frac{\partial \boldsymbol{r}_2}{\partial q_1} = (1, 0) \;, \qquad \frac{\partial \boldsymbol{r}_2}{\partial q_2} = l\,(\cos q_2, \sin q_2) \;,$$

und das d'Alembertsche Prinzip besagt:

$$\boldsymbol{Z}_1 \cdot \frac{\partial \boldsymbol{r}_1}{\partial q_1} + \boldsymbol{Z}_2 \cdot \frac{\partial \boldsymbol{r}_2}{\partial q_1} = 0 \ , \tag{3.2.28}$$

$$\boldsymbol{Z}_1 \cdot \frac{\partial \boldsymbol{r}_1}{\partial q_2} + \boldsymbol{Z}_2 \cdot \frac{\partial \boldsymbol{r}_2}{\partial q_2} = 0 \ . \tag{3.2.29}$$

Beide Gleichungen sind natürlich erfüllt auf Grund der Konstruktion.

Würden wir die Form der Zwangskräfte nicht kennen, so würde man aus der ersten Gleichung ablesen:

Die x-Komponenten von $\boldsymbol{Z}_1$ und $\boldsymbol{Z}_2$ addieren sich zu Null

und aus der zweiten Gleichung:

$\boldsymbol{Z}_2$ zeigt vom Massenpunkt 2 in Richtung zum Massenpunkt 1.

Damit folgt also auch

$$\boldsymbol{Z}_2(t) = \hat{\lambda}_2(\sin q_2, -\cos q_2) \quad \text{und}$$

$$\boldsymbol{Z}_1(t) = (-\hat{\lambda}_2 \sin q_2, \hat{\lambda}_1) \tag{3.2.30}$$

in Übereinstimmung mit der ersten Bestimmung der $\boldsymbol{Z}_i(t)$.

Die Lagrangeschen Gleichungen 1. Art

$$m_1 \ddot{\boldsymbol{r}}_1(t) = m_1 \boldsymbol{g} + \boldsymbol{Z}_1(t) \ , \tag{3.2.31}$$

$$m_2 \ddot{\boldsymbol{r}}_2(t) = m_2 \boldsymbol{g} + \boldsymbol{Z}_2(t) \ , \tag{3.2.32}$$

mit den Zwangsbedingungen

$$y_1 = 0 \ , \tag{3.2.33}$$

$$(x_1 - x_2) + (y_1 - y_2)^2 - l^2 = 0 \tag{3.2.34}$$

sind damit zu lösen.

Diese können aber auch durch Multiplikation mit $\partial \boldsymbol{r}_1/\partial q_i$ bzw. $\partial \boldsymbol{r}_2/\partial q_i$ und Addition umgeformt werden, so daß die Zwangskräfte auf Grund der eben diskutierten Aussage des d'Alembertschen Prinzips herausfallen. Das ist ein Verfahren, das der im nächsten Kapitel zu besprechenden Lagrange Methode zweiter Art entspricht oder der Strategie Nr. 2 aus Abschn. 3.1.

Man erhält so:

$$m_1 \ddot{x}_1 + m_2 \ddot{x}_2 = 0 \quad \text{und} \tag{3.2.35}$$

$$m_2 \ddot{x}_2 \cos q_2 + (m_2 \ddot{y}_2 + m_2 g) \sin q_2 = 0 \ . \tag{3.2.36}$$

Benutzt man hier, daß $x_2 = x_2(q_1, q_2)$, $y_2 = y_2(q_1, q_2)$, $x_1 = q_1$ ist, so erhält man zwei Gleichungen für $q_1(t)$, $q_2(t)$, nämlich

$$(m_1 + m_2)\ddot{q}_1 + m_2 l \ddot{q}_2 \cos q_2 - m_2 l \dot{q}_2^2 \sin q_2 = 0 \ ,$$

$$m_2 \cos q_2 (\ddot{q}_1 + l\ddot{q}_2 \cos q_2 - l\dot{q}_2^2 \sin q_2) + \sin q_2 (m_2 g + m_2 l \ddot{q}_2 \sin q_2 + m_2 l \dot{q}_2^2 \cos q_2) = 0 \tag{3.2.37}$$

oder

$$(m_1 + m_2)\ddot{q}_1 = m_2 l (\dot{q}_2^2 \sin q_2 - \ddot{q}_2 \cos q_2) \ ,$$

$$\ddot{q}_1 \cos q_2 + l \ddot{q}_2 + g \sin q_2 = 0 \ . \tag{3.2.38}$$

Die Lösung dieser Gleichungen ist auf einfache Integrationen zurückzuführen. Wir wollen uns auf kleine Auslenkungen q_1, q_2 beschränken. Dann ergibt sich bis auf Terme höherer Ordnung in q_1 und q_2:

$$(m_1 + m_2)\ddot{q}_1 = -m_2 l \ddot{q}_2 \ , \tag{3.2.39}$$

$$\ddot{q}_1 + l\ddot{q}_2 + g q_2 = 0 \ , \quad \text{oder} \tag{3.2.40}$$

$$\ddot{q}_2 \left[1 - \frac{m_2}{m_1 + m_2}\right] + \frac{g}{l} q_2 = 0 \ , \quad \text{oder} \tag{3.2.41}$$

$$\ddot{q}_2 + \frac{m_1 + m_2}{m_1} \frac{g}{l} q_2 = 0 \ , \quad \text{d.h.} \tag{3.2.42}$$

$$q_2(t) = q_2^0 \cos[\omega(t - t_0)] \quad \text{mit} \quad \omega^2 = \frac{m_1 + m_2}{m_1} \frac{g}{l} \ , \tag{3.2.43}$$

und dann ist

$$q_1(t) = -\frac{m_2 l}{(m_1 + m_2)} q_2^0 \cos[\omega(t - t_0)] + \alpha_0 + \alpha_1 t \ . \tag{3.2.44}$$

Das Pendel schwingt also mit einer anderen, durch $(m_1 + m_2)/m_1$ modifizierten Frequenz, der Aufhängepunkt schwingt ebenfalls mit dieser Frequenz. Für $m_1 \to \infty$ wird $q_1(t) = \alpha_0 + \alpha_1 t$ und $\omega^2 = g/l$, wie zu erwarten.

3.3 Die Lagrangesche Methode zweiter Art

Das Verfahren, die Zwangskräfte durch Projektion auf M_t zu eliminieren, kann allgemein so formuliert werden:

Nach Einführung geeigneter Koordinaten

$$q=(q_1,\ldots,q_f)$$

auf M_t sind die Zwangsbedingungen $F_\alpha=0$ identisch in den Parametern $q_1,\ldots,q_f$ und in t erfüllt:

$$F_\alpha(\underline{z}(q,t),t)\equiv 0 \ , \qquad \alpha=1,\ldots,s \ . \tag{3.3.1}$$

Man multipliziert nun die Bewegungsgleichung

$$\underline{\dot{\boldsymbol{p}}}(t)=-\underline{\boldsymbol{\nabla}}U(\underline{z}(t),t)+\underline{\boldsymbol{Z}}(t)$$

mit den Tangentialvektoren $\partial\underline{z}/\partial q_j$ an M_t. Da $(\partial\underline{z}/\partial q_j)\cdot\underline{\boldsymbol{Z}}=0$ ist, erhält man

$$\begin{aligned}\frac{\partial\underline{z}}{\partial q_j}\cdot\underline{\dot{\boldsymbol{p}}}&=-\frac{\partial\underline{z}}{\partial q_j}\cdot\underline{\boldsymbol{\nabla}}U+\frac{\partial\underline{z}}{\partial q_j}\cdot\underline{\boldsymbol{Z}}\\ &=-\frac{\partial U}{\partial q_j}\,[\underline{z}(q_1,\ldots,q_f,t)] \ .\end{aligned} \tag{3.3.2}$$

Die rechte Seite hat so schon eine sehr einfache Form. Wir wollen auch die linke Seite umformen:

Wir werden bald folgende Behauptung beweisen: Mit

$$T=\frac{1}{2}\sum_{i=1}^{N}m_i\dot{\boldsymbol{r}}_i^2=T(q_1,\ldots,q_f,\,\dot{q}_1,\ldots,\dot{q}_f,t)$$

ergibt sich

$$\frac{\partial\underline{z}}{\partial q_j}\cdot\underline{\dot{\boldsymbol{p}}}\equiv\sum_{i=1}^{N}m_i\ddot{\boldsymbol{r}}_i\cdot\frac{\partial\boldsymbol{r}_i}{\partial q_j}=\frac{d}{dt}\frac{\partial T}{\partial\dot{q}_j}-\frac{\partial T}{\partial q_j} \ . \tag{3.3.3}$$

Damit lassen sich dann die f Differentialgleichungen für die $q_i(t)$, $i=1,\ldots,f$ auch schreiben als

$$\frac{d}{dt}\frac{\partial L}{\partial\dot{q}_j}-\frac{\partial L}{\partial q_j}=0, \quad j=1,\ldots,f \tag{3.3.4}$$

mit

$$\begin{aligned}&L(q_1,\ldots,q_f,\dot{q}_1,\ldots,\dot{q}_f,t)\\ &\quad=T(q_1,\ldots,q_f,\dot{q}_1,\ldots,\dot{q}_f,t)\\ &\qquad-U(z(q_1,\ldots,q_f,t),t)\end{aligned} \tag{3.3.5}$$

betrachtet als Funktion der unabhängigen Argumente $q_1,\ldots,q_f,\,\dot{q}_1,\ldots,\dot{q}_f,t$.

Man nennt $L=T-U$ die *Lagrange-Funktion* in den Koordinaten $q_1,\ldots,q_f$.

Ist also die Lagrange-Funktion bekannt (und das ist sie hier, sobald man die kinetische und die potentielle Energie kennt), so sind die auf M_t projizierten Gleichungen leicht herzuleiten. Man nennt die so aus der Lagrange-Funktion $L(q_1,\ldots,q_f,\,\dot{q}_1,\ldots,\dot{q}_f,t)$ abgeleiteten Gleichungen auch *Lagrangesche Gleichungen zweiter Art*. Die Zwangskräfte sind durch diese Projektion auf M_t vollständig eliminiert.

Beweis der Behauptung

Es ist

$$\sum_{i=1}^{N}m_i\ddot{\boldsymbol{r}}_i\cdot\frac{\partial\boldsymbol{r}_i}{\partial q_j}=\frac{d}{dt}\left(\sum_{i=1}^{N}m_i\dot{\boldsymbol{r}}_i\cdot\frac{\partial\boldsymbol{r}_i}{\partial q_j}\right)-\sum_{i=1}^{N}m_i\dot{\boldsymbol{r}}_i\cdot\frac{d}{dt}\frac{\partial\boldsymbol{r}_i}{\partial q_j} \ . \tag{3.3.6}$$

Da aber

$$\dot{\boldsymbol{r}}_i=\sum_{k=1}^{f}\frac{\partial\boldsymbol{r}_i}{\partial q_k}\dot{q}_k+\frac{\partial\boldsymbol{r}_i}{\partial t} \tag{3.3.7}$$

ist, so gilt auch

$$\frac{\partial\dot{\boldsymbol{r}}_i}{\partial\dot{q}_k}=\frac{\partial\boldsymbol{r}_i}{\partial q_k} \ , \tag{3.3.8}$$

und weiter ist

$$\begin{aligned}\frac{d}{dt}\frac{\partial\boldsymbol{r}_i}{\partial q_j}&=\sum_{k=1}^{f}\frac{\partial^2\boldsymbol{r}_i}{\partial q_j\partial q_k}\dot{q}_k+\frac{\partial^2\boldsymbol{r}_i}{\partial q_j\partial t}\\ &=\frac{\partial}{\partial q_j}\left(\sum_k\frac{\partial\boldsymbol{r}_i}{\partial q_k}\dot{q}_k+\frac{\partial\boldsymbol{r}_i}{\partial t}\right)=\frac{\partial\dot{\boldsymbol{r}}_i}{\partial q_j} \ .\end{aligned} \tag{3.3.9}$$

Einsetzen von (3.3.8 und 9) liefert dann

$$\begin{aligned}\sum_{i=1}^{N}m_i\ddot{\boldsymbol{r}}_i\cdot\frac{\partial\boldsymbol{r}_i}{\partial q_j}&=\frac{d}{dt}\left(\sum m_i\dot{\boldsymbol{r}}_i\cdot\frac{\partial\dot{\boldsymbol{r}}_i}{\partial\dot{q}_j}\right)-\sum m_i\dot{\boldsymbol{r}}_i\cdot\frac{\partial\dot{\boldsymbol{r}}_i}{\partial q_j}\\ &=\frac{d}{dt}\frac{\partial T}{\partial\dot{q}_j}-\frac{\partial T}{\partial q_j} \ ,\end{aligned} \tag{3.3.10}$$

was zu beweisen war.

Die Lagrangeschen Gleichungen zweiter Art sind ein System von f gekoppelten gewöhnlichen Differentialgleichungen zweiter Ordnung für die gesuchten Funktionen $q_1(t),\ldots,q_f(t)$.

Anmerkungen

i) Liegen gar keine Zwangskräfte vor, so können die q_i, $i=1,\ldots,3N$ nun auch die kartesischen Koordinaten sein oder irgendwelche anderen durch Transformation daraus entstehenden. Die Newtonsche Bewegungsgleichung in kartesischen Koordinaten erhält man dann sofort aus der Lagrange-Funktion

$$L(\boldsymbol{r}_1,\ldots,\boldsymbol{r}_N,\dot{\boldsymbol{r}}_1,\ldots,\dot{\boldsymbol{r}}_N,t) = \frac{1}{2}\sum_{i=1}^{N} m_i\dot{\boldsymbol{r}}_i^2 - U(\boldsymbol{r}_1,\ldots,\boldsymbol{r}_N) \ , \tag{3.3.11}$$

denn es ist

$$\frac{d}{dt}\frac{\partial L}{\partial \dot{\boldsymbol{r}}_i} = \frac{d}{dt} m_i\dot{\boldsymbol{r}}_i = m_i\ddot{\boldsymbol{r}}_i \tag{3.3.12}$$

und

$$\frac{\partial L}{\partial \boldsymbol{r}_i} = -\frac{\partial U}{\partial \boldsymbol{r}_i} \ . \tag{3.3.13}$$

Somit sind die Lagrangeschen Gleichungen

$$\frac{d}{dt}\frac{\partial L}{\partial \dot{\boldsymbol{r}}_i} - \frac{\partial L}{\partial \boldsymbol{r}_i} = 0$$

identisch mit der Bewegungsgleichung

$$m\ddot{\boldsymbol{r}}_i + \nabla_i U = \mathbf{0} \ .$$

Die Ableitung der Lagrangeschen Gleichungen aus der Lagrange-Funktion ist also eine *allgemeine Methode*, die Bewegungsgleichungen für die (trotz eventuell vorliegender Zwangskräfte) frei wählbaren Koordinaten $q_1,\ldots,q_f$ aufzustellen.

ii) Die Koordinaten $q_1,\ldots,q_f$ von M_t sind beliebig wählbar, solange sie M_t parametrisieren.

Geht man von einem Satz von Koordinaten $q_1,\ldots,q_f$ durch eine umkehrbar eindeutige Transformation zu einem anderen Satz $\bar{q}_1,\ldots,\bar{q}_f$ über mit

$$q_i = q_i(\bar{q}_1,\ldots,\bar{q}_f,t) \ , \tag{3.3.14}$$

$$\dot{q}_i = \sum_{j=1}^{f} \frac{\partial q_i}{\partial \bar{q}_j}\dot{\bar{q}}_j + \frac{\partial q_i}{\partial t} \equiv \dot{q}_i(\bar{q}_1,\ldots,\bar{q}_f,\dot{\bar{q}}_1,\ldots,\dot{\bar{q}}_j,t) \ , \tag{3.3.15}$$

so hat man die neue Lagrange-Funktion

$$\bar{L}(\bar{q}_1,\ldots,\bar{q}_f,\dot{\bar{q}}_1,\ldots,\dot{\bar{q}}_f,t) = L(q(\bar{q},t),\dot{q}(\bar{q},\dot{\bar{q}},t),t) \ , \tag{3.3.16}$$

die sich durch Einsetzen von $q(\bar{q},t)$ und $\dot{q}(\bar{q},\dot{\bar{q}},t)$ in $L(q,\dot{q},t)$ ergibt, zu betrachten. Die Bewegungsgleichungen für die $\bar{q}(t)$ sind dann:

$$\frac{d}{dt}\frac{\partial \bar{L}}{\partial \dot{\bar{q}}_j} - \frac{\partial \bar{L}}{\partial \bar{q}_j} = 0 \ , \quad j=1,\ldots,f \ . \tag{3.3.17}$$

Dies ist zugleich das einfachste Verfahren, die Bewegungsgleichungen von einem Satz von Koordinaten auf einen anderen umzurechnen.

iii) Man spricht von *verallgemeinerten Kräften* K_i, wenn diese sich aus einem *verallgemeinerten Potential* $U(q_1,\ldots,q_f,\dot{q}_1,\ldots,\dot{q}_f,t)$ durch

$$K_i = -\frac{\partial U}{\partial q_i} + \frac{d}{dt}\frac{\partial U}{\partial \dot{q}_i} \tag{3.3.18}$$

berechnen lassen. Es seien nun wieder kartesische Koordinaten $\boldsymbol{r}_i$ gegeben. Dann erhält man bei der Ableitung der Lagrangeschen Gleichungen zweiter Art aus der Bewegungsgleichung

$$m_i\ddot{\boldsymbol{r}}_i = -\frac{\partial U}{\partial \boldsymbol{r}_i} + \frac{d}{dt}\frac{\partial U}{\partial \dot{\boldsymbol{r}}_i} + \boldsymbol{Z}_i \tag{3.3.19}$$

bei Elimination der Zwangskräfte nun für die rechte Seite von (3.3.19):

$$\begin{aligned}
&\sum_{n=1}^{N} \frac{\partial \boldsymbol{r}_i}{\partial q_j}\cdot\left(-\frac{\partial U}{\partial \boldsymbol{r}_i} + \frac{d}{dt}\frac{\partial U}{\partial \dot{\boldsymbol{r}}_i}\right)\\
&= \sum_{n=1}^{N}\left[-\frac{\partial U}{\partial \boldsymbol{r}_i}\cdot\frac{\partial \boldsymbol{r}_i}{\partial q_j} + \frac{d}{dt}\left(\frac{\partial U}{\partial \dot{\boldsymbol{r}}_i}\cdot\frac{\partial \boldsymbol{r}_i}{\partial q_j}\right) - \frac{\partial U}{\partial \dot{\boldsymbol{r}}_i}\cdot\frac{d}{dt}\frac{\partial \boldsymbol{r}_i}{\partial q_j}\right]\\
&= \sum_{n=1}^{N}\left[-\frac{\partial U}{\partial \boldsymbol{r}_i}\cdot\frac{\partial \boldsymbol{r}_i}{\partial q_j} + \frac{d}{dt}\left(\frac{\partial U}{\partial \dot{\boldsymbol{r}}_i}\cdot\frac{\partial \dot{\boldsymbol{r}}_i}{\partial \dot{q}_j}\right) - \frac{\partial U}{\partial \dot{\boldsymbol{r}}_i}\cdot\frac{\partial \dot{\boldsymbol{r}}_i}{\partial q_j}\right]\\
&= \frac{d}{dt}\frac{\partial U}{\partial \dot{q}_j} - \frac{\partial U}{\partial q_j} \ ,
\end{aligned} \tag{3.3.20}$$

und es ergibt sich wieder, zusammen mit der linken Seite von (3.3.19):

$$\frac{d}{dt}\frac{\partial L}{\partial \dot{q}_j}-\frac{\partial L}{\partial q_j}=0\ , \qquad s=1,\ldots,f \tag{3.3.21}$$

mit $L=T-U$.

Beispiel

Ein Teilchen mit Ladung e befinde sich in einem elektromagnetischen Feld, charakterisiert durch die Potentiale (ϕ, A). Dann lautet die Lagrange-Funktion

$$L(\boldsymbol{r},\dot{\boldsymbol{r}},t)=\tfrac{1}{2}m\dot{\boldsymbol{r}}^2-e\phi(\boldsymbol{r},t)+e\boldsymbol{A}(\boldsymbol{r},t)\cdot\dot{\boldsymbol{r}}\ . \tag{3.3.22}$$

Zu zeigen ist also, daß die Lagrangeschen Gleichungen identisch sind mit den Bewegungsgleichungen:

$$m\ddot{\boldsymbol{r}}(t)=e(\boldsymbol{E}+\dot{\boldsymbol{r}}\times\boldsymbol{B}) \quad \text{mit}$$

$$\boldsymbol{B}=\boldsymbol{\nabla}\times\boldsymbol{A},\ \boldsymbol{E}=-\boldsymbol{\nabla}\phi-\frac{\partial}{\partial t}\boldsymbol{A}\ , \tag{3.3.23}$$

was man durch Nachrechnen bestätigt. Das Potential

$$U(\boldsymbol{r},\dot{\boldsymbol{r}},t)=e\phi(\boldsymbol{r},t)-e\boldsymbol{A}(\boldsymbol{r},t)\cdot\dot{\boldsymbol{r}} \tag{3.3.24}$$

ist das wichtigste verallgemeinerte Potential.

iv) Durch die Einführung der Koordinaten $q_1,\ldots,q_f$ waren die Zwangsbedingungen direkt erfüllt und die Zwangskräfte aus den Lagrangeschen Gleichungen zweiter Art vollständig eliminiert. Hat man die Lösungen $q_1(t),\ldots,q_f(t)$ dieser Gleichungen gefunden, so lassen sich in einem zweiten Schritt die Zwangskräfte leicht bestimmen.

Die Bahnkurven sind ja nun gegeben durch $\underline{z}(t)=\underline{z}(q(t),t)$, woraus sich $\underline{z}(t)$ und wegen $\underline{\boldsymbol{Z}}(t)=\dot{\underline{\boldsymbol{p}}}(t)+\underline{\boldsymbol{\nabla}}U(\underline{z}(q,t),t)$ die Zwangskräfte $\underline{\boldsymbol{Z}}(t)$ berechnen lassen.

Beispiel: *Das sphärische Pendel*

Wir betrachten ein mathematisches Pendel der Fadenlänge l, das *nicht nur in einer Ebene* schwingen möge. Mit

$$\boldsymbol{r}=(x,y,z)$$

führen wir Polarkoordinaten ein:

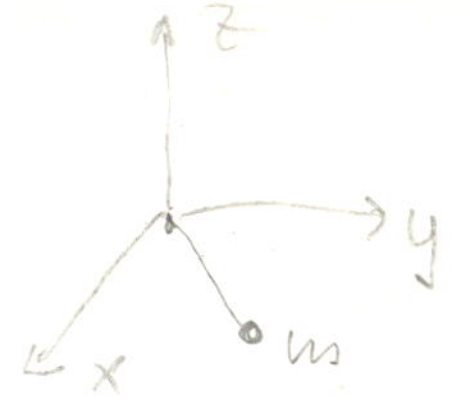

$$x=\ \ r\sin\theta\cos\varphi\ ,$$
$$y=\ \ r\sin\theta\sin\varphi\ ,$$
$$z=-r\cos\theta\ ,$$

und die Zwangsbedingung $r^2-l^2=0$ hat zur Folge $r=l$.

Also sind θ und φ frei wählbare Koordinaten und es ist $\boldsymbol{r}=\boldsymbol{r}(\theta,\varphi)$. Dann ist

$$L(\theta,\dot{\theta},\varphi,\dot{\varphi})=\tfrac{1}{2}m\dot{\boldsymbol{r}}^2-U(\boldsymbol{r}) \tag{3.3.25}$$

mit

$$U(\boldsymbol{r})=mg(l+z)\ ,$$

$$\dot{\boldsymbol{r}}=l(\dot{\theta}\cos\theta\cos\varphi-\dot{\varphi}\sin\theta\sin\varphi,\ \dot{\theta}\cos\theta\sin\varphi$$
$$+\dot{\varphi}\sin\theta\cos\varphi,\ \dot{\theta}\sin\theta)\ .$$

Also ist auch

$$\dot{\boldsymbol{r}}^2=l^2(\dot{\theta}^2+\dot{\varphi}^2\sin^2\theta)\ ,$$

und so

$$L=\tfrac{1}{2}ml^2(\dot{\theta}^2+\dot{\varphi}^2\sin^2\theta)-mgl(1-\cos\theta)\ , \tag{3.3.26}$$

Damit lautet die Bewegungsgleichung für $\theta(t)$:

$$\frac{d}{dt}\frac{\partial L}{\partial\dot{\theta}}-\frac{\partial L}{\partial\theta}=0\ , \qquad \text{d. h.} \tag{3.3.27}$$

$$ml^2(\ddot{\theta}-\dot{\varphi}^2\sin\theta\cos\theta)+mgl\sin\theta=0\ , \tag{3.3.28}$$

und für $\varphi(t)$

$$\frac{d}{dt}\frac{\partial L}{\partial\dot{\varphi}}=\frac{d}{dt}(ml^2\dot{\varphi}\sin^2\theta)=0\ , \tag{3.3.29}$$

da L nicht von φ abhängt.

Wir sehen sofort, daß

$$\frac{\partial L}{\partial\dot{\varphi}}=ml^2\dot{\varphi}\sin^2\theta \tag{3.3.30}$$

eine erhaltene Größe ist.

Allgemein nennt man eine verallgemeinerte Koordinate q_i, von der L nicht abhängt, *zyklisch*[7].

[7] zyklische Koordinate: zyklisch = kreisartig.
Die Winkelkoordinate in einem zylindersymmetrischen System ist ein typischer Fall einer zyklischen Koordinate.

Die Größen

$$p_i = \frac{\partial L}{\partial \dot{q}_i} \tag{3.3.31}$$

heißen zu q_i gehörige *verallgemeinerte Impulse*. Um den Namen zu verstehen, bedenke man, daß für $L = \frac{1}{2} m\dot{\boldsymbol{r}}^2 - U(r)$ dann

$$\boldsymbol{p} = \frac{\partial L}{\partial \dot{\boldsymbol{r}}} = m\dot{\boldsymbol{r}}$$

ist. Der verallgemeinerte Impuls zu einer zyklischen verallgemeinerten Koordinate ist somit eine erhaltene Größe.

In unserem Beispiel ist

$$p_\varphi = ml^2 \sin^2\theta\, \dot{\varphi} \tag{3.3.32}$$

zeitunabhängig. Anderseits ist

$$L_z = m(x\dot{y} - y\dot{x}) = ml^2 \sin^2\theta\, \dot{\varphi}\ . \tag{3.3.33}$$

Also ist p_φ nichts anderes als die z-Komponente des Drehimpulses.

Setzt man diese Konstante in die Gleichung (3.3.28) ein, so erhält man aus der Bewegungsgleichung für $\theta(t)$:

$$ml^2\ddot{\theta} - \frac{L_z^2}{ml^2 \sin^3\theta} \cos\theta + mgl \sin\theta = 0 \tag{3.3.34}$$

oder, nach Multiplikation mit $\dot{\theta}$:

$$\frac{\mathrm{d}}{\mathrm{d}t}\left(\frac{1}{2} ml^2\dot{\theta}^2 + \frac{L_z^2}{2ml^2 \sin^2\theta} - mgl\cos\theta\right) = 0\ . \tag{3.3.35}$$

Da man andererseits für die Energie

$$E = T + U = \frac{1}{2} ml^2\dot{\theta}^2 + \frac{L_z^2}{2ml^2\sin^2\theta} + mgl(1 - \cos\theta) \tag{3.3.36}$$

erhält, sagt (3.3.35) nichts anderes aus, als daß die Energie eine erhaltene Größe ist.

Nun kann man wieder durch eine einfache Integration die Funktion $\theta(E, L_z; t)$ berechnen, und dann aus $L_z = ml^2 \sin^2\theta\,\dot{\varphi}$ auch $\varphi(E, L_z; t)$ bestimmen. Damit sind die Bewegungsgleichungen gelöst.

Man kann die Bahnen aber auch qualitativ diskutieren, indem man die Größe

$$E = T + U_{\mathrm{eff}} \tag{3.3.37}$$

mit

$$U_{\mathrm{eff}}(\theta) = \frac{L_z^2}{2ml^2\sin^2\theta} + mgl(1 - \cos\theta) \tag{3.3.38}$$

studiert. Man bestimmt dabei den Verlauf von $U_{\mathrm{eff}}(\theta)$ in Abhängigkeit von θ, wobei man noch den Parameter L_z variieren kann (Abb. 3.3.1).

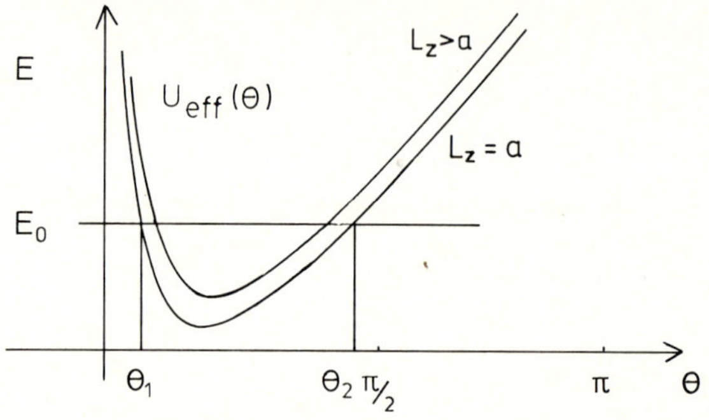

Abb. 3.3.1. Darstellung von $U_{\mathrm{eff}}(\theta)$ für verschiedene L_z. Das Minimum liegt bei θ-Werten kleiner $\pi/2$. Bei vorgegebenem E_0 und $L_z \neq 0$ kann θ zwischen θ_1 und θ_2 oszillieren

Wir unterscheiden folgende Fälle:

a) $L_z = 0$, dann ist $\dot{\varphi} = 0$ und es liegt ein ebenes Pendel vor.

b) $L_z \neq 0$: $U_{\mathrm{eff}}(\theta)$ wird singulär bei $\theta = 0$ und π. Das Minimum von U_{eff} liegt bei $\theta = \theta_0 < \pi/2$. Gibt man E und L_z vor, so kann θ zwischen θ_1 und θ_2 oszillieren.

Wählt man E bei gegebenem L_z minimal, so bewegt sich der Pendelkörper auf einem Kreis, dessen Radius gegeben ist durch $l \sin\theta_0$. Es ist dabei $\theta = \theta_0 = \mathrm{const}$.

Diese Kreisbewegung ist stabil gegen kleine Störungen und ihre Winkelgeschwindigkeit ist

$$\dot{\varphi} = \frac{L_z}{ml^2 \sin^2\theta_0} = \mathrm{const}\ .$$

3.4 Die Energiebilanz bei Bewegungen, die durch Zwangsbedingungen eingeschränkt sind

Das d'Alembertsche Prinzip besagt, daß die Zwangskräfte bei einer virtuellen Verrückung keine virtuelle

Arbeit leisten. Die virtuellen Verrückungen liegen tangential an M_t, und in dem Fall, daß die Zwangsbedingungen skleronom sind, d.h. nicht von der Zeit abhängen, ist M_t unabhängig von t.

Änderungen der Ortsvektoren der Teilchen während der Bewegung

$$d\underline{z}(t)=\underline{z}(t+dt)-\underline{z}(t)=\dot{\underline{z}}(t)dt \tag{3.4.1}$$

sind dann auch virtuelle Verrückungen, und die Arbeit, die die Zwangskräfte bei einer realisierbaren Bewegung leisten, muß verschwinden. Der Fall liegt anders, wenn die Zwangsbedingungen explizit zeitabhängig, also rheonom sind. Dann ist

$$M_{t+dt} \neq M_t$$

und

$$d\underline{z}=\dot{\underline{z}}(t)dt$$

ist ein Vektor von M_t nach M_{t+dt}, also i.a. kein Tangentialvektor an M_t (Abb. 3.4.1). Das bedeutet, daß physikalisch realisierte Bewegungen keine virtuellen Verrückungen sind.

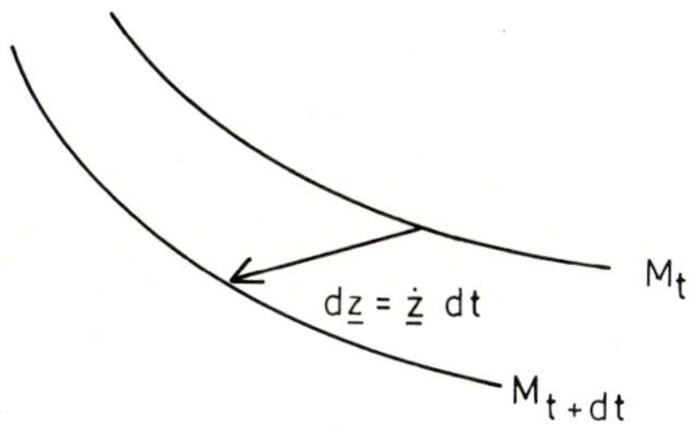

Abb. 3.4.1. Ist M_t von der Zeit abhängig, so ist die zeitliche Änderung der Ortsvektoren $d\underline{z}$ kein Tangentialvektor an M_t

Wir wollen hier allgemein die Arbeit berechnen, die von Zwangskräften geleistet wird. Diese Arbeit entspricht der Energie, die dem System von der Umgebung, die die Zwangskräfte ausübt, zugeführt wird.

Wir gehen aus von den Lagrangeschen Gleichungen erster Art mit einem zeitunabhängigen Potential $U(\boldsymbol{r}_1,\ldots,\boldsymbol{r}_N)$:

$$m_i\ddot{\boldsymbol{r}}_i+\nabla_i U=\sum_{\alpha=1}^{s}\lambda_\alpha(t)\nabla_i F_\alpha(\boldsymbol{r}_1(t),\ldots,\boldsymbol{r}_N(t),t)\ . \tag{3.4.2}$$

Multiplikation mit $\dot{\boldsymbol{r}}_i$ und Summation über i ergibt:

$$\frac{d}{dt}\left[\frac{1}{2}\sum_{i=1}^{N}m_i\dot{\boldsymbol{r}}_i^2+U(\boldsymbol{r}_1(t),\ldots,\boldsymbol{r}_N(t)\right]=\sum_{i=1}^{N}\sum_{\alpha=1}^{s}\lambda_\alpha(t)\dot{\boldsymbol{r}}_i\cdot\nabla_i F_\alpha(\boldsymbol{r}_1(t),\ldots,\boldsymbol{r}_N(t),t)\ . \tag{3.4.3}$$

Andererseits folgt aus

$$F_\alpha(\boldsymbol{r}_1(t),\ldots,\boldsymbol{r}_N(t),t)=0\ ,\qquad \alpha=1,\ldots,s$$

auch

$$\frac{d}{dt}F_\alpha=\sum_{i=1}^{N}\dot{\boldsymbol{r}}_i\cdot\nabla_i F_\alpha(\boldsymbol{r}_1(t),\ldots,\boldsymbol{r}_N(t),t)+\frac{\partial F_\alpha}{\partial t}=0\ . \tag{3.4.4}$$

Also ergibt sich für die Energie

$$E(t)=\frac{1}{2}\sum_{i=1}^{N}m_i\dot{\boldsymbol{r}}_i^2+U(\boldsymbol{r}_1(t),\ldots,\boldsymbol{r}_N(t))$$

des Systems:

$$\frac{dE(t)}{dt}=-\sum_{\alpha=1}^{s}\lambda_\alpha(t)\frac{\partial F_\alpha(\boldsymbol{r}_1,\ldots,\boldsymbol{r}_N,t)}{\partial t}\ . \tag{3.4.5}$$

Wir beobachten folgendes:

a) der Ausdruck für die Energie ist derselbe wie bei der Bewegung ohne Zwangskräfte. Der Unterschied besteht lediglich darin, daß für $\boldsymbol{r}_i$ und $\dot{\boldsymbol{r}}_i$ nur solche Werte eingesetzt werden dürfen, die mit den Zwangsbedingungen verträglich sind.
b) Unter dem Einfluß holonom-skleronomer Zwangsbedingungen bleibt die Energie des Systems eine erhaltene Größe.
c) Bei holonom-rheonomen Zwangsbedingungen ist die Energie des Systems nicht mehr erhalten, es findet vielmehr Energieaustausch mit der Umgebung statt.

Beispiele

a) Als erstes betrachten wir ein ebenes Pendel, dessen Aufhängepunkt horizontal bewegt wird (Abb. 3.4.2).

Der Massenpunkt mit der Masse m hat die Koordinaten

$$\boldsymbol{r}=(x,y)\quad\text{mit}$$

$$x=f(t)+l\sin\varphi\ ,\qquad y=-l\cos\varphi\ .$$

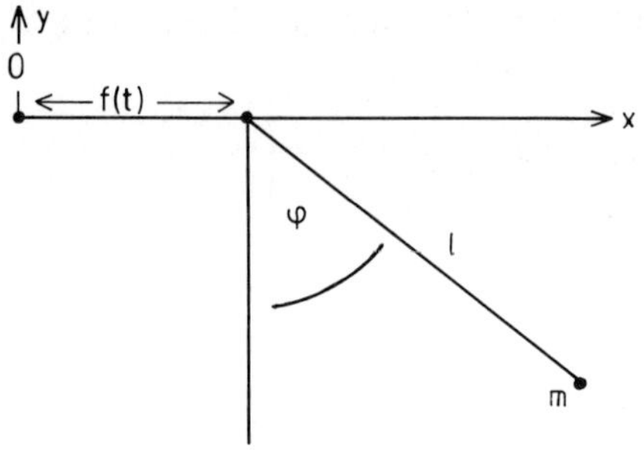

Abb. 3.4.2. Das Pendel mit horizontal bewegtem Aufhängepunkt

Die Zwangsbedingung lautet

$$F(x,y,t) \equiv [x-f(t)]^2+y^2-l^2=0 \ . \tag{3.4.7}$$

Es ist

$$\dot{x}=\dot{f}+l\dot{\varphi}\cos\varphi \ , \qquad \dot{y}=l\dot{\varphi}\sin\varphi \ ,$$

und für die Lagrange-Funktion erhält man

$$\begin{aligned} L &= \tfrac{1}{2}m(\dot{x}^2+\dot{y}^2)-U(x,y) \\ &= \tfrac{1}{2}m[\dot{f}^2+2l\dot{f}\dot{\varphi}\cos\varphi+\dot{\varphi}^2(l^2\cos^2\varphi+l^2\sin^2\varphi)] \\ &\quad -mgl(1-\cos\varphi) \ . \end{aligned}$$

Also

$$\begin{aligned} L(\varphi,\dot{\varphi},t) &= \tfrac{1}{2}m[l^2\dot{\varphi}^2+2l\dot{f}\dot{\varphi}\cos\varphi+\dot{f}^2] \\ &\quad +mgl\cos\varphi-mgl \ . \end{aligned} \tag{3.4.8}$$

Die Lagrangesche Gleichung zweiter Art lautet

$$\frac{d}{dt}\frac{\partial L}{\partial\dot{\varphi}}-\frac{\partial L}{\partial\varphi}=0 \qquad \text{oder}$$

$$\begin{aligned} &\frac{d}{dt}(ml^2\dot{\varphi}+ml\dot{f}\cos\varphi) \\ &\quad -(-ml\dot{f}\dot{\varphi}\sin\varphi-mgl\sin\varphi)=0 \end{aligned}$$

oder

$$\ddot{\varphi}+\frac{g}{l}\sin\varphi=-\frac{1}{l}\ddot{f}\cos\varphi \ . \tag{3.4.9}$$

Daß hier nur $\ddot{f}(t)$ in die Bewegungsgleichung eingeht, nicht aber $f(t)$ oder $\dot{f}(t)$, ist verständlich, da durch eine geradlinig-gleichförmige Bewegung des Systems in x-Richtung die Bewegung der Koordinate φ nicht beeinflußt werden kann.

Da die Zwangsbedingung

$$F=[x-f(t)]^2+y^2-l^2=0$$

lautet, erhält man für die Lagrangeschen Gleichungen erster Art:

$$m\ddot{x}=\lambda\frac{\partial F}{\partial x}=2\lambda[x-f(t)] \ ,$$

$$m\ddot{y}+mg=\lambda\frac{\partial F}{\partial y}=2\lambda y$$

und, da die Zwangskraft immer in Richtung des Aufhängepunktes zeigt, ist $\lambda<0$.

Andererseits ist

$$\frac{\partial F}{\partial t}=2\dot{f}(t)\,[f(t)-x(t)] \tag{3.4.10}$$

und daher

$$\frac{dE}{dt}=-\lambda\frac{\partial F}{\partial t}=-2\lambda[f(t)-x(t)]\dot{f}(t) \ ,$$

also auch

$$\frac{dE}{dt}=m\ddot{x}\dot{f}(t) \ . \tag{3.4.11}$$

Wir wollen den Fall der geradlinig-gleichförmigen Führung des Aufhängepunktes genauer untersuchen:

Sei $f(t)=vt$, dann ist $\dot{f}=v$, und man erhält (Abb. 3.4.3):

für $-\frac{\pi}{2}<\varphi\leq 0$: $f(t)-x(t)\geq 0$, also $dE/dt\geq 0$,

für $0\leq\varphi<\frac{\pi}{2}$: $f(t)-x(t)\leq 0$, also $dE/dt\leq 0$.

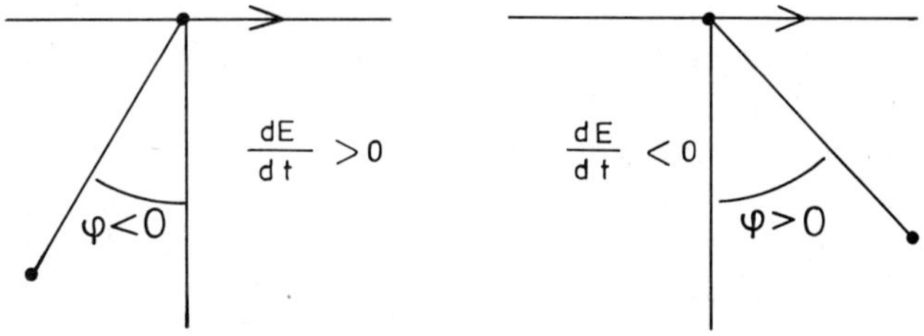

Abb. 3.4.3. Für $\varphi<0$ wird dem Pendel bei geradlinig-gleichförmiger Führung des Aufhängepunktes Energie zugeführt, für $\varphi>0$ wird sie dem Pendel entzogen

Das ist plausibel, wenn man daran denkt, wie man durch geschickte Führung des Aufhängepunktes eine Schwingung in Gang setzt oder beendet.

Wird das System so geradlinig-gleichförmig mit der Geschwindigkeit v in positive x-Richtung geführt, so vermindert sich die Energie des Systems während des Ausschlages in diese Richtung, und sie vergrößert sich bei dem Ausschlag in entgegengesetzte Richtung. Die Energieänderung während einer Periode T verschwindet natürlich, wie man aus

$$\int_0^T dt\,\frac{dE}{dt} = mv\int_0^T dt\,\ddot{x}(t) = mv[\dot{x}(T)-\dot{x}(0)] = 0 \tag{3.4.12}$$

ersieht.

Wenn sich der Aufhängepunkt geradlinig-gleichförmig bewegt, wird also im zeitlichen Mittel durch die Zwangskraft keine Energie zugeführt. Man kann die Funktion $f(t)$ auch so wählen, daß die Energie des Systems immer größere Werte erreicht. Man braucht z.B. nur dafür zu sorgen, daß sich der Aufhängungspunkt stets nach rechts bewegt, wenn das Pendel nach links ausschlägt. Das ist sogar mit geeigneten periodischen Funktionen $f(t)$ möglich. Man kann so typische Resonanzphänomene erzeugen. Die rechnerische Behandlung solch eines „nichtlinearen Oszillators" unter periodischer Stimulation:

$$\ddot{\varphi}+\frac{g}{l}\sin\varphi = -\frac{1}{l}\ddot{f}(t)\cos\varphi$$

ist kompliziert und soll hier nicht versucht werden.

b) Das Pendel mit veränderlicher Fadenlänge: Bei der Schaukel verlagert der Schaukler seinen Schwerpunkt während des Maximalausschlages „nach hinten", er vergrößert die „Fadenlänge". Beim Durchgang durch die Ruhelage richtet sich der Schaukler wieder auf und verkürzt dadurch die Pendellänge in einem Augenblick, in dem die Zwangskraft am größten ist. Hierdurch kann er der Schaukel bei jeder Schwingung Energie zuführen.

Der Schaukler benutzt dabei eine Energie, die bisher im System nicht betrachtet wurde: Er betätigt seine Muskeln, d.h. er setzt chemische Energie um. Aber das alleine genügt nicht, um seinen Schwerpunkt zu verlagern. Wesentlich ist, daß der Aufhängepunkt fest ist, d.h. im Gesamtsystem Schaukel-Schaukler verändert der Schaukler seine Position relativ zur Schaukel.

Man kann den Mechanismus der Energiezufuhr quantitativ leicht verfolgen:

Die Zwangsbedingung für ein Fadenpendel mit veränderlicher Fadenlänge lautet

$$F \equiv l^2(t) - \boldsymbol{r}^2 = 0\ . \tag{3.4.13}$$

Dann ist

$$\boldsymbol{Z} = \lambda(\partial F/\partial \boldsymbol{r}) = -2\lambda \boldsymbol{r}\ , \tag{3.4.14}$$

also ist $\lambda > 0$, da $\boldsymbol{Z}$ jeweils zum Aufhängepunkt zeigt. Andererseits ist

$$\frac{\partial F}{\partial t} = 2l\dot{l}$$

und damit

$$\frac{dE}{dt} = -2\lambda(t)l(t)\dot{l}(t)\ . \tag{3.4.15}$$

Also ist bei Verkürzung, d.h. $\dot{l}(t) < 0$

$$\frac{dE}{dt} > 0\ ,$$

während man bei Verlängerung des Pendels die Energie vermindert. Verkürzt man also in Situationen, in denen $\lambda(t)$ maximal ist, also beim Schwingen durch die Gleichgewichtslage, so wird dabei dem System mehr Energie zugeführt, als diesem beim Verlängern der Pendellänge wieder genommen wird.

Durch geschickte äußere Führung eines periodischen Systems kann man also die Funktion dE/dt als Funktion der Zeit während einer Schwingungszeit T so beeinflussen, daß $E(T)-E(0)>0$ wird.

Eine ähnliche Vorrichtung wie die Schaukel ist das Weihrauchfaß von Santiago de Compostella (Abb. 3.4.4), bei dem die Ministranten die Pendellänge im richtigen Rhythmus verändern.

c) Als letztes Beispiel sei das Jojo angeführt. Auch hier kann man den Mechanismus der Energiezufuhr rechnerisch verfolgen [3.2].

Wir betrachten einen starren Körper, nämlich einen kurzen, runden Stab mit Radius r, an dessen Enden größere Scheiben angebracht sind. Zwischen den Scheiben, auf dem Stab, ist ein Band oder ein Faden befestigt und um den Stab aufgewickelt. Hält man das

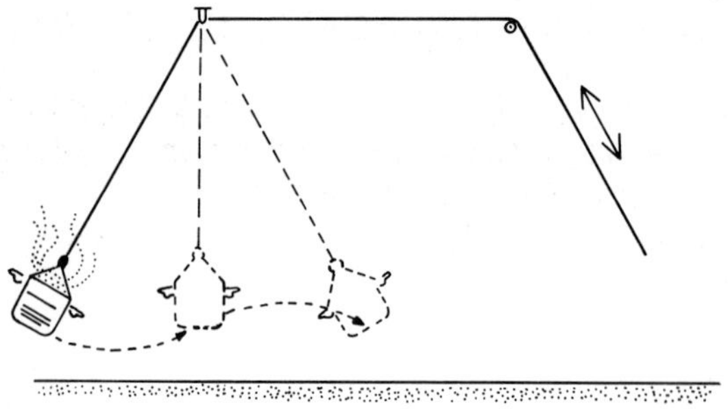

Abb. 3.4.4. Das Weihrauchfaß von Santiago de Compostella

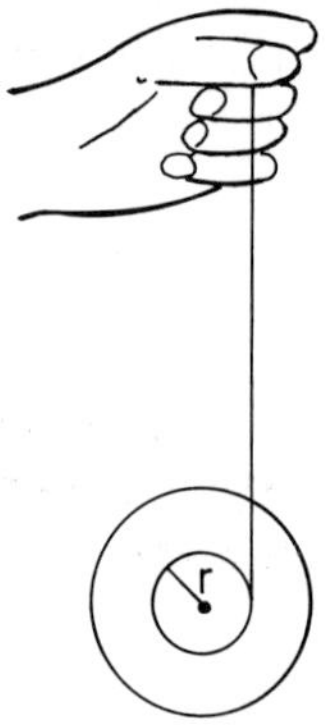

Abb. 3.4.5. Das Jojo

Band am freien Ende fest, so fällt das Jojo, sich drehend und das Band abwickelnd (Abb. 3.4.5).

Wir haben bisher noch keine starren Körper behandelt, aber man kann doch auch so schon sagen:

Die Koordinaten des Jojo sind durch

$z(t)$, seine Höhe über dem Ursprung und
$\theta(t)$, den Winkel, der von einer radialen Marke auf der Scheibe und der z-Achse z. B. eingeschlossen wird,

gegeben.

Sei $\theta=0$ der Winkel, bei dem der Faden ganz abgewickelt ist, so daß er bei einer Drehung des Jojo in jede Richtung nur aufgewickelt werden kann. Sei s die Länge des abgerollten Fadens, so gilt zunächst

$$s=rf(\theta) \ , \tag{3.4.16}$$

wobei der Winkel θ über 2π hinaus gezählt wird, und wenn θ nicht sehr nahe bei $\theta=0$ liegt,

$$\begin{aligned} f(\theta) &= \theta+\text{const} \quad \text{beim Abrollen,} \\ &= -\theta+\text{const} \quad \text{beim Aufrollen,} \\ &\qquad \text{so daß also } f'(\theta)=\pm 1 \text{ ist} \ . \end{aligned}$$

Wenn wir die Höhe des Fadenendes zur Zeit t mit $z_0(t)$ und die Höhe des Jojo mit z bezeichnen, dann lautet die Zwangsbedingung

$$z=z_0-rf(\theta) \quad \text{oder} \tag{3.4.17}$$

$$F(z,\theta,t)=z+rf(\theta)-z_0(t)=0 \ . \tag{3.4.18}$$

Das ist eine holonom-rheonome Zwangsbedingung.

Die Lagrangesche Gleichung erster Art für die Koordinate z ist, wenn M die Masse des Jojo ist

$$M\ddot{z}(t)+Mg=\lambda(t)\,(\partial F/\partial z)=\lambda(t) \ . \tag{3.4.19}$$

Für die Energieänderung findet man

$$\frac{dE}{dt}=-\lambda(t)\,\frac{\partial F}{\partial t}=\lambda(t)\dot{z}_0(t) \ . \tag{3.4.20}$$

Die Zwangskraft muß stets nach oben gerichtet sein, wenn der Faden gespannt bleibt. Also ist $\lambda(t)>0$ und damit $dE/dt>0$, dann, wenn der Endpunkt des Fadens nach oben bewegt wird. Für $\lambda=0$ ergibt sich gerade eine freie Fallbewegung.

Zur genaueren Berechnung von $\lambda(t)$ stellen wir die Lagrangesche Gleichung zweiter Art auf, wobei wir den Winkel θ als Koordinate benutzen.

Die kinetische Energie des Jojo ist (mit einem kleinen Vorgriff auf das Kapitel über den starren Körper)

$$T=\frac{M}{2}\,\dot{z}^2+\frac{I}{2}\,\dot{\theta}^2 \ . \tag{3.4.21}$$

Hierbei ist I das Trägheitsmoment des Jojo um die Drehachse. Indem wir $z=z_0(t)-rf(\theta)$ und $U=Mgz=Mg\,[z_0-rf(\theta)]$ einsetzen, erhalten wir

$$\begin{aligned} L(\theta,\dot{\theta},t)&=\frac{M}{2}\,[\dot{z}_0(t)-r\dot{\theta}f'(\theta)]^2 \\ &\quad+\frac{I}{2}\,\dot{\theta}^2-Mg\,[z_0(t)-rf(\theta)] \ , \end{aligned} \tag{3.4.22}$$

woraus sich die Bewegungsgleichung

$$\begin{aligned} &\frac{d}{dt}\,[Mrf'(rf'\dot{\theta}-\dot{z}_0)]+I\ddot{\theta}-Mgrf' \\ &\quad+M(\dot{z}_0-r\dot{\theta}f')f''(\theta)r\dot{\theta}=0 \end{aligned}$$

ergibt. Solange θ nicht sehr nahe bei $\theta=0$ liegt, also $f'=\pm 1$ ist, lautet diese Gleichung

$$(Mr^2+I)\ddot{\theta}\times Mgrf'+Mrf'\ddot{z}_0=Mrf'(g+\ddot{z}_0) \ ;$$
$$(f'=\pm 1) \ . \tag{3.4.23}$$

Diese Gleichung für $\theta(t)$ läßt sich bei vorgegebenem $z_0(t)$ sofort lösen. Um aber $\lambda(t)=M(\ddot{z}+g)$ auszurechnen, nutzen wir aus, daß wegen $z=z_0-rf(\theta)$ für θ-Werte außerhalb eines kleinen Intervalles um $\theta=0$, gilt:

$$\ddot{z}=\ddot{z}_0-rf'\ddot{\theta}=\ddot{z}_0-\frac{Mr^2}{Mr^2+I}(g+\ddot{z}_0) \ . \tag{3.4.24}$$

Einsetzen in die Lagrangesche Gleichung 1. Art liefert

$$M\ddot{z}+Mg=M\frac{I}{I+Mr^2}(\ddot{z}_0+g)=\lambda(t) \ . \tag{3.4.25}$$

Für $\ddot{z}_0+g>0$ folgt auch wieder $\lambda>0$, wie zu erwarten.

Ferner ist dann

$$\frac{dE}{dt}=\lambda\dot{z}_0=\frac{M}{1+Mr^2/I}(\ddot{z}_0+g)\dot{z}_0$$
$$=\frac{M}{1+Mr^2/I}\frac{d}{dt}(\tfrac{1}{2}\dot{z}_0^2+gz_0) \ . \tag{3.4.26}$$

Die Energieänderung E ist also gleich der Energieänderung eines fiktiven Massenpunktes der Masse $M/(1+Mr^2/I)$ mit der Bahnkurve $z_0(t)$. Sogar bei räumlich beschränkter Bahnkurve $z_0(t)$ kann man beliebig hohe Energien erreichen.

Was geschieht bei $\theta(t)\approx 0$, wenn der Faden fast ganz abgewickelt ist? Eine genauere Analyse zeigt, daß dann die Zwangskraft besonders groß ist. Wenn man dafür sorgt, daß $\dot{z}_0=0$ ist, solange $\theta\approx 0$, so wird in diesen Lagen keine Energie zugeführt, und der oben hergeleitete Ausdruck für die Energiezufuhr bleibt gültig. Man kann die besondere Größe der Zwangskraft auch dazu ausnutzen, dem Jojo zusätzlich Energie zuzuführen, indem man den Faden jeweils kräftig nach oben zieht, wenn das Jojo den unteren Totpunkt durchläuft.

3.5 Nichtholonome Zwangsbedingungen

Bisher hatten wir immer angenommen, daß die Zwangsbedingungen in der Form

$$F_\alpha(\underline{z},t)=0 \ , \quad \alpha=1,\ldots,s$$

vorliegen, wobei F_α eine Funktion der Ortskoordinaten $\underline{z}=(\boldsymbol{r}_1,\ldots,\boldsymbol{r}_N)$ und der Zeit t sein kann. Solche Zwangsbedingungen nannten wir holonom.

Nichtholonome Zwangsbedingungen haben die allgemeine Gestalt

$$F_\alpha(\underline{z},\dot{\underline{z}},t)=0 \ . \tag{3.5.1}$$

Wir wollen auf die Berücksichtigung dieser allgemeinen Form der Zwangsbedingungen nicht eingehen [3.3], wohl aber die Behandlung solcher nichtholonomen Zwangsbedingungen diskutieren, die in der speziellen, in $\dot{q}_j$ linearen Form

$$\sum_{j=1}^{f} a_{kj}(q,t)\,\dot{q}_j+b_k(q,t)=0 \ , \quad k=1,\ldots,s' \tag{3.5.2}$$

vorliegen, wobei die q_j, $j=1,\ldots,f$ verallgemeinerte Koordinaten seien. Hinter dieser Form können sich allerdings auch holonome Zwangsbedingungen

$$F_k(q_1,\ldots,q_f,t)=0 \ , \quad k=1,\ldots,s'$$

verbergen, aus denen durch Differentiation

$$\frac{dF_k}{dt}=\sum_{j=1}^{f}\frac{\partial F}{\partial q_j}\dot{q}_j+\frac{\partial F_k}{\partial t}=0 \tag{3.5.3}$$

folgt. Wenn sich also a_{kj} und b_k als

$$a_{kj}=\frac{\partial F_k}{\partial q_j} \ , \quad b_k=\frac{\partial F_k}{\partial t} \tag{3.5.4}$$

darstellen lassen, so kann die Zwangsbedingung wieder als holonome Zwangsbedingung formuliert werden. Notwendige (und im wesentlichen hinreichende) Bedingungen hierfür sind

$$\frac{\partial a_{ki}}{\partial q_j}=\frac{\partial a_{kj}}{\partial q_i} \ , \quad \frac{\partial b_k}{\partial q_i}=\frac{\partial a_{ki}}{\partial t} \ . \tag{3.5.5}$$

Man kann aber bei vorgegebenen a_{kj}, b_k solche Funktionen F_k *nicht* finden, wenn echte nichtholonome Bedingungen vorliegen. Die Menge aller möglichen Lagen des Systems läßt sich dann nicht mehr geometrisch durch eine Einschränkung auf eine Mannigfaltigkeit alleine beschreiben. Die nichtholonomen Zwangsbedingungen liefern dann weitere Einschränkungen an die virtuellen Verrückungen, die sonst alle linear unabhängig wären, nämlich

$$\sum_{j=1}^{f} a_{kj}\delta q_j = 0 \ , \qquad k=1,\ldots,s' \ . \tag{3.5.6}$$

Diese Abhängigkeit zwischen den δq_j zu fester Zeit erhält man aus den etwas allgemeineren Bedingungen für die Differentiale:

$$\sum_{j=1}^{f} a_{kj}dq_j + b_k dt = 0 \ , \qquad k=1,\ldots,s' \ , \tag{3.5.7}$$

die für physikalische realisierte Bewegungen ($dq_j = \dot{q}_j dt$) wieder (3.5.2) ergeben, für feste Zeiten aber zu (3.5.6) führen.

Im Falle der unechten nichtholonomen Zwangsbedingungen wäre wieder

$a_{kj} = \partial F_k/\partial q_j$ und damit

$$\sum_{j=1}^{f} a_{kj}\delta q_j = \sum_{j=1}^{f} \frac{\partial F_k}{\partial q_j}\delta q_j = 0 \ ,$$

was lediglich wieder bedeuten würde, daß die virtuelle Verrückung ein Tangentialvektor an die durch $F_k(q_1,\ldots,q_f)=0$ bestimmte Fläche wäre.

Gilt nun

$$\sum_{j=1}^{f} a_{kj}\delta q_j = 0 \quad \text{und} \tag{3.5.8}$$

$$\underline{Z}\cdot\delta\underline{z} = 0 \ , \quad \text{d.h.}$$

$$\sum_{j=1}^{f} \delta q_j \frac{\partial \underline{z}}{\partial q_j}\cdot(\dot{\underline{p}} + \underline{\nabla}U) = 0 \ , \tag{3.5.9}$$

so auch

$$\sum_{j=1}^{f} \left\{ \delta q_j \frac{\partial \underline{z}}{\partial q_j}\cdot[\dot{\underline{p}} + \underline{\nabla}U(\underline{z},t)] - \sum_{k=1}^{s'} \lambda_k(t) a_{kj}\delta q_j \right\} = 0 \tag{3.5.10}$$

oder auch

$$\sum_{j=1}^{f} \delta q_j \left[\sum_{i=1}^{N} m_i \ddot{\boldsymbol{r}}_i \cdot \frac{\partial \boldsymbol{r}_i}{\partial q_j} + \boldsymbol{\nabla}_i U(\boldsymbol{r}_1,\ldots,\boldsymbol{r}_N,t)\cdot\frac{\partial \boldsymbol{r}_i}{\partial q_j} - \sum_{k=1}^{s'} \lambda_k a_{kj} \right] = 0 \ . \tag{3.5.11}$$

Es seien nun etwa die Variationen $\delta q_1,\ldots,\delta q_{f-s'}$ der Koordinaten $q_1,\ldots,q_{f-s'}$ unabhängig wählbar, die Variationen $\delta q_{f-s'+1},\ldots,\delta q_f$ hingegen durch die $f-s'$ unabhängig wählbaren Variationen und durch die Zwangsbedingungen bestimmt.

Wir wählen dann die $\lambda_k(t)$ so, daß die Koeffizienten der δq_j für $j=f-s'+1,\ldots,f$ identisch verschwinden. Die Koeffizienten der anderen δq_j, für $j=1,\ldots,f-s'$, müssen dann auch verschwinden, da diese δq_j ja unabhängig sind. Damit haben wir also die Gleichungen

$$\frac{d}{dt}\frac{\partial L}{\partial \dot{q}_j} - \frac{\partial L}{\partial q_j} - \sum_{k=1}^{s'} \lambda_k(t) a_{kj} = 0 \ , \qquad j=1,\ldots,f \tag{3.5.12a}$$

und

$$\sum_{j=1}^{f} a_{kj}\dot{q}_j + b_k = 0 \ , \qquad k=1,\ldots,s' \tag{3.5.12b}$$

zu lösen. Das sind $f+s'$ Gleichungen für $f+s'$ Unbekannte.

Man hat so diejenigen Zwangskräfte, die die Einhaltung der holonomen Zwangsbedingungen garantieren, eliminiert und dafür die Lagrange-Funktion $L(q_1,\ldots,q_f,\dot{q}_1,\ldots,\dot{q}_f,t)$ eingeführt. Aber auf Grund der zusätzlichen nichtholonomen Zwangsbedingungen sind die q_i, $i=1,\ldots,f$, nicht alle unabhängig voneinander variierbar. Diese Einschränkung kann man nun nur in der Form der Lagrangeschen Gleichungen erster Art berücksichtigen.

Man sieht wieder: Sind die zusätzlichen Bedingungen nicht echt nichtholonom, ist also

$$a_{kj} = \frac{\partial F_k}{\partial q_j} \ , \qquad b_k = \frac{\partial F_k}{\partial t}$$

so ergibt sich erneut für die Gleichungen die Form

$$\frac{d}{dt}\frac{\partial L}{\partial \dot{q}_j} - \frac{\partial L}{\partial q_j} - \sum_{k=1}^{s'} \lambda_k(t) \frac{\partial F_k}{\partial q_j} = 0 \ , \qquad j=1,\ldots,f \ ,$$

$$F_k(q_1,\ldots,q_f,t) = 0 \ , \qquad k=1,\ldots,s'$$

entsprechend den Lagrangeschen Gleichungen erster Art für

$$(q_1,\ldots,q_f) = (\boldsymbol{r}_1,\ldots,\boldsymbol{r}_N) \ , \qquad s=s' \ , \qquad f=3N \ .$$

Ein Beispiel für ein System mit nichtholonomer Zwangsbedingung ist eine Kugel, die ohne zu gleiten auf einer Ebene rollt. Die Menge der möglichen Lagen, also der Konfigurationsraum des Systems, wird beschrieben durch Angaben über den Ort des Kugelmittelpunktes und über die räumliche Lage eines mit der Kugel fest verbundenen Dreibeins. Die Zwangsbedingung zeigt sich darin, daß bei einer kleinen Drehung der Kugel die zugehörige Verschiebung ihres Mittelpunktes schon festgelegt ist. Andererseits kann man sich überlegen, daß durch Rollen längs geeigneter Kurven das Dreibein auf der Kugel in beliebigen Punkten der Ebene in beliebige Lagen gebracht werden kann. Die Gesamtheit der möglichen Lagen wird also durch die nichtholonomen Zwangsbedingungen nicht eingeschränkt. Einschränkungen gelten nur für die virtuellen Verrückungen. Durchrechenbare Beispiele für echte nichtholonome Zwangsbedingungen sind oft etwas kompliziert [3.4–6].

Wir wollen hier zwei einfache Beispiele betrachten, in denen die Nebenbedingungen zwar holonom sind, diese aber wie nichtholonome behandelt werden.

a) Man betrachte eine schiefe Ebene in der xz-Ebene, um den Winkel φ gegen die x-Achse geneigt. Diese Ebene werde in vertikaler Richtung bewegt. Ein Körper der Masse m gleite reibungsfrei auf dieser Ebene (Abb. 3.5.1). Für die Koordinaten $(x, z) = \boldsymbol{r}$ des Massenkörpers gilt so immer die Beziehung zwischen den Veränderungen δx, δz:

$$\delta z = -\tan\varphi\,\delta x \ , \tag{3.5.13}$$

denn wenn man bei fester Lage der schiefen Ebene z vergrößert, muß man x entsprechend verkleinern.

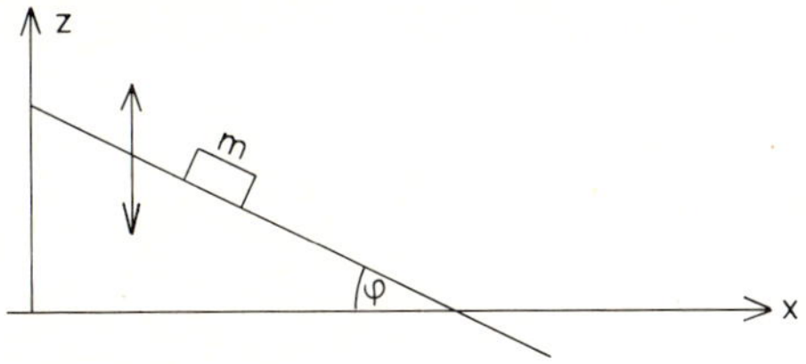

Abb. 3.5.1. Ein Körper der Masse m auf einer schiefen Ebene, die vertikal bewegt wird

Wenn $a(t)$ die vertikale Geschwindigkeit der Ebene ist, so gilt

$$\dot{z} + \dot{x}\tan\varphi - \dot{a}(t) = 0 \ . \tag{3.5.14}$$

Damit ist die Zwangsbedingung linear in den Geschwindigkeiten. Diese ist natürlich integrierbar, d.h. aus einer Gleichung

$$F(x, z, t) = 0$$

ableitbar, nämlich aus

$$z + x\tan\varphi - a(t) = 0 \tag{3.5.15}$$

d.h., in der allgemeinen Formulierung

$$\sum_{j=1}^{f} a_{kj}\dot{q}_j + b_k = 0 \ , \qquad k = 1, \ldots, s' \tag{3.5.16}$$

ist hier

$$s' = 1 \ , \qquad a_{1z} = 1 \ , \qquad a_{1x} = \tan\varphi \ , \qquad b_1 = -a(t) \ , \tag{3.5.17}$$

und es gilt

$$a_{1z} = \frac{\partial F}{\partial z} \ , \qquad a_{1x} = \frac{\partial F}{\partial x} \ , \qquad b_1 = \frac{\partial F}{\partial t} \tag{3.5.18}$$

mit

$$F(x, z, t) = z + x\tan\varphi - a(t) = 0 \ .$$

Somit lauten die Gleichungen, mit x, z als verallgemeinerten Koordinaten und der Lagrange-Funktion $L(x, z, \dot{x}, \dot{z}) = 1/2\, m\,(\dot{x}^2 + \dot{z}^2) - mgz$

$$m\ddot{x} - \lambda\tan\varphi = 0 \ , \tag{3.5.19a}$$

$$m\ddot{z} + mg - \lambda = 0 \ , \tag{3.5.19b}$$

und

$$\dot{z} + \dot{x}\tan\varphi - \dot{a} = 0 \ . \tag{3.5.19c}$$

Man kann hier λ eliminieren oder auch direkt bestimmen, indem man geeignete Linearkombinationen der drei Gleichungen bildet. Wir interessieren uns für λ: Dann erhält man

$$\begin{aligned}\lambda(1 + \tan^2\varphi) &= m(\ddot{x}\tan\varphi + \ddot{z}) + mg \\ &= m(g + \ddot{a}) \ ,\end{aligned} \tag{3.5.20}$$

also

$$\lambda(t) = m\cos^2\varphi\ (g + \ddot{a}) \ . \tag{3.5.21}$$

Die Zwangskraft

$$\boldsymbol{Z} = \lambda\,\frac{\partial F}{\partial \boldsymbol{r}} = \lambda(\tan\varphi, 1) \tag{3.5.22}$$

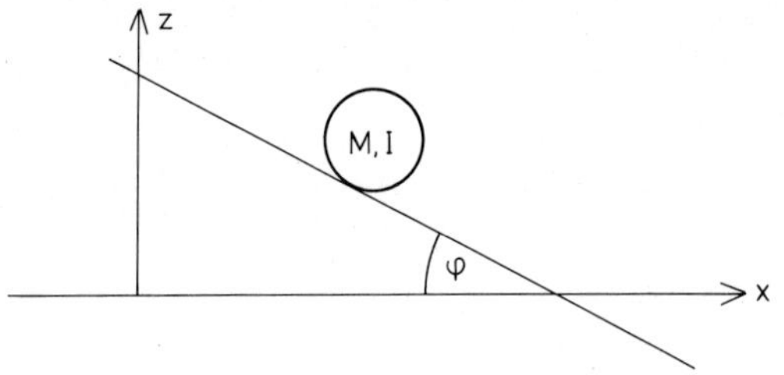

Abb. 3.5.2. Ein Zylinder rollt auf einer schiefen Ebene

steht senkrecht auf der Ebene und verschwindet insbesondere, wenn $\ddot{a} = -g$ ist, d.h. wenn die Ebene „fallengelassen wird".

b) Ein weiteres Beispiel ist das des rollenden Zylinders auf der schiefen Ebene (Abb. 3.5.2).

Hier kann man als verallgemeinerte Koordinaten für die Lage des Zylinders s, θ einführen, wobei s die zurückgelegte Wegstrecke ist und θ der Winkel, um den sich der Zylinder gedreht hat. Für die kinetische Energie des Zylinders gilt, wie wir im Kap. 4 über den starren Körper lernen,

$$T = \tfrac{1}{2} M\dot{s}^2 + \tfrac{1}{2} I\dot{\theta}^2 \ , \qquad (3.5.23)$$

wobei M die Masse des Zylinders und I das Trägheitsmoment des Zylinders um die Längsachse sei. Für die potentielle Energie ergibt sich

$$U = U(s) = -mgs \sin\varphi + \text{const} \ , \qquad (3.5.24)$$

so daß also U um so kleiner ist, je größer s ist.

Damit könnten wir die Lagrange-Funktion aufstellen, wir müssen aber berücksichtigen, daß die verallgemeinerten Koordinaten s, θ nicht unabhängig sind, wenn der Zylinder rollt, so ist also, wenn r der Radius des Zylinders ist

$$s = r\theta \ , \quad \text{und also} \qquad (3.5.25)$$

$$\delta s - r\,\delta\theta = 0 \ , \qquad (3.5.26)$$

d.h. $a_s = 1$, $a_\theta = -r$ und somit lauten die Gleichungen für s, θ mit der Lagrange-Funktion

$$L(s, \theta, \dot{s}, \dot{\theta}) = \tfrac{1}{2} M\dot{s}^2 + \tfrac{1}{2} I\dot{\theta}^2 + mgs \sin\varphi \ : \qquad (3.5.27)$$

$$M\ddot{s} - mg \sin\varphi - \lambda = 0 \ , \qquad (3.5.28a)$$

$$I\ddot{\theta} + \lambda r = 0 \ , \qquad (3.5.28b)$$

$$\dot{s} = r\dot{\theta} \ . \qquad (3.5.28c)$$

Eliminiert man λ, so erhält man, da $\ddot{\theta} = \ddot{s}/r$ ist, für $s(t)$ die Gleichung:

$$M\ddot{s} - mg \sin\varphi + I \frac{\ddot{s}}{r^2} = 0 \ . \qquad (3.5.29)$$

Hätte man in die Lagrangesche Gleichung gleich θ durch s/r ersetzt, so hätte man die Lagrange-Funktion

$$L = \tfrac{1}{2} M\dot{s}^2 + \tfrac{1}{2} I \frac{\dot{s}^2}{r^2} + mgs \sin\varphi \qquad (3.5.30)$$

erhalten und damit dann dieselbe Bewegungsgleichung für $s(t)$.

3.6 Invarianzen und Erhaltungssätze

Wir hatten im Beispiel von Abschn. 3.3, dem sphärischen Pendel, schon gesehen, wie die Tatsache, daß eine Koordinate q_i zyklisch ist, sofort zu einem Erhaltungssatz führt. Ist die Lagrange-Funktion L unabhängig von q_i, so gilt

$$\frac{d}{dt}\frac{\partial L}{\partial \dot{q}_i} - \frac{\partial L}{\partial q_i} = \frac{d}{dt}\frac{\partial L}{\partial \dot{q}_i} = 0 \ , \qquad (3.6.1)$$

und $p_i = \partial L/\partial \dot{q}_i$ ist eine erhaltene Größe.

Die Unabhängigkeit der Lagrange-Funktion

$$L(\theta, \varphi, \dot{\theta}, \dot{\varphi}) = \frac{m}{2} l^2(\dot{\theta}^2 + \dot{\varphi}^2 \sin^2\theta) + mgl(1 - \cos\theta)$$

von der Variablen φ bedeutete aber auch, daß die Lagrange-Funktion invariant ist unter Drehungen um die z-Achse, denn diese Drehungen ändern ja gerade φ und lassen θ fest.

Wir wollen im folgenden untersuchen, welche Folgen im Hinblick auf die Existenz von Erhaltungsgrößen eine Invarianz der Lagrange-Funktion hat.

Wir schreiben, wie schon zuvor gelegentlich, $q(t)$ für $(q_1(t), \ldots, q_f(t))$.

Es sei allgemein durch

$$q = q(t, \alpha) \ , \quad q(t, 0) = q(t) \ , \quad \alpha \in \mathbb{R} \ ,$$

eine Schar von Bahnkurven gegeben, so daß

$$L(q(t, \alpha), \dot{q}(t, \alpha), t) = L(q(t), \dot{q}(t), t) \qquad (3.6.2)$$

ist. Da die linke Seite nicht von α abhängt, folgt so

$$\frac{\partial}{\partial\alpha} L(q(t,\alpha), \dot{q}(t,\alpha), t)|_{\alpha=0} = 0 \ , \qquad (3.6.3)$$

oder, expliziter,

$$\begin{aligned} 0 &= \sum_{i=1}^{f} \left(\frac{\partial L}{\partial q_i} \frac{\partial q_i}{\partial \alpha} + \frac{\partial L}{\partial \dot{q}_i} \frac{\partial \dot{q}_i}{\partial \alpha} \right) \bigg|_{\alpha=0} \\ &= \sum_{i=1}^{f} \left(\frac{\partial L}{\partial q_i} - \frac{d}{dt} \frac{\partial L}{\partial \dot{q}_i} \right) \frac{\partial q_i}{\partial \alpha} \bigg|_{\alpha=0} + \frac{d}{dt} \left(\sum_{i=1}^{f} \frac{\partial L}{\partial \dot{q}_i} \frac{\partial q_i}{\partial \alpha} \right) \bigg|_{\alpha=0} \\ &= \frac{d}{dt} \sum_{i=1}^{f} \frac{\partial L}{\partial \dot{q}_i} \frac{\partial q_i}{\partial \alpha} \bigg|_{\alpha=0} \ , \end{aligned} \qquad (3.6.4)$$

wenn $q(t)$ Lösung der Lagrangeschen Bewegungsgleichung ist.

Also folgt das *Noethersche*[8] *Theorem:*

Ist die Lagrange-Funktion invariant unter den Transformationen

$$q_i(t) \mapsto q_i(t,\alpha) \ , \qquad i = 1, \ldots, f \ ,$$

d.h. ist

$$L(q(t,\alpha), \dot{q}(t,\alpha), t) = L(q(t), \dot{q}(t), t) \ ,$$

so ist die Größe

$$\sum_{i=1}^{f} \frac{\partial L}{\partial \dot{q}_i} \tau_i \quad \text{mit} \quad \tau_i = \frac{\partial q_i}{\partial \alpha} \bigg|_{\alpha=0}$$

eine zeitliche Konstante, also eine Erhaltungsgröße, wenn $q(t)$ die Lagrangesche Gleichung löst.

Anwendungen

a) L sei invariant unter *Translationen*

$$\boldsymbol{r}_i(t) \mapsto \boldsymbol{r}_i(t,\alpha) = \boldsymbol{r}_i(t) + \alpha \boldsymbol{e} \ , \qquad (3.6.5)$$

$\boldsymbol{e}$ sei ein fester, aber beliebiger Einheitsvektor.

Das ist z.B. der Fall, wenn das Potential $U(\boldsymbol{r}_1, \ldots, \boldsymbol{r}_N)$ nur von den Differenzvektoren $\boldsymbol{r}_i - \boldsymbol{r}_j$ abhängt, dann ist also

$$L = \frac{1}{2} \sum_{i=1}^{N} m_i \dot{\boldsymbol{r}}_i^2 - U(\boldsymbol{r}_1 - \boldsymbol{r}_2, \ldots, \boldsymbol{r}_i - \boldsymbol{r}_j, \ldots, t) \ .$$

Dann ist $(q_1, \ldots, q_f) = (\boldsymbol{r}_1, \ldots, \boldsymbol{r}_N)$,

$$\boldsymbol{\tau}_i = \frac{\partial \boldsymbol{r}_i(t,\alpha)}{\partial \alpha} \bigg|_{\alpha=0} = \boldsymbol{e}$$

und

$$\sum_{j=1}^{N} \frac{\partial L}{\partial \dot{\boldsymbol{r}}_j} \cdot \boldsymbol{e} = \sum_{j=1}^{N} (m_j \dot{\boldsymbol{r}}_j) \cdot \boldsymbol{e} = \boldsymbol{P} \cdot \boldsymbol{e} \qquad (3.6.6)$$

mit

$$\boldsymbol{P} = \sum_{j=1}^{N} \boldsymbol{p}_j = \sum_{j=1}^{N} m_j \dot{\boldsymbol{r}}_j \ .$$

Da $\boldsymbol{e}$ beliebig war, ist so der Vektor $\boldsymbol{P}$ eine erhaltene Größe.

Man sieht so: Der Gesamtimpuls ist eine Erhaltungsgröße, wenn das „System translationsvariant ist", d.h. die zugehörige Lagrange-Funktion invariant ist unter den Translationen

$$\boldsymbol{r}_i(t) \mapsto \boldsymbol{r}_i(t,\alpha) = \boldsymbol{r}_i(t) + \alpha \boldsymbol{e} \ .$$

Gilt die Invarianz nur für einen speziellen Vektor $\boldsymbol{e}$, dann ist also auch nur $\boldsymbol{P} \cdot \boldsymbol{e}$, die $\boldsymbol{e}$-Komponente von $\boldsymbol{P}$, eine Erhaltungsgröße.

b) Man betrachte die Drehungen um die $\boldsymbol{n}$-Achse, die durch den Ursprung gehen möge, um den Winkel α.

Sei etwa $\boldsymbol{n} = \boldsymbol{e}_3$, dann kann diese Drehung dargestellt werden durch

$$\boldsymbol{r}(\alpha) = \begin{pmatrix} \cos\alpha & -\sin\alpha & 0 \\ \sin\alpha & \cos\alpha & 0 \\ 0 & 0 & 1 \end{pmatrix} \begin{pmatrix} x \\ y \\ z \end{pmatrix} \ , \qquad (3.6.7)$$

und so ist

$$\frac{\partial \boldsymbol{r}}{\partial \alpha} \bigg|_{\alpha=0} = \begin{pmatrix} 0 & -1 & 0 \\ 1 & 0 & 0 \\ 0 & 0 & 0 \end{pmatrix} \begin{pmatrix} x \\ y \\ z \end{pmatrix} = \boldsymbol{e}_3 \times \boldsymbol{r} \ . \qquad (3.6.8)$$

Allgemein gilt bei einer Drehung um die $\boldsymbol{n}$-Achse:

$$\frac{\partial \boldsymbol{r}_i(t,\alpha)}{\partial \alpha} \bigg|_{\alpha=0} = \boldsymbol{n} \times \boldsymbol{r}_i(t) \ , \qquad (3.6.9)$$

[8] *Noether, Emmi* (∗ 1882, † 1935).
Deutsche Mathematikerin, wohl bisher größte Mathematikerin, sehr wichtige Beiträge zur Algebra.

wie wir im Kap. 4 über den starren Körper beweisen werden. Dann ist auch

$$\sum_{i=1}^{N} \frac{\partial L}{\partial \dot{\boldsymbol{r}}_i} \cdot (\boldsymbol{n} \times \boldsymbol{r}_i) = \sum_{i=1}^{N} m_i \dot{\boldsymbol{r}}_i \cdot (\boldsymbol{n} \times \boldsymbol{r}_i)$$
$$= \sum_{i=1}^{N} \boldsymbol{n} \cdot (\boldsymbol{r}_i \times \boldsymbol{p}_i) = \boldsymbol{n} \cdot \boldsymbol{L} \qquad (3.6.10)$$

erhalten.

Die $\boldsymbol{n}$-Komponente des Gesamtdrehimpulses

$$\boldsymbol{L} = \sum_{i=1}^{N} \boldsymbol{L}_i = \sum_{i=1}^{N} \boldsymbol{r}_i \times \boldsymbol{p}_i \qquad (3.6.11)$$

ist also eine erhaltene Größe.

In unserem Beispiel von Abschn. 3.3 war die Lagrange-Funktion invariant unter Drehungen um die 3-Achse, also ist dort $\boldsymbol{e}_3 \cdot \boldsymbol{L} = L_3$ eine Erhaltungsgröße.

Die Erhaltung des Drehimpulses ist somit eine Folge der Drehinvarianz eines Systems.

Ist allgemein die potentielle Energie $U(\boldsymbol{r}_1, \ldots, \boldsymbol{r}_N, t)$ nur abhängig von $|\boldsymbol{r}_i - \boldsymbol{r}_j|$, so ist die Lagrange-Funktion invariant unter beliebigen Drehungen, denn Abstände bleiben dabei erhalten, und auch die Skalarprodukte $\dot{\boldsymbol{r}}_i^2$ in der kinetischen Energie sind drehinvariant. Also ist dann der Drehimpulsvektor $\boldsymbol{L}$ eine erhaltene Größe.

c) In einigen Fällen ist die Lagrange-Funktion L nicht invariant, aber es gilt:

$$\frac{\partial}{\partial \alpha} L(q(t,\alpha), \dot{q}(t,\alpha), t)\Big|_{\alpha=0} = \frac{d}{dt} f(q(t), \dot{q}(t), t) \ . \qquad (3.6.12)$$

Dann ist also offensichtlich

$$\sum_{i=1}^{N} \frac{\partial L}{\partial \dot{q}_i} \tau_i - f(q, \dot{q}, t) \qquad (3.6.13)$$

eine erhaltene Größe.

Anwendung

c1) Wir betrachten die Translationen in der Zeit

$t \mapsto t + \alpha$, d.h.

$q(t, \alpha) = q(t + \alpha)$.

Dann ist

$$\frac{d}{d\alpha} L(q(t+\alpha), \dot{q}(t+\alpha), t)\Big|_{\alpha=0}$$
$$= \sum_{i=1}^{f} \left(\frac{\partial L}{\partial q_i} \dot{q}_i + \frac{\partial L}{\partial \dot{q}_i} \ddot{q}_i \right)\Big|_{\alpha=0} \ . \qquad (3.6.14)$$

Andererseits ist aber auch

$$\frac{d}{dt} L(q(t), \dot{q}(t), t) = \frac{\partial L}{\partial t} + \sum_{i=1}^{f} \left(\frac{\partial L}{\partial q_i} \dot{q}_i + \frac{\partial L}{\partial \dot{q}_i} \ddot{q}_i \right) \ . \qquad (3.6.15)$$

Wenn also die Lagrange-Funktion L nicht explizit von der Zeit t abhängt, so gilt

$$\frac{d}{d\alpha} L(q(t+\alpha), \dot{q}(t+\alpha))\Big|_{\alpha=0} = \frac{d}{dt} L(q(t), \dot{q}(t)) \ ,$$

und dann ist

$$\sum_{i=1}^{f} \frac{\partial L}{\partial \dot{q}_i} \dot{q}_i - L(q, \dot{q}) \qquad (3.6.16)$$

eine Erhaltungsgröße.

Die Bedeutung dieser Erhaltungsgröße zeigt sich in kartesischen Koordinaten. Es ist

$$\sum_{i=1}^{N} \frac{\partial L}{\partial \dot{\boldsymbol{r}}_i} \dot{\boldsymbol{r}}_i - L = \sum_{i=1}^{N} m_i \dot{\boldsymbol{r}}_i^2 - \frac{1}{2} \sum_{i=1}^{N} m_i \dot{\boldsymbol{r}}_i^2$$
$$+ U(\boldsymbol{r}_1, \ldots, \boldsymbol{r}_N)$$
$$= T + U = E \ . \qquad (3.6.17)$$

Die Energie ist also eine erhaltene Größe als Folge der Invarianz unter Translationen in der Zeit.

Allgemein ist mit $\boldsymbol{r}_i = \boldsymbol{r}_i(q_1, \ldots, q_f)$, also für holonom-skleronome Zwangsbedingungen:

$$T = \frac{1}{2} \sum_{i=1}^{N} m_i \dot{\boldsymbol{r}}_i^2 = \frac{1}{2} \sum_{i=1}^{N} m_i \sum_{k,j=1}^{f} \frac{\partial \boldsymbol{r}_i}{\partial q_k} \cdot \frac{\partial \boldsymbol{r}_i}{\partial q_j} \dot{q}_k \dot{q}_j$$
$$= \frac{1}{2} \sum_{k,j=1}^{f} g_{kj} \dot{q}_k \dot{q}_j \qquad (3.6.18)$$

mit

$$g_{kj} = \sum_{i=1}^{N} m_i \frac{\partial \boldsymbol{r}_i}{\partial q_k} \cdot \frac{\partial \boldsymbol{r}_i}{\partial q_j} \ . \qquad (3.6.19)$$

Dann ist, wenn U nicht von $\dot{q}$ abhängt

$$\sum_{i=1}^{f} \frac{\partial L}{\partial \dot{q}_i} \dot{q}_i = \sum_{i=1}^{f} \frac{\partial T}{\partial \dot{q}_i} \dot{q}_i = \sum_{k,j=1}^{f} g_{kj} \dot{q}_k \dot{q}_j = 2T \;, \tag{3.6.20}$$

und so erweist sich die erhaltene Größe

$$\sum_{i=1}^{f} \frac{\partial L}{\partial \dot{q}_i} \dot{q}_i - L = 2T - T + U = T + U = E \tag{3.6.21}$$

wieder als die Energie, ausgedrückt durch q und $\dot{q}$.

c2) Wir betrachten die Transformation auf ein anderes geradlinig-gleichförmig bewegtes Bezugssystem

$$\boldsymbol{r}_i(t, \alpha) = \boldsymbol{r}_i(t) + \alpha \boldsymbol{v}_0 t \;, \tag{3.6.22}$$

Dann ist

$$\left. \frac{\partial \boldsymbol{r}_i}{\partial \alpha} \right|_{\alpha=0} = \boldsymbol{\tau}_i = \boldsymbol{v}_0 t \;.$$

Diese Transformation nennt man auch *spezielle Galilei-Transformation.*

Ist die Lagrange-Funktion invariant unter räumlichen Translationen, so gilt

$$L(\boldsymbol{r}_1(t,\alpha), \ldots, \boldsymbol{r}_N(t,\alpha), t) = \sum_{i=1}^{N} \frac{1}{2} m_i (\dot{\boldsymbol{r}}_i + \alpha \boldsymbol{v}_0)^2 - U(\boldsymbol{r}_1, \ldots, \boldsymbol{r}_N, t) \;, \tag{3.6.23}$$

d.h., die α-Abhängigkeit tritt nur im kinetischen Term auf. Dann ist

$$\left. \frac{dL}{d\alpha} \right|_{\alpha=0} = \sum_{i=1}^{N} m_i \dot{\boldsymbol{r}}_i \cdot \boldsymbol{v}_0 = \frac{d}{dt} \left(\boldsymbol{v}_0 \cdot \sum_{i=1}^{N} m_i \boldsymbol{r}_i \right) \;.$$

Also gilt: Die Größe

$$\sum_{i=1}^{N} m_i \dot{\boldsymbol{r}}_i \cdot \boldsymbol{v}_0 t - \boldsymbol{v}_0 \cdot \sum_{i=1}^{N} m_i \boldsymbol{r}_i = \boldsymbol{v}_0 \cdot (\boldsymbol{P} t - M \boldsymbol{R}) \quad \text{mit} \quad \boldsymbol{R} = \frac{1}{M} \sum_{i=1}^{N} m_i \boldsymbol{r}_i \tag{3.6.24}$$

ist eine zeitliche Konstante.

Da $\boldsymbol{v}_0$ beliebig sein sollte, folgt so für den Schwerpunktsvektor $\boldsymbol{R}$

$$\boldsymbol{R}(t) = \frac{\boldsymbol{P}}{M} t + \boldsymbol{R}_0 \;. \tag{3.6.25}$$

Bei der gegebenen Form der kinetischen Energie führt also die Invarianz der potentiellen Energie unter räumlichen Translationen auf die Quasi-Invarianz unter speziellen Galilei-Transformationen und damit zur geradlinig-gleichförmigen Bewegung des Schwerpunktes, wie diese auch aus der Erhaltung des Gesamtimpulses folgt.

Der Zusammenhang zwischen Symmetrie und Erhaltungsgröße ist von fundamentaler Bedeutung in der gesamten Physik. Insbesondere in der Teilchenphysik, in der man auf Grund der experimentellen Erfahrung bei der Streuung von (Elementar)-Teilchen aneinander zur Formulierung von Erhaltungssätzen, etwa für die elektrische Ladung, Baryon-Ladung, Isospin etc. geführt wird, bedeuten diese Erhaltungssätze eine Konstruktionsrichtlinie für die Theorie, aus der diese Erhaltungssätze auch wieder ableitbar sein sollten. Die die Theorie definierende „Lagrange-Funktion", die dann eine „Funktion" von Feldern ist, muß dann invariant sein unter entsprechenden Transformationen der Felder.

3.7 Die Hamilton-Funktion

In diesem Abschnitt wollen wir die Hamiltonsche Formulierung der Mechanik beschreiben. Sie ist der Ausgangspunkt für die meisten fortgeschritteneren Anwendungen der theoretischen Mechanik und für den Übergang zur Quantenmechanik.

3.7.1 Hamiltonsche und Lagrangesche Bewegungsgleichungen

Die Lagrange-Funktion $L(q, \dot{q}, t)$ ist eine Funktion der verallgemeinerten Koordinaten und deren Ableitungen nach der Zeit. In diesen Variablen lauten die f Bewegungsgleichungen

$$\frac{d}{dt} \frac{\partial L}{\partial \dot{q}_i} - \frac{\partial L}{\partial q_i} = 0 \;, \qquad i = 1, \ldots, f \;.$$

Die verallgemeinerten Impulse

$$p_i = \frac{\partial L}{\partial \dot{q}_i} = p_i(q, \dot{q}, t) \tag{3.7.1}$$

sind dann auch Funktionen von q, $\dot{q}$, t.

Wir nehmen nun an, daß man diese Beziehung zwischen den p_i und den q_i, $\dot{q}_i$ für beliebige feste Werte von q_i, t nach $\dot{q}_i$ auflösen kann, so daß man die $\dot{q}_i$ als Funktion der verallgemeinerten Koordinaten q und Impulse p erhält:

$$\dot{q} = \dot{q}(q, p, t) \ .$$

In kartesischen Koordinaten ist das sicher der Fall, da

$$\boldsymbol{p}_i = \frac{\partial L}{\partial \dot{\boldsymbol{r}}_i} = m_i \dot{\boldsymbol{r}}_i$$

ist und so

$$\dot{\boldsymbol{r}}_i = \frac{\boldsymbol{p}_i}{m_i}$$

folgt. Wir bilden nun die *Hamilton-Funktion*[9]

$$H(q, p, t) = \sum_{i=1}^{f} p_i \dot{q}_i(q, p, t) - L(q, \dot{q}(q, p, t), t) \ . \tag{3.7.2}$$

In kartesischen Koordinaten mit

$$L = \frac{1}{2} \sum_{i=1}^{N} m_i \dot{\boldsymbol{r}}_i^2 - U(\boldsymbol{r}_1, \ldots, \boldsymbol{r}_N)$$

ist also

$$\begin{aligned} H(\boldsymbol{r}_1, \ldots, \boldsymbol{r}_N, \boldsymbol{p}_1, \ldots, \boldsymbol{p}_N) &= \sum_{i=1}^{N} \boldsymbol{p}_i \cdot \dot{\boldsymbol{r}}_i - L \\ &= \sum_{i=1}^{N} \frac{\boldsymbol{p}_i^2}{2m} + U(\boldsymbol{r}_1, \ldots, \boldsymbol{r}_N) \end{aligned} \tag{3.7.3}$$

die Energie, ausgedrückt durch $\boldsymbol{p}_i$ und $\boldsymbol{r}_i$.

Wir zeigen nun:

Die Lagrangeschen Gleichungen sind äquivalent mit den Hamiltonschen Bewegungsgleichungen:

$$\frac{\partial H}{\partial p_i}(q, p, t) = \dot{q}_i(t) \ , \tag{3.7.4}$$

$$\frac{\partial H}{\partial q_i}(q, p, t) = -\dot{p}_i(t) \ . \tag{3.7.5}$$

Die Hamilton-Funktion bestimmt also die Zeitabhängigkeit der Koordinaten und Impulse.

Beweis

Nach Definition von H ist

$$\frac{\partial H}{\partial p_j} = \dot{q}_j(q, p, t) + \sum_{i=1}^{f} \left(p_i \frac{\partial \dot{q}_i}{\partial p_j} - \frac{\partial L}{\partial \dot{q}_i} \frac{\partial \dot{q}_i}{\partial p_j} \right) = \dot{q}_j \ , \tag{3.7.6}$$

da ja $p_i = \partial L / \partial \dot{q}_i$ ist. Weiter ist

$$\frac{\partial H}{\partial q_j} = \sum_{i=1}^{f} p_i \frac{\partial \dot{q}_i}{\partial q_j} - \frac{\partial L}{\partial q_j} - \sum_{i=1}^{f} \frac{\partial L}{\partial \dot{q}_i} \frac{\partial \dot{q}_i}{\partial q_j} = -\frac{\partial L}{\partial q_j} \ . \tag{3.7.7}$$

Aus den Lagrangeschen Gleichungen folgt dann weiter

$$\frac{\partial H}{\partial q_j} = -\frac{d}{dt} \frac{\partial L}{\partial \dot{q}_j} = -\dot{p}_j \ . \tag{3.7.8}$$

Damit hat man aus den Lagrangeschen Gleichungen die Hamiltonschen Gleichungen abgeleitet.

Umgekehrt folgt aus den Hamiltonschen Gleichungen und

$$L(q, \dot{q}, t) = \sum_{i=1}^{f} p_i(q, \dot{q}, t) \dot{q}_i - H(q, p(q, \dot{q}, t), t) \tag{3.7.9}$$

in analoger Weise

$$\frac{\partial L}{\partial q_j} = -\frac{\partial H}{\partial q_j} \quad \text{und} \quad \frac{\partial L}{\partial \dot{q}_j} = p_j \ ,$$

somit

$$\dot{p}_j \equiv \frac{d}{dt} \frac{\partial L}{\partial \dot{q}_j} = -\frac{\partial H}{\partial q_j} = \frac{\partial L}{\partial q_j} \ , \tag{3.7.10}$$

und damit folgen also die Lagrangeschen Gleichungen.

Damit ist die Äquivalenz der Hamiltonschen und Lagrangeschen Bewegungsgleichungen bewiesen.

Das System mit f Freiheitsgraden kann so auch durch die $2f$ Koordinaten und Impulse

$$q_1, \ldots, q_f, \qquad p_1, \ldots, p_f$$

[9] *Hamilton, Sir William Rowan* (∗ 1805 Dublin, † 1865 Dunsink). Irischer Physiker und Mathematiker. Die Hamiltonsche Methode der Mechanik wurde von ihm 1835 in Fortentwicklung seiner grundlegenden Theorie der geometrischen Optik (1827) eingeführt. In der geometrischen Optik tritt das Fermatsche Prinzip an die Stelle des Prinzips der kleinsten Wirkung. Zu Lebzeiten besonders auch als Entdecker der konischen Refraktion bekannt.

beschrieben werden. Man nennt diesen Raum der $2f$ verallgemeinerten Koordinaten und Impulse auch *Phasenraum*. Für N-Teilchensysteme und kartesische Koordinaten hatten wir diese Bezeichnung schon in Abschn. 2.5 eingeführt. Das zeitliche Verhalten des Systems ist gegeben durch die Phasenkurven

$$t \mapsto (q_1(t), \ldots, q_f(t), p_1(t), \ldots, p_f(t))$$

und wird bestimmt durch Lösung der Hamiltonschen Gleichungen, die ein System von $2f$ gewöhnlichen Differentialgleichungen erster Ordnung sind. Als Anfangswerte hat man die $2f$ Werte

$$q_1, \ldots, q_f \ , \qquad p_1, \ldots, p_f \quad \text{für} \quad t = t_0$$

vorzugeben, also ist die Anzahl der Anfangswerte genau so groß wie bei den Lagrangeschen Gleichungen, bei denen man

$$q_1, \ldots, q_f \ , \qquad \dot{q}_1, \ldots, \dot{q}_f \quad \text{für} \quad t = t_0$$

vorzugeben hatte.

Durch jeden Punkt des Phasenraumes läuft genau eine Phasenraumkurve, die Lösung der Hamiltonschen Bewegungsgleichungen ist. Den Zustand eines Systems von N Punktteilchen mit f Freiheitsgraden kann man durch Angabe eines entsprechenden Punktes im Phasenraum eindeutig charakterisieren. Im Konfigurationsraum konnte man nur die Lage des Systems zu jeder Zeit darstellen, nicht aber die Geschwindigkeiten der einzelnen Teilchen.

Beispiel

Für ein Teilchen mit einem Freiheitsgrad ist der Phasenraum zweidimensional. Es ist

$$L = \frac{m}{2}\dot{q}^2 - U(q) \quad \text{und} \tag{3.7.11}$$

$$\dot{q} = p/m \quad \text{also} \tag{3.7.12}$$

$$H = \frac{p^2}{2m} + U(q) \ . \tag{3.7.13}$$

Gelte für das Potential z.B. $U(q) = \frac{1}{2} m\omega^2 q^2$, so ist

$$H = \frac{p^2}{2m} + \frac{1}{2} m\omega^2 q^2 \ , \tag{3.7.14}$$

und die Bewegungsgleichungen für $q(t)$, $p(t)$ lauten

$$\dot{q} = \frac{\partial H}{\partial p} = \frac{p}{m} \ , \qquad \dot{p} = -\frac{\partial H}{\partial q} = -m\omega^2 q \equiv -\frac{\partial U}{\partial q}$$

oder aber wieder

$$m\ddot{q} + \frac{\partial U}{\partial q} = 0 \ , \tag{3.7.15}$$

d.h. hier

$$\ddot{q} + \omega^2 q = 0 \ . \tag{3.7.16}$$

Die Hamilton-Funktion ist hier auch identisch mit der Energie, ausgedrückt durch q und p. Die Zustände des Systems im Phasenraum liegen für feste Energie E alle auf einer Ellipse gegeben durch die Gleichung

$$E = \frac{p^2}{2m} + \tfrac{1}{2} m\omega^2 q^2$$

mit den Halbachsen

$$a = \sqrt{\frac{2E}{m\omega^2}} \ , \qquad b = \sqrt{2mE} \ .$$

Da die Energie eine erhaltene Größe ist, können die Phasenkurven die Ellipse nicht verlassen.

Für die Zeitabhängigkeit einer Funktion der verallgemeinerten Koordinaten und Impulse $A(q, p, t)$ folgt allgemein

$$\begin{aligned} \frac{d}{dt} A(q(t), p(t), t) &= \frac{\partial A}{\partial t} + \sum_{i=1}^{f} \left(\frac{\partial A}{\partial q_i} \dot{q}_i + \frac{\partial A}{\partial p_i} \dot{p}_i \right) \\ &= \frac{\partial A}{\partial t} + \sum_{i=1}^{f} \left(\frac{\partial A}{\partial q_i} \frac{\partial H}{\partial p_i} - \frac{\partial A}{\partial p_i} \frac{\partial H}{\partial q_i} \right) \ . \end{aligned} \tag{3.7.17}$$

Man schreibt für die Summe auf der rechten Seite auch abkürzend

$$\{A, H\} = \sum_{i=1}^{f} \left(\frac{\partial A}{\partial q_i} \frac{\partial H}{\partial p_i} - \frac{\partial A}{\partial p_i} \frac{\partial H}{\partial q_i} \right) \tag{3.7.18}$$

und nennt $\{,\}$ die *Poissonklammer*[10].

[10] *Poisson, Siméon-Denis* (∗ 1781 Pithiviers/Loiret, † 1840 Sceaux). Französischer Physiker und Mathematiker, seit 1806 Professor an der Ecole Polytechnique. Beiträge u.a. zur Himmelsmechanik, Elektrizitätslehre, Wärmetheorie, Wahrscheinlichkeitsrechnung und Differentialgeometrie.

Für eine Größe $A(q,p)$ gilt so:

A ist genau dann eine erhaltene Größe, wenn die Poisson-Klammer $\{A,H\}$ mit der Hamilton-Funktion verschwindet. Ist das Potential z.B. rotationssymmetrisch, so ist $\{\boldsymbol{L},H\}=0$ und damit $\boldsymbol{L}$ eine erhaltene Größe.

Man rechnet leicht die folgenden Identitäten für die Poisson-Klammer nach:

a) $\{A,B\}=-\{B,A\}$, (3.7.19)

b) $\{A,B+C\}=\{A,B\}+\{A,C\}$, (3.7.20)

c) $\{A,BC\}=\{A,B\}C+\{A,C\}B$, (3.7.21)

d) $\{A,\{B,C\}\}+\{B,\{C,A\}\}+\{C,\{A,B\}\}=0$. (3.7.22)

Die Relation (d) heißt *Jakobi-Identität*[11]. Wenn A und B erhaltene Größen sind, also $\{H,A\}=\{H,B\}=0$, dann folgt aus der Jakobi-Identität $\{H,\{A,B\}\}=-\{A,\{B,H\}\}-\{B,\{H,A\}\}=0$. Mit A und B ist also auch $\{A,B\}$ erhalten.

3.7.2 Ausblick auf weitere Entwicklungen der theoretischen Mechanik und die Theorie Dynamischer Systeme

In diesem Abschnitt wollen wir einige Fragestellungen, die sich als Weiterführung oder Verallgemeinerung der theoretischen Mechanik ergeben, in einer kurzen Vorausschau wenigstens andeuten.

i) In der Klassischen Mechanik kennt man neben der Newtonschen und der Lagrangeschen Formulierung noch die Hamiltonsche Formulierung. In diesem Falle sucht man zunächst zum gegebenen physikalischen Sachverhalt die entsprechende Hamilton-Funktion. Zum Lösen der Hamiltonschen Gleichungen benutzt man oft die Möglichkeit von sogenannten *kanonischen*[12] *Transformationen* $(q,p,H)\mapsto(Q,P,K)$, die charakterisiert sind dadurch, daß die Poisson-Klammern und die Hamiltonschen Gleichungen invariant unter diesen Transformationen sind. Es gibt dabei Methoden, die Transformationen zu klassifizieren und unter Umständen eine solche zu berechnen, für die dann die neue Hamilton-Funktion $K(Q,P)$ verschwindet. Dieser Hamilton-Formalismus ist auch Ausgangspunkt für die *Störungstheorie* in der Klassischen Mechanik.

Für uns genügt hier die Kenntnis der Hamilton-Funktion und der Hamiltonschen Gleichungen.

ii) In der Statistischen Mechanik, in der man die Eigenschaften von makroskopischen Körpern berechnen will als Konsequenz der mikroskopischen Wechselwirkung der Teilchen, wird die mikroskopische Wechselwirkung auch durch Angabe der Hamilton-Funktion definiert. Dabei unterstellt man allerdings, daß man die mikroskopische Wechselwirkung im Rahmen der Klassischen Mechanik beschreiben darf. (Das kann natürlich nur in Grenzfällen richtig sein.) Dies führt auf die Theorie der klassischen Statistischen Mechanik, auf die wir später noch zu sprechen kommen werden (Kap. 7).

iii) Die Konstruktion der Grundgleichung der Quantenmechanik, nämlich der Schrödinger-Gleichung, geschieht auch mit Hilfe der Hamilton-Funktion. Aus den Größen $q,p,H(q,p),\ldots$ werden dabei Operatoren, die in einem sogenannten Hilbert-Raum wirken. Die Analogie zur Poisson-Klammer ist dort der Kommutator $[A,B]:=AB-BA$. Wenn zwei Größen A, B als Operatoren vertauschen:

$$[A,B]=0 ,$$

so heißt das dann, daß beide zugleich scharf meßbar sind.

iv) Systeme von Differentialgleichungen der Form

$$\dot{x}_i=F_i(x_1,\ldots,x_n) , \quad i=1,\ldots,n ,$$

heißen auch *Dynamische Systeme*. Sie sind grundlegend für die Beschreibung von Vorgängen in so verschiedenen Disziplinen wie Mechanik, irreversible Thermodynamik, Theorie chemischer Reaktionen, Populationsdynamik oder Soziologie [3.7–9].

Die Hamiltonschen Gleichungen mit nicht zeitabhängiger Hamilton-Funktion sind sehr spezielle dynamische Systeme, für die nämlich

$$n=2f , \quad x_i=q_i$$
$$\text{und} \quad x_{i+f}=p_i \quad \text{für} \quad i=1,\ldots,f ,$$

---

[11] *Jacobi, Carl Gustav Jakob* (∗ 1804 Potsdam, † 1851 Berlin). Einer der größten Mathematiker des 19. Jahrhunderts. Entscheidende Beiträge zur Algebra, zur Theorie der elliptischen Funktionen, der partiellen Differentialgleichungen, der Mechanik und der Himmelsmechanik.

[12] kanonisch, (griech., lat.) canon: Regel, Richtschnur: modellhaft, vorbildlich, maßgeblich.

sowie

$$F_i = \frac{\partial H}{\partial p_i} \quad \text{und} \quad F_{i+f} = -\frac{\partial H}{\partial q_i}\,, \qquad i=1,\ldots,f$$

gilt.

Der Untersuchung von Eigenschaften dynamischer Systeme wird gegenwärtig viel Aufmerksamkeit geschenkt. Wir wollen kurz einige wichtige Fragestellungen umreißen:

– *Kritische Punkte* sind solche Punkte x^0, für die gilt:

$$F_i(x^0)=0\,, \qquad i=1,\ldots,n\,.$$

Die kritischen Punkte eines Hamiltonschen Systems mit der Hamilton-Funktion

$$H(p,q)=\sum_{i=1}^{N}\frac{\boldsymbol{p}_i^2}{2m}+U(q)$$

sind offenbar genau die Gleichgewichtszustände des Systems.

Die möglichen Formen kritischer Punkte und das Verhalten der Bahnkurven in ihrer Nähe können beschrieben und klassifiziert werden.

– Wenn s unabhängige erhaltene Größen durch stetig differenzierbare Funktionen $G_1(x),\ldots,G_s(x)$ gegeben sind, dann bleiben die Bahnkurven stets auf $(n-s)$-dimensionale Teilmannigfaltigkeiten des Phasenraumes beschränkt, die durch die Anfangswerte gegeben sind. Für die Diskussion eines dynamischen Systems sind die erhaltenen Größen aufzusuchen. Ein *vollständig integrables Hamiltonsches System* z.B. ist, wie sich zeigen läßt, durch die Existenz von f unabhängigen Erhaltungsgrößen charakterisiert, für welche $\{G_i, G_j\}=0$, $(i,j=1,\ldots,f)$ gilt.

– Im Phasenraum oder auf den soeben genannten Teilmannigfaltigkeiten ist das Verhalten des Systems für große Zeiten t von Interesse. Es treten u.a. folgende Phänomene auf, die einander nicht auszuschließen brauchen:

a) Ergodisches[13] Verhalten: Die Bahnkurve kommt jedem Punkt der Teilmannigfaltigkeit beliebig nahe. Das Verhalten eines Hamiltonschen Systems auf den Energieflächen $H=E=\text{const}$ ist beispielsweise sicher *nicht* ergodisch, wenn weitere unabhängige Erhaltungsgrößen existieren. Hamiltonsche Systeme mit vielen Freiheitsgraden, wie sie in der statistischen Mechanik auftreten, werden i.a. als ergodisch angenommen.

b) Periodisches Verhalten

c) Quasiperiodisches Verhalten: Überlagerung von periodischen Bewegungen mit inkommensurablen Perioden.

d) Chaotisches Verhalten: Komplizierte, scheinbar regellose Bewegung, die weder periodisch noch quasiperiodisch ist mit sehr empfindlicher Abhängigkeit von den Anfangsbedingungen. Die Untersuchung dieser Bewegungsform ist ein aktuelles Forschungsthema und beispielsweise für die Theorie der Turbulenz strömender Fluide von Bedeutung.

e) Attraktoren: Das sind Teilmengen, denen sich die Bahnkurven für große Zeiten mehr und mehr nähern. Es kann mehrere Attraktoren geben, wobei es von den Anfangsbedingungen abhängt, welchem von ihnen sich die Bahnkurve nähert. Die so beschriebenen *Einzugsbereiche* der Attraktoren können einander in komplizierter Weise durchdringen. Das System mit $\dot{q}=p$, $\dot{p}+\alpha p=0$ hat den Attraktor $\{(q,p)|p=0\}$ und ein gedämpftes Pendel den einpunktigen Attraktor $\{(p,q)|(p,q)=(0,0)\}$. Für zweidimensionale Systeme $(n=2)$ mit kompaktem Phasenraum im $\mathbb{R}^2$ sind alle möglichen Attraktoren bekannt. Es können auftreten (Abb. 3.7.1):

i) *Asymptotische stabile Grenzpunkte:*
Die Bahnkurven streben für große t gegen einen Punkt.

ii) *Grenzzyklen:*
Die Bahnkurven streben für große t gegen eine kompakte eindimensionale Teilmenge. Das Verhalten nähert sich periodischem Verhalten mit vorgegebener Periode.

Für höhere Dimensionen treten ganz neue Erscheinungen auf.

Das Verhalten auf den Attraktoren kann ebenfalls untersucht werden.

f) Volumenverzerrung: Eine interessante Eigenschaft dynamischer Systeme, die sich mit einfachen Mitteln untersuchen läßt, ist ihre Volumenverzerrung.

---

[13] ergodisch (griech.) von érgon: Werk, Arbeit. Ein mechanisches System heißt ergodisch, wenn für Zustände gegebener Energie das zeitliche Mittel gleich dem mikrokanonischen Mittelwert ist. Näheres siehe Kap. 7.

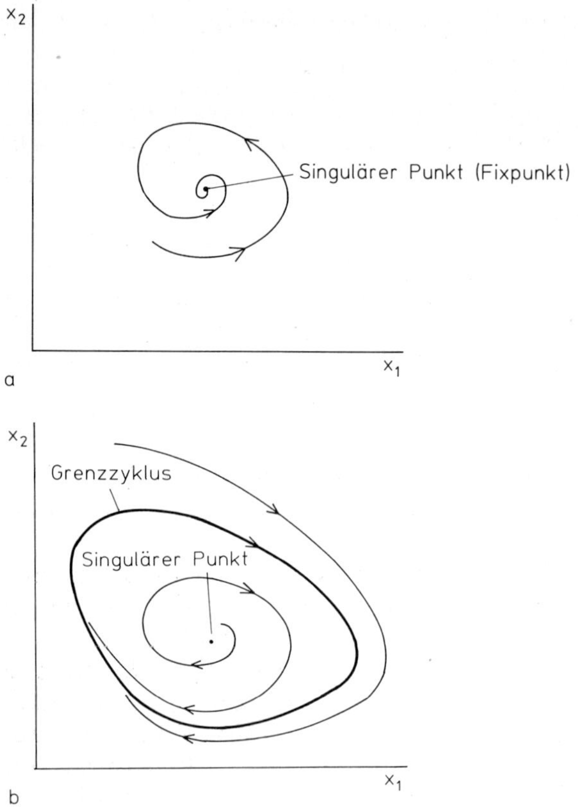

Abb. 3.7.1a, b. Attraktoren für Systeme mit zwei Freiheitsgraden. (**a**) Fixpunkt, (**b**) Grenzzyklus

Hiermit ist folgendes gemeint:

Wir betrachten im Phasenraum des dynamischen Systems zur Zeit t ein Gebiet W_t. Zum Zeitpunkt $t+\tau$ wird jeder Punkt $x(t)\in W_t$ in einen Punkt $x(t+\tau) = g(\tau, x(t))$ übergegangen und aus dem Gebiet W_t wird ein Gebiet $W_{t+\tau}$ geworden sein (Abb. 3.7.2).

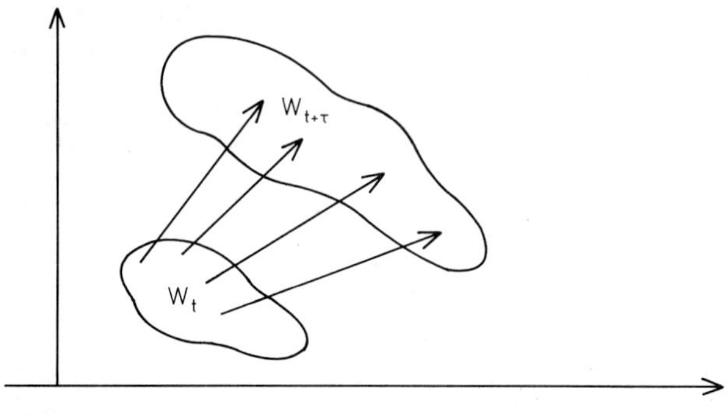

Abb. 3.7.2. Ein Gebiet W_t von Punkten im Phasenraum verändert sich mit der Zeit

Wir wollen nun die Volumina V_t und $V_{t+\tau}$ der Gebiete W_t und $W_{t+\tau}$ miteinander vergleichen. Offenbar ist

$$V_t = \int_{W_t} d^n x(t) \quad \text{und} \tag{3.7.23}$$

$$V_{t+\tau} = \int_{W_{t+\tau}} d^n x(t+\tau)\ . \tag{3.7.24}$$

Indem wir die Größen $x(t)$ als Koordinaten von $W_{t+\tau}$ einführen, erhalten wir mit der bekannten Formel für die Transformation von Volumenintegralen

$$V_{t+\tau} = \int_{W_t} d^n x(t) \det\left[\frac{\partial g_i(\tau, x(t))}{\partial x_j(t)}\right]. \tag{3.7.25}$$

Entscheidend für den Vergleich der Volumina ist also die Determinante

$$D(t,\tau) = \det\left(\frac{\partial g_i}{\partial x_j}\right). \tag{3.7.26}$$

Für ein Hamiltonsches System gilt nun der *Satz von Liouville*[14]:

Das Volumen eines beliebigen Gebietes im Phasenraum bleibt bei der zeitlichen Entwicklung konstant.

Das Liouvillesche Theorem ist grundlegend für die Theorie der statistischen Mechanik, es legt einen verborgenen interessanten Sachverhalt offen, der nur in der Hamiltonschen Formulierung der Mechanik sichtbar wird.

Obwohl sich das Volumen eines Phasenraumgebietes nicht ändert, kann seine Form im Laufe der zeitlichen Entwicklung so kompliziert (gewissermaßen ausgefranst) werden, daß für große τ jeder Punkt des Phasenraumes in der Nähe eines Punktes von $W_{t+\tau}$ liegt.

Zum Beweis des Liouvilleschen Theorems berechnen wir

$$\frac{d}{dt} V_t = \frac{d}{d\tau} V_{t+\tau}\bigg|_{\tau=0} = \int_{W_t} d^n x(t) \left.\frac{\partial D(t,\tau)}{\partial \tau}\right|_{\tau=0}. \tag{3.7.27}$$

[14] *Liouville, Joseph* (∗ 1809 St.-Omer, † 1882 Paris). Französischer Mathematiker. Wichtige Arbeiten über Funktionentheorie, Analysis, Differentialgeometrie, Zahlentheorie und statistische Mechanik.

Zur Berechnung des Integranden haben wir $D(t, \tau)$ (für beliebiges t) für kleine Werte von τ bis zur ersten Ordnung in τ zu entwickeln:

Wegen der Bewegungsgleichung

$$\dot{x}_i(t) = F_i(t, x(t))$$

ist nun für beliebige dynamische Systeme

$$x_i(t+\tau) = g_i(\tau, x(t))$$

und

$$= x_i(t) + \tau F_i(t, x(t)) + O(\tau^2) \tag{3.7.28}$$

$$\frac{\partial g_i}{\partial x_j} = \delta_{ij} + \tau \frac{\partial F_i(t, x(t))}{\partial x_j(t)} + O(\tau^2) \ . \tag{3.7.29}$$

Indem wir ausnutzen, daß für eine nicht-singuläre Matrix A gilt:

$$\ln[\det(A)] = \mathrm{spur}\,[\ln(A)] \ , \tag{3.7.30}$$

erhalten wir

$$D = \det\left(\frac{\partial g_i}{\partial x_j}\right) = 1 + \tau \sum_{i=1}^{n} \frac{\partial F_i(t, x(t))}{\partial x_i} + O(\tau^2) \tag{3.7.31}$$

und

$$\dot{D} = \frac{\partial}{\partial \tau} D \bigg|_{\tau=0} = \sum_{i=1}^{n} \frac{\partial F_i}{\partial x_i} \ . \tag{3.7.32}$$

Das Vorzeichen von $\dot{D}$ bestimmt, ob V_t zur Zeit t zunimmt oder abnimmt. Wenn das dynamische System ein Hamiltonsches System ist, dann hat F_i die spezielle Gestalt

$$F = \left(\frac{\partial H}{\partial p_1}, \ldots, \frac{\partial H}{\partial p_f}, -\frac{\partial H}{\partial q_1}, \ldots, -\frac{\partial H}{\partial q_f}\right) . \tag{3.7.33}$$

Für ein Hamiltonsches System ist damit

$$\sum_{i=1}^{n=2f} \frac{\partial F_i}{\partial x_i} = \sum_{i=1}^{f} \left(\frac{\partial^2 H}{\partial q_i \partial p_i} - \frac{\partial^2 H}{\partial p_i \partial q_i}\right) = 0 \tag{3.7.34}$$

für alle Zeiten t, also: $V_t = \text{const}$ für alle t, womit das Liouvillesche Theorem bewiesen ist.

Eine direkte Folge des Liouvilleschen Theorems ist z.B., daß zweidimensionale Hamiltonsche Systeme ($n = 2f = 2$) keine asymptotisch stabilen Grenzpunkte oder Grenzzyklen haben können. Die oben betrachteten mechanischen Systeme mit Reibung sind also sicher keine Hamiltonschen Systeme.

3.8 Das Hamiltonsche Prinzip der stationären Wirkung

Wir wollen in diesem Abschnitt kurz eine weitere sehr wichtige Interpretation der Lagrangeschen Gleichungen beschreiben.

Wir werden jedem Stück γ einer Bahnkurve $\underline{z}(t)$, $t_1 \le t \le t_2$ bei gegebener Lagrange-Funktion eine *Wirkung* $S[\gamma] \in \mathbb{R}$ zuordnen. Die Bahnkurven, welche den Lagrangeschen Bewegungsgleichungen genügen, werden sich dadurch charakterisieren lassen, daß für sie die Wirkung stationär wird.

3.8.1 Funktionale und Funktionalableitungen

S. 1

Zunächst haben wir hierzu den Begriff des *Funktionals* und seiner Ableitung zu erklären:

Funktionale sind Abbildungen, deren Definitionsbereich Mengen von Funktionen sind. Für unsere Betrachtungen sind besonders Mengen von Bahnkurven auf einem Intervall $[t_1, t_2]$ wichtig. Jede derartige Bahnkurve ordnet den Zeiten t mit $t_1 \le t \le t_2$ Punkte $\boldsymbol{x}(t) \in \mathbb{R}^n$ in einem n-dimensionalen Vektorraum zu. Insbesondere betrachten wir folgende Mengen von Bahnkurven:

B: Menge aller glatten Bahnkurven γ: $[t_1, t_2] \to \mathbb{R}^n$, $t \mapsto \boldsymbol{x}(t)$

$B_{\boldsymbol{x}_1 \boldsymbol{x}_2}$: Menge aller Bahnkurven aus B mit festem Anfangs- und Endpunkt $\boldsymbol{x}(t_1) = \boldsymbol{x}_1$, $\boldsymbol{x}(t_2) = \boldsymbol{x}_2$.

Wir untersuchen nun Funktionale

$$F: B \to \mathbb{R} \quad \text{bzw.} \quad F: B_{x_1 x_2} \to \mathbb{R} \ , \qquad \gamma \mapsto F[\gamma] \ .$$

Beispiele für Funktionale:

i) $F[\gamma] = a x(t_0)$, (3.8.1)

ii) $F[\gamma] = \dot{x}^2(t_0)$, (3.8.2)

iii) $F[\gamma] = \int_{t_1}^{t_2} dt\, f(t) x(t)$, (3.8.3)

iv) $\mathscr{L}[\gamma] = \int_{t_1}^{t_2} dt \sqrt{\dot{\boldsymbol{x}}^2(t)}$ (Bogenlänge) , (3.8.4)

v) $$S[\gamma] = \int_{t_1}^{t_2} dt \left[\sum_{i=1}^{N} \frac{1}{2} m_i \dot{\boldsymbol{x}}_i^2(t) - V(\boldsymbol{x}_1(t), \ldots, \boldsymbol{x}_N(t))\right] \tag{3.8.5}$$

(auch *Wirkungsfunktional* genannt),

vi) $A[\gamma]=\int_{t_1}^{t_2} dt\, L(\boldsymbol{x}(t), \dot{\boldsymbol{x}}(t), t)$. (3.8.6)

(Das ist eine Verallgemeinerung von (iii–v). Dabei heißt die (stetig differenzierbare) Funktion L: $(\boldsymbol{x}, \dot{\boldsymbol{x}}, t) \mapsto L(\boldsymbol{x}, \dot{\boldsymbol{x}}, t)$ eine Lagrange-Funktion.)

Die Funktionale (i) und (ii) sind lokal, d.h. $F[\gamma]$ hängt nur vom Verhalten von γ in einer beliebig kleinen Umgebung eines Zeitpunktes t_0 ab, die übrigen Funktionale sind nichtlokal, d.h. $F[\gamma]$ kann vom gesamten Verlauf von γ abhängen. Die Funktionale (i) und (iii) sind linear, d.h. $F[c_1\gamma_1 + c_2\gamma_2] = c_1 F[\gamma_1] + c_2 F[\gamma_2]$, $c_1, c_2 \in \mathbb{R}$.

Ganz analog wie für gewöhnliche Funktionen definiert man Stetigkeit und Differenzierbarkeit von Funktionalen auf beliebigen normierten Räumen.

F heißt stetig im „Punkte" γ_0, wenn gilt: Zu jedem $\varepsilon > 0$ gibt es $\delta > 0$, so daß

$$|F[\gamma_0 + h] - F[\gamma]| < \varepsilon \quad \text{für} \quad \|h\| < \delta \ . \tag{3.8.7}$$

Ein stetiges Funktional F heißt differenzierbar im „Punkte" γ_0, wenn es ein lineares Funktional $F'[\gamma_0]$ gibt, so daß

$$F[\gamma_0 + h] - F[\gamma_0] = F'[\gamma_0]h + O(\|h\|^2) \ . \tag{3.8.8}$$

(Linearität von $F'[\gamma_0]$ bedeutet natürlich

$$F'[\gamma_0](c_1 h_1 + c_2 h_2) = c_1 F'[\gamma_0]h_1 + c_2 F'[\gamma_0]h_2) \ . \tag{3.8.9}$$

Man schreibt auch oft

$$\delta F[\gamma_0] = F'[\gamma_0]\delta x + O(\|\delta x\|^2) \ . \tag{3.8.10}$$

Festzulegen ist noch die Definition der Norm $\|h\|$. Es kommen viele Möglichkeiten in Betracht:

$$\|h\|_1 = \max_{t_1 \le t \le t_2} |\boldsymbol{h}(t)| \ , \tag{3.8.11}$$

$$\|h\|_2 = \max_{t_1 \le t \le t_2} |\boldsymbol{h}(t)| + \max_{t_1 \le t \le t_2} |\dot{\boldsymbol{h}}(t)| \ , \tag{3.8.12}$$

$$\|h\|_3 = \int_{t_1}^{t_2} dt\, |\boldsymbol{h}(t)| \ , \quad \text{usw.} \tag{3.8.13}$$

Wir werden i.a. die Norm $\|h\|_2$ benutzen.

Es gilt nun der wichtige Satz:

Das Funktional

$$A[\gamma] := \int_{t_1}^{t_2} dt\, L(\boldsymbol{x}(t), \dot{\boldsymbol{x}}(t), t) \tag{3.8.14}$$

ist stetig und differenzierbar für alle $\gamma \in B$. Die Ableitung im Punkte γ ist durch das lineare Funktional

$$A'[\gamma]h = \left[\frac{\partial L}{\partial \dot{\boldsymbol{x}}}(\boldsymbol{x}(t), \dot{\boldsymbol{x}}(t), t)\right] \cdot \boldsymbol{h}(t) \Bigg|_{t_1}^{t_2} + \int_{t_1}^{t_2} dt \left[\frac{\partial L}{\partial \boldsymbol{x}}(\boldsymbol{x}, \dot{\boldsymbol{x}}, t) - \frac{d}{dt}\frac{\partial L}{\partial \dot{\boldsymbol{x}}}(\boldsymbol{x}, \dot{\boldsymbol{x}}, t)\right] \cdot \boldsymbol{h}(t) \tag{3.8.15}$$

gegeben.

Der Beweis ist einfach:

$$\begin{aligned} A[\gamma + h] &= \int_{t_1}^{t_2} dt\, L(\boldsymbol{x}(t) + \boldsymbol{h}(t), \dot{\boldsymbol{x}}(t) + \dot{\boldsymbol{h}}(t), t) \\ &= A[\gamma] + \int_{t_1}^{t_2} dt \left(\frac{\partial L}{\partial \boldsymbol{x}} \cdot \boldsymbol{h} + \frac{\partial L}{\partial \dot{\boldsymbol{x}}} \cdot \dot{\boldsymbol{h}}\right) + O(\|h\|^2) \\ &= A[\gamma] + \int_{t_1}^{t_2} dt \left[\left(\frac{\partial L}{\partial \boldsymbol{x}} - \frac{d}{dt}\frac{\partial L}{\partial \dot{\boldsymbol{x}}}\right) \cdot \boldsymbol{h} + \frac{d}{dt}\left(\frac{\partial L}{\partial \dot{\boldsymbol{x}}} \cdot \boldsymbol{h}\right)\right] \\ &\quad + O(\|h\|^2) \\ &= A[\gamma] + \frac{\partial L}{\partial \dot{\boldsymbol{x}}} \cdot \boldsymbol{h} \Bigg|_{t_1}^{t_2} + \int_{t_1}^{t_2} dt \left(\frac{\partial L}{\partial \boldsymbol{x}} - \frac{d}{dt}\frac{\partial L}{\partial \dot{\boldsymbol{x}}}\right) \cdot \boldsymbol{h} + O(\|h\|^2) \ . \end{aligned}$$

(Die Schreibweise ist abkürzend: Für Kurven im $\mathbb{R}^n$ bedeutet

$$\left(\frac{\partial L}{\partial \boldsymbol{x}} - \frac{d}{dt}\frac{\partial L}{\partial \dot{\boldsymbol{x}}}\right) \cdot \boldsymbol{h} \quad \text{genauer} \quad \sum_{i=1}^{n} \left(\frac{\partial L}{\partial \boldsymbol{x}_i} - \frac{d}{dt}\frac{\partial L}{\partial \dot{\boldsymbol{x}}_i}\right) \cdot \boldsymbol{h}_i \ .)$$

Sofern man das Funktional $A[\gamma]$ auf Kurven $\gamma \in B_{x_1 x_2}$ mit festem Anfangs- und Endpunkt einschränkt, ist $\boldsymbol{h}(t_1) = \boldsymbol{h}(t_2) = 0$, und die Ableitung ist einfach durch

$$A'[\gamma]h = \int_{t_1}^{t_2} dt \left(\frac{\partial L}{\partial \boldsymbol{x}} - \frac{d}{dt}\frac{\partial L}{\partial \dot{\boldsymbol{x}}}\right) \cdot \boldsymbol{h} \tag{3.8.16}$$

gegeben. Wie in der gewöhnlichen Analysis gilt der Satz:

Wenn ein Funktional F im „Punkte" γ_0 ein lokales Minimum (Maximum) hat, so ist $F'[\gamma_0] = 0$ (d.h. $F'[\gamma_0]\boldsymbol{h} = 0$ für alle $\boldsymbol{h}$ bzw. für alle $\boldsymbol{h}$ mit $\boldsymbol{h}(t_1) = \boldsymbol{h}(t_2) = 0$, falls F auf $B_{x_1 x_2}$ eingeschränkt ist). γ_0 heißt stationärer „Punkt" von F, wenn $F'[\gamma_0] = 0$.

$A'[\gamma_0]=0$ bedeutet nun

$$\frac{\partial L}{\partial \boldsymbol{x}_0}(\boldsymbol{x}_0(t),\dot{\boldsymbol{x}}_0(t),t)-\frac{d}{dt}\frac{\partial L}{\partial \dot{\boldsymbol{x}}_0}(\boldsymbol{x}_0(t),\dot{\boldsymbol{x}}_0(t),t)=0 \tag{3.8.17}$$

und

$$\frac{\partial L}{\partial \dot{\boldsymbol{x}}_0}(\boldsymbol{x}_0(t_1),\dot{\boldsymbol{x}}_0(t_1),t_1)=\frac{\partial L}{\partial \dot{\boldsymbol{x}}_0}(\boldsymbol{x}_0(t_2),\dot{\boldsymbol{x}}_0(t_2),t_2)=0 \ . \tag{3.8.18}$$

Beweis

Wenn

$$\frac{\partial L}{\partial \boldsymbol{x}}-\frac{d}{dt}\frac{\partial L}{\partial \dot{\boldsymbol{x}}}\neq 0$$

in irgendeinem Punkte $t_0 \neq t_1, t_2$, so gibt es ein Intervall um t_0, in welchem diese Größe nicht verschwindet. Dann läßt sich eine Funktion $\boldsymbol{h}$ mit $\boldsymbol{h}(t_1)=\boldsymbol{h}(t_2)=0$ finden, so daß

$$\int_{t_1}^{t_2} dt \left(\frac{\partial L}{\partial \boldsymbol{x}}-\frac{d}{dt}\frac{\partial L}{\partial \dot{\boldsymbol{x}}}\right)\cdot \boldsymbol{h}(t)\neq 0 \ .$$

Also ist

$$\frac{\partial L}{\partial \boldsymbol{x}}-\frac{d}{dt}\frac{\partial L}{\partial \dot{\boldsymbol{x}}}=0$$

und damit weiter

$$\left.\frac{\partial L}{\partial \dot{\boldsymbol{x}}_0}\right|_{t_1}=\left.\frac{\partial L}{\partial \dot{\boldsymbol{x}}_0}\right|_{t_2}=0 \ .$$

Wenn A wieder auf $B_{x_1x_2}$ eingeschränkt wird, so reduziert sich die Stationaritätsbedingung $A'[\gamma]=0$ auf die *Euler-Lagrangesche Gleichung*.

$$\frac{d}{dt}\frac{\partial L}{\partial \dot{\boldsymbol{x}}_0}(\boldsymbol{x}_0(t),\dot{\boldsymbol{x}}_0(t),t)-\frac{\partial L}{\partial \boldsymbol{x}_0}(\boldsymbol{x}_0(t),\dot{\boldsymbol{x}}_0(t),t)=0 \ . \tag{3.8.19}$$

Dies ist eine Differentialgleichung zweiter Ordnung für die Bahnkurve $\gamma_0: t \mapsto \boldsymbol{x}_0(t)$ für welche A stationär ist. γ_0 muß zusätzlich die Randbedingungen $\boldsymbol{x}_0(t_1)=\boldsymbol{x}_1$, $\boldsymbol{x}_0(t_2)=\boldsymbol{x}_2$ erfüllen.

Beispiel

Man bestimme die stationären „Punkte" des Bogenlängenfunktionals

$$S: B_{\boldsymbol{x}_1\boldsymbol{x}_2}\to \mathbb{R} \ , \qquad S[\gamma]=\int_{t_1}^{t_2} dt\,\sqrt{\dot{\boldsymbol{x}}^2(t)} \ ,$$

also die kürzeste Verbindung zweier Punkte. Hier ist also $L(\boldsymbol{x},\dot{\boldsymbol{x}},t)=\sqrt{\dot{\boldsymbol{x}}^2}$. Die Euler-Lagrange-Gleichungen lauten:

$$\frac{d}{dt}\frac{\partial L}{\partial \dot{\boldsymbol{x}}}-\frac{\partial L}{\partial \boldsymbol{x}}=\frac{d}{dt}\frac{\dot{\boldsymbol{x}}}{|\dot{\boldsymbol{x}}|}=0 \ .$$

$\dot{\boldsymbol{x}}/|\dot{\boldsymbol{x}}|$ ist der Tangenteneinheitsvektor, der also längs der Kurve für die kürzeste Verbindung von $\boldsymbol{x}_1$ und $\boldsymbol{x}_2$ konstant sein muß:

Die kürzeste Verbindung zweier Punkte ist eine Gerade.

3.8.2 Das Hamiltonsche Prinzip

Satz: Eine Bahnkurve $\gamma \in B_{\boldsymbol{x}_1\boldsymbol{x}_2}$ ist genau dann Lösung der Newtonschen Bewegungsgleichungen

$$m_i\ddot{\boldsymbol{x}}_i(t)+\boldsymbol{\nabla}_i U(\boldsymbol{x}_1(t),\ldots,\boldsymbol{x}_N(t),t)=0 \ , \tag{3.8.20}$$

wenn sie stationärer Punkt des *Wirkungsfunktionals*

$$S[\gamma]=\int_{t_1}^{t_2} dt\left[\sum_{i=1}^{N}\frac{1}{2}m_i\dot{\boldsymbol{x}}_i^2(t)-U(\boldsymbol{x}_1(t),\ldots,\boldsymbol{x}_N(t),t)\right] \tag{3.8.21}$$

ist.

Zum Beweis hat man lediglich nachzuprüfen, daß die Euler-Lagrangesche Gleichung für das Funktional S mit den Newtonschen Bewegungsgleichungen übereinstimmt. In der Tat ist mit

$$L=\sum_{i=1}^{N}\frac{1}{2}m_i\dot{\boldsymbol{x}}_i^2-U(\boldsymbol{x}_1,\ldots,\boldsymbol{x}_N) \ ,$$

$$\frac{\partial L}{\partial \boldsymbol{x}_i}=\boldsymbol{\nabla}_{\boldsymbol{x}_i}L=-\boldsymbol{\nabla}_{\boldsymbol{x}_i}U \ , \qquad \frac{\partial L}{\partial \dot{\boldsymbol{x}}_i}=\boldsymbol{\nabla}_{\dot{\boldsymbol{x}}_i}L=m_i\dot{\boldsymbol{x}}_i \ .$$

Die Gleichung 1.55 (3.3.4)

$$\frac{d}{dt}\frac{\partial L}{\partial \dot{\boldsymbol{x}}}-\frac{\partial L}{\partial \boldsymbol{x}}=0 \quad \text{bedeutet somit} \quad m_i\ddot{\boldsymbol{x}}_i+\boldsymbol{\nabla}_i U=0 \ .$$

Einige wichtige Bemerkungen:

i) Die Lagrange-Funktion L ist nicht eindeutig bestimmt. Ersetzt man $L(\boldsymbol{x},\dot{\boldsymbol{x}},t)$ durch

$$\tilde{L}(\boldsymbol{x},\dot{\boldsymbol{x}},t)=L(\boldsymbol{x},\dot{\boldsymbol{x}},t)+\frac{d}{dt}f(\boldsymbol{x},t)$$

$$=L(\boldsymbol{x},\dot{\boldsymbol{x}},t)+\dot{\boldsymbol{x}}\cdot\frac{\partial f}{\partial \boldsymbol{x}}(\boldsymbol{x},t)+\frac{\partial f}{\partial t}(\boldsymbol{x},t) \ , \tag{3.8.22}$$

so findet man für die Wirkungsfunktionale

$$\tilde{S}[\gamma]=\int_{t_1}^{t_2} dt\,\tilde{L}(\boldsymbol{x},\dot{\boldsymbol{x}},t)=\int_{t_1}^{t_2} dt\left[L(\boldsymbol{x},\dot{\boldsymbol{x}},t)+\frac{d}{dt}f(\boldsymbol{x},t)\right]$$

$$=S[\gamma]+f(\boldsymbol{x}(t_2),t_2)-f(\boldsymbol{x}(t_1),t_1)\ . \qquad (3.8.23)$$

Auf $B_{\boldsymbol{x}_1\boldsymbol{x}_2}$ unterscheiden sich also S und $\tilde{S}$ nur um eine Konstante, sie haben deshalb dieselben stationären Punkte.

ii) Über die Natur eines stationären Punkts von S gibt die zweite Ableitung von S Auskunft. Zur Vereinfachung in der Schreibweise betrachten wir den eindimensionalen Fall:

$$S[\gamma_0+h]=S[\gamma_0]+S'[\gamma_0]h$$

$$+\int_{t_1}^{t_2} dt\,\tfrac{1}{2}\,[m\dot{h}^2(t)-U''(x_0(t))h^2(t)]$$

$$+O(\|h\|^3)\ . \qquad (3.8.24)$$

Wenn γ_0 stationärer Punkt ist, gilt somit

$$S[\gamma_0+h]=S[\gamma_0]+\int_{t_1}^{t_2} dt\,\tfrac{1}{2}\,[m\dot{h}^2(t)-U''(x_0(t))h^2(t)]$$

$$+O(\|h\|^3)\ . \qquad (3.8.25)$$

Wenn t_2-t_1 klein genug ist, so ist wegen $h(t_1)=0$ das Integral positiv. Für nicht zu große Zeitintervalle $[t_1, t_2]$ sind also die stationären Punkte von S *Minima* (Prinzip von der minimalen Wirkung).

iii) Das Hamiltonsche Prinzip ist koordinatenunabhängig im folgenden Sinne:

Geht man durch eine (eventuell sogar zeitabhängige) Transformation von den kartesischen Koordinaten $\boldsymbol{x}$ zu anderen Koordinaten $q=(q_1,\ldots,q_f)$ über: $\boldsymbol{x}=\boldsymbol{x}(q,t)$, $q=q(\boldsymbol{x},t)$, so schreibt sich eine Bahnkurve: $t\mapsto\boldsymbol{x}(t)$ als Abbildung $t\mapsto q(t)=q(\boldsymbol{x}(t),t)$. Die Geschwindigkeitskurve rechnet sich wie folgt um:

$$\dot{\boldsymbol{x}}(t)=\frac{d}{dt}\,\boldsymbol{x}(t)=\frac{d}{dt}\,\boldsymbol{x}(q(t),t)$$

$$=\frac{\partial\boldsymbol{x}}{\partial q}\,(q(t),t)\dot{q}(t)+\frac{\partial\boldsymbol{x}}{\partial t}\,(q(t),t)\ . \qquad (3.8.26)$$

Dabei ist wieder

$$\frac{\partial\boldsymbol{x}}{\partial q}\,\dot{q}\quad\text{als}\quad\sum_{i=1}^{f}\frac{\partial\boldsymbol{x}}{\partial q_i}\,\dot{q}_i$$

zu verstehen.

Für das Wirkungsfunktional finden wir dann

$$S[\gamma]=\int_{t_1}^{t_2} dt\,L(\boldsymbol{x}(t),\dot{\boldsymbol{x}}(t),t)$$

$$=\int_{t_1}^{t_2} dt\,L\left(\boldsymbol{x}(q(t)),\frac{\partial\boldsymbol{x}}{\partial q}\,(q(t),t)\dot{q}(t)+\frac{\partial\boldsymbol{x}}{\partial t}\,(q(t),t),t\right)$$

$$=\int_{t_1}^{t_2} dt\,\tilde{L}(q(t),\dot{q}(t),t)\quad\text{mit}\qquad (3.8.27)$$

$$\tilde{L}(q,\dot{q},t)=L\left(\boldsymbol{x}(q,t),\frac{\partial\boldsymbol{x}}{\partial q}\,(q,t)\dot{q}+\frac{\partial\boldsymbol{x}}{\partial t}\,(q,t),t\right)\ .$$

Der Wert von $S[\gamma]$ hängt nicht davon ab, ob die Bahnkurven mit Hilfe der Koordinaten q oder x geschrieben werden. Ebensowenig hängt es von der Wahl der Koordinaten ab, ob γ_0 ein stationärer Punkt von S ist.

Hiermit ist zugleich ein sehr bequemes Verfahren gefunden, Bewegungsgleichungen auf andere Koordinaten umzuschreiben.

Wir haben also erneut und auf ganz andere Weise die Lagrangeschen Gleichungen zweiter Art für Systeme ohne Zwangsbedingungen hergeleitet und ihre Unabhängigkeit von der Koordinatenwahl eingesehen.

3.8.3 Das Hamiltonsche Prinzip für Systeme mit holonomen Zwangsbedingungen

Auch für Systeme mit holonomen Zwangsbedingungen lassen sich die Lagrangeschen Gleichungen aus dem Prinzip der stationären Wirkung herleiten.

Wir wollen mit $B^M_{\underline{\boldsymbol{x}}_1\underline{\boldsymbol{x}}_2}$ die Menge der Bahnkurven γ: $t\mapsto\underline{\boldsymbol{x}}(t)$ mit Anfangspunkt $\underline{\boldsymbol{x}}_1$ und Endpunkt $\underline{\boldsymbol{x}}_2$ bezeichnen, welche zusätzlich den Nebenbedingungen genügen, für welche also $\underline{\boldsymbol{x}}(t)\in M_t$ für alle $t\in[t_1, t_2]$. Die Bezeichnungen sind wie in Abschn. 3.2.

Dann gilt der *Satz*:

Eine Bahnkurve $\gamma_0\in B^M_{\underline{\boldsymbol{x}}_1\underline{\boldsymbol{x}}_2}$ ist genau dann Lösung der Lagrangeschen Gleichung erster Art, wenn sie stationärer Punkt des Wirkungsfunktionals

$$S\colon B^M_{\underline{x}_1\underline{x}_2} \to \mathbb{R} \ ,$$

$$\gamma \to S[\gamma] = \int_{t_1}^{t_2} dt \left[\sum_{i=1}^{N} \frac{1}{2} m_i \dot{\boldsymbol{x}}_i^2 - U(\underline{\boldsymbol{x}}(t), t) \right] \tag{3.8.28}$$

ist. In anderen Worten: γ_0 muß stationärer Punkt des Wirkungsfunktionals unter der Nebenbedingung $\underline{\boldsymbol{x}}(t) \in M_t$ für alle $t \in [t_1, t_2]$ sein.

Der Beweis verläuft ganz analog wie oben mit der einzigen Änderung, daß bei der Variation diesmal nur virtuelle Verrückungen $\underline{\boldsymbol{h}}_M(t) = \delta_M \underline{\boldsymbol{x}}(t)$ tangential zu M_t zugelassen sind:

$$\begin{aligned} S[\gamma_0 + h_M] &= S[\gamma] + \int_{t_1}^{t_2} dt \sum_{i=1}^{N} [m_i \ddot{\boldsymbol{x}}_i(t) + \boldsymbol{\nabla}_i U(\underline{\boldsymbol{x}}(t), t)] \\ &\quad \cdot \delta_M \boldsymbol{x}_i(t) + O(\|h_M\|^2) \\ &= S[\gamma] + \int_{t_1}^{t_2} dt [\underline{\dot{\boldsymbol{p}}}(t) + \underline{\boldsymbol{\nabla}} U(\underline{\boldsymbol{x}}, t), t)] \delta_M \underline{\boldsymbol{x}}(t) \\ &\quad + O(\|h_M\|^2) \ . \end{aligned} \tag{3.8.29}$$

Stationarität von S im Punkte γ_0 bedeutet dann, da ja $\delta_M \underline{\boldsymbol{x}}(t)$ stets tangential zu M_t ist, nicht einfach $\underline{\dot{\boldsymbol{p}}}(t) + \underline{\boldsymbol{\nabla}} U(\underline{\boldsymbol{x}}(t), t) = 0$, sondern $\underline{\dot{\boldsymbol{p}}}(t) + \underline{\boldsymbol{\nabla}} U(\underline{\boldsymbol{x}}(t), t)$ senkrecht zu M_t.

Also

$$\underline{\dot{\boldsymbol{p}}}(t) + \underline{\boldsymbol{\nabla}} U(\underline{\boldsymbol{x}}(t), t) = \sum_{\alpha=1}^{s} \lambda_\alpha(t) \underline{\boldsymbol{\nabla}} F_\alpha(\underline{\boldsymbol{x}}(t), t) \ . \tag{3.8.30}$$

Die stationären Punkte von S unter der Nebenbedingung $\underline{\boldsymbol{x}}(t) \in M_t$ lassen sich nun auch auf andere Weise berechnen:

Man parametrisiert M_t durch Einführung von Koordinaten $q = (q_1, \ldots, q_f)$, deren Zahl der Anzahl $f = \dim M_t$ der Freiheitsgrade entspricht. Die zulässigen Lagen des Systems sind dann Funktionen $\underline{\boldsymbol{x}}(q, t)$ der Parameter, es gilt für alle q, t: $F_\alpha(\underline{\boldsymbol{x}}(q, t), t) = 0$ ($\alpha = 1, \ldots, s$), und wenn q alle Werte durchläuft, so durchläuft $\underline{\boldsymbol{x}}(q, t)$ (wenigstens lokal) alle zulässigen Lagen. Die zulässigen Bahnkurven sind dann durch Funktionen $q(t)$ gegeben, und die Wirkung berechnet sich in diesen Koordinaten wie folgt:

$$S[\gamma] = \int_{t_1}^{t_2} dt\, \hat{L}(q(t), \dot{q}(t), t) \quad \text{mit}$$

$$\hat{L}(q, \dot{q}, t) = L\left(\underline{\boldsymbol{x}}, \frac{\partial \underline{\boldsymbol{x}}}{\partial q}(q, t)\dot{q} + \frac{\partial \underline{\boldsymbol{x}}}{\partial t}(q, t), t\right) .$$

Die Nebenbedingungen sind nun durch die Wahl der Koordinaten q bereits berücksichtigt, und die Variation erfolgt ohne Nebenbedingungen an q.

Somit ist die Bahnkurve $t \mapsto \underline{\boldsymbol{x}}(q(t), t)$ genau dann Lösung der Lagrangeschen Gleichungen erster Art, wenn gilt

$$\frac{d}{dt} \frac{\partial \hat{L}}{\partial \dot{q}}(q(t), \dot{q}(t), t) - \frac{\partial \hat{L}}{\partial q}(q(t), \dot{q}(t), t) = 0 \ . \tag{3.8.31}$$

Damit sind die Lagrange-Gleichungen erster und zweiter Art eine Folge des Hamiltonschen Prinzips.

4. Der starre Körper

Wir haben uns bisher nur mit der Mechanik von Systemen von Massenpunkten beschäftigt. Wir erinnern uns, daß ein Massenpunkt in idealisierter Weise die Bewegung eines Körpers beschreibt, dessen Gestalt und Ausdehnung im physikalischen Kontext keine Rolle spielen. Für ein rollendes Rad ist eine solche Idealisierung sicher nicht angemessen. Hier wird man ein anderes idealisiertes mechanisches System zur Beschreibung verwenden müssen, nämlich den sogenannten *starren Körper*.

Ein Körper wird als starr bezeichnet, wenn er als unverformbar angesehen werden kann, d.h. wenn in guter Näherung die Abstände zwischen allen seinen Teilen unverändert bleiben. Wir denken uns einen starren Körper aufgebaut aus einer großen Anzahl von diskreten Massenpunkten. Starrheit bedeutet dann, daß für die Ortsvektoren $\boldsymbol{r}^{(\alpha)}$ der einzelnen Massenpunkte die holonom-skleronomen Zwangsbedingungen

$$|\boldsymbol{r}^{(\alpha)}-\boldsymbol{r}^{(\beta)}|-C_{\alpha\beta}=0$$

erfüllt sind für alle $\boldsymbol{r}^{(\alpha)}$, $\boldsymbol{r}^{(\beta)}$. Dabei seien die $C_{\alpha\beta}$ zeitlich konstante Größen.

Wir führen also die Beschreibung des starren Körpers auf die eines speziellen Systems von Massenpunkten zurück.

In Wirklichkeit ist natürlich kein Körper völlig starr. In der Mechanik der Kontinua, deren Anfangsgründe in Kap. 9 dargestellt werden, wird auch diese Idealisierung aufgehoben.

4.1 Die Kinematik des starren Körpers

Wir wollen den Konfigurationsraum M, also die Gesamtheit der möglichen Lagen des starren Körpers unter Berücksichtigung der Zwangsbedingungen bestimmen und geeignete Koordinaten in M angeben.

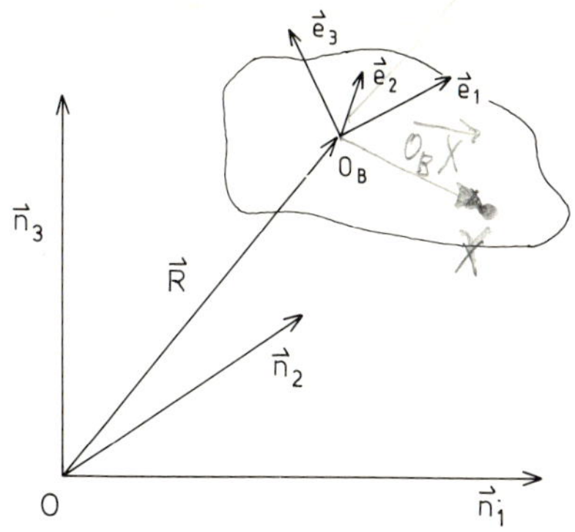

Abb. 4.1.1. Raumfestes Inertialsystem und körperfestes System mit den Basisvektoren $\boldsymbol{e}_1$, $\boldsymbol{e}_2$, $\boldsymbol{e}_3$

Hierzu führen wir ein sogenanntes *körperfestes Koordinatensystem* ein:

Wir markieren einen Punkt O_B auf dem Körper und denken uns in O_B ein fest mit dem Körper verbundenes rechtshändiges Orthonormalsystem $\boldsymbol{e}_1, \boldsymbol{e}_2, \boldsymbol{e}_3$ angebracht (Abb. 4.1.1). Jeder Punkt X des Körpers kann dann in diesem System beschrieben werden durch einen Vektor

$$\overrightarrow{O_B X}=\boldsymbol{b}=b_i\boldsymbol{e}_i \ , \tag{4.1.1}$$

(Wir wollen im folgenden die Einsteinsche Summenkonvention benutzen). Es ist $\dot{b}_i=0$ wegen der Starrheit des Körpers.

Wir betrachten nun den Körper in einem Inertialsystem mit dem Ursprung in O und Koordinatenachsen, gegeben durch das rechtshändige Orthonormalsystem $\boldsymbol{n}_1, \boldsymbol{n}_2, \boldsymbol{n}_3$.

Setzen wir $\overrightarrow{OO_B}=\boldsymbol{R}$, so ist also zur Zeit t

$$\overrightarrow{OX}=:\boldsymbol{r}(t)=\boldsymbol{R}(t)+b_i\boldsymbol{e}_i(t) \ . \tag{4.1.2}$$

Das körperfeste System macht jede Bewegung des Körpers mit. Um die Lage des körperfesten Systems und damit des Körpers zu jeder Zeit zu kennen, muß man also die Vektoren $\boldsymbol{e}_i(t)$ durch die Vektoren $\boldsymbol{n}_i$, die ja zeitlich konstant sind, ausdrücken können. Wir schreiben

$$\boldsymbol{e}_i(\mathrm{t})=D(t)\,\boldsymbol{n}_i\equiv\boldsymbol{n}_j D_{ji} \tag{4.1.3}$$

und so

$$\boldsymbol{b}(t)=b_i\boldsymbol{e}_i(t)=D(t)\,(b_i\boldsymbol{n}_i)=\boldsymbol{n}_j D_{ji} b_i \ . \tag{4.1.4}$$

Hierbei ist $D(t)$ eine (eigentliche) Drehung, nämlich diejenige Drehung, die das System $\boldsymbol{n}_1, \boldsymbol{n}_2, \boldsymbol{n}_3$ in $\boldsymbol{e}_1(t), \boldsymbol{e}_2(t), \boldsymbol{e}_3(t)$ überführt.

Die Lage des starren Körpers zur Zeit t ist also eindeutig beschrieben durch

a) den Ortsvektor $\boldsymbol{R}(t)$ von O_B und zusätzlich
b) die Drehung $D(t)$.

Wir haben in Abschn. 2.1 schon gesehen, daß bezüglich der Orthonormalbasis $\boldsymbol{n}_1$, $\boldsymbol{n}_2$, $\boldsymbol{n}_3$ zu der Drehung $D(t)$ eine orthogonale 3×3 Matrix $(D_{ij})(t)$ gehört, daß also $DD^{\mathrm{T}}=D^{\mathrm{T}}D=1$ ist oder

$$D_{ik}(t)D_{jk}(t)=D_{ki}(t)D_{kj}(t)=\delta_{ij} \ .$$

Ferner ist $\det D=1$.

Um nun die Drehung $D(t)$ explizit zu beschreiben, haben wir noch eine Parametrisierung aller Drehungen anzugeben. Man kann die Drehung, die $\boldsymbol{n}_1, \boldsymbol{n}_2, \boldsymbol{n}_3$ in $\boldsymbol{e}_1, \boldsymbol{e}_2, \boldsymbol{e}_3$ überführt, in drei Drehungen zerlegen (Abb. 4.1.2):

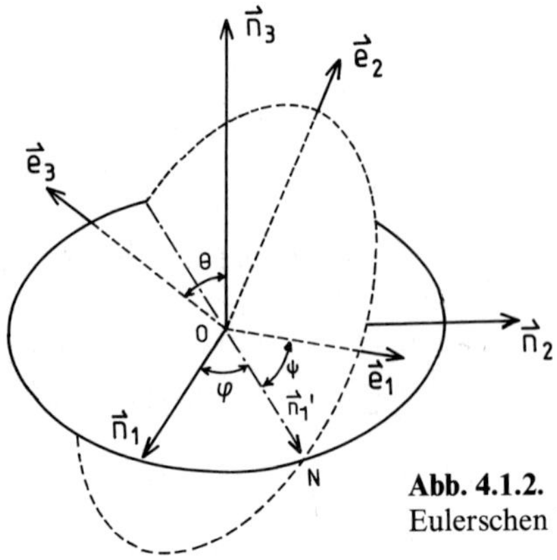

Abb. 4.1.2. Zur Erklärung der Eulerschen Winkel

a) Drehung um $\boldsymbol{n}_3$ um den Winkel $\varphi (0\le\varphi<2\pi)$. $\boldsymbol{n}_3$ bleibt fest, und wir nennen die zugehörige Matrix $R^3_{ij}(\varphi)$, also

$$\boldsymbol{n}'_i=\boldsymbol{n}_j R^3_{ji}(\varphi) \ . \tag{4.1.5}$$

Es ist

$$\boldsymbol{n}'_1=\cos\varphi\,\boldsymbol{n}_1+\sin\varphi\,\boldsymbol{n}_2 \ ,$$
$$\boldsymbol{n}'_2=-\sin\varphi\,\boldsymbol{n}_1+\cos\varphi\,\boldsymbol{n}_2 \ ,$$
$$\boldsymbol{n}'_3=\boldsymbol{n}_3 \ ,$$

also

$$R^3(\varphi)=\begin{pmatrix}\cos\varphi & -\sin\varphi & 0\\ \sin\varphi & \cos\varphi & 0\\ 0 & 0 & 1\end{pmatrix} .$$

Man verifiziert leicht: $R^3R^{3\mathrm{T}}=1$, $\det R=1$.

b) Drehung um $\boldsymbol{n}'_1$ um den Winkel $\theta\,(0\le\theta\le\pi)$, dann ist

$$\boldsymbol{n}''_1=\boldsymbol{n}'_1 \ ,$$
$$\boldsymbol{n}''_2=\cos\theta\,\boldsymbol{n}'_2+\sin\theta\,\boldsymbol{n}'_3 \ ,$$
$$\boldsymbol{n}''_3=-\sin\theta\,\boldsymbol{n}'_2+\cos\theta\,\boldsymbol{n}'_3 \ .$$

Also gilt

$$\boldsymbol{n}''_k=\boldsymbol{n}'_r R^1_{rk}(\theta) \qquad \text{mit} \tag{4.1.6}$$

$$R^1(\theta)=\begin{pmatrix}1 & 0 & 0\\ 0 & \cos\theta & -\sin\theta\\ 0 & \sin\theta & \cos\theta\end{pmatrix} .$$

c) Drehung um $\boldsymbol{n}''_3$ um den Winkel $\psi\,(0\le\psi<2\pi)$ mit der Matrix

$$R^3(\psi)=\begin{pmatrix}\cos\psi & -\sin\psi & 0\\ \sin\psi & \cos\psi & 0\\ 0 & 0 & 1\end{pmatrix} .$$

Damit ist

$$\boldsymbol{e}_1=\cos\psi\,\boldsymbol{n}''_1+\sin\psi\,\boldsymbol{n}''_2 \ ,$$
$$\boldsymbol{e}_2=-\sin\psi\,\boldsymbol{n}''_1+\cos\psi\,\boldsymbol{n}''_2 \ ,$$
$$\boldsymbol{e}_3=\boldsymbol{n}'''_3=\boldsymbol{n}''_3 \ .$$

Also, zusammengefaßt

$$\begin{aligned}\boldsymbol{e}_i&=\boldsymbol{n}''_j R^3_{ji}(\psi)=\boldsymbol{n}'_k R^1_{kj}(\theta)\,R^3_{ji}(\psi)\\ &=\boldsymbol{n}_r R^3_{rk}(\varphi)\,R^1_{kj}(\theta)\,R^3_{ji}(\psi)\\ &=\boldsymbol{n}_r D_{ri}(\varphi,\theta,\psi)\end{aligned}$$

mit

$$D_{ri}=R^3_{rk}(\varphi)\,R^1_{kj}(\theta)\,R^3_{ji}(\psi) \tag{4..1.7}$$

und explizit:

$$D=\begin{pmatrix} \cos\varphi\,\cos\psi\,-\sin\varphi\,\cos\theta\,\sin\psi & -\cos\varphi\,\sin\psi\,-\sin\varphi\,\cos\theta\,\cos\psi & \sin\varphi\,\sin\theta \\ \sin\varphi\,\cos\psi\,+\cos\varphi\,\cos\theta\,\sin\psi & -\sin\varphi\,\sin\psi\,+\cos\varphi\,\cos\theta\,\cos\psi & -\cos\varphi\,\sin\theta \\ \sin\theta\,\sin\psi & \sin\theta\,\cos\psi & \cos\theta \end{pmatrix} . \quad (4.1.8)$$

Die Winkel φ, θ, ψ, die jede Drehung parametrisieren, heißen *Eulersche Winkel.*

Test des Ausdruckes für die Drehmatrix $D(\varphi, \theta, \psi)$:

i) $\psi=\theta=0$: $D=\begin{pmatrix} \cos\varphi & -\sin\varphi & 0 \\ \sin\varphi & \cos\varphi & 0 \\ 0 & 0 & 1 \end{pmatrix}$.

ii) $\varphi=\psi=0$: $D=\begin{pmatrix} 1 & 0 & 0 \\ 0 & \cos\theta & -\sin\theta \\ 0 & \sin\theta & \cos\theta \end{pmatrix}$.

iii) $\boldsymbol{e}_3=\boldsymbol{n}_k D_{k3}=\sin\theta\sin\varphi\,\boldsymbol{n}_1-\sin\theta\cos\varphi\,\boldsymbol{n}_2+\cos\theta\,\boldsymbol{n}_3$,

d.h. $\boldsymbol{e}_3$, also die neue 3-Richtung hat die Koordinaten

$$\begin{pmatrix} \sin\theta\sin\varphi \\ -\sin\theta\cos\varphi \\ \cos\theta \end{pmatrix}$$

im Inertialsystem, das ist ein Einheitsvektor mit Polarkoordinaten $(\theta,\ -\frac{\pi}{2}+\varphi)$, da

$$\sin(\varphi-\tfrac{\pi}{2})=-\cos\varphi \ ,$$
$$\cos(\varphi-\tfrac{\pi}{2})=\sin\varphi \quad \text{ist} \ .$$

Für $\varphi=\frac{\pi}{2}$ z.B. ist somit $\boldsymbol{e}_3=(\sin\theta,\ 0,\ \cos\theta)$.

Die Winkel φ, θ, ψ hängen nun von t ab, verändern sich also mit der Bewegung des Körpers.

Damit kennt man also die Beziehung zwischen den Systemen $(\boldsymbol{e}_1, \boldsymbol{e}_2, \boldsymbol{e}_3)$ und $(\boldsymbol{n}_1, \boldsymbol{n}_2, \boldsymbol{n}_3)$:

$$\boldsymbol{e}_i(t)=\boldsymbol{n}_k D_{ki}(\varphi(t),\ \theta(t),\ \psi(t)) \ ,$$

und man könnte so auch die zeitliche Änderung von $\boldsymbol{e}_i(t)$ auf die zeitliche Änderung von φ, θ, ψ zurückführen. Die Winkel φ, θ, ψ sind also verallgemeinerte Koordinaten, die zusammen mit $\boldsymbol{R}(t)$ vollständig die Lage des starren Körpers beschreiben.

Für die Geschwindigkeiten der Massenpunkte des starren Körpers erhalten wir

$$\dot{\boldsymbol{r}}(t)=\dot{\boldsymbol{R}}(t)+b_i\dot{\boldsymbol{e}}_i(t)=\dot{\boldsymbol{R}}(t)+\boldsymbol{n}_j\dot{D}_{ji}(t)b_i \ , \quad (4.1.9)$$

da $\dot{b}_i=0$.

Wir zeigen nun den wichtigen Satz:

Es gibt einen Vektor $\boldsymbol{\Omega}(t)$, den momentanen Winkelgeschwindigkeitsvektor, so daß gilt:

$$\dot{\boldsymbol{e}}_i(t)=\boldsymbol{\Omega}(t)\times\boldsymbol{e}_i(t) \ . \quad (4.1.10)$$

Beweis

Aus

$$\dot{\boldsymbol{e}}_i(t)=\boldsymbol{n}_j\dot{D}_{ji}(t) \quad \text{folgt wegen}$$
$$\boldsymbol{n}_j=\boldsymbol{e}_k D_{jk}(t) \quad \text{auch}$$
$$\dot{\boldsymbol{e}}_i(t)=\boldsymbol{e}_k(t)D_{jk}(t)\dot{D}_{ji}(t)$$
$$=\boldsymbol{e}_k\omega_{ki}$$

mit $\quad \omega_{ki}=D_{jk}\dot{D}_{ji}$.

Die Größen ω_{ki} sind die Komponenten einer antisymmetrischen Matrix, denn aus

$$D_{jk}D_{ji}=\delta_{ki}$$

folgt durch Differenzieren

$$0=\dot{D}_{jk}D_{ji}+D_{jk}\dot{D}_{ji}=\omega_{ik}+\omega_{ki} \ .$$

Dann kann man drei Größen Ω_r einführen durch

$$\omega_{ki}=\varepsilon_{ikr}\Omega_r \ , \quad \text{d.h.}$$
$$\omega_{12}=-\Omega_3 \ , \quad \omega_{13}=+\Omega_2 \ , \quad \omega_{23}=-\Omega_1 \ , \quad (4.1.11)$$

so daß man erhält:

$$\dot{\boldsymbol{e}}_i(t)=\varepsilon_{ikr}\Omega_r\boldsymbol{e}_k \ .$$

Führt man den Winkelgeschwindigkeitsvektor $\boldsymbol{\Omega}$ ein durch

$$\boldsymbol{\Omega}=\Omega_r\boldsymbol{e}_r \ ,$$

so daß also Ω_r die Komponenten dieses Vektors bezüglich der körperfesten Basis sind, so ist auch

$$\dot{\boldsymbol{e}}_i=\varepsilon_{ikr}\Omega_r\boldsymbol{e}_k=\varepsilon_{rik}\Omega_r\boldsymbol{e}_k$$
$$=\Omega_r\boldsymbol{e}_r\times\boldsymbol{e}_i$$
$$=\boldsymbol{\Omega}\times\boldsymbol{e}_i \ , \quad \text{somit auch}$$
$$\dot{\boldsymbol{b}}=b_i\dot{\boldsymbol{e}}_i=b_i(\boldsymbol{\Omega}\times\boldsymbol{e}_i)=\boldsymbol{\Omega}\times\boldsymbol{b} \ . \quad (4.1.12)$$

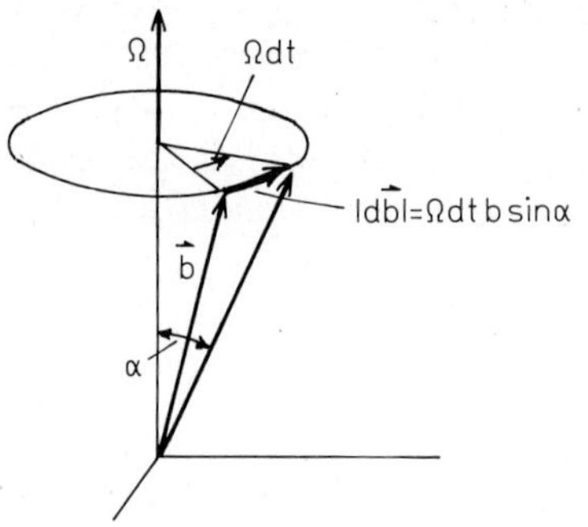

Abb. 4.1.3. Der Vektor $\boldsymbol{\Omega}$ gibt die Richtung der Achse an, um die sich der Punkt $\boldsymbol{b}$ momentan dreht und $|\boldsymbol{\Omega}|$ gibt die Winkelgeschwindigkeit der Drehung an

Die Richtung von $\boldsymbol{\Omega}(t)$ gibt die Richtung der momentanen Drehachse an, während $|\boldsymbol{\Omega}(t)|$ der Winkelgeschwindigkeit der Drehung um diese Achse entspricht (Abb. 4.1.3).

Durch Einsetzen der Eulerschen Parametrisierung von D_{ij} erhält man die Komponenten Ω_i, ausgedrückt durch die Eulerschen Winkel und ihre Ableitungen nach der Zeit:

$$\begin{aligned}\Omega_1 &= \dot{\theta}\cos\psi + \dot{\varphi}\sin\theta\sin\psi \ ,\\ \Omega_2 &= -\dot{\theta}\sin\psi + \dot{\varphi}\sin\theta\cos\psi \ ,\\ \Omega_3 &= \dot{\psi} + \dot{\varphi}\cos\theta \ .\end{aligned} \tag{4.1.13}$$

Diese Ausdrücke lassen sich auch direkt aus Abb. 4.1.2 ablesen.

Man kann auch auf analoge Weise die Komponenten ω_i von $\boldsymbol{\Omega}$ bezüglich der Basis $\boldsymbol{n}_i$ berechnen:
Es ist

$$\begin{aligned}\boldsymbol{\Omega} &= \omega_i \boldsymbol{n}_i \quad \text{mit}\\ \omega_1 &= \dot{\theta}\cos\varphi + \dot{\psi}\sin\theta\sin\varphi \ ,\\ \omega_2 &= \dot{\theta}\sin\varphi + \dot{\psi}\sin\theta\cos\varphi \ ,\\ \omega_3 &= \dot{\varphi} - \dot{\psi}\cos\theta \ .\end{aligned} \tag{4.1.14}$$

Anmerkungen

i) Denkt man sich die Drehung des körperfesten Systems relativ zum Inertialsystem nicht in Abhängigkeit von der Zeit, sondern von einem Parameter α gegeben, so gibt es, wie eben gezeigt, einen Vektor $\boldsymbol{n}$, so daß für jeden Punkt mit dem Ortsvektor $\boldsymbol{b}(\alpha)$

$$\frac{d\boldsymbol{b}}{d\alpha} = \boldsymbol{n} \times \boldsymbol{b}(\alpha) \tag{4.1.15}$$

gilt und $\boldsymbol{n}$ gibt die Richtung der Achse an, um die das System gedreht wird. Mit $d\alpha = \Omega\, dt$, $\boldsymbol{\Omega} = \Omega \boldsymbol{n}$ ist diese Formel dann identisch mit (4.1.12).

Also ist die Behauptung von Formel (3.6.9) bewiesen. Ein direkterer Beweis wäre natürlich auch nicht schwierig.

ii) Die Drehung $D(t)$ ist natürlich unabhängig von der Wahl des Ursprunges O_B, denn sie gibt ja nur die Orientierung des körperfesten Systems relativ zum raumfestem System an.

Damit ist auch $\boldsymbol{\Omega}(t)$ unabhängig von der Wahl des Bezugspunktes O_B und man kann $\boldsymbol{\Omega}(t)$ allgemein als den momentanen Winkelgeschwindigkeitsvektor des ganzen Körpers ansehen.

iii) Die Menge aller eigentlichen Drehungen bildet eine Gruppe, die man üblicherweise mit $SO(3)$ bezeichnet. Der Konfigurationsraum eines starren Körpers ist dann

$$M = SO(3) \times \mathbb{R}^3 \ ,$$

und dies ist gerade die Gruppe der eigentlichen Bewegungen des euklidischen Raumes E^3.

4.2 Der Trägheitstensor und die kinetische Energie eines starren Körpers

4.2.1 Definition und einfache Eigenschaften des Trägheitstensors

Für irgendeinen Punkt α des Körpers, charakterisiert durch $b_j^{(\alpha)}$, die Komponenten in Bezug auf das körperfeste System, gilt also nun für dessen Ortsvektor $\boldsymbol{r}^{(\alpha)}$, $\alpha = 1, 2, \ldots, N$

$$\dot{\boldsymbol{r}}^{(\alpha)} = \dot{\boldsymbol{R}} + \boldsymbol{\Omega} \times \boldsymbol{b}^{(\alpha)} \quad \text{mit} \quad \boldsymbol{b}^{(\alpha)}(t) = b_j^{(\alpha)} \boldsymbol{e}_j(t) \ , \tag{4.2.1}$$

und so ist die gesamte kinetische Energie

$$\begin{aligned}\frac{1}{2}\sum_\alpha m_\alpha \dot{\boldsymbol{r}}^{(\alpha)2} &= \frac{1}{2}\sum_\alpha m_\alpha(\dot{\boldsymbol{R}}+\boldsymbol{\Omega}\times\boldsymbol{b}^{(\alpha)})^2 \\ &= \frac{1}{2}\left(\sum_\alpha m_\alpha\right)\dot{\boldsymbol{R}}^2+\sum_\alpha m_\alpha\dot{\boldsymbol{R}}\cdot(\boldsymbol{\Omega}\times\boldsymbol{b}^{(\alpha)}) \\ &\quad +\frac{1}{2}\sum_\alpha m_\alpha(\boldsymbol{\Omega}\times\boldsymbol{b}^{(\alpha)})^2 \\ &= \frac{1}{2}M\dot{\boldsymbol{R}}^2+(\dot{\boldsymbol{R}}\times\boldsymbol{\Omega})\cdot\sum_\alpha m_\alpha\boldsymbol{b}^{(\alpha)} \\ &\quad +\frac{1}{2}\sum_\alpha m_\alpha[\boldsymbol{\Omega}^2\boldsymbol{b}^{(\alpha)2}-(\boldsymbol{\Omega}\cdot\boldsymbol{b}^{(\alpha)})^2]\ .\end{aligned} \tag{4.2.2}$$

Spatprod.

Wählen wir O_B im Schwerpunkt, so ist $\sum m_\alpha \boldsymbol{b}^{(\alpha)}=\boldsymbol{0}$, und somit verschwindet der zweite Summand. Dieser verschwindet auch, wenn $\dot{\boldsymbol{R}}=0$ ist, also beispielsweise, wenn der Körper im Punkte O_B festgehalten wird. Für den dritten Summanden können wir auch schreiben

$$\tfrac{1}{2}I_{mn}\Omega_m\Omega_n \quad \text{mit}$$

$$I_{mn}=\sum m_\alpha(\delta_{mn}\boldsymbol{b}^{(\alpha)2}-b_m^{(\alpha)}b_n^{(\alpha)})\ . \tag{4.2.3}$$

I_{mn} stellt eine symmetrische 3×3 Matrix dar, wir nennen I_{mn} die Komponenten des *Trägheitstensors*. (Anhang C gibt eine kurze Einführung in die Tensorrechnung.)

Die kinetische Energie des starren Körpers kann so beschrieben werden durch

$$T=T_\mathrm{S}+T_\mathrm{rot} \quad \text{mit} \tag{4.2.4}$$

$$T_\mathrm{S}=\tfrac{1}{2}M\dot{\boldsymbol{R}}^2\ , \tag{4.2.5}$$

der kinetischen Energie der Schwerpunktsbewegung, und

$$T_\mathrm{rot}=\tfrac{1}{2}I_{mn}\Omega_m\Omega_n\ , \tag{4.2.6}$$

der kinetischen Energie der Rotationsbewegung.

Für einen Körper mit kontinuierlich verteilter Masse gilt dann:

$$I_{mn}=\int d^3b\,\varrho(\boldsymbol{b})(\delta_{mn}\boldsymbol{b}^2-b_mb_n)\ . \tag{4.2.7}$$

Man beachte, daß die Komponenten von $\boldsymbol{\Omega}$ und $\boldsymbol{b}$ immer in Bezug auf ein körperfestes System gebildet sind.

Die kinetische Energie der Rotation hängt quadratisch von den Komponenten Ω_i der Winkelgeschwindigkeit bezüglich der Orthonormalbasis $\boldsymbol{e}_1,\boldsymbol{e}_2,\boldsymbol{e}_3$ ab. Mathematisch können wir diesen Sachverhalt genauer auch so formulieren (vgl. Anhang C):

Durch

$$\boldsymbol{I}(\boldsymbol{x},\boldsymbol{y})=I_{ij}x_iy_j$$

ist eine *Bilinearform* auf dem euklidischen Vektorraum V^3 definiert, die wir die *Trägheitsform* des starren Körpers nennen wollen. Die Rotationsenergie ist dann $E_\mathrm{rot}=\frac{1}{2}\boldsymbol{I}(\boldsymbol{\Omega},\boldsymbol{\Omega})$.

Offenbar ist $\boldsymbol{I}(\boldsymbol{x},\boldsymbol{y})=\boldsymbol{I}(\boldsymbol{y},\boldsymbol{x})$, die Trägheitsform ist also symmetrisch. Ferner ist $E_\mathrm{rot}\geq0$ für $\boldsymbol{\Omega}\neq\boldsymbol{0}$, also ist die Trägheitsform positiv semidefinit. $E_\mathrm{rot}=0$ für $\boldsymbol{\Omega}\neq\boldsymbol{0}$ ist hierbei nur möglich, wenn $\boldsymbol{\Omega}\times\boldsymbol{b}^{(\alpha)}=\boldsymbol{0}$ für alle α, wenn also die gesamte Masse auf einer Geraden in $\boldsymbol{\Omega}$-Richtung liegt. Von diesem entarteten Fall abgesehen, ist $\boldsymbol{I}$ sogar positiv definit.

Die Komponenten I_{ij} sind einfach gegeben durch

$$I_{ij}=\boldsymbol{I}(\boldsymbol{e}_i,\boldsymbol{e}_j)\ . \tag{4.2.8}$$

Noch eine andere Interpretation des Trägheitstensors ist möglich (vgl. Anhang C):

Man kann $\boldsymbol{I}$ auch als eine lineare Abbildung des euklidischen Vektorraumes V^3 in sich auffassen, die wir der Einfachheit halber auch mit $\boldsymbol{I}$ bezeichnen und wie folgt definieren:

$$\boldsymbol{I}\cdot\boldsymbol{x}=\boldsymbol{I}(\boldsymbol{x})=\boldsymbol{I}(x_i\boldsymbol{e}_i)=x_i\boldsymbol{I}\cdot\boldsymbol{e}_i=\boldsymbol{e}_jI_{ji}x_i\ .$$

I_{ij} ist also einfach die Matrix der Abbildung $\boldsymbol{I}$ bezüglich der Basis $\boldsymbol{e}_1,\boldsymbol{e}_2,\boldsymbol{e}_3$.

Der Zusammenhang zwischen der linearen Abbildung und der Bilinearform ist denkbar einfach:

$$\boldsymbol{I}(\boldsymbol{x},\boldsymbol{y})=\boldsymbol{x}\cdot(\boldsymbol{I}\cdot\boldsymbol{y})\ .$$

Wir werden im nächsten Abschnitt sehen, daß $\boldsymbol{I}\cdot\boldsymbol{\Omega}$ der Drehimpuls des starren Körpers ist. Die lineare Abbildung $\boldsymbol{I}$ nennen wir *Trägheitsabbildung*.

Anmerkungen

i) Wenn die Drehung um eine festgehaltene Achse in Richtung des Einheitsvektors $\boldsymbol{n}$ erfolgt, so ist

$$\boldsymbol{\Omega}=\Omega\boldsymbol{n} \quad \text{und}$$

$$T_\mathrm{rot}=\tfrac{1}{2}\Omega^2I_{ij}n_in_j=\tfrac{1}{2}I_{\boldsymbol{n}}\Omega^2\ . \tag{4.2.9}$$

Hierbei heißt $I_{\boldsymbol{n}}$ das *Trägheitsmoment* des starren Körpers bezüglich der Achse $\boldsymbol{n}$. Der Trägheitstensor bestimmt also die Trägheitsmomente für sämtliche Achsen durch den Punkt O_B.

ii) Die Komponenten von I sind ganz explizit gegeben durch

$$I_{11}=\sum_\alpha m_\alpha(b_2^{(\alpha)2}+b_3^{(\alpha)2}) ,$$

$$I_{22}=\sum_\alpha m_\alpha(b_1^{(\alpha)2}+b_3^{(\alpha)2}) ,$$

$$I_{33}=\sum_\alpha m_\alpha(b_1^{(\alpha)2}+b_2^{(\alpha)2}) ,$$

$$I_{jk}=-\sum_\alpha m_\alpha b_j^{(\alpha)} b_k^{(\alpha)} \quad \text{für} \quad j \neq k . \qquad (4.2.10)$$

Offenbar gilt stets

$$I_{11}+I_{22} \geq I_{33} ,$$

$$I_{22}+I_{33} \geq I_{11} ,$$

$$I_{33}+I_{11} \geq I_{22} .$$

Hierbei kann das Gleichgewichtszeichen nur im ausgearteten Falle stehen:

$$I_{11}+I_{22}=I_{33}$$

bedeutet

$$\sum_\alpha m_\alpha b_3^{(\alpha)2}=0 ,$$

ist also genau dann erfüllt, wenn $b_3^{(\alpha)}=0$ für alle α, wenn also alle Massen in der 1–2-Ebene liegen. Dann ist auch

$$I_{13}=I_{23}=0 .$$

iii) Allgemein hat der Trägheitstensor $\boldsymbol{I}$ sechs unabhängige Komponenten. Es ist nun eine wohlbekannte mathematische Tatsache, daß jede symmetrische Bilinearform auf einem euklidischen Vektorraum durch orthogonale Transformationen auf Diagonalform gebracht werden kann. Genauer lautet die Aussage für uns:

Es gibt ein orthonormales System von Vektoren $\boldsymbol{e}_1', \boldsymbol{e}_2', \boldsymbol{e}_3'$, *so daß*

$$\boldsymbol{I}(\boldsymbol{e}_i', \boldsymbol{e}_k')=0 \quad \text{für} \quad i \neq k . \qquad (4.2.11)$$

Die Vektoren $\boldsymbol{e}_i'$ *heißen Hauptträgheitsachsen des starren Körpers und die Größen*

$$I_i=\boldsymbol{I}(\boldsymbol{e}_i', \boldsymbol{e}_i') \geq 0 \qquad (4.2.12)$$

Hauptträgheitsmomente.

Es liegt nun nahe, die körperfeste Orthogonalbasis $\boldsymbol{e}_1, \boldsymbol{e}_2, \boldsymbol{e}_3$ mit den Hauptträgheitsachsen zusammenfallen zu lassen.

Dann hat die Matrix I_{ij} besonders einfache Gestalt:

$$I_{ij}=I_i\delta_{ij} \quad \text{(hier keine Summation)}$$

oder

$$I_{ij}=\begin{pmatrix} I_1 & 0 & 0 \\ 0 & I_2 & 0 \\ 0 & 0 & I_3 \end{pmatrix} . \qquad (4.2.13)$$

Wir wollen hier auf den Beweis der Existenz eines Orthonormalsystems von Hauptträgheitsachsen nicht eingehen; er wird zusammen mit einem Verfahren zur Bestimmung der Hauptachsen und -momente in Abschn. 6.4.1 gegeben werden.

In vielen Fällen ist die Lage der Hauptträgheitsachsen sofort durch die Symmetrie des starren Körpers bestimmt. So überlegt man sich leicht:

Wenn der starre Körper symmetrisch unter Spiegelung an einer Ebene mit der Normalen $\boldsymbol{n}$ ist, so ist $\boldsymbol{n}$ eine Hauptträgheitsachse. (Die beiden anderen Hauptachsen müssen dann in der Ebene liegen).

Nicht viel schwieriger ist folgende Aussage zu beweisen:

Wenn der starre Körper symmetrisch ist unter einer Drehung um die $\boldsymbol{n}$-Achse mit einem Winkel $0 \leq \alpha < 2\pi$, so ist $\boldsymbol{n}$ eine Hauptträgheitsachse. Die beiden anderen Achsen sind senkrecht zu $\boldsymbol{n}$. Ist der starre Körper invariant unter einer Drehung um $\alpha \neq \pi$ um die $\boldsymbol{n}$-Achse, so sind die Hauptträgheitsmomente zu den Achsen senkrecht auf $\boldsymbol{n}$ gleich.

iv) Die Menge

$$\mathscr{E}=\{\zeta \,|\, \boldsymbol{I}(\zeta,\zeta)=1\}$$

ist die Menge der Winkelgeschwindigkeiten zu einer festen Rotationsenergie. Wenn wir die Hauptträgheitsachsen als Basisvektoren wählen, hat $\mathscr{E}$ die Form

$$\mathscr{E}=\{\zeta_1, \zeta_2, \zeta_3 \,|\, I_1\zeta_1^2+I_2\zeta_2^2+I_3\zeta_3^2=1\} . \qquad (4.2.14)$$

Dies ist ein Ellipsoid, dessen Hauptachsen in die Richtungen $\boldsymbol{e}_1, \boldsymbol{e}_2, \boldsymbol{e}_3$ der Hauptträgheitsachsen fallen und die Längen

$$\frac{1}{\sqrt{I_1}}, \frac{1}{\sqrt{I_2}}, \frac{1}{\sqrt{I_3}}$$

haben. Es wird *Trägheitsellipsoid* genannt.

Das Trägheitsellipsoid ist mit dem starren Körper fest verbunden und wandert mit ihm durch den Raum. Wenn zwei Hauptträgheitsmomente gleich sind, etwa $I_1 = I_2$, so ist das Ellipsoid ein Rotationsellipsoid. Jede Achse senkrecht zu $\boldsymbol{e}_3$ ist dann Hauptträgheitsachse. Für $I_1 = I_2 = I_3$ ist das Trägheitsellipsoid eine Kugel und jede Richtung ist eine Hauptträgheitsachse.

v) Oft ist es bequemer, die Komponenten des Trägheitstensors bezüglich eines Koordinatensystems zu berechnen, dessen Ursprung nicht im Schwerpunkt liegt. Ist dieser Ursprung $O_{B'}$ und ist

$$\overrightarrow{O_B O_{B'}} = \boldsymbol{a} \qquad \text{so gilt also}$$

$$\boldsymbol{b}^{(\alpha)} = \boldsymbol{b}'^{(\alpha)} + \boldsymbol{a} \qquad \text{und}$$

$$\begin{aligned} I'_{mn} &= \sum_\alpha m_\alpha (\delta_{mn} \boldsymbol{b}'^{(\alpha)2} - b'^{(\alpha)}_m b'^{(\alpha)}_n) \\ &= \sum_\alpha m_\alpha [\delta_{mn} (\boldsymbol{b}^{(\alpha)} - \boldsymbol{a})^2 - (b^{(\alpha)}_m - a_m)(b^{(\alpha)}_n - a_n)] \\ &= I_{mn} + M(\delta_{mn} a^2 - a_m a_n) - 2\delta_{mn} \sum_\alpha m_\alpha \boldsymbol{b}^{(\alpha)} \cdot \boldsymbol{a} \\ &\quad + a_m \sum_\alpha m_\alpha b^{(\alpha)}_n + a_n \sum_\alpha m_\alpha b^{(\alpha)}_m \ . \end{aligned} \tag{4.2.15}$$

Die gemischten Terme verschwinden aber, wenn

$$\sum_\alpha m_\alpha \boldsymbol{b}^{(\alpha)} = 0 \ , \tag{4.2.16}$$

wenn also O_B Massenmittelpunkt ist.

Es folgt somit der Steinersche[1] *Satz:*

Sind I_{mn} die Komponenten des Trägheitstensors für ein körperfestes System, bei dem der Bezugspunkt im Schwerpunkt O_B liegt, so berechnen sich die Komponenten des Tensors bei einem körperfesten System mit dem Bezugspunkt $O_{B'}$ mit $\overrightarrow{O_B O_{B'}} = \boldsymbol{a}$ nach der Formel

$$I'_{mn} = I_{mn} + M(\delta_{mn} \boldsymbol{a}^2 - a_m a_n) \ . \tag{4.2.17}$$

Dabei ist der Zusatzterm $M(\delta_{mn} \boldsymbol{a}^2 - a_m a_n)$ gerade der Trägheitstensor eines Massenpunktes im Punkte $\boldsymbol{a}$.

Das Trägheitsmoment bezüglich einer Drehachse der Richtung $\boldsymbol{n}$ durch $O_{B'}$ ist

$$\begin{aligned} I'_{\boldsymbol{n}} &= I'_{ij} n_i n_j = I_{ij} n_i n_j + M(\delta_{ij} a^2 - a_i a_j) n_i n_j \\ &= I_{\boldsymbol{n}} + M(a^2 - (\boldsymbol{n} \cdot \boldsymbol{a})^2) = I_{\boldsymbol{n}} + M(\boldsymbol{n} \times \boldsymbol{a})^2 \\ &\geq I_{\boldsymbol{n}} \end{aligned} \tag{4.2.18}$$

Wir sehen:

Bei vorgegebener Richtung $\boldsymbol{n}$ der Drehachse ist das Trägheitsmoment minimal, wenn die Drehachse durch den Schwerpunkt geht.

Zur praktischen Berechnung von Trägheitstensoren verwendet man oft den Steinerschen Satz. Zusätzlich zerlegt man den starren Körper in geeignete Teilkörper, und addiert die Trägheitstensoren. Symmetrien der Körper sind hierbei auszunutzen.

4.2.2 Berechnung von Trägheitstensoren

Wir wollen als Beispiele einige Trägheitstensoren ausrechnen.

a) Ein Molekül mit zwei Atomen und der Achse in 3-Richtung (Abb. 4.2.1).

Sei der Schwerpunkt

$$\boldsymbol{R} = \frac{(m_1 \boldsymbol{r}^{(1)} + m_2 \boldsymbol{r}^{(2)})}{(m_1 + m_2)} = 0$$

mit

$$\boldsymbol{r}^{(i)} = (0, 0, z^{(i)}) \ .$$

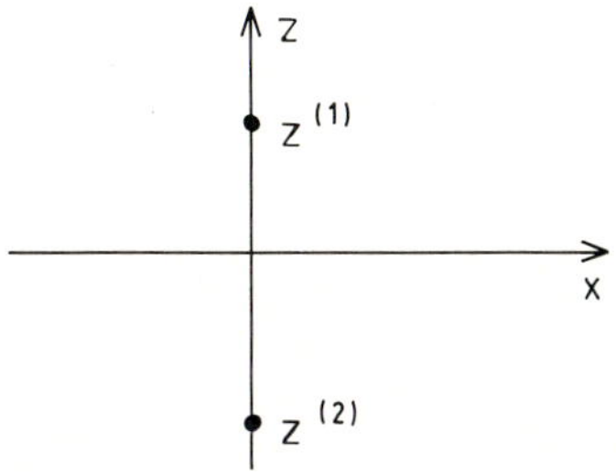

Abb. 4.2.1. Die Lage der Atome eines zweiatomigen Moleküls im körperfesten System

[1] *Steiner, Jakob* (∗1796 Utzendorf/Kanton Bern, †1863 Bern). Schweizer Mathematiker, seit 1834 Professor in Berlin. Sein Hauptarbeitsgebiet war die synthetische Geometrie.

Dann ist also, mit $z^{(1)} - z^{(2)} = l$, $M = m_1 + m_2$:

$$z^{(1)} = \frac{lm_2}{M}, \quad z^{(2)} = -\frac{lm_1}{M}.$$

Damit ist

$$I_{11} = \sum_\alpha m_\alpha z^{(\alpha)2}$$

$$= m_1 \frac{l^2 m_2^2}{M^2} + m_2 \frac{l^2 m_1^2}{M^2}$$

$$= \frac{l^2 m_1 m_2}{M} = l^2 \mu, \tag{4.2.19}$$

$$I_{22} = I_{11}, \tag{4.2.20}$$

$$I_{33} = \sum_\alpha m_\alpha (z^{(\alpha)2}\delta_{33} - z^{(\alpha)} z^{(\alpha)}) = 0, \tag{4.2.21}$$

$$I_{mn} = 0 \quad \text{für} \quad n \neq m. \tag{4.2.22}$$

Hauptträgheitsachsen sind x-, y-, und z-Achse. Die Massenverteilung liegt ganz in der z-Achse, also ist $I_{33} = 0$.

b) Eine homogene Kugel der Dichte ϱ mit dem Radius R.

Offenbar ist jede Achse Hauptträgheitsachse, und man berechnet

$$I_{11} + I_{22} + I_{33} = 3I_1$$

$$= 4\pi\varrho \int_0^R dr\, r^2 (2x_1^2 + 2x_2^2 + 2x_3^2)$$

$$= 8\pi\varrho \int_0^R dr\, r^4 = \frac{8\pi}{5} \varrho R^5. \tag{4.2.23}$$

Also

$$I_1 = I_2 = I_3 = \frac{8\pi}{15} \varrho R^5 = \frac{2}{5} MR^2, \tag{4.2.24}$$

wobei $M = 4\pi\varrho R^3/3$ die Masse der Kugel ist.

c) Homogener Quader mit den Kantenlängen a, b, c.

Die Kantenrichtungen geben die Richtungen der Hauptträgheitsachsen an.

Man berechnet

$$I_{11} = I_1 = \int_{-a/2}^{+a/2} dx \int_{-b/2}^{+b/2} dy \int_{-c/2}^{+c/2} dz\, \varrho (y^2 + z^2)$$

$$= a\varrho \int_{-b/2}^{+b/2} dy \left(cy^2 + \frac{c^3}{12} \right) = a\varrho \left(c \frac{b^3}{12} + b \frac{c^3}{12} \right)$$

$$= \varrho \frac{abc}{12} (b^2 + c^2) = \frac{M}{12} (b^2 + c^2) \tag{4.2.25}$$

und ebenso

$$I_2 = \frac{M}{12} (a^2 + c^2), \quad I_3 = \frac{M}{12} (a^2 + b^2). \tag{4.2.26}$$

d) Homogener Zylinder mit Radius R und Höhe H.

Die Achse des Zylinders ist Hauptträgheitsachse, die beiden anderen Hauptträgheitsmomente gehören zu Achsen senkrecht dazu und sind gleich. Wir wählen die Zylinderachse als 3-Richtung und führen Polarkoordinaten ein.

Dann ist $x_1 = r\cos\varphi$, $x_2 = r\sin\varphi$, $x_3 = z$ und das Volumenelement $d^3x = r\,dr\,d\varphi\,dz$ (vgl. Anhang F).

Somit

$$I_3 = \int d^3x\, \varrho (x_1^2 + x_2^2) = \varrho \int_{-H/2}^{+H/2} dz \int_0^{2\pi} d\varphi \int_0^R dr\, r^3$$

$$= 2\pi\varrho H \frac{R^4}{4} = M \frac{R^2}{2} \quad \text{mit} \quad M = \pi\varrho R^2 H, \tag{4.2.27}$$

$$I_2 = \int d^3x\, \varrho (x_1^2 + x_3^2)$$

$$= \varrho \int_{-H/2}^{+H/2} dz \int_0^{2\pi} d\varphi \int_0^R dr\, r (r^2 \cos^2\varphi + z^2)$$

$$= \varrho \int_{-H/2}^{+H/2} dz \int_0^{2\pi} d\varphi \left(\frac{R^4 \cos^2\varphi}{4} + R^2 \frac{z^2}{2} \right)$$

$$= \varrho\pi R^4 \frac{H}{4} + \varrho\pi R^2 \frac{H^3}{12} = \frac{M}{4} \left(R^2 + \frac{H^2}{3} \right). \tag{4.2.28}$$

Ferner ist $I_1 = I_2$. Für $H = R\sqrt{3}$ ist $I_1 = I_2 = I_3$ und alle Achsen sind Hauptträgheitsachsen.

e) Homogener Kreiskegel mit Radius R und Höhe H.

Die Achse des Kegels ist Hauptträgheitsachse, die beiden anderen Hauptträgheitsmomente sind gleich.

Wir berechnen den Trägheitstensor, indem wir den Ursprung zunächst in die Spitze des Kegels legen:

$$I_3' = \varrho \int_0^H dz \int_0^{(R/H)z} dr\, r \int_0^{2\pi} d\varphi\, r^2 = 2\pi\varrho \int_0^H dz \frac{R^4 z^4}{4H^4}$$

$$= \pi\varrho R^4 \frac{H}{10} = 3M \frac{R^2}{10} \quad \text{mit} \quad M = \pi\varrho R^2 \frac{H}{3} \ , \tag{4.2.29}$$

$$I_1' = \varrho \int_0^H dz \int_0^{(R/H)z} dr\, r \int_0^{2\pi} d\varphi (r^2 \sin^2\varphi + z^2)$$

$$= \frac{3}{20} MR^2 + 2\varrho\pi \int_0^H dz \frac{R^2 z^4}{2H^2}$$

$$= \frac{3}{20} MR^2 + \frac{3}{5} MH^2 \ . \tag{4.2.30}$$

Der Schwerpunkt liegt auf der Achse, $3H/4$ von der Spitze entfernt.

Also

$$I_3 = I_3' = \frac{3}{10} MR^2 \ ,$$

$$I_1 = I_2 = I_1' - \frac{9}{16} MH^2 = \frac{3}{20} M\left(R^2 + \frac{H^2}{4}\right) \ . \tag{4.2.31}$$

Es ist $I_1 = I_3$ für $H = 2R$.

4.3 Der Drehimpuls eines starren Körpers, die Eulerschen Kreiselgleichungen

Zunächst betrachten wir den Drehimpuls des starren Körpers in Bezug auf den körperfesten Bezugspunkt O_B.

Es ist

$$\begin{aligned} \boldsymbol{L} &= \sum_\alpha \boldsymbol{b}^{(\alpha)} \times m_\alpha \dot{\boldsymbol{b}}^{(\alpha)} \\ &= \sum_\alpha [\boldsymbol{b}^{(\alpha)} \times m_\alpha (\boldsymbol{\Omega} \times \boldsymbol{b}^{(\alpha)})] \\ &= \sum_\alpha m_\alpha [\boldsymbol{\Omega} \boldsymbol{b}^{(\alpha)2} - \boldsymbol{b}^{(\alpha)} (\boldsymbol{\Omega} \cdot \boldsymbol{b}^{(\alpha)})] \\ &= \boldsymbol{e}_j(t) I_{jk} \Omega_k(t) \\ &= L_j(t) \boldsymbol{e}_j(t) \end{aligned} \tag{4.3.1}$$

mit

$$L_j = I_{jk} \Omega_k \quad \text{d.h.} \quad \boldsymbol{L} = \boldsymbol{I} \cdot \boldsymbol{\Omega} \ . \tag{4.3.2}$$

Der Drehimpuls ist eine lineare Funktion der Winkelgeschwindigkeit, man erhält ihn durch Anwendung der Trägheitsabbildung $\boldsymbol{I}$ auf die Winkelgeschwindigkeit $\boldsymbol{\Omega}$.

Der Zusammenhang zwischen den Komponenten L_i des Drehimpulses und den Komponenten Ω_i der Winkelgeschwindigkeit bezüglich der körperfesten Basis $\boldsymbol{e}_1(t)$, $\boldsymbol{e}_2(t)$, $\boldsymbol{e}_3(t)$ nimmt besonders einfache Gestalt an, wenn man Hauptträgheitsrichtungen als körperfeste Basisvektoren wählt.

Dann ist

$$I_{ik} = \delta_{ik} I_i \quad \text{und} \quad L_i = I_i \Omega_i \quad \text{(hier keine Summation).}$$

Hieraus ist sofort ersichtlich, daß $\boldsymbol{L}$ und $\boldsymbol{\Omega}$ genau dann parallel sind, wenn $\boldsymbol{\Omega}$ in Richtung einer Hauptträgheitsachse zeigt.

Die Bewegungsgleichungen für einen starren Körper lauten nun

$$\frac{d\boldsymbol{P}}{dt} = \boldsymbol{K}^{(a)} \ , \qquad \frac{d\boldsymbol{L}}{dt} = \boldsymbol{N}^{(a)} \ , \tag{4.3.3}$$

wobei $\boldsymbol{P}$ *der gesamte Impuls,* $\boldsymbol{K}^{(a)}$ *die Summe aller äußeren Kräfte,* $\boldsymbol{L}$ *der Drehimpuls in Bezug auf den Schwerpunkt ist und* $\boldsymbol{N}^{(a)}$ *die Summe aller äußeren Drehmomente ist.*

Diese Bewegungsgleichungen gelten, wenn die inneren Kräfte sich aus der Impuls- und Drehimpulsbilanz herausheben, was der Fall ist, wenn die inneren Kräfte $\boldsymbol{K}_{\alpha\beta}$ dem Gesetz von actio und reactio genügen und in der Verbindungslinie der Punkte $\boldsymbol{r}^{(\alpha)}$ und $\boldsymbol{r}^{(\beta)}$ wirken. Für den starren Körper sind die inneren Kräfte Zwangskräfte und erfüllen diese Anforderungen.

Wir wollen die Bewegungsgleichungen herleiten:

Für die einzelnen Massenpunkte gelten die Bewegungsgleichungen

$$m_\alpha \ddot{\boldsymbol{r}}^{(\alpha)} = \boldsymbol{K}_\alpha^{(a)} + \boldsymbol{Z}_\alpha \ , \tag{4.3.4}$$

wobei $\boldsymbol{Z}_\alpha$ die Zwangskraft und $\boldsymbol{K}_\alpha^{(a)}$ die äußere Kraft auf den α-ten Massenpunkt sei. Nach dem d'Alembertschen Prinzip gilt nun

$$\sum_\alpha \boldsymbol{Z}_\alpha \cdot \delta \boldsymbol{r}^{(\alpha)} = 0 \ .$$

Mit

$$\delta \boldsymbol{r}^{(\alpha)} = \delta(\boldsymbol{R} + \boldsymbol{b}^{(\alpha)}) = \delta \boldsymbol{R} + \delta\zeta\, \boldsymbol{n} \times \boldsymbol{b}^{(\alpha)}$$

folgt

$$\sum_\alpha [m_\alpha(\ddot{\boldsymbol{R}}+\ddot{\boldsymbol{b}}^{(\alpha)})-\boldsymbol{K}_\alpha^{(a)}]\cdot(\delta\boldsymbol{R}+\delta\zeta\,\boldsymbol{n}\times\boldsymbol{b}^{(\alpha)})=0\ . \tag{4.3.5}$$

Da $\delta\boldsymbol{R}$ und $\delta\zeta\boldsymbol{n}$ unabhängig voneinander sind, erhält man so, wenn O_B im Schwerpunkt liegt:

$$\delta\boldsymbol{R}\cdot(M\ddot{\boldsymbol{R}}-\sum_\alpha \boldsymbol{K}_\alpha^{(a)})=0\ , \quad \text{da}$$

$$\sum_\alpha m_\alpha \boldsymbol{b}^{(\alpha)}=\boldsymbol{0}\ , \quad \text{also}$$

$$M\ddot{\boldsymbol{R}}=\sum_\alpha \boldsymbol{K}_\alpha^{(a)}=\boldsymbol{K}^{(a)}\ , \tag{4.3.6}$$

wie erwartet, und

$$\delta\zeta\,\boldsymbol{n}\cdot\sum_\alpha \boldsymbol{b}^{(\alpha)}\times[m_\alpha(\ddot{\boldsymbol{R}}+\ddot{\boldsymbol{b}}^{(\alpha)})-\boldsymbol{K}_\alpha^{(a)}]$$

$$=\delta\zeta\,\boldsymbol{n}\cdot\sum_\alpha(\boldsymbol{b}^{(\alpha)}\times m_\alpha\ddot{\boldsymbol{b}}^{(\alpha)}-\boldsymbol{b}^{(\alpha)}\times\boldsymbol{K}_\alpha^{(a)})$$

$$=\delta\zeta\,\boldsymbol{n}\cdot\left[\frac{d}{dt}\sum_\alpha(\boldsymbol{b}^{(\alpha)}\times m_\alpha\dot{\boldsymbol{b}}^{(\alpha)})-\boldsymbol{N}^{(a)}\right]=0\ ,$$

also auch

$$\frac{d}{dt}\boldsymbol{L}=\boldsymbol{N}^{(a)} \quad \text{mit} \tag{4.3.7}$$

$$\boldsymbol{N}^{(a)}=\sum_\alpha \boldsymbol{b}^{(\alpha)}\times\boldsymbol{K}_\alpha^{(a)}\ . \tag{4.3.8}$$

Mit

$$\boldsymbol{L}=I_{ik}\Omega_k\boldsymbol{e}_i(t)\ , \qquad \boldsymbol{N}^{(a)}=N_i^{(a)}\boldsymbol{e}_i(t)$$

lautet dann die Gleichung ausgeschrieben:

$$\frac{d}{dt}\boldsymbol{L}\equiv I_{ik}\dot{\Omega}_k\boldsymbol{e}_i(t)+I_{ik}\Omega_k\boldsymbol{\Omega}\times\boldsymbol{e}_i(t)$$

$$=N_i^{(a)}\boldsymbol{e}_i(t) \tag{4.3.9}$$

oder, nach Multiplikation mit $\boldsymbol{e}_j(t)$:

$$N_j^{(a)}=I_{jk}\dot{\Omega}_k+I_{ik}\Omega_k\Omega_m\varepsilon_{mij}\ . \tag{4.3.10}$$

Ist I_{ik} eine Diagonalmatrix, so gilt:

$$\begin{aligned} N_1^{(a)}&=I_1\dot{\Omega}_1+(I_3-I_2)\Omega_3\Omega_2\ ,\\ N_2^{(a)}&=I_2\dot{\Omega}_2+(I_1-I_3)\Omega_1\Omega_3\ ,\\ \mathrm{N}_3^{(a)}&=I_3\dot{\Omega}_3+(I_2-I_1)\Omega_2\Omega_1\ . \end{aligned} \tag{4.3.11}$$

Das sind die *Eulerschen Kreiselgleichungen* für die Größen $\Omega_i(t)$.

Anmerkungen

i) Für allgemeine äußere Kräfte und Drehmomente ist es schwierig, die Bewegungen eines starren Körpers durch Lösung der Eulerschen Bewegungsgleichung zu berechnen. Erstens nämlich ist aus $\boldsymbol{\Omega}(t)$ noch die Drehung $D(t)$ zu bestimmen, was im Prinzip durch Lösung der Differentialgleichung

$$\dot{D}_{ij}=D_{ik}\omega_{kj}=\varepsilon_{jkr}D_{ik}\Omega_r\ ,$$

die direkt aus der Definition von $\boldsymbol{\Omega}$ folgt, möglich ist. Zweitens aber sind die Komponenten von $\boldsymbol{K}^{(a)}$ und $\boldsymbol{N}^{(a)}$ bezüglich der körperfesten Achse i.a. erst bekannt, wenn $D(t)$ berechnet ist.

Dennoch sind unsere Bewegungsgleichungen fundamental und in einigen wichtigen Spezialfällen auch lösbar.

ii) Lösbar sind die Eulerschen Gleichungen z.B. für den kräftefreien starren Körper:

$$\dot{\boldsymbol{P}}=\boldsymbol{0}\ , \qquad \dot{\boldsymbol{L}}=\boldsymbol{0} \tag{4.3.12}$$

oder, explizit,

$$\begin{aligned} \dot{\Omega}_1+\frac{I_3-I_2}{I_1}\Omega_2\Omega_3&=0\ ,\\ \dot{\Omega}_2+\frac{I_1-I_3}{I_2}\Omega_3\Omega_1&=0\ ,\\ \dot{\Omega}_3+\frac{I_2-I_1}{I_3}\Omega_1\Omega_2&=0\ . \end{aligned} \tag{4.3.13}$$

Der Schwerpunkt bewegt sich geradlinig gleichförmig und soll hier als ruhend angenommen werden. Das System der Gleichungen (4.3.13) läßt sich, was wir hier nicht zeigen wollen, durch elliptische Funktionen lösen [4.1].

iii) Wir wollen uns hier auf andere Weise eine Vorstellung über die freie Bewegung des starren Körpers verschaffen.

Aus den Eulerschen Gleichungen mit $\boldsymbol{N}^{(a)}=\boldsymbol{0}$ folgt durch die Multiplikation mit Ω_i und Summation über i:

$$\sum_i I_i\dot{\Omega}_i\Omega_i=0=\frac{d}{dt}\left(\frac{1}{2}\sum_i I_i\Omega_i^2\right)=\dot{T}_{\text{rot}}\ . \tag{4.3.14}$$

Die Rotationsenergie ist also, wie zu erwarten, eine erhaltene Größe. Ferner ist wegen $\dot{\boldsymbol{L}}=0$ auch

$$\frac{d}{dt}\boldsymbol{L}^2=0 \ . \tag{4.3.15}$$

Ausgedrückt durch die Komponenten L_i von $\boldsymbol{L}$ im körperfesten Bezugssystem lauten die beiden Erhaltungsgrößen

$$\boldsymbol{L}^2=L_1^2+L_2^2+L_3^2 \ , \tag{4.3.16a}$$

$$T_{\text{rot}}=\frac{L_1^2}{2I_1}+\frac{L_2^2}{2I_2}+\frac{L_3^2}{2I_3} \ . \tag{4.3.16b}$$

Dies ist eine Kugel vom Radius L^2 und ein Ellipsoid, dessen Achsen in Richtung der Hauptträgheitsachsen zeigen und die Längen $a_i=(2I_iT_{\text{rot}})^{1/2}$ haben.

Die Zeitabhängigkeit von $L_i(t)$ muß also so sein, daß der Vektor (L_1, L_2, L_3) sich längs der Schnittlinien von Kugel und Ellipsoid bewegt (Abb. 4.3.1).

Aus der Abbildung geht hervor, daß die Drehung um die Achsen des größten und kleinsten Trägheitsmoments stabil und um die Achse des mittleren Trägheitsmomentes instabil ist.

Im *raumfesten* Bezugssystem kann man sich die Bewegung des starren Körpers durch Verfolgung der Bewegung des Trägheitsellipsoids veranschaulichen. Diese Beschreibung der freien Bewegung des starren Körpers geht auf *Poinsot*[2] (1834) zurück.

[2] *Poinsot, Louis* (∗1777 Paris, †1859 Paris). Französischer Mathematiker. Hauptarbeitsgebiet Mechanik, insbesondere Kreiseltheorie. Er schuf den Begriff „Kräftepaar".

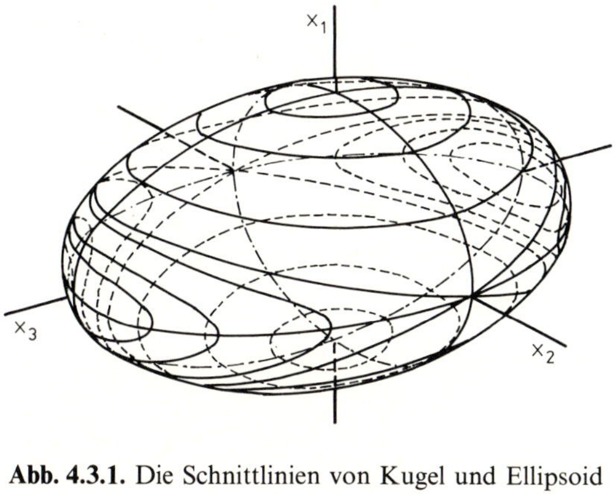

Abb. 4.3.1. Die Schnittlinien von Kugel und Ellipsoid

$\boldsymbol{L}$ ist zeitunabhängig und zeigt stets in Richtung der Normalen des Trägheitsellipsoids im Punkte $\boldsymbol{\zeta}=\boldsymbol{\Omega}/(2T_{\text{rot}})^{1/2}$, denn die Normale an die Fläche, die durch die Gleichung

$$F(\zeta_1, \zeta_2, \zeta_3)=I_1\zeta_1^2+I_2\zeta_2^2+I_3\zeta_3^2-1=0$$

beschrieben wird, ist gegeben durch

$$\left(\frac{\partial F}{\partial \zeta_1}, \frac{\partial F}{\partial \zeta_2}, \frac{\partial F}{\partial \zeta_3}\right)=2(I_1\zeta_1,\, I_2\zeta_2,\, I_3\zeta_3)\sim\boldsymbol{L} \ .$$

Das Trägheitsellipsoid bewegt sich also so, daß die Normale im Punkte $\boldsymbol{\zeta}$ stets senkrecht auf einer festen Ebene steht (Abb. 4.3.2).

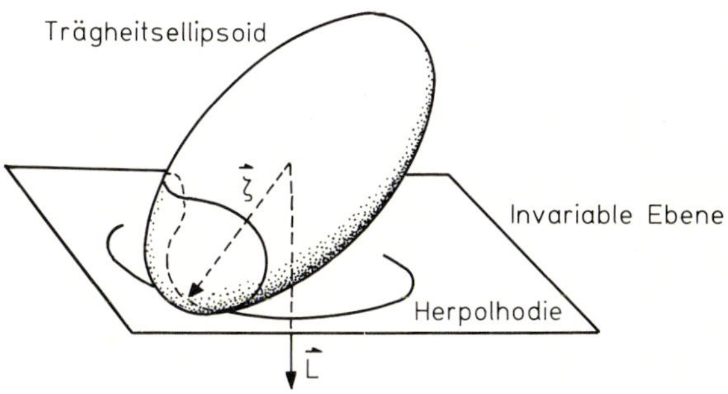

Abb. 4.3.2. Zur Poinsotschen Beschreibung der Bewegung eines kräftefreien Kreisels

Die Höhe des Mittelpunktes des Trägheitsellipsoids über der Ebene ist

$$h=\boldsymbol{\zeta}\cdot\frac{\boldsymbol{L}}{L}=\frac{\boldsymbol{\Omega}\cdot\boldsymbol{L}}{L\sqrt{2T_{\text{rot}}}}=\frac{\sqrt{2T_{\text{rot}}}}{L} \ , \tag{4.3.17}$$

da $\boldsymbol{\Omega}\cdot\boldsymbol{L}=2T_{\text{rot}}$ ist, so daß also h zeitunabhängig ist.

Schließlich zeigt $\boldsymbol{\zeta}$ in Richtung der momentanen Drehachse, so daß der Auflagepunkt des Ellipsoids auf der Ebene momentan ruht.

Das Trägheitsellipsoid rollt also, ohne zu gleiten, mit festgehaltenem Mittelpunkt auf einer festen Ebene mit der Normalenrichtung $\boldsymbol{L}$. Insbesondere wandern die Hauptträgheitsachsen und der Vektor $\boldsymbol{\Omega}$ um die Richtung $\boldsymbol{L}$.

Ein wichtiger Spezialfall ist der *symmetrische Kreisel*, für welchen $I_1=I_2$ gilt. In diesem Falle ist das Trägheitsellipsoid ein Rotationsellipsoid. Seine 3-Achse soll *Figurenachse* des symmetrischen Kreisels heißen.

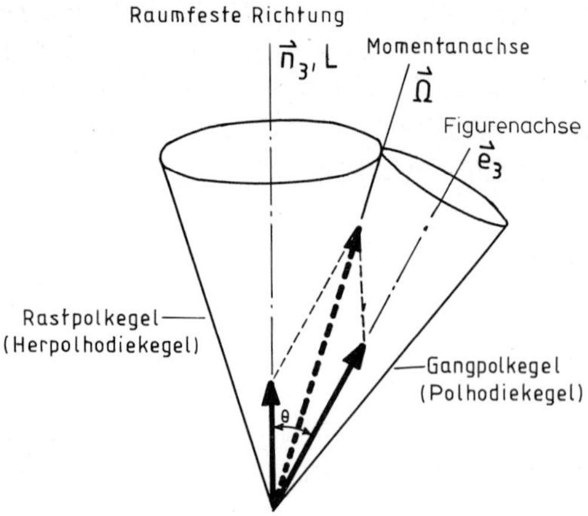

Abb. 4.3.3. Die Nutation beim freien symmetrischen Kreisel

Der Vektor $\boldsymbol{\Omega}$ läuft, wie auch aus Abb. 4.3.3 ersichtlich, auf einem raumfesten Kreiskegel mit der Achse $\boldsymbol{L}$ und dem Mittelpunkt des Trägheitsellipsoids als Spitze ab, dem sogenanntem *Rastpolkegel* (oder Herpolhodie[3]). Auf dem Rastpolkegel rollt ein weiterer Kegel mit derselben Spitze und der Figurenachse $\boldsymbol{e}_3$ als Achse ab, der *Gangpolkegel* (oder Polhodie[3]). Die momentane Berührungslinie der beiden Kegel hat die Richtung des Vektors $\boldsymbol{\Omega}$. Die Figurenachse läuft dabei auch auf dem Mantel eines Kegels, der in der Literatur auch oft Präzessionskegel genannt wird. Diese kreisende Bewegung von Figurenachse und Drehachse um die feste, durch den Vektor $\boldsymbol{L}$gegebene Achse wird auch oft (reguläre) Präzession genannt. Wir ziehen es vor, diese Bewegung *Nutation*[4] zu nennen, um das Wort Präzession für eine kreisende Bewegung von $\boldsymbol{L}$ um die raumfeste Achse (z.B. die Vertikale) zu reservieren (siehe auch Abschn. 4.4. über den schweren Kreisel).

iv) Die Eulerschen Kreiselgleichungen lauten für den freien symmetrischen Kreisel

$$\dot{\Omega}_3=0\ , \quad \dot{\Omega}_1+A\Omega_2=0\ , \quad \dot{\Omega}_2-A\Omega_1=0 \quad (4.3.18)$$

mit

$$A=\frac{I_3-I_1}{I_1}\,\Omega_3\ .$$

[3] Polhodie, Herpolhodie (griech.) von hodós: Weg und hérpein: kriechen, langsam voranschreiten. Weg des Poles (Gangpolkegel), Weg des langsamen Pols (Rastpolkegel).

[4] Nutation (lat.) von nutare, nicken: Nickbewegung.

Hieraus folgt sofort

$$\frac{d}{dt}\,(\Omega_1^2+\Omega_2^2)=0 \qquad \text{und}$$

$$\frac{d}{dt}\,\boldsymbol{\Omega}^2=0 \qquad \text{sowie} \qquad (4.3.19)$$

$$\Omega_1=B\cos At\ , \qquad \Omega_2=B\sin At\ .$$

Weiter folgt (auch schon z.T. in (iii) bemerkt):

a) Der Vektor der momentanen Winkelgeschwindigkeit $\boldsymbol{\Omega}$ läuft im körperfesten System auf einem Kegelmantel gleichförmig um die Figurenachse $\boldsymbol{e}_3$. Die Winkelgeschwindigkeit dieser Umlaufbewegung ist A.

b) Die Vektoren $\boldsymbol{L}$, $\boldsymbol{e}_3(t)$ und $\boldsymbol{\Omega}$ liegen stets in einer Ebene, die durch $\boldsymbol{e}_3(t)$ und

$$\boldsymbol{\Omega}_\perp=\Omega_1\boldsymbol{e}_1(t)+\Omega_2\boldsymbol{e}_2(t)$$

aufgespannt wird und die feste Richtung $\boldsymbol{L}$ enthält, denn es ist

$$\begin{aligned}\boldsymbol{L}&=I_1[\Omega_1\boldsymbol{e}_1(t)+\Omega_2\boldsymbol{e}_2(t)]+I_3\Omega_3\boldsymbol{e}_3(t)\\ &=I_1\boldsymbol{\Omega}_\perp+I_3\Omega_3\boldsymbol{e}_3(t)\ . \end{aligned} \qquad (4.3.20)$$

c) Die Nutationsbewegung von $\boldsymbol{\Omega}$ und $\boldsymbol{e}_3$ geschieht gleichförmig auf Kegelmänteln um $\boldsymbol{L}$.

Die Winkelgeschwindigkeit Ω_N dieser Nutation ergibt sich durch Zerlegung von $\boldsymbol{\Omega}$ in Komponenten in Richtung von $\boldsymbol{e}_3$ und $\boldsymbol{L}$: Aus

$$\boldsymbol{L}=I_1\boldsymbol{\Omega}_\perp+I_3\Omega_3\boldsymbol{e}_3(t) \qquad \text{folgt}$$

$$\begin{aligned}\boldsymbol{\Omega}&=\Omega_3\boldsymbol{e}_3(t)+\boldsymbol{\Omega}_\perp=\Omega_3\boldsymbol{e}_3(t)+\frac{[\boldsymbol{L}-I_3\Omega_3\boldsymbol{e}_3(t)]}{I_1}\\ &=\boldsymbol{e}_3(t)\,\Omega_3\,\frac{I_1-I_3}{I_1}+\frac{\boldsymbol{L}}{I_1}\ . \end{aligned} \qquad (4.3.21)$$

Die Komponente in $\boldsymbol{e}_3$-Richtung hat wieder die Größe $|A|$, und wir sehen, daß

$$\Omega_N=\frac{L}{I_1} \qquad (4.3.22)$$

ist.

v) Für ein System von N starren Körpern ergeben sich Bewegungsgleichungen

$$\begin{aligned} \dot{\boldsymbol{L}}_\alpha &= \boldsymbol{N}_\alpha^{(a)} + \boldsymbol{N}_\alpha^z \ , \\ \dot{\boldsymbol{P}}_\alpha &= \boldsymbol{K}_\alpha^{(a)} + \boldsymbol{Z}_\alpha \ , \qquad \alpha = 1, \ldots, N \end{aligned} \tag{4.3.23}$$

wobei $\boldsymbol{Z}_\alpha$ die Zwangskräfte und $\boldsymbol{K}_\alpha^{(a)}$ die äußeren Kräfte sind, die noch auf jeden starren Körper wirken können und $\boldsymbol{N}_\alpha^z$ und $\boldsymbol{N}_\alpha^{(a)}$ die zugehörigen Drehmomente sind.

Solche Zwangskräfte und dazu gehörende Drehmomente müssen z. B. dann wirken, wenn eine vorgegebene Winkelgeschwindigkeit in Betrag und Richtung (der Drehachse) beibehalten werden soll.

Betrachten wir dazu einen starren Körper, der um eine fest vorgegebene Achse mit der Richtung $\boldsymbol{n}$ und der festen Winkelgeschwindigkeit $\boldsymbol{\Omega}$ rotiert.

Wenn wir der Einfachheit halber die übrigen äußeren Kräfte unberücksichtigt lassen, so gilt für die Zwangskraft

$$\boldsymbol{Z} = \dot{\boldsymbol{P}} \ . \tag{4.3.24}$$

Die Zwangskraft ist also durch die Beschleunigung des Schwerpunktes gegeben, die leicht zu berechnen ist, da der Schwerpunkt gleichförmig auf einer Kreisbahn um die Achse läuft. Die gesamte Zwangskraft verschwindet genau dann, wenn die Drehachse durch den Schwerpunkt geht. Man spricht von einer *statischen Unwucht*, wenn der Schwerpunkt nicht auf der Drehachse liegt und das Lager der Drehachse also eine Zwangskraft ausüben muß, um die Drehachse beizubehalten. Die „reactio" der Zwangskraft wirkt dann auf das Lager.

Da die Drehachse fest mit dem starren Körper verbunden ist und $\boldsymbol{\Omega} = \text{const}$, so gilt weiter

$$\dot{\boldsymbol{L}} = I_{ik}\Omega_k \dot{\boldsymbol{e}}_i = I_{ik}\Omega_k \, \boldsymbol{\Omega} \times \boldsymbol{e}_i = \boldsymbol{\Omega} \times \boldsymbol{L} \ , \qquad \text{also} \tag{4.3.25}$$

$$\boldsymbol{N}^z = \dot{\boldsymbol{L}} = \boldsymbol{\Omega} \times \boldsymbol{L} \ . \tag{4.3.26}$$

Somit gilt genau dann $\boldsymbol{N}^z = \boldsymbol{0}$, wenn $\boldsymbol{\Omega}$ parallel zu $\boldsymbol{L}$ ist, d. h. wenn die Drehung um eine Hauptträgheitsachse erfolgt. In jedem anderen Fall tritt eine weitere Belastung der Lager der Drehachse auf, die man auch *dynamische Unwucht* nennt.

Die Belastung der Lager durch die Unwucht führt bei allen sich um eine feste Achse drehenden starren Körpern (Autorädern, Werkzeugmaschinen) auf die Dauer zu Schäden, so daß durch ein *Auswuchten* dafür zu sorgen ist, daß der Schwerpunkt auf der Drehachse liegt und eine Hauptträgheitsachse mit der Drehachse übereinstimmt. Dabei hat man die Massenverteilung z. B. durch Ausbohren zu ändern.

4.4 Die Bewegungsgleichungen für die Eulerschen Winkel

Die Eulerschen Kreiselgleichungen verlangen die Kenntnis der Komponenten (im körperfesten Koordinatensystem) des Drehmomentes der äußeren Kräfte auf die Massenelemente. Diese Komponenten sind nicht immer leicht zu berechnen. Außerdem möchte man eigentlich nicht nur $\boldsymbol{\Omega}(t)$ kennen, sondern wirklich $\varphi(t)$, $\theta(t)$, $\psi(t)$, d.h. die momentane Lage des starren Körpers. Aus der kinetischen Energie des starren Körpers

$$T = \tfrac{1}{2} M\dot{\boldsymbol{R}}^2 + \tfrac{1}{2} I_{ij}\Omega_i\Omega_j$$

und der Kenntnis der Abhängigkeit der Ω_k von den Eulerschen Winkeln und deren zeitlichen Ableitungen läßt sich aber nun sofort die Lagrange-Funktion

$$\begin{aligned} L &= L(\boldsymbol{R}, \dot{\boldsymbol{R}}, \varphi, \theta, \psi, \dot{\varphi}, \dot{\theta}, \dot{\psi}) \\ &= \tfrac{1}{2} M\dot{\boldsymbol{R}}^2 + \tfrac{1}{2} I_1 (\dot{\theta} \cos\psi + \dot{\varphi} \sin\theta \sin\psi)^2 \\ &\quad + \tfrac{1}{2} I_2 (-\dot{\theta} \sin\psi + \dot{\varphi} \sin\theta \cos\psi)^2 \\ &\quad + \tfrac{1}{2} I_3 (\dot{\psi} + \dot{\varphi} \cos\theta)^2 - U(\boldsymbol{R}, \varphi, \theta, \psi) \end{aligned} \tag{4.4.1}$$

formulieren und damit kann man die Lagrangeschen Gleichungen aufstellen.

Wir wollen das hier an einem wichtigen und interessanten Beispiel demonstrieren, dem in einem Punkt gelagerten symmetrischen Kreisel, der sich im Schwerefeld der Erde befindet. Der Ursprung des körperfesten Systems O_B' sei in der Spitze des Kreisels, die fest im Ursprung des raumfesten Systems liege (Abb. 4.4.1). Dann gilt für die kinetische Energie, wenn $I_1' = I_2'$ und I_3' die Hauptträgheitsmomente bezüglich O_B' sind:

$$T = \tfrac{1}{2} I_1' (\dot{\theta}^2 + \dot{\varphi}^2 \sin^2\theta) + \tfrac{1}{2} I_3' (\dot{\psi} + \dot{\varphi} \sin\theta)^2 \ , \tag{4.4.2}$$

wobei wir $\boldsymbol{e}_3(t)$ als Figurenachse gewählt haben.

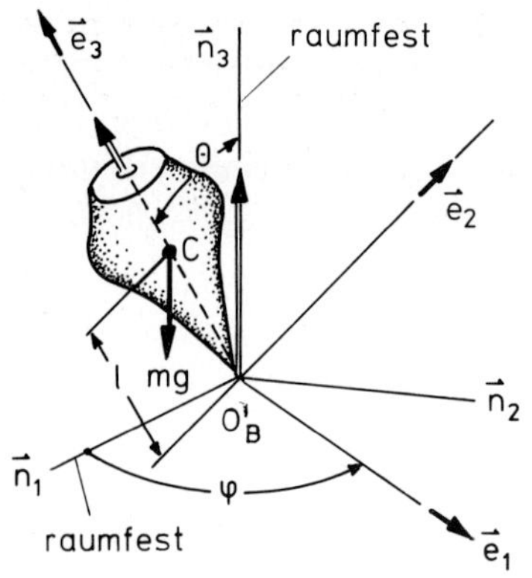

Abb. 4.4.1. Der schwere symmetrische Kreisel

Um die potentielle Energie zu berechnen, betrachten wir die äußere Kraft, die auf ein Massenelement wirkt. Es ist

$$\boldsymbol{K}_\alpha^{(a)} = m_\alpha \boldsymbol{g}$$

und so ist nach (4.3.6)

$$\boldsymbol{K}^{(a)} = M\boldsymbol{g} \quad \text{oder}$$

$$U = -\sum_\alpha m_\alpha \boldsymbol{g}\cdot\boldsymbol{b}^{(\alpha)} = -\boldsymbol{g}\cdot\sum_\alpha m_\alpha \boldsymbol{b}^{(\alpha)} = -M\boldsymbol{g}\cdot\boldsymbol{R} \;, \tag{4.4.3}$$

wobei nun $\boldsymbol{R}$, der Ortsvektor zum Schwerpunkt, auf der $\boldsymbol{e}_3$-Achse liegt, während $-\boldsymbol{g}$ in $\boldsymbol{n}_3$-Richtung zeige. Mit M sei wieder die Gesamtmasse des Kreisels bezeichnet.

Da $\sphericalangle(\boldsymbol{n}_3, \boldsymbol{e}_3) = \theta$ ist, gilt für die potentielle Energie

$$U = Mgl\cos\theta \;, \tag{4.4.4}$$

und $l = |\boldsymbol{R}|$ ist ein fester Abstand von O'_B. Damit erhält man für die Lagrange-Funktion

$$L = L(\theta, \dot\varphi, \dot\theta, \dot\psi) = \tfrac{1}{2} I'_1(\dot\theta^2 + \dot\varphi^2 \sin^2\theta)$$

$$+\tfrac{1}{2} I'_3(\dot\psi + \dot\varphi\cos\theta)^2 - Mgl\cos\theta \;. \tag{4.4.5}$$

Wir sehen sofort:

Die Lagrange-Funktion L hängt nicht von φ und ψ ab. Somit ist

$$p_\psi = \frac{\partial L}{\partial\dot\psi} = I'_3(\dot\psi + \dot\varphi\cos\theta) \tag{4.4.6}$$

eine erhaltene Größe. Ebenso ist

$$p_\varphi = \frac{\partial L}{\partial\dot\varphi} = I'_1 \sin^2\theta\,\dot\varphi + I'_3\cos\theta(\dot\psi + \dot\varphi\cos\theta) \tag{4.4.7}$$

eine erhaltene Größe.

Die Tatsache, daß die verallgemeinerten Impulse p_ψ und p_φ erhaltene Größen sind, folgt natürlich auch sofort aus der Invarianz der Lagrange-Funktion gegenüber den Drehungen um die raumfeste bzw. körperfeste 3-Achse. Man kann leicht zeigen, daß p_ψ und p_φ die Komponenten des Drehimpulses $\boldsymbol{L}$ in $\boldsymbol{e}_3$- bzw. $\boldsymbol{n}_3$-Richtung sind.

Indem wir

$$p_\psi = I'_3(\dot\psi + \dot\varphi\cos\theta)$$

in p_φ einsetzen, erhalten wir

$$p_\varphi = I'_1\dot\varphi\sin^2\theta + p_\psi\cos\theta \;,$$

also ergibt sich

$$\dot\varphi = \frac{p_\varphi - p_\psi\cos\theta}{I'_1\sin^2\theta} \quad \text{und} \tag{4.4.8}$$

$$\dot\psi = \frac{p_\psi}{I'_3} - \dot\varphi\cos\theta \;. \tag{4.4.9}$$

Da schließlich die Lagrange-Funktion nicht explizit von der Zeit abhängt, ist die Energie $E = T + U$ auch eine erhaltene Größe.

$$E = T + U = \frac{I'_1}{2}(\dot\theta^2 + \dot\varphi^2\sin^2\theta)$$

$$+\frac{I'_3}{2}(\dot\varphi\cos\theta + \dot\psi)^2 + Mgl\cos\theta \;.$$

Hier setzen wir nun $\dot\varphi$ und $\dot\psi$ aus (4.4.8, 9) ein. Es ergibt sich dann

$$E = \frac{I'_1}{2}\dot\theta^2 + \frac{(p_\varphi - p_\psi\cos\theta)^2}{2I'_1\sin^2\theta}$$

$$+\frac{p_\psi^2}{2I'_3} + Mgl\cos\theta \tag{4.4.10}$$

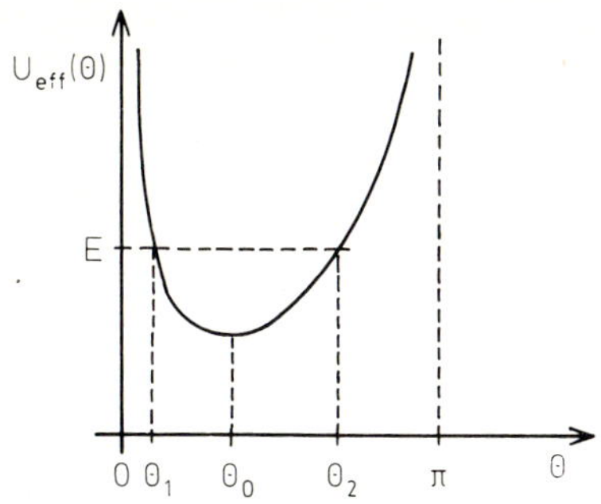

Abb. 4.4.2. Das effektive Potential als Funktion des Winkels θ

oder

$$E=\frac{I_1'}{2}\,\dot{\theta}^2+U_{\mathrm{eff}}(\theta) \quad \text{mit} \tag{4.4.11}$$

$$U_{\mathrm{eff}}(\theta)=\frac{(p_\varphi-p_\psi\cos\theta)^2}{2I_1'\sin^2\theta}+\frac{p_\psi^2}{2I_3'}+Mgl\cos\theta\ . \tag{4.4.12}$$

Wir sind also wieder einmal bei einem effektiven eindimensionalen Problem angelangt, und hiermit ist die Aufgabe, die Bewegung des symmetrischen Kreisels im Schwerefeld zu bestimmen, im Prinzip gelöst. Zunächst berechnet man in bekannter Weise $\theta(t)$ aus (4.4.11) (in diesen Fällen enthält die Lösung elliptische Funktionen), und dann findet man $\varphi(t)$ und $\psi(t)$ aus (4.4.8, 9) durch Integration. In anderen Worten: Unser Problem ist vollständig integrabel.

Man kann die Bewegung des symmetrischen Kreisels recht gut qualitativ ohne Rechnung verstehen.

Das effektive Potential $U_{\mathrm{eff}}(\theta)$ hat etwa die in Abb. 4.4.2 abgebildete Gestalt.

Die Pole bei $\theta=0$ und $\theta=\pi$ rühren von dem Nenner $\sin^2\theta$ her. Einer davon fehlt, wenn $p_\varphi=\pm p_\psi$ ist.

Der Neigungswinkel θ der Figurenachse gegen die Senkrechte oszilliert zwischen den Werten θ_1 und θ_2, die durch E, p_φ und p_ψ bestimmt sind. Da das Drehmoment

$$\boldsymbol{N}^{(a)}=\sum_\alpha \boldsymbol{b}^{(\alpha)}\times m_\alpha\boldsymbol{g}=-Mgl\,\boldsymbol{e}_3\times\boldsymbol{n}_3$$

auf den Kreisel wirkt, und dieses senkrecht auf der von der Figurenachse $\boldsymbol{e}_3$ und Vertikalen $\boldsymbol{n}_3$ aufgespannten Ebene steht, ändert sich $\boldsymbol{L}$ auch in diese Richtung. Man erhält somit für die Bewegung der Figurenachse um die Vertikale $\boldsymbol{n}_3$ die in Abb. 4.4.3 dargestellten Möglichkeiten.

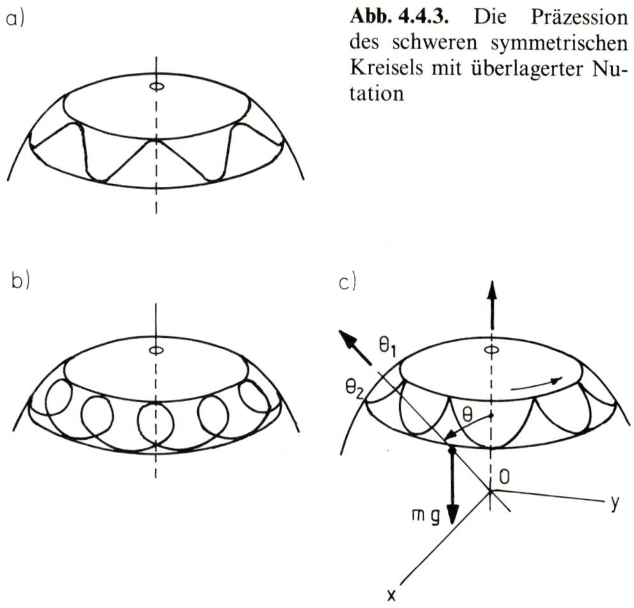

Abb. 4.4.3. Die Präzession des schweren symmetrischen Kreisels mit überlagerter Nutation

Die Bewegung des Kreisels setzt sich aus drei Anteilen zusammen:

i) Einer Bewegung des Drehimpulsvektors $\boldsymbol{L}$ um die Vertikale, die *Präzessionsbewegung*[5] genannt wird.
ii) Einer Nutationsbewegung der Figurenachse $\boldsymbol{e}_3$ um $\boldsymbol{L}$. Sie äußert sich u.a. in der Zeitabhängigkeit von $\theta(t)$.
iii) Einer Drehbewegung $\psi(t)$ des Kreisels um seine Figurenachse.

Ob die wellenförmige Bewegung aus Abb. 4.4.3a, die verschlungene Bewegung aus Abb. 4.4.3b oder die girlandenförmige Bewegung Abb. 4.4.3c vorliegt, hängt davon ab, ob sich das Vorzeichen von

$$\dot{\varphi}=\frac{p_\varphi-p_\psi\cos\theta}{I_1'\sin^2\theta} \tag{4.4.13}$$

während der Bewegung ändert oder nicht. Dies ist durch die Werte von p_φ, p_ψ und E entschieden. Der Fall (c) ist hierbei der Grenzfall zwischen (a) und (b).

Wenn E gerade dem Minimum θ_0 von U_{eff} entspricht, dann ist $\theta(t)=\theta_0=\mathrm{const}$, die Neigung θ ändert

[5] Präzession (lat.) von praecedere vorrücken: die Wanderbewegung der Kreiselachse unter dem Einfluß eines äußeren Drehmomentes.

sich nicht und $\dot{\varphi}$ und $\dot{\psi}$ sind konstant. Dies ist der Spezialfall der sogenannten *regulären Präzession*, bei der die Figurenachse und mit ihr $\boldsymbol{L}$ und $\boldsymbol{\Omega}$ gleichförmig auf einem Kreiskegel um $\boldsymbol{n}_3$ laufen. Der Drehimpulsvektor $\boldsymbol{L}$ hat einen konstanten Betrag, wie man aus der Form

$$E=\frac{L_3^2}{2I_3}+\frac{(L_1^2+L_2^2)}{2I_1}+U(\theta_0) \tag{4.4.14}$$

für die Energie ersieht und $\boldsymbol{L}$ liegt nun auch immer in der von $\boldsymbol{e}_3$ und $\boldsymbol{n}_3$ aufgespannten Ebene.

Anmerkungen

i) Für den freien symmetrischen Kreisel ist $l=0$ (Lagerung im Schwerpunkt) und $I_1'=I_1$, $I_3'=I_3$. Der Schwerkraftterm fehlt im effektiven Potential U_{eff}.

Der Drehimpuls $\boldsymbol{L}$ ist erhalten, und wir lassen o.B.d.A. die $\boldsymbol{n}_3$-Richtung mit der $\boldsymbol{L}$-Richtung zusammenfallen. Das bedeutet $p_\varphi=L$ und $p_\psi=L\cos\theta$, da p_ψ die $\boldsymbol{e}_3$-Komponente von $\boldsymbol{L}$ ist. Da p_φ und p_ψ erhalten sind, ist $\theta(t)=\theta_0$ zeitunabhängig und durch

$$p_\psi-p_\varphi\cos\theta_0=0$$

gegeben. Damit ergibt sich dann

$$\dot{\varphi}=\frac{p_\varphi-p_\psi\cos\theta_0}{I_1\sin^2\theta_0}=\frac{L}{I_1}\,\frac{1-\cos^2\theta_0}{\sin^2\theta_0}=\frac{L}{I_1}$$

und

$$\dot{\psi}=\frac{p_\psi}{I_3}-\dot{\varphi}\cos\theta_0=L_3\left(\frac{1}{I_3}-\frac{1}{I_1}\right)=\frac{I_1-I_3}{I_1}\,\Omega_3 \;.$$

Es stimmt also wirklich $\dot{\varphi}$ mit der Nutationsfrequenz des freien symmetrischen Kreisels $\Omega_{\text{N}}=L/I_1$ überein, und $\dot{\psi}$ ist bis auf ein Vorzeichen (das man sich ebenfalls überlegen kann) mit der Umlauffrequenz A von $\boldsymbol{\Omega}$ um $\boldsymbol{e}_3$ im körperfesten System identisch.

ii) Wir betrachten nun wieder den symmetrischen Kreisel im Schwerefeld. Unser Ziel ist es, für eine fast reguläre Präzession die Präzessionsfrequenz Ω_{P} zu bestimmen.

Wir beschränken uns auf den sogenannten *schnellen Kreisel*, bei dem die Rotationsenergie viel größer ist als die potentielle Energie im Schwerefeld.

Bei nahezu regulärer Präzession zeigt $\boldsymbol{L}$ fast genau in Richtung der Figurenachse, so daß $L\approx p_\psi$ und $p_\varphi\approx L\cos\theta$. Wenn wir den Gravitationsterm $Mgl\cos\theta$ in U_{eff} fortlassen, ist in der Tat θ_0 mit $p_\varphi-p_\psi\cos\theta_0=0$ ein Minimum des Potentials. Der Gravitationsterm in U_{eff} ist nun klein im Vergleich zu den beiden anderen Beiträgen, und durch ihn wird sich das Minimum θ_0 von U_{eff} nur ein wenig verschieben. Wir setzen daher $\theta=\theta_0+x$ mit $x\ll 1$ und suchen das Minimum $\theta_1=\theta_0+x_1$ auf.

Entwickelt man $U_{\text{eff}}(\theta)$ um θ_0 nach Potenzen von x, so erhält man

$$\begin{aligned}U_{\text{eff}}(\theta_0+x)&=\frac{(p_\varphi-p_\psi\cos\theta_0+p_\psi\sin\theta_0\,x+\ldots)^2}{2I_1'\sin^2(\theta_0+x)}\\&\quad+Mgl(\cos\theta_0-x\sin\theta_0\\&\quad-\tfrac{1}{2}x^2\cos\theta_0+\ldots)+\text{const}\\&=\left(\frac{p_\psi^2}{2I_1'}-\frac{Mgl}{2}\cos\theta_0\right)x^2\\&\quad-Mglx\sin\theta_0+O(x^3)+\text{const}\;.\end{aligned} \tag{4.4.15}$$

Beim schnellen Kreisel ist

$$\frac{p_\psi^2}{2I_1'}\approx T_{\text{rot}}\gg\frac{Mgl}{2}\cos\theta_0\;,$$

so daß wir auch noch den Term $(Mgl\cos\theta_0)/2$ im Koeffizienten von x^2 vernachlässigen dürfen. In niedrigster Näherung ist also

$$U_{\text{eff}}(\theta_0+x)=\frac{p_\psi^2x^2}{2I_1'}-xMgl\sin\theta_0\;.$$

Das Minimum liegt bei

$$x_1=\frac{I_1'Mgl}{p_\psi^2}\sin\theta_0\ll 1\;, \tag{4.4.16}$$

also bei

$$\theta_1=\theta_0+\frac{MglI_1'}{p_\psi^2}\sin\theta_0\;. \tag{4.4.17}$$

Die Frequenz kleiner Schwingungen von θ um das Minimum θ_1 ergibt sich sofort zu (dabei benutzen wir allerdings schon die Kenntnis einiger Ergebnisse aus Kap. 6):

$$\omega^2 = \frac{U''_{\text{eff}}(\theta_1)}{I'_1} = \frac{p_\psi^2}{I_1'^2} \approx \frac{L^2}{I_1'^2} = \Omega_N^2 \ . \tag{4.4.18}$$

Wir finden, wie zu fordern, wieder die Nutationsfrequenz Ω_N mit I'_1 statt I_1. Um die Präzessionsfrequenz Ω_P zu bestimmen, brauchen wir nur θ_1 in

$$\dot{\varphi} = \frac{p_\varphi - p_\psi \cos\theta}{I'_1 \sin^2\theta}$$

einzusetzen, um zu erhalten:

$$\Omega_P = \frac{p_\varphi - p_\psi \cos\theta_0 + p_\psi \sin\theta_0 \, x_1 + \dots}{I'_1 \sin^2(\theta_0 + x_1)}$$

$$= \frac{p_\psi}{I'_1} \frac{x_1}{\sin\theta_0} + O(x_1^2) \ . \tag{4.4.19}$$

Mit dem gefundenen Wert von x_1 erhalten wir in niedrigster Näherung

$$\Omega_P = \frac{Mgl}{L} \ . \tag{4.4.20}$$

Für $l=0$, also für einen im Schwerpunkt gelagerten Kreisel ist $\Omega_P = 0$, denn ein frei um seine Figurenachse rotierender symmetrischer Kreisel behält wegen der Erhaltung des Drehimpulses seine Drehachse bei.

Den Wert $\Omega_P = Mgl/L$ erhält man auch aus der folgenden Plausibilitätsbetrachtung:

Die Präzession von $\boldsymbol{L}$ um die Vertikale ist ein Effekt des Drehmomentes der Schwerkraft. Wenn die Bewegung so erfolgt, daß näherungsweise $L^2 = \text{const}$ ist und $\boldsymbol{L}$ gegen die Senkrechte den konstanten Winkel θ_1 hat, so erwarten wir für die Frequenz Ω_P der Präzessionsbewegung

$$\dot{\boldsymbol{L}} = \boldsymbol{\Omega}_P \times \boldsymbol{L} = \boldsymbol{N}^{(a)} = Ml\boldsymbol{e}_3 \times \boldsymbol{g} \approx \frac{\boldsymbol{L}}{L} \times Ml\boldsymbol{g} \ , \tag{4.4.21}$$

also

$$\Omega_P L = Mgl \quad \text{und}$$

$$\Omega_P = \frac{Mgl}{L} \ .$$

iii) Weiter diskutieren wir die Stabilität der Rotation des symmetrischen Kreisels im Schwerefeld um die vertikale Achse $\boldsymbol{n}_3$.

Der Fall $\theta = 0$ ist nur möglich für $p_\varphi = p_\psi \ (=L)$, und dann ist für $\theta \ll 1$:

$$U_{\text{eff}}(\theta) = \frac{L^2(1-\cos\theta)^2}{2 I'_1 \sin^2\theta} + Mgl\cos\theta + \text{const}$$

$$= \frac{I_3'^2 \Omega^2 \theta^2}{2 I'_1 \cdot 4} - Mgl\frac{\theta^2}{2} + O(\theta^3) + \text{const} \ . \tag{4.4.22}$$

U_{eff} hat nur für

$$\frac{I'_3 \Omega^2}{4 I'_1} > Mgl \quad \text{oder}$$

$$\Omega^2 > \frac{4 Mgl I'_1}{I_3'^2} \equiv \Omega_0^2 \tag{4.4.23}$$

ein Minimum bei $\theta = 0$.

Die Rotation um die vertikale Achse ist also stabil für $\Omega^2 > \Omega_0^2$ und labil für $\Omega^2 < \Omega_0^2$.

In der Tat beobachtet man, daß ein vertikal rasch rotierender Kreisel seine Achse beibehält (*schlafender Kreisel*) und erst zu taumeln beginnt, wenn durch Reibung ein genügender Teil seiner Rotationsenergie verbraucht ist, so daß die kritische Winkelgeschwindigkeit Ω_0 unterschritten wird.

iv) Die genaue Analyse der Rotationsbewegung der Erde ist eine besonders reizvolle und wichtige Anwendung der Kreiseltheorie. Die wirklichen Verhältnisse sind sehr kompliziert [4.2] und wir können nur einige Hauptergebnisse angeben.

Die Erde kann in grober Näherung als symmetrischer Kreisel aufgefaßt werden, der so rotiert, daß die Richtungen von $\boldsymbol{e}_3$, $\boldsymbol{L}$ und $\boldsymbol{\Omega}$ fast, aber nicht ganz genau übereinstimmen. Die Nutationsbewegungen sollten sich als Schwankungen der Polhöhe (Höhe des momentanen Rotationspols über dem Horizont) bemerkbar machen.

Der Erdkreisel ist nicht frei, da auf ihn die Drehmomente der Gezeitenkräfte (vgl. Abschnitt 2.6, Anm. (ii)) von Sonne und Mond wirken. Diese Drehmomente bewirken eine Präzessionsbewegung, nämlich die schon dem griechischen Astronomen Hipparchos von Nicaea[6] bekannte Rückwanderung der Äquinoktien. Die Um-

[6] *Hipparchos von Nicaea* (heute İznik, Türkei) (∗ um 190, † um 125 v. Chr.).
Griechischer Astronom und Geograph. Er stellte u.a. einen Sternkatalog zusammen, maß die Entfernungen von Sonne und Mond und entdeckte die Rückwanderung des Frühlingspunktes auf der Ekliptik.

laufperiode beträgt ungefähr 26000 Jahre; sie kann aus der Theorie des symmetrischen Kreisels recht zuverlässig berechnet werden.

Die Nutation führt zu einer beobachtbaren Rotation des Vektors $\boldsymbol{\Omega}$ um $\boldsymbol{e}_3$ im körperfesten Bezugssystem, also auf unsere Erde bezogen. Die Umlauffrequenz hierbei ist, wie wir gesehen haben $A = \Omega_3(I_3 - I_1)/I_1$. Hierbei ist $\Omega_3 = 2\pi/\text{Tag}$ und $(I_3 - I_1)/I_1 \approx 1/300$, wenn man die Erde als Rotationsellipsoid mit der Abplattung 1/300 ansieht. Für die Umlaufperiode erwartet man also eine Zeit von etwa 300 Tagen.

Diese Vorhersage wurde erstmals von Euler im Jahre 1765 gegeben. Es dauerte bis zum Jahre 1888, bis Nutationsbewegungen (durch F. Küstner) nachgewiesen werden konnten. Die erste genauere Messung stammt von S. C. Chandler aus dem Jahre 1891. Er konnte in der sehr komplizierten Bewegung des Himmelspols eine Komponente mit einer Periode von ungefähr 418 Tagen nachweisen. Der halbe Öffnungswinkel des zugehörigen Kegels beträgt nur 0,3″ (Bogensekunden), das entspricht etwa 9 m auf der Erdoberfläche. Zum Vergleich: Der scheinbare Durchmesser der Vollmondscheibe beträgt rund 1800″. Die Diskrepanz zur Eulerschen Vorhersage erklärt sich, wie man heute weiß, daraus, daß der Erdkörper wegen seiner enormen Größe nicht als völlig starr angesehen werden kann.

Dieser Nutationsbewegung sind andere Bewegungen der Erdachse überlagert:

Von derselben Größenordnung ist eine Polhöhenschwankung mit einer Periode von 365 Tagen, die ihre Ursache im jährlichen Abschmelzen der Polkappen hat.

Wesentlich größer ist die Schwankung der Polhöhe, die durch die Gezeitenkräfte von Sonne und Mond verursacht wird. Sie wird (nicht sehr glücklich) als Lunisolarnutation bezeichnet. Ihre wichtigste Komponente hat eine Amplitude von 9″ und eine Periode von etwa 18,6 Jahren. Wegen dieser größeren Periodenlänge ist sie von den eigentlichen Nutationseffekten klar abtrennbar.

5. Bewegungen in einem Nicht-Inertialsystem

Bisher hatten wir bei dem Studium der Bewegung materieller Körper immer vorausgesetzt, daß ein Inertialsystem vorliegt, d.h. daß die Newtonschen Bewegungsgleichungen in der Form

$$m\ddot{\boldsymbol{r}} = \boldsymbol{K}$$

gelten, wobei $\boldsymbol{K}$ die Kraft ist, die auf das Teilchen der Masse m wirkt. Diese Kraft konnte von anderen Teilchen herrühren oder durch ein äußeres Feld vermittelt werden.

Sind die Bewegungsgleichungen in einem Inertialsystem bekannt, so kann man die Bewegungsgleichungen in einem Nicht-Inertialsystem daraus ableiten. Dabei treten sogenannte Scheinkräfte oder Trägheitskräfte auf, die wir in diesem Kapitel diskutieren wollen.

5.1 Scheinkräfte in Nicht-Inertialsystemen

Sei das Koordinatensystem des Inertialsystems gegeben durch $(O, \boldsymbol{n}_1, \boldsymbol{n}_2, \boldsymbol{n}_3)$ und das des Nicht-Inertialsystems durch

$$(O_B, \boldsymbol{e}_1(t), \boldsymbol{e}_2(t), \boldsymbol{e}_3(t)) \ ,$$

dann kann ein Punkt P mit $\overrightarrow{OP} = \boldsymbol{r}$ im Nicht-Inertialsystem auch beschrieben werden wie beim starren Körper durch

$$\overrightarrow{O_B P} = \boldsymbol{b} = b_i \boldsymbol{e}_i(t) \ . \tag{5.1.1}$$

Dann ist

$$\boldsymbol{r} = \boldsymbol{R} + \boldsymbol{b} \ , \quad \text{mit} \quad \boldsymbol{R} = \overrightarrow{OO_B} \ .$$

Der Unterschied zur Beschreibung beim starren Körper besteht allein darin, daß nun nicht mehr $\dot{b}_i \equiv 0$ ist.

Um im Nicht-Inertialsystem die Bewegungsgleichung aufzustellen, berechnen wir die Größen $\dot{\boldsymbol{r}}$ und $\ddot{\boldsymbol{r}}$. Es ist

$$\dot{\boldsymbol{r}} = \dot{\boldsymbol{R}} + \dot{\boldsymbol{b}} = \dot{\boldsymbol{R}} + \dot{b}_i \boldsymbol{e}_i(t) + b_i \boldsymbol{\Omega} \times \boldsymbol{e}_i(t)$$
$$= \dot{\boldsymbol{R}} + \boldsymbol{v} + \boldsymbol{\Omega} \times \boldsymbol{b} \quad \text{mit} \tag{5.1.2}$$

$$\boldsymbol{v} = \dot{b}_i \boldsymbol{e}_i(t) \ , \quad \text{und} \tag{5.1.3}$$

$$\ddot{\boldsymbol{r}} = \ddot{\boldsymbol{R}} + \ddot{b}_i \boldsymbol{e}_i(t) + 2\,\dot{b}_i(\boldsymbol{\Omega} \times \boldsymbol{e}_i)$$
$$+ b_i[\boldsymbol{\Omega} \times (\boldsymbol{\Omega} \times \boldsymbol{e}_i)] + \dot{\boldsymbol{\Omega}} \times \boldsymbol{b}$$
$$= \ddot{\boldsymbol{R}} + \boldsymbol{a} + 2\boldsymbol{\Omega} \times \boldsymbol{v} + \boldsymbol{\Omega} \times (\boldsymbol{\Omega} \times \boldsymbol{b}) + \dot{\boldsymbol{\Omega}} \times \boldsymbol{b} \tag{5.1.4}$$

mit

$$\boldsymbol{a} = \ddot{b}_i \boldsymbol{e}_i(t) \ . \tag{5.1.5}$$

Die Größen $\boldsymbol{v}$ und $\boldsymbol{a}$ stellen die Geschwindigkeit und die Beschleunigung dar, wie sie im Nicht-Inertialsystem gemessen werden. $\ddot{\boldsymbol{R}}$ ist die Beschleunigung, die O_B gegenüber O erfährt, $\ddot{\boldsymbol{R}}$ und $\boldsymbol{\Omega}$ seien im Inertialsystem vorgegeben.

Die Bewegungsgleichung im Inertialsystem

$$m\ddot{\boldsymbol{r}} = -\boldsymbol{\nabla} U(\boldsymbol{r}) = -\frac{\partial U}{\partial \boldsymbol{r}}$$

kann so umgeschrieben werden in

$$m\boldsymbol{a} = -\frac{\partial \hat{U}}{\partial \boldsymbol{b}} - m\ddot{\boldsymbol{R}} - 2\,m(\boldsymbol{\Omega} \times \boldsymbol{v})$$
$$- m\boldsymbol{\Omega} \times (\boldsymbol{\Omega} \times \boldsymbol{b}) - m\dot{\boldsymbol{\Omega}} \times \boldsymbol{b} \quad \text{mit} \tag{5.1.6}$$
$$\hat{U}(\boldsymbol{b}) = U(\boldsymbol{R} + \boldsymbol{b}) \ .$$

Im Nicht-Inertialsystem treten also zu den Newtonschen Kräften noch weitere Kräfte auf, sogenannte *Scheinkräfte*, die offensichtlich von $\boldsymbol{\Omega}(t)$ und $\boldsymbol{R}(t)$ abhängen, also davon, wie das System von einem Inertialsystem abweicht.

Ehe wir diese Scheinkräfte untersuchen, wollen wir zeigen, daß man diese Bewegungsgleichung auch aus einer Lagrange-Funktion ableiten kann. Das hat wieder den Vorteil, daß sich Näherungen, Koordinatentransformationen usw. dann in der Lagrange-Funktion vornehmen lassen.

Im Inertialsystem gilt

$$L = \tfrac{1}{2} m\dot{\boldsymbol{r}}^2 - U(\boldsymbol{r}) \ .$$

Mit

$$\dot{\boldsymbol{r}} = \dot{\boldsymbol{R}} + \boldsymbol{v} + \boldsymbol{\Omega} \times \boldsymbol{b}$$

folgt so

$$L = \tfrac{1}{2} m\dot{\boldsymbol{R}}^2 + \tfrac{1}{2} m\boldsymbol{v}^2 + \tfrac{1}{2} m(\boldsymbol{\Omega} \times \boldsymbol{b})^2 + m\dot{\boldsymbol{R}} \cdot (\boldsymbol{v} + \boldsymbol{\Omega} \times \boldsymbol{b}) + m\boldsymbol{v} \cdot (\boldsymbol{\Omega} \times \boldsymbol{b}) - U(\boldsymbol{R} + \boldsymbol{b}) \ . \tag{5.1.7}$$

Wir formen noch um

$$\dot{\boldsymbol{R}} \cdot (\boldsymbol{v} + \boldsymbol{\Omega} \times \boldsymbol{b}) = \dot{\boldsymbol{R}} \cdot \frac{d\boldsymbol{b}}{dt} = \frac{d}{dt} (\dot{\boldsymbol{R}} \cdot \boldsymbol{b}) - \boldsymbol{b} \cdot \ddot{\boldsymbol{R}} \ ,$$

und man erhält so als Lagrange-Funktion

$$L = \tfrac{1}{2} m\boldsymbol{v}^2 + m\boldsymbol{v} \cdot (\boldsymbol{\Omega} \times \boldsymbol{b}) + \tfrac{1}{2} m(\boldsymbol{\Omega} \times \boldsymbol{b})^2 - \hat{U}(\boldsymbol{b}) + \tfrac{1}{2} m\dot{\boldsymbol{R}}^2 - m\boldsymbol{b} \cdot \ddot{\boldsymbol{R}} + m \frac{d}{dt} (\dot{\boldsymbol{R}} \cdot \boldsymbol{b}) \ . \tag{5.1.8}$$

Wie schon bemerkt, sind $\boldsymbol{R}(t)$, $\dot{\boldsymbol{R}}(t)$ und $\ddot{\boldsymbol{R}}(t)$ sowie $\boldsymbol{\Omega}(t)$ im Inertialsystem vorgegeben. Da die Lagrange-Funktion nicht von der Wahl der Koordinaten abhängt, kann man sich die in ihr auftretenden Vektoren nach einer Basis des Inertialsystems oder nach einer des Nicht-Inertialsystems entwickelt denken, ohne daß sich die Abhängigkeit von den Koordinaten ändert. Betrachten wir so die Lagrange-Funktion als Funktion der b_i, $\dot{b}_i = v_i$, so hat man natürlich noch

$$\Omega_i = \boldsymbol{\Omega} \cdot \boldsymbol{e}_i \ , \qquad \ddot{\boldsymbol{R}} \cdot \boldsymbol{e}_i, \ldots \qquad \text{zu bestimmen.}$$

Man erhält dann aus den Lagrange-Gleichungen

$$\frac{d}{dt} \frac{\partial L}{\partial \dot{b}_i} - \frac{\partial L}{\partial b_i} = 0 \ , \qquad i = 1, 2, 3$$

die Bewegungsgleichungen für die drei Komponenten b_i:

$$\frac{d}{dt} (m\dot{b}_i + m\varepsilon_{ijk} \Omega_j b_k) = [m(\boldsymbol{v} \times \boldsymbol{\Omega}) + m(\boldsymbol{\Omega} \times \boldsymbol{b}) \times \boldsymbol{\Omega} - m\ddot{\boldsymbol{R}}] \cdot \boldsymbol{e}_i - \frac{\partial \hat{U}}{\partial b_i} \ , \tag{5.1.9}$$

wobei hier wie immer die totale Zeitableitung

$$\frac{d}{dt} [(\dot{\boldsymbol{R}} \cdot \boldsymbol{e}_i) b_i]$$

keinen Beitrag zur Bewegungsgleichung liefert (Abschn. 3.8). Es ergibt sich so wieder

$$m\boldsymbol{a} = -\frac{\partial \hat{U}}{\partial \boldsymbol{b}} - m\ddot{\boldsymbol{R}} - 2m(\boldsymbol{\Omega} \times \boldsymbol{v}) - m\boldsymbol{\Omega} \times (\boldsymbol{\Omega} \times \boldsymbol{b}) - m(\dot{\boldsymbol{\Omega}} \times \boldsymbol{b}) \tag{5.1.10}$$

in Übereinstimmung mit dem obigen Ergebnis (5.1.6).

Als Scheinkräfte treten auf:

i) Die Trägheitskraft der Rotation $m(\dot{\boldsymbol{\Omega}} \times \boldsymbol{b})$, auf Grund einer zeitlich veränderlichen Winkelgeschwindigkeit. Man beachte, daß in (5.1.10) mit $\dot{\boldsymbol{\Omega}}$ der Vektor

$$(\dot{\Omega}_1, \dot{\Omega}_2, \dot{\Omega}_3) \tag{5.1.11}$$

gemeint ist ($\dot{\Omega}_i = \dot{\boldsymbol{\Omega}} \cdot \boldsymbol{e}_i$). In (5.1.6) war

$$\dot{\boldsymbol{\Omega}} = \frac{d\boldsymbol{\Omega}}{dt} = \dot{\Omega}_i \boldsymbol{e}_i + \Omega_i (\boldsymbol{\Omega} \times \boldsymbol{e}_i)$$

gemeint, was aber mit (5.1.11) wegen $\boldsymbol{\Omega} \times \boldsymbol{\Omega} = 0$ identisch ist. Für ein erdfestes, rotierendes Nicht-Inertialsystem ist $\dot{\boldsymbol{\Omega}} = 0$ in sehr guter Näherung.

ii) Die Trägheitskraft der Translation ist $-m\ddot{\boldsymbol{R}}$, mit $\ddot{\boldsymbol{R}} = (\ddot{\boldsymbol{R}} \cdot \boldsymbol{e}_1, \ddot{\boldsymbol{R}} \cdot \boldsymbol{e}_2, \ddot{\boldsymbol{R}} \cdot \boldsymbol{e}_3)$ ist.

Betrachtet man den Mittelpunkt der Erde als Ursprung eines Inertialsystems (man vernachlässigt dabei die Bewegung um die Sonne, d.h. man betrachtet für kurze Zeiten die Bewegung der Erde als geradlinig-gleichförmig), so ist für einen Ursprung O_B des Nicht-Inertialsystems auf der Erdoberfläche $\boldsymbol{R} = R\boldsymbol{e}_3$, $R = \text{const}$ und so

$$\dot{\boldsymbol{R}} = R\boldsymbol{\Omega} \times \boldsymbol{e}_3 \ ,$$

$$\ddot{\boldsymbol{R}} = R\boldsymbol{\Omega} \times (\boldsymbol{\Omega} \times \boldsymbol{e}_3) \ , \qquad \text{also}$$

$$\ddot{\boldsymbol{R}} \cdot \boldsymbol{e}_i = R(\Omega_i \Omega_3 - \Omega^2 \delta_{i3}) = O(R\Omega^2) \ .$$

Nun ist $|\boldsymbol{\Omega}| = 2\pi/\text{Tag} = 7{,}2 \times 10^{-5}\,\text{s}^{-1}$ und $R \approx 6 \times 10^6\,\text{m}$, also $R\Omega^2 \approx 3 \times 10^{-2}\,\text{ms}^{-2}$. Gegenüber der Erdbeschleunigung $g = 9{,}81\,\text{ms}^{-2}$ ist dieser Term klein. Er stellt eine Korrektur zu $\boldsymbol{g}$ dar, die wir meist vernachlässigen können.

iii) Die *Zentrifugalkraft*[1] ist gegeben durch

$$-m[\boldsymbol{\Omega}\times(\boldsymbol{\Omega}\times\boldsymbol{b})] = -m[\boldsymbol{\Omega}(\boldsymbol{\Omega}\cdot\boldsymbol{b}) - \boldsymbol{b}\Omega^2] \quad . \quad (5.1.12)$$

Der Vektor der Zentrifugalkraft liegt in der Ebene, die durch $\boldsymbol{b}$ und $\boldsymbol{\Omega}$ aufgespannt wird und steht senkrecht auf $\boldsymbol{\Omega}$. Das ist anschaulich auch zu erwarten. Für $\boldsymbol{b}$ senkrecht auf $\boldsymbol{\Omega}$ erhält man den bekannten Term $m\Omega^2\boldsymbol{b}$ als Zentrifugalkraft.

Auf der Erdoberfläche kann diese Zentrifugalkraft wieder vernachlässigt oder als kleine Korrektur zur Erdbeschleunigung betrachtet werden.

iv) Die *Coriolis-Kraft*[2]

$$-2m(\boldsymbol{\Omega}\times\boldsymbol{v}) = 2m\boldsymbol{v}\times\boldsymbol{\Omega} \qquad (5.1.13)$$

schließlich hängt von der Geschwindigkeit $\boldsymbol{v}$ im Nicht-Inertialsystem ab. Für das Koordinatensystem $(O_B, \boldsymbol{e}_1, \boldsymbol{e}_2, \boldsymbol{e}_3)$ auf der *nördlichen Halbkugel* zeige $\boldsymbol{e}_3$ senkrecht nach oben, $\boldsymbol{e}_1$ nach Osten tangential zur Erdoberfläche. Dann muß $\boldsymbol{e}_2$ nach Norden tangential zur Erdoberfläche weisen, und $\boldsymbol{\Omega}$ hat so eine positive 2- und 3-Komponente.

Jeder Körper, der sich mit $\boldsymbol{v} = v_1\boldsymbol{e}_1 + v_2\boldsymbol{e}_2$ horizontal bewegt, erfährt so eine Kraft

$$\begin{aligned} &2m(v_1\boldsymbol{e}_1 + v_2\boldsymbol{e}_2)\times(\Omega_2\boldsymbol{e}_2 + \Omega_3\boldsymbol{e}_3) \\ &\quad = 2m[v_1\Omega_2\boldsymbol{e}_3 + \Omega_3(-v_1\boldsymbol{e}_2 + v_2\boldsymbol{e}_1)] \quad , \qquad (5.1.14) \end{aligned}$$

d.h. die Ω_2-Komponente bewirkt eine Ablenkung nach oben oder unten, die Ω_3-Komponente eine Ablenkung nach rechts, wenn man in Richtung des Geschwindigkeitsvektors schaut.

Die Bewegungsgleichung in einem erdfesten Nicht-Inertialsystem mit dem Ursprung auf der Erdoberfläche lautet so mit Berücksichtigung der Coriolis-Kraft

$$\begin{aligned} &m\boldsymbol{a} = m\boldsymbol{g} + 2m(\boldsymbol{v}\times\boldsymbol{\Omega}) \qquad \text{oder} \qquad (5.1.15) \\ &\ddot{\boldsymbol{b}} = \boldsymbol{g} + 2(\dot{\boldsymbol{b}}\times\boldsymbol{\Omega}) \quad \text{mit} \quad \boldsymbol{b} = (b_1, b_2, b_3) \quad . \end{aligned}$$

Die Coriolis-Beschleunigung $2(\boldsymbol{v}\times\boldsymbol{\Omega})$ ist auf der rotierenden Erde wegen $|\boldsymbol{\Omega}| = 7{,}2\times 10^{-5}\,\mathrm{s}^{-1}$ für Geschwindigkeiten $v \approx 7\,\mathrm{m\,s^{-1}} \approx 25\,\mathrm{km/h}$ von der Größenordnung $10^{-3}\,\mathrm{m\,s^{-2}}$, also etwa 10^4 mal kleiner als die Erdbeschleunigung. Dennoch ergeben sich sehr deutliche Effekte auf der Erde und in der Atmosphäre, wenn die Coriolis-Kraft lange genug auf eine Bewegung einwirken kann. Neben den in den folgenden Anwendungen besprochenen Phänomenen sind es vor allem großräumige Bewegungen von Luft- und Wassermassen, die den Einfluß der Coriolis-Kraft deutlich werden lassen. Wir werden in Kap. 9, bei der Behandlung der Bewegungsgleichung für Fluide (Navier-Stokes-Gleichung) darauf zurückkommen.

Anwendung

Wir betrachten den freien Fall eines Körpers in diesem Nicht-Inertialsystem. Bei Vernachlässigung der Coriolis-Kraft ist

$$\boldsymbol{b}(t) = \boldsymbol{b}_1(t) = \boldsymbol{b}_0 - \tfrac{1}{2}gt^2\boldsymbol{e}_3 \qquad (5.1.16)$$

Lösung der Gleichung (5.1.15) zu den Anfangsbedingungen $\boldsymbol{b}(0) = \boldsymbol{b}_0$, $\dot{\boldsymbol{b}}(0) = \boldsymbol{0}$.

Setzt man bei Berücksichtigung der Coriolis-Kraft

$$\boldsymbol{b}(t) = \boldsymbol{b}_1(t) + \boldsymbol{b}_2(t) \quad \text{mit} \quad |\boldsymbol{b}_2| \ll |\boldsymbol{b}_1| \quad ,$$

so erhält man

$$\ddot{\boldsymbol{b}}_2 = 2(\boldsymbol{g}t\times\boldsymbol{\Omega}) + O(\dot{b}_2\Omega) \quad , \qquad (5.1.17)$$

und so

$$\boldsymbol{b}_2(t) = \frac{t^3}{3}(\boldsymbol{g}\times\boldsymbol{\Omega}) \quad , \qquad (5.1.18)$$

wobei wir den Term der Ordnung $\dot{b}_2\Omega$ in (5.1.17) vernachlässigen.

Für $\boldsymbol{\Omega}$ erhält man auf der geographischen Breite φ der nördlichen Halbkugel

$$\boldsymbol{\Omega} = \Omega(0, \cos\varphi, \sin\varphi) \quad ,$$

während immer $\boldsymbol{g} = -g(0,0,1)$ ist.

Also erhält man

$$\boldsymbol{g}\times\boldsymbol{\Omega} = g\Omega(\cos\varphi, 0, 0) \quad . \qquad (5.1.19)$$

Da $\boldsymbol{e}_1$ nach Osten zeigt, ergibt sich eine Abweichung nach Osten. Der Faktor $g\Omega$ hat den Wert

[1] Zentrifugalkraft (lat.) von centrum und fugare: „Mittelpunktfliehkraft".

[2] *Coriolis, Gustave-Gaspard* (∗ 1792 Paris, † 1843 Paris). Ingenieur und Mathematiker an der Ecole Polytechnique. Die nach ihm benannte Trägheitskraft erscheint in einer Veröffentlichung aus dem Jahre 1835.

$$g\Omega = 9{,}81\,\mathrm{m\,s^{-2}} \cdot 7 \cdot 10^{-5}\,\mathrm{s^{-1}} \approx 7 \cdot 10^{-2}\,\mathrm{cm\,s^{-3}} \ .$$

Ein Stein, der aus der Höhe $H = 250$ m fällt, dazu etwa $T = \sqrt{2H/g} \sim 7{,}1$ s benötigt, wird also am Äquator um $\frac{1}{3} \cdot 7 \cdot 10^{-2} \cdot 7^3\,\mathrm{cm} = 8$ cm nach Osten abgelenkt, auf unserer Breite ($\varphi = 48°$) um etwa 5 cm.

5.2 Das Foucaultsche[3] Pendel

Wir betrachten ein Pendel in dem erdfesten, rotierenden Nicht-Inertialsystem. Der Ursprung des Nicht-Inertialsystems, O_B, sei mit der Ruhelage des Pendels identisch (Abb. 5.2.1).

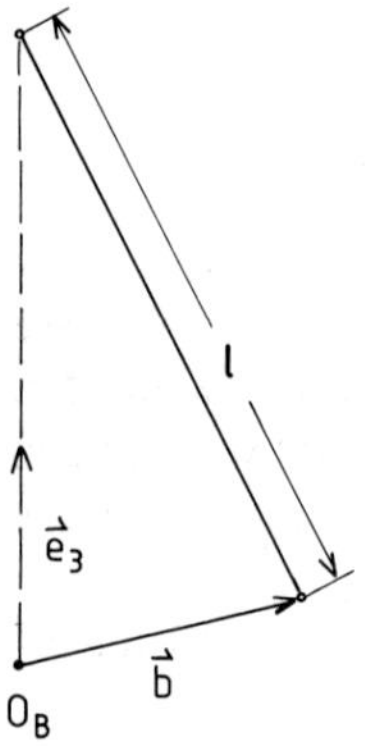

Abb. 5.2.1. Das Foucaultsche Pendel. Der Bezugspunkt O_B sei in der Ruhelage des Pendels

Die Lagrange-Funktion lautet nun:

$$L = \tfrac{1}{2} m v^2 + m\boldsymbol{v} \cdot (\boldsymbol{\Omega} \times \boldsymbol{b}) - U(\boldsymbol{b}) \tag{5.2.1}$$

mit

$$U(\boldsymbol{b}) = -m\boldsymbol{g} \cdot \boldsymbol{b} = mgb_3 \ ,$$

also

$$\begin{aligned} L = {} & \tfrac{1}{2} m(\dot b_1^2 + \dot b_2^2 + \dot b_3^2) + m\Omega_1(b_2\dot b_3 - b_3\dot b_2) \\ & + m\Omega_2(b_3\dot b_1 - b_1\dot b_3) + m\Omega_3(b_1\dot b_2 - b_2\dot b_1) - mgb_3 \ . \end{aligned} \tag{5.2.2}$$

[3] *Foucault, Jean Bernard Léon* (∗ 1819 Paris, † 1868 Paris). Er maß die Lichtgeschwindigkeit mit Hilfe eines Drehspiegels. 1851 Pendeldemonstrationsversuch im Panthéon in Paris.

Da nun

$$(\boldsymbol{b} - l\boldsymbol{e}_3)^2 = l^2 \quad \text{also}$$

$$b_1^2 + b_2^2 + (b_3 - l)^2 = l^2 \quad \text{ist, gilt}$$

$$\begin{aligned} b_3 &= l \pm \sqrt{l^2 - b_1^2 - b_2^2} \\ &= l - l\left(1 - \frac{b_1^2 + b_2^2}{2l^2} + \dots\right) \\ &= \frac{b_1^2 + b_2^2}{2l} + O\left(\frac{b_1^4}{l^3}\right) \ . \end{aligned} \tag{5.2.3}$$

Für ein sehr langes Pendel kann man nun die Terme b_1^4/l^3, $\dot b_3^2$, $\Omega_i \dot b_3 b_k$, $\Omega_i b_3 \dot b_k$ vernachlässigen, da diese eine Ordnung kleiner sind als die anderen. Wir wollen somit in niedrigster Ordnung $b_1(t)$ und $b_2(t)$ berechnen.

Es bleibt dann die Lagrange-Funktion

$$L = \tfrac{1}{2} m(\dot b_1^2 + \dot b_2^2) + m\Omega_3(b_1\dot b_2 - b_2\dot b_1) - \frac{mg}{2l}(b_1^2 + b_2^2) \tag{5.2.4}$$

und so als Bewegungsgleichungen für $b_1(t)$, $b_2(t)$:

$$\begin{aligned} m\ddot b_1 - m\Omega_3\dot b_2 &= -m\frac{g}{l} b_1 + m\Omega_3\dot b_2 \ , \\ m\ddot b_2 + m\Omega_3\dot b_1 &= -m\frac{g}{l} b_2 - m\Omega_3\dot b_1 \ , \end{aligned} \tag{5.2.5}$$

oder

$$\begin{aligned} \ddot b_1 + \frac{g}{l} b_1 - 2\Omega_3\dot b_2 &= 0 \ , \\ \ddot b_2 + \frac{g}{l} b_2 + 2\Omega_3\dot b_1 &= 0 \ . \end{aligned} \tag{5.2.6}$$

Wir setzen $z = b_1 + \mathrm{i} b_2$, so folgt

$$\ddot z + \frac{g}{l} z + 2\mathrm{i}\Omega_3 \dot z = 0 \ .$$

Das ist eine lineare Differentialgleichung mit konstanten Koeffizienten. Die Lösung solcher Gleichungen wird im nächsten Kapitel ausführlich behandelt. Wir greifen hier also ein wenig vor.

Das Standardverfahren zur Lösung besteht darin, daß man den Ansatz $z = \exp(\mathrm{i}\omega t)$ macht, dann erhält man für ω die Bedingung:

$$-\omega^2+2\mathrm{i}\,\Omega_3\mathrm{i}\omega+\frac{g}{l}=0 \quad \text{oder} \tag{5.2.7}$$

$$\omega^2+2\Omega_3\omega=\frac{g}{l} \quad \text{also}$$

$$\omega=-\Omega_3\pm\sqrt{\frac{g}{l}+\Omega_3^2}=-\Omega_3\pm\hat{\omega} \tag{5.2.8}$$

mit $\hat{\omega}\approx\sqrt{g/l}$, da $\Omega_3^2\ll g/l$ ist. Man erhält so

$$z=\mathrm{e}^{-\mathrm{i}\Omega_3 t}(c_1\,\mathrm{e}^{\mathrm{i}\hat{\omega}t}+c_2\,\mathrm{e}^{-\mathrm{i}\hat{\omega}t})\ . \tag{5.2.9}$$

Die beiden Konstanten c_1, c_2 bestimmt man aus den Anfangsbedingungen: Sei z.B.

$$z(0)=x_0\ , \quad \dot{z}(0)=0\ , \quad \text{also}$$

$$b_1(0)=x_0\ , \quad b_2(0)=0\ , \quad \dot{b}_1(0)=\dot{b}_2(0)=0\ .$$

Man lenkt also das Pendel aus und läßt es dann los. Dann erhält man für c_1, c_2 die Gleichungen:

$$c_1+c_2=x_0\ , \quad (-\Omega_3+\hat{\omega})c_1+(-\Omega_3-\hat{\omega})c_2=0$$

also

$$c_1=\frac{1}{2}\,x_0\left(1+\frac{\Omega_3}{\hat{\omega}}\right), \quad c_2=\frac{1}{2}\,x_0\left(1-\frac{\Omega_3}{\hat{\omega}}\right),$$

und so ergibt sich, wenn man noch den Term $\Omega_3/\hat{\omega}\ll 1$ vernachlässigt:

$$z(t)=x_0\,\mathrm{e}^{-\mathrm{i}\Omega_3 t}\cos\hat{\omega}t\ . \tag{5.2.10}$$

Für $\Omega_3=0$ wäre

$$z(t)=x_0\cos\hat{\omega}t\ ,$$

d. h. die Schwingungsebene wäre die b_1-b_3-Ebene. Für $\Omega_3\neq 0$ und größere Zeiten aber macht sich der Term $\exp(-\mathrm{i}\Omega_3 t)$, d.h. der Beitrag der Coriolis-Beschleunigung bemerkbar. Das Pendel erfährt bei jeder Schwingung eine kleine Ablenkung nach rechts, wie auch in Abb. 5.2.2a übertrieben dargestellt. In der komplexen z-Ebene stellt

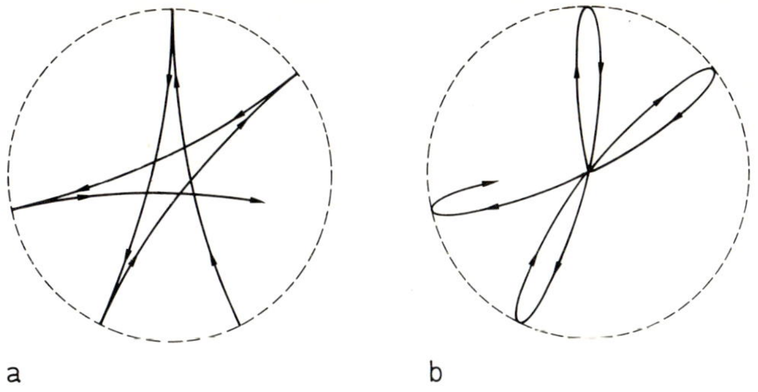

Abb. 5.2.2. Die Bahnen des Foucaultschen Pendels (schematisch). Das Pendel wird auf der Nordhalbkugel durch die Corioliskraft stets nach rechts abgelenkt. (**a**) Form der Bahnen, wenn das Pendel zur Zeit $t=t_0$ ruht und aus dem oberen Totpunkt losgelassen wird. (**b**) Form der Bahnen, wenn das Pendel zur Zeit $t=t_0$ aus der Ruhelage heraus angestoßen wird

$$x_0\,\mathrm{e}^{-\mathrm{i}\Omega_3 t}=x_0(\cos\Omega_3 t-\mathrm{i}\sin\Omega_3 t)$$

einen Punkt dar, der auf einem Kreis mit dem Radius x_0 im Uhrzeigersinn wandert. Für einige wenige Schwingungen kann man jeweils $\Omega_3 t$ als konstant ansehen und der Term $\cos\hat{\omega}t$ stellt die Schwingungen der Periode $2\pi/\hat{\omega}=T_1$ dar. Die Schwingungsebene selbst dreht sich mit der Periode $2\pi/\Omega_3=T_2$.

Da $\Omega_3=\boldsymbol{\Omega}\cdot\boldsymbol{e}_3=\Omega\sin\varphi$ ist und $\Omega=2\pi/\mathrm{Tag}$ folgt so

$$T_2=\frac{1\,\mathrm{Tag}}{\sin\varphi}$$

(φ: geographische Breite).

Am Nordpol ist $T_2=1$ Tag, die Periode der Drehung der Schwingungsebene beträgt genau einen Tag. Am Äquator gibt es keinen Foucault-Effekt. In unseren Breiten ist $T_2\approx 1{,}3$ Tage.

Wird das Pendel vom Mittelpunkt aus angestoßen, so ergibt sich eine Bahn des Pendels wie in Abb. 5.2.2b dargestellt.

Auf der Südhalbkugel ist $\boldsymbol{\Omega}\cdot\boldsymbol{e}_3=-\Omega\sin\varphi$, d.h. Ω_3 ist negativ, die Schwingungsebene dreht sich entgegengesetzt zum Uhrzeigersinn.

6. Lineare Schwingungen

In Kap. 3 und 4 haben wir gesehen, daß die Lagrange-Funktion für ein holonomes, skleronomes System mit f Freiheitsgraden in einem Inertialsystem die Form (mit $q=(q_1,\ldots,q_f)$)

$$L=L(q,\dot{q})=\frac{1}{2}\sum_{i,j=1}^{f} g_{ij}(q)\dot{q}_i\dot{q}_j - V(q)$$

hat. Die Bewegungsgleichungen, die als Lagrangesche Gleichungen aus dieser Lagrange-Funktion folgen, sind im allgemeinen sehr komplizierte nicht-lineare Differentialgleichungen, die nur numerisch zu lösen sind.

Oft aber sieht man aus dem physikalischen Kontext, daß das System einen stabilen Gleichgewichtszustand besitzt, d.h. einen Zustand, im den das System für alle Zeiten verharren und um den es kleine Schwingungen ausführen kann.

Als Beispiel sei wieder das Pendel angeführt, die Ruhelage entspricht sicher einer Lösung der Bewegungsgleichung und es gibt kleine Schwingungen des Pendels um die Ruhelage. Als weiteres Beispiel kann ein kristalliner Festkörper dienen, den man sich als Gitter von Atomen oder Molekülen vorstellen kann. Es gibt im Rahmen der klassischen Physik eine Gleichgewichtskonfiguration des Kristalls, in der alle seine Bestandteile regelmäßig angeordnet und in Ruhe sind. Regt man den Kristall durch Zufuhr von Energie ein wenig an, so werden seine Bestandteile um ihre Ruhelagen schwingen.

Viele weitere Beispiele für Schwingungen findet man in den verschiedensten Bereichen der Natur, und sehr häufig stellt man fest, daß sich physikalisch meßbare Größen in der Zeit periodisch verhalten. In technischen Fächern, wie z.B. in der Elektrotechnik, wird der „Schwingungslehre" breiter Raum gewährt und die Anzahl der Lehrbücher über dieses Gebiet ist entsprechend groß [6.1, 2].

Solange die Amplitude der Schwingungen genügend klein bleibt, kann man das zeitliche Verhalten der schwingenden Größen durch die in diesem Kapitel herzuleitenden linearen Bewegungsgleichungen beschreiben. Man spricht dann auch von *linearen Schwingungen* oder einfach von Schwingungen oder Oszillationen. Kann man aber die Nichtlinearität der vollen Bewegungsgleichung nicht vernachlässigen, so hat man *nichtlineare Oszillationen* zu betrachten [6.3, 4]. Nichtlineare Oszillationen sind insbesondere auch bedeutsam bei periodischen Phänomenen in der Chemie und Biologie.

6.1 Linearisierung um Gleichgewichtspunkte

Wir wollen uns im folgenden mit linearen Schwingungen um Gleichgewichtslagen beschäftigen. Häufig beschreiben diese kleinen Schwingungen schon einen großen Teil des physikalischen Phänomens in guter Näherung, andererseits kann man sie mathematisch einfach fassen.

Wir definieren:

Ein Punkt q^0 heißt *Gleichgewichtspunkt*, wenn die Bahnkurve $q(t)\equiv q^0$, $\dot{q}(t)\equiv 0$ eine Lösung der Bewegungsgleichungen ist.

Es gilt:

Der Punkt q^0 ist ein Gleichgewichtspunkt genau dann, wenn

$$\left.\frac{\partial V}{\partial q_i}\right|_{q=q^0}=0 \quad \text{für} \quad i=1,\ldots,f \tag{6.1.1}$$

ist.

Das ist klar, da die Lagrangeschen Gleichungen lauten:

$$\frac{d}{dt}\frac{\partial T}{\partial \dot{q}_i}-\frac{\partial T}{\partial q_i}+\frac{\partial V}{\partial q_i}=0\ , \qquad i=1,\ldots f\ .$$

Bei $\dot{q}=0$ verbleibt aber, da $\partial T/\partial q_i$ und $\partial T/\partial \dot{q}_i$ noch quadratisch bzw. linear von $\dot{q}_i$ abhängen, nur noch

$$\frac{\partial V}{\partial q_i}=0\ .$$

Damit gilt für einen Gleichgewichtspunkt q^0 diese Gleichung.

Gilt andererseits (6.1.1) für ein q^0, so ist q^0 auch ein Gleichgewichtspunkt, da dann durch $q(t)=q^0$ (und damit $\dot{q}=0$) die Bewegungsgleichungen gelöst werden.

Sei $q^0=(q_1^0 \ldots, q_f^0)$ ein Gleichgewichtspunkt. Wir setzen in der Nähe des Gleichgewichtes

$$q_i=q_i^0+\eta_i \ . \tag{6.1.2}$$

Dann ist

$$\begin{aligned} V(q_1,\ldots,q_f) &= V(q_1^0,\ldots,q_f^0)+\sum_{i=1}^{f} \left.\frac{\partial V}{\partial q_i}\right|_{q^0} \eta_i \\ &\quad +\frac{1}{2}\sum_{i,j=1}^{f} \left.\frac{\partial^2 V}{\partial q_i \partial q_j}\right|_{q^0} \eta_i\eta_j+O(\eta^3) \\ &= V(q^0)+\frac{1}{2}\sum_{i,j=1}^{f} K_{ij}\eta_i\eta_j+O(\eta^3) \end{aligned} \tag{6.1.3}$$

mit

$$K_{ij}=\left.\frac{\partial^2 V}{\partial q_i \partial q_j}\right|_{q^0}=K_{ji} \ .$$

Ebenso gilt, da $\dot{q}_i=\dot{\eta}_i$ ist:

$$\begin{aligned} T(q,\dot{q}) &= \frac{1}{2}\sum_{i,j=1}^{f} g_{ij}(q)\dot{q}_i\dot{q}_j \\ &= \frac{1}{2}\sum_{i,j=1}^{f} g_{ij}(q^0)\dot{\eta}_i\dot{\eta}_j+O(\eta^3) \ . \end{aligned} \tag{6.1.4}$$

Wenn man nun alle Terme $O(\eta^3)$ vernachlässigt, erhält man eine Lagrange-Funktion, die bilinear in den Variablen $\eta_i, \dot{\eta}_i$ ist.

Die Lagrangeschen Gleichungen für diese approximative Lagrange-Funktionen sind dann Differentialgleichungen, die linear in den η_i sind. Man nennt diese Approximation auch *Linearisierung* und das zugehörige System ein *lineares System*.

Es gilt so für das lineare System

$$L=\frac{1}{2}\sum_{i,j=1}^{f} (M_{ij}\dot{\eta}_i\dot{\eta}_j-K_{ij}\eta_i\eta_j) \tag{6.1.5}$$

mit

$$M_{ij}=M_{ji}=g_{ij}(q^0) \tag{6.1.6}$$

und

$$K_{ij}=\left.\frac{\partial^2 V}{\partial q_i \partial q_j}\right|_{q^0} \ . \tag{6.1.7}$$

Die zugehörige Bewegungsgleichung

$$\sum_{j=1}^{f} (M_{ij}\ddot{\eta}_j+K_{ij}\eta_j)=0 \ , \quad i=1,\ldots,f \tag{6.1.8}$$

ist ein System linearer Differentialgleichungen zweiter Ordnung.

Lineare Differentialgleichungen spielen in der theoretischen Physik eine besonders wichtige Rolle.

Einen Grund dafür haben wir bereits gesehen: Das Verhalten eines mechanischen Systems in der Nähe einer Gleichgewichtslage wird näherungsweise durch eine lineare Bewegungsgleichung beschrieben, und diese Näherung ist um so besser, je kleiner die Auslenkung aus dem Gleichgewicht ist. Lineare Differentialgleichungen in der theoretischen Physik werden uns auch später noch oft begegnen.

Besonders günstig ist nun, daß man über die Lösungen linearer Differentialgleichungen viel explizitere Aussagen machen kann als im allgemeinen Falle nichtlinearer Bewegungsgleichungen, so daß bei einer Reduktion eines physikalischen Problems auf eine *lineare* Bewegungsgleichung deren Lösung eine Routineangelegenheit ist. Zu beachten bleibt freilich, daß reale Probleme nur in mehr oder weniger guter Näherung linear sind und daß Nichtlinearitäten auch zu qualitativ neuen Eigenschaften Anlaß geben können.

6.2 Einige allgemeine Bemerkungen zu linearen Differentialgleichungen

In den in Abschn. 6.1 aufgestellten Bewegungsgleichungen waren die Koeffizienten M_{ij} und K_{ij} konstant, d.h. unabhängig von der Zeit t. Diese Einschränkung wollen wir zunächst fallen lassen und allgemein lineare Differentialgleichungen betrachten. Die zusätzlichen Vereinfachungen für den Fall konstanter Koeffizienten wollen wir etwas später untersuchen. Wir beginnen mit dem einfachsten Fall:

i) Die allgemeine homogene lineare Differentialgleichung zweiter Ordnung für ein System mit einem Freiheitsgrad ist von der Form

$$\ddot{x}(t)+a(t)\dot{x}(t)+b(t)x(t)=0 \ . \tag{6.2.1}$$

Dabei bedeutet das Adjektiv „homogen", daß die rechte, von $x(t)$ unabhängige Seite der Gleichung verschwindet.

Für die Lösungen dieser Gleichung gilt das *Superpositionsprinzip*[1].

Wenn $x^{(1)}(t)$ *und* $x^{(2)}(t)$ *Lösungen von* (6.2.1) *sind, dann ist für beliebige* $\alpha, \beta \in \mathbb{R}$ *auch*

$$\alpha x^{(1)}(t) + \beta x^{(2)}(t)$$

Lösung von (6.2.1).

In anderen Worten: Die Menge der Lösungen von (6.2.1) bildet einen Vektorraum.

Die Dimension dieses Lösungsraumes ist $d=2$.

Zum Beweis geben wir eine Basis des Lösungsraumes an: Sei $x^{(1)}(t)$ Lösung von (6.2.1) mit den Anfangswerten

$$x^{(1)}(0)=1 \quad , \qquad \dot{x}^{(1)}(0)=0$$

und $x^{(2)}(t)$ Lösung von (6.2.1) mit den Anfangswerten

$$x^{(2)}(0)=0 \quad , \qquad \dot{x}^{(2)}(0)=1 \quad .$$

Offenbar sind $x^{(1)}(t)$ und $x^{(2)}(t)$ linear unabhängig. Dann ist die eindeutig bestimmte Lösung $x(t)$ mit den Anfangswerten $x(0)=\alpha$, $\dot{x}(0)=\beta$ gegeben durch

$$x(t)=\alpha x^{(1)}(t)+\beta x^{(2)}(t) \quad .$$

Also bilden $x^{(1)}$ und $x^{(2)}$ eine Basis des Lösungsraumes, insbesondere läßt sich jede Lösung eindeutig als Linearkombination der Lösungen $x^{(1)}$ und $x^{(2)}$ darstellen.

ii) Für ein System mit n Freiheitsgraden lautet eine allgemeine lineare, homogene Differentialgleichung zweiter Ordnung

$$\ddot{x}(t)+A(t)\dot{x}(t)+B(t)x(t)=0 \quad ,$$

wobei $x(t) \in \mathbb{R}^n$ für alle t, also Werte in einem n-dimensionalen Vektorraum annimmt, und $A(t)$ und $B(t)$ lineare Abbildungen $\mathbb{R}^n \to \mathbb{R}^n$ sind.

In Komponentenschreibweise hat (6.2.2) die Gestalt

$$\ddot{x}_i(t)+\sum_{j=1}^{n} A_{ij}(t)\dot{x}_j(t)+\sum_{j=1}^{n} B_{ij}(t)x_j(t)=0 \quad , \qquad i=1,\ldots,n \quad . \tag{6.2.2}$$

Es gilt wieder das Superpositionsprinzip. Die Menge der Lösungen bildet einen $2n$-dimensionalen Vektorraum.

Eine Basis des Lösungsraumes ist durch die Lösungen

$$u^{(1)}(t),\ldots,u^{(n)}(t) \quad , \qquad v^{(1)}(t),\ldots,v^{(n)}(t)$$

gegeben, die den Anfangsbedingungen

$$u^{(1)}(0)=\begin{pmatrix}1\\0\\0\\\vdots\\0\end{pmatrix} , \quad \dot{u}^{(1)}(0)=\begin{pmatrix}0\\0\\0\\\vdots\\0\end{pmatrix} ;$$

$$u^{(2)}(0)=\begin{pmatrix}0\\1\\0\\\vdots\\0\end{pmatrix} , \quad \dot{u}^{(2)}(0)=\begin{pmatrix}0\\0\\0\\\vdots\\0\end{pmatrix} ; \ldots ;$$

$$v^{(1)}(0)=\begin{pmatrix}0\\0\\0\\\vdots\\0\end{pmatrix} , \quad \dot{v}^{(1)}(0)=\begin{pmatrix}1\\0\\0\\\vdots\\0\end{pmatrix} ;$$

$$v^{(2)}(0)=\begin{pmatrix}0\\0\\0\\\vdots\\0\end{pmatrix} , \quad \dot{v}^{(2)}(0)=\begin{pmatrix}0\\1\\0\\\vdots\\0\end{pmatrix} ; \ldots$$

genügen. Die Lösung $x(t)$ zu den Anfangsbedingungen

$$x(0)=\begin{pmatrix}\alpha_1\\\alpha_2\\\vdots\\\alpha_n\end{pmatrix} , \quad \dot{x}(0)=\begin{pmatrix}\beta_1\\\beta_2\\\vdots\\\beta_n\end{pmatrix}$$

ist dann

$$x(t)=\sum_{i=1}^{n} [\alpha_i u^{(i)}(t)+\beta_i v^{(i)}(t)] \quad . \tag{6.2.3}$$

Es sei noch einmal festgehalten:

Die entscheidende Eigenschaft linearer Systeme ist die Gültigkeit des Superpositionsprinzips. Mit je zwei Lösungen ist auch jede lineare Überlagerung davon eine Lösung des Problems. Ferner läßt sich jede Lösung durch lineare Überlagerung aus einem Satz von Grundlösungen (Basis des Lösungsraumes) gewinnen.

---

1 Superposition (lat.) von superponere: überlagern, übereinanderlegen.

iii) Für allgemeine Betrachtungen ist oft die Beobachtung nützlich, daß Systeme von Differentialgleichungen 2. Ordnung äquivalent als Systeme 1. Ordnung mit der doppelten Anzahl von Komponenten geschrieben werden können. So ist die Differentialgleichung

$$\ddot{x}+A\dot{x}+Bx=0 \tag{6.2.4}$$

offenbar äquivalent zu dem System

$$\dot{x}=z \ ,$$

$$\dot{z}+Az+Bx=0 \qquad \text{oder}$$

$$\frac{d}{dt}\begin{pmatrix} x \\ z \end{pmatrix}+\begin{pmatrix} 0 & -1 \\ B & A \end{pmatrix}\begin{pmatrix} x \\ z \end{pmatrix}=0 \ . \tag{6.2.5}$$

iv) Sehr häufig tritt in der Physik das Problem auf, das Verhalten eines linearen schwingungsfähigen Systems zu bestimmen, an dem zusätzlich noch eine nur von der Zeit abhängige äußere Kraft angreift.

Wir geben für einige Beispiele die Bewegungsgleichungen:

a) Pendel mit zusätzlichem Drehmoment $d(t)$:

$$ml\ddot{\theta}(t)+mg\theta(t)=d(t) \ ,$$

b) eindimensionales System mit äußerer Kraft $f(t)$:

$$m[\ddot{x}(t)+2\varrho\dot{x}(t)+\omega_0^2 x(t)]=f(t) \ ,$$

c) n-dimensionales System mit äußeren Kräften $f_i(t)$:

$$\sum_{j=1}^{n}[M_{ij}\ddot{x}_j(t)+K_{ij}x_j(t)]=f_i(t) \ , \qquad i=1,\ldots,n \ .$$

Alle diese Systeme sind von der Form

$$Lx(t)=f(t) \ , \tag{6.2.6}$$

wobei $x(t), f(t)\in\mathbb{R}^n$ und L ein linearer Differentialoperator ist.

Sie repräsentieren lineare Systeme, an denen zusätzliche äußere nur von t abhängige Kräfte angreifen.

Es gilt nun der wichtige Satz:

Wenn $x^{(0)}(t)$ eine Lösung von (6.2.6) ist:

$$Lx^{(0)}=f \ , \tag{6.2.7}$$

so ist jede andere Lösung $x^{(1)}$ von der Form

$$x^{(1)}(t)=x^{(0)}(t)+u(t) \ , \tag{6.2.8}$$

wobei $u(t)$ die zugehörige homogene Gleichung

$$Lu=0 \tag{6.2.9}$$

löst.

Es ist nämlich für jede andere Lösung $x^{(1)}(t)$:

$$x^{(1)}(t)=x^{(0)}(t)+[x^{(1)}(t)-x^{(0)}(t)]$$

und

$$L(x^{(1)}-x^{(0)})=Lx^{(1)}-Lx^{(0)}=0 \ ,$$

d.h. $x^{(1)}(t)-x^{0}(t)$ ist eine Lösung der homogenen Gleichung.

Umgekehrt ist mit

$$Lu=0 \qquad \text{und} \qquad Lx^{(0)}=f$$

auch $L(x^{(0)}+u)=f$.

Das inhomogene Problem (6.2.6) ist also vollständig gelöst, wenn die allgemeine Lösung des homogenen Problems und zusätzlich eine einzige Lösung des inhomogenen Problems bekannt ist.

v) Die Linearität erlaubt auch sofort, aus Lösungen zu den äußeren Kräften $f^{(1)}(t)$ und $f^{(2)}(t)$ Lösungen zur äußeren Kraft $c_1 f^{(1)}(t)+c_2 f^{(2)}(t)$ zu konstruieren.

Mit

$$Lx^{(1)}=f^{(1)} \qquad \text{und} \qquad Lx^{(2)}=f^{(2)}$$

gilt nämlich offenbar

$$\begin{aligned} L(c_1x^{(1)}+c_2x^{(2)}) &= c_1 Lx^{(1)}+c_2 Lx^{(2)} \\ &= c_1 f^{(1)}+c_2 f^{(2)} \ . \end{aligned}$$

6.3 Homogene lineare Systeme mit einem Freiheitsgrad und konstanten Koeffizienten

Wir untersuchen nun die Gleichung

$$\ddot{x}(t)+2\varrho\dot{x}(t)+\omega_0^2 x(t)=0 \ , \qquad x(t)\in\mathbb{R} \ ,$$

$$\varrho,\omega_0^2>0 \ , \tag{6.3.1}$$

welche einen harmonischen Oszillator mit zusätzlicher Reibungskraft $\sim -\varrho\dot{x}$ beschreibt. Physikalisch ist nur der Fall $\varrho \geq 0$ bedeutsam, da die mechanische Energie infolge der Reibung nur abnehmen kann. Es ist nämlich

$$\dot{E} = \frac{d}{dt}\left(\frac{1}{2}m\dot{x}^2 + \frac{1}{2}m\omega_0^2 x^2\right)$$
$$= m\dot{x}(\ddot{x} + \omega_0^2 x) = -2m\varrho\dot{x}^2 \ .$$

Diese und allgemein alle linearen Differentialgleichungen mit konstanten Koeffizienten werden nach demselben Verfahren gelöst.

Als nützliches Hilfsmittel führen wir die komplexe Exponentialfunktion ein.

Für komplexes $z = a + ib$ definieren wir

$$e^z = \sum_{n=0}^{\infty} \frac{z^n}{n!} \ .$$

Dann gilt

i) $e^{z_1+z_2} = e^{z_1}e^{z_2}$, insbesondere $e^{a+ib} = e^a e^{ib}$,

ii) $e^{ib} = \cos b + i \sin b$, somit

iii) $(e^{ib})^* = e^{-ib}$, $\cos b = \frac{1}{2}(e^{ib} + e^{-ib}) = \mathrm{Re}\{e^{ib}\}$,
$\sin b = (1/2\,i)(e^{ib} - e^{-ib}) = \mathrm{Im}\{e^{ib}\}$,

iv) $(d/dt)e^{zt} = ze^{zt}$ für $t \in \mathbb{R}$, $z \in \mathbb{C}$.

Die Lösung von (6.3.1) vollzieht man am besten in zwei Schritten:

1. Schritt

Komplexifizierung: Man betrachtet (6.3.1) als Differentialgleichung für komplexwertige Funktionen $x(t)$ und sucht alle komplexwertigen Lösungen. Es gilt dann natürlich ein komplexes Superpositionsprinzip:

Mit

$$x^{(1)}(t) \quad \text{und} \quad x^{(2)}(t)$$

ist auch für beliebige $\alpha, \beta \in \mathbb{C}$

$$x(t) = \alpha x^{(1)}(t) + \beta x^{(2)}(t)$$

Lösung von (6.3.1).

Zusätzlich ist, da $\varrho, \omega_0^2 \in \mathbb{R}$, mit $x(t)$ auch die zugehörige konjugiert komplexe Funktion $x^*(t)$ Lösung von (6.3.1). Somit ist dann auch

$$u(t) = \mathrm{Re}\{x(t)\} = \tfrac{1}{2}[x(t) + x^*(t)]$$

reelle Lösung von (6.3.1), und man erhält alle reellen Lösungen aus komplexen Lösungen durch Bildung des Realteils.

2. Schritt

Exponentialansatz: Man sucht Lösungen der Form

$$x(t) = e^{\lambda t} \ , \quad (\lambda \in \mathbb{C}) \ ,$$

man sucht also λ so zu bestimmen, daß $\exp(\lambda t)$ die Gleichung (6.3.1) löst.

Einsetzen von $\exp(\lambda t)$ in (6.3.1) ergibt die folgende Bedingung für λ:

$$\lambda^2 + 2\varrho\lambda + \omega_0^2 = 0 \ . \tag{6.3.2}$$

Der Exponentialansatz führt also genau dann zu einer Lösung, wenn λ eine der Nullstellen

$$\lambda_{1,2} = -\varrho \pm \sqrt{\varrho^2 - \omega_0^2} \tag{6.3.3}$$

dieses Polynoms ist.

Drei Fälle sind zu unterscheiden:

a) $\varrho^2 > \omega_0^2$: Starke Dämpfung: es gibt zwei reelle negative Nullstellen, die allgemeinste Lösung

$$x(t) = e^{-\varrho t}(\alpha e^{\hat{\omega}t} + \beta e^{-\hat{\omega}t}) \ , \quad \hat{\omega} = \sqrt{\varrho^2 - \omega_0^2} \tag{6.3.4}$$

klingt mit $t \to \infty$ ab.

b) $\varrho^2 < \omega_0^2$: Schwache Dämpfung: es gibt zwei zueinander konjugiert komplexe Nullstellen, die allgemeinste Lösung ist in komplexer Schreibweise:

$$x(t) = e^{-\varrho t}(\alpha e^{i\omega t} + \beta e^{-i\omega t}) \ , \quad \omega = \sqrt{\omega_0^2 - \varrho^2} \tag{6.3.5}$$

oder, in reeller Schreibweise:

$$x(t) = e^{-\varrho t}(\alpha' \cos \omega t + \beta' \sin \omega t)$$

Für $\varrho > 0$ klingen mit $t \to \infty$ alle Lösungen ab.

c) $\varrho^2 = \omega_0^2$: Aperiodischer Grenzfall: Der Exponentialansatz liefert in diesem Fall nur *eine* linear unabhängige Lösung. Die allgemeinste komplexe Lösung ist von der Form

$$x(t) = e^{-\varrho t}(\alpha + \beta t) \ . \tag{6.3.6}$$

Beispiel

Die Lagrange-Funktion für ein ebenes Pendel lautet:

$$L=\frac{1}{2}ml^2\dot{\theta}^2-mgl(1-\cos\theta)$$

also

$$V(\theta)=mgl(1-\cos\theta)\ ,$$
$$V(0)=0\ ,$$
$$V'(\theta)=mgl\sin\theta \qquad (=0 \quad \text{für} \quad \theta=0)\ ,$$

d.h., $\theta^0=0$ ist eine Gleichgewichtslage.

Es ist $V''(0)=mgl>0$, also ist $\theta^0=0$ ein Minimum des Potentials.

Entwicklung um $\theta=0$ liefert

$$V(\theta)=mgl\left(1-\left(1-\frac{\theta^2}{2}\right)+O(\theta^4)\right)$$
$$=mgl\frac{\theta^2}{2}+O(\theta^4)\ ,$$

und so ist

$$K=mgl\ ,\qquad M=ml^2\ .$$

Die Bewegungsgleichung lautet dann in linearer Näherung

$$ml^2\ddot{\theta}+mgl\theta=0 \qquad \text{oder}$$
$$\ddot{\theta}+\frac{g}{l}\theta=0\ .$$

Lösung: Mit dem Ansatz

$$\theta(t)=e^{i\omega t} \quad \text{folgt}$$
$$-\omega^2+\frac{g}{l}=0 \quad \text{oder}$$
$$\omega=\pm\sqrt{\frac{g}{l}}\ , \qquad \text{reell}\ .$$

Also ist die allgemeinste reelle Lösung der Bewegungsgleichung von der Form

$$\theta(t)=\mathrm{Re}\{A_1e^{i\omega t}+A_2e^{-i\omega t}\}\ .$$

Man sieht, daß sich durch geeignete Wahl von A_1 und A_2 beliebige Anfangsbedingungen $\theta(0)=\alpha$, $\dot{\theta}(0)=\beta$ erfüllen lassen:

$$\theta(0)=\mathrm{Re}\{A_1+A_2\}=\alpha\ ,$$
$$\dot{\theta}(0)=\mathrm{Re}\{(iA_1-iA_2)\omega\}=\beta\ .$$

Eine Lösung ist $A_1=\alpha$, $A_2=i\beta/\omega$ so daß die Lösung zu den Anfangsbedingungen $\theta(0)=\alpha$, $\dot{\theta}(0)=\beta$ lautet

$$\theta(t)=\alpha\cos\omega t+(\beta/\omega)\sin\omega t\ ,$$

oder, in anderer Schreibweise,

$$\theta(t)=C\cos(\omega t-\delta) \quad \text{mit}$$

$$C=\sqrt{\alpha^2+\frac{\beta^2}{\omega^2}} \quad \text{und} \quad \tan\delta=\frac{\beta}{\alpha\omega}\ .$$

Anmerkung

Man beachte, daß auch $\theta=\pi$ ein Gleichgewichtspunkt ist. Es ist aber $V''(\pi)=-mgl$ und das Potential hat somit in diesem Punkt ein Maximum. Der Gleichgewichtspunkt ist damit instabil, wie auch unmittelbar aus der Anschauung ersichtlich.

Die Entwicklung von $V(\theta)$ um $\theta=\pi$ liefert

$$V(\theta)=V(\pi+\eta)=2mgl-\frac{1}{2}mgl\eta^2+O(\eta^4)\ ,$$

und somit folgt die Bewegungsgleichung

$$ml^2\ddot{\eta}-mgl\eta=0$$

mit den Lösungen

$$\eta(t)=e^{\pm\sqrt{(g/l)}\,t}\ ,$$

so daß ein exponentiell ansteigender Beitrag vorhanden ist. Dieser signalisiert die Instabilität des Gleichgewichtspunktes.

Die Stabilität eines Gleichgewichtspunktes – allgemein einer Lösung der Bewegungsgleichung – kann also untersucht werden, indem man kleine Auslenkungen aus dieser Lösung untersucht und studiert, ob diese mit der Zeit anwachsen können. Stabile und damit in der Natur realisierte Lösungen lassen nur schwingende Auslenkungen zu, die in der Zeit beschränkt bleiben. Solch eine *lineare Stabilitätsanalyse* ist eine sehr wichtige Methode in vielen Bereichen der Physik [6.5, 6].

6.4 Homogene lineare Systeme mit *n* Freiheitsgraden und konstanten Koeffizienten

6.4.1 Eigenschwingungen und Eigenfrequenzen

Wir betrachten nun die in Abschn. 6.1 aufgestellte Differentialgleichung

$$\sum_{j=1}^{n} (M_{ij}\ddot{x}_j + K_{ij}x_j) = 0 \ , \qquad i=1,\ldots,n \ . \tag{6.4.1}$$

Die Größen M_{ij} und K_{ij} erfüllen die Bedingungen

$$M_{ij} = M_{ji} \ , \qquad K_{ij} = K_{ji} \quad \text{sowie}$$

$$\sum_{i,j=1}^{n} M_{ij}a_i a_j > 0 \quad \text{für} \quad \sum_{i=1}^{n} a_i^2 \neq 0 \ , \tag{6.4.2}$$

da die kinetische Energie streng positiv ist, solange nicht alle Geschwindigkeiten verschwinden. Die analoge Ungleichung

$$\sum_{i,j=1}^{n} K_{ij}a_i a_j > 0 \quad \text{für} \quad \sum_{i=1}^{n} a_i^2 \neq 0 \tag{6.4.3}$$

gilt nur, wenn $q^{(0)}$ ein Minimum von V ist.

Indem wir x als Vektor in $\mathbb{R}^n$ auffassen, schreibt sich die Bewegungsgleichung

$$M\ddot{x} + Kx = 0 \ , \tag{6.4.4}$$

wobei M und K lineare Abbildungen $\mathbb{R}^n \to \mathbb{R}^n$ sind. Indem wir ein Skalarprodukt

$$x \cdot y := \sum_{i=1}^{n} x_i y_i \tag{6.4.5}$$

einführen, schreiben wir die Symmetrie und Positivität von M und K als

$$y \cdot (Mx) = (My) \cdot x \ , \qquad y \cdot (Kx) = (Ky) \cdot x$$

für alle $x, y \in \mathbb{R}^n$ und

$$x \cdot Mx > 0 \quad \text{für} \quad x \neq 0 \ .$$

Die Lösung von (6.4.4) erfolgt wieder in zwei Schritten:

1) Komplexifizierung: Man faßt (6.4.4) als Differentialgleichung für Funktionen mit Werten in $\mathbb{C}^n$ auf und erhält die reellen Lösungen als Real- oder Imaginärteile komplexer Lösungen.

2) Exponentialansatz: Man setzt an

$$x(t) = v\mathrm{e}^{\mathrm{i}\omega t} \quad \text{mit} \quad v \in \mathbb{C}^n \ ,$$

und sucht v und ω so zu bestimmen, daß $x(t)$ die Gleichung (6.4.4) löst. Das führt auf die Bedingung

$$(K - \omega^2 M)v = 0 \ .$$

Diese Gleichung kann nur eine Lösung $v \neq 0$ haben, wenn $K - \omega^2 M$ nicht injektiv ist, wenn also

$$\det(K - \omega^2 M) = 0 \tag{6.4.6}$$

ist. Diese sogenannte *Säkulargleichung*[2] ist eine algebraische Gleichung n-ter Ordnung in ω^2 ($2n$-ter Ordnung in ω). Die möglichen Werte der Frequenz ω müssen Nullstellen des Polynoms $\det(K - \omega^2 M)$ sein.

Seien ω_α^2 ($\alpha = 1,\ldots,n$) die Nullstellen und $v^{(\alpha)}$ die entsprechenden „*Eigenvektoren*" mit

$$(K - \omega_\alpha^2 M)v^{(\alpha)} = 0 \ , \qquad \alpha = 1,\ldots,n \ .$$

Wir zeigen:

i) *ω_α^2 ist reell.*

ii) *Wenn $x \cdot Kx \geq 0$ ist für alle x, dann ist $\omega_\alpha^2 \geq 0$. Wenn $x \cdot Kx > 0$ ist für $x \neq 0$, wenn also q^0 Minimum von V ist, gilt sogar $\omega_\alpha^2 > 0$. In diesem Falle ist also ω_α reell und $x(t) = v^{(\alpha)}\exp(\mathrm{i}\omega_\alpha t)$ beschränkt. Minima von V entsprechen somit stabilen Gleichgewichtslagen.*

iii) *Die Eigenvektoren $v^{(\alpha)}$ können reell gewählt werden.*

iv) *Die reellen Eigenvektoren $v^{(\alpha)}$ ($\alpha = 1,\ldots,n$) sind linear unabhängig und bilden eine Basis des $\mathbb{R}^n$.*

Beweis

Zu (i): Aus

$$Kv^{(\alpha)} = \omega_\alpha^2 M v^{(\alpha)} \quad \text{folgt} \quad v^{(\alpha)*} \cdot Kv^{(\alpha)} = \omega_\alpha^2 v^{(\alpha)*} \cdot Mv^{(\alpha)} \ .$$

---

[2] Säkulargleichung, so genannt, weil eine derartige Gleichung bei der Berechnung der langzeitigen (= säkularen) Variation der Bahnelemente des Planetensystems durch die gegenseitige Anziehung der Planeten auftritt.

Nun sind wegen der Symmetrie und Reellwertigkeit von M und K $v^{(\alpha)*}\cdot Mv^{(\alpha)}$ und $v^{(\alpha)*}\cdot Kv^{(\alpha)}$ reell. Da außerdem $v^{(\alpha)*}\cdot Mv^{(\alpha)}>0$ ist, kann man nach ω_α^2 auflösen und erhält:

$$\omega_\alpha^2=\frac{v^{(\alpha)*}\cdot Kv^{(\alpha)}}{v^{(\alpha)*}\cdot Mv^{(\alpha)}} .$$

Damit ist also ω_α^2 reell. Wenn außerdem $v^{(\alpha)*}\cdot Kv^{(\alpha)}>0$, so ist $\omega_\alpha^2>0$, womit auch (ii) bewiesen ist.

Zu (iii): Da M und K reelle Matrizen sind, folgt aus

$$(K-\omega_\alpha^2 M)v^{(\alpha)}=0 \quad \text{auch}$$

$$[(K-\omega_\alpha^2 M)v^{(\alpha)}]^*=(K-\omega_\alpha^2 M)v^{(\alpha)*}=0 .$$

Also sind auch $\operatorname{Re}\{v^{(\alpha)}\}$ und $\operatorname{Im}\{v^{(\alpha)}\}$ Eigenvektoren, die nicht beide verschwinden können.

Zu (iv): Es ist für reelle Eigenvektoren $v^{(\alpha)}$, $v^{(\beta)}$:

$$v^{(\alpha)}\cdot Kv^{(\beta)}=\omega_\beta^2 v^{(\alpha)}\cdot Mv^{(\beta)}=(Kv^{(\alpha)})\cdot v^{(\beta)}$$

$$=\omega_\alpha^2(Mv^{(\alpha)})\cdot v^{(\beta)}=\omega_\alpha^2 v^{(\alpha)}\cdot Mv^{(\beta)} .$$

Also folgt auch

$$(\omega_\alpha^2-\omega_\beta^2)v^{(\alpha)}\cdot Mv^{(\beta)}=0$$

und somit

$$v^{(\alpha)}\cdot Mv^{(\beta)}=0 \quad \text{für} \quad \omega_\alpha^2\neq\omega_\beta^2 .$$

Für den Beweis der linearen Unabhängigkeit nehmen wir an, daß alle ω_α^2 verschieden seien. (Der Fall der Entartung fordert eine kleine Zusatzüberlegung.)

Aus

$$\sum_{\alpha=1}^{n}\zeta_\alpha v^{(\alpha)}=0$$

folgt dann

$$v^{(\beta)}\cdot M\left[\sum_{\alpha=1}^{n}\zeta_\alpha v^{(\alpha)}\right]=0=\sum_{\alpha=1}^{n}\zeta_\alpha v^{(\beta)}\cdot Mv^{(\alpha)}$$

$$=\zeta_\beta v^{(\beta)}\cdot Mv^{(\beta)} ,$$

also $\zeta_\beta=0$ für alle β, und damit sind die Vektoren $v^{(\alpha)}$, $\alpha=1,\ldots,n$, linear unabhängig und bilden eine Basis des $\mathbb{R}^n$, da ihre Anzahl genau n ist.

Indem wir K durch den Trägheitstensor $\boldsymbol{I}$ und M durch die Einheitsmatrix $\mathbb{1}$ ersetzen, sehen wir, daß wir zugleich den aus Abschn. 4.2.1 noch ausstehenden Beweis für die Existenz eines Orthonormalsystems von Hauptträgheitsachsen eines starren Körpers geführt haben.

Wegen der Wichtigkeit des soeben Bewiesenen geben wir noch eine andere Formulierung durch Rückführung auf das Eigenwertproblem $(A-\lambda\mathbb{1})w=0$:

Wir benutzen:

Satz: Jede reelle symmetrische lineare Abbildung $A:\mathbb{R}^n\to\mathbb{R}^n$ hat ein reelles vollständiges Orthonormalsystem von Eigenvektoren w_α $(\alpha=1,\ldots,n)$; $Aw_\alpha=\lambda_\alpha w_\alpha$; $w_\alpha\cdot w_\beta=\delta_{\alpha\beta}$. Die zugehörigen Eigenwerte sind reell.

Satz: Jede reelle symmetrische positive Abbildung M: $\mathbb{R}^n\to\mathbb{R}^n$ hat ein reelles symmetrisches positives Inverses M^{-1} und eine reelle symmetrische positive Quadratwurzel $M^{1/2}$ mit $(M^{1/2})^2=M$.

Offenbar gilt die Gleichwertigkeit

$$(K-\omega_\alpha^2 M)v^{(\alpha)}=0 \Leftrightarrow (M^{-1/2}KM^{-1/2}-\omega_\alpha^2\mathbb{1})w_\alpha=0$$

mit $w_\alpha=M^{1/2}v^{(\alpha)}$. Es genügt also, ein Orthonormalsystem von Eigenvektoren w_α von $A=M^{-1/2}KM^{-1/2}$ zu finden. Aus $w_\alpha w_\beta=\delta_{\alpha\beta}$ folgt dann

$$(M^{1/2}v^{(\alpha)})\cdot(M^{1/2}v^{(\beta)})=v^{(\alpha)}\cdot Mv^{(\beta)}=\delta_{\alpha\beta} .$$

Die Lösungen $x^{(\alpha)}(t)=v^{(\alpha)}\exp(\mathrm{i}\omega_\alpha t)$ heißen *Eigenschwingungen*, die zugehörigen Frequenzen ω_α *Eigenfrequenzen* des Systems. Bei den Eigenschwingungen verläuft die Bewegung mit harmonischer Zeitabhängigkeit so, daß die Verhältnisse der einzelnen Auslenkungen aus der Gleichgewichtslage zeitlich konstant sind.

Sind nun alle $\omega_\alpha^2>0$, so ist die allgemeinste Lösung der linearen Gleichung eine lineare Überlagerung von Eigenschwingungen:

$$x(t)=\sum_{\alpha=1}^{n}(a_\alpha e^{\mathrm{i}\omega_\alpha t}+b_\alpha e^{-\mathrm{i}\omega_\alpha t})v^{(\alpha)} \quad \text{mit} \quad a_\alpha, b_\alpha\in\mathbb{C} . \tag{6.4.7}$$

Da die $v^{(\alpha)}$ eine Basis des $\mathbb{R}^n$ bilden, läßt sich jede Anfangsbedingung $x(0)$, $\dot{x}(0)$ durch geeignete Wahl der Konstanten erfüllen.

Im Falle, daß $\omega_\alpha=0$ ist, erhält man statt der oszillatorischen Funktion proportional zu $v^{(\alpha)}$ dann eine translatorische, wie man besonders einfach mit Hilfe der sogenannten *Normalkoordinaten* einsieht.

Man führt dazu neue Koordinaten $Q_\alpha(t)\in\mathbb{R}$ ein durch

$$x(t)=\sum_{\alpha=1}^{n}Q_\alpha(t)v^{(\alpha)} , \tag{6.4.8}$$

wobei also $v^{(\alpha)}$ definiert seien durch

$$Kv^{(\alpha)}=\omega_\alpha^2 Mv^{(\alpha)}$$

und normiert seien durch

$$v^{(\alpha)}\cdot Mv^{(\beta)}=\delta_{\alpha\beta}\ . \tag{6.4.9}$$

Also gilt auch

$$Q_\alpha(t)=v^{(\alpha)}\cdot Mx(t)\ . \tag{6.4.10}$$

In den Koordinaten Q_α lauten Lagrange-Funktion und Bewegungsgleichungen:

$$L=\frac{1}{2}\,\dot{x}\cdot M\dot{x}-\frac{1}{2}\,x\cdot Kx=\frac{1}{2}\sum_{\alpha=1}^{n}(\dot{Q}_\alpha^2-\omega_\alpha^2 Q_\alpha^2)\ , \tag{6.4.11}$$

$$\ddot{Q}_\alpha(t)+\omega_\alpha^2 Q_\alpha(t)=0\ ,\qquad \alpha=1,\dots,n\ . \tag{6.4.12}$$

Die Bewegungsgleichungen für verschiedene Normalkoordinaten Q_α entkoppeln also. Für $\omega_\alpha^2=0$ ist somit $Q_\alpha(t)$ eine lineare Funktion von t.

6.4.2 Beispiele für die Berechnung von Eigenschwingungen

i) Man betrachte zwei gekoppelte Pendel für kleine Amplituden (Abb. 6.4.1). Beschreibt D die Federkraft der koppelnden Feder, so lautet die Lagrange-Funktion

$$L=\tfrac{1}{2}ml^2(\dot{\varphi}_1^2+\dot{\varphi}_2^2)-\tfrac{1}{2}mgl(\varphi_1^2+\varphi_2^2)$$
$$-\tfrac{1}{2}Dl^2(\varphi_1-\varphi_2)^2\ , \tag{6.4.13}$$

und für die Bewegungsgleichungen erhält man

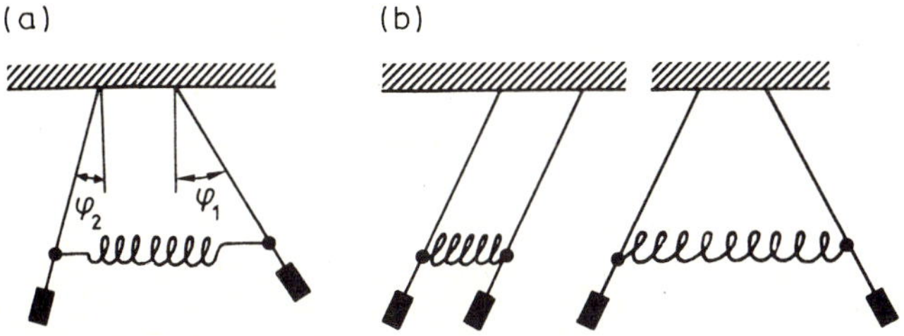

Abb. 6.4.1. Gekoppelte Pendel (**a**) und ihre Fundamentalschwingungen (**b**)

$$\ddot{\varphi}_1+\frac{g}{l}\,\varphi_1+\frac{D}{m}\,(\varphi_1-\varphi_2)=0\ ;$$
$$\ddot{\varphi}_2+\frac{g}{l}\,\varphi_2+\frac{D}{m}\,(\varphi_2-\varphi_1)=0 \tag{6.4.14}$$

oder in Matrixform

$$\frac{d^2}{dt^2}\begin{pmatrix}\varphi_1\\ \varphi_2\end{pmatrix}+\begin{pmatrix}\frac{g}{l}+\frac{D}{m} & -\frac{D}{m}\\ -\frac{D}{m} & \frac{g}{l}+\frac{D}{m}\end{pmatrix}\begin{pmatrix}\varphi_1\\ \varphi_2\end{pmatrix}=0\ . \tag{6.4.15}$$

Mit dem Exponentialansatz

$$\begin{pmatrix}\varphi_1\\ \varphi_2\end{pmatrix}=\begin{pmatrix}v_1\\ v_2\end{pmatrix}e^{i\omega t} \tag{6.4.16}$$

erhält man die Eigenwertgleichung

$$\begin{pmatrix}\frac{g}{l}+\frac{D}{m}-\omega^2 & -\frac{D}{m}\\ -\frac{D}{m} & \frac{g}{l}+\frac{D}{m}-\omega^2\end{pmatrix}\begin{pmatrix}v_1\\ v_2\end{pmatrix}=0 \tag{6.4.17}$$

und die Säkulargleichung

$$\det\begin{pmatrix}\frac{g}{l}+\frac{D}{m}-\omega^2 & -\frac{D}{m}\\ -\frac{D}{m} & \frac{g}{l}+\frac{D}{m}-\omega^2\end{pmatrix}$$
$$=\omega^4-2\omega^2\left(\frac{g}{l}+\frac{D}{m}\right)+\left(\frac{g}{l}+\frac{D}{m}\right)^2-\frac{D^2}{m^2}=0 \tag{6.4.18}$$

mit den Lösungen:

$$\omega_1^2=\frac{g}{l}\ ,\qquad \omega_2^2=\frac{g}{l}+2\,\frac{D}{m}\ . \tag{6.4.19}$$

Als Eigenvektoren erhält man

$$\text{zu } \omega_1^2:\quad v^{(1)}=\begin{pmatrix}v_1^{(1)}\\ v_2^{(1)}\end{pmatrix}=\begin{pmatrix}1\\ 1\end{pmatrix}\ , \tag{6.4.20}$$

$$\text{zu } \omega_2^2:\quad v^{(2)}=\begin{pmatrix}v_1^{(2)}\\ v_2^{(2)}\end{pmatrix}=\begin{pmatrix}1\\ -1\end{pmatrix}\ . \tag{6.4.21}$$

Damit ist die allgemeinste Lösung der Bewegungsgleichung:

$$\begin{pmatrix}\varphi_1\\ \varphi_2\end{pmatrix}=\begin{pmatrix}a_1 e^{i\omega_1 t}+b_1 e^{-i\omega_1 t}+a_2 e^{i\omega_2 t}+b_2 e^{-i\omega_2 t}\\ a_1 e^{i\omega_1 t}+b_1 e^{-i\omega_1 t}-a_2 e^{i\omega_2 t}-b_2 e^{-i\omega_2 t}\end{pmatrix} \tag{6.4.22}$$

oder in reeller Schreibweise:

$$\begin{pmatrix}\varphi_1\\ \varphi_2\end{pmatrix} =\begin{pmatrix}a_1'\cos\omega_1 t+b_1'\sin\omega_1 t+a_2'\cos\omega_2 t+b_2'\sin\omega_2 t\\ a_1'\cos\omega_1 t+b_1'\sin\omega_1 t-a_2'\cos\omega_2 t-b_2'\sin\omega_2 t\end{pmatrix}. \tag{6.4.23}$$

Wir sehen, daß es zwei Typen von Eigenschwingungen gibt, aus denen sich die allgemeine Lösung durch Überlagerung ergibt:

$$\begin{pmatrix}\varphi_1\\ \varphi_2\end{pmatrix}=\begin{pmatrix}1\\ 1\end{pmatrix}e^{\pm i\omega_1 t}: \quad \text{Die Pendel schwingen gleichsinnig: } \varphi_1=\varphi_2\ , \tag{6.4.24}$$

$$\begin{pmatrix}\varphi_1\\ \varphi_2\end{pmatrix}=\begin{pmatrix}1\\ -1\end{pmatrix}e^{\pm i\omega_2 t}: \quad \text{Die Pendel schwingen gegensinnig: } \varphi_1=-\varphi_2\ . \tag{6.4.25}$$

Für die Normalkoordinaten finden wir übrigens (bis auf Normierung):

$$Q_1=\varphi_1+\varphi_2\ , \tag{6.4.26}$$

$$Q_2=\varphi_1-\varphi_2\ . \tag{6.4.27}$$

ii) Wir betrachten ein lineares dreiatomiges Molekül. Die Masse des mittleren Atoms sei M, die Masse der beiden äußeren Atome sei m (Abb. 6.4.2).

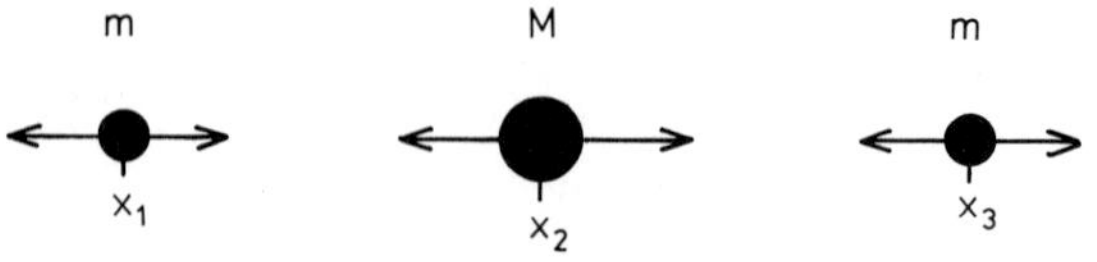

Abb. 6.4.2. Das lineare dreiatomige Molekül

Seien x_1, x_2, x_3 die Koordinaten der drei Atome und seien

$$x_2-x_1=b\ , \quad x_3-x_2=b \tag{6.4.28}$$

jeweils die Gleichgewichtsabstände.

Die Minima von $V(x_2-x_1)$ und $V(x_3-x_2)$ seien also $V(b)$.

Dann ist, wenn man nur die Wechselwirkung nächster Nachbarn berücksichtigt,

$$\begin{aligned}V(x_1,x_2,x_3)&=V(x_2-x_1)+V(x_3-x_2)\\ &=2\,V(b)+\tfrac{1}{2}V''(b)(x_2-x_1-b)^2\\ &\quad+\tfrac{1}{2}V''(b)(x_3-x_2-b)^2+\dots\ .\end{aligned} \tag{6.4.29}$$

Sind x_i^0 die Koordinaten für einen Gleichgewichtszustand, dann ist

$$\eta_i \quad \text{mit} \quad x_i=x_i^0+\eta_i$$

die Auslenkung des Atoms i aus seiner Gleichgewichtslage. Dann ist

$$x_2-x_1-b=x_2^0-x_1^0+\eta_2-\eta_1-b=\eta_2-\eta_1\ , \tag{6.4.30}$$

analog

$$x_3-x_2-b=\eta_3-\eta_2\ ,$$

und so erhält man als zu berücksichtigendes Potential

$$V=\tfrac{1}{2}K(\eta_2-\eta_1)^2+\tfrac{1}{2}K(\eta_3-\eta_2)^2 \quad \text{mit} \quad K=V''(b)\ . \tag{6.4.31}$$

Für die Lagrange-Funktion ergibt sich so

$$L=\tfrac{1}{2}m(\dot\eta_1^2+\dot\eta_3^2)+\tfrac{1}{2}M\dot\eta_2^2 -\frac{K}{2}[(\eta_2-\eta_1)^2+(\eta_3-\eta_2)^2]\ , \tag{6.4.32}$$

also

$$M_{ij}=\begin{pmatrix}m&0&0\\ 0&M&0\\ 0&0&m\end{pmatrix}, \qquad K_{ij}=\begin{pmatrix}K&-K&0\\ -K&2K&-K\\ 0&-K&K\end{pmatrix}. \tag{6.4.33}$$

Die Säkulargleichung lautet somit

$$\det(K_{ij}-\omega^2 M_{ij})$$

$$=\det\begin{pmatrix} K-\omega^2 m & -K & 0 \\ -K & 2K-\omega^2 M & -K \\ 0 & -K & K-\omega^2 m \end{pmatrix}=0 \tag{6.4.34}$$

oder

$$(K-m\omega^2)^2(2K-M\omega^2)-2K^2(K-m\omega^2)=0 \ ,$$

d.h.

$$\begin{aligned}&(K-m\omega^2)[-2K^2+(K-m\omega^2)(2K-M\omega^2)]\\ &\quad=(K-m\omega^2)(Mm\omega^4-2Km\omega^2-KM\omega^2)\\ &\quad=(K-m\omega^2)\omega^2\left[\omega^2-\frac{K(2m+M)}{mM}\right]mM=0 \ .\end{aligned} \tag{6.4.35}$$

Also erhalten wir als Lösungen:

$$\omega_1^2=0 \ , \tag{6.4.36}$$

$$\omega_2^2=\frac{K}{m} \ , \tag{6.4.37}$$

$$\omega_3^2=K\left(\frac{1}{m}+\frac{2}{M}\right)>\omega_2^2 \ . \tag{6.4.38}$$

Da es eine Lösung $\omega_1=0$ gibt, hat also $V(x_1,x_2,x_3)$ kein (echtes) Minimum bei $x_i=x_i^0$ und

$$\sum_{i,j=1}^{3} K_{ij}c_i c_j$$

ist so auch nicht positiv definit.

Das Ergebnis war zu erwarten, denn die Summe der Zeilen in der Matrix K ergibt Null, d.h. $\det(K_{ij})$ selbst verschwindet.

Dann sind die c_i, für die

$$\sum_{i,j=1}^{3} K_{ij}c_i c_j=0$$

ist, gerade gegeben durch $c_i=c$.

Daß für solche Auslenkungen

$$\eta_i=\eta \ , \qquad i=1,2,3 \ ,$$

aber das Potential kein Minimum aufweist, ist klar, denn das Potential ist translationsinvariant, und somit ist bei solchen Auslenkungen, d.h. bei Translationen des gesamten Systems, das Potential konstant.

Für den Eigenvektor zu $\omega_1^2=0$ erhält man aus

$$\sum_{j=1}^{3} K_{ij}v_j^{(1)}=0=\begin{pmatrix} K & -K & 0 \\ -K & 2K & -K \\ 0 & -K & K \end{pmatrix}\begin{pmatrix} v_1^{(1)} \\ v_2^{(1)} \\ v_3^{(1)} \end{pmatrix}$$

sofort

$$v_1^{(1)}=v_2^{(1)}=v_3^{(1)}=a \ . \tag{6.4.39}$$

Die Normierungsbedingung lautet:

$$\sum_{i,j=1}^{3} M_{ij}v_i^{(1)}v_j^{(1)}=(2m+M)a^2=1 \ , \tag{6.4.40}$$

also ist

$$v^{(1)}=\frac{1}{\sqrt{2m+M}}\begin{pmatrix}1\\1\\1\end{pmatrix} \ . \tag{6.4.41}$$

Für $\omega_2^2=K/m$ ergibt sich

$$\begin{pmatrix} 0 & -K & 0 \\ -K & 2K-KM/m & -K \\ 0 & -K & 0 \end{pmatrix}\begin{pmatrix} v_1^{(2)} \\ v_2^{(2)} \\ v_3^{(2)} \end{pmatrix}=0 \ , \tag{6.4.42}$$

d.h.

$$v_2^{(2)}=0 \ , \qquad v_1^{(2)}=-v_3^{(2)} \ . \tag{6.4.43}$$

Die Normierungsbedingung liefert

$$m[(v_1^{(2)})^2+(v_3^{(2)})^2]+M(v_2^{(2)})^2=1 \tag{6.4.44}$$

also ist

$$v^{(2)}=\frac{1}{\sqrt{2m}}\begin{pmatrix}1\\0\\-1\end{pmatrix} \ . \tag{6.4.45}$$

Für

$$\omega_3^2=\frac{K}{m}\,\frac{M+2m}{M} \tag{6.4.46}$$

berechnen wir schließlich

$$v^{(3)}=\frac{1}{\sqrt{M(1+M/2m)}}\begin{pmatrix}M/2m\\-1\\M/2m\end{pmatrix} \ . \tag{6.4.47}$$

Wir haben nun die Transformationsmatrix $(v_j^{(\alpha)})$ berechnet, die durch

$$\eta_j = \sum_{\alpha=1}^{3} Q_\alpha v_j^{(\alpha)} \tag{6.4.48}$$

die Lagrange-Funktion

$$L = \tfrac{1}{2} m(\dot\eta_1^2 + \dot\eta_3^2) + \tfrac{1}{2} M \dot\eta_2^2 - \tfrac{1}{2} K[(\eta_2 - \eta_1)^2 + (\eta_3 - \eta_2)^2] \tag{6.4.49}$$

überführt in die Normalkoordinatenform

$$L = \tfrac{1}{2}(\dot Q_1^2 + \dot Q_2^2 + \dot Q_3^2) - \tfrac{1}{2}\omega_2^2 Q_2^2 - \tfrac{1}{2}\omega_3^2 Q_3^2 \ . \tag{6.4.50}$$

Insbesondere ist

$$\eta_1 = \frac{1}{\sqrt{2m+M}} Q_1 + \frac{1}{\sqrt{2m}} Q_2 + \frac{M}{2m\sqrt{M[1+(M/2m)]}} Q_3 \ , \tag{6.4.51}$$

$$\eta_2 = \frac{1}{\sqrt{2m+M}} Q_1 - \frac{1}{\sqrt{M[1+(M/2m)]}} Q_3 \ , \tag{6.4.52}$$

$$\eta_3 = \frac{1}{\sqrt{2m+M}} Q_1 - \frac{1}{\sqrt{2m}} Q_2 + \frac{M}{2m\sqrt{M[1+(M/2m)]}} Q_3 \ , \tag{6.4.53}$$

Man sieht so: Es ist immer

$$m(\eta_1 + \eta_3) + M\eta_2 = \sqrt{2m+M}\, Q_1 \ . \tag{6.4.54}$$

Anderseits: Aus L folgt

$$\ddot Q_1 = 0 \ , \quad \text{also} \quad Q_1 = \alpha t + \beta \tag{6.4.55}$$

statt

$$Q_1 = c_1 e^{i\omega_1 t} + d_1 e^{-i\omega_1 t} \tag{6.4.56}$$

aber auch

$$\ddot Q_2 + \omega_2^2 Q_2 = 0 \ , \tag{6.4.57}$$

also

$$Q_2 = c_2 e^{i\omega_2 t} + d_2 e^{-i\omega_2 t} \tag{6.4.58}$$

und ebenso

$$Q_3 = c_3 e^{i\omega_3 t} + d_3 e^{-i\omega_3 t} \ . \tag{6.4.59}$$

Das bedeutet: Während Q_2 und Q_3 oszillatorischen Charakter haben, hat die Koordinate Q_1, da $\ddot Q_1 = 0$, translatorischen Charakter. Ist nur $Q_1, \dot Q_1 \neq 0$, so ist

$$\eta_1 = \eta_2 = \eta_3 = \frac{1}{\sqrt{2m+M}} (\alpha t + \beta) \ , \tag{6.4.60}$$

d.h. das gesamte Molekül bewegt sich gleichförmig längs seiner Achse. Dabei ändert sich das Potential natürlich nicht; das Potential ist translationsinvariant.

Das hat, wie wir sehen, zur Konsequenz, daß eine Wurzel des charakteristischen Polynoms gleich Null ist. Die Translationsbewegung ist eine Bewegung, die frei und ungebunden ist und entlang einer Talsohle des Potentials verläuft.

Verbietet man diese Bewegung, setzt man also $Q_1 = \text{const}$, so heißt das auch

$$m(\eta_1 + \eta_3) + M\eta_2 = \text{const} \tag{6.4.61}$$

oder: Der Schwerpunkt des Moleküls bleibt in Ruhe.

Die anderen Freiheitsgrade, repräsentiert durch Q_2 und Q_3, sind jedoch Schwingungsfreiheitsgrade.

Sei nur $Q_2 \neq 0$, so ist also

$$\eta_1 = -\eta_3 \ , \quad \eta_2 = 0 \ , \tag{6.4.62}$$

d.h. das Atom mit Masse M bleibt in Ruhe, Atom 1 und 3 schwingen in Gegenphase mit der Frequenz $\omega_2^2 = K/m$.

Sei nur $Q_3 \neq 0$, so ist zu jedem Zeitpunkt

$$\eta_1 = \eta_3 \ , \quad \eta_2 = -\frac{2m}{M}\eta_1 \ , \tag{6.4.63}$$

d.h. Atom 1 und 3 schwingen in gleicher Richtung, aber entgegengesetzt zum schweren Atom 2, so daß aber zu jedem Zeitpunkt

$$m(\eta_1 + \eta_3) + M\eta_2 = 0 \tag{6.4.64}$$

bleibt und das Molekül als ganzes ruht.

6.5 Die Antwort eines linearen Systems auf äußere Kräfte

In vielen physikalisch wichtigen Anwendungen wird ein System von außen stimuliert, d.h., mit dem System wird Energie ausgetauscht. Da in der Realität immer dissipative[3] Kräfte auftreten, wie z.B. die Reibung, würde ein lineares System ohne äußere Energiezufuhr für große Zeiten zur Ruhe kommen, also nur gedämpfte Schwingungen ausführen.

6.5.1 Harmonische äußere Kräfte

Wir untersuchen zunächst die inhomogene Differentialgleichung:

$$\ddot{x}(t)+2\varrho\dot{x}(t)+\omega_0^2 x(t)=f_0\cos(\omega t) \tag{6.5.1}$$

mit vorerst harmonisch veränderlicher äußerer Kraft. Wir führen hierzu dieses Problem auf die Lösung der einfachen komplexen Differentialgleichung

$$\ddot{x}(t)+2\varrho\dot{x}(t)+\omega_0^2 x(t)=\mathrm{e}^{\mathrm{i}\omega t}\;(\omega\geq 0) \tag{6.5.2}$$

zurück.

Wenn nämlich $x(t)$ Lösung von (6.5.2) ist, dann ist $f_0\,\mathrm{Re}\{x(t)\}$ Lösung von (6.5.1).

Die Differentialgleichung (6.5.2) lösen wir durch einen Exponentialansatz

$$x^{(0)}(t)=A\,\mathrm{e}^{\mathrm{i}\omega t}$$

mit zunächst freier Amplitude A. Einsetzen dieses Ansatzes in (6.5.2) liefert

$$A(-\omega^2+2\mathrm{i}\varrho\omega+\omega_0^2)=1 \ .$$

Also erhalten wir die spezielle Lösung

$$x^{(0)}(t)=\frac{1}{\omega_0^2-\omega^2+2\mathrm{i}\varrho\omega}\,\mathrm{e}^{\mathrm{i}\omega t} \ , \tag{6.5.3}$$

aus der sich die allgemeine Lösung durch Addition der allgemeinen Lösung der homogenen Gleichung ergibt (Abschn. 6.2). Da die Lösungen der homogenen Gleichung für $\varrho>0$ stets mit $t\to\infty$ abklingen, strebt jede Lösung von (6.5.2) für $t\to\infty$ gegen die spezielle Lösung $x^{(0)}(t)$. Die Dämpfung bewirkt also, daß jede Lösung der Schwingungsgleichung mit äußerer Kraft nach hinreichend langer Zeit ihre Anfangsbedingungen „vergißt" und in eine ganz bestimmte Lösung $x^{(0)}(t)$ übergeht, die mit der Frequenz der antreibenden Kraft variiert. Man nennt diese Lösung $x^{(0)}(t)$ die *eingeschwungene* Lösung und den Übergang von $x(t)$ zur Lösung $x^{(0)}(t)$ *Einschwingvorgang*.

Indem wir

$$A=|A|\mathrm{e}^{\mathrm{i}\delta}$$

schreiben, sehen wir, daß (6.5.1) die spezielle Lösung

$$f_0\,\mathrm{Re}\{x^{(0)}(t)\}=f_0|A|\cos(\omega t+\delta)$$

hat. Hierbei ist

$$|A|^2=\frac{1}{(\omega^2-\omega_0^2)^2+4\varrho^2\omega^2} \ , \qquad \tan\delta=\frac{2\varrho\omega}{\omega^2-\omega_0^2} \ . \tag{6.5.4}$$

$|A|^2$ hat ein Maximum bei $\omega^2=\omega_0^2-2\varrho^2$, und δ variiert zwischen 0 und $-\pi$, wenn ω von 0 nach ∞ geht (Abb. 6.5.1). Für $\omega=\omega_0$ ist $\delta=-\frac{\pi}{2}$.

Für schwache Dämpfung $\varrho\ll\omega_0$ und $|\omega-\omega_0|\ll\omega_0$ gilt näherungsweise:

$$|A|^2=\frac{1}{4\omega_0^2}\,\frac{1}{(\omega-\omega_0)^2+\varrho^2} \ , \qquad \tan\delta=\frac{\varrho}{\omega-\omega_0} \ . \tag{6.5.5}$$

Wenn die erzwingende Kraft eine Frequenz nahe bei der Eigenfrequenz ω_0 des Oszillators hat, so wird die Amplitude besonders groß (man nennt dieses Phänomen *Resonanz*[4]). Das Maximum ist umso schmaler und höher, je kleiner die Dämpfung ϱ ist. In der Phase hinkt die erzwungene Schwingung der erzwingenden Kraft stets nach, wobei für $\omega\to 0$ die Phasendifferenz gegen Null und für $\omega\to\infty$ gegen ihren maximalen Wert $-\pi$ strebt. Der Übergang der Phasendifferenz von 0 nach $-\pi$ ist um so plötzlicher, je kleiner die Dämpfung ist.

---

[3] Dissipation (lat.) von dissipare: vergeuden. Es wird durch Reibung mechanische Energie in Wärme umgesetzt (vergeudet).

[4] Resonanz: (lat.) von resonare: widerhallen. Das Nachschwingen in der Akustik bei Anregung durch eine passende Frequenz ist ein besonders auffälliges „Resonanzphänomen".

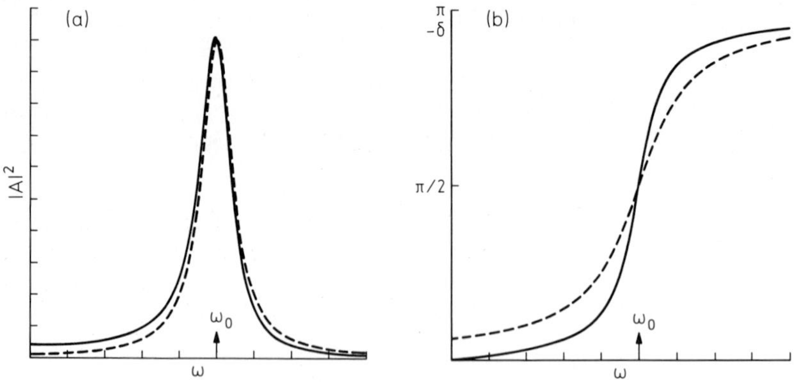

Abb. 6.5.1. Amplitudenquadrat $|A|^2$ und Phase $-\delta$ in Abhängigkeit von ω. Die durchgezogene Kurve gilt für das exakte Resultat (6.5.4), die gestrichelte Kurve für die Näherung für schwache Dämpfung (6.5.5)

Dieses Verhalten linearer Systeme unter der Einwirkung einer äußeren periodischen Kraft ist von allergrößter Bedeutung, da es in unzähligen physikalischen Situationen beobachtet werden kann. Man sollte sich deswegen das Verhalten von Amplitude $A(\omega)$ und Phase $\delta(\omega)$ in Abhängigkeit von der Frequenz ω der äußeren Kraft gut einprägen. Festzuhalten ist insbesondere, daß Eigenfrequenzen ω_α des Systems sich als Resonanzfrequenzen bemerkbar machen, d.h. wenn die Frequenz der äußeren Kraft in die Nähe einer der Eigenfrequenzen gerät, so antwortet das System mit einer besonders großen Amplitude einer Schwingung dieser Eigenfrequenz.

Der allgemeinere Fall von n Freiheitsgraden läßt sich ganz entsprechend behandeln. Die inhomogene Gleichung (ohne Dissipation)

$$M\ddot{x}(t)+Kx(t)=f\cos\omega t \quad \text{mit} \quad x(t), f\in\mathbb{R}^n$$

oder, in Koordinaten,

$$\sum_{j=1}^{n} M_{ij}\ddot{x}_j(t)+K_{ij}x_j(t)=f_i\cos\omega t\ , \qquad i=1,\ldots,n \tag{6.5.6}$$

löst man wie folgt:

Man betrachtet zunächst die Gleichung

$$M\ddot{x}+Kx=f\,\mathrm{e}^{\mathrm{i}\omega t}\ , \tag{6.5.7}$$

für die man eine Lösung der Form

$$x^{(0)}(t)=A\,\mathrm{e}^{\mathrm{i}\omega t}$$

aufsucht mit zunächst freiem $A\in\mathbb{C}^n$.

Einsetzen in (6.5.7) liefert

$$(K-\omega^2M)A=f\ , \qquad \text{d.h.}$$

$$\sum_{j=1}^{n}(K_{ij}-\omega^2M_{ij})A_j=f_i\ , \qquad i=1,\ldots,n\ ,$$

woraus sich

$$A=(K-\omega^2M)^{-1}f$$

ergibt.

Hierbei ist $(K-\omega^2M)^{-1}$ die Umkehrmatrix von $(K-\omega^2M)$. Also

$$x^0(t)=(K-\omega^2M)^{-1}f\,\mathrm{e}^{\mathrm{i}\omega t}\ , \tag{6.5.8}$$

und $\mathrm{Re}\{x^{(0)}(t)\}$ ist dann Lösung von (6.5.6).

$(K-\omega^2M)^{-1}$ existiert sicher, wenn $K-\omega^2M$ injektiv ist, wenn also ω^2 von allen Eigenfrequenzen ω_α^2 des linearen Systems verschieden ist. Wenn ω^2 in die Nähe einer der Eigenfrequenzen gerät, ist mit Resonanzen, also mit sehr großen Amplituden der angetriebenen Schwingung zu rechnen.

Besonders deutlich werden die Verhältnisse beim Übergang zu Normalkoordinaten $Q_\alpha=v^{(\alpha)}\cdot Mx$, wobei $v^{(\alpha)}$ Eigenvektor zum Eigenwert ω_α^2 ist:

$$(K-\omega_\alpha^2M)v^{(\alpha)}=0\ . \tag{6.5.9}$$

Skalare Multiplikationen von

$$M\ddot{x}(t)+Kx(t)=f\cos\omega t$$

von links mit $v^{(\alpha)}$ liefert

$$\ddot{Q}_\alpha + \omega_\alpha^2 Q_\alpha = f_\alpha \cos \omega t \tag{6.5.10}$$

mit $$f_\alpha = v^{(\alpha)} \cdot f \;.$$

Man erhält also einfach n entkoppelte eindimensionale erzwungene Schwingungen. Resonanz tritt auf, wenn ω mit einer der Eigenfrequenzen ω_α übereinstimmt und wenn dabei f nicht orthogonal zu $v^{(\alpha)}$ ist.

6.5.2 Überlagerung von harmonischen äußeren Kräften

Wir betrachten nun wieder ein System mit einem Freiheitsgrad unter dem Einfluß einer äußeren Kraft, die sich diesmal aber nicht allein als eine einfache trigonometrische Funktion darstellen läßt, sondern eine Überlagerung von solchen periodischen Funktionen ist. Die Bewegungsgleichung lautet so:

$$\ddot{x}(t) + 2\varrho\dot{x}(t) + \omega_0^2 x(t) = \sum_k c_k \mathrm{e}^{\mathrm{i}\omega_k t} \;, \tag{6.5.11}$$

wobei offengelassen sei, wie weit der Index k in der Summe läuft. Sei

$$D^n := \frac{d^n}{dt^n} \;, \tag{6.5.12}$$

so lautet die linke Seite auch in bequemer Schreibweise

$$L(D)x = (D^2 + 2\varrho D + \omega_0^2)x \;.$$

Nun ist

$$L(D)\,\mathrm{e}^{\mathrm{i}\omega t} = L(\mathrm{i}\omega)\mathrm{e}^{\mathrm{i}\omega t} \;.$$

Ersetzt man den Operator D durch eine reelle oder komplexe Zahl s, so erhält man

$$L(s) = s^2 + 2\varrho s + \omega_0^2 \;, \quad \text{und} \tag{6.5.13}$$

$$Y(s) := \frac{1}{L(s)} = \frac{1}{s^2 + 2\varrho s + \omega_0^2} \tag{6.5.14}$$

nennt man auch die *Transferfunktion*[5]. Sie ist ein Maß für die Stärke der Ankopplung der äußeren Kraft an das lineare System.

Da nun gilt

$$L(D)\,\mathrm{e}^{\mathrm{i}\omega_k t} = L(\mathrm{i}\omega_k)\,\mathrm{e}^{\mathrm{i}\omega_k t} \;, \quad \text{ist}$$

$$x^{(0)}(t) = \sum_k c_k Y(\mathrm{i}\omega_k)\mathrm{e}^{\mathrm{i}\omega_k t} \tag{6.5.15}$$

eine Lösung der inhomogenen Differentialgleichung.

Damit ist auch die Antwort eines linearen Systems auf jede äußere Kraft bekannt, die sich als endliche Überlagerung der periodischen Funktionen

$$\mathrm{e}^{\mathrm{i}\omega_k t}$$

schreiben läßt.

6.5.3 Periodische äußere Kräfte

Nun wollen wir periodische Funktionen betrachten, die sich als *unendliche* Linearkombination von Funktionen $\exp(\mathrm{i}\omega_k t)$ mit $\omega_k = k\omega_1$ darstellen lassen. Diese Klasse von periodischen Funktionen ist außerordentlich groß, größer als die der periodischen Funktionen, die durch eine Taylorsche Reihe darstellbar sind. Sie wird in der Theorie der sogenannten *Fourier-Reihen*[6] untersucht, deren wichtigste Ergebnisse kurz im Anhang D skizziert sind.

Wir können damit leicht eine Lösung der Differentialgleichung $Lx = f$ angeben, in der L der allgemeine Differentialoperator

$$L = L\left(\frac{d}{dt}\right) \equiv \sum_{r=0}^{N} L_r \frac{d^r}{dt^r} \tag{6.5.16}$$

und f eine beliebige periodische Funktion der Periode a

$$f(t) = \sum_{n=-\infty}^{\infty} f_n \mathrm{e}^{2\pi\mathrm{i}nt/a}$$

ist. Indem wir für die Lösung

$$x(t) = \sum_{n=-\infty}^{+\infty} x_n \mathrm{e}^{2\pi\mathrm{i}nt/a} \tag{6.5.17}$$

ansetzen, lautet die Gleichung für x_n:

---

5 Transfer (engl.) = Übertragung, Weitergabe, Umverteilung.

6 *Fourier, Joseph* (∗ 1768 Auxerre, † 1830 Paris). Er setzte trigonometrische Reihenentwicklungen in seiner „Théorie analytique de la chaleur“ zur Behandlung von Wärmeleitungsproblemen ein.

$$L\left(\frac{2\pi in}{a}\right)x_n=\frac{x_n}{Y\left(\frac{2\pi in}{a}\right)}=f_n$$

mit der Transferfunktion

$$Y\left(\frac{2\pi in}{a}\right)=\frac{1}{L\left(\frac{2\pi in}{a}\right)} .$$

Also ist

$$x^{(0)}(t)=\sum_{n=-\infty}^{+\infty} Y\left(\frac{2\pi in}{a}\right)f_n e^{2\pi int/a} \qquad (6.5.18)$$

eine Lösung der Differentialgleichung. Die allgemeine Lösung ergibt sich durch Addition der allgemeinsten Lösung der homogenen Gleichung $Lx=0$.

6.5.4 Beliebige äußere Kräfte

Wir können schließlich mit der Hilfe der Theorie der Fourier-Transformationen (Anhang *D*) eine Lösung der inhomogenen Differentialgleichung

$$\sum_{r=0}^{N} L_r \frac{d^r}{dt^r}x(t):=L\left(\frac{d}{dt}\right)x(t)=f(t) \qquad (6.5.19)$$

für beliebige Funktionen f bestimmen, sofern nur f eine Fourier-Transformierte besitzt. Hierzu gehen wir ganz analog wie im Abschn. 6.5.3 vor, in welchem wir das entsprechende Problem für periodisches f durch Entwicklung in eine Fourier-Reihe gelöst hatten.

Ist $\tilde{f}(\omega)$ die Fourier-Transformierte von $f(t)$, so ist eine spezielle Lösung der Gleichung (6.5.19) gegeben durch

$$x^{(0)}(t)=\frac{1}{\sqrt{2\pi}}\int_{-\infty}^{+\infty} d\omega\, Y(i\omega)\tilde{f}(\omega)e^{i\omega t} . \qquad (6.5.20)$$

Man rechnet nämlich sofort nach, indem man in das Fourier-Integral hineindifferenziert:

$$Lx^{(0)}(t)=\frac{1}{\sqrt{2\pi}}\int_{-\infty}^{+\infty} d\omega\, Y(i\omega)L(i\omega)e^{i\omega t}\tilde{f}(\omega)$$
$$=\frac{1}{\sqrt{2\pi}}\int_{-\infty}^{+\infty} d\omega e^{i\omega t}\tilde{f}(\omega)=f(t) .$$

Gleichung (6.5.20) bedeutet auch

$$\tilde{x}^{(0)}(\omega)=Y(i\omega)\tilde{f}(\omega) , \qquad (6.5.21)$$

und wegen des Faltungstheorems (vgl. Anhang *D*) kann man auch schreiben:

$$x^{(0)}(t)=\sqrt{2\pi}\,(G*f)(t)=\int_{-\infty}^{+\infty} ds\, G(t-s)f(s) \qquad (6.5.22)$$

mit

$$G(t-s)=\frac{1}{2\pi}\int_{-\infty}^{+\infty} d\omega e^{i\omega(t-s)}Y(i\omega) . \qquad (6.5.23)$$

Die Funktion $G(t-s)$, aus der sich also durch Faltung eine Lösung von $Lx=f$ mit beliebiger Inhomogenität gewinnen läßt, heißt *Greensche*[7] *Funktion* des Differentialoperators L.

Das System

$$\sum_{j=1}^{n} L_{ij}\left(\frac{d}{dt}\right)x_j(t)=f_i(t) , \quad i=1,\ldots,n \qquad (6.5.24)$$

behandelt man analog:

$$x_i^{(0)}(t)=\sum_{j=1}^{n}\int_{-\infty}^{+\infty} ds\, G_{ij}(t-s)f_j(s) \qquad (6.5.25)$$

ist Lösung von (6.5.24), wenn

$$G_{ij}(t-s)=\frac{1}{2\pi}\int_{-\infty}^{+\infty} d\omega e^{i\omega(t-s)}Y_{ij}(i\omega) \qquad (6.5.26)$$

die Greensche Funktion ist, mit Y_{ij} definiert durch

$$\sum_{j=1}^{n} L_{ij}(i\omega)\, Y_{jk}(i\omega)=\delta_{ik} . \qquad (6.5.27)$$

Anmerkung

Man beachte, daß

$$LG(t-s)=\frac{1}{2\pi}\int_{-\infty}^{+\infty} d\omega e^{i\omega(t-s)}\equiv\delta(t-s) \qquad (6.5.28)$$

---

[7] *Green, George* (∗1793 Sneinton/Nottinghamshire, †1841 ebd.) ursprünglich Bäcker, als Mathematiker und Physiker Autodidakt. Seine wichtigsten Arbeiten befassen sich mit der mathematischen Theorie der Elektrizität und des Magnetismus. Er prägte den Begriff „Potential".

ist, die rechte Seite der Gleichung aber keine Funktion im üblichen Sinne sein kann, da sie für $t=s$ divergiert und für $t \neq s$ verschwindet. Der Physiker P.A.M. Dirac[8] hat diese „Funktion“ zur einfacheren Behandlung physikalischer Probleme eingeführt, deshalb heißt sie auch Diracsche Deltafunktion. Mathematiker haben danach die Einführung solcher Ausdrücke und die Regeln für das Rechnen mit diesen in der Theorie der *verallgemeinerten Funktionen* oder *Distributionen*[9] mathematisch gerechtfertigt. Im Anhang *E* wird eine kurze Einführung in die Theorie der Distributionen gegeben.

[8] *Dirac, Paul Adrien Maurice* (∗1902 Bristol †1984) einer der größten englischen Physiker, seit 1932 Professor in Cambridge. 1933 Nobelpreis für Physik (mit E. Schrödinger).
Er wandte sich erst der Physik zu, als er nach einem Ingenieurstudium keine Arbeit fand. Er ist einer der Begründer der Quantenmechanik und hat sich besondere Verdienste um ihre geschlossene und elegante Formulierung erworben. (In diesen Zusammenhang gehört seine δ-Distribution). Bekannt ist er auch als Mitentdecker der Fermi-Dirac-Statistik. Besonders ist mit seinem Namen die Dirac-Gleichung verbunden, eine Gleichung zur relativistischen Beschreibung des Elektrons, aus der der richtige Wert für das gyromagnetische Verhältnis des Elektrons folgt und aufgrund deren Dirac die Existenz von Antimaterie vorhersagte.

[9] Distributionen (lat.) = „Verteilungen“; verallgemeinerte Funktionen, deren Theorie von L. Schwarz 1945 aufgebaut wurde. Heuristisch bewährte Rechenverfahren, die aus der Physik (Heaviside, Dirac) bekannt waren, erhielten damit eine solide mathematische Basis.

7. Klassische Statistische Mechanik

Materie in makroskopischer Dimension besteht immer aus einer sehr großen Anzahl von Teilchen (Atomen oder Molekülen). Die Anzahl der Teilchen pro makroskopischer Volumeneinheit wie m^3 oder Liter ist von der Größenordnung 10^{23}. Es versteht sich von selbst, daß es dann nicht mehr sinnvoll ist, die Bewegungsgleichungen für diese Anzahl von Teilchen aufstellen und lösen zu wollen. Die explizite Lösung, d.h. die Kenntnis der Bahnkurve eines jeden Teilchens wäre nicht einmal wünschenswert und ohnehin nicht experimentell nachprüfbar.

Allein die Kenntnisnahme der dafür nötigen Daten würde das Fassungsvermögen eines Individuums in unvorstellbarem Maße übersteigen, und selbst wenn in irgendeinem Zeitpunkt der *Mikrozustand* d.h. die Gesamtheit der Lagen und Geschwindigkeiten aller 10^{23} Teilchen bekannt wäre, würde sich die geringste Ungenauigkeit bei ihrer Bestimmung nach Ablauf einer kurzen Zeit so verstärken, daß schon wenig später der Zustand wieder praktisch unbekannt wäre. Die Kenntnis des Mikrozustands eines makroskopischen Systems ist also weder möglich noch sinnvoll. Unter Verzicht auf unzugängliche Information über Mikrozustände beschreibt man makroskopische Systeme in ganz anderen Kategorien.

Wir kennen ja andere Begriffe aus der Anschauung und Erfahrung, die mit mechanischen Größen der einzelnen Teilchen nicht direkt in Verbindung zu bringen sind. An einem in einem Behälter eingeschlossenen Gas z. B. messen wir die Temperatur, den Druck, das Volumen, Wärmekapazitäten usw. Diese Größen wird man in einem System nicht alle unabhängig voneinander variieren können, die Erfahrung lehrt, daß es Gesetze gibt, die diese (Makro)-Zustandsvariablen (wie man die Größen nennt, die den makroskopischen Zustand eines Systems beschreiben), miteinander verknüpfen. Ein Beispiel eines solchen Gesetzes ist die sogenannte ideale Gasgleichung.

Allgemein beschreibt man makroskopische Systeme also durch *Zustandsvariablen*, und der *Makrozustand* eines Systems ist durch die Werte eines genügend großen Satzes von solchen Zustandsgrößen bestimmt.

Die *Thermodynamik* ist eine allgemeine Theorie von Makrosystemen, der Beschreibung ihrer Makrozustände, der gegenseitigen Abhängigkeit der Zustandsvariablen und der möglichen Zustandsänderungen.

Die Aufgabe der *statistischen Mechanik* ist es, den Zusammenhang zwischen Mikro- und Makrobeschreibung herzustellen und die makroskopischen Eigenschaften von Systemen aus den mikroskopischen Wechselwirkungen zu berechnen.

7.1 Thermodynamische Systeme und Verteilungsfunktionen

Wir wollen, bevor wir uns mit diesem Problem befassen, zunächst einige thermodynamische Grundbegriffe, die bei der Beschreibung makroskopischer Systeme immer wieder auftreten, erklären.

System[1] heißt ein identifizierbarer, gedanklich und im Prinzip auch operativ abtrennbarer Teil der physikalischen Welt, dessen Zustand i.a. durch Vorgabe gewisser *Randbedingungen* gegeben ist (z.B. durch Vorgabe eines Volumens V, auf welches das System eingeschränkt ist). Was auf das System einwirken kann, muß sorgfältig registriert werden und wird zur *Umwelt* des Systems gerechnet. Mehrere Systeme können zu einem *Gesamtsystem* vereinigt werden.

Der Zustand eines Systems ist durch die Werte aller seiner Zustandsvariablen (oder eines vollständigen Satzes unabhängiger Zustandsvariabler) gegeben. Die Identifizierung der relevanten Variablen setzt einen Abstraktionsprozeß voraus, die irrelevanten Variablen werden außer Betracht gelassen, und man kann ein System geradezu mit der Gesamtheit der möglichen Werte seiner (relevanten) Zustandsvariablen identifizieren.

Ein System heißt

geschlossen,	wenn es mit seiner Umwelt keine Materie austauscht.
abgeschlossen oder *isoliert*,	wenn es mit seiner Umwelt weder Energie noch Materie austauscht, und
offen	sonst.

[1] System (griech.) „Zusammenstellung". Aus Teilen zusammengesetztes Ganzes.

Nicht abgeschlossene Systeme können gewöhnlich durch Hinzunahme ihrer Umwelt zu abgeschlossenen Systemen erweitert werden.

Eine Zustandsgröße eines Systems heißt *extensiv* (=additiv=mengenartig), wenn sich ihre Werte bei Verdoppelung des Systems (Zusammenfassung zweier Kopien zu einem System) verdoppeln und *intensiv*, wenn sie sich nicht ändern.

Extensive Größen sind z.B. Volumen, Energie, Teilchenzahl, usw., intensive Größen sind u.a. Druck, Temperatur, Dichte. Es zeigt sich, daß die in der Thermodynamik wichtigen Größen i.a. entweder extensiv oder intensiv sind.

Die Erfahrung zeigt, daß ein abgeschlossenes Makrosystem nach Ablauf einer gewissen Zeitspanne (*Relaxationszeit*[2]) in einen *Gleichgewichtszustand* übergeht, der durch die Angabe der Randbedingungen eindeutig festgelegt ist und sich spontan nicht mehr ändert. Ein Gleichgewichtszustand kann durch eine geringe Zahl unabhängiger Zustandsvariablen beschrieben werden, während zur Festlegung von Nichtgleichgewichtszuständen eine weit größere Anzahl von Variablen erforderlich sein kann.

Beispiel

Eine umgerührte Flüssigkeit in einem Gefäß ist zunächst in einem Nichtgleichgewichtszustand. Nach Ablauf einer Relaxationszeit geht dieser wegen der Reibungseffekte in den Gleichgewichtszustand einer ruhenden Flüssigkeit über.

Wir werden uns in diesem Kapitel und in Kap. 8 nur mit Gleichgewichtszuständen beschäftigen. Die Zustandsgrößen sind dann alle zeitunabhängig.

Wir wenden uns nun dem Problem des Zusammenhangs zwischen makroskopischer und mikroskopischer Beschreibung bei Gleichgewichtszuständen zu. Wir betrachten hierzu ein makroskopisches System als ein gewöhnliches mechanisches System mit einer allerdings unvorstellbar großen Zahl von etwa 10^{23} Freiheitsgraden. Dieses Vorgehen ist natürlich zunächst fragwürdig, da ja eigentlich die klassische Mechanik im Bereich atomarer Dimensionen nicht mehr gültig und durch die Quantenmechanik zu ersetzen ist. Es zeigt sich aber, daß bei atmosphärischem Druck und nicht zu tiefen Temperaturen sich die Behandlung vieler Systeme als klassisch mechanischer Systeme rechtfertigen läßt. Im übrigen ist die „Quantenstatistik" der nun zu beschreibenden klassischen statistischen Mechanik begrifflich und methodisch so ähnlich, daß ihre Formulierungen, wenn man einmal die Quantenmechanik kennt, keine großen zusätzlichen Schwierigkeiten bereitet.

Denken wir uns also ein makroskopisches System, etwa ein Gas mit $N \approx 10^{23}$ Molekülen, das in einem Gefäß vom Volumen $V=1$ Liter eingeschlossen ist. Die Mikrozustände sind durch Punkte

$$(q,p)=(\boldsymbol{r}_1,\ldots,\boldsymbol{r}_N,\boldsymbol{p}_1,\ldots,\boldsymbol{p}_N)$$

im $6N$-dimensionalen Phasenraum gekennzeichnet, und die Bahnkurven sind im Prinzip bei bekannter Hamilton-Funktion $H(q,p)$ berechenbar. Irgendwie müssen auch die makroskopischen Eigenschaften des Systems durch die Hamilton-Funktion H bestimmt sein.

Der Grundgedanke der statistischen Mechanik besteht nun darin, Wahrscheinlichkeitsaussagen über die Mikrozustände eines Systems herzuleiten: Die Zahl der Mikrozustände eines makroskopischen Systems ist viel „größer" als die der Makrozustände; zu ein und demselben Makrozustand werden also sehr viele Mikrozustände gehören.

Wenn man an einem System in einem vorgegebenen festen Makrozustand den Mikrozustand messen könnte, dann würde das Ergebnis von Messung zu Messung verschieden ausfallen, und es ist sinnvoll, nach der Wahrscheinlichkeit zu fragen, mit der ein bestimmter Mikrozustand gemessen würde.

Die Wahrscheinlichkeit, daß der Mikrozustand sich zur Zeit t_0 in einem Volumenelement der Größe $dV=d^{3N}q\,d^{3N}p$ um einen Punkt (q,p) des Phasenraumes herum befindet, schreiben wir als

$$dw(q,p)=\varrho(q,p)\,d^{3N}q\,d^{3N}p\ . \tag{7.1.1}$$

Die Funktion $\varrho(q,p)$ heißt *Wahrscheinlichkeitsdichte* im Phasenraum oder auch kurz „*Verteilungsfunktion*".

Über diese Wahrscheinlichkeitsdichte kann man zunächst folgendes aussagen:

i) Da sich der Mikrozustand mit Sicherheit (Wahrscheinlichkeit Eins) irgendwo im Phasenraum befindet, gilt

$$\int \varrho(q,p)\,d^{3N}q\,d^{3N}p=1 \tag{7.1.2}$$

bei Integration über den ganzen Phasenraum.

[2] Relaxationszeit (lat.) von relaxare: Entspannungszeit, Zeit, die ein angeregtes System braucht, um dem Gleichgewicht nahe zukommen.

ii) Der mittlere gemessene Wert (statistischer Mittelwert) $\langle A \rangle$ einer Größe $A(q,p)$ zur Zeit t_0 berechnet sich dann wie folgt:

$$\langle A \rangle = \int A(q,p)\,\varrho(q,p)\,d^{3N}q\,d^{3N}p \ . \tag{7.1.3}$$

Im Gleichgewichtszustand ist natürlich $\langle A \rangle$ zeitunabhängig.

iii) Wenn man auch noch das zeitliche Verhalten eines Nichtgleichgewichtszustandes studieren will, wird man die explizit zeitabhängige Verteilungsfunktion $\varrho(q,p,t)$ einführen. Für diese gilt auch das in (i) Gesagte und zeitlich abhängige statistische Mittelwerte werden wie in (ii) gebildet. Man kann allgemein zeigen (mit Hilfe des Liouvilleschen Satzes aus Abschn. 3.7 oder siehe z.B. [7.1]) daß für die Verteilungsfunktion die *Liouvillesche Gleichung*

$$\partial\varrho/\partial t + \{\varrho, H\} = 0 \tag{7.1.4}$$

gilt, wobei $\{\varrho, H\}$ die Poissonsche Klammer bedeutet. Für den Fall, daß, wie im Gleichgewichtszustand, die Verteilungsfunktion nicht zeitabhängig ist, folgt dann, daß die Funktion $\varrho(q,p)$ eine Erhaltungsgröße im Sinne von Abschn. 3.7.1 sein muß. Wir wollen weiter annehmen, daß die Energie E, der Impuls $\boldsymbol{P}$ und der Drehimpuls $\boldsymbol{L}$ die einzigen Erhaltungsgrößen des Systems seien. Jeder andere Fall, in dem mehr unabhängige Erhaltungsgrößen existieren, ist in hohem Maße untypisch und für ein kompliziertes N-Teilchensystem sicher nicht realisiert. Ferner nehmen wir der Bequemlichkeit halber hier $\boldsymbol{P}=0$ und $\boldsymbol{L}=0$ an. Das System soll also als ganzes ruhen. Dann muß die Funktion $\varrho(q,p)$ von der Form

$$\varrho(q,p) = f(H(q,p)) \ , \tag{7.1.5}$$

d.h. eine zunächst nicht näher bestimmte Funktion der Energie sein.

Um nun die Verteilungsfunktion genauer bestimmen zu können, beschränken wir uns auf ein abgeschlossenes System, so daß die Gesamtenergie des Systems einen festen Wert E hat. Man nennt die so durch Vorgabe der makroskopischen Werte für E, N, V bestimmte Gesamtheit von Mikrozuständen im Phasenraum auch eine *mikrokanonische Gesamtheit.* Wir werden in diesem Kapitel noch andere Gesamtheiten kennenlernen z.B. in Abschn. 7.5 die kanonische Gesamtheit, bei der statt der Energie E die noch einzuführende Temperatur T vorgegeben ist.

Aus dem in (iii) Gesagten folgt, daß $\varrho(q,p)$ konstant auf der Energiefläche $\{q,p \,|\, H(q,p)=E\}$ sein und außerhalb dieser Fläche verschwinden muß. Das bedeutet auch, daß bei vorgegebener Energie alle mit dem Makrozustand verträglichen Mikrozustände gleich wahrscheinlich sind. Das ist eine Aussage, die wir auch ohne Kenntnis des in (iii) Gesagten als plausible Annahme über die Verteilungsfunktion einer mikrokanonischen Gesamtheit an den Anfang hätten stellen können. Die Energiefläche hat die Dimension $6N-1$ im $6N$-dimensionalen Phasenraum. Es ist rechentechnisch günstiger und im Grunde auch angemessener, den scharfen Energiewert E ein wenig zu verschmieren und nur

$$\{E-\Delta \le H(q,p) \le E\}$$

mit einem sehr kleinen und sonst nicht näher bestimmten Δ zu verlangen.

Dann hat die Wahrscheinlichkeitsdichte $\varrho(q,p)$ für die Mikrozustände im Gleichgewicht die Form

$$\varrho(q,p) = \begin{cases} \mathrm{c} = \mathrm{const} & \text{für } E-\Delta \le H(q,p) \le E \ , \\ 0 & \text{sonst} \ . \end{cases} \tag{7.1.6}$$

Die Konstante c bestimmt sich dann aus der Bedingung

$$\int \varrho(q,p)\,d^{3N}q\,d^{3N}p = \mathrm{c} \int\limits_{E-\Delta \le H \le E} d^{3N}q\,d^{3N}p$$
$$= : \mathrm{c}\tilde{\Omega}_\Delta = 1 \ . \tag{7.1.7}$$

Also folgt

$$\mathrm{c} = \frac{1}{\tilde{\Omega}_\Delta} \ , \tag{7.1.8}$$

wobei $\tilde{\Omega}_\Delta$ das *Phasenraumvolumen* ist, das von allen Zuständen mit Energien zwischen $E-\Delta$ und E ausgefüllt wird.

Die Formel (7.1.6) mit (7.1.8) stellt die Wahrscheinlichkeitsdichte der mikrokanonischen Gesamtheit dar. Das Ergebnis ist plausibel. Je größer das Volumen im Phasenraum ist, um so mehr Mikrozustände, verträglich mit dem Makrozustand, gibt es. Um so geringer ist dann auch die Wahrscheinlichkeit, daß gerade ein ganz bestimmter Mikrozustand vorliegt.

Beispiel

Wir betrachten ein Gas aus N Teilchen der Masse m in einem Volumen V. Wir vernachlässigen die Wechselwirkung der Teilchen untereinander, d.h. wir betrachten das Gas als ideal.

Dann ist die Hamilton-Funktion gegeben durch

$$H(q,p)=\sum_{i=1}^{N}\frac{\boldsymbol{p}_i^2}{2m}+H_{\text{wand}}(\boldsymbol{r}_1,\ldots,\boldsymbol{r}_N)\ . \tag{7.1.9}$$

Der Anteil H_{wand} repräsentiert den Einfluß der Gefäßwände, die dafür sorgen, daß die Teilchen das Volumen V nicht verlassen können. Er ist gegeben durch ein stark abstoßendes Potential, das sehr große Werte annimmt, wenn ein Teilchen in die unmittelbare Nähe der Wand kommt, sonst aber verschwindet. Für Teilchen im Innern des Volumens ist dann die Ungleichung

$$E-\Delta\le H(q,p)\le E$$

erfüllbar.

Für beliebiges N ist das Phasenraumvolumen

$$\tilde{\Omega}_\Delta(E,V,N)=\int\limits_{E-\Delta\le H\le E} d^{3N}r\,d^{3N}p=:V^N f(E)\ . \tag{7.1.10}$$

$f(E)$ ist das Volumen einer Kugelschale im $3N$-dimensionalen Raum. Das Volumen einer Kugel im D-dimensionalen Raum mit dem Radius R beträgt:

$$V(R)=\alpha(D)R^D\quad\text{mit}$$
$$\alpha(D)=\frac{\pi^{D/2}}{(D/2)!}=\frac{\pi^{D/2}}{\Gamma(D/2+1)}\ . \tag{7.1.11}$$

Dabei bedeutet $\Gamma(z)$ die Gammafunktion (siehe auch Anhang A). Es gilt u.a. $\Gamma(N+1)=N!$, $\Gamma(1/2)=\sqrt{\pi}$. (Für $D=3$ ist $\Gamma(\frac{5}{2})=\frac{3}{2}\,\frac{1}{2}\,\Gamma(\frac{1}{2})=\frac{3}{4}\sqrt{\pi}$ und so $V=(4\pi/3)R^3$.) Damit gilt für das Volumen einer Kugelschale mit den Radien R und $R-s$:

$$V(R)-V(R-s)=\alpha R^D\left[1-\left(1-\frac{s}{R}\right)^D\right]\ .$$

Für große D ist

$$\left(1-\frac{s}{R}\right)^D=e^{[D\ln(1-\frac{s}{R})]}\approx e^{-Ds/R}\xrightarrow[D\to\infty]{}0\ , \tag{7.1.12}$$

und so ist also für sehr große D bereits das Volumen einer sehr dünnen Kugelschale in guter Näherung gleich dem Volumen der vollen Kugel. Da hier $R=\sqrt{2mE}$ ist, gilt:

$$f(E)=\alpha R^{3N}=\frac{\pi^{3N/2}}{\Gamma(3N/2+1)}(\sqrt{2mE})^{3N}\sim E^{3N/2}\ . \tag{7.1.13}$$

Damit ist also im wechselwirkungsfreien Fall

$$\tilde{\Omega}_\Delta(E,V,N)=\tilde{\Omega}(E,V,N)=\alpha' V^N E^{3/2N}\ . \tag{7.1.14}$$

Man beachte, daß die Dimension von $\tilde{\Omega}$

$$[\tilde{\Omega}]=[p\cdot q]^{3N}=(\mathrm{Js})^{3N}$$

ist. Um aus $\tilde{\Omega}$ eine dimensionslose Größe machen zu können, müßte man also durch eine Größe teilen, deren Dimension auch $[p\cdot q]^{3N}$ ist. Die Quantentheorie stellt eine solche Größe bereit: h, das Plancksche Wirkungsquantum. Die Größe

$$\Omega(E,V,N)=\frac{\tilde{\Omega}(E,V,N)}{N!\,h^{3N}} \tag{7.1.15}$$

stellt so eine Zahl dar, die als Anzahl der Mikrozustände bezeichnet werden kann. Dabei haben wir noch durch $N!$ zu teilen, wieder aus quantenmechanischen Gründen, da man die Teilchen nicht unterscheiden kann. Auf die Notwendigkeit des zusätzlichen Faktors $1/N!$ werden wir noch zu sprechen kommen.

7.2 Die Entropie

Ein makroskopisches System ist durch die Festlegung der Werte für Zustandsgrößen bestimmt, während die Mikrozustände zu jeder Zeit unbestimmt sind. Wir wollen nun ein Maß für die Unkenntnis des Mikrozustandes formulieren. Diese Größe heißt Entropie.

Für die folgenden Überlegungen ist es bequem, den Phasenraum in kleine Zellen Z_i gleicher Größe mit Mittelpunkten (q_i,p_i) einzuteilen. Ein natürliches Maß für das Volumen solcher Zellen ist h^{3N}. Die Unbestimmtheitsrelation der Quantenmechanik, von der wir diese kleine Anleihe entnehmen, verbietet es nämlich, Ort und Impuls, d.h. den Ort im Phasenraum genauer zu bestimmen. Es kann also prinzipiell nur festgestellt werden, in welcher Zelle sich der Zustand befindet, während der genaue Ort innerhalb der Zelle unbestimmt bleibt. Wir bezeichnen mit w_i die Wahrscheinlichkeit dafür, daß sich der Mikrozustand in der i-ten Zelle befindet:

$$w_i = \int_{Z_i} d^{3N}q\, d^{3N}p\, \varrho(q,p) \ . \tag{7.2.1}$$

Für die mikrokanonische Gesamtheit sind diese Wahrscheinlichkeiten alle gleich, solange die Zelle Z_i in der Energieschale $\{(q,p)|E-\Delta \le H(q,p) \le E\}$ liegt. Sonst ist $w_i = 0$.

Wir definieren nun die *Entropie*[3] der Wahrscheinlichkeitsverteilung, die durch die Wahrscheinlichkeiten w_i gegeben ist, wie folgt:

$$\sigma = -\sum_i w_i \ln w_i \ . \tag{7.2.2}$$

Wir wollen uns überzeugen, daß σ wirklich ein gutes Maß für die Unkenntnis des Mikrozustandes ist:

i) Wegen $0 \le w_i \le 1$ ist stets $\sigma \ge 0$.

ii) Es ist $w_i \ln w_i = 0$ genau dann, wenn $w_i = 0$ oder $w_i = 1$ ist. Zellen Z_j mit $w_j = 0$ oder $w_j = 1$ tragen nicht zur Entropie bei, da sich der Mikrozustand mit Sicherheit bzw. mit Sicherheit nicht in ihnen befindet.

Ferner gilt

$$\sum_i w_i = 1 \ , \tag{7.2.3}$$

so daß nicht alle w_i verschwinden können.

iii) Der Ausdruck σ nimmt also den kleinstmöglichen Wert $\sigma = 0$ genau dann an, wenn es ein i_0 gibt mit $w_{i_0} = 1$ (und folglich $w_j = 0$ für $j \neq i_0$). In diesem Fall steht mit Sicherheit fest, daß der Mikrozustand in Z_{i_0} liegt, und die Unkenntnis des Mikrozustandes ist minimal.

iv) Das System bestehe aus zwei unabhängigen (oder nahezu unabhängigen) Teilsystemen. Die Wahrscheinlichkeitsverteilungen der beiden Teilsysteme seien $w_i^{(1)}$ und $w_j^{(2)}$. Die Wahrscheinlichkeit, daß sich System 1 in der Zelle $Z_i^{(1)}$ und zugleich System 2 in der Zelle $Z_j^{(2)}$ befindet, ist dann

$$w_{ij}^{(1,2)} = w_i^{(1)} w_j^{(2)} \ . \tag{7.2.4}$$

Somit ist die gesamte Entropie des zusammengesetzten Systems

$$\begin{aligned}\sigma^{(1,2)} &= -\sum_{i,j} w_{ij}^{(1,2)} \ln w_{ij}^{(1,2)} \\ &= -\sum_{i,j} w_i^{(1)} w_j^{(2)} (\ln w_i^{(1)} + \ln w_j^{(2)}) \\ &= -\sum_{i,j} w_j^{(2)} w_i^{(1)} \ln w_i^{(1)} - \sum_{i,j} w_i^{(1)} w_j^{(2)} \ln w_j^{(2)} \\ &= -\sum_i w_i^{(1)} \ln w_i^{(1)} - \sum_j w_j^{(2)} \ln w_j^{(2)} \\ &= \sigma^{(1)} + \sigma^{(2)} \qquad \text{wegen}\end{aligned} \tag{7.2.5}$$

$$\sum_i w_i^{(1)} = \sum_j w_j^{(2)} = 1 \ .$$

Die Eigenschaften (i–iv) sind für ein brauchbares Unbestimmtheitsmaß sicher zu fordern. Es läßt sich zeigen, daß einige wenige plausible Forderungen schon eindeutig auf das oben gegebene Entropiemaß führen.

Wenn man die Entropie

$$\sigma = -\sum_i w_i \ln w_i$$

eines Systems berechnet, dessen Energie mit Sicherheit zwischen $E-\Delta$ und E liegt, so wird die Summation nur über die Zellen laufen, die in der Energieschale liegen. Wenn die Verteilung die mikrokanonische ist, so gilt für alle Zellen der Energieschale

$$w_i = w_i^{\mathrm{MK}} = \frac{1}{M} \ , \tag{7.2.6}$$

wobei M die Anzahl der Zellen der Energieschale ist. Die Entropie ist dann

$$\sigma^{\mathrm{MK}} = -\sum_{i=1}^{M} \frac{1}{M} \ln \frac{1}{M} = \ln M \ . \tag{7.2.7}$$

Wir wollen die Entropie eines idealen Gases aus N Teilchen im Volumen V im Gleichgewicht berechnen.

[3] Entropie (griech.) trépein = drehen, wandeln. 1865 von R. Clausius in Anlehnung an „Energie" geprägter Begriff. Wie Energie die innewohnende Fähigkeit zur Arbeitsleistung ist, so ist Entropie die innewohnende Fähigkeit eines abgeschlossenen Systems, seinen Zustand zu wandeln. Die Menge der erreichbaren Zustände ist umso größer, je weiter das System von seinem Gleichgewicht entfernt ist, je kleiner seine Entropie im Vergleich zur Gleichgewichtsentropie ist.

Die Anzahl der Zellen der Größe h^{3N} in der Energieschale ist nach den Rechnungen des vorigen Abschnitts

$$M=\frac{\tilde{\Omega}(E,V,N)}{h^{3N}}=\frac{\pi^{3N/2}}{\Gamma(3N/2+1)}\left(\frac{2mE}{h^2}\right)^{3N/2}V^N\,, \tag{7.2.8}$$

wobei sich also M von Ω um den Faktor $1/N!$ unterscheidet. In Abschn. 7.1 hatten wir $\Omega(E,V,N)$ als Maß für die Anzahl der Mikrozustände eingeführt und den Faktor $1/N!$ mit quantenmechanischen Argumenten begründet. Wir wollen sehen, daß es auch ein rein klassisches Argument für diesen Faktor gibt.

Für $\ln M$ ergäbe sich

$$\ln M=N\ln\left[V\left(\frac{2\pi mE}{h^2}\right)^{3/2}\right]-\ln\Gamma\left(\frac{3N}{2}+1\right)\,.$$

Nun gilt für große Argumente der Γ-Funktion (vgl. Anhang A)

$$\ln\Gamma(x)=x(\ln x-1)+O(\ln x)\,,$$

so daß folgt

$$\begin{aligned}\ln M&=N\left[\ln V+\frac{3}{2}\ln\left(\frac{2\pi mE}{h^2}\right)\right]\\&\quad-\left(\frac{3N}{2}+1\right)\left[\ln\left(\frac{3N}{2}+1\right)-1\right]\\&=N\left[\ln\left(\frac{V}{N}\right)+\frac{3}{2}\ln\left(\frac{4\pi mE}{3Nh^2}\right)+\frac{3}{2}\right]\\&\quad+N\ln N+O(\ln N)\,.\end{aligned} \tag{7.2.9}$$

Dies ist ein unannehmbares Ergebnis für die Entropie, da wegen der Extensivität der Entropie σ bei festem Volumen V/N pro Teilchen und fester Energie E/N pro Teilchen streng proportional zu N sein muß. Die klassische Mechanik alleine führt hier also auf ein widersinniges Resultat, das als *Gibbssches*[4] *Paradoxon* bekannt ist. Bei Berücksichtigung des aus der Quantenmechanik motivierten Faktors $1/N!$ ist von $\ln M$ noch ein Beitrag

$$\ln N!=N(\ln N-1)+O(\ln N)$$

abzuziehen. Dann erhält man die richtige Beziehung

$$\begin{aligned}\sigma^{\mathrm{MK}}&=\ln\Omega(E,V,N)\\&=N\left[\ln\left(\frac{V}{N}\right)+\frac{3}{2}\ln\left(\frac{4\pi mE}{3Nh^2}\right)+\frac{5}{2}\right]\,,\end{aligned} \tag{7.2.10}$$

wobei man die Terme $O(\ln N)$ vernachlässigt hat. (Man bedenke, daß $\ln N=\ln 10^{23}\approx 55$ ist!) Der zusätzliche Beitrag $\ln N!$ ist übrigens nur von N abhängig und spielt, solange sich N bei Umwandlungen nicht ändert, keine Rolle.

Man hat also alle Mikrozustände, die sich nur dadurch unterscheiden, daß die Teilchen vertauscht sind, als identisch zu betrachten, denn quantenmechanisch sind die Teilchen ununterscheidbar. Dann hat man nur $M/N!=\Omega$ wirklich zu zählende Zellen zu betrachten.

Für Gase unter Normalbedingungen ist der Größenordnung nach $\sigma/N\approx 10$.

Nun gilt der folgende entscheidende Satz:

Die Entropie eines abgeschlossenen Systems ist genau dann maximal, wenn die Verteilung der Mikrozustände die mikrokanonische ist, d.h. wenn das System im Gleichgewicht ist.

Der Beweis ist einfach: Es ist

$$\begin{aligned}\sigma^{\mathrm{MK}}-\sigma&=\sum_{i=1}^{\Omega}w_i\ln w_i+\ln\Omega\\&=\sum_{i=1}^{\Omega}w_i\ln w_i+\sum_{i=1}^{\Omega}w_i\ln\Omega\\&=\frac{1}{\Omega}\sum_{i=1}^{\Omega}(w_i\Omega)\ln(w_i\Omega)\\&=f(x_1,\ldots,x_\Omega)\end{aligned} \tag{7.2.11}$$

mit $x_i=w_i\Omega$. Wir wollen zeigen, daß unter der Nebenbedingung

---

[4] *Gibbs, Josiah Willard* (∗ 1839 New Haven, Connecticut, † 1903 ebd.).
Der erste große amerikanische theoretische Physiker, seit 1871 Professor an der Yale-Universität. Einer der Begründer der theoretischen statistischen Mechanik und Thermodynamik. Bekannt auch durch seine Phasenregel und das nach ihm benannte Paradoxon.

$$\sum_{i=1}^{\Omega} w_i\Omega = \sum_{i=1}^{\Omega} x_i = \Omega \qquad (7.2.12)$$

die Funktion f ein Minimum hat für $x_i = 1$ für alle i.

Das ist ein Problem, das man allgemein mit der Methode der Lagrangeschen Multiplikatoren löst. Hier kommt man aber schneller mit einem Trick zum Ziel. Man addiert zu f:

$$0 = \frac{1}{\Omega} \sum_{i=1}^{\Omega} (1 - x_i) \ , \qquad (7.2.13)$$

um für $\sigma^{\mathrm{MK}} - \sigma$ zu erhalten:

$$\sigma^{\mathrm{MK}} - \sigma = \frac{1}{\Omega} \sum_{i=1}^{\Omega} (x_i \ln x_i + 1 - x_i) \ . \qquad (7.2.14)$$

Die Funktion $g(x) = x \ln x + 1 - x$ hat für $0 \leq x < \infty$ den in Abb. 7.2.1 dargestellten Verlauf. Sie ist nirgends negativ und hat ihr einziges Minimum bei $x = 1$. Dort ist $g(1) = 0$. Damit verschwindet die Summe solcher Funktionen nur, wenn alle $x_i = 1$ sind, und sonst ist diese Summe positiv.

Also ist wirklich $\sigma^{\mathrm{MK}} \geq \sigma$, und das Gleichheitszeichen gilt genau, wenn $w_i\Omega = 1$ ist für alle $i = 1, \ldots, \Omega$.

Das Ergebnis ist natürlich plausibel. Da in der mikrokanonischen Verteilung alle Mikrozustände gleichberechtigt sind, ist die Unkenntnis darüber, in welchem Mikrozustand das System sich gerade aufhält, maximal.

Nun war aber unter den gegebenen Bedingungen die mikrokanonische Verteilung die eindeutig bestimmte Verteilung im Gleichgewicht. Somit sehen wir:

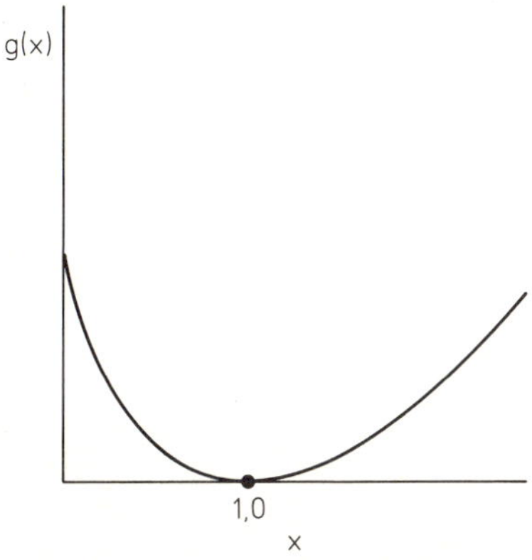

Abb. 7.2.1. Graph der Funktion $g(x) = x \ln x + 1 - x$

Die Entropie eines abgeschlossenen Systems hat ihren größtmöglichen Wert, wenn sich das System im makroskopischen Gleichgewicht befindet.

Die Entropie ist der zentrale Begriff der Thermodynamik.

7.3 Temperatur, Druck und chemisches Potential

Wir denken uns ein abgeschlossenes System, das aus zwei zunächst ebenfalls abgeschlossenen und im Gleichgewicht befindlichen Teilsystemen mit den Werten E_1, V_1, N_1 bzw. E_2, V_2, N_2 für die Energie, das Volumen und die Teilchenanzahl besteht.

7.3.1 Systeme mit Austausch von Energie

Die beiden Teilsysteme sollen nun so miteinander in Kontakt gebracht werden, daß sie untereinander Energie austauschen können, ohne daß sich die sonstigen Randbedingungen, welche die Gleichgewichtszustände der Teilsysteme bestimmt hatten, ändern können.

Man sagt in diesem Fall: die beiden Systeme werden in *thermischen Kontakt* miteinander gebracht. Als Beispiel betrachten wir zwei Gasbehälter, die so miteinander in Wechselwirkung gebracht werden, daß sie durch Wärmeleitung Energie austauschen können.

Nach Herstellung des Kontaktes wird sich das Gesamtsystem nicht im Gleichgewicht befinden, es wird vielmehr solange Energie zwischen den beiden Teilsystemen ausgetauscht, bis sich ein neuer Gleichgewichtszustand eingestellt hat. In diesem mögen die Untersysteme die Energie E_1' bzw. E_2' besitzen. Dabei ist die Gesamtenergie des Systems immer $E = E_1' + E_2' = E_1 + E_2$.

Wodurch ist nun der Wert von E_1' bzw. $E_2' = E - E_1'$ bestimmt?

Ein Maß für die Menge der Mikrozustände eines jeden Untersystems war die Anzahl der Zellen der Energieschalen $\Omega_i(E_i', N, V)$, $i = 1,2$. Zu jedem E_i' ist so das Produkt

$$\Omega_{1,2} = \Omega_1(E_1', V_1, N_1)\,\Omega_2(E - E_1', V_2, N_2)$$

ein Maß für die Menge der Mikrozustände des kombinierten Systems im Gleichgewicht. Dabei kann E_1' im

Prinzip zunächst im Intervall von 0 bis E liegen. Ist allerdings die Anzahl der Mikrozustände für gewisse E_1' außerordentlich groß im Vergleich zu allen anderen Werten von E_1', so wird sich also im kombinierten System mit großer Wahrscheinlichkeit der Zustand einstellen, bei dem das System 1 diesen Wert E_1' und System 2 den Wert $E_2'=E-E_1'$ besitzt. Wir fragen deshalb nach dem Maximum von $\Omega_{1,2}$ bzw. von

$$\ln \Omega_{1,2}=\sigma_{1,2}(E_1')=\sigma_1(E_1')+\sigma_2(E_2')$$

als Funktion von E_1'. Im Maximum muß gelten:

$$d\sigma_{1,2}=\frac{\partial\sigma_1}{\partial E_1'}\,dE_1'+\frac{\partial\sigma_2}{\partial E'^2}\,dE_2'=0 \quad . \tag{7.3.1}$$

Für die Ableitung der Entropie $\sigma(E, V, N)$ eines Systems nach seiner Energie führen wir die Bezeichnung

$$\frac{\partial\sigma(E, V, N)}{\partial E}=\frac{1}{\tau(E, V, N)} \tag{7.3.2}$$

ein. τ wird bis auf eine Konstante mit der Größe identisch sein, die wir *absolute Temperatur* des Systems im Gleichgewicht nennen werden. Da für jedes mechanische System σ mit E wächst, ist stets $\tau>0$. Da σ und E extensive Variablen sind, muß τ eine intensive Variable sein. Die Gleichgewichtsbedingung bei einem möglichen Energieaustausch durch thermischen Kontakt lautet nun also, da $dE_2=-dE_1$ sein muß:

$$\tau_1=\tau_2 \quad .$$

Je schärfer das Maximum ist, um so unwahrscheinlicher ist der Fall, daß für die kombinierten Systeme *nicht* gilt:

$$\tau_1=\tau_2 \quad .$$

Die Systeme tauschen also solange Energie aus, bis die Energie des Untersystems 1 von seinem Anfangswert E_1 zu einem Wert E_1' gelangt ist, so daß

$$\tau_1(E_1', V_1, N_1)=\tau_2(E_2', V_2, N_2) \tag{7.3.3}$$

gilt. Dabei ist τ_i, $i=1,2$ eine für jedes System getrennt berechenbare Funktion. Im Gleichgewicht kann die Entropie durch Energieaustausch nicht weiter vergrößert werden.

Wir stellen fest:

i) Wenn das Gleichgewicht noch nicht erreicht ist, wächst mit einer Energieänderung dE_1 die Entropie. Es gilt dann

$$d\sigma_{1,2}=\left(\frac{1}{\tau_1}-\frac{1}{\tau_2}\right)dE_1>0 \quad , \qquad \text{d.h. für}$$

$$\tau_2>\tau_1 \ , \qquad \text{ist} \qquad dE_1>0 \ , \qquad \text{und für}$$

$$\tau_1>\tau_2 \ , \qquad \text{ist} \qquad dE_1<0 \ .$$

Das System mit der höheren Temperatur gibt Energie ab an das System niedrigerer Temperatur.

Aus der Anschauung wissen wir, daß Energie durch Wärmeleitung stets vom wärmeren zum kälteren Körper fließt und daß dieser Energieaustausch zum Stillstand kommt, wenn sich die Temperaturen angeglichen haben. Dies berechtigt uns nicht nur, sondern zwingt uns geradezu, die Größe τ mit der anschaulich gegebenen und durch Thermometer gemessenen Temperatur T in Verbindung zu setzen.

Nach den bisherigen Argumenten könnte allerdings noch ein Zusammenhang der Form

$$T=h(\tau)$$

mit einer beliebigen monoton steigenden Funktion h bestehen. Wir werden aber bald sehen, daß die hier definierte Temperatur τ mit der durch Verabredung allgemein eingeführten absoluten Temperatur T mit der Dimension Kelvin (K) über

$$\tau=kT \tag{7.3.4}$$

in Verbindung steht. Dabei ist

$$k=1.38066\times10^{-23}\ \text{Nm K}^{-1}$$

die Boltzmannsche Konstante. Es ist weiter üblich, statt der dimensionslosen Größe σ die Größe

$$S=k\sigma \tag{7.3.5}$$

als Entropie anzusehen. Dann gilt also auch

$$1/T=\partial S/\partial E \ . \tag{7.3.6}$$

Wir werden im folgenden immer schon die Größen T und S statt τ und σ benutzen.

ii) Wenn die beiden Untersysteme nur Energie austauschen können, gilt somit

$$dE_i = T_i dS_i \ .$$

Wegen

$$dE_1 = -dE_2 \qquad \text{ist auch}$$

$$dS_2 = \frac{dE_2}{T_2} = -\frac{dE_1}{T_2} = -\frac{dS_1 T_1}{T_2} \ .$$

Ist das Gleichgewicht noch nicht erreicht, ist also $dS_{1,2} > 0$, so ist also auch

$$dS_{1,2} = dS_1 + dS_2 = dS_1\left(1 - \frac{T_1}{T_2}\right) = dS_2\left(1 - \frac{T_2}{T_1}\right) > 0 \ .$$

Für $T_1 > T_2$ ist also

$$dS_1 < 0 \quad \text{und} \quad dS_2 > 0 \ ,$$

d.h., die Entropie des wärmeren Systems (mit höherer Temperatur) nimmt ab, die Entropie des kälteren Systems nimmt zu bei dem Kontakt, bis das Gleichgewicht erreicht ist. Man kann sagen:

Entropie wird ausgetauscht (d.h. von 1 nach 2 transportiert) aber auch erzeugt, da die Gesamtentropie nicht gleich bleibt, sondern wächst.

iii) Für ein ideales Gas war

$$\Omega(E, V, N) = \alpha V^N E^{3N/2} \quad \text{also} \tag{7.3.7}$$

$$S(E, V, N) = Nk \ln V + \tfrac{3}{2} Nk \ln E + \text{Terme unabhängig von } E, V$$

und somit

$$\frac{1}{T} = \frac{\partial S}{\partial E} = \frac{3}{2} \frac{Nk}{E} \ .$$

Also ergibt sich

$$E = \tfrac{3}{2} NkT \tag{7.3.8}$$

als Zusammenhang zwischen der Energie des Systems und der Temperatur.

iv) Wir wollen an einem Beispiel demonstrieren, daß das Maximum ein sehr scharfes Maximum ist. Wir betrachten zwei Systeme von idealen Gasen. Dann ist

$$S_{1,2} = \tfrac{3}{2} k (N_1 \ln E_1 + N_2 \ln E_2) + \text{Terme} \ ,$$

die unabhängig von den Energien sind.

Ein Maximum liegt vor, wenn

$$\frac{3}{2} \frac{N_1}{E_1} = \frac{3}{2} \frac{N_2}{E_2} \qquad \text{ist, oder}$$

$$E_i = \hat{E}_i \qquad \text{ist mit}$$

$$\hat{E}_i = N_i \frac{E}{N} \ , \qquad N = N_1 + N_2 \ . \tag{7.3.9}$$

(Daß für $E_i = \hat{E}_i$ wirklich ein Maximum vorliegt, ersieht man aus der zweiten Ableitung:

$$\frac{\partial^2 S_{1,2}}{\partial E_1^2} = -\frac{3}{2} k \left(\frac{N_1}{E_1^2} + \frac{N_2}{E_2^2}\right) < 0.)$$

Wir wollen untersuchen, wie scharf das Maximum ist. Bei einer Abweichung um Δ vom Maximum, d.h. mit den Werten

$$E_1 = \hat{E}_1 + \Delta \ , \qquad E_2 = \hat{E}_2 - \Delta$$

erhielte man für $S_{1,2}$:

$$S_{1,2}(E_1 + \Delta) = \frac{3}{2} N_1 k \ln\left[\hat{E}_1\left(1 + \frac{\Delta}{\hat{E}_1}\right)\right] + \frac{3}{2} N_2 k \ln\left[\hat{E}_2\left(1 - \frac{\Delta}{\hat{E}_2}\right)\right] ,$$

und man erhielte für kleine $\Delta/\hat{E}_1$, $\Delta/\hat{E}_2$ für die rechte Seite:

$$\frac{3}{2} N_1 k \ln \hat{E}_1 + \frac{3}{2} N_2 k \ln \hat{E}_2 - \frac{3}{2} N_1 k \frac{1}{2} \frac{\Delta^2}{\hat{E}_1^2} - \frac{3}{2} N_2 k \frac{1}{2} \frac{\Delta^2}{\hat{E}_2^2} + O\left(\frac{\Delta^3}{\hat{E}_1^3}\right) ,$$

und so ist dann mit (7.3.9)

$$\Omega_{1,2}=(\Omega_{1,2})_{\max}\exp\left[-\frac{3}{4}\frac{\Delta^2}{E^2}N^2\left(\frac{1}{N_1}+\frac{1}{N_2}\right)\right].$$

Sei nun etwa $N_1=N_2=10^{22}$, so ist

$$N^2\left(\frac{1}{N_1}+\frac{1}{N_2}\right)=8\times10^{22}\ ,$$

und schon für $\Delta/E=10^{-10}$ etwa, also für eine relativ kleine Abweichung vom Mittelwert, ist $\Omega_{1,2}$ um den Faktor

$$e^{6\times10^{-20}\times10^{22}}=e^{600}\approx10^{260}$$

kleiner als der Maximalwert. Das bedeutet, daß solche Abweichungen praktisch nie vorkommen, da sie äußerst unwahrscheinlich sind. Für $\Delta/E=10^{-11}$ ist dann aber dieser Faktor nur noch gleich exp (6) und für $\Delta/E=10^{-12}$ nur noch $\exp(6\times10^{-2})\approx1$.

Das heißt aber, alle Makrozustände mit

$$E_1=\hat{E}_1(1\pm10^{-12})\ ,\qquad E_2=\hat{E}_2(1\mp10^{-12})$$

sind etwa gleich wahrscheinlich, das System wird sich in überwältigender Wahrscheinlichkeit in Makrozuständen befinden, die durch diese Werte der Energie der Einzelsysteme gekennzeichnet sind, weil die Anzahl der Mikrozustände mit diesen Energiewerten unvergleichlich viel größer ist als für andere Energien. Wir erwarten also, daß die Energien der Untersysteme nur um einige Teile von 10^{12} um den Gleichgewichtswert fluktuieren.

7.3.2 Systeme mit Austausch von Volumen

Wir betrachten nun zwei Systeme, die durch eine verschiebbare Wand getrennt seien. Die beiden Volumina werden sich so einstellen, daß die Entropie maximal wird, d.h. genau die Werte der Makro-Zustandsvariablen V_1', V_2' werden sich einstellen, zu denen die meisten Mikrozustände gehören werden.

Wir betrachten so wieder

$$S_{12}=S_1(E_1,N_1,V_1)+S_2(E_2,N_2,V_2)\ ,$$

und wenn sich E_i, V_i ändern können, ist

$$dS_{1,2}=\frac{\partial S_1}{\partial V_1}dV_1+\frac{\partial S_2}{\partial V_2}dV_2+\frac{\partial S_1}{\partial E_1}dE_1+\frac{\partial S_2}{\partial E_2}dE_2\ .$$

Nun ist

$$dE_1=-dE_2\ ,\qquad dV_1=-dV_2\ ,$$

und mit $T_1=T_2$, was wir der Einfachheit halber voraussetzen wollen, gilt dann

$$dS_{1,2}=\left(\frac{\partial S_1}{\partial V_1}-\frac{\partial S_2}{\partial V_2}\right)dV_1\ ,$$

und im Gleichgewicht, wenn sich $S_{1,2}$ nicht mehr ändert, ist so

$$\frac{\partial S_1}{\partial V_1}=\frac{\partial S_2}{\partial V_2}\ .$$

Wir definieren für ein System die Zustandsvariable $p(E,V,N)$ durch

$$\frac{p(E,V,N)}{T(E,V,N)}=\frac{\partial S(E,V,N)}{\partial V}\ . \tag{7.3.10}$$

Dann bedeutet das: Das kombinierte System ist im Gleichgewicht, d.h. in einem der Zustände, die in überwältigender Weise wahrscheinlicher sind als andere, wenn sich die Volumina der beiden Untersysteme so eingestellt haben, daß

$$p_1(E_1,V_1,N_1)=p_2(E_2,V_2,N_2)\quad\text{ist}\ . \tag{7.3.11}$$

Bevor das Gleichgewicht erreicht ist, sei z.B. $p_1>p_2$, dann ist also wieder $dS_{1,2}>0$ und so

$$dS_{1,2}=\frac{p_1-p_2}{T}dV_1>0\ .$$

Damit ist also wegen $p_1-p_2>0$ auch $dV_1>0$, d.h. das Volumen des Systems, in dem die Variable p größer ist, wird auch größer. Wir nennen die Variable p auch den *Druck*, der im System mit dem Volumen V herrscht. Es ist so p eine Zustandsvariable, die aber von E, N, V abhängt. Die genaue Gestalt dieser Abhängigkeit ist durch die Form der Entropie bestimmt.

Für ein ideales klassisches Gas gilt

$$\frac{S(E,V,N)}{k} = N \ln V + \tfrac{3}{2} N \ln E + \text{Terme unabhängig von } V.$$

Also ist

$$\frac{p}{T} = \frac{\partial S}{\partial V} = \frac{kN}{V} \quad \text{und so gilt}$$

$$pV = NkT \ .$$

Das ist die bekannte Zustandsgleichung für ideale klassische Gase. Damit ist die in (7.3.4) eingeführte Temperatur T identisch mit der in diesem Gasgesetz benutzten Temperatur.

7.3.3 Systeme mit Austausch von Energie und Teilchen

Wir wollen nun neben dem Austausch von Energie auch noch die Möglichkeit zulassen, daß Teilchen zwischen zwei Systemen ausgetauscht werden, d.h. beide Gase seien nur durch eine wärmeleitfähige feste, aber durchlässige Membran getrennt. Dann ist, da sich nun N_i, E_i ändern können,

$$S_{1,2} = S_1 + S_2$$

maximal, wenn

$$dS_{1,2} = \frac{\partial S_1}{\partial N_1} dN_1 + \frac{\partial S_2}{\partial N_2} dN_2 + \frac{\partial S_1}{\partial E_1} dE_1 + \frac{\partial S_2}{\partial E_2} dE_2 = 0$$

ist. Da wieder

$$dN_1 = -dN_2 \ ,$$
$$dE_1 = -dE_2$$

ist, folgt so im Gleichgewicht

$$dS_{1,2} = \left(\frac{\partial S_1}{\partial N_1} - \frac{\partial S_2}{\partial N_2}\right) dN_1 + \left(\frac{\partial S_1}{\partial E_1} - \frac{\partial S_2}{\partial E_2}\right) dE_1 = 0 \ .$$

Da nun dN_1 und dE_1 unabhängig sind, muß so im Gleichgewicht gelten:

$$T_1 = T_2$$

und, wenn wir definieren

$$-\frac{\mu(E,V,N)}{T(E,V,N)} = \frac{\partial S(E,V,N)}{\partial N} : \qquad (7.3.12)$$

$$\mu_1(E_1, N_1, V_1) = \mu_2(E_2, N_2, V_2) \ . \qquad (7.3.13)$$

$\mu(E,N,V)$ nennt man das *chemische Potential*. Dieses ist eine Zustandsvariable wie Temperatur und Druck.

Bringt man zwei Systeme mit unterschiedlichem chemischem Potential in einen solchen Kontakt, daß Teilchen ausgetauscht werden können, so fließen solange Teilchen von einem System zum anderen (d.h., es gibt solange einen Nettostrom von Teilchen), bis sich die chemischen Potentiale angeglichen haben. Wir wollen wieder die Richtung des Stroms bestimmen.

Sei $\mu_2 > \mu_1$, aber schon $T_1 = T_2$. Dann ist

$$dS_{1,2} = \frac{-\mu_1 + \mu_2}{T} dN_1 > 0 \ ,$$

und so ist, da $\mu_2 - \mu_1 > 0$, auch $dN_1 > 0$. Das heißt, Teilchen fließen vom System mit höherem chemischen Potential zum System mit niedrigerem chemischen Potential (in Analogie zum Druck und zur Temperatur).

Bringt man so zwei Systeme mit unterschiedlichem chemischen Potential und unterschiedlicher Temperatur zunächst nur in thermischen Kontakt, so tauschen sie zunächst nur Energie aus, bis die Energien E_i sich auf $\hat{E}_i$ eingestellt haben mit

$$T_1(\hat{E}_1, N_1, V_1) = T_2(\hat{E}_2, N_2, V_2) \ .$$

Macht man dann die Wand zwischen den Systemen porös, dann fließen auch Teilchen von 2 nach 1, wenn zunächst $\mu_2 > \mu_1$ ist. Damit fließt nun mit den Teilchen auch noch Energie von 2 nach 1. Das ist aber auch plausibel, denn die Werte $\hat{E}_i$, für die

$$T_1(\hat{E}_1, N_1, V_2) = T_2(\hat{E}_2, N_2, V_2)$$

gilt, hängen ja von N_1, N_2 ab. Verändert sich so N_i, so auch $\hat{E}_i$.

Für das klassische ideale Gas gilt (vgl. (7.2.10))

$$\frac{S}{k}=N\left[\ln\left(\frac{V}{N}\right)+\frac{3}{2}\ln\left(\frac{4\pi mE}{3Nh^2}\right)+\frac{5}{2}\right]$$

und somit

$$\mu(E,V,N)=kT\ln\left(\frac{N}{V}\right)$$
$$-\frac{3}{2}kT\ln\left(\frac{4\pi mE}{3Nh^2}\right)\ . \qquad (7.3.14)$$

Das chemische Potential hängt also logarithmisch von der Teilchendichte $n=N/V$ ab.

7.4 Die Gibbssche Fundamentalform und die Formen des Energieaustausches

Bisher haben wir für die Berechnung der makroskopischen Eigenschaften folgende Strategie entwickelt: Man berechne für die mikrokanonische Gesamtheit das Volumen im Phasenraum $\Omega(E, V, N)$, dann ist die Entropie

$$S(E,V,N)=k\ln\Omega(E,V,N)\ ,$$

und für die Zustandsvariablen T, p, μ gilt:

$$\frac{1}{T}=\frac{\partial S}{\partial E}\ ,\quad \frac{p}{T}=\frac{\partial S}{\partial V}\ ,\quad -\frac{\mu}{T}=\frac{\partial S}{\partial N}$$

also auch

$$dS=\frac{1}{T}\,dE+\frac{p}{T}\,dV-\frac{\mu}{T}\,dN \qquad (7.4.1)$$

oder

$$dE=T\,dS-p\,dV+\mu\,dN\ , \qquad (7.4.2)$$

d.h., die Differentialform für die Funktion $S(E,V,N)$ hat die Differentialform dE für die Energie $E(S,V,N)$ zur Folge.

Damit folgt dann auch

$$T=\frac{\partial E}{\partial S}\ ,\quad p=-\frac{\partial E}{\partial V}\ ,\quad \mu=\frac{\partial E}{\partial N}\ . \qquad (7.4.3)$$

Man sieht so:

i) Man kann die Zustandsvariablen in zwei Kategorien einteilen.

a) E, S, V, N ,
b) T, p, μ .

In der Kategorie (a) sind Größen, die extensiv (mengenartig) sind. Energien, Teilchenzahlen, Volumina und Entropien addieren sich, wenn man zwei Teilsysteme zu einem System zusammenfügt. In der Kategorie (b) sind Größen enthalten, die intensiv, nicht mengenartig sind, im Gegenteil, die Temperaturen, Drucke und chemischen Potentiale gleichen sich an, wenn zwei Systeme in entsprechenden Kontakt kommen.

ii) Kennt man $S(E,V,N)$ oder auch $E(S,V,N)$, so kann man die anderen Variablen berechnen.

Man nennt Funktionen, aus denen man alle anderen Zustandsvariablen berechnen kann, auch *thermodynamische Potentiale*. $S(E,V,N)$ und $E(S,V,N)$ sind somit thermodynamische Potentiale.

iii) Die Differentialform

$$dE=T\,dS-p\,dV+\mu\,dN \qquad (7.4.4)$$

nennt man auch Gibbssche Fundamentalform. Diese zeigt an, in welcher Weise das System Energie mit der Umwelt austauschen kann:

a) Werden nur Teilchen ausgetauscht, so ist die Energieänderung

$$dE=\mu\,dN\ .$$

Man kann das chemische Potential auch so als die Größe interpretieren, die die Energieänderung pro Teilchenänderung angibt (bei festgehaltener Entropie und festem Volumen). Man sagt dann auch, die Energie wird in Form von *chemischer Energie* ausgetauscht.

b) Der Druck p ist die Energieänderung pro Volumenänderung. Das entspricht unserer Anschauung. Wenn man bei einem Kasten mit verschiebbarer Wand

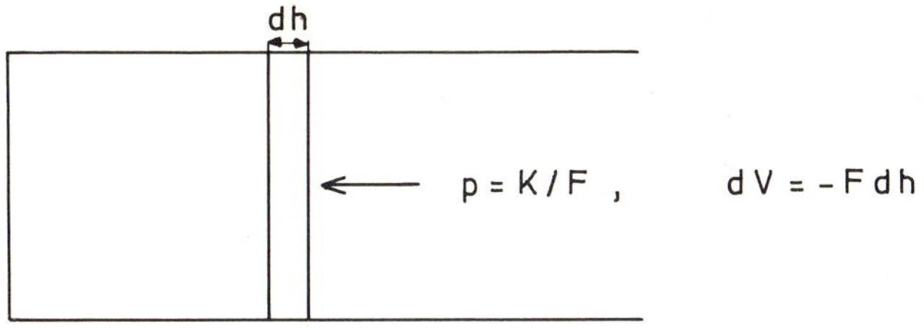

Abb. 7.4.1. Die Änderung der Energie eines Gases durch Volumenänderung

der Fläche F (Abb. 7.4.1) die Wand langsam nach innen drückt d.h. mit dem Druck $p=K/F$ die Wand verschiebt, leistet man dabei die *Arbeit* $dA=K\,dh$, also ist

$$dA=dE=K\,dh=pF\,dh=-p\,dV \quad .$$

Diese Arbeit wächst dem System in dem Volumen als Energie dE zu.

Das Verschieben gelingt natürlich nur dann, wenn der Druck $p=K/F$ etwas größer ist als der Druck des Gases im Innern. Hier ist angenommen, daß der Druckunterschied „sehr klein" und die Verschiebung „sehr langsam" ist, so daß man annehmen kann, daß das System zu jeder Zeit im Gleichgewicht ist (siehe auch Abschn. 7.8).

c) Wird weder die Teilchenzahl noch das Volumen verändert, so kann aber dennoch Energie ausgetauscht werden, bei der sich dann die Temperaturen angleichen (thermischer Kontakt). Man nennt dieses den Austausch von *Wärme*. Dieser Austausch ist immer mit dem Austausch der Entropie verknüpft

$$dE=T\,dS \quad .$$

Das ist ersichtlich, da sich bei Änderung der Energie E eines Untersystems 1 auch die Entropie verändert (siehe Abschn. 7.3.1). Natürlich kann sich auch bei einer Volumen- oder Teilchenzahländerung die Entropie ändern, denn es ist ja

$$dS=\frac{1}{T}\,dE-\frac{\mu}{T}\,dN+\frac{p}{T}\,dV \quad .$$

Die Aussage ist aber, daß bei festgehaltenem V, N eben

$$dS=\frac{1}{T}\,dE \qquad \text{bzw.}$$

$$dE=T\,dS$$

ist und dann die Energieänderung als Austausch von Wärme bezeichnet wird.

iv) In der Gibbsschen Fundamentalform

$$dE=T\,dS-p\,dV+\mu\,dN$$

treten so immer die energiekonjugierten Paare

$$(T,S) \quad , \quad (p,V) \quad , \quad (\mu,N)$$

auf. Das Produkt dieser Variablen hat die Dimension der Energie, eine Variable des Paars ist immer intensiv, die andere ist extensiv.

Im Rahmen der Mechanik einzelner Massenpunkte stellen analog

$(\boldsymbol{v},\boldsymbol{p})$ energiekonjugierte Paare

dar, der Impuls p ist eine extensive Größe, die Geschwindigkeit $\boldsymbol{v}$ eine intensive. Ebenso sind, wenn $\boldsymbol{F}(\boldsymbol{r})$ die Kraft auf ein Teilchen darstellt:

$(\boldsymbol{F},\boldsymbol{r})$ energiekonjugierte Paare ,

und die Änderung der Energie kann so beschrieben werden als

$$dE=\boldsymbol{v}\cdot d\boldsymbol{p}-\boldsymbol{F}\cdot d\boldsymbol{r} \quad . \tag{7.4.5}$$

Hier gibt es aber einen Unterschied zur Thermodynamik.

Denn es gilt

$$\boldsymbol{v}=\frac{\boldsymbol{p}}{m} \qquad \text{und somit}$$

$$\boldsymbol{v}\cdot d\boldsymbol{p}=d\left(\frac{\boldsymbol{p}^2}{2m}\right) \quad .$$

Ebenso folgt mit

$$\boldsymbol{F}=-\nabla V(\boldsymbol{r}) \qquad \text{auch}$$

$$-\boldsymbol{F}\cdot d\boldsymbol{r}=dV(\boldsymbol{r})$$

und somit

$$dE = d\left(\frac{p^2}{2m} + V(r)\right) = dE_{\mathrm{kin}} + dE_{\mathrm{pot}} \ , \qquad (7.4.6)$$

d.h., hier sind die einzelnen Ausdrücke für den Austausch der Energie (eben entweder in Form von kinetischer oder potentieller Energie) selbst auch totale Differentiale (von E_{kin} und E_{pot}), da

$$\boldsymbol{v} = \boldsymbol{v}(\boldsymbol{p}) \ , \quad \boldsymbol{F} = \boldsymbol{F}(\boldsymbol{r})$$

ist, d.h. die intensiven Variablen hängen nur von ihrer energiekonjugierten Variablen ab.

In der Thermodynamik ist das anders: $T\,dS$ ist kein totales Differential, da $T = T(S, V, N)$ ist. Somit kann man zwar sagen, es gibt einen Austausch von Energie in Form von Wärme, wenn $dS \neq 0$ ist, aber man kann nicht in derselben Weise von einer Wärme reden, die ein System in einer gewissen Menge besitzt, wie man von seiner kinetischen oder potentiellen Energie reden kann.

Die Begriffe *Wärme*, *Arbeit*, *chemische Energie* sind also nur Beispiele für Formen, in denen Energie ausgetauscht werden kann.

Man schreibt so auch

$$\delta Q = T\,dS \ , \qquad (7.4.7)$$

$$\delta A = -p\,dV \ , \qquad (7.4.8)$$

$$\delta E_{\mathrm{chem}} = \mu\,dN \ , \qquad (7.4.9)$$

wobei das δ andeuten soll, daß man hier nur Energieänderungen meint, die aufgrund von Änderungen der extensiven Variablen zustande kommen.

Für mehrere Teilchenarten lautet die Gibbssche Fundamentalform:

$$dE = T\,dS - p\,dV + \sum_i \mu_i dN_i \ , \qquad (7.4.10)$$

wobei μ_i das chemische Potential der i-ten Teilchensorte ist.

7.5 Die kanonische Gesamtheit und die freie Energie

Bisher haben wir immer ein isoliertes System betrachtet und als thermodynamisches Potential die Funktion

$$S = S(E, V, N) \quad \text{bzw.} \quad E = E(S, V, N)$$

betrachtet. In vielen Fällen ist es nicht realistisch, die Energie eines Systems direkt vorgeben oder messen zu wollen. Oft ist es in der Praxis viel einfacher, die Temperatur eines Systems vorzugeben, indem man das System mit einem großen Reservoir, auch *Wärmebad* genannt, in Verbindung bringt. Durch Energieaustausch gleichen sich dann die Temperaturen an. Ist das Reservoir so groß, daß man die ab- oder zufließende Menge an Energie gegenüber der Energie des Reservoirs vernachlässigen kann, so kann man sagen: Man hat die Temperatur des Systems durch den Kontakt vorgegeben, nämlich auf den Wert festgelegt, wie er beim Reservoir vorzufinden ist.

Wir wollen einen solchen thermischen Kontakt eines Systems 1 mit einem Wärmebad 2 betrachten (Abb. 7.5.1). Im Gleichgewicht sind also die Temperaturen der beiden Systeme gleich. Die Gesamtenergie der beiden Systeme sei E_0.

Die Frage, die wir stellen, lautet:

Mit welcher Wahrscheinlichkeit ist das System 1 in einem gegebenen Mikrozustand, der die Energie E_1 hat? Man beachte, daß man hier nicht nach der Energie des Systems 1 fragt. Die kann man gemäß Abschn. 7.3 berechnen. Hier fragen wir nach der Wahrscheinlichkeit für einen spezifischen Mikrozustand des Systems 1.

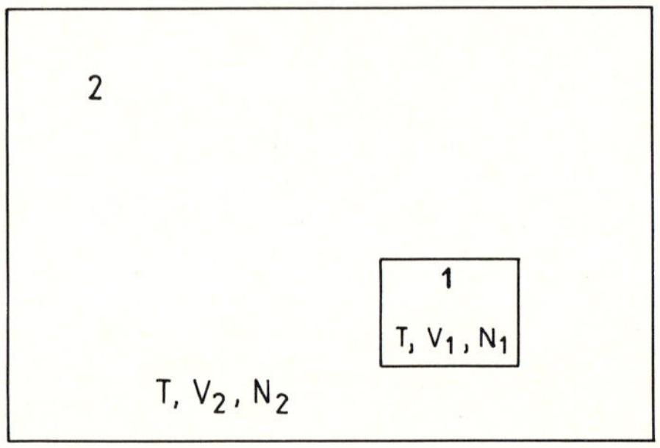

Abb. 7.5.1. Das System 1 im thermischen Kontakt mit einem Wärmebad

Wir denken uns dabei den Phasenraum wieder in Zellen der Größe h^{3N} zerlegt. Zwei Mikrozustände mit Werten für (q,p), die in der gleichen Zelle liegen, wollen wir identifizieren, so daß wir auch von einer endlichen Wahrscheinlichkeit für einen Mikrozustand reden können. Ist $\varrho(q,p)$ die Wahrscheinlichkeitsdichte, so sei also

$$\bar{\varrho}_i(q,p) = \frac{1}{h^{3N}} \int_{Z_i} d^{3N}q'\, d^{3N}p'\, \varrho(q,p) \ , \qquad (q,p) \in Z_i$$

als Wahrscheinlichkeit für einen Mikrozustand in der Zelle um (q,p) angesehen.

Da wir so den Mikrozustand des Systems 1 vorgeben, kann die Wahrscheinlichkeit für seine Realisierung nur proportional zur Anzahl der Mikrozustände des Reservoirs sein, die die Energie $E_2 = E_0 - E_1$ besitzen. Denn die Wahrscheinlichkeit für jeden speziellen Mikrozustand des kombinierten Systems hat den gleichen Wert, da das kombinierte System abgeschlossen ist. Summieren wir über Möglichkeiten für das Reservoir (die Anzahl der Summanden ist gleich der Anzahl der Mikrozustände des Reservoirs mit Energie E_2) so erhalten wir die Wahrscheinlichkeit für einen speziellen Mikrozustand des Systems 1. Also ergibt sich für die Wahrscheinlichkeit eines Mikrozustandes

$$\bar{\varrho}^K(q,p) \sim \Omega_2(E_2, V_2, N_2) = \mathrm{e}^{S_2(E_2,V_2,N_2)/k} \ . \qquad (7.5.1)$$

Nun ist $E_2 = E_0 - E_1$ und $E_1 \ll E_0$, deshalb kann man die Entropie des Systems 2 (Wärmebad) um den Wert E_0 entwickeln, um folgende Approximation zu erhalten:

$$S_2(E_0 - E_1) = S_2(E_0) - E_1 \left.\frac{\partial S_2}{\partial E_2}\right|_{E_0} + \frac{1}{2} E_1^2 \left.\frac{\partial^2 S_2}{\partial E_2^2}\right|_{E_0} + \dots \ . \qquad (7.5.2)$$

Für den Term zweiter Ordnung in E_1 ergibt sich

$$\frac{1}{2} E_1^2 \frac{\partial}{\partial E_2} \frac{1}{T} = -\frac{1}{2} \frac{E_1^2}{T^2} \frac{\partial T}{\partial E_2} \ . \qquad (7.5.3)$$

Nun ist $E_2 = O(N_2)$ und somit auch $\partial E_2/\partial T = O(N_2)$, also auch

$$\frac{\partial T}{\partial E_2} = O\left(\frac{1}{N_2}\right) ,$$

so daß dieser Term um den Faktor N_2 kleiner ist als der Term erster Ordnung in E_1. Er kann deshalb ebenso wie die weiteren in (7.5.2) nicht aufgeführten Terme vernachlässigt werden. Je größer die Teilchenzahl des Wärmebades, umso genauer wird also die Formel, die man durch Vernachlässigung dieser Terme erhält.

Betrachten wir den Term erster Ordnung in E_1. Es ist

$$\left.\frac{\partial S_2}{\partial E_2}\right|_{E_0} \approx \left.\frac{\partial S_2}{\partial E_2}\right|_{E_2} = \frac{1}{T_2} = \frac{1}{T} \ ,$$

und so ist, mit $\beta := 1/kT$:

$$\bar{\varrho}^K(q,p) \sim \mathrm{e}^{-E_1/kT} = \mathrm{e}^{-\beta E_1} \ . \qquad (7.5.4)$$

Man nennt diesen Exponentialterm auch den *Boltzmann-Faktor*[5].

Man kann für E_1 auch die Hamilton-Funktion des Systems 1 einsetzen und geeignete Normierungsfaktoren einführen. Dann ist, mit $N = N_1$ = Teilchenzahl von System 1,

$$\varrho^K(q,p) = \frac{1}{ZN!h^{3N}} \mathrm{e}^{-\beta H(q,p)} \qquad (7.5.5)$$

die Wahrscheinlichkeit(sdichte), daß im System 1 der Mikrozustand (q,p) mit der Energie $H(q,p)$ vorliegt. Die Größen Z, $N!$ stellen dabei Normierungsfaktoren dar.

Da nun das System mit Sicherheit in irgendeinem Mikrozustand ist, muß also

$$\int d^{3N}q\, d^{3N}p\, \varrho^K(q,p) = 1$$

---

[5] *Boltzmann, Ludwig* (∗ 1844 Wien, † 1906 Duino bei Triest). Arbeiten von der Experimentalphysik ($n = \sqrt{\varepsilon}$; frühe Bestätigung der elektrodynamischen Theorie des Lichtes) über die theoretische Physik bis zur Philosophie. Hauptthema seines Nachdenkens waren die kinetische Gastheorie und die statistische Mechanik. Der Zusammenhang zwischen Entropie und Wahrscheinlichkeit wurde von ihm formuliert und gefaßt. Bekannt u.a. auch durch das Stefan-Boltzmannsche Strahlungsgesetz und die Boltzmannsche Transportgleichung.

sein. Damit erhält man also für den Normierungsfaktor Z

$$Z(\beta, V, N) = \frac{1}{N! h^{3N}} \int d^{3N}q \, d^{3N}p \, \mathrm{e}^{-\beta H(q,p)} \ . \tag{7.5.6}$$

Man nennt Z auch die *Zustandssumme*. Wir nennen die Gesamtheit von Mikrozuständen, die sich also mit der Wahrscheinlichkeitsdichte $\varrho^K(q,p)$ im System 1 bei Vorgabe von T, V, N einstellt, auch *kanonische Gesamtheit*, im Gegensatz zur mikrokanonischen Gesamtheit aus Abschn. 7.1. Bei der letzteren waren alle Mikrozustände gleichberechtigt, bei der kanonischen Gesamtheit bekommt jeder Mikrozustand ein Gewicht, den Boltzmann-Faktor. N und V sind hier auch vorgegeben, nicht aber mehr die Energie. Dafür ist aber die Temperatur durch den Kontakt mit dem Wärmebad vorgegeben, und somit sind die Mikrozustände nicht mehr gleichmäßig wahrscheinlich.

Der Faktor $\exp[-\beta H(q,p)]$ besagt, daß ein Mikrozustand des Systems 1 um so wahrscheinlicher realisiert ist, je kleiner seine Energie ist. Fragen wir aber nach der Wahrscheinlichkeit, daß das System 1 die Energie E_1 besitzt, so muß man alle Zustände mit der Energie E_1 berücksichtigen, gewichtet mit dem Faktor $\exp(-\beta E_1)$. Das ergibt die Wahrscheinlichkeit

$$\frac{1}{Z} \Omega_1(E_1) \mathrm{e}^{-\beta E_1} = \frac{1}{Z} \mathrm{e}^{-\beta E_1 + S(E_1)/k} \ . \tag{7.5.7}$$

Diese ist maximal, wenn

$$F = E_1 - TS_1(E_1, V_1, N_1) \tag{7.5.8}$$

als Funktion von E_1 ein Minimum hat. Das ist dann der Fall, wenn

$$\frac{\partial F}{\partial E_1} = 1 - T \frac{\partial S_1(E_1, V_1, N_1)}{\partial E_1} = 0$$

ist, oder

$$\frac{1}{T} = \frac{\partial S_1(E_1, V_1, N_1)}{\partial E_1} = \frac{1}{T_1}$$

ist, d.h. die Temperatur des Systems 1 mit der des Wärmebades übereinstimmt, wie offensichtlich zu erwarten ist.

Nicht die kleinste Energie für das System 1 ist also am wahrscheinlichsten, sondern die Energie E_1, für die der Ausdruck (7.5.8) ein Minimum hat.

Man nennt

$$F(T, V_1, N_1) = E - TS(E, V_1, N_1) \tag{7.5.9}$$

mit E so bestimmt, daß

$$\frac{\partial S(E, V_1, N_1)}{\partial E} = \frac{1}{T} \tag{7.5.10}$$

ist, auch die *freie Energie*.

Das kleinere Gewicht, das Mikrozuständen mit größeren Energien aufgrund des Boltzmann-Faktors zukommt, wird dadurch kompensiert, daß die Anzahl der Mikrozustände mit zunehmender Energie ansteigt. Als Resultat aus dieser konkurrierenden Situation ergibt sich dann E_1 als wahrscheinlichste Energie.

Wir können die Konstruktion von $F(T, V, N)$ aus $S(E, V, N)$ auch so interpretieren:

Sei $S(E, V, N)$ gegeben, man führe eine neue Variable T durch

$$\frac{1}{T} = \frac{\partial S(E, V, N)}{\partial E}$$

ein, und eliminiere E zugunsten von T, d.h., man löse die obige Gleichung nach E auf, finde also $E = E(T, V, N)$, und bilde dann

$$F(T, V, N) = E(T, V, N) - TS(E(T, V, N), V, N) \ . \tag{7.5.11}$$

Man nennt einen solchen Übergang von einer Funktion $S(E, V, N)$ zu einer Funktion $F(T, V, N)$ auch *Legendre-Transformation*[6]. Solch eine Transformation ist uns beim Übergang von der Lagrange-Funktion $L(q, \dot{q})$ zur Hamilton-Funktion $H(q,p)$ schon einmal begegnet. Wir werden in Abschn. 7.6 darauf zurückkommen.

Man erhält dann auch

$$\frac{\partial F}{\partial T} = \frac{\partial E}{\partial T} - S(E(T, V, N), V, N) - T \frac{\partial S}{\partial E} \frac{\partial E}{\partial T} = -S(E(T, V, N), V, N) \equiv -S(T, V, N) \ , \tag{7.5.12}$$

[6] *Legendre, Adrien Marie* (∗ 1752 Paris, † 1833 Paris). Französischer Mathematiker. Wichtige Arbeiten u.a. über Zahlentheorie (quadratische Reste), elliptische Funktionen, Geodäsie und Himmelsmechanik.

$$\frac{\partial F}{\partial V}=\frac{\partial E}{\partial V}-T\frac{\partial S}{\partial V}-T\frac{\partial S}{\partial E}\frac{\partial E}{\partial V}$$

$$=-T\frac{p}{T}$$

$$=-p(E(T,V,N),V,N)\equiv -p(T,V,N)\ , \tag{7.5.13}$$

$$\frac{\partial F}{\partial N}=\frac{\partial E}{\partial N}-T\frac{\partial S}{\partial N}-T\frac{\partial S}{\partial E}\frac{\partial E}{\partial N}$$

$$=T\frac{\mu}{T}=\mu(E(T,V,N),V,N)\equiv\mu(T,V,N)\ . \tag{7.5.14}$$

Man erhält also durch partielle Ableitung nach den Variablen T, V, N die (bis auf ein Vorzeichen) energiekonjugierten Variablen S, p, μ.

$F(T, V, N)$ ist somit auch ein thermodynamisches Potential. Wenn man aufgrund der experimentellen Situation die Werte für T, V, N vorgeben kann, so ist die freie Energie $F(T, V, N)$ die natürlich gegebene Größe als thermodynamisches Potential.

Natürlich kann man F berechnen, indem man zunächst $S(E, V, N)$ ausrechnet und dann die Legendre-Transformation ausführt. Damit wäre aber die kanonische Gesamtheit nicht besonders nützlich, und die freie Energie $F(T, V, N)$ wäre keine sehr interessante Variable. Es gibt aber einen direkten Weg, um die freie Energie zu berechnen.

Die Wahrscheinlichkeit, daß das System 1 die Energie E besitzt, für die $E-TS(E, V, N)$ minimal ist, war ja

$$\frac{1}{Z}\mathrm{e}^{-\beta F(T,V,N)}\ ,$$

und diese ist eben gleich 1, da das System 1 mit überwältigender Wahrscheinlichkeit diese Energie E besitzt.

Also ist

$$Z=\mathrm{e}^{-\beta F(T,V,N)}\ , \tag{7.5.15}$$

und man hat so nur nach (7.5.6)

$$Z(T,V,N)=\frac{1}{N!h^{3N}}\int d^{3N}q\,d^{3N}p\,\mathrm{e}^{-\beta H(q,p)} \tag{7.5.16}$$

zu berechnen. Das ist also eine andere, oft einfachere Strategie, um zu einem thermodynamischen Potential zu gelangen.

Anwendungen

i) Für das ideale Gas ist so

$$Z=\frac{1}{N!h^{3N}}\int d^{3N}q\,d^{3N}p\exp\left(-\beta\sum_{i=1}^{N}\boldsymbol{p}_i^2/2m\right)$$

$$=\frac{1}{N!h^{3N}}V^N\int d^{3N}p\exp\left(-\beta\sum_{i=1}^{N}\boldsymbol{p}_i^2/2m\right)$$

$$=\frac{1}{N!h^{3N}}V^N(2\pi mkT)^{3N/2}\ , \tag{7.5.17}$$

wobei wir die Identität

$$\int_{-\infty}^{+\infty}dx\,\mathrm{e}^{-x^2}=\sqrt{\pi}$$

benutzt haben.

Somit ist

$$-\beta F=\ln Z=N\left[\ln V+\frac{3}{2}\ln\left(\frac{2\pi mkT}{h^2}\right)\right]-\ln N!$$

$$=N\left[\ln\left(\frac{V}{N}\right)+\frac{3}{2}\ln\left(\frac{2\pi mkT}{h^2}\right)+1\right]$$

$$+O(\ln N)\ ,$$

also

$$-F=kTN\left[\ln\left(\frac{V}{N}\right)+\frac{3}{2}\ln\left(\frac{2\pi mkT}{h^2}\right)+1\right]\ , \tag{7.5.18}$$

und somit z.B.

$$p=-\frac{\partial F}{\partial V}=kT\frac{N}{V}\ ,\qquad\text{also}\qquad pV=NkT\ , \tag{7.5.19}$$

$$S=-\frac{\partial F}{\partial T}=kN\left[\ln\left(\frac{V}{N}\right)+\frac{3}{2}\ln\left(\frac{2\pi mkT}{h^2}\right)+\frac{5}{2}\right] \tag{7.5.20}$$

in Übereinstimmung mit Abschn. 7.2, wenn man noch $E=3NkT/2$ ausnutzt.

Schließlich können wir in sehr einfacher Weise $\langle H(q,p)\rangle$ ausrechnen. Es ist

$$\begin{aligned}\langle H\rangle &= \int d^{3N}q\, d^{3N}p\, H(q,p)\,\varrho^K(q,p)\\ &= \frac{1}{ZN!h^{3N}}\int d^{3N}q\, d^{3N}p\, H(q,p)\,\mathrm{e}^{-\beta H(q,p)}\\ &= \frac{1}{Z}\left(-\frac{\partial Z}{\partial\beta}\right)\\ &= -\frac{\partial \ln Z}{\partial\beta} = \frac{3}{2}N\frac{1}{\beta} = \frac{3}{2}NkT\ ,\end{aligned} \tag{7.5.21}$$

in Übereinstimmung mit (7.3.8).

ii) Die Maxwellsche[7] Geschwindigkeitsverteilung: Wir fragen nach der Wahrscheinlichkeit, in einem System mit der Hamilton-Funktion

$$H(q,p) = \sum_{i=1}^{N}\frac{\boldsymbol{p}_i^2}{2m} + V(\boldsymbol{q}_1,\dots,\boldsymbol{q}_N)$$

irgendein Teilchen, etwa Teilchen 1 im Impulsintervall

$$p < |\boldsymbol{p}_1| < p + dp$$

zu finden. Die Wahrscheinlichkeit ergibt sich einfach aus der kanonischen Wahrscheinlichkeitsdichte $\varrho^K(q,p)$ durch Integration über Größen, nach denen nicht gefragt ist, also über $\boldsymbol{p}_2,\dots,\boldsymbol{p}_N$, $\boldsymbol{q}_1,\dots,\boldsymbol{q}_N$ zu

$$dw(p) = \frac{1}{\tilde{Z}}\,4\pi\,\mathrm{e}^{-\beta p^2/2m}p^2\,dp \tag{7.5.22}$$

mit dem Normierungsfaktor

$$\tilde{Z} = (2\pi mkT)^{3/2}\ , \qquad \text{da dann}$$

$$\int dw(p) = 1$$

ist. Diese Verteilung ist die bekannte *Maxwellsche Geschwindigkeitsverteilung* (Abb. 7.5.2). Man beachte, daß sie nicht nur für ideale Gase gilt, sondern für beliebige Potentiale $V(q)$ gültig ist.

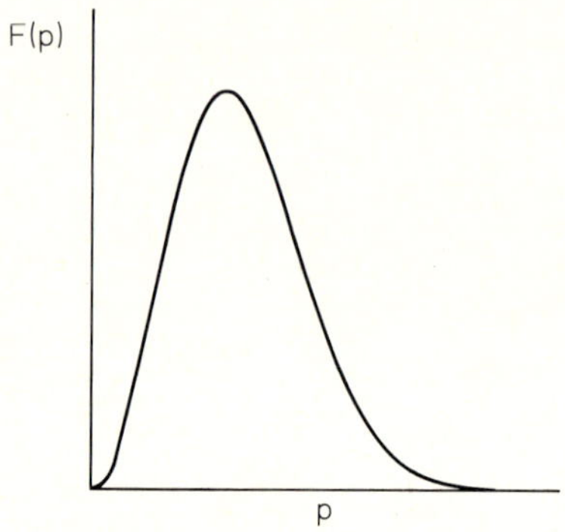

Abb. 7.5.2. Die Maxwellsche Geschwindigkeitsverteilung $F(p) \sim p^2 \exp(-\beta p^2/2m)$

Man berechnet leicht den Mittelwert

$$\int dw(p)\,\frac{\boldsymbol{p}^2}{2m} = \frac{\langle \boldsymbol{p}^2\rangle}{2m} = \frac{3}{2}kT\ , \tag{7.5.23}$$

und somit für ein einatomiges ideales Gas wieder

$$E = \langle H\rangle = N\frac{\langle \boldsymbol{p}^2\rangle}{2m} = \frac{3}{2}NkT\ .$$

iii) Barometrische Höhenformel: Für ein ideales Gas im Schwerefeld der Erde ist

$$H(q,p) = \sum_{i=1}^{N}\left(\frac{\boldsymbol{p}_i^2}{2m} - m\boldsymbol{g}\cdot\boldsymbol{q}_i\right)\ .$$

Integriert man $\varrho^K(q,p)$ über $\boldsymbol{q}_2,\dots,\boldsymbol{q}_N$, $\boldsymbol{p}_1,\dots,\boldsymbol{p}_N$, so erhält man die *barometrische Höhenformel:*

$$dw(h) \sim \mathrm{e}^{-mgh/kT}\,dh \tag{7.5.24}$$

ist die Wahrscheinlichkeit, ein Teilchen im Höhenintervall $[h, h+dh]$ zu finden.

---

[7] *Maxwell, James Clerk* (∗ 1831 Edinburgh, † 1879 Cambridge). Schottischer Physiker. Bahnbrechende Arbeiten auf dem Gebiet der kinetischen Gastheorie (Maxwellsche Geschwindigkeitsverteilung), aus denen wichtige Anregungen von Boltzmann aufgenommen wurden. Seine größte Leistung ist seine vollständige Theorie der klassischen Elektrodynamik (Maxwellsche Gleichungen), die ihn unter die größten Physiker einreiht.

7.6 Thermodynamische Potentiale

Wir haben in Abschn. 7.5 gesehen, daß man ein thermodynamisches Potential, das von den Variablen T, V, N abhängt, nämlich die freie Energie, auf zwei Arten bestimmen kann:

a) durch eine Legendre-Transformation aus $S(E, V, N)$,
b) durch Berechnung der Zustandssumme $Z(T, V, N)$ mit Hilfe von

$$-\beta F(T, V, N) = \ln Z(T, V, N) \ .$$

Wir wollen hier noch andere thermodynamische Potentiale diskutieren, die jeweils von drei anderen unabhängigen Variablen abhängen. Dazu wollen wir zunächst noch einmal die freie Energie durch eine Legendre-Transformation aus der Energie $E(S, V, N)$ bestimmen.

Wir bilden so bei gegebener Funktion $E(S, V, N)$

$$T = \frac{\partial E(S, V, N)}{\partial S}$$

und daraus durch Auflösung nach S

$$S = S(T, V, N) \ .$$

Dann bilden wir

$$F(T, V, N) = E(S(T, V, N), V, N) - TS(T, V, N) \ . \tag{7.6.1}$$

Das ist identisch mit der Bildung aus Abschn. 7.5, dort ist nämlich

$$F(T, V, N) = E(T, V, N) - TS(E(T, V, N), V, N) \ . \tag{7.6.2}$$

Für das totale Differential erhält man so

$$\begin{aligned} dF &= dE - T\,dS - S\,dT \\ &= T\,dS - p\,dV + \mu\,dN - T\,dS - S\,dT \\ &= -S\,dT - p\,dV + \mu\,dN \ , \end{aligned} \tag{7.6.3}$$

also liest man aus dem totalen Differential ab:

$$\frac{\partial F}{\partial T} = -S \ , \quad \frac{\partial F}{\partial V} = -p \ , \quad \frac{\partial F}{\partial N} = \mu \tag{7.6.4}$$

wie bekannt (vgl. 7.5.12–14).

Die Beziehungen zwischen den partiellen Ableitungen des auf eine solche Weise konstruierten thermodynamischen Potentials und den zugehörigen konjugierten Variablen erhält man somit auch leicht aus der Betrachtung des totalen Differentials.

In der Mechanik, in der man von der Lagrange-Funktion $L(q, \dot{q})$ ausgehend,

$$p = \frac{\partial L}{\partial \dot{q}}$$

definiert und dann

$$-H = L(\dot{q}(q, p), q) - p\dot{q}(q, p)$$

einführt, erhält man

$$\begin{aligned} -dH &= dL - p\,d\dot{q} - \dot{q}\,dp \\ &= \frac{\partial L}{\partial q}\,dq + p\,d\dot{q} - p\,d\dot{q} - \dot{q}\,dp \\ &= \frac{\partial L}{\partial q}\,dq - \dot{q}\,dp \ . \end{aligned}$$

Damit gilt also

$$\frac{\partial H}{\partial p} = \dot{q} \quad \text{und} \quad \frac{\partial H}{\partial q} = -\frac{\partial L}{\partial q} \left(= -\frac{d}{dt} p = -\dot{p} \right) ,$$

wobei die letzte, in Klammern stehende Gleichung auf der rechten Seite aus der Lagrangeschen Gleichung folgt. Auch in der Mechanik liefert also die Betrachtung der totalen Differentiale die Beziehung zwischen den partiellen Ableitungen der durch Legendre-Transformation erhaltenen Größe und den übrigen Variablen.

Wir betrachten nun einige andere Legendre-Transformationen:

i) Zunächst möchten wir ein thermodynamisches Potential erzeugen, das von den Variablen S, p, N abhängt.

Wir gehen wieder aus von

$E(S, V, N)$, bilden

$$p(S, V, N) = \frac{\partial E(S, V, N)}{\partial V}$$

und berechnen so durch Auflösung nach V

$$V=V(S,p,N) \ .$$

Wenn wir nun

$$H(S,p,N)=pV(S,p,N)+E(S,V(S,p,N),N) \tag{7.6.5}$$

bilden, so ist

$$\begin{aligned} dH &= p\,dV+V\,dp+dE \\ &= T\,dS+V\,dp+\mu\,dN \ , \end{aligned} \tag{7.6.6}$$

und so gilt

$$\frac{\partial H(S,p,N)}{\partial S}=T \ , \qquad \frac{\partial H(S,p,N)}{\partial p}=V \ ,$$

$$\frac{\partial H(S,p,N)}{\partial N}=\mu \ . \tag{7.6.7}$$

Man erhält so die Zustandsvariablen T, V, μ als Funktionen der als vorgegeben zu betrachtenden Variablen S, p, N.

Man nennt $H(S,p,N)$ auch die *Enthalpie*[8]. Für einen Prozeß mit $dp=dN=0$ gilt auch

$$dH=T\,dS=\delta Q \ .$$

ii) Um ein thermodynamisches Potential zu erhalten, das von den Variablen T,p,N abhängt, bilde man

$$G(T,p,N)=E-TS+pV \ , \tag{7.6.8}$$

dann ist

$$\begin{aligned} dG &= dE-T\,dS-S\,dT+p\,dV+V\,dp \\ &= -S\,dT+V\,dp+\mu N \ , \end{aligned} \tag{7.6.9}$$

und so ist aus $G(T,p,N)$ berechenbar:

$$S=-\frac{\partial G(T,p,N)}{\partial T} \ , \qquad V=\frac{\partial G(T,p,N)}{\partial p} \ ,$$

$$\mu=\frac{\partial G(T,p,N)}{\partial N} \ . \tag{7.6.10}$$

Man nennt $G(T,p,N)$ auch die *freie Enthalpie*. Dieses thermodynamische Potential werden wir in Kap. 8 bei der Behandlung der Phasenübergänge häufig benutzen.

iii) Man bilde

$$K(T,V,\mu)=E-TS-\mu N \ , \tag{7.6.11}$$

dann ist

$$\begin{aligned} dK &= dE-T\,dS-S\,dT-\mu\,dN-N\,d\mu \\ &= -S\,dT-p\,dV-N\,d\mu \ , \end{aligned} \tag{7.6.12}$$

und so folgt

$$S=-\frac{\partial K(T,V,\mu)}{\partial T} \ , \qquad p=-\frac{\partial K(T,V,\mu)}{\partial V} \ ,$$

$$N=-\frac{\partial K(T,V,\mu)}{\partial \mu} \ . \tag{7.6.13}$$

Das thermodynamische Potential $K(T,V,\mu)$ hat keinen speziellen Namen. Die Vorgabe von T, V, μ zeigt aber an, daß man hier ein System betrachtet, das mit einem Reservoir in Kontakt steht, mit dem es Energie und Teilchen austauschen kann, so daß also neben dem Volumen die Temperatur und das chemische Potential des Systems vorgegeben sind.

Alle diese weiteren thermodynamischen Potentiale können wie die freie Energie $F(T,V,N)$ auch aus einer verallgemeinerten Zustandssumme berechnet werden. Insbesondere kann man zeigen, daß sich $K(T,V,\mu)$ auch aus der Zustandssumme der *„großkanonischen Gesamtheit"* bestimmen läßt. Dieses ist die Gesamtheit der Mikrozustände im Phasenraum mit einer Verteilung, die mit dem Makrozustand, gegeben durch die Vorgabe von T, V und μ, verträglich ist. Es gilt:

$$-\beta K(T,V,\mu)=\ln Y(T,V,\mu) \quad \text{mit} \tag{7.6.14}$$

$$Y(T,V,\mu)=\sum_{N=0}^{\infty}\frac{1}{N!h^{3N}}\int d^{3N}q\,d^{3N}p\,e^{-\beta H(q,p)-\mu N} \ . \tag{7.6.15}$$

---

[8] Enthalpie (griech.) von thalpein, erwärmen: etwa Wärmeinhalt, so in Anlehnung an Energie und Entropie wegen ihrer engen Beziehung zur Reaktionswärme und zur latenten Wärme genannt.

7.7 Materialgrößen

In Abschn. 7.6 hatten wir gesehen, daß man zu jeder Wahl von drei Zustandsvariablen, wobei je eine aus den Paaren (T, S), (p, V), (μ, N) stammte, ein thermodynamisches Potential finden kann, indem man von $E(S, N, V)$ ausgeht und durch Legendre-Transformation zu den entsprechenden anderen Variablen übergeht. Aber nicht nur die Zustandsvariablen eines Gases, eines Fluids oder eines Festkörpers sind interessant, sondern auch einige ein Material kennzeichnende Größen, die man Materialgrößen nennt. Besonders häufig benutzte und leicht meßbare Materialgrößen sind:

i) die *isotherme Kompressibilität*

$$\kappa_T = -\frac{1}{V}\frac{\partial V(T,p,N)}{\partial p} \ . \tag{7.7.1}$$

Benutzt man T, p, N als unabhängige Variablen, so lautet das thermodynamische Potential $G(T,p,N)$, und es gilt

$$V(T,p,N) = \frac{\partial G(T,p,N)}{\partial p} \ ,$$

und so ist auch

$$\kappa_T = -\frac{1}{V}\frac{\partial^2 G(T,p,N)}{\partial p^2} \ . \tag{7.7.2}$$

ii) der Koeffizient der thermischen Ausdehnung, auch *isobarer*[9] *Ausdehnungskoeffizient* genannt:

$$\alpha = \frac{1}{V}\frac{\partial V(T,p,N)}{\partial T} = \frac{1}{V}\frac{\partial^2 G(T,p,N)}{\partial p\,\partial T} \ . \tag{7.7.3}$$

Man kann natürlich auch noch

$$\frac{\partial^2 G(T,p,N)}{\partial p\,\partial T}$$

interpretieren als

$$\frac{\partial}{\partial p}\frac{\partial G}{\partial T} = \frac{\partial}{\partial p}\,[-S(T,p,N)] \ ,$$

somit ist insbesondere

$$-\frac{\partial S(T,p,N)}{\partial p} = \frac{\partial V(T,p,N)}{\partial T} \ . \tag{7.7.4}$$

Solche Relationen zwischen den ersten Ableitungen der Zustandsvariablen nennt man auch *Maxwell-Relationen*. Eine solche Relation läßt sich aus jeder gemischten zweiten Ableitung eines thermischen Potentials ableiten. Wir wollen alle diese Relationen hier nicht auflisten, sondern höchstens bei Gelegenheit benutzen.

iii) Die wichtigsten Materialkonstanten sind die *spezifischen Wärmen*. Diese messen die einem System zuzuführende Wärmeenergie TdS für eine Temperaturerhöhung dT. Dabei hängt natürlich die Größe dieser Wärmeenergie davon ab, welche Variablen dabei konstant gehalten werden.

Soll neben der Teilchenzahl das Volumen V dabei konstant gehalten werden, so definiert man

$$C_V = T\frac{\partial S(T,V,N)}{\partial T} = -T\frac{\partial^2 F(T,V,N)}{\partial T^2} \tag{7.7.5}$$

und, wenn man den Druck p konstant hält:

$$C_p = T\frac{\partial S(T,p,N)}{\partial T} = -T\frac{\partial^2 G(T,p,N)}{\partial T^2} \ . \tag{7.7.6}$$

Anschaulich erwartet man, daß wohl $C_p > C_V$ sein muß, da man, wenn man p im System konstant halten will, noch Energie dazu verwenden muß, um das Volumen zu vergrößern. Eine Zuführung von Energie bei konstantem Volumen hat nämlich sicher eine Druckerhöhung zur Folge.

Wir stellen fest:

a) Es gilt auch

$$C_V \equiv T\frac{\partial S(T,V,N)}{\partial T} = \frac{\partial E(T,V,N)}{\partial T} \ , \tag{7.7.7}$$

---

[9] isobar, isochor (griech.) von ísos: gleich, barýs: schwer, chorá: Raum, „gleichdruckig“, „gleichräumig“

denn da

$$dE = T\,dS + p\,dV - \mu\,dN$$

gilt, folgt mit $dN = dV = 0$ auch

$$dE = T\,dS = T\,\frac{\partial S(T,V,N)}{\partial T}\,dT\ ,$$

d.h., die Energieänderung findet insgesamt nur über einen Austausch von Wärmeenergie statt.

Für ein ideales Gas ist so, da $E = 3NkT/2$ ist,

$$C_V = \tfrac{3}{2}\,Nk\ , \tag{7.7.8}$$

und so ist die spezifische Wärme eines Mols, das verabredungsgemäß $N_0 = 6{,}022 \times 10^{23}$ Teilchen enthält:

$$C_V = \tfrac{3}{2}\,N_0 k = \tfrac{3}{2}\,R\ . \tag{7.7.9}$$

Man nennt N_0 die *Avogadrozahl*[10] und R die *Gaskonstante*. Es ist

$$R = 8{,}31441\ \mathrm{J\ mol^{-1}\ K^{-1}}\ .$$

b) Es gilt auch

$$C_p \equiv T\,\frac{\partial S(T,p,N)}{\partial T} = \frac{\partial H(T,p,N)}{\partial T}\ , \tag{7.7.10}$$

denn da

$$dH = T\,dS + V\,dp + \mu\,dN$$

galt, ist bei konstantem N, p auch eine Enthalpieänderung ein reiner Austausch von Wärme.

Für ein ideales Gas ist

$$H = E + pV = \tfrac{3}{2}\,NkT + NkT = \tfrac{5}{2}\,NkT \tag{7.7.11}$$

und somit $H(T,p,N)$ sogar unabhängig von p.

Man beachte:

$H(T,p,N)$ ist nicht thermodynamisches Potential zu den Variablen (T,p,N). Man erhält aber $H(T,p,N)$ aus dem thermodynamischen Potential

$$H(S,p,N)\ ,$$

indem man $S = S(T,p,N)$ aus $G(T,p,N)$ berechnet und in $H(S,p,N)$ einsetzt.

Aber man erhält natürlich hieraus wieder

$$\frac{\partial H}{\partial T} = \frac{\partial H}{\partial S}\,\frac{\partial S(T,p,N)}{\partial T} = T\,\frac{\partial S(T,p,N)}{\partial T}\ .$$

Somit ist für ein ideales Gas

$$C_p = \tfrac{5}{2}\,Nk \tag{7.7.12}$$

und für ein Mol

$$C_p = \tfrac{5}{2}\,R\ . \tag{7.7.13}$$

Also folgt beim idealen Gas für ein Mol

$$C_p - C_V = R\ . \tag{7.7.14}$$

Allgemein kann man zeigen:

$$C_p - C_V = \frac{TV\alpha^2}{\kappa_T}\ . \tag{7.7.15}$$

c) Für ein ideales Gas ist

$$\kappa_T = -\frac{1}{V}\,\frac{\partial V(T,p,N)}{\partial p}$$
$$= -\frac{1}{V}\,\frac{\partial (NkT/p)}{\partial p} = \frac{NkT}{Vp^2} = \frac{1}{p}\ , \tag{7.7.16}$$

$$\alpha = \frac{1}{V}\,\frac{\partial V(T,p,N)}{\partial T}$$
$$= \frac{1}{V}\,\frac{\partial (NkT/p)}{\partial T} = \frac{Nk}{pV} = \frac{1}{T}\ , \tag{7.7.17}$$

und so

---

[10] *Avogadro, Amadeo* (∗1776 Turin, †1856 Turin). Formulierte 1811 die Regel, daß verschiedene Gase bei gleichem Druck und Temperatur dieselbe Anzahl von Molekülen pro Volumen enthalten. Die erste berechnete Abschätzung dieser Zahl wurde 1865 von Josef Loschmidt gegeben.

$$\frac{TV\alpha^2}{\kappa_T} = \frac{TVp}{T^2} = Nk = R \; .$$

iv) Schließlich seien noch erwähnt:
der *isochore Spannungskoeffizient*[9]

$$\beta = \frac{1}{p}\,\frac{\partial p(T,V,N)}{\partial T} = \frac{1}{p}\left(-\frac{\partial^2 F(T,V,N)}{\partial V \partial T}\right) \qquad (7.7.18)$$

und die *adiabatische*[11] *Kompressibilität*

$$\kappa_S = -\frac{1}{V}\,\frac{\partial V(S,p,N)}{\partial p} = -\frac{1}{V}\,\frac{\partial^2 H(S,p,N)}{\partial p^2} \; . \qquad (7.7.19)$$

7.8 Zustandsänderungen und ihre Realisierungen

In diesem Abschnitt diskutieren wir eine Reihe besonders wichtiger und typischer Prozesse und ihre verschiedenen Realisierungen.

Man betrachte ein System mit drei unabhängigen Variablen, und zwar mit je einer aus den drei Paaren

$$(T,S) \; , \quad (p,V) \; , \quad (\mu,N) \; .$$

Das in diesen Variablen zugehörige thermodynamische Potential liefert dann die anderen energiekonjugierten Größen.

Mit den Werten der unabhängigen Variablen sind dann auch die Werte aller anderen Größen bestimmt. Damit ist ein Zustand eines Systems festgelegt durch die Angabe der Werte für die unabhängigen Variablen.

Eine Zustandsänderung ist nun ein Übergang von einem Zustand in einen anderen. Verläuft der Übergang stetig, so sprechen wir von einem Prozeß.

Man nennt Prozesse

isotherm, wenn $T=\text{const}$,
isobar[9] wenn $p=\text{const}$,
isochor[9] wenn $V=\text{const}$,
isentrop(isch), wenn $S=\text{const}$,
isoenergetisch, wenn $E=\text{const}$

ist. Dabei unterstellt man immer, daß auch N konstant bleibt.

In Spezialfällen, wie etwa beim idealen Gas, ist ein isothermer Prozeß auch ein isoenergetischer (da beim idealen Gas $E=\frac{3}{2}NkT$ gilt).

Durch Angabe der konstant zu haltenden Variablen alleine ist aber in der Regel der Prozeß nicht eindeutig gekennzeichnet. Um das zu demonstrieren, betrachten wir eine *isotherme Expansion*.

7.8.1 Reversible und irreversible Realisierungen

a) Wir betrachten ein Gas im Kontakt mit einem Wärmebad. Der Abschluß des Volumens, in dem sich das Gas befindet, der Deckel also, sei mit kleinen Gewichtsstücken beschwert (Abb. 7.8.1). Im Gleichgewicht seien die Werte für die Größen p, V, T gegeben. Entfernt man ein kleines Gewicht, wird p_u etwas kleiner als p, das Gas expandiert aufgrund dieses kleinen Überdruckes und drückt den Deckel nach oben, so lange, bis p so weit gesunken ist, daß wieder $p=p_u$ gilt. Wir stellen uns dabei vor, daß der Druckunterschied $p-p_u$ so klein ist, daß sich das Gas praktisch stets im Gleichgewicht befindet.

Die Energieänderung des Gases in Form von Arbeit beträgt:

$$\Delta A = -\int_{V_1}^{V_2} p\, dV = -\int_{V_1}^{V_2} dV\,\frac{NkT}{V} = -NkT \ln\left(\frac{V_2}{V_1}\right) \; . \qquad (7.8.1)$$

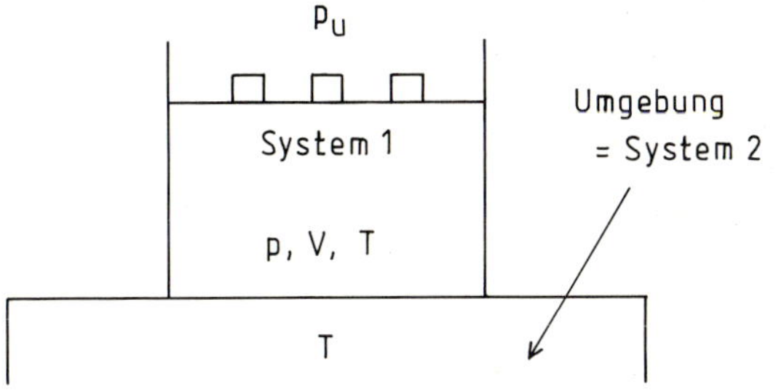

Abb. 7.8.1. Ein ideales Gas im Kontakt mit einem Wärmebad. Nach Entfernung eines der Gewichte auf dem Deckel expandiert das Gas isotherm

[9] siehe Fußnote S. 143

[11] adiabatisch (griech.) von diabainein: hindurchgehen. Bei einem adiabatischen Prozeß wird das Hindurchgehen von Wärme durch die Systemgrenzen verhindert

Es ist $V_2 > V_1$ und $\Delta A < 0$, d.h. das Gas leistet Arbeit und gibt somit Energie nach außen ab. Auf der anderen Seite sorgt das Wärmebad dafür, daß die Temperatur T und damit die Energie E des Systems „Gas" konstant bleibt. Das bedeutet, der Ausfuhr von Arbeit steht eine Einfuhr von Wärme entgegen:

$$Q = \int_{S_1}^{S_2} T dS = T(S_2 - S_1)$$

$$= NkT \ln\left(\frac{V_2}{V_1}\right) = T \Delta S \quad . \qquad (7.8.2)$$

(Man erinnere sich, daß für ein ideales Gas gilt:

$S = Nk \ln V + \frac{3}{2} Nk \ln E + f(N)$.)

Die Bilanz bei dem Prozeß kann also dargestellt werden wie in Abb. 7.8.2.

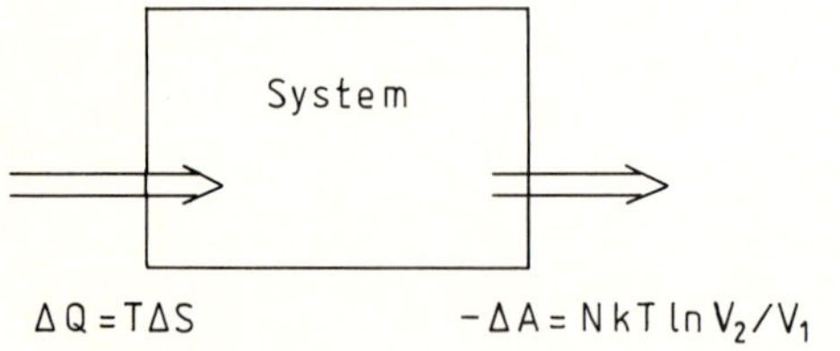

Abb. 7.8.2. Bei der isothermen Expansion wird Energie in Form von Wärme eingeführt, Energie in Form von Arbeit ausgeführt. Bei einem idealen Gas ist der Prozeß auch isoenergetisch

Es werden also Volumen und Entropie ausgetauscht. Wärme wird eingeführt, Arbeit wird ausgeführt. (Dies ist noch keine periodisch arbeitende Maschine, somit steht dem nichts entgegen, daß alle Wärme, die eingeführt wird, in Arbeit verwandelt wird.) Man kann diesen Prozeß auch umkehren. Drückt man den Deckel wieder herunter, so leistet man am System Arbeit und diese wird wieder in Form von Wärme an das Reservoir abgegeben.

Man nennt einen so realisierten Prozeß auch *reversibel*. Wir haben hier also in reversibler Weise die Variablen p, V, S verändert

$$p_1 \to p_2 \ , \qquad V_1 \to V_2 \ , \qquad S_1 \to S_2 \ ,$$

aber T, N, E konstant gehalten. Mit der Umgebung ist dabei Energie in Form von Wärme und Arbeit ausgetauscht worden. Dieser Austausch von Energie ist vermittelt worden über den Austausch von Entropie bzw. Volumen.

b) Wir betrachten den gleichen Prozeß, nun aber bei Isolierung des Systems, so daß mit der Umgebung kein Austausch irgendwelcher Art stattfindet. Das Volumen V_1 wird durch einen Deckel abgeschlossen, der geöffnet werden kann, so daß Gas „spontan" in das größere Volumen V_2 expandieren kann (Abb. 7.8.3).

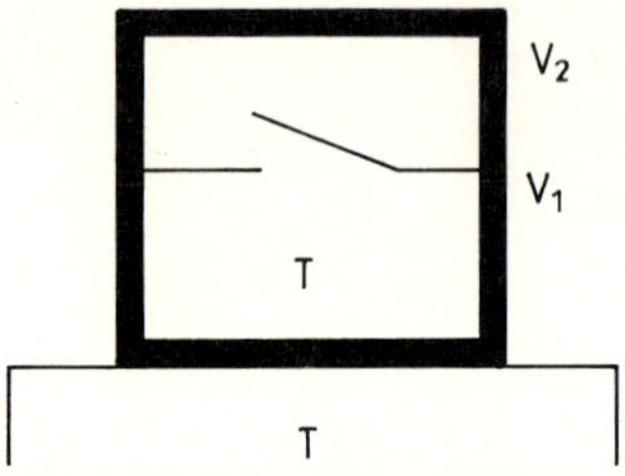

Abb. 7.8.3. Die isotherme Expansion eines Gases in irreversibler Realisierung. Das Gas expandiert spontan in das größere Volumen. Dabei wird Entropie erzeugt

Nach der Expansion, wenn das System wieder im Gleichgewicht ist, habe es die Entropie S_2. Es ist dann

$$S = S_2 - S_1 = Nk \ln(V_2/V_1) \quad .$$

Die Entropie S wird im System erzeugt, die Erhöhung der Entropie des Gases geschieht nicht durch Austausch, sondern durch Erzeugung. Diesen zusätzlichen Betrag an Entropie kann das System höchstens durch „Ausfuhr" wieder „loswerden", aber dann hat die Umgebung diesen zusätzlichen Betrag. Eine Vernichtung der zusätzlichen Entropie ist, wie wir noch in einem Hauptsatz der Wärmelehre formulieren werden, nicht möglich. Das würde ja bedeuten, daß das System in einen höchst unwahrscheinlichen Zustand hineingeriete. Insofern ist diese Erzeugung von Entropie nicht wieder rückgängig zu machen.

Da wir bisher nur Systeme im Gleichgewicht behandelt haben, können wir über das Gas während der freien Expansion nichts aussagen. Nach Beginn der freien Expansion strömt das Gas, es bildet makroskopische Wirbel und kommt erst nach einiger Zeit, der Relaxationszeit wieder zur Ruhe und ins Gleichgewicht. Wenn man die Expansion in viele kleine Schritte zerlegt, nach jedem kleinen Schritt wartet, bis das Gas wieder im Gleichgewicht ist, so kann man dann nach jedem Schritt $T \Delta S_i$ und $-p(V) \Delta V_i$ bestimmen, auch jeweils die Summe der Größen $T\Delta S_i$ und $-p(V)\Delta V_i$ bilden und diese als Approximationen der Energieformen

$$(\Delta Q)' = T\Delta S \quad \text{und}$$

$$(\Delta A)' = -\int_{V_1}^{V_2} p\,dV$$

ansehen. So ergibt sich für die Größe $(\Delta Q)'$:

$$(\Delta Q)' = T\Delta S = NkT\ln\left(\frac{V_2}{V_1}\right) \tag{7.8.3}$$

und für die Größe $(\Delta A)'$:

$$(\Delta A)' = -\int_{V_1}^{V_2} p\,dV$$

$$= -\int_{V_1}^{V_2} dV\,\frac{NkT}{V} = -NkT\ln\left(\frac{V_2}{V_1}\right). \tag{7.8.4}$$

Die Größen $(\Delta Q)'$ und $(\Delta A)'$ stellen nun aber keine Energiebeiträge dar, die mit der Umgebung ausgetauscht werden.

Graphisch können wir hier die Bilanz wie in Abb. 7.8.4 darstellen. Wir sehen, die Energieänderungen in der Gibbsschen Fundamentalform

$$dE = T\,dS - p\,dV + \mu\,dN$$

sagen etwas aus darüber, in welcher Form Energie mit der Umgebung ausgetauscht werden kann, diese Energieänderungen können aber auch innerhalb des Systems auftreten, d.h. das System kann gewissermaßen mit sich selbst auch Energie in den verschiedenen Formen austauschen. Das ist bei der freien Expansion der Fall.

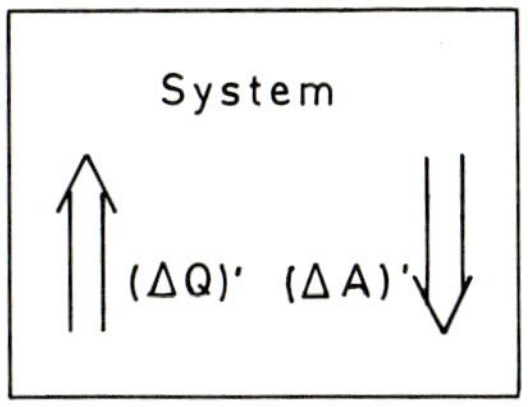

Abb. 7.8.4. Energetische Bilanz der spontanen Expansion. Die Größen $(\Delta Q)'$, $(\Delta A)'$ sind bei einer speziellen experimentellen Anordnung zwar wie üblich berechenbar, stellen aber höchstens Energieausdrücke dar, die das System mit sich selbst austauscht

Wir lernen:
Der Prozeß mit den Änderungen

$$p_1 \to p_2\,,$$

$$V_1 \to V_2\,,$$

$$S_1 \to S_2\,, \quad \text{wobei}$$

$$T = \text{const und damit } E = \text{const}$$

bleibt, kann auf verschiedene Weisen realisiert sein. Schreibt man

$$\Delta S = \Delta_a S + \Delta_i S \quad \text{oder}$$

$$dS = d_a S + d_i S\,, \tag{7.8.5}$$

wobei man mit $d_a S$ den Betrag der Entropieänderung meint, der durch Austausch mit der Umgebung zustande kommt, und mit $d_i S$ den Betrag der Entropieänderung, der durch Erzeugung zustande kommt, so ist im ersten Fall

$$d_a S \neq 0\,, \quad d_i S = 0\,,$$

im zweiten Fall

$$d_a S = 0\,, \quad d_i S > 0\,.$$

Ist bei einem Prozeß

$$d_i S = 0\,,$$

so nennt man die Realisierung *reversibel*, ist

$$d_i S > 0\,,$$

so heißt die Realisierung *irreversibel*. Die Realisierung (a) war also reversibel (zumindest hatten wir eine Entropieerzeugung vernachlässigt), die Realisierung (b) war irreversibel, die Erzeugung von Entropie ist nicht rückgängig zu machen.

7.8.2 Adiabatische und nicht-adiabatische Realisierungen

Ist bei der Realisierung eines Prozesses

$$d_a S = 0\,,$$

so nennt man die Realisierung *adiabatisch*, andernfalls *nicht-adiabatisch*.

Bei einem adiabatisch realisierten Prozeß wird also keine Entropie und daher keine Wärme mit der Umgebung ausgetauscht. Im System selbst kann aber Entropie erzeugt werden. Um einen Prozeß adiabatisch zu realisieren, muß man das System also z.B. in sogenannte adiabatische Wände einschließen, d.h. gut wärmeisolieren. (Eine Thermosflasche stellt einen guten adiabatischen Abschluß dar.)

Die adiabatische Realisierung ist aber nicht unbedingt an eine Wärmeisolation gebunden. Verdichtungen und Verdünnungen, z.B. bei Schallwellen in Luft, gehen so schnell vor sich, daß auch ohne Isolation kaum Wärme übertragen werden kann.

Die Realisierung (a) aus Abschn. 7.8.1 war somit reversibel nicht-adiabatisch, da

$$d_i S = 0 \ , \quad d_a S \neq 0$$

war. Realisierung (b) aus Abschn. 7.8.1 war irreversibel-adiabatisch, da

$$d_i S > 0 \ , \quad d_a S = 0 \quad \text{war.}$$

Offensichtlich sind so noch weitere Realisierungen denkbar, nämlich eine reversibel-adiabatische Realisierung, bei der also

$$d_i S = 0 \ , \quad d_a S = 0$$

sein muß. Damit ist der Prozeß dann auch isentropisch. Eine isotherme, isentrope Zustandsänderung bei einem idealen Gas ist allerdings nicht möglich, wie man aus

$$S = Nk \ln (V T^{3/2}) + f(N) \tag{7.8.6}$$

ersieht. Denn dann müßte neben T auch noch V konstant bleiben und somit alle Variablen.

Betrachten wir eine reversibel-adiabatische Expansion eines idealen Gases.

Dann gilt auf jeden Fall:

$$dE = -p\, dV = -\frac{NkT}{V}\, dV \ ,$$

da $dS = dN = 0$ ist, und so, da auch $E = 3/2\, NkT$ ist,

$$\frac{3}{2}\, Nk\, dT + \frac{NkT}{V}\, dV = 0 \ , \quad \text{oder}$$

$$\frac{3}{2}\, \frac{dT}{T} + \frac{dV}{V} = 0 \ , \quad \text{d.h.}$$

$$d \ln (T^{3/2} V) = 0 \ ,$$

also gilt bei dieser Realisierung

$$T^{3/2} V = \text{const} \ . \tag{7.8.7}$$

Dieses Ergebnis kann man auch direkt aus der Form für $S(E(T, V, N), V, N)$ aus (7.8.6) ablesen.

Wegen $pV = NkT$ erhält man so auch mit $T = pV/Nk$

$$V^{5/2} p^{3/2} = \text{const}$$

oder

$$p V^{5/3} = \text{const} \tag{7.8.8}$$

bei einer reversiblen, adiabatischen Realisierung eines Prozesses mit einem idealen Gas. In einem p, V Diagramm erhält man so für die „*Adiabaten*" Kurven, die steiler verlaufen als die *Isothermen*, für die $pV = \text{const}$ gilt (Abb. 7.8.5).

Natürlich müßte man „Isentropen" statt „Adiabaten" sagen. Bei dem Wort Adiabaten unterstellt man stillschweigend, daß $d_i S = 0$ ist.

Bei einem Prozeß mit einer adiabatisch-reversiblen Realisierung gilt also, sei $c = p V^{5/3}$:

$$\begin{aligned} \Delta E = \Delta A &= -\int_{V_1}^{V_2} p\, dV = -c \int_{V_1}^{V_2} V^{-5/3} dV \\ &= \frac{3c}{2} (V_2^{-2/3} - V_1^{-2/3}) \\ &= \tfrac{3}{2} (p_2 V_2^{5/3} V_2^{-2/3} - p_1 V_1^{5/3} V_1^{-2/3}) \\ &= \tfrac{3}{2} (p_2 V_2 - p_1 V_1) \\ &= \tfrac{3}{2} (NkT_2 - NkT_1) \ , \end{aligned}$$

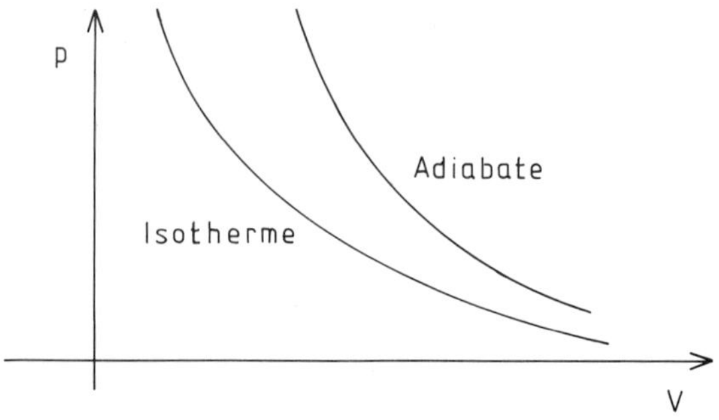

Abb. 7.8.5. Isotherme ($p \sim V^{-1}$) und Adiabate ($p \sim V^{-5/3}$) in einem $p - V$-Diagramm

wie natürlich auch direkt aus $E=3/2\,NkT$ berechenbar. Gibt man dabei V_1, T_1 vor, so ist T_2 aus der Gleichung

$$V_2 T_2^{3/2} = V_1 T_1^{3/2}$$

in Abhängigkeit von V_2 zu bestimmen.

Bei einer adiabatisch-reversiblen Expansion sinkt also die Temperatur des Systems und dabei gibt das System nach außen Energie in Form von Arbeit ab.

Allgemein gilt für polyatomare Gase bei adiabatisch-reversiblen Realisierungen:

$$pV^\kappa = \text{const} \quad \text{mit} \quad \kappa = C_p/C_v \tag{7.8.9}$$

(für ein einatomiges Gas ist $C_p = \frac{5}{2}Nk$, $C_V = \frac{3}{2}Nk$, $C_p/C_V = \frac{5}{3}$).

Um schließlich eine irreversible nicht-adiabatische Realisierung zu betrachten, brauchen wir nur eine „ungenügende", d.h. nicht Reversibilität gewährleistende Realisierung von Prozeß (a) aus Abschn. 7.8.1 zu studieren. Dazu betrachten wir diesen noch einmal genauer (Abb. 7.8.1):

Nach Entfernung des Gewichtes ist $p_u < p$. Das System 1 und die Umgebung (System 2) sind nicht mehr ganz im Gleichgewicht. Durch Volumen-Austausch stellt sich dieses aber wieder ein.

Daher erhöht sich aber die Gesamtentropie, wie wir bei der Einstellung des Gleichgewichtes durch Energieaustausch schon diskutiert hatten. Dabei erhält System 1 mehr Entropie als System 2 verliert, d.h. es ist

$$\Delta S_{1,2} = \Delta S_1 + \Delta S_2 > 0 \ , \qquad \text{und}$$

$$\Delta S_1 > 0 \ , \qquad \Delta S_2 < 0 \ .$$

Man erinnere sich: Zunächst ist

$$S_{1,2} = S_1(E_1, V_1, N_1) + S_2(E_2, V_2, N_2) \ ,$$

nach Einstellung des Gleichgewichtes ist

$$S_{1,2} = S_1(E_1, V_1', N_1) + S_2(E_2, V_2', N_2)$$

und während der Einstellung gilt:

$$dS_{1,2} = dS_1 + dS_2 = \frac{p}{kT}\,dV_1 + \frac{p_u}{kT}\,dV_2 \ .$$

Wegen $dV_1 > 0$, $dV_2 = -dV_1$ ist so auch

$$dS_1 = \frac{p}{kT}\,dV_1 > 0 \quad \text{und} \quad dS_2 = -\frac{p_u}{kT}\,dV_1 \ ,$$

also wegen $p > p_u$ auch

$$dS_{1,2} > 0 \ .$$

Der Zuwachs ΔS_1 an Entropie setzt sich also im Prinzip immer zusammen aus einem Anteil $-\Delta S_2$, der eingeführt wird, und einem Anteil $\Delta S_1 - (-\Delta S_2) = \Delta S_{1,2}$, der erzeugt wird.

Nur wenn man den Anteil $\Delta S_{1,2}$ vernachlässigen darf, kann man von einer reversiblen Realisierung reden. Je kleiner aber der Druckunterschied ist, um so weniger Entropie wird erzeugt. Wird nun der Umgebung auch nur die Wärme $-T\,\Delta S_2$ entzogen, so kann sie auch nur den gleichen Betrag an Arbeit gewinnen, denn wegen $T=\text{const}$ bleibt die Energie in beiden Systemen gleich. Diese Arbeit wird vom Gas geleistet, indem gegen den Druck p_u, d.h. gegen die Kraft $F \cdot p_u$ (F: Fläche des Deckels) das Volumen des Gases vergrößert wird.

Also findet bei der Energieänderung des Systems 1 auch Ausfuhr von Arbeit statt, nämlich

$$(\Delta A)_1 = -\int p_u\,dV \ ,$$

andererseits ist aber die totale Energieänderung des Gases in Form von Arbeit:

$$(\Delta A)_1' = -\int p \cdot dV \ .$$

Da $p > p_u$ und $dV > 0$ ist, ist somit $-(\Delta A)_1' > -(\Delta A)_1$, und die gesamte Energieänderung des Systems 1 in Form von Arbeit $(\Delta A)_1'$ kommt nicht ganz dem System 2 zugute, so wie die gesamte Energieänderung des Systems 1 in Form von Wärme nicht ganz aus dem System 2 bezogen wird. Der Anteil $-(\Delta A)_{1,2} = -(\Delta A)_1' + (\Delta A)_1$ verbleibt im System entsprechend dem Beitrag $\Delta S_{1,2}$.

Bildlich dargestellt, ergibt sich eine Bilanz, wie in Abb. 7.8.6 angedeutet.

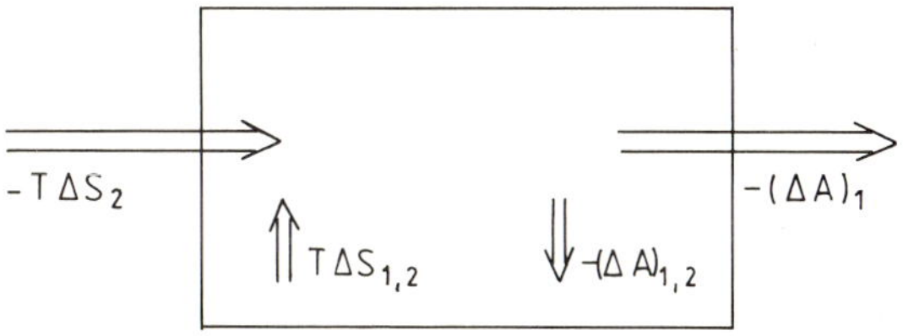

Abb. 7.8.6. Die irreversible-nichtadiabatische Expansion: Der Entropiezuwachs $T\Delta S_1$ setzt sich zusammen aus einem Anteil $-T\Delta S_2$, der eingeführt wird, und einem Anteil $T\Delta S_{1,2}$, der erzeugt wird. Analog setzt sich die totale Energieänderung in Form von Arbeit zusammen aus einem Anteil $-(\Delta A)_1$, der ausgetauscht wird, und einem Anteil $-(\Delta A)_{1,2}$, der im System verbleibt

Wir haben also bei den Energieänderungen in Form von Wärme, Arbeit oder chemischer Energie noch zu unterscheiden, ob diese Energiebeiträge ganz ausgetauscht werden oder ob innerhalb des Systems eine Umwandlung stattfindet, d.h. das System mit sich selbst den Austausch pflegt. Diese Möglichkeit gibt es, da eben Entropie erzeugt werden kann, und sie ist am deutlichsten realisiert bei der Realisierung (b) aus Abschn. 7.8.1, der irreversiblen adiabatischen Realisierung, bei der die Umwandlung vollständig innerhalb des Systems geschah.

Anmerkungen

i) Oft findet man in der Literatur die Konvention, unter Wärme nur den Beitrag $T\,d_aS$ zu verstehen. Dann schreibt man für die ausgetauschte Wärme

$$\delta Q = T\,d_aS \ .$$

Dann ist natürlich

$$dS = d_iS + d_aS = d_iS + (\delta Q/T) \ ,$$

und also somit immer

$$dS \geq \delta Q/T$$

mit dem „>“-Zeichen bei irreversibler Realisierung, dem „=“-Zeichen bei reversibler Realisierung. In diesem Buch ist aber mit Wärme immer der ganze Beitrag $T\,dS$ gemeint.

ii) Umgangssprachlich versteht man unter Wärme noch etwas anderes.

Betrachtet man die Wärme als Funktion von T, V, N, so erhält man

$$\begin{aligned}\delta Q(T,V,N) &= T\,dS(T,V,N)\\ &= T\,\frac{\partial S(T,V,N)}{\partial T}\,dT\\ &\quad + T\,\frac{\partial S(T,V,N)}{\partial V}\,dV\\ &\quad + \frac{\partial S(T,V,N)}{\partial N}\,dN \ . \end{aligned} \qquad (7.8.10)$$

Umgangssprachlich meint man immer den ersten Term der rechten Seite. Dieser ist gerade gleich $C_V\,dT$ und ist mit einer Temperaturänderung verknüpft.

Ist auch $V=\text{const}$, so daß $dV=0$ ist, und ist auch $dN=0$, so entspricht dieser erste Term auch ganz dem Austausch von Wärme. Allgemein ist aber auch noch eine Volumenänderung mit dem Austausch von Wärme verbunden, wie man auch an den Beispielen (a), (b) aus Abschn. 7.8.1 gesehen hat.

Hält man wie dort T konstant, so ist, wenn man als Variablen T, N, V betrachtet:

$$\begin{aligned}\delta Q = T\,dS = T\,&\frac{\partial S(T,V,N)}{\partial V}\,dV\\ &= p\,dV + \frac{\partial E(T,V,N)}{\partial V}\,dV \ , \end{aligned} \qquad (7.8.11)$$

da

$$\frac{\partial S(E(T,V,N),V,N)}{\partial V} = \frac{p}{T} + \frac{1}{T}\,\frac{\partial E(T,V,N)}{\partial V}$$

ist und ebenso auch wieder

$$\delta A = -p\,dV \ .$$

Ist das Gas ideal, so ist $\partial E(T,V,N)/\partial V = 0$. Man sieht dann auch unmittelbar, daß bei festem T die beiden ausgetauschten Energie-Beiträge δQ und δA betragsmäßig gleich groß sind.

7.8.3 Der Joule-Thomson Prozeß

Schließlich betrachten wir noch einen sehr instruktiven und auch technisch wichtigen Prozeß: den *Joule*[12]-*Thomson*[13] oder *Joule-Kelvin Prozeß*.

Bei diesem Prozeß wird ein Gas unter konstantem Druck p_0 durch eine als Drossel wirkende Verengung in ein Gebiet niedrigeren, konstanten Druckes gedrückt (Abb. 7.8.7). Das Gas ist adiabatisch von der

---

[12] *Joule, James Prescott* (sprich žu:l) (∗1818 Salfort, Lancashire, †1889 Sale Cheshire).
Englischer Physiker, Brauereibesitzer, Privatgelehrter. Hauptarbeit auf dem Gebiet der Wärmelehre, 1840 Gesetz für Stromwärme, 1843 Wert für mechanisches Wärmeäquivalent, 1852 Joule-Thomson Prozeß.

[13] *Thomson, Sir William*, Lord Kelvin (∗1824 Belfast, †1907 Netherhall, Largs/Schottland).
Seit 1846 Professor in Glasgow, enge Freundschaft und Zusammenarbeit mit J. P. Joule. Vielseitiger Physiker und Erfinder. Hauptarbeitsgebiete waren Elektrizitätslehre und Wärmelehre.

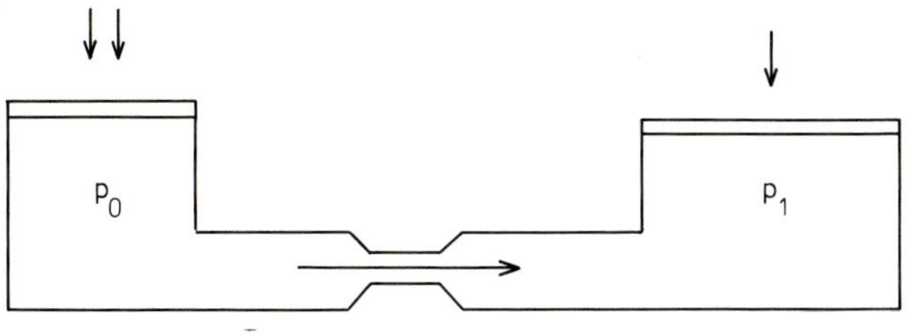

Abb. 7.8.7. Der Joule-Thomson-Effekt. Durch eine Drossel wird unter adiabatischem Abschluß ein reales Gas in einen Raum niedrigeren Drucks gedrückt

Umwelt isoliert und tauscht somit Energie nur in Form von Arbeit mit seiner Umgebung aus. Hat man von der linken Seite der Drossel ein Volumen V_0 des Gases durch die Drossel hindurchgedrückt, so hat man die Arbeit $p_0 V_0$ geleistet, während auf der rechten Seite die Arbeit $p_1 V_1$ gewonnen wird. Das Gas ändert seinen Zustand (p_0, V_0, E_0) in den Zustand (p_1, V_1, E_1) und erfährt dabei die Energieänderung

$$A = p_0 V_0 - p_1 V_1 = E_1 - E_0 \ ,$$

es gilt also:

$$E_0 + p_0 V_0 = E_1 + p_1 V_1 \ . \tag{7.8.12}$$

Die Enthalpie bleibt also konstant bei diesem Prozeß.

Um nun die Temperaturänderung des Gases bei diesem Prozeß auszurechnen, betrachten wir zunächst die Enthalpie als Funktion von T, p (und N). Dann drückt sich die Konstanz von H aus in der Form

$$0 = dH(T,p,N) = \frac{\partial H(T,p,N)}{\partial T} dT + \frac{\partial H(T,p,N)}{\partial p} dp \ . \tag{7.8.13}$$

Für $H = H(S,p,N)$ gilt indessen:

$$0 = dH(S,p,N) = T\,dS + V\,dp \ .$$

Wegen $dp < 0$, $dH = 0$ folgt so auch:

$$dS = -\frac{V}{T} dp > 0 \ ,$$

beim Joule-Thomson Prozeß wird also Entropie erzeugt, er ist immer irreversibel realisiert.

Weiter folgt

$$\frac{\partial H(T,p,N)}{\partial T} = \frac{\partial H(S(T,p,N),p,N)}{\partial T} = T\,\frac{\partial S(T,p,N)}{\partial T} = C_p \ , \tag{7.8.14}$$

$$\frac{\partial H(T,p,N)}{\partial p} = \frac{\partial H(S(T,p,N),p,N)}{\partial p} = V + T\,\frac{\partial S(T,p,N)}{\partial p} = V - T\,\frac{\partial V(T,p,N)}{\partial T} \ , \tag{7.8.15}$$

wobei die letzte Umformung aus der Maxwell-Relation

$$\frac{\partial^2 G(T,p,N)}{\partial p\,\partial T} = \frac{\partial V(T,p,N)}{\partial T} = -\frac{\partial S(T,p,N)}{\partial p}$$

folgt. Also erhält man

$$-\left(\frac{\partial T}{\partial p}\right)_H = \frac{\partial H(T,p,N)/\partial p}{\partial H(T,p,N)/\partial T} = \frac{1}{C_p}\left(V - T\,\frac{\partial V(T,p,N)}{\partial T}\right) . \tag{7.8.16}$$

Ein positives Vorzeichen von $-(\partial T/\partial p)_H$ bedeutet eine Erwärmung.

Für ein ideales Gas ist $H = 5/2\,NkT$ und somit ist mit H auch T konstant, also auch stets $(\partial T/\partial p)_H = 0$, für ein reales Gas erhält man eine „Inversionskurve“, die im p, T-Diagramm die Gebiete voneinander trennt, in denen der Prozeß zur Abkühlung bzw. zur Erwärmung des Gases führt (Abb. 7.8.8).

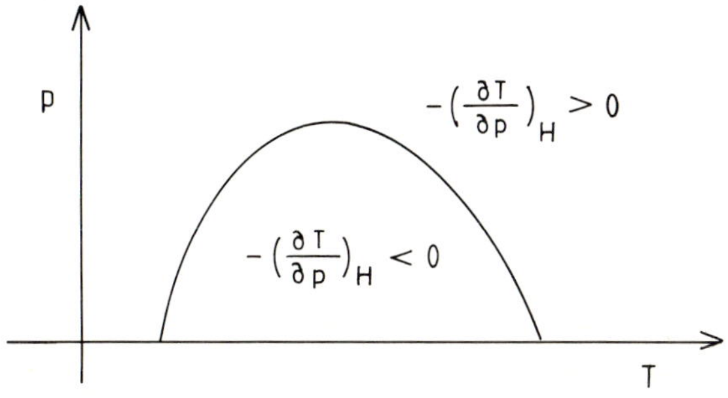

Abb. 7.8.8. Typische Inversionskurve für ein reales Gas

7.9 Umwandlung von Wärme in Arbeit, der Carnotsche Wirkungsgrad

Wir betrachten zwei Systeme mit den Temperaturen T_1 bzw. T_2 mit $T_1 > T_2$. Das Volumen der Systeme sei konstant gehalten und die Teilchenzahlen N_i seien der Einfachheit halber gleich gewählt. Bringt man die beiden Systeme in Kontakt miteinander, so fließt ein Strom von Wärme (d.h. Energie in Form von Wärme) vom System 1 zum System 2, bis sich die Temperaturen angeglichen haben. Das kombinierte System sei als isoliert zu betrachten.

Die spezifischen Wärmen, die ja proportional zu N_i sind, seien gleich und weiterhin in dem betrachteten Temperaturbereich konstant gewählt.

Dann ist wegen

$$C_V = T\,\frac{\partial S_i(T,V,N)}{\partial T}\ , \qquad i=1,2\ ,$$

auch

$$\begin{aligned} S_i(T) = S_i(T,V_i,N_i) &= \int_{T_0}^{T} \frac{C_V}{T}\,dT \\ &= C_V \ln\left(\frac{T}{T_0}\right) + S_{i,0}\ , \end{aligned} \tag{7.9.1}$$

wobei T_0 irgendeine Referenz-Temperatur sei. Die Konstanten $S_{i,0}$ können noch von T_0, N_i, V_i abhängen.

Für das ideale Gas ist ja $C_V = 3/2\,Nk$, also C_V konstant. In der Tat ist somit dort auch

$$S(T,V,N) = C_V \ln(T/T_0) + S_0\ ,$$

wie auch aus (7.5.20) ersichtlich.

Vor dem Kontakt der beiden Systeme ist so

$$\begin{aligned} S_A &= S_1(T_1) + S_2(T_2) \\ &= C_V \ln\left(\frac{T_1 T_2}{T_0^2}\right) + S_{1,0} + S_{2,0}\ . \end{aligned} \tag{7.9.2}$$

Nach dem Kontakt habe sich eine Temperatur T_E eingestellt. Dann gilt für die Entropie:

$$\begin{aligned} S_E &= S_1(T_E) + S_2(T_E) \\ &= 2\,C_V \ln(T_E/T_0) + S_{1,0} + S_{2,0}\ , \end{aligned} \tag{7.9.3}$$

und so folgt für die Entropie-Änderung

$$\Delta S = S_E - S_A = 2\,C_V \ln\left(\frac{T_E}{\sqrt{T_1 T_2}}\right)\ . \tag{7.9.4}$$

Die Entropie-Erzeugung hängt also davon ab, welche gemeinsame Temperatur in den beiden Systemen nach dem Kontakt herrscht.

Wie groß ist nun T_E? Bei einem Kontakt der beiden Systeme, bei dem die Wärme direkt und ungehindert ausgetauscht werden kann, ist

$$T_E = \tfrac{1}{2}(T_1 + T_2)\ . \tag{7.9.5}$$

Das ist anschaulich klar, da wir gleiche Mengen ($N_1 = N_2$) mit gleicher Wärmekapazität mischen. Dann muß sich wohl das Mittel der Temperaturen einstellen. Wir können das auch berechnen über die Energie-Erhaltung:

Es gilt hier für jedes System

$$E_i = C_V\,T_i\ ,$$

und so gilt vor dem Kontakt

$$E = E_1 + E_2 = C_V(T_1 + T_2)$$

und nach dem Kontakt

$$E = E_1' + E_2' = 2\,C_V\,T_E\ ,$$

somit ist $2\,T_E = T_1 + T_2$.

Also ist bei dieser Form des Kontaktes die Entropie-Erzeugung

$$\Delta S = 2\,C_V \ln\left(\frac{T_1 + T_2}{2\sqrt{T_1 T_2}}\right)\ . \tag{7.9.6}$$

Es ist $\Delta S \geq 0$, da das arithmetische Mittel immer größer (oder gleich) dem geometrischen Mittel ist [denn aus $(a-b)^2 \geq 0$ folgt auch $a^2 + 2ab + b^2 \geq 4\,ab$, also $(a+b)^2/4 \geq ab$].

Der Prozeß verläuft irreversibel, Entropie wird erzeugt. Der Prozeß ist nicht umkehrbar, man kann nicht erwarten, daß das System 1 ohne Eingriff von außen die Temperatur T_1, das System 2 die Temperatur T_2 wieder erhält.

Der Prozeß verliefe reversibel, wenn man erreichen könnte, daß

$$T_E = \sqrt{T_1 T_2} \tag{7.9.7}$$

würde. Da aber dann nach dem Kontakt die Energie

$$E = 2\, C_V \sqrt{T_1 T_2} \tag{7.9.8}$$

betrüge, vorher aber die Energie des kombinierten Systems

$$E = C_V (T_1 + T_2) > 2\, C_V \sqrt{T_1 T_2} \tag{7.9.9}$$

betrug, muß dann also wohl die Energie

$$E = 2\, C_V \left[\tfrac{1}{2}(T_1 + T_2) - \sqrt{T_1 T_2}\right] \tag{7.9.10}$$

nach außen abgegeben werden, z.B. in Form von Arbeit. Das bedeutet, wir wandeln die Wärme ΔQ_1, die vom System 1 mit höherer Temperatur abgegeben wird, zum Teil in Arbeit um, zum Teil fließt diese Energie in Form von Wärme dem System 2 zu.

In einem Diagramm sähe das aus wie in Abb. 7.9.1.

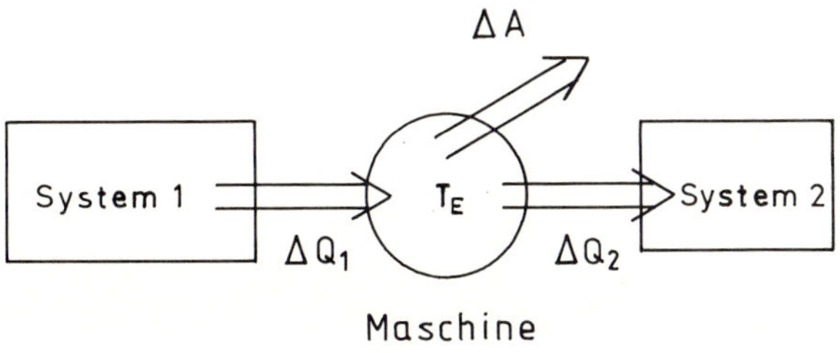

Abb. 7.9.1. Eine „Maschine" kann den Temperaturausgleich zwischen zwei Systemen abbremsen und dabei Arbeit leisten. Die Entropieerzeugung wird dadurch verringert

Wir schalten also zwischen die beiden Systeme ein drittes System M ein, das diese Umwandlung bewirkt. Wir nennen das System „Maschine". Die Maschine soll einen Wärmestrom ΔQ_1 empfangen, einen Wärmestrom ΔQ_2 abgeben und auch noch die Arbeit ΔA leisten. Empfängt die Maschine den Wärmestrom ΔQ_1, so ist auch

$$\delta Q_1 = -T\, dS = -C_V\, dT \;,$$

und so ist

$$\Delta Q_1 = -\int_{T_1}^{T_E} C_V\, dT = C_V (T_1 - T_E) \tag{7.9.11}$$

die Wärme, die die Maschine beim Abkühlen des Systems 1 auf die Temperatur T_E aufnimmt.

Andererseits ist

$$\Delta Q_2 = \int_{T_2}^{T_E} C_V\, dT = C_V (T_E - T_2) \tag{7.9.12}$$

die Energie, die die Maschine zum Zwecke des Aufheizens des Systems 2 abgibt. (Man kann sich der Einfachheit halber vorstellen, daß die Maschine die Temperatur T_E besitzt, sie kühlt also das System 1 und heizt das System 2.)

Die Differenz, der Energie-Beitrag

$$\Delta A = \Delta Q_1 - \Delta Q_2 = 2\, C_V \left[\tfrac{1}{2}(T_1 + T_2) - T_E\right] \tag{7.9.13}$$

kann also in Arbeit umgewandelt werden.

Notiert man noch einmal den Ausdruck für die erzeugte Entropie

$$\Delta S = 2\, C_V \ln \left(\frac{T_E}{\sqrt{T_1 T_2}}\right) , \tag{7.9.14}$$

so erkennt man: Für

$$\sqrt{T_1 T_2} \le T_E \le \tfrac{1}{2}(T_1 + T_2)$$

wird mit sinkendem T_E die erzeugte Entropie kleiner und die Arbeit ΔA größer.

Grenzwerte sind:

$T_E = \tfrac{1}{2}(T_1 + T_2)$, maximale Entropie-Erzeugung keine Arbeit,

$T_E = \sqrt{T_1 T_2}$, keine Entropie-Erzeugung maximale Arbeit.

Jede Entropie-Erzeugung ist also eine „Vergeudung von Arbeit", d.h. ein Auslassen einer Chance, Arbeit zu leisten.

Definiert man einen Wirkungsgrad für die Maschine

$$\eta = \frac{\Delta A}{\Delta Q_1} = \frac{\text{Arbeit, die von der Maschine geleistet wird}}{\text{Wärme, die der Maschine zugeführt wird}} , \tag{7.9.15}$$

so ist also

$$\eta = \frac{\Delta Q_1 - \Delta Q_2}{\Delta Q_1} = 1 - \frac{\Delta Q_2}{\Delta Q_1} , \tag{7.9.16}$$

und hier also

$$\eta = 1 - \frac{(T_E - T_2)}{(T_1 - T_E)} \ . \tag{7.9.17}$$

Energie-Bilanz und Entropie-Bilanz für das System „Maschine" sind in Abb. 7.9.2 dargestellt.

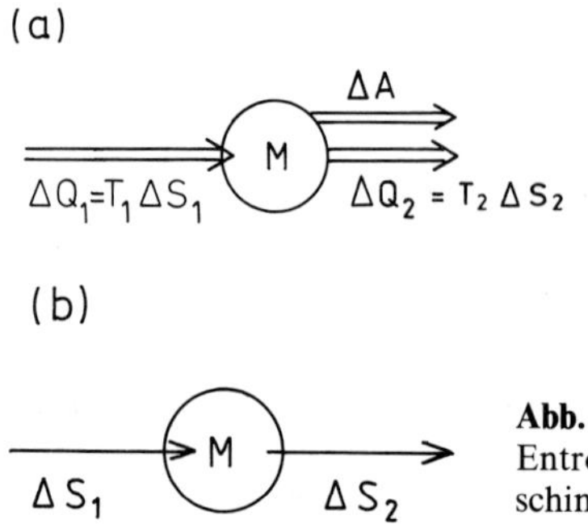

Abb. 7.9.2. Energiebilanz (**a**) und Entropiebilanz (**b**) für die Maschine

Bei dieser Maschine, die den Ausgleich der Temperatur zweier Systeme „bremst" und dabei Arbeit produziert, ist der Prozeß nach dem Ausgleich zu Ende.

Interessanter sind natürlich Maschinen, die periodisch arbeiten, also Systeme, in denen Kreisprozesse ablaufen, d.h. in denen nach einer Zeit, Periode genannt, der Endzustand mit dem Anfangszustand identisch ist. In einem Zustands-Diagramm – einem Diagramm, in dem die Änderung der Zustandsvariablen dargestellt wird – wird ein Kreisprozeß durch eine geschlossene Kurve dargestellt (Abb. 7.9.3).

Besonders für Anwendungen interessant sind Kreisprozesse, in denen man einem Reservoir der festen Temperatur T_1 die Wärme ΔQ_1 entzieht, um diese in Arbeit zu verwandeln. Neben der Arbeit wird noch die Energie ΔQ_2 in Form von Wärme an das Reservoir 2 konstanter Temperatur abgegeben. Die Energie-Bilanz sähe wieder wie in Abb. 7.9.2a aus.

Offensichtlich muß natürlich aus Energie-Erhaltungsgründen

$$\Delta Q_1 = \Delta A + \Delta Q_2$$

sein. Mit dem Austausch ΔQ_i von Wärme ist aber nun auch ein Austausch von Entropie verbunden. Die Entropie-Bilanz sähe wieder wie in Abb. 7.9.2b aus, mit $\Delta Q_1 = T_1\,\Delta S_1$, $\Delta Q_2 = T_2\,\Delta S_2$.

Nun folgt:

Soll nach einer Periode die Maschine den gleichen Wert für die Entropie besitzen (und das soll bei einem Kreisprozeß der Fall sein), so muß alle Entropie, die mit ΔQ_1 eingeführt wird, wieder mit ΔQ_2 ausgeführt werden und die Entropie, die gegebenenfalls noch erzeugt wird, muß ebenso mit ΔQ_2 abgeführt werden, d.h. es ist

$$\Delta S_2 \geq \Delta S_1$$

und also bestenfalls $\Delta S_2 = \Delta S_1$, wenn der Prozeß in der Maschine reversibel ist.

Der Wirkungsgrad η ist nun

$$\eta = \frac{\Delta A}{\Delta Q_1} = \frac{(\Delta Q_1 - \Delta Q_2)}{\Delta Q_1} = 1 - \frac{T_2}{T_1}\frac{\Delta S_2}{\Delta S_1} \ . \tag{7.9.18}$$

Der Wirkungsgrad ist maximal, wenn

$$\frac{\Delta S_2}{\Delta S_1} = 1$$

ist. Damit ist der maximale Wirkungsgrad für eine periodisch arbeitende Maschine, die Wärme aus einem Wärme-Reservoir mit Temperatur T_1 aufnimmt, solche an ein Reservoir mit der Temperatur T_2 abgibt, um dabei Arbeit zu leisten:

$$\eta_{\max} = 1 - \frac{T_2}{T_1} \ . \tag{7.9.19}$$

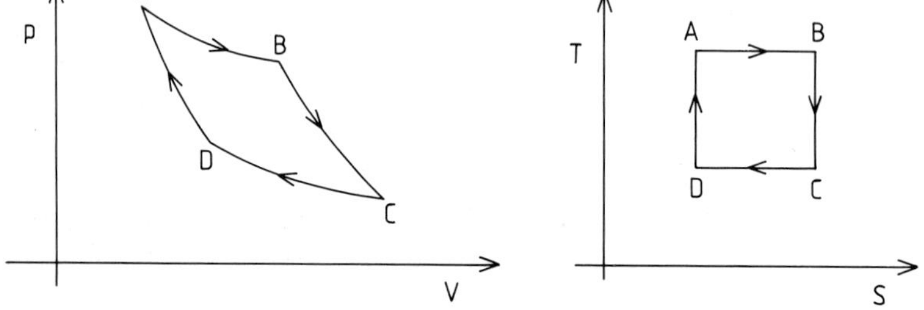

Abb. 7.9.3a, b. Bei einem Kreisprozeß durchlaufen die Zustandsvariablen in einem Diagramm geschlossene Kurven. Hier besteht der Prozeß aus zwei isothermen und zwei isentropen Teilprozessen. Das ist der Carnotsche Kreisprozeß

Das ist der Carnotsche[14] Wirkungsgrad. Der Carnotsche Kreisprozeß ist ein idealisierter Prozeß, bei dem dieser Wirkungsgrad erreicht wird.

Folgerungen

a) In dem eben geschilderten Kreisprozeß wird Wärme in Arbeit umgewandelt. Die Maschine arbeitet als Wärmekraftmaschine. Man kann den Kreisprozeß in anderer Richtung durchlaufen. Das bedeutet:

Mit Hilfe eines Systems, das Energie spendet, die keine Wärme ist, kann man einem Wärmebad niedrigerer Temperatur noch Energie entziehen und einem Wärmebad höherer Temperatur zuführen. Die Maschine arbeitet dann als Wärmepumpe. Wird der Prozeß irreversibel realisiert, d.h. erhöht sich die Entropie der Umgebung, so kann der Prozeß in der Maschine dennoch umgekehrt durchlaufen werden. Auch dabei erhöht sich dann die Entropie der Umgebung.

Übersetzt man also irreversibel mit Nichtumkehrbarkeit, so ist genau zu präzisieren, was nicht umkehrbar ist. Hier ist der Kreisprozeß umkehrbar, aber nicht die Entropie-Bilanz von System und Umgebung. Ist in einem Umlauf die Entropie von System und Umgebung z.B. von S_0 auf $S_0 + \Delta S$ gewachsen, so kann nie wieder die Entropie auf S_0 reduziert werden, weil keine Entropie vernichtet werden kann.

b) Das Ergebnis

$$\frac{\text{Vom Wärmebad 1 abgegebene Wärme} - \text{vom Wärmebad 2 aufgenommene Wärme}}{\text{vom Wärmebad 1 abgegebene Wärme}} = 1 - \frac{T_2}{T_1}$$

bei reversibler Realisierung ist unabhängig von der Substanz.

Es ist nicht einmal nur an Kreisprozesse gebunden, sondern gilt für beliebige reversibel arbeitende Maschinen, die Energie in Form von Wärme bei der Temperatur T_1 aufnehmen, und ebenso wieder bei einer Temperatur T_2 abgeben.

Da dann $\Delta S_1 + \Delta S_2 = 0$ sein muß, ist also die Differenz der Energien, die in Arbeit verwandelt werden kann, im Verhältnis zur aufgenommenen Energie immer

$$\frac{(T_1 \Delta S_1 - T_2 \Delta S_1)}{T_1 \Delta S_1} = 1 - \frac{T_2}{T_1} \; .$$

Die Messung von Temperaturen kann somit auf die Messung von Wärmen, von Energien zurückgeführt werden. Damit ist aber noch keine Einheit in der Temperaturskala festgelegt, da hier durch Messung von Wärmen nur Temperaturverhältnisse gemessen werden können.

Auch mit Hilfe des idealen Gasgesetzes

$$pV = NkT$$

könnte man nur, indem man etwa N und p bzw. N und V konstant hält, durch die Proportionalität von T mit V bzw. p jeweils die Verhältnisse von Temperaturen bestimmen. Auch müßte dann das Gas aber noch so stark verdünnt sein, daß es als ideal angesehen werden könnte.

Schreibt man jedoch einem speziellen Zustand eines Systems, das man beliebig auswählen kann, eine Temperatur T_0 zu, so ist die Temperatur für alle Zustände aller Systeme eindeutig festgelegt.

Man hat nun 1954 verabredet, als diesen speziellen Zustand den Tripelpunkt des Wassers zu wählen, bei dem gleichzeitig Eis, flüssiges Wasser und Wasserdampf in einem allseitig abgeschlossenen Gefäß im Phasengleichgewicht sind.

Der Druck beträgt dabei $6{,}1 \times 10^2\,\text{Pa} = 4{,}58\,\text{Torr} = 6{,}1 \times 10^{-3}\,\text{bar}$. Die Temperatur definiert man als $T_0 = 273{,}16\,\text{K}$. (Der Wert ist historisch bedingt).

Damit ist dann auch die Proportionalitätskonstante k bestimmt. Bringt man z.B. ein ideales Gas in thermischen Kontakt mit solch einer Tripelpunktszelle, so ist

$$pV = NkT_0 \; .$$

Mißt man p, V, N, so ist k bestimmt, man erhält dann den in Abschn. 7.3 angegebenen Wert für die Boltzmannsche Konstante k.

---

[14] *Carnot, Sadi Nicolas Léonard* (∗ 1796 Paris, † 1832 Paris). Ingenieur-Offizier. Er wurde bekannt durch seine in Magdeburg (wohin er mit seiner Familie vor den Bourbonen geflohen war) 1821 verfaßte Schrift „Réflexions sur la puissance motrice du feu et sur les machines propres à developper cette puissance“ über die Theorie der Wärmekraftmaschinen. Er ging von der Unmöglichkeit eines perpetuum mobile zweiter Art aus. Seine Überlegungen sind zum Teil widersprüchlich, da er die Existenz eines Wärmestoffes annahm, der beim Fließen Arbeit leistete, selbst aber keine Form von Energie war. In seinem Nachlaß findet sich allerdings auch die heute als richtig erkannte Auffassung.

7.10 Die Hauptsätze der Wärmelehre

Hauptsätze formulieren Prinzipien, die durch experimentelle Erfahrungen motiviert sind, die aber niemals streng bewiesen werden können. Die Zuverlässigkeit dieser Prinzipien liegt in der Zahl der Erfolge, dem Fehlen von Mißerfolgen und in der Voraussagekraft für bisher unbekannte Fälle.

a) Der 1. Hauptsatz ist im wesentlichen der Energiesatz

„*Energie kann weder erzeugt noch vernichtet werden*".

Ein System kann mit seiner Umgebung Energie austauschen, d.h. der Energieverlust des Systems ist der Energiegewinn der Umgebung und umgekehrt. Die Energie ist also nur eine erhaltene Größe, wenn man alle Systeme betrachtet, die an einem Prozeß beteiligt sind. Somit ist die Aussage der Erhaltung der Energie eine Aussage über die Realisierbarkeit eines Prozesses.

Historisch verlief die Entwicklung dieses Erhaltungssatzes parallel mit der Entdeckung der möglichen Umwandlung von mechanischer Energie in Wärme und umgekehrt, also mit der Bestimmung des mechanischen Wärmeäquivalents.

Dies ist zuerst bestimmt worden durch *R. Mayer*[15] und dann etwas genauer durch J. Joule. Heute schreiben wir

$$1\,\mathrm{Nm} = 1\,\mathrm{Ws} = 1\,\mathrm{Joule} = 0{,}238845\,\mathrm{cal}$$

oder

$$1\,\mathrm{KWh} = 859{,}8\,\mathrm{kcal}\ ,$$

wobei 1 cal definiert ist durch die Wärmeenergie, die man 1 g Wasser zuführen muß, um es von 14,4 °C auf 15,5 °C zu erwärmen.

Diese Experimente zur Bestimmung des Wärmeäquivalents beweisen natürlich nicht den Energie-Erhaltungssatz. Sie machen nur die freie Konvertierbarkeit der Energiewährungen deutlich.

b) Der zweite Hauptsatz besagt:

„*Entropie kann wohl erzeugt, nicht aber vernichtet werden*".

Wir haben gesehen, daß beim Temperaturausgleich zweier verschieden warmer Körper im thermischen Kontakt Entropie erzeugt wird. Vernichtung von Entropie würde z.B. bedeuten, daß man den Vorgang des Temperaturausgleiches umdrehen könnte, daß also das System von einem Zustand größter Wahrscheinlichkeit in einen Zustand äußerst geringer Wahrscheinlichkeit überginge und dort lange verbliebe, so daß man von einem stationären Gleichgewichtszustand sprechen könnte.

Es gibt zwei Formulierungen des 2. Hauptsatzes, die nur noch von historischem Interesse sind, die man aber immer noch in Lehrbüchern findet. Diese beiden Formulierungen folgen aus der obigen Formulierung des 2. Hauptsatzes:

a) Die Formulierung von *R. Clausius*[16]:

Es ist unmöglich, Wärme von einem kälteren zu einem wärmeren Reservoir zu bringen, ohne in der Umgebung irgendwelche Veränderungen zu hinterlassen.

Entzieht man nämlich dem kälteren Reservoir die Wärme $T_1 \Delta S_1 = \Delta E$ und führt sie dem wärmeren Reservoir als $\Delta E = T_2 \Delta S_2$ zu, so ist der Entropieüberschuß

$$\Delta S = \Delta S_1 - \Delta S_2 = \Delta E \left(\frac{1}{T_1} - \frac{1}{T_2} \right) > 0$$

da $T_1 < T_2$ sein soll. Diese Entropie kann nicht vernichtet werden, also muß dieser Beitrag den Zustand der Umgebung verändern.

---

[15] *Mayer, Julius Robert* (∗ 1814 Heilbronn, † 1878 Heilbronn). Von Beruf Arzt und angeregt durch seine Beobachtungen als Tropenmediziner, formulierte er 1841 ein Prinzip von der Erhaltung der Kraft (damals = Energie). Verschiedene Energieformen (eingeschlossen biologische Energie) können ineinander umgewandelt werden, die Energie kann weder erzeugt noch vernichtet werden. Er berechnete einen guten Wert für das mechanische Wärmeäquivalent aus dem Vergleich von C_p und C_V. Als Außenseiter hatte er es schwer, sich bei Fachleuten Anerkennung zu erwerben. Seine Gedankengänge wurden von Helmholtz und Joule und anderen meist unabhängig von ihm wiederholt und geklärt.

[16] *Clausius, Rudolf* (∗ 1822 Köslin, † 1888 Bonn). Einer der Begründer der Thermodynamik. Er prägte und definierte 1865 den Begriff der Entropie und formulierte den zweiten Hauptsatz der Wärmelehre. Von ihm stammen auch wichtige Beiträge zur kinetischen Gastheorie.

b) Die Formulierung von Thomson:

Es ist unmöglich, eine periodisch arbeitende Maschine zu konstruieren, die weiter nichts bewirkt als Arbeit zu leisten und ein Wärmereservoir abzukühlen.

Denn: Die Abkühlung des Wärmereservoirs bedeutet Entzug von Energie in Form von Wärme: $\Delta E = T\Delta S$. Da die Entropie unzerstörbar ist, muß die Maschine neben Arbeit auch noch Wärme abgeben, um die Entropie irgendwo unterzubringen.

Bei der Expansion eines Gases im thermischen Kontakt mit einem Wärmebad wird zwar die gesamte Wärmeenergie in Arbeit verwandelt, aber die dem Bad entzogene Entropie bleibt im Gas stecken, was sich in dem größeren Volumen zeigt. Entropie wird hier insgesamt nicht vernichtet, sie bleibt konstant, sie wird nur ausgetauscht.

c) Der dritte Hauptsatz besagt, daß die Entropie auch eine Größe mit natürlich gegebenem Nullpunkt ist. Eine Formulierung lautet:

„*Die Entropie ist Null, wenn das System im Grundzustand ist*".

Dabei ist der Grundzustand der Zustand niedrigster Energie. Wenn der Grundzustand nicht energetisch entartet ist, folgt der dritte Hauptsatz sofort nach der Definition

$$S = k \ln \Omega(E, V, N) \ ,$$

denn dann ist im Grundzustand $\Omega = 1$ und somit $S = 0$.

Eine weitergehende Formulierung lautet:

Wenn $T \to 0$, so wird die Entropie unabhängig von den äußeren Parametern wie Druck, Volumen usw. *Den Wert für die Entropie kann man gleich Null setzen.*

Man sagt auch oft, daß der absolute Nullpunkt nie erreichbar ist. Damit ist gemeint: er ist nicht erreichbar in endlich vielen isothermen und isentropen Prozessen.

Wir wollen auf das Verhalten von makroskopischen Körpern bei tiefen Temperaturen, bei denen auch sicher die Quantenmechanik für die Beschreibung der mikroskopischen Wechselwirkung zuständig ist, und auf die Frage der Entropie bei entartetem Grundzustand hier nicht eingehen. Das ist Thema einer Vorlesung über Statistische Mechanik.

Folgerungen

a) Jede Wärmekapazität geht mit $T \to 0$ gegen Null.

Beweis

Es ist

$$\frac{C_R}{T} = \frac{\partial S(T, R, N)}{\partial T} \ , \qquad R = p, V, \ldots \qquad (7.10.1)$$

und so

$$S(T, R, N) = \int_0^T dT' \, \frac{C_R(T')}{T'} \ . \qquad (7.10.2)$$

Also, da das Integral existieren soll, folgt

$$C_R(T) \to 0 \quad \text{für} \quad T \to 0 \ . \qquad (7.10.3)$$

b) Es war

$$\alpha = \frac{1}{V} \frac{\partial V(T, p, N)}{\partial T} = -\frac{1}{V} \frac{\partial S(T, p, N)}{\partial p} \ . \qquad (7.10.4)$$

Nun ist aber für $T \to 0$ S unabhängig von T, p, N und somit

$$\frac{\partial S(T, p, N)}{\partial p} = 0 \ .$$

Also folgt

$$\alpha \to 0 \quad \text{für} \quad T \to 0 \ . \qquad (7.10.5)$$

c) Entsprechend gilt für den isochoren Druckkoeffizienten:

$$\beta = \frac{1}{p} \frac{\partial p(T, V, N)}{\partial T}$$
$$= \frac{1}{p} \frac{\partial}{\partial V} S(T, V, N) \to 0 \quad \text{für} \quad T \to 0 \ , \qquad (7.10.6)$$

wobei wieder wie in (b) von einer Maxwell-Relation Gebrauch gemacht worden ist.

7.11 Der phänomenologische Ansatz in der Thermodynamik

7.11.1 Thermodynamik und Statistische Mechanik

Wir haben in den vorangehenden Abschnitten gesehen, daß zur Beschreibung makroskopischer physikalischer Systeme neue in der Mikrophysik nicht auftretende Begriffsbildungen wie Temperatur und Entropie nötig werden, obwohl im Prinzip makroskopische Systeme nur sehr große mikroskopische Systeme sind. Als Grund dafür haben wir erkannt, daß wegen der unvorstellbaren Komplexität der detaillierten mikroskopischen Beschreibung eines makroskopischen Systems ganz andere Fragestellungen Bedeutung erlangen und ganz neue Erscheinungen, wie etwa Irreversibilität, ins Blickfeld treten.

Die klassische Statistische Mechanik stellt unter der Voraussetzung, daß die mikroskopische Theorie durch die Klassische Mechanik gegeben ist, den Zusammenhang zwischen mikroskopischer und makroskopischer Beschreibung her. Mikrozustände eines N-Teilchensystems entsprechen Punkten im 6-N-dimensionalen Phasenraum $\mathbb{R}^{6N}$, während Makrozustände durch gewisse Gesamtheiten mit Wahrscheinlichkeitsverteilungen $\varrho(q,p)$ auf $\mathbb{R}^{6N}$ beschrieben werden. Die Berechnung der thermodynamischen Eigenschaften des Makrosystems wird z.B. auf die Auswertung der Gibbs-Funktion

$$\Omega(E,V,N)=\frac{1}{N!h^{3N}}\int_{H(q,p)\le E} d^{3N}q\,d^{3N}p = \exp\left[\frac{S(E,V,N)}{k}\right] \tag{7.11.1}$$

oder

$$Z(T,V,N)=\frac{1}{N!h^{3N}}\int d^{3N}q\,d^{3N}p\exp\left[-\frac{H(q,p)}{kT}\right] = \exp\left[-\frac{F(T,V,N)}{kT}\right] \tag{7.11.2}$$

zurückgeführt.

Unabhängig von allen Annahmen über die zugrundeliegende mikroskopische Theorie hat sich mit der Thermodynamik eine allgemeine Theorie makroskopischer Systeme entwickelt, deren Aufbau wir im folgenden beschreiben wollen.

Die Basis dieses theoretischen Gebäudes bilden dabei im wesentlichen die drei Hauptsätze, wie sie in Abschn. 7.10 formuliert sind, allerdings in einer etwas anderen Formulierung, die der Tatsache Rechnung trägt, daß man den Begriff Entropie in anderer Form einzuführen hat.

Während die Hauptsätze im Rahmen der klassischen statistischen Mechanik die Summe der Erfahrungen zusammenfassen und die wesentlichen Eigenschaften von Energie und Entropie noch einmal betonen, stellen diese Sätze in einem rein phänomenologischen Ansatz der Thermodynamik, der die mikroskopische Struktur der Materie unberücksichtigt lassen will, die Grundaussagen dar, aus denen eine Fülle von Folgerungen abgeleitet werden kann.

Es gibt gute Gründe, die phänomenologische Thermodynamik auch unabhängig von der Mikrophysik aufzubauen.

– Alle Aussagen der phänomenologischen Thermodynamik gelten allgemein und unabhängig von mikrophysikalischen Annahmen, solange nur die Hauptsätze richtig sind. Die Hauptsätze selbst lassen sich durch Induktion aus anschaulichen und relativ leicht zugänglichen Erfahrungstatsachen gewinnen.

– Die Bedeutung der Mikrophysik für die Thermodynamik beschränkt sich auf die Berechnung einer einzigen Gibbs-Funktion, alle weiteren Folgerungen bewegen sich im Rahmen der Thermodynamik und beziehen sich auf Phänomenbereiche, die gerade für praktische Anwendungen sehr wichtig sind. Für einen Anwender, etwa einen Prozeßchemiker, wird es oft bequemer und ökonomischer sein, vom mikroskopischen Hintergrund der Thermodynamik abzusehen.

– Der Gewinn an begrifflicher Klarheit ist nicht zu unterschätzen, der aus einer sauberen Trennung von allgemeingültigen thermodynamischen Eigenschaften und speziellen durch den mikroskopischen Mechanismus bedingten Eigenschaften eines Systems erwächst. Es ist im übrigen nicht ohne Reiz, zu sehen, wie weit die Folgerungen aus einigen wenigen Hauptsätzen tragen.

– Historisch hat sich die Thermodynamik aus der Wärmelehre und nicht als Teilgebiet der Mechanik entwickelt.

– Eine völlig strenge Herleitung der Hauptsätze der Thermodynamik aus mikrophysikalischen Gleichungen existiert noch nicht.

Andererseits wird die Beschränkung auf die Thermodynamik und damit das Absehen von mikroskopischen Eigenschaften auch einen Preis haben.

– Die Thermodynamik ist auf Systeme im (lokalen) Gleichgewicht beschränkt.

– Die Thermodynamik liefert nur *Relationen* zwischen Zustandsgrößen. Die für die Eigenschaften eines Systems entscheidende Gibbs-Funktion muß auf andere Weise bestimmt werden.

– Die Thermodynamik macht Aussagen über die Eigenschaften von (lokalen) Gleichgewichtszuständen und schränkt über die Sätze der Energieerhaltung und Entropiezunahme die Menge der durch Übergänge erreichbaren Zustände eines abgeschlossenen Systems ein. Der genaue zeitliche Verlauf von Änderungen der Makrovariablen ist in der Thermodynamik nicht berechenbar.

Hierzu sind weitergehende Theorien erforderlich, nämlich:

a) Die Thermodynamik irreversibler Prozesse, eine makroskopisch-phänomenologische Theorie, deren Grundlagen in Kap. 9 beschrieben werden, oder
b) die Kinetik, eine Teildisziplin der Statistischen Mechanik des Nicht-Gleichgewichts.

Wir werden nun die Hauptsätze der phänomenologischen Thermodynamik noch einmal vorstellen, und zwar in der Formulierung, in der sie sich für Grundaussagen eignen.

7.11.2 Zum ersten Hauptsatz der Thermodynamik

Der *erste Hauptsatz* der Thermodynamik lautet:

Für jedes System ist die Gesamtenergie E eine extensive Zustandsgröße. In einem abgeschlossenen System ändert sich der Wert von E nicht mit der Zeit.

Der erste Hauptsatz wurde erstmals im Jahre 1841 von Robert Mayer ausgesprochen.

Impulsänderung $d\boldsymbol{p}$:	$\delta_{\boldsymbol{p}}E=\boldsymbol{v}\cdot d\boldsymbol{p}$	($\boldsymbol{v}$: Geschwindigkeit),
Drehimpulsänderung $d\boldsymbol{L}$:	$\delta_{\boldsymbol{L}}E=\boldsymbol{\omega}\cdot d\boldsymbol{L}$	($\boldsymbol{\omega}$: Winkelgeschwindigkeit),
Ladungsänderung dQ^e:	$\delta_{Q^e}E=\phi\, dQ^e$	(ϕ: elektr. Potential),
Änderung der elektrischen Polarisation $d\boldsymbol{q}$:	$\delta_{\boldsymbol{q}}E=\boldsymbol{E}\cdot d\boldsymbol{q}$	($\boldsymbol{E}$: elektr. Feldstärke),
Änderung der Lage $d\boldsymbol{x}$:	$\delta_{\boldsymbol{x}}E=-\boldsymbol{K}\cdot d\boldsymbol{x}$	($\boldsymbol{K}$: Kraft),
Änderung der Teilchenzahl dN:	$\delta_N E=\mu\, dN$	(μ: chemisches Potential).

Allgemein lassen extensive Zustandsgrößen X eine Bilanzierung zu:

$$dX=\delta_a X+\delta_i X \ , \tag{7.11.3}$$

d.h., die Änderung dX von X setzt sich zusammen aus einer Änderung $\delta_a X$ durch Zustrom von außen und aus einer Änderung $\delta_i X$ durch Produktion im Innern. Der erste Hauptsatz besagt dann:

$$dE=\delta_a E \ , \qquad \delta_i E=0 \ . \tag{7.11.4}$$

Die Zufuhr von Energie in ein System kann auf mannigfaltige Weise durch Änderung seiner Zustandsgrößen erfolgen. Wir geben nun für einige Änderungen von Zustandsgrößen X die zugehörigen Energiezufuhren $\delta_X E$ an.

– Wenn man das Volumen eines Systems ändert, muß man im allgemeinen Arbeit gegen die Druckkräfte verrichten. In einem homogenen isotropen System herrscht ein konstanter Druck p. Der Druck ist definiert als Kraft pro Fläche. Verändert man durch Verschiebung seiner Oberfläche das Volumen eines Systems um dV, so wird hierbei dem System die Arbeit (Abb. 7.4.1)

$$\delta_V E=-F\, dh\, p=-p\, dV \tag{7.11.5}$$

zugeführt. Das Vorzeichen erklärt sich daraus, daß der Druck nach außen wirkt, so daß bei Kompression ($dV<0$) die Energie erhöht wird.

Also gilt

$$\delta_V E=-p\, dV \ . \tag{7.11.6}$$

– In anderen physikalischen Situationen können andere Möglichkeiten der Energiezufuhr wichtig werden, z.B. durch eine

Die gesamte Änderung der Energie durch diese und andere Mechanismen ist dann immer von der Form

$$\delta_{\{X\}}E=\sum \xi_\alpha dX_\alpha \ . \tag{7.11.7}$$

Hierbei ist ξ_α nie extensiv und X_α nie intensiv. Die Größen X_α und ξ_α heißen *energie-konjugiert* zueinander.

Es ist sehr wichtig zu sehen, daß es zu den einzelnen Möglichkeiten der Energiezufuhr i.a. *keine Zustandsgrößen* gibt. So gibt es beispielsweise keine Zustandsgröße „Volumenenergie", da man leicht Beispiele für Zustandsänderungen angeben kann, für die die Zufuhr von Energie durch Volumenänderung so erfolgt, daß sich das System stets im Gleichgewichtszustand befindet, so daß die Energiezufuhr durch Volumenänderung berechenbar ist:

$$\int_{①}^{②} \delta_V E = -\int_{①}^{②} p\,dV \;, \qquad (7.11.8)$$

bei denen aber die so zugeführte Energie vom gewählten Weg zwischen den Zuständen ① und ② abhängt. Andererseits kann der Wert einer Zustandsgröße definitionsgemäß nur vom Zustand abhängen, nicht aber von der Art seiner Herstellung. (Die Situation für ein konservatives Kraftfeld $\boldsymbol{K} = -\nabla U$ ist ganz analog. Es gilt zwar $\oint (K_x dx + K_y dy + K_z dz) = 0$ längs jedes geschlossenen Weges, aber i.a. ist $\oint K_x dx \neq 0$. Also gibt es keine Zustandsgrößen U_x, U_y, U_z sondern nur eine einzige potentielle Energie U.)

7.11.3 Zum zweiten und dritten Hauptsatz der Thermodynamik

In einem thermodynamischen System ist Energiezufuhr i.a. noch auf eine weitere durchaus typische Weise möglich: Als *Zufuhr von Wärme*.

Statt $\delta_Q E$ schreibt man meist δQ. Es gilt dann:

$$dE = \delta Q + \sum_\alpha \xi_\alpha dX_\alpha := \delta Q + \delta A \;. \qquad (7.11.9)$$

Die Größe

$$\delta A = \sum_\alpha \xi_\alpha dX_\alpha \qquad (7.11.10)$$

heißt hierbei oft zugeführte *Arbeit*. (Besser wäre die Bezeichnung „Nichtwärme", da in δA auch chemische Energiezufuhr enthalten sein kann). Es gilt für einen Kreisprozeß mit gleichem Anfangs- und Endzustand stets:

$$\oint dE = 0 \qquad (7.11.11)$$

aber im allgemeinen

$$\oint \delta Q = -\oint \delta A \neq 0 \qquad (7.11.12)$$

es gibt also keine Zustandsgrößen „Wärme" und „Arbeit".

Die Möglichkeit einer weiteren Form der Energieübertragung als „*Nichtarbeit*" zeigt sich besonders deutlich bei der Einstellung von *thermischem Gleichgewicht*. Zwei Systeme, die in keiner Weise miteinander Energie in Form von „Arbeit" austauschen können, sind i.a. dennoch nicht miteinander im Gleichgewicht und streben, wenn sie in thermischen Kontakt gebracht werden, einem neuen Gleichgewichtszustand zu, dem thermischen Gleichgewicht. So werden etwa zwei Behälter mit Gasen, die in thermischen Kontakt gebracht werden, sich ins Gleichgewicht setzen, was man etwa daran merkt, daß sich die Druckwerte der Gase während einer Relaxationszeit ändern. Die Relaxationszeiten für die Einstellung des thermischen Gleichgewichts sind oft recht lang. Die Eigenschaft „zwei Systeme A und B in den Zuständen a und b sind im thermischen Gleichgewicht" definiert eine Äquivalenzrelation. Intuitiv erweisen sich die Systeme bei Bestehen der Äquivalenzrelation als gleich warm, und bei der Einstellung des Gleichgewichts fließt Energie vom wärmeren zum kälteren System. Man formuliert diese Tatsache oft als „*nullten Hauptsatz der Thermodynamik*":

Es gibt für jedes thermodynamische System eine intensive Zustandsfunktion ϑ, empirische Temperatur genannt, so daß Systeme sich genau dann miteinander im thermischen Gleichgewicht befinden, wenn sie in Zuständen zu gleichem Wert von ϑ sind. Größere Werte von ϑ entsprechen wärmeren Zuständen.

Mit ϑ ist offenbar auch jede monoton steigende Funktion $f(\vartheta)$ eine empirische Temperatur. Auch die in Abschn. 7.3.1 definierte Größe τ ist, wie wir gesehen haben, eine empirische Temperatur.

Zur Messung einer empirischen Temperatur kann man irgendein festes System wählen, bei dem die Werte aller unabhängigen Variablen bis auf eine festgehalten werden, und beobachten, welchen Wert die noch veränderliche unabhängige Variable annimmt, wenn dieses System mit einem anderen ins thermische Gleichgewicht gebracht wird. Wenn dieser Wert monoton von der Temperatur abhängt, ist das System zur Messung einer empirischen Temperatur geeignet. Beispiele sind das Gasthermometer ($\vartheta = pV$) und das

Quecksilberthermometer. Es zeigt sich, daß zu der Energieübertragungsform Wärme genau wie zu den anderen Energieübertragungsformen ein Paar von konjugierten Variablen T, S, gehört, so daß $\delta Q = T\,dS$. Genauer besagt der *Zweite Hauptsatz:*

Es gibt eine intensive Variable T (absolute Temperatur) und eine extensive (additive) Variable S (Entropie), so daß für ein homogenes System im Gleichgewichtszustand gilt:

$$dE = T\,dS + \sum_{\alpha} \xi_{\alpha}\,dX_{\alpha} \quad . \tag{7.11.13}$$

Die Entropie eines abgeschlossenen Systems *nimmt niemals ab und erreicht im Gleichgewichtszustand ein Maximum (das durch die vorgegebenen Randbedingungen bestimmt ist).*

Im Abschn. 7.2 wurde gezeigt, wie der zweite Hauptsatz in dieser Formulierung mit Hilfe der klassischen statistischen Mechanik verstanden werden kann. Der zweite Hauptsatz der Thermodynamik wurde erstmals im Jahre 1850 von Rudolf Clausius formuliert, der auch im Jahre 1865 das Wort „Entropie" prägte.

Wir geben einige unmittelbare Folgerungen aus dem zweiten Hauptsatz:

a) Wie bei jeder extensiven Größe ist $dS = \delta_a S + \delta_i S$, wobei $\delta_a S$ die Änderung durch Zufuhr und $\delta_i S$ die Änderung durch Produktion ist. Der zweite Hauptsatz besagt dann $\delta_i S \geq 0$.

b) T hat die Eigenschaften einer empirischen Temperatur. Wir betrachten zwei Systeme, die zusammen von der Umwelt abgeschlossen sind und, nachdem sie in thermischen Kontakt gebracht worden sind, Energie untereinander nur als Wärme austauschen können. Dann ist $S = S_1 + S_2$ und

$$dS = \frac{dE_1}{T_1} + \frac{dE_2}{T_2} \quad .$$

Wegen der Abgeschlossenheit ist $dE_1 = -dE_2$, also $dS = [(1/T_1) - (1/T_2)]\,dE_1$.

Wenn thermisches Gleichgewicht vorliegt, kann die Entropie durch Energieaustausch nicht mehr erhöht werden, und es gilt $dS = 0$ also $T_1 = T_2$. Sonst ist $dS > 0$ und für $dE_1 > 0$ muß gelten

$$\frac{1}{T_1} - \frac{1}{T_2} > 0 \quad , \qquad \text{d.h.} \qquad T_2 > T_1 \quad .$$

Somit strömt Energie vom wärmeren zum kälteren System (Abschn. 7.3.1).

In der Gibbsschen Fundamentalform

$$dE = T\,dS + \sum \xi_{\alpha}\,dX_{\alpha}$$

treten nur Entropiedifferenzen auf. Ein Nullpunkt der Entropie ist hierdurch, anders als für die Temperatur, nicht festgelegt. Dies geschieht durch den *Dritten Hauptsatz:*

Beim absoluten Nullpunkt $T = 0$ nähert sich die Entropie eines Systems im Gleichgewicht einem von Volumen, Druck, Aggregatzustand usw. unabhängigen kleinstmöglichen Wert $S_0 = 0$.

Man kann also in derselben Weise von der Entropie eines Systems sprechen wie von seinem Volumen oder seiner Teilchenzahl. Der dritte Hauptsatz wurde 1918 von *W. Nernst*[17] formuliert. Im Rahmen der statistischen Mechanik bedeutet der dritte Hauptsatz, daß am absoluten Nullpunkt die Ungewißheit über den Mikrozustand eines makroskopischen Systems verschwindet. Nun hat ein System am absoluten Nullpunkt seine kleinstmögliche Energie, und die Menge der möglichen Mikrozustände nimmt sicher mit der Energie ab. Daß aber im Zustand niedrigster Energie, auch Grundzustand genannt, nur noch so wenige Mikrozustände in Frage kommen, daß die Entropie als verschwindend angesehen werden kann, läßt sich erst mit Hilfe der Quantenstatistik richtig verstehen. Gerade in der Nähe des Grundzustandes, wenn die Energien aller Teilchen sehr klein werden, darf man ja auch nicht mehr auf die Anwendbarkeit der klassischen Mechanik hoffen.

Anmerkungen

i) T und S sind durch (7.11.13) im wesentlichen eindeutig bestimmt. Es seien nämlich $\hat{T}$ und $\hat{S}$ anders definierte Größen, so daß T intensiv, S extensiv und $\hat{T}\,d\hat{S} = T\,dS$.

---

[17] *Nernst, Walter* (∗ 1864 Briesen/Westpreußen, † 1941 Gut Zibelle/Oberlausitz).
Einer der Begründer der physikalischen Chemie. Seinen Hauptsatz fand er um 1905. Nobelpreis 1920.

Dann ist

$$\frac{d\hat{S}}{dS}=\frac{T}{\hat{T}} \quad \text{und} \quad \hat{S}=g(S) \quad \text{mit} \quad g'(S)=\frac{T}{\hat{T}} .$$

Wegen der Extensivität von $\hat{S}$ und S muß g linear sein: also $\hat{S}=\alpha S+\beta$. Hierbei ist $\alpha>0$, da $dS>0$ auch $d\hat{S}>0$ zur Folge haben muß. Der Nullpunkt $T=0$ und das Vorzeichen von T haben absolute Bedeutung, die absolute Temperatur ist also eindeutig bestimmt durch Festlegung einer Einheit durch konventionelle Festlegung des Wertes von T für irgendein System in einem reproduzierbaren Gleichgewichtszustand.

Für ein mechanisches System ist, wie wir in Abschn. 7.3.1 erwähnt haben, stets $T\geq 0$. Wir wollen einstweilen immer $T\geq 0$ voraussetzen.

ii) Wenn ein Verfahren zur Messung von T bekannt ist, können Entropiedifferenzen durch Energiemessung bestimmt werden. Bei festgehaltenen Werten der extensiven Variablen X_α ist nämlich $dE=T\,dS$, also $dS=dE/T$.

iii) Gewöhnliche mechanische Systeme können als spezielle thermodynamische Systeme aufgefaßt werden, bei denen keinerlei Entropieaustausch und -erzeugung möglich sind.

iv) Die Form $dE=T\,dS+\sum \xi_\alpha dX^\alpha$ („*Gibbssche Fundamentalform*") beschreibt alle Eigenschaften eines Systems.

Ein System ist also in allen (relevanten) Eigenschaften bekannt, wenn die Funktion $E(S, X_1, \ldots, X_n) = E(S, X)$ bekannt ist oder, äquivalent, wenn die Funktionen $T(S, X)$ und $\xi_\alpha(S, X)$ $(\alpha=1, \ldots, n)$ bekannt sind. Die Funktion $E(S, X)$ ist eine *Gibbs-Funktion* oder ein *thermodynamisches Potential*, da sich alle Systemgrößen aus ihr herleiten lassen, z.B.

$$T(S, X)=\frac{\partial E(S, X)}{\partial S} .$$

Schon aus der Existenz der Gibbsschen Fundamentalform folgen Einschränkungen an die Funktionen

$$T(S, X)=\frac{\partial E(S, X)}{\partial S} \quad \text{und} \quad \xi_\alpha(S, X)=\frac{\partial E(S, X)}{\partial X_\alpha} . \tag{7.11.14}$$

Durch Differentiation zeigt man nämlich wegen der Symmetrie der zweiten Ableitungen sofort

$$\frac{\partial^2 E}{\partial S\,\partial X_\alpha}=\frac{\partial^2 E}{\partial X_\alpha\,\partial S} , \quad \text{also} \quad \frac{\partial T(S, X)}{\partial X_\alpha}=\frac{\partial \xi_\alpha(S, X)}{\partial S} \tag{7.11.15}$$

und

$$\frac{\partial \xi_\alpha(S, X)}{\partial X_\beta}=\frac{\partial \xi_\beta(S, X)}{\partial X_\alpha} . \tag{7.11.16}$$

Das sind die Maxwell-Relationen (Abschn. 7.7). Man beachte die Analogie zu der Beziehung $\partial K_i/\partial x_j = \partial K_j/\partial x_i$ für ein konservatives Kraftfeld, welche die Bezeichung „thermodynamisches Potential" verständlich macht.

7.11.4 Thermische und kalorische Zustandsgleichung

Da man in der phänomenologischen Thermodynamik ein thermodynamisches Potential nicht durch Rückgriff auf die mikroskopische Wechselwirkung berechnen kann, muß man hier von bestimmten gemessenen Größen ausgehen. Meßbar sind folgende Funktionen:

Die *thermische Zustandsgleichung:*

$$p=p(T, V) \tag{7.11.17a}$$

und die sogenannte *kalorische Zustandsgleichung*

$$E=E(T, V) \tag{7.11.17b}$$

(die Teilchenzahl N sei im folgenden immer konstant gehalten).

Thermische und kalorische Zustandsgleichung bestimmen zusammen die Gibbs-Funktion $E=E(S, V)$ und damit alle Eigenschaften des Systems.

Zunächst gilt nämlich

$$\begin{aligned} S(T, V) &= \int_{T_0, V_0}^{T, V} \frac{dE+p\,dV'}{T'} \\ &= \int_{T_0, V_0}^{T, V} \frac{\frac{\partial E(T', V')}{\partial T'}\,dT' + \left(\frac{\partial E(T', V')}{dV'}+p\right) dV'}{T'} , \end{aligned}$$

also ist $S(T, V)$ durch die thermische und kalorische Zustandsfunktion bestimmt. Durch Auflösung nach T ergibt sich $T(S, V)$ und aus der kalorischen Zustandsgleichung berechnet man $E(S, V)=E(T(S, V), V)$.

Thermische und kalorische Zustandsgleichungen sind ebensowenig unabhängig wie die Funktionen $T(S,V)$ und $p(S,V)$. Es gilt nämlich

$$dS=\frac{dE+p\,dV}{T}=\frac{1}{T}\,\frac{\partial E(T,V)}{\partial T}\,dT+\frac{1}{T}\left[\frac{\partial E(T,V)}{\partial V}+p(T,V)\right]dV$$

also

$$\frac{\partial S(T,V)}{\partial T}=\frac{1}{T}\,\frac{\partial E(T,V)}{\partial T}\;,$$

$$\frac{\partial S(T,V)}{\partial V}=\frac{1}{T}\left[\frac{\partial E(T,V)}{\partial V}+p(T,V)\right]\;,$$

somit

$$\frac{\partial}{\partial V}\left(\frac{1}{T}\,\frac{\partial E(T,V)}{\partial T}\right)=\frac{\partial}{\partial T}\left\{\frac{1}{T}\left[\frac{\partial E(T,V)}{\partial V}+p(T,V)\right]\right\}\;,$$

d.h.

$$\frac{1}{T}\,\frac{\partial^2 E}{\partial T\,\partial V}=-\frac{1}{T^2}\left[\frac{\partial E(T,V)}{\partial V}+p(T,V)\right]+\frac{1}{T}\,\frac{\partial^2 E(T,V)}{\partial T\,\partial V}+\frac{1}{T}\,\frac{\partial p(T,V)}{\partial T}\;,$$

also

$$\frac{\partial E(T,V)}{\partial V}+p(T,V)=T\,\frac{\partial p(T,V)}{\partial T}$$

oder, in anderer Schreibweise,

$$\left(\frac{\partial E}{\partial V}\right)_T+p=T\left(\frac{\partial p}{\partial T}\right)_V\;, \qquad (7.11.18)$$

die V-Abhängigkeit von $E(T,V)$ ist also durch die thermische Zustandsgleichung bestimmt.

Für mehrere Variablen bestimmt jeder der folgenden Sätze (A–D) das thermodynamische System vollständig.

A) Gibbs-Funktion $E(S,X)$,
B) Gibbs-Funktion $S(E,X)$,
C) Funktionen

$$T(S,X)=\frac{\partial E(S,X)}{\partial S}\;,\qquad \xi_\alpha(S,X)=\frac{\partial E(S,X)}{\partial X_\alpha}$$

mit den Einschränkungen (Maxwellschen Relationen)

$$\frac{\partial T(S,X)}{\partial X_\alpha}=\frac{\partial \xi_\alpha(S,X)}{\partial S}\;,\qquad \frac{\partial \xi_\alpha(S,X)}{\partial X_\beta}=\frac{\partial \xi_\beta(S,X)}{\partial X_\alpha}\;, \qquad (7.11.19)$$

D) Funktionen $E(T,X)$ (kalorische Zustandsgleichung) und $\xi_\alpha(T,X)$ (thermische Zustandsgleichungen)

mit den Einschränkungen (Maxwellschen Relationen)

$$\xi_\alpha(T,X)-\frac{\partial E(T,X)}{\partial X_\alpha}=T\,\frac{\partial \xi_\alpha(T,X)}{T}$$

und

$$\frac{\partial \xi_\alpha(T,X)}{\partial X_\beta}=\frac{\partial \xi_\beta(T,X)}{\partial X_\alpha}\;.$$

Für genügend hohe Temperaturen und/oder genügend geringe Dichten verhält sich Materie wie ein ideales Gas (d.h., wie ein Schwarm freier, nicht wechselwirkender Teilchen). Für ein ideales Gas findet man $pV=\text{const}$ für konstante Temperatur, also ist pV eine empirische Temperatur und muß eine Funktion der absoluten Temperatur sein:

$$pV=f(T)\;.$$

Ferner findet man, wie nach dem Modell eines Schwarms freier Teilchen zu erwarten, daß die Energie eines idealen Gases nicht vom Volumen abhängt:

$$E=E(T)\;.$$

Dies ist das Ergebnis des bekannten Versuches von *Gay-Lussac*[18]. Die Funktion $f(T)$ ist durch (7.11.18) weitgehend festgelegt

$$\left(\frac{\partial E}{\partial V}\right)_T=0=T\left(\frac{\partial p}{\partial T}\right)_V-p=\frac{Tf'(T)}{V}-\frac{f(T)}{V}$$

[18] *Gay-Lussac, Joseph-Louis* (∗ 1778 St. Léonard, † 1850 Paris). Französischer Chemiker und Physiker. Arbeiten über Gastheorie, 1804 Ballonflüge, Mitentdecker des Elementes Bor.

also

$$Tf'(T) = f(T) \quad \text{und somit} \quad f(T) = \text{const} \cdot T \ .$$

Die mit einem idealen Gas gemessene empirische Temperatur ist also der absoluten Temperatur proportional. Da offenbar $f(T)$ der Teilchenzahl N proportional sein muß, so gilt $f(T) = NkT$, und die Konstante k kann experimentell bestimmt werden.

7.12 Gleichgewichts- und Stabilitätsbedingungen

7.12.1 Gleichgewicht und Stabilität bei Austauschprozessen

Wir betrachten erneut wie in Abschn. 7.4 ein abgeschlossenes System, das aus zwei Teilsystemen besteht, die miteinander Energie austauschen können (Abb. 7.12.1) (Teilsysteme nur im thermischen Kontakt).

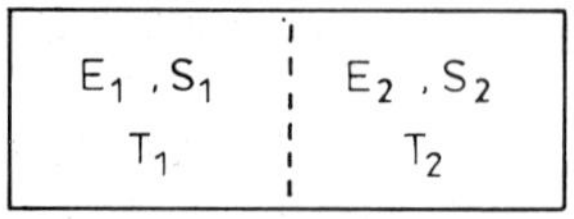

Abb. 7.12.1. Zwei Systeme, die nur in thermischen Energieaustausch stehen

Es gilt dann

$$dS = dS_1 + dS_2 = \frac{dE_1}{T_1} + \frac{dE_2}{T_2} = \left(\frac{1}{T_1} - \frac{1}{T_2}\right) dE_1 \geq 0 \ , \tag{7.12.1}$$

im Gleichgewichtsfall also $T_1 = T_2$. Wenn dieses Gleichgewicht stabil ist, muß die Gesamtentropie ein Maximum haben, es muß also in zweiter Ordnung von $dE_1 = -dE_2$ gelten

$$dS = \left(\frac{\partial S_1}{\partial E_1}\right)_{X_1} dE_1 + \left(\frac{\partial S_2}{\partial E_2}\right)_{X_2} dE_2$$

$$+ \frac{1}{2}\left(\frac{\partial^2 S_1}{\partial E_1^2}\right)_{X_1} dE_1^2 + \frac{1}{2}\left(\frac{\partial^2 S_2}{\partial E_2^2}\right)_{X_2} dE_2^2 \tag{7.12.2}$$

und im Gleichgewicht

$$\frac{1}{2}\left(\left(\frac{\partial^2 S_1}{\partial E_1^2}\right)_{X_1} + \left(\frac{\partial^2 S_2}{\partial E_2^2}\right)_{X_2}\right) \leq 0 \ .$$

Nun können die Charakteristika der beiden Teilsysteme unabhängig voneinander variiert werden, insbesondere können beide Teilsysteme gleich sein, so daß im stabilen Gleichgewicht gilt:

$$\left(\frac{\partial^2 S_1}{\partial E_1^2}\right)_{X_1} \leq 0$$

oder, wenn wir den nun unnötigen Index „1“ fortlassen:

$$\left(\frac{\partial^2 S}{\partial E^2}\right)_X \leq 0 \ . \tag{7.12.3}$$

Dies ist die Bedingung für die Stabilität eines Gleichgewichts bei zugelassenem Energieaustausch.

Wegen $(\partial S/\partial E)_X = 1/T$ bedeutet dies $(\partial T/\partial E)_X \geq 0$ oder

$$\left(\frac{\partial E}{\partial T}\right)_X \geq 0 \ , \tag{7.12.4}$$

also muß E mit T zunehmen.

Wenn außer Energie auch noch Volumen ausgetauscht werden kann, etwa durch eine bewegliche, wärmeleitende Wand (Abb. 7.12.2), dann lauten die Gleichgewichts- und Stabilitätsbedingungen wegen

$$dS_\alpha = \frac{1}{T_\alpha}\left(dE_\alpha + p_\alpha dV_\alpha - \sum_i \xi_i^{(\alpha)} dX_i^{(\alpha)}\right) ,$$

$$\alpha = 1, 2; dE_1 + dE_2 = dV_1 + dV_2 = 0 \ , \quad dX_i^{(\alpha)} = 0 \ ,$$

$$\left(\frac{1}{T_1} - \frac{1}{T_2}\right) dE_1 + \left(\frac{p_1}{T_1} - \frac{p_2}{T_2}\right) dV_1 = 0 \ , \tag{7.12.5}$$

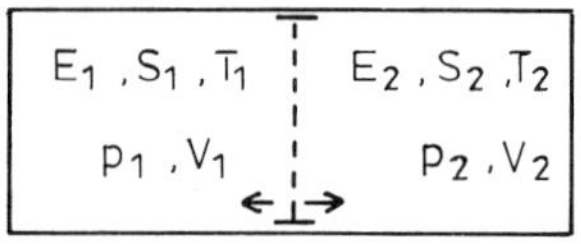

Abb. 7.12.2. Zwei Systeme, mit Austausch von thermischer und Volumenenergie

$$\left(\frac{\partial^2 S}{\partial E^2}\right)_{V,X} dE^2 + 2\left(\frac{\partial^2 S}{\partial E\,\partial V}\right)_X dE\,dV + \left(\frac{\partial^2 S}{\partial V^2}\right)_{E,X} \leq 0 \ . \tag{7.12.6}$$

Im stabilen Gleichgewicht bei möglichem Volumen- und Energieaustausch ist also

$$T_1 = T_2 \ , \quad p_1 = p_2 \quad \text{und}$$

$$\left(\frac{\partial^2 S}{\partial E^2}\right)_{V,X} \leq 0 \ , \quad \left(\frac{\partial^2 S}{\partial V^2}\right)_{E,X} \leq 0 \ ,$$

$$\det\begin{pmatrix} \left(\frac{\partial^2 S}{\partial E^2}\right)_{V,X} & \left(\frac{\partial^2 S}{\partial E\,\partial V}\right)_X \\ \left(\frac{\partial^2 S}{\partial E\,\partial V}\right)_X & \left(\frac{\partial^2 S}{\partial V^2}\right)_{E,X} \end{pmatrix} \geq 0 \ . \tag{7.12.7}$$

Die erste Stabilitätsbedingung haben wir schon oben gewonnen, die zweite Stabilitätsbedingung bedeutet insbesondere

$$\left(\frac{\partial}{\partial V}\frac{p}{T}\right)_{E,X} \leq 0 \ . \tag{7.12.8}$$

Man prüft sofort nach, daß für ein ideales Gas alle genannten Stabilitätsbedingungen erfüllt sind.

Wenn schließlich auch noch Impuls (etwa durch Reibung) ausgetauscht werden kann, so gelten wegen

$$dS_\alpha = \frac{1}{T_\alpha}\,(dE_\alpha + p_\alpha dV_\alpha - \boldsymbol{v}_\alpha \cdot d\boldsymbol{p}_\alpha - \sum \xi_i^{(\alpha)} dX_i^{(\alpha)}, \quad \alpha = 1, 2 \ ,$$

$$dV_1 + dV_2 = dE_1 + dE_2 = 0 \ , \quad d\boldsymbol{p}_1 + d\boldsymbol{p}_2 = \boldsymbol{0}$$

die zusätzlichen Gleichgewichts- und Stabilitätsbedingungen

$$\boldsymbol{v}_1 = \boldsymbol{v}_2 \ ; \tag{7.12.9}$$

d.h. im Gleichgewicht ist keine Relativbewegung möglich und

$$-\frac{\partial}{\partial p_i}\left(\frac{v_i}{T}\right) \leq 0 \tag{7.12.10}$$

(p_i, v_i sind die i-Komponenten von $\boldsymbol{p}$ und $\boldsymbol{v}$).

Da $\boldsymbol{v} = \boldsymbol{p}/M$ gilt und T von $\boldsymbol{p}$ unabhängig ist (die Temperatur ist nämlich unabhängig vom Bewegungszustand des Bezugssystems), ergibt sich als Stabilitätsbedingung $T/M \geq 0$, also $T \geq 0$.

Ein System, das Translationsenergie aufnehmen kann, hat also stets nicht-negative absolute Temperatur. Noch direkter kann man die Positivität der absoluten Temperatur wie folgt einsehen:

Die Gibbs-Funktion $S(E, \boldsymbol{p}, X)$ hängt von E und $\boldsymbol{p}$ in ganz spezieller Weise ab; es ist nämlich möglich, das System in reversibler Weise abzubremsen, also auf den Impuls $\boldsymbol{p} = 0$ zu bringen, ohne die Werte der Variablen X zu ändern. Die Energie nimmt bei der Abbremsung um die kinetische Energie ab.

Es ist also

$$S(E, \boldsymbol{p}, X) = S\left(E - \frac{\boldsymbol{p}^2}{2M}, \boldsymbol{0}, X\right) \ , \tag{7.12.11}$$

und S hängt slso nur von der inneren Energie $U = E - (\boldsymbol{p}^2/2M)$ ab.

Wäre $T < 0$, so wäre $(\partial S/\partial E)_X < 0$, S wäre also eine abnehmende Funktion der inneren Energie, und die Entropie eines Systems könnte spontan zunehmen, wenn sich die innere Energie erniedrigte und die kinetische Energie erhöhte, d.h. wenn das System in mehrere relativ zueinander bewegte Teilsysteme „zerplatzte".

Die Stabilitätsbedingung $(\partial^2 S/\partial E^2)_X \leq 0$ bedeutet, daß die Funktion $S(E, X)$ bei variablem E stets zur E-Achse hin gekrümmt (konvex) ist.

Unter Berücksichtigung des dritten Hauptsatzes ergeben sich folgende Möglichkeiten (Abb. 7.12.3):

a) Die Energie kann beliebig große Werte annehmen. Die Temperatur $T = 1/(\partial S/\partial E)_X$ ist stets positiv, das Minimum von Energie und Entropie liegt bei $T = 0$.
b) Es gibt Maximalwerte von Energie und Entropie, die Temperatur kann positive und negative Werte annehmen, die Entropie ist minimal bei $T = 0_+$ und $T = 0_-$, maximal bei $T \to \infty$. Negative Temperaturen gehören zu *höheren* Energien als positive Temperaturen.

Systeme mit der Möglichkeit negativer Temperatur sind realisierbar, wenn die Energie beschränkt bleibt, wenn also insbesondere keine Translationsenergie aufgenommen werden kann (dann ist das obige Stabilitätsargument für $T \geq 0$ nicht anwendbar). Ein Beispiel ist ein System von Spins in einem äußeren Magnetfeld. Die kleinstmögliche Energie entspricht einer Parallelstellung aller magnetischer Momente zum Magnetfeld und die größtmögliche Energie einer Antiparallelstellung (Abb. 7.12.4):

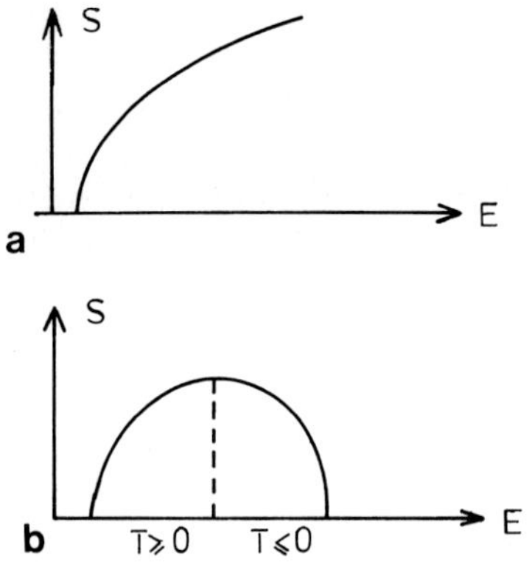

Abb. 7.12.3a, b. Die Funktion $S(E)$ bei festgehaltenen extensiven Variablen X (**a**) wenn es kein Maximum von E und S gibt, (**b**) wenn maximale Werte für E und S existieren

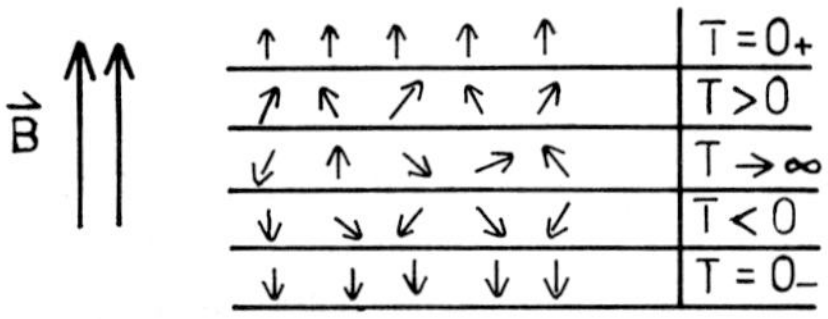

Abb. 7.12.4. Ordnung eines Systems von Spins im äußeren Magnetfeld. Größtmögliche Ordnung herrscht sowohl für maximale als auch für minimale Energie

Man sieht, daß der Zustand maximaler Energie denselben Grad an Ordnung (dieselbe Entropie) hat wie der Zustand minimaler Energie.

Wir wollen nur noch Systeme mit stets positiver Temperatur betrachten. Für ein abgeschlossenes System hat im Gleichgewicht die Entropie bei gegebener Energie E ihren größtmöglichen Wert $S(E)$. Gleichgewichtszustände liegen also in dem Diagramm (Abb. 7.12.5) auf der Kurve $S(E)$ und Ungleichgewichtszustände werden durch Punkte unterhalb der Kurve repräsentiert. Wir fragen uns nun, wieviel Energie von einem System Σ maximal in Form von Arbeit auf ein anderes System Z übertragen werden kann, wenn Σ keine Entropie mit der Umwelt austauschen darf (Abb. 7.12.6). Unter diesen Umständen ist Σ adiabatisch abgeschlossen und die Entropie von Σ kann nicht abnehmen. Man entnimmt dem Diagramm in Abb. 7.12.5 sofort, daß die maximale Arbeit bei reversiblem Verlauf abgegeben wird (vgl. Abschn. 7.9).

Als Beispiel betrachten wir die Expansion eines idealen Gases.

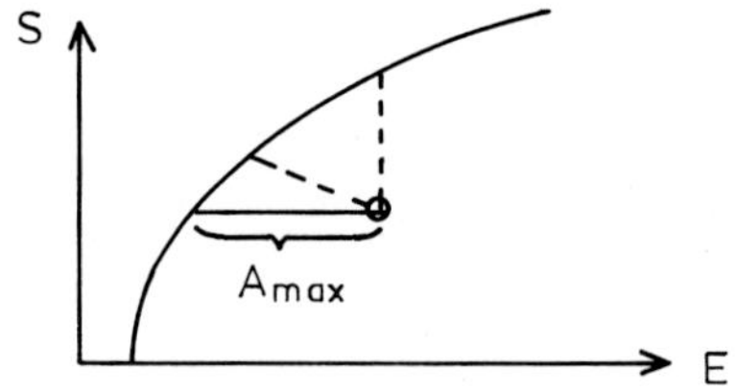

Abb. 7.12.5. In adiabatischen Prozessen kann einem System die maximale Arbeit entzogen werden, wenn die Entropie ungeändert bleibt

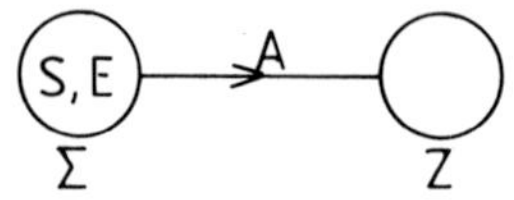

Abb. 7.12.6. Ein System Σ überträgt Arbeit auf ein mechanisches System Z, dessen Entropie sich nicht ändern kann

Bei freier Expansion ist offenbar

$$A=0 \ , \quad S_1-S_0=Nk\ln\frac{V_1}{V_0}>0 \ ,$$

bei isentroper Expansion ist hingegen wegen $dS=0$ und

$$A=\int p\,dV=\int(p\,dV-T\,dS)=-\int dE=E_0-E_1 \ . \tag{7.12.12}$$

Wichtig ist auch eine andere offenbar äquivalente Fassung der Gleichgewichtsbedingung für ein abgeschlossenes System:

Ein abgeschlossenes System hat im Gleichgewicht bei gegebener Entropie die kleinstmögliche Energie.

7.12.2 Gleichgewicht, Stabilität und thermodynamische Potentiale

Als Spezialfall, aus dem sich die physikalische Bedeutung der thermodynamischen Potentiale F, G und H erweisen wird, betrachten wir folgende Situation: Ein System Σ stehe in Entropieaustausch mit einem Wärmereservoir $R_{\tilde{T}}$ der Temperatur $\tilde{T}$ und im Volumenaustausch mit einem „Volumenreservoir" $R_{\tilde{p}}$ mit dem Druck $\tilde{p}$ (Abb. 7.12.7).

(Ein Volumenreservoir ist ein System mit der Gibbs-Form $d\tilde{E}=-\tilde{p}\,d\tilde{V}$, das also Energie nur in Form von Volumenenergie bei konstantem Druck $\tilde{p}$ austauschen

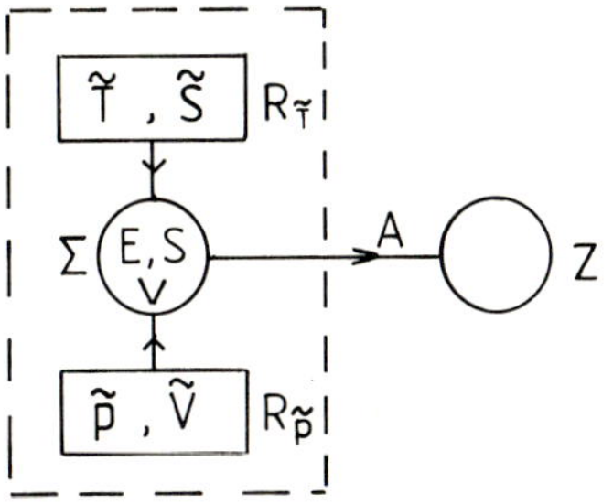

Abb. 7.12.7. Ein zusammengesetztes System (Σ, $R_{\tilde{T}}$, $R_{\tilde{p}}$), bestehend aus (a) einem Arbeitssystem, (b) einem Wärmereservoir der Temperatur $\tilde{T}$, (c) einem Volumenreservoir mit dem Druck $\tilde{p}$ tauscht Energie in Form von Arbeit mit einem mechanischen System Z aus

kann. Ein Volumenreservoir ist beispielsweise realisiert durch einen verschiebbaren Stempel, der für konstanten Druck $\tilde{p}$ sorgt. In vielen konkreten Fällen wirkt die Atmosphäre als Wärme- und Volumenreservoir.) Das zusammengesetzte System ($R_{\tilde{T}}$, $R_{\tilde{p}}$, Σ) möge Energie nur in Form von Arbeit auf ein System Z übertragen. Z und $R_{\tilde{p}}$ haben also feste Entropie.

Die Energiebilanz lautet bei irgendeiner Veränderung mit festgehaltenem $\tilde{T}$ und $\tilde{p}$:

$$\Delta E + \Delta E_{R_{\tilde{T}}} + \Delta E_{R_{\tilde{p}}} + \Delta E_Z = 0 \ ,$$

also

$$\Delta E + \tilde{T}\Delta\tilde{S} - \tilde{p}\Delta\tilde{V} + A = 0 \ . \tag{7.12.13}$$

Die Entropiebilanz ist $\Delta S + \Delta\tilde{S} \geq 0$, also gilt, wenn man $\Delta\tilde{V} = -\Delta V$ berücksichtigt,

$$\Delta E - \tilde{T}\Delta S + \tilde{p}\Delta V = \Delta(E - \tilde{T}S + \tilde{p}V) \leq -A \ . \tag{7.12.14}$$

Die maximal geleistete Arbeit ist durch die Änderung der Größe $E - \tilde{T}S + \tilde{p}V$ bestimmt und wird bei reversiblem Verlauf abgegeben. Wenn insbesondere das System Z abgekoppelt wird, wenn also $A = 0$ ist, so ist

$$\Delta(E - \tilde{T}S + \tilde{p}V) \leq 0 \ . \tag{7.12.15}$$

Folgende Sonderfälle sind wichtig:

i) $\Delta S = 0 \ , \quad \Delta V = 0$.

Die in Σ produzierte Entropie wird an $R_{\tilde{T}}$ abgeführt und das Volumen V ändert sich nicht.

Alternativ kann man sich auch das Volumenreservoir als fehlend oder abgekoppelt denken.

Dann ist

$$\Delta E \leq -A \ . \tag{7.12.16}$$

Wenn Z abgekoppelt ist gilt $\Delta E \leq 0$, also nimmt in diesem Falle E spontan nicht zu und ist im stabilen Gleichgewicht minimal.

ii) $\Delta S = 0$ und $p = \tilde{p} = \text{const}$.

In Σ herrscht ein einheitlicher Druck, der mit $\tilde{p}$ übereinstimmt.

Dann ist

$$\Delta(E + pV) = \Delta H \leq -A$$

bei konstanter Entropie und konstantem Druck von Σ ist die abgegebene Arbeit nicht größer als der Betrag der Enthalpieänderung, und es gilt

$$\Delta H \leq 0 \ ,$$

falls Z abgekoppelt. Die Enthalpie nimmt bei konstanter Entropie und konstantem Druck von Σ spontan nicht zu und ist im stabilen Gleichgewicht minimal.

iii) $T = \tilde{T} = \text{const} \ , \quad \Delta V = 0$,

in Σ herrscht einheitliche mit $\tilde{T}$ übereinstimmende Temperatur, und V ist fest (oder $R_{\tilde{p}}$ abgekoppelt).

Dann ist

$$\Delta(E - TS) = \Delta F \leq -A \ ,$$

bei konstanter Temperatur von Σ gilt: die abgegebene Arbeit ist nicht größer als der Betrag der Änderung der freien Energie.

Wenn Z abgekoppelt, gilt

$$\Delta F \leq 0 \ .$$

Die freie Energie nimmt bei konstanter Temperatur spontan nicht zu und ist im stabilen Gleichgewicht minimal.

iv) $T = \tilde{T} \ , \quad p = \tilde{p}$.

Dann ist

$$\Delta(E - TS + pV) = \Delta G \leq -A \ ,$$

bei konstanter Temperatur und konstantem Druck von Σ gilt: die abgegebene Arbeit ist nicht größer als der Betrag der Änderung der freien Enthalpie, bzw.

$$\Delta G \leq 0 \ .$$

Die freie Enthalpie nimmt bei konstantem T und p spontan nicht zu, das Minimum liegt im stabilen Gleichgewicht vor.

Als Beispiel zu (iii) betrachten wir die freie und die isotherme Expansion eines idealen Gases.

Freie Expansion:

$$E_1 - E_0 = \Delta E = 0 \ , \qquad A = 0 \ ,$$

$$\Delta S = Nk \ln\left(\frac{V_1}{V_0}\right) > 0 \ , \tag{7.12.17}$$

$$\Delta F = -NkT \ln\left(\frac{V_1}{V_0}\right) < 0 = -A \ .$$

Isotherme Expansion:

$$\Delta E = 0 \ , \qquad \Delta S = Nk \ln\left(\frac{V_1}{V_0}\right) > 0 \ ,$$
$$\Delta F = -NkT \ln\left(\frac{V_1}{V_0}\right) \ , \tag{7.12.18}$$

$$A = \int_{V_0}^{V_1} p\, dV = NkT \int_{V_0}^{V_1} \frac{dV}{V} = NkT \ln\left(\frac{V_1}{V_0}\right)$$
$$= -\Delta F = \Delta E_{R_T} \ . \tag{7.12.19}$$

Gleichgewichts- und Stabilitätsbedingungen für die Fälle (i–iii) erhalten wir wieder, indem wir Σ in zwei Teilsysteme zerlegt denken und Austausch extensiver Variablen zwischen den Teilsystemen zulassen.

Zu (i) Entropie- und Volumenaustausch:

$$dE_\alpha = T\, dS_\alpha - p_\alpha dV_\alpha \ , \qquad \alpha = 1, 2 \ ,$$

$$dS_1 + dS_2 = 0 \ , \qquad dV_1 + dV_2 = 0 \ .$$

Gleichgewicht:

$$T_1 = T_2 \ , \qquad p_1 = p_2 \ .$$

Stabilität:

$$\left(\frac{\partial^2 E}{\partial S^2}\right)_V \geq 0 \ , \qquad \text{d.h.} \qquad \left(\frac{\partial T}{\partial S}\right)_V \geq 0 \ ,$$

$$\text{also} \quad C_V = T\left(\frac{\partial S}{\partial T}\right)_V \geq 0 \ ,$$

$$\left(\frac{\partial^2 E}{\partial V^2}\right)_S \geq 0 \ , \qquad \text{d.h.} \qquad -\left(\frac{\partial p}{\partial V}\right)_S \geq 0 \ ,$$

$$\text{also} \quad \kappa_S = -\frac{1}{V}\left(\frac{\partial V}{\partial p}\right)_S \geq 0 \ . \tag{7.12.20}$$

Zu (ii) Entropieaustausch:

$$dH_\alpha = T_\alpha dS_\alpha + V_\alpha dp_\alpha = T_\alpha dS_\alpha \ ,$$

$$\alpha = 1, 2 \ , \qquad dS_1 + dS_2 = 0 \ .$$

Gleichgewicht:

$$T_1 = T_2 \ .$$

Stabilität:

$$\left(\frac{\partial^2 H}{\partial S^2}\right)_p \geq 0 \ , \qquad \text{d.h.} \qquad \left(\frac{\partial T}{\partial S}\right)_p \geq 0 \ ,$$

$$\text{also} \quad C_p = T\left(\frac{\partial S}{\partial T}\right)_p \geq 0 \ . \tag{7.12.21}$$

Zu (iii) Volumenaustausch:

$$dF_\alpha = -S_\alpha dT_\alpha - p_\alpha dV_\alpha = -p_\alpha dV_\alpha \ ,$$

$$\alpha = 1, 2 \ , \qquad dV_1 + dV_2 = 0 \ .$$

Gleichgewicht:

$$p_1 = p_2 \ .$$

Stabilität:

$$\left(\frac{\partial^2 F}{\partial V^2}\right)_T = -\left(\frac{\partial p}{\partial V}\right)_T \geq 0 \ ,$$

$$\text{also} \quad \kappa_T = -\frac{1}{V}\left(\frac{\partial V}{\partial p}\right)_T \geq 0 \ . \tag{7.12.22}$$

Wegen (vgl. 7.7.15)

$$C_p - C_V = -T\left(\frac{\partial p}{\partial T}\right)_p^2 \Big/ \left(\frac{\partial V}{\partial p}\right)_T \tag{7.12.23}$$

folgt daraus

$$C_p \geq C_V \ .$$

8. Anwendungen der Thermodynamik

Bisher haben wir im Kap. 7 in dem Bemühen, Eigenschaften und Verhalten makroskopischer Körper mit Hilfe der Kenntnis der mikroskopischen Wechselwirkung zu erklären, Begriffe eingeführt wie Entropie S, Druck p, Temperatur T und chemisches Potential μ. Wir haben diese Größen auch Zustandsvariablen genannt und die Menge der Zustandsvariablen wurde strukturiert durch die Gibbssche Fundamentalform

$$dE = T dS - p dV + \mu dN \quad ,$$

denn diese Differentialform gibt nicht nur an, in welcher Form Energie ausgetauscht werden kann, sie legt auch nahe, die Zustandsvariablen in Paaren von zueinander energiekonjugierten Größen

$$(T, S) \quad , \qquad (p, V) \quad , \qquad (\mu, N)$$

zusammenzufassen.

Ein weiterer wichtiger Begriff war der des thermodynamischen Potentials. Dies waren Funktionen mit der Dimension einer Energie, die von je einer Variablen dieser Paare abhingen. Wir haben gesehen, daß man aus einem solchen thermodynamischen Potential Beziehungen zwischen den thermodynamischen Zustandsvariablen ableiten konnte, und wir hatten gelernt wie man, wenigstens im Prinzip, solche thermodynamischen Potentiale berechnet.

Als Anwendungen hatten wir bisher nur das ideale Gas studiert, weil wir für dieses sehr einfach die thermodynamischen Potentiale konkret berechnen konnten und weil wir auf diese Weise die von anderer Seite bekannten Gesetze herleiten konnten.

Nun gibt es aber nicht nur das ideale Gas, oft läßt sich die Wechselwirkung zwischen den Molekülen oder Atomen des Gases nicht vernachlässigen, und es gibt neben den realen Gasen auch noch Flüssigkeiten und feste Körper. Für alle diese Materialen gilt folgende Strategie: Man versuche mit Hilfe der Kenntnis (oder mit Vorgabe) der mikroskopischen Wechselwirkung ein thermodynamisches Potential zu berechnen, dann kann man die Materialeigenschaften daraus leicht ableiten.

Man kennt nun nicht nur feste, flüssige und gasförmige Materialien, man weiß aus Erfahrung, daß eine einzige Substanz, etwa Wasser, in allen diesen *Aggregatzuständen*[1] vorkommen kann. In diesen verschiedenen Zuständen hat die Substanz verschiedene physikalische Eigenschaften. Dichte, Kompressibilität usw. hängen in ganz anderer Weise von den Zustandsvariablen ab.

Allgemeiner braucht ein System im Gleichgewichtszustand nicht mehr homogen zu sein, sondern es kann auch aus mehreren *Phasen*[2] bestehen, welche jede für sich bis in molekulare Dimensionen hinein homogen sind und die voneinander durch Grenzflächen getrennt sein werden.

Es stellt sich also eine weitere Aufgabe für den in Kap. 7 entwickelten Formalismus: Man muß mit diesem die Existenz der verschiedenen Phasen zeigen sowie das Verhalten beim Übergang von einer Phase zur andern beschreiben können.

Das leistet der Formalismus in der Tat, aber es ist sofort ersichtlich, daß bei der Reichhaltigkeit der Phänomene und der möglichen mikroskopischen Wechselwirkungen die „*Theorie der Phasenübergänge*“ ein weites Feld ist, das in vielen Bereichen auch noch Gegenstand der aktuellen Forschung ist.

Wir wollen in diesem und in den folgenden Abschnitten nicht irgendeine Berechnung von thermodynamischen Potentialen für realistische Fälle versuchen, sondern vielmehr sollen die bisher eingeführten Begriffe benutzt werden, um phänomenologisch zu beschreiben, was alles bei Phasenübergängen geschehen kann. Wir werden dabei immer die feste, flüssige und gasförmige Phase betrachten. Es darf darüber aber nicht vergessen werden, daß es noch viele weitere Phasen gibt. Bei festen Körpern kann es verschiedene Kristallstrukturen der gleichen Substanz geben, es gibt bei magnetischen Systemen z. B. die ferromagnetische und die paramagnetische Phase, es gibt die supraleitfähige Phase usw.

---

[1] Aggregatzustand (lat.) von aggregare: sich zusammenscharen, versammeln. Die Moleküle scharen sich in Gasen, Flüssigkeiten und Festkörpern auf verschiedene Weise zusammen.

[2] Phase urspr. von griech. phásis: Aufgang eines Gestirns. Erscheinung, Erscheinungsform.

8.1 Phasenübergänge und Phasendiagramme

Eine Phase ist bis in molekulare Bereiche hinein homogen aufgebaut. Auch *homogene Mischungen* zweier verschiedener chemischer Stoffe stellen eine Phase dar. So gibt es in jedem System von verschiedenen Stoffen nur eine gasförmige Phase, da Gase vollkommen mischbar sind. Auch eine wäßrige Zuckerlösung aus Zucker und Wasser stellt eine Phase dar. Kühlt man nun die Lösung tief genug ab, so beginnt Zucker auszukristallieren. Man erhält zwei Phasen, eine feste, reine Zuckerphase und eine Zuckerlösung mit niedrigerem Zuckergehalt.

Man bezeichnet als *Mehrphasensystem* ein inhomogenes System mit mehreren Phasen. Betrachten wir zunächst ein Zwei-Phasen-System eines Stoffes, z.B. das System (Wasser, Wasserdampf). „*Dampf*“ ist eine Bezeichnung für die gasförmige Phase einer Substanz, wenn diese Phase noch in Energie- und Massenaustausch mit der flüssigen oder festen Phase steht oder durch nicht allzu großen Volumen- oder Temperaturänderungen teilweise oder ganz in die andere Phase überführt werden kann. Der Dampf ist also ein reales Gas, d.h., Gesetze für Beziehungen zwischen Zustandsvariablen, also Zustandsgleichungen, werden stark von den Gleichungen für das ideale Gas abweichen. Wird allerdings der Dampf von der anderen Phase getrennt und zunehmend erhitzt, so verhält sich dieser überhitzte Dampf oder *Heißdampf* immer mehr wie ein ideales Gas.

Berühren sich andererseits Dampf und ein anderer Aggregatzustand, wie in dem zu betrachtenden Zweiphasensystem, so wird zwischen den beiden Phasen ständig Substanz ausgetauscht, es treten Moleküle aus dem Verband der festen oder flüssigen Phase heraus in die Dampfphase, und in umgekehrter Richtung werden auch Moleküle aus dem Dampf in den anderen Aggregatzustand aufgenommen. Thermodynamisches Gleichgewicht herrscht, wenn bei einem abgeschlossenen Zwei-Phasensystem beide Phasen gleiche Temperatur und gleichen Druck besitzen und wenn auch die Teilchenanzahl von Dampf und anderem Aggregatzustand im statistischen Mittel konstant bleiben, d.h., wenn die chemischen Potentiale der beiden Phasen gleich sind. Man bezeichnet den Dampf dann auch als *gesättigten Dampf*.

Seien p und T der gemeinsame Druck und die gemeinsame Temperatur, sei $\mu(p,T)$ das chemische Potential von Wasser und $\mu'(p,T)$ das von Wasserdampf. Dann gilt also im thermodynamischen Gleichgewicht

$$\mu'(p,T)=\mu(p,T) \ .$$

Wir denken uns diese Funktionen als gegeben oder berechnet. In der p, T-Ebene wird durch die Gleichung

$$\mu'=\mu$$

(mit $\mu' \not\equiv \mu$) eine Kurve definiert, auf der alle Punkte (p, T) liegen, für die Wasser und Wasserdampf im Gleichgewicht existieren können. (Ist allerdings $\mu' \equiv \mu$, so gilt die Gleichung für alle p, T, und es ist nicht sinnvoll, von zwei unterschiedlichen Phasen zu reden.)

Gibt es gar drei Phasen einer Substanz (wie das Eis neben dem Wasserdampf beim Wasser), so können diese drei Phasen im Gleichgewicht stehen, wenn

$$\mu=\mu'=\mu''$$

gilt, wobei $\mu''(p,T)$ das chemische Potential der dritten Phase sei. Da dieses zwei Gleichungen für zwei Variablen sind, wird dadurch in der Regel ein einziger Punkt im p, T-Diagramm festgelegt, der sogenannte *Tripelpunkt*.

In Abb. 8.1.1 zeigen wir ein typisches Phasendiagramm, nämlich das von Wasser. Wir sehen, bei $T=100\,°C$ und $p=1$ atm stehen Wasser und Wasserdampf im thermodynamischen Gleichgewicht, bei niedrigeren Drucken verschiebt sich die Gleichgewichtstemperatur zu niedrigeren Werten, wie man auch aus Erfahrung weiß. (Auf einem Berg siedet das Wasser wegen des niedrigeren Drucks bei Temperatu-

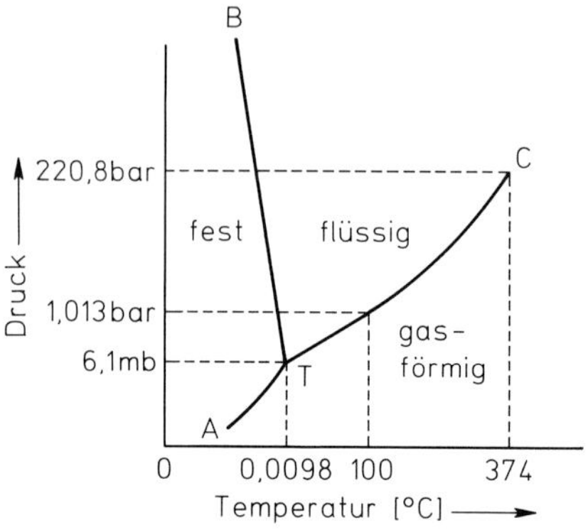

Abb. 8.1.1. Zustandsdiagramm von H_2O bei niederen Drucken

ren unterhalb von 100 °C.) Auch sieht man, daß die feste Phase, Eis, im Gleichgewicht mit der flüssigen Phase ist bei z. B. 0 °C und dem Normaldruck 1 atm. Erhöht man den Druck, so erniedrigt sich die Temperatur, bei der beide Phasen im Gleichgewicht stehen. Eis, das durch eine Schlittschuhkufe unter Druck gesetzt wird, schmilzt. Gletscher können so langsam zu Tal wandern.

Dieses Verhalten, eine Abnahme des Schmelzpunktes mit einer Druckzunahme, ist allerdings selten. Es kommt noch bei Wismut vor, aber sonst gibt es bei den anderen Materialien nur das umgekehrte Verhalten, die Schmelztemperatur steigt mit wachsendem Druck. Der Tripelpunkt des Wassers liegt bei 0,0098 °C und 4,58 Torr = 6,11 mbar. Da der Tripelpunkt eindeutig definiert ist und dieser Tripelpunkt von Wasser einfach realisiert werden kann, hat man ihn als Bezugspunkt für die Temperaturskala benutzt. Unterhalb von 6,11 mbar gibt es keine flüssige Phase mehr. Eis geht dann bei einer Erhöhung der Temperatur direkt in Dampf über. Man nennt diesen Vorgang *Sublimation*. Dieser Vorgang ist besser bekannt bei Trockeneis (festes CO_2). Erwärmt man dieses bei 1,013 bar = 1 atm (Abb. 8.1.2), so geht es bei −78,5 °C direkt in den gasförmigen Zustand über.

Schließlich gibt es einen letzten markanten Punkt in dem Phasendiagramm, den kritischen Punkt C bei $T_{krit} = 374$ °C. Oberhalb dieser Temperatur werden die chemischen Potentiale von Wasserdampf und Wasser als Funktionen gleich, d.h. es gibt dann keinen Unterschied mehr zwischen den Phasen, es macht keinen Sinn mehr, zwischen Wasser und Wasserdampf zu unterscheiden. Das bedeutet: Während für $T < 374$ °C $\mu(p, T)$ nur oberhalb der Kurve TC und rechts von TB definiert ist und $\mu'(p, T)$ als chemisches Potential des Wasserdampfs nur unterhalb der Kurve TC und rechts von TA definiert ist, ist für $T > 374$ °C $\mu \equiv \mu'$ für alle p definiert.

Man kann diese Tatsache auch anders formulieren. Man kann für diese Substanz H_2O für alle p, T, die physikalischen Werten entsprechen, ein chemisches Potential $\mu(p, T)$ definieren. Diese Funktion von zwei Veränderlichen ist dann zwar auf den Linien TA, TB, TC stetig, ihre Ableitungen aber können dort unstetig sein.

Die Kurve TC nennt man auch *Dampfdruckkurve*, der Druck $p(T)$ auf dieser Kurve heißt der Dampfdruck, weil das der Druck des Dampfes ist, der bei der Temperatur T mit der flüssigen Phase im Gleichgewicht steht. Abbildung 8.1.3 zeigt ein Phasen- oder Zustandsdiagramm für H_2O bei höheren Drucken. Man sieht, daß es mehrere Tripelpunkte geben kann, die verschiedenen Phasen unterscheiden sich durch die Kristallstruktur.

Man stellt an diesen Diagrammen fest, daß in Einphasen-Gebieten zwei Variablen unabhängig zu variieren sind, in einem Zwei-Phasen-Gebiet nur noch eine Variable und in einem Dreiphasen-Gebiet ist keine Variable mehr frei. In einem m-Phasen-Gebiet sind so $(3-m)$ Variablen frei zu wählen.

Man kann diese Aussage verallgemeinern und für Gemische von n Substanzen formulieren und beweisen. In dem Fall, daß m Phasen im Gleichgewicht sind, sind noch

$$f = n + 2 - m$$

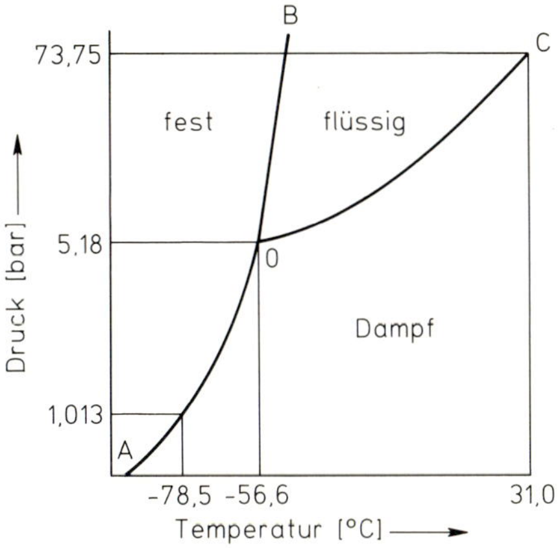

Abb. 8.1.2. Phasendiagramm von CO_2 (nicht maßstabsgerecht)

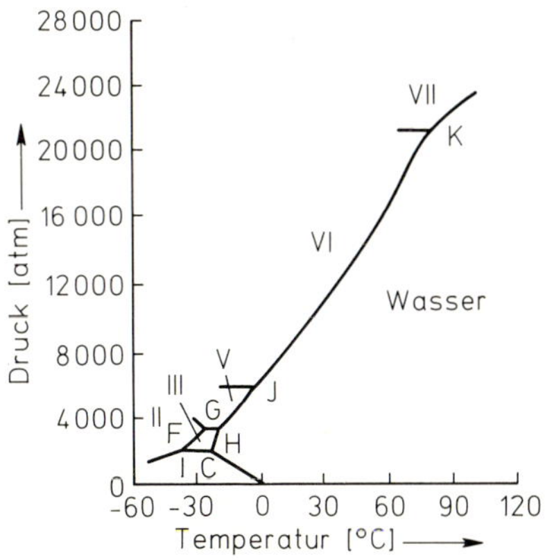

Abb. 8.1.3. Zustandsdiagramm von H_2O bei höheren Drucken

Variablen frei zu wählen. Dies ist die *Gibbssche Phasenregel*. Eine Diskussion dieser Regel ist Thema einer Vorlesung über Thermodynamik oder Statistische Mechanik.

Beispiel

Man betrachte die beiden Stoffe H_2O, NaCl und die Phasen: Eis, festes NaCl, gesättigte NaCl-Lösung, Dampf: Stehen alle vier Phasen im Gleichgewicht, so ist keine Variable mehr frei.

8.2 Die Umwandlungswärme bei Phasenumwandlungen

Wir betrachten zunächst einen Punkt 1 der p, T-Ebene, der in der Nähe der Koexistenzkurve (flüssig-dampfförmig) liegt, und zwar in der Dampfphase (Abb. 8.2.1).

Erhöhen wir bei konstanter Temperatur den Druck $(1 \rightarrow 2)$, so gelangen wir auf die Koexistenzkurve. Die Erhöhung des Drucks erzielen wir durch Verringerung des Volumens. Wir veranschaulichen das in einem p, V-Diagramm (Abb. 8.2.2).

Sind wir an der Koexistenzkurve angekommen, so kondensiert der Dampf teilweise zur Flüssigkeit. Da in der Koexistenzphase zu fester Temperatur auch ein bestimmter Druck gehört – unabhängig vom Volumen – so bleibt während der Koexistenz bei weiterer Volumenverringerung der Druck konstant, so lange, bis aller Dampf verflüssigt ist $(2 \rightarrow 3)$. Erst dann steigt

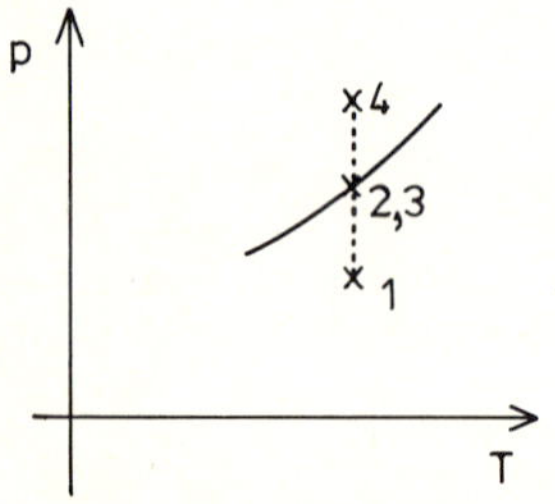

Abb. 8.2.1. Verflüssigung bei konstanter Temperatur im $p-T$-Diagramm

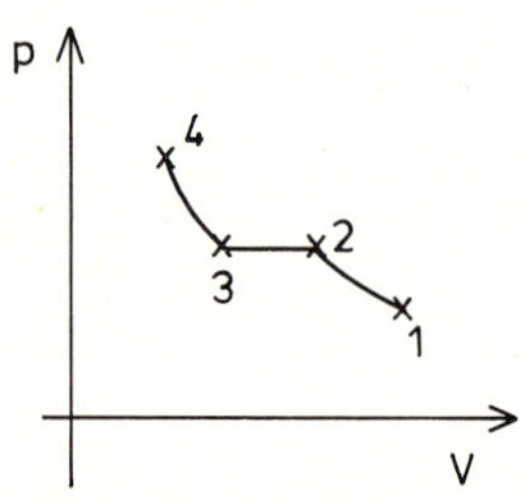

Abb. 8.2.2. Verflüssigung bei konstanter Temperatur im $p-V$-Diagramm

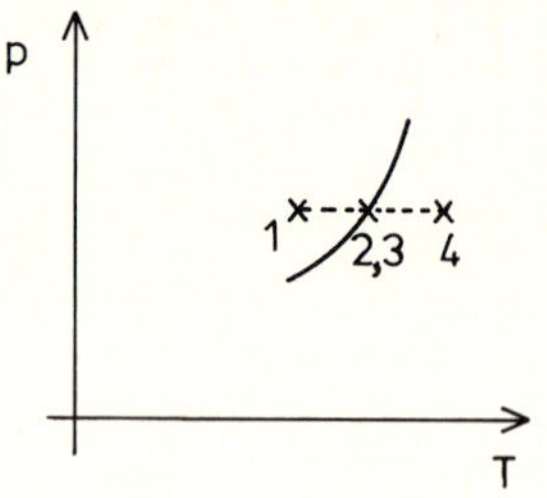

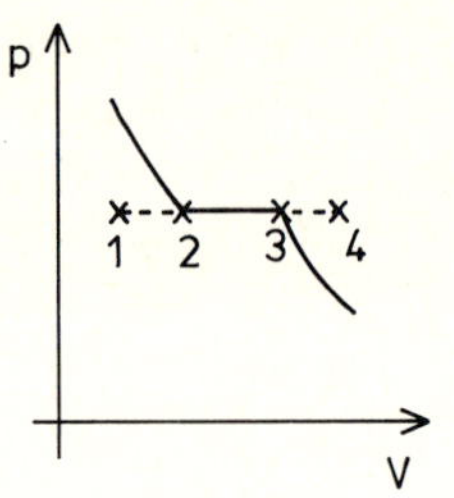

Abb. 8.2.3. Verdampfung bei konstantem Druck im $p-T$-Diagramm

Abb. 8.2.4. Verdampfung bei konstantem Druck im $p-V$-Diagramm

der Druck der nun vollständig verflüssigten Substanz wieder an und im p, T-Diagramm bewegt man sich erst dann wieder von der Koexistenzkurve fort $(3 \rightarrow 4)$.

Andererseits kann man bei konstantem Druck die Flüssigkeit erwärmen (Abb. 8.2.3). Hat die Temperatur die Koexistenztemperatur erreicht, so bleibt trotz weiterer Wärmezufuhr die Temperatur konstant, so lange, bis alle Flüssigkeit verdampft ist. Erst dann wird die zugeführte Wärmeenergie dazu benutzt, die Temperatur des Dampfes zu erhöhen.

Die Linie $(3 \rightarrow 4)$ in Abb. 8.2.4 schneidet wieder, wie die Linie $(1 \rightarrow 2)$, verschiedene Isothermen, die Wärmezufuhr bewirkt eine Temperaturerhöhung. In der Koexistenz-Phase, in der noch nicht alle Flüssigkeit verdampft ist $(2 \rightarrow 3)$, wird die Wärmeenergie dazu benutzt, die Bindungen der Flüssigkeitsmoleküle aneinander aufzubrechen und die Ausdehnung auf das größere Volumen des Dampfes zu leisten. Wir nennen diese Wärme *Umwandlungswärme* oder auch „*latente*" *Wärme*[3]. Das Wort „latent" ist historisch bedingt.

Wir wollen die Umwandlungswärme hier berechnen.

Sei $S_i(T, p, N)$ die Entropie der Phase i. Sollen dn Teilchen aus der Phase 2 in Phase 1 übergehen, so ist $dN_1 = dn$, $dN_2 = -dn$ und die aufzuwendende Wärmeenergie ist

$$\begin{aligned} \delta Q &= T\,dS_1 + T\,dS_2 \\ &= T\left[\left.\frac{\partial S_1(T,p,N)}{\partial N}\right|_{N_1} - \left.\frac{\partial S_2(T,p,N)}{\partial N}\right|_{N_2}\right] dn \;. \end{aligned} \tag{8.2.1}$$

[3] latente Wärme (lat.) von latere: verborgen sein.

Dabei ist $p=p(T)$, da ja beide Phasen sich in Koexistenz befinden. Nun gilt

$$dG=-S\,dT+V\,dp+\mu\,dN\ , \qquad \text{also}$$

$$\frac{\partial G(T,p,N)}{\partial T}=-S(T,p,N)\ .$$

Außerdem gilt

$$G(T,p,N)=N\mu(T,p)\ , \tag{8.2.2}$$

wie wir im nächsten Abschnitt in einem allgemeineren Zusammenhang zeigen werden. Die intensive Größe $\mu(T,p)$ kann als Funktion der intensiven Größen T und p nicht mehr von der extensiven Größe N abhängen.

Weiter folgt die Maxwell-Relation

$$\frac{\partial S(T,p,N)}{\partial N}=-\frac{\partial^2 G(T,p,N)}{\partial N\partial T}=-\frac{\partial\mu(T,p)}{\partial T}\ .$$

Also ergibt sich für die Umwandlungswärme q, d.h. für die Energie, die man im Mittel zuführen muß, um z.B. ein Teilchen von der flüssigen Phase in die Dampf-Phase überzuführen:

$$q=\frac{\delta Q}{dn}=-T\left[\frac{\partial\mu_1(T,p)}{\partial T}-\frac{\partial\mu_2(T,p)}{\partial T}\right]\Bigg|_{p=p(T)}\ . \tag{8.2.3}$$

Aus $\mu_1(T,p(T))-\mu_2(T,p(T))=0$ folgt durch Ableitung nach T

$$\frac{\partial\mu_1}{\partial T}+\frac{\partial\mu_1}{\partial p}\frac{dp}{dT}-\frac{\partial\mu_2}{\partial T}-\frac{\partial\mu_2}{\partial p}\frac{dp}{dT}=0$$

oder

$$\left(\frac{\partial\mu_1}{\partial T}-\frac{\partial\mu_2}{\partial T}\right)\Bigg|_{p=p(T)}=-\left(\frac{\partial\mu_1}{\partial p}-\frac{\partial\mu_2}{\partial p}\right)\frac{dp}{dT}\ . \tag{8.2.4}$$

Mit

$$\frac{\partial\mu_i}{\partial p}=\frac{1}{N_i}\frac{\partial G_i(T,p,N_i)}{\partial p}=\frac{V_i}{N_i}=:v_i(T,p)\ , \qquad i=1,2\ , \tag{8.2.5}$$

ergibt sich so die *Clausius-Clapeyronsche*[4] *Gleichung*

$$q=T[v_1(T,p)-v_2(T,p)]\,\frac{dp}{dT}\ . \tag{8.2.6}$$

Spezialfall

Sei $v_2(p,T)$ das Volumen pro Teilchen einer flüssigen Phase,

$v_1(p,T)$ das Volumen pro Teilchen einer gasförmigen Phase,

so ist normalerweise $v_1 \gg v_2$ und, wenn man noch $pv_1=kT$ für die Gasphase benutzt, erhält man

$$q=Tv_1\frac{dp(T)}{dT}=\frac{kT^2}{p}\frac{dp(T)}{dT} \tag{8.2.7}$$

oder

$$\frac{dp}{dT}=q\frac{p}{kT^2}\ . \tag{8.2.8}$$

Nimmt man an, daß q nicht von T abhängt, so folgt

$$p(T)=p_0\,\mathrm{e}^{-q/kT} \qquad \text{oder}$$

$$\ln p(T)=-\left(\frac{q}{kT}\right)+\ln p_0\ , \tag{8.2.9}$$

d.h., trägt man $\ln p$ gegen $1/T$ auf, so erhält man eine Gerade. Wie gut diese Näherung ist, ist in Abb. 8.2.5 gezeigt für den Bereich

$$10^{-2}\ \text{Torr} \quad \text{bis} \quad 10^6\ \text{Torr} \approx p_{\text{krit}}$$

und zwar ist dort das Phasen-Diagramm Wasser-Dampf und Eis-Dampf im logarithmischen Maßstab gezeigt.

Anmerkungen

i) In (8.2.3) haben wir die Umwandlungswärme pro Teilchen berechnet. In Anwendungen benutzt man häufig die Umwandlungswärme pro Mol. Diese ist offensichtlich

$$\bar{q}=Lq\ , \tag{8.2.10}$$

---

[4] *Clapeyron, Benoit Pierre Emile* (∗1799 Paris, †1864 Paris). Ingenieur und Mathematiker, 1835 am Bau der ersten französischen Eisenbahn beteiligt. Seine Gleichung zur Verdampfungswärme wurde 1850 von R. Clausius verallgemeinert.

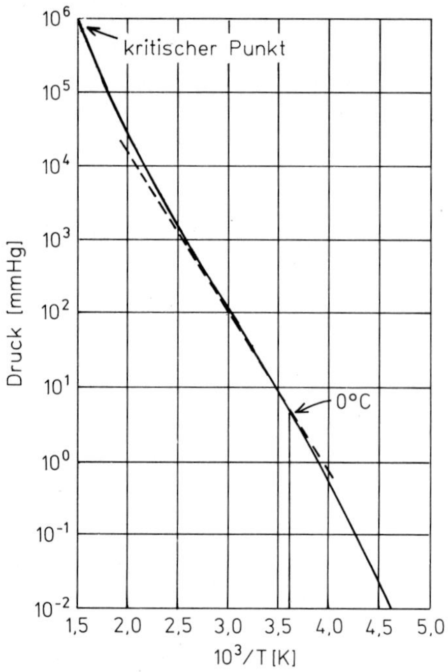

Abb. 8.2.5. Dampfdruckkurve von H_2O in Abhängigkeit von $1/T$ mit logarithmischer Skala für den Druck. Die gestrichelte Linie ist eine Gerade

wobei $L = 6{,}02 \times 10^{23}$ Teilchen pro Mol die Avogadro-Zahl ist.

Sei n die Anzahl der Mole bei der Anzahl N von Teilchen. Es ist also

$$n = \frac{N}{L}\,, \quad \text{und}$$

$$\bar{G} = \frac{G}{n} = L\,\frac{G}{N} = L\mu(T,p) \tag{8.2.11}$$

ist die freie Enthalpie pro Mol. Für die Enthalpie $\bar{H}$ und die Entropie $\bar{S}$ pro Mol erhält man

$$\bar{S} = \frac{S}{n} = -\frac{1}{n}\,\frac{\partial G}{\partial T} = -\frac{\partial \bar{G}}{\partial T} = -L\,\frac{\partial \mu}{\partial T}\,, \tag{8.2.12}$$

$$\bar{H} = T\bar{S} + \bar{G}\,, \quad \text{und somit} \tag{8.2.13}$$

$$\bar{q} = Lq = T[\bar{S}_1(p,T) - \bar{S}_2(p,T)] = T\Delta\bar{S} \tag{8.2.14}$$

oder auch, da auf der Koexistenzkurve

$$\bar{G}_1 = L\mu_1(p,T) = \bar{G}_2 = L\mu_2(p,T)$$

ist:

$$\bar{q} = \Delta\bar{H}\,. \tag{8.2.15}$$

Die Umwandlungswärme pro Mol entspricht also der Enthalpieänderung pro Mol bzw. dem Produkt aus Umwandlungstemperatur und Entropieänderung pro Mol. Man spricht so auch von latenter Umwandlungsenthalpie bzw. Umwandlungsentropie.

Eine weitere häufig gebrauchte Form der Gleichung erhält man, wenn man mit

$$L[v_1(T,p) - v_2(T,p)] = \Delta\bar{V} \tag{8.2.16}$$

schreibt

$$\frac{dp}{dT} = \frac{\Delta\bar{H}}{T\Delta\bar{V}} = \frac{\Delta\bar{S}}{\Delta\bar{V}}\,. \tag{8.2.17}$$

Man findet in Tabellen die gemessenen Werte von $\Delta\bar{H}$, $\Delta\bar{S}$ für den Schmelzvorgang bzw. für den Verflüssigungsvorgang bei festem Druck.

Für H_2O gilt bei 1 bar (Normaldruck):

$T_S = 273{,}15$ K, $\Delta\bar{H} = 6{,}03$ kJ/mol, $\Delta\bar{S} = 22{,}02$ J/mol K,
$T_V = 373{,}15$ K, $\Delta\bar{H} = 40{,}67$ kJ/mol, $\Delta\bar{S} = 108{,}89$ J/mol K.

ii) Die mit einer nichtverschwindenden Umwandlungsenthalpie verknüpften Phasenübergänge nennt man auch *Übergänge erster Art*. Die Entropie $\bar{S}(T,p,N)$ macht als Funktion von T einen Sprung bei $T = T(p)$, die Anzahl der Mikrozustände wächst von der Phase Eis zu Wasser z. B. sprunghaft, ebenso von Wasser zu Dampf. Das gleiche gilt für $\bar{V}$. $\bar{G}(T,p,N)$ hat, als Funktion von T oder von p betrachtet, einen Knick bei $T(p)$ bzw. $p(T)$ (Abb. 8.2.6).

Es gibt andere Phasenübergänge, bei denen $\bar{S}(T,p,N)$ nur einen Knick als Funktion von T hat, dann hat aber z. B.

$$c_p = T\,\frac{\partial \bar{S}(T,p,N)}{\partial T}$$

einen Sprung. Solche Änderungen nennt man *Phasenumwandlungen zweiter Art*.

Die folgende Einteilung von Phasenübergängen stammt von *Ehrenfest*[5]:

[5] *Ehrenfest, Paul* (∗ 1880 Wien, † 1933 Amsterdam). Grundlegende Arbeiten zur statistischen Mechanik und Quantentheorie.

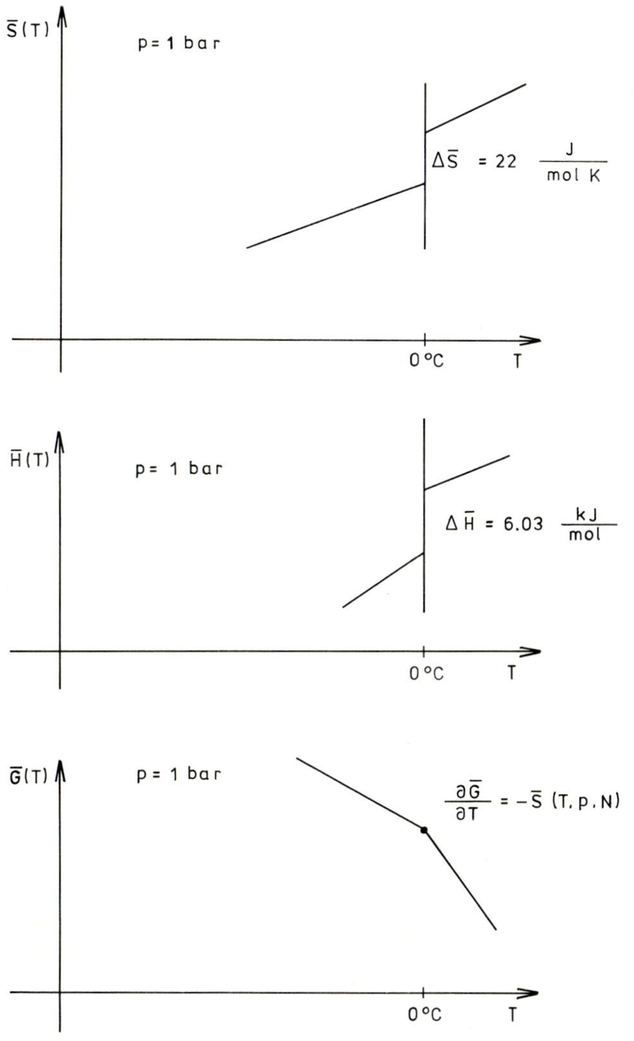

Abb. 8.2.6. Ein Phasenübergang 1. Ordnung ist gekennzeichnet durch einen Knick in $\bar{G}(T)$, Sprünge in der ersten Ableitung von $\bar{G}(p, T)$

Er nennt einen Phasenübergang einen Übergang n-ter Ordnung, wenn die n-te Ableitung von $\mu(T, p)$ einen Sprung macht, d.h. eine Unstetigkeitsstelle aufweist, die niedrigeren Ableitungen an der Stelle aber noch stetig sind. Für diese Sprünge kann man dann Gleichungen aufstellen, analog den Clausius-Clapeyronschen. Für einen Phasenübergang zweiter Ordnung gilt so

$$c_p = Tv \frac{dp}{dT} \Delta\alpha \qquad \text{(1. Ehrenfestsche Gleichung)} \tag{8.2.18}$$

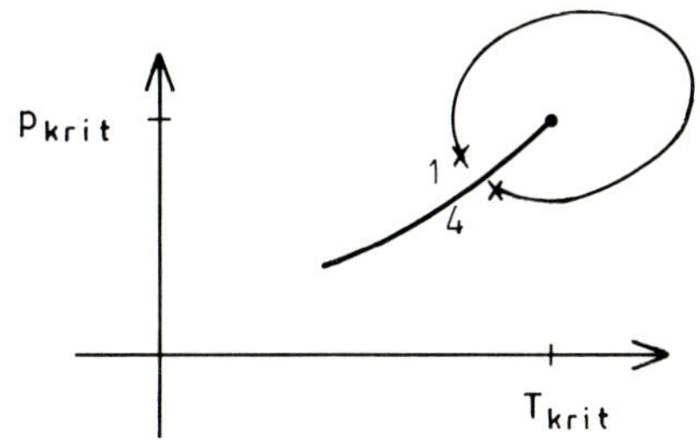

Abb. 8.2.7. Beim Übergang von 1 nach 4 verändern sich alle Zustandsvariablen stetig

und

$$\Delta\alpha = \frac{dp}{dT} \Delta\kappa \qquad \text{(2. Ehrenfestsche Gleichung).} \tag{8.2.19}$$

Aber nicht alle Phasenübergänge passen in das Ehrenfestsche Schema. Der Übergang vom Helium I zum Helium II ist sehr wahrscheinlich weder ein Phasenübergang 1. Ordnung, da die Umwandlungsenthalpie $\Delta\bar{H} = 0$ ist, noch ist es ein Übergang zweiter Ordnung, da $c_p \to \infty$ für $T \to T_{\text{krit}}$.

iii) Führt man die p, T-Werte eines Gases um den kritischen Punkt herum in das Gebiet der Flüssigkeitsphase (Abb. 8.2.7), so stellt man immer nur eine stetige Änderung aller Zustandsgrößen S, H usw. fest. Die Energie, die man dabei aufzuwenden hat, ist natürlich gleich der latenten Wärme.

Die Umwandlungswärme q geht mit $T \to T_{\text{krit}}$ gegen Null.

Für Wasser mißt man z.B. folgende Werte:

T[K]	q[cal/g]
273	538
484,4	452,8
582	311,8
637,2	147,0
647	0

iv) Betrachtet man das Zweiphasensystem nicht unter Abschluß, so sind folgende Dinge zu beachten.

Über der Flüssigkeit steht nicht nur der Dampf der Flüssigkeit, sondern ein Gemisch von Gasen. Betrachtet man dieses Gemisch als ein ideales Gas, so gilt also

$$pV = NkT \qquad \text{oder} \tag{8.2.20}$$

$$p=\frac{N}{V}kT\ , \qquad (8.2.21)$$

wobei sich die Teilchenzahl N aus den Teilchenzahlen N_i der einzelnen Gassorten zusammensetzt:

$$N=\sum_i N_i\ . \qquad (8.2.22)$$

Das Gas der Sorte i hat so den Partialdruck

$$p_i=\frac{N_i}{V}kT\ , \qquad (8.2.23)$$

und der Gesamtdruck setzt sich aus den Partialdrucken zusammen.

$$p=\sum_i p_i\ . \qquad (8.2.24)$$

Jede Komponente des Systems von Gasen verhält sich also so, als ob es das zur Verfügung stehende Volumen alleine ausfüllen könnte. Das ist das *Daltonsche*[6] *Gesetz*.

Im Gleichgewicht wäre also bei einem offenen Gefäß mit Wasser der Partialdruck des Wasserdampfs über dem Wasser $p(T)$, wobei man $p(T)$ aus dem Dampfdruck-Diagramm ablesen kann. Bei Normaldruck tragen auch noch die anderen Gassorten mit ihren Partialdrucken bei. Nun ist aber, da das Gefäß offen ist, das Volumen unendlich und die Wasserdampfmoleküle können mehr oder weniger schnell wegdiffundieren, so daß der Partialdruck des Wasserdampfs nie seinen Gleichgewichtswert, den man auch Sättigungsdampfdruck nennt, erreicht. Das Wasser gibt so immer Moleküle in die Dampfphase ab: es verdunstet, und es verdunstet um so schneller, je schneller die verdunsteten Moleküle abtransportiert werden, z.B. durch einen Wind.

Zur Aufrechterhaltung der Temperatur wäre der verdunstenden Flüssigkeit die Verdampfungswärme zuzuführen. Falls dieses aber nicht geschieht, entnimmt die Flüssigkeit diese Energie ihrem eigenen Vorrat, die Temperatur sinkt, man spricht von der Verdunstungskälte. Diese spüren wir z.B., wenn unsere Haut naß ist. Es gibt unzählige Beispiele für die Ausnutzung der Verdunstungskälte (s.a. [8.1]).

[6] *Dalton, John* (∗1766 Eaglesfield/Cumberland, †1844 Manchester).
Einer der Begründer der Atomtheorie in der Chemie.

v) Die freie atmosphärische Luft besitzt einen gewissen Wasserdampfgehalt, der durch die Verdunstung an den großen Wasserflächen erzeugt ist. Der Druck der Luft enthält so einen Beitrag vom Partialdruck des Wasserdampfes. Dieser ist meistens kleiner als der Dampfdruck $p(T)$, bei dem Wasser und Wasserdampf im Gleichgewicht stehen. Da $p(T)$ mit T sinkt, kann aber bei schneller Abkühlung der Partialdruck des Wasserdampfes gleich diesem Druck werden, die Luft ist dann mit Wasserdampf gesättigt, Dampf kondensiert zu Wasser, es bildet sich Tau. Eine kalte Brille „beschlägt", weil in der Umgebung der Brille der Partialdruck des Wasserdampfes über dem Dampfdruck $p(T)$ liegt.

Der Partialdruck des Wasserdampfes ist auch ein Maß für die Menge an Wassermolekülen in der Luft, dem Feuchtigkeitsgehalt der Luft. Die Luftfeuchtigkeit kann man angeben, indem man den Partialdruck des Wasserdampfes angibt oder indem man den absoluten Feuchtigkeitsgehalt oder den relativen Feuchtigkeitsgehalt angibt. Die relative Feuchtigkeit ist das Verhältnis der absolut vorhandenen zu der bei der Temperatur möglichen Wasserdampfmenge.

8.3 Lösungen

Verdünnte Lösungen sind physikalisch Mischungen verschiedener Teilchen in flüssiger Phase. Das Lösungsmittel enthält den gelösten Stoff in molekularer Verteilung, so daß man von einem homogenen Stoffgemisch sprechen kann, d.h., das Lösungsmittel ist in so großem Überschuß vorhanden, daß die feinverteilten Teilchen der gelösten Stoffe untereinander keine Verbindung mehr haben, man ihre Wechselwirkung untereinander also vernachlässigen kann. Bei bestimmter Temperatur kann ein Lösungsmittel nur eine bestimmte größtmögliche Menge von zu lösender Substanz aufnehmen. In diesem Zustand spricht man von einer *gesättigten Lösung*. Übersättigte Lösungen sind nicht stabil, der gelöste Stoff fällt aus, das System ist nicht mehr homogen. Die Löslichkeit einer Substanz ist im allgemeinen von der Temperatur abhängig, meist nimmt sie bei steigender Temperatur zu.

Seien r Teilchensorten in einer Lösung vorhanden, seien N_i die Teilchenzahlen, dann ist

$$N=\sum_{i=1}^{r} N_i \qquad (8.3.1)$$

die Gesamtanzahl der Teilchen. Bezeichnen wir mit $c_i = N_i/N$ die Konzentration des Stoffes i, so gilt natürlich

$$\sum_{i=1}^{r} c_i = 1 \quad , \tag{8.3.2}$$

und daher gibt es genau $r-1$ unabhängige Konzentrationen.

Im folgenden sei c_1 die Konzentration des Lösungsmittels.

Behauptung 1

Die chemischen Potentiale μ_i sind Funktionen von T, p und von den $(r-1)$ unabhängigen Konzentrationen $c_1, \ldots, c_{r-1}$ bzw. $c_2, \ldots, c_r$ d.h. es gilt

$$\mu_i = \mu_i(T, p, c_1, \ldots, c_{r-1}) \qquad \textit{oder} \tag{8.3.3}$$

$$\mu_i = \mu_i(T, p, c_2, \ldots, c_r) \quad . \tag{8.3.4}$$

Beweis

Die freie Enthalpie $G(T, p, N_1 \ldots N_r)$ ist eine extensive Größe, d.h. vergrößert man die Teilchenzahlen N_i um den Faktor v, so vergrößert sich auch die freie Enthalpie um den Faktor v. Es gilt also

$$G(T, p, vN_1, \ldots, vN_r) = vG(T, p, N_1, \ldots, N_r) \quad . \tag{8.3.5}$$

Leitet man diese Gleichung nach v ab und setzt man dann $v=1$, so erhält man

$$\sum_{i=1}^{r} N_i \left. \frac{\partial G(T, p, vN_1, \ldots, vN_r)}{\partial vN_i} \right|_{v=1} = \sum_{i=1}^{r} N_i \mu_i(T, p, N_1, \ldots, N_r) = G(T, p, N_1, \ldots, N_r) \quad . \tag{8.3.6}$$

Man nennt die Beziehung

$$G = \sum_{i=1}^{r} \mu_i N_i \tag{8.3.7}$$

auch die *Duhem-Gibbs-Relation*[7]. Für eine Teilchensorte hatten wir diese Beziehung schon in Absch. 8.2 benutzt.

Daraus folgt, daß dann $\mu_i(T, p, N_1, \ldots, N_r)$ homogene Funktionen vom Grade 0 sind, d.h. daß

$$\mu_i(T, p, vN_1, \ldots, vN_r) = \mu_i(T, p, N_1, \ldots, N_r) \quad , \quad i = 1, \ldots, r \quad . \tag{8.3.8}$$

Also gilt, da die c_i auch homogene Funktionen vom Grade 0 sind, z.B.:

$$\mu_i = \mu_i(T, p, c_2, \ldots, c_r) \quad , \qquad i = 1, \ldots, r \quad . \tag{8.3.9}$$

Die Gleichung

$$G = \sum_{i=1}^{r} \mu_i N_i$$

mag zunächst irritieren, da auch $\partial G/\partial N_i = \mu_i$ gilt, und es so scheint, als ob die μ_i nicht mehr explizit von den N_j abhängen dürfen.

Man erhält aber explizit

$$\frac{\partial G}{\partial N_j} = \mu_j + \sum_{i=1}^{r} N_i \frac{\partial \mu_i}{\partial N_j} = \mu_j + \sum_{i=1}^{r} N_i \frac{\partial \mu_j}{\partial N_i} \tag{8.3.10}$$

wobei man die Maxwellsche Relation

$$\frac{\partial \mu_i}{\partial N_j} = \frac{\partial \mu_j}{\partial N_i} \tag{8.3.11}$$

benutzt hat. Da nun die μ_j homogen vom Grade 0 sind, gilt

$$\sum_{i=1}^{r} N_i \frac{\partial \mu_j}{\partial N_i} = 0 \quad , \tag{8.3.12}$$

also verschwindet der zweite Summand in (8.3.10).

Behauptung 2

Für genügend kleine c_i $(i = 2, \ldots, r)$ gilt für das chemische Potential des Lösungsmittels

$$\mu_1(T, p, c_2, \ldots, c_r) = \mu_0(T, p) - kT \sum_{i=2}^{r} c_i \quad , \tag{8.3.13}$$

und für die chemischen Potentiale der gelösten Stoffe gilt:

$$\mu_i(T, p, c_2, \ldots, c_r) = \hat{\mu}_i(T, p) + kT \ln c_i \quad , \quad i = 2, \ldots, r \quad . \tag{8.3.14}$$

[7] *Duhem, Pierre-Maurice-Marie* (∗1861 Paris, †1916 Cabrespine (Aude)).
Französischer Physiker und Philosoph, Professor in Bordeaux.

$\hat{\mu}_i$ ist dabei eine nicht näher charakterisierte Funktion von T, p, $\mu_0(T,p)$ ist das chemische Potential des reinen Lösungsmittels, wenn die Konzentrationen $c_2, \ldots, c_r \to 0$ gehen.

Die gelösten Stoffe verursachen so eine Verringerung des chemischen Potentials des Lösungsmittels. Das chemische Potential eines gelösten Stoffes hängt logarithmisch von seiner Konzentration ab.

Diese Behauptung wird in der Statistischen Mechanik gezeigt, wir verzichten hier auf den Beweis.

Anmerkungen

i) Die Form des chemischen Potentials für einen gelösten Stoff legt nahe, daß man diesen wie ein ideales Gas betrachten kann. Wir betrachten daher r verschiedene ideale Gase, zwischen denen keine Reaktionen stattfinden mögen.

Hat das Gas der Sorte i den Partialdruck p_i, so gilt nach Abschn. 7.3 für das chemische Potential:

$$\begin{aligned} \mu_i(T,p_i) &= kT \ln p_i + f(T) \\ &= kT \ln [p_i/p] + g(p,T) \\ &= kT \ln [n_i/n] + g(p,T) \\ &= kT \ln c_i + g(p,T) \ , \quad i = 2, \ldots, r \ . \end{aligned} \tag{8.3.15}$$

Für ein Gemisch von idealen Gasen gilt also auch, daß die chemischen Potentiale der einzelnen Teilchensorten logarithmisch von ihren Konzentrationen abhängen. Man darf sich so die gelösten Stoffe wie ein Gemisch von idealen Gasen vorstellen. Das Lösungsmittel übernimmt dabei die Rolle des Vakuums.

ii) Bei konzentrierten Lösungen schreibt man

$$\mu_i = \hat{\mu}_i(T,p) + kT \ln (f_i c_i) \ , \quad i = 2, \ldots, r \ , \tag{8.3.16}$$

und nennt $f_i(c_i)$ den Aktivitätskoeffizienten, das Produkt $f_i c_i$ die Aktivität der gelösten Substanz. Mit $c_i \to 0$ gilt natürlich

$$f_i(c_i) \to 1 \ , \quad i = 2, \ldots, r \ . \tag{8.3.17}$$

Man kann vereinheitlichend auch für das Lösungsmittel das chemische Potential in der Form

$$\mu_1 = \mu_0(p,T) + kT \ln (f_1 c_1) \tag{8.3.18}$$

angeben mit $f_1(c_1) \to 1$ für $c_1 \to 1$. Denn für $c_1 \approx 1$ ist auch $c_i \ll 1$ und damit dann auch in guter Näherung wieder:

$$\begin{aligned} \mu_1 &= \mu_0(T,p) + kT \ln \left(1 - \sum_{i=2}^{r} c_i\right) \\ &= \mu_0(T,p) - kT \sum_{i=2}^{r} c_i \ . \end{aligned} \tag{8.3.19}$$

Natürlich müssen auch bei den so verallgemeinerten Ansätzen für die chemischen Potentiale die Maxwellschen Relationen erfüllt sein. Das führt zu Beziehungen zwischen den Aktivitäten.

8.4 Das Henrysche Gesetz, die Osmose

Da wir nun die chemischen Potentiale von gelösten Substanzen und Lösungsmittel kennen, können wir einige wichtige Anwendungen studieren.

8.4.1 Das Henrysche Gesetz

Wir betrachten ein Zweiphasensystem, etwa zwei nicht miteinander mischbare Flüssigkeiten wie Wasser und Benzol, bei dem das Benzol immer über dem Wasser liegt, oder auch ein System von einem Gas und einer Flüssigkeit. Sei weiterhin eine Substanz A in beiden Phasen gelöst, die Konzentration von A sei c_A^I bzw. c_A^{II}. Dann gilt offensichtlich nach Abschn. 8.3 für das chemische Potential von A in den beiden Phasen

$$\mu_A^I = \hat{\mu}_A^I + kT \ln c_A^I \quad \text{und} \tag{8.4.1}$$

$$\mu_A^{II} = \hat{\mu}_A^{II} + kT \ln c_A^{II} \ . \tag{8.4.2}$$

Im Gleichgewicht hat sich die Substanz A so auf die beiden Phasen verteilt, daß gilt:

$$\mu_A^I = \mu_A^{II} \quad \text{oder} \tag{8.4.3}$$

$$\hat{\mu}_A^I - \hat{\mu}_A^{II} = kT \ln \left(\frac{c_A^{II}}{c_A^I}\right) \quad \text{oder} \tag{8.4.4}$$

$$\frac{c_A^{II}}{c_A^I} = \exp [(\hat{\mu}_A^I - \hat{\mu}_A^{II})/kT] = \gamma(T,p) \ . \tag{8.4.5}$$

Die Konzentrationen der Substanz A in den beiden Phasen sind also proportional zueinander. Man nennt γ auch den Verteilungskoeffizienten.

Ist Phase II ein Gasgemisch, in dem das Gas A den Partialdruck p_A besitzt, so ist, wenn man die ideale Gasgleichung für das Gas A verwendet

$$p_A = n_A \frac{RT}{V} \quad \text{oder} \tag{8.4.6}$$

$$c_A^{II} = \frac{n_A}{n} = \frac{p_A V}{nRT} , \tag{8.4.7}$$

also gilt auch für die Konzentration des Gases A in der Phase I:

$$c_A^I = \frac{c_A^{II}}{\gamma} = \frac{p_A V}{nRT\gamma} = K(T,p) p_A . \tag{8.4.8}$$

Das bedeutet: bei festem Druck und bei fester Temperatur des Zweiphasensystems ist die Konzentration des Gases A in der Phase I (z.B. Flüssigkeit) dem Partialdruck von A in der Phase II, der gasförmigen Phase, proportional.

Das ist das *Gesetz von Henry*[8] (1803). Man stellt diesen Zusammenhang zwischen dem Partialdruck eines Gases über einer Flüssigkeit und der Konzentration des Gases in der Flüssigkeit auch häufig im täglichen Leben fest:

– Öffnet man eine Mineralwasserflasche, so sprudelt die Flüssigkeit. Der Partialdruck der Kohlensäure im Flaschenhals vor dem Öffnen ist größer als nach dem Öffnen. Darum entweicht nach Minderung des Partialdruckes so lange Kohlensäure aus der Flüssigkeit, bis sich wieder ein Gleichgewicht eingestellt hat. Schließt man die Flasche nicht wieder ab, oder betrachtet man ein Glas Mineralwasser, so wird dieses Gleichgewicht nie erreicht. Da das zur Verfügung stehende Volumen dann unendlich ist, erreicht der Partialdruck der Kohlensäure über dem Wasser nie seinen Gleichgewichtswert. Es entweicht damit auch ständig Kohlensäure aus dem Wasser.

– Der Koeffizient $K(p, T)$ nimmt mit zunehmender Temperatur ab. Durch Erhitzen einer Flüssigkeit kann man die in ihr gelösten Gase weitgehend austreiben.

– Ein Taucher, der mit einem Preßluftgerät auf 20 m Tiefe hinabtaucht, atmet dort Luft von einem etwa dreifachen Atmosphärendruck ein (denn alle 10 m erhöht sich unter Wasser der Druck um 1 atm: Da 760 mm Hg = 1 atm und da die Dichte von Wasser etwa 13 mal kleiner ist als die von Hg, entspricht somit eine 10 m hohe Wassersäule einem Druck von 1 atm). Damit ist in dem Blut des Tauchers dann das Dreifache der normalen Menge an Stickstoff gelöst. Bei zu raschem Auftauchen entweicht dieser gelöste Stickstoff schnell, es bilden sich Gasblasen im Blut, die Gewebsschädigungen und Nekrosen verursachen, zu Lähmungen, Kollaps und in schweren Fällen zum Tode führen können (Taucherkrankheit oder Druckfallkrankheit). Gleiche Gefahren ergeben sich bei Fliegern, die ohne Druckausgleichgerät schnell in große Höhen aufsteigen.

8.4.2 Die Osmose

Wir betrachten zwei Lösungen der gleichen Stoffe, aber verschiedener Konzentration c^1 und c^2. Sie seien durch eine Scheidewand getrennt, welche die Moleküle des Lösungsmittels, aber nicht die des gelösten Stoffes hindurchläßt.

Solche halbdurchlässigen Membranen gibt es. Cellophan läßt nur Wasser, aber keinen Zucker hindurch, Gummi läßt Kohlensäure hindurch, aber keinen Wasserstoff. Viele biologische Trennwände z.B. Zellwände haben ebenfalls diese Eigenschaft.

Wir betrachten nun solch eine starre Membran. Die Membran sei nur für das Lösungsmittel durchlässig (Abb. 8.4.1).

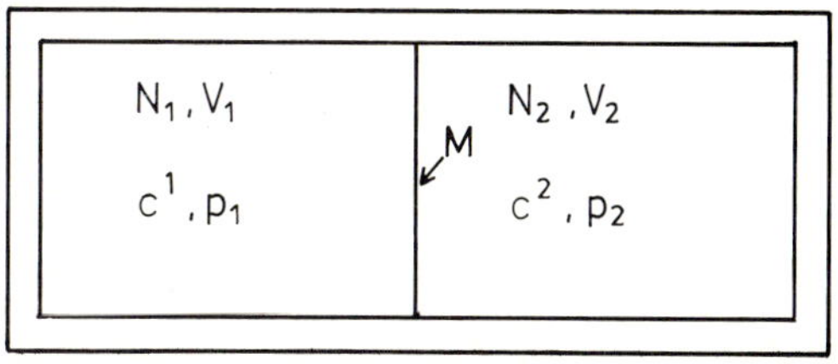

Abb. 8.4.1. Eine nur für das Lösungsmittel durchlässige Membran M scheide die beiden Lösungen mit den Konzentrationen c^1 bzw. c^2 von einander

[8] *Henry, William* (∗1774 Manchester, †1836 ebd.).
Nicht zu verwechseln mit Joseph Henry, nach dem die Einheit der Induktivität benannt ist. Das nach ihm benannte Gesetz veröffentlichte W. Henry 1803.

Im Gleichgewicht gilt, da Teilchenaustausch für das Lösungsmittel möglich ist, die Drucke sich aber nicht durch Verschiebung der Wand ausgleichen können:

$$\mu_0(T,p_1)-c^1kT=\mu_0(T,p_2)-c^2kT \ . \tag{8.4.9}$$

Wir sehen, unterschiedliche Konzentrationen bewirken unterschiedliche Drucke.

Da für kleine c^i auch $\Delta p=p_2-p_1$ klein sein wird, schreiben wir

$$\mu_0(T,p_2)=\mu_0(T,p_1)+\Delta p\left.\frac{\partial\mu_0(T,p)}{\partial p}\right|_{p=p_1} , \tag{8.4.10}$$

und es ist

$$\frac{\partial\mu_0(T,p_1)}{\partial p_1}=\frac{1}{N_1}\frac{\partial G_1(T,p_1,N_1)}{\partial p_1}=\frac{V_1}{N_1}=v_1(T,p_1) \ ,$$

da $G_1(T,p,N)=\mu_0 N_1$ im System 1 bei $c^1=0$ ist. N_1 ist die Anzahl der Lösungsmittelteilchen im System 1. V_1 ist das Volumen bei $c^1=0$ und so in guter Näherung auch das bei $c^1\neq 0$. $v_1(T,p_1)=v$ ist das Volumen pro Teilchen, das ist in beiden Systemen gleich. Also gilt

$$(p_2-p_1)v=\Delta p\,v=(c^2-c^1)kT \ . \tag{8.4.11}$$

Das ist die *van't Hoffsche*[9] *Formel*. Auf Seiten höherer Konzentration herrscht höherer Druck.

Betrachten wir die Anordnung in Abb. 8.4.2. Zu Anfang sei in beiden Gefäßen reines Wasser, es ist $p_1=p_2$.

[9] *van't Hoff, Jacobus Henricus* (∗1852 Rotterdam, †1911 Berlin). Physiker und Chemiker. Begründer der Stereochemie. 1885 „Theorie der Lösungen".

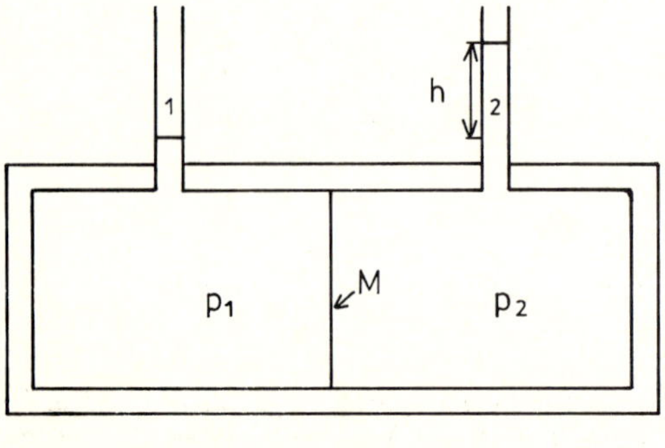

Abb. 8.4.2. An der Höhendifferenz in den Steigröhren läßt sich der osmotische Druck $\Delta p=p_2-p_1$ ablesen

Dann gebe man in das rechte Gefäß ein wenig Zucker. Dadurch erniedrigt man das chemische Potential von System 2, es fließt Wasser von 1 nach 2, so lange, bis

$$\Delta p=p_2-p_1=\frac{c^2kT}{v} \tag{8.4.12}$$

ist. Im Steigrohr 2 steigt die Lösung, im Steigrohr 1 sinkt der Pegel, die Druckdifferenz läßt sich an der Höhendifferenz ablesen, es ist

$$\Delta p=\varrho gh \ , \tag{8.4.13}$$

wobei g die Schwerebeschleunigung und ϱ die Dichte sei.

Man nennt dieses Phänomen „Osmose"[10], Δp heißt *osmotischer Druck*. Betrachten wir allgemeiner den Fall, daß in beiden Gefäßen neben dem Lösungsmittel ein gelöster Stoff vorhanden sei. Sei $\bar{N}_i$ die Anzahl der Teilchen der gelösten Substanz im System i, dann ist

$$c^i=\frac{\bar{N}_i}{(N_i+\bar{N}_i)}\approx\frac{\bar{N}_i}{N_i} \ , \tag{8.4.14}$$

und somit gilt auch

$$\frac{c^i}{v}=\frac{c^iN_i}{V_i}\approx\frac{\bar{N}_i}{V_i} \ , \tag{8.4.15}$$

so daß man die van't Hoffsche Formel in der Form

$$p_2-p_1=\left(\frac{\bar{N}_2}{V_2}-\frac{\bar{N}_1}{V_1}\right)kT \tag{8.4.16}$$

schreiben kann.

Beiderseits der Membran kann man den gelösten Stoff wieder als ideales Gas betrachten. Je nach Menge übt es einen Partialdruck auf die Scheidewand aus und die Differenz dieser Partialdrucke ergibt den osmotischen Druck. Die Membran hat diesem Druck standzuhalten.

Enthält die Lösung mehrere Komponenten, für die die Membran undurchlässig ist, so gilt, wenn $c_2,\ldots,c_r$ die Konzentrationen dieser Komponenten sind und im System 1 nur das reine Lösungsmittel vorliegt:

$$p_2-p_1=\frac{kT}{v}\sum_{i=2}^{r}c_i \ . \tag{8.4.17}$$

[10] Osmose (griech.) von ózein: stoßen.

Man nennt die Größe $\sum_{i=2}^{r} c_i$ auch die „*Osmolarität*“ der Lösung.

Beispiele aus der Biophysik

i) Bringt man eine biologische Zelle in eine wäßrige NaCl-Lösung einer Konzentration 0,15 mol/l, so hält die Zelle, deren Membran für NaCl nahezu undurchlässig ist, ihre Form bei. Das bedeutet, daß der osmotische Druck gerade gleich Null ist. Erhöht man die Konzentration der Lösung, so tritt Wasser aus der Zelle aus, sie schrumpft, erniedrigt man die Konzentration, so schwillt die Zelle an.

ii) Blut ist mit einer Kochsalzlösung im osmotischen Gleichgewicht, wenn die Kochsalzlösung die Konzentration 9 g/l besitzt (d.h., 9 g Kochsalz pro Liter Wasser). Die Injektion einer solchen Kochsalzlösung in die Venen verursacht keinen anderen osmotischen Druck auf die Venenwände, so daß kein Wasser (Lösungsmittel) vom Gewebe aus in die Venen ein- bzw. austritt [8.2].

8.5 Phasenübergänge in Lösungen

Wir betrachten eine binäre Lösung, d.h. eine Lösung mit einem Lösungsmittel A und nur einer einzigen Sorte gelösten Stoffes, den wir B nennen. Wenn man die Temperatur der Lösung absenkt, können die verschiedensten Phänomene auftauchen.

1) Es kann zu einer *Entmischung* der beiden Sorten kommen. Man nennt die beiden Flüssigkeiten, das Lösungsmittel und den gelösten Stoff, dann nur teilweise mischbar unterhalb einer kritischen Lösungstemperatur, die auch von der Konzentration des gelösten Stoffes abhängt. Dieser Fall soll hier nicht behandelt werden.

2) Die beiden Substanzen können wohl immer in der Phase I (z.B. in der flüssigen Phase), nicht aber in der Phase II (fest oder gasförmig) mischbar sein. Das bedeutet, daß z.B. bei Absenkung der Temperatur das Lösungsmittel in der festen Phase „ausfriert“. Solange das noch nicht vollständig geschehen ist, hat man dann festes A und eine konzentriertere Lösung in Koexistenz.

3) Die Substanzen können in beiden Phasen vollständig mischbar sein.

Wir wollen hier Fälle (2) und (3) betrachten.

8.5.1 Mischbarkeit nur in einer Phase

Für das reine Lösungsmittel würde die Gleichung

$$\mu^{\mathrm{I}}_{\mathrm{A},0}(T,p) = \mu^{\mathrm{II}}_{\mathrm{A},0}(T,p) \tag{8.5.1}$$

den Druck in Abhängigkeit der Temperatur angegeben, für den die beiden Phasen koexistieren können. Für die Lösung sei

$$\mu^{\mathrm{I}}_{\mathrm{A}}(T,p) = \mu^{\mathrm{I}}_{\mathrm{A},0}(T,p) - c^{\mathrm{I}}_{\mathrm{B}} kT \tag{8.5.2}$$

das chemische Potential des Lösungsmittels und für die reine Phase II sei dies $\mu^{\mathrm{II}}_{\mathrm{A},0}(T,p)$. Die Forderung nach Koexistenz der Lösung mit der Phase II liefert nun die Gleichung

$$\mu^{\mathrm{I}}_{\mathrm{A}}(T,p,c^{\mathrm{I}}_{\mathrm{B}}) = \mu^{\mathrm{I}}_{\mathrm{A},0}(T,p) - c^{\mathrm{I}}_{\mathrm{B}} kT = \mu^{\mathrm{II}}_{\mathrm{A},0}(T,p) \ , \tag{8.5.3}$$

die eine Dampfdruckkurve $p'(T)$ liefert, die wegen der Kleinheit von $c^{\mathrm{I}}_{\mathrm{B}}$ der Dampfdruckkurve $p(T)$ des reinen Lösungsmittels benachbart ist (Abb. 8.5.1).

Sei (p_0, T_0) ein Punkt auf der Kurve $p(T)$, (p', T') ein benachbarter auf $p'(T)$, so daß also

$$\begin{aligned} p' &= p_0 + \Delta p \ , \\ T' &= T_0 + \Delta T \end{aligned} \tag{8.5.4}$$

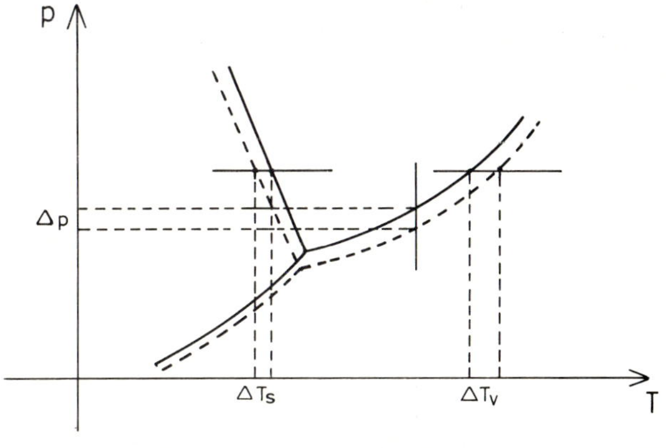

Abb. 8.5.1. Verschiebung der Phasengrenzkurven von Lösungen (---) gegenüber dem reinen Lösungsmittel (——) und damit verbundene Dampfdruckerniedrigung (Δp), Gefrierpunktserniedrigung (ΔT_S) und Siedepunktserhöhung (ΔT_V)

gilt. Dann gilt bei Koexistenz der Lösung mit reinem A in Phase II:

$$\mu_A^I(T', p', c_B^I) = \mu_{A,0}^{II}(T', p') \ , \tag{8.5.5}$$

d.h., wenn man den Term $c_B^I \Delta T$ vernachlässigt:

$$\begin{aligned}\mu_{A,0}^I(T_0, p_0) &+ \Delta p \frac{\partial \mu_{A,0}^I(T_0, p_0)}{\partial p_0} \\ &+ \Delta T \frac{\partial \mu_{A,0}^I(T_0, p_0)}{\partial T_0} - c_B^I k T_0 \\ = \mu_{A,0}^{II}(T_0, p_0) &+ \Delta p \frac{\partial \mu_{A,0}^{II}(T_0, p_0)}{\partial p_0} \\ &+ \Delta T \frac{\partial \mu_{A,0}^{II}(T_0, p_0)}{\partial T_0} \ .\end{aligned} \tag{8.5.6}$$

Mit

$$\frac{\partial \mu_A}{\partial p} = v_A, \quad \frac{\partial \mu_A}{\partial T} = -\frac{S_A}{N} = -s_A$$

erhält man so

$$\begin{aligned}\Delta p\,[v_A^I(T_0, p_0) &- v_A^{II}(T_0, p_0)] \\ -\Delta T\,[s_A^I(T_0, p_0) &- s_A^{II}(T_0, p_0)] = c_B^I k T_0 \ .\end{aligned} \tag{8.5.7}$$

Anwendungen

i) Sei $T' = T_0$, d.h. $\Delta T = 0$. Sei I die flüssige Phase, II die Gasphase. Δp bedeutet dann die Druckdifferenz zwischen dem Partialdruck des Lösungsmittel-Dampfes im Gleichgewicht mit dem Lösungsmittel alleine und dem Partialdruck des Lösungsmittel-Dampfes, wenn es im Gleichgewicht mit der Lösung steht. Δp gibt so an, wie sich bei vorgegebener Temperatur T der Dampfdruck ändert, wenn man in dem Lösungsmittel einen anderen Stoff löst. Die Annahme, daß kein gelöster Stoff in der Gasphase vorhanden ist, bedeutet, daß der Partialdruck des gelösten Stoffes vernachlässigbar ist. Man sagt, die Substanz B ist „nicht flüchtig".

Man erhält so

$$\Delta p = k T_0 \frac{c_B^I}{(v_A^I - v_A^{II})} \ , \tag{8.5.8}$$

und mit $v_A^{II} \gg v_A^I$ (in der Gasphase hat ein Lösungsmittel-Molekül ein viel größeres Volumen zur Verfügung als in der flüssigen Phase), erhält man, wenn man noch

$$p v_A^{II} = k T_0 \tag{8.5.9}$$

benutzt:

$$\Delta p = k T_0 \frac{c_B^I}{-v_A^{II}} = -p c_B^I$$

oder

$$-\frac{\Delta p}{p} = c_B^I \ . \tag{8.5.10}$$

Das ist das *Raoultsche*[11] *Gesetz.*

Der Druck des gesättigten Dampfes des Lösungsmittels erniedrigt sich, wenn man in einer Substanz einen anderen Stoff auflöst, und zwar ist die relative Änderung genau gleich der Konzentration des gelösten Stoffes, unabhängig von der Art des gelösten Stoffes.

ii) Wir setzen $\Delta p = 0$. Dann gibt ΔT die Änderung der Phasenübergangstemperatur für das Lösungsmittel an, wenn in diesem ein anderer Stoff aufgelöst wird. Man erhält

$$\Delta T = -k T_0 \frac{c_B^I}{s_A^I - s_A^{II}} = -k T_0^2 \frac{c_B^I}{q} \ , \tag{8.5.11}$$

da $q = T_0(s_A^I - s_A^{II})$ die Umwandlungswärme ist bei dem Übergang von II nach I.

a) Sei Phase II die feste Phase, I die flüssige Phase, Stoff B ist also nicht in der festen Phase von A lösbar. Dann ist, da hier $q > 0$ ist

$$\Delta T = -k T_0^2 \frac{c_B^I}{q} < 0 \ . \tag{8.5.12}$$

Hier ist T_0 die Schmelztemperatur. Das Lösungsmittel gefriert bei tieferen Temperaturen aus der Lösung aus. Durch Zusätze von Salzen im Wasser kann man so den Gefrierpunkt erniedrigen.

b) Sei Phase II die Dampf-Phase, Phase I die flüssige Phase. Stoff B ist also „nicht flüchtig". Dann ist $q < 0$ und man erhält aus (8.5.11)

$$\Delta T = k T_0^2 \frac{c_B^I}{|q|} > 0 \ , \tag{8.5.13}$$

[11] *Raoult Francois Marie* (∗1830, †1901).
Französischer Chemiker, wichtigste Arbeiten über Lösungen.

wobei nun T_0 die Siedetemperatur ist. Durch Zusätze zu Wasser kann man also den Siedepunkt erhöhen.

Die Konzentration des Stoffes B

$$c_B = \frac{N_B}{(N_A + N_B)} \approx \frac{N_B}{N_A} = \frac{n_B}{n_A}, \quad n = \frac{N}{L} ,$$

kann man auch umrechnen in eine Zahl, die angibt, wieviel Mole vom gelösten Stoff zu 1 kg Lösungsmittel zugesetzt worden sind. Diese Größe nennt man auch die *Molalität*. Bezeichnen wir diese mit m_B, so ist also

$$c_B = \frac{M_A m_B}{1000} , \tag{8.5.14}$$

da 1 kg Lösungsmittel $1000/M_A$ Mole enthält, wobei M_A das Molekulargewicht des Stoffes A in g ist.

Man erhält so

$$\Delta T = K_f m_B , \tag{8.5.15}$$

und man nennt K_f die kryoskopische[12] Konstante. Diese hängt ab von der Umwandlungstemperatur, der latenten Wärme und von dem Molekulargewicht des Lösungsmittels.

Man erhält z.B. für

Wasser	$K_f = 1{,}855$	Grad kg/mol,
Benzol	$K_f = 5{,}2$	Grad kg/mol,
Kampfer	$K_f = 40{,}0$	Grad kg/mol.

Man erhält mit Kampfer als Lösungsmittel somit schon erhebliche Gefrierpunkterniedrigungen.

Man kann mit der Messung von Gefrierpunktserniedrigungen gut relative Molekularmassen bestimmen. Setzt man dem Lösungsmittel a_1 g vom bekannten Stoff B zu, so ist

$$\Delta T_1 = K_f m_B = \frac{K_f}{M_B} a_1 . \tag{8.5.16}$$

Ein Zusatz von a_1 g des unbekannten Stoffes B′ bewirke eine Gefrierpunktserniedrigung von

$$\Delta T_2 = K_f m_{B'} = \frac{K_f}{M_{B'}} a_1 . \tag{8.5.17}$$

Dann erhält man aus

$$\frac{\Delta T_1}{\Delta T_2} = \frac{M_{B'}}{M_B} . \tag{8.5.18}$$

Aufschluß über das Molekulargewicht des Stoffes B′. Diese Methode ist natürlich nur in den Grenzen brauchbar, in denen die Näherung gilt, daß die Lösung ideal ist. Die Abweichung von der Idealität gibt man durch einen Faktor

$$g = \frac{\Delta T}{\Delta T_{\text{ideal}}} \tag{8.5.19}$$

an. Je größer die Konzentration, um so stärker weicht g von 1 ab. Man findet in Tabellen Werte für NaCl z.B. von $g = 0{,}98$ bis 0,91 bei $c = 0{,}001$ bis 0,7 und für D-Glucose von $g = 1{,}0005$ bis 1,03. Plausibel ist, daß stark dissozierende Lösungsstoffe auf Grund der Coulomb-Wechselwirkung stärkere Abweichungen aufweisen.

Mit zunehmender Konzentration sinkt also die Temperatur, bei der die feste und die flüssige Phase des Lösungsmittels koexistieren. Trägt man für festen Druck die Konzentration gegen die Koexistenz-Temperatur auf, so spricht man von einem *Schmelzdiagramm* (Abb. 8.5.2).

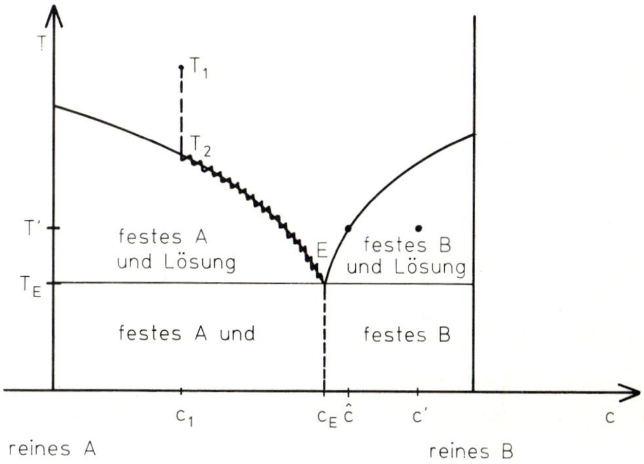

Abb. 8.5.2. Schmelzdiagramm. Für eine Lösung mit der Konzentration c_1 friert bei $T = T_2$ das Lösungsmittel aus

Erniedrigt man nun bei vorgegebener Konzentration c_2 die Temperatur von T_1 nach T_2, so friert also Lösungsmittel aus, wenn man weiter Wärme entzieht. Dadurch erhöht sich aber in der Lösung die Konzentration. Wenn man weiterhin Wärme entzieht, bewegt man sich so in dem Diagramm auf der Schmelzkurve wie in Abb. 8.5.2 angedeutet, bis man zu einer Konzentration c_E und Temperatur T_E kommt. Hier stehen drei Phasen in Koexistenz, die Lösung, festes Lösungsmittel und fester gelöster Stoff; denn für die invertierte Lösung, in der Lösungsmittel und gelöster Stoff ihre Rollen vertauscht haben, gibt es in der Regel eine ähnliche Gefrierpunktserniedrigung. Man nennt E den

[12] Kryoskopie (griech.) krýos: Kälte, Frost, skopeȋn: schauen. Chemische Untersuchungsmethode durch Messung des Schmelzpunktes.

eutektischen[13] Punkt. Bei weiterem Wärmeentzug frieren bei T_E Lösungsmittel und Lösungsstoff im festen Verhältnis c_E aus. Erst wenn keine Lösung mehr vorhanden ist, kann die Temperatur weiter sinken.

In diesem Diagramm (Abb. 8.5.2) sieht man auch die Löslichkeitsgrenze des gelösten Stoffes. Versucht man eine Konzentration c' bei Temperatur T' zu erreichen, so erhält man einen festen Bodensatz von Lösungsstoff und eine gesättigte Lösung der Konzentration $\hat{c}$. Man kann dieses Diagramm so auch als *Löslichkeitsdiagramm* bezeichnen. Dabei ist zu beachten, daß ein Punkt z.B. (T', c') bedeutet:

$$T' = \text{Temperatur}, \quad c' = \text{Gesamt-Konzentration},$$

d.h.

$$c' = N_B/(N_A + N_B) \ ,$$

wobei N_B die Anzahl der Teilchen von B in der Phase I *und* II ist, $\hat{c}$ ist dann die Konzentration der Lösung.

8.5.2 Mischbarkeit in zwei Phasen

Sind zwei Stoffe in beiden Phasen völlig mischbar, (z.B. gilt das für Silber und Gold), muß im Koexistenzgebiet der beiden Phasen gelten:

$$\begin{aligned} \mu_A^I(T, p, c_B^I) &= \mu_A^{II}(T, p, c_B^{II}) \ , \\ \mu_B^I(T, p, c_B^I) &= \mu_B^{II}(T, p, c_B^{II}) \ . \end{aligned} \qquad (8.5.20)$$

Das sind zwei Gleichungen für die beiden Unbekannten c_B^I, c_B^{II} bei vorgegebenem T, p.

Wäre $c_B^{II} = 0$, so erhielte man wieder für $c_B^I \ll 1$ aus der ersten Gleichung eine Gleichung wie in (8.5.3), während die zweite Gleichung dann nicht zu gelten hat, da der gelöste Stoff eben nicht in beiden Phasen existieren kann.

Wir nehmen nun an, daß man für vorgegebene p, T eine Lösung für c_B^I, c_B^{II} finden kann. Ein typisches Diagramm einer solchen Lösung findet man in Abb. 8.5.3. Dabei hat man den Druck z.B. als Normaldruck festgelegt und die Lösungen der Gleichungen c_B^I und c_B^{II} in Abhängigkeit von T dargestellt.

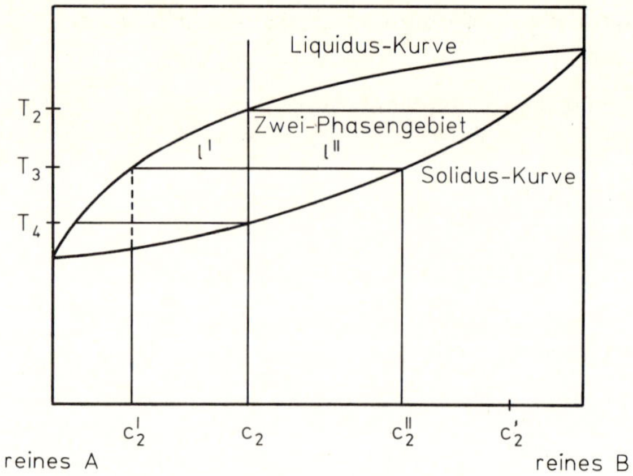

Abb. 8.5.3. Schmelzdiagramm eines Zweikomponentensystems bei völliger Mischbarkeit in beiden Phasen

Geht man so von einer Lösung der Konzentration c_2 aus, kühlt diese ab auf $T_2 - \varepsilon$, so friert eine feste Phase der Konzentration c_2' aus, bei weiterer Abkühlung auf T_3 hat die verbleibende flüssige Phase die Konzentration c_2^I, die ausgefrorene feste Phase die Konzentration c_2^{II}. Bei T_4 verläßt man das Zweiphasengebiet, so wie man es bei T_2 betreten hat, nun liegt unter T_4 die feste Phase in der Konzentration c_2 vor. Man beachte, daß man nur in der Koexistenzphase beider Stoffe die Werte für c_2^I, c_2^{II} nach Diagramm ablesen darf, d.h. nicht beide Werte c_2^I, c_2^{II} dürfen gleichzeitig rechts oder links von c_2 liegen.

Man kann zeigen, daß für die Stoffmengen

$$n^I = n_A^I + n_B^I, \quad n^{II} = n_A^{II} + n_B^{II}$$

gilt

$$n^I/n^{II} = l^{II}/l^I \ ,$$

wobei l^I, l^{II} die Abstände gemäß Abb. 8.5.3 sind. Bei T_2 ist so $l^I = 0$, also $n^{II} = 0$, bei T_4 ist $l^{II} = 0$, also $n^I = 0$ [8.2, 3].

[13] eútektisch (griech.) eútektos: gut schmelzbar. Gedacht ist an die Eigenschaften von Legierungen (Mischungen von Metallen).

9. Elemente der Strömungslehre

Wir haben uns in den beiden vorangegangenen Kapiteln vornehmlich mit der Thermodynamik von Systemen im Gleichgewichtszustand befaßt. Hierbei haben wir insbesondere gesehen, wie sich aus der Kenntnis eines thermodynamischen Potentials alle übrigen Zustandsvariablen eines Gleichgewichtssystems berechnen lassen. Ferner haben wir Bedingungen für Vorliegen und Stabilität von Gleichgewichtszuständen formuliert.

Nur wenige allerdings wichtige Aussagen haben wir bisher darüber gefunden, wie eigentlich der Gleichgewichtszustand angestrebt wird oder, allgemeiner, über das zeitliche Verhalten thermodynamischer Systeme, die sich nicht im Gleichgewicht befinden. Wir wissen lediglich, daß sich, je nach Randbedingungen, gewisse thermodynamische Potentiale nur in einer Richtung ändern können. So nimmt etwa die Entropie eines abgeschlossenen Systems nie ab und die freie Enthalpie eines Systems bei vorgegebenem p und T nie zu.

Wir stellen uns nun die Aufgabe, die zeitliche Entwicklung von thermodynamischen Systemen zu beschreiben und zu berechnen.

9.1 Einige einführende Bemerkungen zur Strömungslehre

Wollen wir den räumlichen und zeitlichen Verlauf von Prozessen in Systemen beschreiben, die sich nicht im Gleichgewicht befinden, so sind die globalen Zustandsgrößen der Gleichgewichtsthermodynamik nicht mehr ausreichend. Bringen wir z.B. einen Stab an seinen Enden auf verschiedene Temperaturen, so besitzt der Stab keine einheitliche Temperatur, sondern die Temperatur T ist eine Funktion des Ortes und, wenn wir den Stab dann von seinen Wärmebädern an den Enden isolieren, auch eine Funktion der Zeit, d.h. es ist

$$T = T(\boldsymbol{r}, t) \ .$$

Statt mit einer globalen Temperatur T haben wir es also mit einem Temperaturfeld $T(\boldsymbol{r}, t)$ zu tun, welches für jeden Ort $\boldsymbol{r}$ und für jede Zeit t die dort herrschende Temperatur $T(\boldsymbol{r}, t)$ angibt. Solche Felder treten in ganz natürlicher Weise bei der Beschreibung des Zustandes von Systemen im *lokalen Gleichgewicht* auf.

Hiermit ist folgendes gemeint: Ein System wird in der Regel um so schneller in ein Gleichgewicht übergehen, je kleiner seine Abmessungen sind. Kleine Teilsysteme eines großen Makrosystems im Nichtgleichgewicht werden sich somit eher in einem Gleichgewicht befinden als das gesamte Makrosystem. Sie werden dann ihren Zustand nur noch wegen ihrer Wechselwirkung mit den benachbarten Teilsystemen ändern. Einen solchen Zustand eines Makrosystems nennt man einen lokalen Gleichgewichtszustand. Wenn das Makrosystem sich selbst überlassen und abgeschlossen wird, wird es nach einer (eventuell langen) Zeit in einen globalen Gleichgewichtszustand übergehen, bei dem alle Teilsysteme nicht nur mit sich selbst, sondern auch untereinander im Gleichgewicht stehen.

Denken wir uns in diesem Sinne das Makrosystem zerlegt in kleine aber immer noch makroskopische Teilsysteme, die sich im Gleichgewichtszustand befinden. Dann ist der Zustand eines jeden Teilsystems durch die Werte einiger thermodynamischer Variablen beschrieben, und der Zustand des Gesamtsystems läßt sich durch Angabe der Zustände der Teilsysteme charakterisieren. Wenn sich eines der Teilsysteme zur Zeit t in einer kleinen Umgebung des Punktes $\boldsymbol{r}$ befindet, so beschreiben also offenbar Funktionen wie

$n(\boldsymbol{r}, t)$: lokale Teilchenzahldichte,
$\varrho(\boldsymbol{r}, t)$: lokale Massendichte,
$e(\boldsymbol{r}, t)$: lokale Energiedichte,
$s(\boldsymbol{r}, t)$: lokale Entropiedichte,
$v(\boldsymbol{r}, t)$: lokales spezifisches Volumen,
$T(\boldsymbol{r}, t)$: lokale Temperatur,
$p(\boldsymbol{r}, t)$: lokaler Druck,
$\mu(\boldsymbol{r}, t)$: lokales chemisches Potential

den Zustand des ganzen Systems zur Zeit t.

Aus der Annahme, daß die kleinen aber noch makroskopischen Teilsysteme sich im Gleichgewicht befinden (Annahme des lokalen Gleichgewichtes) folgt dann, daß zwischen den verschiedenen Zustandsfeldern dieselben Zusammenhänge gelten wie für die entsprechenden Größen in der Gleichgewichtsthermo-

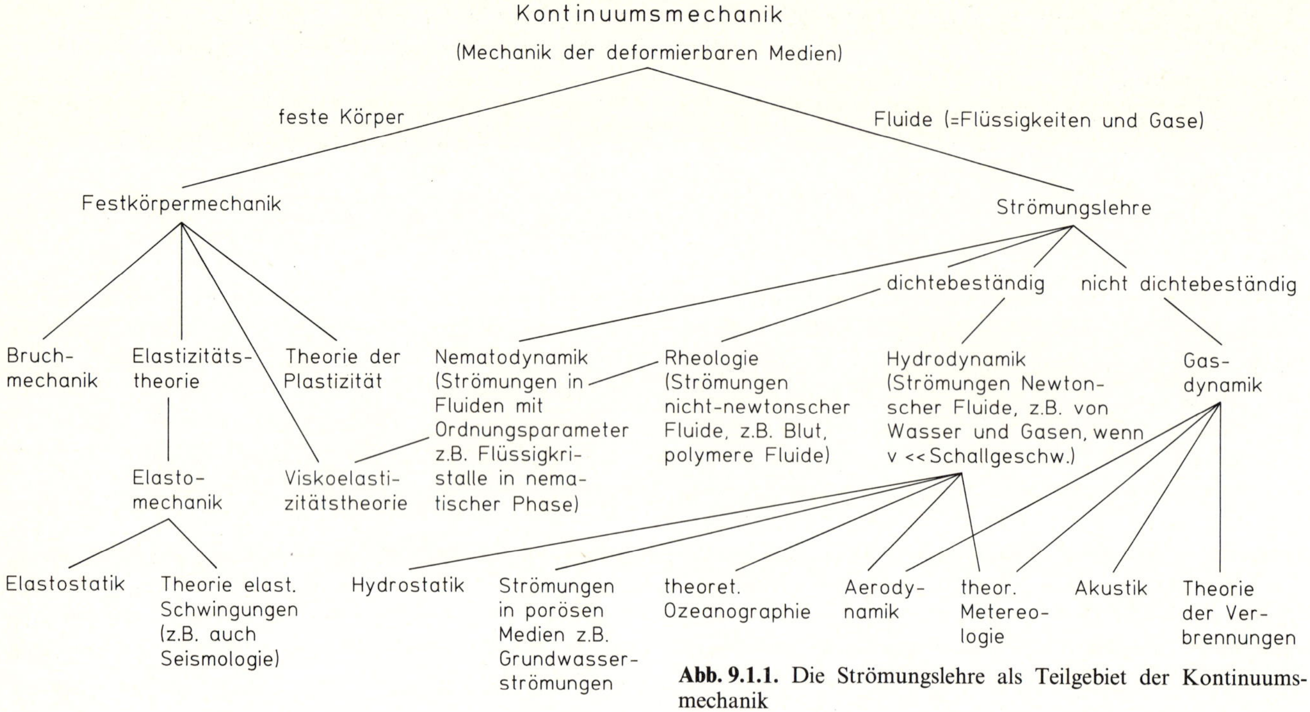

Abb. 9.1.1. Die Strömungslehre als Teilgebiet der Kontinuumsmechanik

dynamik. So gilt z.B. für ein ideales Gas im lokalen Gleichgewicht

$$p(\boldsymbol{r},t)v(\boldsymbol{r},t)=k\,T(\boldsymbol{r},t)\ .$$

Wenn im Innern des Systems Bewegungen auftreten, so ist zur Beschreibung des Zustandes sicher auch ein *Geschwindigkeitsfeld*

$$\boldsymbol{v}(\boldsymbol{r},t)$$

erforderlich, welches angibt, mit welcher Geschwindigkeit sich das Teilsystem bewegt, das sich zur Zeit t am Orte $\boldsymbol{r}$ befindet. Im Gegensatz zu den bisher genannten Feldern ist dies ein Vektorfeld, d.h. jedem Raum-Zeitpunkt wird ein Geschwindigkeitsvektor zugeordnet. Vektorfelder waren uns schon im Kap. 2 als Kraftfelder $\boldsymbol{K}(\boldsymbol{r},t)$ begegnet. Eine weitere wichtige Klasse von Vektorfeldern, die sogenannten *Stromdichtefelder* werden uns weiter unten begegnen.

Im Anhang F werden einige fundamentale Eigenschaften von Vektorfeldern beschrieben und einige grundlegende Operationen mit ihnen, wie Integration, Divergenzbildung und Rotationsbildung, definiert.

Wir nennen diese Beschreibung eines räumlich und zeitlich veränderlichen Systems auf der Grundlage der Annahme des lokalen Gleichgewichts auch die *hydrodynamische Beschreibung*. Diese findet Anwendung in vielen Gebieten der klassischen Physik. Wir werden in den folgenden Abschnitten die Grundgleichungen eines dieser Gebiete, der *Strömungslehre* herleiten.

Die Strömungslehre ihrerseits umfaßt mehrere Gebiete der Physik (Abb. 9.1.1). Mit dem Begriff „Dynamik der Fluide“ umfaßt man die beiden Gebiete „Hydrodynamik“ und „Rheologie[1]“. In diesen beiden Disziplinen der Strömungslehre betrachtet man das Verhalten und das Strömen von *dichtebeständigen* Fluiden, d.h. Flüssigkeiten und Gasen, deren Dichte man als räumlich und zeitlich konstant ansehen kann. Während sich die Hydrodynamik dabei mit den einfachen Fluiden wie Wasser usw., beschäftigt, befaßt sich die Rheologie mit den makromolekularen Fluiden wie polymeren Flüssigkeiten, Blut und dergl., die auf Grund der komplizierten Struktur der Moleküle ein Verhalten in gewissen Strömungssituationen an den Tag legen, das sehr verschieden ist von dem der einfachen Fluide.

[1] Rheologie, (griech.) von rheĩn: fließen, Wissenschaft von den strömenden Flüssigkeiten.

Spielt die Änderung der Dichte eine größere Rolle im Verhalten des Fluids, wie etwa bei Gasen bei höheren Geschwindigkeiten, so betritt man das Gebiet der Gasdynamik, das ebenfalls mehrere anwendungsorientierte Gebiete umfaßt.

Die Strömungslehre wiederum ist eine Disziplin der Kontinuumstheorie, der Mechanik der deformierbaren Medien, in der man sich mit den Vorgängen in der als Kontinuum idealisierten, deformierbaren Materie beschäftigt, und zwar in den verschiedensten Aggregatzuständen wie fest, flüssig oder gasförmig.

Die Kontinuumsmechanik stellt also eine wichtige Sammlung von bedeutenden Disziplinen der „Theorie angewandter Physik" dar. Dabei untersucht man in diesem Rahmen nur die mechanischen Eigenschaften. Kommen elektromagnetische Felder ins Spiel, so muß man die „Elektrodynamik kontinuierlicher Medien" studieren. Dort gibt es Disziplinen wie „Magnetohydrodynamik" oder „Elektromagnetische Wellen in anisotropen Medien".

Schließlich kann man die mechanischen und elektrischen Eigenschaften von Substanzen nicht nur untersuchen, indem man diese Substanzen als kontinuierliche Medien betrachtet, sondern ihre molekulare Struktur berücksichtigt, um sogar die molekulare Wechselwirkung direkt als Ursache für das spezielle makroskopische Verhalten zu erkennen, so wie das in der statistischen Mechanik für Gleichgewichtsphänomene geschieht. Das geschieht dann in den Gebieten wie „kinetische Gastheorie", die z.B. für stark verdünnte Gase alleine zuständig ist oder in der *„molekularen Hydrodynamik"*.

In diesen kinetischen Theorien behandelt man die Moleküle, oder allgemeiner gesprochen, die Konstituenten der Substanz, als klassische Teilchen, oder, wenn diese Näherung nicht mehr gültig ist, als Quantensysteme. Molekulare Systeme, insbesondere Quantensysteme, sind natürlich, unter der Zielsetzung, irreversible Prozesse zu beschreiben, sehr schwierig zu behandeln, und auf diesem Gebiet gibt es eine angestrengte Forschungstätigkeit. Aber Kompliziertheit ist kein Maß für Interessantheit oder Bedeutung, und auch auf dem Gebiet der Kontinuumsmechanik gibt es höchst aktuelle Forschung, weil eben in vielen Zweigen der Naturwissenschaft die mechanischen Eigenschaften von Werkstoffen, Baustoffen, Biomaterialien, usw., eine wichtige Rolle spielen und weil es oft genügt, solche Substanzen als Kontinuum anzusehen. Eine Berücksichtigung der Molekülstruktur wäre wegen ihrer Kompliziertheit oft nicht möglich bzw. sie wäre völlig unangemessen für die spezielle Frage.

9.2 Die allgemeine Bilanzgleichung

Wir betrachten Zustandsfelder, die Dichten von extensiven Größen sind, wie

$$\varrho(\boldsymbol{r},t)\ , \quad s(\boldsymbol{r},t) \quad \text{oder} \quad e(\boldsymbol{r},t)\ .$$

Sei allgemein $a(\boldsymbol{r},t)$ eine solche Dichte, dann ist die Menge A dieser extensiven Größe in einem Volumen V

$$A=\int_V d^3r\, a(\boldsymbol{r},t)\ . \tag{9.2.1}$$

Die Änderung von A pro Zeiteinheit setzt sich nun zusammen aus der Menge d_eA/dt, die über den Rand von V pro Zeiteinheit ausgetauscht wird und der pro Zeiteinheit in V erzeugten oder vernichteten Menge d_iA/dt. Sei $q_a(\boldsymbol{r},t)$ die lokale *Quellstärke* pro Volumen von A, so ist also der zweite Anteil

$$\frac{d_iA}{dt}=\int_V d^3r\, q_a(\boldsymbol{r},t)\ . \tag{9.2.2}$$

Zur Beschreibung des ersten Anteils müssen wir die Stromdichte $\boldsymbol{j}_a(\boldsymbol{r},t)$ der Größe A einführen, also z.B. eine Teilchenstromdichte oder eine Energiestromdichte. Dabei ist definitionsgemäß

$$\boldsymbol{j}_a(\boldsymbol{r},t)\cdot d\boldsymbol{F} \tag{9.2.3}$$

die Menge von A, die pro Zeiteinheit durch das Flächenelement $d\boldsymbol{F}$ hindurchtritt. Das Feld $\boldsymbol{j}_a(\boldsymbol{r},t)$ ist ein Vektorfeld, es heißt *Stromdichtefeld* der extensiven Größe A.

Dann ist

$$\begin{aligned}\frac{dA}{dt}&=\frac{d_eA}{dt}+\frac{d_iA}{dt}\\ &=\int_V d^3r\,\frac{\partial}{\partial t}\,a(\boldsymbol{r},t)\\ &=-\int_{\partial V} d\boldsymbol{F}\cdot\boldsymbol{j}_a(\boldsymbol{r},t)+\int_V d^3r\, q_a(\boldsymbol{r},t)\ ,\end{aligned} \tag{9.2.4}$$

wobei das Minuszeichen im Stromterm sichert, daß der Term positiv ist, wenn $\boldsymbol{j}_a$ antiparallel zu $d\boldsymbol{F}$ ist, d.h. wenn die Quantität A in V hineinströmt.

Wegen des Gaußschen[2] Satzes (vgl. Anhang F)

$$\int_{\partial V} d\boldsymbol{F} \cdot \boldsymbol{C} = \int_V d^3r \, \boldsymbol{\nabla} \cdot \boldsymbol{C} \tag{9.2.5}$$

folgt so auch

$$\int_V d^3r \left(\frac{\partial}{\partial t} a(\boldsymbol{r}, t) + \boldsymbol{\nabla} \cdot \boldsymbol{j}_a(\boldsymbol{r}, t) \right) = \int_V d^3r \, q_a(\boldsymbol{r}, t) \tag{9.2.6}$$

und, da V beliebig ist,

$$\frac{\partial}{\partial t} a(\boldsymbol{r}, t) + \boldsymbol{\nabla} \cdot \boldsymbol{j}_a(\boldsymbol{r}, t) = q_a(\boldsymbol{r}, t) \ . \tag{9.2.7}$$

Das ist die allgemeine Bilanzgleichung. Da $\boldsymbol{j}_a$ und q_a noch unbekannt sind, stellt diese Gleichung noch keine weiterführende Aussage dar. Um das Strömen von A berechnen zu können, müssen also das Stromdichtefeld $\boldsymbol{j}_a(\boldsymbol{r}, t)$ und die lokale Quellstärke q_a bestimmt werden.

Wir betrachten im folgenden ein System aus B Stoffen, die im gasförmigen oder flüssigen Zustand seien. Zwischen den Stoffen sollen keine chemischen Reaktionen ablaufen können.

Sei $a(\boldsymbol{r}, t)$ die Massendichte $\varrho_\alpha(r, t) = m_\alpha n_\alpha(\boldsymbol{r}, t)$, d.h. die lokale Massendichte der Sorte α von Molekülen der Masse m_α. Sei $\boldsymbol{v}_\alpha$ die Geschwindigkeit der Moleküle der Sorte α im Massenelement, genauer, die Geschwindigkeit des Massenschwerpunktes der Moleküle der Sorte α im Massenelement.

Dann ist (Abb. 9.2.1)

$$\varrho_\alpha dF \, v_\alpha dt \tag{9.2.8}$$

die Masse, die in der Zeit dt durch die Fläche $d\boldsymbol{F}$ hindurchströmt, wenn $d\boldsymbol{F}$ parallel zu $\boldsymbol{v}_\alpha$ ist. Allgemeiner ist diese Masse

$$\varrho_\alpha \boldsymbol{v}_\alpha \cdot d\boldsymbol{F} \, dt \ , \tag{9.2.9}$$

und somit ist

$$\boldsymbol{j}_\alpha = \varrho_\alpha \boldsymbol{v}_\alpha \tag{9.2.10}$$

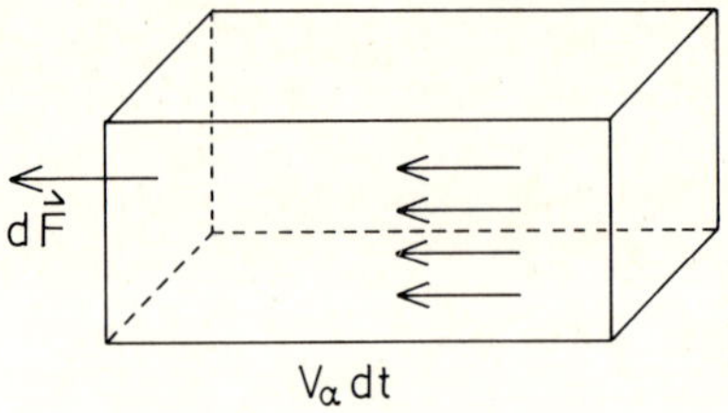

Abb. 9.2.1. In einem Kasten mit der Seitenfläche $d\boldsymbol{F}$ und der Breite $v_\alpha dt$ befinden sich die Teilchen, die in der Zeit dt durch dF hindurchtreten. Hier ist $\boldsymbol{v}_\alpha$ parallel zu $d\boldsymbol{F}$

die Massenstromdichte, d.h. die Masse von Molekülen der Sorte α, die pro Zeiteinheit pro Flächeneinheit eine Fläche senkrecht zu $\boldsymbol{j}_\alpha$ durchströmen.

Die Quellstärke q_a von Masse zur Sorte α kann nur durch chemische Reaktionen entstehen, also ist hier $q_a = 0$. Es gilt also

$$\frac{\partial}{\partial t} \varrho_\alpha + \boldsymbol{\nabla} \cdot (\varrho_\alpha \boldsymbol{v}_\alpha) = 0 \ . \tag{9.2.11}$$

Ist

$$\varrho = \sum_\alpha \varrho_\alpha \tag{9.2.12}$$

die gesamte Massendichte, so ist $\boldsymbol{v}$, definiert durch

$$\varrho \boldsymbol{v} := \sum_\alpha \varrho_\alpha \boldsymbol{v}_\alpha \tag{9.2.13}$$

die Schwerpunktsgeschwindigkeit des Massenelementes. Summation der Gleichung (9.2.11) über alle α liefert dann

$$\frac{\partial}{\partial t} \varrho(\boldsymbol{r}, t) + \boldsymbol{\nabla} \cdot [\varrho(\boldsymbol{r}, t) \boldsymbol{v}(\boldsymbol{r}, t)] = 0 \ . \tag{9.2.14}$$

Das ist die *Kontinuitätsgleichung* für die gesamte Massendichte $\varrho(\boldsymbol{r}, t)$.

Nun wollen wir die allgemeine Bilanzgleichung in eine andere Form kleiden. Man kann mit

$$\frac{D}{Dt} a(\boldsymbol{r}, t) = \frac{\partial}{\partial t} a(\boldsymbol{r}, t) + \boldsymbol{v}(\boldsymbol{r}, t) \cdot \boldsymbol{\nabla} a(\boldsymbol{r}, t) \tag{9.2.15}$$

die *substantielle Ableitung* einführen. Die Motivation dafür ist dabei folgende:

Betrachten wir ein Massenelement zur Zeit t mit dem Ortsvektor $\boldsymbol{r}$ sowie der Geschwindigkeit $\boldsymbol{v}(\boldsymbol{r}, t)$

[2] *Gauß, Carl Friedrich* (∗ 1777 Braunschweig, † 1855 Göttingen). „Fürst der Mathematiker"; er leistete Bahnbrechendes in Algebra, Zahlentheorie, Geometrie, Fehlerrechnung, Astronomie, Himmelsmechanik (Bahnberechnung von Planetoiden), Elektrizitätslehre und Magnetismus (zusammen mit W. Weber).

und dem Wert $a(\boldsymbol{r}, t)$ für die Größe a. Zur Zeit $t+dt$ ist dieses Massenelement am Orte $\boldsymbol{r}+\boldsymbol{v}\,dt$ und a hat den Wert

$$a(\boldsymbol{r}+\boldsymbol{v}\,dt, t+dt)=a(\boldsymbol{r}, t)+dt\,[(\partial/\partial t)a(\boldsymbol{r}, t) \\ +\boldsymbol{v}\cdot\nabla a(\boldsymbol{r}, t)]+\ldots \quad (9.2.16)$$

Damit stellt die substantielle Ableitung die Änderung von a dar, wenn man nicht zur Zeit $t+dt$ weiterhin am Orte $\boldsymbol{r}$ die Größe a mißt, sondern die Entwicklung von a für das zur Zeit t am Orte $\boldsymbol{r}$ beobachtete Massenelement studiert.

Führt man nun noch allgemein die massenspezifischen Größen

$$\hat{a}(\boldsymbol{r}, t)=a(\boldsymbol{r}, t)/\varrho(\boldsymbol{r}, t) \quad (9.2.17)$$

ein, so gibt $\hat{a}(\boldsymbol{r}, t)$ die Menge von A pro Masse an. Dann ist

$$\varrho\frac{D}{Dt}\hat{a}=\varrho\frac{\partial}{\partial t}\frac{a}{\varrho}+\varrho\boldsymbol{v}\cdot\nabla\frac{a}{\varrho} \\ =\frac{\partial}{\partial t}a-\frac{a}{\varrho}\frac{\partial\varrho}{\partial t}+\boldsymbol{v}\cdot\nabla a-\frac{a}{\varrho}\boldsymbol{v}\cdot\nabla\varrho\ , \quad (9.2.18)$$

und mit der Kontinuitätsgleichung in der Form

$$\frac{\partial\varrho}{\partial t}+\boldsymbol{v}\cdot\nabla\varrho=-\varrho\nabla\cdot\boldsymbol{v} \quad (9.2.19)$$

ergibt sich

$$\varrho\frac{D}{Dt}\hat{a}=\frac{\partial}{\partial t}a+a\nabla\cdot\boldsymbol{v}+\boldsymbol{v}\cdot\nabla a \\ =\frac{\partial}{\partial t}a+\nabla\cdot(a\boldsymbol{v}) \\ =-\nabla\cdot\boldsymbol{j}_a+q_a+\nabla\cdot(a\boldsymbol{v})\ . \quad (9.2.20)$$

Also erhält man die Bilanzgleichung für die spezifischen Größen in der Gestalt

$$\varrho\frac{D}{Dt}\hat{a}(\boldsymbol{r}, t)+\nabla\cdot[\boldsymbol{j}_a(\boldsymbol{r}, t)-a(\boldsymbol{r}, t)\boldsymbol{v}(\boldsymbol{r}, t)]=q_a(\boldsymbol{r}, t)\ . \quad (9.2.21)$$

Wir werden im folgenden die allgemeine Bilanzgleichung häufig in dieser Form benutzen.

Man nennt

$$\boldsymbol{J}_a(\boldsymbol{r}, t):=\boldsymbol{j}_a(\boldsymbol{r}, t)-\mathrm{a}(\boldsymbol{r}, t)\boldsymbol{v}(\boldsymbol{r}, t) \quad (9.2.22)$$

die *konduktive*[3] *Stromdichte*, das ist die Stromdichte von a relativ zur Geschwindigkeit $\boldsymbol{v}$, d.h. die Menge von A, die pro Zeiteinheit durch eine mitbewegte Fläche (senkrecht zu $\boldsymbol{J}_a$) mit der Geschwindigkeit $\boldsymbol{v}$ hindurchtritt. Die Größe

$$a(\boldsymbol{r}, t)\boldsymbol{v}(\boldsymbol{r}, t) \quad (9.2.23)$$

heißt die *konvektive*[4] *Stromdichte*. Sie beschreibt die Strömung von A durch Mitführung im bewegten Medium. Natürlich gilt

$$\boldsymbol{j}_a=(\boldsymbol{j}_a-a\boldsymbol{v})+a\boldsymbol{v}=\boldsymbol{J}_a+a\boldsymbol{v}\ . \quad (9.2.24)$$

Der Gesamtstrom ist also die Summe seines konduktiven und seines konvektiven Anteils.

Anmerkung

Mit dem Ausdruck

$$\hat{v}(\boldsymbol{r}, t)=1/\varrho(\boldsymbol{r}, t) \quad (9.2.25)$$

kann man die Kontinuitätsgleichung für ϱ auch noch in der Gestalt

$$\varrho\frac{D}{Dt}\hat{v}(\boldsymbol{r}, t)-\nabla\cdot\boldsymbol{v}(\boldsymbol{r}, t)=0 \quad (9.2.26)$$

schreiben, da

$$\varrho\frac{D\hat{v}}{Dt}=-\varrho\frac{1}{\varrho^2}\left(\frac{\partial\varrho}{\partial t}+\boldsymbol{v}\cdot\nabla\varrho\right)\equiv-\frac{1}{\varrho}\frac{D\varrho}{Dt}=\nabla\cdot\boldsymbol{v} \quad (9.2.27)$$

ist. $\hat{v}=1/\varrho$ ist das Volumen pro Masse, d.h. das spezifische Volumen, diesmal bezogen auf die Masse und nicht auf die Teilchenzahl. Indem man die obige Kontinuitätsgleichung in der Form

$$\frac{1}{\hat{v}}\frac{D\hat{v}}{Dt}=\nabla\cdot\boldsymbol{v} \quad (9.2.28)$$

[3] konduktiv (lat.) von conducere: durch Leitung.
[4] konvektiv (lat.) von convehere: durch Mitführung.

schreibt, sieht man, daß die Divergenz $\boldsymbol{\nabla} \cdot \boldsymbol{v}$ des Geschwindigkeitsfeldes die relative Volumenänderung beschreibt.

9.3 Die speziellen Bilanzgleichungen

Wir wollen die Bilanzgleichung

$$\varrho \frac{D}{Dt} \hat{a}(\boldsymbol{r}, t) + \boldsymbol{\nabla} \cdot \boldsymbol{J}_a(\boldsymbol{r}, t) = q_a(\boldsymbol{r}, t) \tag{9.3.1}$$

für verschiedene Größen $\hat{a}(\boldsymbol{r}, t)$ studieren.

i) Sei $a = \varrho_\alpha$, die Massendichte von Teilchen der Sorte α. Dieser Fall ist einfach, Massenstromdichte und Quellstärke haben wir schon in Abschn. 9.2 angegeben. Nun ist

$$\hat{a} = \frac{a}{\varrho} = \frac{\varrho_\alpha}{\varrho} = \frac{(m_\alpha n_\alpha)}{\left(\sum\limits_\alpha m_\alpha n_\alpha\right)} =: \hat{c}_\alpha \tag{9.3.2}$$

Wir nennen $\hat{c}_\alpha$ die spezifische Konzentration des Stoffes α, diese ist aber nicht, im Gegensatz zur Konzentration c_α des Kap. 8, die Teilchen-Konzentration, sondern die Massenkonzentration des Stoffes α.

Dann ist

$$\boldsymbol{J}_\alpha := \varrho_\alpha(\boldsymbol{v}_\alpha - \boldsymbol{v}) \tag{9.3.3}$$

die konduktive Massenstromdichte, auch *Diffusionsstromdichte*[5] genannt. Diese beschreibt also die Strömung von Teilchen der Sorte α gegenüber der Gesamtströmung, etwa die Diffusion von gelösten Stoffen in einem Lösungsmittel. Natürlich gilt

$$\sum_{\alpha=1}^{B} \boldsymbol{J}_\alpha = \boldsymbol{0} \ . \tag{9.3.4}$$

Ist allerdings nur eine Sorte von Teilchen vorhanden, so ist $\boldsymbol{J}_\alpha = \boldsymbol{0}$, und die Massenerhaltung drückt sich allein in der Kontinuitätsgleichung

$$\frac{\partial \varrho}{\partial t} + \boldsymbol{\nabla} \cdot (\varrho \boldsymbol{v}) = 0 \tag{9.3.5}$$

aus, die schon in Abschn. 9.2 abgeleitet wurde.

Die Bilanzgleichung für die spezifische Konzentration $\hat{c}_\alpha$ lautet so

$$\varrho \frac{D\hat{c}_\alpha}{Dt} + \boldsymbol{\nabla} \cdot \boldsymbol{J}_\alpha = 0 \tag{9.3.6}$$

mit

$$\boldsymbol{J}_\alpha = \varrho_\alpha(\boldsymbol{v}_\alpha - \boldsymbol{v}) \ .$$

ii) Sei

$$a = \varrho v_i \tag{9.3.7}$$

die i-Komponente der Impulsdichte des Massenelementes.

Nennt man die konduktive Stromdichte der i-ten Impulskomponente

$$\boldsymbol{J}_i := -(\tau_{1i}, \tau_{2i}, \tau_{3i}) \tag{9.3.8}$$

und den Quellterm f_i, so lautet also die Bilanzgleichung

$$\varrho \frac{Dv_i}{Dt} - \nabla_j \tau_{ji} = f_i \tag{9.3.9}$$

oder, in vektorieller Schreibweise,

$$\varrho \frac{D\boldsymbol{v}}{Dt} - \boldsymbol{\nabla} \cdot \boldsymbol{\tau} = \boldsymbol{f} \ . \tag{9.3.10}$$

Man beachte, daß die Stromdichten J_i der verschiedenen Komponenten des Impulses zusammen ein Tensorfeld $-\tau_{ji}$ bilden, also eine Abbildung $\mathbb{R}^3 \to \mathbb{R}^3 \otimes \mathbb{R}^3$ (vgl. Anhang C). Hierbei bezeichnet der erste Index die Komponente des Stromes, während der zweite Index angibt, welche Impulskomponente man betrachtet.

Die Größe τ_{ji} gibt also den Fluß der i-Impulskomponente pro Zeiteinheit und pro Fläche durch eine Fläche normal zur $\boldsymbol{e}_j$-Richtung an.

So gibt

$$dK_i = -dF_j \tau_{ji} \tag{9.3.11}$$

den Fluß der i-Komponente des Impulses durch die Fläche $d\boldsymbol{F}$ in Richtung von $d\boldsymbol{F}$ an. Das ist aber gerade die i-Komponente der Kraft, die von der negativen Seite des Flächenelementes $d\boldsymbol{F}$ aus auf die positive Seite (in die $d\boldsymbol{F}$ zeigt) ausgeübt wird.

---

[5] Diffusion (lat.) von diffundere: verstreuen, vergießen, Verdünnung durch Konzentrationsausgleich

Diese Kraft ist nicht immer parallel zu $\boldsymbol{dF}$, sondern enthält auch, durch die Nichtdiagonalelemente von τ_{jk}, Kräfte in Richtung parallel zum Flächenelement. Diese nennt man auch *Scherkräfte*, weil sie eine *Scherung*, d. h. eine tangentiale Verschiebung bewirken können.

Ein Anteil des Impulsstromes, also der Kraft pro Fläche, kommt vom Druck p im Massenelement her. Die zugehörige Kraft ist in diesem Falle stets senkrecht auf der Fläche dF:

$$dK_i = p\,dF_i = p\,\delta_{ji}\,dF_j \quad . \tag{9.3.12}$$

Es gibt also stets einen Anteil der Form $-p\delta_{ji}$ zum Tensor τ_{ji}:

$$\tau_{ji} = -\mathrm{p}\delta_{ji} + \tau'_{ji} \quad . \tag{9.3.13}$$

Der Anteil τ'_{ji} braucht nicht diagonal zu sein und rührt, wie wir noch sehen werden, in Flüssigkeiten und Gasen von Reibungseffekten her. Der Tensor $\boldsymbol{\tau}$ stellt so eine Verallgemeinerung des Druckbegriffs dar und heißt deshalb auch *Drucktensor*.

Der gesamte pro Sekunde aus einem Volumen V durch die Oberfläche herausströmende Impuls, d. h. die gesamte vom Impulsstrom herrührende auf die Umgebung ausgeübte Kraft ist offenbar

$$K_i = -\int_{\partial V} dF_j \tau_{ji} \quad . \tag{9.3.14}$$

Nach dem Gaußschen Satz (der Index i kann festgehalten werden und spielt eine völlig passive Rolle) ist dann

$$K_i = -\int_V d^3r\, \nabla_j \tau_{ji} =: -\int_V d^3r\, k_i \quad . \tag{9.3.15}$$

Die gesamte Kraft, die von der Umgebung auf das Volumen V ausgeübt wird, ist dieser Kraft entgegengesetzt und läßt sich also als Volumenintegral über eine Kraftdichte (Kraft pro Volumen)

$$k_i = \nabla_j \tau_{ji} \tag{9.3.16}$$

schreiben. (Diese Beziehung motiviert auch das Minuszeichen bei der Definition von τ_{ji}.)

Wir wollen zeigen, daß das Tensorfeld τ_{ji} symmetrisch ist, falls die Massenelemente keinen inneren Drehimpuls tragen können. Dann gilt also

$$\tau_{ij} = \tau_{ji} \quad . \tag{9.3.17}$$

Zum Beweis betrachten wir die Stromdichte des Drehimpulses, die wegen

$$l_i = \varepsilon_{ijk} x_j p_k \tag{9.3.18}$$

gegeben ist durch

$$m_{ji} = -\varepsilon_{irs} x_r \tau_{js} \quad . \tag{9.3.19}$$

Hierbei haben wir vorausgesetzt, daß der gesamte Drehimpuls eines jeden Massenelementes von seiner Bahngeschwindigkeit $\boldsymbol{v}$ herrührt. Wenn die Massenelemente auch noch inneren Drehimpuls tragen können, gilt die folgende Überlegung nicht.

Mit dem Gaußschen Satz ergibt sich als Drehmoment pro Volumen

$$\begin{aligned} m_i = \nabla_j m_{ji} &= -\nabla_j \varepsilon_{irs} x_r \tau_{js} \\ &= -\varepsilon_{irs} \delta_{rj} \tau_{js} - \varepsilon_{irs} x_r \nabla_j \tau_{js} \\ &= -\varepsilon_{irs} \tau_{rs} - \varepsilon_{irs} x_r k_s \quad . \end{aligned} \tag{9.3.20}$$

Da sich die Drehmomentdichte als vektorielles Produkt von $\boldsymbol{r}$ und Kraftdichte $\boldsymbol{k}$ ergeben muß, folgt $\varepsilon_{irs}\tau_{rs} = 0$, und daraus wegen der Antisymmetrie von ε_{irs}

$$\tau_{rs} = \tau_{sr} \quad .$$

Symmetrisch ist auch der konvektive Anteil des Impulsstromtensors

$$(\varrho v_j) v_i = \varrho v_j v_i \quad , \tag{9.3.21}$$

so daß auch für den gesamten Impulsstrom

$$j_{ik} = -\tau_{ik} + \varrho v_i v_k \tag{9.3.22}$$

gilt

$$j_{ik} = j_{ki} \tag{9.3.23}$$

Quellen für den Impuls können äußere Volumenkräfte sein, z. B. Gravitationskräfte. In diesem Falle ist die Kraft pro Volumen auf Teilchen der Sorte α einfach $\boldsymbol{f}_\alpha = \varrho_\alpha \boldsymbol{g}$. Allgemein ist mit

$$\hat{\boldsymbol{f}}_\alpha := \frac{\boldsymbol{f}_\alpha}{\varrho_\alpha} \tag{9.3.24}$$

die gesamte Kraft pro Volumen gegeben durch

$$\boldsymbol{f} = \sum_\alpha \boldsymbol{f}_\alpha = \sum \varrho_\alpha \hat{\boldsymbol{f}}_\alpha \quad . \tag{9.3.25}$$

Die Bilanzgleichung für den Impuls in der Form

$$\varrho \frac{D\boldsymbol{v}}{Dt} - \nabla \cdot \boldsymbol{\tau} = \boldsymbol{f}$$

kann auch als Kontinuumsversion des zweiten Newtonschen Gesetzes angesehen werden.

iii) Betrachten wir die Energiedichte des Systems $e(\boldsymbol{r}, t)$: Diese enthält einen Anteil der kinetischen Energie der Teilchen aufgrund der Geschwindigkeit $\boldsymbol{v}(\boldsymbol{r}, t)$, welches ja die Schwerpunktgeschwindigkeit der Teilchen in einem Volumenelement ist. Dieser Anteil ist

$$\tfrac{1}{2}\varrho \boldsymbol{v}^2 \ , \quad \text{und}$$

$$u(\boldsymbol{r}, t) = e(\boldsymbol{r}, t) - \tfrac{1}{2}\varrho \boldsymbol{v}^2 \tag{9.3.26}$$

kann man so als *innere Energiedichte* ansehen.

Für die Energiedichte $e(\boldsymbol{r}, t)$ kennen wir die Quelldichte $q_e(r, t)$, die durch äußere Kräfte $\boldsymbol{f}$ hervorgerufen wird. Diese leisten an den Teilchen der Sorte α mit der Geschwindigkeit $\boldsymbol{v}_\alpha$ die Arbeit pro Zeit

$$\boldsymbol{v}_\alpha \cdot \boldsymbol{f}_\alpha$$

und so ist

$$q_e = \sum_\alpha \boldsymbol{v}_\alpha \cdot \boldsymbol{f}_\alpha = \sum_\alpha \boldsymbol{v}_\alpha \cdot \varrho_\alpha \hat{\boldsymbol{f}}_\alpha \ . \tag{9.3.27}$$

Dann kann man die Bilanzgleichung für $e(\boldsymbol{r}, t)$ als

$$\varrho \frac{D\hat{e}}{Dt} + \nabla \cdot \boldsymbol{J}_e = q_e \tag{9.3.28}$$

formulieren, wobei nun $\boldsymbol{J}_e$ die konduktive Energiestromdichte ist.

Um die Bilanzgleichung für $\hat{u}(\boldsymbol{r}, t)$ aufzustellen, müssen wir dann nur

$$\varrho \frac{D\hat{u}}{Dt} \quad \text{aus} \quad \varrho \frac{D\hat{e}}{Dt}$$

berechnen, d.h. wir müssen

$$\varrho \frac{D}{Dt}\left(\frac{1}{2} v^2\right) = \varrho \boldsymbol{v} \cdot \frac{D\boldsymbol{v}}{Dt} \tag{9.3.29}$$

kennen.

Aus der Impulsbilanzgleichung (9.3.10) erhält man

$$\varrho \boldsymbol{v} \cdot \frac{D\boldsymbol{v}}{Dt} = \boldsymbol{v} \cdot (\nabla \cdot \boldsymbol{\tau}) + \boldsymbol{v} \cdot \boldsymbol{f} \ . \tag{9.3.30}$$

Nun ist

$$\begin{aligned} \boldsymbol{v} \cdot (\nabla \cdot \boldsymbol{\tau}) &= v_i \nabla_j \tau_{ji} = \nabla_j (\tau_{ji} v_i) - \tau_{ji} \nabla_j v_i \\ &= \nabla_j (\tau_{ji} v_i) - \tau_{ji} V_{ji} \end{aligned} \tag{9.3.31}$$

mit

$$V_{ji} = \tfrac{1}{2}(\nabla_j v_i + \nabla_i v_j) \ . \tag{9.3.32}$$

Dabei ist benutzt worden, daß $\tau_{ij} = \tau_{ji}$ ist. Also erhält man auch

$$\varrho \frac{D}{Dt}\left(\frac{1}{2} v^2\right) = \nabla \cdot (\boldsymbol{\tau} \cdot \boldsymbol{v}) - \tau_{ji} V_{ij} + \boldsymbol{v} \cdot \boldsymbol{f} \tag{9.3.33}$$

als Bilanzgleichung für die Energie der Schwerpunktsbewegung der Massenelemente.

Damit ist dann

$$\begin{aligned} \varrho \frac{D\hat{u}}{Dt} &= \varrho \frac{D\hat{e}}{Dt} - \varrho \boldsymbol{v} \cdot \frac{D\boldsymbol{v}}{Dt} \\ &= -\nabla \cdot \boldsymbol{J}_e + q_e - \nabla \cdot (\boldsymbol{\tau} \cdot \boldsymbol{v}) + \tau_{ij} V_{ji} - \boldsymbol{v} \cdot \boldsymbol{f} \ , \end{aligned} \tag{9.3.34}$$

und so folgt

$$\varrho \frac{D\hat{u}}{Dt} + \nabla \cdot (\boldsymbol{J}_e + \boldsymbol{\tau} \cdot \boldsymbol{v}) = \tau_{ij} V_{ji} + \sum_\alpha \varrho_\alpha (\boldsymbol{v}_\alpha - \boldsymbol{v}) \cdot \hat{\boldsymbol{f}}_\alpha \tag{9.3.35}$$

oder

$$\begin{aligned} \varrho \frac{D\hat{u}}{Dt} + \nabla \cdot \boldsymbol{Q} &= \tau_{ij} V_{ji} + \sum_\alpha \varrho_\alpha (\boldsymbol{v}_\alpha - \boldsymbol{v}) \cdot \hat{\boldsymbol{f}}_\alpha \\ &= \tau_{ij} V_{ji} + \sum_\alpha \boldsymbol{J}_\alpha \cdot \hat{\boldsymbol{f}}_\alpha \end{aligned} \tag{9.3.36}$$

mit

$$\boldsymbol{Q} = \boldsymbol{J}_e + \boldsymbol{\tau} \cdot \boldsymbol{v} \ . \tag{9.3.37}$$

Die Größe $\boldsymbol{Q}$ kann man als konduktive Stromdichte der inneren Energie interpretieren. Die konduktive Stromdichte $\boldsymbol{J}_e$ enthält somit neben $\boldsymbol{Q}$ den Beitrag $-\boldsymbol{\tau} \cdot \boldsymbol{v}$. Dieser Beitrag beschreibt aber gerade den Energiefluß, der auftritt, weil bei der Strömung Arbeit gegen die molekulare Wechselwirkung geleistet wird, denn diese Wechselwirkung ist auf molekularer Ebene der Grund für die Impulsstromdichte $\boldsymbol{\tau}$ und für das makroskopische Phänomen „Reibung“. Somit ist $\boldsymbol{Q}$ ein Energiestrom, den man letztlich als Wärmestrom interpretieren kann.

Der – wie man zeigen kann – stets positive Term

$$\tau_{ij} V_{ji} \tag{9.3.38}$$

stellt eine weitere Quelle für die innere Energiedichte dar. Wie man aus (9.3.33) sieht, erscheint dieser Term mit entgegengesetztem Vorzeichen als Senke für die Energie der Schwerpunktsbewegung. Damit stellt dieser Term einen Energietransport von der Schwerpunktsbewegung in die Molekularbewegung dar. Das ist die Dissipation der Energie: Der Term τ_{ij} beschreibt, wie wir noch sehen werden, die Reibung, und „Reibung erzeugt Wärme“.

iv) Ist $\hat{a}=\hat{s}(\boldsymbol{r},t)$, die spezifische Entropiedichte, dann ist also

$$\varrho \frac{D\hat{s}}{Dt} + \nabla \cdot \boldsymbol{J}_s = q_s \tag{9.3.39}$$

mit der konduktiven Entropiestromdichte $\boldsymbol{J}_s$ und der lokalen Entropieproduktionsdichte q_s. Der zweite Hauptsatz besagt dann

$$q_s \geq 0 \ . \tag{9.3.40}$$

Anmerkung

Die Unkenntnis der Größen

$$\tau_{ij},\ Q_i$$

verhindert bisher, daß aus diesen Bilanzgleichungen ein abgeschlossenes System von Differentialgleichungen wird, aus dem man die Felder $\boldsymbol{v}(\boldsymbol{r},t)$, $T(\boldsymbol{r},t), \ldots$ berechnen kann. Das wäre erst möglich, wenn man diese Stromdichten auch wieder in Abhängigkeit von $\boldsymbol{v}(\boldsymbol{r},t)$, $T(\boldsymbol{r},t)$ kennen würde. Das wesentliche Ziel im nächsten Kapitel wird sein, plausible Ansätze dafür zu gewinnen.

Intuitiv kann man aber schon folgendes sagen:

Ein Wärmestrom fließt sicher genau dann, wenn das Temperaturfeld nicht homogen ist, wenn also Temperaturgradienten vorhanden sind. Man erwartet also in niedrigster Ordnung die Beziehung

$$\boldsymbol{Q}(\boldsymbol{r},t) = -\kappa \nabla T(\boldsymbol{r},t) \ , \tag{9.3.41}$$

wobei das Minuszeichen bedeutet, daß der Wärmestrom entgegengesetzt zum Wärmegradienten (vom wärmeren ins kältere Gebiet) fließt.

Um den einfachsten Ansatz für die Impulsstromdichte zu erhalten, betrachte man drei benachbarte, parallele Schichten eines Fluids mit etwas unterschiedlichen Geschwindigkeiten in x-Richtung (Abb. 9.3.1). Wegen der Reibung, deren molekularer Ursprung hier nicht diskutiert werden soll, wird die Schicht 2 die Schicht 3 verlangsamen, die Schicht 1 aber beschleunigen. Von Schicht 2 wird nach Schicht 3 also ein Impulsstrom fließen, der nur eine negative x-Komponente besitzt, während in negative z-Richtung (nach Schicht 1) eine positive x-Komponente des Impulses fließt. Das Ausmaß der Verzögerung bzw. der Beschleunigung wird von den Materialeigenschaften des Fluids und von dem Gradienten der x-Komponente der Geschwindigkeit in z-Richtung

$$\partial v_x / \partial z \tag{9.3.42}$$

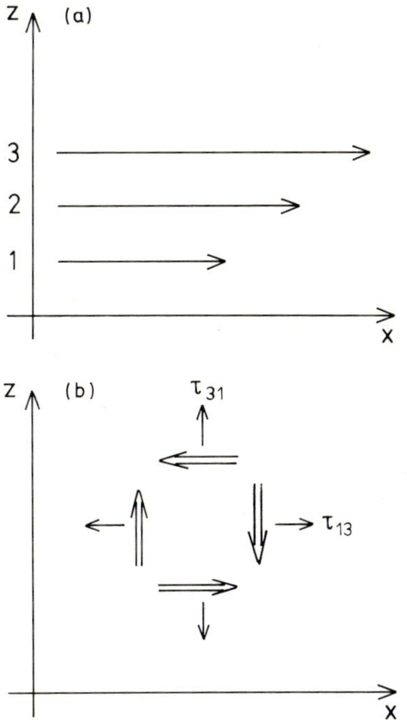

Abb. 9.3.1. (**a**) Drei Schichten eines Fluids, die mit unterschiedlicher Geschwindigkeit in x-Richtung strömen. Durch Reibung verzögert Schicht 2 die Schicht 3, es fließt also ein Impulsstrom in positive z-Richtung, der nur eine negative x-Komponente hat. (**b**) Kräfte ($\Rightarrow$) und Richtungen der Impulsströme ($\rightarrow$), die diese Kräfte verursachen. Es ist wegen der Symmetrie von τ_{ij} auch $\tau_{13}=\tau_{31}$ verschieden von Null. Diese Kräfte verhindern, daß die Massenelemente immer mehr Drehimpuls ansammeln

abhängen. Man erwartet also für die Impulsstromdichte

$$J_1 = \left(0, 0, -\eta \frac{\partial v_x}{\partial z}\right) \tag{9.3.43}$$

und somit wäre in diesem Falle:

$$\tau_{31} = \eta \frac{\partial v_x}{\partial z} \tag{9.3.44}$$

wobei η eine Materialgröße sein wird, die die Zähigkeit des Fluids, d.h. die Viskosität[6] beschreiben würde.

In der Tat sind diese Beziehungen so auch zunächst aufgestellt worden. Die Gleichung (9.3.41) für den Wärmestrom heißt auch *Fouriersches Gesetz*, die Gleichung (9.3.44) für den Impulsstrom wird Newton zugeschrieben. Im nächsten Abschnitt wollen wir diese Gesetze als Spezialfälle einer allgemeineren Beziehung für die Stromdichten erkennen.

9.4 Entropieproduktion, verallgemeinerte Kräfte und Flüsse

Für die Entropiebilanz wollen wir mit Hilfe der Zustandsgleichungen und der Bilanzgleichungen für $\hat{u}$, $\hat{v}$ und $\hat{c}_\alpha$ die Größen

$$\frac{D\hat{s}}{Dt}, \quad \boldsymbol{J}_s \quad \text{und} \quad q_s$$

ausrechnen.

In der Gleichgewichts-Thermodynamik gilt bei einer Flüssigkeit oder einem Gas für die Entropie

$$\begin{aligned} S &= S(E, V, N_1, \ldots, N_B) \\ &= N s\left(\frac{E}{N}, \frac{V}{N}, \frac{N_1}{N}, \ldots, \frac{N_B}{N}\right) \quad \text{mit} \quad N = \sum_{\alpha=1}^{B} N_\alpha , \end{aligned}$$

Somit kann wegen der Annahme, daß lokal Gleichgewicht herrscht, die lokale spezifische Entropie $\hat{s}(\boldsymbol{r}, t)$ auch als Funktion der spezifischen Größen

$\hat{u}$: spezifische Energie,
$\hat{v}$: spezifisches Volumen und
$\hat{c}_\alpha$: spezifische Massenkonzentration der Sorte α

betrachtet werden:

$$\hat{s} = \hat{s}(\hat{u}(\boldsymbol{r}, t), \hat{v}(\boldsymbol{r}, t), \hat{c}_1(\boldsymbol{r}, t), \ldots, \hat{c}_B(\boldsymbol{r}, t)) . \tag{9.4.1}$$

Dabei hat man die extensiven Größen wie Energie, Volumen, Teilchenzahl der Sorte α statt auf die Gesamtteilchenzahl nun auf die Gesamtmasse bezogen. Weiter gilt auch lokal:

$$\frac{\partial \hat{s}}{\partial \hat{u}} = \frac{1}{T(\boldsymbol{r}, t)}, \quad \frac{\partial \hat{s}}{\partial \hat{v}} = \frac{p(\boldsymbol{r}, t)}{T(\boldsymbol{r}, t)}, \quad \frac{\partial \hat{s}}{\partial \hat{c}_\alpha} = -\frac{\hat{\mu}_\alpha(\boldsymbol{r}, t)}{T(\boldsymbol{r}, t)} . \tag{9.4.2}$$

Damit erhält man

$$\begin{aligned} \frac{D\hat{s}}{Dt} &= \frac{\partial \hat{s}}{\partial \hat{u}} \frac{D\hat{u}}{Dt} + \frac{\partial \hat{s}}{\partial \hat{v}} \frac{D\hat{v}}{Dt} + \sum_{\alpha=1}^{B} \frac{\partial \hat{s}}{\partial \hat{c}_\alpha} \frac{D\hat{c}_\alpha}{Dt} \\ &= \frac{1}{T} \frac{D\hat{u}}{Dt} + \frac{p}{T} \frac{D\hat{v}}{Dt} - \sum_{\alpha=1}^{B} \frac{\hat{\mu}_\alpha}{T} \frac{D\hat{c}_\alpha}{Dt} . \end{aligned} \tag{9.4.3}$$

Da wir für

$$\frac{D\hat{u}}{Dt}, \quad \frac{D\hat{v}}{Dt} \quad \text{und} \quad \frac{D\hat{c}_\alpha}{Dt}$$

in Abschn. 9.2 und 3 Gleichungen aufgestellt hatten, in denen die entsprechenden Ströme und Quellterme auftraten, werden wir hier mit der Gleichung für $D\hat{s}/Dt$ Entropiefluß und Entropieproduktion auch durch diese Ströme und Quellterme ausdrücken können. Wir erhalten mit (9.3.36), (9.2.27) und (9.3.6):

$$\begin{aligned} \varrho \frac{D\hat{s}}{Dt} &= \frac{1}{T}\left(-\boldsymbol{\nabla} \cdot \boldsymbol{Q} + \tau_{ij} V_{ji} + \sum_{\alpha=1}^{B} \boldsymbol{J}_\alpha \cdot \hat{\boldsymbol{f}}_\alpha\right) \\ &\quad + \frac{p}{T} \boldsymbol{\nabla} \cdot \boldsymbol{v} - \frac{1}{T} \sum_\alpha \hat{\mu}_\alpha(-\boldsymbol{\nabla} \cdot \boldsymbol{J}_\alpha) . \end{aligned} \tag{9.4.4}$$

Nun gilt

i) $$p \boldsymbol{\nabla} \cdot \boldsymbol{v} = p \delta_{ij} \tfrac{1}{2} (\nabla_j v_i + \nabla_i v_j) = (\boldsymbol{p})_{ij} V_{ji} \tag{9.4.5}$$

mit dem Tensor

$$(\boldsymbol{p})_{ij} = p \delta_{ij} ,$$

ii) $$\begin{aligned} -\frac{1}{T}\left(\boldsymbol{\nabla} \cdot \boldsymbol{Q} - \sum_{\alpha=1}^{B} \hat{\mu}_\alpha \boldsymbol{\nabla} \cdot \boldsymbol{J}_\alpha\right) &= -\boldsymbol{\nabla} \cdot \left(\frac{\boldsymbol{Q}}{T} - \sum_{\alpha=1}^{B} \hat{\mu}_\alpha \frac{\boldsymbol{J}_\alpha}{T}\right) \\ &\quad + \boldsymbol{Q} \cdot \boldsymbol{\nabla} \frac{1}{T} - \sum_{\alpha=1}^{B} \boldsymbol{J}_\alpha \cdot \boldsymbol{\nabla} \frac{\mu_\alpha}{T} . \end{aligned} \tag{9.4.6}$$

[6] Viskosität (lat.) von viscosus: voll Vogelleim, klebrig, zäh von viscum: Mistel, zugleich auch Bezeichnung für den aus Mistelbeeren gewonnenen Vogelleim.

Damit folgt

$$\varrho \frac{D\hat{s}}{Dt} = -\nabla \cdot \left(\frac{Q}{T} - \sum_{\alpha=1}^{B} \hat{\mu}_\alpha \frac{J_\alpha}{T} \right) + Q \cdot \nabla \frac{1}{T} - \sum_{\alpha=1}^{B} J_\alpha \cdot \left(\nabla \frac{\hat{\mu}_\alpha}{T} - \frac{\hat{f}_\alpha}{T} \right) + \frac{1}{T} (\tau + p)_{ij} V_{ji} \ . \tag{9.4.7}$$

Für die Entropieproduktionsdichte finden wir somit:

$$\begin{aligned} q_s &= Q \cdot \nabla \frac{1}{T} - \sum_{\alpha=1}^{B} J_\alpha \cdot \left(\nabla \frac{\hat{\mu}_\alpha}{T} - \frac{\hat{f}_\alpha}{T} \right) + (\tau + p)_{ij} \frac{V_{ji}}{T} \\ &= Q \cdot \nabla \frac{1}{T} - \sum_{\alpha=1}^{B-1} J_\alpha \cdot \left(\nabla \frac{\hat{\mu}_\alpha - \hat{\mu}_B}{T} - \frac{\hat{f}_\alpha - \hat{f}_B}{T} \right) \\ &\quad + (\tau + p)_{ij} \frac{V_{ji}}{T} \ , \end{aligned} \tag{9.4.8}$$

wobei wir J_B mit Hilfe von

$$\sum_{\alpha=1}^{B} J_\alpha = 0$$

eliminiert haben.

Die Entropieproduktion wird so hervorgerufen durch

i) einen Temperaturgradienten $\nabla 1/T$,
ii) einen Gradienten im chemischen Potential und durch eine äußere Kraft,
iii) einen Gradienten im Geschwindigkeitsfeld.

Wenn die Gradienten von T, $\hat{\mu}_\alpha$ und v sämtlich verschwinden, dann fließen sicher keine Wärme-, Diffusions- und Impulsströme, und es wird keine Entropie erzeugt. In diesem Sinne kann man die Gradienten als „Kräfte" ansehen, durch welche die Ströme verursacht und angetrieben werden.

Um einen Ansatz für die Beziehung zwischen Kräften und Strömen formulieren zu können, bezeichne man die Komponenten der Ströme

$$Q, J_\alpha, \tau'_{ij} = \tau_{ij} + p\delta_{ij}$$

zusammenfassend mit J_A, wobei der Index A genau $3 + 3(B-1) + 6 = 3B + 6$ Werte durchläuft, und die Komponenten der „Kräfte"

$$\nabla \frac{1}{T} \ , \qquad -\nabla \frac{\hat{\mu}_\alpha - \hat{\mu}_B}{T} + \frac{\hat{f}_\alpha - \hat{f}_B}{T} \ , \qquad \frac{V_{ij}}{T}$$

mit X_A. Dann schreibt sich die Entropieerzeugungsdichte als

$$q_s = \sum_A J_A X_A \ . \tag{9.4.9}$$

Es liegt nun nahe, anzunehmen, daß für nicht zu große Kräfte, die Ströme den Kräften proportional sind.

Man setzt also an:

$$J_A = \sum_B L_{AB} X_B \tag{9.4.10}$$

mit gewissen phänomenologischen Koeffizienten L_{AB}. Dann ist also

$$q_s = \sum_{A,B} L_{AB} X_A X_B \ . \tag{9.4.11}$$

Da die Entropieerzeugung nicht negativ sein kann, muß die Matrix L_{AB} jedenfalls positiv (semi)definit sein. Insbesondere muß gelten:

$$L_{AA} \geq 0 \ . \tag{9.4.12}$$

Eine Berechnung der Koeffizienten L_{AB} aus den mikrophysikalischen Eigenschaften des Systems ist die Aufgabe der *Transporttheorie*, einer Teildisziplin der statistischen Mechanik der Nichtgleichgewichtssysteme. In unserem Rahmen sind L_{AB} Materialgrößen, die dem Experiment zu entnehmen sind. Aus der mikroskopischen Theorie folgen die *Onsagerschen*[7] *Symmetrierelationen*

$$L_{AB} = L_{BA} \ , \tag{9.4.13}$$

die Matrix L_{AB} ist also symmetrisch. (Genauer gilt, wie Casimir gezeigt hat, $L_{AB} = \varepsilon_A \varepsilon_B L_{BA}$, wobei $\varepsilon_C = \pm 1$, je nachdem, ob die Kraft X_C ihr Vorzeichen bei Umkehr der Zeitrichtung: $t \to -t$ ändert oder nicht.) Die Koeffizientenmatrix L_{AB} wird weiter eingeschränkt durch das *Prinzip von P. Curie*[8]:

---

[7] *Onsager, Lars* (∗1903 Oslo, †1976 Miami/Flor.).
Seit 1934 Professor an der Yale-Universität New Haven Conn. Fundamentale Arbeiten zur statistischen Mechanik und zur irreversiblen Thermodynamik. 1968 Nobelpreis für Chemie.

[8] *Curie, Pierre* (∗1859 Paris, †1906 Paris).
Französischer Physiker, Gatte von Marie Curie, bekannt besonders durch seine Arbeiten zur Radioaktivität, aber auch wichtige Beiträge zur Theorie magnetischer Materialien. Entdecker der Piezoelektrizität.

In isotropen Systemen werden durch die Gleichungen

$$J_A = \sum_B L_{AB} X_B$$

nur Kräfte und Ströme mit demselben Transformationsverhalten unter Drehungen miteinander verbunden, also nur Vektorfelder mit Vektorfeldern, Tensorfelder mit Tensorfeldern und skalare Felder mit skalaren Feldern.

Skalare Felder und Ströme treten auf, da sich von einem symmetrischen Tensorfeld durch „Spurbildung" ein skalares Feld abspalten läßt:

$$A_{ij} = (A_{ij} - \tfrac{1}{3}\delta_{ij} A_{kk}) + \tfrac{1}{3}\delta_{ij} A_{kk} \ . \tag{9.4.14}$$

Wir haben also folgende Ströme und Kräfte:

Vektoren: $\boldsymbol{Q}$, $\boldsymbol{J}_\alpha$; $\nabla \dfrac{1}{T}$, $-\nabla \dfrac{\hat{\mu}_\alpha - \hat{\mu}_B}{T} + \dfrac{\hat{\boldsymbol{f}}_\alpha - \hat{\boldsymbol{f}}_B}{T}$;

Tensoren: $\tau_{ij} - \frac{1}{3}\delta_{ij}\tau_{kk}$; $\dfrac{1}{T}(\nabla_i v_j + \nabla_j v_i - \frac{2}{3}\delta_{ij}\nabla\cdot\boldsymbol{v})$;

Skalare: $\tau_{kk} + 3p$; $\dfrac{1}{T}\nabla\cdot\boldsymbol{v}$.

Wenn auch chemische Reaktionen möglich sind, dann kommen für jede mögliche Reaktion noch je ein skalarer Strom und eine skalare Kraft hinzu.

Unter Berücksichtigung der Symmetrierelationen und des Curieschen Prinzips lautet nun der lineare Ansatz $J_A = \sum_B L_{AB} X_B$:

$$\text{i)}\ \boldsymbol{Q} = \tilde{\lambda}\nabla\frac{1}{T} + \sum_{\alpha=1}^{B-1} \tilde{\lambda}_\alpha \left(\frac{\hat{\boldsymbol{f}}_\alpha - \hat{\boldsymbol{f}}_B}{T} - \nabla\frac{\hat{\mu}_\alpha - \hat{\mu}_B}{T}\right), \tag{9.4.15}$$

$$\text{ii)}\ \boldsymbol{J}_\alpha = \sum_{\beta=1}^{B-1} \tilde{\lambda}_{\alpha\beta} \left(\frac{\hat{\boldsymbol{f}}_\beta - \hat{\boldsymbol{f}}_B}{T} - \nabla\frac{\hat{\mu}_\beta - \hat{\mu}_B}{T}\right) + \tilde{\lambda}_\alpha \nabla\frac{1}{T} \tag{9.4.16}$$

mit $\tilde{\lambda} \geq 0$, $\tilde{\lambda}_{\alpha\beta}$ positiv semidefinit.

$$\text{iii)}\ \tau_{ij} - \tfrac{1}{3}\delta_{ij}\tau_{kk} = \frac{\Lambda}{T}(\nabla_i v_j + \nabla_j v_i - \tfrac{2}{3}\delta_{ij}\nabla\cdot\boldsymbol{v}) \tag{9.4.17}$$

mit $\Lambda \geq 0$,

$$\text{iv)}\ \tau_{kk} + 3p = \frac{\tilde{\Lambda}}{T}\nabla\cdot\boldsymbol{v} \ , \quad \tilde{\Lambda} \geq 0 \ . \tag{9.4.18}$$

Zusammenfassend läßt sich der Zusammenhang zwischen τ_{ij} und V_{ij} auch schreiben als

$$\tau_{ij} = -\delta_{ij} p + \eta(\nabla_i v_j + \nabla_j v_i - \tfrac{2}{3}\delta_{ij}\nabla\cdot\boldsymbol{v}) + \zeta\delta_{ij}\nabla\cdot\boldsymbol{v} \ . \tag{9.4.19}$$

Hierbei heißt $\eta = \Lambda/T$ auch *Viskosität* oder *Scherviskosität* und $\zeta = \tilde{\Lambda}/3T$ *Volumenviskosität.*

Indem man die linearen Ansätze $J_A = \sum_B L_{AB} X_B$ in die Bilanzgleichungen für

$$\frac{D\hat{v}}{Dt}, \quad \frac{D\hat{u}}{Dt}, \quad \frac{D\hat{c}_\alpha}{Dt}$$

einsetzt, erhält man ein geschlossenes System von partiellen Differentialgleichungen für die gesuchten Feldfunktionen

$$\varrho(\boldsymbol{r},t)\ , \quad p(\boldsymbol{r},t)\ , \quad u(\boldsymbol{r},t)\ , \quad c_\alpha(\boldsymbol{r},t)\ ,$$
$$\mu_\alpha(\boldsymbol{r},t) \quad \text{und} \quad \boldsymbol{v}(\boldsymbol{r},t)\ .$$

Das werden wir in Abschn. 9.5 studieren.

Anmerkungen

i) Für ein Einkomponentensystem ($B=1$) oder wenn Diffusionseffekte vernachlässigbar sind, ergibt sich für den Wärmestrom

$$\boldsymbol{Q} = \tilde{\lambda}\nabla\frac{1}{T} \ . \tag{9.4.20}$$

Wenn die Temperatur nicht sehr stark von einem Referenzwert T_0 abweicht, so vereinfacht sich die Beziehung zu

$$\boldsymbol{Q} = -\frac{\tilde{\lambda}}{T_0^2}\nabla T = -\kappa\nabla T \ . \tag{9.4.21}$$

Dies ist der in Abschn. 9.3 bereits diskutierte Spezialfall, das *Fouriersche Gesetz der Wärmeleitung.* κ heißt *Wärmeleitfähigkeit.*

ii) Für ein System mit zwei Sorten von Molekülen ($B=2$) erhält man für die Diffusionsstromdichte in Abwesenheit äußerer Kräfte bei konstanter Temperatur:

$$\boldsymbol{J}_1 = -\tilde{\lambda}_{11}\nabla\frac{\hat{\mu}_1 - \hat{\mu}_2}{T} = -\frac{\tilde{\lambda}_{11}}{T}\frac{\partial(\hat{\mu}_1 - \hat{\mu}_2)}{\partial\hat{c}_1}\nabla\hat{c}_1 \ , \quad \text{d.h.} \tag{9.4.22}$$

$$\boldsymbol{J}_1 = -D\nabla\hat{c}_1 \quad \text{mit} \tag{9.4.23}$$

$$D = \frac{-\tilde{\lambda}_{11}}{T}\frac{\partial}{\partial\hat{c}_1}(\hat{\mu}_1 - \hat{\mu}_2) \ . \tag{9.4.24}$$

Diese Beziehung zwischen der Diffusionsstromdichte und dem Konzentrationsgradienten heißt auch *erstes Ficksches*[9] *Gesetz*. Die Größe D heißt auch *Diffusionskoeffizient*.

iii) Die Koeffizienten η und ζ beschreiben Reibungseffekte bei Verformungen (ohne und mit Volumenänderung), die ein Element des Fluids wegen der Inhomogenität des Geschwindigkeitsfeldes erfährt. Da in Flüssigkeiten Volumenänderungen i.a. klein sind, macht sich dort der Effekt von ζ weniger bemerkbar.

iv) Die linearen Ansätze lassen erkennen, daß i.a. ein Temperaturgradient nicht nur zu einem Wärmestrom, sondern auch zu einem Diffusionsstrom führen wird, und daß Gradienten der chemischen Potentiale nicht nur Diffusions- sondern auch Wärmeströme verursachen können. Diese beiden Effekte, die über die Onsagerschen Symmetrierelationen miteinander zusammenhängen, sind wirklich beobachtet worden. Sie heißen *Thermodiffusion* und *Diffusionsthermoeffekt*.

9.5 Die Differentialgleichungen der Strömungslehre und ihre Spezialfälle

Haben wir so Ansätze für die Ströme gewonnen, so können wir diese in die Gleichungen für $\hat{c}_\alpha$, $\boldsymbol{v}$, $\hat{u}$ einsetzen:

i) Aus der Gleichung für $\boldsymbol{v}$

$$\varrho\frac{D\boldsymbol{v}}{Dt} = \nabla\cdot\boldsymbol{\tau} + \boldsymbol{f} \ , \tag{9.5.1}$$

erhält man, wenn man zusätzlich η und ζ als konstant annimmt,

$$\varrho\frac{Dv_i}{Dt} = -\nabla_j\delta_{ji}p + \zeta\nabla_j\delta_{ji}\nabla\cdot\boldsymbol{v} + \eta\nabla_j(\nabla_j v_i + \nabla_i v_j - \tfrac{2}{3}\delta_{ij}\nabla\cdot\boldsymbol{v}) + f_i$$

oder

$$\varrho\frac{D\boldsymbol{v}}{Dt} = -\nabla p + (\zeta + \tfrac{1}{3}\eta)\nabla(\nabla\cdot\boldsymbol{v}) + \eta\,\Delta\boldsymbol{v} + \boldsymbol{f} \ . \tag{9.5.2}$$

Der Differentialoperator

$$\Delta := \nabla\cdot\nabla = \nabla^2 = \nabla_i\nabla_i \tag{9.5.3}$$

wird *Laplace-Operator*[10] genannt.

Die Gleichung (9.5.2) heißt *Navier*[11]*-Stokes*[12]*-Gleichung*. Sie ist in allen Bereichen der Strömungslehre von außerordentlicher Wichtigkeit.

ii) Aus der Gleichung für $\hat{u}$

$$\varrho\frac{D\hat{u}}{Dt} + \nabla\cdot\boldsymbol{Q} = \tau_{ij}V_{ij} + \sum_{\alpha=1}^{B}\boldsymbol{J}_\alpha\cdot\hat{\boldsymbol{f}}_\alpha$$

erhält man:

$$\begin{aligned}\varrho\frac{D\hat{u}}{Dt} + \nabla\cdot(-\kappa\nabla T) = {} & [-p\delta_{ij} + \zeta\nabla\cdot\boldsymbol{v}\delta_{ij} \\ & + \eta(2V_{ij} - \tfrac{2}{3}\delta_{ij}\nabla\cdot\boldsymbol{v})]V_{ij} \\ & + \sum_{\alpha=1}^{B}\boldsymbol{J}_\alpha\cdot\hat{\boldsymbol{f}}_\alpha \ ,\end{aligned} \tag{9.5.4}$$

oder, wenn man κ als konstant ansehen und äußere Kräfte vernachlässigen darf

$$\begin{aligned}\varrho\frac{D\hat{u}}{Dt} - \kappa\,\Delta T = {} & -p\nabla\cdot\boldsymbol{v} + 2\eta V_{ij}V_{ji} \\ & + (\zeta - \tfrac{2}{3}\eta)(\nabla\cdot\boldsymbol{v})^2 \ .\end{aligned} \tag{9.5.5}$$

Das ist die *verallgemeinerte Wärmeleitungsgleichung*.

---

[9] *Fick, Adolf* (∗1829 Kassel, †1901 Blankenberge (Belgien)). Deutscher Mediziner und Physiologe, ursprünglich Mathematiker. Arbeiten zu zahlreichen Gebieten der Physiologie: u.a. Herzleistungsbestimmung, Biomechanik, Muskel- und Atmungsphysiologie. Sein Gesetz über die Diffusion stellte er im Jahre 1855 auf.

[10] *Laplace, Pierre Simon* (∗1749 Beaumont-en-Auge (Normandie), †1827 Arcueil bei Paris). Großer Mathematiker, Astronom und Physiker. Hauptarbeiten über partielle Differentialgleichungen, Wahrscheinlichkeitstheorie und vor allem großartige Leistungen in der Himmelsmechanik. Zugleich war er ein glänzender Wissenschaftsschriftsteller. Mit seinem Namen verbunden sind auch das Kant-Laplacesche Weltmodell und die Vorstellung des Laplaceschen Dämons.

[11] *Navier, Claude Louis Marie Henri* (∗1785 Dijon, †1836 Paris). Französischer Ingenieur und Physiker, Professor an der Ecole polytecnique. Bedeutende Arbeiten zur Elastizitätstheorie und Hydrodynamik.

[12] *Stokes, George Gabriel* (∗1819 Skreen/Irland, †1903 Cambridge). Von 1849 –1903 Professor in Cambridge auf dem Lehrstuhl Newtons. Besonders bedeutende Beiträge zur Hydrodynamik, Optik und Geodäsie.

Damit haben wir bisher vier Gleichungen für die Unbekannten $\boldsymbol{v}$, $\hat{u}$, p, T, ϱ. Bei nur einer Teilchensorte sind das sieben unbekannte Funktionen. Um ein voll bestimmtes System von Differentialgleichungen für diese sieben Unbekannten zu erhalten, benötigt man also noch drei Gleichungen. Die Kontinuitätsgleichung

$$\frac{D\varrho}{Dt}+\varrho\boldsymbol{\nabla}\cdot\boldsymbol{v}=0 \tag{9.5.6}$$

ist sicher eine solche, und wenn man dann noch die lokalen Zustandsgleichungen

$$p=p(T,\varrho) \;, \tag{9.5.7}$$

$$\hat{u}=\hat{u}(T,\varrho) \tag{9.5.8}$$

für die einzelnen Volumenelemente benutzt, so kann man schließlich aus den Differentialgleichungen die unbekannten Zustandsfelder

$$\boldsymbol{v}(\boldsymbol{r},t) \;, \quad T(\boldsymbol{r},t) \;, \quad \varrho(\boldsymbol{r},t) \tag{9.5.9}$$

bestimmen, und damit dann auch p und $\hat{u}$.

Spezialfälle

i) Man betrachte ein inkompressibles Fluid, d.h. eine Substanz mit

$$\dot{\varrho}=0 \;, \quad \boldsymbol{\nabla}\varrho=\boldsymbol{0} \;. \tag{9.5.10}$$

Dann folgt aus der Kontinuitätsgleichung

$$\boldsymbol{\nabla}\cdot\boldsymbol{v}=0 \;. \tag{9.5.11}$$

Man nennt den Zweig der Strömungslehre, in dem diese Voraussetzung der Inkompressibilität gut erfüllt ist, auch *Fluiddynamik*, weil bei Fluiden die Dichteänderungen bei nicht zu großen Strömungsgeschwindigkeiten vernachlässigbar sind.

Die Navier-Stokes-Gleichung lautet dann

$$\frac{\partial\boldsymbol{v}}{\partial t}+(\boldsymbol{v}\cdot\boldsymbol{\nabla})\boldsymbol{v}=-\frac{1}{\varrho}\boldsymbol{\nabla}p+\frac{\eta}{\varrho}\Delta\boldsymbol{v}+\frac{\boldsymbol{f}}{\varrho} \;. \tag{9.5.12}$$

ii) Im Gegensatz dazu steht die *Gasdynamik*, in der man die Kompressibilität berücksichtigt, aber für den Drucktensor lediglich

$$\tau_{ij}=-p\delta_{ij}$$

setzt, wenn nicht gerade an Grenzschichten in der Nähe von Wänden die Reibung doch nicht vernachlässigt werden darf.

iii) Man nennt ein Fluid *ideal*, wenn man Viskosität und Wärmeleitung und für Mehrstoffsysteme auch Diffusion vernachlässigen darf. Dann erhält man aus der Navier-Stokes-Gleichung

$$\varrho\frac{D\boldsymbol{v}}{Dt}=\varrho\left[\frac{\partial\boldsymbol{v}}{\partial t}+(\boldsymbol{v}\cdot\boldsymbol{\nabla})\boldsymbol{v}\right]=-\boldsymbol{\nabla}p+\boldsymbol{f} \;. \tag{9.5.13}$$

Das ist die *Eulersche Gleichung* (von L. Euler schon 1755 aufgestellt).

Für ein ideales Fluid verschwinden die Ströme $\boldsymbol{Q}$, $\boldsymbol{J}_\alpha$ und τ'_{ij} und damit auch q_s und der Entropiestrom J_s. Die Entropiebilanz lautet dann einfach

$$\frac{D\hat{s}}{Dt}=0 \;. \tag{9.5.14}$$

Die Zustandsänderung eines jeden Massenelementes ist adiabatisch und reversibel. Dann ist der Zusammenhang $p=p(\varrho)$ einfach durch die Adiabatengleichung gegeben. Für ein ideales Fluid bildet also schon die Strömungsgleichung zusammen mit der Kontinuitätsgleichung und der Adiabatengleichung ein vollständig bestimmtes System.

iv) Bei einer idealen, inkompressiblen Flüssigkeit erhält man aus der Eulerschen Gleichung mit Hilfe der Identität:

$$(\boldsymbol{v}\cdot\boldsymbol{\nabla})\boldsymbol{v}=\boldsymbol{\nabla}\tfrac{1}{2}\boldsymbol{v}^2-\boldsymbol{v}\times(\boldsymbol{\nabla}\times\boldsymbol{v}) \tag{9.5.15}$$

die Gleichung

$$\frac{\partial\boldsymbol{v}}{\partial t}+\frac{1}{2}\boldsymbol{\nabla}\boldsymbol{v}^2-\boldsymbol{v}\times(\boldsymbol{\nabla}\times\boldsymbol{v})=-\boldsymbol{\nabla}\frac{p}{\varrho}+\frac{\boldsymbol{f}}{\varrho} \;. \tag{9.5.16}$$

Wenn die äußere Kraft $\boldsymbol{f}$ nur der Schwerkraft der Erde entspricht, so ist also $\boldsymbol{f}/\varrho=\boldsymbol{g}$ und wenn man die z-Achse in Richtung von $-\boldsymbol{g}$ wählt, ist

$$\boldsymbol{g}=-\boldsymbol{\nabla}(gz) \tag{9.5.17}$$

und somit auch

$$-\frac{\partial\boldsymbol{v}}{\partial t}+\boldsymbol{v}\times(\boldsymbol{\nabla}\times\boldsymbol{v})=\boldsymbol{\nabla}\left(\frac{1}{2}\boldsymbol{v}^2+\frac{p}{\varrho}+gz\right) \;. \tag{9.5.18}$$

Man nennt eine Strömung *stationär*, wenn $\partial \boldsymbol{v}/\partial t \equiv 0$ ist. Weiterhin ist eine *Stromlinie* eine Linie in dem Fluid, zu der $\boldsymbol{v}(\boldsymbol{r}, t)$ immer tangential ist. Stromlinien sind so die Feldlinien des Vektorfeldes $\boldsymbol{v}(\boldsymbol{r}, t)$. Im stationären Fall sind die Stromlinien auch die Bahnen der Teilchen des Fluids.

Da nun $\boldsymbol{v} \times (\boldsymbol{\nabla} \times \boldsymbol{v})$ senkrecht auf $\boldsymbol{v}$ steht, ist im stationären Fall die Ableitung in Richtung $\boldsymbol{v}$ von

$$\frac{1}{2}\boldsymbol{v}^2 + \frac{p}{\varrho} + gz \tag{9.5.19}$$

gleich Null und somit gilt entlang einer Stromlinie

$$\frac{1}{2}\boldsymbol{v}^2 + \frac{p}{\varrho} + gz = \text{const} \ , \tag{9.5.20}$$

wobei die Konstante von Stromlinie zu Stromlinie verschieden sein kann. Das ist das *Gesetz von Bernoulli*[13].

Gilt überdies noch

$$\boldsymbol{\nabla} \times \boldsymbol{v} = \boldsymbol{0} \tag{9.5.21}$$

überall im Fluid, so gilt im stationären Fall (9.5.20) mit einer Konstanten, die für alle Stromlinien gleich ist.

v) In einer idealen inkompressiblen Flüssigkeit können Wirbel nicht neu entstehen. Indem man nämlich von der Eulerschen Gleichung in der Form von (9.5.18) die Rotation bildet $(\boldsymbol{\nabla} \times \boldsymbol{v})$, erhält man für die Wirbeldichte

$$\boldsymbol{\omega} = \boldsymbol{\nabla} \times \boldsymbol{v} \tag{9.5.22}$$

die Gleichung

$$\dot{\boldsymbol{\omega}} = \boldsymbol{\nabla} \times (\boldsymbol{v} \times \boldsymbol{\omega}) \ . \tag{9.5.23}$$

Wenn zu irgendeinem Zeitpunkt, etwa für $t = 0$ gilt $\boldsymbol{\omega}(\boldsymbol{r}, 0) = 0$, so erhält man durch fortgesetztes Differenzieren nach t:

$$\frac{d^n}{dt^n}\boldsymbol{\omega}(\boldsymbol{r}, 0) = 0$$

für alle n, woraus $\boldsymbol{\omega}(\boldsymbol{r}, t) = 0$ für alle t und $\boldsymbol{r}$ folgt.

Man nennt eine Strömung, in der

$$\boldsymbol{\omega} = \boldsymbol{\nabla} \times \boldsymbol{v} \equiv 0$$

gilt, auch *Potentialströmung*, da man dann zu $\boldsymbol{v}$ ein Potential ϕ finden kann mit

$$\boldsymbol{v} = -\boldsymbol{\nabla}\phi \ . \tag{9.5.24}$$

Die Kontinuitätsgleichung in der Form $\boldsymbol{\nabla} \cdot \boldsymbol{v} = 0$ für inkompressible Fluide lautet dann

$$\Delta\phi = 0 \ . \tag{9.5.25}$$

Diese Gleichung heißt *Laplace-Gleichung*. Diese Gleichung tritt in den verschiedensten Zweigen der Physik auf. Wir werden uns deshalb in Kap. 10 noch mit ihr beschäftigen.

Oft kann man bei einer Strömung das Fluid in großen Gebieten als ideal betrachten und die Wirbeldichte dort vernachlässigen. Dann kann man das Geschwindigkeitsfeld also aus der Laplace-Gleichung bestimmen. Ist die Strömung noch eben, d.h., ist

$$\boldsymbol{v} = (v_x(x, y), v_y(x, y), 0) \ ,$$

so ergibt sich $\phi(x, y)$ als Realteil einer analytischen Funktion $f(z)$, $z = x + \mathrm{i}y$, und man kann mit Hilfe funktionentheoretischer Methoden $f(z)$ so bestimmen, daß am Rande der Gebiete die physikalisch zu fordernden Randbedingungen erfüllt sind [9.1, 2].

vi) Wir wollen die Wärmeleitung in dem Spezialfall $\boldsymbol{v} = 0$ eines ruhenden Fluids untersuchen.

Aus der Kontinuitätsgleichung folgt dann

$$\frac{\partial \varrho}{\partial t} + \boldsymbol{\nabla} \cdot (\varrho \boldsymbol{v}) = \frac{\partial \varrho}{\partial t} = 0 \ ,$$

also ist ϱ zeitlich konstant.

Die Wärmeleitungsgleichung lautet nun:

$$\varrho\frac{\partial \hat{u}}{\partial t} - \kappa \Delta T = 0 \ . \tag{9.5.26}$$

Die zeitliche Änderung von $\hat{u}(T, \varrho)$ kommt nun nur durch Temperaturänderung zustande:

$$\frac{\partial \hat{u}}{\partial t} = \frac{\partial \hat{u}}{\partial T}\frac{\partial T}{\partial t} \ .$$

Wie wir wissen ist $\partial \hat{u}/\partial T = \hat{c}_v$, die spezifische Wärme pro Masse.

---

[13] *Bernoulli, Daniel I.* (∗1700 Groningen, †1782 Basel).
Sproß einer berühmten Baseler Gelehrtenfamilie. Bedeutende Arbeiten über Kontinuumsmechanik, Physiologie, reine Mathematik. Vorwegnahme der kinetischen Gastheorie durch kinetische Erklärung des Druckes eines Gases.

Also folgt

$$\varrho\hat{c}_v \frac{\partial T(\boldsymbol{r},t)}{\partial t} - \kappa\Delta T(\boldsymbol{r},t) = 0 \qquad (9.5.27)$$

oder

$$\frac{\partial T(\boldsymbol{r},t)}{\partial t} - \lambda\Delta T(\boldsymbol{r},t) = 0 \;, \qquad \text{mit} \quad \lambda = \frac{\kappa}{\varrho\hat{c}_v} \;. \qquad (9.5.28)$$

Diese Gleichung heißt *Wärmeleitungsgleichung* und λ heißt *Temperaturleitfähigkeit*.

vii) Wir wollen nun Diffusionseffekte untersuchen und uns dabei auf den Fall konstanter Temperatur $T = \text{const}$ und vernachlässigbarer Strömung ($\boldsymbol{v} = \boldsymbol{0}$) beschränken.

Für ein System mit zwei Bestandteilen ($B = 2$) ergibt dann der lineare Ansatz für den Diffusionsstrom in Abwesenheit äußerer Kräfte (Abschn. 9.4):

$$\boldsymbol{J}_1 = -D\boldsymbol{\nabla}\hat{c}_1$$

mit der Diffusionskonstanten D. Aus der Bilanzgleichung

$$\frac{\partial \hat{c}_1}{\partial t} + \boldsymbol{\nabla}\cdot\boldsymbol{J}_1 = 0$$

folgt, wenn $D = \text{const}$ angenommen wird

$$\frac{\partial c(r,t)}{\partial t} - D\Delta c(r,t) = 0 \;, \qquad (9.5.29)$$

wobei wir c statt $\hat{c}_1$ geschrieben haben. Die Diffusionsgleichung ist also in dieser Näherung von derselben Gestalt wie die Wärmeleitungsgleichung.

9.6 Einige elementare Anwendungen der Navier-Stokes Gleichungen

Die Untersuchung der Navier-Stokes-Gleichung sowie die Diskussion physikalisch wichtiger Lösungen ist ein Thema der Hydrodynamik, und es gibt eine ausgedehnte Literatur zu diesem Gebiet. Wir wollen hier nur die allereinfachsten Anwendungen studieren.

i) Aus der Eulerschen Gleichung erhält man mit

$$\boldsymbol{f} = -\boldsymbol{\nabla}(\varrho g z) \qquad (9.6.1)$$

für ein ruhendes Fluid:

$$\boldsymbol{\nabla}(p + \varrho g z) = \boldsymbol{0} \quad \text{oder}$$

$$p = -\varrho g z + \text{const} \;. \qquad (9.6.2)$$

Das ist der hydrostatische Druck einer ruhenden Flüssigkeit. Die Kraft auf einen Körper in der Flüssigkeit ist dann gleich dem Impuls, der pro Zeiteinheit das Fluid über denjenigen Rand des Fluids verläßt, der der Oberfläche des Körpers entspricht:

$$K_i = \int_K d^3r\, \nabla_j \tau_{ji} = -\int_K d^3r\, \nabla_j (p\delta_{ji})$$
$$= -\int_K d^3r\, \nabla_i p \;, \qquad (9.6.3)$$

und so ist, wegen (9.6.2)

$$\boldsymbol{K} = (0,0,K) \;; \qquad K = g\varrho V \;, \qquad (9.6.4)$$

wobei V das Volumen des Körpers sei. Die *Auftriebskraft*, die auf den Körper wirkt, ist so gleich dem Gewicht der Menge der Flüssigkeit, die von dem Körper verdrängt wird. Das ist das *Archimedische*[14] *Prinzip*.

ii) Man betrachte ein im ganzen ruhendes Gas, in dem aber durch äußeren Einfluß kleine lokale Dichte- und Druckschwankungen erzeugt werden (Schallschwingungen). Dann ist $\boldsymbol{v}(\boldsymbol{r},t)$ klein und $(\boldsymbol{v}\cdot\boldsymbol{\nabla})\boldsymbol{v}$ vernachlässigbar gegen $\dot{\boldsymbol{v}}$, und man kann schreiben:

$$p(\boldsymbol{r},t) = p_0 + \tilde{p}(\boldsymbol{r},t) \;,$$
$$\varrho(\boldsymbol{r},t) = \varrho_0 + \tilde{\varrho}(\boldsymbol{r},t) \qquad (9.6.5)$$

mit ebenfalls kleinen Werten für $\tilde{p}$ und $\tilde{\varrho}$. p_0 und ϱ_0 seien die Gleichgewichtswerte. Dann lautet die Kontinuitätsgleichung näherungsweise

$$\frac{\partial\tilde{\varrho}}{\partial t} + \varrho_0 \boldsymbol{\nabla}\cdot\boldsymbol{v} = 0 \;, \qquad (9.6.6)$$

und aus Eulers Gleichung erhält man

$$\varrho_0 \frac{\partial \boldsymbol{v}}{\partial t} = -\boldsymbol{\nabla}\tilde{p} \;. \qquad (9.6.7)$$

[14] *Archimedes von Syracus* (ca. 287–212 v.Chr.). Universaler Denker, Mathematiker, Physiker und Erfinder.

Die Gleichungen (9.6.6 und 7) stellen vier Gleichungen für die fünf Unbekannten $\boldsymbol{v}, \tilde{p}, \tilde{\varrho}$ dar. Man benötigt also noch eine weitere Gleichung. Nimmt man an, daß die Energieübertragung bei den Druck- und Dichteschwankungen so schnell erfolgt, daß keine Wärme übertragen wird, so kann man die Zustandsgleichung für einen adiabatischen Prozeß benutzen. Dann ist

$$p \cdot \varrho^{-\kappa} = \text{const} \ , \qquad \kappa = c_p/c_v \tag{9.6.8}$$

oder

$$(p_0 + \tilde{p})(\varrho_0 + \tilde{\varrho})^{-\kappa} = p_0 \varrho_0^{-\kappa} \ ,$$

und so

$$p_0 \varrho_0^{-\kappa} \left(1 + \frac{\tilde{p}}{p_0}\right)\left(1 + \frac{\tilde{\varrho}}{\varrho_0}\right)^{-\kappa}$$
$$= p_0 \varrho_0^{-\kappa} \left(1 + \frac{\tilde{p}}{p_0} - \frac{\kappa \tilde{\varrho}}{\varrho_0} + \dots \right)$$

oder in guter Näherung:

$$\frac{\tilde{p}}{p_0} = \kappa \frac{\tilde{\varrho}}{\varrho_0} \ . \tag{9.6.9}$$

Somit erhält man schließlich aus (9.6.6 und 7):

$$0 = \frac{\partial^2 \tilde{\varrho}}{\partial t^2} + \varrho_0 \nabla \cdot \frac{\partial \boldsymbol{v}}{\partial t} = \frac{\partial^2 \tilde{\varrho}}{\partial t^2} + \nabla^2 \left(-\frac{\kappa p_0}{\varrho_0} \tilde{\varrho} \right)$$

oder

$$\left(\frac{1}{c^2} \frac{\partial^2}{\partial t^2} - \Delta \right) \tilde{\varrho}(\boldsymbol{r}, t) = 0 \tag{9.6.10}$$

mit

$$c^2 = \kappa \frac{p_0}{\varrho_0} \ . \tag{9.6.11}$$

Das ist die Wellengleichung für die Ausbreitung von Schallwellen in einem ruhenden Medium, in dem man die Viskosität vernachlässigen darf. Die Größe c ist die Schallgeschwindigkeit.

Wir wollen noch die Vernachlässigung von $(\boldsymbol{v} \cdot \nabla)\boldsymbol{v}$ gegen $\dot{\boldsymbol{v}}$ rechtfertigen. In einer Welle

$$\boldsymbol{v} = \boldsymbol{v}_0 \, e^{i(\omega t - \boldsymbol{k} \cdot \boldsymbol{r})}$$

mit $|\boldsymbol{k}| = \omega/c$ ist der Größenordnung nach: $|(\boldsymbol{v} \cdot \nabla)\boldsymbol{v}| \approx |\boldsymbol{k}| v_0^2$ und $|\dot{\boldsymbol{v}}| \approx |\boldsymbol{v}_0| \omega$; $|(\boldsymbol{v} \cdot \nabla)\boldsymbol{v}| \ll |\dot{\boldsymbol{v}}|$ bedeutet also $|k \boldsymbol{v}_0| \ll \omega$ oder $|\boldsymbol{v}_0| \ll \omega/k = c$. In einer Schallwelle ist die „Schallschnelle" $|\boldsymbol{v}_0|$ von der Größenordnung 10^{-2} cm/s, also ist sicher $|\boldsymbol{v}_0| \ll c$.

iii) Wir betrachten eine zylindrische Röhre in z-Richtung, in der eine inkompressible Flüssigkeit ströme (Abb. 9.6.1). Im stationären Zustand gilt die Navier-Stokes-Gleichung in der Form

$$(\boldsymbol{v} \cdot \nabla)\boldsymbol{v} = -\frac{1}{\varrho} \nabla p + \frac{\eta}{\varrho} \Delta \boldsymbol{v} \ , \tag{9.6.12}$$

wobei wir äußere Kräfte unberücksichtigt lassen.

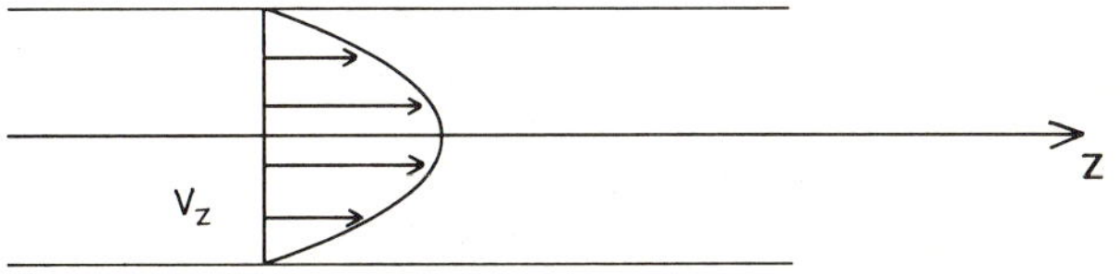

Abb. 9.6.1. Strömung in einer axialsymmetrischen Röhre. Es ergibt sich ein parabolisches Geschwindigkeitsprofil. Man nennt eine solche Strömung auch Poiseuille-Strömung

Wir interessieren uns für das Geschwindigkeitsprofil. Wir suchen eine Lösung, für die

$$v_x = v_y = 0$$

und wegen $\nabla \cdot \boldsymbol{v} = 0$ damit auch

$$\partial v_z / \partial z = 0 \tag{9.6.13}$$

gelte. Das bedeutet: $\boldsymbol{v}$ zeige immer in z-Richtung und die v_z-Komponente sei unabhängig von z.

Dann ist

$$(\boldsymbol{v} \cdot \nabla)\boldsymbol{v} = v_z \frac{\partial}{\partial z} (0, 0, v_z) = 0 \ ,$$

und man erhält aus (9.6.12) die Gleichung

$$\eta \Delta v_z = \partial p / \partial z \ . \tag{9.6.14}$$

$\partial p / \partial z$ ist der Druckgradient entlang der Röhre. Wegen (9.6.13) ist dieser konstant, er läßt sich durch die Drucke p_1, p_2 an den beiden Enden der Röhre ausdrücken:

$$\partial p / \partial z = -(p_1 - p_2)/l \ , \tag{9.6.15}$$

wobei l die Länge der Röhre sei.

Führt man Zylinderkoordinaten ein durch

$$x = r\sin\theta\ ,\qquad y = r\cos\theta\ ,\qquad z = z\ ,\quad 0\le\theta\le 2\pi\ ,\quad 0\le r\le R\ , \tag{9.6.16}$$

so erhält man für den Laplace-Operator, wie im Anhang F gezeigt ist

$$\Delta = \frac{\partial^2}{\partial r^2} + \frac{1}{r}\frac{\partial}{\partial r} + \frac{1}{r^2}\frac{\partial^2}{\partial\theta^2} + \frac{\partial^2}{\partial z^2}\ . \tag{9.6.17}$$

Damit lautet die Differentialgleichung (9.6.14), da $v_z = v_z(r)$ ist

$$\Delta v_z(r) = \left(\frac{\partial^2}{\partial r^2} + \frac{1}{r}\frac{\partial}{\partial r}\right) v_z(r) = -\frac{1}{\eta}\frac{(p_1 - p_2)}{l}\ , \tag{9.6.18}$$

und die Lösung, die am Rande verschwindet, ist

$$v_z(r) = \frac{1}{4\eta}\frac{p_1 - p_2}{l}(R^2 - r^2)\ , \tag{9.6.19}$$

wie man leicht nachrechnet. Die Menge V der Flüssigkeit, die pro Zeiteinheit durch den Querschnitt fließt, ist somit

$$V = 2\pi\int_0^R dr\, r v_z(r) = \frac{\pi R^4}{8\eta l}(p_1 - p_2)\ . \tag{9.6.20}$$

Das ist das *Hagen*[15]*-Poiseuillesche*[16] *Gesetz.*

iv) Wegen der Großräumigkeit der Bewegungen der atmosphärischen Luft ist der Einfluß der Gravitation und der Coriolis-Kraft für das Wettergeschehen von großer Bedeutung. Die Navier-Stokes-Gleichungen lauten in einem rotierendem Bezugssystem:

$$\varrho\left(\frac{D\boldsymbol{v}}{Dt} + 2\boldsymbol{\Omega}\times\boldsymbol{v}\right) = -\nabla p + \varrho\boldsymbol{g} + \eta\Delta\boldsymbol{v} \tag{9.6.21}$$

wobei $\boldsymbol{\Omega}$ z.B. der Winkelgeschwindigkeitsvektor der Erdrotation ist. In Höhen über ≈ 1500 m über der Erdoberfläche kann man den Reibungsterm $\sim\Delta\boldsymbol{v}$ vernachlässigen.

Führt man auf der Erde wieder ein Koordinatensystem ein, in dem $\boldsymbol{e}_3$ nach oben, $\boldsymbol{e}_1$ nach Osten und $\boldsymbol{e}_2$ nach Norden zeigt, so erhält man für großräumige Bewegungen aus (9.6.21) die Näherungen

$$dp(z)/dz = -\varrho g \tag{9.6.22}$$

und für die horizontale Windgeschwindigkeit $\boldsymbol{v} = v_1\boldsymbol{e}_1 + v_2\boldsymbol{e}_2$:

$$f\boldsymbol{v}\times\boldsymbol{e}_3 = \frac{1}{\varrho}\nabla p \tag{9.6.23}$$

mit $f = 2|\boldsymbol{\Omega}|\sin\phi$, ϕ = geographische Breite [9.3, 4]. Das bedeutet, daß für die Horizontalbewegung der Coriolis-Term $2\boldsymbol{\Omega}\times\boldsymbol{v}$ und der Druckterm ∇p dominant sind, während die Vertikalbewegung in dieser ersten, groben Näherung verschwindet.

Die Gleichung (9.6.22) liefert z.B. mit der Zustandsgleichung

$$p = \varrho R T$$

die barometrische Höhenformel:

$$p = p_0\, e^{-gz/RT}\ , \tag{9.6.24}$$

während die Gleichung (9.6.23) als Lösung

$$\boldsymbol{v} = \frac{1}{f\varrho}\boldsymbol{e}_3\times\nabla p \tag{9.6.25}$$

besitzt. Die Richtung der Horizontalwinde steht also immer senkrecht auf dem Druckgradienten, d.h. parallel zu den Isobaren. Man nennt diese dominante Windkomponente auch den *geostrophischen Wind.* Ein Blick auf eine alltägliche Wetterkarte bestätigt diesen Effekt (Abb. 9.6.2). Um ein Tiefdruckgebiet laufen die Winde im Gegenuhrzeigersinn, um ein Hochdruckgebiet im Uhrzeigersinn.

Anmerkungen

i) Strömungen, in denen das Fluid in Schichten nebeneinander oder übereinander gleiten, bezeichnet man als *laminar*[17]. Bei einer *turbulenten*[18] *Strömung*

[15] *Hagen, Gotthilf* (∗1793 Königsberg, †1884 Berlin). Wasserbauingenieur, tätig an der Bauakademie, der Artillerie- und Ingenieurschule und am Preußischen Handelsministerium in Berlin. Er war u.a. am Bau von Wilhelmshaven beteiligt.

[16] *Poiseuille, Jean Louis Marie* (∗1799 Paris, †1869 Paris). Französischer Mediziner, untersuchte als Physiologe die Strömung von Flüssigkeiten durch Röhren.

[17] laminar (lat.) blattförmig, schichtförmig, geschichtet.

[18] turbulent (lat.) unruhig, verwirbelt, verworren.

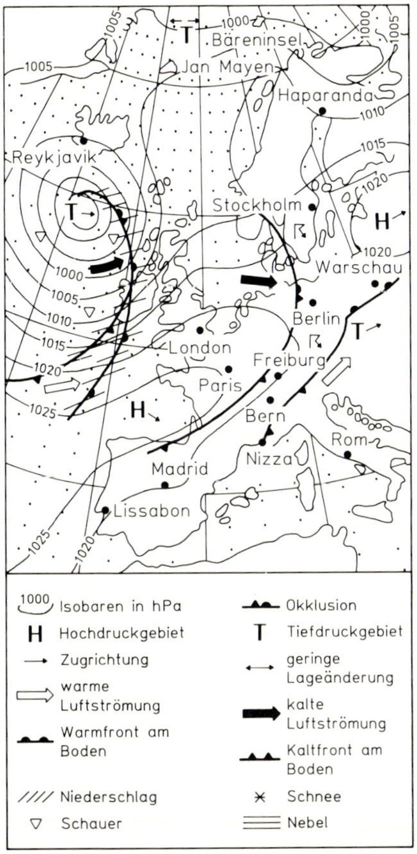

Abb. 9.6.2. Typische Wetterkarte, die dominante Windrichtung ist parallel zu den Isobaren

hingegen treten starke zeitliche und räumliche Fluktuationen des Geschwindigkeitsfeldes auf. Energie-Impuls- und Massefluß sowie auch solche Größen wie der Strömungswiderstand sind stark von der Strömungsform abhängig. Das Verständnis der Turbulenz ist eines der schwierigsten klassischen Probleme und stellt ein Ziel aktueller Forschung dar. Mathematisch gesehen, ist es das Problem, Übersicht über die Lösungen von nichtlinearen, partiellen Differentialgleichungen zu erhalten.

ii) Fluide, deren Strömungsverhalten durch die Navier-Stokes-Gleichung gut beschrieben werden können, heißen auch newtonsch, weil für diese der Newtonsche Ansatz (für $\nabla \cdot \boldsymbol{v} = 0$)

$$\tau_{ij} = \eta(\nabla_i v_j + \nabla_j v_i)$$

für die *konstitutive Gleichung*, d.h. die Beziehung zwischen dem Drucktensor und den Geschwindigkeitsgradienten gilt. Sobald aber die molekulare Struktur der Konstituenten des Fluids nicht mehr einfach genug ist, wie etwa bei polymeren Fluiden, treten ganz neue Effekte auf, die nicht mehr mit diesem einfachen Ansatz und der Navier-Stokes-Gleichung erklärt werden können. In einer allgemeineren konstitutiven Gleichung müssen dann auch nichtlineare Terme in den Geschwindigkeitsgradienten und auch „Gedächtniseffekte" (bei sogenanntem viskoelastischem Verhalten) berücksichtigt werden [9.5].

10. Die wichtigsten linearen partiellen Differentialgleichungen der Physik

Von den partiellen Differentialgleichungen, auf die wir im letzten Kapitel gestoßen sind, betrachten wir drei wegen ihrer besonderen Bedeutung ausführlich, und zwar

die *Wellengleichung*

$$\left(\frac{1}{c^2}\frac{\partial^2}{\partial t^2}-\Delta\right)u(t,\boldsymbol{r})=0 \ ,$$

hyperbolisch

die *Wärmeleitungsgleichung*

$$\left(\frac{\partial}{\partial t}-\lambda\Delta\right)u(t,\boldsymbol{r})=0$$

parabolisch

und die *Laplace-Gleichung*

elliptisch

$$\Delta u(\boldsymbol{r})=0 \ .$$

Diese drei Gleichungen repräsentieren die Haupttypen partieller Differentialgleichungen der theoretischen Physik. In diesem Kapitel werden wir diskutieren, welches ihre Lösungen sind und welche Daten man zur eindeutigen Charakterisierung der Lösungen vorzugeben hat.

10.1 Allgemeines

10.1.1 Typen linearer partieller Differentialgleichungen, Formulierung von Rand- und Anfangswertproblemen

Die Wellengleichung trifft man in vielen Zweigen der Physik an. In der Elektrodynamik werden wir sehen, daß im Vakuum solche Wellengleichungen für die elektromagnetischen Felder $\boldsymbol{E}(t,\boldsymbol{r})$ und $\boldsymbol{B}(t,\boldsymbol{r})$ gelten.

Aber auch im näheren Umfeld der Kontinuumsmechanik findet man solche Gleichungen. Betrachtet man eine fest eingespannte Saite der Länge l und betrachtet man die transversale Auslenkung $u(t,x)$ $(0\leq x\leq l)$ eines Saitenelements aus der Ruhelage, so erfüllt auch diese die Wellengleichung

$$\left(\frac{1}{c^2}\frac{\partial^2}{\partial t^2}-\frac{\partial^2}{\partial x^2}\right)u(t,x)=0 \ , \tag{10.1.1}$$

wobei nun

$$c^2=\frac{S}{\varrho} \tag{10.1.2}$$

ist, ϱ die Masse pro Länge und S die Kraft ist, mit der die Saite eingespannt ist. Offensichtlich kann man auch $\partial^2/\partial x^2$ als den Laplace-Operator in einer Dimension betrachten.

Betrachtet man anderseits eine eingespannte Membran wie etwa bei einer Trommel oder einer Pauke, so gilt für die transversalen Auslenkungen $u(t,x,y)$ die Wellengleichung

$$\left(\frac{1}{c^2}\frac{\partial^2}{\partial t^2}-\Delta\right)u(t,x,y)=0 \ , \tag{10.1.3}$$

wobei nun

$$\Delta=\frac{\partial^2}{\partial x^2}+\frac{\partial^2}{\partial y^2}$$

der Laplace-Operator in zwei Dimensionen ist und

$$c^2=\frac{\sigma}{\varrho} \ . \tag{10.1.4}$$

Hierbei ist σ die Spannkraft pro Länge, mit der der Rand der Membran eingespannt ist, und ϱ die Masse pro Fläche.

Diese Überlegungen lassen es vernünftig erscheinen, die Wellengleichung allgemein in D Dimensionen, also

$$\left(\frac{1}{c^2}\frac{\partial^2}{\partial t^2}-\Delta\right)u(t,\boldsymbol{x})=0 \tag{10.1.5}$$

zu betrachten, wobei nun $\boldsymbol{x}=(x_1,\ldots,x_D)$ ein D-dimensionaler Vektor und

$$\Delta=\frac{\partial^2}{\partial x_1^2}+\ldots+\frac{\partial^2}{\partial x_D^2} \tag{10.1.6}$$

der Laplace-Operator in D Dimensionen ist. u sei dabei ein skalares Feld oder eine Komponente eines Vektorfeldes.

Die Wärmeleitungsgleichung beschreibt, wie wir gesehen haben, auch die Konzentrationsänderung eines Stoffes durch Diffusion. Sie lautet in D Raumdimensionen

$$\left(\frac{\partial}{\partial t}-\lambda\Delta\right)u(t,\boldsymbol{x})=0 \ . \tag{10.1.7}$$

Wellen- und Wärmeleitungsgleichung unterscheiden sich bei aller formalen Ähnlichkeit durch die Ordnung der Zeitableitung:

Die Wellengleichung enthält wie die Newtonsche Bewegungsgleichung Ableitungen zweiter Ordnung in der Zeit. Sie geht unter der Substitution $t\to -t$ in sich über, d.h., wenn $u(t,\boldsymbol{x})$ eine Lösung der Wellengleichung ist, dann auch $u(-t,\boldsymbol{x})$. Diese Symmetrie in der Zeitrichtung trifft für die Diffusionsgleichung, die nur eine Zeitableitung erster Ordnung enthält, nicht zu. Dem entspricht die Tatsache, daß die Wellengleichung *Schwingungsvorgänge* beschreibt, während das Anwendungsgebiet der Wärmeleitungsgleichung *Ausgleichvorgänge* wie Wärmeleitung und Diffusion sind, bei denen eine Zeitrichtung wegen der monotonen Zunahme der Entropie ausgezeichnet ist.

Der Unterschied in der Ordnung der Zeitableitungen macht sich auch in der Anzahl der Anfangsbedingungen bemerkbar, durch die die Lösungen der Gleichungen eindeutig festgelegt werden.

Es ist anschaulich klar, daß die Temperaturverteilung bei Wärmeleitung für alle späteren Zeiten eindeutig festgelegt ist, wenn zu irgendeinem Zeitpunkt, etwa $t=0$ die Temperaturverteilung $u(0,\boldsymbol{x})=a(\boldsymbol{x})$ im ganzen Raum gegeben ist.

Für die Wellengleichung ist dagegen die Angabe von zwei Funktionen zur Zeit $t=0$ nötig, um eine Lösung für alle Zeiten festzulegen, nämlich

erstens die Amplitude

$$u(0,\boldsymbol{x})=a(\boldsymbol{x})$$

und zweitens die Änderungsgeschwindigkeit der Amplitude

$$\dot{u}(0,\boldsymbol{x})=b(\boldsymbol{x}) \ .$$

Dies ist analog zur Situation bei der Newtonschen Bewegungsgleichung für ein System mit N Freiheitsgraden, bei der $2N$ Anfangswerte vorzugeben sind. Die Wellengleichung kann als Newtonsche Bewegungsgleichung eines Systems mit unendlich vielen Freiheitsgraden (nämlich einem in jedem Raumpunkt) aufgefaßt werden. In diesem Fall sind zwei Funktionen als Anfangswerte anzugeben.

Im stationären, d. h. zeitunabhängigen Fall reduzieren sich Wellen- und Wärmeleitungsgleichung auf die Laplace-Gleichung

$$\Delta u(\boldsymbol{x})=0 \ . \tag{10.1.8}$$

Diese Gleichung beschreibt nun keinen Vorgang mehr sondern einen *Gleichgewichtszustand*. Offenbar ist hier kein Platz mehr für die Vorgabe von Anfangsbedingungen.

Die Gleichungen (10.1.5, 7 und 8) sind die Grundtypen der wichtigsten linearen Differentialgleichungen der Physik. Sie sind jeweils verschiedenen Typen physikalischer Probleme angepaßt. In der Mathematik bezeichnet man die Wellengleichung als eine *hyperbolische*, die Wärmeleitungsgleichung als eine *parabolische* und die Laplacegleichung als eine *elliptische* partielle Differentialgleichung. Allgemein lassen sich lineare partielle Differentialgleichungen in diese drei Typen einteilen, und die Gleichungen (10.1.5, 7 und 8) sind die einfachsten Vertreter ihres Typs.

In vielen Fällen ist das physikalische Problem so gelagert, daß man (10.1.5, 7, 8) nicht im ganzen Raum sondern nur in einem Gebiet V betrachtet, etwa dann, wenn man Schallschwingungen, Diffusion oder Wärmeleitung in einem Behälter V diskutiert. In diesem Falle ist es natürlich nicht sinnvoll, Anfangswerte außerhalb von V vorzugeben. Stattdessen kennt man oft zusätzlich das Verhalten auf dem Rand ∂V von V im voraus für alle Zeiten t. In erster Linie kommen zwei Formen möglicher Randbedingungen in Frage, nämlich

entweder die *Dirichletsche*[1] *Randbedingung:*

Es ist $u(t,\boldsymbol{x})$ *für alle* t *und* $\boldsymbol{x}\in\partial V$ *bekannt,*

[1] *Dirichlet, Peter Gustav Lejeune* (∗1805 Düren, †1839 Göttingen).
Deutscher Mathematiker, Nachfolger von Gauß in Göttingen. Bedeutende Arbeiten über Zahlentheorie, Analysis und Mechanik.

oder die *Neumannsche*[2] *Randbedingung:*

Es ist die Normalableitung $(\boldsymbol{n}\cdot\boldsymbol{\nabla})u(t,\boldsymbol{x})$ *für alle t und* $\boldsymbol{x}\in\partial V$ *bekannt, wobei* **n** *die Normale auf* ∂V *im Punkte* $\boldsymbol{x}\in\partial V$ *sei.*

Wir geben einige Beispiele:

Im Falle der Wärmeleitungsgleichung kann die Temperatur auf dem Rand ∂V von V von außen gegeben sein, so daß $u(t,\boldsymbol{x})=T(\boldsymbol{x})$ für $\boldsymbol{x}\in\partial V$ (Dirichletsche Randbedingung).

Die Wärmeleitung kann aber auch in einem Gefäß mit wärmeundurchlässigen Wänden vor sich gehen. In diesem Falle kann der Wärmestrom $\boldsymbol{Q}=-\kappa\boldsymbol{\nabla}T$ keine Komponente senkrecht zur Oberfläche haben. Also muß gelten:

$$(\boldsymbol{n}\cdot\boldsymbol{\nabla})u(t,\boldsymbol{x})=0 \quad \text{für} \quad \boldsymbol{x}\in\partial V$$

(homogene Neumannsche Randbedingung).

Dieselbe Randbedingung liegt auch vor, wenn man Schallschwingungen oder Diffusion in einem starren Gefäß V betrachtet.

In diesen Fällen dürfen nämlich die Teilchengeschwindigkeiten

$$\dot{\boldsymbol{v}}=-\frac{1}{\varrho}\boldsymbol{\nabla}p$$

bzw. der Diffusionsstrom

$$\boldsymbol{J}=-D\boldsymbol{\nabla}c$$

keine Normalkomponente haben.

Man kann zeigen, daß man Dirichletsche und Neumannsche Randbedingung nicht beide zugleich vorgeben darf.

Für die Wärmeleitungs- und Wellengleichung sind zusätzlich noch Anfangsbedingungen im Innern von V anzugeben, wenn die Lösung eindeutig festgelegt werden soll. Rand- und Anfangsbedingungen müssen natürlich miteinander verträglich sein.

Die Lösungen der Laplace-Gleichung (10.1.8) sind allein schon durch die Vorgabe von Randwerten festgelegt. Dem entspricht die physikalische Tatsache, daß Gleichgewichtszustände global durch Randbedingungen bestimmt sind.

Den Gleichungen (10.1.5, 7, 8) gemeinsam ist ihre *Linearität*. Es gilt deshalb ein Superpositionsprinzip:

Mit u_1 und u_2 ist auch $\alpha_1u_1+\alpha_2u_2$ mit beliebigen $\alpha_1,\alpha_2\in\mathbb{R}$ oder $\mathbb{C}$ Lösung von (10.1.5 bzw. 7, 8).

Für die Wärmeleitungs- und Wellengleichung vereinfacht sich hierdurch die Lösung des Anfangswertproblems ganz erheblich. Wir hatten ja schon bei den linearen Schwingungsgleichungen für Systeme mit endlich vielen Freiheitsgraden gesehen, wie sich das allgemeine Anfangswertproblem durch lineare Superposition von einigen Grundlösungen lösen läßt.

10.1.2 Anfangswertprobleme im $\mathbb{R}^D$

Nun wollen wir einige spezielle Lösungen diskutieren:

i) Wir behaupten:

Es sei $D(t,\boldsymbol{x})$ die spezielle Lösung der Wärmeleitungsgleichung

$$\left(\frac{\partial}{\partial t}-\lambda\Delta\right)D(t,\boldsymbol{x})=0$$

zu den Anfangswerten $D(0,\boldsymbol{x})=\delta(\boldsymbol{x})$ (vgl. Anhang E). Dann ist die Lösung des Anfangswertproblems im $\mathbb{R}^D$:

$$\left(\frac{\partial}{\partial t}-\lambda\Delta\right)u_a(t,\boldsymbol{x})=0 \quad ; \quad u_a(0,x)=a(\boldsymbol{x}) \tag{10.1.9}$$

gegeben durch

$$u_a(t,\boldsymbol{x})=\int d^Dx'\,a(\boldsymbol{x}')\,D(t,\boldsymbol{x}-\boldsymbol{x}') \ . \tag{10.1.10}$$

Zum Beweis berechnen wir einfach

$$\left(\frac{\partial}{\partial t}-\lambda\Delta\right)u_a(t,\boldsymbol{x})$$
$$=\int d^Dx'\,a(\boldsymbol{x}')\left(\frac{\partial}{\partial t}-\lambda\Delta\right)D(t,\boldsymbol{x}-\boldsymbol{x}')=0 \tag{10.1.11}$$

und

$$u_a(0,\boldsymbol{x})=\int d^Dx'\,a(\boldsymbol{x}')D(0,\boldsymbol{x}-\boldsymbol{x}')$$
$$=\int d^Dx'\,a(\boldsymbol{x}')\delta(\boldsymbol{x}-\boldsymbol{x}')=a(\boldsymbol{x}) \ . \tag{10.1.12}$$

[2] *Neumann, Franz Ernst* (∗1798 Joachimsthal, †1895 Königsberg).
Deutscher Mathematiker, Physiker und Mineraloge. U.a. Arbeiten über spezifische Wärmen, Optik und Elektrizitätslehre.

Die so definierte spezielle Lösung $D(t, \boldsymbol{x})$ heißt *Wärmeleitungskern.*

Wir wollen $D(t, \boldsymbol{x})$ explizit berechnen. Dafür setzen wir an:

$$D(t, \boldsymbol{x}) = \int d^D k\, \tilde{D}(t, \boldsymbol{k})\, e^{i\boldsymbol{k}\cdot\boldsymbol{x}} \quad . \tag{10.1.13}$$

(Jede Funktion $D(t, \boldsymbol{x})$ hat eine solche Darstellung mit geeignetem $\tilde{D}$, das sich einfach durch Fouriertransformation ergibt, vgl. Anhang D.)

Dann ist

$$\left(\frac{\partial}{\partial t} - \lambda\Delta\right) D(t, \boldsymbol{x})$$

$$= \int d^D k \left(\frac{\partial}{\partial t} - \lambda\Delta\right) \tilde{D}(t, \boldsymbol{k})\, e^{i\boldsymbol{k}\cdot\boldsymbol{x}}$$

$$= \int d^D k\, [\dot{\tilde{D}}(t, \boldsymbol{k}) + \lambda \boldsymbol{k}^2 \tilde{D}(t, \boldsymbol{k})]\, e^{i\boldsymbol{k}\cdot\boldsymbol{x}} = 0 \quad . \tag{10.1.14}$$

Hieraus folgt

$$\dot{\tilde{D}}(t, \boldsymbol{k}) + \lambda \boldsymbol{k}^2 \tilde{D}(t, \boldsymbol{k}) = 0 \quad , \tag{10.1.15}$$

also ist $\tilde{D}(t, \boldsymbol{k})$ von der Form

$$\tilde{D}(t, \boldsymbol{k}) = C(\boldsymbol{k})\, e^{-\lambda k^2 t} \tag{10.1.16}$$

mit zunächst noch freier Funktion $C(\boldsymbol{k})$. $C(\boldsymbol{k})$ ist aber durch die Anfangsbedingung bestimmt. Zunächst ist also

$$D(t, \boldsymbol{x}) = \int d^D k\, e^{-\lambda k^2 t} C(\boldsymbol{k})\, e^{i\boldsymbol{k}\cdot\boldsymbol{x}} \quad . \tag{10.1.17}$$

Wegen (vgl. Anhang D, E)

$$D(0, \boldsymbol{x}) = \delta(\boldsymbol{x}) = \frac{1}{(2\pi)^D} \int dk\, e^{i\boldsymbol{k}\cdot\boldsymbol{x}}$$

folgt dann

$$C(\boldsymbol{k}) = \frac{1}{(2\pi)^D} \quad ,$$

und somit schließlich

$$D(t, \boldsymbol{x}) = \frac{1}{(2\pi)^D} \int d^D k \exp(-\lambda k^2 t + i\boldsymbol{k}\cdot\boldsymbol{x})$$

$$= \frac{1}{(2\pi)^D} \int d^D k \exp\{-\lambda t[\boldsymbol{k}^2 - (i\boldsymbol{k}\cdot\boldsymbol{x}/\lambda t)$$

$$-(\boldsymbol{x}^2/4\lambda^2 t^2) + (\boldsymbol{x}^2/4\lambda^2 t^2)]\}$$

$$= \frac{1}{(2\pi)^D} \exp(-\boldsymbol{x}^2/4\lambda t)$$

$$\int d^D k \exp\{-\lambda t[\boldsymbol{k} - (i\boldsymbol{x}/2\lambda t)]^2\}$$

$$= \frac{1}{(4\pi\lambda t)^{D/2}} \exp(-\boldsymbol{x}^2/4\lambda t) \tag{10.1.18}$$

(wegen $\int dr \exp[-(r + is)^2] = \sqrt{\pi}$).

Die Lösung ist offenbar nur für $t \geq 0$ sinnvoll.

$D(t, \boldsymbol{x})$ beschreibt, wie sich die Temperatur durch Wärmeleitung ändert, wenn zur Zeit $t = 0$ am Orte $\boldsymbol{x} = 0$ punktuell eine Erhitzung vorliegt.

Man sieht in Abb. 10.1.1, wie sich die punktuelle Erhitzung mit wachsendem t immer weiter ausglättet. Zur Zeit t hat die Temperaturverteilung, die stets die Form einer Gaußschen Glockenkurve besitzt, die Breite

$$2\sqrt{\lambda t} \quad .$$

Wir sehen weiter, daß $D(t, \boldsymbol{x})$ für $t > 0$ eine Folge glatter Funktionen von $\boldsymbol{x}$ ist, die mit $t \to 0_+$ gegen die δ-Distribution strebt.

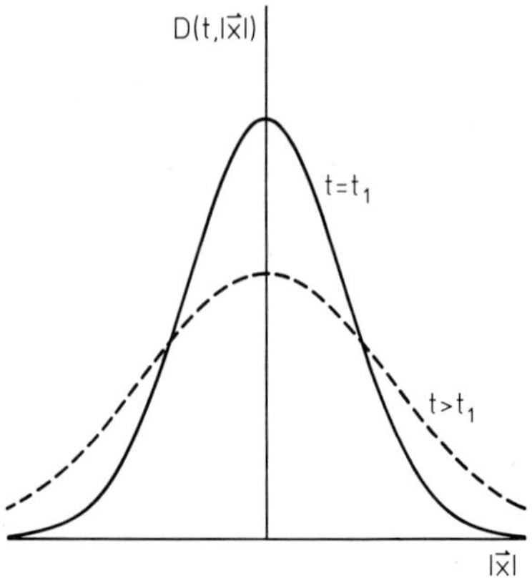

Abb. 10.1.1. Der Wärmeleitungskern $D(t, |\boldsymbol{x}|)$ für verschiedene Werte von t

Die Lösung des Anfangswertproblems lautet nun explizit

$$u_a(t,\boldsymbol{x})=\frac{1}{(4\pi\lambda t)^{D/2}}\int d^Dx'\,a(\boldsymbol{x}')\exp\left[-\frac{(\boldsymbol{x}-\boldsymbol{x}')^2}{4\lambda t}\right] . \tag{10.1.19}$$

ii) Für die Wellengleichung definiert man einen *Wellenausbreitungskern*, den wir der Einfachheit halber auch mit $D(t,\boldsymbol{x})$ bezeichnen, durch

$$\left(\frac{1}{c^2}\frac{\partial^2}{\partial t^2}-\Delta\right)D(t,\boldsymbol{x})=0 ,$$

$$D(0,\boldsymbol{x})=0 , \quad \dot{D}(0,\boldsymbol{x})=\delta(\boldsymbol{x}) . \tag{10.1.20}$$

Dann ist

$$\ddot{D}(0,\boldsymbol{x})=c^2\Delta D(0,\boldsymbol{x})=0 ,$$

und die Lösung $u_{ab}(t,\boldsymbol{x})$ des allgemeinen Anfangswertproblems im $\mathbb{R}^D$:

$$\left(\frac{1}{c^2}\frac{\partial^2}{\partial t^2}-\Delta\right)u_{ab}(t,\boldsymbol{x})=0 \quad \text{mit}$$

$$u_{ab}(0,\boldsymbol{x})=a(\boldsymbol{x}) , \quad \dot{u}_{ab}(0,\boldsymbol{x})=b(\boldsymbol{x}) \tag{10.1.21}$$

ist, wie man leicht nachrechnet, gegeben durch

$$u_{ab}(t,\boldsymbol{x})=\int d^Dx'[a(\boldsymbol{x}')\dot{D}(t,\boldsymbol{x}-\boldsymbol{x}') + b(\boldsymbol{x}')D(t,\boldsymbol{x}-\boldsymbol{x}')] . \tag{10.1.22}$$

Wir werden in Abschn. 10.2 den Wellenausbreitungskern $D(t,\boldsymbol{x})$ für $D=3$ explizit berechnen.

10.1.3 Inhomogene Gleichungen und Greensche Funktionen

Von großer Bedeutung sind auch die inhomogenen Versionen der Gleichungen (10.1.5, 7 und 8)

$$\left(\frac{1}{c^2}\frac{\partial^2}{\partial t^2}-\Delta\right)u(t,\boldsymbol{x})=h(t,\boldsymbol{x}) , \tag{10.1.23}$$

$$\left(\frac{\partial}{\partial t}-\lambda\Delta\right)u(t,\boldsymbol{x})=h(t,\boldsymbol{x}) , \tag{10.1.24}$$

$$\Delta u(\boldsymbol{x})=h(\boldsymbol{x}) , \tag{10.1.25}$$

welche Schwingungen mit äußerer antreibender Kraft, Wärmeleitung mit Wärmequellen und dergl. beschreiben.

Ganz entsprechend wie wir schon im Zusammenhang mit Schwingungen endlich vieler Freiheitsgrade diskutiert hatten, erhält man eine spezielle Lösung der inhomogenen Gleichung, wenn es gelingt, eine Greensche Funktion G (vgl. Anhang E) zu konstruieren, die für die Fälle (10.1.23 –25) folgende Bedingung zu erfüllen hat:

$$\left(\frac{1}{c^2}\frac{\partial^2}{\partial t^2}-\Delta\right)G(t,\boldsymbol{x})=\delta(t)\delta(\boldsymbol{x}) \quad \text{bzw.} \tag{10.1.26}$$

$$\left(\frac{\partial}{\partial t}-\lambda\Delta\right)G(t,\boldsymbol{x})=\delta(t)\delta(\boldsymbol{x}) \quad \text{oder} \tag{10.1.27}$$

$$\Delta G(\boldsymbol{x})=\delta(\boldsymbol{x}) \tag{10.1.28}$$

Die allgemeinste Lösung der inhomogenen Gleichung ergibt sich dann aus

$$u_0(t,\boldsymbol{x})=\int dt'\int d^Dx'h(t',\boldsymbol{x}')G(t-t',\boldsymbol{x}-\boldsymbol{x}') \tag{10.1.29}$$

bzw.

$$u_0(t,\boldsymbol{x})=\int dt'\int d^Dx'h(t',\boldsymbol{x}')G(t-t',\boldsymbol{x}-\boldsymbol{x}') \tag{10.1.30}$$

oder

$$u_0(\boldsymbol{x})=\int d^Dx'h(\boldsymbol{x}')G(\boldsymbol{x}-\boldsymbol{x}') \tag{10.1.31}$$

durch Addition der allgemeinen Lösung der jeweiligen homogenen Gleichung.

Für die Wärmeleitungsgleichung läßt sich eine spezielle Greensche Funktion $G_{\mathrm{R}}(t,\boldsymbol{x})$ sofort aus dem Wärmeleitungskern $D(t,\boldsymbol{x})$ gewinnen:

$$G_{\mathrm{R}}(t,\boldsymbol{x})=\Theta(t)D(t,\boldsymbol{x}) \quad \text{mit (vgl. Anhang E)} \tag{10.1.32}$$

$$\Theta(t)=\begin{cases}0 & \text{für} \quad t<0\\ 1 & \text{für} \quad t>0 .\end{cases}$$

Es ist $G_{\mathrm{R}}(t,\boldsymbol{x})=0$ für $t<0$. G_{R} heißt *retardierte*[3] *Greensche Funktion.*

---

[3] retardiert (lat./franz.) von retardare: verlangsamt, verzögert.

Zum Beweis berechnen wir (vgl. Anhang E)

$$\begin{aligned}\frac{\partial}{\partial t} G_{\mathrm{R}}(t, \boldsymbol{x}) &= \dot{\Theta}(t) D(t, \boldsymbol{x}) + \Theta(t) \dot{D}(t, \boldsymbol{x}) \\ &= \delta(t) D(t, \boldsymbol{x}) + \Theta(t) \dot{D}(t, \boldsymbol{x}) \\ &= \delta(t) D(0, \boldsymbol{x}) + \Theta(t) \dot{D}(t, \boldsymbol{x}) \\ &= \delta(t) \delta(\boldsymbol{x}) + \Theta(t) \dot{D}(t, \boldsymbol{x}) \end{aligned} \tag{10.1.33}$$

und

$$\begin{aligned}\left(\frac{\partial}{\partial t} - \lambda\Delta\right) G_{\mathrm{R}}(t, \boldsymbol{x}) &= \delta(t)\delta(\boldsymbol{x}) + \Theta(t)\left(\frac{\partial}{\partial t} - \lambda\Delta\right) D(t, \boldsymbol{x}) \\ &= \delta(t)\delta(\boldsymbol{x}) \ . \end{aligned} \tag{10.1.34}$$

Auch für die Wellengleichung ergibt sich eine retardierte Greensche Funktion aus dem Wellenausbreitungskern $D(t, \boldsymbol{x})$:

$$G_{\mathrm{R}}(t, \boldsymbol{x}) = c^2 \Theta(t)\, D(t, \boldsymbol{x}) \ . \tag{10.1.35}$$

Beweis

$$\begin{aligned}\dot{G}_{\mathrm{R}}(t, \boldsymbol{x}) &= c^2 \delta(t)\, D(t, \boldsymbol{x}) + c^2 \Theta(t)\, \dot{D}(t, \boldsymbol{x}) \\ &= c^2 \Theta(t)\, \dot{D}(t, \boldsymbol{x}) \ , \end{aligned} \tag{10.1.36}$$

$$\begin{aligned}\ddot{G}_{\mathrm{R}}(t, \boldsymbol{x}) &= c^2 \delta(t)\, \dot{D}(t, \boldsymbol{x}) + c^2 \Theta(t)\, \ddot{D}(t, \boldsymbol{x}) \\ &= c^2 \delta(t)\delta(\boldsymbol{x}) + c^2 \Theta(t)\, \ddot{D}(t, \boldsymbol{x}) \ , \end{aligned} \tag{10.1.37}$$

also

$$\begin{aligned}\left(\frac{1}{c^2}\frac{\partial}{\partial t^2} - \Delta\right) G_{\mathrm{R}}(t, \boldsymbol{x}) &= \delta(t)\delta(x) + \Theta(t)\,[\ddot{D}(t, \boldsymbol{x}) - c^2 \Delta D(t, \boldsymbol{x})] \\ &= \delta(t)\delta(\boldsymbol{x}) \ . \end{aligned} \tag{10.1.38}$$

Die retardierte Greensche Funktion der Wellengleichung wird sich in vielen Fällen als sehr nützlich erweisen.

10.2 Lösungen der Wellengleichung

Die Wellengleichung in D Dimensionen besitzt Lösungen der Form

$$f(\boldsymbol{n} \cdot \boldsymbol{x} - ct) \ , \tag{10.2.1}$$

wobei $\boldsymbol{n}$ ein beliebiger D-dimensionaler Einheitsvektor ist. Die Funktion $f(x)$: $\mathbb{R} \to \mathbb{R}$ ist beliebig wählbar.

Beweis

Es ist

$$\frac{\partial^2}{\partial t^2} f(\boldsymbol{n} \cdot \boldsymbol{x} - ct) = c^2 f''(\boldsymbol{n} \cdot \boldsymbol{x} - ct) \tag{10.2.2}$$

aber auch

$$\nabla f(\boldsymbol{n} \cdot \boldsymbol{x} - ct) = \boldsymbol{n} f'(\boldsymbol{n} \cdot \boldsymbol{x} - ct) \tag{10.2.3}$$

und so auch

$$\Delta f(\boldsymbol{n} \cdot \boldsymbol{x} - ct) = \boldsymbol{n}^2 f''(\boldsymbol{n} \cdot \boldsymbol{x} - ct) \ . \tag{10.2.4}$$

Wegen $\boldsymbol{n}^2 = 1$ ist damit die Wellengleichung erfüllt.

Diese Lösungen stellen laufende Wellen dar: Sei $f(x)$ maximal bei $x = x_0$ dann ist $f(\boldsymbol{n} \cdot \boldsymbol{x} - ct)$ maximal für alle $(\boldsymbol{x}, t)$ mit

$$\boldsymbol{n} \cdot \boldsymbol{x} - ct = x_0 \ .$$

Legt man die z-Achse in $\boldsymbol{n}$-Richtung, so ist dann

$$z = x_0 + ct \ ,$$

d. h. das Maximum wandert mit der Geschwindigkeit c in Richtung größerer z-Werte, allgemein in Richtung von $\boldsymbol{n}$. Dabei ist $f(\boldsymbol{n} \cdot \boldsymbol{x} - ct)$ immer in der ganzen Ebene senkrecht zu $\boldsymbol{n}$ maximal. Diese Ebenen senkrecht zu $\boldsymbol{n}$, die sich mit der Geschwindigkeit c in $\boldsymbol{n}$-Richtung fortpflanzen und die dadurch charakterisiert sind, daß z. B. der Wert der Funktion $f(\boldsymbol{n} \cdot \boldsymbol{x} - ct)$ für Punkte $\boldsymbol{x}$ aus dieser Ebene maximal ist, nennt man auch *Wellenfronten*, $\boldsymbol{n}$ nennt man die *Ausbreitungsrichtung* dieser Welle, c heißt die *Geschwindigkeit* der Welle.

Mit f_1, f_2 ist auch $f_1 + f_2$ eine Lösung.

Für eine Raumdimension $D = 1$ erhält man sogar die allgemeinste Lösung der Wellengleichung in dieser Form:

$$u(t, x) = f(x - ct) + g(x + ct) \tag{10.2.5}$$

mit beliebigen Funktionen f und g.

Wenn man Anfangsbedingungen

$$u(0, x) = a(x) \quad \text{und} \quad \dot{u}(0, x) = b(x)$$

vorgibt, dann ist die Lösung eindeutig bestimmt:

$$u(0, x) = f(x) + g(x) \stackrel{!}{=} a(x) \ , \tag{10.2.6}$$

$$\dot{u}(0, x) = -cf'(x) + cg'(x) \stackrel{!}{=} b(x) \ , \tag{10.2.7}$$

d.h.

$$g'(x)-f'(x)=\frac{1}{c}\,b(x)\ ,$$

und somit folgt

$$\begin{aligned} g(x)&=\frac{1}{2}\,a(x)+\frac{1}{2c}\int^{x} b(\zeta)d\zeta\ ,\\ f(x)&=\frac{1}{2}\,a(x)-\frac{1}{2c}\int^{x} b(\zeta)d\zeta \end{aligned} \qquad (10.2.8)$$

und

$$\begin{aligned} u(t,x)&=f(x-ct)+g(x+ct)\\ &=\frac{1}{2}\,[a(x+ct)+a(x-ct)]+\frac{1}{2c}\int_{x-ct}^{x+ct} b(\zeta)d\zeta\ . \end{aligned} \qquad (10.2.9)$$

Für die D-dimensionale Wellengleichung sind besonders wichtige Lösungen die *ebenen Wellen*:

$$\exp\,(\mathrm{i}\omega t+\mathrm{i}\boldsymbol{k}\cdot\boldsymbol{x}) \quad \text{mit} \quad |\omega|=|\boldsymbol{k}|c=kc\ .$$

Sie sind Lösungen der oben angegebenen Form mit der Funktion

$$f(x)=\mathrm{e}^{\mathrm{i}kx}\ .$$

Die Richtung von $\boldsymbol{k}$ ist zugleich Ausbreitungsrichtung der Welle und Normalenrichtung der Wellenfronten. Die Zeitabhängigkeit ist harmonisch mit der Periode

$$T=\frac{2\pi}{\omega}$$

und der Frequenz

$$\nu=\frac{\omega}{2\pi}\ .$$

Eine Änderung von $\boldsymbol{x}$ senkrecht zu $\boldsymbol{k}$ läßt den Wert von

$$\exp\,(\mathrm{i}\omega t+\mathrm{i}\boldsymbol{k}\cdot\boldsymbol{x})$$

ungeändert. In $\boldsymbol{k}$-Richtung ist die Funktion dagegen periodisch mit der Periode

$$\lambda=\frac{2\pi}{k}\ .$$

λ heißt *Wellenlänge* und der Vektor $\boldsymbol{k}$, der Ausbreitungsrichtung und Wellenlänge bestimmt, heißt *Wellenvektor*.

Es gilt stets $|\omega|=kc$ oder, anders geschrieben $\lambda=cT$. Wir bemerken, daß die Ausbreitungsgeschwindigkeit c der ebenen Welle unabhängig von der Wellenlänge ist. Dies ist eine Besonderheit der Wellengleichung

$$\left(\frac{1}{c^2}\,\frac{\partial^2}{\partial t^2}-\Delta\right)u=0\ .$$

Im allgemeinen tritt bei Wellenausbreitung *Dispersion*[4] d.h. eine Abhängigkeit der Ausbreitungsgeschwindigkeit von der Wellenlänge auf (siehe auch Abschn. 14.4).

Die ebenen Wellen sind sehr spezielle Lösungen der Wellengleichung. Ihre große Bedeutung liegt darin, daß sich aus ihnen die allgemeinste Lösung der Wellengleichung durch kontinuierliche lineare Superposition gewinnen läßt. Wir wollen das nun beweisen. Zugleich wird ein einfacher Beweis für die eindeutige Lösbarkeit des Anfangswertproblems abfallen.

Wir suchen also allgemeine Lösungen $u(t,\boldsymbol{x})$ der Wellengleichung. Wir stellen dazu bei festem t die Funktion $u(t,\boldsymbol{x})$ als Fourierintegral dar (vgl. Anhang D):

$$u(t,\boldsymbol{x})=(2\pi)^{-D/2}\int d^Dk\,\tilde{u}(t,\boldsymbol{k})\,\mathrm{e}^{\mathrm{i}\boldsymbol{k}\cdot\boldsymbol{x}}\ . \qquad (10.2.10)$$

Das ist für jede „vernünftige" Funktion $u(t,\boldsymbol{x})$ eindeutig möglich. Nach der Umkehrformel der Fourier-Transformation ist

$$\tilde{u}(t,\boldsymbol{k})=(2\pi)^{-D/2}\int d^Dx\,u(t,\boldsymbol{x})\,\mathrm{e}^{-\mathrm{i}\boldsymbol{k}\cdot\boldsymbol{x}}\ . \qquad (10.2.11)$$

Nun ist

$$\begin{aligned} &\left(\frac{1}{c^2}\,\frac{\partial^2}{\partial t^2}-\Delta\right)u(t,\boldsymbol{x})\\ &\quad=(2\pi)^{-D/2}\int d^Dk\left[\frac{1}{c^2}\,\ddot{\tilde{u}}(t,\boldsymbol{k})+k^2\tilde{u}(t,\boldsymbol{k})\right]\mathrm{e}^{\mathrm{i}\boldsymbol{k}\cdot\boldsymbol{x}}=0\ , \end{aligned} \qquad (10.2.12)$$

also

$$\frac{1}{c^2}\,\ddot{\tilde{u}}(t,\boldsymbol{k})+k^2\tilde{u}(t,\boldsymbol{k})=0\ . \qquad (10.2.13)$$

---

[4] Dispersion (lat.) von dispergere: Zerstreuung. Frequenzabhängigkeit der Ausbreitungsgeschwindigkeit des Lichtes führt zur Auffächerung eines weißen Lichtstrahles in einem Prisma. Von dort her Übertragung des Begriffes auf andere Bereiche der Wellenlehre.

Somit muß $\tilde{u}(t, \boldsymbol{k})$ von der Form

$$\tilde{u}(t, \boldsymbol{k}) = \alpha(\boldsymbol{k})\, e^{i\omega t} + \beta(\boldsymbol{k})\, e^{-i\omega t} \tag{10.2.14}$$

sein mit $\omega = \omega(\boldsymbol{k}) = kc$.

Somit ist die allgemeinste Lösung der Wellengleichung von der Gestalt

$$\begin{aligned} u(t, \boldsymbol{x}) = (2\pi)^{-D/2} \int d^D k\, [&\alpha(\boldsymbol{k}) \exp(i\omega t + i\boldsymbol{k} \cdot \boldsymbol{x}) \\ &+ \beta(\boldsymbol{k}) \exp(-i\omega t + i\boldsymbol{k} \cdot \boldsymbol{x})] \end{aligned} \tag{10.2.15}$$

mit beliebigen Funktionen $\alpha(\boldsymbol{k})$ und $\beta(\boldsymbol{k})$.

Wir sehen, daß $u(t, \boldsymbol{x})$ eine kontinuierliche Überlagerung (nämlich ein Integral) von ebenen Wellen ist. Wir suchen nun die Lösung $u_{ab}(t, \boldsymbol{x})$ mit den Anfangswerten

$$u_{ab}(0, \boldsymbol{x}) = a(\boldsymbol{x}) \quad \text{und} \quad \dot{u}_{ab}(0, \boldsymbol{x}) = b(\boldsymbol{x}) \ .$$

Wir finden

$$\begin{aligned} u(0, \boldsymbol{x}) &= (2\pi)^{-D/2} \int d^D k\, [\alpha(\boldsymbol{k}) + \beta(\boldsymbol{k})]\, e^{i\boldsymbol{k} \cdot \boldsymbol{x}} = a(\boldsymbol{x}) \\ &= (2\pi)^{-D/2} \int d^D k\, \tilde{a}(\boldsymbol{k})\, e^{i\boldsymbol{k} \cdot \boldsymbol{x}} \ , \end{aligned} \tag{10.2.16}$$

wobei $\tilde{a}$ die Fouriertransformierte von a ist, und

$$\begin{aligned} \dot{u}(0, \boldsymbol{x}) &= (2\pi)^{-D/2} \int d^D k\, i\omega [\alpha(\boldsymbol{k}) - \beta(\boldsymbol{k})]\, e^{i\boldsymbol{k} \cdot \boldsymbol{x}} = b(\boldsymbol{x}) \\ &= (2\pi)^{-D/2} \int d^D k\, \tilde{b}(\boldsymbol{k})\, e^{i\boldsymbol{k} \cdot \boldsymbol{x}} \ . \end{aligned} \tag{10.2.17}$$

Hiermit ergibt sich eindeutig

$$\begin{aligned} &\alpha(\boldsymbol{k}) + \beta(\boldsymbol{k}) = \tilde{a}(\boldsymbol{k}) \ , \\ &i\omega[\alpha(\boldsymbol{k}) - \beta(\boldsymbol{k})] = \tilde{b}(\boldsymbol{k}) \quad \text{oder} \end{aligned} \tag{10.2.18}$$

$$\begin{aligned} &\alpha(\boldsymbol{k}) = \tfrac{1}{2}\tilde{a}(\boldsymbol{k}) + \frac{1}{2i\omega}\,\tilde{b}(\boldsymbol{k}) \ , \\ &\beta(\boldsymbol{k}) = \tfrac{1}{2}\tilde{a}(\boldsymbol{k}) - \frac{1}{2i\omega}\,\tilde{b}(\boldsymbol{k}) \ , \qquad \omega = kc \ , \end{aligned} \tag{10.2.19}$$

womit die eindeutige Lösbarkeit des Anfangswertproblems gezeigt ist. Wir wollen insbesondere den Wellenausbreitungskern $D(t, \boldsymbol{x})$ mit den Anfangsbedingungen $D(0, \boldsymbol{x}) = 0$ und $\dot{D}(0, \boldsymbol{x}) = \delta(x)$ bestimmen.

Dann ist $\tilde{a}(\boldsymbol{k}) = 0$ und $\tilde{b}(\boldsymbol{k}) = (2\pi)^{-D/2}$, also

$$D(t, \boldsymbol{x}) = (2\pi)^{-D} \int d^D k\, \frac{e^{i\omega t} - e^{-i\omega t}}{2i\omega(k)}\, e^{i\boldsymbol{k} \cdot \boldsymbol{x}} \ . \tag{10.2.20}$$

Für den wichtigsten Fall $D = 3$ läßt sich das Integral durch Einführung von Polarkoordinaten im k-Raum leicht ausrechnen. (Man legt die 3-Richtung parallel zu $\boldsymbol{x}$.)

Das Ergebnis ist

$$D(t, \boldsymbol{x}) = \frac{1}{4\pi c^2 |\boldsymbol{x}|} \left[\delta\left(t - \frac{|\boldsymbol{x}|}{c}\right) - \delta\left(t + \frac{|\boldsymbol{x}|}{c}\right) \right] \ . \tag{10.2.21}$$

Hiermit erhalten wir auch die retardierte Greensche Funktion der dreidimensionalen Wellengleichung $G_R(t, \boldsymbol{x}) = c^2 \Theta(t)\, D(t, \boldsymbol{x})$:

$$G_R(t, \boldsymbol{x}) = \frac{1}{4\pi |\boldsymbol{x}|}\, \delta\left(t - \frac{|\boldsymbol{x}|}{c}\right) \Theta(t) \ . \tag{10.2.22}$$

10.3 Randwertprobleme

10.3.1 Vorbetrachtungen

Wir wenden uns nun dem Problem zu, die Wellengleichung in einem Gebiet V mit homogenen Dirichletschen oder Neumannschen Randbedingungen zu lösen:

$$\left(\frac{1}{c^2}\frac{\partial^2}{\partial t^2} - \Delta\right) u(t, \boldsymbol{x}) = 0 \quad \text{in } V \tag{10.3.1}$$

und

$$u(t, \boldsymbol{x}) = 0 \quad \text{für} \quad \boldsymbol{x} \in \partial V \tag{10.3.2}$$

oder

$$\boldsymbol{n} \cdot \boldsymbol{\nabla} u(t, \boldsymbol{x}) = 0 \quad \text{für} \quad \boldsymbol{x} \in \partial V \ . \tag{10.3.3}$$

Wir werden sehen, daß eine enge Analogie zu der Schwingungsgleichung

$$\ddot{u}(t) + K u(t) = 0$$

aus Kap. 6 besteht, bei der $u(t) \in \mathbb{R}^f$ ein f-komponentiger Vektor und K eine $f \times f$ Matrix war.

In der Wellengleichung ist für festes t die Größe $u(t, \boldsymbol{x})$ eine Funktion von $\boldsymbol{x}$, die den Randbedingungen genügt, also Element eines unendlich dimensionalen Vektorraumes, und an die Stelle der linearen Abbildung K tritt der lineare Differentialoperator $-c^2\Delta$.

Für die Lösung der Schwingungsgleichung war es entscheidend, die Eigenschwingungen und Eigenwerte

$$u^{(\alpha)}(t)=e^{i\omega_\alpha t}v^{(\alpha)} \quad \text{aufzusuchen} \ ,$$

wobei $v^{(\alpha)}\in\mathbb{R}^f$ die Eigenwertgleichung

$$(K-\omega_\alpha^2\mathbb{1})v^{(\alpha)}=0 \quad \text{löste} \ .$$

Es galten folgende Aussagen:

i) Es ist $\omega_\alpha^2\geq 0$ (und $\omega_\alpha^2>0$, wenn die Schwingung um ein Potentialminimum erfolgt),

ii) Orthogonalität: $(v^{(\alpha)},v^{(\beta)})=0$ für $\omega_\alpha^2\neq\omega_\beta^2$.

iii) Vollständigkeit: Jede Lösung ist eindeutig in der Form

$$u(t)=\sum_{\alpha=1}^{f}(a_\alpha e^{i\omega_\alpha t}+b_\alpha e^{-i\omega_\alpha t})v^{(\alpha)}$$

mit $a_\alpha, b_\alpha\in\mathbb{C}$ darstellbar. (Insbesondere gab es genau f linear unabhängige Eigenvektoren $v^{(\alpha)}$.)

Wir wollen nun ganz analog auch für die Wellengleichung Eigenschwingungen mit rein harmonischer Zeitabhängigkeit aufsuchen und setzen deshalb an:

$$u(t,\boldsymbol{x})=e^{i\omega t}v(\boldsymbol{x}) \ . \qquad (10.3.4)$$

Dann muß, wenn u die Wellengleichung löst, $v(\boldsymbol{x})$ der Gleichung

$$(\Delta+k^2)v(\boldsymbol{x})=0 \ , \qquad k^2=\omega^2/c^2 \qquad (10.3.5)$$

genügen. Diese Gleichung heißt *Helmholtz*[5]*-Gleichung*.

Außerdem muß noch

$$v(\boldsymbol{x})=0 \quad \text{für} \quad \boldsymbol{x}\in\partial V$$
(Dirichletsche Randbedingung) (10.3.6)

oder

$$\boldsymbol{n}\cdot\nabla v(\boldsymbol{x})=0 \quad \text{für} \quad \boldsymbol{x}\in\partial V$$
(Neumannsche Randbedingung) (10.3.7)

sein. Die Helmholtz-Gleichung kann als Eigenwertgleichung für die Eigenfunktion $v(\boldsymbol{x})$ mit den Randbedingungen (10.3.6 oder 7) angesehen werden, und es gilt wieder, die möglichen Eigenwerte k^2 und Eigenfunktionen v zu bestimmen. Wir werden sehen, daß die Aussagen (i–iii) in ganz analoger Weise gelten.

10.3.2 Beispiele für Randwertprobleme

a) Wir beginnen zur Orientierung mit dem einfachsten Fall, der eindimensionalen Wellengleichung im Intervall $[0, L]$ mit homogenen Dirichletschen Randbedingungen

$$u(t,0)=u(t,L)=0 \ .$$

Dies ist das Problem, die Schwingungen einer Saite der Länge L zu bestimmen, die an den Rändern fest eingespannt ist.

Die Helmholtz-Gleichung lautet in diesem Falle

$$\frac{d^2}{dx^2}v(x)+k^2v(x)=0 \qquad (10.3.8)$$

mit den Randbedingungen $v(0)=v(L)=0$. Die allgemeinste Lösung der Helmholtz-Gleichung ist

$$v(x)=\alpha\sin(kx)+\beta\cos(kx) \ . \qquad (10.3.9)$$

Aus $v(0)=0$ folgt $\beta=0$, und aus $v(L)=0$ folgt $kL=n\pi$ mit $n=1,2,\ldots$. Wir erhalten also nur für die speziellen reellen Eigenwerte

$$k_n^2=\left(\frac{n\pi}{L}\right)^2 \qquad (10.3.10)$$

Eigenlösungen mit den richtigen Randwerten. Die zugehörigen Eigenfrequenzen sind

$$\omega_n^2=c^2k_n^2=\frac{c^2n^2\pi^2}{L^2} \ . \qquad (10.3.11)$$

Es ist

$$|\omega_n|=n|\omega_1| \ ,$$

die Eigenfrequenzen sind sämtlich Vielfache der „Grundfrequenz“ ω_1. Es gibt eine abzählbar unendliche Folge von Eigenwerten.

[5] *Helmholtz, Hermann von* (∗1821 Potsdam, †1894 Berlin). Großer Physiologe und Physiker. 1847 klare Formulierung des Energiesatzes, Arbeiten über Hydrodynamik (Wirbelsätze), Thermodynamik, Geometrie, physiologische Optik und Akustik, Erfinder des Augenspiegels. „Reichskanzler der deutschen Physik“, seit 1871 Professor in Berlin, 1888 Präsident der Physikalisch-Technischen Reichsanstalt.

Wie wir wissen, ist für die Eigenfunktionen v_n

$$\int_0^L dx\, v_n(x) v_m(x) = \int_0^L dx \sin\left(\frac{n\pi x}{L}\right) \sin\left(\frac{m\pi x}{L}\right) = 0$$

für $\quad m \neq n \; (m, n \geq 0)$.

Indem wir ein Skalarprodukt

$$(v, w) := \int_0^L dx\, v(x) w(x) \qquad (10.3.12)$$

einführen, gilt die Aussage (ii)

$$(v_m, v_n) = \delta_{mn} \; , \qquad (10.3.13)$$

wobei wir v_n noch geeignet normiert haben. v_n hat genau $(n-1)$ Nullstellen (*Knoten*) im Innern des Intervalls $[0, L]$.

Die Aussage (i) gilt offensichtlich auch. Die Vollständigkeit (iii) ist ebenfalls erfüllt, da sich jede Funktion im Intervall $[0, L]$, die an den Rändern verschwindet, in eine Fourier-Reihe der Form

$$f(x) = \sum_{n=1}^{\infty} f_n v_n(x) = \sum_{n=1}^{\infty} f_n \sqrt{\frac{2}{L}} \sin\left(\frac{n\pi x}{L}\right)$$

entwickeln läßt mit $f_n = (v_n, f)$ (vgl. Anhang D).

Um das Anfangswertproblem $u(0, x) = a(x)$, $\dot{u}(0, x) = b(x)$ mit den Randbedingungen $u(t, 0) = u(t, L) = 0$ zu lösen, (natürlich muß $a(0) = a(L) = b(0) = b(L) = 0$ sein) setzen wir an

$$u(t, \mathbf{x}) = \sum_{n=1}^{\infty} \left[\alpha_n \cos(\omega_n t) + \beta_n \frac{\sin(\omega_n t)}{\omega_n}\right] v_n(x) \qquad (10.3.14)$$

mit zunächst freien Konstanten α_n und β_n und bestimmen dann α_n und β_n aus den Anfangsbedingungen:

$$a(x) = u(0, x) = \sum_{n=1}^{\infty} \alpha_n v_n(x) \; , \quad \text{also} \quad \alpha_n = (v_n, a) \; ,$$

$$b(x) = \dot{u}(0, x) = \sum_{n=1}^{\infty} \beta_n v_n(x) \; , \quad \text{also} \quad \beta_n = (v_n, b) \; . \qquad (10.3.15)$$

b) Als nächstes behandeln wir die zweidimensionale Wellengleichung in dem Rechteck

$$0 \leq x \leq A \; , \quad 0 \leq y \leq B$$

mit Dirichletschen Randbedingungen

$$u(t, 0, y) \equiv u(t, A, y) \equiv u(t, x, 0) \equiv u(t, x, B) \equiv 0 \; . \qquad (10.3.16)$$

Die Helmholtz-Gleichung lautet

$$\left(\frac{\partial^2}{\partial x^2} + \frac{\partial^2}{\partial y^2} + k^2\right) v(x, y) = 0 \; . \qquad (10.3.17)$$

Um sie zu lösen, wenden wir das sogenannte *Separationsverfahren* an, das auch sonst in vielen wichtigen Fällen zu speziellen Lösungen linearer Differentialgleichungen führt:

Wir setzen $v(x, y)$ in der speziellen Form

$$v(x, y) = X(x)\, Y(y) \qquad (10.3.18)$$

mit zunächst unbestimmten Funktionen X und Y an. Die Dirichletschen Randbedingungen bedeuten dann

$$X(0) = X(A) = Y(0) = Y(B) = 0 \; . \qquad (10.3.19)$$

Einsetzen des Separationsansatzes in die Helmholtz-Gleichung liefert

$$Y(y) \frac{d^2 X}{dx^2} + X(x) \frac{d^2 Y}{dy^2} + k^2 X(x)\, Y(y) = 0 \; , \qquad (10.3.20)$$

oder nach Division durch XY,

$$\frac{X''}{X} + \frac{Y''}{Y} + k^2 = 0 \; . \qquad (10.3.21)$$

Das ist nur möglich, wenn

$$\frac{X''}{X} \quad \text{und} \quad \frac{Y''}{Y}$$

beide konstant sind:

$$\frac{X''}{X} = -k_x^2 \; , \quad \text{d.h.} \quad X'' + k_x^2 X = 0 \; , \qquad (10.3.22)$$

$$\frac{Y''}{Y} = -k_y^2 \; , \quad \text{d.h.} \quad Y'' + k_y^2 Y = 0 \; . \qquad (10.3.23)$$

Dann ist $k^2 = k_x^2 + k_y^2$, und unter Berücksichtigung der Bedingung $X(0) = Y(0) = 0$ ergibt sich sofort

$$X(x) = \alpha_1 \sin(k_x x) \; , \quad Y(y) = \alpha_2 \sin(k_y y) \; . \qquad (10.3.24)$$

Die Randbedingungen $X(A)=Y(B)=0$ sind nur erfüllt, wenn

$$k_x=\frac{m\pi}{A} \quad \text{und} \quad k_y=\frac{n\pi}{B} \quad \text{mit} \quad m,n\in\mathbb{N}$$

ist. Wir finden so wieder eine abzählbare Folge von Eigenwerten

$$k_{mn}^2=\frac{m^2\pi^2}{A^2}+\frac{n^2\pi^2}{B^2} \tag{10.3.25}$$

und Eigenfrequenzen

$$\omega_{mn}^2=c^2k_{mn}^2>0 \ . \tag{10.3.26}$$

Indem wir

$$(v,w):=\int_0^A dx\int_0^B dy\, v(x,y)w(x,y) \tag{10.3.27}$$

definieren, erfüllen die normierten Eigenfunktionen

$$v_{mn}(x,y)=\frac{2}{\sqrt{AB}}\sin\left(\frac{m\pi x}{A}\right)\sin\left(\frac{n\pi y}{B}\right) \tag{10.3.28}$$

die Orthogonalitätsbedingung

$$(v_{mn},v_{m'n'})=\delta_{mm'}\delta_{nn'} \ . \tag{10.3.29}$$

Die Vollständigkeit gilt wieder, da jede Funktion im Rechteck in eine doppelte Fourier-Reihe entwickelbar ist (vgl. Anhang D).

Die eindeutig bestimmte Lösung des Anfangswertproblems

$$u_{ab}(0,x,y)=a(x,y) \ ,$$
$$\dot{u}_{ab}(0,x,y)=b(x,y)$$

ist

$$u_{ab}(t,x,y) = \sum_{m,n=1}^{\infty}\left[\alpha_{mn}\cos(\omega_{mn}t)+\beta_{mn}\frac{\sin(\omega_{mn}t)}{\omega_{mn}}\right]v_{mn}(x,y) \tag{10.3.30}$$

mit

$$\alpha_{mn}=(v_{mn},a) \quad \text{und} \quad \beta_{mn}=(v_{mn},b) \ .$$

c) Es sollte nun klar sein, wie man die dreidimensionale Wellengleichung in einem Quader $0\le x\le A$, $0\le y\le B$, $0\le z\le C$ löst. Wir denken an Schallschwingungen in einem quaderförmigen Behälter, also sind diesmal Neumannsche homogene Randbedingungen zu fordern.

Ein Separationsansatz $v(x,y,z)=X(x)\,Y(y)\,Z(z)$ führt zum Ziel. Die Neumannschen Randbedingungen

$$X'(0)=X'(A)=Y'(0)=Y'(B)=Z'(0)=Z'(C)=0$$

geben den Eigenfunktionen die Form

$$v_{mnr}(x,y,z)=\sqrt{\frac{8}{ABC}}\cos\left(\frac{m\pi x}{A}\right) \cdot\cos\left(\frac{n\pi y}{B}\right)\cos\left(\frac{r\pi z}{C}\right) \tag{10.3.31}$$

mit $m,n,r\ge 0$, ganz.

Die zugehörigen Eigenfrequenzen sind

$$\omega_{mnr}^2=c^2\left(\frac{m^2\pi^2}{A^2}+\frac{n^2\pi^2}{B^2}+\frac{r^2\pi^2}{C^2}\right) \ . \tag{10.3.32}$$

Mit dem Skalarprodukt

$$(v,w):=\int vw\,d^3x=\int_0^A dx\int_0^B dy\int_0^C dz\, v(x,y,z)w(x,y,z)$$

ist

$$(v_{mnr},v_{m'n'r'})=\delta_{mm'}\delta_{nn'}\delta_{rr'} \ ,$$

und das System von Eigenfunktionen ist wieder vollständig, so daß sich das Anfangswertproblem eindeutig lösen läßt. Es gelten also wieder die Eigenschaften (i–iii).

10.3.3 Allgemeine Behandlung von Randwertproblemen

Wir wollen nun allgemein zeigen, daß auch für ein beliebig geformtes Gebiet V im D-dimensionalen Raum die Eigenschaften (i) und (ii) für Eigenlösungen der Helmholtz-Gleichung mit homogenen Dirichletschen oder Neumannschen Randbedingungen gelten. Wir benutzen dazu die Identität

$$\nabla\cdot(v\nabla w)=\nabla v\cdot\nabla w+v\Delta w \ . \tag{10.3.33}$$

Indem wir über das Gebiet V integrieren und den Gaußschen Satz (vgl. Anhang F) anwenden, erhalten wir

$$\int_V d^D x \nabla \cdot (v \nabla w) = \int_{\partial V} d\boldsymbol{F} \cdot v \nabla w = \int_V d^D x \nabla v \cdot \nabla w + \int_V d^D x\, v \Delta w \ . \quad (10.3.34)$$

Wenn v und w homogene Dirichletsche oder Neumannsche Randbedingungen erfüllen, verschwindet das Integral über ∂V immer. Indem wir ein Skalarprodukt

$$(v, w) := \int_V d^D x\, v w \quad (10.3.35)$$

definieren, finden wir somit die Identität

$$(v, \Delta w) = -(\nabla v, \nabla w) \ . \quad (10.3.36)$$

Hieraus folgt sofort

a) $(v, \Delta w) = (\Delta v, w)$, und für $v = w$, (10.3.37)

b) $(v, \Delta v) = -(\nabla v, \nabla v) \leq 0$. (10.3.38)

Es seien nun v und w Lösungen der Helmholtz-Gleichung zu verschiedenen Eigenwerten k^2, k'^2:

$$(\Delta + k^2) v = 0 \ , \quad (\Delta + k'^2) w = 0 \ . \quad (10.3.39)$$

Wir schließen nun, ganz analog wie bei der Behandlung der endlich-dimensionalen Schwingungen:

aus (b): $(v, \Delta v) = -k^2 (v, v) = -(\nabla v, \nabla v) \leq 0$, (10.3.40)

also $k^2 \geq 0$.

aus (a): $(v, \Delta w) = -k'^2 (v, w)$

$= (\Delta v, w) = -k^2 (v, w)$, also (10.3.41)

$(k^2 - k'^2)(v, w) = 0$ und

$(v, w) = 0$ für $k^2 \neq k'^2$. (10.3.42)

Somit gelten (i) und (ii).

Anmerkungen

a) Der Eigenwert $-k^2$ von Δ ist i.a. entartet, d.h. es gibt mehrere Eigenfunktionen zu demselben Eigenwert, also einen (endlich dimensionalen) Eigenraum zum Eigenwert $-k^2$. In diesem Eigenraum läßt sich wieder ein Orthonormalsystem von Funktionen bezüglich des Skalarproduktes (10.3.35) angeben. Ein wichtiges Beispiel dafür wird in Abschn. 10.4 behandelt werden.

b) Nebenbei haben wir die Frage nach der Eindeutigkeit der Lösungen der inhomogenen Gleichung

$$\Delta u(x) = h(x)$$

mit Dirichletscher Randbedingung

$$u = a \text{ auf } \partial V$$

oder Neumannscher Randbedingung

$$\boldsymbol{n} \cdot \nabla u = b \text{ auf } \partial V$$

beantwortet.
Es seien nämlich u_1 und u_2 zwei Lösungen des Problems, dann ist $w = u_1 - u_2$ Lösung von

$\Delta w = 0$ und $w = 0$ bzw.

$\boldsymbol{n} \cdot \nabla w = 0$ auf ∂V .

Mit (10.3.38) finden wir also

$(\nabla w, \nabla w) = 0$, d.h.

$\nabla w = 0$ in V .

Für die Dirichletsche Randbedingung bedeutet das $w \equiv 0$ in V, d.h. Eindeutigkeit der Lösung, während für die Neumannsche Randbedingung $w = \text{const}$ (d.h. Eindeutigkeit bis auf eine additive Konstante) folgt.

c) In der Funktionalanalysis wird gezeigt, daß die Eigenwerte eine abzählbare Folge bilden, die im Endlichen keinen Häufungspunkt hat und daß sich „jede" Funktion im Gebiet V in eine Reihe

$$f(x) = \sum_N f_N v_N(x) \quad \text{mit} \quad f_N = (v_N, f) \quad (10.3.43)$$

entwickeln läßt. Auch Eigenschaft (iii) ist also erfüllt.

Damit ist dann das Rand- und Anfangswertproblem für die Wellengleichung in V gelöst:

$$u_{ab}(t, x) = \sum_N \left[a_N \cos(\omega_N t) + b_N \frac{\sin(\omega_N t)}{\omega_N} \right] v_N(x) \quad (10.3.44)$$

mit $a_N = (v_N, a)$ und $b_N = (v_N, b)$. (Für $\omega_N = 0$ ist $\sin \omega_N t / \omega_N = t$ zu setzen.)

d) Zugleich haben wir damit übrigens das Rand- und Anfangswertproblem der Wärmeleitungsgleichung

$$\left(\frac{\partial}{\partial t} - \lambda \Delta\right) u(t, x) = 0$$

für ein Gebiet V mit homogenen Neumannschen oder Dirichletschen Randbedingungen gelöst. Wir setzen nämlich für die Ortsabhängigkeit eine Entwicklung nach Eigenfunktionen v_N an:

$$u(t, x) = \sum_N c_N(t) \, v_N(x) \quad . \tag{10.3.45}$$

Die Wärmeleitungsgleichung bedeutet dann

$$\left(\frac{\partial}{\partial t} - \lambda \Delta\right) u = \sum_N [\dot{c}_N(t) + \lambda k_N^2 c_N(t)] v_N(t) = 0 \quad , \tag{10.3.46}$$

also

$$\dot{c}_N + \lambda k_N^2 c_N = 0 \; , \qquad \text{d.h.}$$

$$c_N(t) = a_N \mathrm{e}^{-\lambda k_N^2 t} \qquad \text{und} \tag{10.3.47}$$

$$u(t, x) = \sum a_N \mathrm{e}^{-\lambda k_N^2 t} v_N(x) \quad . \tag{10.3.48}$$

Die Anfangsbedingung $u(0, x) = a(x)$ führt auf

$$a_N = (v_N, a) \quad .$$

Man sieht, daß für $t \to \infty$ wegen $k_N^2 \geq 0$ nur der Term mit $k_N^2 = 0$ übrigbleibt, der zu einer konstanten Eigenfunktion v_N gehört: Für $t \to \infty$ strebt die Temperaturverteilung gegen eine Gleichverteilung.

10.4 Die Helmholtz-Gleichung in Kugelkoordinaten, Kugelfunktionen und Bessel-Funktionen

Wir wollen nun die Helmholtz-Gleichung in Kugelkoordinaten lösen. Dies ist ein Problem mit vielen wichtigen Anwendungen, da Kugelsymmetrie in physikalischen Situationen häufig auftritt. Die dabei auftretenden speziellen Funktionen sowie einige ihrer Eigenschaften werden kurz vorgestellt. Für Beweise und weitere Eigenschaften sei auf die einschlägige Literatur verwiesen, z.B. [10.1 –4].

10.4.1 Der Separationsansatz

Die Helmholtz-Gleichung

$$(\Delta + k^2) \, u(\boldsymbol{r}) = 0 \tag{10.4.1}$$

hat in Kugelkoordinaten

$$\boldsymbol{r} = \boldsymbol{r}(r, \theta, \varphi)$$

die Form (Anhang F):

$$\begin{aligned} &\left(\frac{1}{r} \frac{\partial^2}{\partial r^2} \, r + \frac{1}{r^2 \sin\theta} \frac{\partial}{\partial \theta} \sin\theta \frac{\partial}{\partial \theta} + \frac{1}{r^2 \sin^2\theta} \frac{\partial^2}{\partial \varphi^2} + k^2\right) u \\ &= \left[\frac{1}{r} \frac{\partial^2}{\partial r^2} \, r + k^2 + \frac{1}{r^2} \, \Lambda\left(\theta, \varphi, \frac{\partial}{\partial \theta}, \frac{\partial}{\partial \varphi}\right)\right] \\ &\quad \cdot u(r, \theta, \varphi) = 0 \quad . \end{aligned} \tag{10.4.2}$$

Wir versuchen wieder einen Separationsansatz

$$u(\boldsymbol{r}) = F(r) \, Y(\theta, \varphi) \quad . \tag{10.4.3}$$

Dann erhält man, wenn man noch mit r^2 multipliziert

$$\left(r \frac{\partial^2}{\partial r^2} \, rF\right) Y + k^2 r^2 F Y + F \Lambda Y = 0$$

oder

$$\frac{1}{F(r)} \left[r \frac{\partial^2}{\partial r^2} \, rF(r) + k^2 r^2 F(r) \right] + \frac{\Lambda Y(\theta, \varphi)}{Y(\theta, \varphi)} = 0 \quad . \tag{10.4.4}$$

Damit haben wir wieder eine Separation der Variablen in der Gleichung erreicht, und man erhält die beiden Gleichungen

$$\begin{aligned} &\Lambda Y + \alpha Y \\ &= \left(\frac{1}{\sin\theta} \frac{\partial}{\partial \theta} \sin\theta \frac{\partial}{\partial \theta} + \frac{1}{\sin^2\theta} \frac{\partial^2}{\partial \varphi^2}\right) Y(\theta, \varphi) \\ &\quad + \alpha Y(\theta, \varphi) = 0 \end{aligned} \tag{10.4.5}$$

und

$$\frac{1}{r} \frac{\partial^2}{\partial r^2} \, rF(r) + \left(k^2 - \frac{\alpha}{r^2}\right) F(r) = 0 \; , \tag{10.4.6}$$

wobei α eine zunächst beliebige Konstante ist. Die erste dieser Gleichungen kann durch einen erneuten Separationsansatz

$$Y(\theta,\varphi)=P(\theta)\,Q(\varphi) \tag{10.4.7}$$

zerlegt werden in

$$\frac{d^2Q(\varphi)}{\partial\varphi^2}=-m^2Q(\varphi) \tag{10.4.8}$$

mit zunächst beliebigem Wert für $-m^2$, und in

$$\left[\frac{1}{\sin\theta}\frac{\partial}{\partial\theta}\sin\theta\frac{\partial}{\partial\theta}+\left(\alpha-\frac{m^2}{\sin^2\theta}\right)\right]P(\theta)=0\ . \tag{10.4.9}$$

Wir wollen die Gleichungen für $Q(\varphi)$, $P(\theta)$ und $F(r)$ nacheinander betrachten.

10.4.2 Die Gleichungen für die Winkelvariablen, Kugelfunktionen

i) Die Gleichung für $Q(\varphi)$

$$Q''+m^2Q=0$$

hat als Lösung

$$Q(\varphi)=Q_0\sin(m\varphi+\delta)\ . \tag{10.4.10}$$

Damit $Q(2\pi)=Q(0)$ ist, muß m also ganzzahlig sein. Die Periodizität von $Q(\varphi)$ erzwingt auch, daß m überhaupt reell und damit $-m^2\leq 0$ ist.

ii) Setzen wir in der Gleichung für $P(\theta)$ für die Konstante α den Ausdruck $l(l+1)$ mit einer anderen, aber auch zunächst beliebigen Konstanten l, so erhält man folgende Gleichung, wenn man noch $x=\cos\theta$ setzt, so daß $\sin^2\theta=1-x^2$ und

$$\frac{d}{dx}=-\frac{1}{\sin\theta}\frac{d}{d\theta}\quad\text{ist:}$$

$$\left[\frac{d}{dx}(1-x^2)\frac{d}{dx}+l(l+1)-\frac{m^2}{(1-x^2)}\right]P(x)=0\ . \tag{10.4.11}$$

Man nennt diese Gleichung die *verallgemeinerte Legendre-Gleichung* und die Lösungen heißen *assoziierte Legendre-Funktionen*.

Da m nur quadratisch eingeht, können wir uns für die Lösung der Gleichung, wenn wir wollen, auf $m\geq 0$ beschränken. Wir wollen zunächst das Verhalten der Lösungen in der Nähe der Singularitäten $x=\pm 1$ der Differentialgleichung betrachten.

Hierzu setzen wir an

$$P=(x\pm 1)^{\varrho}\left[1+\sum_{n=1}^{\infty}c_n(x\pm 1)^n\right] \tag{10.4.12}$$

und suchen ϱ so zu bestimmen, daß P die Differentialgleichung löst.

Wir finden

$$\varrho=\pm\frac{m}{2}\ .$$

Dies veranlaßt uns, $P(x)$ in der Form

$$P(x)=(1-x^2)^{m/2}h(x)$$

anzusetzen. Indem wir mit diesem Ansatz in die Differentialgleichung eingehen, finden wir nach einiger Rechnung für h die Differentialgleichung

$$(1-x^2)h''-2(m+1)xh'+[l(l+1)-m(m+1)]h=0\ . \tag{10.4.13}$$

Differentiation der Gleichung nach x liefert

$$(1-x^2)h'''-2(m+2)xh''+[l(l+1)-(m+1)(m+2)]h'=0\ . \tag{10.4.14}$$

Das ist dieselbe Gleichung mit $(m+1)$ statt m und h' statt h.

Wir erhalten damit die Lösungen von (10.4.13) für $m\geq 0$, indem wir die Lösungen von (10.4.13) mit $m=0$ m mal differenzieren. Wir brauchen also nur die Gleichung

$$(1-x^2)\mathrm{P}_l''-2x\mathrm{P}_l'+l(l+1)\mathrm{P}_l=0 \tag{10.4.15}$$

zu betrachten. Das ist die *Legendresche Differentialgleichung*.

Wenn P_l eine Lösung dieser Gleichung ist, dann ist

$$\mathrm{P}_l^m(x)=(-1)^m(1-x^2)^{|m|/2}\frac{d^{|m|}}{dx^{|m|}}\mathrm{P}_l(x) \tag{10.4.16}$$

eine Lösung der verallgemeinerten Legendreschen Differentialgleichung (10.4.11).

Die Lösung der Legendreschen Differentialgleichung sollte im Intervall $-1 \leq x \leq 1$ eindeutig, endlich und stetig sein. Wir machen deshalb den Potenzreihenansatz

$$P_l(x) = x^\beta \sum_{j=0}^{\infty} a_j x^j = \sum_{j=0}^{\infty} a_j x^{j+\beta} \quad , \tag{10.4.17}$$

wobei β noch ein zu bestimmender Parameter sei. Dann ist

$$P_l'(x) = \sum_{j=0}^{\infty} (\beta+j) a_j x^{\beta+j-1} \tag{10.4.18}$$

und somit erhält man aus der Legendre-Gleichung die Beziehung

$$\sum_{j=0}^{\infty} (\beta+j)(\beta+j-1) a_j x^{\beta+j-2} - \sum_{j=0}^{\infty} [(\beta+j)(\beta+j+1) - l(l+1)] a_j x^{\beta+j} = 0 \quad . \tag{10.4.19}$$

Der niedrigste Exponent der zweiten Summe ist β, der der ersten Summe ist $\beta-2$, die Koeffizienten von $x^{\beta-2}$ und $x^{\beta-1}$ in der ersten Summe müssen somit verschwinden, das führt u.a. zu

$$\beta(\beta-1) a_0 = 0 \quad .$$

Da nach Konstruktion $a_0 \neq 0$ ist, (denn sonst wähle man ein anderes β), folgt so $\beta=0$ oder $\beta=1$. Der Koeffizient von $x^{\beta-1}$ lautet

$$\beta(\beta+1) a_1 = 0 \quad .$$

Für $\beta=0$ ist diese Gleichung erfüllt, für $\beta=1$ folgt, daß $a_1=0$ sein muß.

Man erhält nun die Rekursionsbeziehung

$$(\beta+j+2)(\beta+j+1) a_{j+2} = [(\beta+j)(\beta+j+1) - l(l+1)] a_j$$

oder

$$a_{j+2} = \frac{(\beta+j)(\beta+j+1) - l(l+1)}{(\beta+j+2)(\beta+j+1)} a_j \quad , \qquad j = 0, 1, \ldots \quad . \tag{10.4.20}$$

Damit kann man $a_2, a_4, \ldots$ aus a_0 bestimmen.

Setzte man aber $a_0=0$, $a_1 \neq 0$, so müßte $\beta=0$ sein. Man kann diesen Fall aber auf den Fall $a_0 \neq 0$, $a_1=0$, $\beta=1$ zurückführen. Wir können somit a_1 und damit $a_3, \ldots$ ohne Beschränkung der Allgemeinheit gleich Null setzen.

Man kann nun zeigen:

Die Reihe mit den so bestimmten a_j, $j=0, 2, 4, \ldots$, konvergiert für $x^2<1$, sie divergiert aber für $x=\pm 1$, wenn nicht für irgendein j_0+2 sich ergibt $a_{j_0+2}=0$, so daß die Reihe damit abbricht und ein Polynom darstellt. Die Polynomlösungen P_l der Legendreschen Differentialgleichung heißen *Legendre-Polymone*.

Der Koeffizient a_{j_0+2} ist aber dann gerade gleich Null, wenn

$$(\beta+j_0)(\beta+j_0+1) = l(l+1) \tag{10.4.21}$$

ist. Damit muß l gleich Null oder o.B.d.A. eine positive ganze Zahl sein. Ist l gerade, so muß, da j_0 gerade ist, auch β gerade sein, also $\beta=0$ sein, ist l ungerade, so ist $\beta=1$.

Der höchste Exponent in dem Polynom zu vorgegebenem l ist dann $\beta+j_0=l$.

Für $l=0$ ist $\beta=0$, $j_0=0$ und so $P_0=a_0$, für $l=1$ ist $\beta=1$, $j_0=0$ und $P_1=a_0 x$, während man für $l=2$ erhält: $\beta=0$ und $P_2(x)=a_0-3a_0x^2=a_0(1-3x^2)$. Normiert man die Legendre-Polynome $P_l(x)$ so, daß $P_l(1)=1$ ist, so ist also:

$$P_0(x)=1 \quad , \qquad P_1(x)=x \quad , \qquad P_2(x)=\tfrac{1}{2}(3x^2-1) \tag{10.4.22}$$

und weiter

$$P_3(x)=\tfrac{1}{2}(5x^3-3x) \tag{10.4.23}$$

$$P_4(x)=\tfrac{1}{8}(35x^4-30x^2+3) \quad . \tag{10.4.24}$$

Man kann zeigen, daß allgemein die *Formel von Rodrigues*[6] gilt:

$$P_l(x) = \frac{1}{2^l l!} \frac{d^l}{dx^l} (x^2-1)^l \quad . \tag{10.4.25}$$

Damit haben wir die Legendre-Polynome als Lösungen der Legendre-Gleichungen bestimmt. Neben diesen Polynomen gibt es aber noch die sogenannten Legendre-Funktionen zweiter Art: $Q_l(x)$, die bei

---

6 *Rodrigues, Benjamin Olinde* (∗1794 Bordeaux, †1851 Paris). Französischer Nationalökonom und Mathematiker. Freund und Schüler von St. Simon. Mathematische Arbeiten, besonders zur Differentialgeometrie.

$x = \pm 1$ singulär sind. Sogar dann sind für beliebiges l die Funktionen

$$\mathrm{P}_l(x)\;, \quad \mathrm{Q}_l(x)$$

zwei unabhängige Lösungen der Legendre-Gleichungen. Für ganzzahliges l wird dabei $\mathrm{P}_l(x)$ ein Polynom und ist damit regulär im Intervall $-1 \leq x \leq 1$.

Diese beiden unabhängigen Lösungen stellen so wie $(\exp(im\varphi), \exp(-im\varphi))$ oder $(\sin m\varphi, \cos m\varphi)$ auch eine Basis in dem Lösungsraum dar, d.h. so wie man jede Lösung der Differentialgleichung

$$x''(\varphi) + m^2 x(\varphi) = 0$$

als Linearkombination von $\exp(im\varphi)$ und $\exp(-im\varphi)$ darstellen kann, so kann man auch jede Lösung der Legendre-Gleichung als Linearkombination von P_l und Q_l darstellen. Nur verbieten wir im Falle der Legendre-Gleichung die Lösung Q_l, weil sie nicht endlich bleibt im Intervall $-1 \leq x \leq 1$. Das verlangen wir auch später immer aus physikalischen Gründen.

Damit ist nach (10.4.16)

$$\mathrm{P}_l^m(x) = (-1)^m (1-x^2)^{|m|/2} \frac{d^{|m|}}{dx^{|m|}} \mathrm{P}_l(x)\;, \quad -l \leq m \leq +l \tag{10.4.26}$$

eine reguläre Lösung der verallgemeinerten Legendreschen Gleichung.

Definieren wir nun

$$\mathrm{Y}_{lm}(\theta, \varphi) = \sqrt{\frac{2l+1}{4\pi} \frac{(l-|m|)!}{(l+|m|)!}}\, \mathrm{P}_l^m(\cos\theta) \mathrm{e}^{im\varphi}\;, \quad l = 0, 1, \ldots\;, \quad m = -l, -l+1, \ldots, +l\;, \tag{10.4.27}$$

so sind diese Lösungen der Differentialgleichungen

$$\left[\frac{1}{\sin\theta} \frac{\partial}{\partial\theta} \sin\theta \frac{\partial}{\partial\theta} + \frac{1}{\sin^2\theta} \frac{\partial^2}{\partial\varphi^2} + l(l+1)\right] \mathrm{Y}_{lm}(\theta, \varphi) = 0\;. \tag{10.4.28}$$

Man nennt die Y_{lm} auch *Kugelflächenfunktionen*, da sie auf der Oberfläche der Einheitskugel, parametrisiert durch die Koordinaten θ, φ definiert sind. Sie sind dort regulär, und die Schar der Y_{lm} stellt ein vollständiges Orthonormalsystem für Funktionen $f(\theta, \varphi)$ auf der Einheitskugeloberfläche dar, d.h. es gilt

$$\langle \mathrm{Y}_{lm}, \mathrm{Y}_{l'm'} \rangle := \int_{-1}^{+1} d\cos\theta \int_0^{2\pi} d\varphi\, \mathrm{Y}_{lm}^*(\theta, \varphi) \mathrm{Y}_{l'm'}(\theta, \varphi) = \delta_{ll'} \delta_{mm'}\;, \tag{10.4.29}$$

und $f(\theta, \varphi)$ läßt sich darstellen als

$$f(\theta, \varphi) = \sum_{l=0}^{\infty} \sum_{m=-l}^{+l} f_{lm} \mathrm{Y}_{lm}(\theta, \varphi) \tag{10.4.30}$$

mit den Koeffizienten

$$f_{lm} = \langle \mathrm{Y}_{lm}, f \rangle \equiv \int_{-1}^{+1} d\cos\theta \int_0^{2\pi} d\varphi\, \mathrm{Y}_{lm}^*(\theta, \varphi) f(\theta, \varphi)\;. \tag{10.4.31}$$

Diese Entwicklung und die Berechnung der Koeffizienten ist wieder analog zu den Fourier-Reihen, bei denen das Orthonormalsystem aus Lösungen eines einfacheren Typs von Differentialgleichungen bestand.

Die Orthogonalität $\langle \mathrm{Y}_{lm}, \mathrm{Y}_{l'm'} \rangle = 0$ für $(l, m) \neq (l', m')$ läßt sich wie folgt zeigen:

Zunächst ist die Orthogonalität für $m \neq m'$ sofort klar. Für $l \neq l'$ argumentiert man so:

$$v(r, \theta, \varphi) = \mathrm{Y}_{lm}(\theta, \varphi) \quad \text{und} \quad w(r, \theta, \varphi) = \mathrm{Y}_{l'm'}(\theta, \varphi)$$

sind Funktionen im Innern einer Kugel vom Radius R, welche homogenen Neumannschen Randbedingungen genügen. Also ist, wie in Abschn. 10.3.3 gezeigt

$$(v, \Delta w) = \int_0^R r^2 dr \int_{-1}^{+1} d\cos\theta \int_0^{2\pi} d\varphi\, v(r, \theta, \varphi) \Delta w(r, \theta, \varphi) = (\Delta v, w)\;. \tag{10.4.32}$$

Nun ist

$$\Delta w = \left(\frac{1}{r} \frac{\partial^2}{\partial r^2} r + \frac{\Lambda}{r^2}\right) w = \frac{l'(l'+1)}{r^2} w\;, \tag{10.4.33}$$

$$\Delta v = \frac{l(l+1)}{r^2} v \quad \text{und} \tag{10.4.34}$$

$$(v, \Delta w) = \int_0^R dr\, r^2 \frac{l'(l'+1)}{r^2} \int_{-1}^{+1} d\cos\theta \int_0^{2\pi} d\varphi\, Y^*_{lm} Y_{l'm'}$$

$$= Rl'(l'+1) \langle Y_{lm}, Y_{l'm'} \rangle$$

$$= (\Delta v, w) = Rl(l+1) \langle Y_{lm}, Y_{l'm'} \rangle \ , \qquad (10.4.35)$$

also $\langle Y_{lm}, Y_{l'm'} \rangle = 0$ für $l \neq l'$.

Insbesondere gilt wegen $P_l \sim Y_{l0}$ die Orthogonalität

$$\int_{-1}^{+1} dx\, P_l(x)\, P_{l'}(x) = 0 \quad \text{für} \quad l \neq l' \ . \qquad (10.4.36)$$

10.4.3 Die Gleichung für die Radialvariable, Bessel-Funktionen

Als letztes haben wir die Gleichung (10.4.6)

$$\frac{1}{r}\frac{d^2}{dr^2} rF(r) + \left(k^2 - \frac{l(l+1)}{r^2}\right) F(r) = 0 \qquad (10.4.37)$$

zu betrachten. Mit $F(r) = r^n f(r)$ erhält man wegen

$$\frac{1}{r}(r^{n+1} f)'' = r^n f'' + 2(n+1) r^{n-1} f' + n(n+1) r^{n-2} f$$

die Gleichung:

$$f'' + \frac{2(n+1)}{r} f' + \left[k^2 - \frac{l(l+1) - n(n+1)}{r^2}\right] f = 0 \ . \qquad (10.4.38)$$

Für $n = -1/2$ erhält man dann, wenn man noch $x = kr$ und $f(kr) = u(x)$ setzt, so daß also

$$u' = \frac{du}{dx} = \frac{1}{k} f' \quad \text{ist} :$$

$$u'' + \frac{1}{x} u' + \left(1 - \frac{v^2}{x^2}\right) u = 0 \qquad (10.4.39)$$

mit

$$v^2 = l(l+1) + \tfrac{1}{4} = (l + \tfrac{1}{2})^2 \ . \qquad (10.4.40)$$

Das ist die *Besselsche*[7] *Differentialgleichung* und die Lösungen heißen *Bessel-Funktionen der Ordnung v*.

Diese findet man wieder über einen Potenzreihenansatz

$$u(x) = x^\gamma \sum_{j=0}^{\infty} a_j x^j = \sum_{j=0}^{\infty} a_j x^{\gamma+j} \ . \qquad (10.4.41)$$

Dann ist

$$u'' = \sum_{j=0}^{\infty} (\gamma+j)(\gamma+j-1) a_j x^{\gamma+j-2} \ ,$$

und somit erhält man die Forderung

$$\sum_{j=0}^{\infty} [(\gamma+j)(\gamma+j-1) a_j + (\gamma+j) a_j - v^2 a_j] x^{\gamma+j-2} + \sum_{j=0}^{\infty} a_j x^{\gamma+j} = 0 \ . \qquad (10.4.42)$$

Die Koeffizienten für negative $j-2$ in der ersten Summe verschwinden, wenn $\gamma = \pm v$ ist und wenn

$$[(\gamma+j)^2 - v^2] a_1 = 0 \ , \qquad \text{d.h.} \qquad a_1 = 0$$

ist. Die Rekursionsgleichung für die a_j, $j \geq 2$ lautet dann

$$[(\gamma+j)^2 - v^2] a_j + a_{j-2} = 0 \qquad (10.4.43)$$

oder

$$a_j = \frac{-1}{j^2 + 2\gamma j} a_{j-2}$$

bzw., mit $j \rightarrow 2j$

$$a_{2j} = \frac{-1}{4j(j+\gamma)} a_{2(j-1)}$$

oder, ausgewertet

$$a_{2j} = \frac{(-1)^j \Gamma(\gamma+1)}{\Gamma(\gamma+j+1) 2^{2j} j!} a_0 \ , \qquad (10.4.44)$$

---

[7] *Bessel, Friedrich Wilhelm* (∗ 1784 Minden/Westf., † 1846 Königsberg).
Seit 1810 Professor für Astronomie in Königsberg. Großer berechnender und beobachtender Astronom (Sternkatalog, Planeten, Doppelsterne, Vorhersage eines Planeten außerhalb der Bahn des Uranus, Entdeckung des Siriusbegleiters).

wobei Γ die Gammafunktion ist (vgl. Anhang A). Man wählt gewöhnlich

$$a_0 = \frac{1}{2^\gamma \Gamma(\gamma+1)} ,$$

so daß man die beiden Lösungen (*Bessel-Funktionen*)

$$J_\nu(x) = \left(\frac{x}{2}\right)^\nu \sum_{j=0}^{\infty} \frac{(-1)^j}{j!\,\Gamma(j+\nu+1)} \left(\frac{x}{2}\right)^{2j} \tag{10.4.45}$$

und

$$J_{-\nu}(x) = \left(\frac{x}{2}\right)^{-\nu} \sum_{j=0}^{\infty} \frac{(-1)^j}{j!\,\Gamma(j-\nu+1)} \left(\frac{x}{2}\right)^{2j} \tag{10.4.46}$$

erhält.

Ist $\nu = m =$ ganzzahlig, so ist

$$J_{-m} = (-1)^m J_m , \tag{10.4.47}$$

so daß J_m und J_{-m} nicht unabhängig sind. Andernfalls sind aber offensichtlich die beiden Lösungen linear unabhängig und stellen wieder eine Basis im Lösungsraum dar.

Für $F(r)$ erhält man somit

$$F_+(r) = \frac{J_{l+1/2}(kr)}{\sqrt{kr/2}} \quad \text{oder} \tag{10.4.48}$$

$$F_-(r) = \frac{J_{-(l+1/2)}(kr)}{\sqrt{kr/2}} . \tag{10.4.49}$$

Für $r \to 0$ verhält sich $F_+(r)$ wie r^l, während sich $F_-(r)$ wie r^{-l-1} verhält.

Man nennt die Funktionen

$$j_l(z) = \sqrt{\frac{\pi}{2z}}\, J_{l+1/2}(z) , \tag{10.4.50}$$

$$n_l(z) = \sqrt{\frac{\pi}{2z}}\, N_{l+1/2}(z) \quad \text{mit}$$

$$N_\nu(z) = \frac{J_\nu(z)\cos\nu\pi - J_{-\nu}(z)}{\sin\nu\pi} \tag{10.4.51}$$

auch die *sphärischen Bessel-Funktionen.*

Insbesondere ist

$$j_0(z) = \sqrt{\frac{\pi}{2z}} \left(\frac{z}{2}\right)^{1/2} \sum_{j=0}^{\infty} \frac{(-1)^j}{j!\,\Gamma(j+3/2)} \left(\frac{z}{2}\right)^{2j} . \tag{10.4.52}$$

Man kann zeigen, daß

$$j_0(z) = \frac{\sin z}{z} \quad \text{und} \tag{10.4.53}$$

$$j_1(z) = \frac{\sin z}{z^2} - \frac{\cos z}{z} , \tag{10.4.54}$$

allgemein

$$j_l(z) = z^l \left(-\frac{1}{z}\frac{d}{dz}\right)^l \frac{\sin z}{z} \tag{10.4.55}$$

ist.

10.4.4 Lösungen der Helmholtz-Gleichung

Die Lösungen der Helmholtz-Gleichung lassen sich nun in der Form

$$v(r,\theta,\varphi) = j_l(kr)\, Y_{lm}(\theta,\varphi) , \quad \text{bzw.}$$

$$v(r,\theta,\varphi) = n_l(kr)\, Y_{lm}(\theta,\varphi) , \tag{10.4.56}$$

$l = 0, 1, \ldots, \quad m = -l, \ldots, +l$ angeben.

Aus unserer Betrachtung erhält man auch gleich die Lösungen für $k = 0$, und damit die Lösungen der Laplace-Gleichung in drei Raumdimensionen

$$\Delta\phi = 0 . \tag{10.4.57}$$

Während sich für die Form des Winkelanteils nichts ändert, erhält man nun für den Radialanteil die Gleichung

$$\frac{1}{r}\frac{d}{dr^2}\, rF(r) - \frac{l(l+1)}{r^2}\, F(r) = 0 \tag{10.4.58}$$

und als Lösungen

$$F_+(r) = r^l \quad \text{bzw.} \tag{10.4.59}$$

$$F_-(r) = r^{-l-1} . \tag{10.4.60}$$

Die allgemeine Lösung der Laplace-Gleichung

$$\Delta\phi = 0$$

läßt sich also schreiben als

$$\phi(r,\theta,\varphi) = \sum_{l=0}^{\infty} \sum_{m=-l}^{+l} (A_l r^l + B_l r^{-l-1})\, Y_{lm}(\theta,\varphi) . \tag{10.4.61}$$

Wenn man Regularität bei $r=0$ verlangt, dann müssen die Koeffizienten B_l verschwinden. Anderseits sind die im Unendlichen nicht ansteigenden Lösungen durch $A_l=0$ gekennzeichnet.

10.4.5 Ergänzende Betrachtungen

i) Seien

$$\hat{\boldsymbol{k}}=(\sin\theta'\cos\varphi',\ \sin\theta'\sin\varphi',\ \cos\theta')\ ,$$

$$\hat{\boldsymbol{r}}=(\sin\theta\cos\varphi,\ \sin\theta\sin\varphi,\ \cos\theta)$$

zwei Einheitsvektoren mit Polarkoordinaten (θ',φ') bzw. (θ,φ), dann ist

$$\hat{\boldsymbol{k}}\cdot\hat{\boldsymbol{r}}=\cos\theta\cos\theta'+\sin\theta\sin\theta'\cos(\varphi-\varphi') \tag{10.4.62}$$

eine Zahl zwischen -1 und $+1$, die wir auch als $\cos\gamma$ bezeichnen können.

Man kann zeigen:

$$\mathrm{P}_l(\cos\gamma)=\frac{4\pi}{2l+1}\sum_{m=-l}^{+l}\mathrm{Y}^*_{lm}(\theta',\varphi')\,\mathrm{Y}_{lm}(\theta,\varphi) \tag{10.4.63}$$

oder, anders ausgedrückt

$$\mathrm{P}_l(\hat{\boldsymbol{k}}\cdot\hat{\boldsymbol{r}})=\frac{4\pi}{2l+1}\sum_{m=-l}^{+l}\mathrm{Y}^*_{lm}(\hat{\boldsymbol{k}})\,\mathrm{Y}_{lm}(\hat{\boldsymbol{r}})\ . \tag{10.4.64}$$

Diese Aussage stellt das *Additionstheorem* für die Kugelflächenfunktionen dar.

Für $l=1$ erhält man

$$\begin{aligned}\mathrm{P}_1(\cos\gamma)&=\frac{4\pi}{3}\,[\mathrm{Y}^*_{1-1}(\theta',\varphi')\,\mathrm{Y}_{1-1}(\theta,\varphi)\\&\quad+\mathrm{Y}^*_{10}(\theta',\varphi')\,\mathrm{Y}_{10}(\theta,\varphi)\\&\quad+\mathrm{Y}^*_{11}(\theta',\varphi')\,\mathrm{Y}_{11}(\theta,\varphi)]\\&=\frac{4\pi}{3}\,\frac{3}{4\pi}\left(\frac{1}{2}\sin\theta'\,\mathrm{e}^{\mathrm{i}\varphi'}\sin\theta\,\mathrm{e}^{-\mathrm{i}\varphi}\right.\\&\quad+\cos\theta'\cos\theta\\&\quad\left.+\frac{1}{2}\sin\theta'\,\mathrm{e}^{-\mathrm{i}\varphi'}\sin\theta\,\mathrm{e}^{\mathrm{i}\varphi}\right)\ .\end{aligned} \tag{10.4.65}$$

Das ist wieder ein Ausdruck für $\cos\gamma$, vgl. (10.4.62).

Für $k=(0,0,1)$ ist:

$$\gamma=\theta\ ,$$

und wegen

$$\mathrm{Y}_{lm}(\theta=0,\varphi)=\sqrt{\frac{2l+1}{4\pi}}\,\delta_{m,0} \tag{10.4.66}$$

findet man mit (10.4.63):

$$\mathrm{P}_l(\cos\theta)=\frac{4\pi}{2l+1}\sqrt{\frac{2l+1}{4\pi}}\,\mathrm{Y}_{l0}(\theta,\varphi) \tag{10.4.67}$$

oder

$$\mathrm{Y}_{l0}(\theta,\varphi)=\sqrt{\frac{2l+1}{4\pi}}\,\mathrm{P}_l(\cos\theta)\ , \tag{10.4.68}$$

was man auch direkt bestätigt. Einen Beweis für das Additionstheorem findet man z.B. in [10.5].

ii) Offensichtlich ist $\exp(\mathrm{i}\boldsymbol{k}\cdot\boldsymbol{r})$ auch eine Lösung der Helmholtz-Gleichung, so daß diese Exponentialfunktion sich auch nach den Lösungen

$$\mathrm{j}_l(kr)\,\mathrm{Y}_{lm}(\theta,\varphi)$$

entwickeln lassen sollte.

Man erhält mit $\cos\gamma=\boldsymbol{k}\cdot\boldsymbol{r}/kr$ (siehe [10.5])

$$\begin{aligned}\mathrm{e}^{\mathrm{i}\boldsymbol{k}\cdot\boldsymbol{r}}&=\sum_{l=0}^{\infty}\mathrm{i}^l(2l+1)\,\mathrm{j}_l(kr)\,\mathrm{P}_l(\cos\gamma)\\&=4\pi\sum_{l=0}^{\infty}\sum_{m=-l}^{+l}\mathrm{i}^l\mathrm{j}_l(kr)\,\mathrm{Y}^*_{lm}(\hat{\boldsymbol{k}})\,\mathrm{Y}_{lm}(\hat{\boldsymbol{r}})\ .\end{aligned} \tag{10.4.69}$$

(Der Term mit $l=0$ reproduziert die 1 in der Entwicklung der Exponentialfunktion $\exp(\mathrm{i}\boldsymbol{k}\cdot\boldsymbol{r})=1+\ldots.$)

iii) Wir haben gesehen, daß die Schar der Funktionen

$$\mathrm{Y}_{lm}\ ,\qquad l=0,\ldots\ ,\qquad m=-l,\ldots,l$$

ein vollständiges Orthonormalsystem darstellt, d.h. daß man jede auf der Oberfläche einer Einheitskugel definierte, quadratintegrierbare Funktion $f(\theta,\varphi)$ eindeutig darstellen kann als

$$f(\theta,\varphi)=\sum_{l=0}^{\infty}\sum_{m=-l}^{+l}f_{lm}\,\mathrm{Y}_{lm}(\theta,\varphi)\ . \tag{10.4.70}$$

Betrachten wir allgemein ein Intervall $[a,b]$ und eine Schar von orthonormalen Funktionen $v_n(x)$ mit

$$(v_n, v_m) = \int_a^b dx\, v_n(x)\, v_m(x) = \delta_{nm} \ . \qquad (10.4.71)$$

Wollen wir eine Funktion $f(x)$ durch eine Reihe

$$f(x) = \sum_n a_n v_n(x)$$

approximieren, so ist

$$a_n = (v_n, f) = \int_a^b dx' v_n^*(x') f(x'), \quad \text{also}$$

$$f(x) = \sum_n \int_a^b dx'\, v_n(x)\, v_n^*(x') f(x')$$

$$= \int_a^b dx'\, \delta(x - x') f(x') \ . \qquad (10.4.72)$$

Somit gilt auch

$$\sum_n v_n(x)\, v_n^*(x') = \delta(x - x') \ . \qquad (10.4.73)$$

Man nennt diese Beziehung die *Vollständigkeitsrelation*. In diesem Sinne gilt für die Kugelfunktionen

$$\sum_{l=0}^{\infty} \sum_{m=-l}^{+l} \mathrm{Y}_{lm}(\theta, \varphi)\, \mathrm{Y}_{lm}^*(\theta', \varphi')$$

$$= \delta(\cos\theta - \cos\theta')\, \delta(\varphi - \varphi') \ . \qquad (10.4.74)$$

11. Elektrostatik

Die Newtonsche Mechanik ist eine allgemeine Theorie, die es erlaubt, bei bekanntem Kraftgesetz die Bewegung von Körpern zu bestimmen. Von den wichtigen Kraftgesetzen, die in Abschn. 2.3 aufgezählt werden, haben wir in aller Ausführlichkeit bisher das Newtonsche Gravitationsgesetz und die linearen Kraftgesetze für kleine Schwingungen eines Mehrteilchensystems um seine Gleichgewichtslage untersucht.

Die linearen Kraftgesetze sind eine wegen ihrer vielseitigen Anwendbarkeit wichtige gute Näherung. In voller Genauigkeit sind sie eigentlich nie erfüllt.

Dagegen ist das Newtonsche Gravitationsgesetz ein fundamentales Naturgesetz, das einen wohlumrissenen Bereich der Naturerscheinungen beschreibt, nämlich die Gravitationskräfte, die von Körpern aufgrund ihrer Massen aufeinander ausgeübt werden.

Neben den Gravitationskräften gibt es nun auch elektromagnetische Kräfte, die nicht durch die Massen bestimmt werden sondern durch eine andersartige Qualität, die Körpern zukommen kann: die elektromagnetische Ladung. Im Gegensatz zur Masse kann die Ladung eines Körpers positiv und negativ sein und ist quantisiert, d.h. stets ein ganzzahliges Vielfaches der Elementarladung e_0, der Ladung eines Protons. Es zeigt sich, daß zur Beschreibung der elektromagnetischen Kräfte zwei Felder nötig sind, nämlich ein elektrisches Feld $\boldsymbol{E}$ und ein magnetisches Feld $\boldsymbol{B}$. Die elektrische Kraft $q\boldsymbol{E}$ wirkt auf ein Teilchen der Ladung q auch dann, wenn es sich in Ruhe befindet, während die magnetische Lorentz-Kraft (2.3.13) $q\boldsymbol{v}\times\boldsymbol{B}$ der Geschwindigkeit des Teilchens proportional ist. Darüberhinaus wird sich zeigen, daß die elektrischen und magnetischen Felder nicht nur bequeme Hilfsvorstellungen zur Beschreibung von Kraftwirkungen zwischen geladenen Punktteilchen sind, sondern als physikalische Größe eine durchaus aktive und eigenständige Rolle spielen.

Wir beginnen nun mit der Elektrostatik, der Theorie des elektrischen Feldes ruhender Ladungen.

11.1 Die Grundgleichungen der Elektrostatik und erste Folgerungen

11.1.1 Coulombsches Gesetz und elektrisches Feld

Betrachtet man zwei ruhende Teilchen mit den Ladungen q_1, q_2, so kann man die elektrostatische Kraft, die Teilchen 2 auf Teilchen 1 ausübt, schreiben als

$$\boldsymbol{K}_{12}=k\,\frac{q_1q_2}{|\boldsymbol{r}_1-\boldsymbol{r}_2|^3}\,(\boldsymbol{r}_1-\boldsymbol{r}_2)\ , \qquad (11.1.1)$$

wobei $\boldsymbol{r}_1$, $\boldsymbol{r}_2$ jeweils die Ortsvektoren der Teilchen 1 bzw. 2 seien. Die Größe $k>0$ wird im folgenden noch zu diskutieren sein. Ist $q_1q_2>0$, so herrscht Abstoßung (Abb. 11.1.1). Die Gleichung (11.1.1) stellt das *Coulombsche Gesetz* dar.

Die anziehende Kraft aufgrund der Massen der Teilchen gemäß dem Newtonschen Gravitationsgesetz ist so klein gegenüber der elektrostatischen Kraft, daß man sie in der Elektrodynamik vernachlässigt (Abschn. 2.3).

Die Kräfte sind die unmittelbar meßbaren Größen. Man kann die Kraftwirkung der geladenen Teilchen nun auch beschreiben, indem man das Konzept des Feldes einführt, das sich in der Physik vielfach als sehr fruchtbar erwiesen hat. Man unterteilt in Gedanken die Wechselwirkung zwischen den beiden geladenen Teilchen in

i) ein elektrisches Feld $\boldsymbol{E}(\boldsymbol{r})$, das von Teilchen 1 bzw. Teilchen 2 erzeugt wird. Das am Orte $\boldsymbol{r}_2$ befindliche Teilchen der Ladung q_2 z. B. erzeugt am Orte $\boldsymbol{r}$ ein Feld

$$\boldsymbol{E}_2(\boldsymbol{r})=kq_2\,\frac{\boldsymbol{r}-\boldsymbol{r}_2}{|\boldsymbol{r}-\boldsymbol{r}_2|^3}\ ; \qquad (11.1.2)$$

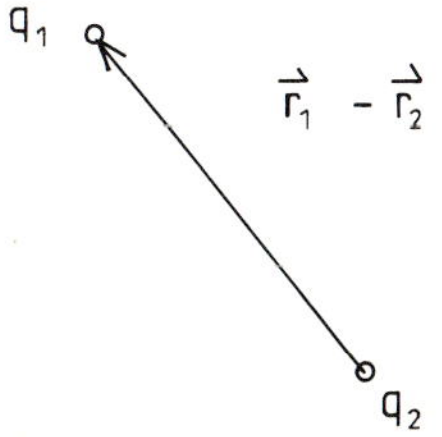

Abb. 11.1.1. Die Richtung der elektrostatischen Kraft, die von Teilchen 2 mit der Ladung q_2 auf Teilchen 1 mit der Ladung q_1 ausgeübt wird für den Fall $q_1q_2>0$. Die Kraft ist abstoßend

ii) die Wirkung dieses Feldes auf Teilchen 1, das die Ladung q_1 trägt, d. h. die Kraft, die auf ein Teilchen der Ladung q_1 am Orte $\boldsymbol{r}_1$ in einem Feld $E(\boldsymbol{r})$ ausgeübt wird. Diese ist dann

$$\boldsymbol{K}_{12} = q_1 \boldsymbol{E}_2(\boldsymbol{r}_1) = k q_1 q_2 \frac{\boldsymbol{r}_1 - \boldsymbol{r}_2}{|\boldsymbol{r}_1 - \boldsymbol{r}_2|^3} \; . \tag{11.1.3}$$

Da wir annehmen, daß die Ladung q_2 in unserem Bezugssystem ruht, hängt $\boldsymbol{E}_2(\boldsymbol{r})$ nicht von der Zeit ab, wir sprechen somit von einem *elektrostatischen Feld.*

Diese Beschreibung der elektrischen Phänomene mit Hilfe von Feldern ist erst im 19. Jahrhundert eingeführt und von J. C. Maxwell quantitativ erfaßt worden. In der Antike und im Mittelalter kannte man nur den Blitz, das Elmsfeuer und die anziehende Wirkung des geriebenen Bernsteins. Im 19. Jahrhundert herrschte bis etwa 1870–1885 eine Fernwirkungstheorie der Elektrodynamik, die besonders klar von *W. Weber*[1] 1846 formuliert wurde und den Feldbegriff nicht verwendete.

Die Maxwellsche Formulierung der Elektrodynamik als Feldtheorie hat aber erst die weiteren Fortschritte möglich gemacht, die Elektrodynamik wurde zum Prototyp einer klassischen Feldtheorie, an der man sich noch heute orientiert, etwa bei dem Studium einer anderen klassischen Feldtheorie, der allgemeinen Relativitätstheorie.

Die Elektrodynamik konnte auch als Feldtheorie auf atomare Phänomene ausgedehnt werden, so entwickelte man bald nach der Quantenmechanik die Quantenelektrodynamik, also eine Quantenfeldtheorie, um die Wechselwirkung von elektromagnetischer Strahlung mit der Materie eines Atoms zu beschreiben. Diese Quantenelektrodynamik ist im Rahmen der Mikrophysik die Theorie, die wir am besten verstehen und mit der man sehr genau experimentell meßbare Größen vorhersagen kann.

Anmerkungen

i) $\boldsymbol{E}(\boldsymbol{r})$ ist ein Vektorfeld, d.h., jedem Punkt im Raum wird ein Vektor $\boldsymbol{E}(\boldsymbol{r})$ zugeordnet, der in Richtung der Kraft zeigt, die auf ein Probeteilchen positiver Ladung wirkt.

ii) Die Proportionalitätskonstante k hängt davon ab, in welchen Einheiten wir die Ladungen q messen wollen. Man kann $k=1$ setzen und so das Coulomb-Gesetz benutzen, um die Dimension von q festzulegen. Dann gilt

$$\begin{aligned}[q] &= \mathrm{N}^{1/2}\mathrm{m} = \mathrm{kg}^{1/2}\mathrm{m}^{3/2}\mathrm{s}^{-1} \sim \mathrm{g}^{1/2}\mathrm{cm}^{3/2}\mathrm{s}^{-1} \\ &= \text{e.s.u. (elektrostatische Einheit)} \; .\end{aligned}$$

Es gibt eine Reihe von Maßsystemen in der Elektrodynamik, in zweien, im „Gaußschen" Maßsystem und im „elektrostatischen" Maßsystem setzt man $k=1$. Im sogenannten MKSA-System, dem heute verbindlichen internationalen SI-System ist das *Ampère*[2] (A) eine weitere Grundgröße, die Dimension von q ist dann $\mathrm{As} = \mathrm{C}$ (Coulomb), und es ergibt sich

$$k = \frac{1}{4\pi\varepsilon_0} \; , \qquad \varepsilon_0 = 8{,}854 \times 10^{-12}\,\mathrm{C}^2\,\mathrm{N}^{-1}\,\mathrm{m}^{-2} \; . \tag{11.1.4}$$

Wir werden im Kapitel 13 darauf eingehen. Hier lassen wir den Wert von k noch offen.

11.1.2 Elektrostatisches Potential und Poisson-Gleichung

Sind mehrere ruhende Ladungen vorhanden, so stellt man experimentell fest, daß die Kräfte, die von den einzelnen Ladungen herrühren, sich überlagern. Das elektrostatische Feld am Orte $\boldsymbol{r}$, das von den Ladungen q_i am Orte $\boldsymbol{r}_i$, $i=1,\ldots,N$ herrührt, ist dann die lineare Überlagerung der einzelnen Felder

$$\boldsymbol{E}(\boldsymbol{r}) = k \sum_i q_i \frac{\boldsymbol{r} - \boldsymbol{r}_i}{|\boldsymbol{r} - \boldsymbol{r}_i|^3} \; . \tag{11.1.5}$$

---

[1] *Weber, Wilhelm Eduard* (∗1804 Wittenberg, †1891 Göttingen). Einer der Göttinger Sieben. Zunächst Arbeiten über Schwingungslehre und Akustik. In Göttingen bis zu seiner Vertreibung von der Universität Zusammenarbeit mit Gauß über die quantitative Theorie des Magnetismus. Nach seiner Rückkehr nach Göttingen 1856 das berühmte Experiment von Weber und Kohlrausch über das Verhältnis von elektrischer und magnetischer Kraft, in dem eine universelle Konstante von der Dimension einer Geschwindigkeit auftritt, die mit der Lichtgeschwindigkeit numerisch übereinstimmt: ein erstes Argument für eine elektromagnetische Lichttheorie. Weber entwarf auch ein planetarisches Atommodell zur Erklärung der Spektrallinien.

[2] *Ampère, André Marie* (∗1775 Poleymieux bei Lyon, †1836 Marseille).
Professor an der Ecole Polytechnique und am Collège de France. Von Oersted angeregt ist seine Theorie der magnetischen Wirkung fließender Ladung. 1822 Theorie des Magnetismus durch molekulare Kreisströme. Arbeiten auch über partielle Differentialgleichungen und über literarische und philosophische Themen.

Wenn die Ladungsträger so klein und dicht verteilt sind, daß die Ladung durch eine Ladungsdichte $\varrho(\boldsymbol{r})$ beschrieben werden kann, so ist auch

$$\boldsymbol{E}(\boldsymbol{r})=k\int d^3r'\varrho(r')\,\frac{\boldsymbol{r}-\boldsymbol{r}'}{|\boldsymbol{r}-\boldsymbol{r}'|^3}\ . \tag{11.1.6}$$

Wir können nun schreiben

$$\frac{\boldsymbol{r}-\boldsymbol{r}'}{|\boldsymbol{r}-\boldsymbol{r}'|^3}=-\boldsymbol{\nabla}\frac{1}{|\boldsymbol{r}-\boldsymbol{r}'|}\quad \text{für}\quad \boldsymbol{r}\neq\boldsymbol{r}'\ , \tag{11.1.7}$$

und so ist auch

$$\boldsymbol{E}(\boldsymbol{r})=-\boldsymbol{\nabla}k\int_V d^3r'\,\frac{\varrho(\boldsymbol{r}')}{|\boldsymbol{r}-\boldsymbol{r}'|}=-\boldsymbol{\nabla}\phi(\boldsymbol{r}) \tag{11.1.8}$$

mit

$$\phi(\boldsymbol{r})=k\int_V d^3r'\,\frac{\varrho(\boldsymbol{r}')}{|\boldsymbol{r}-\boldsymbol{r}'|}\ . \tag{11.1.9}$$

$\boldsymbol{E}(\boldsymbol{r})$ läßt sich also als Gradient eines skalaren Feldes schreiben, $\phi(\boldsymbol{r})$ nennt man auch das *elektrostatische Potential.*

Dann ist auch sofort

$$\boldsymbol{\nabla}\times\boldsymbol{E}(\boldsymbol{r})=-\boldsymbol{\nabla}\times\boldsymbol{\nabla}\phi(\boldsymbol{r})=0\ , \tag{11.1.10}$$

$\boldsymbol{E}(\boldsymbol{r})$ ist ein konservatives Feld; das ist wegen der Ähnlichkeit von Coulomb- und Gravitationsgesetz zu erwarten.

In

$$\boldsymbol{\nabla}\times\boldsymbol{E}(\boldsymbol{r})=\boldsymbol{0}$$

⟺ rot $\vec{E}=0$ 1.5. b)

haben wir schon eine *Feldgleichung*, eine Gleichung für $\boldsymbol{E}(\boldsymbol{r})$, die aussagt, daß $\boldsymbol{E}$ im statischen Fall ein Gradientfeld ist.

Wir wollen noch eine zweite Gleichung für $\boldsymbol{E}$ herleiten, diese muß offensichtlich $\varrho(\boldsymbol{r})$ enthalten, da $\varrho(\boldsymbol{r})$ die Ursache für das elektrische Feld ist.

Bilden wir

$$\boldsymbol{\nabla}\cdot\boldsymbol{E}(\boldsymbol{r})=-\boldsymbol{\nabla}\cdot\boldsymbol{\nabla}\phi=-\Delta\phi\ , \tag{11.1.11}$$

so ergibt sich

$$\begin{aligned}\boldsymbol{\nabla}\cdot\boldsymbol{E}&=-k\int d^3r'\varrho(\boldsymbol{r}')\Delta\frac{1}{|\boldsymbol{r}-\boldsymbol{r}'|}\\&=4\pi k\int d^3r'\varrho(\boldsymbol{r}')\,\delta(\boldsymbol{r}-\boldsymbol{r}')\ ,\end{aligned}$$

wobei wir

$$\Delta\frac{1}{|\boldsymbol{r}-\boldsymbol{r}'|}$$

zunächst durch $-4\pi\delta(\boldsymbol{r}-\boldsymbol{r}')$ abgekürzt haben. Die Wahl des Symbols δ für diese Funktion läßt vermuten, daß sie mit der in Kap. 6 bzw. Anhang E eingeführten Distribution, der „δ-Funktion" identisch ist. Wir wollen das zeigen:

Ohne Beschränkung der Allgemeinheit können wir $\boldsymbol{r}'=\boldsymbol{0}$ wählen, dann berechnen wir für $\boldsymbol{r}\neq\boldsymbol{0}$:

$$\begin{aligned}\Delta\frac{1}{r}&=\frac{1}{r^2}\frac{d}{dr}r^2\frac{d}{dr}\frac{1}{r}\\&=\frac{1}{r^2}\frac{d}{dr}r^2\left(\frac{-1}{r^2}\right)=0\ .\end{aligned}$$

Also ist

$$\Delta\frac{1}{r}=-4\pi\delta(\boldsymbol{r})=0\quad\text{für}\quad \boldsymbol{r}\neq\boldsymbol{0}\ .$$

Andererseits kann $\delta(\boldsymbol{r})$ nicht identisch verschwinden, denn, integriert man $\Delta(1/r)$ über eine Kugel mit Radius R, so erhält man:

$$\begin{aligned}\int_{\text{Kugel}\,K} d^3r\,\boldsymbol{\nabla}\cdot\boldsymbol{\nabla}\frac{1}{r}&=\int_{\partial K} d\boldsymbol{F}\cdot\boldsymbol{\nabla}\frac{1}{r}\\&=R^2\int d\Omega\,\frac{\boldsymbol{r}}{r}\cdot\frac{\boldsymbol{r}}{r}\left(\frac{-1}{r^2}\right)\bigg|_{r=R}=-4\pi\ ,\end{aligned}$$

d.h. es ist

$$\int_{\text{Kugel}\,K} d^3r\,\delta(\boldsymbol{r})=1\ .$$

Damit ist die durch $-\Delta 1/4\pi r$ definierte Funktion $\delta(\boldsymbol{r})$ identisch mit der „δ-Funktion" (vgl. Anhang E)

$$\delta(\boldsymbol{r})=\delta(x)\,\delta(y)\,\delta(z)\quad\text{für}\quad \boldsymbol{r}=(x,y,z)\ .$$

Somit gilt also

$$\Delta\frac{1}{|\boldsymbol{r}-\boldsymbol{r}'|}=-4\pi\,\delta(\boldsymbol{r}-\boldsymbol{r}')$$

und

$$\boldsymbol{\nabla}\cdot\boldsymbol{E}(\boldsymbol{r})=4\pi k\varrho(\boldsymbol{r}) \tag{11.1.12}$$

1.5. a)

oder, mit

$$\boldsymbol{E} = -\nabla\phi \ ,$$

auch

$$\Delta\phi(\boldsymbol{r}) = -4\pi k\varrho(\boldsymbol{r}) \ . \tag{11.1.13}$$

Das ist die *Poisson-Gleichung*. Sie unterscheidet sich von der Laplace-Gleichung durch die Inhomogenität auf der rechten Seite.

Damit haben wir die Gleichungen

$$\nabla \times \boldsymbol{E}(\boldsymbol{r}) = \boldsymbol{0} \ , \tag{11.1.14}$$

$$\nabla \cdot \boldsymbol{E}(\boldsymbol{r}) = 4\pi k\varrho(\boldsymbol{r}) \tag{11.1.15}$$

für das elektrostatische Feld $\boldsymbol{E}(\boldsymbol{r})$ formuliert. Diese so aus speziellen Erfahrungen gewonnenen Gleichungen stellen die Grundgleichungen der Elektrostatik dar.

11.1.3 Beispiele und wichtige Eigenschaften elektrostatischer Felder

i) Ist $\varrho(\boldsymbol{r})$ die Ladungsverteilung für eine Punktladung q_2, die sich am Orte $\boldsymbol{r}_2$ befindet, so ist

$$\varrho(\boldsymbol{r}) = q_2\,\delta(\boldsymbol{r}-\boldsymbol{r}_2) \tag{11.1.16}$$

und somit

$$\boldsymbol{E}_2(\boldsymbol{r}) = kq_2 \int d^3r'\,\delta(\boldsymbol{r}'-\boldsymbol{r}_2)\,\frac{\boldsymbol{r}-\boldsymbol{r}'}{|\boldsymbol{r}-\boldsymbol{r}'|^3}$$

$$= kq_2\,\frac{\boldsymbol{r}-\boldsymbol{r}_2}{|\boldsymbol{r}-\boldsymbol{r}_2|^3}$$

in Übereinstimmung mit (11.1.2).

ii) Das Gesetz

$$\nabla \cdot \boldsymbol{E}(\boldsymbol{r}) = 4\pi k\varrho(\boldsymbol{r})$$

kann man auch in integraler Form formulieren. Sei V ein Volumen, das den Punkt $\boldsymbol{r}$ umfaßt, so ist wegen des Gaußschen Satzes (vgl. Anhang F)

$$\int_V d^3r\,\nabla\cdot\boldsymbol{E} = \int_{\partial V} d\boldsymbol{F}\cdot\boldsymbol{E}$$

$$= 4\pi k \int_V d^3r\,\varrho(\boldsymbol{r}) = 4\pi k Q_V \ ,$$

wobei Q_V die Ladung innerhalb des Volumens V sei.

Man nennt die Beziehung

$$\int_{\partial V} d\boldsymbol{F}\cdot\boldsymbol{E} = 4\pi k Q_V \tag{11.1.17}$$

auch das *Gaußsche Gesetz*. Dieses drückt also aus, daß die Werte von $\boldsymbol{E}$ auf den Rand von V durch die Ladungen innerhalb von V bestimmt sind.

iii) Ist $\varrho(\boldsymbol{r})$ kugelsymmetrisch, d.h. $\varrho(\boldsymbol{r}) = \varrho(r)$, so ist

$$\boldsymbol{E}(\boldsymbol{r}) = f(r)\,\frac{\boldsymbol{r}}{r} \ , \tag{11.1.18}$$

d.h. $E_r = f(r) \neq 0$, aber $E_\theta = E_\varphi = 0$.

Sei V eine Kugel mit Radius r, so ist also

$$d\boldsymbol{F} = \frac{\boldsymbol{r}}{r}\,r^2\,d\Omega \ , \qquad \boldsymbol{E} = E_r\,\frac{\boldsymbol{r}}{r} \tag{11.1.19}$$

und so

$$\int_{\partial V} d\boldsymbol{F}\cdot\boldsymbol{E} = r^2 \int d\Omega\,E_r = 4\pi r^2 E_r = 4\pi k Q_V$$

und

$$\boldsymbol{E} = \frac{\boldsymbol{r}}{r}\,\frac{kQ_V}{r^2} \ , \tag{11.1.20}$$

d.h., ist $\varrho(\boldsymbol{r})$ rotationsinvariant, so ist $|\boldsymbol{E}(\boldsymbol{r})|$ nur abhängig von der Ladung, die sich in der Kugel mit Radius $\boldsymbol{r}$ befindet. Sei $\varrho(r) = \varrho_0$ in einer Kugel mit Radius R, so ist für $r \geq R$

$$Q_V = Q_R = \frac{4\pi}{3}\,R^3\,\varrho_0$$

und somit

$$\boldsymbol{E}(\boldsymbol{r}) = \frac{kQ_R\boldsymbol{r}}{r^3} \ , \tag{11.1.21}$$

Ist $r \leq R$, so ist

$$Q_V = \frac{4\pi}{3}\,r^3\varrho_0 = \frac{r^3}{R^3}\,Q_R$$

und somit (Abb. 11.1.2)

$$\boldsymbol{E}(\boldsymbol{r}) = \frac{kQ_R\boldsymbol{r}}{R^3} \ . \tag{11.1.22}$$

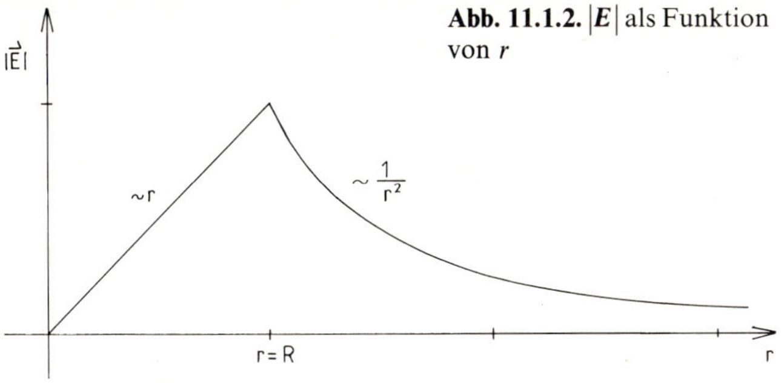

Abb. 11.1.2. $|E|$ als Funktion von r

iv) Sei eine Oberfläche S gegeben mit einer Flächenladungsdichte $\sigma(\boldsymbol{r})$, dann sei $\boldsymbol{E}_1$ das Feld auf Seite 1, $\boldsymbol{E}_2$ das Feld auf Seite 2. $\boldsymbol{n}$ sei die Normale in Richtung der Seite 2 (Abb. 11.1.3a).

Sei V eine beliebig flache Dose mit Deckel und Boden der Fläche F parallel zur Oberfläche S (Abb. 11.1.3a). Dann ist

$$\int_{\partial V} d\boldsymbol{F}\cdot\boldsymbol{E}=\int_F dF[\boldsymbol{n}(\boldsymbol{r})\cdot\boldsymbol{E}_2(\boldsymbol{r})-\boldsymbol{n}(\boldsymbol{r})\cdot\boldsymbol{E}_1(\boldsymbol{r})]$$
$$+\text{Integrale über den Mantel der Dose}$$

und andererseits:

$$4\pi k\int_V d^3r\,\varrho(\boldsymbol{r})=4\pi k\int_F dF\,\sigma(\boldsymbol{r})\ ,$$

wobei $\boldsymbol{r}$ ein Punkt auf der Grenzfläche in der Dose ist.

Läßt man $F\to 0$ gehen, ebenso die Höhe der Wände, so bleibt

$$\boldsymbol{n}(\boldsymbol{r})\cdot[\boldsymbol{E}_2(\boldsymbol{r})-\boldsymbol{E}_1(\boldsymbol{r})]=4\pi k\sigma(\boldsymbol{r})\ , \qquad (11.1.23)$$

d.h., die Normalkomponente von $\boldsymbol{E}(\boldsymbol{r})$ *macht an einer Oberfläche, die die Ladungsdichte* $\sigma(\boldsymbol{r})$ *trägt, einen Sprung von* $4\pi k\sigma(\boldsymbol{r})$.

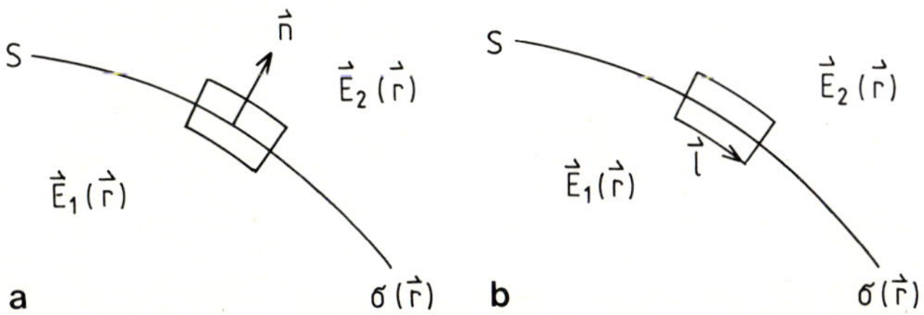

Abb. 11.1.3.a,b. Elektrostatische Felder an einer Oberfläche S, die eine Flächenladungsdichte $\sigma(\boldsymbol{r})$ trägt; **(a)** Querschnitt der betrachteten Dose, **(b)** betrachtete Fläche F

v) Betrachten wir die Fläche F, wie in Abb. 11.1.3b dargestellt. Der Rand ∂F bestehe aus zwei Wegstücken, die parallel zur Oberfläche S und zwei Wegstücken, die senkrecht zu S verlaufen. Dann ist wegen $\nabla\times\boldsymbol{E}=\boldsymbol{0}$:

$$0=\int_F d\boldsymbol{F}\cdot\nabla\times\boldsymbol{E}=\oint_{\partial F} d\boldsymbol{r}\cdot\boldsymbol{E}=\boldsymbol{l}\cdot(\boldsymbol{E}_1-\boldsymbol{E}_2)\ ,$$

wobei $\boldsymbol{l}$ ein Vektor ist, der parallel zur Oberfläche S liegt und dessen Länge unwichtig ist. Das Integral über die Wegstücke senkrecht zur Oberfläche kann wieder beliebig klein gemacht werden. Es folgt:

Die Tangentialkomponenten von $\boldsymbol{E}$ *sind stetig an einer Oberfläche, die die Ladungsdichte* $\sigma(\boldsymbol{r})$ *trägt.*

vi) Betrachten wir den Spezialfall eines Leiters. Die Feldstärke im Innern des Metalls verschwindet bei einer statischen Ladungsverteilung, denn Metalle zeichnen sich dadurch aus, daß ein Teil ihrer Elektronen eine sehr hohe Beweglichkeit besitzt, die positiven Ionen hingegen keinen Ladungstransport bewirken. Wird nun ein Metall elektrisch geladen, durch Hinzufügen oder Entziehen von Elektronen, so werden sich die elektrischen Ladungen so lange verschieben, bis im Innern die Feldstärke verschwindet. Würde sie nicht verschwinden, würde eine Kraft die Elektronen weiter verschieben. Da die Feldstärke also verschwindet, ist das Potential konstant. Bei einem isolierten Metallkörper können sich die freien Ladungen damit nur an der Oberfläche befinden, denn $\phi=\text{const}$ im Innern bedeutet wegen

$$\Delta\phi=-4\pi k\,\varrho(\boldsymbol{r})$$

auch $\varrho=0$ im Innern. Die freien Ladungen an der Oberfläche bewirken die Flächenladungsdichte $\sigma(\boldsymbol{r})$.

Sei also

$$\boldsymbol{E}_1=\boldsymbol{E}_{\text{innen}}=\boldsymbol{0}\ ,\qquad \boldsymbol{E}_2=\boldsymbol{E}_{\text{außen}}\ ,$$

so ist

$$\boldsymbol{E}_2=4\pi k\,\sigma(\boldsymbol{r})\boldsymbol{n}\ . \qquad (11.1.24)$$

d.h., auf der Metalloberfläche gibt es nur eine Normalkomponente von $\boldsymbol{E}$ und die ist bestimmt durch die Flächenladungsdichte $\sigma(\boldsymbol{r})$.

11.2 Randwertprobleme in der Elektrostatik, Greensche Funktionen

11.2.1 Dirichletsche und Neumannsche Greensche Funktionen

In Abschn. 11.1.2 hatten wir die Grundgleichungen der Elektrostatik aufgestellt:

$$\nabla \times \boldsymbol{E}(\boldsymbol{r}) = \boldsymbol{0} \ , \tag{11.2.1}$$

$$\nabla \cdot \boldsymbol{E}(\boldsymbol{r}) = 4\pi k\, \varrho(\boldsymbol{r}) \ . \tag{11.2.2}$$

Geht man von diesen Gleichungen aus, so führt die erste Gleichung auf die Darstellung

$$\boldsymbol{E}(\boldsymbol{r}) = -\nabla\phi(\boldsymbol{r})$$

mit einem skalarem Feld $\phi(\boldsymbol{r})$, für das aus der zweiten Gleichung die Poisson-Gleichung

$$\Delta\phi(\boldsymbol{r}) = -4\pi k\, \varrho(\boldsymbol{r}) \tag{11.2.3}$$

folgt.

Für den Fall, daß $\varrho(\boldsymbol{r})$ in einem beschränkten Gebiet vollständig bekannt ist, erhält man nach Abschn. 11.1.2 als Lösung der Poisson-Gleichung im ganzen $\mathbb{R}^3$:

$$\phi(\boldsymbol{r}) = k \int d^3r' \, \frac{\varrho(\boldsymbol{r}')}{|\boldsymbol{r}-\boldsymbol{r}'|} \ . \tag{11.2.4}$$

Oft aber ist das Gebiet, in dem die Poisson-Gleichung gelten soll, beschränkt, oder im Endlichen gibt es einen Rand des Gebietes. Man denke sich z.B. irgendeine Konfiguration von Metallkörpern im leeren Raum gegeben, so daß $\Delta\phi = 0$ ist zwischen den isolierten Metallkörpern und $\phi = \phi_i$ auf dem Metallkörper i mit $\phi_i = \text{const.}$

Wir haben dann ein typisches Randwertproblem für die Poisson-Gleichung vor uns. Solche Randwertprobleme haben wir in Abschn. 10.1 in einem allgemeinen Rahmen diskutiert. Es existiert eine eindeutige Lösung, wenn $\phi(\boldsymbol{r})$ auf einer geschlossenen Oberfläche eines Gebietes vorgegeben ist (Dirichletsches Randwertproblem), oder wenn $\boldsymbol{n} \cdot \nabla\phi(\boldsymbol{r})$ auf der geschlossenen Oberfläche vorgegeben ist (Neumannsches Randwertproblem). Dabei sei $\boldsymbol{n}$ der Normalvektor auf der Oberfläche. (Man spricht von einem gemischten Randwertproblem, wenn eine Linearkombination von $\phi(\boldsymbol{r})$ und $\boldsymbol{n} \cdot \nabla\phi(\boldsymbol{r})$ auf der geschlossenen Oberfläche vorgegeben ist. Damit wollen wir uns jetzt nicht beschäftigen.)

Beispiele

a) Ist $V = \mathbb{R}^3$, dann ist ∂V die unendlich ferne Kugelschale. Die Gleichung

$$\nabla^2\phi(\boldsymbol{r}) = -4\pi k\, \varrho(\boldsymbol{r})$$

hat eine eindeutige Lösung, wenn ϕ für $r \to \infty$ vorgegeben ist. Sei für $r \to \infty$ $\phi(\boldsymbol{r})$ vorgegeben als $\phi(\boldsymbol{r}) = kQ/r$, so ist

$$\phi(\boldsymbol{r}) = k \int d^3r' \, \frac{\varrho(\boldsymbol{r}')}{|\boldsymbol{r}-\boldsymbol{r}'|} \quad \text{mit} \quad \int_V d^3r' \, \varrho(\boldsymbol{r}') = Q$$

eine eindeutige Lösung in V. Addition einer beliebigen Lösung der Laplace-Gleichung zu $\phi(\boldsymbol{r})$ erfüllt dann zwar auch die Poisson-Gleichung, aber nicht mehr $\phi(\boldsymbol{r}) \to kQ/r$ für $r \to \infty$.

b) Es sei V ein von einem Leiter umschlossenes kompaktes Gebiet, in dem keine Ladungen vorhanden sind. Ist $\phi = 0$ auf ∂V vorgegeben, so ist auch $\phi = 0$ überall in V; denn $\phi \equiv 0$ ist eine Lösung der Laplace-Gleichung $\Delta\phi = 0$ in V. Da bei Vorgabe von ϕ auf dem Rand von V die Lösung der Laplace, bzw. Poisson-Gleichung eindeutig bestimmt ist, ist diese $\phi \equiv 0$. Das Gebiet stellt so einen *Faradayschen*[3] *Käfig* dar.

Um das allgemeine Randwertproblem für die Poisson-Gleichung zu lösen, benutzen wir wieder das Konzept der Greenschen Funktion. Dieses hatten wir schon in Abschn. 10.1 eingeführt zur Lösung von inhomogenen, linearen Differentialgleichungen. Die Greensche Funktion ist hier eine Lösung der speziellen Poisson-Gleichung

$$\nabla'^2 G(\boldsymbol{r}, \boldsymbol{r}') = -4\pi\, \delta(\boldsymbol{r}-\boldsymbol{r}') \ , \tag{11.2.5}$$

---

[3] *Faraday, Michael* (∗1791 Newington Butts, † 1867 London). Zunächst chemische Arbeiten, nach Oersteds Entdeckung wandte er sich der Erforschung des Elektromagnetismus zu. Er war einer der Wegbereiter des Feldbegriffes. Von der dynamistischen Vorstellung der Umwandlung der Kräfte ausgehend, entdeckte er 1831 das Gesetz der Induktion. Später Arbeiten zur Elektrolyse und Versuche, auch elektromagnetische Effekte der Gravitation zu finden.

wobei wir den Vorfaktor -4π im Vergleich zu der Definition in Abschn. 10.1 zur Bequemlichkeit eingeführt haben.

In Abschn. 11.1.2 hatten wir schon gesehen, daß die Funktion $1/|\boldsymbol{r}-\boldsymbol{r}'|$ die Gleichung

$$\nabla^2 \frac{1}{|\boldsymbol{r}-\boldsymbol{r}'|} = -4\pi\,\delta(\boldsymbol{r}-\boldsymbol{r}')$$

oder

$$\nabla'^2 \frac{1}{|\boldsymbol{r}-\boldsymbol{r}'|} = -4\pi\,\delta(\boldsymbol{r}-\boldsymbol{r}') \ .$$

erfüllt. Also ist

$$G(\boldsymbol{r},\boldsymbol{r}') = \frac{1}{|\boldsymbol{r}-\boldsymbol{r}'|} + F(\boldsymbol{r},\boldsymbol{r}') \tag{11.2.6}$$

mit

$$\nabla'^2 F(\boldsymbol{r},\boldsymbol{r}') = 0 \ . \tag{11.2.7}$$

Die Gestalt von $F(\boldsymbol{r},\boldsymbol{r}')$ wird durch folgende Überlegung bestimmt:

Betrachten wir die erste *Greensche Identität* [vgl. (10.3.34)]

$$\int_V d^3r'(\nabla'\phi\cdot\nabla'\psi+\phi\nabla'^2\psi) = \int_{\partial V} d\boldsymbol{F}'\cdot\nabla'\psi(\boldsymbol{r}')\,\phi(\boldsymbol{r}') \equiv \int_{\partial V} dF'\,\frac{\partial\psi}{\partial n'}\,\phi$$

oder, mit $\phi\leftrightarrow\psi$,

$$\int_V d^3r'(\nabla'\psi\cdot\nabla'\phi+\psi\nabla'^2\phi) = \int_{\partial V} dF'\psi\,\frac{\partial\phi}{\partial n'} \ ,$$

so erhält man nach Subtraktion dieser beiden Gleichungen voneinander die sogenannte *zweite Greensche Identität:*

$$\int_V d^3r'(\phi\nabla'^2\psi-\psi\nabla'^2\phi) = \int_{\partial V} dF'\left(\phi\,\frac{\partial\psi}{\partial n'}-\psi\,\frac{\partial\phi}{\partial n'}\right) \ . \tag{11.2.8}$$

Wählen wir $\psi(\boldsymbol{r}')=G(\boldsymbol{r},\boldsymbol{r}')$, $\phi=\phi(\boldsymbol{r}')$ mit $\nabla'^2\phi(\boldsymbol{r}')=-4\pi k\varrho(\boldsymbol{r}')$, so folgt

$$\int_V d^3r'\{\phi(\boldsymbol{r}')[-4\pi\delta(\boldsymbol{r}-\boldsymbol{r}')]-G(\boldsymbol{r},\boldsymbol{r}')[-4\pi k\varrho(\boldsymbol{r}')]\} = \int_{\partial V} dF'\left[\phi(\boldsymbol{r}')\,\frac{\partial G(\boldsymbol{r},\boldsymbol{r}')}{\partial n'}-G(\boldsymbol{r},\boldsymbol{r}')\,\frac{\partial\phi(\boldsymbol{r}')}{\partial n'}\right]$$

oder

$$\phi(\boldsymbol{r}) = k\int_V d^3r' G(\boldsymbol{r},\boldsymbol{r}')\varrho(\boldsymbol{r}') - \frac{1}{4\pi}\int_{\partial V} dF' \cdot\left[\phi(\boldsymbol{r}')\,\frac{\partial G(\boldsymbol{r},\boldsymbol{r}')}{\partial n'}-G(\boldsymbol{r},\boldsymbol{r}')\,\frac{\partial\phi(\boldsymbol{r}')}{\partial n'}\right] \ . \tag{11.2.9}$$

Wir wählen nun im Falle des Dirichletschen Randwertproblems $F(\boldsymbol{r},\boldsymbol{r}')$ so, daß

$$G(\boldsymbol{r},\boldsymbol{r}')=0 \quad \text{für} \quad \boldsymbol{r}'\in\partial V$$

ist. Die dadurch (eindeutig) bestimmte Greensche Funktion heißt *Dirichletsche Greensche Funktion* und wird mit $G_D(\boldsymbol{r},\boldsymbol{r}')$ bezeichnet. Dann ergibt sich aus (11.2.9)

$$\phi(\boldsymbol{r}) = k\int_V d^3r' G_D(\boldsymbol{r},\boldsymbol{r}')\varrho(\boldsymbol{r}') - \frac{1}{4\pi}\int_{\partial V} dF'\phi(\boldsymbol{r}')\,\frac{\partial G_D(\boldsymbol{r},\boldsymbol{r}')}{\partial n'} \ , \tag{11.2.10}$$

d.h., kennt man $G_D(\boldsymbol{r},\boldsymbol{r}')$, so ist durch (11.2.10) die Lösung $\phi(r)$ eindeutig bestimmt durch $\varrho(\boldsymbol{r}')$ in V und durch $\phi(r')$ auf ∂V.

Beim Neumannschen Randwertproblem muß man für die Neumannsche Greensche Funktion $G_N(\boldsymbol{r},\boldsymbol{r}')$ fordern:

$$\frac{\partial G_N(\boldsymbol{r},\boldsymbol{r}')}{\partial n'} \equiv \boldsymbol{n}(\boldsymbol{r}')\cdot\nabla' G_N(\boldsymbol{r},\boldsymbol{r}') = -\frac{4\pi}{F} \quad \text{für} \quad \boldsymbol{r}'\in\partial V \ , \tag{11.2.11}$$

wobei F die gesamte Fläche des Randes ∂V ist.

Man kann nicht einfach $\partial G_N(\boldsymbol{r},\boldsymbol{r}')/\partial n'=0$ fordern, denn Anwendung des Gaußschen Theorems auf

$$\int_V d^3r'\nabla'^2 G_N(\boldsymbol{r},\boldsymbol{r}') = \int_V d^3r'[-4\pi\,\delta(\boldsymbol{r}-\boldsymbol{r}')] = -4\pi$$

liefert

$$\int_{\partial V} d\boldsymbol{F}'\cdot\nabla' G_N(\boldsymbol{r},\boldsymbol{r}') = \int_{\partial V} dF'\,\frac{\partial G_N(\boldsymbol{r},\boldsymbol{r}')}{\partial n'} = -4\pi \tag{11.2.12}$$

im Widerspruch zu $\boldsymbol{n}'\cdot\nabla' G_N(\boldsymbol{r},\boldsymbol{r}')=0$, aber konsistent mit (11.2.11).

Also folgt dann für ein Neumannsches Randwertproblem aus (11.2.9)

$$\phi(\boldsymbol{r}) = k \int_V d^3r' G_N(\boldsymbol{r}, \boldsymbol{r}')\varrho(\boldsymbol{r}') + \frac{1}{4\pi}\int_{\partial V} dF' G_N(\boldsymbol{r}, \boldsymbol{r}')\frac{\partial\phi(\boldsymbol{r}')}{\partial n'} + \frac{1}{F}\int_{\partial V} dF'\phi(\boldsymbol{r}') \ . \quad (11.2.13)$$

Der letzte Summand auf der rechten Seite ist der Mittelwert von $\phi(\boldsymbol{r})$ auf der ganzen Oberfläche ∂V. Dieser ist nur eine irrelevante Konstante, um die die Lösung des Neumannschen Randwertproblems ohnehin unbestimmt ist.

11.2.2 Ergänzende Bemerkungen zu Randwertproblemen der Elektrostatik

i) Die so definierten Greensche Funktionen sind nicht immer leicht zu bestimmen. Wesentlich ist aber: $G(\boldsymbol{r}, \boldsymbol{r}')$ hängt nicht von den Quellen in V und nicht von den Randwerten auf ∂V ab, sondern nur von der Geometrie von V und von der Art des Randwertproblems.

ii) Kann man im Dirichletschen Randwertproblem auf anderem Wege das spezielle Randwertproblem

$$\varrho(\boldsymbol{r}) = q\,\delta(\boldsymbol{r}-\boldsymbol{y}) \ , \quad \phi\equiv 0 \quad \text{auf} \quad \partial V \quad (11.2.14)$$

lösen, so ist damit auch die Greensche Funktion für diese Geometrie bekannt. Denn es ist mit (11.2.10)

$$\phi(\boldsymbol{r}) = kq\int d^3r' G_D(\boldsymbol{r}, \boldsymbol{r}')\,\delta(\boldsymbol{r}'-\boldsymbol{y}') = kq\,G_D(\boldsymbol{r}, \boldsymbol{y}) \ . \quad (11.2.15)$$

Diese Lösung $\phi(\boldsymbol{r})$ ist also identisch, bis auf den Faktor kq, mit der Greenschen Funktion $G_D(\boldsymbol{r}, \boldsymbol{y})$.

Beispiel

Sei $V=\mathbb{R}^3$, dann ist ∂V die unendlich ferne Kugelschale. Für

$$\varrho(\boldsymbol{r}') = q\,\delta(\boldsymbol{r}'-\boldsymbol{y}) \quad \text{und} \quad \phi\to 0 \quad \text{für} \quad r\to\infty$$

kennen wir die Lösung:

$$\phi(\boldsymbol{r}) = \frac{kq}{|\boldsymbol{r}-\boldsymbol{y}|} \ ,$$

also ist für diese Geometrie ($V=\mathbb{R}^3$):

$$G_D(\boldsymbol{r}, \boldsymbol{r}') = \frac{1}{|\boldsymbol{r}-\boldsymbol{r}'|} \ ,$$

wie bekannt.

iii) $G_D(\boldsymbol{r}, \boldsymbol{r}')$ ist symmetrisch, d.h. es gilt

$$G_D(\boldsymbol{r}, \boldsymbol{r}') = G_D(\boldsymbol{r}', \boldsymbol{r}) \ , \quad (11.2.16)$$

wie man leicht aus der zweiten Greenschen Identität für $\phi(\boldsymbol{r}'') = G_D(\boldsymbol{r}, \boldsymbol{r}'')$ und $\psi(\boldsymbol{r}'') = G_D(\boldsymbol{r}', \boldsymbol{r}'')$ ableitet.

iv) Kann man bei einer gleichförmigen Ausdehnung der Leiter in einer Richtung das Problem approximativ als zweidimensional betrachten, so hat man also

$$\left(\frac{\partial^2}{\partial x^2} + \frac{\partial^2}{\partial y^2}\right)\phi(x, y) = 0 \quad \text{in} \quad V \quad (11.2.17)$$

mit

$$\phi(x, y) = \phi_i \quad \text{auf} \quad \partial V_i \ , \qquad \partial V = \bigcup_i \partial V_i$$

zu lösen. Solch ein zweidimensionales Potentialproblem kann man wie in der Hydrodynamik (Abschn. 9.5) mit Hilfe der Funktionentheorie lösen, indem man $\phi(x, y)$ als Realteil einer analytischen Funktion ansieht, die wieder so zu wählen ist, daß die Randbedingungen erfüllt sind (siehe z.B. [11.1]).

v) Für ein Gebiet V, in dem keine Ladungen vorhanden sind, das aber durch eine Konfiguration von Leitern berandet wird, auf denen ϕ konstant ist, gilt

$$\phi(\boldsymbol{r}) = -\frac{1}{4\pi}\int_{\partial V} d\boldsymbol{F}'\cdot\nabla' G_D(\boldsymbol{r}, \boldsymbol{r}')\,\phi(\boldsymbol{r}) = \sum_i \phi_j a_j(\boldsymbol{r}) \quad \text{mit} \quad (11.2.18)$$

$$a_j(\boldsymbol{r}) = -\frac{1}{4\pi}\int_{\partial L_j} d\boldsymbol{F}'\cdot\nabla' G_D(\boldsymbol{r}, \boldsymbol{r}') \ , \quad (11.2.19)$$

wobei ϕ_j das konstante Potential auf dem Leiter j ist und das Flächenintegral sich über den Rand des Leiters

j erstreckt. Für die Ladung q_i auf dem Leiter i gilt andererseits auch wegen des Gaußschen Gesetzes

$$\begin{aligned} q_i &= -\frac{1}{4\pi k}\int_{\partial L_i} d\boldsymbol{F}\cdot\nabla\phi(\boldsymbol{r}) \\ &= \sum_j C_{ij}\phi_j \quad \text{mit} \end{aligned} \tag{11.2.20}$$

$$\begin{aligned} C_{ij} &= -\frac{1}{4\pi k}\int_{\partial L_i} d\boldsymbol{F}\cdot\nabla a_j(\boldsymbol{r}) \\ &= \frac{1}{4\pi k}\frac{1}{4\pi}\int_{\partial L_i} d\boldsymbol{F}\cdot\nabla\int_{\partial L_j} d\boldsymbol{F}'\cdot\nabla' G_{\mathrm{D}}(\boldsymbol{r},\boldsymbol{r}')\ . \end{aligned} \tag{11.2.21}$$

Offensichtlich ist $C_{ij}=C_{ji}$. Man nennt die C_{ij} Maxwellsche *Kapazitätskoeffizienten*.

Beispiele

a) Für eine Kugel mit Radius a und Gesamtladung q ist

$$\phi(\boldsymbol{r}) = k\,\frac{q}{r} \quad \text{und so}$$

$$\phi(a) = k\,\frac{q}{a}\ , \qquad \text{d.h.}$$

$$C = \frac{a}{k}\ . \tag{11.2.22}$$

b) Für zwei parallele, leitende Platten (Abb. 11.2.1), die die Ladung q_1 bzw. $-q_1$ tragen (auch Plattenkondensator[4] genannt) ist, wenn man Effekte am Rande der Platten vernachlässigt:

$$\phi(z) = \alpha z\ ,$$

und so ist

$$\phi_2 - \phi_1 = \alpha l\ ,$$

wobei l der Plattenabstand ist. Weiter ist dann

$$-\frac{d\phi}{dz} = -\alpha = E_z = 4\pi k\sigma = 4\pi k\,\frac{q_1}{F}\ ,$$

wenn F die Fläche der Platten ist.

[4] Kondensator (lat.) „Verdichter" (von Ladung).

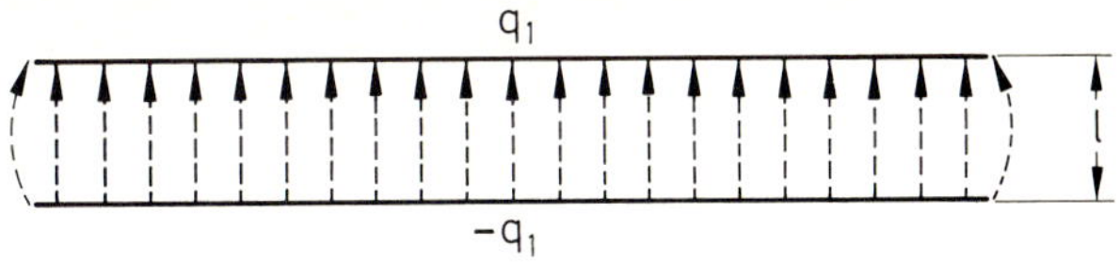

Abb. 11.2.1. Plattenkondensator mit den Ladungen $+q_1$, und $-q_1$ auf den Platten. Im Inneren des Kondensators ist das Feld in guter Näherung homogen

Also gilt

$$q_1 = -\frac{F\alpha}{4\pi k} = \frac{F}{4\pi k}\,\frac{\phi_1-\phi_2}{l}$$

und somit

$$C_{11} = -C_{12} = \frac{F}{4\pi kl} \tag{11.2.23}$$

und analog

$$C_{22} = -C_{21} = C_{11}\ . \tag{11.2.24}$$

Man bezeichnet auch

$$C = F/4\pi kl \qquad (= F\varepsilon_0/l \quad \text{mit} \quad k = 1/4\pi\varepsilon_0)$$

als *Kapazität*[5] des Plattenkondensators.

11.3 Berechnung Greenscher Funktionen, die Methode der Bildladungen

In manchen geometrisch sehr einfachen Fällen kann man die Dirichletsche Greensche Funktion mit einer speziellen Methode bestimmen. Wir demonstrieren das am Beispiel

$$V = \mathbb{R}^3 - \text{Kugel vom Radius } a\ .$$

Wir fragen also nach der Lösung des Randwertproblems

$$\Delta\phi(\boldsymbol{r}) = -4\pi kq\,\delta(\boldsymbol{r}-\boldsymbol{y}) \quad \text{in} \quad \{\boldsymbol{r}\,|\,|\boldsymbol{r}|>a\}\ ,$$

$$\phi \equiv 0 \quad \text{für} \quad r = a\ .$$

[5] Kapazität (lat.) „Fassungsvermögen" (eines Kondensators für Ladung).

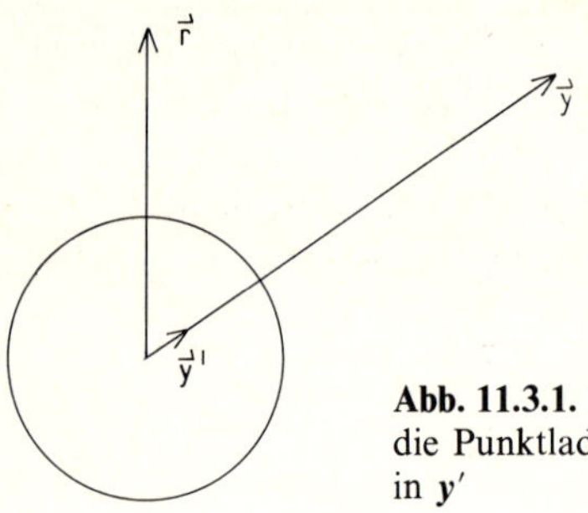

Abb. 11.3.1. Die geerdete, leitende Kugel, die Punktladung in $\boldsymbol{y}$ und die Bildladung in $\boldsymbol{y}'$

Da uns die Lösung der Gleichung nur in $r \geq a$ interessiert, können wir uns vorstellen, daß in $r < a$ eine solche „Bildladung" vorhanden ist, daß für $r = a$ gerade $\phi(\boldsymbol{r}) = 0$ wird, d.h. wir setzen an

$$\phi(\boldsymbol{r}) = k\left(\frac{q}{|\boldsymbol{r}-\boldsymbol{y}|} + \frac{q'}{|\boldsymbol{r}-\boldsymbol{y}'|}\right) . \tag{11.3.1}$$

Dabei liege die Bildladung q innerhalb der Kugel, also nicht in V (Abb. 11.3.1). Dann gilt formal zwar

$$\Delta\phi(\boldsymbol{r}) = -4\pi k q\,\delta(\boldsymbol{r}-\boldsymbol{y}) - 4\pi k q'\,\delta(\boldsymbol{r}-\boldsymbol{y}') , \tag{11.3.2}$$

aber für $r \geq a$, d.h. in V

$$\Delta\phi(\boldsymbol{r}) = -4\pi k q\,\delta(\boldsymbol{r}-\boldsymbol{y}) , \tag{11.3.3}$$

da die zweite δ-Funktion in (11.3.2) identisch verschwindet.

Wir haben q' und $\boldsymbol{y}'$ unter der Nebenbedingung $|\boldsymbol{y}'| < a$ so zu wählen, daß $\phi(\boldsymbol{r})|_{r=a} = 0$ ist.

Sei $\boldsymbol{y} = y\boldsymbol{n}'$, $\boldsymbol{r} = r\boldsymbol{n}$, dann folgt aus Symmetriegründen $\boldsymbol{y}' = y'\boldsymbol{n}'$. Dann ist

$$\phi(\boldsymbol{r})|_{r=a} = k\left(\frac{q}{a\left|\boldsymbol{n}-\frac{y}{a}\boldsymbol{n}'\right|} + \frac{q'}{y'\left|\boldsymbol{n}'-\frac{a}{y'}\boldsymbol{n}\right|}\right) . \tag{11.3.4}$$

Man beachte, daß y/a wie auch a/y' größer als 1 ist. Wir wählen nun y' so, daß

$$\frac{a}{y'} = \frac{y}{a} , \qquad \text{also} \qquad y' = \frac{a^2}{y} \tag{11.3.5}$$

ist, dann ist

$$\left|\boldsymbol{n}-\frac{y}{a}\boldsymbol{n}'\right|^2 = \left|\boldsymbol{n}'-\frac{a}{y'}\boldsymbol{n}\right|^2 = 1 - 2\frac{a}{y'}\boldsymbol{n}\cdot\boldsymbol{n}' + \left(\frac{a}{y'}\right)^2 . \tag{11.3.6}$$

Weiter wählen wir q' so, daß

$$\frac{q}{a} = \frac{-q'}{y'} , \qquad \text{also} \qquad q' = -\frac{y'}{a}q = -\frac{a}{y}q \tag{11.3.7}$$

ist. Dann ist gerade $\phi(\boldsymbol{r}) = 0$ für $r = a$. Damit ist $\phi(\boldsymbol{r})$ bestimmt zu

$$\phi(\boldsymbol{r}) = k\left(\frac{q}{|\boldsymbol{r}-\boldsymbol{y}|} - \frac{qa}{y}\,\frac{1}{\left|\boldsymbol{r}-\frac{a^2}{y^2}\boldsymbol{y}\right|}\right) \tag{11.3.8}$$

und somit

$$G_{\mathrm{D}}(\boldsymbol{r},\boldsymbol{r}') = \frac{1}{|\boldsymbol{r}-\boldsymbol{r}'|} - \frac{a}{r'}\,\frac{1}{\left|\boldsymbol{r}-\frac{a^2}{r'^2}\boldsymbol{r}'\right|} . \tag{11.3.9}$$

In der Darstellung

$$G_{\mathrm{D}}(\boldsymbol{r},\boldsymbol{r}') = \frac{1}{|\boldsymbol{r}-\boldsymbol{r}'|} + F(\boldsymbol{r},\boldsymbol{r}')$$

ist so $F(\boldsymbol{r},\boldsymbol{r}')$ eine Funktion von $\boldsymbol{r}$, die in V der homogenen Laplace-Gleichung genügt und die ein Potential darstellt, das von solchen Quellen außerhalb von V herrührt, so daß auf ∂V $G_{\mathrm{D}}(\boldsymbol{r},\boldsymbol{r}')$ die Randbedingung erfüllt. In unserem Falle ist

$$F(\boldsymbol{r},\boldsymbol{r}') = -\frac{a}{r'}\,\frac{1}{\left|\boldsymbol{r}-\frac{a^2}{r'^2}\boldsymbol{r}'\right|} . \tag{11.3.10}$$

Ausgeschrieben ergibt sich

$$G_{\mathrm{D}}(\boldsymbol{r},\boldsymbol{r}') = \frac{1}{(r^2+r'^2-2rr'\cos\gamma)^{1/2}} - \frac{1}{[(r^2r'^2/a^2)+a^2-2rr'\cos\gamma]^{1/2}} \tag{11.3.11}$$

mit $\gamma = \sphericalangle(\boldsymbol{r},\boldsymbol{r}')$. $G_{\mathrm{D}}(\boldsymbol{r},\boldsymbol{r}')$ ist (als Funktion von $\boldsymbol{r}$ betrachtet) das Potential, das durch eine Einheitsladung in $\boldsymbol{r}'$ und durch die leitende Kugel verursacht wird. Man sieht nun sofort:

Für $r' = a$ ist

$$G_{\mathrm{D}}(\boldsymbol{r},\boldsymbol{r}') = 0 .$$

Ebenso ist $G_{\mathrm{D}}(\boldsymbol{r},\boldsymbol{r}') = G_{\mathrm{D}}(\boldsymbol{r}',\boldsymbol{r})$, diese Symmetrie gilt für jede Greensche Funktion G_{D} (siehe Abschn. 11.2.2).

Anschaulich sagt sie: Das Potential am Orte $\boldsymbol{r}$, hervorgerufen durch eine Einheitsladung in $\boldsymbol{r}$ und durch die Kugel, ist gleich dem Potential am Orte $\boldsymbol{r}$, hervorgerufen durch eine Einheitsladung in $\boldsymbol{r}$ und durch die Kugel. Das ist plausibel.

Mit Hilfe von $G_D(\boldsymbol{r}, \boldsymbol{r}')$ kann aber jetzt auch das Potential $\phi(\boldsymbol{r})$ nach (11.2.10) bestimmt werden, wenn die Kugeloberfläche auf irgendeinem Potential $\phi_1(\boldsymbol{r})$ für $r=a$ ist. Dazu benötigen wir:

$$\begin{aligned}\left.\frac{\partial G_D}{\partial n'}\right|_{r'=a} &= \boldsymbol{n}' \cdot \nabla' G_D(\boldsymbol{r}, \boldsymbol{r}')|_{r'=a} \\ &= -\frac{\boldsymbol{r}'}{r'} \cdot \frac{\partial}{\partial \boldsymbol{r}'} G_D(\boldsymbol{r}, \boldsymbol{r}')|_{r'=a} \\ &= -\frac{\partial}{\partial r'} G_D(\boldsymbol{r}, \boldsymbol{r}')|_{r'=a} \\ &= \frac{1}{2}(r^2+a^2-2ar\cos\gamma)^{-3/2}\left(2a-2\frac{r^2}{a}\right) \\ &= -\frac{r^2-a^2}{a(r^2+a^2-2ar\cos\gamma)^{3/2}} \ . \end{aligned} \qquad (11.3.12)$$

Damit gilt allgemein für diese Geometrie

$$\begin{aligned}&(V=\{\boldsymbol{r}|\,|\boldsymbol{r}|\geq a\}) \ : \\ &\phi(\boldsymbol{r}) = k\int_V d^3r' G_D(\boldsymbol{r}, \boldsymbol{r}')\varrho(\boldsymbol{r}') \\ &\quad + \frac{1}{4\pi}\int d\Omega' a^2 \frac{r^2-a^2}{a(r^2+a^2-2ar\cos\gamma)^{3/2}} \\ &\quad \cdot \phi(r'=a, \theta', \varphi') \end{aligned} \qquad (11.3.13)$$

mit

$$\begin{aligned}\boldsymbol{r}' &= a(\sin\theta'\cos\varphi', \sin\theta'\sin\varphi', \cos\theta') \ , \\ d\Omega' &= d\varphi' d\cos\theta' \ , \\ \boldsymbol{r} &= r(\sin\theta\cos\varphi, \sin\theta\sin\varphi, \cos\theta)\end{aligned}$$

und

$$\cos\gamma = \cos\theta\cos\theta' + \sin\theta\sin\theta'\cos(\varphi-\varphi') \ .$$

Anmerkungen

i) Wir betrachten noch einmal die leitende Kugel mit $\phi(\boldsymbol{r})=0$ für $r=a$. Eine äußere Punktladung am Orte $\boldsymbol{y}$ erzeugt ein Potential gemäß (11.3.8). Wir fragen nach der Verteilung der Ladungen auf der Kugeloberfläche, das heißt, nach der Ladungsflächendichte $\sigma(\boldsymbol{r})$.

Aufgrund von Abschn. 11.1.3 wissen wir, daß die Normalkomponente von $\boldsymbol{E}(\boldsymbol{r})$ an der Kugeloberfläche, einen Sprung macht, der gegeben ist durch

$$4\pi k\sigma(\boldsymbol{r}) \ , \quad |\boldsymbol{r}|=a \ .$$

Also ist

$$\begin{aligned}\sigma(\theta,\varphi) &= -\frac{1}{4\pi k}\boldsymbol{n}\cdot\boldsymbol{E} = -\frac{1}{4\pi k}\frac{\boldsymbol{r}}{r}\cdot\nabla\phi(\boldsymbol{r}) \\ &= -\frac{1}{4\pi k}\frac{\partial}{\partial r}\left[\frac{kq}{(r^2+y^2-2ry\cos\gamma)^{1/2}}\right. \\ &\quad \left.\left. - \frac{kqa}{y\left(r^2+\frac{a^4}{y^2}-2r\frac{a^2}{y}\cos\gamma\right)^{1/2}}\right]\right|_{r=a}\end{aligned} \qquad (11.3.14)$$

mit $\gamma = \sphericalangle(\boldsymbol{r}, \boldsymbol{y})$.

Man erhält dann, wenn man die z-Achse in $\boldsymbol{y}$-Richtung legt:

$$\begin{aligned}\sigma(\theta,\varphi) &= -\frac{q}{4\pi}\left[-\frac{1}{2}(a^2+y^2-2ay\cos\theta)^{-3/2}\right. \\ &\quad \cdot(2a-2y\cos\theta) \\ &\quad -\frac{a}{y}\left(-\frac{1}{2}\right)\left(a^2+\frac{a^4}{y^2}-2\frac{a^3}{y}\cos\theta\right)^{-3/2} \\ &\quad \left.\cdot\left(2a-2\frac{a^2}{y}\cos\theta\right)\right] \\ &= -\frac{q}{4\pi}(a^2+y^2-2ay\cos\theta)^{-3/2} \\ &\quad \cdot\left[-a+y\cos\theta+\frac{y^2}{a^2}\left(a-\frac{a^2}{y}\cos\theta\right)\right] \\ &= -\frac{q}{4\pi a}\frac{-a^2+y^2}{(a^2+y^2-2ay\cos\theta)^{3/2}} \\ &= -\frac{q}{4\pi a^2}\frac{a}{y}\frac{1-(a^2/y^2)}{[1+(a^2/y^2)-(2a/y)\cos\theta]^{3/2}} \ .\end{aligned} \qquad (11.3.15)$$

Trägt man $4\pi\sigma a^2/(-q)$ gegen θ auf, so erhält man die in Abb. 11.3.2 dargestellten Graphen, je nach dem Wert von y/a.

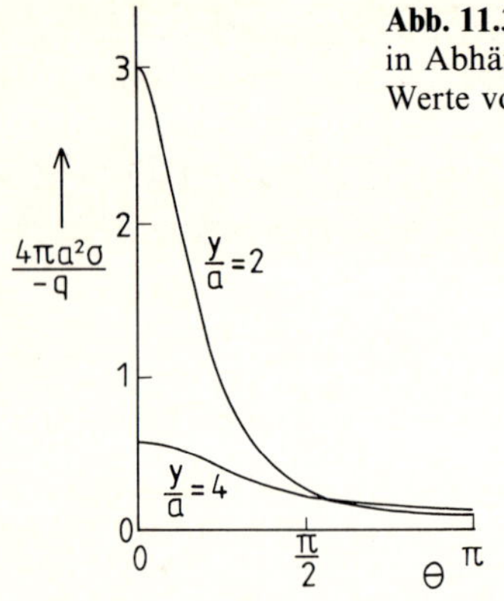

Abb. 11.3.2. Flächenladungsdichte $\sigma(\theta)$ in Abhängigkeit von θ für verschiedene Werte von y/a

Der Ladung q direkt gegenüber ist also die Flächenladungsdichte maximal, insgesamt hat sie natürlich immer entgegengesetztes Vorzeichen. Je weiter die Ladung q entfernt ist, um so kleiner ist der Effekt der Häufung der Ladungsträger entgegengesetzter Ladung auf der Kugel in Richtung der Ladung.

Die gesamte Ladung auf der Kugel ist

$$\int d\Omega\, \sigma(\theta, \varphi) = 2\pi \int_{-1}^{+1} d\cos\theta\ \sigma(\theta)$$
$$= -\frac{a}{y}\, q = q' \ . \qquad (11.3.16)$$

Für $y \to \infty$ verschwinden q' und $\sigma(\theta, \varphi)$ natürlich. Die Änderung von q' mit wachsendem y ist möglich, weil die Kugel mit einem „Ladungsbad“ in Verbindung steht, d.h. geerdet ist.

ii) Dieser Fall, in dem das Potential $\phi(\boldsymbol{r})$ auf der Kugel durch Verbindung der Kugel mit einem „Ladungsbad“ vorgegeben wird, ist zu unterscheiden von dem Fall, in dem die Kugel isoliert ist und eine fest vorgegebene Ladung Q trägt. Zwar wird das Potential auf der Kugel weiterhin konstant sein, da sie leitend ist und sonst noch Verschiebungen der Ladungen auftreten würden, aber der Wert des konstanten Potentials ist nun nicht vorzugeben, sondern wird sich in Abhängigkeit von Q und dem Ort und der Stärke der Ladungen außerhalb der Kugel einstellen. Um das Potential $\phi(\boldsymbol{r})$ außerhalb und auf der Kugel zu berechnen, geht man von folgender Überlegung aus:

Zunächst betrachtet man wieder die geerdete Kugel, dann ist mit der Punktladung q am Orte $\boldsymbol{y}$:

$$\phi(\boldsymbol{r}) = kq\, G_{\mathrm{D}}(\boldsymbol{r}, \boldsymbol{y}) \ ,$$

wobei $G_{\mathrm{D}}(\boldsymbol{r}, \boldsymbol{y})$ durch (11.3.9) gegeben ist. Die auf der Kugel an der Oberfläche befindliche Gesamtladung ist dann

$$q' = -\frac{a}{y}\, q \ .$$

Hebt man nun die Verbindung zum „Ladungsbad“ auf und bringt die zusätzliche Ladung $Q - q'$ auf die Kugel, so werden sich die zusätzlichen Ladungsträger gleichmäßig über die Oberfläche verteilen, da weiterhin $\phi = \mathrm{const}$ auf der Oberfläche sein muß. Diese zusätzliche Ladung wirkt also wie eine Ladung $Q - q' = Q + (a/y)q$ im Mittelpunkt der Kugel, die das zusätzliche Potential

$$k\, \frac{Q - q'}{r} \qquad (11.3.17)$$

verursacht. Also gilt für diesen Fall:

$$\phi(\boldsymbol{r}) = kq\, G_{\mathrm{D}}(\boldsymbol{r}, \boldsymbol{y}) + k\, \frac{Q + (a/y)q}{r} \ , \qquad (11.3.18)$$

und auf der Oberfläche der Kugel ist

$$\phi(\boldsymbol{r})\big|_{r=a} = k\, \frac{Q + (a/y)q}{a} \ . \qquad (11.3.19)$$

Würde man nun wie in (11.3.16) die Gesamtladung auf der Kugel ausrechnen, so erhielte man natürlich Q als Ergebnis.

iii) Die Dirichletsche Greensche Funktion, zugleich das Potential einer Punktladung in $\boldsymbol{r}'$ im Raum V zwischen geerdeten Leitern, ist von der Form

$$G_{\mathrm{D}}(\boldsymbol{r}, \boldsymbol{r}') = \frac{1}{|\boldsymbol{r} - \boldsymbol{r}'|} + F(\boldsymbol{r}, \boldsymbol{r}') \ .$$

Hierbei ist $k/|\boldsymbol{r} - \boldsymbol{r}'|$ das Potential der Punktladung, und $\phi_{\boldsymbol{r}'}(\boldsymbol{r}) = kF(\boldsymbol{r}, \boldsymbol{r}')$ ist das Potential, das von den *„influenzierten“ Ladungen* auf den Leitern herrührt. Es ist

$$\Delta\phi_{\boldsymbol{r}'}(\boldsymbol{r}) = k\Delta F(\boldsymbol{r}, \boldsymbol{r}') = 0 \quad \text{in} \quad V \ .$$

Die Gesamtladung Q_i auf dem i-ten Leiter und die Kraft $\boldsymbol{K}_{\mathrm{B}}$, welche die influenzierten Ladungen auf die Punktladung in $\boldsymbol{r}'$ ausüben, lassen sich nun leicht berechnen:

$$Q_i(\boldsymbol{r}') = \frac{1}{4\pi k} \int_{\partial L_i} d\boldsymbol{F}_i \cdot \boldsymbol{\nabla}\, \phi_{\boldsymbol{r}'}(\boldsymbol{r}) \ , \qquad (11.3.20)$$

$$\boldsymbol{K}_{\mathrm{B}}(\boldsymbol{r}') = -k\boldsymbol{\nabla}_{\boldsymbol{r}} F(\boldsymbol{r}, \boldsymbol{r}')\big|_{\boldsymbol{r}=\boldsymbol{r}'} \ . \qquad (11.3.21)$$

$\boldsymbol{K}_\mathrm{B}$ heißt *Bildkraft*. Wenn die Methode der Bildladungen zum Ziel führt, dann ist F von der Form

$$\phi_{\boldsymbol{r}'}(\boldsymbol{r}) = kF(\boldsymbol{r}, \boldsymbol{r}') = \sum_a \frac{ke_a}{|\boldsymbol{r} - \boldsymbol{r}_a(\boldsymbol{r}')|} , \qquad (11.3.22)$$

wobei die e_a den Bildladungen entsprechen. Dann ist Q_i die Summe aller in L_i gelegenen Bildladungen und

$$\boldsymbol{K}_\mathrm{B}(\boldsymbol{r}') = \sum_a ke_a \frac{\boldsymbol{r}' - \boldsymbol{r}_a(\boldsymbol{r}')}{|\boldsymbol{r}' - \boldsymbol{r}_a(\boldsymbol{r}')|^3} , \qquad (11.3.23)$$

also gerade die Coulombkraft, die von allen Bildladungen auf die Einheitsladung in $\boldsymbol{r}'$ ausgeübt wird.

In unserem Beispiel ist

$$\phi_{\boldsymbol{r}'}(\boldsymbol{r}) = kF(\boldsymbol{r}, \boldsymbol{r}') = -\frac{qa}{r'} \frac{k}{\left|\boldsymbol{r} - \frac{a^2}{r'^2}\boldsymbol{r}'\right|}$$

und somit

$$\boldsymbol{K}_\mathrm{B}(\boldsymbol{r}') = -q^2 \frac{ak}{r'^3}\left(1 - \frac{a^2}{r'^2}\right)^{-2} \frac{\boldsymbol{r}'}{r'} . \qquad (11.3.24)$$

iv) Wir haben als Beispiel in diesem Kapitel den Fall der leitenden Kugel betrachtet. Einfacher noch ist der Fall der leitenden Ebene. Man sieht hier direkt, daß sich die Dirichletsche Randbedingung erfüllen läßt, wenn man eine Bildladung entgegengesetzter Größe in spiegelbildlicher Position anbringt.

11.4 Berechnung Greenscher Funktionen, Entwicklung nach Kugelflächenfunktionen

Die in Abschn. 11.3 vorgestellte Methode der Bildladungen führt nur in geometrisch sehr einfachen Fällen zum Ziel. Schon im Falle, in dem man die Poisson-Gleichung im Gebiet zwischen zwei konzentrischen Kugeln

$$V = \{\boldsymbol{r} \,|\, a \leq |\boldsymbol{r}| \leq b\}$$

lösen will, versagt diese Methode. Man würde eine unendliche Anzahl von Bildladungen benötigen.

Natürlich kann man versuchen, die Differentialgleichung für die Greensche Funktion direkt zu lösen. Wir wollen hier exemplarisch eine Strategie für eine solche Berechnung der Dirichletschen Greenschen Funktion skizzieren und zwar für den Fall, daß die Geometrie kugelsymmetrisch ist.

Da für $\boldsymbol{r} \neq \boldsymbol{r}'$ die Greensche Funktion $G_\mathrm{D}(\boldsymbol{r}, \boldsymbol{r}')$ die Laplace-Gleichung erfüllen muß, liegt es nahe, für $G_\mathrm{D}(\boldsymbol{r}, \boldsymbol{r}')$ den Ansatz

$$G_\mathrm{D}(\boldsymbol{r}, \boldsymbol{r}') = \sum_{l=0}^{\infty} \sum_{m=-l}^{+l} g_l(r, r') \cdot \mathrm{Y}_{lm}(\theta', \varphi')\,\mathrm{Y}_{lm}(\theta, \varphi) = \sum_{l=0}^{\infty} g_l(r, r') \frac{2l+1}{4\pi} \mathrm{P}_l(\cos\gamma) \qquad (11.4.1)$$

mit

$$\gamma = \sphericalangle(\boldsymbol{r}, \boldsymbol{r}') , \qquad \boldsymbol{r} = \boldsymbol{r}(r, \theta, \varphi) , \qquad \boldsymbol{r}' = \boldsymbol{r}'(r', \theta', \varphi')$$

zu versuchen.

Die linke Seite der Differentialgleichung für $G_\mathrm{D}(\boldsymbol{r}, \boldsymbol{r}')$ liefert wegen (vgl. Anhang F)

$$\boldsymbol{\nabla}'^2 = \frac{1}{r'} \frac{\partial^2}{\partial r'^2} r' + \frac{1}{r'^2} \cdot \left(\frac{1}{\sin\theta'} \frac{\partial}{\partial\theta'} \sin\theta' \frac{\partial}{\partial\theta'} + \frac{1}{\sin^2\theta'} \frac{\partial^2}{\partial\varphi'^2}\right) \qquad (11.4.2)$$

dann

$$\boldsymbol{\nabla}'^2 G_\mathrm{D}(\boldsymbol{r}, \boldsymbol{r}') = \sum_{l=0}^{\infty} \sum_{m=-l}^{+l} \left(\frac{1}{r'} \frac{d^2}{dr'^2} r' + \frac{1}{r'^2} l(l+1)\right) \cdot g_l(r, r')\,\mathrm{Y}^*_{lm}(\theta', \varphi')\,\mathrm{Y}_{lm}(\theta, \varphi) , \qquad (11.4.3)$$

während man die rechte Seite der Gleichung für $G_\mathrm{D}(\boldsymbol{r}, \boldsymbol{r}')$, den Term $-4\pi\delta(\boldsymbol{r} - \boldsymbol{r}')$ auch in der Form (vgl. (10.4.74))

$$\begin{aligned} -4\pi\,\delta(\boldsymbol{r} - \boldsymbol{r}') &= -4\pi \frac{1}{r'^2} \delta(r - r') \cdot \delta(\cos\theta' - \cos\theta)\,\delta(\varphi - \varphi') \\ &= -4\pi \frac{1}{r'^2} \delta(r - r') \cdot \sum_{l=0}^{\infty} \sum_{m=-l}^{+l} \mathrm{Y}^*_{lm}(\theta', \varphi')\,\mathrm{Y}_{lm}(\theta, \varphi) \end{aligned} \qquad (11.4.4)$$

schreiben kann. Also folgt für $g_l(r,r')$ die Differentialgleichung

$$\left[\frac{1}{r'}\frac{d^2}{dr'^2}r'+\frac{l(l+1)}{r'^2}\right]g_l(r,r')=-\frac{4\pi}{r'^2}\delta(r-r') \tag{11.4.5}$$

Da diese für $r \neq r'$ homogen ist, kann man setzen:

$$g_l(r,r')=\begin{cases}A\,r'^l+B\,r'^{-l-1} & \text{für}\quad r'>r\\ A'r'^l+B'r'^{-l-1} & \text{für}\quad r'<r\ ,\end{cases} \tag{11.4.6}$$

und A, B, A', B' sind den Randbedingungen gemäß zu wählen.

Man hat hier also durch die Kenntnis der Lösungen der Laplace-Gleichung in Kugelkoordinaten das Problem auf die Bestimmung der Konstanten A, A', B, B' reduziert. Diese können natürlich noch von r als Parameter abhängen.

Wir wollen studieren, wie sich die in Abschn. 11.3 berechneten Greenschen Funktionen in der Form (11.4.1) darstellen und wie man die Konstanten A, A', B, B' bestimmen kann.

i) Wir betrachten zunächst

$$\phi^{(1)}(\boldsymbol{r})=\frac{1}{|\boldsymbol{r}-\boldsymbol{r}'|}=\frac{1}{(r^2+r'^2-2rr'\cos\gamma)^{1/2}} \tag{11.4.7}$$

Für $\cos\gamma=1$ ist einerseits aufgrund der Darstellung (11.4.1)

$$\phi^{(1)}(\boldsymbol{r})=\sum_{l=0}^{\infty}g_l(r,r')\frac{2l+1}{4\pi}P_l(1)$$
$$=\sum_{l=0}^{\infty}g_l(r,r')\frac{2l+1}{4\pi}\ , \tag{11.4.8}$$

andererseits ist

$$\phi^{(1)}(\boldsymbol{r})=\frac{1}{|\boldsymbol{r}-\boldsymbol{r}'|}=\sum_{l=0}^{\infty}\frac{r'^l}{r^{l+1}}\quad \text{für}\quad r'<r$$
$$=\sum_{l=0}^{\infty}\frac{r^l}{r'^{l+1}}\quad \text{für}\quad r'>r \tag{11.4.9}$$

Also ist

$$g_l(r,r')=\frac{4\pi}{2l+1}\frac{r_<^l}{r_>^{l+1}} \tag{11.4.10}$$

mit $r_>=\mathrm{Max}(r,r')$, $r_<=\mathrm{Min}(r,r')$. Es ist natürlich

$$g_l(r,r')\to 0\quad \text{für}\quad r'\to\infty\ , \tag{11.4.11}$$

das ist die Randbedingung $G_D(\boldsymbol{r},\boldsymbol{r}')=0$ für $\boldsymbol{r}'\in\partial V$.

ii) Für die Geometrie

$V=\mathbb{R}^3$ – Kugel vom Radius a

ist

$$G_D(\boldsymbol{r},\boldsymbol{r}')=\frac{1}{|\boldsymbol{r}-\boldsymbol{r}'|}-\frac{a}{r'}\frac{1}{|\boldsymbol{r}-(a^2/r'^2)\boldsymbol{r}'|}\ , \tag{11.4.12}$$

und für $\cos\gamma=1$, d.h. $\boldsymbol{r}$ parallel zu $\boldsymbol{r}'$ ist:

$$\frac{a}{r'}\frac{1}{|\boldsymbol{r}-(a^2/r'^2)\boldsymbol{r}'|}=\frac{a}{r'}\frac{1}{r-(a^2/r')}$$
$$=\frac{1}{a}\frac{a^2}{rr'}\frac{1}{1-(a^2/rr')}$$
$$=\sum_{l=0}^{\infty}\left(\frac{a^2}{rr'}\right)^{l+1}\frac{1}{a}\ . \tag{11.4.13}$$

Man beachte dabei, daß immer $(a^2/rr')<1$ ist.

Hier ist also

$$g_l(r,r')=\begin{cases}\dfrac{4\pi}{2l+1}\left[\dfrac{r^l}{r'^{l+1}}-\dfrac{1}{a}\left(\dfrac{a^2}{rr'}\right)^{l+1}\right] & \text{für}\ r'>r\\[2ex] \dfrac{4\pi}{2l+1}\left[\dfrac{r'^l}{r^{l+1}}-\dfrac{1}{a}\left(\dfrac{a^2}{rr'}\right)^{l+1}\right] & \text{für}\ r'<r\ .\end{cases} \tag{11.4.14}$$

Für $r'=a$ ist

$$g_l(r,a)=\frac{a^l}{r^{l+1}}-\frac{a^l}{r^{l+1}}=0\ ,$$

während $g_l(r,r')$ für $r'\to\infty$ verschwindet. Das sind wieder die Randbedingungen:

$$G_D(\boldsymbol{r},\boldsymbol{r}')=0\quad \text{für}\quad \boldsymbol{r}'\in\partial V\ .$$

iii) Wir wollen am vorangegangenen Beispiel studieren, wie man in der noch allgemeinen Form für $g_l(r,r')$ in (11.4.6) die Konstanten A, A', B, B' bestimmen kann. Man hat zu fordern:

$$g_l(r,r')=0\quad \text{für}\quad r'=a\quad \text{und}\quad r'\to\infty\ .$$

Also folgt zunächst

$$g_l(r,a)=A'a^l+B'a^{-l-1}=0\ ,$$

und somit

$$B' = -A' a^{2l+1} \quad \text{oder} \tag{11.4.15}$$

$$g_l(r,r') = A' \left(r'^l - \frac{a^{2l+1}}{r'^{l+1}} \right) \quad \text{für} \quad r' < r \ . \tag{11.4.16}$$

Aus $g_l(r,r') = 0$ für $r' = \infty$ folgt

$$A = 0 \ , \quad \text{und somit} \tag{11.4.17}$$

$$g_l(r,r') - Br'^{-l-1} \quad \text{für} \quad r' > r \ . \tag{11.4.18}$$

Es bleiben die Konstanten A', B zu bestimmen, die natürlich noch von r abhängen können. Die Symmetrie von $g_l(r,r')$ legt nahe, $g_l(r,r')$ in der Form:

$$g_l(r,r') = \begin{cases} C \left(r'^l - \frac{a^{2l+1}}{r'^{l+1}} \right) r^{-l-1} & \text{für } r' < r \\ C \left(r^l - \frac{a^{2l+1}}{r^{l+1}} \right) r'^{-l-1} & \text{für } r' > r \ , \end{cases} \tag{11.4.19}$$

zu schreiben, so daß es schließlich gilt, die Konstante C zu bestimmen.

Multipliziert man die Gleichung (11.4.5) mit r' und integriert sie dann über r' von $r' = r - \varepsilon$ bis $r' = r + \varepsilon$, so erhält man

$$\int_{r-\varepsilon}^{r+\varepsilon} dr' \left[\frac{d^2}{dr'^2} r' g_l(r,r') + \frac{l(l+1)}{r'} g_l(r,r') \right] = -4\pi \frac{1}{r} \ . \tag{11.4.20}$$

Wird $g_l(r,r')$ bei $r' = r$ nicht singulär, so ist das zweite Integral von der Ordnung $O(\varepsilon)$. Es folgt dann:

$$\frac{d}{dr'} (r' g_l(r,r'))$$

macht bei $r' = r$ einen Sprung der Höhe $-4\pi \dfrac{1}{r}$.

Nun ist

$$\frac{d}{dr'} (r' g_l(r,r')) = \begin{cases} Cr^{-l-1} \left[(l+1) r'^l + l \frac{a^{2l+1}}{r'^{l+1}} \right] \\ \text{für} \quad r' < r \\ C \left(r^l - \frac{a^{2l+1}}{r^{l+1}} \right) (-l) r'^{-l-1} \\ \text{für} \quad r' > r \end{cases} \tag{11.4.21}$$

und

$$\frac{d}{dr'} (r' g_l(r,r'))\big|_{r'=r+\varepsilon} - \frac{d}{dr'} (r' g_l(r,r'))\big|_{r'=r-\varepsilon}$$

$$= C \left[-(l/r) + l \frac{a^{2l+1}}{r^{2l+2}} - \frac{(l+1)}{r} - l \frac{a^{2l+1}}{r^{2l+2}} \right]$$

$$= -C \frac{2l+1}{r} \ . \tag{11.4.22}$$

Also folgt

$$C = \frac{4\pi}{2l+1} \ . \tag{11.4.23}$$

Damit erhält man wieder

$$g_l(r,r') = \frac{4\pi}{2l+1} \left[\frac{r_<^l}{r_>^{l+1}} - \frac{1}{a} \left(\frac{a^2}{rr'} \right)^{l+1} \right]$$

in Übereinstimmung mit (11.4.14).

Analog läßt sich nun leicht die Greensche Funktion z.B. für die Geometrie

$$V = \{ \boldsymbol{r} \,|\, a \le |\boldsymbol{r}| \le b \}$$

bestimmen. Man erhält

$$g_l(r,r') = \frac{4\pi}{2l+1} \, \frac{1}{1-(a/b)^{2l+1}} \cdot \left(r_<^l - \frac{a^{2l+1}}{r_<^{l+1}} \right) \left(\frac{1}{r_>^{l+1}} - \frac{r_>^l}{b^{2l+1}} \right) \ .$$

Für weitere Beispiele siehe z.B. [11.2].

11.5 Lokalisierte Ladungsverteilungen, die Multipol-Entwicklung

Die Entwicklung Greenscher Funktionen nach Kugelflächenfunktionen gemäß Abschn. 11.4 führt auf eine sehr nützliche Charakterisierung der Lösungen des Randwertproblems. Wir wollen das am einfachsten Beispiel ($V = \mathbb{R}^3$) demonstrieren.

Hier ist

$$\phi(\boldsymbol{r}) = k \int d^3r' \, G_\mathrm{D}(\boldsymbol{r},\boldsymbol{r}') \, \varrho(\boldsymbol{r}')$$

$$= k \int d^3r' \frac{\varrho(\boldsymbol{r}')}{|\boldsymbol{r}-\boldsymbol{r}'|} \ . \tag{11.5.1}$$

Dabei sei $\varrho(\boldsymbol{r})$ eine Ladungsverteilung, die in einer Kugel vom Radius R konzentriert sei. Sei nun $r > R$, dann folgt mit (11.4.1) und (11.4.10):

$$\begin{aligned}\phi(\boldsymbol{r}) &= k \sum_{l=0}^{\infty} \sum_{m=-l}^{+l} \frac{4\pi}{2l+1} \\ &\quad \cdot \int d^3r\, \varrho(\boldsymbol{r}')r'^l \, \mathrm{Y}^*_{lm}(\theta', \varphi')\, \mathrm{Y}_{lm}(\theta, \varphi) r^{-l-1} \\ &= k \sum_{l=0}^{\infty} \sum_{m=-l}^{+l} \sqrt{\frac{4\pi}{2l+1}}\, q_{lm} \mathrm{Y}_{lm}(\theta, \varphi) r^{-l-1} \end{aligned} \tag{11.5.2}$$

mit

$$q_{lm} = \sqrt{\frac{4\pi}{2l+1}} \int d^3r'\, \varrho(\boldsymbol{r}')r'^l \, \mathrm{Y}^*_{lm}(\theta', \varphi') \ . \tag{11.5.3}$$

Die Größen q_{lm} nennt man auch *Multipolmomente*[6]. Es ist z. B.

$$q_{00} = \int d^3r\, \varrho(\boldsymbol{r}) = Q \ . \tag{11.5.4}$$

q_{00} ist somit durch die Gesamtladung Q bestimmt. Weiter ist

$$q_{10} = \sqrt{\frac{4\pi}{3}} \sqrt{\frac{3}{4\pi}} \int d^3r'\, \varrho(\boldsymbol{r}')r' \cos\theta' \ , \tag{11.5.5}$$

$$q_{1\pm 1} = \sqrt{\frac{4\pi}{3}} \left(\pm\sqrt{\frac{3}{8\pi}}\right) \int d^3r\, \varrho(\boldsymbol{r}')r' \sin\theta' \mathrm{e}^{\mp\mathrm{i}\varphi'} \ . \tag{11.5.6}$$

Wegen $r'\cos\theta' = z'$, $r'\sin\theta' \exp(\pm\mathrm{i}\varphi') = x' \pm \mathrm{i}y'$ lassen sich die q_{1m} auch als Linearkombination der kartesischen Komponenten des Dipolmoments

$$\boldsymbol{p} = \int d^3r\, \varrho(\boldsymbol{r})\boldsymbol{r} \tag{11.5.7}$$

darstellen.

Für zwei Punktladungen q, $-q$ an den Orten $\boldsymbol{a}$ bzw. $-\boldsymbol{a}$ ist z. B.

$$\varrho(r) = -q\,\delta(\boldsymbol{r}+\boldsymbol{a}) + q\,\delta(\boldsymbol{r}-\boldsymbol{a})$$

und damit

$$\begin{aligned}\boldsymbol{p} &= \int d^3r'\boldsymbol{r}'[-q\,\delta(\boldsymbol{r}+\boldsymbol{a}) + q\,\delta(\boldsymbol{r}-\boldsymbol{a})] \\ &= q\boldsymbol{l}, \quad \boldsymbol{l} = 2\boldsymbol{a} \ (\text{Vektor von } -q \text{ nach } q) \ . \end{aligned} \tag{11.5.8}$$

[6] Multipolmomente (lat./griech.) Monopol: Einpol, Dipol: Zweipol, Quadrupol: Vierpol, Oktupol: Achtpol, Multipol: Vielpol.

Entsprechend lassen sich die fünf Größen q_{2m}, $m = -2, \ldots, 2$ auch als Linearkombination der fünf linear unabhängigen, kartesischen Komponenten des Quadrupolmomentes

$$Q_{ij} = \int d^3r'\, \varrho(\boldsymbol{r}')(3x'_i x'_j - \delta_{ij}\boldsymbol{r}'^2) \tag{11.5.9}$$

darstellen. (Die 3×3 Matrix Q_{ij} besitzt nur fünf linear unabhängige Komponenten, weil sie symmetrisch und spurfrei ist.)

Die Entwicklung von $\phi(\boldsymbol{r})$ nach Lösungen der Laplace-Gleichung

$$\phi_{lm} = r^{-l-1}\mathrm{Y}_{lm} \quad \text{für} \quad r > R$$

nennt man auch *Multipol-Entwicklung*, da das elektrostatische Potential von 2^l Punktladungen (auch 2^l-Pol genannt) für große Abstände von den Ladungen sich wie eine Linearkombination dieser ϕ_{lm} verhält:

Für $l = 0$ ist

$$\phi = k\frac{Q}{r} \ ,$$

das ist das elektrostatische Potential einer Punktladung, eines Monopols.

Für $l = 1$ ergibt sich einerseits aus (11.5.2)

$$\phi = \frac{\boldsymbol{p}\cdot\boldsymbol{r}}{r^3} \ . \tag{11.5.10}$$

Betrachtet man andererseits eine Punktladung q im Ursprung und eine Punktladung $-q$ am Orte $\boldsymbol{a}$, so ist

$$\begin{aligned}\phi(r) &= q\left(\frac{1}{r} - \frac{1}{|\boldsymbol{r}-\boldsymbol{a}|}\right) \\ &= q\left[\frac{1}{r} - \left(\frac{1}{r} - \boldsymbol{a}\cdot\boldsymbol{\nabla}\frac{1}{r} + \ldots\right)\right] \\ &= q\,\boldsymbol{a}\cdot\boldsymbol{\nabla}\frac{1}{r} + \ldots = -q\boldsymbol{a}\frac{\boldsymbol{r}}{r^3} = \frac{\boldsymbol{p}\cdot\boldsymbol{r}}{r^3} \\ &\quad \text{mit} \quad \boldsymbol{p} = -q\boldsymbol{a} \ . \end{aligned}$$

Ein Quadrupolfeld, also ein 2^l-Feld für $l = 2$ kann erzeugt werden, wenn man das Feld eines Dipols am Orte $\boldsymbol{r} = \boldsymbol{0}$ mit Dipolmoment $\boldsymbol{p}$ mit einem Dipol am Orte $\boldsymbol{a}$ mit Dipolmoment $-\boldsymbol{p}$ überlagert. Dann ist

$$\phi(\boldsymbol{r}) = \frac{\boldsymbol{p}\cdot\boldsymbol{r}}{r^3} - \frac{\boldsymbol{p}\cdot(\boldsymbol{r}-\boldsymbol{a})}{|\boldsymbol{r}-\boldsymbol{a}|^3}$$
$$= \frac{\boldsymbol{p}\cdot\boldsymbol{r}}{r^3} - \left(\frac{\boldsymbol{p}\cdot\boldsymbol{r}}{r^3} - \frac{\boldsymbol{p}\cdot\boldsymbol{a}}{r^3} - \boldsymbol{p}\cdot\boldsymbol{r}\,\boldsymbol{a}\cdot\nabla\,\frac{1}{r^3} + \dots\right)$$
$$= \frac{\boldsymbol{p}\cdot\boldsymbol{a}}{r^3} - \frac{3\,\boldsymbol{p}\cdot\boldsymbol{r}\,\boldsymbol{a}\cdot\boldsymbol{r}}{r^5} + O\left(\frac{1}{r^4}\right) .$$

Also läßt sich $\phi(\boldsymbol{r})$ für große r als

$$\phi(\boldsymbol{r}) = \sum_{m=-2}^{+2} Q_m(a)\,\frac{1}{r^3}\,Y_{2m}(\theta,\varphi)$$

schreiben. Entsprechend kann man das Feld eines 2^{l+1} Pols erzeugen, indem man die Felder zweier 2^l Pole mit entgegengesetzten, um $\boldsymbol{a}$ verschobenen Momenten überlagert.

Anmerkung

Für eine Punktladung e in $\boldsymbol{r}_0$ ist

$$\varrho(r) = e\,\delta(\boldsymbol{r}-\boldsymbol{r}_0) ,$$

also nach (11.5.3)

$$q_{lm} = \sqrt{\frac{4\pi}{2l+1}}\, e r_0^l\, Y_{lm}(\theta_0,\varphi_0) ,$$
$$\boldsymbol{r}_0 = \boldsymbol{r}_0(r_0,\theta_0,\varphi_0) ,$$

d.h., auch eine Punktladung kann ein Dipolmoment besitzen, es hängt davon ab, wo der Ursprung des Koordinatensystems liegt. Durch geeignete Wahl des Ursprungs kann man hier alle höheren Dipolmomente zum Verschwinden bringen. Im allgemeinen hängen also die Multipolmomente vom Koordinatensystem ab. Man kann aber leicht zeigen, daß die niedrigsten Multipolmomente, die nicht verschwinden, unabhängig von der Wahl des Ursprungs sind.

Beispiel

Man betrachte zwei Ladungen q, $-q$ in $\boldsymbol{r}_0$ bzw. $\boldsymbol{r}_1$. Dann ist

$$q_{00} = \int d^3r'\,[q\,\delta(\boldsymbol{r}-\boldsymbol{r}_0) - q\,\delta(\boldsymbol{r}-\boldsymbol{r}_1)] = 0 ,$$

und

$$\boldsymbol{p} = q(\boldsymbol{r}_0 - \boldsymbol{r}_1)$$

ist unabhängig von der Wahl des Ursprungs. Natürlich sind die q_{10}, $q_{1\pm1}$ abhängig von der Wahl der Basis wie $p_i = q(r_0 - r_1)_i$ auch. Die Quadrupolmomente q_{2m} dieser Ladungskonfiguration sind aber auch von der Wahl des Ursprungs abhängig.

11.6 Die elektrostatische potentielle Energie

Betrachten wir eine Testladung q in einem elektrostatischen Potentialfeld $\phi(\boldsymbol{r})$. Die Kraft, die auf q wirkt, ist

$$\boldsymbol{K} = q\boldsymbol{E}(\boldsymbol{r}) = -q\nabla\phi(\boldsymbol{r}) , \tag{11.6.1}$$

und die Arbeit, die an q geleistet wird, wenn diese Ladung von $\boldsymbol{r}_1$ nach $\boldsymbol{r}_2$ transportiert wird, ist

$$W = -\int_{\boldsymbol{r}_1}^{\boldsymbol{r}_2} \boldsymbol{K}\cdot d\boldsymbol{r} = q\int_{\boldsymbol{r}_1}^{\boldsymbol{r}_2} \nabla\phi\cdot d\boldsymbol{r} = q[\phi(\boldsymbol{r}_2) - \phi(\boldsymbol{r}_1)] . \tag{11.6.2}$$

Der Ausdruck $q\phi(\boldsymbol{r})$ kann man so auch als die potentielle Energie der Testladung im Felde $\phi(\boldsymbol{r})$ ansehen.

Für eine kontinuierliche Ladungsverteilung gilt entsprechend:

Die elektrostatische potentielle Energie in einem äußeren, d.h. nicht von $\varrho(\boldsymbol{r})$ hervorgerufenem Feld $\phi(\boldsymbol{r})$ ist (vgl. auch Abschn. 13.5.5)

$$E_{\text{pot}} = \int d^3r'\,\varrho(\boldsymbol{r}')\,\phi(\boldsymbol{r}') . \tag{11.6.3}$$

Sei nun $\phi(\boldsymbol{r}')$ in dem Gebiet, in dem $\varrho(\boldsymbol{r}') \neq 0$ ist, nur schwach von $\boldsymbol{r}'$ abhängig. Dann kann man, wenn man den Bezugspunkt O' innerhalb der Ladungsverteilung geeignet wählt (Abb. 11.6.1), $\phi(\boldsymbol{r}') = \phi(\boldsymbol{r}+\boldsymbol{b})$ um $\boldsymbol{r}$ entwickeln. Man erhält:

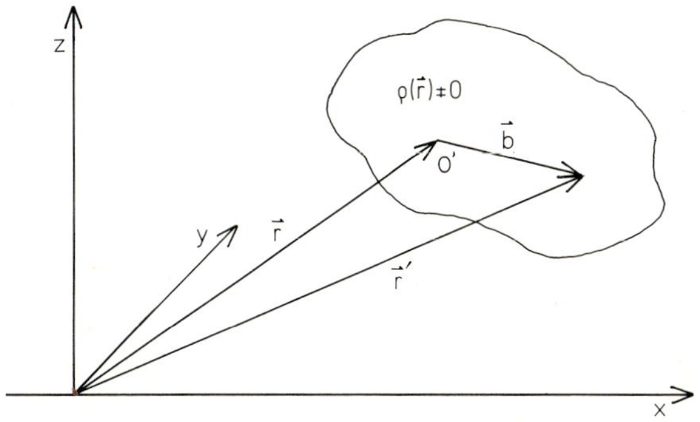

Abb. 11.6.1. Im Gebiet, in dem die Ladungsverteilung nicht verschwindet, sei das Feld $\phi(\boldsymbol{r})$ nur schwach veränderlich

$$\phi(\boldsymbol{r}')=\phi(\boldsymbol{r})+\boldsymbol{b}\cdot\nabla\phi(\boldsymbol{r})$$
$$+\frac{1}{2}\sum_{i,j} b_i b_j \frac{\partial^2}{\partial x_i \partial x_j}\phi(\boldsymbol{r})+\dots \qquad (11.6.4)$$

oder

$$\phi(\boldsymbol{r}')=\phi(\boldsymbol{r})-\boldsymbol{b}\cdot\boldsymbol{E}(\boldsymbol{r})$$
$$-\frac{1}{2}\sum_{i,j} b_i b_j \frac{\partial}{\partial x_i} E_j(\boldsymbol{r})+\dots\,, \qquad (11.6.5)$$

und, da $\nabla\cdot\boldsymbol{E}(\boldsymbol{r})=0$ für das äußere Feld $\boldsymbol{E}(\boldsymbol{r})$ ist, folgt auch

$$\phi(\boldsymbol{r}')=\phi(\boldsymbol{r})-\boldsymbol{b}\cdot\boldsymbol{E}(\boldsymbol{r})$$
$$-\frac{1}{6}\sum_{i,j}(3\,b_i b_j - b^2\delta_{ij})\frac{\partial E_j(\boldsymbol{r})}{\partial x_i}+\dots\,, \qquad (11.6.6)$$

also auch

$$E_{\text{pot}}=Q\phi(\boldsymbol{r})-\boldsymbol{p}\cdot\boldsymbol{E}(\boldsymbol{r})-\frac{1}{6}\sum_{i,j}Q_{ij}\frac{\partial E_j}{\partial x_i}+\dots \qquad (11.6.7)$$

mit

$$\boldsymbol{p}=\int d^3b\,\varrho(\boldsymbol{b})\boldsymbol{b}\,, \qquad (11.6.8)$$

$$Q_{ij}=\int d^3b(3\,b_i b_j-\delta_{ij}\boldsymbol{b}^2)\,. \qquad (11.6.9)$$

Wird also eine Ladungsverteilung in der Umgebung des Punktes $\boldsymbol{r}$ beschrieben durch die Gesamtladung Q, Dipolmoment $\boldsymbol{p}$, Quadrupolmoment Q_{ij} etc. und herrscht in der Umgebung von $\boldsymbol{r}$ ein Feld $\boldsymbol{E}(\boldsymbol{r})$ bzw. $\phi(\boldsymbol{r})$, so ist die potentielle Energie durch (11.6.7) gegeben.

Dabei sind $\boldsymbol{p}$, Q_{ij} etc. die Multipolmomente in Bezug auf einen Punkt O' innerhalb der Ladungsverteilung.

Beispiele

i) Sei $\phi(\boldsymbol{r})$ durch einen Monopol Q_2 im Ursprung erzeugt. Dann ist

$$\phi(\boldsymbol{r})=k\,\frac{Q_2}{r}\,.$$

Die elektrostatische potentielle Energie eines anderen Monopols Q_1 in diesem Feld am Orte $\boldsymbol{r}$ ist dann

$$E_{\text{pot}}=Q_1\phi(\boldsymbol{r})=k\,\frac{Q_1 Q_2}{r}\,.$$

ii) Sei $\phi(\boldsymbol{r})$ erzeugt durch einen Dipol mit Dipolmoment $\boldsymbol{p}_2$ im Ursprung d.h.

$$\phi(\boldsymbol{r})=k\,\frac{\boldsymbol{p}_2\cdot\boldsymbol{r}}{r^3}\,.$$

Dann ist

$$\boldsymbol{E}(\boldsymbol{r})=-\nabla\phi=-k\nabla\frac{\boldsymbol{p}_2\cdot\boldsymbol{r}}{r^3}$$
$$=k\left(\frac{3\,\boldsymbol{p}_2\cdot\boldsymbol{r}}{r^4}\frac{\boldsymbol{r}}{r}-\frac{\boldsymbol{p}_2}{r^3}\right)\,, \qquad (11.6.10)$$

da

$$\nabla(\boldsymbol{p}\cdot\boldsymbol{r})=\boldsymbol{p} \quad \text{ist}\,.$$

Die potentielle Energie eines Dipols am Orte $\boldsymbol{r}$ mit Dipolmoment $\boldsymbol{p}_1$ in diesem Feld eines Dipols mit Dipolmoment $\boldsymbol{p}_2$ ist dann

$$E_{\text{pot}}=k\left[\frac{\boldsymbol{p}_1\cdot\boldsymbol{p}_2}{r^3}-\frac{3(\boldsymbol{p}_1\cdot\boldsymbol{r})(\boldsymbol{p}_2\cdot\boldsymbol{r})}{r^5}\right]\,. \qquad (11.6.11)$$

Man spricht hier auch von einer Dipol-Dipol Wechselwirkung.

12. Bewegte Ladungen, Magnetostatik

In Kap. 11 haben wir uns mit ruhenden Ladungen beschäftigt. Ladungen erzeugen ein Feld, und Ladungen in einem Feld erfahren eine Kraft. Das hat zur Konsequenz, daß ruhende Ladungen Kräfte aufeinander ausüben, die man messen kann. Ausgangspunkt der Elektrostatik, der Theorie von ruhenden Ladungen im Vakuum, waren diese Kräfte, beschrieben durch das Coulombsche Gesetz.

Schon früh aber hat man auch andere Kräfte gekannt, Kräfte, die von Magneten[1] ausgingen; diese Erscheinung verstand man erst, als man lernte, sie mit bewegten Ladungen in Verbindung zu bringen. Der Zusammenhang zwischen bewegten Ladungen und Magnetfeldern wird in diesem Kapitel behandelt.

12.1 Das Biot-Savartsche Gesetz, die Grundgleichungen der Magnetostatik

12.1.1 Elektrische Stromdichte und Magnetfeld

Zunächst glaubte man, daß bei einem elektrischen Strom positive Ladungen strömten und definierte die Richtung der Stromdichte in Richtung der Strömung positiver Ladungen. Heute weiß man, daß nur die negativ geladenen Elektronen den Strom in einem Leiter ausmachen. Bleibt man bei der einmal eingeführten Konvention, so ist der elektrische Strom dann dem Teilchenstrom entgegengesetzt gerichtet.

Die Stromdichte $\boldsymbol{J}(\boldsymbol{r}, t)$ ist also ein Vektorfeld, dessen Richtung der Bewegung der Elektronen entgegengesetzt ist und dessen Betrag angibt, wieviele Ladungsträger pro Zeiteinheit durch ein Flächenelement um $\boldsymbol{r}$ in Richtung $-\boldsymbol{J}(\boldsymbol{r}, t)$ hindurchtreten.

Es gilt nun die Ladungserhaltung, d.h., Ladungsträger können weder erzeugt noch vernichtet werden.

[1] Magnetismus, Magnet: Nach den in der thessalischen Landschaft Magnesia gefundenen natürlichen magnetischen Mineralien.

Analog zur Kontinuitätsgleichung für die Masse in Abschn. 9.2 kann man die Ladungserhaltung in der Gleichung

$$\frac{\partial}{\partial t} \varrho(\boldsymbol{r}, t) + \boldsymbol{\nabla} \cdot \boldsymbol{J}(\boldsymbol{r}, t) = 0 \qquad (12.1.1)$$

festhalten, denn so gilt

$$-\frac{\partial}{\partial t} \int d^3r\, \varrho(\boldsymbol{r}, t) = \int_V d^3r\, \boldsymbol{\nabla} \cdot \boldsymbol{J}(\boldsymbol{r}, t) = \int_{\partial V} d\boldsymbol{F} \cdot \boldsymbol{J}(\boldsymbol{r}, t) \ ,$$

also

$$-\frac{\partial}{\partial t} Q_V = \int_{\partial V} d\boldsymbol{F} \cdot \boldsymbol{J}(\boldsymbol{r}, t) \ , \qquad (12.1.2)$$

d.h., die Ladung, um die die Gesamtladung in V absinkt, muß durch die Oberfläche abfließen. Wir betrachten zunächst den Fall

$$\partial\varrho/\partial t = 0 \ , \quad \text{also} \quad \boldsymbol{\nabla} \cdot \boldsymbol{J}(\boldsymbol{r}, t) = 0 \ ,$$

d.h.

$$\int_{\partial V} d\boldsymbol{F} \cdot \boldsymbol{J}(\boldsymbol{r}, t) = 0 \ ;$$

es fließen gleich viele Ladungen in jedes Volumen hinein wie heraus. Wir nehmen in diesem Kapitel aber auch noch an, daß die Stromdichte $\boldsymbol{J}$ nicht von der Zeit abhängt. Man spricht dann von *stationären Strömen*.

Man bildet dann auch häufig, z.B. wenn der Strom durch eine Leiterschleife (einen Draht) fließt,

$$I = \int d\boldsymbol{F} \cdot \boldsymbol{J}(\boldsymbol{r}) \ , \qquad (12.1.3)$$

wobei das Flächenintegral sich nun über den Querschnitt des Leiters erstreckt. I ist dann die *Stromstärke* des Stromes, der durch den Draht fließt.

A. M. Ampère stellte nun im Jahre 1820 fest, daß zwei parallele Leiter, die in gleicher Richtung von einem Strom durchflossen sind, sich anziehen, d.h., stromdurchflossene Leiter üben Kräfte aufeinander aus. Wir können nun diese Kraftwirkung wieder zerlegen in

i) die Erzeugung eines Feldes durch bewegte Ladungen, durch Ströme.

ii) die Wirkung: Befindet sich ein stromdurchflossener Leiter in diesem Feld, so wirkt auf ihn eine Kraft. Daß ein stromdurchflossener Leiter ein Feld erzeugt, zeigt sich auch an der Wirkung dieses Feldes auf Magneten. Diese werden ausgerichtet, wie schon von *Oersted*[2] 1819 bemerkt und von *Biot*[3] und *Savart*[4] 1820 beschrieben worden ist.

Man kann die Erfahrung im obigen Sinne zusammenfassen in folgenden Aussagen:

i) In einem Draht fließe ein Strom der Stromdichte $\boldsymbol{J}(\boldsymbol{r})$, diese erzeugt ein Feld, auch *magnetische Induktion* $\boldsymbol{B}(\boldsymbol{r})$ genannt:

$$\boldsymbol{B}(\boldsymbol{r})=k'\int d^3r'\,\frac{\boldsymbol{J}(\boldsymbol{r}')\times(\boldsymbol{r}-\boldsymbol{r}')}{|\boldsymbol{r}-\boldsymbol{r}'|^3}\ . \tag{12.1.4}$$

Den Faktor k' und damit die Dimension von B lassen wir noch offen. Das ist das *Biot-Savartsche Gesetz.*

Fließe z.B. ein Strom I in einem unendlich langen Leiter in Richtung der z-Achse, dann ist

$$\boldsymbol{J}(\boldsymbol{r})=I\,\delta(x)\,\delta(y)\,\boldsymbol{e}_3$$

und so

$$\boldsymbol{B}(\boldsymbol{r})=k'I\int dx'dy'dz'\cdot\frac{\delta(x')\,\delta(y')\,\boldsymbol{e}_3\times[(x-x')\boldsymbol{e}_1+(y-y')\boldsymbol{e}_2+(z-z')\boldsymbol{e}_3]}{[(x-x')^2+(y-y')^2+(z-z')^2]^{3/2}}$$

$$=k'IR\int_{-\infty}^{+\infty}dz'\,\frac{\boldsymbol{e}(x,y)}{[R^2+(z-z')^2]^{3/2}}\quad\text{mit} \tag{12.1.5}$$

$$R^2=x^2+y^2\ ,\quad \boldsymbol{e}(x,y)=(x\,\boldsymbol{e}_2-y\,\boldsymbol{e}_1)/R\ ,$$

$$\boldsymbol{e}\cdot\boldsymbol{r}=0\ ,\quad \boldsymbol{e}\cdot\boldsymbol{e}_3=0\ ,\quad \boldsymbol{e}\cdot\boldsymbol{e}=1\ .$$

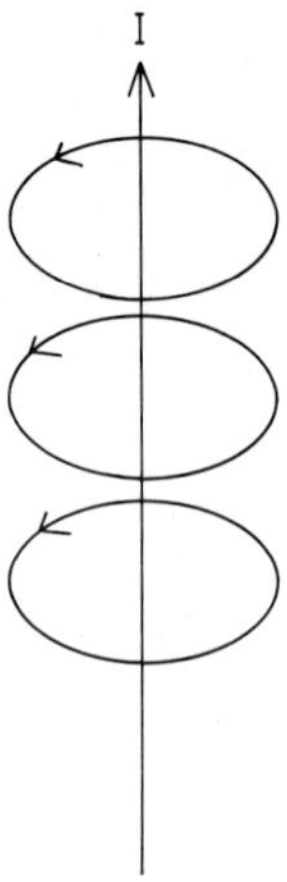

Abb. 12.1.1. Feldlinien der von Strom I verursachten magnetischen Induktion

R ist der Abstand des Ortes $\boldsymbol{r}$ vom Leiter, $\boldsymbol{e}$ ist ein Einheitsvektor, der senkrecht auf $\boldsymbol{r}$, senkrecht auf $\boldsymbol{e}_3$ steht und nur von (x,y) abhängt. Damit ist nach Auswertung des Integrals

$$\boldsymbol{B}(\boldsymbol{r})=k'IR\,\boldsymbol{e}(x,y)\,\frac{2}{R^2}=k'\,\frac{2I}{R}\,\boldsymbol{e}\ , \tag{12.1.6}$$

d.h., es ist

$$\boldsymbol{B}(\boldsymbol{r})\sim\boldsymbol{e}\quad\text{und}\quad|\boldsymbol{B}(\boldsymbol{r})|\sim I/R\ .$$

Die Feldlinien von $\boldsymbol{B}(\boldsymbol{r})$ sind also Kreise um den Leiter in einer Ebene senkrecht zum Leiter (Abb. 12.1.1). Die Stärke des Feldes ist umgekehrt proportional zum Abstand vom Leiter.

ii) Befindet sich nun ein Leiterelement $d\boldsymbol{l}$, durchflossen von einem Strom I, in einem Felde $\boldsymbol{B}(\boldsymbol{r})$, so wirkt auf dieses Leiterelement am Orte $\boldsymbol{r}$ die Kraft

$$d\boldsymbol{K}=\gamma I\,d\boldsymbol{l}\times\boldsymbol{B}(\boldsymbol{r}) \tag{12.1.7}$$

mit vorerst unbestimmtem γ. Diese beiden Gesetze (12.1.4) und (12.1.7) sind analog zu den entsprechenden Gesetzen der Elektrostatik:

Magnetostatik	*Elektrostatik*
a) Eine Stromdichte verursacht ein Feld $\boldsymbol{B}(\boldsymbol{r})$ gemäß (12.1.4)	a) Eine Ladungsdichte verursacht ein Feld $\boldsymbol{E}(\boldsymbol{r})$ gemäß (11.1.6)
b) Das Feld $\boldsymbol{B}$ verursacht eine Kraft auf einen Strom I gemäß (12.1.7)	b) Das Feld $\boldsymbol{E}$ verursacht eine Kraft auf eine Ladung q gemäß (11.6.1).

---

[2] *Oersted, Hans Christian* (∗1777 Rudkjøping auf Langeland, †1851 Kopenhagen).
Dänischer Physiker, durch J. W. Ritter in Jena für die romantische Naturphilosophie gewonnen, experimentierte er mit dem Ziel der Umwandlung der Kräfte. 1820 entdeckte er die Wirkung eines elektrischen Stromes auf eine Magnetnadel.

[3] *Biot, Jean-Baptiste* (∗1774 Paris, †1862 Paris).
Mathematiker, Physiker, Astronom, Chemiker und Wissenschaftstheoretiker und -historiker. Berühmte Arbeiten über Magnetismus und optische Eigenschaften von Medien.

[4] *Savart, Félix* (∗1791 Mézières, †1841 Paris).
Physiker am Collège de France. 1820 Biot-Savartsches Gesetz. Er arbeitete auch über Optik und Akustik und erfand unter anderem die Zahnradsirene (Savartsches Rad) zur Bestimmung der Frequenz eines Tons.

Um das Analogon des Coulombschen Gesetzes abzuleiten, betrachten wir das Feld $\boldsymbol{B}(\boldsymbol{r})$, das von einem unendlich langen, von einem Strom I_2 durchflossenen Leiter hervorgerufen wird. Nach (12.1.6) ist

$$\boldsymbol{B}(\boldsymbol{r})=k'\boldsymbol{e}\,\frac{2I_2}{R}\ ,$$

wobei R der Abstand zum Leiter ist. Befindet sich in diesem Abstand ein zweiter Leiter, durchflossen vom Strom I_1, so wirkt auf das Leiterelement $d\boldsymbol{l}=dz\,\boldsymbol{e}_3$ nach (12.1.7) die Kraft

$$d\boldsymbol{K}=\gamma I_1 dz\,\boldsymbol{e}_3\times\left(k'\boldsymbol{e}\,\frac{2I_2}{R}\right)$$
$$=\gamma k'\,\frac{2I_1I_2}{R}\,\boldsymbol{e}_3\times\boldsymbol{e}\ .$$

Da

$$\boldsymbol{e}_3\times\boldsymbol{e}=\frac{1}{R}\,\boldsymbol{e}_3\times(x\boldsymbol{e}_2-y\boldsymbol{e}_1)$$
$$=-\frac{1}{R}\,(x\boldsymbol{e}_1+y\boldsymbol{e}_2)$$

ist, ist also $\boldsymbol{e}_3\times\boldsymbol{e}$ ein Vektor, der in Richtung des Leiters 2 zeigt, die Kraft ist also anziehend (Abb. 12.1.2), wenn I_1 und I_2 gleichgerichtet sind, andernfalls ist die Kraft abstoßend.

Die Kraft zweier paralleler, im Abstand R fließender Ströme aufeinander ist also

$$|d\boldsymbol{K}|=k'\gamma 2\,\frac{I_1I_2}{R}\,dz\ , \qquad (12.1.8)$$

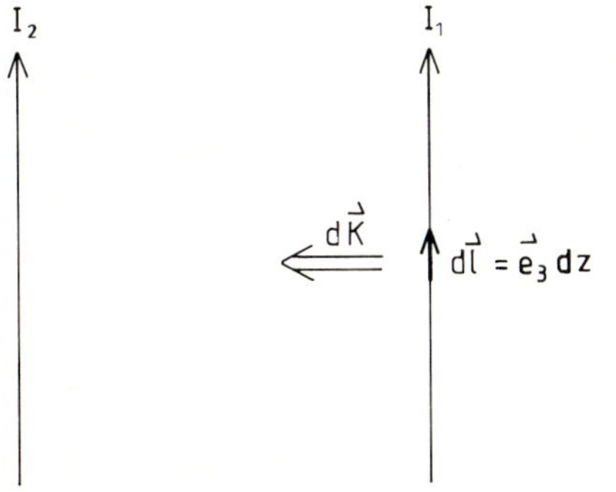

Abb. 12.1.2. Sind die Ströme gleich gerichtet, so herrscht eine anziehende Kraft zwischen den Leiterelementen

ähnlich der Kraft zweier Ladungen q_1, q_2 im Abstand R aufeinander

$$|\boldsymbol{K}|=k\,\frac{q_1q_2}{R^2}\ . \qquad (12.1.9)$$

12.1.2 Vektorpotential und Ampèresches Gesetz

Analog wie für das elektrostatische Feld $\boldsymbol{E}(\boldsymbol{r})$ können wir auch für die magnetische Induktion $\boldsymbol{B}(\boldsymbol{r})$ ein Potential einführen: Da

$$\boldsymbol{\nabla}\times\frac{\boldsymbol{J}(\boldsymbol{r}')}{|\boldsymbol{r}-\boldsymbol{r}'|}=\boldsymbol{\nabla}\,\frac{1}{|\boldsymbol{r}-\boldsymbol{r}'|}\times\boldsymbol{J}(\boldsymbol{r}')$$
$$=-\frac{(\boldsymbol{r}-\boldsymbol{r}')}{|\boldsymbol{r}-\boldsymbol{r}'|^3}\times\boldsymbol{J}(\boldsymbol{r}')$$
$$=\boldsymbol{J}(\boldsymbol{r}')\times\frac{(\boldsymbol{r}-\boldsymbol{r}')}{|\boldsymbol{r}-\boldsymbol{r}'|^3} \qquad (12.1.10)$$

ist, können wir schreiben:

$$\boldsymbol{B}(\boldsymbol{r})=\boldsymbol{\nabla}\times\boldsymbol{A}(\boldsymbol{r})\quad\text{mit} \qquad (12.1.11)$$

$$\boldsymbol{A}(\boldsymbol{r})=k'\int d^3r'\,\frac{\boldsymbol{J}(\boldsymbol{r}')}{|\boldsymbol{r}-\boldsymbol{r}'|}\ . \qquad (12.1.12)$$

Man nennt $\boldsymbol{A}(\boldsymbol{r})$ das *Vektorpotential* im Gegensatz zum skalaren elektrostatischen Potential

$$\phi(\boldsymbol{r})=k\int d^3r'\,\frac{\varrho(\boldsymbol{r}')}{|\boldsymbol{r}-\boldsymbol{r}'|}\ .$$

Dann folgt auch

$$\boldsymbol{\nabla}\cdot\boldsymbol{B}=0 \qquad (12.1.13)$$

als Gegenstück zu

$$\boldsymbol{\nabla}\times\boldsymbol{E}=\boldsymbol{0}\ . \qquad (12.1.14)$$

Die magnetische Induktion hat keine Quellen. Die Feldlinien von $\boldsymbol{B}(\boldsymbol{r})$ können daher nur geschlossen sein.

Schließlich wollen wir wieder eine Gleichung finden, in der als Ursache für die magnetische Induktion die Stromdichte $\boldsymbol{J}(\boldsymbol{r})$, auftritt. Dazu berechnen wir (vgl. Anhang F)

$$\boldsymbol{\nabla}\times\boldsymbol{B}=\boldsymbol{\nabla}\times(\boldsymbol{\nabla}\times\boldsymbol{A})=-\boldsymbol{\Delta}\boldsymbol{A}+\boldsymbol{\nabla}(\boldsymbol{\nabla}\cdot\boldsymbol{A})\ . \qquad (12.1.15)$$

Zunächst ist

$$\nabla \cdot \boldsymbol{A}(\boldsymbol{r}) = k' \int d^3r' \boldsymbol{J}(\boldsymbol{r}') \cdot \nabla \frac{1}{|\boldsymbol{r}-\boldsymbol{r}'|}$$
$$= k' \int d^3r' \boldsymbol{J}(\boldsymbol{r}') \cdot \left(-\nabla' \frac{1}{|\boldsymbol{r}-\boldsymbol{r}'|} \right) ,$$

und nach partieller Integration (Gaußscher Satz), bei der die Randterme verschwinden, ergibt sich

$$\nabla \cdot \boldsymbol{A}(\boldsymbol{r}) = k' \int d^3r \, \nabla' \cdot \boldsymbol{J}(\boldsymbol{r}') \frac{1}{|\boldsymbol{r}-\boldsymbol{r}'|} = 0 , \quad (12.1.16)$$

da $\nabla' \cdot \boldsymbol{J}(\boldsymbol{r}') = 0$

ist. Andererseits ist wegen

$$\Delta \frac{1}{|\boldsymbol{r}-\boldsymbol{r}'|} = -4\pi \, \delta(\boldsymbol{r}-\boldsymbol{r}')$$

auch

$$\Delta \boldsymbol{A}(\boldsymbol{r}) = -4\pi k' \boldsymbol{J}(\boldsymbol{r}) \quad (12.1.17)$$

und somit

$$\nabla \times \boldsymbol{B}(\boldsymbol{r}) = 4\pi k' \boldsymbol{J}(\boldsymbol{r}) . \quad (12.1.18)$$

Das ist das *Ampèresche Gesetz*. Man beachte wieder die Ähnlichkeit zur entsprechenden Gleichung

$$\nabla \cdot \boldsymbol{E}(\boldsymbol{r}) = 4\pi k \varrho(\boldsymbol{r}) \quad (12.1.19)$$

der Elektrostatik.

Die Gleichungen

$$\boxed{\nabla \cdot \boldsymbol{B}(\boldsymbol{r}) = 0 , \qquad \nabla \times \boldsymbol{B}(\boldsymbol{r}) = 4\pi k' \boldsymbol{J}(\boldsymbol{r})} \quad (12.1.20)$$

stellen die Grundgleichungen der Magnetostatik, der Lehre von stationären Strömen und Magnetfeldern dar.

Anmerkung

Das Ampèresche Gesetz kann man auch in integraler Form formulieren:

Mit Hilfe des Stokesschen Satzes (Anhang F)

$$\int_F d\boldsymbol{F} \cdot (\nabla \times \boldsymbol{B}(\boldsymbol{r})) = \int_{\partial F} d\boldsymbol{r} \cdot \boldsymbol{B}(\boldsymbol{r})$$

und mit Hilfe der Gleichung

$$4\pi k' \int_F d\boldsymbol{F} \cdot \boldsymbol{J} = 4\pi k' I_{\mathrm{F}} ,$$

wobei I_{F} der Strom ist, der durch die Fläche F hindurchtritt, erhält man die integrale Form des Ampèreschen Gesetzes:

$$\int_{\partial F} d\boldsymbol{r} \cdot \boldsymbol{B}(\boldsymbol{r}) = 4\pi k' I_{\mathrm{F}} \quad (12.1.21)$$

ähnlich dem Gaußschen Gesetz

$$\int_{\partial V} d\boldsymbol{F} \cdot \boldsymbol{E}(\boldsymbol{r}) = 4\pi k Q_V . \quad (12.1.22)$$

Einfache Anwendung: Man betrachte einen Strom I durch einen geraden Leiter, aus Symmetriegründen ist $|\boldsymbol{B}(\boldsymbol{r})| = B(R)$, R = Abstand vom Draht. Da die Feldlinien von B wegen $\nabla \cdot \boldsymbol{B}(\boldsymbol{r}) = 0$ geschlossen sind, können sie nur auf Kreisen um den Draht liegen.

Also ist, wenn man auf einem Kreis mit Radius R um den Leiter integriert:

$$\oint_{\partial K} d\boldsymbol{r} \cdot \boldsymbol{B}(\boldsymbol{r}) = B(R) \oint_{\partial K} dr = 2\pi R B(R) .$$

Also erhält man wieder

$$B(R) = \frac{1}{2\pi R} 4\pi k' I = 2k' \frac{I}{R}$$

in Übereinstimmung mit (12.1.6).

12.1.3 Das SI-System der Maßeinheiten in der Elektrodynamik

Im SI- oder MKSA-System der physikalischen Einheiten benutzt man (12.1.8), um die Einheit des Stromes festzulegen.

Man definiert:

Es fließt der Strom der Stärke 1 *Ampère* (A) jeweils durch zwei unendlich lange, parallele, einen Meter von einander entfernte Drähte von vernachlässigbarem Querschnitt, wenn er eine Kraft pro Längeneinheit von

$$2 \times 10^{-7}\ \mathrm{N/m}$$

verursacht. Dann ist also nach (12.1.8)

$$\frac{dK}{dz} = 2 \times 10^{-7}\ \mathrm{N/m} = \gamma k' \cdot 2 \frac{1\ \mathrm{A}\ 1\ \mathrm{A}}{1\ \mathrm{m}} ,$$

somit

$$\gamma k' = 10^{-7} \frac{\text{kg m}}{\text{A}^2\,\text{s}^2} \quad . \tag{12.1.23}$$

Man schreibt auch

$$\gamma k' =: \frac{\mu_0}{4\pi} \quad , \tag{12.1.24}$$

also ist

$$\mu_0 = 4\pi \times 10^{-7} \frac{\text{kg m}}{\text{A}^2\,\text{s}^2} \quad . \tag{12.1.25}$$

Weiterhin wählt man $\gamma = 1$, dann ist also $k' = \mu_0/4\pi$, und die Dimension der magnetischen Induktion ist

$$[B] = \text{kg/A s}^2 =: 1\ \text{Tesla} =: 10^4\ \text{Gauß} \quad . \tag{12.1.26}$$

Ist das Ampère auf diese Weise definiert, so ist die Dimension der Ladung

$$[q] = \text{A s} = \text{Coulomb (C)} \quad , \tag{12.1.27}$$

und für die Konstante k im Coulombschen Gesetz folgt:

$$[k] = \text{N m}^2/\text{A}^2\,\text{s}^2 \quad . \tag{12.1.28}$$

Vergleicht man das mit der Dimension von k', $[k'] = \text{N/A}^2$, so erhält man

$$\frac{[k]}{[k']} = \left(\frac{\text{m}}{\text{s}}\right)^2 \quad . \tag{12.1.29}$$

Das Verhältnis der Konstanten k und k' entspricht somit dem Quadrat einer Geschwindigkeit. Das kann nur eine universelle Geschwindigkeit sein, und man stellt experimentell fest, daß diese Geschwindigkeit die Lichtgeschwindigkeit c im Vakuum ist. Also gilt:

$$k = k'c^2 = \frac{\mu_0}{4\pi} c^2 \quad . \tag{12.1.30}$$

Setzt man

$$k =: \frac{1}{4\pi\varepsilon_0} \quad , \tag{12.1.31}$$

so erhält man auch

$$\varepsilon_0 = \frac{1}{4\pi k} = \frac{1}{\mu_0 c^2} = 8{,}854 \times 10^{-12}\ \text{C}^2\text{N}^{-1}/\text{m}^2 \tag{12.1.32}$$

und so

$$c = \frac{1}{\sqrt{\varepsilon_0 \mu_0}} \quad . \tag{12.1.33}$$

12.2 Lokalisierte Stromverteilungen

In Abschn. 11.5 haben wir das elektrostatische Potential von lokalisierten Ladungsverteilungen untersucht und haben dabei die (elektrischen) Multipole eingeführt. Wir wollen hier eine ähnliche Betrachtung für lokalisierte Stromverteilungen vornehmen.

12.2.1 Das magnetische Dipolmoment

Wir gehen aus von dem Ausdruck für das Vektorpotential

$$\boldsymbol{A}(\boldsymbol{r}) = \frac{\mu_0}{4\pi} \int d^3r' \frac{\boldsymbol{J}(\boldsymbol{r}')}{|\boldsymbol{r} - \boldsymbol{r}'|} \quad . \tag{12.2.1}$$

Sei $\boldsymbol{J}(\boldsymbol{r}') \neq \boldsymbol{0}$ nur in einem beschränkten Gebiet $|\boldsymbol{r}'| < R$. Wir betrachten $\boldsymbol{A}(\boldsymbol{r})$ für $|\boldsymbol{r}| > R$:

Wir könnten dabei wieder für die Greensche Funktion $1/|\boldsymbol{r} - \boldsymbol{r}'|$ die Entwicklung nach Kugelflächenfunktionen aus Abschn. 11.4 einsetzen. Da uns in der Entwicklung nur die beiden ersten Terme interessieren, können wir aber auch etwas direkter die Taylor-Entwicklung in der Form

$$\begin{aligned} \frac{1}{|\boldsymbol{r} - \boldsymbol{r}'|} &= \frac{1}{r} - \boldsymbol{r}' \cdot \boldsymbol{\nabla} \frac{1}{r} + \ldots \\ &= \frac{1}{r} + \frac{\boldsymbol{r}' \cdot \boldsymbol{r}}{r^3} + O\left[\frac{1}{r}\left(\frac{r'}{r}\right)^2\right] \end{aligned} \tag{12.2.2}$$

benutzen, um so zu erhalten

$$\begin{aligned} A_i(\boldsymbol{r}) = \frac{\mu_0}{4\pi} \bigg(& \frac{1}{r} \int d^3r'\, J_i(\boldsymbol{r}') \\ & + \frac{1}{r^3} \int d^3r'\, J_i(\boldsymbol{r}') x_j' x_j + \ldots \bigg) \quad . \end{aligned} \tag{12.2.3}$$

Wir werden in den Anmerkungen am Schluß des Abschnittes 12.2.2 zeigen:

Wegen $\nabla \cdot \boldsymbol{J}(\boldsymbol{r})=0$ gilt

$$\int d^3r\, J_i(\boldsymbol{r})=0 \quad \text{und} \tag{12.2.4}$$

$$\int d^3r\, x_j J_i(\boldsymbol{r})=-\int d^3r\, x_i J_j(\boldsymbol{r}) \ . \tag{12.2.5}$$

Aufgrund von (12.2.4) verschwindet dann der erste Term auf der rechten Seite von (12.2.5), der zweite Term läßt sich schreiben als

$$\frac{1}{2r^3}\, x_j \int d^3r' \,[x_j' J_i(\boldsymbol{r}')-x_i' J_j(\boldsymbol{r}')]$$

$$=\frac{1}{2r^3}\int d^3r' [(\boldsymbol{r}\cdot\boldsymbol{r}')J_i(\boldsymbol{r}')-\boldsymbol{r}\cdot\boldsymbol{J}(\boldsymbol{r}')x_i']$$

$$=\frac{1}{2r^3}\int d^3r' [(\boldsymbol{r}'\times\boldsymbol{J}(\boldsymbol{r}'))\times\boldsymbol{r}]_i \ , \tag{12.2.6}$$

denn es ist $(\boldsymbol{r}'\times\boldsymbol{J})\times\boldsymbol{r}=(\boldsymbol{r}\cdot\boldsymbol{r}')\boldsymbol{J}-(\boldsymbol{r}\cdot\boldsymbol{J})\boldsymbol{r}'$.

Definieren wir durch

$$\boldsymbol{m}=\frac{1}{2}\int d^3r\,[\boldsymbol{r}\times\boldsymbol{J}(\boldsymbol{r})] \tag{12.2.7}$$

das *magnetische Dipolmoment* in Analogie zum elektrischen Dipolmoment

$$\boldsymbol{p}=\int d^3r\, \boldsymbol{r}\varrho(\boldsymbol{r}) \ , \tag{12.2.8}$$

so läßt sich das Vektorpotential einer lokalisierten Ladungsverteilung schreiben als

$$\boldsymbol{A}(\boldsymbol{r})=\frac{\mu_0}{4\pi}\,\frac{\boldsymbol{m}\times\boldsymbol{r}}{r^3} \ , \tag{12.2.9}$$

analog zum Ausdruck für das elektrostatische Feld eines elektrischen Dipols

$$\phi(r)=\frac{1}{4\pi\varepsilon_0}\,\frac{\boldsymbol{p}\cdot\boldsymbol{r}}{r^3} \ . \tag{12.2.10}$$

Die magnetische Induktion $\boldsymbol{B}(\boldsymbol{r})$ ergibt sich dann nach einiger Rechnung zu

$$\boldsymbol{B}(\boldsymbol{r})=\nabla\times\boldsymbol{A}(\boldsymbol{r})=\frac{\mu_0}{4\pi}\left[\frac{3\,\boldsymbol{r}(\boldsymbol{m}\cdot\boldsymbol{r})}{r^5}-\frac{\boldsymbol{m}}{r^3}\right] . \tag{12.2.11}$$

Man vergleiche damit das elektrische Feld eines elektrischen Dipols (11.6.10).

Wir berechnen für einige wichtige Stromverteilungen die zugehörigen magnetischen Dipolmomente:

i) Ein konstanter Strom I fließe in einer Ebene auf einem geschlossenen Weg C.

Dann gilt:

$$\boldsymbol{m}=-\frac{1}{2}\int d^3r'\,[\boldsymbol{J}(\boldsymbol{r}')\times\boldsymbol{r}'] \tag{12.2.12}$$

$$=-\frac{1}{2}\, I\oint_C d\boldsymbol{r}'\times\boldsymbol{r}' \ . \tag{12.2.13}$$

Beim Übergang von (12.2.12) nach (12.2.13) haben wir für eine auf einer Linie (Draht vom vernachlässigbarem Querschnitt) definierte Stromdichte

$$d^3r\,\boldsymbol{J}(\boldsymbol{r}) \quad \text{durch} \quad I\,d\boldsymbol{r}$$

ersetzt. Diese anschaulich plausible Gleichung werden wir in einer Anmerkung am Schluß des Abschnittes rechtfertigen.

Weiter ist

$$\frac{1}{2}\,|\boldsymbol{r}'\times d\boldsymbol{r}'|=|d\boldsymbol{F}| \ , \tag{12.2.14}$$

wobei $|d\boldsymbol{F}|$ die Fläche ist, die der Vektor $\boldsymbol{r}$ während der Änderung in $\boldsymbol{r}+d\boldsymbol{r}$ überstreicht. Der Vektor $d\boldsymbol{F}$ steht senkrecht auf der x_1, x_2-Ebene, in der die Stromschleife liegen möge. Dann ist

$$-\frac{1}{2}\oint_C d\boldsymbol{r}'\times\boldsymbol{r}'=F_C\boldsymbol{e}_3 \ , \tag{12.2.15}$$

wenn $\boldsymbol{r}'$ die Kurve C entgegen dem Uhrzeigersinn durchläuft. Somit gilt dann für das magnetische Dipolmoment dieser Stromverteilung

$$\boldsymbol{m}=IF_C\,\boldsymbol{e}_3 \ , \tag{12.2.16}$$

wobei F_C die Fläche ist, die von C umfaßt wird. Ist überdies C ein Kreis mit Radius a, so ist

$$\boldsymbol{m}=I\pi a^2\boldsymbol{e}_3 \ . \tag{12.2.17}$$

ii) Schreibt man für die Stromdichte

$$\boldsymbol{J}(\boldsymbol{r})=\varrho(\boldsymbol{r})\,\boldsymbol{v}(\boldsymbol{r}) \ , \tag{12.2.18}$$

wobei $\boldsymbol{v}(\boldsymbol{r})$ das Geschwindigkeitsfeld der Ladungsverteilung $\varrho(\boldsymbol{r})$ ist, so ist diese Ladungsstromdichte analog zur Massenstromdichte, wie wir sie in Kap. 9, der Einführung in die Strömungslehre, kennengelernt haben. Damit erhält man dann auch für das magnetische Dipolmoment

$$\boldsymbol{m}=\frac{1}{2}\int d^3r'[\boldsymbol{r}'\times\varrho(\boldsymbol{r}')\boldsymbol{v}(\boldsymbol{r}')] \ , \tag{12.2.19}$$

ähnlich dem Ausdruck für den mechanischen Drehimpuls

$$\boldsymbol{L}=\int d^3r'[\boldsymbol{r}'\times\varrho_{\mathrm{M}}(\boldsymbol{r}')\boldsymbol{v}(\boldsymbol{r}')] \tag{12.2.20}$$

einer Massenverteilung $\varrho_{\mathrm{M}}(\boldsymbol{r})$ mit dem gleichen Geschwindigkeitsfeld. Besteht der Strom aus Teilchen der Masse M und Ladung q, so ist offensichtlich

$$\varrho(\boldsymbol{r})=\frac{q}{M}\varrho_{\mathrm{M}}(\boldsymbol{r}) \quad \text{und somit} \tag{12.2.21}$$

$$\boldsymbol{m}=\Gamma\boldsymbol{L} \quad \text{mit} \tag{12.2.22}$$

$$\Gamma=\frac{q}{2M} \ . \tag{12.2.23}$$

Man nennt Γ das *gyromagnetische Verhältnis*[5]. Abweichungen von diesem Verhältnis beschreibt man durch den sogenannten g-Faktor in der allgemeineren Form

$$\Gamma=g\frac{q}{2M} \ . \tag{12.2.24}$$

Während man bei einer klassichen Ladungsverteilung also $g=1$ erwartet, stellt man in der Quantenphysik, insbesondere bei Stromverteilungen „in" einzelnen Teilchen wie Elektronen, Protonen usw. starke Abweichungen fest. Der g-Faktor für Elektronen liegt nahe bei $g=2$, wobei die Abweichung vom Wert 2 durch die Quantenelektrodynamik erklärt wird.

12.2.2 Kraft, Potential und Drehmoment im magnetostatischen Feld

Nach der Betrachtung dieser beiden wichtigen Beispiele von lokalisierten Stromverteilungen wollen wir die Kraft und das Drehmoment ausrechnen, die auf eine durch ein magnetisches Dipolmoment charakterisierten Stromverteilung (auch einfach magnetischer Dipol genannt) in einem äußeren Feld ausgeübt werden.

Wir betrachten also eine lokalisierte, um den Ort $\boldsymbol{r}$ konzentrierte Stromverteilung in einem äußeren Feld $\boldsymbol{B}(\boldsymbol{r})$. Die Kraft auf die Stromverteilung ist dann

$$\boldsymbol{K}=\int d^3r\,\boldsymbol{J}(\boldsymbol{r})\times\boldsymbol{B}(\boldsymbol{r}) \ , \tag{12.2.25}$$

in Verallgemeinerung von (12.1.7),

$$d\boldsymbol{K}=I\,d\boldsymbol{l}\times\boldsymbol{B}(\boldsymbol{r}) \ . \tag{12.2.26}$$

Für

$$\boldsymbol{J}(\boldsymbol{r}')=q\boldsymbol{v}\,\delta(\boldsymbol{r}'-\boldsymbol{r}) \tag{12.2.27}$$

z.B. folgt somit

$$\boldsymbol{K}=q\boldsymbol{v}\times\boldsymbol{B}(\boldsymbol{r}) \ , \tag{12.2.28}$$

also wieder die *Lorentz-Kraft*.

Sei $\boldsymbol{B}(\boldsymbol{r}')$ um $\boldsymbol{r}'=\boldsymbol{r}$ langsam veränderlich, sei $\boldsymbol{r}'=\boldsymbol{r}+\boldsymbol{b}$. Dann ist

$$\boldsymbol{B}(\boldsymbol{r}')=\boldsymbol{B}(\boldsymbol{r})+(\boldsymbol{b}\cdot\nabla)\boldsymbol{B}(\boldsymbol{r})+\dots \ . \tag{12.2.29}$$

Also folgt

$$K_i=\int d^3r[\boldsymbol{J}(\boldsymbol{r}')\times\boldsymbol{B}(\boldsymbol{r})]_i + \varepsilon_{ijk}\int d^3b\,J_j(\boldsymbol{b})b_l\nabla_l B_k(\boldsymbol{r})+\dots \ .$$

Nun gilt für einen von $\boldsymbol{b}$ unabhängigen Vektor $\boldsymbol{C}$ (siehe (12.2.6))

$$\int d^3b\,J_j(\boldsymbol{b})b_lC_l=(\boldsymbol{m}\times\boldsymbol{C})_j \ . \tag{12.2.30}$$

Damit ergibt sich, wenn man wieder benutzt, daß $\int d^3r\,\boldsymbol{J}(\boldsymbol{r}')=\boldsymbol{0}$ ist:

$$\boldsymbol{K}=(\boldsymbol{m}\times\nabla)\times\boldsymbol{B}(\boldsymbol{r})=\nabla(\boldsymbol{m}\cdot\boldsymbol{B})-\boldsymbol{m}(\nabla\cdot\boldsymbol{B})$$

$$=-\nabla V_m(\boldsymbol{r}) \quad \text{mit} \tag{12.2.31}$$

$$V_m=-\boldsymbol{m}\cdot\boldsymbol{B}(\boldsymbol{r}) \tag{12.2.32}$$

als Potential einer Stromverteilung mit Dipolmoment $\boldsymbol{m}$ im äußeren Feld $\boldsymbol{B}$ am Orte $\boldsymbol{r}$, analog zur potentiellen Energie eines elektrischen Dipols $\boldsymbol{p}$ in einem äußeren elektrischen Feld $\boldsymbol{E}$ am Orte $\boldsymbol{r}$ (Abschn. 11.6)

$$E_{\mathrm{pot}}=-\boldsymbol{p}\cdot\boldsymbol{E}(\boldsymbol{r}) \ . \tag{12.2.33}$$

[5] Gyromagnetisches Verhältnis (griech.) gȳros, Rundung, Kreis: Verhältnis von magnetischem Moment und Drehimpuls.

Man beachte, daß wir V_m nicht wie üblich die potentielle Energie des magnetischen Dipols nennen, obwohl das in Analogie zum elektrostatischen Fall nahe läge. In Abschn. 13.5.5 werden wir die Energie eines magnetischen Dipols in einem äußeren Feld berechnen und hierfür $-V_m$ erhalten (vgl. [12.2]).

Schließlich berechnen wir das Drehmoment auf einen magnetischen Dipol in einem äußeren Feld $\boldsymbol{B}(\boldsymbol{r})$. Das Drehmoment, das auf eine allgemeine Stromverteilung wirkt, ist mit (12.2.25)

$$\boldsymbol{N}=\int d^3r'\{\boldsymbol{r}'\times[\boldsymbol{J}(\boldsymbol{r}')\times\boldsymbol{B}(\boldsymbol{r}')]\} \ . \tag{12.2.34}$$

Setzt man für $\boldsymbol{B}(\boldsymbol{r}')$ in niedrigster Näherung $\boldsymbol{B}(\boldsymbol{r})$ ein, wobei $\boldsymbol{r}$ ein Ort in der Stromverteilung ist, in der sich das Feld $\boldsymbol{B}(\boldsymbol{r}')$ langsam verändern möge, so folgt

$$\begin{aligned}\boldsymbol{N}&=\int d^3r\,\boldsymbol{J}(\boldsymbol{r}')(\boldsymbol{r}'\cdot\boldsymbol{B}(\boldsymbol{r}))\\ &\quad-\int d^3r'(\boldsymbol{J}(\boldsymbol{r}')\cdot\boldsymbol{r}')\boldsymbol{B}(\boldsymbol{r}) \ .\end{aligned} \tag{12.2.35}$$

Der zweite Term verschwindet, wie in der Anmerkung wieder gezeigt werden wird. Dann erhält man mit (12.2.30)

$$\boldsymbol{N}=\boldsymbol{m}\times\boldsymbol{B}(\boldsymbol{r}) \tag{12.2.36}$$

analog zum Drehmoment, das ein elektrischer Dipol in einem äußeren Feld $\boldsymbol{E}(\boldsymbol{r})$ erfährt:

$$\boldsymbol{N}=\boldsymbol{p}\times\boldsymbol{E}(\boldsymbol{r}) \ . \tag{12.2.37}$$

Anmerkungen

i) Beweis der Formeln (12.2.4) und (12.2.5):
Es gilt

$$\nabla\cdot(x_j\boldsymbol{J})=\nabla_i(x_jJ_i)=J_j+x_j\nabla\cdot\boldsymbol{J}=J_j \ , \tag{12.2.38}$$

also, für beliebiges $f(\boldsymbol{r}')$ auch

$$\int d^3r'[\nabla'\cdot(x_j'\boldsymbol{J}(\boldsymbol{r}')]f(\boldsymbol{r}')=\int d^3r'\,J_j(\boldsymbol{r}')f(\boldsymbol{r}') \ . \tag{12.2.39}$$

Partielle Integration auf der linken Seite liefert

$$-\int d^3r'x_j'\boldsymbol{J}(\boldsymbol{r}')\cdot\nabla'f(\boldsymbol{r}')=\int d^3r'\,J_j(\boldsymbol{r}')f(\boldsymbol{r}') \ , \tag{12.2.40}$$

der Randterm ist Null, da $\boldsymbol{J}(\boldsymbol{r}')=\boldsymbol{0}$ für $|\boldsymbol{r}'|>R$ ist. Setzen wir

a) $f\equiv 1$ ein, so ergibt sich

$$0=\int d^3r'J_j(\boldsymbol{r}') \ ; \tag{12.2.41}$$

b) $f\equiv x_k'$, so ergibt sich

$$-\int d^3r'x_j'J_k(\boldsymbol{r}')=\int d^3r'x_k'J_j(\boldsymbol{r}') \ . \tag{12.2.42}$$

Für $j=k$ ist dann

$$\int d^3r'x_j'J_j(\boldsymbol{r}')=0 \ , \tag{12.2.43}$$

also folgt auch

$$\int d^3r'\boldsymbol{r}'\cdot\boldsymbol{J}(\boldsymbol{r}')=0 \ . \tag{12.2.44}$$

ii) Umrechnung vom Stromdichteelement auf ein Stromelement:

Die Stromdichte sei auf einen Weg C (Leiterschleife von vernachlässigbarem Querschnitt) beschränkt. Dieser Weg sei beschrieben durch $\boldsymbol{r}=\boldsymbol{r}(s)$. Führen wir neue Koordinaten (n_1, n_2, n_3) ein mit $\boldsymbol{r}=\boldsymbol{r}(n_1, n_2, n_3)$, so seien die Parameter (n_1, n_2, n_3) so gewählt, daß n_1 die Bogenlänge s sei und n_2 und n_3 konstant auf dem Weg C seien. [Sei C z. B. ein Kreis, dann ist $\boldsymbol{r}=\boldsymbol{r}(r,\theta,\varphi)$ und $\boldsymbol{r}=\boldsymbol{r}(r=a,\theta=\pi/2,\varphi)$ ist ein Kreis in der $x-y$-Ebene mit Radius a.]

Dann ist die Richtung von $\boldsymbol{J}(\boldsymbol{r})$ die von $\partial\boldsymbol{r}/\partial n_1$. Da $\boldsymbol{J}(\boldsymbol{r})$ konzentriert ist auf den Weg $n_1=s$, $n_2=c_2$, $n_3=c_3$ können wir auch schreiben

$$\boldsymbol{J}(\boldsymbol{r})=A(n_1,n_2,n_3)\,\boldsymbol{e}_{n_1}\delta(n_2-c_2)\delta(n_3-c_3) \ . \tag{12.2.45}$$

Zu bestimmen ist noch die Größe A. Wir berechnen deswegen

$$I=\int d\boldsymbol{F}\cdot\boldsymbol{J}(\boldsymbol{r}) \ ,$$

mit

$$d\boldsymbol{F}=\boldsymbol{e}_{n_1}dn_2dn_3\sqrt{g_{22}g_{33}} \ ,$$

wobei g_{22}, g_{33} noch von den Koordinaten (n_1, n_2, n_3) abhängen können (vgl. Anhang F). Dann ist

$$I=A\int dn_2dn_3\sqrt{g_{22}g_{33}}\,\delta(n_2-c_2)\,\delta(n_3-c_3)$$

also

$$A=\frac{I}{\sqrt{g_{22}g_{33}}} \tag{12.2.46}$$

Für Kugelkoordinaten z.B. ist mit

$$(n_1, n_2, n_3) = (\varphi, r, \theta) \ , \qquad g_{22} = g_{rr} = 1 \ , \ g_{33} = g_{\theta\theta} = r^2 ,$$

bei einem Strom auf einer Kreisschleife mit Radius a:

$$\boldsymbol{J}(\boldsymbol{r}) = \frac{I}{a} \, \boldsymbol{e}_\varphi \, \delta(r-a) \, \delta(\theta - \tfrac{\pi}{2}) \ .$$

Allgemein ist also

$$\boldsymbol{J}(\boldsymbol{r}) = \frac{I}{\sqrt{g_{22} g_{33}}} \, \boldsymbol{e}_{n_1} \delta(n_2 - c_2) \, \delta(n_3 - c_3) \tag{12.2.47}$$

und so

$$\begin{aligned} \int d^3r' (\boldsymbol{J}(\boldsymbol{r}') \times \boldsymbol{r}') &= \int dn_1 dn_2 dn_3 \sqrt{g_{11} g_{22} g_{33}} \\ &\quad \cdot \frac{I}{\sqrt{g_{22} g_{33}}} \, \boldsymbol{e}_{n_1} \times \boldsymbol{r}(n_1, n_2, n_3) \\ &= I \int \frac{\partial \boldsymbol{r}}{\partial n_1} \times \boldsymbol{r}(n_1, c_2, c_3) \, dn_1 \ , \end{aligned} \tag{12.2.48}$$

da $\sqrt{g_{11}} = |\partial \boldsymbol{r} / \partial n_1|$ und so $\sqrt{g_{11}} \, \boldsymbol{e}_{n_1} = \partial \boldsymbol{r} / \partial n_1$ ist. Also gilt auch

$$\int d^3r' [\boldsymbol{J}(\boldsymbol{r}') \times \boldsymbol{r}'] = I \int d\boldsymbol{r}' \times \boldsymbol{r}' \ . \tag{12.2.49}$$

13. Zeitabhängige elektromagnetische Felder

In den Kapiteln 11 und 12 haben wir uns mit zeitunabhängigen Feldern beschäftigt. Die Gleichungen

$$\nabla \times \boldsymbol{E}(\boldsymbol{r}) = \boldsymbol{0} \ , \qquad \nabla \cdot \boldsymbol{B}(\boldsymbol{r}) = 0 \ ,$$

$$\nabla \cdot \boldsymbol{E}(\boldsymbol{r}) = \frac{1}{\varepsilon_0}\,\varrho(\boldsymbol{r}) \ , \qquad \nabla \times \boldsymbol{B}(\boldsymbol{r}) = \mu_0 \boldsymbol{J}(\boldsymbol{r})$$

bestimmen unabhängig voneinander das elektrostatische Feld $\boldsymbol{E}(\boldsymbol{r})$ und die magnetische Induktion $\boldsymbol{B}(\boldsymbol{r})$. Bei der Betrachtung zeitabhängiger Phänomene ergibt sich eine Verallgemeinerung, die zu einer Kopplung dieser Gleichungen führt.

13.1 Die Maxwell-Gleichungen

Faraday machte 1831 folgende Beobachtung:

Man betrachte eine Leiterschleife C in einem Feld $\boldsymbol{B}(\boldsymbol{r}, t)$ und eine Fläche F, deren Rand ∂F gleich C ist, und bilde die Größe

$$\Phi = \int_F d\boldsymbol{F} \cdot \boldsymbol{B}(\boldsymbol{r}, t) \ . \tag{13.1.1}$$

Man nennt Φ auch den *magnetischen Fluß* durch F; die magnetische Induktion, das Feld $\boldsymbol{B}$ nennt man deshalb auch manchmal die *magnetische Flußdichte.*

Variiert man Φ mit der Zeit, indem man etwa

- $\boldsymbol{B}(\boldsymbol{r}, t)$ zeitlich variiert, oder
- $d\boldsymbol{F}$ variiert, etwa durch Drehung oder Verformung der Schleife C,

so fließt ein Strom in C.

Faraday erklärte das so:

Es wird bei der zeitlichen Änderung von Φ in der Schleife C ein Feld $\boldsymbol{E}$ induziert, dadurch wirkt eine Kraft auf die Ladungsträger, so daß ein Strom fließt. Im Vergleich zum stationären Fall existiert nun im Leiter ein Feld $\boldsymbol{E}(\boldsymbol{r}, t)$, das die Ladungsträger bewegt und den *Induktionsstrom* erzeugt.

Für einen Strom in einem Leiter stellt man experimentell häufig die lineare Beziehung

$$\boldsymbol{J}(\boldsymbol{r}, t) = \sigma \boldsymbol{E}(\boldsymbol{r}, t) \tag{13.1.2}$$

fest, wobei σ die elektrische Leitfähigkeit des Materials beschreibt. Der Gültigkeitsbereich dieser Beziehung ist in Metallen sehr groß, in Halbleitern klein.

Das Linienintegral

$$\mathscr{E} = \oint_{\partial F} d\boldsymbol{r} \cdot \boldsymbol{E}(\boldsymbol{r}, t) \tag{13.1.3}$$

nennt man *Ringspannung* oder auch *elektromotorische Kraft* (obwohl es dimensionsmäßig gar keine Kraft ist, diese Bezeichnung ist historisch bedingt). Dann ist

$$\mathscr{E} = \oint d\boldsymbol{r} \cdot \frac{\boldsymbol{J}(\boldsymbol{r}, t)}{\sigma} = I \oint dr\,\frac{1}{A\sigma} = IR \tag{13.1.4}$$

mit $\boldsymbol{J}$ parallel zu $d\boldsymbol{r}$, $|\boldsymbol{J}| = I/A$ und

$$R = \frac{L}{A\sigma} \ , \tag{13.1.5}$$

dem Widerstand eines Leiters der Länge L, des Querschnitts A und der Leitfähigkeit σ.

Faraday's Induktionsgesetz lautet nun

$$\mathscr{E} = -k''\,\frac{d\Phi}{dt} \ . \tag{13.1.6}$$

Dabei ist k'' eine noch zu bestimmende Konstante, das Minuszeichen wird bei $k'' > 0$ der Beobachtung Rechnung tragen, daß der Induktionsstrom so gerichtet ist, daß die durch diesen Strom erzeugte magnetische Induktion der magnetischen Flußdichte, die den Induktionsstrom verursacht, entgegen gerichtet ist (*Lenzsche*[1] *Regel*).

In einem zeitunabhängigen Feld $\boldsymbol{B}(\boldsymbol{r})$ kann man sich die Kraft auf die Ladungen und den so entstehenden Strom auch dadurch erklären, daß bewegte Ladungen in dem Feld $\boldsymbol{B}$ eine Ablenkung gemäß der Lorentzkraft

$$\boldsymbol{F} = q\boldsymbol{v} \times \boldsymbol{B}$$

erfahren. Bewegt man z.B. einen Leiter, der in $\boldsymbol{e}_1$-

[1] *Lenz, Heinrich Friedrich Emil* (∗1804 Dorpat, †1865 Rom). Physiker aus dem Baltikum, Professor in St. Petersburg (Leningrad); Arbeiten besonders über magnetische Induktion.

Richtung verläuft, senkrecht zum Feld $\boldsymbol{B}=B\boldsymbol{e}_3$ in $\boldsymbol{e}_2$-Richtung, so wirkt aufgrund der Lorentzkraft auf die Ladungen eine Kraft in $\boldsymbol{e}_1$-Richtung d.h. in Richtung des Leiters.

Wir wollen die integrale Form der Aussage von Faraday in eine differentielle Form überführen. Es gilt zunächst auch:

$$\oint_{\partial F} d\boldsymbol{r}\cdot\boldsymbol{E}=\int_F d\boldsymbol{F}\cdot(\nabla\times\boldsymbol{E})=-k''\frac{d}{dt}\int_F d\boldsymbol{F}\cdot\boldsymbol{B} \ . \tag{13.1.7}$$

Wir wollen den Fall betrachten, daß die Fläche $\boldsymbol{F}$ sich nicht mit der Zeit ändert. Dann ändert sich der magnetische Fluß nur aufgrund einer Zeitabhängigkeit von $\boldsymbol{B}$. Gilt (13.1.7) nun für alle solche Flächen, auch für solche, die gar nicht von einem Leiter berandet werden, so folgt

$$\nabla\times\boldsymbol{E}(\boldsymbol{r},t)+k''\frac{\partial\boldsymbol{B}(\boldsymbol{r},t)}{\partial t}=\boldsymbol{0} \ . \tag{13.1.8}$$

Das bedeutet: ein zeitlich veränderliches $\boldsymbol{B}$-Feld erzeugt ein $\boldsymbol{E}$-Feld, auch im Vakuum. Das ist das *Induktionsgesetz* in der Form, wie Maxwell es aufgestellt hat.

Für zeitlich veränderliche Flächen hängt $d\boldsymbol{F}$ auch von t ab. Die Auswertung der Gleichung (13.1.7) führt u.a. auf das Verhalten von $\boldsymbol{E}$ bei Transformationen auf ein bewegtes Bezugssystem, nämlich auf das eines Beobachters, für den die Fläche ruht (siehe z.B. [10.5]). Wir wollen hier nicht darauf eingehen.

Ehe wir k'' bestimmen, wollen wir noch eine andere Gleichung verallgemeinern und zwar so, wie Maxwell es 1865 getan hat.

Wir betrachten die Gleichung der Magnetostatik:

$$\nabla\times\boldsymbol{B}(\boldsymbol{r})=\mu_0\boldsymbol{J}(\boldsymbol{r}) \ . \tag{13.1.9}$$

Diese Gleichung kann nur für stationäre Ströme richtig sein, denn Divergenz-Bildung liefert

$$\nabla\cdot(\nabla\times\boldsymbol{B})=0 \quad \text{also auch} \quad \nabla\cdot\boldsymbol{J}=0 \ .$$

Im allgemeinen ist aber

$$\nabla\cdot\boldsymbol{J}(\boldsymbol{r},t)+\frac{\partial\varrho(\boldsymbol{r},t)}{\partial t}=0 \ .$$

Nun ist aber wegen $\varepsilon_0\nabla\cdot\boldsymbol{E}=\varrho$

$$\frac{\partial\varrho}{\partial t}=\frac{\partial}{\partial t}(\varepsilon_0\nabla\cdot\boldsymbol{E})=\nabla\cdot\left(\varepsilon_0\frac{\partial\boldsymbol{E}}{\partial t}\right) \ . \tag{13.1.10}$$

Also gilt auch

$$\nabla\cdot\left[\boldsymbol{J}(\boldsymbol{r},t)+\varepsilon_0\frac{\partial\boldsymbol{E}(\boldsymbol{r},t)}{\partial t}\right]=0 \ . \tag{13.1.11}$$

Ergänzen wir die Gleichung (13.1.9) zu

$$\nabla\times\boldsymbol{B}(\boldsymbol{r},t)=\mu_0\left[\boldsymbol{J}(\boldsymbol{r},t)+\varepsilon_0\frac{\partial\boldsymbol{E}(\boldsymbol{r},t)}{\partial t}\right] , \tag{13.1.12}$$

so erhalten wir, mit $\varepsilon_0\mu_0=1/c^2$, auch

$$\nabla\times\boldsymbol{B}(\boldsymbol{r},t)-\frac{1}{c^2}\frac{\partial\boldsymbol{E}(\boldsymbol{r},t)}{\partial t}=\mu_0\boldsymbol{J}(\boldsymbol{r},t) \ . \tag{13.1.13}$$

Damit haben wir, um die Widerspruchsfreiheit der Gleichungen zu gewährleisten, eine Verallgemeinerung der Gleichung (13.1.9) gefunden. Natürlich ist diese Verallgemeinerung experimentell zu prüfen.

Dort, wo $\boldsymbol{J}(\boldsymbol{r},t)=\boldsymbol{0}$ ist, gilt dann

$$\nabla\times\boldsymbol{B}(\boldsymbol{r},t)-\frac{1}{c^2}\frac{\partial\boldsymbol{E}(\boldsymbol{r},t)}{\partial t}=\boldsymbol{0}$$

und so

$$\nabla\times(\nabla\times\boldsymbol{B})-\frac{1}{c^2}\frac{\partial}{\partial t}(\nabla\times\boldsymbol{E})=\boldsymbol{0} \ , \tag{13.1.14}$$

oder, mit (13.1.8),

$$\nabla(\nabla\cdot\boldsymbol{B})-\Delta\boldsymbol{B}-\frac{1}{c^2}\frac{\partial}{\partial t}\left(-k''\frac{\partial\boldsymbol{B}}{\partial t}\right)=\boldsymbol{0}$$

oder

$$\left(-\Delta+\frac{k''}{c^2}\frac{\partial^2}{\partial t^2}\right)\boldsymbol{B}(\boldsymbol{r},t)=\boldsymbol{0} \ . \tag{13.1.15}$$

Entsprechend erhalten wir aus (13.1.8):

$$\nabla\times(\nabla\times\boldsymbol{E})+k''\frac{\partial}{\partial t}(\nabla\times\boldsymbol{B})=\boldsymbol{0} \tag{13.1.16}$$

oder, mit (13.1.13), und wenn in dem Gebiet auch noch $\varrho\equiv0$ ist,

$$\left(-\Delta+\frac{k''}{c^2}\frac{\partial^2}{\partial t^2}\right)\boldsymbol{E}(\boldsymbol{r},t)=\boldsymbol{0} \ . \tag{13.1.17}$$

Man erhält Wellengleichungen für $\boldsymbol{E}(\boldsymbol{r},t)$ und $\boldsymbol{B}(\boldsymbol{r},t)$. Aus Abschn. 10.2 wissen wir, daß diese Gleichungen Lösungen besitzen, die laufenden Wellen mit der Geschwindigkeit $c/\sqrt{k''}$ für die Wellenfronten entsprechen. Betrachtet man die Lichtgeschwindigkeit c als einzige Fundamentalkonstante in der Elektrodynamik, so ist $k''=1$ zu setzen.

13.2 Potentiale und Eichtransformationen

Die Maxwell-Gleichungen lauten nun

$$\nabla\times\boldsymbol{E}(\boldsymbol{r},t)+\frac{\partial\boldsymbol{B}(\boldsymbol{r},t)}{\partial t}=\boldsymbol{0} \ , \tag{13.2.1}$$

$$\nabla\cdot\boldsymbol{E}(\boldsymbol{r},t)=\frac{1}{\varepsilon_0}\,\varrho(\boldsymbol{r},t) \ , \tag{13.2.2}$$

$$\nabla\cdot\boldsymbol{B}(\boldsymbol{r},t)=0 \ , \tag{13.2.3}$$

$$\nabla\times\boldsymbol{B}(\boldsymbol{r},t)-\frac{1}{c^2}\frac{\partial\boldsymbol{E}(\boldsymbol{r},t)}{\partial t}=\mu_0\boldsymbol{J}(\boldsymbol{r},t) \ . \tag{13.2.4}$$

Die homogenen Gleichungen (13.2.1) und (13.2.3) lassen sich durch die Einführung von Potentialen sofort lösen: Aus

$$\nabla\cdot\boldsymbol{B}(\boldsymbol{r},t)=0$$

folgt, daß es ein Vektorpotential $\boldsymbol{A}(\boldsymbol{r},t)$ gibt (vgl. Anhang F) mit:

$$\boldsymbol{B}(\boldsymbol{r},t)=\nabla\times\boldsymbol{A}(\boldsymbol{r},t) \ , \tag{13.2.5}$$

und aus

$$\boldsymbol{0}=\nabla\times\boldsymbol{E}(\boldsymbol{r},t)+\frac{\partial\boldsymbol{B}(\boldsymbol{r},t)}{\partial t}=\nabla\times\left[\boldsymbol{E}(\boldsymbol{r},t)+\frac{\partial\boldsymbol{A}(\boldsymbol{r},t)}{\partial t}\right]$$

folgt, daß es ein Potential ϕ gibt mit

$$\boldsymbol{E}(\boldsymbol{r},t)+\frac{\partial\boldsymbol{A}(\boldsymbol{r},t)}{\partial t}=-\nabla\phi(\boldsymbol{r},t)$$

oder

$$\boldsymbol{E}(\boldsymbol{r},t)=-\nabla\phi(\boldsymbol{r},t)-\frac{\partial\boldsymbol{A}(\boldsymbol{r},t)}{\partial t} \ . \tag{13.2.6}$$

Damit sind die Felder $\boldsymbol{E}(\boldsymbol{r},t)$ und $\boldsymbol{B}(\boldsymbol{r},t)$ durch Potentiale $\phi(\boldsymbol{r},t)$, $\boldsymbol{A}(\boldsymbol{r},t)$ ausgedrückt und die homogenen Maxwell-Gleichungen sind somit berücksichtigt.

Die Potentiale $(\phi(\boldsymbol{r},t),\ \boldsymbol{A}(\boldsymbol{r},t))$ sind aber nicht eindeutig definiert. Würden wir sie durch die „*Eichtransformation*“

$$\phi\mapsto\phi-\partial\Lambda/\partial t \ , \tag{13.2.7}$$

$$\boldsymbol{A}\mapsto\boldsymbol{A}+\nabla\Lambda \ , \qquad \Lambda=\Lambda(\boldsymbol{r},t) \tag{13.2.8}$$

verändern, so würden die Felder $\boldsymbol{E}(\boldsymbol{r},t)$, $\boldsymbol{B}(\boldsymbol{r},t)$ unverändert bleiben:

$$\boldsymbol{B}\mapsto\nabla\times(\boldsymbol{A}+\nabla\Lambda)=\nabla\times\boldsymbol{A}=\boldsymbol{B} \ , \tag{13.2.9}$$

$$\boldsymbol{E}\mapsto-\nabla\phi+\frac{\partial}{\partial t}\nabla\Lambda-\frac{\partial\boldsymbol{A}}{\partial t}-\frac{\partial}{\partial t}\nabla\Lambda=-\nabla\phi-\frac{\partial\boldsymbol{A}}{\partial t}=\boldsymbol{E} \ . \tag{13.2.10}$$

Aus den inhomogenen Gleichungen (13.2.2, 4) folgt nun:

$$-\Delta\phi(\boldsymbol{r},t)-\frac{\partial}{\partial t}\nabla\cdot\boldsymbol{A}(\boldsymbol{r},t)=\frac{1}{\varepsilon_0}\,\varrho(\boldsymbol{r},t) \tag{13.2.11}$$

und

$$\begin{aligned}\nabla\times[\nabla\times\boldsymbol{A}(\boldsymbol{r},t)]&+\frac{1}{c^2}\frac{\partial}{\partial t}\left[\nabla\phi(\boldsymbol{r},t)+\frac{\partial\boldsymbol{A}(\boldsymbol{r},t)}{\partial t}\right]\\ &=-\Delta\boldsymbol{A}(\boldsymbol{r},t)+\frac{1}{c^2}\frac{\partial^2\boldsymbol{A}(\boldsymbol{r},t)}{\partial t^2}\\ &\quad+\nabla\left[\nabla\cdot\boldsymbol{A}(\boldsymbol{r},t)+\frac{1}{c^2}\frac{\partial\phi(\boldsymbol{r},t)}{\partial t}\right]=\mu_0\boldsymbol{J}(\boldsymbol{r},t) \ .\end{aligned} \tag{13.2.12}$$

Die Freiheit in der Wahl von $(\phi,\boldsymbol{A})$ nutzen wir aus und verlangen zusätzlich:

$$\nabla\cdot\boldsymbol{A}(\boldsymbol{r},t)+\frac{1}{c^2}\frac{\partial\phi(\boldsymbol{r},t)}{\partial t}=0 \ . \tag{13.2.13}$$

Das ist die *Lorentz-Bedingung*, man spricht auch von der *Lorentz-Eichung*. Man kann immer diese Bedingung erfüllen, denn sei

$$\nabla \cdot \boldsymbol{A}(\boldsymbol{r}, t) + \frac{1}{c^2} \frac{\partial \phi(\boldsymbol{r}, t)}{\partial t} \neq 0 ,$$

so führe man eine Eichtransformation

$$\phi \mapsto \phi' = \phi - (\partial \Lambda / \partial t) ,$$

$$\boldsymbol{A} \mapsto \boldsymbol{A}' = \boldsymbol{A} + \nabla \Lambda$$

aus, die Eichfunktion $\Lambda(\boldsymbol{r}, t)$ richte man dabei so ein, daß

$$\nabla \cdot \boldsymbol{A}' + \frac{1}{c^2} \frac{\partial \phi'}{\partial t} = \nabla \cdot \boldsymbol{A} + \frac{1}{c^2} \frac{\partial \phi}{\partial t} + \left(\Delta - \frac{1}{c^2} \frac{\partial^2}{\partial t^2} \right) \Lambda(\boldsymbol{r}, t) = 0$$

ist. Diese Gleichung für $\Lambda(\boldsymbol{r}, t)$ stellt eine inhomogene Wellengleichung dar, deren Lösung wir in Abschn. 13.4 besprechen werden.

Die Potentiale $\phi'(\boldsymbol{r}, t)$ und $\boldsymbol{A}'(\boldsymbol{r}, t)$ genügen dann der Lorentz-Bedingung und man erhält für sie die inhomogenen Wellengleichungen:

$$\left(-\Delta + \frac{1}{c^2} \frac{\partial^2}{\partial t^2} \right) \phi'(\boldsymbol{r}, t) = \frac{1}{\varepsilon_0} \varrho(\boldsymbol{r}, t) , \qquad (13.2.14)$$

$$\left(-\Delta + \frac{1}{c^2} \frac{\partial^2}{\partial t^2} \right) \boldsymbol{A}'(\boldsymbol{r}, t) = \mu_0 \boldsymbol{J}(\boldsymbol{r}, t) . \qquad (13.2.15)$$

Es gibt noch eine andere sehr bekannte Eichung, die Coulomb-Eichung, auf die wir hier nicht eingehen wollen.

13.3 Elektromagnetische Wellen im Vakuum, die Polarisation transversaler Wellen

In Abschn. 13.1 hatten wir gezeigt, daß die Lösungen der Maxwell-Gleichungen in einem Gebiet, in dem $\varrho(\boldsymbol{r}, t)$ und $\boldsymbol{J}(\boldsymbol{r}, t)$ verschwinden, auch der Wellengleichung genügen. Diese Gleichung hat, wie wir in Abschn. 10.1 und 2 studiert haben, Lösungen, die laufenden, mit der Geschwindigkeit c sich ausbreitenden Wellen entsprechen. Die Gültigkeit der Maxwell-Gleichungen hat somit zur Konsequenz, daß man elektromagnetische Wellen beobachten sollte. In der Tat hat *H. Hertz*[2] in den Jahren 1886–1888 zum ersten Male solche elektromagnetischen Wellen erzeugt und nachgewiesen. Die technische Bedeutung dieser Wellen, wie wir sie heute in Funk und Fernsehen kennen, konnte er noch nicht erkennen.

Betrachten wir ebene Wellen, so schreiben wir als Lösung der Wellengleichung

$$\begin{aligned} \boldsymbol{E}(\boldsymbol{r}, t) &= \boldsymbol{E}_0(\boldsymbol{k}) \, \mathrm{e}^{\mathrm{i}(\boldsymbol{k} \cdot \boldsymbol{r} - \omega t)} , \\ \boldsymbol{B}(\boldsymbol{r}, t) &= \boldsymbol{B}_0(\boldsymbol{k}) \, \mathrm{e}^{\mathrm{i}(\boldsymbol{k} \cdot \boldsymbol{r} - \omega t)} \end{aligned} \qquad (13.3.1)$$

mit $|\boldsymbol{k}| = \omega / c$. Mit diesen Ansätzen ist zwar die Wellengleichung erfüllt. Aus den Maxwell-Gleichungen folgen aber für die Amplituden $\boldsymbol{E}_0(\boldsymbol{k})$ und $\boldsymbol{B}_0(\boldsymbol{k})$ noch folgende Bedingungen:

$$\nabla \cdot \boldsymbol{B}(\boldsymbol{r}, t) = 0 \quad \rightarrow \quad \boldsymbol{k} \cdot \boldsymbol{B}_0(\boldsymbol{k}) = 0 , \qquad (13.3.2)$$

$$\nabla \cdot \boldsymbol{E}(\boldsymbol{r}, t) = 0 \quad \rightarrow \quad \boldsymbol{k} \cdot \boldsymbol{E}_0(\boldsymbol{k}) = 0 , \qquad (13.3.3)$$

$$\nabla \times \boldsymbol{E}(\boldsymbol{r}, t) = -\frac{\partial \boldsymbol{B}(\boldsymbol{r}, t)}{\partial t} \quad \rightarrow \quad \boldsymbol{k} \times \boldsymbol{E}_0(\boldsymbol{k}) = \omega \boldsymbol{B}_0(\boldsymbol{k}) , \qquad (13.3.4)$$

$$\nabla \times \boldsymbol{B}(\boldsymbol{r}, t) = \frac{1}{c^2} \frac{\partial \boldsymbol{E}(\boldsymbol{r}, t)}{\partial t} \quad \rightarrow \quad \boldsymbol{k} \times \boldsymbol{B}_0(\boldsymbol{k}) = -\frac{\omega}{c^2} \boldsymbol{E}_0(\boldsymbol{k}) , \qquad (13.3.5)$$

d.h., $\boldsymbol{E}_0$, $\boldsymbol{B}_0$ und $\boldsymbol{k}$ müssen paarweise senkrecht aufeinander stehen, sie bilden dann ein orthogonales Dreibein. Da so $\boldsymbol{E}$ und $\boldsymbol{B}$ senkrecht zu $\boldsymbol{k}$, der Ausbreitungsrichtung, schwingen, nennt man die Wellen auch *transversal*[3].

Transversale Wellen weisen eine *Polarisation*[4] auf:

---

[2] *Hertz, Heinrich* (∗1857 Hamburg, †1894 Bonn). Entscheidende Arbeiten zum Elektromagnetismus. 1886 Nachweis elektromagnetischer Wellen, 1887 Entdeckung des Photoeffektes, später Nachweis der Transversalität der elektromagnetischen Wellen. Als Experimentator wie als Theoretiker zeichnete sich Hertz aus. Sehr einflußreich war seine 1890 erschienene übersichtliche Darstellung der Maxwellschen Theorie. Seit 1889 Nachfolger von Clausius in Bonn.

[3] transversal (lat.) von transvertere: etwa „quergewandt".

[4] Polarisation von polarisieren: richten, ausrichten, mit einer Vorzugsrichtung versehen.

Wir legen die $\boldsymbol{e}_3$-Richtung in Richtung von $\boldsymbol{k}$. Zeigt der Vektor $\boldsymbol{E}_0$ in $\boldsymbol{e}_1$-Richtung, so nennt man $\boldsymbol{E}(\boldsymbol{r},t)$ in $\boldsymbol{e}_1$-Richtung linear polarisiert. Das elektrische Feld $\boldsymbol{E}(\boldsymbol{r},t)$ schwingt dann in der Ebene senkrecht zu $\boldsymbol{k}$ in Richtung von $\boldsymbol{e}_1$.

Überlagert man nun zwei Lösungen, jeweils in $\boldsymbol{e}_1$ bzw. in $\boldsymbol{e}_2$-Richtung polarisiert, so erhält man eine Lösung der Form:

$$\boldsymbol{E}(\boldsymbol{r},t)=(E_1\boldsymbol{e}_1+E_2\boldsymbol{e}_2)\,\mathrm{e}^{\mathrm{i}(\boldsymbol{k}\cdot\boldsymbol{r}-\omega t)} \; . \tag{13.3.6}$$

Dabei können die Amplituden E_1, E_2 auch komplex sein, so daß also

$$E_i=|E_i|\,\mathrm{e}^{i\varphi_i} \; , \qquad i=1,2 \tag{13.3.7}$$

ist und somit für den physikalischen relevanten Realteil

$$\mathrm{Re}\,\{E_i\,\mathrm{e}^{\mathrm{i}(\boldsymbol{k}\cdot\boldsymbol{r}-\omega t)}\}=|E_i|\cos(\boldsymbol{k}\cdot\boldsymbol{r}-\omega t+\varphi_i) \; , \qquad i=1,2 \tag{13.3.8}$$

folgt. Wir betrachten einige Spezialfälle:

a) Sei zunächst $\varphi_1=\varphi_2$, dann ist

$$\boldsymbol{E}(\boldsymbol{r},t)=(|E_1|\boldsymbol{e}_1+|E_2|\boldsymbol{e}_2)\,\mathrm{e}^{\mathrm{i}(\boldsymbol{k}\cdot\boldsymbol{r}-\omega t+\varphi_1)} \; , \tag{13.3.9}$$

und die Lösung $\boldsymbol{E}(\boldsymbol{r},t)$ ist nun in Richtung von

$$|E_1|\boldsymbol{e}_1+|E_2|\boldsymbol{e}_2$$

linear polarisiert (Abb. 13.3.1a).

b) Sei $\varphi_2=\varphi_1\pm\frac{\pi}{2}$, $|E_2|=|E_1|$, dann ist

$$E_2=\pm\mathrm{i}E_1 \; , \tag{13.3.10}$$

und man erhält die Lösungen:

$$\boldsymbol{E}_\pm(\boldsymbol{r},t)=E_1(\boldsymbol{e}_1\pm\mathrm{i}\boldsymbol{e}_2)\,\mathrm{e}^{\mathrm{i}(\boldsymbol{k}\cdot\boldsymbol{r}-\omega t)} \; , \tag{13.3.11}$$

d.h.

$$\mathrm{Re}\,\{(\boldsymbol{E}_\pm)_x\}=|E_1|\cos(\boldsymbol{k}\cdot\boldsymbol{r}-\omega t+\varphi_1) \; , \tag{13.3.12}$$

$$\begin{aligned}\mathrm{Re}\,\{(\boldsymbol{E}_\pm)_y\}&=|E_1|\cos(\boldsymbol{k}\cdot\boldsymbol{r}-\omega t\pm\tfrac{\pi}{2}+\varphi_1)\\&=\mp|E_1|\sin(\boldsymbol{k}\cdot\boldsymbol{r}-\omega t+\varphi_1) \; ,\end{aligned} \tag{13.3.13}$$

also auch

$$[\mathrm{Re}\,\{\boldsymbol{E}_\pm(\boldsymbol{r},t)\}]^2=|E_1|^2 \; . \tag{13.3.14}$$

Das bedeutet: Legen wir die z-Achse in $\boldsymbol{k}$-Richtung, dann hat die physikalische Lösung $\mathrm{Re}\,\{\boldsymbol{E}_\pm(\boldsymbol{r},t)\}$ als Funktion von t immer die gleiche Amplitude, aber die Richtung von $\mathrm{Re}\,\{\boldsymbol{E}_\pm(\boldsymbol{r},t)\}$ rotiert in der xy-Ebene und zwar rotiert $\mathrm{Re}\,\{\boldsymbol{E}_-(\boldsymbol{r},t)\}$ im Uhrzeigersinn, $\mathrm{Re}\,\{\boldsymbol{E}_+(\boldsymbol{r},t)\}$ entgegengesetzt (Abb. 13.3.1b). Man nennt diese Wellen rechts bzw. links *zirkular polarisiert*. Eine Überlagerung von linear polarisierten Wellen gleicher Amplitude stellt also eine zirkulare polarisierte Welle dar, wenn die Phasendifferenz der linear polarisierten Wellen gerade $\pm\frac{\pi}{2}$ beträgt.

Führt man die beiden Vektoren

$$\boldsymbol{e}_\pm=\frac{1}{\sqrt{2}}\,(\boldsymbol{e}_1\pm\mathrm{i}\boldsymbol{e}_2) \tag{13.3.15}$$

als neue Basis in der Ebene senkrecht zu $\boldsymbol{k}$ anstelle der Basisvektoren $\boldsymbol{e}_1, \boldsymbol{e}_2$ ein, so kann man allgemein $\boldsymbol{E}(\boldsymbol{r},t)$ äquivalent zu (13.3.6) darstellen als:

$$\boldsymbol{E}(\boldsymbol{r},t)=(E_+\boldsymbol{e}_++E_-\boldsymbol{e}_-)\,\mathrm{e}^{\mathrm{i}(\boldsymbol{k}\cdot\boldsymbol{r}-\omega t)} \; . \tag{13.3.16}$$

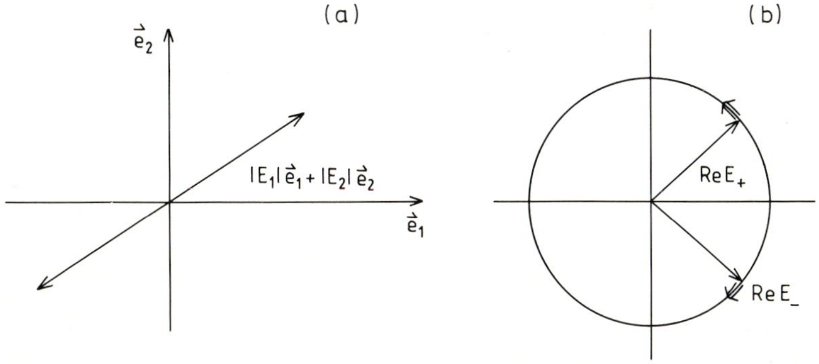

Abb. 13.3.1a,b. Die Schwingungen des elektrischen Feldes in der Ebene senkrecht zur Ausbreitungsrichtung $\boldsymbol{e}_3$. (**a**) lineare Polarisation (**b**) zirkulare Polarisation

Zirkular-polarisierte Wellen erhält man in dieser Darstellung, wenn $E_+=0$ oder $E_-=0$ ist.

Ist nun aber z.B.

$$E_-=E_+ \ , \tag{13.3.17}$$

so ist

$$\begin{aligned} \boldsymbol{E}(\boldsymbol{r},t) &= E_+(\boldsymbol{e}_+ + \boldsymbol{e}_-)\,\mathrm{e}^{\mathrm{i}(\boldsymbol{k}\cdot\boldsymbol{r}-\omega t)} \\ &= E_+\sqrt{2}\,\boldsymbol{e}_1\,\mathrm{e}^{\mathrm{i}(\boldsymbol{k}\cdot\boldsymbol{r}-\omega t)} \ , \end{aligned} \tag{13.3.18}$$

d.h., die Welle ist linear polarisiert. Ähnliches gilt für $E_-=-E_+$. So kann man durch eine Überlagerung von zwei zirkularpolarisierten Wellen wiederum linear polarisierte Wellen beschreiben.

c) Im allgemeinen Fall wollen wir ohne Beschränkung der Allgemeinheit $\varphi_1=0$ setzen. Dann ist

$$\mathrm{Re}\{E_x\}=E_1\cos(\boldsymbol{k}\cdot\boldsymbol{r}-\omega t) \ , \tag{13.3.19}$$

$$\begin{aligned} \mathrm{Re}\{E_y\} &= |E_2|\cos(\boldsymbol{k}\cdot\boldsymbol{r}-\omega t+\varphi_2) \\ &= |E_2|\,[\cos(\boldsymbol{k}\cdot\boldsymbol{r}-\omega t)\cos\varphi_2 \\ &\quad -\sin(\boldsymbol{k}\cdot\boldsymbol{r}-\omega t)\sin\varphi_2] \ . \end{aligned} \tag{13.3.20}$$

Für $\varphi_2\neq 0$ kann man diese Gleichungen nach $\cos(\boldsymbol{k}\cdot\boldsymbol{r}-\omega t)$ und $\sin(\boldsymbol{k}\cdot\boldsymbol{r}-\omega t)$ auflösen. Die Beziehung $\cos^2 x+\sin^2 x=1$ liefert dann die Gleichung

$$\frac{(\mathrm{Re}\{E_x\})^2}{E_1^2} + \left(\frac{\mathrm{Re}\{E_y\}-|E_2|\cos\varphi_2(\mathrm{Re}\{E_x\}/E_1)}{|E_2|\sin\varphi_2}\right)^2 = 1 \ , \tag{13.3.21}$$

welche zeigt, daß die Spitze des Vektors $\mathrm{Re}\{\boldsymbol{E}\}$ für $\sin\varphi_2\neq 0$ eine Ellipse durchläuft. Man nennt dann $\boldsymbol{E}(\boldsymbol{r},t)$ *elliptisch polarisiert*. Die Ellipse entartet zu einem Kreis, wenn E_+ oder E_- verschwindet, zu einer Geraden, wenn $E_+=\pm E_-$ ist.

13.4 Elektromagnetische Wellen, der Einfluß der Quellen

Nachdem wir im Abschn. 13.3 die allgemeine Struktur der Lösungen der Maxwell-Gleichungen im quellenfreien Raum untersucht haben, wollen wir in diesem Kapitel die Lösungen in Abhängigkeit von den Quellen $\varrho(\boldsymbol{r},t)$ und $\boldsymbol{J}(\boldsymbol{r},t)$ diskutieren. Wir gehen dazu zurück auf die inhomogenen Wellengleichungen für die Potentiale. Diese haben die Form

$$\left(-\Delta+\frac{1}{c^2}\frac{\partial^2}{\partial t^2}\right)u(\boldsymbol{r},t)=h(\boldsymbol{r},t) \ . \tag{13.4.1}$$

Dabei steht $u(\boldsymbol{r},t)$ also für $\phi(\boldsymbol{r},t)$ und $\boldsymbol{A}(\boldsymbol{r},t)$, während $h(\boldsymbol{r},t)$ für $\varrho(\boldsymbol{r},t)/\varepsilon_0$ bzw. $\mu_0\boldsymbol{J}(\boldsymbol{r},t)$ steht.

In Abschn. 10.2 hatten wir schon eine Greensche Funktion für die Wellengleichung studiert. Diese war

$$G_{\mathrm{R}}(\boldsymbol{r},t)=\frac{1}{4\pi r}\,\delta\left(t-\frac{r}{c}\right)\Theta(t) \ , \tag{13.4.2}$$

so daß die Lösung der inhomogenen Wellengleichung geschrieben werden kann als

$$\begin{aligned} u(\boldsymbol{r},t) &= \int dt'd^3r'\,G_{\mathrm{R}}(\boldsymbol{r}-\boldsymbol{r}',\,t-t')\,h(\boldsymbol{r}',t') \\ &= \int dt'd^3r'\,\frac{1}{4\pi|\boldsymbol{r}-\boldsymbol{r}'|} \\ &\quad \times\delta\left(t-t'-\frac{|\boldsymbol{r}-\boldsymbol{r}'|}{c}\right)h(\boldsymbol{r}',t') \\ &= \frac{1}{4\pi}\int d^3r'\,\frac{1}{|\boldsymbol{r}-\boldsymbol{r}'|}\,h\left(\boldsymbol{r}',t-\frac{|\boldsymbol{r}-\boldsymbol{r}'|}{c}\right) \ . \end{aligned} \tag{13.4.3}$$

Wir wollen dieses Ergebnis noch einmal auf eine etwas anders erscheinende Weise herleiten:

Wir stellen die Quellenfunktion als Fourier-Integral in der Form

$$h(\boldsymbol{r},t)=\int d\omega\,\tilde{h}(\boldsymbol{r},\omega)\,\mathrm{e}^{-\mathrm{i}\omega t} \tag{13.4.4}$$

dar (vgl. Anhang D). Ebenso stellen wir die gesuchte Lösung dar:

$$u(\boldsymbol{r},t)=\int d\omega\,\tilde{u}(\boldsymbol{r},\omega)\,\mathrm{e}^{-\mathrm{i}\omega t} \tag{13.4.5}$$

Dann folgt aus der Wellengleichung:

$$\begin{aligned} \left(-\Delta+\frac{1}{c^2}\frac{\partial^2}{\partial t^2}\right)u(\boldsymbol{r},t) &= \int d\omega\left(-\Delta+\frac{(-\mathrm{i}\omega)^2}{c^2}\right)\tilde{u}(\boldsymbol{r},\omega)\,\mathrm{e}^{-\mathrm{i}\omega t} \\ &= \int d\omega\,\tilde{h}(\boldsymbol{r},\omega)\,\mathrm{e}^{-\mathrm{i}\omega t} \ . \end{aligned} \tag{13.4.6}$$

Damit werden wir auf die inhomogene Helmholtz-Gleichung für die Fourier-Transformierten geführt

$$-(\Delta+k^2)\,\tilde{u}(\boldsymbol{r},\omega)=\tilde{h}(\boldsymbol{r},\omega)\ , \qquad k=\frac{\omega}{c}\ , \tag{13.4.7}$$

zu deren Lösung wir nun eine Greensche Funktion zu $(\Delta+k^2)$ im gesamten $\mathbb{R}^3$ benötigen. Eine solche ist aber

$$G_k(\boldsymbol{r},\boldsymbol{r}')=\frac{1}{|\boldsymbol{r}-\boldsymbol{r}'|}\,\mathrm{e}^{\pm ik|\boldsymbol{r}-\boldsymbol{r}'|}\ . \tag{13.4.8}$$

Beweis

Es genügt zu zeigen, daß gilt:

$$-(\Delta+k^2)\frac{\mathrm{e}^{\pm ikr}}{r}=4\pi\delta(\boldsymbol{r})\ . \tag{13.4.9}$$

Explizit erhält man (vgl. Anhang F)

$$\begin{aligned}\Delta\frac{\mathrm{e}^{\pm ikr}}{r}&=\left(\frac{\partial^2}{\partial r^2}+\frac{2}{r}\frac{\partial}{\partial r}\right)\frac{\mathrm{e}^{\pm ikr}}{r}\\ &=\mathrm{e}^{\pm ikr}\Delta\frac{1}{r}+\frac{1}{r}\left(\frac{\partial^2}{\partial r^2}+\frac{2}{r}\frac{\partial}{\partial r}\right)\mathrm{e}^{\pm ikr}+2\left(\frac{\partial}{\partial r}\frac{1}{r}\right)\left(\frac{\partial}{\partial r}\,\mathrm{e}^{\pm ikr}\right)\\ &=-4\pi\delta(\boldsymbol{r})+(-k^2)\frac{\mathrm{e}^{\pm ikr}}{r}\ .\end{aligned}$$

$G_k(\boldsymbol{r},\boldsymbol{r}')$ ist genau eine Greensche Funktion, die im Unendlichen verschwindet wie $1/r$. Das Vorzeichen im Exponenten lassen wir noch offen.

Die Lösung der inhomogenen Helmholtz-Gleichung ergibt sich so zu

$$\tilde{u}(\boldsymbol{r},\omega)=\frac{1}{4\pi}\int d^3r'\,G_k(\boldsymbol{r},\boldsymbol{r}')\,\tilde{h}(\boldsymbol{r}',\omega)\ , \tag{13.4.10}$$

und so ist

$$\begin{aligned}u(\boldsymbol{r},t)&=\int d\omega\,\tilde{u}(\boldsymbol{r},\omega)\,\mathrm{e}^{-\mathrm{i}\omega t}\\ &=\frac{1}{4\pi}\int d^3r'\int d\omega\,\frac{\mathrm{e}^{\pm\mathrm{i}k|\boldsymbol{r}-\boldsymbol{r}'|}}{|\boldsymbol{r}-\boldsymbol{r}'|}\,\mathrm{e}^{-\mathrm{i}\omega t}\tilde{h}(\boldsymbol{r}',\omega)\\ &=\frac{1}{4\pi}\int d^3r'\int d\omega\,\frac{1}{|\boldsymbol{r}-\boldsymbol{r}'|}\,\mathrm{e}^{-\mathrm{i}\omega(t\mp|\boldsymbol{r}-\boldsymbol{r}'|/c)}\tilde{h}(\boldsymbol{r}',\omega)\\ &=\frac{1}{4\pi}\int d^3r'\,\frac{1}{|\boldsymbol{r}-\boldsymbol{r}'|}\,h\left(\boldsymbol{r}',t\mp\frac{|\boldsymbol{r}-\boldsymbol{r}'|}{c}\right)\ .\end{aligned} \tag{13.4.11}$$

Im Ausdruck $(t\mp|\boldsymbol{r}-\boldsymbol{r}'|/c)$ sind, mathematisch gesehen, beide Vorzeichen möglich, aber nur das obere Vorzeichen ist physikalisch sinnvoll, da

$$t'=t-\frac{|\boldsymbol{r}-\boldsymbol{r}'|}{c}$$

der Zeitpunkt *vor* t ist, in dem die Quelle $h(\boldsymbol{r}',t')$ eine Erregung verursacht, die dann von $\boldsymbol{r}'$ zu $\boldsymbol{r}$ den Weg $\boldsymbol{r}-\boldsymbol{r}'$ in der Zeit $|\boldsymbol{r}-\boldsymbol{r}'|/c$ zurücklegt, um am Punkt $\boldsymbol{r}$ bemerkt zu werden.

Eine zeitliche Veränderung der Quelle zieht also eine zeitliche Veränderung der Felder nach sich, aber retardiert d. h. verzögert, da sich die Erregung mit einer endlichen Geschwindigkeit, nämlich mit der Lichtgeschwindigkeit c fortpflanzt. Man nennt die sich so ergebenden Potentiale auch *retardierte Potentiale.*

Man hat so durch die Fourier-Transformation das zeitabhängige Problem auf die Lösung der Helmholtz-Gleichung reduziert, und mit der Einschränkung auf das obere Vorzeichen ist (13.4.11) mit der Lösung (13.4.3) identisch.

Das Integral in diesen Formeln über $h(\boldsymbol{r}',t)$ kann man im allgemeinen nicht analytisch berechnen. Hier setzen nun die verschiedenen Näherungen und Betrachtungen von Spezialfällen ein.

Wir wollen davon ausgehen, daß $\tilde{h}(\boldsymbol{r},\omega)$ als Funktion von ω nur in einem gewissen Bereich, der um ω_0 konzentriert sein möge, ungleich Null ist.

Die zugehörige Wellenlänge $\lambda=2\pi c/\omega_0$ stellt dann ein Maß für die Wellenlänge der Strahlung dar. Nun sei die Ausdehnung der Quelle $d\ll\lambda$. Man unterscheidet dann gewöhnlich drei Gebiete, je nach Abstand r des Empfängers von der Quelle:

a) die Nahzone: $d\ll r\ll\lambda$,
b) die mittlere Zone: $d\ll r\sim\lambda$,
c) die *Fernzone* $d\ll\lambda\ll r$,
auch *Strahlungszone* genannt.

Wir wollen die Potentiale nur in der Fernzone studieren:

Mit $\mu_0\boldsymbol{J}(\boldsymbol{r},\omega)$ für $\tilde{h}(\boldsymbol{r},\omega)$, $\boldsymbol{A}(\boldsymbol{r},\omega)$ für $\tilde{u}(\boldsymbol{r},\omega)$ gilt dann nach (13.4.10)

$$\boldsymbol{A}(\boldsymbol{r},\omega)=\frac{\mu_0}{4\pi}\int d^3r'\,\frac{\mathrm{e}^{\mathrm{i}k|\boldsymbol{r}-\boldsymbol{r}'|}}{|\boldsymbol{r}-\boldsymbol{r}'|}\,\boldsymbol{J}(\boldsymbol{r}',\omega)\ . \tag{13.4.12}$$

Für $r' \lesssim d \ll r$ gilt nun

$$\begin{aligned}|\boldsymbol{r}-\boldsymbol{r}'| &= (r^2+r'^2-2\boldsymbol{r}\cdot\boldsymbol{r}')^{1/2} \\ &= r\left(1-2\boldsymbol{n}\cdot\frac{\boldsymbol{r}'}{r}+\frac{r'^2}{r^2}\right)^{1/2} \\ &= r\left(1-\boldsymbol{n}\cdot\frac{\boldsymbol{r}'}{r}+\dots\right) \\ &= r-\boldsymbol{n}\cdot\boldsymbol{r}'+O\left(r\left(\frac{r'}{r}\right)^2\right) . \end{aligned} \qquad (13.4.13)$$

Dann ist

$$\frac{1}{|\boldsymbol{r}-\boldsymbol{r}'|}=\frac{1}{r(1-\boldsymbol{n}\cdot\boldsymbol{r}'/r+\dots)}=\frac{1}{r}+O\left(\frac{1}{r}\left(\frac{r'}{r}\right)\right) \qquad (13.4.14)$$

und so

$$\begin{aligned}\boldsymbol{A}(r,\omega) &= \frac{\mu_0}{4\pi}\,\frac{1}{r}\int d^3r'\,\mathrm{e}^{\mathrm{i}kr}\mathrm{e}^{-\mathrm{i}k\boldsymbol{n}\cdot\boldsymbol{r}'}\boldsymbol{J}(\boldsymbol{r}',\omega) \\ &= \frac{\mu_0}{4\pi}\,\frac{\mathrm{e}^{\mathrm{i}kr}}{r}\sum_{l=0}^{\infty}\frac{1}{l!}\int d^3r'(-\mathrm{i}k\boldsymbol{n}\cdot\boldsymbol{r}')^l\boldsymbol{J}(\boldsymbol{r}',\omega) .\end{aligned} \qquad (13.4.15)$$

Da nun für $d \ll \lambda$ gilt

$$\frac{d}{\lambda}=\frac{kd}{2\pi}\ll 1 ,$$

ist also

$$|k\boldsymbol{n}\cdot\boldsymbol{r}'|\lesssim kd \ll 1 ,$$

und so ist in der Summe von (13.4.15) der Term mit $l=0$ dominant.

Also folgt in dieser Näherung (*Dipol-Näherung*):

$$\boldsymbol{A}(\boldsymbol{r},\omega)=\frac{\mu_0}{4\pi}\,\frac{\mathrm{e}^{\mathrm{i}kr}}{r}\int d^3r'\boldsymbol{J}(\boldsymbol{r}',\omega) . \qquad (13.4.16)$$

Für einen stationären Strom war $\nabla\cdot\boldsymbol{J}=0$ und

$$\int d^3r\,\boldsymbol{J}(\boldsymbol{r})=\boldsymbol{0} .$$

Jetzt aber gilt die Kontinuitätsgleichung in der Form

$$\nabla\cdot\boldsymbol{J}(\boldsymbol{r},t)+\partial\varrho(\boldsymbol{r},t)/\partial t=0 ,$$

oder für die Fourier-Transformierten:

$$\nabla\cdot\boldsymbol{J}(\boldsymbol{r},\omega)-\mathrm{i}\omega\varrho(\boldsymbol{r},\omega)=0 . \qquad (13.4.17)$$

Damit folgt (vgl. (12.2.38))

$$\begin{aligned}\int d^3r'\boldsymbol{J}(\boldsymbol{r}',\omega) &= -\int d^3r'\boldsymbol{r}'[\nabla'\cdot\boldsymbol{J}(\boldsymbol{r}',\omega)] \\ &= -\int d^3r'\boldsymbol{r}'\mathrm{i}\omega\varrho(\boldsymbol{r}',\omega) \\ &= -\mathrm{i}\omega\boldsymbol{p}(\omega)\end{aligned} \qquad (13.4.18)$$

mit

$$\boldsymbol{p}(\omega)=\int d^3r'\boldsymbol{r}'\varrho(\boldsymbol{r}',\omega) , \qquad (13.4.19)$$

der Fourier-Transformierten des zeitabhängigen elektrischen Dipolmomentes

$$\boldsymbol{p}(t)=\int d^3r'\boldsymbol{r}'\varrho(\boldsymbol{r}',t) . \qquad (13.4.20)$$

Also ergibt sich in der Dipol-Näherung

$$\boldsymbol{A}(\boldsymbol{r},\omega)=\frac{\mu_0}{4\pi}\,\frac{\mathrm{e}^{\mathrm{i}kr}}{r}\,(-\mathrm{i}\omega)\boldsymbol{p}(\omega) , \qquad k=\frac{\omega}{c} , \qquad (13.4.21)$$

und für $\boldsymbol{A}(\boldsymbol{r},t)$ erhält man

$$\begin{aligned}\boldsymbol{A}(\boldsymbol{r},t) &= \int d\omega\,\boldsymbol{A}(\boldsymbol{r},\omega)\mathrm{e}^{-\mathrm{i}\omega t} \\ &= \frac{\mu_0}{4\pi}\,\frac{1}{r}\,\frac{\partial}{\partial t}\int d\omega\,\mathrm{e}^{\mathrm{i}kr}\boldsymbol{p}(\omega)\mathrm{e}^{-\mathrm{i}\omega t} \\ &= \frac{\mu_0}{4\pi}\,\frac{1}{r}\,\frac{\partial}{\partial t}\int d\omega\,\mathrm{e}^{\mathrm{i}\omega[t-(r/c)]}\boldsymbol{p}(\omega) \\ &= \frac{\mu_0}{4\pi}\,\frac{1}{r}\,\dot{\boldsymbol{p}}\left(t-\frac{r}{c}\right) .\end{aligned} \qquad (13.4.22)$$

Das Potential $\phi(\boldsymbol{r},t)$ können wir aus der Lorentz-Bedingung berechnen. Diese lautete

$$\nabla\cdot\boldsymbol{A}(\boldsymbol{r},t)+\frac{1}{c^2}\,\frac{\partial\phi(\boldsymbol{r},t)}{\partial t}=0$$

oder, für die Fourier-Transformierten,

$$\nabla\cdot\boldsymbol{A}(\boldsymbol{r},\omega)=\mathrm{i}(\omega/c^2)\,\phi(\boldsymbol{r},\omega) . \qquad (13.4.23)$$

Also erhält man für $\phi(\boldsymbol{r}, \omega)$

$$\begin{aligned}\phi(\boldsymbol{r}, \omega) &= -\frac{\mathrm{i}c^2}{\omega} \nabla \cdot \boldsymbol{A}(\boldsymbol{r}, \omega) \\ &= \frac{\mu_0}{4\pi} \frac{c^2}{\omega} (-\omega) \boldsymbol{p}(\omega) \cdot \nabla \frac{\mathrm{e}^{ikr}}{r} \\ &= -\frac{\mu_0}{4\pi} c^2 \boldsymbol{p}(\omega) \cdot \frac{\boldsymbol{r}}{r} \frac{d}{dr} \left(\frac{\mathrm{e}^{ikr}}{r}\right) \\ &= -\mathrm{i}k \frac{1}{4\pi\varepsilon_0} \frac{\boldsymbol{p}(\omega) \cdot \boldsymbol{r}}{r^2} \mathrm{e}^{ikr} + O\left(\frac{1}{r^2}\right) \\ &= \frac{1}{4\pi\varepsilon_0} \frac{1}{cr^2} \boldsymbol{r} \cdot (-\mathrm{i}\omega) \boldsymbol{p}(\omega) \mathrm{e}^{ikr} \,, \qquad (13.4.24)\end{aligned}$$

also

$$\phi(\boldsymbol{r}, t) = \frac{1}{4\pi\varepsilon_0} \frac{1}{cr^2} \boldsymbol{r} \cdot \dot{\boldsymbol{p}}\left(t - \frac{r}{c}\right) . \qquad (13.4.25)$$

Für die Felder $\boldsymbol{E}$ und $\boldsymbol{B}$ erhält man aus den Potentialen nach einiger Rechnung bis auf Terme $O(1/r^2)$

$$\boldsymbol{B}(\boldsymbol{r}, \omega) = \frac{\mu_0}{4\pi} (\mathrm{i}k) [\mathrm{i}\omega \boldsymbol{p}(\omega) \times \boldsymbol{n}] \frac{\mathrm{e}^{ikr}}{r} \,, \qquad \boldsymbol{n} = \frac{\boldsymbol{r}}{r} \qquad (13.4.26)$$

oder

$$\boldsymbol{B}(\boldsymbol{r}, t) = \frac{\mu_0}{4\pi cr} \left[\ddot{\boldsymbol{p}}\left(t - \frac{r}{c}\right) \times \boldsymbol{n}\right] \qquad (13.4.27)$$

und

$$\boldsymbol{E}(\boldsymbol{r}, t) = c[\boldsymbol{B}(\boldsymbol{r}, t) \times \boldsymbol{n}] . \qquad (13.4.28)$$

Anmerkungen

i) Man stellt wieder fest: $\boldsymbol{B}(\boldsymbol{r}, t)$ und $\boldsymbol{E}(\boldsymbol{r}, t)$ stehen senkrecht auf $\boldsymbol{n}$ wie auch senkrecht aufeinander. $\boldsymbol{n} = \boldsymbol{r}/r$ ist aber auch die Ausbreitungsrichtung der Welle.

ii) Den Term

$$\frac{1}{r} \mathrm{e}^{ikr}$$

nennt man auch Kugelwelle, da

$$\frac{1}{r} \mathrm{e}^{ikr - \mathrm{i}\omega t} \qquad (13.4.29)$$

eine Welle ist, deren Phase für alle festen r gleich ist, d.h. die Punkte gleicher Phase liegen auf einer Kugel, während bei der ebenen Welle

$$\mathrm{e}^{\mathrm{i}\boldsymbol{k} \cdot \boldsymbol{r} - \mathrm{i}\omega t} \qquad (13.4.30)$$

die Punkte gleicher Phase in einer Ebene liegen, nämlich in der Ebene senkrecht zu $\boldsymbol{k}$.

Der Faktor $1/r$ bei der Kugelwelle ist sehr wichtig, er sorgt dafür, daß die Energiedichte, die wir einer solchen Welle zuschreiben können, integriert über die Oberfläche einer Kugel, konstant ist. Um das genauer zu untersuchen, studieren wir im nächsten Abschnitt die Energiedichte eines elektromagnetischen Feldes.

13.5 Die Energie des elektromagnetischen Feldes

13.5.1 Energiebilanz und Poynting-Vektor

Auf ein Teilchen der Ladung q und der Geschwindigkeit $\boldsymbol{v}$ am Orte $\boldsymbol{r}$ wirkt in einem elektromagnetischen Feld die Kraft

$$\boldsymbol{K} = q[\boldsymbol{E}(\boldsymbol{r}, t) + \boldsymbol{v}(t) \times \boldsymbol{B}(\boldsymbol{r}, t)] . \qquad (13.5.1)$$

Bei einer dadurch bewirkten Ortsänderung um $d\boldsymbol{r}$ wird dann vom Feld Arbeit verrichtet:

$$dA = \boldsymbol{K} \cdot d\boldsymbol{r} = \boldsymbol{K} \cdot (d\boldsymbol{r}/dt)dt = \boldsymbol{K} \cdot \boldsymbol{v}(t)dt = q\boldsymbol{E} \cdot \boldsymbol{v}(t)dt \,, \qquad (13.5.2)$$

auch beschreibbar durch

$$dA = \int d^3r' q\boldsymbol{v}(t)\delta(\boldsymbol{r}' - \boldsymbol{r}) \cdot \boldsymbol{E}(\boldsymbol{r}', t)dt . \qquad (13.5.3)$$

Diese Schreibweise zeigt, daß allgemeiner

$$dA = \int_V d^3r' \boldsymbol{J}(\boldsymbol{r}', t) \cdot \boldsymbol{E}(\boldsymbol{r}', t)dt \qquad (13.5.4)$$

die Arbeit ist, die das elektromagnetische Feld an den Ladungsträgern verrichtet, die eine Stromdichte verursachen. Da die Energie erhalten ist, muß diese Energiedifferenz dem elektrischen Feld verloren gehen.

Wir wollen den Integranden $\boldsymbol{J}(\boldsymbol{r}, t) \cdot \boldsymbol{E}(\boldsymbol{r}, t)$ umformen. Wir benutzen die Maxwell-Gleichung

$$\nabla \times \boldsymbol{B}(\boldsymbol{r}, t) - \frac{1}{c^2}\frac{\partial \boldsymbol{E}(\boldsymbol{r}, t)}{\partial t} = \mu_0 \boldsymbol{J}(\boldsymbol{r}, t) ,$$

um die Stromdichte $\boldsymbol{J}(\boldsymbol{r}, t)$ in dem Integranden von (13.5.4) zu eliminieren. Das ergibt:

$$\frac{dA}{dt} = \frac{1}{\mu_0} \int_V d^3r' \boldsymbol{E}(\boldsymbol{r}', t) \cdot \left[\nabla' \times \boldsymbol{B}(\boldsymbol{r}', t) - \frac{1}{c^2}\frac{\partial \boldsymbol{E}(\boldsymbol{r}', t)}{\partial t}\right] . \tag{13.5.5}$$

Andererseits ist

$$\nabla \cdot (\boldsymbol{E} \times \boldsymbol{B}) = (\nabla \times \boldsymbol{E}) \cdot \boldsymbol{B} - (\nabla \times \boldsymbol{B}) \cdot \boldsymbol{E} . \tag{13.5.6}$$

Also ist, wenn man für $\nabla \times \boldsymbol{E}$ noch die entsprechende Maxwell-Gleichung benutzt:

$$\boldsymbol{E} \cdot (\nabla \times \boldsymbol{B}) = -\boldsymbol{B} \cdot \frac{\partial \boldsymbol{B}}{\partial t} - \nabla \cdot (\boldsymbol{E} \times \boldsymbol{B}) . \tag{13.5.7}$$

Weiter ist $1/c^2 = \varepsilon_0 \mu_0$, so daß man schließlich für dA/dt erhält

$$\frac{dA}{dt} = \frac{1}{\mu_0} \int_V d^3r \cdot \left[-\nabla \cdot (\boldsymbol{E} \times \boldsymbol{B}) - \boldsymbol{B} \cdot \frac{\partial \boldsymbol{B}}{\partial t} - \varepsilon_0 \mu_0 \boldsymbol{E} \cdot \frac{\partial \boldsymbol{E}}{\partial t}\right] , \tag{13.5.8}$$

d.h., auch

$$\frac{dA}{dt} + \int_V d^3r \, \nabla \cdot \left(\boldsymbol{E} \times \frac{1}{\mu_0} \boldsymbol{B}\right) + \frac{1}{2}\frac{d}{dt} \int_V d^3r \left(\frac{1}{\mu_0} \boldsymbol{B} \cdot \boldsymbol{B} + \boldsymbol{E} \cdot \varepsilon_0 \boldsymbol{E}\right) = 0$$

oder

$$\frac{dA}{dt} + \int_{\partial V} d\boldsymbol{F} \cdot \boldsymbol{S}(\boldsymbol{r}, t) + \frac{1}{2}\frac{d}{dt} \int_V d^3r \, e(\boldsymbol{r}, t) = 0 \tag{13.5.9}$$

mit

$$\boldsymbol{S} = \boldsymbol{E} \times \boldsymbol{H} , \quad e = \tfrac{1}{2}(\boldsymbol{B} \cdot \boldsymbol{H} + \boldsymbol{E} \cdot \boldsymbol{D}) , \tag{13.5.10}$$

$$\boldsymbol{D} = \varepsilon_0 \boldsymbol{E} , \quad \boldsymbol{H} = \frac{1}{\mu_0} \boldsymbol{B} . \tag{13.5.11}$$

Wir betrachten die Dimensionen der neu eingeführten Größen $\boldsymbol{H}, \boldsymbol{D}, \boldsymbol{S}$ und e:

Wegen

$[\boldsymbol{E}] = \mathrm{N/C}$, wie man aus $\boldsymbol{K} = q\boldsymbol{E}$ ersieht,
$[\boldsymbol{B}] = \mathrm{Ns/Cm}$, wie z.B. aus $\boldsymbol{K} = q\boldsymbol{v} \times \boldsymbol{B}$ ablesbar,
$[\mu_0] = \mathrm{N/A^2}$,
$[\varepsilon_0] = \mathrm{A^2s^2/Nm^2}$ ist:

$$\begin{aligned}
[\boldsymbol{H}] &= [\boldsymbol{B}/\mu_0] = \mathrm{A/m},\\
[\boldsymbol{D}] &= [\varepsilon_0 \boldsymbol{E}] = \mathrm{C/m^2},\\
[\boldsymbol{S}] &= [\boldsymbol{E} \times \boldsymbol{H}] = \mathrm{NA/Cm} = \mathrm{Nm/m^2s}\\
&= \text{Energie/Fläche} \cdot \text{Zeit},\\
[e] &= [\boldsymbol{B} \times \boldsymbol{H}] = [\boldsymbol{E} \cdot \boldsymbol{D}]\\
&= \mathrm{Nm/m^3} = \text{Energie/Volumen}.
\end{aligned}$$

Die Größe $e(\boldsymbol{r}, t)$ stellt eine Energiedichte, der Vektor $\boldsymbol{S}(\boldsymbol{r}, t)$ einen Energiefluß dar, d.h. eine Energie, die pro Zeiteinheit pro Fläche durch eine Fläche senkrecht zu $\boldsymbol{S}(\boldsymbol{r}, t)$ hindurchtritt. Gleichung (13.5.9) kann so als Bilanzgleichung für die Energie angesehen werden und lautet entsprechend:

Die Energie, die pro Zeiteinheit dem Teilchen übertragen wird, addiert zu

- der Energie, die pro Zeiteinheit durch ∂V abfließt,
- der Änderung der Energie des elektromagnetischen Feldes in V pro Zeiteinheit

ergibt zusammen Null.

Man nennt so $e(\boldsymbol{r}, t)$ die *Energiedichte des elektromagnetischen Feldes*, $\boldsymbol{S}(\boldsymbol{r}, t)$ heißt auch *Poynting-Vektor*[5] und gibt den Energiefluß des elektromagnetischen Feldes an. Die Gesamtenergie von Teilchen und elektromagnetischem Feld ist erhalten.

13.5.2 Energiefluß des Strahlungsfeldes

Wir betrachten der Einfachheit halber Felder mit harmonischer Zeitabhängigkeit

$$\boldsymbol{E}(\boldsymbol{r}, t) = \boldsymbol{E}(\boldsymbol{r})\, \mathrm{e}^{-\mathrm{i}\omega t} , \tag{13.5.12a}$$

$$\boldsymbol{H}(\boldsymbol{r}, t) = \boldsymbol{H}(\boldsymbol{r})\, \mathrm{e}^{-\mathrm{i}\omega t} , \tag{13.5.12b}$$

wobei $\boldsymbol{E}(\boldsymbol{r})$ und $\boldsymbol{H}(\boldsymbol{r})$ noch komplex sein und von $\boldsymbol{k}$

---

[5] *Poynting, John Henry* (∗1852 Monton bei Manchester, † 1914 Birmingham).
Professor in Birmingham, forschte besonders über Elektrodynamik und Lichtdruck, maß die Gravitationskonstante.

bzw. ω abhängen können. Dann gilt für die physikalischen Felder auch z.B.

$$\boldsymbol{E}_{\text{phys}} = \operatorname{Re}\{\boldsymbol{E}(\boldsymbol{r}, t)\} = \tfrac{1}{2}[\boldsymbol{E}(\boldsymbol{r}, t) + \boldsymbol{E}^*(\boldsymbol{r}, t)] \quad (13.5.13)$$

und so

$$\begin{aligned}\boldsymbol{S} &= \boldsymbol{E}_{\text{phys}} \times \boldsymbol{H}_{\text{phys}} \\ &= \tfrac{1}{4}[\boldsymbol{E}(\boldsymbol{r})\,\mathrm{e}^{-\mathrm{i}\omega t} + \boldsymbol{E}^*(\boldsymbol{r})\,\mathrm{e}^{\mathrm{i}\omega t}] \\ &\quad \times [\boldsymbol{H}(\boldsymbol{r})\,\mathrm{e}^{-\mathrm{i}\omega t} + \boldsymbol{H}^*(\boldsymbol{r})\,\mathrm{e}^{\mathrm{i}\omega t}] \;.\end{aligned}$$

Wir interessieren uns für den Poynting-Vektor im zeitlichen Mittel, d.h. für

$$\overline{\boldsymbol{S}(\boldsymbol{r}, t)} = \frac{1}{T}\int_0^T dt\, \boldsymbol{S}(\boldsymbol{r}, t) \;, \quad (13.5.14)$$

wobei T durch $\omega T = 2\pi$ gegeben ist. Das führt auf Terme der Art

$$\frac{1}{T}\int_0^T dt = 1 \quad \text{und}$$

$$\frac{1}{T}\int_0^T dt\,\mathrm{e}^{\pm 2\mathrm{i}\omega t} = \frac{1}{\pm 2\mathrm{i}\omega T}(\mathrm{e}^{\pm 2\mathrm{i}\omega T} - 1) = 0 \;.$$

Also erhält man

$$\begin{aligned}\overline{\boldsymbol{S}(\boldsymbol{r}, t)} &= \tfrac{1}{4}[\boldsymbol{E}(\boldsymbol{r}) \times \boldsymbol{H}^*(\boldsymbol{r}) + \boldsymbol{E}^*(\boldsymbol{r}) \times \boldsymbol{H}(\boldsymbol{r})] \\ &= \tfrac{1}{2}\operatorname{Re}\{\boldsymbol{E}(\boldsymbol{r}) \times \boldsymbol{H}^*(\boldsymbol{r})\} \;. \quad (13.5.15)\end{aligned}$$

In Abschn. 13.4 hatten wir die elektromagnetischen Felder in der Fernzone berechnet.

Es galt danach

$$\boldsymbol{B}(\boldsymbol{r}) = \frac{\mu_0}{4\pi} ck^2 [\boldsymbol{n} \times \boldsymbol{p}(\omega)] \frac{\mathrm{e}^{ikr}}{r} \;, \quad (13.5.16)$$

$$\boldsymbol{E}(\boldsymbol{r}) = -c[\boldsymbol{n} \times \boldsymbol{B}(\boldsymbol{r})] \;, \qquad \boldsymbol{n} = \boldsymbol{r}/r \;. \quad (13.5.17)$$

Somit ergibt sich in dieser Näherung für den Energiefluß im zeitlichen Mittel

$$\begin{aligned}\overline{\boldsymbol{S}(\boldsymbol{r}, t)} &= -\frac{\mu_0}{8\pi}\left[(\boldsymbol{n} \times (\boldsymbol{n} \times \boldsymbol{p}))c^2k^2 \frac{\mathrm{e}^{ikr}}{r}\right] \\ &\quad \times \left[\frac{1}{4\pi} ck^2 (\boldsymbol{n} \times \boldsymbol{p})^* \frac{\mathrm{e}^{-ikr}}{r}\right] \\ &= \frac{1}{2}\frac{\mu_0}{(4\pi)^2} k^4 c^3 |\boldsymbol{n} \times \boldsymbol{p}|^2 \frac{1}{r^2}\boldsymbol{n} \;. \quad (13.5.18)\end{aligned}$$

Fragen wir nach der Leistung P, also danach, wieviel Energie im zeitlichen Mittel pro Zeiteinheit durch die Oberfläche einer Kugel mit dem Radius r hindurchtritt, so ist also:

$$P = \int d\boldsymbol{F} \cdot \overline{\boldsymbol{S}(\boldsymbol{r}, t)} = \int d\Omega\, r^2 \boldsymbol{n} \cdot \overline{\boldsymbol{S}(\boldsymbol{r}, t)} \;, \quad (13.5.19)$$

oder, da

$$r^2 \boldsymbol{n} \cdot \overline{\boldsymbol{S}(\boldsymbol{r}, t)} = \frac{1}{2}\frac{\mu_0}{(4\pi)^2} k^4 c^3 |\boldsymbol{n} \times \boldsymbol{p}|^2 \quad (13.5.20)$$

ist, folgt in der Dipol-Näherung:

$$\frac{dP}{d\Omega} = r^2 \boldsymbol{n} \cdot \overline{\boldsymbol{S}(\boldsymbol{r}, t)} = \frac{1}{4\pi\varepsilon_0}\frac{k^4 c}{8\pi} |\boldsymbol{n} \times \boldsymbol{p}|^2 \;.$$

Wir betrachten im folgenden den Fall, daß $\boldsymbol{p}(\omega)$ reell ist wie etwa bei einem linearen schwingenden Dipol (*Hertzscher Dipol*). Dann folgt

$$\begin{aligned}\frac{dP}{d\Omega} &= \frac{1}{4\pi\varepsilon_0}\frac{k^4 c}{8\pi} |\boldsymbol{p}|^2 (1 - \cos^2\theta) \\ &= \frac{1}{4\pi\varepsilon_0}\frac{k^4 c}{8\pi} |\boldsymbol{p}|^2 \sin^2\theta \;; \quad (13.5.21)\end{aligned}$$

dabei ist θ der Winkel zwischen $\boldsymbol{p}$ und der Beobachtungsrichtung $\boldsymbol{n}$.

Die $1/r$-Abhängigkeit der Felder und die $1/r^2$-Abhängigkeit des Poynting-Vektors verursacht die Unabhängigkeit von $dP/d\Omega$ von r. Alle Terme in den Feldern, die schneller für $r \to \infty$ abfallen, führen in $dP/d\Omega$ zu Termen, die für $r \to \infty$ verschwinden und können daher vernachlässigt werden.

Für $dP/d\Omega$ erhalten wir folgende Strahlungscharakteristik:

Trägt man vom Ursprung aus in Richtung von $\boldsymbol{n}$ einen Vektor der Länge $dP/d\Omega$ ab, so ergibt sich Abb. 13.5.1. Eine Ladungsverteilung, die in z-Richtung schwingt, strahlt maximal in der dazu senkrechten Richtung Energie ab, jedoch keine Energie in z-Richtung.

Für die gesamte Strahlungsleistung

$$P = \int d\Omega \frac{dP}{d\Omega} \quad (13.5.22)$$

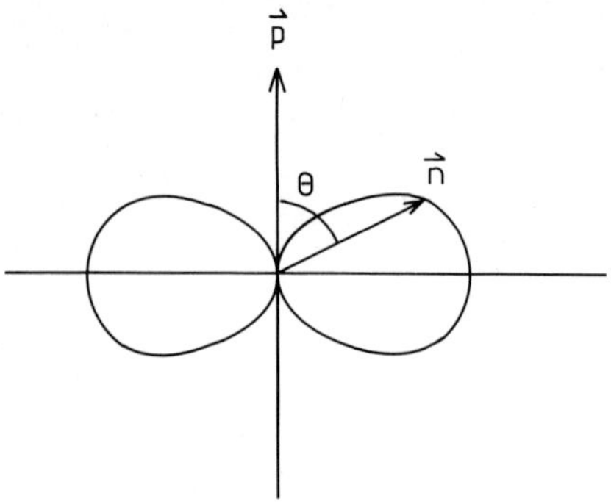

Abb. 13.5.1. Strahlungscharakteristik bei einer elektrischen Dipolstrahlung

erhält man schließlich

$$P=\frac{1}{4\pi\varepsilon_0}\frac{k^4 c}{8\pi}|\boldsymbol{p}|^2 2\pi\int_{-1}^{+1} d\cos\theta\sin^2\theta$$
$$=\frac{1}{4\pi\varepsilon_0}\frac{\omega^4|\boldsymbol{p}|^2}{3c^3}\ . \qquad (13.5.23)$$

Die sich hier ergebende ω^4-Abhängigkeit der Strahlungsleistung ist z.B. auch verantwortlich für die Frequenzabhängigkeit der Streuung von Licht in der Atmosphäre und damit für die blaue Farbe des Himmels.

13.5.3 Energie des elektrischen Feldes

Wir betrachten die Gesamtenergie eines elektrischen Feldes in einem Volumen V. Diese Energie W beträgt nach (13.5.10)

$$W_{\mathrm{el}}=\frac{\varepsilon_0}{2}\int d^3r\,\boldsymbol{E}^2(\boldsymbol{r},t)\ . \qquad (13.5.24)$$

Nun ist im statischen Falle $\boldsymbol{E}(\boldsymbol{r})=-\nabla\phi(\boldsymbol{r})$ und $\nabla\cdot\boldsymbol{E}=\varrho/\varepsilon_0$ und somit ist dann

$$W_{\mathrm{el}}=\frac{\varepsilon_0}{2}\int d^3r\,\boldsymbol{E}(\boldsymbol{r})\cdot[-\nabla\phi(\boldsymbol{r})]$$
$$=\frac{\varepsilon_0}{2}\left[-\int d^3r\,\nabla\cdot(\boldsymbol{E}\phi)+\int d^3r\,\phi\nabla\cdot\boldsymbol{E}\right]$$
$$=-\frac{\varepsilon_0}{2}\int_{\partial V} d\boldsymbol{F}\cdot\boldsymbol{E}\phi+\frac{1}{2}\int d^3r\,\phi(\boldsymbol{r})\varrho(\boldsymbol{r})\ . \qquad (13.5.25)$$

Ist nun $V=\mathbb{R}^3$, so verschwindet $\phi(r)$ für $r\to\infty$, und es ist

$$W_{\mathrm{el}}=\tfrac{1}{2}\int d^3r\,\varrho(\boldsymbol{r})\phi(\boldsymbol{r}) \qquad (13.5.26)$$

die Energie des statischen elektrischen Feldes, das von der Ladungsdichte $\varrho(\boldsymbol{r})$ erzeugt wird. Man beachte den Faktor 1/2 im Vergleich zur Formel (11.6.3) für die potentielle Energie einer Ladungsverteilung in einem äußeren elektrischen Feld.

Sei andererseits $\varrho(\boldsymbol{r})\equiv 0$, und sei der Rand von V durch Leiter (und eventuell durch die unendlich ferne Kugel) gegeben. Sei q_i die Ladung auf dem i-ten Leiter, dann gilt, wenn ∂L_i der Rand des i-ten Leiters ist, und das Flächenelement auf diesem in V hineinzeigt:

$$\int_{\partial L_i} d\boldsymbol{F}_i\cdot\boldsymbol{E}=\frac{1}{\varepsilon_0}q_i\ ,$$

und so ist wegen $\phi=\phi_i=\mathrm{const}$ auf ∂L_i, wenn man berücksichtigt, daß die Flächenelemente von ∂V entgegengesetzt zu denen von ∂L_i gerichtet sind:

$$W_{\mathrm{el}}=\frac{\varepsilon_0}{2}\sum_i\phi_i\int_{\partial L_i} d\boldsymbol{F}_i\cdot\boldsymbol{E}=\frac{1}{2}\sum_i\phi_i q_i\ . \qquad (13.5.27)$$

Damit kann man die Energie des elektrischen Feldes auch durch die Ladungen und Potentiale auf den Leitern ausdrücken.

Zwischen den Ladungen und den Potentialen auf den Leitern besteht nach Abschn. 11.2.2 nun eine lineare Beziehung, nämlich

$$q_i=\sum_j C_{ij}\phi_j \qquad (13.5.28)$$

mit den Kapazitätskoeffizienten C_{ij}. Die Energie des elektrischen Feldes beträgt damit

$$W_{\mathrm{el}}=\tfrac{1}{2}\sum_{i,j} C_{ij}\phi_i\phi_j\ . \qquad (13.5.29)$$

Im Falle des Plattenkondensators ist

$$C_{11}=-C_{12}=-C_{21}=C_{22}=C \qquad (13.5.30)$$

und somit

$$W=\tfrac{1}{2}C(\phi_1-\phi_2)^2=\tfrac{1}{2}CU^2\ , \qquad (13.5.31)$$

wobei U die Potentialdifferenz $\phi_1-\phi_2$, C die Kapazität des Plattenkondensators ist.

13.5.4 Energie des magnetischen Feldes

Wir betrachten ein System von Leitern, in denen stationäre Ströme fließen. Die Energie des magnetischen Feldes ist nach (13.5.10)

$$W_{\mathrm{m}}=\frac{1}{2\mu_0}\int d^3r\,\boldsymbol{B}^2(\boldsymbol{r}) \;, \tag{13.5.32}$$

wobei V hier das ganze Volumen aus $\mathbb{R}^3$ darstellt.

Nun ist

$$\boldsymbol{B}=\nabla\times\boldsymbol{A} \quad \text{und}$$

$$\nabla\cdot(\boldsymbol{B}\times\boldsymbol{A})=(\nabla\times\boldsymbol{B})\cdot\boldsymbol{A}-(\nabla\times\boldsymbol{A})\cdot\boldsymbol{B} \;,$$

also folgt auch

$$\begin{aligned}W_{\mathrm{m}}&=\frac{1}{2\mu_0}\int d^3r\,\boldsymbol{B}(\boldsymbol{r})\cdot[\nabla\times\boldsymbol{A}(\boldsymbol{r})]\\&=\frac{1}{2\mu_0}\int d^3r[\nabla\times\boldsymbol{B}(\boldsymbol{r})]\cdot\boldsymbol{A}(\boldsymbol{r}) \;,\end{aligned} \tag{13.5.33}$$

da der Randterm, hervorgerufen durch den Beitrag von $\nabla\cdot(\boldsymbol{B}\times\boldsymbol{A})$, verschwindet. Mit $\nabla\times\boldsymbol{B}=\mu_0\boldsymbol{J}$ ergibt sich dann

$$W_{\mathrm{m}}=\tfrac{1}{2}\int d^3r\,\boldsymbol{J}(\boldsymbol{r})\cdot\boldsymbol{A}(\boldsymbol{r}) \;. \tag{13.5.34}$$

Sei $\boldsymbol{J}_i(\boldsymbol{r})$ die Stromdichte im i-ten Leiter L_i, so ist also, wenn die Leiterschleife wieder zu einer Linie idealisiert wird

$$\begin{aligned}W_{\mathrm{m}}&=\tfrac{1}{2}\sum_i\int_{L_i} d^3r'\,\boldsymbol{J}_i(\boldsymbol{r}')\cdot\boldsymbol{A}(\boldsymbol{r}')\\&=\tfrac{1}{2}\sum_i I_i\oint_{L_i} d\boldsymbol{r}'\cdot\boldsymbol{A}(\boldsymbol{r}')\\&=\tfrac{1}{2}\sum_i I_i\Phi_i \quad \text{mit}\end{aligned} \tag{13.5.35}$$

$$\begin{aligned}\Phi_i&=\oint_{L_i} d\boldsymbol{r}\cdot\boldsymbol{A}(\boldsymbol{r})=\int_{F_i} d\boldsymbol{F}\cdot(\nabla\times\boldsymbol{A}(\boldsymbol{r}))\\&=\int_{F_i} d\boldsymbol{F}\cdot\boldsymbol{B}(\boldsymbol{r}) \;,\end{aligned} \tag{13.5.36}$$

wobei F die Fläche ist, für die ∂F_i der Leiterschleife L_i entspricht. Φ_i ist offensichtlich der magnetische Fluß durch die i-te Leiterschleife. Bezeichnet man mit $\boldsymbol{A}_j(\boldsymbol{r})$ das Vektorpotential, das durch den Strom in der j-ten Leiterschleife hervorgerufen wird, so ist nach (12.1.12)

$$\boldsymbol{A}_j(\boldsymbol{r})=\frac{\mu_0}{4\pi}I_j\oint_{L_j}\frac{d\boldsymbol{r}'}{|\boldsymbol{r}-\boldsymbol{r}'|} \;, \tag{13.5.37}$$

und man erhält so

$$\begin{aligned}\Phi_i&=\sum_j\oint_{L_i} d\boldsymbol{r}\cdot\boldsymbol{A}_j(\boldsymbol{r})\\&=\sum_j L_{ij}I_j \quad \text{mit}\end{aligned} \tag{13.5.38}$$

$$L_{ij}=\frac{\mu_0}{4\pi}\oint_{L_i}\oint_{L_j}\frac{d\boldsymbol{r}\cdot d\boldsymbol{r}'}{|\boldsymbol{r}-\boldsymbol{r}'|} \;. \tag{13.5.39}$$

Man nennt L_{ij} die *Induktivitäten*[6], und zwar heißen die Größen L_{ij} für $i\neq j$ die *Wechselinduktivitäten*, L_{ii} die *Selbstinduktivitäten*. Offenbar gilt auch

$$L_{ij}=L_{ji} \;. \tag{13.5.40}$$

Für die Energie des magnetischen Feldes ergibt sich somit

$$W_{\mathrm{m}}=\tfrac{1}{2}\sum_{i,j}L_{ij}I_iI_j \;. \tag{13.5.41}$$

Für die hier betrachteten Leiterschleifen mit verschwindender Dicke ergeben sich in der Formel (13.5.39) für die Selbstinduktivitäten logarithmisch divergente Integrale. Man hat also in diesem Fall die endliche Dicke der Leiterschleife zu berücksichtigen (siehe z. B. [13.1]).

Wenn man das Feld $\boldsymbol{B}(\boldsymbol{r})$ kennt, kann man aber auch aus (13.5.41) oft Informationen über die Induktivitäten gewinnen. Wir demonstrieren das an einem Beispiel:

Man betrachte eine Spule mit n Windungen vom Radius a, die vom Strom I durchflossen sei. Der Weg C verlaufe durch das Innere der Spule und schließe sich weit außerhalb der Spule (Abb. 13.5.2). Dann gilt nach dem Ampèreschen Gesetz

$$\oint_C d\boldsymbol{r}\cdot\boldsymbol{B}(\boldsymbol{r})=\mu_0 I_{\mathrm{F}}=\mu_0 nI \;.$$

---

6 Induktivität: (lat./franz.) Fähigkeit zur Induktion, wobei Induktion von lat. inducere: „einführen, einleiten“ das Hervorrufen einer Spannung durch die Änderung eines magnetischen Flusses ist.

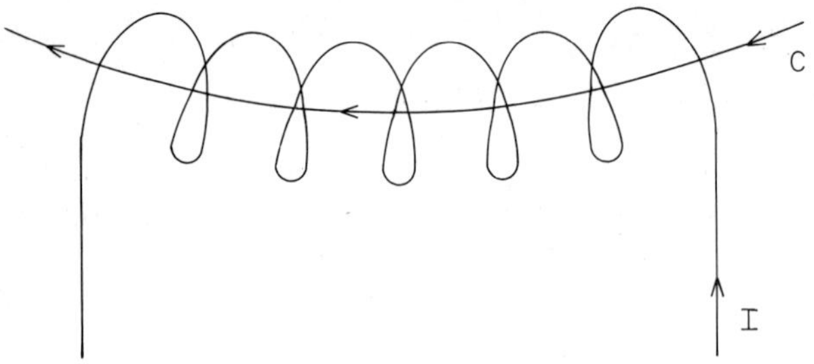

Abb. 13.5.2. Eine stromdurchflossene Spule mit dem Weg C

Wir wollen das Feld B nur im Innern der Spule auf der Länge l berücksichtigen. Es hat dort die Richtung von C. Dann ist also

$$Bl = \mu_0 nI, \quad \text{oder}$$

$$B = \mu_0 \frac{nI}{l} . \tag{13.5.42}$$

Aus

$$W_\mathrm{m} = \frac{1}{2\mu_0} \int d^3r \, \boldsymbol{B}^2(\boldsymbol{r})$$

erhält man so

$$W_\mathrm{m} = \frac{1}{2\mu_0} (\pi a^2 l) \left(\frac{\mu_0 nI}{l}\right)^2 = \frac{1}{2} \mu_0 \pi a^2 \frac{n^2}{l} I^2 . \tag{13.5.43}$$

Damit haben wir die Selbstinduktivität dieser Stromschleife in guter Näherung bestimmt:

$$L = \mu_0 \pi a^2 \frac{n^2}{l} . \tag{13.5.44}$$

13.5.5 Selbstenergie und Wechselwirkungsenergie

Die gesamte elektromagnetische Feldenergie läßt sich, wie wir gesehen haben, als Summe der elektrischen und der magnetischen Feldenergie darstellen:

$$W = W_\mathrm{el} + W_\mathrm{m} = \frac{\varepsilon_0}{2} \int d^3r \, \boldsymbol{E}^2(\boldsymbol{r}) + \frac{1}{2\mu_0} \int d^3r \, \boldsymbol{B}^2(\boldsymbol{r}) . \tag{13.5.45}$$

Wir denken uns nun die Ladungs- und Stromverteilung in zwei räumlich getrennte Anteile zerlegt, die auf die Gebiete V_1 bzw. V_2 konzentriert seien:

$$\begin{aligned} \varrho(\boldsymbol{r}) &= \varrho_1(\boldsymbol{r}) + \varrho_2(\boldsymbol{r}) , \\ \boldsymbol{J}(\boldsymbol{r}) &= \boldsymbol{J}_1(\boldsymbol{r}) + \boldsymbol{J}_2(\boldsymbol{r}) . \end{aligned} \tag{13.5.46}$$

Dann spalten sich auch die Felder $\boldsymbol{E}$ und $\boldsymbol{B}$ in zwei Anteile auf, die zu den beiden Strom-Ladungswolken gehören:

$$\boldsymbol{E} = \boldsymbol{E}_1 + \boldsymbol{E}_2 , \qquad \boldsymbol{B} = \boldsymbol{B}_1 + \boldsymbol{B}_2 . \tag{13.5.47}$$

Für die elektrische und magnetische Feldenergie gilt dann

$$\begin{aligned} W_\mathrm{el} &= \frac{\varepsilon_0}{2} \int d^3r \, \boldsymbol{E}_1^2 + \frac{\varepsilon_0}{2} \int d^3r \, \boldsymbol{E}_2^2 + \varepsilon_0 \int d^3r \, \boldsymbol{E}_1 \cdot \boldsymbol{E}_2 \\ &=: W_\mathrm{el}^{(1)} + W_\mathrm{el}^{(2)} + W_\mathrm{el}^{(1,2)} \end{aligned} \tag{13.5.48}$$

und

$$\begin{aligned} W_\mathrm{m} &= \frac{1}{2\mu_0} \int d^3r \, \boldsymbol{B}_1^2 + \frac{1}{2\mu_0} \int d^3r \, \boldsymbol{B}_2^2 + \frac{1}{\mu_0} \int d^3r \, \boldsymbol{B}_1 \cdot \boldsymbol{B}_2 \\ &=: W_\mathrm{m}^{(1)} + W_\mathrm{m}^{(2)} + W_\mathrm{m}^{(1,2)} . \end{aligned} \tag{13.5.49}$$

Wir finden also drei und nicht zwei Anteile für W_el und W_m.

$W_\mathrm{el}^{(1)}$, $W_\mathrm{m}^{(1)}$, $W_\mathrm{el}^{(2)}$ und $W_\mathrm{m}^{(2)}$ sind die elektrischen und magnetischen Feldenergien, die sich ergäben, wenn nur die Strom-Ladungsverteilungen in V_1 bzw. V_2 vorhanden wären. Sie heißen *Selbstenergien* der Verteilungen.

Zusätzlich treten aber noch eine elektrische und eine magnetische *Wechselwirkungsenergie* $W_\mathrm{el}^{(1,2)}$ und $W_\mathrm{m}^{(1,2)}$ auf, da jede der beiden Verteilungen sich in dem elektromagnetischen Feld der anderen befindet.

Im statischen Fall erhalten wir, indem wir $\boldsymbol{E}_i = -\boldsymbol{\nabla}\phi_i$, $\boldsymbol{B}_i = \boldsymbol{\nabla} \times \boldsymbol{A}_i$ und $\boldsymbol{\nabla} \times \boldsymbol{B}_i = \mu_0 \boldsymbol{J}_i$, $i = 1,2$ ausnutzen und den Gaußschen Satz anwenden, wie in Abschn. 13.5.3,4 beschrieben

$$W_\mathrm{el}^{(i)} = \tfrac{1}{2} \int d^3r \, \varrho_i \phi_i , \qquad i = 1,2 , \tag{13.5.50}$$

$$W_\mathrm{m}^{(i)} = \tfrac{1}{2} \int d^3r \, \boldsymbol{J}_i \cdot \boldsymbol{A}_i , \quad i = 1,2 , \tag{13.5.51}$$

$$W_\mathrm{el}^{(1,2)} = \int d^3r \, \varrho_1 \phi_2 = \int d^3r \, \varrho_2 \phi_1 , \tag{13.5.52}$$

$$W_\mathrm{m}^{(1,2)} = \int d^3r \, \boldsymbol{J}_1 \cdot \boldsymbol{A}_2 = \int d^3r \, \boldsymbol{J}_2 \cdot \boldsymbol{A}_1 . \tag{13.5.53}$$

Es ergeben sich jeweils zwei äquivalente Ausdrücke, für die Wechselwirkungsenergien, da man sich entweder die erste Verteilung im äußeren Feld der zweiten oder die zweite Verteilung im äußeren Feld der ersten denken kann. (13.5.50–52) stimmen mit den bereits berechneten Ausdrücken (13.5.26), (13.5.34) und (11.6.3) überein.

Anwendungen

Die Energie eines elektrischen Dipols im äußeren Feld, die sich aus (13.5.52) ergibt, hatten wir schon in (11.6.7) berechnet:

$$W_{\mathrm{el}}^{(1,2)} = -\boldsymbol{p}\cdot\boldsymbol{E} \ . \tag{13.5.54}$$

Wir berechnen nun auch die Energie eines magnetischen Dipolmomentes $\boldsymbol{m}$ im äußeren Magnetfeld $\boldsymbol{B}$. Mit (13.5.53) finden wir, indem wir $\boldsymbol{J}$ statt $\boldsymbol{J}_1$, und $\boldsymbol{A}$ statt $\boldsymbol{A}_2$ setzen, $\boldsymbol{A}$ als langsam veränderlich annehmen und (12.2.30) benutzen

$$\begin{aligned} W_{\mathrm{m}}^{(1,2)} &= \int d^3b\, \boldsymbol{J}(\boldsymbol{b})\cdot\boldsymbol{A}(\boldsymbol{r}) \\ &\quad + \int d^3b\, \boldsymbol{J}(\boldsymbol{b})\cdot(\boldsymbol{b}\cdot\nabla)\boldsymbol{A}(\boldsymbol{r}) + O(b^2) \\ &= (\boldsymbol{m}\times\nabla)\cdot\boldsymbol{A}(\boldsymbol{r}) \\ &= \boldsymbol{m}\cdot\boldsymbol{B} \ . \end{aligned} \tag{13.5.55}$$

Dieses Ergebnis unterscheidet sich durch sein Vorzeichen von dem in (12.2.32) gefundenen Potential V_{m}, aus dem sich die Kraft auf einen festgehaltenen magnetischen Dipol berechnen läßt, während im elektrostatischen Fall (13.5.54) mit (11.6.7) identisch ist.

Dieser Unterschied rührt daher, daß das elektrostatische System abgeschlossen ist, das magnetostatische System aber nicht: Im elektrostatischen Fall läßt sich durch Zwangskräfte, die keine Arbeit verrichten, $|\boldsymbol{p}| = \mathrm{const.}$ erreichen, die Gesamtenergie ist durch die elektrostatische Energie gegeben, und die Kraft auf den Dipol ist aus der Energieänderung bei einer Verrückung berechenbar. Hierbei ändert sich nur die Wechselwirkungsenergie. Im magnetostatischen Falle wird bei einer Verschiebung oder Drehung des Dipols die Stromstärke im Dipol durch die auftretende Induktionsspannung verändert. Wenn also $|\boldsymbol{m}|$ festgehalten werden soll, dann muß die Induktionsspannung durch eine äußere Spannungsquelle kompensiert werden, und bei der Bewegung des Dipols wird die Spannungsquelle Energie abgeben. Diese Energie muß zusätzlich zur Änderung der magnetischen Wechselwirkungsenergie berücksichtigt werden, wenn man die Kraft auf den Dipol durch eine Energiebilanzbetrachtung berechnen will (vgl. [11.2]).

13.6 Der Impuls des elektromagnetischen Feldes

Ebenso wie die Energie kann man den Impuls des elektromagnetischen Feldes definieren.

Sei $\boldsymbol{p}$ der Impuls eines Teilchens der Ladung q, so ist

$$d\boldsymbol{p}/dt = \boldsymbol{K} = q\boldsymbol{E} + q(\boldsymbol{v}\times\boldsymbol{B}) \ ,$$

und wenn man die Impulse aller Teilchen zum Gesamtimpuls $\boldsymbol{P}_{\mathrm{mech}}$ addiert

$$d\boldsymbol{P}_{\mathrm{mech}}/dt = \int d^3r\,[\varrho(\boldsymbol{r})\boldsymbol{E}(\boldsymbol{r},t) + \boldsymbol{J}(\boldsymbol{r},t)\times\boldsymbol{B}(\boldsymbol{r},t)] \ .$$

Benutzen wir die Maxwell-Gleichungen

$$\nabla\cdot\boldsymbol{E} = \frac{1}{\varepsilon_0}\varrho, \quad \nabla\times\boldsymbol{B} - \frac{1}{c^2}\frac{\partial\boldsymbol{E}}{\partial t} = \mu_0\boldsymbol{J} \ ,$$

so folgt

$$\begin{aligned} d\boldsymbol{P}_{\mathrm{mech}}/dt &= \int_V d^3r \left[\varepsilon_0\boldsymbol{E}(\nabla\cdot\boldsymbol{E}) + \frac{1}{\mu_0}(\nabla\times\boldsymbol{B})\times\boldsymbol{B} \right. \\ &\quad \left. - \frac{1}{\mu_0 c^2}\frac{\partial\boldsymbol{E}}{\partial t}\times\boldsymbol{B}\right] \\ &= \int d^3r \left[\boldsymbol{E}(\nabla\cdot\boldsymbol{D}) + \frac{1}{\mu_0}(\nabla\times\boldsymbol{B})\times\boldsymbol{B} \right. \\ &\quad \left. - \frac{1}{\mu_0 c^2}\frac{\partial}{\partial t}(\boldsymbol{E}\times\boldsymbol{B}) + \frac{1}{\mu_0 c^2}\boldsymbol{E}\times\frac{\partial\boldsymbol{B}}{\partial t}\right] \\ &= \int d^3r \left[\boldsymbol{E}(\nabla\cdot\boldsymbol{D}) + \underline{\frac{1}{\mu_0}(\nabla\times\boldsymbol{B})\times\boldsymbol{B}} \right. \\ &\quad \left. \underline{- \frac{1}{\mu_0 c^2}\boldsymbol{E}\times(\nabla\times\boldsymbol{E})} - \frac{1}{\mu_0 c^2}\frac{\partial}{\partial t}(\boldsymbol{E}\times\boldsymbol{B})\right] . \end{aligned}$$

Ergänzt man die unterstrichenen Terme durch

$$(\nabla\cdot\boldsymbol{B})\frac{1}{\mu_0}\boldsymbol{B} = \boldsymbol{0} \ ,$$

so kann man auch schreiben:

$$\left[\boldsymbol{E}(\nabla\cdot\boldsymbol{D}) + \frac{1}{\mu_0}(\nabla\times\boldsymbol{B})\times\boldsymbol{B} - \frac{1}{\mu_0 c^2}\boldsymbol{E}\times(\nabla\times\boldsymbol{E}) + \frac{\boldsymbol{B}}{\mu_0}(\nabla\cdot\boldsymbol{B})\right]_k = \partial_i T_{ik}$$

mit

$$T_{ik} = \varepsilon_0 E_i E_k + \frac{1}{\mu_0} B_i B_k - \frac{1}{2} \delta_{ik} \left(\varepsilon_0 \boldsymbol{E}^2 + \frac{1}{\mu_0} \boldsymbol{B}^2 \right) ,$$

denn es ist so

$$\partial_i T_{ik} = \varepsilon_0 \nabla \cdot \boldsymbol{E} E_k + \frac{1}{\mu_0} \nabla \cdot \boldsymbol{B} B_k$$

$$+ \varepsilon_0 E_i \partial_i E_k + \frac{1}{\mu_0} B_i \partial_i B_k$$

$$- \frac{1}{2} \partial_k \left(\varepsilon_0 \boldsymbol{E}^2 + \frac{1}{\mu_0} \boldsymbol{B}^2 \right) .$$

Andererseits ist aber

$$[\boldsymbol{E} \times (\nabla \times \boldsymbol{E})]_k = \tfrac{1}{2} \partial_k \boldsymbol{E}^2 - E_i \partial_i E_k ,$$

gleiches gilt für $\boldsymbol{B}$. Also gilt schließlich die Bilanzgleichung für den Impuls:

$$(d\boldsymbol{P}_{\text{mech}}/dt)_k + \frac{\partial}{\partial t} \int_V d^3r (\varepsilon_0 \boldsymbol{E} \times \boldsymbol{B})_k = \int_V d^3r \, \partial_i T_{ik} .$$

Man nennt T_{ik} auch den *Maxwellschen Spannungstensor*, und

$$\varepsilon_0 (\boldsymbol{E} \times \boldsymbol{B}) = \boldsymbol{D} \times \boldsymbol{B}$$

die *Impulsdichte* des elektromagnetischen Feldes.

Somit können wir die Bilanzgleichung auch schreiben als:

$$\frac{d}{dt} (\boldsymbol{P}_{\text{mech}} + \boldsymbol{P}_{\text{Feld}})_k = \int_{\partial V} dF_i \cdot T_{ik} = \int_{\partial V} dF n_i T_{ik}$$

wobei $\boldsymbol{n}_i$ der Einheitsvektor ist, der senkrecht auf ∂V nach außen zeigt. Die Größe $n_i T_{ik}$ ist der Fluß der k-ten Komponente des Impulses in Richtung $\boldsymbol{n}$, oder auch die k-te Komponente der Kraft, die pro Flächeneinheit auf die Fläche dF ausgeübt wird.

Der Maxwellsche Spannungstensor ist so genau das Analogon der konduktiven Stromdichte der Impulskomponenten $-\tau_{ik}$, die wir bei der Strömungslehre kennengelernt hatten. Diese Impulsstromdichte entstand aufgrund der Wechselwirkung der Teilchen miteinander, und wir hatten dort in einer linearen Näherung gesetzt:

$$\tau_{ik} = \eta (\nabla_i v_k + \nabla_k v_i - \tfrac{2}{3} \delta_{ik} \nabla \cdot \boldsymbol{v}) + \zeta \nabla \cdot \boldsymbol{v} \delta_{ik} - p \delta_{ik} .$$

Hier stellt $n_i T_{ik}$ einen Impulsfluß dar, der sich aufgrund des elektromagnetischen Feldes ergibt. Teilchen in dem Feld erfahren eine Impulsänderung, Impuls wird vom elektromagnetischen Feld auf das Teilchen übertragen. Der Gesamtimpuls (von Teilchen und Feld) bleibt dabei erhalten.

Beispiel

Wir betrachten einen elektrostatischen Fall, dann ist

$$\frac{\partial}{\partial t} \int d^3r \, \varepsilon_0 (\boldsymbol{E} \times \boldsymbol{B}) = \boldsymbol{0}$$

und

$$T_{ik} = \varepsilon_0 (E_i E_k - \tfrac{1}{2} \delta_{ik} \boldsymbol{E}^2) ,$$

und so ist

$$n_i T_{ik} = \varepsilon_0 (\boldsymbol{n} \cdot \boldsymbol{E}) E_k - \tfrac{1}{2} \varepsilon_0 n_k \boldsymbol{E}^2$$

die Kraft, die auf ein Oberflächenelement $\boldsymbol{n} \cdot d\boldsymbol{F}$ wirkt.

Sei σ die Flächenladungsdichte auf einem Leiter, so ist also

$$\boldsymbol{E} = \frac{\sigma}{\varepsilon_0} \boldsymbol{n}$$

das Feld an der Oberfläche, und so ergibt sich für die Kraft

$$n_i T_{ik} = \frac{1}{\varepsilon_0} \left(\sigma^2 n_k - \frac{1}{2} \sigma^2 n_k \right) = \frac{1}{2\varepsilon_0} \sigma^2 n_k ,$$

d.h., die Kraft pro Flächeneinheit auf die Leiteroberfläche in Richtung von $\boldsymbol{n}$ ist

$$\frac{1}{2\varepsilon_0} \sigma^2 .$$

Wird z.B. die Flächenladungsdichte influenziert durch eine Punktladung q, so kann man die Bildkraft, die zwischen der Ladung und der Leiteroberfläche wirkt, auch bestimmen, indem man dann

$$K = \int_{\partial V} dF \frac{1}{2\varepsilon_0} \sigma^2$$

berechnet (vgl. Abschn. 11.3, Anmerkung (iii)).

14. Elemente der Elektrodynamik kontinuierlicher Medien

Bisher haben wir die Felder $\boldsymbol{E}$ und $\boldsymbol{B}$ betrachtet, die im Vakuum von der Ladungsdichte ϱ und der Stromdichte $\boldsymbol{J}$ verursacht werden. In einem Fluid oder einem festen Körper müßte man also z. B. alle Elektronen und Protonen der Materie berücksichtigen, um das $\boldsymbol{E}$- und das $\boldsymbol{B}$-Feld zu berechnen.

Solch ein makroskopisches Stück Materie besteht aus $\sim 10^{23}$ Elektronen und Kernen, die aber in rascher Bewegung sind, sei es die thermische Bewegung oder die Bewegung in gebundenen Systemen. Die Felder, die die einzelnen Ladungsträger erzeugen, sind also extrem raum- und zeitabhängig. Diese mikroskopischen Felder interessieren uns aber auch gar nicht, sondern eher die, die sich ergeben, wenn wir über Raumgebiete mitteln, die so groß sind, daß sie viele Ladungsträger enthalten, die aber auch klein genug sind, daß durch diese räumliche Mittelung Effekte des sichtbaren Lichtes wie Reflexion und Brechung nicht verwischt werden.

Die Wellenlänge des sichtbaren Lichtes ist in der Größenordnung von $6000\,\text{Å} = 600\,\text{nm}$, die Größenordnung eines Moleküls ist $\sim 1\,\text{Å} = 10^{-10}\,\text{m} = 0{,}1\,\text{nm}$. Wir werden also die Felder über ein Gebiet der Kantenlänge $L = 10\,\text{nm}$, d.h. über ein Volumen $L^3 = 10^{-24}\,\text{m}^3$ mitteln. Dies wird uns auf die makroskopischen Maxwell-Gleichungen führen.

14.1 Die makroskopischen Maxwell-Gleichungen

14.1.1 Mikroskopische und makroskopische Felder

Sei $\boldsymbol{e}(\boldsymbol{r}, t)$ das *mikroskopische elektrische Feld*, bisher mit $\boldsymbol{E}(\boldsymbol{r}, t)$ bezeichnet, dann führen wir

$$\boldsymbol{E}(\boldsymbol{r}, t) = \langle \boldsymbol{e}(\boldsymbol{r}, t) \rangle = \int d^3c\, f(-\boldsymbol{c})\, \boldsymbol{e}(\boldsymbol{r} + \boldsymbol{c}, t) \qquad (14.1.1)$$

als das gemittelte elektrische Feld ein, das wir auch *makroskopisches elektrisches Feld* nennen. Dabei tastet

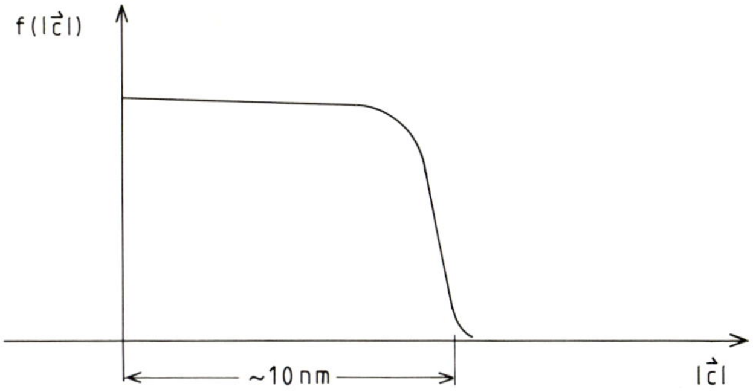

Abb. 14.1.1. Typischer Verlauf der Mittelungsfunktion $f(|\boldsymbol{c}|)$

$\boldsymbol{c}$ die Umgebung von $\boldsymbol{r}$ ab und $f(\boldsymbol{c})$ sei eine Funktion, die rotationssymmetrisch ist, der Normierung

$$\int d^3c\, f(\boldsymbol{c}) = 1 \qquad (14.1.2)$$

genügt und z. B. wie in Abb. 14.1.1 dargestellt verläuft. Analog führen wir $\boldsymbol{b}(\boldsymbol{r}, t)$ und $\boldsymbol{B}(\boldsymbol{r}, t)$ als *mikroskopische*, bzw. *makroskopische magnetische Induktion* ein.

In dem Volumen von $10^{-24}\,\text{m}^3$ sind in der Regel noch etwa 10^6 Kerne und Elektronen. Über die Felder, die diese verursachen, wird also gemittelt. Mikroskopische Zeitabhängigkeiten mitteln sich dabei gleichzeitig heraus. Elektromagnetische Strahlung der Wellenlänge von 1 Å (Röntgenstrahlen) kann man dann allerdings mit dieser makroskopischen Theorie nicht mehr behandeln. Dazu benötigte man eine mikroskopische Theorie.

Die Materie wird hier also wie in Kap. 9 über die Strömungslehre als ein Kontinuum behandelt. Wir entwickeln hier somit eine Elektrodynamik kontinuierlicher Medien.

Nun gilt offensichtlich

$$\frac{\partial}{\partial x_i} \langle \boldsymbol{e}(\boldsymbol{r}, t) \rangle = \left\langle \frac{\partial}{\partial x_i} \boldsymbol{e}(\boldsymbol{r}, t) \right\rangle \qquad (14.1.3)$$

und

$$\frac{\partial}{\partial t} \langle \boldsymbol{e}(\boldsymbol{r}, t) \rangle = \left\langle \frac{\partial}{\partial t} \boldsymbol{e}(\boldsymbol{r}, t) \right\rangle . \qquad (14.1.4)$$

Die Maxwell-Gleichungen für die mikroskopischen Felder, die wir im folgenden auch die mikroskopischen Maxwell-Gleichungen nennen, lauten nun, wenn wir statt ϱ, $\boldsymbol{J}$ nun η, $\boldsymbol{j}$ für die mikroskopische Ladungs- bzw. Stromdichte schreiben:

$$\nabla \cdot \boldsymbol{b}(\boldsymbol{r}, t) = 0 \ , \quad \nabla \times \boldsymbol{e}(\boldsymbol{r}, t) + \frac{\partial \boldsymbol{b}(\boldsymbol{r}, t)}{\partial t} = \boldsymbol{0} \ ,$$

$$\nabla \cdot \boldsymbol{e}(\boldsymbol{r}, t) = \frac{1}{\varepsilon_0} \eta \ , \quad \nabla \times \boldsymbol{b}(\boldsymbol{r}, t) - \frac{1}{c^2} \frac{\partial \boldsymbol{e}(\boldsymbol{r}, t)}{\partial t} = \mu_0 \boldsymbol{j} \ , \tag{14.1.5}$$

und nach der Mittelung erhält man

$$\nabla \cdot \boldsymbol{B}(\boldsymbol{r}, t) = 0 \ , \quad \nabla \times \boldsymbol{E}(\boldsymbol{r}, t) + \frac{\partial \boldsymbol{B}(\boldsymbol{r}, t)}{\partial t} = \boldsymbol{0} \ ,$$

$$\nabla \cdot \boldsymbol{E}(\boldsymbol{r}, t) = \frac{1}{\varepsilon_0} \langle \eta \rangle \ ,$$

$$\nabla \times \boldsymbol{B}(\boldsymbol{r}, t) - \frac{1}{c^2} \frac{\partial \boldsymbol{E}(\boldsymbol{r}, t)}{\partial t} = \mu_0 \langle j \rangle \ . \tag{14.1.6}$$

Wir haben nun die Mittelung über die Ladungs- und Stromdichte zu studieren.

14.1.2 Gemittelte Ladungsdichte und elektrische Verschiebung

Die Materie bestehe aus Elektronen, die frei sind, oder allgemeiner aus freien Ladungen, und aus gebundenen Ladungen, die größere Einheiten, etwa Moleküle aufbauen. Dann gilt für die Ladungsdichte

$$\eta(\boldsymbol{r}, t) = \eta_{\text{frei}}(\boldsymbol{r}, t) + \eta_{\text{geb}}(\boldsymbol{r}, t) \tag{14.1.7}$$

mit

$$\eta_{\text{frei}}(\boldsymbol{r}, t) = \sum_i q_i \, \delta(\boldsymbol{r} - \boldsymbol{r}_i(t)) \ , \tag{14.1.8}$$

$$\eta_{\text{geb}}(\boldsymbol{r}, t) = \sum_n \eta_n(\boldsymbol{r}, t) \quad \text{und} \tag{14.1.9}$$

$$\eta_n(\boldsymbol{r}, t) = \sum_j q_{nj} \, \delta(\boldsymbol{r} - \boldsymbol{r}_{nj}(t)) \ . \tag{14.1.10}$$

Dabei enthält $\eta_{\text{frei}}(\boldsymbol{r}, t)$ die Ladungen q_i der freien Ladungen. Die Ladungsdichte des n-ten Moleküls $\eta_n(\boldsymbol{r}, t)$ enthält die Ladungen q_{nj} der Konstituenten am Orte $\boldsymbol{r}_{nj}$.

Dann ist also

$$\begin{aligned} \langle \eta_n \rangle &= \int d^3c \, f(-\boldsymbol{c}) \, \eta_n(\boldsymbol{r} + \boldsymbol{c}, t) \\ &= \sum_j q_{nj} \int d^3c \, f(-\boldsymbol{c}) \, \delta(\boldsymbol{r} + \boldsymbol{c} - \boldsymbol{r}_{nj}(t)) \\ &= \sum_j q_{nj} \, f(\boldsymbol{r} - \boldsymbol{r}_{nj}(t)) \ . \end{aligned} \tag{14.1.11}$$

Nun sei

$$\boldsymbol{r}_{nj} = \boldsymbol{r}_n + \boldsymbol{d}_{nj} \ , \tag{14.1.12}$$

d.h., der Ortsvektor zum j-ten Konstituenten des Moleküls n, $\boldsymbol{r}_{nj}$, sei zusammengesetzt aus den Ortsvektoren $\boldsymbol{r}_n$ zum Mittelpunkt des Moleküls und dem Vektor von diesem Mittelpunkt zum Konstituenten, $\boldsymbol{d}_{nj}$. Dieser Vektor $\boldsymbol{d}_{nj}$ ist von der Länge $\sim 0{,}1$ nm, und somit wird eine Taylor-Entwicklung von $f(\boldsymbol{r} - \boldsymbol{r}_n - \boldsymbol{d}_{nj})$ um $\boldsymbol{r} - \boldsymbol{r}_n$ gut konvergieren. Damit folgt

$$\begin{aligned} \langle \eta_n \rangle &= \sum_j q_{nj} f(\boldsymbol{r} - \boldsymbol{r}_n - \boldsymbol{d}_{nj}) \\ &= \sum_j q_{nj} f(\boldsymbol{r} - \boldsymbol{r}_n) \\ &\quad - \sum_j q_{nj} \boldsymbol{d}_{nj} \cdot \nabla f(\boldsymbol{r} - \boldsymbol{r}_n) - \ldots \\ &= q_n f(\boldsymbol{r} - \boldsymbol{r}_n) - \boldsymbol{p}_n \cdot \nabla f(\boldsymbol{r} - \boldsymbol{r}_n) - \ldots \ . \end{aligned} \tag{14.1.13}$$

Dabei ist

$$q_n = \sum_j q_{nj} \tag{14.1.14}$$

die Ladung, und

$$\boldsymbol{p}_n(t) = \sum_j q_{nj} \, \boldsymbol{d}_{nj}(t) \tag{14.1.15}$$

das Dipolmoment des Moleküls n. Die weiteren Terme in der Taylor-Entwicklung enthalten die höheren Multipolmomente des Moleküls.

Mit

$$\begin{aligned} q_n f(\boldsymbol{r} - \boldsymbol{r}_n) &= \int d^3c \, f(-\boldsymbol{c}) \, q_n \, \delta(\boldsymbol{r} - \boldsymbol{r}_n + \boldsymbol{c}) \\ &= \langle q_n \, \delta(\boldsymbol{r} - \boldsymbol{r}_n) \rangle \ , \end{aligned} \tag{14.1.16}$$

$$\begin{aligned} \boldsymbol{p}_n f(\boldsymbol{r} - \boldsymbol{r}_n) &= \int d^3c \, f(-\boldsymbol{c}) \, \boldsymbol{p}_n \, \delta(\boldsymbol{r} - \boldsymbol{r}_n + \boldsymbol{c}) \\ &= \langle \boldsymbol{p}_n \, \delta(\boldsymbol{r} - \boldsymbol{r}_n) \rangle \end{aligned} \tag{14.1.17}$$

kann man $\langle \eta_n \rangle$ auch schreiben als

$$\langle \eta_n \rangle = \langle q_n \, \delta(\boldsymbol{r} - \boldsymbol{r}_n) \rangle - \nabla \cdot \langle \boldsymbol{p}_n \, \delta(\boldsymbol{r} - \boldsymbol{r}_n) \rangle \ . \tag{14.1.18}$$

So ergibt sich schließlich

$$\langle\eta\rangle=\left\langle\sum_i q_i\,\delta(\boldsymbol{r}-\boldsymbol{r}_i(t))\right\rangle$$
$$+\left\langle\sum_n q_n\,\delta(\boldsymbol{r}-\boldsymbol{r}_n(t))\right\rangle$$
$$-\nabla\cdot\sum_n\langle\boldsymbol{p}_n(t)\,\delta(\boldsymbol{r}-\boldsymbol{r}_n(t))\rangle+\ldots$$
$$=\varrho(\boldsymbol{r},t)-\nabla\cdot\boldsymbol{P}(\boldsymbol{r},t)+\ldots \qquad (14.1.19)$$

mit

$$\varrho(\boldsymbol{r},t)=\left\langle\sum_i q_i\,\delta(\boldsymbol{r}-\boldsymbol{r}_i(t))\right\rangle$$
$$+\left\langle\sum_n q_n\,\delta(\boldsymbol{r}-\boldsymbol{r}_n(t))\right\rangle \qquad (14.1.20)$$

als makroskopischer Ladungsdichte, wobei die Moleküle als eine Einheit betrachtet werden, und

$$\boldsymbol{P}(\boldsymbol{r},t)=\sum_n\langle\boldsymbol{p}_n(t)\,\delta(\boldsymbol{r}-\boldsymbol{r}_n(t))\rangle \qquad (14.1.21)$$

als mittlerem Dipolmoment pro Volumen. $\boldsymbol{P}(\boldsymbol{r},t)$ ist damit auch die *Dipolmomentdichte* am Orte $\boldsymbol{r}$. Man nennt diese auch die *makroskopische Polarisation.*

Also gilt

$$\nabla\cdot\boldsymbol{E}=\frac{1}{\varepsilon_0}(\varrho-\nabla\cdot\boldsymbol{P}+\ldots)$$

oder

$$\nabla\cdot(\varepsilon_0\boldsymbol{E}+\boldsymbol{P}+\ldots)=\varrho\ , \qquad (14.1.22)$$

und mit

$$\boldsymbol{D}=\varepsilon_0\boldsymbol{E}+\boldsymbol{P}+\ldots \qquad (14.1.23)$$

folgt also die makroskopische Maxwell-Gleichung

$$\nabla\cdot\boldsymbol{D}(\boldsymbol{r},t)=\varrho(\boldsymbol{r},t)\ . \qquad (14.1.24)$$

Dabei ist also $\varrho(\boldsymbol{r},t)$ die Ladungsdichte, die durch die freien Ladungsträger und durch die Ladungen der gebundenen Systeme hervorgerufen wird. Die Polarisation $\boldsymbol{P}$ ist dabei gleich der Summe der einzelnen Dipolmomente der einzelnen Moleküle pro Volumen. Man nennt den Vektor $\boldsymbol{D}$ auch die *elektrische Erregung* oder die *elektrische Verschiebung* oder elektrische Verschiebungsdichte, auch wenn diese Bezeichnung eher dem Vektor $\boldsymbol{P}$ zukommt.

Das mittlere Dipolmoment ist natürlich vom elektrischen Feld $\boldsymbol{E}$ abhängig, und oft gilt im stationären Fall, wenn das Medium isotrop ist:

$$\boldsymbol{P}(\boldsymbol{r})=\varepsilon_0\chi\boldsymbol{E}(\boldsymbol{r})\ . \qquad (14.1.25)$$

Eine allgemeinere Beziehung, auch für zeitabhängige Felder, werden wir in Abschn. 14.4.1 kennenlernen.

Man nennt χ die *Suszeptibilität*[1] des Mediums. Es gilt dann auch

$$\boldsymbol{D}(\boldsymbol{r})=\varepsilon_0(1+\chi)\,\boldsymbol{E}(\boldsymbol{r})=\varepsilon_0\varepsilon\boldsymbol{E}(\boldsymbol{r}) \qquad (14.1.26)$$

mit

$$\varepsilon=1+\chi\ . \qquad (14.1.27)$$

Man nennt ε die *Dielektrizitätskonstante*[2]. Die Beziehung

$$\boldsymbol{P}(\boldsymbol{r})=\varepsilon_0\chi\boldsymbol{E}(\boldsymbol{r})\ , \qquad \text{allgemein} \qquad \boldsymbol{P}=\boldsymbol{P}(\boldsymbol{E})$$

kennzeichnet also die Polarisierbarkeit des Materials. Die Maxwell-Gleichungen im statischen Fall

$$\nabla\cdot\boldsymbol{D}(\boldsymbol{r})=\varrho(\boldsymbol{r})\ , \qquad \nabla\times\boldsymbol{E}(\boldsymbol{r})=\boldsymbol{0} \qquad (14.1.28)$$

sind nun nicht mehr abgeschlossen, sondern benötigen zur Ergänzung eben noch eine Beziehung zwischen $\boldsymbol{D}$ und $\boldsymbol{E}$.

14.1.3 Gemittelte Stromdichte und magnetische Feldstärke

Es ist zunächst

$$\boldsymbol{j}(\boldsymbol{r},t)=\boldsymbol{j}_{\text{frei}}(\boldsymbol{r},t)+\sum_n\boldsymbol{j}_n(\boldsymbol{r},t) \qquad (14.1.29)$$

mit der Stromdichte der freien Ladungen

$$\boldsymbol{j}_{\text{frei}}(\boldsymbol{r},t)=\sum_i q_i\boldsymbol{v}_i\,\delta(\boldsymbol{r}-\boldsymbol{r}_i(t)) \qquad (14.1.30)$$

---

1 Suszeptibilität (lat.) suscipere: aufnehmen. Empfänglichkeit, Aufnahmebereitschaft (für Polarisierung durch angelegtes Feld)

2 Dielektrizität (griech.) dia: durch, gegen, etwa elektrische Durchsetzbarkeit, Gegenelektrizität.

und der Stromdichte der gebundenen Ladungen im n-ten Molekül:

$$j_n(r,t)=\sum q_{nj}\boldsymbol{v}_{nj}\,\delta(\boldsymbol{r}-\boldsymbol{r}_{nj}) \quad . \tag{14.1.31}$$

Für die Stromdichte des n-ten Moleküls erhält man mit $\boldsymbol{v}_{nj}=\boldsymbol{v}_n+\dot{\boldsymbol{d}}_{nj}$:

$$\begin{aligned}\langle \boldsymbol{j}_n(\boldsymbol{r},t)\rangle &= \left\langle \sum_j q_{nj}(\boldsymbol{v}_n+\dot{\boldsymbol{d}}_{nj})\,\delta(\boldsymbol{r}-\boldsymbol{r}_n-\boldsymbol{d}_{nj})\right\rangle \\ &= \sum_j q_{nj}(\boldsymbol{v}_n+\dot{\boldsymbol{d}}_{nj})\,f(\boldsymbol{r}-\boldsymbol{r}_n-\boldsymbol{d}_{nj}) \\ &= \sum_j q_{nj}(\boldsymbol{v}_n+\dot{\boldsymbol{d}}_{nj})[f(\boldsymbol{r}-\boldsymbol{r}_n) \\ &\quad -\boldsymbol{d}_{nj}\cdot\nabla f(\boldsymbol{r}-\boldsymbol{r}_n(t))-\dots] \quad . \end{aligned} \tag{14.1.32}$$

Im einzelnen ist

$$\sum_j q_{nj}\boldsymbol{v}_n f(\boldsymbol{r}-\boldsymbol{r}_n)=\langle q_n\boldsymbol{v}_n\delta(\boldsymbol{r}-\boldsymbol{r}_n(t))\rangle \quad , \tag{14.1.33}$$

$$\sum_j q_{nj}\dot{\boldsymbol{d}}_{nj} f(\boldsymbol{r}-\boldsymbol{r}_n)=\langle \dot{\boldsymbol{p}}_n(t)\,\delta(\boldsymbol{r}-\boldsymbol{r}_n(t))\rangle \quad , \tag{14.1.34}$$

$$\begin{aligned}&-\sum_j q_{nj}\boldsymbol{v}_n(\boldsymbol{d}_{nj}\cdot\nabla)\,f(\boldsymbol{r}-\boldsymbol{r}_n) \\ &\quad = -\langle \sum \boldsymbol{v}_n(\boldsymbol{p}_n\cdot\nabla)\delta(\boldsymbol{r}-\boldsymbol{r}_n(t))\rangle \quad . \end{aligned} \tag{14.1.35}$$

Die Summe der rechten Seiten von (14.1.34 und 35) unterscheidet sich von dem Ausruck

$$\begin{aligned}\frac{\partial}{\partial t}\langle \boldsymbol{p}_n(t)\delta(\boldsymbol{r}-\boldsymbol{r}_n(t))\rangle &= \langle \dot{\boldsymbol{p}}_n(t)\delta(\boldsymbol{r}-\boldsymbol{r}_n(t))\rangle \\ &\quad -\langle \boldsymbol{p}_n(t)(\boldsymbol{v}_n\cdot\nabla)\delta(\boldsymbol{r}-\boldsymbol{r}_n)\rangle \end{aligned} \tag{14.1.36}$$

um den Term

$$\begin{aligned}&\langle [\boldsymbol{v}_n(\boldsymbol{p}_n\cdot\nabla)-\boldsymbol{p}_n(\boldsymbol{v}_n\cdot\nabla)]\,\delta(\boldsymbol{r}-\boldsymbol{r}_n)\rangle \\ &\quad =\nabla\times\langle(\boldsymbol{v}_n\times\boldsymbol{p}_n)\,\delta(\boldsymbol{r}-\boldsymbol{r}_n)\rangle \quad . \end{aligned} \tag{14.1.37}$$

Vergleicht man nach Summation über n diesen Term mit der Zeitableitung von $\boldsymbol{P}(\boldsymbol{r},t)$,

$$\frac{\partial}{\partial t}\boldsymbol{P}(\boldsymbol{r},t)=\int d^3k\,d\omega(-i\omega)\boldsymbol{P}(k,\omega)\,\mathrm{e}^{\mathrm{i}\boldsymbol{k}\cdot\boldsymbol{r}-\mathrm{i}\omega t} \quad , \tag{14.1.38}$$

so stellt man fest, daß er um den Faktor

$$\sim\frac{k}{\omega}\,\bar{v}_n=\frac{\bar{v}_n}{\bar{c}}$$

kleiner ist, wobei $\bar{v}_n$ eine mittlere Geschwindigkeit der gebundenen Systeme ist, und $\bar{c}$ gegeben ist durch

$$\omega=\frac{k}{\bar{c}}$$

in Analogie zur Beziehung $\omega=k/c$ für elektromagnetische Wellen im Vakuum. Wir werden im Abschn. 14.4.2 sehen, daß $\bar{c}$ die Lichtgeschwindigkeit in Materie ist, und da $\bar{v}_n/\bar{c}\ll 1$ ist, kann man den Term (14.1.37) vernachlässigen.

Schließlich gibt es noch den Term

$$\begin{aligned}&-\sum_j q_{nj}\dot{\boldsymbol{d}}_{nj}(\boldsymbol{d}_{nj}\cdot\nabla)\,f(\boldsymbol{r}-\boldsymbol{r}_n) \\ &\quad =\langle\nabla\times\boldsymbol{m}_n\,\delta(\boldsymbol{r}-\boldsymbol{r}_n(t))\rangle \quad , \end{aligned} \tag{14.1.39}$$

wobei

$$\boldsymbol{m}_n=\frac{1}{2}\sum_j q_{nj}(\boldsymbol{d}_{nj}\times\dot{\boldsymbol{d}}_{nj}) \tag{14.1.40}$$

das magnetische Moment darstellt, das durch die Ladungen im n-ten Molekül hervorgerufen wird, denn es ist

$$\begin{aligned}\nabla\times\frac{1}{2}(\boldsymbol{d}_{nj}\times\dot{\boldsymbol{d}}_{nj}) &= \frac{1}{2}\,\boldsymbol{d}_{nj}\cdot(\dot{\boldsymbol{d}}_{nj}\cdot\nabla) \\ &\quad -\frac{1}{2}\,\dot{\boldsymbol{d}}_{nj}(\boldsymbol{d}_{nj}\cdot\nabla) \\ &= -\dot{\boldsymbol{d}}_{nj}(\boldsymbol{d}_{nj}\cdot\nabla) \\ &\quad +\frac{\partial}{\partial t}\left[\frac{1}{2}\,\boldsymbol{d}_{nj}(\boldsymbol{d}_{nj}\cdot\nabla)\right] \quad . \end{aligned} \tag{14.1.41}$$

Der erste Term in (14.1.41) ist der gewünschte, der zweite gehört zur zeitlichen Ableitung des elektrischen Quadrupolmomentes. Da wir nur die Dipolmomente zu berücksichtigen brauchen, können wir diesen Term vernachlässigen.

Es ergibt sich somit

$$\begin{aligned}\langle \boldsymbol{j}(\boldsymbol{r},t)\rangle &= \boldsymbol{J}(\boldsymbol{r},t)+\frac{\partial}{\partial t}(\boldsymbol{P}(\boldsymbol{r},t)+\dots) \\ &\quad +\nabla\times\boldsymbol{M}(\boldsymbol{r},t)+\dots \quad , \end{aligned} \tag{14.1.42}$$

wobei $\boldsymbol{J}(\boldsymbol{r},t)$ nun der Strom ist, der durch die freien Ladungsträger und durch die gebundenen Moleküle verursacht wird, $\boldsymbol{P}(\boldsymbol{r},t)$ die Polarisation der gebundenen Systeme und $\boldsymbol{M}(\boldsymbol{r},t)$ die *Magnetisierung*, d.h. die Summe der magnetischen Momente der einzelnen gebundenen Systeme pro Volumen ist.

Dann folgt also

$$\nabla\times\boldsymbol{B}-\frac{1}{c^2}\frac{\partial\boldsymbol{E}}{\partial t}=\mu_0\left(\boldsymbol{J}+\frac{\partial\boldsymbol{P}}{\partial t}+\nabla\times\boldsymbol{M}+\ldots\right) \tag{14.1.43}$$

oder

$$\nabla\times(\boldsymbol{B}-\mu_0\boldsymbol{M}+\ldots)-\frac{1}{c^2}\frac{\partial}{\partial t}(\boldsymbol{E}+c^2\mu_0\boldsymbol{P}+\ldots)=\mu_0\boldsymbol{J}\ . \tag{14.1.44}$$

Führen wir neben der elektrischen Erregung

$$\boldsymbol{D}(\boldsymbol{r},t)=\varepsilon_0\boldsymbol{E}(\boldsymbol{r},t)+\boldsymbol{P}(\boldsymbol{r},t)+\ldots$$

nun mit

$$\boldsymbol{H}(\boldsymbol{r},t)=\frac{1}{\mu_0}\boldsymbol{B}(\boldsymbol{r},t)-\boldsymbol{M}(\boldsymbol{r},t)+\ldots \tag{14.1.45}$$

die *magnetische Erregung* oder *magnetische Feldstärke* ein, so folgt als weitere makroskopische Maxwell-Gleichung

$$\nabla\times\boldsymbol{H}(\boldsymbol{r},t)-\frac{\partial\boldsymbol{D}(\boldsymbol{r},t)}{\partial t}=\boldsymbol{J}(\boldsymbol{r},t)\ . \tag{14.1.46}$$

Zusammen mit (14.1.24):

$$\nabla\cdot\boldsymbol{D}(\boldsymbol{r},t)=\varrho(\boldsymbol{r},t)$$

stellen diese Gleichungen nun die makroskopischen, inhomogenen Maxwell-Gleichungen dar.

Für die Magnetisierung bzw. für das magnetische Feld $\boldsymbol{H}(\boldsymbol{r},t)$ hat man wieder eine Materialgleichung, d.h. eine Beziehung zwischen $\boldsymbol{H}$ und $\boldsymbol{B}$ (und eventuell $\boldsymbol{E}$) zu finden, um ein abgeschlossenes System von Gleichungen zu erhalten. Mit der Annahme

$$\boldsymbol{M}=\chi_{\mathrm{m}}\boldsymbol{H} \tag{14.1.47}$$

im statischen Fall, analog zur Annahme

$$\boldsymbol{P}=\varepsilon_0\chi\boldsymbol{E}$$

erhält man

$$\boldsymbol{B}=\mu_0(\boldsymbol{H}+\boldsymbol{M})=\mu_0(\boldsymbol{H}+\chi_{\mathrm{m}}\boldsymbol{H})=\mu_0\mu\boldsymbol{H} \tag{14.1.48}$$

mit der *Permeabilitätskonstanten*[3]

$$\mu=1+\chi_{\mathrm{m}} \tag{14.1.49}$$

analog zu

$$\varepsilon=1+\chi\ .$$

Man stellt experimentell fest:

Typische Werte von ε sind: $\varepsilon=3-8$ bei Bernstein oder Glimmer, 81,6 bei Wasser und bis zu 2500 bei keramischen Stoffen.

Man unterscheidet:

a) Moleküle, deren Dipolmoment erst durch ein äußeres Feld erzeugt wird,
b) Moleküle mit eigenem Dipolmoment.

Moleküle der Sorte (a) nennt man Dielektrika 1. Art (H_2, N_2) bzw. Diamagnetika (Zink, Gold, Quecksilber). Bei den Diamagnetika[4] ist $\mu\lesssim 1$.

Moleküle der Sorte (b) nennt man Dielektrika 2. Art oder auch Paraelektrika (H_2O, NH_3) bzw. Paramagnetika[4] (Na, Ka, O_2, NO, Platin). Bei den Paramagnetika ist $\mu\gtrsim 1$.

Kristalline Stoffe mit besonders hoher Polarisierbarkeit heißen Ferroelektrika (Seignettesalz, $BaTiO_3$) und Stoffe besonders hoher Magnetisierbarkeit nennt man Ferromagnetika[5] (Eisen, Kobalt, Nickel). Sie besitzen auch ohne ein äußeres Feld ein makroskopisches magnetisches Moment innerhalb sogenannter Weißscher Bezirke.

---

[3] Permeabilität (lat.) permeare: hindurchgehen. Durchdringbarkeit, Durchlässigkeit (eines Mediums für ein Magnetfeld).

[4] Paramagnetismus, Diamagnetismus (griech.) etwa Mit- und Gegenmagnetismus: Das Feld, das von der Polarisation herrührt, ist dem erregenden Feld gleich- bez. entgegengerichtet.

[5] Ferromagnetismus (lat./griech.) ferrum: Eisen. Magnetismus wie beim Eisen.

14.2 Elektrostatische Felder in kontinuierlichen Medien

Betrachten wir wieder zeitunabhängige Felder, dann lauten also die Maxwell-Gleichungen für die elektrischen Felder:

$$\nabla \cdot \boldsymbol{D}(\boldsymbol{r}) = \varrho(\boldsymbol{r}, t) \quad \text{und} \quad \nabla \times \boldsymbol{E}(\boldsymbol{r}) = \boldsymbol{0} \ . \tag{14.2.1}$$

Als Materialgleichung sei $\boldsymbol{D}(\boldsymbol{r}) = \varepsilon\varepsilon_0 \boldsymbol{E}(\boldsymbol{r})$ gegeben.

Aus den beiden Maxwell-Gleichungen folgt analog zur Elektrostatik im Vakuum, daß die Normalkomponente von $\boldsymbol{D}(\boldsymbol{r})$ an einer Grenzfläche zwischen zwei Medien, die die Flächenladungsdichte $\sigma(\boldsymbol{r})$ trägt, einen Sprung von $\sigma(\boldsymbol{r})$ macht und daß die Tangentialkomponente von $\boldsymbol{E}$ stetig ist, d.h., es gilt

$$[\boldsymbol{D}_2(\boldsymbol{r}) - \boldsymbol{D}_1(\boldsymbol{r})] \cdot \boldsymbol{n}(\boldsymbol{r}) = \sigma(\boldsymbol{r}) \quad \textit{und}$$
$$[\boldsymbol{E}_2(\boldsymbol{r}) - \boldsymbol{E}_1(\boldsymbol{r})] \times \boldsymbol{n}(\boldsymbol{r}) = \boldsymbol{0} \ . \tag{14.2.2}$$

Dabei ist $\boldsymbol{n}(\boldsymbol{r})$ wieder der Normalenvektor zur Oberfläche am Orte $\boldsymbol{r}$. Diese Gleichungen stellen Randbedingungen bei elektrostatischen Problemen in polarisierbaren Medien dar. Wir zeigen das in einer typischen Anwendung:

In einem homogenen Feld $\boldsymbol{E}_0$ befinde sich eine dielektrische Kugel mit Radius a und Dielektrizitäts-Konstante ε. Es seien keine freien Ladungen vorhanden, so daß $\varrho(\boldsymbol{r}) = 0$ ist. Es gilt also wegen $\nabla \times \boldsymbol{E} = \boldsymbol{0}$ wieder

$$\boldsymbol{E} = -\nabla\phi(\boldsymbol{r}) \ , \tag{14.2.3}$$

und wegen $\nabla \cdot \boldsymbol{D}(\boldsymbol{r}) = 0$, $\boldsymbol{D} = \varepsilon\varepsilon_0 \boldsymbol{E}$ folgt wieder für das Potential $\phi(\boldsymbol{r})$:

$$\Delta\phi(\boldsymbol{r}) = 0 \tag{14.2.4}$$

innerhalb und außerhalb der Kugel.

Wir setzen als Lösung an:

für $r \leq a$:

$$\phi = \phi_i(r, \theta) = \sum_{l=0}^{\infty} A_l r^l \mathrm{P}_l(\cos\theta) \ , \tag{14.2.5}$$

für $r \geq a$:

$$\phi = \phi_a(r, \theta) = \sum_{l=0}^{\infty} (B_l r^l + C_l r^{-l-1}) \mathrm{P}_l(\cos\theta) \ . \tag{14.2.6}$$

Die Konstanten A_l, B_l und C_l werden nun durch die Randbedingungen bestimmt.

Das homogene Feld $\boldsymbol{E}_0$ schreiben wir als $\boldsymbol{E}_0 = E_0 \boldsymbol{e}_3$, dann muß gelten

a) für $r \to \infty$: $\phi_a(r, \theta) \to -E_0 z$. (14.2.7)

Also folgt:

$$B_l = 0 \quad \text{für} \quad l \neq 1 \ , \qquad B_1 = -E_0 \ . \tag{14.2.8}$$

b) In $r = a$ hat die Normalkomponente von $\boldsymbol{D}$ den Sprung 0, d.h., da

$$\boldsymbol{n}(\boldsymbol{r}) \cdot \boldsymbol{D}(\boldsymbol{r}) = -\frac{\boldsymbol{r}}{r} \cdot \varepsilon\varepsilon_0 \nabla\phi(\boldsymbol{r}) = -\varepsilon\varepsilon_0 \frac{\partial\phi}{\partial r} \tag{14.2.9}$$

ist, folgt

$$-\varepsilon_0 \left.\frac{\partial\phi_a}{\partial r}\right|_{r=a} = -\varepsilon\varepsilon_0 \left.\frac{\partial\phi_i}{\partial r}\right|_{r=a} \ . \tag{14.2.10}$$

c) Die Tangentialkomponente von $\boldsymbol{E}(\boldsymbol{r})$,

$$\boldsymbol{E}(\boldsymbol{r}) \cdot \boldsymbol{e}_\theta(\boldsymbol{r}) = -\frac{1}{a} \frac{\partial\phi}{\partial\theta} \tag{14.2.11}$$

ist stetig, d.h.,

$$-\frac{1}{a} \left.\frac{\partial\phi_i}{\partial\theta}\right|_{r=a} = -\frac{1}{a} \left.\frac{\partial\phi_a}{\partial\theta}\right|_{r=a} \ . \tag{14.2.12}$$

Im einzelnen folgt aus (14.2.10):

$$\begin{aligned} -\frac{\partial}{\partial r} & \left[-E_0 r \mathrm{P}_1(\cos\theta) + \sum_l C_l r^{-l-1} \mathrm{P}_l(\cos\theta) \right]_{r=a} \\ &= E_0 \mathrm{P}_1(\cos\theta) + \sum_l (l+1) C_l a^{-l-2} \mathrm{P}_l(\cos\theta) \\ &= -\varepsilon \sum_l l A_l a^{l-1} \mathrm{P}_l(\cos\theta) \ , \end{aligned} \tag{14.2.13}$$

also folgt für

$$l = 1: \ E_0 + 2 C_1 a^{-3} = -\varepsilon A_1 \ , \quad \text{für} \tag{14.2.14}$$

$$l \neq 1: \ (l+1) C_l a^{-l-2} = -\varepsilon l A_l a^{l-1} \ , \tag{14.2.15}$$

während man aus (14.2.12) folgert:

$$\sum_l A_l a^l \mathrm{P}_l'(\cos\theta) = \sum_l C_l a^{-l-1} \mathrm{P}_l'(\cos\theta) - E_0 a \mathrm{P}_1'(\cos\theta) \ . \tag{14.2.16}$$

Das ist eine Gleichung der Form

$$\sum_{l=1}^{\infty} c_l \mathrm{P}_l'(\cos\theta)=0 \ ,$$

aus der aber auch

$$\sum c_l \frac{1}{\sin\theta}\frac{\partial}{\partial\theta}\left[\sin\theta\frac{\partial}{\partial\theta}\mathrm{P}_l(\cos\theta)\right]$$

$$=-\sum_l c_l l(l+1)\mathrm{P}_l(\cos\theta)=0$$

folgt und damit wegen der Unabhängigkeit der Legendre-Polynome $c_l=0$. Damit können wir in (14.2.16) die Koeffizienten vergleichen und erhalten für $l \neq 1$:

$$A_l a^l = C_l a^{-l-1} \ , \qquad (14.2.17)$$

und mit (14.2.15)

$$(l+1)C_l a^{-l-2} = -\varepsilon l A_l a^{l-1} = -\varepsilon l C_l a^{-l-2} \qquad (14.2.18)$$

oder

$$(l+1)C_l = -\varepsilon l C_l \ , \qquad (14.2.19)$$

also $C_l=0$ für alle $l \neq 1$. Für $l=1$ gilt:

$$\mathrm{A}_1 = C_1 a^{-3} - E_0 \ , \qquad (14.2.20)$$

und mit (14.2.14)

$$E_0 + 2C_1 a^{-3} = -\varepsilon A_1 = -\varepsilon(C_1 a^{-3} - E_0) \qquad (14.2.21)$$

oder

$$(1-\varepsilon)E_0 a^3 = -(2+\varepsilon)C_1 \ , \qquad (14.2.22)$$

d.h.,

$$C_1 = -\frac{1-\varepsilon}{2+\varepsilon} a^3 E_0 \qquad (14.2.23)$$

und damit

$$A_1 = C_1 a^{-3} - E_0 = E_0\left(\frac{\varepsilon-1}{\varepsilon+2}-1\right) \ , \qquad (14.2.24)$$

also

$$A_1 = -\frac{3}{\varepsilon+2} E_0 \ . \qquad (14.2.25)$$

Somit lautet die vollständige Lösung für $r \leq a$:

$$\phi(r,\theta) = -\frac{3}{2+\varepsilon} E_0 r\cos\theta = -\frac{3}{2+\varepsilon} E_0 z \ , \qquad (14.2.26)$$

für $r \geq a$:

$$\phi(r,\theta) = -E_0 z + \frac{\varepsilon-1}{\varepsilon+2} E_0 \frac{a^3}{r^2}\cos\theta \ . \qquad (14.2.27)$$

Das bedeutet:

Im Innern ist

$$\boldsymbol{E}_i = \frac{3}{\varepsilon+2} \mathrm{E}_0 \boldsymbol{e}_3 \ , \qquad (14.2.28)$$

zeigt also in Richtung des äußeren Feldes, aber wegen $\varepsilon>1$ ist das $\boldsymbol{E}$-Feld im Innern geschwächt. Für $\varepsilon\to\infty$ geht $E_i \to 0$.

Im Äußeren ist

$$\phi_a = -E_0 z + \frac{1}{4\pi\varepsilon_0}\frac{\boldsymbol{p}\cdot\boldsymbol{r}}{r^3} \qquad (14.2.29)$$

mit

$$\boldsymbol{p} = 4\pi\varepsilon_0 \frac{\varepsilon-1}{\varepsilon+2} E_0 a^3 \boldsymbol{e}_3 \ . \qquad (14.2.30)$$

Das Feld ist eine Überlagerung des ursprünglichen Feldes mit dem Feld eines Dipols in z-Richtung. Dieses Dipolmoment $\boldsymbol{p}$ wird verursacht durch die Polarisation der gebundenen Systeme im Innern der Kugel.

Dort gilt ja

$$\boldsymbol{D} = \varepsilon\varepsilon_0 \boldsymbol{E} = \varepsilon_0 \boldsymbol{E} + \boldsymbol{P}$$

also

$$\boldsymbol{P} = \varepsilon_0(\varepsilon-1)\boldsymbol{E}$$

$$= \frac{3}{4\pi} 4\pi\varepsilon_0 \frac{\varepsilon-1}{\varepsilon+2} E_0 \boldsymbol{e}_3 \ . \qquad (14.2.31)$$

Die Dipolmomentdichte $\boldsymbol{P}$ ist in diesem Falle konstant, das gesamte Dipolmoment der Kugel ist dann in Übereinstimmung mit (14.2.30)

$$\boldsymbol{p} = \frac{4\pi}{3} a^3 \boldsymbol{P} = 4\pi\varepsilon_0 \frac{\varepsilon-1}{\varepsilon+2} E_0 a^3 \boldsymbol{e}_3 \ . \qquad (14.2.32)$$

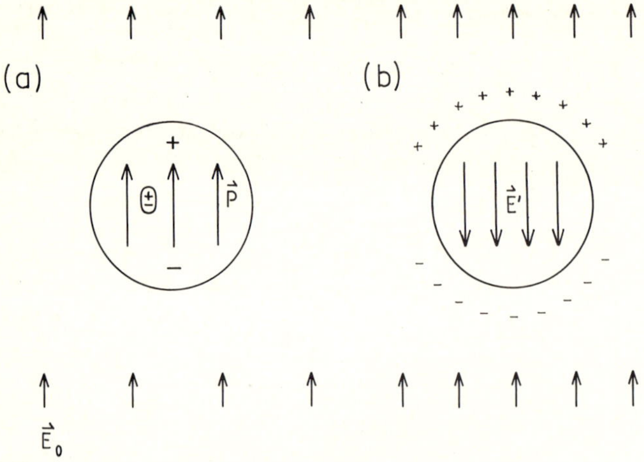

Abb. 14.2.1a,b. In einem elektrischen Feld werden gebundene Systeme von Ladungen in einem Dielektrikum polarisiert. Es entsteht eine Polarisationsdichte $\boldsymbol{P}$, die getrennten Ladungen erzeugen ein entgegengesetztes Feld $\boldsymbol{E}'$, das das ursprüngliche Feld schwächt

Durch das äußere Feld werden im Dielektrikum die gebundenen Systeme polarisiert. Das dadurch entstehende $\boldsymbol{P}$-Feld ist parallel zum $\boldsymbol{E}$-Feld, die polarisierten gebundenen Komplexe erzeugen so ein entgegengerichtetes Feld, das das ursprüngliche Feld schwächt (Abb. 14.2.1).

14.3 Magnetostatische Felder in kontinuierlichen Medien

Die Maxwell-Gleichungen für die Magnetostatik lauten

$$\nabla \cdot \boldsymbol{B}(\boldsymbol{r}) = 0 \ , \quad \nabla \times H(\boldsymbol{r}) = \boldsymbol{J}(\boldsymbol{r}) \ . \tag{14.3.1}$$

Die Materialgleichung sei

$$\boldsymbol{B}(\boldsymbol{r}) = \mu\mu_0 \boldsymbol{H}(\boldsymbol{r}) \ .$$

Meistens kann man magnetostatische Probleme ganz in Analogie zu den elektrostatischen lösen. Wir verdeutlichen das an folgenden Beispielen oder Aussagen:

i) Aus $\nabla \cdot \boldsymbol{B}(\boldsymbol{r}) = 0$ folgt:

An der Grenzfläche zwischen zwei Medien mit verschiedenen Permeabilitätskonstanten μ ist die Normalkomponente von $\boldsymbol{B}$ stetig. Das zeigt man analog zur Herleitung der entsprechenden Aussage für $\boldsymbol{D}(\boldsymbol{r})$.

Ist $\boldsymbol{J}(\boldsymbol{r})$ an der Grenzfläche Null, so ist die Tangentialkomponente von $\boldsymbol{H}$ stetig. Das folgt aus $\nabla \times \boldsymbol{H} = \boldsymbol{0}$.

ii) Man betrachte eine Kugel mit Permeabilität μ in einem homogenen Induktionsfeld $\boldsymbol{B}_0$, das sich in einem nicht-permeablen Raum befindet. Dann lautet das zu lösende Gleichungssystem:

$$\nabla \cdot \boldsymbol{B}(\boldsymbol{r}) = 0 \ , \quad \nabla \times \boldsymbol{H}(\boldsymbol{r}) = \boldsymbol{0} \ ,$$

$$\boldsymbol{B} = \mu\mu_0 \boldsymbol{H} = \mu_0 \boldsymbol{H} + \mu_0 \boldsymbol{M} \tag{14.3.2}$$

im Vergleich zu dem im Abschn. 14.2 behandelten Problem:

$$\nabla \cdot \boldsymbol{D}(\boldsymbol{r}) = 0 \ , \quad \nabla \times \boldsymbol{E}(\boldsymbol{r}) = \boldsymbol{0} \ ,$$

$$\boldsymbol{D} = \varepsilon\varepsilon_0 \boldsymbol{E} = \varepsilon_0 \boldsymbol{E} + \boldsymbol{P} \ . \tag{14.3.3}$$

Wir können somit sofort das magnetostatische Problem lösen, indem wir in der entsprechenden Lösung des elektrostatischen Problems

$$\boldsymbol{D} \to \boldsymbol{B} \ , \quad \boldsymbol{E} \to \boldsymbol{H} \ , \quad \boldsymbol{P} \to \mu_0 \boldsymbol{M} \ , \quad \varepsilon, \varepsilon_0 \to \mu, \mu_0 \tag{14.3.4}$$

ersetzen. Wir erhalten so

$$\mu_0 \boldsymbol{M} = \frac{3}{4\pi} \, 4\pi\mu_0 \, \frac{\mu - 1}{\mu + 2} \, \boldsymbol{H}_0 \ , \quad \text{also} \tag{14.3.5}$$

$$\boldsymbol{M} = 3 \, \frac{\mu - 1}{\mu + 2} \, \boldsymbol{H}_0 \ ; \tag{14.3.6}$$

$$\boldsymbol{H}_i = \frac{3}{\mu + 2} \, \boldsymbol{H}_0 \ , \quad \text{also} \tag{14.3.7}$$

$$\boldsymbol{B}_i = \frac{3\mu}{\mu + 2} \, \boldsymbol{B}_0 \ . \tag{14.3.8}$$

iii) Ein weiteres sehr illustratives Beispiel ist das folgende:

Im zunächst leeren Raum herrsche ein Feld $\boldsymbol{B}_0$. Wir bringen eine Hohlkugel in den Raum mit der Permeabilität μ für die Kugelschale. Wir erwarten im Innern der Hohlkugel eine Abschirmung des magnetischen Feldes.

Sei der innere Radius a, der äußere Radius b, wir haben das Gleichungssystem (14.3.2) im Äußeren, in der Kugelschale und im Innern zu lösen.

Aus $\nabla \times \boldsymbol{H}(\boldsymbol{r}) = \boldsymbol{0}$ folgern wir: Es existiert ein ϕ_M mit

$$\boldsymbol{H} = -\nabla\phi_M \ , \qquad (14.3.9)$$

und somit folgt dann aus $\nabla \cdot \boldsymbol{B}(r) = 0$ auch

$$\Delta\phi_M = 0 \ . \qquad (14.3.10)$$

Wir setzen so als Lösungen für ϕ_M an:

$$r \leq a: \quad \phi_M = \sum_l \delta_l r^l \mathrm{P}_l(\cos\theta) \ , \qquad (14.3.11)$$

$$a \leq r \leq b: \quad \phi_M = \sum_l (\beta_l r^l + \gamma_l r^{-l-1}) \mathrm{P}_l(\cos\theta) \ , \qquad (14.3.12)$$

$$b \leq r: \quad \phi_M = \sum_l \alpha_l r^{-l-1} \mathrm{P}_l(\cos\theta) - H_0 r \cos\theta \ , \qquad (14.3.13)$$

wobei wir die z-Richtung in Richtung von $\boldsymbol{H}_0$ gewählt haben. Aus (i) wissen wir, daß die Tangentialkomponenten von $\boldsymbol{H}$ und die Normalkomponenten von $\boldsymbol{B}$ stetig sein müssen. Also folgt:

$$\left.\frac{\partial\phi_M}{\partial\theta}\right|_{b+0} = \left.\frac{\partial\phi_M}{\partial\theta}\right|_{b-0} \ , \quad \left.\frac{\partial\phi_M}{\partial\theta}\right|_{a+0} = \left.\frac{\partial\phi_M}{\partial\theta}\right|_{a-0} \ , \qquad (14.3.14)$$

für die Tangentialkomponenten von $\boldsymbol{H}(\boldsymbol{r})$ und

$$\left.\frac{\partial\phi_M}{\partial r}\right|_{b+0} = \mu \left.\frac{\partial\phi_M}{\partial r}\right|_{b-0} \ , \quad \mu \left.\frac{\partial\phi_M}{\partial r}\right|_{a+0} = \left.\frac{\partial\phi_M}{\partial r}\right|_{a-0} \qquad (14.3.15)$$

für die Normalkomponenten von $\boldsymbol{B}(\boldsymbol{r})$.

Das sind vier Gleichungen, aus denen man die $\alpha_l, \beta_l, \ldots$ bestimmen kann. Es zeigt sich, daß die Koeffizienten für alle $l \neq 1$ verschwinden, und man erhält für $l = 1$ u.a.

$$\alpha_1 = \frac{(2\mu+1)(\mu-1)}{(2\mu+1)(\mu+2) - 2(a^3/b^3)(\mu-1)^2} (b^3 - a^3) H_0 \ , \qquad (14.3.16)$$

$$\delta_1 = \frac{-9\mu}{(2\mu+1)(\mu+2) - 2(a^3/b^3)(\mu-1)^2} H_0 \ , \qquad (14.3.17)$$

somit also, für $r \geq b$

$$\phi_M = -H_0 z + \alpha_1 \frac{\mathrm{P}_1(\cos\theta)}{r^2}$$

$$= -H_0 z + \frac{\boldsymbol{m} \cdot \boldsymbol{r}}{r^3} \quad \text{mit} \qquad (14.3.18)$$

$$\boldsymbol{m} = \alpha_1 \boldsymbol{e}_3 \ . \qquad (14.3.19)$$

Das äußere Feld entspricht wieder einer Überlagerung des ursprünglichen Feldes mit dem eines Dipols. Für $a \to 0$ erhalten wir ein Ergebnis, das wir aus dem elektrostatischen Fall schon kennen.

In Innern gilt

$$\phi_M = \delta_1 r \cos\theta = \delta_1 z$$

$$= -\frac{9\mu}{(2\mu+1)(\mu+2) - 2(a^3/b^3)(\mu-1)^2} H_0 z \ , \qquad (14.3.20)$$

d. h., das innere Feld ist parallel zum äußeren Feld und ist von der Ordnung μ^{-1}. Ein Material mit $\mu \approx 10^3$ bis 10^6 erzeugt so eine starke magnetische Abschirmung. Für $\mu = 1$ ist natürlich $\phi_M = -H_0 z$.

Für β_1, γ_1 erhält man

$$\beta_1 = \frac{-3(1+2\mu)}{(\mu+2)(1+2\mu) - 2(a^3/b^3)(\mu-1)^2} H_0 \ , \qquad (14.3.21)$$

$$\gamma_1 = \frac{-3(1-\mu)}{(\mu+2)(1+2\mu) - 2(a^3/b^3)(\mu-1)^2} a^3 H_0 \ . \qquad (14.3.22)$$

Man prüft nach, daß man für $a \to 0$ wieder für das Feld in der Kugel erhält:

$$\phi_M = -\frac{3}{\mu+2} H_0 z \quad \text{oder}$$

$$\boldsymbol{H}_i = \frac{3}{\mu+2} \boldsymbol{H}_0 \qquad (14.3.23)$$

in Übereinstimmung mit (ii).

14.4 Ebene Wellen in Materie, Wellenpakete

In Abschn. 14.1.2 haben wir bemerkt, daß im stationären Fall für isotrope Materialien häufig die lineare Beziehung

$$\boldsymbol{P}(\boldsymbol{r}) = \varepsilon_0 \chi \boldsymbol{E}(\boldsymbol{r}) \qquad (14.4.1)$$

gilt. Bei zeitabhängigen Feldern erwartet man eine mit den Frequenzen von $\boldsymbol{E}(\boldsymbol{r}, t)$ schwingende, phasenversetzte Polarisation so wie nach Abschn. 6.5.3 allgemein ein lineares System auf eine äußere periodische Kraft antwortet. Wir können danach den allgemeineren Zusammenhang zwischen Polarisation und elektrischem Feld am besten für die entsprechenden Fourier-Transformierten formulieren. Wenn wir auch noch anisotrope Materialien betrachten, wie etwa Polymere, in denen durch die langkettige Molekülstruktur eine Richtung ausgezeichnet sein kann, so lautet der allgemeine Zusammenhang:

$$P_i(\boldsymbol{k},\omega)=\varepsilon_0\chi_{ij}(\omega)E_j(\boldsymbol{k},\omega)+\varepsilon_0\int d^3k'd\omega' \cdot\chi_{ijk}(\boldsymbol{k},\boldsymbol{k}',\omega,\omega')E_j(\boldsymbol{k}',\omega') \cdot E_k(\boldsymbol{k}-\boldsymbol{k}',\omega-\omega')+\dots\ , \qquad (14.4.2)$$

wobei wir auch nichtlineare Terme berücksichtigt haben. Diese spielen z. B. eine Rolle in der *nichtlinearen Optik*, in der man elektrische Felder betrachtet, die nicht mehr klein gegenüber den innermolekularen Feldern sind. Wir wollen diese nichtlinearen Terme im folgenden vernachlässigen.

Die Suszeptibilität wird durch Betrachtung anisotroper Materialien zu einem Tensor und durch Berücksichtigung der Zeitabhängigkeit eine komplexe Funktion der Frequenz ω.

14.4.1 Die Frequenzabhängigkeit der Suszeptibilität

Wir wollen hier ein sehr einfaches Modell für die Abhängigkeit der Suszeptibilität bzw. der Dielektrizitätskonstanten ε von der Frequenz betrachten.

Sei $\boldsymbol{r}(t)$ die Auslenkung eines Ladungsträgers der Ladung q und der Masse m aus seiner Lage aufgrund des Feldes $\boldsymbol{E}(\boldsymbol{r},t)=\boldsymbol{E}_0\exp(-\mathrm{i}\omega t)$. Dann gilt nach Kap. 6 in linearer Näherung für $\boldsymbol{r}(t)$:

$$m[\ddot{\boldsymbol{r}}(t)+\gamma\dot{\boldsymbol{r}}(t)+\omega_0^2\boldsymbol{r}(t)]=q\boldsymbol{E}_0\mathrm{e}^{-\mathrm{i}\omega t}\ . \qquad (14.4.3)$$

Dabei ist $\gamma\dot{\boldsymbol{r}}$ ein Dämpfungsglied, das die Dämpfung der Schwingung durch Stöße, Abstrahlung etc. beschreibt. ω_0 sei die Eigenfrequenz der Schwingung. Mit $\boldsymbol{r}(t)=\boldsymbol{r}_0\exp(-\mathrm{i}\omega t)$ folgt für die Amplitude $\boldsymbol{r}_0$:

$$m(-\omega^2-\mathrm{i}\gamma\omega+\omega_0^2)\boldsymbol{r}_0=q\boldsymbol{E}_0\ , \qquad (14.4.4)$$

und es ergibt sich ein Dipolmoment $\boldsymbol{p}(t)=q\boldsymbol{r}(t)=\boldsymbol{p}_0\exp(-\mathrm{i}\omega t)$ mit:

$$\boldsymbol{p}_0=q\boldsymbol{r}_0=\frac{q^2\boldsymbol{E}_0}{m}\,\frac{1}{\omega_0^2-\omega^2-\mathrm{i}\gamma\omega}\ . \qquad (14.4.5)$$

Seien f_j Ladungsträger im gebundenen System mit Eigenfrequenzen ω_j und Dämpfungskonstanten γ_j vorhanden, so folgt, wenn n die Anzahl der gebundenen Systeme pro Volumen ist:

$$\boldsymbol{P}=\frac{nq^2}{m}\sum_j f_j\,\frac{1}{\omega_j^2-\omega^2-\mathrm{i}\gamma_j\omega}\,\boldsymbol{E}(t)=\varepsilon_0\chi\boldsymbol{E}(t)\ . \qquad (14.4.6)$$

So erhält man für eine Welle fester Frequenz

$$\varepsilon(\omega)=1+\chi(\omega)=1+\frac{nq^2}{m\varepsilon_0}\sum_j f_j\,\frac{1}{\omega_j^2-\omega^2-\mathrm{i}\gamma_j\omega}\ . \qquad (14.4.7)$$

Die Dielektrizitätskonstante ε ist also im allgemeinen komplex. Für die Permeabilitätskonstante darf man in der Regel die Frequenzabhängigkeit und den Imaginärteil vernachlässigen.

Man nennt

$$\alpha=2\,\mathrm{Im}\left\{\sqrt{\mu\varepsilon(\omega)}\right\}\cdot\omega/c \qquad (14.4.8)$$

den *Absorptionskoeffizienten* und

$$n=\mathrm{Re}\left\{\sqrt{\mu\varepsilon(\omega)}\right\} \qquad (14.4.9)$$

den *Brechungsindex*. (Dieser Name wird im folgenden noch verständlich werden). Der Imaginärteil ist natürlich da besonders groß, wo $\omega\approx\omega_j$ ist, d.h. bei einer Frequenz, die einer Eigenfrequenz des Systems entspricht. Das schwingungfähige System wird dann viel Energie absorbieren. Wasser hat z.B. im sichtbaren Bereich ein Minimum der Absorption, für Mikrowellen aber ein Maximum.

Typische Kurven für $\mathrm{Re}\{\varepsilon\}$ und $\mathrm{Im}\{\varepsilon\}$ als Funktion von ω sind in Abb. 14.4.1 dargestellt. In den Frequenzbereichen, in denen die Absorption nicht vernachlässigt werden kann, spricht man von *anomaler Dispersion*, sonst von *normaler Dispersion*. Bei anomaler Dispersion ist

$$dn/d\omega<0\ .$$

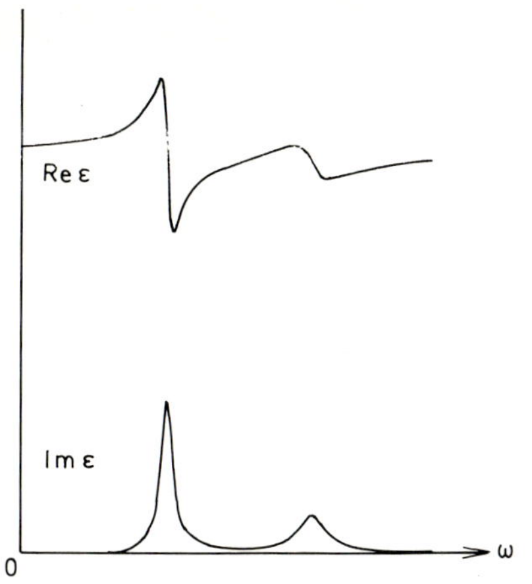

Abb. 14.4.1. Typischer Verlauf von Real- bzw. Imaginärteil der Dielektrizitätskonstanten $\varepsilon(\omega)$

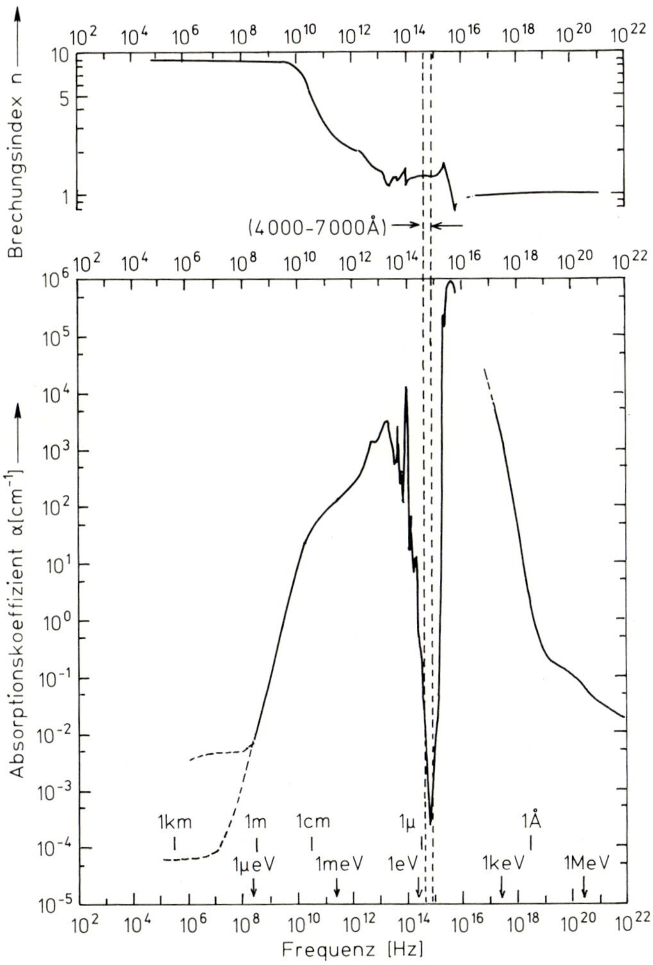

Abb. 14.4.2. Brechungsindex und Absorptionskoeffizient für Wasser

Die entsprechenden Kurven für Wasser sind in Abb. 14.4.2 dargestellt. Den statischen Wert, d.h. den Wert von ε für statische Felder erhält man für $\omega=0$. Es gilt

$$\lim_{\omega\to 0} \operatorname{Im}\{\varepsilon(\omega)\}=0 \ , \tag{14.4.10}$$

und wenn man nur von der Dielektrizitätskonstanten spricht, so meint man oft lediglich $\operatorname{Re}\{\varepsilon(0)\}$.

Bisher haben wir immer unterstellt, daß, wie in dem einfachen Modell auch, das System Energie höchstens absorbieren kann. Damit ist dann wie auch im Modell $\operatorname{Im}\{\varepsilon(\omega)\}\geq 0$. Wir wollen das im folgenden immer annehmen, auch wenn man in Lasern und Masern eine Energieabstrahlung bei Resonanzfrequenzen erhalten kann.

Die zeitabhängigen Maxwell-Gleichungen betrachten wir nun zweckmäßigerweise sofort für die Fourier-Transformierten. In Gebieten, in denen ϱ und $\boldsymbol{J}$ verschwinden, gilt dann

$$\begin{aligned} &\boldsymbol{k}\cdot\boldsymbol{B}(\boldsymbol{k},\omega)=0 \ , \qquad \boldsymbol{k}\times\boldsymbol{E}(\boldsymbol{k},\omega)-\omega\boldsymbol{B}(\boldsymbol{k},\omega)=\boldsymbol{0} \ , \\ &\boldsymbol{k}\cdot\boldsymbol{D}(\boldsymbol{k},\omega)=0 \ , \qquad \boldsymbol{k}\times\boldsymbol{H}(\boldsymbol{k},\omega)+\omega\boldsymbol{D}(\boldsymbol{k},\omega)=\boldsymbol{0} \ . \end{aligned} \tag{14.4.11}$$

Wenn wir die Materialgleichungen

$$\boldsymbol{D}(\boldsymbol{k},\omega)=\varepsilon_0\varepsilon(\omega)\,\boldsymbol{E}(\boldsymbol{k},\omega) \quad \text{und}$$

$$\boldsymbol{H}(\boldsymbol{k},\omega)=\boldsymbol{B}(\boldsymbol{k},\omega)/\mu\mu_0$$

benutzen, erhalten wir aus den Maxwell-Gleichungen wiederum

$$\begin{aligned} \boldsymbol{k}\times[\boldsymbol{k}\times\boldsymbol{E}(\boldsymbol{k},\omega)] &= -\boldsymbol{k}^2\boldsymbol{E}(\boldsymbol{k},\omega) \\ &= -\frac{\omega^2\mu\varepsilon(\omega)}{c^2}\,\boldsymbol{E}(\boldsymbol{k},\omega) \ , \end{aligned} \tag{14.4.12}$$

d.h., wir erhalten eine Beziehung zwischen ω und k ähnlich der Gleichung $k=\omega/c$:

$$k=\frac{\omega}{c}\sqrt{\mu\varepsilon(\omega)} \ . \tag{14.4.13}$$

Die rechte Seite ist eine komplexe Funktion von ω. Der Imaginärteil von k bedeutet in

$$\boldsymbol{E}(\boldsymbol{r},t)\sim \mathrm{e}^{\mathrm{i}\boldsymbol{k}\cdot\boldsymbol{r}-\mathrm{i}\omega t} \tag{14.4.14}$$

mit $\boldsymbol{k}=k\boldsymbol{n}$ einen exponentiell abfallenden oder ansteigenden Teil. Der abfallende Teil beschreibt die Absorption von Strahlung durch das Medium.

14.4.2 Wellenpakete, Phasen- und Gruppengeschwindigkeit

Im folgenden wollen wir den Frequenzbereich normaler Dispersion betrachten, also den Imaginärteil α vernachlässigen, dann ist auch k reell.

Denkt man sich die Gleichung (14.4.13) nach ω aufgelöst, so erhält man

$$\omega=\omega(k) , \tag{14.4.15}$$

und für das zeitabhängige Feld $\boldsymbol{E}(\boldsymbol{r},t)$ z.B. erhält man dann eine ebene Welle in der Form

$$\boldsymbol{E}(\boldsymbol{r},t)=\boldsymbol{E}(\boldsymbol{k})\,\mathrm{e}^{\mathrm{i}(\boldsymbol{k}\cdot\boldsymbol{r}-\omega(k)t)} .$$

Die *Phasengeschwindigkeit* dieser Welle, d.h. die Geschwindigkeit mit der sich ein Punkt konstanter Phase fortbewegt, ist dann

$$v_\mathrm{P}=\frac{\omega(k)}{k} .$$

Ebene Wellen zu einem festen Wellenvektor $\boldsymbol{k}$ nennt man auch *monochromatisch*[6]. Monochromatische Wellen sind räumlich und zeitlich unbegrenzt. In der Natur haben wir es aber mit räumlich und zeitlich begrenzten Wellen zu tun, die man durch Überlagerung von monochromatischen Wellen darstellen kann. Man spricht dann von *Wellengruppen* oder *Wellenpaketen:*

$$\boldsymbol{E}(\boldsymbol{r},t)=\int d^3k\,\boldsymbol{E}(\boldsymbol{k})\mathrm{e}^{\mathrm{i}(\boldsymbol{k}\cdot\boldsymbol{r}-\omega(k)t)}.$$

Die Phasengeschwindigkeit, gegeben durch $v_\mathrm{P}=\omega(k)/k$, ist für verschiedene k verschieden. In einer Wellengruppe ändert sich die relative Phase der einzelnen Beiträge. Das hat Konsequenzen für den Wellenzug. Wir wollen das für das eindimensionale Beispiel

$$u(x,t)=\frac{1}{\sqrt{2\pi}}\int dk\,A(k)\mathrm{e}^{\mathrm{i}(kx-\omega(k)t)} \tag{14.4.16}$$

[6] monochromatisch (griech.) mónos: allein, ein; chrõma: Farbe, also „einfarbig" Licht ist nämlich einfarbig, wenn es nur Wellen einer einzigen Frequenz enthält.

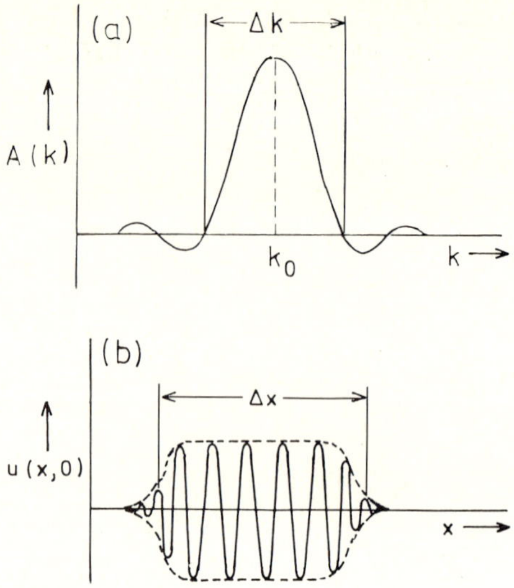

Abb. 14.4.3. Eine Fouriertransformierte $A(k)$ mit begrenzter Ausdehnung und das zugehörige Wellenpaket

studieren und dabei drei wichtige Eigenschaften von Wellenpaketen kennenlernen.

a) die Gruppengeschwindigkeit:

Sei $A(k)$ eine Funktion, die ein Maximum bei k_0 hat, mit zunehmendem Abstand von k_0 aber schnell abfällt (Abb. 14.4.3a).

Dann entwickeln wir im Exponenten von (14.4.16) $\omega(k)$ um k_0:

$$\omega(k)=\omega(k_0)+(k-k_0)v_\mathrm{G}+O((k-k_0)^2) \tag{14.4.17}$$

mit

$$v_\mathrm{G}=\left.\frac{d\omega(k)}{dk}\right|_{k_0} , \tag{14.4.18}$$

und wir erhalten dann für $u(x,t)$:

$$u(x,t)=\frac{1}{\sqrt{2\pi}}\exp\left[\mathrm{i}k_0v_\mathrm{G}t-\mathrm{i}\omega(k_0)t\right]\cdot\int dk\,A(k)\exp\left[\mathrm{i}k(x-v_\mathrm{G}t)\right] . \tag{14.4.19}$$

Vernachlässigen wir die Terme der Ordnung $(k-k_0)^2$, so folgt

$$u(x,t)=u(x-v_\mathrm{G}t,0)\exp\left[\mathrm{i}k_0v_\mathrm{G}t-\mathrm{i}\omega(k_0)t\right] . \tag{14.4.20}$$

$u(x,t)$ stellt so eine Anregung dar, die sich mit der Geschwindigkeit v_G fortpflanzt und die Form, die $u(x,0)$ besitzt, beibehält. Man nennt v_G auch die Gruppengeschwindigkeit. Man sieht sofort, für $\varepsilon\mu=1$, also $\omega=ck$, ist

$$\frac{d\omega(k)}{dk}=c \ ,$$

und die Gruppengeschwindigkeit ist identisch mit der Phasengeschwindigkeit $\omega(k)/k$. In jedem Medium mit $\varepsilon\mu \neq \text{const}$ aber sind die beiden Geschwindigkeiten verschieden.

Man erhält für die Phasengeschwindigkeit

$$v_P=\frac{\omega(k)}{k}=\frac{c}{n} \quad \text{mit} \quad n=\sqrt{\varepsilon\mu} \ , \qquad (14.4.21)$$

und v_P ist so kleiner oder größer als c, je nachdem ob n größer oder kleiner als 1 ist.

Für die Gruppengeschwindigkeit v_G erhält man aus

$$\omega=\frac{ck}{n} \quad \text{bzw.}$$

$$n(\omega)\omega=ck \ ,$$

indem man nach k ableitet:

$$\left[n(\omega)+\omega\frac{dn}{d\omega}\right]\frac{d\omega}{dk}=c \ ,$$

also

$$v_G=\frac{d\omega}{dk}=\frac{c}{n(\omega)+\omega\, dn/d\omega} \ . \qquad (14.4.22)$$

Bei normaler Dispersion ist $dn/d\omega>0$ und $n>1$, so daß

$$v_G<v_P=c/n<c \qquad (14.4.23)$$

ist. Bei anomaler Dispersion, wenn also $dn/d\omega<0$ ist, ist auch der Imaginärteil von $\sqrt{\mu\varepsilon(\omega)}$ nicht mehr zu vernachlässigen, die Gruppengeschwindigkeit ist keine physikalisch nützliche Größe mehr.

b) Seien $A(k)$ und $u(x,0)$ begrenzte Wellenzüge mit der Ausdehnung Δx, Δk wie etwa in Abb. 14.4.3 dargestellt. Dann gilt:

Es gibt eine untere Schranke für das Produkt

$$\Delta k\, \Delta x \ ,$$

so daß z.B. Δx mit kleiner werdenden Δk wachsen muß. Grenzfälle sind:

i) Sei $A(k)=\delta(k-k_0)+\delta(k+k_0)$, dann ist $u(x,0)=e^{ik_0x}+e^{-ik_0x}\sim\cos k_0x$, und so ist $u(x,0)$ unbegrenzt, d.h. $\Delta x=\infty$, während $\Delta k=0$ ist.

ii) Sei $A(k)=1$, d.h. $A(k)$ ist unbegrenzt, $\Delta k=\infty$, so ist

$$u(x,0)\sim\delta(x) \ , \quad \text{d.h.} \quad \Delta x=0 \ .$$

In der Theorie der Fourier-Transformation zeigt man: Seien

$$\langle x^n\rangle=\int dx\,|u(x,0)|^2x^n \ , \qquad (14.4.24)$$

$$\langle k^n\rangle=\int dk\,|A(k)|^2k^n \qquad (14.4.25)$$

gegeben mit

$$u(x,0)=\frac{1}{\sqrt{2\pi}}\int dk\,A(k)e^{ikx} \ ,$$

und seien die Maße für die Ausdehnung der Wellenpakete Δx und Δk definiert als

$$(\Delta x)^2=\langle x^2\rangle-\langle x\rangle^2=\langle(x-\langle x\rangle)^2\rangle \ , \qquad (14.4.26)$$

$$(\Delta k)^2=\langle k^2\rangle-\langle k\rangle^2=\langle(k-\langle k\rangle)^2\rangle \ , \qquad (14.4.27)$$

so gilt

$$\Delta x\,\Delta k\geq\tfrac{1}{2} \ . \qquad (14.4.28)$$

Der Beweis für diese Ungleichung wird normalerweise in der Quantenmechanik erbracht. Dort bringt man den Wellenvektor k über die de-Broglie Beziehung

$$p=\hbar k \qquad (14.4.29)$$

mit dem Impulsoperator für ein Teilchen in Verbindung. Man erhält dann mit

$$\Delta p\,\Delta x\geq\hbar/2 \qquad (14.4.30)$$

die berühmte Unschärfe-Relation, d.h., will man eine Theorie konstruieren, in der zwischen den Variablen x und p dieser Zusammenhang besteht, so wird vermutlich eine Wellengleichung als Grundgleichung gelten.

Der Zusammenhang zwischen Impuls- und Wellenvektor bedeutet dann, daß sich der Impuls auch als

$$\boldsymbol{p}=\frac{\hbar}{\mathrm{i}}\frac{\partial}{\partial \boldsymbol{r}}$$

darstellen läßt.

c) Ein Wellenpaket mit $v_G \neq v_P$ zerfließt, d.h. die Breite Δx wird mit der Zeit größer, und zwar um so schneller, je kleiner Δx bei $t=0$ ist. Man nennt auch dieses Phänomen *Dispersion*. Wir wollen das an einem Beispiel studieren (s.a. [10.5]).

Sei

$$A(k)=\frac{L}{2}\exp\left[-L^2(k-k_0)^2/2\right] \tag{14.4.31}$$

und

$$\omega(k)=v(1+\tfrac{1}{2}a^2k^2) \ . \tag{14.4.32}$$

Dann ist $u(x,t)$ explizit berechenbar:

$$\begin{aligned} u(x,t)&=\frac{L}{2\sqrt{2\pi}}\int dk\, A(k) \\ &\quad\cdot \exp\left[\mathrm{i}kx-\mathrm{i}v(1+a^2k^2/2)t\right] \\ &=\frac{1}{2}\,\frac{\exp\left[-(x-v_G t)^2/2\,L^2R^2(t)\right]}{R(t)} \\ &\quad\cdot \exp\left[\mathrm{i}k_0x-\mathrm{i}\omega(k_0)t\right] \end{aligned} \tag{14.4.33}$$

mit

$$R(t)=\left(1+\mathrm{i}\,\frac{a^2vt}{L^2}\right)^{1/2} \ , \qquad v_G=va^2k_0 \ . \tag{14.4.34}$$

Es ist

$$u(x,0)=\tfrac{1}{2}\,\mathrm{e}^{-x^2/2L^2}\,\mathrm{e}^{\mathrm{i}k_0x} \ ,$$

also

$$\mathrm{Re}\,\{u(x,0)\}\sim \mathrm{e}^{-x^2/2L^2}\cos k_0x \ . \tag{14.4.35}$$

Man stellt fest:

i) Es ist $\Delta x=\sqrt{2}\,L$, $\Delta k=\sqrt{2}/L$ und $\Delta x\,\Delta k=2$ für $t=0$.

ii) Für $t>0$ wandert das Maximum mit der Gruppengeschwindigkeit v_G.

iii) Die Breite Δx verändert sich mit der Zeit. Es ist

$$\begin{aligned} \Delta x \sim L(t) &\equiv L\left[R(t)R^*(t)\right]^{1/2} \\ &= L\left[1+\left(\frac{a^2vt}{L^2}\right)^2\right]^{1/2} \ , \end{aligned} \tag{14.4.36}$$

d.h., $L(t)$ wird größer, und zwar um so schneller, je kleiner $L\sim L(0)$ im Vergleich zu a ist. (Abb. 14.4.4). Für $a \ll L$ ist dieses Zerfließen erst für sehr große Zeiten bemerkbar. Dann gilt für kleinere Zeiten alles, was in (a) gesagt wurde. Mit abnehmendem L wird $u(x,0)$ schmaler, die Kurve für $A(k)$ breiter, und die in der Bemerkung (a) in (14.4.17) vernachlässigten Terme werden relevant.

Das schnellere Zerfließen des Wellenpaketes mit kleinerem L ist verständlich, da bei kleinerem L das Gebiet in k größer wird, das zum Wellenpaket beiträgt. Somit tragen Wellen mit unterschiedlicheren Phasengeschwindigkeiten bei.

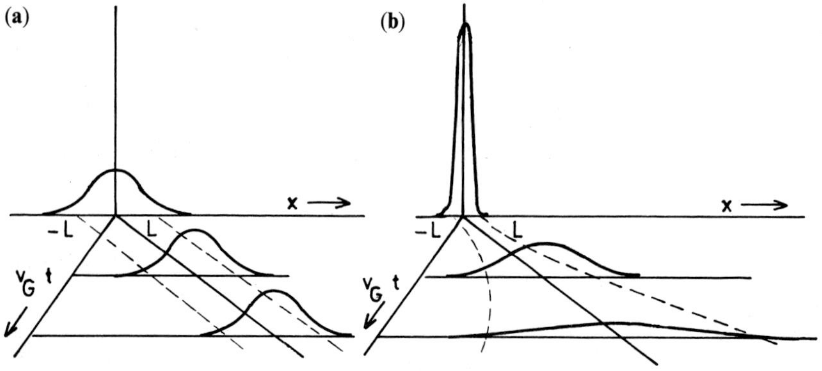

Abb. 14.4.4a,b. „Zerfließen" (Dispersion) eines Wellenpakets. Die Dispersion ist um so stärker, je kleiner die Breite des Wellenpakets zu Beginn ist

14.5 Reflexion und Brechung an ebenen Grenzflächen

14.5.1 Grenzbedingungen, Reflexions- und Brechungsgesetz

In diesem Abschnitt wollen wir studieren, wie sich elektromagnetische Wellen an ebenen Grenzflächen zwischen zwei verschiedenen Dielektrika verhalten. Wir legen die $z=0$ Ebene in diese Grenzfläche und betrachten den Einfall der ebenen Wellen

$$\boldsymbol{E}(\boldsymbol{r},t)=\boldsymbol{E}_0\,\mathrm{e}^{\mathrm{i}(\boldsymbol{k}\cdot\boldsymbol{r}-\omega t)} \tag{14.5.1}$$

$$\boldsymbol{B}(\boldsymbol{r},t)=\boldsymbol{B}_0\,\mathrm{e}^{\mathrm{i}(\boldsymbol{k}\cdot\boldsymbol{r}-\omega t)} \tag{14.5.2}$$

auf diese Grenzfläche (Abb. 14.5.1). Wegen

$$\partial\boldsymbol{B}/\partial t=-\nabla\times\boldsymbol{E}=-\mathrm{i}\boldsymbol{k}\times\boldsymbol{E}=-\mathrm{i}\omega\boldsymbol{B} \tag{14.5.3}$$

folgt auch für $\mathrm{Im}\{\mu\varepsilon(\omega)\}=0$

$$\boldsymbol{B}_0=\frac{n}{c}\,\frac{1}{k}\,(\boldsymbol{k}\times\boldsymbol{E}_0)\ , \tag{14.5.4}$$

da ja

$$\omega=\frac{kc}{n}\ .$$

Die einfallende Welle läuft teils als gebrochene Welle, teils als reflektierte Welle weiter. Wir schreiben für die

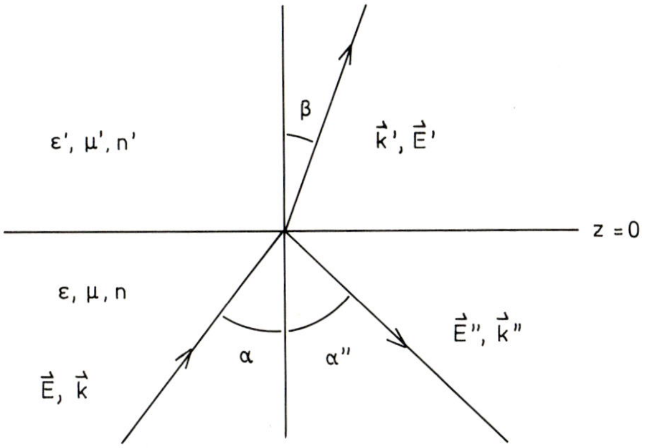

Abb. 14.5.1. Eine ebene Welle $\boldsymbol{E}$ mit Wellenvektor $\boldsymbol{k}$ fällt auf eine ebene Grenzfläche zweier Medien. Es entsteht eine reflektierte Welle $\boldsymbol{E}''$ und eine gebrochene Welle $\boldsymbol{E}'$

gebrochene Welle

$$\boldsymbol{E}'(\boldsymbol{r},t)=\boldsymbol{E}_0'\,\mathrm{e}^{\mathrm{i}(\boldsymbol{k}'\cdot\boldsymbol{r}-\omega' t)}\ , \tag{14.5.5}$$

$$\boldsymbol{B}'(\boldsymbol{r},t)=\frac{n'}{c}\,\frac{1}{k'}\,(\boldsymbol{k}'\times\boldsymbol{E}') \tag{14.5.6}$$

und für die reflektierte Welle

$$\boldsymbol{E}''(\boldsymbol{r},t)=\boldsymbol{E}_0''\,\mathrm{e}^{\mathrm{i}(\boldsymbol{k}''\cdot\boldsymbol{r}-\omega'' t)}\ , \tag{14.5.7}$$

$$\boldsymbol{B}''(\boldsymbol{r},t)=\frac{n}{c}\,\frac{1}{k''}\,(\boldsymbol{k}''\times\boldsymbol{E}'') \tag{14.5.8}$$

mit $\omega'=\omega(k')$, $\omega''=\omega(k'')$. In Abschn. 11.1.3, in der Elektrostatik, hatten wir aus der Gleichung $\nabla\times\boldsymbol{E}(\boldsymbol{r})=\boldsymbol{0}$ geschlossen, daß die Tangentialkomponente von $\boldsymbol{E}(\boldsymbol{r})$ an der Grenzfläche zwischen zwei Medien stetig sein muß. Hier gilt nun

$$\nabla\times\boldsymbol{E}(\boldsymbol{r},t)=-\frac{\partial\boldsymbol{B}(\boldsymbol{r},t)}{\partial t}\ .$$

Eine Integration über eine Fläche wie in Abb. 11.1.3b liefert zwar

$$\int_F d\boldsymbol{F}\cdot(\nabla\times\boldsymbol{E})=\oint_{\partial F} d\boldsymbol{r}\cdot\boldsymbol{E}=-\frac{d}{dt}\int_F d\boldsymbol{F}\cdot\boldsymbol{B}=-\dot{\Phi}\ , \tag{14.5.9}$$

aber der zusätzliche Beitrag $-\dot{\Phi}$ ist von der Größenordnung der Fläche und verschwindet, wenn man diese beliebig klein macht wie in der Argumentation von Abschn. 11.1.3. Daher gilt auch hier:

Zu allen Zeiten und an allen Orten muß die Tangentialkomponente von **E** *bei* $z=0$ *stetig sein.*

Das bedeutet, daß für $z=0$ gilt:

$$\boldsymbol{e}_3\times[\boldsymbol{E}_0\,\mathrm{e}^{\mathrm{i}(\boldsymbol{k}\cdot\boldsymbol{r}-\omega t)}+\boldsymbol{E}_0''\,\mathrm{e}^{\mathrm{i}(\boldsymbol{k}''\cdot\boldsymbol{r}-\omega'' t)}]=(\boldsymbol{e}_3\times\boldsymbol{E}_0')\,\mathrm{e}^{\mathrm{i}(\boldsymbol{k}'\cdot\boldsymbol{r}-\omega' t)}\ . \tag{14.5.10}$$

Es folgt:

a) alle Frequenzen müssen gleich sein: $\omega=\omega'=\omega''$, d.h.,

$$\frac{k}{n}=\frac{k'}{n'}=\frac{k''}{n}\quad\text{oder} \tag{14.5.11}$$

$$k=k''\ ,\qquad \frac{k'}{k}=\frac{n'}{n}\ . \tag{14.5.12}$$

b) Sei die x-Richtung so gelegt, daß $\boldsymbol{k}$ in der x-z Ebene liegt. Dann folgt aus der Gleichheit der Ortsabhängigkeit mit $\boldsymbol{k}=(k_1, k_2, k_3)$, usw.

$$k_1 x_1 = k_1'' x_1 + k_2'' x_2 = k_1' x_1 + k_2' x_2 \ , \tag{14.5.13}$$

also

$$k_2' = k_2'' = 0 \ , \tag{14.5.14}$$

d.h., die Vektoren $\boldsymbol{k}$, $\boldsymbol{k}'$ und $\boldsymbol{k}''$ liegen in einer Ebene, und es gilt

$$k_1 = k_1' = k_1'' \ . \tag{14.5.15}$$

c) Sei weiterhin (vgl. Abb. 14.5.1)

$$k_1 = k \sin\alpha \ , \tag{14.5.16}$$

$$k_1' = k' \sin\beta \ , \tag{14.5.17}$$

$$k_1'' = k'' \sin\alpha'' \ , \tag{14.5.18}$$

so folgt aus $k_1 = k_1''$:

$$\alpha = \alpha'' \ , \tag{14.5.19}$$

und damit gilt die Regel:

Einfallswinkel = Ausfallswinkel.

Aus $k_1 = k_1'$ folgt weiter

$$\frac{\sin\alpha}{\sin\beta} = \frac{k'}{k} = \frac{n'}{n} \ . \tag{14.5.20}$$

Das ist das *Snelliussche*[7] *Gesetz.*

14.5.2 Die Fresnelschen Formeln

Sind so die e-Funktionen gleich, folgt also für die Amplituden:

$$\boldsymbol{e}_3 \times [\boldsymbol{E}_0 + \boldsymbol{E}_0'' - \boldsymbol{E}_0'] = \boldsymbol{0} \ . \tag{14.5.21}$$

Wegen der Stetigkeit der Tangentialkomponente von $\boldsymbol{H}$ folgt, da

$$\boldsymbol{H} = \frac{1}{\mu\mu_0} \boldsymbol{B} = \frac{1}{\mu\mu_0} \frac{n}{ck} (\boldsymbol{k} \times \boldsymbol{E}) \tag{14.5.22}$$

ist:

$$\boldsymbol{e}_3 \times \left[\frac{1}{\mu} \boldsymbol{k} \times \boldsymbol{E}_0 + \frac{1}{\mu} \boldsymbol{k}'' \times \boldsymbol{E}_0'' - \frac{1}{\mu'} \boldsymbol{k}' \times \boldsymbol{E}_0' \right] = \boldsymbol{0} \ . \tag{14.5.23}$$

Man beachte dabei, daß

$$\frac{n}{k} = \frac{n'}{k'} = \frac{n}{k''} \quad \text{ist} \ .$$

Schließlich ist die Normalkomponente von $\boldsymbol{B}$ stetig:

$$\boldsymbol{e}_3 \cdot [\boldsymbol{k} \times \boldsymbol{E}_0 + \boldsymbol{k}'' \times \boldsymbol{E}_0 - \boldsymbol{k}' \times \boldsymbol{E}_0'] = 0 \ , \tag{14.5.24}$$

und die Normalkomponente von $\boldsymbol{D}$ muß ebenso stetig sein:

$$\boldsymbol{e}_3 \cdot [\varepsilon(\boldsymbol{E}_0 + \boldsymbol{E}_0'') - \varepsilon' \boldsymbol{E}_0'] = 0 \ . \tag{14.5.25}$$

In (14.5.21, 23–25) haben wir acht Gleichungen für die Unbekannten $\boldsymbol{E}_0'$, $\boldsymbol{E}_0''$. Um diese Gleichungen zu lösen, betrachten wir folgende Fälle:

a) $\boldsymbol{E}$ sei linear polarisiert senkrecht zur Einfallsebene, die durch $\boldsymbol{k}$ und $\boldsymbol{e}_3$ aufgespannt wird (x-z-Ebene), d.h. es sei

$$\boldsymbol{E}_0 = E_2 \boldsymbol{e}_2 \ . \tag{14.5.26}$$

Mit

$$\boldsymbol{E}_0' = \sum_{i=1}^{3} E_i' \boldsymbol{e}_i \ , \tag{14.5.27}$$

$$\boldsymbol{E}_0'' = \sum_{i=1}^{3} E_i'' \boldsymbol{e}_i \tag{14.5.28}$$

folgt aus (14.5.21)

$$E_2 + E_2'' - E_2' = 0 \quad \text{und} \tag{14.5.29}$$

$$E_1'' - E_1' = 0 \ . \tag{14.5.30}$$

Aus (14.5.23) folgt dann:

$$\frac{1}{\mu}(k_2 E_3 - k_3 E_2) + \frac{1}{\mu}(k_2'' E_3'' - k_3'' E_2'') - \frac{1}{\mu'}(k_2' E_3' - k_3' E_2') = 0 \tag{14.5.31}$$

---

[7] *Snellius (Snell van Roigen, Willibrord)* (∗1591 Leiden, †1626 Leiden).
Holländischer Astronom und Mathematiker, Professor in Leiden. Sein Brechungsgesetz entdeckte er im Jahre 1621.

und

$$\frac{1}{\mu}(k_3E_1-k_1E_3)+\frac{1}{\mu}(k_3''E_1''-k_1''E_3'')$$

$$-\frac{1}{\mu'}(k_3'E_1'-k_1'E_3')=0 \quad . \tag{14.5.32}$$

Nun war $E_1=E_3=0$, $E_1'=E_1''$, $k_2=k_2'=k_2''=0$, und wegen $\nabla\cdot\boldsymbol{E}=0$ gilt auch

$$k_1'E_1'=-k_3'E_3' \quad ,$$

$$k_1''E_1''=-k_3''E_3'' \quad .$$

Damit kann man in (14.5.32) alle E_i', E_i'' durch E_1'' ausdrücken, und so folgt

$$E_1'=E_1''=E_3'=E_3''=0 \quad . \tag{14.5.33}$$

Aus (14.5.31) ergibt sich dann

$$-\frac{1}{\mu}k_3E_2-\frac{1}{\mu}k_3''E_2''+\frac{1}{\mu'}k_3'E_2'=0 \quad , \tag{14.5.34}$$

oder, da

$$k_3=k\cos\alpha=\frac{\omega}{c}n\cos\alpha \quad , \tag{14.5.35}$$

$$k_3''=-k\cos\alpha=-\frac{\omega}{c}n\cos\alpha \quad , \tag{14.5.36}$$

$$k_3'=k'\cos\beta=\frac{\omega}{c}n'\cos\beta \tag{14.5.37}$$

ist, folgt mit (14.5.29):

$$-\frac{1}{\mu}k\cos\alpha E_2+\frac{1}{\mu}k\cos\alpha E_2''$$

$$+\frac{1}{\mu'}k'\cos\beta(E_2+E_2'')=0 \tag{14.5.38}$$

oder

$$\frac{E_2''}{E_2}=\frac{|\boldsymbol{E}_0''|}{|\boldsymbol{E}_0|}=\frac{n\cos\alpha-(\mu/\mu')n'\cos\beta}{n\cos\alpha+(\mu/\mu')n'\cos\beta} \tag{14.5.39}$$

und dann

$$\frac{E_2'}{E_2}=\frac{|\boldsymbol{E}_0'|}{|\boldsymbol{E}_0|}=1+\frac{E_2''}{E_2}=\frac{2n\cos\alpha}{n\cos\alpha+(\mu/\mu')n'\cos\beta} \quad . \tag{14.5.40}$$

Die Gleichungen (14.5.24) und (14.5.25) liefern keine weitere Information. Mit $\mu\approx\mu'\approx 1$ bei optischen Frequenzen folgt also für $\boldsymbol{E}_0$ senkrecht zur Einfallsebene:

$$\frac{|\boldsymbol{E}_0''|}{|\boldsymbol{E}_0|}=\frac{\cos\alpha-(n'/n)\cos\beta}{\cos\alpha+(n'/n)\cos\beta} \quad , \tag{14.5.41}$$

$$\frac{|\boldsymbol{E}_0'|}{|\boldsymbol{E}_0|}=\frac{2\cos\alpha}{\cos\alpha+(n'/n)\cos\beta} \quad . \tag{14.5.42}$$

b) Liegt $\boldsymbol{E}_0$ in der Einfallsebene, so ergibt sich analog:

$$\frac{|\boldsymbol{E}_0''|}{|\boldsymbol{E}_0|}=\frac{(n'/n)\cos\alpha-\cos\beta}{(n'/n)\cos\alpha+\cos\beta} \quad , \tag{14.5.43}$$

$$\frac{|\boldsymbol{E}_0'|}{|\boldsymbol{E}_0|}=\frac{2\cos\alpha}{(n'/n)\cos\alpha+\cos\beta} \quad . \tag{14.5.44}$$

Die Gleichungen (14.5.41–44) heißen *Fresnelsche*[8] *Formeln.*

14.5.3 Spezielle Effekte bei Reflexion und Brechung

a) Der Brewstersche[9] Winkel

Wir fragen: Gibt es einen Einfallswinkel α_B, für den es keine reflektierte Welle gibt?

a1) Sei $\boldsymbol{E}_0$ parallel zur Einfallsebene, dann folgt für α_B aus (14.5.43)

$$\frac{n'}{n}\cos\alpha_B=\cos\beta \quad \text{oder}$$

$$\frac{n'^2}{n^2}\cos^2\alpha_B=\cos^2\beta=1-\sin^2\beta=1-\frac{n^2}{n'^2}\sin^2\alpha_B \quad ,$$

da nach dem Snelliusschen Gesetz: $\sin\beta=(n/n')\sin\alpha$

---

[8] *Fresnel, Augustin Jean* (∗1788 in Broglie, Normandie, †1827 Ville-d'Avray bei Paris).
Ingenieur und Physiker. Er lieferte fundamentale Beiträge zur Optik, insbesondere zum Nachweis der transversalen Wellennatur des Lichtes: Interferenz, Beugungs- und Polarisationsexperimente.

[9] *Brewster, David* (∗1781 Jedburg/Schottland, †1868 Allerby/Schottland).
Schottischer Physiker, ursprünglich Theologe, später Professor für Physik in St. Andrews. Sein Reflexionsgesetz entdeckte er im Jahre 1818. Brewster wurde auch als Verfasser biographischer und populärwissenschaftlicher Werke bekannt.

ist. Also folgt

$$\frac{n'^2}{n^2}=\frac{1}{\cos^2\alpha_B}-\frac{n^2}{n'^2}\tan^2\alpha_B=1+\tan^2\alpha_B-\frac{n^2}{n'^2}\tan^2\alpha_B$$

und damit für den *Brewsterschen Winkel* α_B:

$$\tan^2\alpha_B=\frac{(n'^2/n^2)-1}{1-(n^2/n'^2)}=\frac{n'^2}{n^2}\ ,$$

$$\tan\alpha_B=\frac{n'}{n}\quad \text{oder}\quad \alpha_B=\arctan\left(\frac{n'}{n}\right)\ . \tag{14.5.45}$$

Aus dem Snelliusschen Gesetz

$$\sin\alpha_B/\sin\beta=n'/n(=\tan\alpha_B)$$

folgt dann auch

$$\alpha_B+\beta=\tfrac{\pi}{2}\ . \tag{14.5.46}$$

Also: Liegt $\boldsymbol{E}_0$ *in der Einfallsebene, so verschwindet der reflektierte Strahl, wenn seine Richtung mit dem gebrochenen Strahl den Winkel* $\frac{\pi}{2}$ *einschließen würde. Bei einem Einfall von Wellen mit gemischter Polarisation unter diesem Winkel ist dann der reflektierte Strahl total linear polarisiert, und zwar senkrecht zur Einfallsebene (Abb. 14.5.2).*

a2) Sei $\boldsymbol{E}_0$ senkrecht zur Einfallsebene:
Dann ist also $\boldsymbol{E}_0''=0$, wenn $n\cos\alpha_B=n'\cos\beta$, also

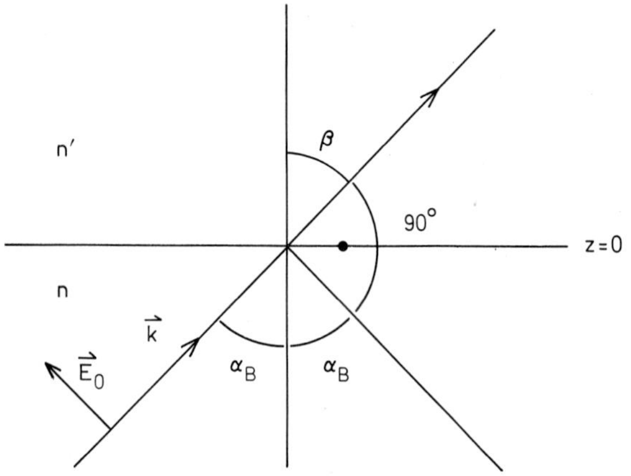

Abb. 14.5.2. Liegt $\boldsymbol{E}_0$ in der Einfallsebene, so gibt es keine reflektierte Welle, wenn deren Wellenvektor mit dem gebrochenen Strahl einen Winkel von $\pi/2$ einschlösse

$$\frac{n^2}{n'^2}\cos^2\alpha_B=1-\sin^2\beta=1-\frac{n^2}{n'^2}\sin^2\alpha_B$$

oder

$$\frac{n^2}{n'^2}=1\ .$$

Es folgt, daß $n=n'$ sein muß, das ist ein trivialer Fall.

b) Totale Reflexion

Sei $n'<n$, dann ist nach dem Snelliusschen Gesetz:

$$\sin\alpha=\frac{n'}{n}\sin\beta\ . \tag{14.5.47}$$

Es ist hier immer $\beta>\alpha$ und insbesondere

$$\beta=\tfrac{\pi}{2}\quad \text{für}$$

$$\sin\alpha=\frac{n'}{n}<1\ ,\qquad \text{d.h. für} \tag{14.5.48}$$

$$\alpha=\alpha_0=\arcsin\left(\frac{n'}{n}\right)\ . \tag{14.5.49}$$

Im Falle $n'<n$ gibt es also einen Einfallswinkel α_0, für den keine gebrochene Welle in das Medium mit dem Brechungsindex n' eintritt.

Macht man α größer als α_0, so ist mit $\sin\alpha_0=n'/n$

$$\sin\beta=\frac{\sin\alpha}{(n'/n)}=\frac{\sin\alpha}{\sin\alpha_0}>1\ ,$$

also ist β imaginär und somit auch

$$\boldsymbol{k}'=k(\sin\beta,0,\cos\beta)\ ,$$

d.h., die ebene Welle $\exp(\mathrm{i}\boldsymbol{k}'\cdot\boldsymbol{r})$ enthält exponentiell abfallende Terme.

c) Krümmung des Lichtweges in einem inhomogenen Medium

Da nach dem Snelliusschen Gesetz gilt

$$\frac{\sin\alpha}{\sin\beta}=\frac{n'}{n}\ ,$$

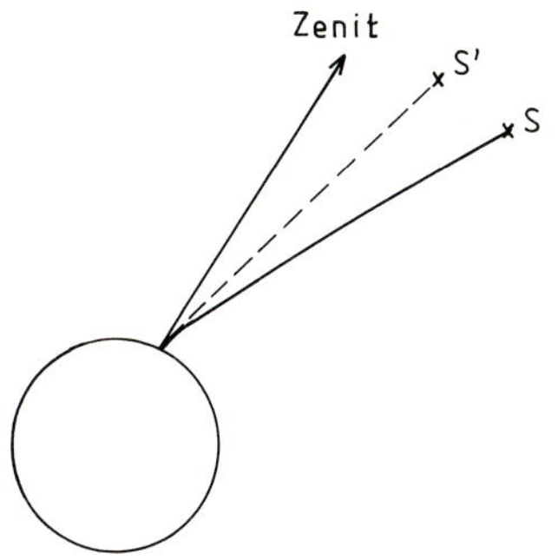

Abb. 14.5.3. Astronomische Refraktion: Das Licht tritt in immer dichtere Luftschichten ein und wird dabei stetig zum Lot hin gebrochen. Ein Stern S wird am Orte S' beobachtet

folgt für $n' > n$ auch

$$\alpha > \beta \ ,$$

d.h., beim Auftreffen auf ein optisch dichteres Medium ($n' > n$) wird der Strahl zum Lot gebrochen. Die Amplitude hängt von der Polarisation ab.

Bei der Brechung des Lichtes in einem inhomogenen Medium, in dem sich der Brechungsindex n von Punkt zu Punkt ändert, ergibt sich dann eine Krümmung des Lichtweges. Insbesondere erhält man bei der astronomischen Refraktion das in Abb. 14.5.3 skizzierte Bild. Der Winkel zwischen dem Ort eines Sternes und dem Zenit erscheint geringer als er in Wirklichkeit ist (siehe auch [14.1]).

Anhang

A. Die Γ-Funktion

Die Γ-Funktion ist eine Verallgemeinerung von $n! = \prod_{k=1}^{n} k$ auf reelle, sogar komplexe Werte von n. Offenbar ist

$$(n+1)! = (n+1) \cdot n! \; .$$

Für ganzzahliges $x \geq 0$ gilt

$$\Gamma(x+1) = x! \tag{A.1}$$

Daß im Argument von Γ nicht x sondern $x+1$ steht, ist Konventionssache. Damit $\Gamma(x)$ wirklich Verallgemeinerung von $(x-1)!$ auf komplexe Argumente ist, hat man zu fordern

$$\Gamma(x+1) = x\Gamma(x) \; . \tag{A.2}$$

Hierdurch ist, zusammen mit einer mehr technischen Regularitätsforderung, Γ schon eindeutig bestimmt. Es ist

$$\Gamma(x) = \int_0^\infty dt \, t^{x-1} e^{-t} \; . \tag{A.3}$$

Zunächst sehen wir, daß $\Gamma(x)$ für alle reellen $x > 0$ definiert, ja sogar für alle komplexen x mit $\text{Re}\{x\} > 0$ eine analytische Funktion ist.

Für $\text{Re}\{x\} \leq 0$ werden Funktionswerte durch analytische Fortsetzung definiert. Durch partielle Integration zeigt man für $\text{Re}\{x\} > 0$

$$\begin{aligned}\Gamma(x+1) &= \int_0^\infty dt \, t^x e^{-t} \\ &= \int_0^\infty dt \left[-\frac{d}{dt}(t^x e^{-t}) + x t^{x-1} e^{-t} \right] = x\Gamma(x) \; .\end{aligned} \tag{A.4}$$

Es zeigt sich,

daß sich $\Gamma(x)$ analytisch fortsetzen läßt für alle Werte x mit $\text{Re}\{x\} \neq -n$, $n = 0, 1, \ldots$,

daß $\Gamma(x)$ für $x \to -n$ einen Pol mit Residuum $(-1)^n/n!$ hat:

$$\Gamma(x) \underset{x \to -n}{\sim} \frac{(-1)^n}{n!} \cdot \frac{1}{x+n} \; , \quad \text{und} \tag{A.5}$$

daß $\Gamma(x+1) = x\Gamma(x)$ für alle x gilt, für welche $\Gamma(x)$ definiert ist.

Eine Vorstellung vom Verlauf der Γ-Funktion gibt Abb. A.1. Von besonderer Bedeutung für uns ist ein Näherungsausdruck für $\Gamma(x)$ für große positive Werte von x. Es gilt

$$\ln \Gamma(n) = \ln (n-1)! = \sum_{\nu=1}^{n-1} \ln \nu \; . \tag{A.6}$$

Das kann als Näherungssumme mit der Schrittweite $\Delta\nu = 1$ für das Riemannsche Integral

$$\int_1^n d\nu \ln \nu$$

angesehen werden. Für große Werte von n wird, da die Steigung von $\ln x$ mit wachsendem x gegen Null strebt,

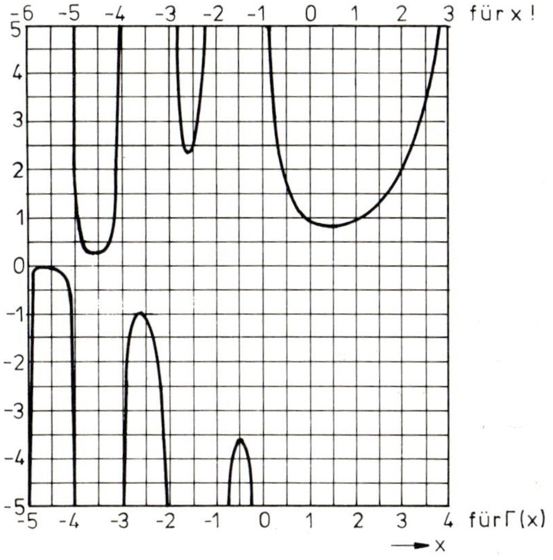

Abb. A.1. Die Gammafunktion $\Gamma(x)$

der Fehler, der durch die zu grobe Schrittweite verursacht wird, immer kleiner werden. Wir erwarten somit

$$\ln\Gamma(x) \underset{x\to\infty}{\sim} \int_1^x dv \ln v = x(\ln x - 1) \tag{A.7}$$

oder

$$\Gamma(x) \underset{x\to\infty}{\sim} \left(\frac{x}{e}\right)^x .$$

Eine genauere Betrachtung ergibt die *Stirlingsche Formel*

$$\Gamma(x) = \sqrt{\frac{2\pi}{x}}\, e^{-x} x^x \left[1 + O\left(\frac{1}{x}\right)\right] , \tag{A.8}$$

d.h.,

$$\ln\Gamma(x) = x(\ln x - 1) - \frac{1}{2}\ln x + \frac{1}{2}\ln 2\pi + O\left(\frac{1}{x}\right) . \tag{A.9}$$

Diese Formel ist von großer Bedeutung für die statistische Mechanik.

Hier ist $x \sim 10^{23}$, also $\ln x \sim 50$, und der relative Fehler bei der Näherung

$$\ln\Gamma(x) \approx x(\ln x - 1) \tag{A.10}$$

ist von der Größenordnung $< 10^{-21}$.

Wir merken noch einen speziellen Wert von Γ an:

$$\Gamma(\tfrac{1}{2}) = \sqrt{\pi} . \tag{A.11}$$

B. Kegelschnitte

a) Eine Ellipse kann dadurch charakterisiert werden, daß die Summe der Verbindungsstrecken zwischen irgendeinem Punkt P auf der Ellipse und zwei Brennpunkten F_1, F_2 immer gleich $2a$ ist (Abb. B.1).

Also muß gelten:

$$\overline{F_1P} + \overline{F_2P} = 2a . \tag{B.1}$$

Sei

$$\boldsymbol{e} = \overrightarrow{MF_1} , \quad \overrightarrow{F_1P} = \boldsymbol{r} ,$$

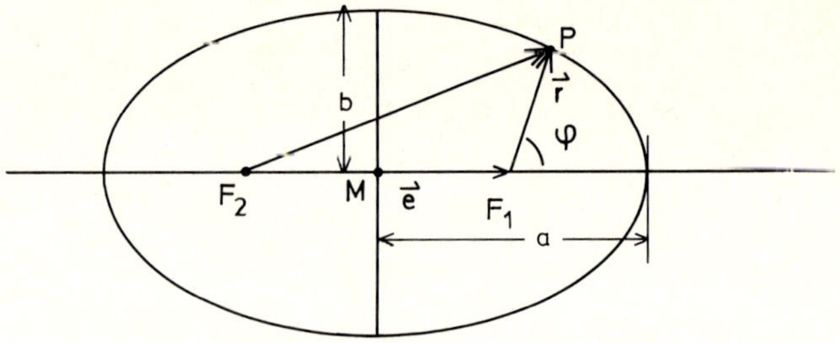

Abb. B.1. Eine Ellipse ist dadurch charakterisiert, daß die Summe der Strecken $\overline{F_2P}$ und $\overline{F_1P}$ immer gleich 2a ist

dann ist

$$\overrightarrow{F_2P} = \boldsymbol{r} + 2\boldsymbol{e} , \tag{B.2}$$

und somit soll gelten:

$$|\boldsymbol{r}| + |\boldsymbol{r} + 2\boldsymbol{e}| = 2a \quad \text{oder}$$
$$(\boldsymbol{r} + 2\boldsymbol{e})^2 = (2a - r)^2 , \quad \text{d.h.}$$
$$r^2 + 4\boldsymbol{e}\cdot\boldsymbol{r} + 4\boldsymbol{e}^2 = 4a^2 - 4ar + r^2 . \tag{B.3}$$

Sei

$$|\boldsymbol{e}| = \varepsilon a, \quad a^2 - \boldsymbol{e}^2 = b^2, \quad \varphi = \sphericalangle(\boldsymbol{e}, \boldsymbol{r}) , \tag{B.4}$$

dann erhält man aus (B.3)

$$4a\varepsilon r \cos\varphi + 4\boldsymbol{e}^2 = 4a^2 - 4ar$$

oder

$$ra(1 + \varepsilon\cos\varphi) = b^2 ,$$

d.h.,

$$r = \frac{(b^2/a)}{1 + \varepsilon\cos\varphi} = \frac{p}{1 + \varepsilon\cos\varphi} \quad \text{mit} \quad p = \frac{b^2}{a} . \tag{B.5}$$

b) Die definierende Beziehung für eine Hyperbel mit den Brennpunkten F_1 und F_2 ist (Abb. B.2):

$$\overline{F_2P} - \overline{F_1P} = \pm 2a \tag{B.6}$$

für den rechten bzw. den linken Ast. Hieraus ergibt sich ähnlich wie bei der Ellipse, wieder mit $e = |\overrightarrow{MF_1}|$

$$r = \frac{\pm p}{1 \mp \varepsilon\cos\varphi} , \quad \varepsilon = \frac{e}{a} > 1 , \tag{B.7}$$

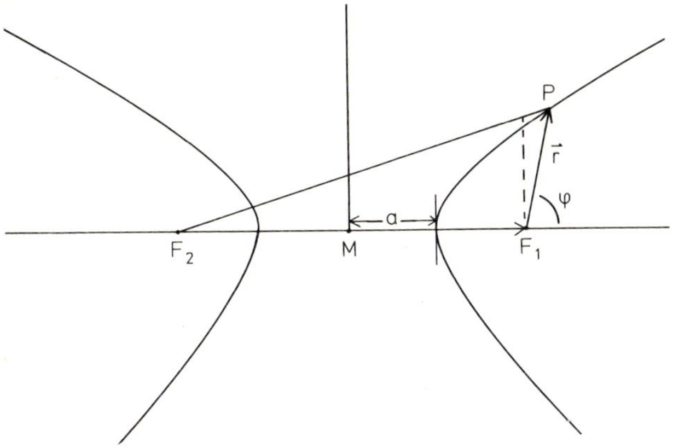

Abb. B.2. Eine Hyperbel ist dadurch charakterisiert, daß die Differenz der Strecken $\overline{F_1P}$ und $\overline{F_2P}$ immer gleich $\pm 2a$ ist (für den rechten Zweig bzw. linken Zweig)

wenn man den Ursprung in F_1 legt, mit

$$b^2 = e^2 - a^2 \ , \qquad p = \frac{b^2}{a} \ . \tag{B.8}$$

Für die Mittelpunktsgleichung von Ellipse und Hyperbel in kartesischen Koordinaten erhält man

$$\frac{x^2}{a^2} + \frac{y^2}{b^2} = 1 \quad \text{bzw.} \quad \frac{x^2}{a^2} - \frac{y^2}{b^2} = 1 \ . \tag{B.9}$$

c) Eine Parabel ist schließlich definiert als der geometrische Ort aller Punkte, die von einer Geraden, Leitlinie genannt, und von einem Punkte F, dem Brennpunkte gleichen Abstand haben (Abb. B.3).

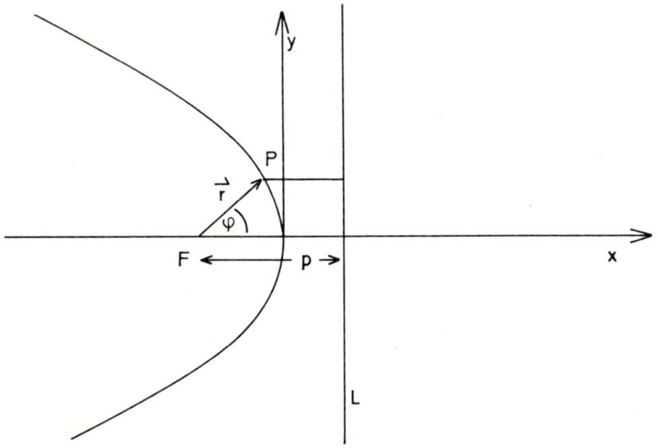

Abb. B.3. Eine Parabel ist der geometrische Ort aller Punkte P, die vom Punkt F und der Leitlinie L den gleichen Abstand haben

Es soll also gelten, wenn p der Abstand von F zur Leitlinie ist:

$$r = -r\cos\varphi + p \ , \qquad \text{d.h.} \tag{B.10}$$

$$r = \frac{p}{1+\cos\varphi} \ . \tag{B.11}$$

Mit dem Scheitel als Ursprung lautet die Gleichung in kartesischen Koordinaten

$$y^2 = -2px \ . \tag{B.12}$$

C. Tensoren

Wir beschränken uns hier zunächst auf den für uns wichtigsten Fall von Tensoren über endlichdimensionalen euklidischen Vektorräumen. Es sei also V ein euklidischer Vektorraum und $\boldsymbol{e}_1, \ldots, \boldsymbol{e}_n$ sei eine positiv orientierte Orthonormalbasis von V. Die Menge der Bilinearformen auf V bildet einen Vektorraum T^2V, den *Tensorraum zweiter Stufe* über V. Addition und Multiplikation mit Skalaren sind hierbei für Bilinearformen einfach erklärt durch

$$(\alpha \boldsymbol{A} + \beta \boldsymbol{B})(\boldsymbol{x}, \boldsymbol{y}) = \alpha \boldsymbol{A}(\boldsymbol{x}, \boldsymbol{y}) + \beta \boldsymbol{B}(\boldsymbol{x}, \boldsymbol{y}) \tag{C.1}$$

mit

$$\alpha, \beta \in \mathbb{R} \ ; \quad \boldsymbol{A}, \boldsymbol{B} \in T^2V \ ; \quad \boldsymbol{x}, \boldsymbol{y} \in V \ .$$

Wir definieren ein *tensorielles Produkt* $\boldsymbol{a} \otimes \boldsymbol{b}$ von Vektoren aus V, das zwei Vektoren $\boldsymbol{a}$ und $\boldsymbol{b}$ eine Bilinearform $\boldsymbol{a} \otimes \boldsymbol{b} \in T^2V$ zuordnet wie folgt:

$$(\boldsymbol{a} \otimes \boldsymbol{b})(\boldsymbol{x}, \boldsymbol{y}) := (\boldsymbol{a} \cdot \boldsymbol{x})(\boldsymbol{b} \cdot \boldsymbol{y}) \ , \qquad (\boldsymbol{a}, \boldsymbol{b}, \boldsymbol{x}, \boldsymbol{y} \in V) \ , \tag{C.2}$$

wobei $\boldsymbol{a} \cdot \boldsymbol{x}$ und $\boldsymbol{b} \cdot \boldsymbol{y}$ Skalarprodukte in V sind. Offenbar gilt mit dieser Definition

$$\boldsymbol{a} \otimes (\boldsymbol{b} + \boldsymbol{c}) = \boldsymbol{a} \otimes \boldsymbol{b} + \boldsymbol{a} \otimes \boldsymbol{c} \ , \tag{C.3}$$

$$(\boldsymbol{a} + \boldsymbol{b}) \otimes \boldsymbol{c} = \boldsymbol{a} \otimes \boldsymbol{c} + \boldsymbol{b} \otimes \boldsymbol{c} \ , \tag{C.4}$$

$$\boldsymbol{a} \otimes (\alpha \boldsymbol{b}) = (\alpha a) \otimes \boldsymbol{b} = \alpha(\boldsymbol{a} \otimes \boldsymbol{b}) \ , \tag{C.5}$$

$$\boldsymbol{a} \otimes \boldsymbol{b} = 0 \Rightarrow \boldsymbol{a} = \boldsymbol{0} \quad \text{oder} \quad \boldsymbol{b} = \boldsymbol{0} \ . \tag{C.6}$$

Im allgemeinen ist $\boldsymbol{a} \otimes \boldsymbol{b} \neq \boldsymbol{b} \otimes \boldsymbol{a}$.

Die Tensoren $\boldsymbol{e}_{ij} := \boldsymbol{e}_i \otimes \boldsymbol{e}_j$ erfüllen

$$\boldsymbol{e}_{ij}(\boldsymbol{e}_r, \boldsymbol{e}_s) = \delta_{ir}\delta_{js} \ . \tag{C.7}$$

Sie bilden eine Basis von T^2V, denn für jede Bilinearform $\boldsymbol{A} \in T^2V$ gilt

$$\begin{aligned}\boldsymbol{A}(\boldsymbol{x}, \boldsymbol{y}) &= \boldsymbol{A}\left(\sum_i x_i \boldsymbol{e}_i, \sum_j y_j \boldsymbol{e}_j\right) = \sum_{i,j} x_i y_j \boldsymbol{A}(\boldsymbol{e}_i, \boldsymbol{e}_j) \\ &= \sum_{i,j} (\boldsymbol{e}_i \cdot \boldsymbol{x})(\boldsymbol{e}_j \cdot \boldsymbol{y}) A_{ij} = \left(\sum_{i,j} A_{ij} \boldsymbol{e}_i \otimes \boldsymbol{e}_j\right)(\boldsymbol{x}, \boldsymbol{y})\end{aligned} \tag{C.8}$$

für alle $\boldsymbol{x}, \boldsymbol{y} \in V$ mit

$$A_{ij} = \boldsymbol{A}(\boldsymbol{e}_i, \boldsymbol{e}_j) \ , \tag{C.9}$$

und diese Darstellung ist eindeutig.

Die Dimension von T^2V ist also n^2. Die n^2 Größen A_{ij} heißen Komponenten des Tensors $\boldsymbol{A}$ bezüglich der Basis $\boldsymbol{e}_1, \ldots, \boldsymbol{e}_n$ von V. Bei Addition und Multiplikation mit einem Skalar gilt einfach

$$(\boldsymbol{A}+\boldsymbol{B})_{ij} = A_{ij} + B_{ij} \quad ; \quad (\alpha \boldsymbol{A})_{ij} = \alpha A_{ij} \ . \tag{C.10}$$

Der Trägheitstensor $\boldsymbol{I}$ schreibt sich in der körperfesten Basis $\boldsymbol{e}_1(t)$, $\boldsymbol{e}_2(t)$, $\boldsymbol{e}_3(t)$

$$\boldsymbol{I} = \sum_{i,j=1}^{3} I_{ij} \boldsymbol{e}_i(t) \otimes \boldsymbol{e}_j(t) \ .$$

Wenn man von einer Orthonormalbasis $\boldsymbol{e}_1, \ldots, \boldsymbol{e}_n$ zu einer anderen $\boldsymbol{e}'_1, \ldots, \boldsymbol{e}'_n$ übergeht mit $\boldsymbol{e}'_i = \Sigma \boldsymbol{e}_j D_{ji}$, dann transformieren sich die Basisvektoren $\boldsymbol{e}_{ij}$ und die Komponenten A_{ij} wie folgt

$$\boldsymbol{e}'_{ij} = \boldsymbol{e}'_i \otimes \boldsymbol{e}'_j = \sum_{r,k} \boldsymbol{e}_{rk} D_{ri} D_{kj} \tag{C.11}$$

bzw.

$$A'_{ij} = \sum_{r,k} D_{ri} D_{kj} A_{rk} \ .$$

Der *Einheitstensor*

$$\mathbf{1} = \sum_{i,j} \delta_{ij} \boldsymbol{e}_i \otimes \boldsymbol{e}_j = \sum \boldsymbol{e}_i \otimes \boldsymbol{e}_i \tag{C.12}$$

hat in *jeder* Orthonormalbasis die Komponenten

$$(\mathbf{1})_{ij} = \delta_{ij} \ .$$

Man kann jeden Tensor $\boldsymbol{A} \in T^2V$ auch als lineare Abbildung $V \to V$ ansehen, ja geradezu mit einer solchen Abbildung identifizieren. Man definiert dazu für $\boldsymbol{x} \in V$ zunächst

$$(\boldsymbol{a} \otimes \boldsymbol{b})(\boldsymbol{x}) = \boldsymbol{a}(\boldsymbol{b} \cdot \boldsymbol{x}) \in V \ , \tag{C.13}$$

und allgemein für $\boldsymbol{x} = \sum x_k \boldsymbol{e}_k$

$$\begin{aligned}\boldsymbol{A}(\boldsymbol{x}) &= \sum_{i,j} (A_{ij} \boldsymbol{e}_i \otimes \boldsymbol{e}_j)(\boldsymbol{x}) \\ &= \sum_{i,j} A_{ij} \boldsymbol{e}_i (\boldsymbol{e}_j \cdot \boldsymbol{x}) = \sum_{i,j} \boldsymbol{e}_i A_{ij} x_j \ .\end{aligned} \tag{C.14}$$

Statt $\boldsymbol{A}(\boldsymbol{x})$ schreibt man gewöhnlich $\boldsymbol{A}\boldsymbol{x}$ oder $\boldsymbol{A} \cdot \boldsymbol{x}$. (Für den Trägheitstensor ist z.B. $\boldsymbol{I} \cdot \boldsymbol{\Omega} = \sum_{i,j} \boldsymbol{e}_i I_{ij} \Omega_j$.)

Die Komponenten des Tensors $\boldsymbol{A}$ bezüglich der Basis $\boldsymbol{e}_1, \ldots, \boldsymbol{e}_n$ entsprechen auch der Matrix der linearen Abbildung, die $\boldsymbol{A}$ zugeordnet ist (bezüglich derselben Basis). Bei Hintereinanderschaltung der Abbildungen $\boldsymbol{A}$ und $\boldsymbol{B}$ ist die Matrix zu $\boldsymbol{A} \cdot \boldsymbol{B}$ gegeben durch

$$(\boldsymbol{A} \cdot \boldsymbol{B})_{ij} = \sum_k A_{ik} B_{kj} \tag{C.15}$$

also das Matrixprodukt der Matrizen zu $\boldsymbol{A}$ und $\boldsymbol{B}$.

Tensoren k-ter Stufe definiert man ganz entsprechend als k-Linearformen über V. Sie bilden Vektorräume T^kV der Dimension n^k. Insbesondere ist $T^1V = V$. Mehrfache tensorielle Produkte sind analog definiert, beispielsweise

$$(\boldsymbol{a} \otimes \boldsymbol{b} \otimes \boldsymbol{c})(\boldsymbol{x}, \boldsymbol{y}, \boldsymbol{z}) = (\boldsymbol{a} \cdot \boldsymbol{x})(\boldsymbol{b} \cdot \boldsymbol{y})(\boldsymbol{c} \cdot \boldsymbol{z}) \ . \tag{C.16}$$

Die Größen

$$\boldsymbol{e}_{i_1, \ldots, i_k} := \boldsymbol{e}_{i_1} \otimes \ldots \otimes \boldsymbol{e}_{i_k}$$

bilden eine Basis von T^kV. So läßt sich etwa jeder Tensor $\boldsymbol{C} \in T^3V$ eindeutig in der Form

$$\boldsymbol{C} = \sum_{i,j,k} C_{ijk} \boldsymbol{e}_i \otimes \boldsymbol{e}_j \otimes \boldsymbol{e}_k$$

schreiben.

Wenn V ein dreidimensionaler euklidischer Raum ist, dann gibt es einen ausgezeichneten Tensor

$$\boldsymbol{E} = \sum_{i,j,k} \varepsilon_{ijk} \boldsymbol{e}_i \otimes \boldsymbol{e}_j \otimes \boldsymbol{e}_k \in T^3V \ , \tag{C.17}$$

dessen Komponenten in jeder positiv orientierten Orthonormalbasis durch das ε-Symbol gegeben sind, das wir in Abschn. 2.1 definiert hatten.

Wenn V kein euklidischer Vektorraum ist, dann muß man zwischen V und dem Dualraum V^* (Raum aller Linearformen $V \to \mathbb{R}$) unterscheiden.

Man definiert dann

a) kovariante Tensoren k-ter Stufe als k-Linearformen auf V^* und
b) kontravariante Tensoren k-ter Stufe als k-Linearformen auf V.

Auch gemischte Tensoren werden definiert.

Ein r-fach kovarianter und s-fach kontravarianter Tensor ist eine $(r+s)$fach linearer Abbildung $\boldsymbol{A}$

$$\boldsymbol{A}: \underbrace{V^* \times \ldots \times V^*}_{r \text{ mal}} \times \underbrace{V \times \ldots \times V}_{s \text{ mal}} \to \mathbb{R} \tag{C.18}$$

$$(\boldsymbol{v}^{*1}, \ldots, \boldsymbol{v}^{*r}, \boldsymbol{w}_1, \ldots, \boldsymbol{w}_s) \mapsto \boldsymbol{A}(\boldsymbol{v}^{*1}, \ldots, \boldsymbol{v}^{*r}, \boldsymbol{w}_1, \ldots, \boldsymbol{w}_s).$$

Den Vektorraum aller r-fach kovarianten und s-fach kontravarianten Tensoren über V wollen wir mit $T_s^r V$ bezeichnen.

Das Tensorprodukt zweier Tensoren $\boldsymbol{A} \in T_s^r V$ und $\boldsymbol{B} \in T_{s'}^{r'} V$ ist ein Tensor $\boldsymbol{A} \otimes \boldsymbol{B} \in T_{s+s'}^{r+r'} V$, den wir wieder einfach durch Multiplikation der Werte von $\boldsymbol{A}$ und $\boldsymbol{B}$ definieren:

$$\begin{aligned}(\boldsymbol{A} \otimes \boldsymbol{B})&(\boldsymbol{v}^{*1}, \ldots, \boldsymbol{v}^{*r+r'}, \boldsymbol{w}_1, \ldots, \boldsymbol{w}_{s+s'}) \\ &=: \boldsymbol{A}(\boldsymbol{v}^{*1}, \ldots, \boldsymbol{v}^{*r}, \boldsymbol{w}_1, \ldots, \boldsymbol{w}_s) \\ &\quad \cdot \boldsymbol{B}(\boldsymbol{v}^{*r+1}, \ldots, \boldsymbol{v}^{*r+r'}, \boldsymbol{w}_{s+1}, \ldots, \boldsymbol{w}_{s+s'}) \,.\end{aligned} \tag{C.19}$$

Das Tensorprodukt $\boldsymbol{A} \otimes \boldsymbol{B}$ ist bilinear in $\boldsymbol{A}$ und $\boldsymbol{B}$, assoziativ aber nicht kommutativ.

Den doppelt dualen Raum V^{**} (Raum der Linearformen $V^* \to \mathbb{R}$) und höhere Dualräume brauchen wir nicht zu betrachten, weil es einen kanonischen d.h. von jeder Basis unabhängig definierten Isomorphismus $\tau: V \to V^{**}$ gibt.

Sei nämlich $\boldsymbol{w}^* \in V^*$ eine Linearform auf V und $\boldsymbol{v} \in V$, dann kann man $\boldsymbol{v}$ eine Linearform $\tau(\boldsymbol{v})$ auf V^* wie folgt zuordnen:

$$\tau(\boldsymbol{v})(\boldsymbol{w}^*) := \boldsymbol{w}^*(\boldsymbol{v}) \tag{C.20}$$

τ ist offenbar ein linearer Isomorphismus.

Wir wollen nun Basen in $T_s^r V$ einführen.

Es sei $(\boldsymbol{e}_1, \ldots, \boldsymbol{e}_n)$ eine Basis von V.

Wir definieren eine hierzu duale Basis $(\boldsymbol{e}^{*1}, \ldots, \boldsymbol{e}^{*m})$ von V^* durch

$$\boldsymbol{e}^{*i}(\boldsymbol{e}_j) = \delta_j^i \,.$$

Man sieht dann leicht, daß eine Basis von $T_s^r V$ gegeben ist durch

$$\boldsymbol{e}_{i_1 \ldots i_r}^{j_1 \ldots j_s} = \boldsymbol{e}_{i_1} \otimes \ldots \otimes \boldsymbol{e}_{i_r} \otimes \boldsymbol{e}^{*j_1} \otimes \ldots \otimes \boldsymbol{e}^{*j_s} \,, \tag{C.21}$$

so daß sich jeder Tensor $\boldsymbol{A} \in T_s^r V$ eindeutig in der Form

$$\boldsymbol{A} = \sum_{\substack{i_1, \ldots, i_r \\ j_1, \ldots, j_s}} A_{j_1 \ldots j_s}^{i_1 \ldots i_r} \boldsymbol{e}_{i_1} \otimes \ldots \otimes \boldsymbol{e}_{i_r} \otimes \boldsymbol{e}^{*j_1} \otimes \ldots \otimes \boldsymbol{e}^{*j_s} \tag{C.22}$$

schreiben läßt. Das Summenzeichen läßt man, der Einsteinschen Summenkonvention folgend, oft fort, indem man vereinbart, daß über doppelt auftretende Indices summiert wird.

Im Indexkalkül bezeichnet man einen Tensor einfach durch Angabe seiner Komponenten bezüglich einer vorgegebenen Basis. Die Transformation auf andere Basen ist leicht anzugeben. Summe und tensorielles Produkt schreiben sich dann

$$\begin{aligned}(\boldsymbol{A} + \boldsymbol{B})_{j_1 \ldots j_s}^{i_1 \ldots i_r} &= A_{j_1 \ldots j_s}^{i_1 \ldots i_r} + B_{j_1 \ldots j_s}^{i_1 \ldots i_r} \,, \\ (\boldsymbol{A} \otimes \boldsymbol{B})_{j_1 \ldots j_{s+s'}}^{i_1 \ldots i_{r+r'}} &= A_{j_1 \ldots j_s}^{i_1 \ldots i_r} \cdot B_{j_{s+1} \ldots j_{s+s'}}^{i_{r+1} \ldots i_{r+r'}} \,.\end{aligned} \tag{C.23}$$

Anmerkung

Zum Schluß wollen wir noch den Grund dafür angeben, warum wir für euklische Vektorräume nicht zwischen V und V^* zu unterscheiden brauchten. In diesem Fall läßt sich nämlich mit Hilfe des Skalarproduktes ein (linearer) Isomorphismus $\iota: V \to V^*$ definieren.

Man ordnet einfach jedem $\boldsymbol{v} \in V$ eine Linearform $\iota(\boldsymbol{v})$ durch

$$\iota(\boldsymbol{v})(\boldsymbol{x}) = \boldsymbol{v} \cdot \boldsymbol{x} \tag{C.24}$$

zu. Wenn $(\boldsymbol{e}_1, \ldots, \boldsymbol{e}_k)$ Orthonormalbasis von V, dann ist durch $(\iota(\boldsymbol{e}_1), \ldots, \iota(\boldsymbol{e}_n))$ die zu $(\boldsymbol{e}_1, \ldots, \boldsymbol{e}_k)$ duale Basis in V^* gegeben:

$$\iota(\boldsymbol{e}_i)(\boldsymbol{e}_j) = \boldsymbol{e}_i \cdot \boldsymbol{e}_j = \delta_{ij} \,. \tag{C.25}$$

Wenn man über den Isomorphismus ι die Räume V und V^* identifiziert, dann sind orthonormale Basen selbstdual.

D. Fourier-Reihen und Fourier-Integrale

D.1 Fourier-Reihen

(Eine ausführliche Darstellung findet man z.B. in [10.1].)

Die Theorie der Fourier-Reihen beschäftigt sich mit dem Problem, in einem Intervall $[0, a]$ definierte

Funktionen oder, äquivalent, periodische Funktionen f der Periode a durch Funktionen der Form

$$g_N(t)=\sum_{n=-N}^{+N} a_n e^{2\pi i n t/a} \tag{D.1}$$

zu approximieren.

Beliebige Funktionen sollen also als Überlagerung gewisser harmonischer Grundfunktionen dargestellt werden. Es gilt zunächst der grundlegende

Satz: Jede im Intervall $[0, a]$ stetige Funktion f ist gleichmäßig durch Funktionen

$$g_N(t)=\sum_{n=-N}^{+N} a_n e^{2\pi i n t/a}$$

approximierbar.

In anderen Worten: für alle $\varepsilon>0$ gibt es ein $N(\varepsilon)$ und Koeffizienten a_n mit $-N(\varepsilon)<n<N(\varepsilon)$, so daß

$$\left|f(t)-\sum_{n=-N}^{N} a_n e^{2\pi i n t/a}\right|<\varepsilon \tag{D.2}$$

für alle $t\in[0, a]$ ist.

Dieser Satz ist ein Korollar zum bekannten Weierstraßschen Approximationssatz.

Geben wir aber N vor, so kann man fragen: Wie müssen die Koeffizienten a_n in einer Approximation (D.1) aussehen, damit $f(t)$ besonders gut approximiert wirdΘ Ein Maß für die Güte der Approximation ist z.B. die Größe des mittleren Fehlerquadrates

$$\int_0^a dt\left|f(t)-\sum_{n=-N}^{+N} a_n e^{2\pi i n t/a}\right|^2 . \tag{D.3}$$

Gesucht sind also Koeffizienten $a_n(-N\leq n\leq N)$, so daß das mittlere Fehlerquadrat minimal wird.

Zur Lösung dieser Aufgabe führen wir folgende übersichtliche Schreibweise ein:

$$\langle f, g\rangle := \int_0^a dt\, f^*(t) g(t) . \tag{D.4}$$

Es ist

$$\langle f, g\rangle=\langle g, f\rangle^* ,$$

$$\langle f, \alpha_1 g_1+\alpha_2 g_2\rangle=\alpha_1\langle f, g_1\rangle+\alpha_2\langle f, g_2\rangle , \quad \alpha_1, \alpha_2\in\mathbb{C}$$

und $\langle f, f\rangle>0$ für $f\not\equiv 0$, stetig.

Der Ausdruck $\langle f, g\rangle$ ist also ein (hermitesches) Skalarprodukt im Vektorraum der auf dem Intervall $[0, a]$ stetigen Funktionen.

Für die Funktionen

$$\varphi_n(t)=\frac{1}{\sqrt{a}} e^{2\pi i n t/a} \tag{D.5}$$

gilt dann

$$\langle \varphi_n, \varphi_m\rangle=\delta_{n,m} , \tag{D.6}$$

die Funktionen bilden also ein orthonormales System.

Neu formuliert lautet unser Problem somit: Gesucht sind Koeffizienten $b_n(-N\leq n\leq N)$, so daß

$$\left\langle f-\sum_{n=-N}^{+N} b_n\varphi_n , f-\sum_{n=-N}^{+N} b_n\varphi_n\right\rangle \tag{D.7}$$

minimal wird. Nun ist, mit $c_n=\langle \varphi_n, f\rangle$

$$\begin{aligned}\left\langle f-\sum_{n=-N}^{+N} b_n\varphi_n , f-\sum_{n=-N}^{+N} b_n\varphi_n\right\rangle &=\langle f, f\rangle-\sum_{n=-N}^{+N} b_n^*\langle\varphi_n, f\rangle-\sum_{n=-N}^{+N} b_n\langle f, \varphi_n\rangle \\ &\quad+\sum_{m,n=-N}^{+N} b_m^* b_n\langle\varphi_m, \varphi_n\rangle \\ &=\langle f, f\rangle-\sum_{n=-N}^{+N}(b_n^* c_n+b_n c_n^* \\ &\quad -b_n^* b_n-c_n^* c_n+c_n^* c_n) \\ &=\langle f, f\rangle-\sum_{n=-N}^{+N}|c_n|^2+\sum_{n=-N}^{+N}|b_n-c_n|^2 .\end{aligned} \tag{D.8}$$

Man sieht, daß das Minimum genau für die Wahl $b_n=c_n\equiv\langle\varphi_n, f\rangle$ der Koeffizienten b_n angenommen wird. Außerdem sind die Koeffizienten $c_n(-N\leq n\leq N)$ von N unabhängig: Bei einer Verbesserung der Approximation durch Erhöhung von N brauchen also die zuvor bestimmten Koeffizienten nicht revidiert zu werden ganz analog wie bei der Approximation durch Taylorsche Reihen.

Die Reihe

$$\sum_{n=-\infty}^{+\infty} c_n\varphi_n(t)=\sum_{n=-\infty}^{+\infty}\langle\varphi_n, f\rangle\varphi_n(t) =\frac{1}{\sqrt{a}}\sum_{n=-\infty}^{+\infty} c_n e^{2\pi i n t/a} \tag{D.9}$$

heißt *Fouriersche Reihe* oder *Fourier-Reihe* der Funktion f.

Man kann zeigen, daß mit $b_n = c_n$ das mittlere Fehlerquadrat mit $N \to \infty$ gegen Null konvergiert:

$$\lim_{N\to\infty} \left\langle f - \sum_{n=-N}^{+N} c_n\varphi_n, f - \sum_{n=-N}^{+N} c_n\varphi_n \right\rangle = 0 \ . \qquad \text{(D.10)}$$

Man sagt: Die Fourier-Reihe konvergiert im *quadratischen Mittel* gegen die Funktion f. Dabei muß $f(t)$ nicht einmal stetig sein. Es gilt aber der

Satz: Für jede bis auf endlich viele Sprünge stetige und stetig differenzierbare periodische Funktion f mit der Periode a konvergiert die Fourier-Reihe in allen Stetigkeitspunkten, und zwar gleichmäßig außerhalb beliebiger offener Intervalle um die Sprungstellen. In den Sprungstellen konvergiert die Fourier-Reihe gegen

$$\lim_{\varepsilon\to+0} \tfrac{1}{2}\,(f(t_i+\varepsilon)+f(t_i-\varepsilon)) \ , \qquad t_i = \text{Sprungstelle} \ .$$

Die Koeffizienten c_n heißen *Fourier-Koeffizienten* und die Darstellung einer Funktion $f(t)$ durch eine Fourier-Reihe heißt *Fourier-Analyse*.

Die Menge $\{\varphi_n | n=0, \pm 1, \pm 2, \ldots\}$ stellt also ein vollständiges Orthonormalsystem von Funktionen dar. Die Fourier-Entwicklung

$$f = \sum_{n=-\infty}^{+\infty} \varphi_n \langle \varphi_n, f\rangle \qquad \text{(D.11)}$$

ist völlig analog der Entwicklung eines Vektors nach einer Orthonormalbasis. Insbesondere gilt offenbar

$$\langle f,f\rangle = \int_0^a dt\, f^*(t) f(t) = \sum_{n=-\infty}^{+\infty} c_n^* c_n \ . \qquad \text{(D.12)}$$

Andere vollständige Orthonormalsysteme, nach denen sich jede in $[0,a]$ stückweise glatte Funktion entwickeln läßt, sind

a) $\dfrac{1}{\sqrt{a}}\,, \quad \sqrt{\dfrac{2}{a}}\cos\left(\dfrac{2\pi nt}{a}\right), \quad \sqrt{\dfrac{2}{a}}\sin\left(\dfrac{2\pi nt}{a}\right);$

b) $\sqrt{\dfrac{2}{a}}\sin\left(\dfrac{n\pi t}{a}\right);$

c) $\sqrt{\dfrac{1}{a}}\,, \quad \sqrt{\dfrac{2}{a}}\cos\left(\dfrac{n\pi t}{a}\right).$

Die Funktionen in (a) sind einfach die normierten Real- und Imaginärteile der Funktion $\varphi_n(t)$, während man die Systeme (b) und (c) erhält, indem man jeder Funktion auf $[0,a]$ eine antisymmetrische bzw. symmetrische Funktion auf $[-a,a]$ zuordnet und beachtet, daß bei der Fourier-Entwicklung derartiger Funktionen nur antisymmetrische bzw. symmetrische Funktionen auftreten.

Ausgedrückt durch das Orthonormalsystem (a) nimmt die Fourier-Reihe

$$f(t) = \frac{1}{\sqrt{a}} \sum_{-\infty}^{+\infty} c_n \mathrm{e}^{2\pi i n t/a} \qquad \text{(D.13)}$$

der Funktion f die folgende Gestalt an:

$$f(t) = \frac{1}{\sqrt{a}} \sum_{n=0}^{\infty} \left[a_n \cos\left(\frac{2\pi nt}{a}\right) + b_n \sin\left(\frac{2\pi nt}{a}\right)\right]$$

mit

$$a_0 = c_0 = \frac{1}{\sqrt{a}} \int_0^a f(t)\,dt \ ,$$

$$a_n = (c_n + c_{-n}) = \frac{2}{\sqrt{a}} \int_0^a dt\, f(t) \cos\left(\frac{2\pi nt}{a}\right), \quad n>0 \ ,$$

$$b_n = i(c_n - c_{-n}) = \frac{2}{\sqrt{a}} \int_0^a dt\, f(t) \sin\left(\frac{2\pi nt}{a}\right), \quad n>0 \ .$$

Wir geben zwei Beispiele:

a) Sei

$$f(t) = \begin{cases} 0 & \text{für} \quad -\pi \le t < 0 \ , \\ \pi & \text{für} \quad 0 \le t < \pi \ . \end{cases}$$

Mit dem Orthonormalsystem $\varphi_n(t) = \dfrac{1}{\sqrt{a}} \mathrm{e}^{int}$ ist

$$c_n = \langle \varphi_n, f\rangle = \int_{-\pi}^{+\pi} dt\, \varphi_n^*(t) f(t) = \frac{\pi}{\sqrt{2\pi}} \int_0^{\pi} dt\, \mathrm{e}^{-int}$$

$$= \sqrt{\frac{\pi}{2}}\, \frac{\mathrm{i}}{n}\, \mathrm{e}^{-int}\Big|_0^{\pi}$$

$$= \sqrt{\frac{\pi}{2}}\, \frac{\mathrm{i}}{n} [(-1)^n - 1] = \begin{cases} \dfrac{-\sqrt{2\pi}\,\mathrm{i}}{n} & \text{für } n \text{ ungerade} \\ 0 & \text{für } n>0, \text{gerade}; \end{cases}$$

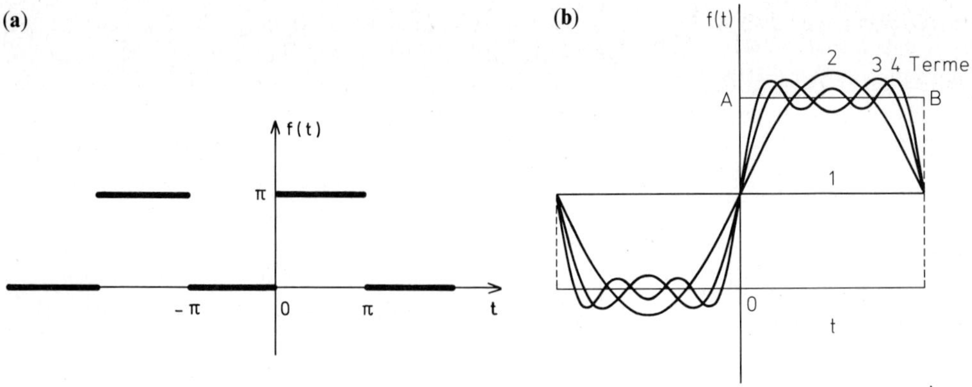

Abb. D.1. Die Näherungen der Funktion $f(t)$ (siehe a) durch die ersten zwei, drei und vier Terme der Fourier-Reihe (b)

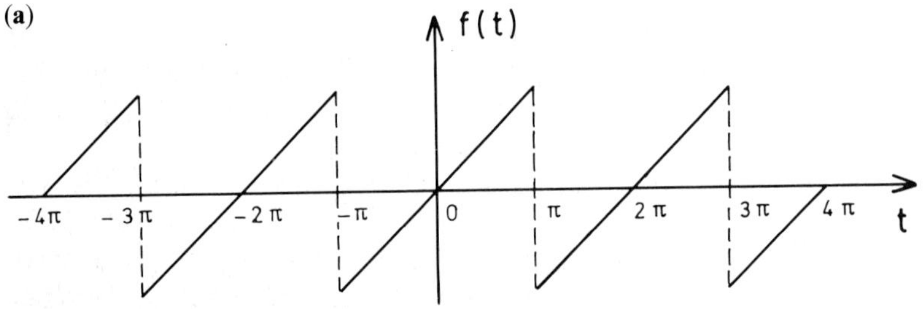

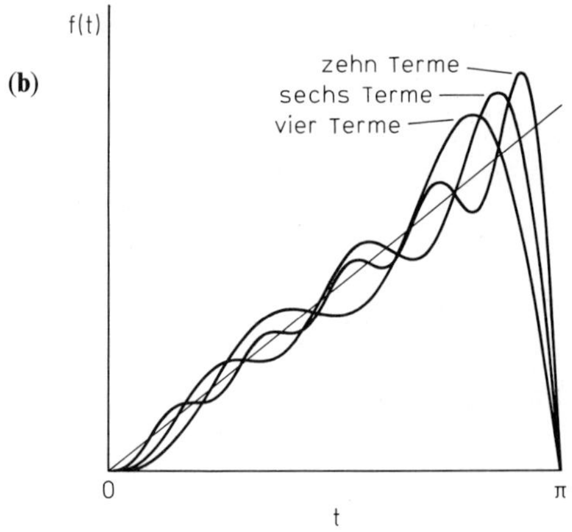

Abb. D.2a, b. Ebenso wie in Abb. D.1. die ersten Näherungen der Funktion $f(t)=t$ (siehe a) durch Teilsummen der Fourier-Reihe, die ersten vier, sechs und zehn Terme (b)

ferner ist

$$c_0=\frac{\pi^2}{\sqrt{2\pi}} .$$

Also ist

$$f(t)=\frac{1}{\sqrt{2\pi}}\sum_{n=-\infty}^{+\infty} c_n \mathrm{e}^{int}=\frac{\pi}{2}+2\sum_{r=0}^{\infty}\frac{\sin(2r+1)t}{(2r+1)}$$

die Darstellung der Funktion $f(t)$ durch eine Fourier-Reihe. Man sieht, daß für $t=0$ tatsächlich die Fourier-Reihe gegen den Wert

$$\frac{\pi}{2}=\frac{1}{2}\,[f(0_+)+f(0_-)]$$

konvergiert.

b) Sei $f(t)=t$ für $-\pi<t\leq\pi$. Dann ist

$$c_n=\frac{1}{\sqrt{2\pi}}\int_{-\pi}^{+\pi} dt\, t\, \mathrm{e}^{-int}=\sqrt{2\pi}\,\mathrm{i}\,\frac{(-1)^n}{n}$$

für $|n|>0$; $c_0=0$. Somit folgt

$$f(t)=\mathrm{i}\sum_{n=1}^{\infty}\frac{(-1)^n}{n}(\mathrm{e}^{int}-\mathrm{e}^{-int}) ,$$

d.h.,

$$t=2\sum_{n=1}^{\infty}(-1)^{n+1}\frac{\sin nt}{n} \quad \text{für} \quad -\pi<t<\pi ,$$

für $t=\pi$ konvergiert die Fourier-Reihe gegen Null.

Die Konvergenz der Fourier-Reihen in (a) und (b) ist in Abb. D.1, D.2 dargestellt.

Man kann zeigen, daß sich die Fourier-Reihen von Summen, Produkten, Ableitungen und Integralen von Funktionen durch Addition, Multiplikation, gliedweise Ableitung und Integration der entsprechenden Fourier-Reihen ergeben (bei Differentiation unter geeigneten Glattheitsbedingungen).

Auch Funktionen mehrerer Variablen können in eine Fourier-Reihe entwickelt werden. Es sei $f(x, y)$ in dem Rechteck $0\leq x\leq a$ $0\leq y\leq b$ stückweise glatt.

Durch Entwicklung bei festgehaltenem x ergibt sich

$$f(x,y)=\sum_{n=-\infty}^{+\infty} c_n(x)\frac{1}{\sqrt{b}}\,e^{2\pi i n y/b}\;.$$

Die Koeffizientenfunktionen

$$c_n(x)=\frac{1}{\sqrt{b}}\int_0^b dy\,e^{-2\pi i n y/b} f(x,y)$$

sind stückweise glatt und ihrerseits entwickelbar:

$$c_n(x)=\frac{1}{\sqrt{a}}\sum_{m=-\infty}^{+\infty} c_{mn}\,e^{2\pi i m x/a}\;.$$

Einsetzen ergibt dann

$$f(x,y)=\frac{1}{\sqrt{ab}}\sum_{m,n=-\infty}^{+\infty} c_{mn}\exp\left[2\pi i\left(\frac{mx}{a}+\frac{ny}{b}\right)\right]$$

$$=\sum_{m,n=-\infty}^{+\infty} c_{mn}\varphi_{m,n}(x,y)\;. \qquad \text{(D.14)}$$

Die Funktionen

$$\varphi_{m,n}(x,y)=\frac{1}{\sqrt{ab}}\exp\left[2\pi i\left(\frac{mx}{a}+\frac{ny}{b}\right)\right] \qquad \text{(D.15)}$$

bilden ein vollständiges Orthonormalsystem auf dem Rechteck:

$$\int_0^a dx\int_0^b dy\,\varphi^*_{m,n}(x,y)\,\varphi_{m',n'}(x,y)\equiv\langle\varphi_{m,n},\varphi_{m',n'}\rangle$$

$$=\delta_{mm'}\delta_{nn'}\;. \qquad \text{(D.16)}$$

Für die Koeffizienten c_{mn} erhält man

$$c_{mn}=\langle\varphi_{mn},f\rangle\;. \qquad \text{(D.17)}$$

D.2 Fourier-Integrale und Fourier-Transformationen

Trägt man für

$$f(t)=\sum_{n=-\infty}^{+\infty} c_n e^{inwt}$$

$|c_n|^2$ gegen nw auf, so erhält man etwa folgendes in Abb. D.3 dargestellte typische Bild.

Man nennt das in Abb. D.3 dargestellte Diagramm auch das *Frequenzspektrum*. Ein *Power-Spektrum* ist dagegen ein Diagramm, in dem man $\ln|c_n|^2$ gegen nw aufträgt.

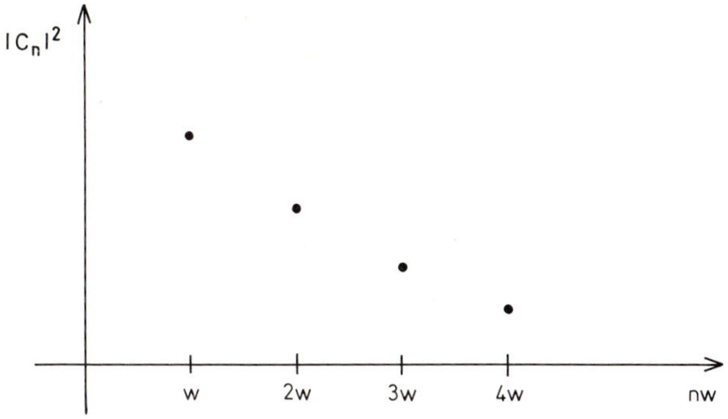

Abb. D.3. Typisches Frequenzspektrum einer Funktion $f(t)$

Diese Spektren sind diskret, da jeder Term der Fourier-Reihe eine Frequenz besitzt, die ein Vielfaches der Grundfrequenz w ist, und w hängt mit der Periode T über $w=2\pi/T$ zusammen.

Wenn man nun T immer größer werden läßt, um auch die periodische Wiederkehr der Funktion möglichst weit hinauszuschieben, wird so w immer kleiner, und das Spektrum enthält immer dichter liegende Punkte. Für $T\to\infty$ geht $w\to 0$, und das Power-Spektrum wie das Frequenz-Spektrum wird zu einer kontinuierlichen Funktion.

Die genauere Ausarbeitung dieses Gedankenganges führt auf die Theorie der *Fourier-Transformation* und der *Fourier-Integrale*.

Wir diskutieren die Fourier-Entwicklung für den Grenzfall unendlicher Intervallänge. Als Grundintervall nehmen wir $[-a,a]$ (d.h. $T=2a, w=\pi/a$) und betrachten den Grenzfall $a\to\infty$.

Ein vollständiges Orthonormalsystem auf $[-a,a]$ ist

$$\varphi_n(t)=\frac{1}{\sqrt{2a}}\,e^{in\pi t/a}\;,\qquad n=0,\pm1,\pm2,\ldots\;.$$

Eine Fourier-Entwicklung liefert

$$f(t)=\sum_{n=-\infty}^{+\infty} c_n\frac{1}{\sqrt{2a}}\,e^{in\pi t/a}$$

$$=\sum_{n=-\infty}^{+\infty}\frac{c_n}{\sqrt{2a}}\,e^{i\omega_n t}\;,\qquad \omega_n=\frac{n\pi}{a} \qquad \text{(D.18)}$$

mit

$$c_n=\frac{1}{\sqrt{2a}}\int_{-a}^{+a} dt\,e^{-i\omega_n t}f(t)\equiv\sqrt{\frac{\pi}{a}}\,\mathcal{F}_a(\omega_n)\;. \qquad \text{(D.19)}$$

Die Fourier-Koeffizienten c_n sind also proportional zu den Werten einer glatten Funktion $\tilde{f}_a(\omega)$ an den Stellen $\omega = \omega_n$, wobei

$$\tilde{f}_a(\omega) = \frac{1}{\sqrt{2\pi}} \int_{-a}^{+a} dt\, e^{-i\omega t} f(t) \tag{D.20}$$

ist. Für genügend schnell abfallendes f existiert der Grenzwert $a \to \infty$:

$$\tilde{f}(\omega) = \frac{1}{\sqrt{2\pi}} \int_{-\infty}^{+\infty} dt\, e^{-i\omega t} f(t) \; . \tag{D.21}$$

Die so definierte Funktion $\tilde{f}(\omega)$ heißt die *Fourier-Transformierte* der Funktion f. Die Zuordnung $f \mapsto \tilde{f}$ ist offenbar eine lineare Abbildung.

Indem man in (D.18) c_n aus (D.19) einsetzt, findet man

$$\begin{aligned} f(t) &= \sum_{n=-\infty}^{+\infty} \sqrt{\frac{\pi}{2}} \frac{1}{a} \tilde{f}_a(\omega_n) e^{i\omega_n t} \\ &= \frac{1}{\sqrt{2\pi}} \sum_{n=-\infty}^{+\infty} \frac{\pi}{a} \tilde{f}_a(\omega_n) e^{i\omega_n t} \\ &= \frac{1}{\sqrt{2\pi}} \sum_{n=-\infty}^{+\infty} (\omega_{n+1} - \omega_n) \tilde{f}_a(\omega_n) e^{i\omega_n t} \; . \end{aligned} \tag{D.22}$$

Im Grenzfall $a \to \infty$ geht die Summe in ein Integral über, und man erhält

$$f(t) = \frac{1}{\sqrt{2\pi}} \int_{-\infty}^{+\infty} d\omega\, e^{i\omega t} \tilde{f}(\omega) \; . \tag{D.23}$$

Dies ist zusammen mit

$$\tilde{f}(\omega) = \frac{1}{\sqrt{2\pi}} \int_{-\infty}^{+\infty} dt\, e^{-i\omega t} f(t) \tag{D.24}$$

die Grundgleichung der Fourier-Transformation. Während (D.24) die Fourier-Transformierte $\tilde{f}$ von f definiert, liefert (D.23) die Umkehrformel der Fourier-Transformation, in der die zu $\tilde{f}$ gehörige Funktion f angegeben wird. Die Fourier-Transformierte $\tilde{f}$ einer Funktion f wird immer existieren, wenn f im Unendlichen genügend rasch verschwindet. Die Zuordnung $f \mapsto \tilde{f}$ schreibt man auch $\tilde{f} = F[f]$, wobei F ein lineares Funktional ist. Oft wird auch $\tilde{f}(\pm\omega)$ mit anderen Vorfaktoren als Fourier-Transformierte von $f(t)$ bezeichnet.

Fourier-Integrale dürfen differenziert werden, also

$$f'(t) = \frac{1}{\sqrt{2\pi}} \int_{-\infty}^{+\infty} d\omega\, e^{i\omega t} i\omega \tilde{f}(\omega) \; .$$

Die Fourier-Transformierte der Funktion $f'(t)$ ist somit $i\omega\tilde{f}(\omega)$: Die Differentiation entspricht der Multiplikation im Fourier-Raum.

Einige Regeln über den Zusammenhang von Funktionen und ihren Fourier-Transformierten:

Wenn $\tilde{f}(\omega)$ die Fourier-Transformierte von $f(t)$ ist [geschrieben $f(t) \leftrightarrow \tilde{f}(\omega)$], dann gilt:

i) $f'(t) \leftrightarrow i\omega \tilde{f}(\omega)$,

ii) $-itf(t) \leftrightarrow \tilde{f}'(\omega)$,

iii) $f(t+a) \leftrightarrow e^{i\omega a} \tilde{f}(\omega)$,

iv) $e^{iat} f(t) \leftrightarrow \tilde{f}(\omega - a)$,

v) $f(at) \leftrightarrow \frac{1}{|a|} \tilde{f}\left(\frac{\omega}{a}\right)$,

vi) $f^*(t) \leftrightarrow \tilde{f}^*(-\omega)$.

Aus (v) ersieht man: Je schärfer $f(t)$ um $t=0$ herum lokalisiert ist, desto weniger scharf ist $\tilde{f}(\omega)$ um $\omega = 0$ lokalisiert und umgekehrt.

Um eine weitere wichtige Regel über die Fourier-Transformation formulieren zu können, definieren wir das *Faltungsprodukt* $f*g$ zweier Funktionen durch

$$(f*g)(t) := \frac{1}{\sqrt{2\pi}} \int_{-\infty}^{+\infty} ds\, f(t-s)\, g(s) \; . \tag{D.25}$$

Dann gilt $\widetilde{f*g} = \tilde{f}\tilde{g}$, d.h. , (D.26)

vii) $(f*g)(t) \leftrightarrow \tilde{f}(\omega)\, \tilde{g}(\omega)$, („*Faltungstheorem*").

Beweis

$$\begin{aligned} \widetilde{f*g}(\omega) &= \frac{1}{2\pi} \int_{-\infty}^{+\infty} dt\, e^{i\omega t} \int_{-\infty}^{+\infty} ds\, f(t-s)\, g(s) \\ &= \frac{1}{2\pi} \int dt \int ds\, e^{i\omega(t-s)} f(t-s)\, e^{i\omega s} g(s) \\ &= \frac{1}{\sqrt{2\pi}} \int d(t-s)\, e^{i\omega(t-s)} f(t-s) \\ &\quad \times \frac{1}{\sqrt{2\pi}} \int ds\, e^{i\omega s} g(s) \\ &= \tilde{f}(\omega) \cdot \tilde{g}(\omega) \; . \end{aligned}$$

E. Distributionen und Greensche Funktionen

(Eine ausführliche Diskussion der Distributionen findet man z.B. in *S. Großmann*, siehe Literatur zu Kap. 6.)

Um die inhomogene Differentialgleichung $Lx=f$ zu lösen, würde man gerne ein Inverses L^{-1} von L angeben. Dann wäre $x=L^{-1}f$. Da jedoch die homogene Gleichung $Lx=0$ nichttriviale Lösungen hat, ist L nicht injektiv, besitzt also kein Inverses. Wohl aber ist L surjektiv, da ja die Differentialgleichung $Lx=f$ für jede Funktion f Lösungen hat. Demnach gibt es zu der linearen Abbildung L eine lineare Abbildung G, die Rechtsinverses zu L ist, die also $LG=\mathbb{1}$ erfüllt. (Zur Konstruktion von G braucht man nur eine Basis im Bildraum und für jeden Basisvektor e ein Urbild unter L als Wert Ge zu wählen). Da L nicht injektiv ist, gibt es sogar mehrere lineare Abbildungen G mit dieser Eigenschaft. Eine Lösung $x^{(0)}$ der inhomogenen Gleichung $Lx^{(0)}=f$ ergibt sich dann zu $x^{(0)}=Gf$. In der Tat ist $Lx^{(0)}=LGf=\mathbb{1}f=f$.

G heißt *Greensche Funktion* zu L. Um G wirklich angeben zu können, müssen wir uns etwas eingehender mit linearen Abbildungen auf Funktionsräumen beschäftigen. Insbesondere betrachten wir die linearen Funktionale auf Funktionsräumen $\mathscr{F}$, genauer die stetigen Abbildungen

$$l\colon \mathscr{F}\to\mathbb{C} \quad \text{mit}$$

$$l(c_1\varphi_1+c_2\varphi_2)=c_1 l(\varphi_1)+c_2 l(\varphi_2)$$

für alle $\varphi_1,\ \varphi_2\in\mathscr{F},\ c_1,\ c_2\in\mathbb{C}$.

Als Funktionsräume F kommen besonders in Frage die Räume

$\mathscr{D}$: Raum der unendlich oft differenzierbaren komplexwertigen Funktionen mit kompaktem Träger

und vor allem

$\mathscr{S}$: Raum der unendlich oft differenzierbaren komplexwertigen Funktionen, die im Unendlichen mit allen ihren Ableitungen stärker als jede Potenz gegen Null streben.

Um dem Begriff „Stetigkeit" einen Sinn zu verleihen, muß man diese Räume noch geeignet metrisieren. Wir wollen diese Fragen und auch weitere mathematische Feinheiten hier unterdrücken.

E.1 Distributionen

Beispiele für stetige lineare Funktionale sind

a) $l(\varphi)=\int_{-\infty}^{+\infty} dt\, f(t)\,\varphi(t)$, wobei f eine bestimmte stetige Funktion ist. Solche Funktionale heißen *regulär*.

b) $\delta(\varphi)=\varphi(0)$,
dieses Funktional heißt auch *δ-Funktional.*

Nicht jedes stetige lineare Funktional ist regulär von der Form (a). Es gilt aber der

Satz: Zu jedem stetigen linearen Funktional l (auf $\mathscr{D}$ oder $\mathscr{S}$) gibt es eine Folge (f_n), $n=1,2,\ldots$ stetiger Funktionen, so daß

$$l(\varphi)=\lim_{n\to\infty}\int_{-\infty}^{+\infty} dt\, f_n(t)\,\varphi(t)$$

$$\text{für alle} \quad \varphi\in\mathscr{D} \quad \text{oder} \quad \mathscr{S} \quad \text{ist}\ . \tag{E.1}$$

Wenn l nicht regulär ist, wird der Grenzwert $f_n(t)$ für $n\to\infty$ nicht für jedes t existieren, der Satz behauptet nur die Existenz einer Folge (f_n), für welche die obige Folge von Integralen konvergiert. Immerhin können wir stetige lineare Funktionale mit gewissen Folgen von stetigen Funktionen identifizieren. Man schreibt *formal*

$$l(\varphi)=\int_{-\infty}^{+\infty} dt\, f(t)\,\varphi(t) \tag{E.2}$$

auch für nicht-reguläre Funktionale. In diesem Falle allerdings steht der Ausdruck $f(t)$ nicht für eine Funktion, sondern für eine *Distribution*, und man faßt die rechte Seite von (E.2) einfach als andere Schreibweise der linken Seite auf. Ferner sagt man in diesem Falle, daß $f_n(t)\to f(t)$ für $n\to\infty$ im *Sinne von Distributionen* strebt, womit einfach die Relation (E.1) gemeint ist. (Übrigens wird auch ein lineares Funktional selbst oft als Distribution bezeichnet.)

Das δ-Funktional ist offenbar nicht regulär. Eine zugehörige Funktion δ müßte nämlich völlig auf den Punkt $t=0$ konzentriert sein und müßte andererseits

$$\int_{-\infty}^{+\infty} dt\,\delta(t)=1$$

erfüllen, was unmöglich ist. Es lassen sich aber in verschiedener Weise Folgen stetiger Funktionen angeben, die im Distributionssinne gegen die δ-Distribution konvergieren.

Die δ-Distribution ist also definiert durch

$$\int_{-\infty}^{+\infty} dt\, \delta(t)\, \varphi(t) = \varphi(0)$$

$$\text{für alle} \quad \varphi \in \mathscr{D} \quad \text{oder} \quad \mathscr{S} \; . \tag{E.3}$$

Eine Folge $f_n(t)$ mit $f_n(t) \to \delta(t)$ im Sinne von Distributionen ist z. B.

$$f_n(t) = \frac{1}{\pi} \frac{n}{1+n^2 t} \; . \tag{E.4}$$

Andere Folgen, die im Distributionssinne gegen $\delta(t)$ konvergieren, sind

$$f_n(t) = n\mathrm{e}^{-n^2 \pi t^2} \; , \tag{E.5}$$

$$f_n(t) = \frac{n}{\pi} \left(\frac{\sin nt}{nt} \right)^2 \; , \tag{E.6}$$

$$f_n(t) = \frac{1}{\pi} \frac{\sin nt}{t} \; . \tag{E.7}$$

Man sieht, daß sich in allen Fällen $f_n(t)$ für $n \to \infty$ mehr und mehr auf den Punkt $t=0$ konzentriert und daß sich im Punkte $t=0$ ein Maximum ausbildet, dessen Höhe mit wachsendem n gegen Unendlich strebt. Der Grenzwert von $f_n(0)$ existiert nicht, es gilt jedoch

$$\int_{-\infty}^{+\infty} dt\, f_n(t) = 1 \quad \text{für alle} \quad n > 0 \; . \tag{E.8}$$

Es sei $l(\varphi) = \int dt\, f(t)\, \varphi(t)$ ein reguläres Funktional mit stetig differenzierbarer Funktion f. Dann ist auch das Funktional

$$l'(\varphi) := \int dt\, f'(t)\, \varphi(t) \tag{E.9}$$

regulär, und partielle Integration ergibt

$$l'(\varphi) = -\int dt\, f(t)\, \varphi'(t) = -l(\varphi') \; . \tag{E.10}$$

Allgemein definiert man für (reguläre oder nicht reguläre) lineare stetige Funktionale eine *Distributionsableitung* l' durch

$$l'(\varphi) = -l(\varphi') \quad \text{für alle} \quad \varphi \in \mathscr{D} \quad \text{oder} \quad \mathscr{S} \; . \tag{E.11}$$

Da die Funktion φ in $\mathscr{D}$ oder in $\mathscr{S}$ beliebig oft differenzierbar ist, hat jedes (stetige) lineare Funktional offenbar *Distributionsableitungen* beliebig hoher Ordnung. Wenn $g(t)$ eine Distribution ist, so gilt also

$$\int g'(t)\, \varphi(t)\, dt := -\int g(t)\, \varphi'(t)\, dt \; . \tag{E.12}$$

Für stetig differenzierbares $g(t)$ stimmt $g'(t)$ mit der gewöhnlichen Ableitung überein.

Beispiel

Es ist

$$\delta'(\varphi) = -\varphi'(0) \quad \text{oder} \tag{E.13}$$

$$\int dt\; \delta'(t)\, \varphi(t) = -\int dt\, \delta(t)\, \varphi'(t) = -\varphi'(0) \; .$$

Die folgenden Funktionen tauchen in physikalischen Anwendungen oft auf:

a) Θ-Funktion: (Sprungfunktion, Stufenfunktion)

$$\Theta(t) = \begin{cases} 0 & \text{für} \quad t < 0 \; , \\ 1 & \text{für} \quad t > 0 \; . \end{cases} \tag{E.14}$$

(Die Θ-Funktion hat also eine Sprungstelle bei $t=0$);

b) die Funktion $\alpha(t) := t\Theta(t)$

$$\alpha(t) = \begin{cases} 0 & \text{für} \quad t < 0 \; , \\ t & \text{für} \quad t \geq 0 \; . \end{cases} \tag{E.15}$$

Im Distributionssinne gilt

i) $\alpha'(t) = \Theta(t)$ und
ii) $\Theta'(t) = \delta(t)$, also $\alpha''(t) = \delta(t)$.

Beweis

zu (i):

$$\begin{aligned} \int_{-\infty}^{+\infty} dt\, \alpha'(t)\, \varphi(t) &:= -\int_{-\infty}^{+\infty} dt\, \alpha(t)\, \varphi'(t) \\ &= -\int_{0}^{\infty} dt\, t\varphi'(t) \\ &= \int_{0}^{\infty} dt\, \varphi(t) \\ &= \int_{-\infty}^{+\infty} dt\, \Theta(t)\, \varphi(t) \; . \end{aligned}$$

zu (ii):

$$\int_{-\infty}^{+\infty} dt\, \Theta'(t)\, \varphi(t) := -\int_{-\infty}^{+\infty} dt\, \Theta(t)\, \varphi'(t)$$

$$= -\int_{0}^{\infty} dt\, \varphi'(t) = \varphi(0)$$

$$= \int_{-\infty}^{+\infty} dt\, \delta(t)\, \varphi(t) \ .$$

Somit ist $\delta(t)$ zweifache Distributionsableitung der stetigen Funktion $\alpha(t)$.

Allgemein gilt der

Satz: Jede Distribution auf $\mathcal{S}$ läßt sich als Distributionsableitung endlicher Ordnung einer stetigen Funktion darstellen.

Einige Rechenregeln für die δ-Distribution: Wir definieren $\delta(t-t_0)$ durch

$$\int_{-\infty}^{+\infty} dt\, \delta(t-t_0)\, \varphi(t) = \varphi(t_0) \ . \tag{E.16}$$

Es gilt:

$$\text{i) } \delta(t-t_0) f(t) = \delta(t-t_0) f(t_0) \ , \tag{E.17}$$

insbesondere

$$\text{ii) } t\delta(t) = 0 \ , \tag{E.18}$$

$$\text{iii) } \delta(\mathrm{t}) = \delta(-t) \ , \tag{E.19}$$

$$\text{iv) } \Theta'(t-t_0) = \delta(t-t_0) \ , \tag{E.20}$$

$$\text{v) } \delta(at) = \frac{1}{|a|}\, \delta(t) \ , \tag{E.21}$$

allgemeiner

$$\delta(g(t)) = \sum_i \frac{1}{|g'(t_i)|}\, \delta(t-t_i) \ , \tag{E.22}$$

(dabei sind die t_i die Nullstellen von g).

Die Umkehrformel der Fourier-Transformation

$$f(t) = \frac{1}{\sqrt{2\pi}} \int_{-\infty}^{+\infty} d\omega\, \mathrm{e}^{\mathrm{i}\omega t} \tilde{f}(\omega) \ , \tag{E.23}$$

$$\tilde{f}(\omega) = \frac{1}{\sqrt{2\pi}} \int_{-\infty}^{+\infty} dt'\, \mathrm{e}^{-\mathrm{i}\omega t'} f(t') \tag{E.24}$$

liefert eine sehr nützliche Darstellung des δ-Funktionals: Einsetzen von (E.24) in (E.23) ergibt nämlich:

$$f(t) = \frac{1}{2\pi} \int_{-\infty}^{+\infty} dt' \int_{-\infty}^{+\infty} d\omega\, \mathrm{e}^{\mathrm{i}\omega(t-t')} f(t')$$

$$= f(t) = \int_{-\infty}^{+\infty} dt'\, \delta(t-t') f(t') \ ,$$

also

$$\delta(t-t') = \frac{1}{2\pi} \int_{-\infty}^{+\infty} d\omega\, \mathrm{e}^{\mathrm{i}\omega(t-t')} \ . \tag{E.25}$$

In der Tat ist

$$\frac{1}{2\pi} \int_{-\infty}^{+\infty} d\omega\, \mathrm{e}^{\mathrm{i}\omega(t-t')} = \lim_{n\to\infty} \frac{1}{2\pi} \int_{-n}^{+n} d\omega\, \mathrm{e}^{\mathrm{i}\omega(t-t')}$$

$$= \lim_{n\to\infty} \frac{1}{\pi}\, \frac{\sin n(t-t')}{t-t'}$$

gerade eine der oben angegebenen Folgen, die im Distributionssinne gegen die δ-Distribution konvergieren.

Man kann die Identität

$$\frac{1}{2\pi} \int d\omega\, \mathrm{e}^{\mathrm{i}\omega t} = \delta(t)$$

auch so ausdrücken:

$$\delta(t) \leftrightarrow \frac{1}{\sqrt{2\pi}} \ .$$

Die Fourier-Transformierte der δ-Distribution ist eine Konstante.

E.2 Greensche Funktionen

Nun sind wir imstande, die Definition einer Greenschen Funktion G eines linearen gewöhnlichen Differentialoperators L zu formulieren:

Eine Distribution $G(t,t')$, die von einem Parameter t' abhängt, heißt Greensche Funktion zu dem linearen Differentialoperator L, wenn im Distributionssinne

$$LG(t,t') = \delta(t-t') \ . \tag{E.26}$$

gilt. Offenbar ist mit $G(t,t')$ auch $G(t,t')+u_{t'}(t)$ mit $Lu_{t'}=0$ Greensche Funktion.

Eine spezielle Lösung $x^{(0)}$ der Differentialgleichung $Lx=h$ ist dann

$$x^{(0)}(t)=\int_{-\infty}^{+\infty} dt'\, G(t,t')\,h(t') , \qquad \text{(E.27)}$$

da ja

$$Lx^{(0)}(t)=\int_{-\infty}^{+\infty} dt'\, LG(t,t')\,h(t')$$

$$=\int_{-\infty}^{+\infty} dt'\, \delta(t-t')\,h(t')=h(t)$$

ist. Wir geben nun für den Operator

$$L=\frac{d^2}{dt^2}+a(t)\,\frac{d}{dt}+b(t) \qquad \text{(E.28)}$$

eine Greensche Funktion an. Es sei $Z_{t'}(t)$ Lösung der homogenen Gleichung

$$\ddot{Z}_{t'}(t)+a(t)\dot{Z}_{t'}(t)+b(t)Z_{t'}(t)=0 \qquad \text{(E.29)}$$

zu den Anfangswerten $Z_{t'}(t')=0$, $\dot{Z}_{t'}(t')=1$.

Dann ist

$$G(t,t')=\Theta(t-t')\,Z_{t'}(t) \qquad \text{(E.30)}$$

Greensche Funktion zu L.

Zum Beweis berechnet man

$$\frac{d}{dt}\,G(t,t')=\Theta(t-t')\,\dot{Z}_{t'}(t)+\delta(t-t')\,Z_{t'}(t)$$

$$=\Theta(t-t')\,\dot{Z}_{t'}(t) \quad \text{und}$$

$$\frac{d^2}{dt^2}\,G(t,t')=\Theta(t-t')\,\ddot{Z}_{t'}(t)+\delta(t-t')\dot{Z}_{t'}(t)$$

$$=\Theta(t-t')\,\ddot{Z}_{t'}(t)+\delta(t-t') ,$$

und daraus folgt

$$LG(t,t')=\delta(t-t') ,$$

wobei man ausnützt, daß $LZ_{t'}(t)=0$ ist.

Beispiel

Wir betrachten die Differentialgleichung mit konstanten Koeffizienten:

$$Lx(t)=\ddot{x}(t)+2\varrho\dot{x}(t)+\omega_0^2x(t)=f(t) , \qquad \varrho^2<\omega_0^2 .$$

Die Lösung zu $LZ_{t'}(t)=0$ mit den Anfangswerten

$$Z_{t'}(t')=0 , \qquad \dot{Z}_{t'}(t')=1$$

lautet

$$Z_{t'}(t)=\frac{1}{\Omega}\,\mathrm{e}^{-\varrho(t-t')}\sin[\Omega(t-t')] \quad \text{mit}$$

$\Omega^2=\omega_0^2-\varrho^2$. Deshalb ist die Greensche Funktion

$$G(t,t')=\Theta(t-t')\,\frac{1}{\Omega}\,\mathrm{e}^{-\varrho(t-t')}\sin[\Omega(t-t')] .$$

Eine spezielle Lösung der Differentialgleichung ist damit:

$$x^{(0)}(t)=\int_{-\infty}^{+\infty} dt'\, G(t,t')\,f(t')$$

$$=\frac{1}{\Omega}\,\mathrm{e}^{-\varrho t}\int_{-\infty}^{t} dt'\,\mathrm{e}^{\varrho t'}\sin[\Omega(t-t')]f(t') . \qquad \text{(E.31)}$$

Für den Operator

$$L\left(\frac{d}{dt}\right)=\sum_{r=0}^{N} L_r\left(\frac{d}{dt}\right)^r$$

mit konstanten Koeffizienten berechnet man die Greensche Funktion wie folgt: Sei

$$G(t-t')=\frac{1}{2\pi}\int_{-\infty}^{+\infty} d\omega\,\mathrm{e}^{\mathrm{i}\omega(t-t')}\tilde{g}(\omega) ,$$

dann lautet die definierende Gleichung:

$$L\left(\frac{d}{dt}\right)G(t-t')\equiv\frac{1}{2\pi}\int_{-\infty}^{+\infty} d\omega\,\mathrm{e}^{\mathrm{i}\omega(t-t')}L(\mathrm{i}\omega)\,\tilde{g}(\omega)$$

$$\stackrel{!}{=}\delta(t-t')$$

$$\equiv\frac{1}{2\pi}\int_{-\infty}^{+\infty} d\omega\,\mathrm{e}^{\mathrm{i}\omega(t-t')} .$$

Also folgt

$$L(\mathrm{i}\omega)\,\tilde{g}(\omega)=1 \quad \text{und so}$$

$$\tilde{g}(\omega)=1/L(\mathrm{i}\omega)\equiv Y(\mathrm{i}\omega) , \qquad \text{damit}$$

$$G(t-t')=\frac{1}{2\pi}\int_{-\infty}^{+\infty} d\omega\,\mathrm{e}^{\mathrm{i}\omega(t-t')}\,Y(\mathrm{i}\omega) \qquad \text{(E.32)}$$

in Übereinstimmung mit Abschn. 6.5.4.

Linear-inhomogene *Systeme* werden analog oder durch Einführung von Normalkoordinaten behandelt.

Anmerkung

Die Definitionsgleichung

$$LG(t,t')=\delta(t-t')$$

der Greenschen Funktion erlaubt eine einfache anschauliche Deutung:

Die Greensche Funktion $G(t,t')$ beschreibt die Antwort des linearen Systems auf einen kurzzeitigen „Kraftstoß" $\delta(t-t')$ zur Zeit t', also auf eine Kraft, die nur in einer beliebig kleinen Umgebung des Zeitpunktes t' nicht verschwindet. Da sich nun jede äußere Kraft $f(t)$ wegen

$$f(t)=\int dt'\,\delta(t-t')f(t')$$

aus solchen Kraftstößen durch lineare Überlagerung zusammensetzen läßt, erlaubt die Greensche Funktion die Angabe einer Lösung der inhomogenen Gleichung für eine beliebige Inhomogenität f.

F. Vektoranalysis und krummlinige Koordinaten

In diesem Anhang werden kurz die für uns wichtigen Rechenregeln für Vektorfelder dargestellt. Insbesondere definieren wir Linien-, Flächen- und Volumenintegrale über Felder, erklären die Integralsätze von Stokes und Gauß für diese Integrale und geben Ausdrücke für Gradient, Divergenz und Rotation von Feldern in krummlinigen Koordinaten an.

F.1 Vektorfelder und skalare Felder

Skalare Felder sind Abbildungen $\varphi: \mathbb{R}^3 \to \mathbb{R}$, die jedem Raumpunkt $\boldsymbol{r} \in \mathbb{R}^3$ einen Zahlenwert $\varphi(\boldsymbol{r}) \in \mathbb{R}$ zuordnen. Beispiele sind ein Temperaturfeld $T(\boldsymbol{r})$, ein Dichtefeld $\varrho(\boldsymbol{r})$ usw. Unter einer Drehung $R: \boldsymbol{r} \mapsto R\boldsymbol{r}$ transformiert sich ein skalares Feld wie folgt:

$$\varphi \mapsto \varphi^{\mathrm{R}} \quad \text{mit} \quad \varphi^{\mathrm{R}}(\boldsymbol{r}) := \varphi(R^{-1}\boldsymbol{r}) \ . \tag{F.1}$$

Vektorfelder sind Abbildungen $\boldsymbol{A}: \mathbb{R}^3 \to \mathbb{R}^3$, die jedem Raumpunkt $\boldsymbol{r} \in \mathbb{R}^3$ einen Vektor aus dem (euklidischen) Vektorraum $\mathbb{R}^3$ zuordnen. (Wir identifizieren hier wie auch später noch oft einen Vektor einfach mit dem Satz seiner Komponenten bezüglich einer festen Basis.) Unter einer (eigentlichen) Drehung R transformiert sich ein Vektorfeld wie $\boldsymbol{A} \mapsto \boldsymbol{A}^{\mathrm{R}}$ mit

$$\boldsymbol{A}^{\mathrm{R}}(\boldsymbol{r}) = R\boldsymbol{A}(R^{-1}\boldsymbol{r}) \ . \tag{F.2}$$

Beispiele für Vektorfelder sind ein Kraftfeld $\boldsymbol{K}(\boldsymbol{r})$, ein elektrisches Feld $\boldsymbol{E}(\boldsymbol{r})$, ein magnetisches Feld $\boldsymbol{B}(\boldsymbol{r})$, ein Geschwindigkeitsfeld $\boldsymbol{v}(\boldsymbol{r})$ eines strömenden Mediums, ein Stromdichtefeld $\boldsymbol{j}(\boldsymbol{r})$ einer Quantität wie Masse oder Ladung. Hierbei ist $\boldsymbol{j}(\boldsymbol{r})$ die im Punkte $\boldsymbol{r}$ pro Sekunde durch eine Einheitsfläche mit Normale in $\boldsymbol{j}(\boldsymbol{r})$-Richtung fließende Menge.

Alle genannten Felder können natürlich zusätzlich noch zeitabhängig sein.

F.2 Linien-, Flächen- und Volumenintegrale

a) Das Linienintegral eines Vektorfeldes längs einer orientierten Kurve γ definieren wir als Limes einer Folge immer feiner werdender Approximationen von γ durch Polygone wie folgt:

$$\int_\gamma \boldsymbol{A}(\boldsymbol{r}) \cdot d\boldsymbol{r} = \lim \sum_i \boldsymbol{A}(\boldsymbol{r}_i) \cdot \Delta \boldsymbol{r}_i \ . \tag{F.3}$$

Die Berechnung erfolgt durch Einführung einer orientierten Parametrisierung von γ $[a,b] \subset \mathbb{R} \to \mathbb{R}^3$, $t \mapsto \boldsymbol{r}(t)$ mit $\boldsymbol{r}(a)$ Anfangspunkt und $\boldsymbol{r}(b)$ Endpunkt von γ. Dann ist

$$\int_\gamma \boldsymbol{A}(\boldsymbol{r}) \cdot d\boldsymbol{r} = \int_a^b dt\, \boldsymbol{A}(\boldsymbol{r}(t)) \cdot \dot{\boldsymbol{r}}(t) \ , \tag{F.4}$$

unabhängig von der Parametrisierung.

Wenn $\boldsymbol{A}(\boldsymbol{r})$ ein Kraftfeld ist, so ist $\int_\gamma \boldsymbol{A}(\boldsymbol{r}) \cdot d\boldsymbol{r}$ die längs γ vom Feld geleistete Arbeit.

b) Flächenintegral eines Vektorfeldes über eine orientierte Fläche F:

Es sei $F \subset \mathbb{R}^3$ eine Fläche, die durch Vorgabe eines stetigen Normaleneinheitsvektors in jedem ihrer Punkte orientiert sei. Wir definieren ein Flächenintegral durch eine Folge immer feiner werdender Approximationen von F durch Polyederflächen:

$$\int_F \boldsymbol{A}(\boldsymbol{r}) \cdot d\boldsymbol{F} = \lim \sum_i \boldsymbol{A}(\boldsymbol{r}_i) \cdot \Delta \boldsymbol{F}_i \ . \tag{F.5}$$

Hierbei ist $\Delta \boldsymbol{F}_i$ der Flächenvektor der i-ten ebenen Teilfläche F_i der Polyederfläche wie folgt definiert:

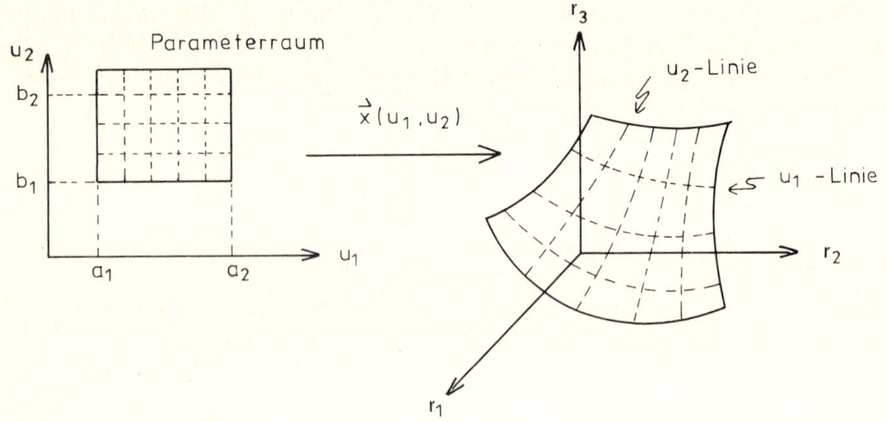

Abb. F.1. Parametrisierung eines Flächenstückes

$|\Delta \boldsymbol{F}_i|$ ist der Flächeninhalt von F_i und $\Delta \boldsymbol{F}_i$ zeigt in Normalenrichtung.

Wir berechnen das Flächenintegral für ein orientiert parametrisiertes Flächenstück:

Es sei die Fläche durch eine Abbildung

$$[a_1, a_2] \times [b_1, b_2] \to \mathbb{R}^3 \ , \qquad (u_1, u_2) \mapsto \boldsymbol{r}(u_1, u_2)$$

eines Rechtecks in den $\mathbb{R}^3$ beschrieben (Abb. F.1).

Für festes u_2 bzw. u_1 sind durch $\boldsymbol{r}(u_1, u_2)$ Kurven mit Parametern u_1 bzw. u_2 gegeben, die wir u_1- und u_2-Linien nennen.

$$\frac{\partial \boldsymbol{r}(u_1, u_2)}{\partial u_1} \quad \text{und} \quad \frac{\partial \boldsymbol{r}(u_1, u_2)}{\partial u_2}$$

sind Tangentenvektoren an die u_1- bzw. u_2-Linien.

Die Parametrisierung sei so gewählt, daß $(\partial \boldsymbol{r}/\partial u_1) \times (\partial \boldsymbol{r}/\partial u_2)$ überall in Normalenrichtung von F zeigt. Der Flächeninhalt des Bildes des Teilrechtecks $[u_1, u_1 + \Delta u_1] \times [u_2, u_2 + \Delta u_2]$ im Parameterraum ist

$$\left| \frac{\partial \boldsymbol{r}}{\partial u_1} \times \frac{\partial \boldsymbol{r}}{\partial u_2} \Delta u_1 \Delta u_2 \right| + O(\Delta u_1 \Delta u_2) \ .$$

Es gilt dann

$$\int_F \boldsymbol{A}(\boldsymbol{r}) \cdot d\boldsymbol{F} = \int_{a_1}^{a_2} du_1 \int_{b_1}^{b_2} du_2 \, \boldsymbol{A}(\boldsymbol{r}(u_1, u_2)) \cdot \left(\frac{\partial \boldsymbol{r}}{\partial u_1} \times \frac{\partial \boldsymbol{r}}{\partial u_2} \right) \qquad \text{(F.6)}$$

unabhängig von der Parametrisierung.

Beispiel

Berechnung von $\int_S (\boldsymbol{r}/|\boldsymbol{r}|^3) \cdot d\boldsymbol{F}$, wobei S Kugeloberfläche mit Radius R und Zentrum in 0 ist. Wir parametrisieren durch Kugelkoordinaten

$$\boldsymbol{r}(\theta, \varphi) = R \begin{pmatrix} \sin\theta \cos\varphi \\ \sin\theta \sin\varphi \\ \cos\theta \end{pmatrix} \ ;$$

$$d\boldsymbol{F} = \frac{\partial \boldsymbol{r}}{\partial \theta} \times \frac{\partial \boldsymbol{r}}{\partial \varphi} \, d\theta \, d\varphi$$

$$= R^2 \sin\theta \begin{pmatrix} \sin\theta \cos\varphi \\ \sin\theta \sin\varphi \\ \cos\theta \end{pmatrix} d\theta \, d\varphi \ .$$

Also

$$\int_S \frac{\boldsymbol{r}}{|\boldsymbol{r}|^3} \cdot d\boldsymbol{F} = \int_0^\pi d\theta \int_0^{2\pi} d\varphi \, \sin\theta$$

$$= 2\pi \int_0^\pi d\theta \, \sin\theta = 4\pi \ .$$

c) Volumenintegral eines Skalar- oder Vektorfeldes:

Wir definieren für ein Volumen V das Volumenintegral

$$\int_V \varphi(\boldsymbol{r}) \, dV = \lim \sum \varphi(\boldsymbol{r}_i) \, \Delta V_i$$

und berechnen es durch Parametrisierung

$$(u_1, u_2, u_3) \mapsto \boldsymbol{r}(u_1, u_2, u_3) \quad \text{mit}$$

$$a_1 \le u_1 \le a_2 \ , \quad b_1 \le u_2 \le b_2 \ , \quad c_1 \le u_3 \le c_2 \ .$$

Die Parametrisierung sei so gewählt, daß

$$\left(\frac{\partial \boldsymbol{r}}{\partial u_1}\times\frac{\partial \boldsymbol{r}}{\partial u_2}\right)\cdot\frac{\partial \boldsymbol{r}}{\partial u_3}=\det\left(\frac{\partial \boldsymbol{r}}{\partial u_1},\frac{\partial \boldsymbol{r}}{\partial u_2},\frac{\partial \boldsymbol{r}}{\partial u_3}\right)\geq 0$$

ist. Dann ist

$$\int_V \varphi(\boldsymbol{r})dV=\int_{a_1}^{a_2} du_1\int_{b_1}^{b_2} du_2\int_{c_1}^{c_2} du_3\varphi(r(u_1,u_2,u_3))$$
$$\cdot\det\left(\frac{\partial \boldsymbol{r}}{\partial u_1},\frac{\partial \boldsymbol{r}}{\partial u_2},\frac{\partial \boldsymbol{r}}{\partial u_3}\right) \qquad \text{(F.7)}$$

unabhängig von der Parametrisierung.

F.3 Satz von Stokes

Es sei R ein Rechteck in der 1-2 Ebene mit Normale in 3-Richtung, und ∂R sein Rand, orientiert wie in Abb. F.2 abgebildet. Nach Einführung der Parametrisierung $u_1=r_1$, $u_2=r_2$ berechnet sich $\int_{\partial R}\boldsymbol{A}\cdot d\boldsymbol{r}$ wie folgt:

$$\int_{\partial R}\boldsymbol{A}\cdot d\boldsymbol{r}=\int_{a_1}^{a_2} dr_1\,[A_1(r_1,b_1)-A_1(r_1,b_2)]$$
$$+\int_{b_1}^{b_2} dr_2\,[A_2(a_2,r_2)-A_2(a_1,r_2)]$$
$$=\int_{a_1}^{a_2} dr_1\int_{b_1}^{b_2} dr_2\left[\frac{\partial A_2}{\partial r_1}(r_1,r_2)-\frac{\partial A_1}{\partial r_2}(r_1,r_2)\right]$$
$$=:\int_R(\nabla\times\boldsymbol{A})\cdot d\boldsymbol{F}\ . \qquad \text{(F.8)}$$

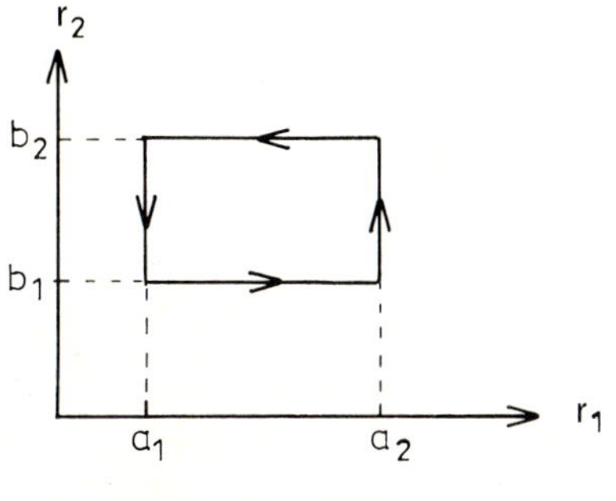

Abb. F.2. Integration über den Rand eines achsenparallelen Rechtecks in der x_1-x_2-Ebene

Hierbei ist das Vektorfeld $\nabla\times\boldsymbol{A}$ definiert durch

$$\nabla\times\boldsymbol{A}=\begin{pmatrix}\partial_2A_3-\partial_3A_2\\ \partial_3A_1-\partial_1A_3\\ \partial_1A_2-\partial_2A_1\end{pmatrix}\ ,\qquad \text{d.h.}\ ,$$

$$(\nabla\times\boldsymbol{A})_i=\varepsilon_{ijk}\partial_j\mathrm{A}_k\quad\text{mit}\quad \partial_j:=\frac{\partial}{\partial r_j}\ .$$

Man schreibt auch $\nabla\times\boldsymbol{A}=\text{rot}\,\boldsymbol{A}$. (Lies „*Rotation*" von $\boldsymbol{A}$). Unter einer Drehung R ist $(\nabla\times\boldsymbol{A})^{\mathrm{R}}=\nabla\times\boldsymbol{A}^{\mathrm{R}}$. Es gilt allgemein für ein orientiertes Flächenstück F mit orientiertem Rand ∂F der *Satz von Stokes*

$$\int_{\partial F}\boldsymbol{A}\cdot d\boldsymbol{r}=\int_F(\nabla\times\boldsymbol{A})\cdot d\boldsymbol{F}\ . \qquad \text{(F.9)}$$

Für ein parametrisiertes Flächenstück folgt ein Beweis des Satzes aus der Formel

$$\nabla\times\boldsymbol{A}(\boldsymbol{r}(u_1,u_2))\cdot\left(\frac{\partial \boldsymbol{r}}{\partial u_1}\times\frac{\partial \boldsymbol{r}}{\partial u_2}\right)$$
$$=\frac{\partial}{\partial u_1}\left[\frac{\partial \boldsymbol{r}}{\partial u_2}\cdot\boldsymbol{A}(\boldsymbol{r}(u_1,u_2))\right]$$
$$-\frac{\partial}{\partial u_2}\left[\frac{\partial \boldsymbol{r}}{\partial u_1}\cdot\boldsymbol{A}(\boldsymbol{r}(u_1,u_2))\right] \qquad \text{(F.10)}$$

durch Zurückführung auf den eben behandelten Fall eines Rechtecks in der u_1-u_2-Ebene.

Noch allgemeinere Flächen werden aus parametrisierten Flächenstücken zusammengesetzt. Eine anschauliche Deutung von $\nabla\times\boldsymbol{A}$ ergibt sich aus der folgenden Überlegung:

Das Integral $\int_\gamma\boldsymbol{A}\cdot d\boldsymbol{r}$ längs einer geschlossenen Kurve γ ist ein Maß für die Stärke der Wirbel von $\boldsymbol{A}$, deren Achse γ durchstößt. Nun ist für Flächen F mit Normalenrichtung $\boldsymbol{n}$

$$\boldsymbol{n}\cdot(\nabla\times\boldsymbol{A})=\lim_{|F|\to 0}\frac{1}{|F|}\int_F(\nabla\times\boldsymbol{A})\cdot d\boldsymbol{F}$$
$$=\lim_{|F|\to 0}\frac{1}{|F|}\int_{\partial F}\boldsymbol{A}\cdot d\boldsymbol{r}\ . \qquad \text{(F.11)}$$

Die Größe $\boldsymbol{n}\cdot(\nabla\times\boldsymbol{A})$ mißt also die Flächendichte der Wirbel von $\boldsymbol{A}$ mit Achse in $\boldsymbol{n}$-Richtung.

F.4 Satz von Gauß

Für einen achsenparallelen Quader Q, dessen Rand ∂Q so orientiert ist, daß die Normalen nach außen zeigen, gilt (Abb. F.3)

$$\begin{aligned}\int_{\partial Q} \boldsymbol{A}\cdot d\boldsymbol{F} &= \int_{a_1}^{a_2} dr_1 \int_{b_1}^{b_2} dr_2\, [A_3(r_1,r_2,c_2) \\ &\qquad - A_3(r_1,r_2,c_1)] \\ &+ \int_{b_1}^{b_2} dr_2 \int_{c_1}^{c_2} dr_3\, [A_1(a_2,r_2,r_3) \\ &\qquad - A_1(a_1,r_2,r_3)] \\ &+ \int_{c_1}^{c_2} dr_3 \int_{a_1}^{a_2} dr_1\, [A_2(r_1,b_2,r_3) \\ &\qquad - A_2(r_1,b_1,r_3)] \\ &= \int_{a_1}^{a_2} dr_1 \int_{b_1}^{b_2} dr_2 \int_{c_1}^{c_2} dr_3 \left[\frac{\partial A_1}{\partial r_1}+\frac{\partial A_2}{\partial r_2}+\frac{\partial A_3}{\partial r_3}\right] \\ &= \int_Q \nabla\cdot\boldsymbol{A}\, dV\ . \end{aligned} \tag{F.12}$$

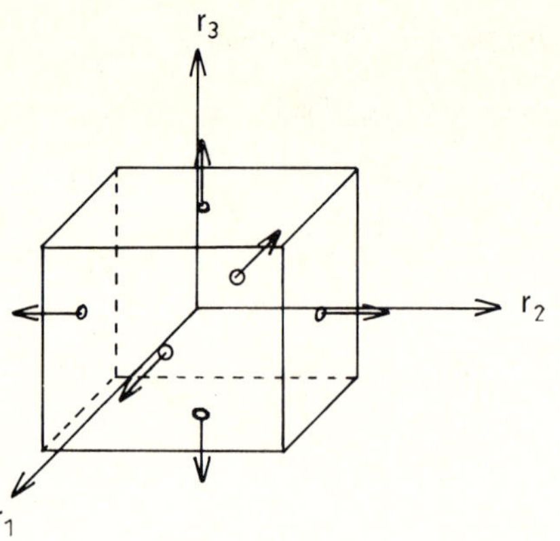

Abb. F.3. Integration über die Oberfläche eines achsenparallelen Quaders. Die Normalenrichtungen sind eingezeichnet

Das skalare Feld $\nabla\cdot\boldsymbol{A}=\partial_i A_i$ heißt *Divergenz* von $\boldsymbol{A}$ (geschrieben auch div $\boldsymbol{A}$).

Allgemein gilt für ein kompaktes Volumenstück $V\subset\mathbb{R}^3$, dessen (stückweise glatter) Rand ∂V so orientiert ist, daß die Normale aus V herauszeigt, der *Gaußsche Satz*

$$\int_{\partial V} \boldsymbol{A}\cdot d\boldsymbol{F} = \int_V \nabla\cdot\boldsymbol{A}\, dV\ . \tag{F.13}$$

Für parametrisierte Volumenstücke wie unter Abschn. F.2c ist der Gaußsche Satz eine Folge der Identität

$$\begin{aligned}\nabla\cdot\boldsymbol{A}(\boldsymbol{r}(u_1,u_2,u_3))\ \det\left(\frac{\partial\boldsymbol{r}}{\partial u_1},\frac{\partial\boldsymbol{r}}{\partial u_2},\frac{\partial\boldsymbol{r}}{\partial u_3}\right) &= \frac{\partial}{\partial u_1}\left[\boldsymbol{A}\cdot\left(\frac{\partial\boldsymbol{r}}{\partial u_2}\times\frac{\partial\boldsymbol{r}}{\partial u_3}\right)\right] \\ &+ \frac{\partial}{\partial u_2}\left[\boldsymbol{A}\cdot\left(\frac{\partial\boldsymbol{r}}{\partial u_3}\times\frac{\partial\boldsymbol{r}}{\partial u_1}\right)\right] \\ &+ \frac{\partial}{\partial u_3}\left[\boldsymbol{A}\cdot\left(\frac{\partial\boldsymbol{r}}{\partial u_1}\times\frac{\partial\boldsymbol{r}}{\partial u_2}\right)\right]\ . \end{aligned} \tag{F.14}$$

Zur Deutung von $\nabla\cdot\boldsymbol{A}$: Wenn $\boldsymbol{A}$ ein Stromdichtefeld ist, so ist der Fluß $\Phi=\int_{\partial V}\boldsymbol{A}\cdot d\boldsymbol{F}$ die pro Sekunde aus V herausfließende Menge, also ein Maß für die Stärke der im Innern von V befindlichen Quellen. Nun ist

$$\begin{aligned}\nabla\cdot\boldsymbol{A} &= \lim_{|V|\to 0}\frac{1}{|V|}\int_V \nabla\cdot\boldsymbol{A}\, dV \\ &= \lim_{|V|\to 0}\frac{1}{|V|}\int_{\partial V}\boldsymbol{A}\cdot d\boldsymbol{F}\ , \end{aligned} \tag{F.15}$$

also läßt sich $\nabla\cdot\boldsymbol{A}$ als Volumendichte der Quellen von $\boldsymbol{A}$ deuten.

Der Gaußsche Satz verwandelt ein Volumenintegral in ein Flächenintegral, und der Stokessche Satz gestattet die Umformung eines Flächenintegrals in ein Kurvenintegral.

Die triviale Identität

$$\int_\gamma \nabla\varphi\cdot d\boldsymbol{r} = \varphi(\boldsymbol{r}_2)-\varphi(\boldsymbol{r}_1) =: \int_{\partial\gamma}\varphi\ ,$$

wobei $\boldsymbol{r}_2$ und $\boldsymbol{r}_1$ End- und Anfangspunkt von γ sind, ist eine Umwandlung eines Kurvenintegrals in ein nulldimensionales „Integral".

(Es gilt für k-dimensionale Flächen Σ in n-dimensionalen Mannigfaltigkeiten ein allgemeiner Stokesscher Satz von der Form

$$\int_{\partial\Sigma}\omega = \int_\Sigma d\omega\ .)$$

F.5 Einige Anwendungen der Integralsätze

a) Man rechnet sofort nach, daß

$$\boldsymbol{\nabla}\times(\boldsymbol{\nabla}\varphi)=0 \quad \text{und} \quad \boldsymbol{\nabla}\cdot(\boldsymbol{\nabla}\times\boldsymbol{A})=0 \ . \tag{F.16}$$

Diese anschauliche Tatsache folgt auch direkt aus den Integralsätzen:

$$\int_F (\boldsymbol{\nabla}\times\boldsymbol{\nabla}\varphi)\cdot d\boldsymbol{F}=\int_{\partial F}\boldsymbol{\nabla}\varphi\cdot d\boldsymbol{r}=0 \ ,$$

da ∂F geschlossen; also $\nabla\times\nabla\varphi=0$, da F beliebig ist,

$$\int_V \boldsymbol{\nabla}\cdot(\boldsymbol{\nabla}\times\boldsymbol{A})\,dV=\int_{\partial V}(\boldsymbol{\nabla}\times\boldsymbol{A})\cdot d\boldsymbol{F}$$

$$=\int_{\partial\partial V}\boldsymbol{A}\cdot d\boldsymbol{r}=0 \ , \quad \text{da}$$

$$\partial\partial V=\emptyset \ ; \quad \text{also} \quad \boldsymbol{\nabla}\cdot(\boldsymbol{\nabla}\times\boldsymbol{A})=0 \ ,$$

da V beliebig ist.

b) Wegen

$$\int_F (\boldsymbol{\nabla}\times\boldsymbol{A})\cdot d\boldsymbol{F}=\int_{\partial F}\boldsymbol{A}\cdot d\boldsymbol{r}$$

sieht man, daß $\int_F (\boldsymbol{\nabla}\times\boldsymbol{A})\cdot d\boldsymbol{F}$ nur vom Rand von F abhängt. Der Fluß des Feldes $\boldsymbol{\nabla}\times\boldsymbol{A}$ ist also für alle Flächen mit demselben Rand gleich.

c) Hinreichende Bedingung für die Existenz eines Potentials zu einem Kraftfeld $\boldsymbol{K}$:

Wir haben früher gesehen, daß ein Potential ϕ mit $\boldsymbol{K}=-\boldsymbol{\nabla}\phi$ zu $\boldsymbol{K}$ nur existieren kann, wenn $\boldsymbol{\nabla}\times\boldsymbol{K}=0$. Diese Bedingung erweist sich auch als hinreichend für die Existenz eines Potentials zu einem auf $\mathbb{R}^3$ überall definierten (glatten) Feld $\boldsymbol{A}$.

Jede geschlossene Kurve γ in $\mathbb{R}^3$ ist nämlich Rand einer Fläche $F\subset\mathbb{R}^3$, $\gamma=\partial F$.

Somit ist für geschlossene Kurven

$$\int_\gamma \boldsymbol{A}\cdot d\boldsymbol{r}=\int_F(\boldsymbol{\nabla}\times\boldsymbol{A})\cdot d\boldsymbol{F}=0 \ .$$

Damit ist die Funktion

$$\phi(\boldsymbol{r})=-\int_{\boldsymbol{r}_0}^{\boldsymbol{r}}\boldsymbol{A}(\boldsymbol{r}')\cdot d\boldsymbol{r}'$$

wohldefiniert, da nur vom (festen) Anfangspunkt $\boldsymbol{r}_0$ und vom Endpunkt $\boldsymbol{r}$ der Kurve abhängig, und man rechnet nach, daß $\boldsymbol{A}=-\boldsymbol{\nabla}\phi$ ist.

Man kann zeigen, daß es zu jedem auf ganz $\mathbb{R}^3$ definierten Vektorfeld $\boldsymbol{B}$ mit $\boldsymbol{\nabla}\cdot\boldsymbol{B}=0$ ein Vektorfeld $\boldsymbol{A}$ (Vektorpotential zu $\boldsymbol{B}$) gibt, so daß $\boldsymbol{B}=\boldsymbol{\nabla}\times\boldsymbol{A}$ ist (*Satz von Poincaré*).

d) Identitäten für Gradient, Divergenz und Rotation: Man berechnet sofort:

i) $$\boldsymbol{\nabla}\times\boldsymbol{\nabla}\varphi=0 \ , \tag{F.17}$$

$$\boldsymbol{\nabla}\cdot(\boldsymbol{\nabla}\times\boldsymbol{A})=0 \ , \tag{F.18}$$

$$\boldsymbol{\nabla}\cdot(\boldsymbol{\nabla}\varphi)=\Delta\varphi \ , \tag{F.19}$$

$$\boldsymbol{\nabla}\times(\boldsymbol{\nabla}\times\boldsymbol{A})=\boldsymbol{\nabla}(\boldsymbol{\nabla}\cdot\boldsymbol{A})-\Delta\boldsymbol{A} \ , \tag{F.20}$$

wobei $\Delta=\partial_i\partial_i=\sum_i(\partial^2/\partial r_i^2)$ der *Laplace-Operator* ist.

ii) $$\boldsymbol{\nabla}\cdot(\varphi\boldsymbol{A})=\varphi\boldsymbol{\nabla}\cdot\boldsymbol{A}+\boldsymbol{A}\cdot\boldsymbol{\nabla}\varphi \ , \tag{F.21}$$

$$\boldsymbol{\nabla}\cdot(\boldsymbol{A}\times\boldsymbol{B})=\boldsymbol{B}\cdot(\boldsymbol{\nabla}\times\boldsymbol{A})-\boldsymbol{A}\cdot(\boldsymbol{\nabla}\times\boldsymbol{B}) \ . \tag{F.22}$$

iii) $$\boldsymbol{\nabla}\times(\varphi\boldsymbol{A})=\varphi\boldsymbol{\nabla}\times\boldsymbol{A}+(\boldsymbol{\nabla}\varphi)\times\boldsymbol{A} \ , \tag{F.23}$$

$$\boldsymbol{\nabla}\times(\boldsymbol{A}\times\boldsymbol{B})=\boldsymbol{A}(\boldsymbol{\nabla}\cdot\boldsymbol{B})-\boldsymbol{B}(\boldsymbol{\nabla}\cdot\boldsymbol{A})+(\boldsymbol{B}\cdot\boldsymbol{\nabla})\boldsymbol{A}-(\boldsymbol{A}\cdot\boldsymbol{\nabla})\boldsymbol{B} \ . \tag{F.24}$$

F.6 Krummlinige Koordinaten

In vielen physikalischen Situationen ist es zweckmäßig, krummlinige Koordinaten einzuführen, die der Symmetrie des Problems angepaßt sind.

Es gilt dann, $\boldsymbol{\nabla}\varphi$, $\boldsymbol{\nabla}\times\boldsymbol{A}$, $\boldsymbol{\nabla}\cdot\boldsymbol{A}$, $\Delta\varphi$ von Cartesischen auf krummlinige Koordinaten umzurechnen. Es seien also im euklidischen Raum $\mathbb{R}^3$ krummlinige Koordinaten u_1, u_2, u_3 vorgegeben:

$$\boldsymbol{r}=\boldsymbol{r}(u_1,u_2,u_3) \ .$$

Beispiele dafür sind:

Zylinderkoordinaten (Abb. F.4)

$\nabla\cdot A$ div, 308
$\nabla\times A$ rot 305
$\nabla\varphi$ grad

$$u_1=r \ , \quad u_2=\varphi \ , \quad u_3=z$$

$$\boldsymbol{r}=\begin{pmatrix} r\cos\varphi \\ r\sin\varphi \\ z \end{pmatrix} \ ,$$

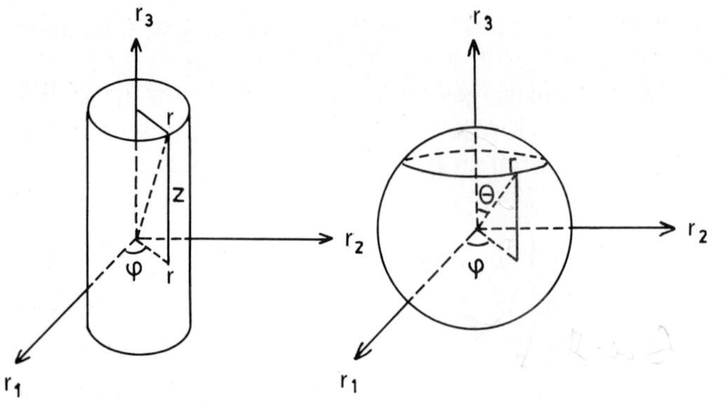

Abb. F.4. Zur Definition von Zylinderkoordinaten und Kugelkoordinaten

Kugelkoordinaten (Abb. F.4)

$$u_1=r\ ,\qquad u_2=\theta\ ,\qquad u_3=\varphi\ ,$$

$$\boldsymbol{r}=\begin{pmatrix} r\sin\theta\cos\varphi \\ r\sin\theta\sin\varphi \\ r\cos\theta \end{pmatrix}\ .$$

Die u_1 Linien sind die Kurven $\boldsymbol{r}(u_1,u_2,u_3)$ bei festem u_2 und u_3 (entsprechend u_2-Linien und u_3-Linien), und die u_1-Flächen sind die Flächen $\boldsymbol{r}(u_1,u_2,u_3)$ bei festem u_1 (entsprechend u_2- und u_3-Flächen).

Also z.B. für Kugelkoordinaten:

r-Linien:	Geraden durch den Ursprung,
θ-Linien:	Meridiankreise,
φ-Linien:	Kreise mit der Achse in 3-Richtung,
r-Flächen:	Kugeloberflächen,
θ-Flächen:	Doppelkegel mit Spitze im Ursprung und Achse in 3-Richtung,
φ-Flächen:	Ebenen, die die 3-Achse enthalten.

Die Vektoren $(\partial\boldsymbol{r}/\partial u_i)\ (u_1,u_2,u_3)$ liegen tangential zu den u_i-Linien im Punkte $\boldsymbol{r}(u_1,u_2,u_3)$. Wir definieren in jedem Punkte $\boldsymbol{r}(u_1,u_2,u_3)$ die Einheitsvektoren

$$\boldsymbol{e}_i=\frac{1}{h_i}\frac{\partial\boldsymbol{r}}{\partial u_i}\qquad\text{mit}\quad h_i(u_1,u_2,u_3)=\left|\frac{\partial\boldsymbol{r}}{\partial u_i}(u_1,u_2,u_3)\right|\ . \tag{F.25}$$

Diese Einheitsvektoren sind definiert und linear unabhängig, solange die Parametrisierung glatt und umkehrbar ist.

Orthogonale krummlinige Koordinaten sind definiert durch die Bedingung $\boldsymbol{e}_i\cdot\boldsymbol{e}_j=\delta_{ij}$, die u_i-Linien stehen also überall paarweise senkrecht aufeinander. Kugel- und Zylinderkoordinaten sind, wie man sofort sieht, orthogonale krummlinige Koordinaten. Die Komponente $\boldsymbol{A}^{(i)}$ eines Vektorfeldes in $\boldsymbol{e}_i$-Richtung ist

$$\boldsymbol{A}^{(i)}=\boldsymbol{e}_i\cdot\boldsymbol{A}\qquad\text{also}\qquad \boldsymbol{A}=\sum_{i=1}^{3}A^{(i)}\boldsymbol{e}_i\ . \tag{F.26}$$

Für Flächen- und Volumenelement in orthogonalen krummlinigen Koordinaten finden wir durch Spezialisierung der Ausdrücke von Abschn. F.2b,c:

$$\begin{aligned} df^{(1)}&=h_2h_3du_2du_3\ , & df^{(2)}&=h_3h_1du_3du_1\ ,\\ df^{(3)}&=h_1h_2du_1du_2\ , & dV&=h_1h_2h_3du_1du_2du_3\ . \end{aligned} \tag{F.27}$$

Die $\boldsymbol{e}_i$-Komponente von $\boldsymbol{\nabla}\cdot\phi$ im Punkte $\boldsymbol{r}(u_1,u_2,u_3)$ ist

$$\begin{aligned}(\boldsymbol{\nabla}\phi)^{(i)}&=\boldsymbol{e}_i\cdot\boldsymbol{\nabla}\phi=\frac{1}{h_i}\frac{\partial\boldsymbol{r}}{\partial u_i}\cdot\boldsymbol{\nabla}\phi\\ &=\frac{1}{h_i}\frac{\partial\phi}{\partial u_i},\quad [\phi=\phi(\boldsymbol{r}(u))]\ .\end{aligned} \tag{F.28}$$

Wegen

$$\boldsymbol{n}\cdot(\boldsymbol{\nabla}\times\boldsymbol{A})=\lim_{|F|\to 0}\frac{1}{|F|}\int\boldsymbol{A}\cdot d\boldsymbol{r}$$

und

$$\boldsymbol{\nabla}\cdot\boldsymbol{A}=\lim_{|V|\to 0}\frac{1}{|V|}\int_{\partial V}\boldsymbol{A}\cdot d\boldsymbol{F}$$

erhalten wir durch Anwendung auf kleine Rechtecke mit Normale in $\boldsymbol{e}_i$-Richtung sowie auf einen kleinen Quader mit Kanten in $\boldsymbol{e}_1,\boldsymbol{e}_2,\boldsymbol{e}_3$-Richtung die folgenden Ausdrücke für $\boldsymbol{\nabla}\times\boldsymbol{A}$ und $\boldsymbol{\nabla}\cdot\boldsymbol{A}$ in orthogonalen krummlinigen Koordinaten:

$$\begin{aligned}(\boldsymbol{\nabla}\times\boldsymbol{A})^{(1)}&=\frac{1}{h_2h_3}\left[\frac{\partial}{\partial u_2}(h_3A^{(3)})-\frac{\partial}{\partial u_3}(h_2A^{(2)})\right],\\ (\boldsymbol{\nabla}\times\boldsymbol{A})^{(2)}&=\frac{1}{h_3h_1}\left[\frac{\partial}{\partial u_3}(h_1A^{(1)})-\frac{\partial}{\partial u_1}(h_3A^{(3)})\right],\\ (\boldsymbol{\nabla}\times\boldsymbol{A})^{(3)}&=\frac{1}{h_1h_2}\left[\frac{\partial}{\partial u_1}(h_2A^{(2)})-\frac{\partial}{\partial u_2}(h_1A^{(1)})\right],\end{aligned} \tag{F.29}$$

$$\nabla\cdot\boldsymbol{A}=\frac{1}{h_1h_2h_3}\left[\frac{\partial}{\partial u_1}(h_2h_3A^{(1)})+\frac{\partial}{\partial u_2}(h_3h_1A^{(2)})+\frac{\partial}{\partial u_3}(h_1h_2A^{(3)})\right]\ . \quad \text{(F.30)}$$

Dieselben Formeln ergeben sich auch durch Anwendung der Identitäten, die wir in Abschn. F.3 und F.4 zum Beweis des Stokesschen und des Gaußschen Satzes für parametrisierte Flächen- und Volumenstücke benutzt hatten.

Schließlich erhalten wir durch Einsetzen von $(\nabla\phi)^{(i)}=(1/h_i)(\partial\phi/\partial u_i)$ für den Laplace-Operator

$$\nabla\cdot\nabla\phi=\Delta\phi=\frac{1}{h_1h_2h_3}\left[\frac{\partial}{\partial u_1}\frac{h_2h_3}{h_1}\frac{\partial}{\partial u_1}+\frac{\partial}{\partial u_2}\frac{h_3h_1}{h_2}\frac{\partial}{\partial u_2}+\frac{\partial}{\partial u_3}\frac{h_1h_2}{h_3}\frac{\partial}{\partial u_3}\right]\phi. \quad \text{(F.31)}$$

Wir bringen diese Ausdrücke noch in eine einprägsamere Form, indem wir folgende Bezeichnungen einführen

$$A_i=\boldsymbol{A}\cdot\frac{\partial\boldsymbol{r}}{\partial u_i}\ , \quad \text{(F.32)}$$

$$g_{ij}=\frac{\partial\boldsymbol{r}}{\partial u_i}\cdot\frac{\partial\boldsymbol{r}}{\partial u_j}\ , \qquad g=\det(g_{ij})\ , \quad \text{(F.33)}$$

g^{ij}: Inverse Matrix zu g_{ij}, also

$$g^{ik}g_{kj}=\delta^i_j\ . \quad \text{(F.34)}$$

In krummlinigen orthogonalen Koordinaten ist dann

$$A_i=h_iA^{(i)}\ , \quad \text{(F.35)}$$

$$g_{ij}=h_i^2\delta_{ij}\ , \qquad g=h_1^2h_2^2h_3^2\ , \quad \text{(F.36)}$$

$$g^{ij}=\frac{1}{h_i^2}\delta_{ij} \quad \text{(F.37)}$$

und damit

$$(\nabla\times\boldsymbol{A})_i=\frac{1}{\sqrt{g}}g_{ij}\varepsilon^{jkl}\frac{\partial}{\partial u^k}A_l\ , \quad \text{(F.38)}$$

$$\nabla\cdot\boldsymbol{A}=\frac{1}{\sqrt{g}}\frac{\partial}{\partial u^i}\sqrt{g}\,g^{ij}A_j\ , \quad \text{(F.39)}$$

$$\Delta\phi=\frac{1}{\sqrt{g}}\frac{\partial}{\partial u^i}\sqrt{g}\,g^{ij}\frac{\partial}{\partial u_j}\phi\ . \quad \text{(F.40)}$$

Diese Ausdrücke behalten ihre Gültigkeit sogar für beliebige nicht notwendig orthogonale krummlinige Koordinaten.

Insbesondere ergibt sich für *Zylinderkoordinaten*

$$g^{11}=1\ , \quad g^{22}=\frac{1}{r^2}\ , \quad g^{33}=1\ ; \quad \sqrt{g}=r\ ; \quad \text{(F.41)}$$

$$\Delta\phi=\frac{1}{r}\left[\frac{\partial}{\partial r}r\frac{\partial}{\partial r}+\frac{1}{r}\frac{\partial^2}{\partial\varphi^2}+\frac{\partial}{\partial z}r\frac{\partial}{\partial z}\right]\phi$$
$$=\left[\frac{\partial^2}{\partial r^2}+\frac{1}{r}\frac{\partial}{\partial r}+\frac{1}{r^2}\frac{\partial^2}{\partial\varphi^2}+\frac{\partial^2}{\partial z^2}\right]\phi \quad \text{(F.42)}$$

und für *Kugelkoordinaten*

$$g^{11}=1\ , \quad g^{22}=\frac{1}{r^2}\ , \quad g^{33}=\frac{1}{r^2\sin^2\theta}\ ;$$
$$\sqrt{g}=r^2\sin\theta\ ; \quad \text{(F.43)}$$

$$\Delta\phi=\frac{1}{r^2\sin\theta}\left[\frac{\partial}{\partial r}r^2\sin\theta\frac{\partial}{\partial r}+\frac{\partial}{\partial\theta}\sin\theta\frac{\partial}{\partial\theta}+\frac{\partial}{\partial\varphi}\frac{1}{\sin\theta}\frac{\partial}{\partial\varphi}\right]\phi$$
$$=\left[\frac{\partial^2}{\partial r^2}+\frac{2}{r}\frac{\partial}{\partial r}+\frac{1}{r^2\sin\theta}\frac{\partial}{\partial\theta}\sin\theta\frac{\partial}{\partial\theta}+\frac{1}{r^2\sin^2\theta}\frac{\partial^2}{\partial\varphi^2}\right]\phi$$
$$=:\left[\frac{\partial^2}{\partial r^2}+\frac{2}{r}\frac{\partial}{\partial r}+\frac{1}{r^2}\Lambda\right]\phi\ . \quad \text{(F.44)}$$

Literaturverzeichnis

Kapitel 2

2.1 G. Fischer: *Lineare Algebra*, Vieweg Grundkurs Mathematik Bd. 17, 8. Aufl. (Vieweg, Braunschweig 1984)
2.2 G. Fischer: *Analytische Geometrie*, Vieweg Grundkurs Mathematik Bd. 35 (Vieweg, Braunschweig 1979)
2.3 H. Bucerius: *Himmelsmechanik* Bd. I, II; BI Hochschultaschenbücher Nr. 143/144 (Bibliographisches Institut, Mannheim 1966) insbesondere Bd. I, Kap. 19,1

Kapitel 3

3.1 E. Pestel: *Technische Mechanik I, II*; BI Hochschultaschenbücher Bd. 205–207 (Bibliographisches Institut, Mannheim 1969)
3.2 W. Bürger: *Das Jojo – ein physikalisches Spielzeug*, Phys. Bl. B **9**, 401 (1983)
3.3 M. Heil, F. Kitzka: *Grundkurs Theoretische Mechanik* (Teubner, Stuttgart 1984)
3.4 A. Sommerfeld: *Vorlesungen über Theoretische Physik Bd. I, Mechanik*, Nachdruck der 8. durchgesehenen Auflage (Verlag Harri Deutsch, Frankfurt/Main 1977)
3.5 F. Kuypers: *Klassische Mechanik* (Physik-Verlag, Weinheim 1983)
3.6 G. Ludwig: *Einführung in die Grundlagen der Theoretischen Physik* Bd. I (Bertelmann Universitätsverlag, Düsseldorf 1974)
3.7 H. Haken: *Synergetics. An Introduction*, Springer Ser. Syn., Vol. 1, 3rd ed. (Springer, Berlin, Heidelberg, New York, Tokyo 1983)
3.8 A. J. Lichtenberg, M. A. Liebermann: *Regular and Stochastic Motion*, Applied Mathematical Sciences, Vol. 38 (Springer, Berlin, Heidelberg, New York 1983)
3.9 H. G. Schuster: *Deterministic Chaos, An Introduction* (Physik-Verlag, Weinheim 1984)

Kapitel 4

4.1 L. D. Landau, E. M. Lifschitz: *Lehrbuch der Theoretischen Physik Bd. I, Mechanik*, 10. Aufl. (Akademie-Verlag, Berlin 1981)
4.2 M. Schneider: *Himmelsmechanik*, 2. Aufl. (Bibliographisches Institut, Mannheim 1981)

Weitere Literatur zu Kap. 2–5

R. Abraham, J. E. Marsden: *Foundations of Mechanics* (Benjamin/Cummings, Menlo Park, CA 1978). Umfassende, mathematisch strenge Darstellung der Mechanik auf symplektischen Mannigfaltigkeiten. Kein Anfängerbuch.

V. I. Arnol'd: *Mathematical Methods of Classical Mechanics*, translated by K. Vogtmann, A. Weinstein, Graduate Texts in Mathematics, Vol. 60 (Springer, Berlin, Heidelberg, New York 1978)

M. Barner, F. Flohr: *Analysis*, 2. Aufl., *I, II* (De Gruyter, Berlin 1983)

O. Forster: *Analysis I-III*, Vieweg Grundkurs Mathematik, Bd. 24, 31, 52; 4. (5., 3.) Aufl. (Vieweg, Braunschweig 1984)

H. Goldstein: *Klassische Mechanik*, 7. Aufl. (Akademische Verlagsgesellschaft, Frankfurt/Main 1983)

W. Gröbner, P. Lesky: *Mathematische Methoden der Physik I*, BI-Hochschultaschenbücher Bd. 89 (Bibliographisches Institut, Mannheim 1964)

S. Großmann: *Mathematischer Einführungskurs für die Physik*, 4. Aufl. (Teubner, Stuttgart 1984)

K. Jänich: *Analysis für Physiker und Ingenieure* (Springer, Berlin, Heidelberg, New York 1983)

W. Thirring: *Lehrbuch der Mathematischen Physik, Bd. I, Klassische dynamische Systeme* (Springer, Wien, New York 1977) Nicht für Anfänger geeignet.

E. T. Whittaker: *A Treatise on the Analytical Dynamics of Particles and Rigid Bodies* (Cambridge University Press, Cambridge 1960)

Kapitel 6

6.1 K. Magnus: *Schwingungen*, 3. durchges. Aufl. (Teubner, Stuttgart 1976)

6.2 H. Lippmann: *Schwingungslehre*, BI Hochschultaschenbücher Bd. 189/189a (Bibliographisches Institut, Mannheim 1968)

6.3 N. V. Butenin: *Elements of the Theory of Nonlinear Oscillations* (Blanschell, New York 1965)

6.4 A. H. Nayfeh, D. T. Mook: *Nonlinear Oscillations* (Wiley, New York 1979)

6.5 H. Haken: *Synergetics. An Introduction*, Springer Ser. Syn., Vol. 1, 3rd ed. (Springer, Berlin, Heidelberg, New York, Tokyo 1983)

6.6 P. G. Drazin, W. H. Reid: *Hydrodynamic stability* (Cambridge University Press, Cambridge 1984) (paperback)

Weitere Literatur

M. Barner, F. Flohr: *Analysis I*, 2. Aufl. (De Gruyter, Berlin 1983)

D. C. Champeney: *Fourier Transforms and their Physical Applications* (Academic, London 1973)

O. Forster: *Analysis III*, Vieweg Grundkurs Mathematik, Bd. 52, 3. Aufl. (Vieweg, Braunschweig 1984)

I. Gelfand, G. E. Schilow: *Verallgemeinerte Funktionen (Distributionen)* Bd. I–V (VEB Deutscher Verlag der Wissenschaften, Berlin 1962–1964)

S. Großmann: *Funktionalanalysis I, II* (Akademische Verlagsgesellschaft, Frankfurt/Main 1970)

L. Schwartz: *Théorie des distributions I, II* (Hermann, Paris 1957–1959)

L. Schwartz: *Mathematische Methoden der Physik* (Bibliographisches Institut, Mannheim 1974)

Kapitel 7

7.1 D. A. McQuarrie: *Statistical Mechanics* (Harper & Row, New York 1976)

Kapitel 8

8.1 L. Bergmann, Ch. Schäfer: *Lehrbuch der Experimentalphysik, Bd. I Mechanik, Akustik, Wärmelehre*, 9. Aufl. (De Gruyter, Berlin 1974)

8.2 G. Adam, P. Läuger, G. Stark: *Physikalische Chemie und Biophysik* (Springer, Berlin, Heidelberg, New York 1977)

8.3 G. M. Barrow: *Physikalische Chemie*, 3. Aufl. (Vieweg, Braunschweig 1979)

Weitere Literatur zu Kap. 7, 8

R. Becker: *Theorie der Wärme*, Heidelberger Taschenbücher, Bd. 10, 3. Aufl. (Springer, Berlin, Heidelberg, New York 1985)

W. Brenig: *Statistische Theorie der Wärme I: Gleichgewicht*, 2. Aufl. (Springer, Berlin, Heidelberg, New York 1983)

G. Falk, W. Ruppel: *Energie und Entropie* (Springer, Berlin, Heidelberg, New York 1976)

G. Kluge, G. Neugebauer: *Grundlagen der Thermodynamik* (VEB Deutscher Verlag der Wissenschaften, Berlin 1976)

L. D. Landau, E. M. Lifschitz: *Lehrbuch der Theoretischen Physik, Bd. V, Statistische Physik*, 6. Aufl. (Akademie-Verlag, Berlin 1984)

R. Lenk: *Einführung in die Statistische Mechanik* (VEB Deutscher Verlag der Wissenschaften, Berlin 1978)

L. E. Reichl: *A Modern Course in Statistical Mechanics* (University of Texas Press, Austin, TX 1980)

W. Thirring: *Lehrbuch der Mathematischen Physik, Bd. 4, Quantenmechanik großer Systeme* (Springer, Wien, New York 1980) Nicht für Anfänger geeignet.

Kapitel 9

9.1 L. D. Landau, E. M. Lifschitz: *Lehrbuch der Theoretischen Physik, Bd. VI, Hydrodynamik* (Akademie-Verlag, Berlin 1971)

9.2 K. Wieghardt: *Theoretische Strömungslehre*, Teubner-Studienbücher Mechanik (Teubner, Stuttgart 1974)

9.3 J. T. Houghton: *The Physics of Atmospheres* (Cambridge University Press, Cambridge 1977)

9.4 J. Pedlosky: *Geophysical Fluid Dynamics* (Springer, New York 1979)

9.5 R. B. Bird, R. C. Armstrong, O. Hassanger: *Dynamics of Polymeric Liquids Vol. I, Fluid Mechanics* (Wiley, New York 1977)
ferner:
G. Kluge, G. Neugebauer: *Grundlagen der Thermodynamik* (VEB Deutscher Verlag der Wissenschaften, Berlin 1976)

Kapitel 10

10.1 W. Gröbner, P. Lesky: *Mathematische Methoden der Physik I*, BI-Hochschultaschenbücher Bd. 89 (Bibliographisches Institut, Mannheim 1964)

10.2 E. Madelung: *Die mathematischen Hilfsmittel des Physikers*, Grundlehren der mathematischen Wissenschaften, Bd. 4, 7. Aufl. (Springer, Berlin, Heidelberg, New York 1964)
10.3 K. Jänich: *Analysis für Physiker und Ingenieure* (Springer, Berlin, Heidelberg, New York 1983)
10.4 R. Courant, D. Hilbert: *Methoden der mathematischen Physik I, II*, Heidelberger Taschenbücher, Bd. 30, 31; 3., 2. Aufl. (Springer, Berlin, Heidelberg, New York 1968)
Methods of Mathematical Physics, Vols. 1, 2 (Wiley, New York 1953, 1962)
10.5 J. D. Jackson: *Classical Electrodynamics* 2nd ed. (Wiley, New York 1975)

Kapitel 11

11.1 W. Panofsky, M. Phillips: *Classical Electricity and Magnetism*, 2nd ed. (Addison-Wesley, Reading, MA 1962)
11.2 J. D. Jackson: *Classical Electrodynamics*, 2nd ed. (Wiley, New York 1975)

Kapitel 13

13.1 K. Meetz, W. L. Engl: *Elektromagnetische Felder* (Springer, Berlin, Heidelberg, New York 1980)

Kapitel 14

14.1 R. W. Pohl: *Einführung in die Physik, Bd. 3, Optik und Atomphysik*, 13. Aufl., Springer-Verlag Berlin, Heidelberg, New York 1976)

Weitere Literatur zu Kap. 11–14

R. Becker, F. Sauter: *Theorie der Elektrizität I*, 18. Aufl. (Teubner, Stuttgart 1964)
L. D. Landau, E. M. Lifschitz: *Lehrbuch der Theoretischen Physik*,
Bd. II Klassische Feldtheorie, 8. Aufl. (Akademie-Verlag, Berlin 1981)
Bd. VIII Elektrodynamik der Kontinua, 3. Aufl. (Akademie-Verlag, Berlin 1974)
W. Thirring: *Lehrbuch der Mathematischen Physik, Bd. 2, Klassische Feldtheorie* (Springer, Wien, New York 1978) Nicht für Anfänger geeignet.

Namen- und Sachverzeichnis

virtuelle Vert. 51
d'Alembertsch Prinz. 52

www.vitalmind.net